OPPENHEIMER

O triunfo e a tragédia
do Prometeu americano

OPPENHEIMER

O triunfo e a tragédia do Prometeu americano

KAI BIRD *e*
MARTIN J. SHERWIN

Tradução de George Schlesinger

Copyright © 2005 by Kai Bird e Martin J. Sherwin
Todos os direitos reservados, incluindo o direito de reprodução total ou parcial sob qualquer forma. Esta edição foi publicada em acordo com Alfred A. Knopf, um selo do Knopf Doubleday Group, uma divisão da Penguin Random House LLC.

TÍTULO ORIGINAL
American Prometheus: The Triumph and Tragedy of J. Robert Oppenheimer

PREPARAÇÃO
Diogo Henriques
Angélica Andrade
Thaís Carvas

REVISÃO
Eduardo Carneiro
Iuri Pavan

REVISÃO TÉCNICA
Amâncio Friaça

ADAPTAÇÃO DE PROJETO GRÁFICO E DIAGRAMAÇÃO
Ilustrarte Design e Produção Editorial

CAPA
Lázaro Mendes

IMAGEM DE CAPA
Brandstaetter Images / Colaborador

CIP-BRASIL. CATALOGAÇÃO NA PUBLICAÇÃO
SINDICATO NACIONAL DOS EDITORES DE LIVROS, RJ

B517o

   Bird, Kai, 1951-
      Oppenheimer : O triunfo e a tragédia do Prometeu americano / Kai Bird, Martin J. Sherwin ; tradução George Schlesinger. - 1. ed. - Rio de Janeiro : Intrínseca, 2023.
      640 p. : il. ; 23 cm.

      Tradução de: American prometheus: the triumph and tragedy of J. Robert Oppenheimer.
      ISBN 978-65-5560-721-5

      1. Oppenheimer, J. Robert, 1904-1967. 2. Físicos - Estados Unidos - Biografia. 3. Bomba atômica – Estados Unidos – História. I. Sherwin, Martin J. II. Schlesinger, George. III. Título.

23-83857   CDD: 530.092
                 CDU: 929:53(73)

Gabriela Faray Ferreira Lopes - Bibliotecária - CRB-7/6643

[2023]
Todos os direitos desta edição reservados à
EDITORA INTRÍNSECA LTDA.
Av. das Américas, 500, bloco 12, sala 303
22640-904 — Barra da Tijuca
Rio de Janeiro — RJ
Tel./Fax: (21) 3206-7400
www.intrinseca.com.br

Para Susan Goldmark e Susan Sherwin
e em memória de
Angus Cameron
e
Jean Mayer

"Modernos Prometeus subiram novamente o monte Olimpo e trouxeram ao homem os próprios raios de Zeus."

— *Scientific Monthly*,
setembro de 1945

"Prometeu roubou o fogo e o deu aos homens. Contudo, quando Zeus ficou sabendo, ordenou a Hefesto que pregasse seu corpo ao monte Cáucaso. Ali Prometeu foi cravado e ficou preso por muitos anos. Todo dia uma águia pousava nele e devorava os lobos de seu fígado, que voltavam a crescer durante a noite."

— Apolodoro, *Biblioteca*,
livro 1:7, século II a.C.

SUMÁRIO

Prefácio 11
Prólogo 17

PARTE I

1. "Ele recebia toda ideia nova como algo perfeitamente belo" 23
2. "Sua prisão separada" 43
3. "Estou passando por maus momentos" 55
4. "Acho o trabalho duro, graças a Deus, e quase prazeroso" 69
5. "Sou Oppenheimer" 81
6. "Oppie" 93
7. "Rapazes nim-nim-nim" 107

PARTE II

8. "A partir do fim de 1936, meus interesses começaram a mudar" 123
9. "Eu [Frank] recortei e mandei" 139
10. "Com mais e mais certeza" 153
11. "Vou me casar com uma amiga sua, Steve" 163
12. "Estávamos puxando o New Deal para a esquerda" 176
13. "O coordenador de ruptura rápida" 189
14. "O caso Chevalier" 204

PARTE III

15. "Ele se tornara muito patriota" 213
16. "Excesso de sigilo" 247
17. "Oppenheimer está dizendo a verdade" 260
18. "Suicídio, causa desconhecida" 273
19. "Você gostaria de adotá-la?" 279
20. "Bohr era Deus e Oppie, seu profeta" 292
21. "O impacto do dispositivo na civilização" 301
22. "Agora somos todos filhos da puta" 314

PARTE IV

23. "Aquelas pobres pessoas"	337
24. "Sinto que tenho sangue nas mãos"	347
25. "Nova York poderia ser destruída"	360
26. "Oppie teve um surto, mas agora está imune"	375
27. "Um hotel intelectual"	392
28. "Ele me disse que não conseguia entender por que tinha feito aquilo"	413
29. "Tenho certeza de que era por causa disso que ela atirava coisas nele"	428
30. "Ele nunca deixava entrever os pensamentos"	454
31. "Palavras sombrias sobre Oppie"	469
32. "Cientista X"	492
33. "A fera na selva"	499

PARTE V

34. "Parece bem ruim, não é?"	525
35. "Receio que tudo isso seja uma grande idiotice"	536
36. "Uma manifestação de histeria"	560
37. "Uma mácula no brasão de nosso país"	574
38. "Ainda sinto o sangue quente nas mãos"	587
39. "Era realmente uma Terra do Nunca"	602
40. "Isso deveria ter sido feito no dia seguinte ao teste da bomba"	610

Epílogo: "Existe apenas um Robert"	625
Nota do autor e agradecimentos	628
Abreviaturas	636
Créditos das imagens	637

Notas de fim, bibliografia e índice
As notas de fim, a bibliografia e o índice remissivo deste livro estão disponíveis gratuitamente em formato digital em **www.intrinseca.com.br/oppenheimer**

ou no **QR CODE** abaixo

PREFÁCIO

A VIDA DE ROBERT Oppenheimer — a carreira, a reputação, até mesmo o senso de valor próprio — fugiu de controle de repente quatro dias antes do Natal de 1953. "Não consigo acreditar no que está acontecendo comigo!", exclamou ele, espiando pela janela do carro que o levava às pressas até a casa de seu advogado no bairro de Georgetown, em Washington. Ali, em poucas horas, ele teria que tomar uma decisão fatídica. Deveria renunciar aos postos de assessoria do governo ou combater as acusações contidas na carta que Lewis Strauss, presidente da Comissão de Energia Atômica (AEC — Atomic Energy Commission), lhe entregara repentinamente poucas horas antes, naquela tarde? A carta o informava de que, após uma nova análise de seu histórico e dos conselhos políticos, ele fora declarado um risco de segurança. O documento ia ainda mais longe: delineava 34 acusações, desde fatos ridículos — "há relatos de que o senhor, em 1940, esteve entre os patrocinadores da organização American Friends of the Chinese People" — até políticos — "no outono de 1949, e subsequentemente, o senhor se opôs com veemência ao desenvolvimento da bomba de hidrogênio".

Curiosamente, desde o lançamento das bombas atômicas sobre Hiroshima e Nagasaki, Oppenheimer vinha acalentando uma vaga premonição de que algo sombrio, de mau presságio, jazia à espera dele. Alguns anos antes, no fim da década de 1940, época em que já tinha adquirido na sociedade norte-americana o status de verdadeiro ícone e de mais respeitado e admirado cientista e consultor de políticas públicas de sua geração — aparecendo até mesmo nas capas das revistas *Time* e *Life* —, ele havia lido uma novela de Henry James, *A fera na selva*, que o deixara petrificado. Trata-se de uma história angustiante de obsessão e egoísmo na qual o protagonista é assombrado pela premonição de estar "em vias de enfrentar um fenômeno raro e estranho, possivelmente prodigioso e terrível, que cedo ou tarde se concretizaria". Fosse o que fosse, ele sabia que seria "avassalador".

À medida que a maré do anticomunismo crescia nos Estados Unidos do pós-guerra, Oppenheimer foi tomando cada vez mais consciência de que uma "fera na selva" o vinha perseguindo sorrateiramente. As convocações perante comissões investigativas do Congresso de caça aos "vermelhos", os grampos do FBI nos telefones de casa e no local de trabalho, as histórias grosseiras acerca de fatos passados e os conselhos políticos plantados na imprensa o faziam se sentir um homem caçado. As atividades de esquerda de Oppenheimer durante os anos 1930 em Berkeley, aliadas a uma resistência no pós-guerra aos planos da Força Aérea para o bombardeio estratégico maciço com armas nucleares — planos que ele chamou de genocidas —, provocaram a ira de muitas figuras poderosas do governo em Washington, entre eles o diretor do FBI, J. Edgar Hoover, e Lewis Strauss.

Naquele fim de tarde, na casa de Herbert e Anne Marks, em Georgetown, Oppenheimer ponderou as opções. Herbert não era só seu advogado, era também um dos amigos mais próximos que ele tinha. E a esposa de Herbert, Anne Wilson Marks, fora em certa época secretária dele em Los Alamos. Naquela noite, Anne observou que ele parecia estar num "estado de quase desespero". Ainda assim, após muita discussão, Oppenheimer, movido talvez por um misto de resignação e convicção, concluiu que, não importava como, não poderia deixar de contestar as acusações. Assim, com a orientação de Herb, redigiu o rascunho de uma carta endereçada ao "caro Lewis", na qual comentava que Strauss o incentivara a renunciar. "O senhor me coloca como alternativa possivelmente desejável solicitar o encerramento de meu contrato como consultor da Comissão [de Energia Atômica], para, assim, evitar uma consideração explícita das acusações." Oppenheimer dizia ter avaliado seriamente a opção. Contudo, "sob as circunstâncias", continuava ele, "esta decisão significaria que aceito e concordo com a visão de que não sou adequado para servir a este governo, tarefa que venho desempenhando há cerca de doze anos. Isso não posso fazer. Se fosse tão indigno, dificilmente teria servido a nosso país como tentei servir, nem me tornado o diretor do Instituto [de Estudos Avançados] em Princeton, nem falado, como em mais de uma ocasião aconteceu, em nome de nossa ciência e de nosso país".

No fim da noite, Robert estava exausto e desanimado. Depois de vários drinques, retirou-se para o quarto de hóspedes. Passados alguns minutos, Anne, Herbert e a esposa de Robert, Kitty, que o havia acompanhado a Washington, ouviram um "barulho terrível". Correram escada acima e encontraram o quarto vazio e a porta do banheiro fechada. "Eu não conseguia abrir", disse Anne, "e Robert não respondia aos chamados".

Ele havia tombado no banheiro, e o corpo inanimado bloqueava a porta. Aos poucos, o grupo conseguiu abri-la à força, empurrando para o lado a massa flácida de Robert. Quando despertou, "ele estava zonzo", recorda-se Anne. Disse que havia tomado um sonífero receitado para Kitty. "Não o deixem dormir", avisou um médico pelo telefone. Então, por quase uma hora, até a chegada do médico, eles forçaram Robert a ficar andando de um lado para outro, insistindo para que tomasse goles de café.

A "fera" de Robert mostrara a cara: havia começado a provação que poria um ponto final na carreira dele no serviço público e, ironicamente, lhe elevaria a reputação e garantiria um legado.

Prefácio

* * *

O CAMINHO QUE ROBERT percorreu de Nova York a Los Alamos, no Novo México — da obscuridade à proeminência —, o levou a participar das grandes lutas e dos triunfos do século XX no âmbito da ciência, da justiça social, da guerra e da Guerra Fria. Essa jornada foi guiada por uma extraordinária inteligência, pelos pais, pelos professores na Ethical Culture School e pelas experiências de juventude. Em termos profissionais, seu desenvolvimento começou na Alemanha da década de 1920, onde estudou física quântica, uma ciência nova que ele adorava e da qual fazia proselitismo. Nos anos 1930, na Universidade da Califórnia, em Berkeley, enquanto era construído o mais proeminente centro para o estudo dessa disciplina nos Estados Unidos, ele se comoveu com as consequências da Grande Depressão no país e a ascensão do fascismo no exterior, o que o levou a trabalhar ativamente com amigos — muitos deles comunistas ou simpatizantes do comunismo — na luta pela justiça econômica e racial. Nesse período, viveu alguns dos melhores anos de sua vida. Que eles tenham sido usados com tanta facilidade para calar-lhe a voz uma década depois é um lembrete de como o equilíbrio dos princípios democráticos que professamos é delicado e do cuidado que devemos ter para preservá-los.

Durante a era McCarthy, a agonia e a humilhação que Oppenheimer enfrentou em 1954 não foram exclusivas. Todavia, no papel de acusado, ele era incomparável. Era o Prometeu americano, "o pai da bomba atômica", o homem que liderara os esforços para extrair da natureza o prodigioso fogo do Sol em favor dos Estados Unidos durante a guerra. Depois, falara com sabedoria sobre os perigos da bomba e com esperança sobre os benefícios potenciais, e então, quase em desespero, criticara as propostas para uma guerra nuclear adotadas pelos militares e promovidas por estrategistas acadêmicos: "O que devemos pensar de uma civilização que sempre encarou a ética como parte essencial da vida humana, mas que não tem sido capaz de falar sobre a perspectiva de matar quase toda a população humana exceto em termos prudenciais e da teoria dos jogos?"

No fim dos anos 1940, com a deterioração das relações entre os Estados Unidos e a União Soviética, o desejo persistente de Oppenheimer de levantar essas questões espinhosas sobre armas nucleares passou a preocupar enormemente o *establishment* de segurança nacional em Washington. O retorno dos republicanos à Casa Branca em 1953 elevou defensores da retaliação nuclear maciça, como Lewis Strauss, a posições de grande poder. Strauss e seus aliados estavam determinados a silenciar o único homem que julgavam capaz de contestar com credibilidade as políticas praticadas por eles.

Ao atacar as opiniões políticas e profissionais de Oppenheimer em 1954 — na verdade, sua vida e seus valores —, os críticos expuseram muitos aspectos de seu caráter: suas ambições e inseguranças, seu brilhantismo e sua ingenuidade, sua determinação e seus temores, seu estoicismo e sua perplexidade. Muito foi revelado nas mais de mil páginas densamente impressas da transcrição do Personnel Security Hearing Board, da AEC, em *In the Matter of J. Robert Oppenheimer*, e ainda assim a transcrição das audiências revela quão pouco seus antagonistas foram capazes de perfurar a couraça emocional que esse homem complexo construíra ao redor de si mesmo desde os primeiros anos. *Oppenheimer: o triunfo e a tragédia do Prometeu americano* explora a enigmática personalidade por trás da couraça que acompanha Oppenheimer desde a infância no Upper West Side de Nova York, na virada do século XX, até a morte, em 1967. É uma biografia pessoal resultante de uma extensa pesquisa e escrita na crença de que o comportamento público e as decisões políticas de uma pessoa (e, no caso de Oppenheimer, possivelmente até mesmo a ciência praticada) são guiados pelas experiências privadas de toda uma vida.

TENDO SIDO ELABORADO AO longo de um quarto de século, *Oppenheimer* baseia-se em milhares de registros reunidos em arquivos e coleções pessoais nos Estados Unidos e no exterior. Vale-se da extensa coleção de artigos do próprio Oppenheimer encontrados na Biblioteca do Congresso e de milhares de páginas de registros do FBI acumulados por mais de 25 anos de vigilância. Poucos nomes na vida pública foram sujeitos a tamanho escrutínio. Os leitores "ouvirão" aqui as palavras de Oppenheimer tais como captadas pelas gravações e transcrições do FBI. No entanto, como até mesmo o registro escrito só conta parte da verdade da vida de uma pessoa, também entrevistamos cerca de uma centena de amigos, parentes e colegas mais próximos de Oppenheimer. Muitas das pessoas entrevistadas nos anos 1970 e 1980 não estão mais vivas, mas as histórias que contaram deixam um detalhado retrato de um homem notável, que nos fez entrar na era nuclear e lutou, sem sucesso — como nós continuamos lutando —, para encontrar um meio de eliminar o perigo da guerra nuclear.

A história de Oppenheimer também nos faz lembrar que nossa identidade como povo permanece intimamente ligada à cultura dos artefatos nucleares. "Temos a bomba em nossa mente desde 1945", observou E. L. Doctorow.[1] "Ela foi primeiro nosso armamento, depois nossa diplomacia e hoje é nossa economia. Como podemos supor que algo tão monstruosamente poderoso não viesse a compor, quarenta anos depois, nossa identidade? O grande golem* que construímos contra nossos inimigos é nossa cultura, nossa cultura da bomba — sua lógica, sua fé, sua visão." Oppenheimer tentou valentemente nos desviar dessa cultura da bomba por meio da contenção da ameaça nuclear que ajudou a liberar. O esforço mais impressionante despendido por ele foi um plano para o controle internacional da energia atômica,

---

* No misticismo e no folclore judaicos, vem a ser um grande boneco de barro capaz de adquirir vida mediante atos e fórmulas místicas. Segundo alguns relatos, assim como na história de Frankenstein, ele foge do controle de seu criador. [N. do T.]

que veio a ser conhecido como Relatório Acheson-Lilienthal (que, na verdade, foi concebido e largamente redigido por Oppenheimer). Ele continua sendo um modelo singular para a racionalidade na era nuclear.

A política da Guerra Fria nos Estados Unidos e no exterior, porém, condenou o plano, e os Estados Unidos, ao lado de uma lista crescente de nações, abraçaram a bomba durante o meio século seguinte. Com o fim da Guerra Fria, o perigo de aniquilação nuclear pareceu superado, mas, em outra reviravolta irônica do destino, essa ameaça é provavelmente mais iminente no século XXI do que jamais foi.

Nestes tempos pós-11 de Setembro, vale a pena recordar que, na aurora da era nuclear, o pai da bomba atômica nos advertiu de que se tratava de uma arma de terror indiscriminado, que de maneira imediata tornou os Estados Unidos mais vulneráveis a ataques arbitrários. Quando lhe perguntaram, numa audiência fechada no Senado em 1946, "se três ou quatro homens não podiam contrabandear unidades de uma bomba [atômica] para Nova York e explodir toda a cidade", a resposta foi incisiva: "É claro que isso poderia acontecer, o que levaria à destruição de Nova York." À pergunta seguinte, feita por um senador apavorado — "Que instrumento o senhor usaria para detectar uma bomba atômica escondida na cidade?" —, Oppenheimer retrucou com um gracejo: "Uma chave de fenda [para abrir cada caixote ou mala]." A única defesa contra o terrorismo nuclear era a eliminação das armas nucleares.

As advertências de Oppenheimer foram ignoradas — e, em última instância, ele foi silenciado. Como o semideus rebelde grego Prometeu, que roubou o fogo de Zeus e o entregou à humanidade, Oppenheimer nos deu o fogo atômico. Contudo, quando tentou controlá-lo, quando buscou nos dar consciência dos terríveis perigos que representava, os poderes maiores, como Zeus, se ergueram em ira para puni-lo. Como escreveu Ward Evans, o membro dissidente nas audiências da Comissão de Energia Atômica que se opôs ao rebaixamento do status de segurança de Oppenheimer, aquilo era "uma mácula no brasão do país".

PRÓLOGO

Droga, acontece que eu amo este país.
ROBERT OPPENHEIMER

PRINCETON, NOVA JERSEY, 25 de fevereiro de 1967: apesar do tempo inclemente e do frio cortante que enregelava o nordeste dos Estados Unidos, seiscentos amigos e colegas — laureados com o Nobel, políticos, generais, cientistas, poetas, romancistas, compositores e conhecidos de todos os caminhos da vida — se reuniram para recordar a vida e lamentar a morte de J. Robert Oppenheimer. Alguns o conheciam como o gentil professor que haviam tido e afetuosamente o chamavam de "Oppie". Outros o conheciam como o grande físico, um homem que em 1945 se tornara o "pai" da bomba atômica, um herói nacional e emblema do cientista como servidor público. E todos se lembravam com grande amargura de como, apenas nove anos depois disso, o novo governo republicano do presidente Dwight D. Eisenhower o declarara um risco de segurança nacional — fazendo de Robert Oppenheimer a mais proeminente vítima da cruzada anticomunista norte-americana. Assim, todos chegaram com o coração pesado para relembrar um homem brilhante, cuja vida extraordinária fora tocada tanto pelo triunfo quanto pela tragédia.

Os premiados com o Nobel incluíam físicos de renome mundial, como Isidor I. Rabi, Eugene Wigner, Julian Schwinger, Tsung-Dao Lee e Edwin McMillan.[1] A filha de Albert Einstein, Margot, estava lá para homenagear o homem que fora chefe do pai dela no Instituto de Estudos Avançados. Robert Serber — aluno de Oppenheimer em Berkeley na década de 1930, amigo próximo e veterano de Los Alamos — também estava presente, bem como Hans Bethe, o grande físico de Cornell e vencedor do Nobel que revelara o funcionamento interno do Sol. Irva Denham Green, vizinha na tranquila ilha caribenha de St. John, onde os Oppenheimer haviam construído um refúgio praiano após o episódio da humilhação pública em 1954, estava sentada ao lado de poderosos luminares do *establishment* da política externa dos Estados Unidos: o jurista e perene conselheiro presidencial John McCloy; o chefe militar do Projeto Manhattan, general Leslie R. Groves; o secretário da Marinha, Paul Nitze; o historiador Arthur Schlesinger Jr., ganhador do prêmio Pulitzer; e o senador Clifford Case, de Nova Jersey. Para representar a Casa Branca, o presidente Lyndon B. Johnson enviara seu assessor científico, Donald F. Hornig, um veterano de Los Alamos que estivera com Oppenheimer em 16 de julho de 1945, no teste de detonação da primeira bomba atômica, designado "Trinity". Espalhados entre os cientistas e a elite do poder de Washington havia ainda homens da literatura e da cultura: o poeta Stephen Spender, o romancista John O'Hara, o compositor Nicolas Nabokov e George Balanchine, diretor do New York City Ballet.

A viúva de Oppenheimer, Katherine "Kitty" Puening Oppenheimer, estava sentada na primeira fila do Alexander Hall, na Universidade de Princeton, para um serviço memorial que muitos acabariam recordando como depressivo e agridoce. Sentados com ela estavam a filha, Toni, de 22 anos, e o filho, Peter, de 25. O irmão mais novo de Robert, Frank Oppenheimer, cuja carreira de físico fora destruída durante o turbilhão macarthista, estava ao lado do sobrinho.

Acordes dos *Requiem Canticles*, de Stravinski, obra que Oppenheimer ouvira pela primeira vez naquela mesma sala, no outono anterior, e pela qual se encantara, preenchiam o auditório. E então Hans Bethe, que três décadas antes conhecera Oppenheimer, fez o primeiro de três elogios fúnebres. "Ele fez mais do que qualquer outro homem", disse Bethe, "para engrandecer a física teórica norte-americana. [...] Era um líder [...] Mas não era dominador, nunca ditava o que devia ser feito. Ele trazia à tona o que havia de melhor em nós, como um bom anfitrião com seus hóspedes".[2] Em Los Alamos, onde dirigira centenas de pessoas numa corrida contra os alemães para construir a bomba atômica, Oppenheimer havia transformado um prístino planalto escarpado em laboratório, convertendo um diversificado grupo de cientistas numa eficiente equipe. Bethe e outros veteranos de Los Alamos sabiam que, sem Oppenheimer, o "dispositivo" primordial que haviam construído no Novo México jamais teria sido terminado a tempo para ser usado na guerra.

Henry DeWolf Smyth, um físico e vizinho em Princeton, fez o segundo elogio fúnebre. Em 1954, Smyth fora o único dos cinco integrantes da Comissão de Energia Atômica a votar pela restauração das credenciais de segurança de Oppenheimer. Como testemunha das espúrias "audiências de segurança" que o colega enfrentara, Smyth compreendia plenamente a encenação que havia sido realizada: "Esse erro nunca pôde ser consertado; essa mancha em nossa história jamais será apagada. [...] Lamentamos que o seu grande trabalho por este país tenha sido pago de forma tão miserável."[3]

Por fim, foi a vez de George Kennan, veterano diplomata e embaixador, pai da política de contenção norte-americana no pós-guerra contra a União Soviética, amigo e colega de longa data de Oppenheimer no Instituto de Estudos Avançados. Ninguém mais que Oppenheimer estimulara o pensamento de Kennan acerca da miríade de perigos da era nuclear. Ninguém fora melhor amigo, defendendo o trabalho que ele fazia e proporcionando-lhe refúgio no instituto quando as opiniões dissidentes do diplomata sobre a Guerra Fria militarizada dos Estados Unidos fizeram dele um pária em Washington.

"Sobre ninguém", disse Kennan, "jamais recaíram com maior crueldade os dilemas evocados pela recente conquista por parte dos seres humanos de um poder sobre a natureza acima de qualquer proporção relativa à sua força moral. Ninguém jamais viu com maior clareza os perigos surgidos para o homem a partir dessa enorme disparidade. Essa apreensão nunca lhe abalou a fé no valor da busca pela verdade em todas as suas formas, quer científicas, quer humanas. No entanto, nunca houve quem desejasse mais apaixonadamente ser útil no sentido de evitar as catástrofes às quais o desenvolvimento dessas armas de destruição em massa ameaçava conduzir. O que ele tinha em mente eram os interesses da humanidade, mas foi como norte-americano, e por intermédio dessa comunidade nacional à qual pertencia, que ele viu as maiores possibilidades de ir em busca dessas aspirações.

"Nos dias sombrios do início dos anos 1950, quando problemas se avolumavam vindos de todos os lados, e quando se viu acossado pela posição que ocupava no centro da controvérsia, ressaltei que ele seria bem recebido numa centena de centros acadêmicos no exterior, e lhe perguntei se não havia pensado em fixar residência fora do país. Ao que ele respondeu, com lágrimas nos olhos: 'Droga, acontece que eu amo este país.'"[4]*

ROBERT OPPENHEIMER FOI UM enigma, um físico teórico que portava as qualidades carismáticas de um grande líder, um esteta que cultivava ambiguidades.[5] Nas décadas que se seguiram à morte dele, sua vida veio a ficar envolta em controvérsia, mito e mistério. Para físicos teóricos como o dr. Hideki Yukawa, primeiro ganhador japonês do prêmio Nobel, Oppenheimer foi "um símbolo da tragédia do moderno cientista nuclear".[6] Para os liberais, tornou-se o mais proeminente mártir da caça às bruxas do macarthismo, um símbolo da falta de princípios do espírito da direita. Para os inimigos políticos, foi um comunista enrustido e mentiroso inveterado.

Ele foi, na verdade, uma figura imensamente humana, tão talentosa quanto complexa, ao mesmo tempo brilhante e ingênua, um defensor apaixonado da justiça social e conselheiro incansável do governo. Seu compromisso em frear uma corrida descontrolada de armas nucleares lhe valeu poderosos inimigos entre os burocratas. Como disse seu amigo Rabi, além de "muito sábio, ele era muito tolo".[7]

O físico Freeman Dyson via profundas e pungentes contradições em Robert Oppenheimer, que dedicara a vida à ciência e ao pensamento racional. E, no entanto, conforme observou Dyson, a decisão de participar da criação de uma arma genocida foi "um contrato faustiano, se é que algum dia existiu um. [...] E é claro

---

* Kennan ficou profundamente comovido pela enfática reação de Oppenheimer. Em 2004, na festa de seu centésimo aniversário, ele voltou a relatar essa história — e dessa vez com lágrimas nos olhos.

que ainda estamos convivendo com ele".[8] E, como Fausto, Oppenheimer tentou renegociar o contrato — por isso, foi eliminado. Ele havia comandado os esforços para liberar o poder do átomo, mas, quando buscou alertar seus conterrâneos para os perigos disso e restringir a dependência norte-americana das armas nucleares, o governo questionou sua lealdade e o levou a julgamento. Os amigos compararam a humilhação pública que ele sofrera à do julgamento, em 1633, de outro cientista: Galileu Galilei, condenado por uma Igreja de mentalidade medieval. Outros viram nesse acontecimento o medonho espectro do antissemitismo e recordaram as provações do capitão Alfred Dreyfus na França dos anos 1890.

Contudo, nenhuma comparação nos ajuda a entender Robert Oppenheimer como ser humano, suas realizações como cientista e o papel único que ele desempenhou como arquiteto da era nuclear. Esta é a história da vida desse homem.

PARTE I

1

"Ele recebia toda ideia nova como algo perfeitamente belo"

Eu era um garoto meloso, repulsivamente bonzinho.
ROBERT OPPENHEIMER

NA PRIMEIRA DÉCADA DO século XX, a ciência deu início a uma segunda revolução norte-americana. Uma nação movida a cavalo foi, em pouco tempo, transformada pelo motor de combustão interna, pelos voos tripulados e por uma profusão de novos inventos. Essas inovações tecnológicas rapidamente mudaram a vida de homens e mulheres comuns. Todavia, ao mesmo tempo, um esotérico bando de cientistas criava uma revolução ainda mais fundamental. A física teórica através do globo estava começando a alterar a forma como entendemos o espaço e o tempo. A radioatividade foi descoberta em 1896 pelo físico francês Henri Becquerel. Max Planck, Marie e Pierre Curie e outros forneceram percepções adicionais sobre a natureza do átomo. E então, em 1905, Albert Einstein publicou sua teoria da relatividade restrita. De repente, o universo parecia ter mudado.

Ao redor do globo, cientistas viriam em breve a ser celebrados como um novo tipo de herói, prometendo trazer um renascimento em termos de racionalidade, prosperidade e meritocracia social. Nos Estados Unidos, movimentos de reforma desafiavam a antiga ordem. Theodore Roosevelt usava o autoritário púlpito da Casa Branca para argumentar que um bom governo em aliança com a ciência e a tecnologia aplicada podia forjar uma nova e iluminada Era de Progresso.

Nesse mundo de promessas nasceu J. Robert Oppenheimer, em 22 de abril de 1904. Ele vinha de uma família de duas gerações de imigrantes alemães empenhados em se tornar norte-americanos. Étnica e culturalmente judeus, os Oppenheimer de Nova York não frequentavam nenhuma sinagoga. Sem rejeitar a religião, optaram por moldar uma identidade própria dentro de um ramo exclusivamente norte-americano do judaísmo — a Sociedade de Cultura Ética —, que celebrava o racionalismo e um tipo progressista de humanismo secular. Isso ocorria em paralelo a uma abordagem inovadora dos dilemas que qualquer imigrante nos Estados

Unidos enfrentava — e ainda assim, para Robert Oppenheimer, reforçou uma perene ambivalência em relação à sua identidade judaica.

Como o nome sugere, a Cultura Ética não era uma religião, mas um modo de vida que promovia a justiça social acima do autoengrandecimento. Não por acaso, o menino que se tornaria conhecido como o pai da era atômica foi criado em uma cultura que valorizava a inquirição independente, a exploração empírica e o pensamento livre — em suma, os valores da ciência. No entanto, a ironia da odisseia de Robert Oppenheimer foi que uma vida dedicada à justiça social, à racionalidade e à ciência acabaria por se tornar uma metáfora para a morte em massa sob uma nuvem em forma de cogumelo.

O PAI DE ROBERT, Julius Oppenheimer, nasceu em 12 de maio de 1871 na cidade alemã de Hanau, pouco a leste de Frankfurt. Já o pai de Julius, Benjamin Pinhas Oppenheimer, era um camponês e mercador de grãos independente que havia sido criado num casebre de uma "aldeia alemã quase medieval",[1] relatou Robert tempos depois. Julius tinha dois irmãos e três irmãs. Em 1870, os maridos das duas primas de Benjamin emigraram para Nova York. Em poucos anos, esses dois rapazes — Sigmund e Salomon Rothfeld — se juntaram a outro parente, J. H. Stern, para dar início a uma pequena companhia de importação de tecidos para ternos masculinos. A empresa se saiu muito bem, servindo o novo comércio de roupas prontas que florescia na cidade. No fim dos anos 1880, os Rothfeld avisaram Benjamin Oppenheimer que havia lugar para os filhos dele nos negócios.

Julius chegou a Nova York na primavera de 1888, vários anos depois do irmão mais velho, Emil. Rapaz alto, de pernas finas, desajeitado, foi destacado para trabalhar no depósito da companhia, separando rolos de tecido. Embora não tivesse trazido nenhum dinheiro para a firma e não falasse uma única palavra de inglês, estava determinado a refazer a própria vida. Tinha um bom olho para cores e com o tempo adquiriu a reputação de ser um dos maiores conhecedores de "tecidos" na cidade. Emil e Julius conseguiram superar a recessão de 1893, e na virada do século Julius já era sócio pleno na Rothfeld, Stern & Company. Vestia-se de acordo com o papel que desempenhava, sempre elegante numa camisa branca de colarinho alto, gravata conservadora e terno escuro. Tinha modos tão imaculados quanto o trajar. Por todos os relatos, era um rapaz extremamente agradável. "Você tem um jeito todo particular, que desperta confiança no mais alto grau", escreveu sua futura esposa em 1903, "e pelas melhores razões".[2] Ao completar 30 anos, Julius falava notavelmente bem o inglês e, apesar de um pleno autodidata, havia lido um grande volume de literatura norte-americana e europeia. Amante da arte, passava o tempo livre vagando pelas numerosas galerias de Nova York.

Pode ter sido numa dessas ocasiões que foi apresentado a uma jovem pintora, Ella Friedman, uma mulher morena "de incrível beleza",[3] com traços finamente cinzelados, "expressivos olhos azuis acinzentados e longos cílios negros", uma figura esguia com uma malformação congênita na mão direita. Para ocultar a deformidade, Ella sempre usava mangas compridas e um par de luvas de camurça. A luva que cobria sua mão direita continha uma prótese primitiva, com uma mola presa a um polegar artificial.[4] Julius se apaixonou por ela. Os Friedman, judeus da Baviera, haviam se estabelecido em Baltimore na década de 1840. Ella nasceu em 1869. Uma amiga da família certa vez a descreveu como uma "mulher de olhos azuis, gentil, requintada, esguia, alta, de grande sensibilidade e extremamente polida; estava sempre pensando no que deixaria as pessoas à vontade ou felizes".[5] Na casa dos 20 anos, passou um ano em Paris estudando os primeiros pintores impressionistas. Ao regressar, lecionou arte no Barnard College.[6] Na época em que conheceu Julius, era uma pintora suficientemente realizada, tinha alunos particulares e um estúdio na cobertura de um prédio de apartamentos em Nova York.

Tudo isso era bastante incomum para uma mulher na virada do século, mas Ella tinha uma personalidade poderosa sob muitos aspectos. A conduta elegante, formal, dava a algumas pessoas, no primeiro contato, uma impressão de fria altivez. A seriedade e a disciplina no estúdio e em casa pareciam excessivas numa mulher abençoada com tantos confortos materiais. Julius a adorava, e era correspondido. Apenas alguns dias antes do casamento deles, Ella escreveu ao noivo: "Quero tanto que você possa desfrutar a vida no que ela tem de melhor e no mais pleno sentido! Vai me ajudar a cuidar de você? Cuidar de alguém que a gente realmente ama envolve uma doçura indescritível, que uma vida inteira não poderia me roubar. Boa noite, querido."[7]

Em 23 de março de 1903, Julius e Ella se casaram e se mudaram para uma casa com empena no número 250 da rua 94 Oeste. Um ano depois, no meio da primavera mais fria de que se tem registro, Ella, com 34 anos, deu à luz um filho após uma gravidez difícil. Julius já tinha resolvido dar ao primogênito o nome de Robert, mas, no último momento, segundo uma lenda que corre na família, decidiu acrescentar uma primeira inicial, um "J", na frente de "Robert". Na verdade, na certidão de nascimento do menino consta o nome "Julius Robert Oppenheimer",[8] evidência de que Julius resolvera dar o próprio nome ao filho. Isso não teria nada de extraordinário — exceto que dar a um bebê o nome de um parente *vivo* contraria a tradição dos judeus europeus. Em todo caso, o menino seria sempre chamado de Robert, e, curiosamente, ele próprio insistia que a primeira inicial não significava nada. Ao que parece, as tradições judaicas não desempenhavam nenhum papel no lar dos Oppenheimer.

Algum tempo depois da chegada de Robert, Julius mudou-se com a família para um espaçoso apartamento no 11º andar de um prédio no número 155 da Riverside Drive, com vista para o rio Hudson, na rua 88 Oeste.[9] O apartamento, que ocupava o andar inteiro, era decorado com requintada mobília europeia. Com o passar dos anos, os Oppenheimer também adquiriram uma notável coleção de quadros pós-impressionistas e fauvistas franceses, escolhidos por Ella.[10] Na época em que Robert era menino, a coleção incluía uma pintura de 1901 do "período azul" de Picasso intitulada *Mãe e criança*, uma gravura de Rembrandt e quadros de Édouard Vuillard, André Derain e Pierre-Auguste Renoir. Três pinturas de Vincent van Gogh — *Campo fechado com sol nascente* (Saint-Rémy, 1889), *Primeiros passos (à maneira de Millet)* (Saint-Rémy, 1889) e *Retrato de Adeline Ravoux* (Auvers--sur-Oise, 1890) — sobressaíam numa sala de estar com papel de parede de friso dourado. Algum tempo depois, os Oppenheimer adquiriram um desenho de Paul Cézanne e uma pintura de Maurice de Vlaminck. Um busto do escultor francês Charles Despiau completava a elegante coleção.*

Ella dirigia o lar com padrões rígidos. "Excelência e propósito" era um refrão constante nos ouvidos do jovem Robert. Três empregadas que moravam na casa mantinham o apartamento impecável. Robert teve uma babá irlandesa católica chamada Nellie Connolly, e, posteriormente, uma governanta francesa que lhe ensinou um pouco de francês. O alemão, por sua vez, não era falado em casa. "Minha mãe não falava bem", recordou-se Robert, "e meu pai não cogitava falar a língua".[11] Robert aprenderia alemão na escola.

Nos fins de semana, a família saía para passeios no campo em seu Packard, guiado por um chofer de uniforme cinza. Quando Robert tinha 11 ou 12 anos, Julius comprou uma enorme casa de veraneio em Bay Shore, Long Island, onde Robert aprendeu a velejar. No cais abaixo da casa, Julius guardava um veleiro de quarenta pés, batizado *Lorelei*, uma luxuosa embarcação provida de todas as comodidades. "Aquela baía era uma delícia", recordou saudosamente mais tarde o irmão de Robert, Frank.[12] "Eram quase três hectares de terra [...] uma horta enorme e muitas, muitas flores." Como observou posteriormente uma amiga da família: "Robert era adorado pelos pais. [...] Tinha tudo que queria; pode-se dizer que foi criado no luxo." No entanto, apesar disso, nenhum de seus amigos de infância o considerava mimado. "Ele era extremamente generoso com dinheiro e coisas materiais", recordou-se Harold Cherniss.[13] "Não era uma criança mimada em nenhum sentido."

Em 1914, quando eclodiu a Primeira Guerra Mundial na Europa, Julius Oppenheimer era um próspero homem de negócios. O patrimônio líquido que ele possuía sem dúvida totalizava várias centenas de milhares de dólares — o que fazia dele o equivalente a um multimilionário em dólares correntes. Segundo todos os relatos, o casamento de Julius e Ella era uma adorável parceria. Os amigos de Robert, porém, sempre ficavam impressionados com a personalidade contrastante dos dois. "Ele [Julius] era um judeu alemão alegre", recordou-se Francis Fergusson, um dos

---

* Os Oppenheimer gastaram uma pequena fortuna nessas obras de arte. Em 1926, por exemplo, Julius pagou 12.900 dólares pelo quadro *Primeiros passos (à maneira de Millet)*, de Van Gogh.

amigos mais próximos de Robert.[14] "Era extremamente simpático. Surpreendia-me a mãe de Robert ter se casado com ele, porque ele parecia um tipo de pessoa calorosa e jovial. Ela, no entanto, gostava muito dele e sabia conduzi-lo de maneira magnífica. Eles se amavam muito. Era um ótimo casamento."

Julius era extrovertido e conversador. Adorava arte e música, e considerava a sinfonia *Eroica*, de Beethoven, "uma das grandes obras-primas". Um amigo da família, o filósofo George Boas, tempos depois recordou que Julius "tinha toda a sensibilidade de seus dois filhos".[15] Boas o considerava "um dos homens mais gentis" que já conhecera. Às vezes, contudo, para constrangimento dos filhos, Julius de repente começava a cantar à mesa de jantar. Adorava uma boa discussão. Ella, ao contrário, mantinha-se quieta e nunca participava da brincadeira.[16] "Era uma mulher muito delicada", observou outro amigo de Robert, o escritor renomado Paul Horgan, "dotada de enorme controle emocional, e sempre presidia as refeições com muita graça e delicadeza, mas [era] uma pessoa triste".[17]

Quatro anos depois do nascimento de Robert, Ella deu à luz outro filho, Lewis Frank Oppenheimer, mas o bebê logo morreu, vítima de estenose pilórica, uma obstrução congênita da abertura do estômago para o intestino delgado.[18] A partir de então, em luto, Ella sempre pareceu fisicamente mais frágil. Como o jovem Robert com frequência ficava doente quando criança, Ella passou a agir de maneira superprotetora. Receando germes, mantinha Robert afastado das outras crianças. Ele nunca tinha permissão para comprar comida de vendedores de rua e, em vez de levá-lo para cortar o cabelo numa barbearia, Ella pedia que o barbeiro fosse até o apartamento.

Introspectivo por natureza e jamais atlético, Robert passou a primeira infância na confortável solidão de seu ninho materno em Riverside Drive. A relação entre mãe e filho sempre foi intensa. Ella incentivava Robert a pintar — paisagens, em geral —, mas ele desistiu quando foi para a faculdade.[19] Robert idolatrava a mãe. Ella, porém, podia ser silenciosamente exigente. "Era uma mulher que jamais permitia que qualquer assunto desagradável fosse mencionado à mesa", lembra um amigo da família.

Robert rapidamente percebeu que a mãe reprovava as pessoas do mundo dos negócios e do comércio habitado pelo marido. A maioria dos colegas de negócios de Julius era composta, obviamente, por judeus de primeira geração, e Ella deixava claro para o filho que se sentia pouco à vontade com aqueles "modos invasivos". Mais do que a maioria dos garotos, Robert cresceu dividido entre os padrões rígidos da mãe e o comportamento gregário do pai. Às vezes, sentia vergonha da espontaneidade paterna — e ao mesmo tempo se sentia culpado por isso. "O orgulho articulado e por vezes ruidoso que Julius manifestava por Robert deixava o filho muito aborrecido", recordou um amigo de infância.[20] Quando adulto, Robert deu a seu amigo e ex-professor Herbert Smith uma simpática gravura da cena do

Coriolano, de Shakespeare, em que o herói se solta da mão da mãe e a derruba. Smith tinha certeza de que Robert estava lhe mandando uma mensagem, reconhecendo como tinha sido difícil para ele separar-se de Ella.

Quando ele tinha apenas 5 ou 6 anos, Ella insistiu que fizesse aulas de piano. Robert praticava com disciplina todos os dias, sempre a contragosto. Cerca de um ano depois, ficou doente, e Ella, como de costume, suspeitou do pior, talvez um caso de paralisia infantil. Ao cuidar do filho até que recuperasse a saúde, ficava perguntando como ele se sentia, até que o menino, no leito de enfermo, ergueu os olhos e resmungou: "Do mesmo jeito que me sinto nas aulas de piano."[21] Ella cedeu, e as aulas acabaram.

Em 1909, quando Robert tinha apenas 5 anos, Julius o levou na primeira de quatro travessias transatlânticas para visitar o avô Benjamin, na Alemanha. Fizeram outra viagem dois anos depois, e àquela altura o vovô Benjamin já estava com 75 anos, mas ainda assim deixou uma impressão indelével no neto. "Estava claro", recordou-se Robert, "que um de seus grandes prazeres na vida era a leitura, apesar de mal ter frequentado a escola".[22] Certo dia, enquanto observava o neto brincando com alguns blocos de madeira, Benjamin decidiu dar a ele de presente uma enciclopédia de arquitetura. Também lhe deu uma coleção de rochas "perfeitamente convencional", que consistia numa caixa com cerca de duas dúzias de pequenas rochas com etiquetas em alemão. "Daí em diante", contou Robert mais tarde, "eu me tornei, de um jeito completamente infantil, um ardoroso colecionador de minerais". De volta a Nova York, convenceu o pai a levá-lo a uma expedição de coleta de rochas ao longo das Palisades. Em pouco tempo, o apartamento em Riverside Drive estava atulhado com as rochas de Robert, todas cuidadosamente etiquetadas com o respectivo nome científico. Julius incentivou o filho no passatempo solitário, abastecendo-o de livros sobre o assunto. Tempos depois, Robert relatou que não tinha interesse nas origens geológicas das rochas, mas era fascinado pela estrutura de cristais e luz polarizada.[23]

Dos 7 aos 12 anos, Robert teve três paixões solitárias, que lhe consumiam todo o tempo: minerais, escrever e ler poesia e blocos de montar.[24] Mais tarde, recordaria que ocupava seu tempo com essas atividades "não porque fossem algo para me fazer companhia nem porque tivessem alguma relação com a escola, mas apenas pelo prazer em si que me davam". Aos 12 anos, usava a máquina de escrever da família para se corresponder com diversos geólogos locais conhecidos sobre as formações de rochas que havia estudado no Central Park. Sem saber da pouca idade dele, um desses correspondentes indicou Robert para se tornar membro do Clube de Mineralogia de Nova York, e, pouco tempo depois, chegou uma carta convidando-o a dar uma palestra no clube. Apavorado com a ideia de ter que falar para uma plateia de adultos, Robert implorou ao pai que explicasse que haviam convidado um garoto de 12 anos. Achando muita graça, Julius encorajou o filho a aceitar a honraria. Na noite marcada, Robert apareceu no clube com os pais, que orgulhosamente apresentaram o filho como "J. Robert Oppenheimer". Atônita, a plateia de geólogos e colecionadores de rochas amadores explodiu em gargalhadas quando ele surgiu no pódio, e foi preciso encontrar um caixote de madeira no qual ele pudesse subir, de modo que a audiência visse mais do que um chumaço de cabelo preto enrolado aparecendo acima do atril. Tímido e desajeitado, Robert leu o texto que havia preparado e recebeu uma calorosa salva de palmas.

Julius não tinha escrúpulos em incentivar o filho nessas atividades adultas. Ele e a esposa sabiam que tinham um "gênio" nas mãos. "Os pais o adoravam, preocupavam-se com ele e o protegiam", recordou-se Babette Oppenheimer, prima de Robert.[25] "Ofereciam-lhe todas as oportunidades para se desenvolver conforme as preferências dele e no próprio ritmo de aprendizagem." Um dia, Julius deu a Robert um microscópio profissional, que logo se tornou o brinquedo favorito do menino. "Penso que meu pai foi um dos homens mais tolerantes e humanos que já existiram", comentaria Robert no futuro. "Sua ideia de como ajudar as pessoas era deixá-las descobrir o que queriam." Para Robert, não havia dúvida sobre o que ele queria, pois desde tenra idade vivia dentro de um mundo de livros e ciência. "Ele era um sonhador", disse Babette Oppenheimer, "e não se interessava pela vida de agitação e brigas dos meninos da idade dele […] muitas vezes era provocado e ridicularizado por não ser como os outros garotos". Quando ficou mais velho, até a mãe ocasionalmente se preocupava com o "limitado interesse" do filho em brincar com meninos da idade dele. "Sei que ela ficava tentando fazer com que ele fosse mais parecido com os outros garotos, mas sem sucesso."

Em 1912, quando Robert estava com 8 anos, Ella deu à luz mais um filho, Frank Friedman Oppenheimer, e depois disso grande parte de sua atenção passou para o novo bebê. Em algum momento, a mãe de Ella mudou-se para o apartamento de Riverside, onde morou com a família até a morte, quando Frank já era adolescente.[26] Os oito anos que separavam os dois filhos deixaram poucas oportunidades para rivalidade. Posteriormente, Robert chegou a pensar que não tinha sido apenas um irmão mais velho, mas talvez também "um pai para Frank, por causa da diferença de idade". A primeira infância de Frank foi tão estimulante quanto a de Robert, se não mais. "Se algo nos entusiasmava", recordou-se Frank, "meus pais se apressavam a nos dar todo o incentivo necessário".[27] No ensino médio, quando Frank mostrou interesse por Chaucer, Julius imediatamente foi até uma livraria, comprou uma edição de 1721 das obras do poeta e deu ao filho. Quando manifestou o desejo de tocar flauta, seus pais contrataram um dos grandes flautistas dos Estados Unidos, George Barère, para lhe dar aulas particulares. Os dois meninos eram excessivamente mimados — mas, como primogênito, apenas Robert ficou um pouco presunçoso. "Retribuí a confiança de meus pais em mim ao desenvolver um ego desagradável, que sem dúvida deve ter ofendido tanto as crianças quanto os adultos que tiveram a infelicidade de travar contato comigo", confessou ele tempos depois.[28]

* * *

EM SETEMBRO DE 1911, logo depois de voltar da segunda visita ao avô Benjamin na Alemanha, Robert foi matriculado numa escola particular exclusiva. Anos antes, o pai se tornara membro ativo da Sociedade de Cultura Ética. Julius e Ella foram casados pelo dr. Felix Adler, fundador e líder da sociedade, e, a partir de 1907, Julius passou a administrá-la.[29] Não havia dúvida de que os filhos receberiam a educação primária e secundária na escola da sociedade em Central Park West. O lema da escola era "Deed, not Creed" [atos, não credo].[30] Fundada em 1876, a Sociedade de Cultura Ética inculcava em seus membros um compromisso com a ação social e o humanitarismo: "O homem deve assumir responsabilidade pela condução de sua vida e destino."[31] Embora nascida a partir do judaísmo reformista norte-americano, a Cultura Ética era em si uma "não religião", perfeitamente apropriada para os judeus alemães de classe média-alta, a maior parte dos quais, como os Oppenheimer, tinha a intenção de se integrar na sociedade norte-americana. Felix Adler e seu círculo de talentosos professores promoviam esse processo e viriam a ter uma poderosa influência na formação da psique de Robert Oppenheimer, em termos tanto emocionais quanto intelectuais.

Filho do rabino Samuel Adler, Felix Adler tinha emigrado da Alemanha para Nova York com a família em 1857, aos 6 anos.[32] O pai, líder do movimento do judaísmo reformista na Alemanha, chegara a dirigir o Templo Emanu-El, a maior congregação reformista nos Estados Unidos. Felix poderia tê-lo facilmente sucedido, mas, ainda jovem, ao voltar para a Alemanha a fim de realizar os estudos universitários, foi exposto a noções novas e radicais sobre a universalidade de Deus e as responsabilidades do homem perante a sociedade. Leu Charles Darwin, Karl Marx e uma grande quantidade de filósofos alemães, entre os quais Julius Wellhausen, que rejeitava a crença tradicional na Torá como um texto de inspiração divina. Adler voltou ao Templo Emanu-El em 1873 e fez uma prédica sobre o que chamou de "judaísmo do futuro". Para sobreviver na era moderna, argumentou o jovem Adler, o judaísmo deveria renunciar a seu "estreito espírito de exclusão". Em vez de se definirem por sua identidade bíblica como o "povo escolhido", os judeus deveriam se distinguir pela preocupação social e por atos em prol das classes trabalhadoras.

Em três anos, Adler liderou cerca de quatrocentos integrantes da congregação do Templo Emanu-El para fora da comunidade judaica estabelecida. Com o apoio financeiro de Joseph Seligman e de outros abastados homens de negócios judeus de origem alemã, fundou um movimento novo que chamou de "Cultura Ética". As reuniões ocorriam aos domingos de manhã, quando Adler dava sua palestra: era tocada música de órgão, mas não havia preces nem outras cerimônias religiosas. Começando em 1910, quando Robert tinha 6 anos, a Sociedade de Cultura Ética se reunia numa simpática sede no número 2 da rua 64 Oeste. Julius Oppenheimer participou da cerimônia de inauguração da nova sede no mesmo ano. O auditório tinha painéis de carvalho esculpidos a mão, lindas janelas com vitrais e um órgão de tubos Wicks na galeria. Oradores distintos como W. E. B. DuBois e Booker T. Washington, em meio a muitas outras personalidades públicas proeminentes, foram recebidos nesse ornamentado auditório.

A "Cultura Ética" era uma seita judaica reformista.[33] As sementes desse movimento, porém, haviam sido plantadas pelos esforços da elite para reformar e integrar judeus de classe média-alta na sociedade alemã no século XIX. As noções radicais de Adler sobre a identidade judaica faziam ressoar um acorde popular entre os homens de negócios judeus ricos em Nova York justamente porque eles se debatiam com uma crescente maré de antissemitismo na sociedade norte-americana oitocentista. A discriminação organizada e institucional contra os judeus era um fenômeno relativamente recente; desde a Revolução Americana, quando deístas como Thomas Jefferson insistiram na separação radical entre religião organizada e Estado, os judeus norte-americanos haviam vivenciado um senso de tolerância. Contudo, após a crise da bolsa de 1873, a atmosfera em Nova York começou a mudar. Então, no verão de 1877, a comunidade judaica ficou escandalizada quando Joseph Seligman, o judeu mais rico e proeminente de origem alemã de Nova York, foi impedido de entrar, pela religião que professava, no Grand Union Hotel, em Saratoga. Nos anos seguintes, as portas das instituições de elite, não só hotéis, mas clubes sociais e escolas privadas preparatórias, de repente se fecharam para a participação judaica.

Assim, no fim da década de 1870, a Sociedade de Cultura Ética proporcionou à comunidade judaica de Nova York um veículo oportuno para lidar com essa crescente intolerância. Filosoficamente, a Cultura Ética era tão deísta e republicana quanto os princípios revolucionários dos Pais Fundadores. Se a Revolução de 1776 trouxera uma emancipação dos judeus nos Estados Unidos, uma resposta adequada para essa intolerância cristã nativista era tornar-se mais norte-americano — mais republicano — do que os próprios norte-americanos. Esses judeus dariam o passo seguinte para a assimilação, mas o fariam, por assim dizer, como judeus deístas. Na visão de Adler, a ideia de judeus como nação era um anacronismo. Assim, ele começou a criar as estruturas institucionais que tornariam mais fácil para seus adeptos levar a vida como "judeus emancipados".[34]

Adler insistia que a resposta ao antissemitismo era a difusão global da cultura intelectual. É interessante observar que o filósofo criticava o sionismo como um recuo para o particularismo judaico: "O sionismo em si é um exemplo atual da tendência segregacionista."[35] Para ele, o futuro dos judeus residia nos Estados Unidos, não na Palestina: "Fixo com firmeza meu olhar no reluzir de uma nova manhã que brilha sobre os montes Apalaches e as montanhas Rochosas, e não sobre a luz do crepúsculo, por mais bela que seja, que ilumina e paira sobre as colinas de Jerusalém."

Para transformar sua *Weltanschauung* em realidade, Adler fundou em 1880 uma escola gratuita para filhos e filhas de trabalhadores chamada Workingman's School, a "Escola do Trabalhador". Além das matérias usuais, como aritmética, leitura e história, Adler insistiu que os alunos tivessem contato com a arte, o teatro e a dança, além de algum tipo de formação técnica que pudesse ser usada numa sociedade que passava por um rápido processo de industrialização. Toda criança, acreditava ele, tinha algum talento em particular. Aquelas que não tinham talento para a matemática podiam ter extraordinários "talentos artísticos para fazer coisas com as mãos".[36] Para Adler, essa percepção era a "semente ética — e o que devemos fazer é cultivar esses vários talentos". O objetivo era criar um "mundo melhor", e assim a missão da escola era "treinar reformadores". À medida que evoluiu, a escola se tornou um caso exemplar do movimento progressista de reforma educacional, e o próprio Adler caiu sob a influência do educador e filósofo John Dewey e sua escola de pragmatistas norte-americanos.

Embora não fosse socialista, Adler ficou espiritualmente tocado pela descrição de Marx, em *O capital*, das dificuldades da classe trabalhadora industrial. "Preciso encarar as questões que o socialismo levanta", escreveu ele.[37] O filósofo passou a acreditar que as classes trabalhadoras mereciam "remuneração justa, emprego constante e dignidade social". O movimento trabalhista, registrou ele mais adiante, "é um movimento ético, do qual faço parte de coração e alma". Os líderes trabalhistas corresponderam a esses sentimentos — Samuel Gompers, presidente da nova Federação Americana do Trabalho, era um dos membros da Sociedade de Cultura Ética de Nova York.

Ironicamente, a escola tinha tantos alunos em 1890, que Adler se viu obrigado a subsidiar o orçamento da Sociedade de Cultura Ética admitindo alguns estudantes pagantes. Numa época em que muitas escolas privadas de elite estavam fechando as portas para a comunidade judaica, dezenas de prósperos homens de negócios judeus anunciavam terem matriculado os filhos na Workingman's School. Em 1895, Adler tinha acrescentado o ensino médio e dado um novo nome à escola: Escola de Cultura Ética. (Décadas depois, ela foi rebatizada como Fieldston School.) Na época em que Robert Oppenheimer foi matriculado, em 1911, apenas cerca de 10% dos alunos vinham de famílias de trabalhadores. Mesmo assim, a escola manteve sua visão liberal, socialmente responsável. Esses filhos e filhas dos patronos relativamente prósperos da Sociedade de Cultura Ética foram infundidos com a noção de que estavam sendo preparados para reformar o mundo e constituir a vanguarda de um evangelho moderno altamente ético. Robert foi um aluno brilhante.

É desnecessário dizer que suas sensibilidades políticas quando adulto podem ser facilmente rastreadas até a educação progressista que recebeu na notável escola de Felix Adler. Ao longo dos anos formativos da infância, ele estava cercado de homens e mulheres que se consideravam catalisadores para um mundo melhor. Nos anos entre a virada do século e o fim da Primeira Guerra Mundial, os membros da Cultura Ética serviram como agentes de mudança em questões de grande tensão política, como relações raciais, direitos trabalhistas, liberdades civis e ambientalismo. Em 1909, por exemplo, membros proeminentes da Cultura Ética, como o dr. Henry Moskowitz, John Lovejoy Elliott, Anna Garlin Spencer e William Salter ajudaram a fundar a Associação Nacional para o Progresso das Pessoas de Cor. De maneira similar, o dr. Moskowitz desempenhou um importante papel nas greves dos trabalhadores da indústria de vestuário que ocorreram entre 1910 e 1915. Outros participantes da Cultura Ética ajudaram a fundar o Gabinete Nacional de Liberdades Civis, precursor da União Americana pelas Liberdades Civis. Embora evitassem noções de luta de classes, os membros da Sociedade de Cultura Ética eram radicais pragmáticos comprometidos em desempenhar um papel ativo na mudança social. Acreditavam que a criação de um mundo melhor exigia trabalho árduo, persistência e organização política. Em 1921, ano em que Robert se graduou no ensino médio pela Escola de Cultura Ética, Adler exortava seus alunos a desenvolverem a "imaginação ética",[38] para ver "as coisas não como elas são, mas como poderiam ser".*

Robert tinha plena consciência da influência de Adler, não apenas sobre ele próprio, mas sobre o pai, e não deixava de cutucar Julius por isso. Aos 17 anos, escreveu um poema por ocasião dos 50 anos do pai, com a inclusão do verso "e depois que ele veio para os Estados Unidos, engoliu o dr. Adler como se fosse a moralidade em pílulas".[39]

Como muitos outros norte-americanos de ascendência alemã, o dr. Adler sentiu-se profundamente entristecido e angustiado quando os Estados Unidos foram arrastados para a Primeira Guerra Mundial. Ao contrário de outro membro proeminente da Sociedade de Cultura Ética, Oswald Garrison Villard, editor da revista *The Nation*, ele não era um pacifista. Quando um submarino alemão afundou o navio de passageiros britânico *Lusitania*, Adler apoiou o armamento de navios mercantes norte-americanos. Mesmo se opondo à entrada dos Estados Unidos no conflito, quando o governo Wilson declarou guerra, em abril de 1917, instou a congregação a oferecer sua "indivisa lealdade"[40] ao país. Ao mesmo tempo, declarou que não podia considerar a Alemanha a única parte culpada. Como crítico da monarquia alemã, recebeu de bom grado no fim da guerra a queda do regime germânico e o colapso do Império Austro-Húngaro. Entretanto, como ferrenho anticolonialista, deplorou abertamente a hipocrisia de uma paz dos vitoriosos, que pa-

---

* Décadas depois, Daisy Newman, colega de classe de Robert, recordou: "Quando seu idealismo o colocou em apuros, senti que esse tinha sido o resultado lógico de nossa soberba formação em ética. Um discípulo fiel de Felix Adler e John Lovejoy Elliott se sentiria obrigado a agir de acordo com a própria consciência, por mais insensata que a escolha pudesse ser." (Carta de Newman a Alice K. Smith, 17 de fevereiro de 1977, correspondência de Smith, coleção Sherwin.)

recia apenas fortalecer os impérios Britânico e Francês. Naturalmente, os críticos o acusaram de sentimentos pró-germânicos. Como administrador da Sociedade de Cultura Ética e profundo admirador do dr. Adler, Julius Oppenheimer sentia-se em igual conflito no que dizia respeito à guerra na Europa e à sua identidade como teuto-americano. Entretanto, não há evidência de como o jovem Robert se sentiu em relação ao confronto. Seu professor de estudos éticos no colégio, no entanto, era John Lovejoy Elliott, que permaneceu um crítico feroz da entrada dos Estados Unidos na guerra.

Nascido em 1868 numa família de abolicionistas e livres-pensadores de Illinois, Elliott tornou-se uma figura amada no movimento humanista progressista da cidade de Nova York. Um homem alto, afetivo, ele era o pragmatista que punha em prática os princípios da Cultura Ética de Adler e construiu uma das mais bem-sucedidas casas de assentamento* do país, a Hudson Guild, no distrito de Chelsea, em Nova York, assolado pela pobreza. Um avalista durante a vida toda da União Americana pelas Liberdades Civis, era destemido política e pessoalmente. Quando dois líderes austríacos da Sociedade de Cultura Ética em Viena foram presos pela Gestapo de Hitler em 1938, Elliott — já com 70 anos — foi a Berlim e passou vários meses negociando com a polícia secreta nazista a soltura de ambos. Depois de pagar um suborno, conseguiu tirar os dois sorrateiramente da Alemanha. Quando morreu, em 1942, Roger Baldwin, da União Americana pelas Liberdades Civis, o elogiou como um "santo esperto [...] um homem que gostava tanto das pessoas que nenhuma tarefa para ajudá-las era pequena demais".[41]

Foi a esse "santo esperto" que os irmãos Oppenheimer foram expostos durante os anos de seus diálogos semanais nas aulas de ética. Anos depois, quando eles já eram rapazes, Elliott escreveu a Julius: "Eu não sabia até que ponto podia me aproximar de seus garotos. Junto a você, fico contente e grato por eles."[42] Elliott lecionava ética num seminário de estilo socrático, no qual os alunos discutiam temas políticos e sociais específicos. Educação em Problemas de Vida era um curso exigido para todos os estudantes do ensino médio. Com frequência, Elliott apresentava um dilema moral pessoal para os alunos, perguntando-lhes, por exemplo, o que escolheriam se tivessem a opção de um emprego como professores e outro que pagasse mais na fábrica de chicletes? Durante os anos de Robert na escola, alguns dos tópicos vigorosamente debatidos incluíam o "problema dos negros",[43] a ética de guerra e paz, a desigualdade econômica e a compreensão de "relações sexuais". Em seu último ano, Robert participou de uma extensa discussão sobre o papel "do Estado". O currículo incluía um "breve catecismo sobre ética política" e "a ética da lealdade e da traição".[44] Era uma educação extraordinária no âmbito das rela-

---

* Instituições criadas no fim do século XIX e no início do século XX nas quais os trabalhadores pobres podiam se reunir, prestar serviços mútuos e até mesmo viver em forma de cooperativa. [N. do T.]

ções sociais e das questões mundiais, uma educação que fincou profundas raízes na psique de Robert — e que produziria uma abundante colheita nas décadas por vir.

"Eu era um garoto meloso, repulsivamente bonzinho", recordou Robert.[45] "Minha vida quando criança não me preparou para o fato de que o mundo está cheio de crueldade e amargura." Sua protegida vida doméstica não lhe ofereceu "nenhum jeito normal, saudável, de ser sacana", mas proporcionou uma dureza interna, até mesmo um estoicismo físico, que o próprio Robert pode não ter reconhecido.

Ansioso para tirá-lo de dentro de casa e integrá-lo no convívio com meninos da mesma idade, Julius resolveu mandar Robert, aos 14 anos, para um acampamento de férias. Para a maioria dos outros garotos que lá estavam, Camp Koenig era um paraíso de divertimento e camaradagem nas montanhas. Para Robert, era uma tortura. Tudo ali o tornava alvo das crueldades que os adolescentes se deliciam em infligir àqueles que são tímidos, sensíveis ou diferentes. Os outros meninos logo começaram a chamá-lo de "Gracinha" e o provocavam impiedosamente. Mas Robert se recusava a revidar. Para evitar as atividades atléticas, caminhava pelas trilhas em busca de rochas. Fez um amigo, o qual recordou que naquele verão Robert estava obcecado com os escritos de George Eliot. A principal obra da romancista, *Middlemarch*, exercia uma forte atração sobre Robert, talvez porque explorasse de forma tão meticulosa um tópico que ele considerava misterioso: a vida da mente interior no tocante à formação e à destruição dos relacionamentos humanos.

Foi nesse momento, porém, que Robert cometeu o erro de escrever aos pais dizendo-se contente por ter ido ao acampamento, uma vez que os outros garotos estavam lhe ensinando os fatos da vida. Isso provocou uma rápida visita dos Oppenheimer, e em seguida o diretor do acampamento anunciou um castigo a quem contasse histórias lascivas. Robert foi apontado como alcaguete e, certa noite, foi carregado para fora do quarto até a câmara frigorífica do acampamento, despido e surrado. Como humilhação final, os garotos encharcaram-lhe as nádegas e os genitais com tinta verde. Robert foi abandonado nu e trancado no frigorífico para passar a noite. Seu único amigo disse mais tarde que Robert havia sido "torturado".[46] Ele manteve um silêncio estoico após sofrer essa degradação; não deixou o acampamento nem reclamou. "Não sei como Robert se virou nas semanas que restavam", disse o amigo. "Não havia muitos garotos que teriam — ou conseguiriam ter — aguentado. Mas ele aguentou. Deve ter sido um inferno." Como seus amigos muitas vezes descobriram, a concha aparentemente frágil e delicada de Robert na verdade disfarçava uma personalidade estoica constituída de orgulho obstinado e determinação, uma característica que reapareceria ao longo de sua vida.

De volta à escola, a personalidade altiva de Robert foi alimentada pelos atentos professores da Escola de Cultura Ética, todos cuidadosamente escolhidos pelo dr. Adler como modelos do movimento educacional progressista. Quando a professora de matemática de Robert, Matilda Auerbach, notava que ele estava entediado ou inquieto, mandava-o para a biblioteca a fim de realizar um trabalho independente, e mais tarde ele tinha permissão de explicar aos colegas o que aprendera. A instrutora de grego e latim, Alberta Newton, lembrou que era uma delícia lecionar para ele: "Ele recebia toda ideia nova como algo perfeitamente belo."[47] Lia Platão e Homero em grego e César, Virgílio e Horácio em latim.

Robert sempre se destacava em tudo que fazia. Já na terceira série, realizava experimentos de laboratório, e, quando estava com 10 anos, na quinta série, já estudava física e química. Sua voracidade pelas ciências era tão óbvia, que o curador do Museu Americano de História Natural concordou em ser o tutor dele e lhe dar aulas particulares. Como pulou várias séries, todos o encaravam como precoce — e às vezes pretensioso demais. Quando tinha 9 anos, foi surpreendido desafiando uma prima mais velha: "Me faça uma pergunta em latim que eu lhe respondo em grego."[48]

Os colegas de Robert às vezes o achavam distante. "Passávamos muito tempo juntos", disse um conhecido de infância, "mas nunca fomos próximos. Ele geralmente estava ocupado com aquilo que estava fazendo ou com o que estava pensando".[49] Um colega de classe recordou tê-lo visto sentado languidamente na sala de aula, "como se não estivesse recebendo comida ou bebida o suficiente". Alguns colegas o consideravam "meio desajeitado [...] ele não sabia verdadeiramente como se relacionar com as outras crianças".[50] O próprio Robert tinha a dolorosa consciência do preço que pagava por saber muito mais que os colegas de classe. "Não tem graça nenhuma", falou certa vez a um amigo, "ficar virando as páginas do livro e dizendo 'Sim, sim, é claro, já sei.'"[51] Jeanette Mirsky o conheceu suficientemente bem no último ano na escola para considerá-lo um "amigo especial".[52] Nunca o julgou tímido no sentido típico, apenas distante. Ele tinha uma certa "arrogância", pensava ela, do tipo que carrega consigo as sementes da autodestruição. Tudo na personalidade de Robert — desde o seu modo abrupto, desajeitado, de andar até pequenas coisas, como preparar o tempero de uma salada — revelava "uma grande necessidade de declarar proeminência".

Durante os anos de ensino médio, o professor "conselheiro de classe" de Robert foi Herbert Winslow Smith, que entrara para o Departamento de Inglês em 1917, depois de concluir o mestrado em Harvard. Homem de notável intelecto, Smith estava a caminho de obter o doutorado quando foi recrutado para lecionar. Ficou tão entusiasmado com a experiência inicial na Cultura Ética que nunca voltou a Cambridge. Ele viria a passar toda a carreira na escola, acabando por se tornar seu diretor. Um homem de peito amplo e atlético, era um professor caloroso e gentil, que sempre dava um jeito de descobrir a maior curiosidade de cada aluno e então relacioná-la ao tópico que estava sendo ensinado. Depois das aulas, os estudantes se aglomeravam em volta da mesa dele, tentando espremer um pouco mais de conversa do professor. Embora a principal paixão de Robert fosse claramente a ciência, Smith alimentou os interesses literários dele, achava que ele já tinha um "magnífico estilo de prosa".[53] Certa vez, depois de Robert ter escrito um ensaio interessante sobre o oxigênio, sugeriu: "Acho que sua vocação é ser um escritor de ciências." Smith viria a se tornar amigo e conselheiro de Robert. Ele era "muito, muito gentil com os alunos", recordou Francis Fergusson.[54] "Encarregou-se de Robert, de mim e de várias outras pessoas [...] ajudava em nossos problemas e nos aconselhava sobre o que fazer."

Robert teve seu ano de grande progresso na penúltima série, quando participou de um curso de física com Augustus Klock. "Ele era maravilhoso", disse Robert.[55] "Fiquei tão empolgado após o primeiro ano que dei um jeito de passar o verão trabalhando com ele, montando equipamentos para o ano seguinte, quando estudaria química. Acho que passávamos cinco dias por semana juntos e, de vez em quando, até saíamos em excursões à procura de minerais." Robert começou a fazer experimentos com eletrólitos e condutores. "Eu adorava química. [...] Em comparação com a física, ela vai direto ao cerne das coisas, e, em pouco tempo, a gente consegue fazer uma conexão entre o que vê e um conjunto abrangente de ideias — isso também pode acontecer com a física, mas é muito menos provável." Robert sempre se sentiria em dívida com Klock por tê-lo colocado no caminho da ciência. "Ele adorava a natureza contingente e acidentada do modo como realmente se descobre algo e a empolgação que isso podia gerar nos jovens."

Mesmo cinquenta anos depois, as memórias de Jane Didisheim sobre Robert eram particularmente vívidas. "Ele corava com extraordinária facilidade", recordou ela.[56] Parecia "muito frágil, de bochechas rosadas, muito tímido e, obviamente, muito brilhante. Não demorou para que todos percebessem que ele era diferente dos outros e superior. No que se referia aos estudos, era bom em tudo".

A atmosfera protegida da Escola de Cultura Ética era ideal para um polímata adolescente excepcionalmente acanhado. Permitia que Robert brilhasse quando e onde desejasse e o protegia dos desafios sociais com os quais o menino não estava preparado para lidar. Contudo, esse mesmo casulo de segurança pode ajudar a explicar a adolescência prolongada. Ele teve a permissão de se manter criança e de crescer e abandonar a imaturidade de forma gradual, em vez de ser abruptamente arrancado dela. Aos 16 ou 17 anos, Robert tinha apenas um amigo de verdade, Francis Fergusson, um garoto do Novo México que havia ganhado uma bolsa de estudos e que foi seu colega de classe no último ano. Na época em que Fergusson o conheceu, no outono de 1919, Robert cursava a escola com facilidade. "Ele estava meio que brincando, tentando achar alguma coisa para se manter ocupado", recordou-se Fergusson.[57] Além dos cursos de história, literatura inglesa, matemática e física, Robert se matriculou em grego, latim, francês e alemão. "E ainda por cima só tirava A."[58] Ele se graduaria como orador da classe.

Além de fazer caminhadas e excursões em busca de rochas, a principal atividade física de Robert era velejar. A julgar pelos relatos, era um velejador audacioso e exímio, que levava o barco até os limites. Quando garoto, treinara suas habilidades em diversos botes menores, mas, ao completar 16 anos, ganhou do pai um saveiro de 28 pés. Batizou o barco de *Trimethy*, nome derivado do composto químico dióxido de trimetileno. Adorava velejar em tempestades de verão, fazendo a embarcação cortar as ondas através da enseada em Fire Island e sair direto em direção ao Atlântico. Com o irmão mais novo, Frank, agachado na cabine de comando, Robert se postava com o leme entre as pernas, berrando alegre contra o vento enquanto conduzia o barco de volta à baía de Long Island. Os pais não conseguiam conciliar esse comportamento impetuoso com o Robert tímido e introvertido que conheciam. Ella se via parada diante da janela na casa de Bay Shore, à procura de algum vestígio do *Trimethy* na linha do horizonte. Mais de uma vez, Julius se sentiu compelido a ir atrás do barco e trazê-lo de volta para o porto numa lancha a motor, repreendendo Robert pelos riscos que assumia com a própria vida e a de outros. "Roberty, Roberty", dizia, balançando a cabeça em reprovação.[59] O garoto, porém, permanecia imperturbável; na verdade, nunca falhou em demonstrar absoluta confiança no próprio domínio sobre o vento e o mar. Tinha plena ciência de sua habilidade e não via motivo para se privar de uma experiência que, para ele, era obviamente libertadora em termos emocionais. Ainda assim, se não imprudente, o comportamento dele em mares tempestuosos chamava a atenção de alguns amigos como exemplo de uma arrogância profundamente entranhada, ou, talvez, uma extensão não muito surpreendente de resiliência interna. Ele tinha uma necessidade irresistível de flertar com o perigo.

Fergusson jamais esqueceria a primeira vez que velejou com Robert. Os dois tinham acabado de completar 17 anos. "Era um dia de primavera de muito vento — um vento gelado, que formava pequenas ondas em toda a baía", disse Fergusson, "e havia um cheiro de chuva no ar. Para mim, foi um pouco assustador, porque eu não sabia se ele era capaz ou não de velejar naquelas condições. Mas ele conseguiu; já era um velejador bastante hábil. A mãe de Robert estava assistindo da janela do andar superior da casa, provavelmente tendo todo tipo de palpitações. Ele, contudo, a induzira a deixá-lo ir. Ela estava preocupada, mas concordou. Nós terminamos totalmente ensopados, é claro, com o vento e as ondas. Mas fiquei impressionado".[60]

ROBERT SE GRADUOU NA Escola de Cultura Ética na primavera de 1921, e naquele verão Julius e Ella levaram os filhos para a Alemanha.[61] Robert viajou sozinho por algumas semanas numa excursão de prospecção entre as velhas minas perto de Joachimsthal, a nordeste de Berlim. (Ironicamente, apenas duas décadas depois os alemães estariam minerando urânio no local para seu projeto de bomba atômica.) Após acampar ao ar livre em duras condições, ele retornou com uma mala cheia de espécimes de rochas e com o que acabou se revelando um caso quase fatal de disenteria das trincheiras.* Enviado de volta para casa numa maca, ficou doente e de cama por um longo tempo, o que o forçou a adiar a matrícula em Harvard no outono: os pais o obrigaram a permanecer em casa, recuperando-se da disenteria e de um subsequente quadro de colite. Esta última o atormentaria pelo resto da vida, sendo agravada pelo teimoso apetite por pratos picantes. Ele não foi um bom paciente. Durante o longo inverno, enfurnado no apartamento de Nova York, às vezes se comportava com grosseria, trancando-se no quarto e jogando fora os remédios ministrados pela mãe.

Na primavera de 1922, Julius achou que o rapaz já estava bem o suficiente para sair de casa. Assim, pediu a Herbert Smith que o levasse numa viagem de verão pelo sudoeste. O professor da Escola de Cultura Ética havia feito uma viagem similar com outro estudante no verão anterior, e Julius achou que uma aventura ajudaria a enriquecer o filho. Smith concordou, no entanto foi tomado de surpresa quando Robert o abordou em particular pouco antes da partida com uma estranha proposição: será que Smith concordaria em deixá-lo viajar com o nome "Smith", como se fosse um irmão caçula? Smith rejeitou a sugestão de imediato e não pôde deixar de pensar que alguma parte de Robert se sentia desconfortável por ser identificado como judeu. Mais tarde Francis Fergusson especulou, da mesma maneira, que o amigo podia ter se sentido constrangido com "seu judaísmo e sua riqueza, bem como suas ligações no leste, e que a viagem ao Novo México se destinava em parte a fugir disso".[62] Outra colega de classe, Jeanette Mirsky, também acreditava que Robert se sentia desconfortável em relação à sua origem judaica. "Todos nós nos sentíamos", disse Mirsky.[63] No entanto, apenas alguns anos depois, em Harvard, Robert parecia muito mais relaxado em relação a isso e disse a um amigo de origem escoto-irlandesa: "Bem, nenhum de nós chegou aqui no *Mayflower*.

PARTINDO DO SUL, ROBERT e Smith percorreram aos poucos os altiplanos do Novo México. Em Albuquerque, ficaram com Fergusson na casa da família dele. Robert apreciou a companhia, e a visita cimentou uma amizade para toda a vida. Fergusson apresentou Robert a outro rapaz de Albuquerque da mesma idade, Paul Horgan, um garoto igualmente precoce que mais tarde teria uma bem-sucedida carreira de escritor. Horgan também estava se preparando para ingressar em Harvard, assim como Fergusson. Robert gostou dele e se viu hipnotizado pela beleza da irmã do novo amigo, Rosemary, com cabelos escuros e olhos azuis. Frank Oppenheimer disse que, mais tarde, o irmão lhe confidenciou que se sentira fortemente atraído por ela.[64]

---

* Durante a Primeira Guerra Mundial, disenteria comum que assolava os soldados nas trincheiras, em razão da péssima qualidade da água. [N. do T.]

Quando chegaram a Cambridge e continuaram a sair juntos, Horgan se gabou de que eles eram "uma grande troica"[65] de "polímatas". O Novo México, contudo, havia despertado novas atitudes e interesses em Robert. Em Albuquerque, as primeiras impressões que Horgan teve do amigo foram particularmente vívidas: "Ele combinava perspicácia e jovialidade com bom humor [...] tinha aquela adorável qualidade social que lhe permitia viver intensamente o momento, quando e onde quer que estivesse."

De Albuquerque, Smith levou Robert — e seus amigos Paul e Francis — até o rancho de um amigo, localizado quarenta quilômetros a nordeste de Santa Fe. Chamado Los Pinos, o lugar era dirigido por Katherine Chaves Page, uma moça de 28 anos. Encantadora e ao mesmo tempo altiva, a jovem acabaria por se tornar uma amiga para o resto da vida. Mas primeiro houve a paixão — Robert ficou intensamente atraído por ela, que acabara de se casar.[66] No ano anterior, Katherine estivera gravemente enferma e, pensando estar à beira da morte, contraíra matrimônio com um inglês, Winthrop Page, que tinha a idade do pai dele. Ela, entretanto, acabou não morrendo. Page, um homem de negócios de Chicago, raramente aparecia no Novo México.

Os Chaves eram uma família aristocrática com profundas raízes no sudoeste da Espanha. O pai de Katherine, dom Amado Chaves, havia construído uma simpática casa de rancho perto do povoado de Cowles, com uma majestosa vista para o rio Pecos e a cordilheira Sangre de Cristo ao norte, com seus picos nevados. Katherine era a "princesa governante"[67] desse reino, e, para o deleite de Robert, ele se descobriu como o cortesão "favorito da moça". Ela se tornou, segundo Fergusson, "uma excelente amiga. [...] Ele lhe trazia flores o tempo todo e a elogiava toda vez que se encontravam".[68]

Naquele verão, Katherine ensinou Robert a andar a cavalo, e logo ele estava explorando os prístinos arredores em cavalgadas que por vezes duravam cinco ou seis dias. Smith ficou estarrecido com a resistência do rapaz e com a enorme adequação sobre o lombo do animal. Apesar dos problemas de saúde e da aparência frágil, Robert parecia saborear os desafios físicos impostos pela montaria, tanto quanto gostava de desafiar o perigo em seu veleiro. Um dia, eles estavam cavalgando de volta do Colorado e Robert insistiu em pegar uma trilha no meio da neve na passagem mais alta das montanhas. Smith tinha certeza de que isso poderia expô-los a uma morte fácil por congelamento, mas Robert estava determinado. Smith propôs que lançassem uma moeda e tirassem cara ou coroa para resolver a questão. "Graças a Deus eu ganhei", recordou ele.[69] "Não sei como iria me safar se não tivesse ganhado." Smith tinha a impressão de que a teimosia de Robert beirava uma atitude suicida. Em todas as atividades com ele, sentia que estava diante de um rapaz que não deixaria a perspectiva da morte "impedi-lo de fazer algo que queria muito fazer".

Smith conhecia Robert desde os 14 anos, portanto sabia que sempre fora um garoto fisicamente frágil e, de certa forma, emocionalmente vulnerável. Naquele momento, porém, vendo-o nas acidentadas montanhas, acampando em condições espartanas, começou a se perguntar se a persistente colite poderia ser psicossomática. Ocorreu-lhe que tais episódios invariavelmente eram desencadeados quando Robert ouvia alguém fazendo comentários "disparatados" sobre os judeus. Talvez ele tivesse desenvolvido o hábito de "varrer um fato intolerável para debaixo do tapete". Era um mecanismo psicológico, pensou Smith, que, "quando levado ao extremo do perigo, o colocava em apuros".

Smith também era versado nas mais recentes teorias freudianas do desenvolvimento infantil e concluiu, a partir das conversas relaxadas de Robert junto à fogueira, que o garoto tinha problemas edipianos pronunciados. "Nunca ouvi dele uma ínfima crítica em relação à mãe", recordou Smith.[70] "E sem dúvida ele era bastante crítico ao pai."

Quando adulto, Robert claramente amou o pai, por quem tinha enorme respeito, e até a morte dele fez o possível e o impossível para acomodá-lo, apresentando-o aos amigos e abrindo espaço para ele em sua vida. Smith, todavia, sentia que, sendo uma criança particularmente tímida e sensível, Robert ficava horrorizado com a afabilidade do pai, por vezes desastrada. Certa noite, junto à fogueira, ele contou a Smith sobre o incidente da câmara frigorífica em Camp Koenig — que, é claro, fora provocado pela reação exagerada do pai à carta que ele escrevera sobre as conversas de teor sexual no acampamento.[71] Quando adolescente, ele foi ficando cada vez mais constrangido com as vestimentas que o pai usava no trabalho, o qual sem dúvida via como uma tradicional ocupação judaica. Tempos depois, Smith recordou que certa vez, durante a viagem ao Oeste em 1922, ele se virou para Robert enquanto empacotavam os pertences e pediu ao amigo que dobrasse um paletó para pôr na mala. "Ele me olhou atravessado", recordou Smith, "e disse: 'Ah, sim. O filho do alfaiate deve saber como se faz, não é?'".[72]

À parte esses rompantes, Smith achava que Robert tinha crescido emocionalmente em magnitude e confiança durante o tempo passado em Los Pinos. E sabia que boa parte do crédito por isso era de Katherine Page. A amizade dela foi extremamente importante. O fato de Katherine e seus amigos aristocratas aceitarem em seu convívio aquele garoto judeu inseguro de Nova York foi de certa forma um divisor de águas em sua vida interior. Ele sem dúvida sabia que era aceito dentro do indulgente útero da comunidade da Cultura Ética em Nova York. Ali, porém, havia a aprovação de pessoas de fora de seu mundo de quem ele gostava. "Pela primeira vez na vida", recordou Smith, "Robert se viu amado, admirado, disputado".[73] Foi um sentimento que ele acalentou. Nos anos seguintes, aprenderia a cultivar as habilidades sociais necessárias para despertar tal admiração.

Certo dia, Robert, Katherine e alguns outros de Los Pinos montaram cavalos de carga e, partindo do povoado de Frijoles, a oeste do rio Grande, cavalgaram para o sul e subiram o planalto Pajarito, a quase 2.300 metros de altitude. Em seguida, cruzaram o Valle Grande, um cânion dentro da caldeira de Jemez, uma cratera vulcânica em forma de bacia com mais de dezoito quilômetros de diâmetro. Virando para nordeste, seguiram por mais seis quilômetros e chegaram ao cânion de Los Alamos, assim batizado por conta dos choupos que se alinhavam ao longo de um riacho que serpenteava pelo vale. Na época, a única habitação humana visível em muitos quilômetros consistia numa espartana escola para meninos, a Los Alamos Ranch School.

Los Alamos, escreveria depois o físico Emilio Segrè ao ver o local, era "uma terra linda e selvagem".[74] Pequenos trechos de prados e pastagens irrompiam em meio a densas florestas de pinheiros e juníperos. A escola-rancho ficava no alto de uma meseta de três quilômetros de extensão, cercada ao norte e ao sul por profundos cânions.[75] Quando Robert visitou a escola pela primeira vez, em 1922, havia apenas cerca de 25 garotos matriculados, a maioria filhos de abastados fabricantes de carros em Detroit. Eles vestiam calças curtas o ano todo e dormiam em alpendres sem aquecimento. Cada garoto era responsável por cuidar de um cavalo, e eram frequentes as excursões para acampar nas montanhas Jemez, ali perto. Robert admirou o lugar — tão contrastante com seu ambiente na Cultura Ética — e nos anos seguintes voltaria repetidas vezes ao solitário planalto.

Robert voltou desse verão apaixonado pela beleza desolada do deserto e das montanhas do Novo México. Quando, alguns meses depois, ouviu que Smith planejava outra viagem para "a terra dos hopis", escreveu a ele: "É óbvio que estou louco de inveja. Vejo-o descendo a cavalo pelas montanhas até o deserto, naquela hora em que a tempestade e o crepúsculo enfeitam o céu; vejo-o no rio Pecos [...] passando a noite sob o luar em Grass Mountain."[76]

2

"Sua prisão separada"

> *A ideia de que eu estava percorrendo uma
> trilha clara revelou-se equivocada.*
> ROBERT OPPENHEIMER

EM SETEMBRO DE 1922, Robert Oppenheimer se matriculou em Harvard. Embora a universidade lhe tenha concedido uma bolsa, ele não a aceitou, "porque eu podia me virar muito bem sem o dinheiro".[1] Em lugar da bolsa, Harvard lhe deu de presente um volume com os primeiros escritos de Galileu. Ele recebeu um quarto privado em Standish Hall, um alojamento para calouros com vista para o rio Charles. Aos 19 anos, Robert era um jovem estranhamente encantador. Cada traço de seu corpo tinha algo extremo. A pele fina e muito branca se esticava sobre as maçãs do rosto. Os olhos eram de um azul muito claro, em contraste com as sobrancelhas de um escuro intenso e lustroso.[2] Ele mantinha o cabelo preto, rebelde e emaranhado, comprido em cima, mas curto dos lados — assim, parecia ainda mais alto do que sua figura de 1,78 metro. Pesava tão pouco — nunca mais de 65 quilos — que transmitia uma impressão de fragilidade. O nariz aquilino, os lábios finos e as orelhas grandes, quase pontudas, acentuavam uma imagem de exagerada delicadeza. Ele falava com perfeita gramaticalidade e a rebuscada polidez europeia que a mãe lhe ensinara. Contudo, ao falar, as mãos longas e finas davam um aspecto retorcido aos gestos. Tinha uma aparência hipnotizante e ligeiramente estranha.

Ao longo dos três anos seguintes, o comportamento dele em Cambridge em nada contribuiu para mitigar a impressão de rapaz estudioso, socialmente inepto e imaturo. Assim como o Novo México abrira a personalidade de Robert, Cambridge o levou de volta às antigas introversões. Em Harvard o intelecto prosperou, mas o desenvolvimento social sofreu uma forte queda; ou assim pareceu àqueles que o conheciam. Harvard era um bazar intelectual, repleto de delícias para a mente, mas não oferecia a Robert nada da orientação cuidadosa e do estímulo constante da experiência obtida na Cultura Ética. Lá ele estava sozinho, então se retraiu para a segurança que seu poderoso intelecto garantia. Parecia incapaz de não ostentar suas excentricidades. A dieta dele com frequência consistia em pouco mais que chocolate, cerveja e alcachofras. O almoço muitas vezes era um "preto e bronze" — uma torrada untada com manteiga de amendoim e calda de chocolate por cima. A maioria dos colegas o considerava desconfiado. Felizmente, Francis Fergusson e Paul Horgan também estavam em Harvard naquele ano, então ele tinha pelo menos duas almas gêmeas. No entanto, fez muito poucos amigos novos. Um deles foi Jeffries Wyman, um rapaz da classe alta de Boston que estava começando os estudos de graduação em biologia. "Ele [Robert] achava a integração social muito difícil", recordou Wyman, "e tenho a impressão de que muitas vezes ficava bastante infeliz. Suponho que era solitário e sentia que não se encaixava [...]. Éramos bons amigos, e ele tinha alguns outros amigos também, mas lhe faltava algo [...] porque nossos contatos eram em grande parte — ou, devo dizer, inteiramente — de base intelectual".[3]

Introvertido e intelectual, Robert já lia autores soturnos como Tchékhov e Katherine Mansfield. Seu personagem favorito de Shakespeare era Hamlet. Horgan lembrou anos depois que "Robert tinha acessos de melancolia e períodos depressivos muito, muito profundos quando jovem. Em algumas ocasiões, parecia ficar emocionalmente incomunicável por um ou dois dias. Aconteceu uma ou duas vezes durante o tempo em que estive com ele. Fiquei muito aflito, porque não tinha ideia do que estava causando aquilo".[4]

Às vezes o gosto de Robert pelo intelectual ia além da mera ostentação. Wyman recordou um dia quente de primavera em que Oppenheimer entrou no quarto dele e disse: "Que calor intolerável! Passei a tarde toda deitado lendo *A teoria dinâmica dos gases*, de Jeans. O que mais se pode fazer num calor desses?"[5] (Quarenta anos depois, Oppenheimer ainda conservava um exemplar gasto e incrustado de sal de *A teoria matemática da eletricidade e do magnetismo*, de James Hopwood Jeans.)

Na primavera do primeiro ano passado em Harvard, Robert estabeleceu uma amizade com Frederick Bernheim, um estudante do preparatório para medicina que se graduara na Escola de Cultura Ética um ano depois dele. Ambos compartilhavam um interesse pela ciência, e, como Fergusson estava em vias de partir para a Inglaterra a fim de desfrutar uma bolsa de estudos Rhodes, Robert logo elevou Bernheim à condição de novo melhor amigo. Ao contrário da maioria dos rapazes em idade universitária — os quais tendem a ter muitos conhecidos e poucas amizades profundas —, as amizades de Robert eram poucas e intensas.

Em setembro de 1923, no começo do segundo ano, ele e Bernheim decidiram alugar quartos adjacentes numa velha casa no número 60 da rua Mount Auburn, perto dos escritórios do jornal estudantil *Harvard Crimson*. Robert decorou o quarto que ocupava com um tapete oriental, pinturas a óleo e gravuras trazidas de casa, e teimava em fazer chá num samovar russo aquecido a carvão. Bernheim não se aborrecia, até achava graça nas excentricidades do amigo: "De certa forma, ele não era confortável tê-lo por perto, porque ele sempre dava a impressão de estar pensando profundamente sobre tudo. Quando moramos juntos, ele passava as noites trancado no quarto, tentando fazer algo com a constante de Planck ou coisa do tipo. Era possível visualizá-lo tornando-se, de repente, um cientista renomado, enquanto eu estava em Harvard apenas tentando passar de ano."

Bernheim achava Robert meio hipocondríaco. "Ele ia para a cama todas as noites com uma almofada elétrica, que um dia começou a soltar fumaça."[6] Robert se levantou e foi correndo até o banheiro com a almofada em chamas. Depois voltou a dormir, sem se dar conta de que a almofada continuava queimando. Bernheim recordou-se de tê-la jogado fora antes que incendiasse a casa toda. Morar com Robert trazia sempre "um pouquinho de tensão", comentou Bernheim, "porque a gente meio que tinha que se ajustar aos padrões e estados de humor dele — era ele quem realmente dominava". Dificuldades à parte, Bernheim morou com Robert nos dois anos restantes em Harvard e deu o crédito ao amigo por tê-lo inspirado na posterior escolha da carreira de pesquisador médico.

Só um outro aluno de Harvard passava com alguma regularidade nos alojamentos de Bernheim e Robert na rua Mount Auburn. William Clouser Boyd conhecera Robert numa aula de química e gostara dele imediatamente. "Tínhamos um monte de interesses em comum além da ciência", recordou Boyd.[7] Ambos tinham tentado escrever poesia, às vezes em francês, e contos breves no estilo de Tchékhov. Robert sempre o chamava de "Clowser", pronunciando de maneira deliberadamente equivocada seu nome do meio. "Clowser" costumava se juntar a Robert e a Fred Bernheim em ocasionais expedições de fim de semana a Cape Ann, a uma hora de carro a nordeste de Boston. Robert ainda não sabia dirigir, então os rapazes iam no Willys Overland de Bernheim e passavam a noite num albergue em Folly Cove, nos arredores de Gloucester, onde a comida era particularmente boa. Boyd pretendia terminar a faculdade em três anos e, como Robert, trabalhava duro para atingir o objetivo. Entretanto, enquanto Robert obviamente passava muitas e longas horas no quarto estudando, Boyd lembrou que "ele tinha muito cuidado para não nos deixar surpreendê-lo fazendo isso".[8] Em matéria de intelecto, achava que Robert era capaz de correr em círculos em volta dele. "Ele tinha uma mente muito rápida. Por exemplo, quando alguém propunha um problema, dava duas ou três respostas erradas, depois a resposta certa, antes que eu conseguisse pensar numa única sequer."

A única coisa que Boyd e Oppenheimer não tinham em comum era a música. "Eu gostava muito de música", recordou Boyd, "mas uma vez por ano ele ia a uma ópera, em geral comigo e com Bernheim, e deixava o teatro depois do primeiro ato. Ele simplesmente não aguentava".[9] Herbert Smith também notou essa peculiaridade, e uma vez disse a Robert: "Você é o único físico que eu conheço que não é uma pessoa musical."

* * *

A PRINCÍPIO, ROBERT NÃO tinha certeza de qual caminho acadêmico seguir. Inscreveu-se numa variedade de cursos sem relação uns com os outros, entre os quais filosofia, literatura francesa, inglês, introdução ao cálculo, história e três cursos de química (análise qualitativa, análise de gases e química orgânica). Considerou brevemente arquitetura, mas, como tinha gostado de estudar grego no ensino médio, também cogitou se tornar um classicista, ou até mesmo poeta ou pintor. "A ideia de que eu estava percorrendo uma trilha clara", recordou ele, "revelou-se equivocada".[10] Todavia, em poucos meses ele decidiu se especializar na primeira paixão: a química. Determinado a se formar em três anos, pegou o número máximo de cursos permitidos: seis. Em cada semestre, no entanto, deu um jeito de frequentar outros dois ou três como ouvinte. Praticamente sem nenhuma vida social, estudava longas horas, embora se esforçasse para ocultá-lo — porque, de algum modo, era importante para ele parecer brilhante sem fazer esforço. Leu todas as 3 mil páginas da história clássica de Gibbon, *Declínio e queda do Império Romano*. Também lia bastante literatura francesa no original e começou a escrever poesia, tendo publicado alguns poemas na revista estudantil *Hound and Horn*. "Quando estou inspirado", escreveu a Herbert Smith, "apenas rascunho versos na página. Como você claramente destacou, eles não são nem dirigidos nem adequados à leitura de ninguém, e impingir esses excessos masturbatórios aos outros seria um crime. Vou enfiá-los na gaveta por um tempo, mas, se você quiser vê-los, posso enviá-los".[11] Naquele ano foi publicado *A terra devastada*, de T. S. Eliot. Quando leu o poema, Robert se identificou instantaneamente com o esparso existencialismo do poeta, uma vez que as respectivas poesias lidavam com temas de tristeza e solidão. No começo da estada em Harvard, ele escreveu os seguintes versos:

A aurora investe nossa substância com o desejo
E a lenta luz nos trai, e nossa melancolia:
Quando o açafrão celeste
Desaparece e se torna incolor,
E o sol
Se tornou estéril, e o fogo crescente
Nos impele a nos levantarmos
Encontramo-nos de novo
Cada um em sua prisão separada
Prontos, desesperançados
Para negociação
Com outros homens.[12]*

---

* The dawn invests our substance with desire/ And the slow light betrays us, and our wistfulness:/ When the celestial saffron/ Is faded and grown colorless/ And the sun/ Gone sterile, and the growing fire/ Stirs us to waken/ We find ourselves again/ Each in his separate prison/ Ready, hopeless/ For negotiation/ With other men.

A cultura política de Harvard no começo da década de 1920 era decididamente conservadora. Logo depois da chegada de Robert, a universidade impôs uma cota para restringir o número de estudantes judeus. (Em 1922, a população de alunos judeus havia crescido para 21%.) Em 1924, o *Harvard Crimson* reportou na primeira página que o ex-presidente da universidade Charles W. Eliot havia declarado publicamente sua "infelicidade" diante do número crescente de casamentos da "raça judaica" com cristãos. Poucos casamentos desse tipo prosperavam, disse ele, e, como os biólogos haviam determinado a "predominância" dos judeus, os filhos de tais enlaces "se parecerão apenas com os judeus".[13] E, ainda que Harvard aceitasse alguns negros, o então presidente, A. Lawrence Lowell, se recusava terminantemente a permitir que morassem nos alojamentos de calouros com os brancos.

Oppenheimer não era alheio a esses temas. Na verdade, no começo daquele outono de 1922, entrara para o Clube de Estudantes Liberais, fundado três anos antes como um fórum de discussão de questões políticas e acontecimentos atuais. Nos primeiros anos, o clube atraiu grandes audiências, com oradores como o jornalista liberal Lincoln Steffens, Samuel Gompers, da Federação Americana do Trabalho, e o pacifista A. J. Muste. Em março de 1923, o clube se opôs formalmente às políticas de admissão discriminatórias da universidade.[14] Embora o clube fosse conhecido por defender opiniões radicais, Robert não ficou impressionado e escreveu a Smith sobre a "pomposidade asinina do Clube Liberal".[15] Nesse primeiro contato com a política organizada, ele se sentiu "muito como um peixe fora d'água". Não obstante, certo dia, enquanto almoçava nas dependências do clube no número 66 da rua Winthrop, foi apresentado a um aluno de último ano, John Edsall, que rapidamente o convenceu a ajudá-lo a editar uma nova revista estudantil. Recorrendo a seu grego, Robert convenceu o colega a intitular a revista *The Gad-Fly* — a capa reproduzia uma citação em grego na qual Sócrates era descrito como a "mutuca" [*gad-fly*] dos atenienses. O primeiro número da revista saiu em dezembro de 1922, e Robert apareceu nos créditos como editor associado. Ele recordou ter escrito alguns artigos não assinados, mas a *Gad-Fly* não se consolidou e só teve quatro números. No entanto, a amizade de Robert com Edsall continuou.

No fim do ano de calouro em Harvard, Robert concluiu que havia cometido um erro ao escolher química como disciplina principal. "Não lembro como acabei percebendo que aquilo de que eu mais gostava em química era muito próximo da física", disse tempos depois.[16] "É óbvio que, se você estivesse lendo físico-química e começasse a se deparar com ideias de termodinâmica e mecânica estatística, ia querer saber sobre essas matérias. [...] É uma situação muito estranha, pois nunca tive um curso elementar de física." Embora comprometido com a especialização em química, naquela primavera ele fez uma petição ao Departamento de Física solicitando que reconhecessem sua graduação, o que lhe permitiria cursar disciplinas de física avançada. Para demonstrar que sabia algo de física, listou quinze livros que teria lido. Anos depois, ouviu dizer que, quando a comissão docente se reuniu para considerar sua petição, um professor, George Washington Pierce, fez graça: "Obviamente, se ele [Oppenheimer] diz que leu todos esses livros, não passa de um mentiroso. Mas deveria receber um doutorado pelo simples fato de saber os títulos."[17]

O principal tutor de Robert em física veio a ser Percy Bridgman (1882-1961), mais tarde laureado com o prêmio Nobel. "Bridgman foi um professor excelente, porque nunca estava realmente conformado com o fato de as coisas serem do jeito que são e voltava sempre a examiná-las", lembrou Oppenheimer.[18] "Um aluno muito inteligente", disse Bridgman posteriormente de Oppenheimer. "Sabia o suficiente para fazer perguntas." Contudo, quando encarregado de um experimento de laboratório que exigia a produção de uma liga de cobre-níquel num forno de construção própria, Oppenheimer "não soube distinguir uma extremidade do ferro de solda da outra". Era tão desajeitado com o galvanômetro que seus delicados suportes tinham que ser substituídos toda vez que ele usava o aparelho. Mesmo assim, Robert mostrou persistência, e Bridgman achou os resultados interessantes o suficiente para publicá-los numa revista científica. Robert era ao mesmo tempo precoce e, às vezes, irritantemente impertinente. Certa noite, Bridgman o convidou para tomar chá na casa dele. No decorrer da noite, mostrou ao aluno a fotografia de um templo construído, segundo ele, em torno de 400 a.C., em Segesta, na Itália. Oppenheimer rapidamente discordou: "A julgar pelos capitéis das colunas, o templo foi construído cerca de cinquenta anos antes."[19]

Quando o famoso físico dinamarquês Niels Bohr deu duas palestras em Harvard em outubro de 1923, Robert fez questão de comparecer a ambas.[20] Bohr recebera o prêmio Nobel no ano anterior por "suas investigações da estrutura dos átomos e da radiação que emana deles". Oppenheimer posteriormente diria que "não há exagero no quanto venero Bohr".[21] Mesmo nessa ocasião, na primeira vez que viu o homem, ficou profundamente comovido. Na sequência das palestras, o professor Bridgman observou que "a impressão que ele [Bohr] causou em todo mundo que o conheceu foi singularmente agradável do ponto de vista pessoal. Raras vezes encontrei um homem com tão evidente clareza de propósito e tão aparentemente livre de malícia [...] ele agora é idolatrado como um deus científico na maior parte da Europa".

A abordagem de Oppenheimer para o estudo da física era eclética, até desorganizada. Ele focalizava os problemas abstratos mais interessantes da área, contornando a monotonia da parte básica. Anos depois, confessou que se sentia inseguro em relação às lacunas em seu conhecimento. "Até hoje", disse numa entrevista de 1963, "entro em pânico quando penso num anel de fumaça ou em vibrações elásticas. Não há nada ali — só uma fina pele cobrindo um buraco. Do mesmo modo minha formação matemática era, até mesmo para aquela época, muito primitiva. [...] Fiz um curso de [J. E.] Littlewood sobre teoria dos números — bem, foi proveitoso, mas realmente não era como aprender matemática para uma investigação profissional da física".[22]

Quando Alfred North Whitehead chegou ao *campus*, só Robert e um outro aluno de graduação tiveram coragem de se inscrever para um curso com o filósofo e matemático. Arduamente, abriram caminho através dos três volumes do *Principia mathematica*, escrito por Whitehead em coautoria com Bertrand Russell. "Tive momentos de muita empolgação", contou Oppenheimer, "lendo o *Principia* com Whitehead, que tinha se esquecido dele, a tal ponto que era ao mesmo tempo professor e aluno".[23] Apesar da experiência, Oppenheimer sempre se considerou deficiente em matemática. "Nunca aprendi muito. Provavelmente aprendi um bocado por um método que nunca recebe o merecido crédito, isto é, estando com pessoas. [...] Eu deveria ter aprendido mais. Acho que teria gostado, mas fazia parte da minha impaciência ser descuidado em relação a ela."

Mesmo com lacunas na educação, no entanto, ele admitiu a Paul Horgan que Harvard lhe fazia bem. No outono de 1923, Robert escreveu uma carta satírica ao amigo na qual falava sobre si mesmo na terceira pessoa: "[Oppenheimer] cresceu e se tornou um homem, e você não tem ideia de quanto Harvard o modificou. Receio que não faça bem para a alma dele estudar tanto. Ele diz as coisas mais *terríveis*. Uma noite dessas estávamos discutindo e eu perguntei: 'Você acredita em Deus, não acredita?' E ele: 'Eu acredito na segunda lei da termodinâmica, no Princípio de Hamilton, em Bertrand Russell e, por incrível que pareça, em Siegfried [*sic*] Freud.'"[24]

Horgan achava Robert fascinante e encantador. Ele próprio era um jovem brilhante e no curso de sua longa vida acabaria por escrever dezessete romances e vinte trabalhos de história, ganhando duas vezes o prêmio Pulitzer. Contudo, sempre haveria de encarar Oppenheimer como um polímata raro e valioso. "Leonardos e Oppenheimers são raros", escreveu ele em 1988, "mas o maravilhoso amor pela compreensão e a projeção que fazem dela, tanto como conhecedores privados quanto realizadores históricos, ao menos nos oferecem um ideal para considerar e pelo qual podemos nos medir".[25]

DURANTE OS ANOS EM Harvard, Robert manteve uma correspondência frequente com Herbert Smith, seu professor na Escola de Cultura Ética e guia no Novo México. No inverno de 1923, tentou transmitir com elaborada ironia como era a vida que levava em Harvard. "Com muita generosidade, você pergunta o que eu faço", escreveu.[26] "Além das atividades expostas na distinta nota da semana passada, eu trabalho e escrevo inúmeras teses, notas, poemas, histórias e lixo; vou até a biblioteca de matemática e leio, depois até a biblioteca de filosofia, e divido meu tempo entre *Minherr* [Bertrand] Russell e a contemplação de uma bela e adorável dama que está escrevendo uma tese sobre Spinoza — isso não é encantadoramente irônico? Preparo fedores em três laboratórios diferentes, escuto [o professor Louis]

Allard fofocar sobre Racine, sirvo chá e falo de forma culta com algumas almas perdidas, saio no fim de semana para destilar energia de baixo nível em risos e exaustão, leio grego, cometo deslizes, vasculho minha escrivaninha em busca de cartas e gostaria de estar morto. *Voilà*."

Humor sombrio à parte, Robert sofria de episódios depressivos.[27] Alguns eram provocados pelas visitas da família a Cambridge. Fergusson recordou um jantar com Robert e alguns de seus parentes — não os pais — no qual o amigo foi ficando visivelmente verde pelo esforço de ser polido. Depois de situações desse tipo, Robert arrastava Fergusson para caminhadas quilométricas pelas calçadas, falando o tempo todo em sua peculiar voz baixa sobre algum problema de física. Caminhar era a única terapia para ele. Fred Bernheim se lembrou de ter caminhado durante uma noite de inverno até as três horas da manhã. Numa dessas caminhadas, alguém desafiou os rapazes a pular no rio. Robert e pelo menos um de seus amigos tiraram a roupa e mergulharam na água gelada.

Em retrospecto, todos os amigos de Robert notaram que naqueles anos ele parecia lutar com demônios internos. "Minha sensação em relação a mim mesmo", disse tempos depois Oppenheimer acerca desse período de sua vida, "era sempre de extremo descontentamento. Eu tinha pouca sensibilidade para os seres humanos, muito pouca humildade perante as realidades do mundo".[28]

Desejos sexuais não realizados certamente estavam por trás de alguns dos problemas de Robert. Aos 20 anos, ele não era o único, é claro. Poucos de seus amigos tinham uma vida social que incluísse mulheres. E nenhum deles se lembra de Robert alguma vez ter levado uma mulher para um encontro. Wyman recordou que eles estavam "apaixonados demais"[29] pela vida intelectual "para pensar em garotas. [...] Estávamos todos vivendo uma série de casos amorosos [com ideias,] [...] mas talvez nos faltassem algumas das formas mais mundanas de amor que tornam a vida mais fácil". Robert sem dúvida sentia uma profusão de desejos sexuais, como evidenciam alguns dos poemas decididamente eróticos que escreveu durante esse período:

> *Esta noite ela veste uma capa de pele de foca*
> *diamantes negros reluzentes onde a água cobre as coxas*
> *e perniciosos vislumbres conspiram para surpreender*
> *uma palpitação tolerando a ânsia de estupro.*[30]*

No inverno de 1923-24, ele escreveu o que chamou de "meu primeiro poema de amor" — para homenagear a "bela e adorável dama que está escrevendo uma

---

* *Tonight she wears a sealskin cape/ glistening black diamonds where the water swathes her thighs/ and noxious glints conspire to surprise/ a pulse condoning eagerness with rape.*

tese sobre Spinoza". Ele contempla a mulher misteriosa de longe na biblioteca, mas aparentemente nunca fala com ela.

> *Não, sei que houve outros que leram Spinoza,*
> *Até mesmo eu;*
> *Outros que cruzaram seus braços brancos*
> *Em torno das fuscas páginas;*
> *Outros puros demais para espiar, mesmo por um segundo,*
> *Além do sacro esfíncter de sua erudição.*
> *Mas o que é tudo isso para mim?*
> *Você deve vir, digo eu, e ver as gaivotas do mar,*
> *Douradas no sol poente;*
> *Você deve vir e falar comigo e me contar por que,*
> *Neste mesmo mundo, pequenos chumaços brancos de nuvem —*
> *Como algodão se movendo, se quiser, ou lingerie,*
> *Já ouvi isso antes —*
> *Pequenos chumaços brancos de nuvem deveriam flutuar calmamente*
> *através do límpido céu,*
> *E você deveria se sentar, pálida, num vestido negro que teria agraciado*
> *A severa consciência ascética de um beneditino,*
> *E ler Spinoza, e deixar o vento soprar as nuvens,*
> *E deixar eu me afogar em um êxtase de escassez...*
>
> *Bem, e se eu esquecer,*
> *Esquecer Spinoza e sua constância,*
> *Esquecer tudo, até que permaneçam comigo*
> *Apenas uma leve meia esperança e um meio arrependimento*
> *E as incontáveis faixas do mar?*[31]*

Incapaz de iniciar uma relação, ele se mantinha distante, esperançoso, como diz o poema, de que a moça desse o primeiro passo: "Você deve vir e falar comigo." Ele sentia "uma leve meia esperança e um meio arrependimento". Essa mistura de

---

* No, I know that there have been others who have read Spinoza,/ Even I:/ Others who have crossed their white arms/ Across the umber pages;/ Others too pure to glance, even a second,/ Beyond the sacred sphincter of their erudition./ But what is all that to me?/ You must come, I say, and see the sea gulls,/ Gold in the late sun;/ You must come and talk to me and tell me why/ In this same world, little white puffs of cloud —/ Like cotton batting, if you will, or lingerie,/ I have heard that before —/ Little white puffs of cloud should float so quietly across the/ Cleanly sky,/ And you should sit, pale, in a black dress that would have graced/ The stern ascetic conscience of a Benedict,/ And read Spinoza, and let the wind blow the clouds by,/ And let me drown myself in an ecstasy of dearth...// Well, what if I do forget,/ Forget Spinoza and your constancy,/ Forget everything, till there stays with me/ Only a faint half hope and half regret/ And the unnumbered stretches of the sea?

emoções intensas não é incomum para um rapaz em processo de amadurecimento. Alguém, no entanto, precisava dizer a Robert que ele não estava sozinho.

Vezes e mais vezes, sempre que estava angustiado, Robert se voltava para seu velho professor em busca de ajuda. No fim do inverno de 1924, ele escreveu a Smith em meio a uma grande "aflição" causada por alguma crise emocional. Essa carta não sobreviveu, mas temos a resposta dada por ele à missiva de apoio enviada por Smith. "Acho que o que mais me acalmou", escreveu Robert, "é que você percebeu na minha aflição uma certa semelhança com algo que você próprio sofreu; nunca me ocorreu que a situação de alguém que até hoje me parecia sob todos os aspectos tão impecável e invejável pudesse ter sido de algum modo comparável à minha. [...] Falando de maneira abstrata, sinto que é uma pena terrível que deva haver tantas pessoas boas que não vou conhecer, tantas alegrias perdidas. Mas você tem razão. Pelo menos para mim o desejo não é uma necessidade — é uma impertinência".[32]

No fim do primeiro ano de Robert em Harvard, o pai lhe arranjou um emprego de verão num laboratório em Nova Jersey. Mas ele se entediou. "O emprego e as pessoas são burgueses, preguiçosos e sem vida", escreveu para Francis Fergusson, que estava de volta ao adorável rancho Los Pinos.[33] "Há pouco trabalho e nada para quebrar a cabeça [...] como o invejo! [...] Francis, você me sufoca de angústia e desespero; tudo que posso fazer é admitir à minha hierarquia de imutabilidades físico-químicas o *Amor vincit omnia* de Chaucer." Os amigos de Robert estavam acostumados a essa linguagem florida. "Tudo que ele pega", observou Francis posteriormente, "ele exagera". Paul Horgan também recordou "a tendência barroca de exagerar" do amigo. Seja como for, Robert largou o emprego no laboratório e passou o mês de agosto em Bay Shore, grande parte do tempo velejando com Horgan, que concordara em passar as férias com ele.

EM JUNHO DE 1925, depois de apenas três anos de estudos, Robert se graduou *summa cum laude* com um bacharelado em química. Ele foi incluído na lista do reitor, um reconhecimento de excelência, além de ser um dos trinta alunos escolhidos para integrar a Phi Beta Kappa.[34] Em tom irônico, escreveu para Herbert Smith naquele ano: "Mesmo nos últimos estágios de afasia senil, não direi que a educação, no sentido acadêmico, foi apenas secundária quando eu estava na faculdade. Leio de cinco a dez grandes livros científicos por semana e finjo fazer pesquisa. Ainda que no fim eu tenha que me satisfazer com testes de pasta de dentes, não quero saber até que tenha acontecido."[35]

Testar pastas de dentes dificilmente seria o futuro provável de um graduado em Harvard, que naquele ano cursara disciplinas como química de coloides, história da Inglaterra de 1688 até o presente, introdução à teoria de funções potenciais e a equação de Laplace, teoria analítica do calor e problemas de vibrações inelásticas e teoria matemática da eletricidade e do magnetismo. Entretanto, décadas depois,

Oppenheimer olharia para trás, para os anos de graduação, e confessaria: "Embora gostasse de trabalhar, tentei fazer muita coisa ao mesmo tempo e por pouco me safei; tirei A em todos esses cursos e acredito que não merecia."[36] Ele achava que tinha adquirido uma "familiaridade muito rápida, superficial e entusiasmada com algumas partes da física, com tremendas lacunas e, muitas vezes, tremenda falta de prática e disciplina".

Deixando de lado as cerimônias formais, Robert e dois amigos, William C. Boyd e Frederick Bernheim, comemoraram privadamente a formatura com álcool de laboratório num alojamento estudantil. "Boyd e eu ficamos de porre", recordou Bernheim.[37] "Robert, se não me engano, tomou apenas um drinque e se retirou." Nesse mesmo fim de semana, Robert levou Boyd até a casa de praia em Bay Shore e velejou com seu adorado *Trimethy* até Fire Island. "Tiramos a roupa", lembrou Boyd, "e andamos pela praia de um lado para outro a fim de pegar um bronzeado". Robert poderia ter ficado em Harvard — foi-lhe oferecida uma bolsa de pós--graduação —, mas já tinha ambições mais elevadas. Formara-se em química, mas era a física que o chamava, e ele sabia que, no mundo da física, Cambridge, na Inglaterra, estava "mais perto do centro".[38] Na esperança de que o eminente físico neozelandês Ernest Rutherford — celebrado como o homem que desenvolvera pela primeira vez, em 1911, um modelo do átomo nuclear — o abrigasse sob sua asa, Robert persuadiu seu professor de física Percy Bridgman a escrever uma carta de recomendação. Nessa carta, Bridgman escreveu com toda a franqueza que Oppenheimer tinha um "poder de assimilação incrivelmente prodigioso" e que "a fraqueza está no lado experimental. A mentalidade dele é analítica, não física, por isso não se sente à vontade no laboratório. [...] Não sei dizer ao certo se Oppenheimer poderá oferecer alguma contribuição real de caráter importante, mas, caso se saia bem, acredito que será um sucesso bastante incomum".

Bridgman então encerrava a carta com comentários — não inusitados para a época e o lugar — sobre a herança judaica de Oppenheimer. "Como se pode depreender pelo nome, Oppenheimer é judeu, mas não tem de todo as qualificações habituais de sua raça. É um rapaz alto, bem constituído, com modos acanhados, e penso que o senhor não deve hesitar por nenhuma razão desse tipo em considerar o pedido."[39]

Na esperança de que a recomendação de Bridgman lhe abrisse as portas para o laboratório de Rutherford, Robert passou o mês de agosto em seu adorado Novo México. De maneira significativa, levou consigo os pais e os apresentou a seus poucos hectares de paraíso. Os Oppenheimer se hospedaram por um tempo em Bishop's Lodge, nos arredores de Santa Fe, e então viajaram para o norte até o rancho Los Pinos, de Katherine Page. "Meus pais estão realmente gostando do lugar", escreveu Robert com óbvio orgulho para Herbert Smith, "e começando a andar a cavalo. Curiosamente, apreciam a cortesia frívola do rancho".

Junto com Paul Horgan, de férias de Harvard durante o verão, e o irmão, Frank, que estava com 13 anos, Robert saiu para uma grande excursão a cavalo pelas montanhas. Horgan se lembra de alugar cavalos em Santa Fe e cavalgar com Robert pela trilha de Lake Peak, atravessando a cordilheira Sangre de Cristo e descendo até o povoado de Cowles: "Chegamos ao cume da cordilheira no exato momento em que caiu uma tremenda tempestade [...] uma chuva imensa, torrencial. Nós nos sentamos debaixo dos cavalos para almoçar e comemos laranjas, estávamos encharcados. [...] Olhei para Robert e percebi de repente que o cabelo dele estava em pé, reagindo à estática. Foi maravilhoso."[40] Quando finalmente chegaram a Los Pinos, depois de escurecer, as janelas de Katy Page estavam iluminadas. "Foi uma deliciosa visão de boas-vindas", disse Horgan. "Ela nos recebeu e tivemos ali alguns dias maravilhosos. A partir de então, só se referia a nós como seus mordomos. 'Lá vêm os meus mordomos.'"

Enquanto a sra. Oppenheimer ficava sentada na protegida sombra da varanda do rancho, Page e seus "mordomos" saíam para cavalgadas de dia inteiro nas montanhas dos arredores. Numa dessas expedições, Robert encontrou um pequeno lago na encosta oriental do pico de Santa Fe Baldy que não estava no mapa e o batizou de Katherine.

Foi provavelmente numa dessas longas excursões a cavalo que ele fumou tabaco pela primeira vez. Page ensinara os rapazes a montar com leveza, carregando o mínimo de coisas. Certa noite, na trilha, Robert se viu sem comida, e alguém lhe ofereceu um cachimbo para aliviar o desconforto da fome. Depois, tabaco de cachimbo e cigarros se tornaram um vício para a vida toda.[41]

Ao retornar a Nova York, Robert abriu a correspondência e descobriu que Ernest Rutherford o havia rejeitado. "Ele não me quis", recordou Oppenheimer.[42] "Não tinha um bom conceito a respeito de Bridgman e minhas credenciais eram peculiares." No entanto, Rutherford encaminhara uma solicitação ao célebre J. J. Thomson, que o precedera na direção do Laboratório Cavendish. Aos 69 anos, Thomson, que recebera o Nobel de Física em 1906 pelo trabalho na detecção do elétron, já tinha passado do auge como físico atuante. Em 1919, renunciara às responsabilidades administrativas e em 1925 ia esporadicamente ao laboratório para orientar algum aluno. Robert, no entanto, ficou muito aliviado quando soube que Thomson concordara em supervisionar seus estudos. Ele escolhera a física como vocação e confiava que o futuro da disciplina — e o dele próprio — estava na Europa.

3

"Estou passando por maus momentos"

*Não estou bem, e receio ir vê-lo agora por medo
de que algo melodramático possa acontecer.*
ROBERT OPPENHEIMER, 23 DE JANEIRO DE 1926

HARVARD HAVIA SIDO UMA experiência ambígua para Robert. Ao mesmo tempo que ele crescera intelectualmente, suas experiências sociais deixaram a vida emocional dele em um estado de tensão. As rotinas diárias e estruturadas da graduação haviam lhe proporcionado um escudo protetor — mais uma vez, ele fora um astro na sala de aula. O escudo, porém, tinha desaparecido, e ele passaria por uma série de crises existenciais quase desastrosas, que teriam início naquele outono e se prolongariam até a primavera de 1926.

Em meados de setembro de 1925, Robert embarcou num navio com destino à Inglaterra.[1] Ele e Francis Fergusson tinham combinado de se encontrar no pequeno vilarejo de Swanage, em Dorsetshire, no sudoeste da Inglaterra. Fergusson passara o verão inteiro viajando com a mãe pela Europa, portanto ansiava por alguma companhia masculina. Durante dez dias fizeram caminhadas ao longo dos penhascos junto à costa, compartilhando suas aventuras mais recentes. Embora não tivessem se visto por dois anos, haviam mantido contato por correspondência e permaneceram próximos.

"Quando o encontrei na estação", escreveu Fergusson mais tarde, "ele parecia mais autoconfiante, forte e saudável [...] estava bem menos constrangido com a mãe. Isso, descobri depois, era porque quase tinha conseguido se apaixonar por uma atraente não judia no Novo México".[2] Ainda assim, aos 21 anos, Robert "estava completamente perdido em relação à vida sexual".[3] No que lhe dizia respeito, Fergusson revelou "a ele todas as coisas que tinham me dado prazer, e sobre as quais tive que ficar calado". Em retrospecto, porém, Fergusson achou que tinha exagerado no desabafo: "Fui muito estúpido e cruel ao repassar [essas coisas] com Robert em detalhes, terminando por completar o que Jean [uma amiga] teria chamado de estupro mental de primeira classe."[4]

Àquela altura Fergusson tinha passado dois anos inteiros como bolsista Rhodes em Oxford. Francis sempre fora mais maduro que Robert, que se via então ofuscado pela tranquilidade e pelo verniz social do amigo. Para começar, Francis tivera uma namorada por três anos — uma moça que Robert conhecera na Escola de Cultura Ética chamada Frances Keeley. Robert também ficou impressionado com a autoconfiança exibida por Fergusson ao abandonar os estudos de biologia para se dedicar à primeira paixão: a literatura e a poesia. Ele circulava em rodas sociais da elite, visitando famílias inglesas abastadas em suas casas de campo. Robert se descobriu invejoso da florescente sofisticação do amigo. Eles se despediram — um foi para Oxford e o outro para Cambridge — com promessas de um novo encontro no feriado de Natal.

A CHEGADA DE ROBERT ao Laboratório Cavendish, em Cambridge, coincidiu com uma época de grande empolgação no mundo da física. No começo da década de 1920, alguns físicos europeus — entre os quais Niels Bohr e Werner Heisenberg — estavam elaborando uma teoria que chamavam de física quântica (ou mecânica quântica). Em poucas palavras, a física quântica é o estudo das leis que se aplicam ao comportamento de fenômenos em escala muito pequena, a escala das moléculas e dos átomos. A teoria quântica logo substituiria a física clássica no estudo de fenômenos subatômicos, tais como um elétron orbitando em torno do núcleo de um átomo de hidrogênio.[5]

No entanto, se eram "tempos quentes" para os físicos na Europa, Oppenheimer e muitos outros físicos norte-americanos consagrados estavam alheios a isso. "Eu ainda era, no mau sentido da palavra, um estudante", recordou Oppenheimer.[6] "Não aprendi nada sobre mecânica quântica até chegar à Europa. Não aprendi nada sobre o spin do elétron até chegar à Europa. Não creio que essas coisas fossem realmente conhecidas nos Estados Unidos na primavera de 1925, e, em todo caso, eu não estava ciente de nada."

Robert se instalou num deprimente apartamento que mais tarde chamou de "buraco miserável". Fazia todas as refeições na faculdade e passava os dias num canto do laboratório de J. J. Thomson, no porão do edifício, tentando produzir filmes finos de berílio para usar no estudo dos elétrons. Era um processo laborioso que exigia a evaporação do berílio sobre o colódio; depois, o colódio precisava ser cuidadosamente descartado. Inepto e desajeitado nesse trabalho meticuloso, Robert logo se viu evitando o laboratório. Em vez disso, passava o tempo assistindo a seminários e lendo revistas de física. Contudo, se o trabalho de laboratório era "uma enganação", ainda assim lhe ofereceu a oportunidade de conhecer físicos como Rutherford, Chadwick e C. F. Powell. "Conheci Blackett e gostei muito dele", recordou Oppenheimer décadas depois.[7] Patrick Blackett — que viria a ganhar o prêmio Nobel de Física em 1948 — logo se tornou um de seus tutores. Um inglês alto, elegante e abertamente socialista, Blackett completara a graduação em física em Cambridge apenas três anos antes.

Em novembro de 1925, Robert escreveu a Fergusson para dizer que "o lugar é muito rico, cheio de saborosos tesouros; e, embora eu seja totalmente incapaz de tirar proveito deles, ainda assim tenho a chance de ver muita gente, e algumas pessoas boas. Com toda a certeza há bons físicos aqui — os jovens, quero dizer. [...] Já fui levado para todo tipo de encontros: matemática avançada no Trinity College, uma reunião pacifista secreta, um clube sionista, além de vários clubes de ciência bastante insípidos. Mas não vi ninguém aqui com alguma utilidade que não esteja fazendo ciência".[8] Ele então abandonou a bravata e confessou: "Estou passando por maus momentos. O trabalho no laboratório é uma chatice terrível, e sou tão desajeitado nesse aspecto que é impossível sentir que estou aprendendo alguma coisa [...] as aulas são um horror."

As dificuldades no laboratório eram agravadas pelo estado emocional em que ele se encontrava, cada vez pior. Certo dia, Robert se percebeu fitando um quadro-negro vazio com um pedaço de giz na mão, murmurando repetidamente: "A questão é que, a questão é que, a questão é que..."[9] Jeffries Wyman, o amigo de Harvard que também estava em Cambridge naquele ano, detectou sinais de angústia. Um dia, ao entrar no quarto, encontrou-o deitado no chão, gemendo e rolando de um lado para outro. Segundo o relato de Wyman, Oppenheimer "se sentia tão miserável em Cambridge, tão infeliz, que às vezes se deitava no chão e ficava rolando. Foi ele mesmo quem me disse isso".[10] Em outra ocasião, Rutherford viu Oppenheimer desabar no chão do laboratório.[11]

Tampouco havia qualquer consolo no fato de alguns dos amigos mais próximos de Robert estarem se encaminhando para uma vida doméstica precoce.[12] O colega de alojamento em Harvard, Fred Bernheim, também estava em Cambridge e conhecera uma mulher que em breve se tornaria sua esposa. Robert via que sua amizade com Bernheim estava, previsivelmente, se esvaindo. "Há algumas complicações terríveis com Fred", disse Oppenheimer a Fergusson, "e tivemos uma noite horrorosa duas semanas atrás, no Moon. Eu não o vi desde então e fico vermelho quando penso nele. E numa confissão dostoievskiana que me fez".[13]

Robert exigia muito dos amigos, e por vezes tais exigências eram simplesmente excessivas. "De certa forma", recordou Bernheim, "foi um alívio. [...] A intensidade e a agitação dele sempre me provocaram um leve desconforto".[14] Bernheim se sentia exaurido na presença de Robert, que tentou obstinadamente ressuscitar a amizade, até que Bernheim, por fim, lhe comunicou que ia se casar e por isso "não podemos restabelecer o que vivemos em Harvard". Robert ficou mais perplexo que ofendido com a ideia de que alguém que conhecera tão bem pudesse decidir escapar de sua órbita. De forma similar, ficou estarrecido quando soube do casamento precoce de Jane Didisheim, outra colega da Escola de Cultura Ética. Robert sempre gostara de Jane e pareceu surpreso com o fato de que uma mulher na idade dela já pudesse estar casada (com um francês) e grávida.[15]

No fim daquele período letivo de outono, Fergusson concluiu que Robert sofria de um "caso de depressão de primeira classe".[16] Os pais também tinham algum indício de que o filho estava em crise. Segundo Fergusson, a depressão de Robert "era agravada e ainda mais particularizada pela luta que ele travava com a mãe". Ella e Julius insistiam, então, em atravessar o Atlântico para estar junto do filho problemático. "Ele a queria por perto", escreveu Fergusson em seu diário, "mas sentia que devia desestimulá-la a vir. [...] Assim, quando embarcou no trem para Southampton, onde deveria encontrá-la, estava explodindo numa espécie de revolução selvagem".

Fergusson testemunhou apenas alguns dos acontecimentos extraordinários que se seguiram naquele inverno. Entretanto, muitos dos detalhes que registrou só podiam ter vindo de Robert — e é bem possível, na verdade é quase certo, que, ao relatar suas experiências, Robert tenha permitido que sua vívida imaginação colorisse as narrativas. O "Relato das Aventuras de Robert Oppenheimer na Europa", de Fergusson, é datado de "fevereiro de 1926", e o contexto sugere que foi mesmo escrito nesse mês. Em todo caso, Fergusson não revelou as confidências do amigo até que se tivessem passado muitos anos desde a morte de Robert.

Segundo o relato de Fergusson, um episódio ocorrido a bordo do trem indicava que Robert estava perdendo o controle emocional. "Ele se viu num vagão de terceira classe com um homem e uma mulher fazendo amor [se beijando e talvez se acariciando, presumimos] e, embora tentasse ler sobre termodinâmica, não conseguia se concentrar. Quando o homem saiu, ele [Robert] beijou a mulher. Ela não pareceu muito surpresa. [...] Mas ele foi tomado de remorso na mesma hora, caiu de joelhos e, em lágrimas, implorou-lhe perdão."[17] Recolhendo às pressas a bagagem, o rapaz fugiu da cabine. "Suas reflexões foram tão amargas que, na saída da estação, quando estava descendo as escadas e viu a mulher um pouco mais abaixo, sentiu-se instigado a jogar a mala na cabeça dela. Por sorte, errou a pontaria." Assumindo que Fergusson tenha relatado acuradamente a história que lhe foi contada, parece claro que Robert estava tomado por alguma fantasia. Ele quis beijar a mulher. Será que beijou? Ou não? O que aconteceu exatamente naquela cabine é incerto. Contudo, o episódio sobre a saída da estação com certeza não aconteceu, embora Robert tenha tido a necessidade de dizer o contrário a Fergusson. Ele estava com problemas; estava perdendo o controle, e o relato fantástico expressava a angústia que sentia.

Nesse estado de agitação, Robert seguiu até o porto em que receberia os pais. A primeira pessoa que viu na prancha de desembarque não foi nem Ella nem Julius, mas Inez Pollak, uma colega de classe da Escola de Cultura Ética. Eles haviam trocado cartas enquanto ela estudava na Vassar, e Robert a via ocasionalmente em Nova York durante as férias. Décadas depois, numa entrevista, Fergusson disse ter pensado que Ella "providenciara[18] para que uma moça que Robert tinha conhecido em Nova York fosse junto com eles [para a Inglaterra], e tentara unir os dois, sem sucesso".

Em seu "diário", Fergusson escreveu que, ao ver Inez na prancha de desembarque, o primeiro impulso de Robert foi dar meia-volta e sair correndo. "Naquele instante, seria difícil", escreveu Fergusson, "dizer quem estava mais aterrorizado, se Inez ou Robert". De sua parte, Inez aparentemente via em Robert uma válvula de escape para a vida que levava em Nova York, atormentada pela mãe. Ella concordara em levá-la até a Inglaterra pensando que Inez talvez pudesse ajudar a distrair o filho da depressão. Ao mesmo tempo, porém, segundo Fergusson, a via como "ridiculamente indigna" de Robert, e, logo que ele começou a manifestar um interesse real por ela, chamou-o de lado e contou como "fora cansativo para Inez fazer a viagem".

Apesar de tudo, Inez acompanhou os Oppenheimer até Cambridge. Robert se ocupava de sua física, mas durante as tardes começou a levá-la para longos passeios pela cidade. De acordo com Fergusson, pôs em curso um movimento automático de cortejo. Ele "fez uma imitação muito boa, basicamente retórica, de estar apaixonado por ela. Ela respondeu do mesmo jeito".[19] Por um breve período, o casal viveu um namoro informal. Até uma noite em que foram para o quarto de Inez e se enfiaram na cama. "Ali ficaram deitados, tremendo de frio, com medo de fazer qualquer coisa. E então Inez começou a soluçar. E Robert fez o mesmo."[20] Após algum tempo, ouviram uma batida na porta e a sra. Oppenheimer dizer: "Deixe-me entrar, Inez. Por que você não me deixa entrar? Sei que Robert está aí." Ella por fim foi embora, bufando, e Robert se viu infeliz e humilhado.

Pollak partiu quase imediatamente para a Itália, levando consigo um exemplar de *Os demônios*, de Dostoiévski, como presente de Robert, que naturalmente, com o colapso do relacionamento, se tornou ainda mais melancólico. Pouco antes do recesso de Natal, ele escreveu a Herbert Smith uma carta triste, espirituosa. Pedindo desculpas pelo silêncio, explicou que "realmente tenho estado envolvido num negócio muito mais difícil, que é construir uma carreira para mim. [...] Não tenho escrito simplesmente porque têm me faltado a confortável convicção e a segurança que são necessárias para uma carta adequadamente esplêndida".[21] Referindo-se a Francis, escreveu: "Ele mudou um bocado. *Exempli gratia*, está feliz. [...] Conhece todo mundo em Oxford; vai tomar chá com Lady Ottoline Morrell, a suma sacerdotisa da sociedade civilizada e *patronnesse* de [T. S.] Eliot e Berty [Bertrand Russell]."

Para preocupação dos amigos e familiares, o estado emocional de Robert continuou a se deteriorar. Ele parecia estranhamente inseguro de si mesmo e teimosamente moroso. Entre outras queixas, falava sobre a problemática relação com seu principal tutor, Patrick Blackett.[22] Robert gostava dele e buscava com avidez a aprovação do físico, mas Blackett, sendo um físico experimental, que punha a mão na massa, o encarregava de fazer mais daquilo em que não era bom: trabalho de laboratório. Blackett provavelmente não via nada de mal nisso, mas, no estado de agitação de Oppenheimer, a relação se tornou uma fonte de ansiedade extrema.

No fim do outono de 1925, Robert fez uma coisa tão estúpida que parecia calculada para provar que a angústia o estava esmagando. Consumido por sentimentos de inadequação e intenso ciúme, "envenenou" uma maçã com compostos químicos do laboratório e a deixou na mesa de Blackett. Jeffries Wyman mais tarde comentou: "Se era ou não uma maçã imaginária ou uma maçã real, foi um ato de ciúme."[23] Felizmente, Blackett não comeu a fruta, e os funcionários da universidade, de alguma forma, foram informados sobre o incidente. Como o próprio Robert confessou a Fergusson dois meses depois, "ele meio que havia envenenado seu principal supervisor. Parecia incrível, mas foi o que ele disse. E de fato havia usado cianureto ou algo do tipo. Por sorte o tutor descobriu. É claro que ele sofreu as consequências em Cambridge".[24] Se o suposto "veneno" fosse potencialmente letal, o que Robert havia feito equivalia a tentativa de assassinato. Isso, no entanto, parece improvável, dado o que aconteceu depois. O mais provável é que ele tivesse introduzido na maçã algo que deixaria Blackett apenas enjoado, mas ainda assim era uma questão séria — e justificaria uma expulsão.

Como os pais de Robert ainda estavam na Inglaterra, as autoridades de Cambridge os informaram de imediato sobre o acontecido. Julius pressionou desesperadamente a universidade a não prestar queixa, no que foi bem-sucedido. Após prolongadas negociações, chegou-se a um acordo segundo o qual Robert ficaria em observação e teria sessões regulares com um proeminente psicanalista da rua Harley, em Londres. Nas palavras de Herbert Smith, o velho mentor de Robert na Escola de Cultura Ética: "Ele foi mantido em Cambridge por um tempo apenas sob a condição de que tivesse consultas periódicas com um psicanalista."[25]

Robert viajava a Londres para sessões regularmente marcadas, mas não foi uma boa experiência. O psicanalista freudiano com quem se consultava diagnosticou demência precoce, um rótulo hoje arcaico para sintomas associados à esquizofrenia, concluiu que se tratava de um caso irremediável e "sessões de análise adicionais fariam mais mal do que bem".[26]

Certo dia, após uma dessas sessões com o psicanalista, Fergusson foi encontrar-se com Oppenheimer. "Daquela vez ele parecia um louco. [...] Eu o vi parado na esquina, esperando por mim, o chapéu virado de lado na cabeça, com um aspecto esquisito. [...] Ele estava meio que olhando em volta e parecia estar prestes a sair correndo ou fazer alguma coisa drástica."[27] Os dois velhos amigos partiram num passo mais que acelerado, Robert com seu andar peculiar, com os pés virados para fora num ângulo acentuado. "Perguntei a ele como tinha sido. Ele disse que o sujeito era burro demais para acompanhá-lo e, além disso, sabia mais sobre os problemas do médico do que o médico sobre os problemas dele, o que provavelmente era verdade." Na época, Fergusson ainda não sabia do incidente da "maçã envenenada", de modo que não entendeu o que havia precipitado as sessões psicanalíticas. E, mesmo percebendo que Robert estava consideravelmente tenso, confiava que o amigo seria "capaz de se recompor, descobrir qual era o problema que o afligia e lidar com ele".

A crise, porém, não tinha passado. Durante os feriados de Natal, Robert se viu caminhando ao longo da costa bretã perto da aldeia de Cancale, para onde seus pais o haviam levado. Era um dia de inverno chuvoso, sombrio, e anos depois Oppenheimer afirmou ter tido uma vívida percepção: "Estive a ponto de me matar. Aquilo era crônico."[28]

Pouco tempo depois do Ano-Novo de 1926, Fergusson deu um jeito de encontrar o amigo em Paris, aonde os pais de Robert o haviam levado para o restante das seis semanas de férias de inverno. Em uma de suas longas caminhadas pelas ruas parisienses, Robert finalmente disse ao amigo o que havia precipitado as idas ao psicanalista em Londres. Àquela altura, ele achava que as autoridades de Cambridge talvez nem sequer o deixassem voltar. "Minha reação foi de desânimo", recordou Fergusson.[29] "No entanto, quando ele tocou no assunto, pensei que de certa forma havia superado aquilo e que estava tendo problemas com o pai." Robert reconheceu que os pais estavam muito preocupados, que estavam tentando ajudá-lo, mas "sem sucesso".

Robert andava dormindo muito pouco e, segundo Fergusson, "começou a ficar muito estranho".[30] Certa manhã, trancou a mãe no quarto do hotel e saiu. Ella ficou furiosa e, depois do incidente, insistiu que o filho consultasse um psicanalista francês. Após várias sessões, o médico anunciou que Robert estava sofrendo de uma "*crise morale*" associada à frustração sexual. Prescreveu "*une femme*" e um "tratamento à base de afrodisíacos". Anos depois, Fergusson comentou sobre aquela época: "Ele estava completamente perdido em relação à vida sexual."

Logo a crise emocional de Robert deu outra guinada violenta. Sentado em seu quarto de hotel em Paris com Robert, Fergusson sentiu que o amigo estava "num daqueles seus humores ambíguos". Talvez numa tentativa de distraí-lo da depressão, Fergusson lhe mostrou um pouco da poesia que a namorada, Frances Keeley, escrevia, e então anunciou que a pedira em casamento e ela aceitara. Robert ficou atônito com a notícia e estalou os dedos. "Eu me curvei para pegar um livro", continuou Fergusson, "e ele pulou em cima de mim, por trás, com uma correia de couro, daquelas de amarrar baús, e tentou passá-la em volta do meu pescoço. Por alguns instantes, fiquei apavorado. Acho que fizemos algum barulho. Então consegui empurrá-lo de lado e ele caiu no chão, aos prantos".[31]

A reação de Robert pode ter sido provocada pelo simples ciúme em relação ao caso do amigo. Ele já perdera um amigo, Fred Bernheim, para uma mulher, e talvez tenha pensado que perder outro nas mesmas circunstâncias seria demais naquele momento. O próprio Fergusson notava "os olhares penetrantes que Robert dirigia teatralmente para ela [Frances Keeley]. Como era fácil para ele fazer o papel do amante violento; conheço muito bem a sensação, por experiência própria!".[32]

Apesar do incidente, Fergusson permaneceu ao lado do amigo. Na verdade, é até possível que tenha sentido alguma culpa, uma vez que fora avisado de antemão numa carta de Herbert Smith, que conhecia muito bem as vulnerabilidades de Robert: "Aliás, sou da opinião de que a habilidade que você tem em mostrar as coisas a ele [Robert] deve ser exercida com grande tato, e não em régia profusão. É provável que sua vantagem inicial de [dois] anos e sua adaptabilidade social provoquem desespero nele. *E, em vez de cair de pau em você — como lembro que você estava pronto a fazer por George não-sei-das-quantas [...] quando estava igualmente impressionado com ele* [grifos nossos] —, receio que ele meramente pare de acreditar que a vida vale a pena ser vivida."[33] A carta de Smith sugere que Fergusson, um aspirante a escritor, pode ter fundido a própria experiência com "George" e o comportamento de Oppenheimer. Robert, contudo, se desculparia de uma maneira que torna crível a história de Fergusson.

Fergusson entendeu que o amigo tinha uma veia "neurótica", mas também achava que ele era capaz de evoluir e superar a condição. "Ele sabia que eu sabia que se tratava de um espasmo momentâneo [...] Acho que eu teria ficado mais preocupado se não tivesse percebido a rapidez com que ele estava mudando. [...] Eu gostava muito dele."[34] Os dois continuariam amigos pelo resto da vida. Ainda assim, por alguns meses após a agressão, Fergusson achou prudente se precatar. Além de mudar de hotel, hesitou quando Robert insistiu que o visitasse em Cambridge naquela primavera. Robert sem dúvida estava tão perplexo com a conduta quanto Francis. Algumas semanas depois do episódio, escreveu ao amigo para dizer que "você deveria receber não uma carta, mas uma peregrinação até Oxford, feita com uma camisa de cilício, com muito jejum, neve e preces. No entanto, conservarei meu remorso e minha gratidão, e a vergonha que sinto pela minha inadequação em relação a você, até que possa lhe fazer algo menos inútil. Não entendo sua indulgência nem sua caridade, mas esteja certo de que não vou esquecê-las".** Durante todo esse turbilhão, Robert se tornara uma espécie de psicanalista de si mesmo, tentando conscientemente confrontar sua fragilidade emocional. Numa carta a Fergusson de 23 de janeiro de 1926, sugeriu que o estado mental em que se encontrava tinha algo a ver com a "*terrível questão da excelência* [...] *e é essa questão, agora aliada à minha incapacidade de soldar dois fios de cobre, que provavelmente está me deixando louco*".[35] E então confessou: "Não estou bem e receio ir vê-lo agora por medo de que algo melodramático possa acontecer."

Deixando os escrúpulos de lado, Fergusson acabou concordando com uma visita a Cambridge no começo da primavera. "Ele me colocou num quarto adjacente ao dele e me lembro de ter pensado que era melhor me certificar de que ele não

---

* E, de fato, não esqueceu. Décadas depois, Oppenheimer conseguiu uma entrevista para Fergusson no Instituto de Estudos Avançados de Princeton.

apareceria durante a noite, então coloquei uma cadeira contra a porta. Mas não aconteceu nada."[36] Robert parecia estar se emendando. Quando Fergusson brevemente levantou a questão, "ele disse que eu não precisava me preocupar, que tinha superado aquilo". De fato, Robert vinha se consultando com um outro psicanalista — o terceiro em quatro meses — em Cambridge. Àquela altura, lera muita coisa sobre psicanálise, e, segundo o amigo John Edsall, "levava tudo muito a sério". Além disso, ele achava que seu novo psicanalista — um certo dr. M — era "um homem bem mais sábio e sensato" do que os dois médicos anteriores com quem se consultara em Londres e Paris.

Ao que tudo indica, Robert continuou a frequentar esse analista durante toda a primavera de 1926. Todavia, com o tempo, a relação entre os dois se rompeu. Certo dia, no mês de junho, Robert apareceu no alojamento de John Edsall e disse a ele que "o [dr.] M havia decidido que não adianta mais continuar com a análise".[37]

Herbert Smith mais tarde topou com um amigo psicanalista em Nova York que conhecia o caso, e disse que Robert havia dado "um baile no psicanalista de Cambridge. [...] O problema é que você precisa de um psicanalista mais capaz do que a pessoa que está sendo analisada. E eles não têm ninguém".[38]

EM MEADOS DE MARÇO de 1926, Robert deixou Cambridge para breves férias. Três amigos, Jeffries Wyman, Frederick Bernheim e John Edsall, o convenceram a acompanhá-los até a Córsega. Por dez dias eles percorreram de bicicleta toda a ilha, pernoitando em pequenas estalagens ou acampando ao ar livre.[39] As montanhas escarpadas e as mesetas arborizadas da ilha podem muito bem ter feito Robert se lembrar da beleza acidentada do Novo México. "O cenário era magnífico", recordou Bernheim, "a comunicação verbal com os nativos, desastrosa, e as pulgas locais eram abundantemente alimentadas todas as noites".[40] Os humores sombrios de Robert ocasionalmente tomavam conta dele, e por vezes ele dizia se sentir deprimido. Nos últimos meses, ele vinha lendo muita literatura francesa e russa e, enquanto passeava com os amigos pelas montanhas, adorava discutir com Edsall sobre os méritos relativos de Dostoiévski e Tolstói. Certa noite, encharcados após uma repentina tempestade, os rapazes buscaram abrigo numa estalagem. Enquanto penduravam as roupas molhadas junto a uma lareira e se embrulhavam em cobertores, Edsall insistiu: "Gosto mais de Tolstói." Oppenheimer retrucou: "Não, não, Dostoiévski é superior. Ele alcança a alma atormentada do homem."

Mais tarde, quando a conversa se voltou para o futuro de cada um, Robert observou: "As pessoas que eu mais admiro são aquelas que se tornam extraordinariamente boas em um monte de coisas, mas ainda assim conservam um semblante manchado de lágrimas."[41] Se ele parecia sobrecarregado por esses intensos pensamentos existenciais, seus companheiros, enquanto passeavam pela ilha, tiveram uma forte sensação de que ele estava se livrando desse fardo. Nitidamente saboreando o dramático cenário, a boa comida e os excelentes vinhos franceses, Robert escreveu ao irmão, Frank: "É um belo lugar, cheio de virtudes, do vinho às geleiras, da lagosta aos bergantins."[42]

Na Córsega, Wyman teve a impressão de que Robert estava "passando por uma grande crise emocional". E então algo estranho aconteceu. "Um dia", Wyman recordou décadas depois, "quando nosso tempo lá estava quase terminando, estávamos jantando juntos na pequena estalagem onde estávamos hospedados — Edsall, Oppenheimer e eu".[43] O garçom se aproximou de Oppenheimer e lhe disse quando partiria o próximo barco para a França. Surpresos, Edsall e Wyman perguntaram por que ele estava pensando em ir embora antes do planejado. "Não suporto falar sobre isso", respondeu Robert, "mas preciso ir". Naquela mesma noite, depois de terem bebido um pouco mais de vinho, ele cedeu: "Bem, talvez eu possa lhes contar por que preciso ir. Fiz uma coisa terrível. Pus uma maçã envenenada na mesa de Blackett e preciso voltar para ver o que aconteceu." Edsall e Wyman ficaram estarrecidos. "Eu nunca soube", recordou Wyman, "se aquilo era verdade ou imaginação". Robert não se estendeu no assunto, mas mencionou que havia sido diagnosticado com demência precoce. Sem saber que o incidente da "maçã envenenada" tinha na verdade ocorrido no outono anterior, Wyman e Edsall presumiram que Robert, num ataque de "ciúmes", fizera algo a Blackett naquela primavera, pouco antes da viagem à Córsega. Claramente havia acontecido algo, mas, como Edsall disse depois, "ele falou com tamanho senso de realidade que Jeffries e eu sentimos que aquilo devia ser algum tipo de alucinação da parte dele".[44]

Ao longo das décadas, a verdade sobre a história da maçã envenenada foi sendo turvada por relatos conflitantes. Todavia, em sua entrevista de 1979 com Martin Sherwin, Fergusson esclareceu que o incidente ocorreu no outono de 1925, e não na primavera de 1926: "Tudo isso aconteceu durante o primeiro período letivo [de Robert] em Cambridge. E um pouquinho antes de nosso encontro em Londres, quando ele estava se consultando com o psicanalista."[45] Quando Sherwin lhe perguntou se ele realmente acreditava na história da maçã, Fergusson respondeu: "Sim, acredito. Acredito. O pai dele precisou dar um jeito com as autoridades de Cambridge em relação àquela tentativa de assassinato." Conversando com Alice Kimball Smith em 1976, Fergusson falou sobre "aquela vez que ele [Robert] tentou envenenar uma pessoa da equipe. [...] Ele me contou sobre isso na época, ou pouco tempo depois, em Paris. Sempre achei que devia ser verdade. Mas não sei. Naquela época ele estava fazendo um monte de coisas malucas". Fergusson certamente pareceu a Smith uma fonte confiável. Como ela observou depois de entrevistá-lo: "Ele não finge se lembrar de algo que não lembra."

A ADOLESCÊNCIA PROLONGADA DE Oppenheimer estava finalmente acabando. Em algum momento durante a breve permanência na Córsega, algo aconteceu com ele, uma espécie de despertar. Seja lá o que tenha sido, Oppenheimer se assegurou de que permanecesse um segredo cuidadosamente guardado. Talvez tenha sido um caso fugaz — o que, no entanto, não é provável. Anos depois, ele responderia a uma pergunta do escritor Nuel Pharr Davis: "O psicanalista foi um prelúdio do que começou para mim na Córsega. Você me pergunta se vou contar a história toda ou se vai precisar escavar para encontrar a resposta. O fato é que pouca gente sabe, e eles não vão dizer nada. E você não vai conseguir escavar. O que precisa saber é que não foi um mero caso de amor, não foi de modo algum um caso de amor, mas o próprio amor."[46] O encontro teve algum tipo de significado místico, transcendental, para Oppenheimer: "Daí em diante a geografia passou a ser a única separação que eu reconhecia, mas para mim não era uma separação real." Ele disse ainda a Davis: "Foi uma coisa grande na minha vida, uma parte grande e duradoura dela, e para mim ainda mais agora, sobretudo quando olho para trás no momento em que minha vida se aproxima do fim."

Então, o que de fato aconteceu na Córsega?[47] Provavelmente, nada. Oppenheimer respondeu à pergunta de Davis sobre a Córsega com um enigma deliberado, sem dúvida com a intenção de frustrar seus biógrafos. De maneira evasiva, chamou o acontecimento de "amor", e não de um "mero" caso de amor. Está claro que para ele a distinção era importante. Na companhia dos amigos, não teve a oportunidade de viver um caso de verdade. Mas leu uma obra que parece ter resultado numa epifania.

O livro em questão foi *Em busca do tempo perdido*, de Marcel Proust, um texto místico e existencial que tocou a alma atormentada de Oppenheimer.[48] Ler a obra à noite, à luz da lanterna, durante a excursão à Córsega, como mais tarde afirmou a seu amigo Haakon Chevalier, de Berkeley, foi uma das grandes experiências de sua vida. Provocou um estalo que o fez sair da depressão. A obra de Proust é um clássico romance de introspecção e deixou nele uma impressão profunda e duradoura. Mais de uma década após a primeira leitura, Oppenheimer surpreendeu Chevalier citando de memória uma passagem do volume 1, que discute a crueldade:

> Talvez não tivesse pensado que o mal era um estado tão raro, tão extraordinário, tão alienante, para o qual era tão tranquilo emigrar, se tivesse sido capaz de discernir em si mesma, como em todos os outros, essa indiferença ao sofrimento que nós mesmos causamos e que, quaisquer que sejam os outros nomes que possamos lhe dar, é a forma terrível e permanente da crueldade.

Quando jovem, na Córsega, Robert sem dúvida memorizou essas palavras precisamente porque viu em si mesmo uma indiferença aos sofrimentos que causava aos outros. Foi uma percepção dolorosa. Pode-se apenas especular sobre a vida interior de uma pessoa, mas talvez ver impressa uma expressão dos próprios pensamentos sombrios e cheios de culpa o tenha livrado de algum modo do fardo moral psicológico que carregava. Deve ter sido reconfortante para ele descobrir que não estava sozinho, que aquilo fazia parte da condição humana. Já não precisava desprezar a si mesmo; podia amar. Talvez também fosse tranquilizador, sobretudo para um intelectual, que Robert pudesse dizer a si mesmo que fora um livro, e não um psicanalista, que o ajudara a sair do buraco negro da depressão.

OPPENHEIMER RETORNOU A CAMBRIDGE com uma atitude mais serena, indulgente, em relação à vida. "Eu me sentia muito mais gentil e tolerante", relembrou.[49] "Agora podia me relacionar com os outros." Em junho de 1926, ele decidiu encerrar as sessões com o psicanalista em Cambridge. O novo comportamento também contribuiu para que ele aliviasse o estado de espírito naquela primavera, deixasse o "buraco miserável" que até então ocupara na cidade e se mudasse para alojamentos "menos miseráveis" junto ao rio Cam, a meio caminho de Grantchester, um pitoresco povoado dois quilômetros ao sul de Cambridge.

Como desprezava o trabalho de laboratório e era claramente inepto como físico experimental, Robert decidiu se voltar para as abstrações da física teórica. Mesmo em meio à longa depressão de inverno, conseguira ler o suficiente para perceber que todo o campo estava em estado de ebulição. Certo dia, num seminário do Laboratório Cavendish, observou quando James Chadwick, o descobridor do nêutron, abriu um exemplar da *Physical Revue* num artigo novo de Robert A. Millikan e disse: "Outro cacarejo. Será que um dia será um ovo?"[50]

Em algum momento no começo de 1926, depois de ler um artigo do jovem físico alemão Werner Heisenberg, Robert percebeu que uma maneira completamente nova de pensar sobre o comportamento dos elétrons estava emergindo. Mais ou menos na mesma época, um físico austríaco, Erwin Schrödinger, propôs uma teoria radicalmente nova sobre a estrutura do átomo, segundo a qual os elétrons se comportavam mais como uma onda se curvando em torno do núcleo. Como Heisenberg, ele elaborou um retrato matemático de seu átomo fluido e o chamou de mecânica quântica. Depois de ler os dois artigos, Oppenheimer desconfiou que devia haver uma conexão entre a mecânica ondulatória de Schrödinger e a mecânica matricial de Heisenberg. Tratava-se, na verdade, de duas versões da mesma teoria. Aí estava um ovo, e não apenas mais um cacarejo.

A mecânica quântica tornara-se então o tópico quente no Kapitza Club, um grupo informal de discussão de física assim batizado em homenagem a seu fundador, Peter Kapitza, um jovem físico russo. "De modo rudimentar", recordou Oppenheimer, "comecei a ficar bastante interessado".[51] Também na primavera de 1926 ele conheceu outro jovem físico, Paul Dirac, que naquele mês de maio obteria o doutorado em Cambridge. Àquela altura, Dirac já tinha feito um trabalho revolucionário em mecânica quântica. Robert comentou, com bastante moderação, que o trabalho de Dirac "não era fácil de entender, [e ele] não estava preocupado em se fazer entender. Para mim, ele era absolutamente grandioso".[52] Em contrapartida, a primeira impressão que ele teve de Dirac pode não ter sido tão favorável. Robert disse a Jeffries Wyman que "não achava que ele [Dirac] daria grande coisa". O próprio Dirac era um rapaz excêntrico, conhecido pela obstinada devoção à ciência. Certo dia, alguns anos depois, quando Oppenheimer ofereceu ao amigo uma série de livros, Dirac educadamente declinou o presente com a observação de que "a leitura de livros interferia no pensamento".[53]

Foi mais ou menos nessa mesma época que Oppenheimer conheceu o grande físico dinamarquês Niels Bohr, a cujas palestras assistira em Harvard. Ali estava um ídolo finamente sintonizado com as sensibilidades dele. Dezenove anos mais velho, Bohr nascera — como Oppenheimer — numa família de classe média-alta cercado por livros, música e estudos. O pai era professor de fisiologia e a mãe vinha de uma família de banqueiros judeus. Bohr obtivera o doutorado em física na Universidade de Copenhague, em 1911. Dois anos depois, conseguira um avanço teórico fundamental e revolucionário nos primeiros tempos da mecânica quântica ao postular os "saltos quânticos" no momento orbital de um elétron em torno do núcleo de um átomo. Em 1922, foi laureado com o prêmio Nobel pelo modelo teórico da estrutura atômica.

Alto e atlético, uma alma gentil e calorosa com um irônico senso de humor, Bohr era universalmente admirado. Sempre falava num tom tímido, um quase sussurro. "Poucas vezes na vida", escreveu Albert Einstein a ele na primavera de 1920, "um ser humano me causou tanta alegria pela mera presença como você".[54] Einstein admirava a maneira de Bohr de "emitir suas opiniões, como alguém que está sempre tateando, nunca como alguém [que acredita estar] na posse da verdade definitiva". Oppenheimer veio a falar de Bohr como "seu Deus".

"Naquele momento, esqueci o berílio e os filmes e resolvi tentar aprender o ofício de físico teórico. Já estava plenamente consciente de que era uma época incomum, que havia grandes coisas em andamento."[55] Naquela primavera, com a saúde mental reparada, Oppenheimer trabalhou intensamente naquele que se tornaria seu primeiro artigo de importância em física teórica, um estudo do problema da "colisão", ou "espectro contínuo". O trabalho foi difícil. Certo dia, ele entrou no escritório de Ernest Rutherford e viu Bohr sentado numa cadeira. Rutherford se levantou de trás da mesa e apresentou o aluno. Em seguida, o renomado físico dinamarquês perguntou polidamente: "E então, como está indo?"[56] Robert respondeu com franqueza: "Estou com dificuldades." Ao que Bohr devolveu: "Dificuldades matemáticas ou físicas?" Diante da resposta de Robert — "Não sei" —, ele comentou: "Isso é ruim."

Bohr recordou o encontro de modo vívido — Oppenheimer tinha uma aparência inusitadamente jovial. Depois que deixou a sala, Rutherford se virou para o colega e comentou que tinha altas expectativas em relação a ele.[57]

Anos depois, Robert refletiu que a pergunta de Bohr — "Dificuldades matemáticas ou físicas?"[58] — fora muito boa. "Acho que foi bastante útil, pois me fez ver quanto eu estava envolvido em questões formais que não necessariamente tinham a ver com a física do problema." Algum tempo depois, compreendeu que alguns físicos se apoiam quase exclusivamente na linguagem matemática para descrever a realidade da natureza, e qualquer descrição verbal vem a ser "apenas uma concessão à inteligibilidade, um recurso meramente pedagógico. Acho que isso é, em grande parte, verdadeiro no que diz respeito a Dirac; acho que a invenção dele nunca é inicialmente verbal, mas algébrica". Por sua vez, ele percebeu que um físico como Bohr "encarava a matemática como Dirac encara as palavras, isto é, como um meio de se fazer inteligível para outras pessoas. [...] Então existe um espectro muito amplo. [Em Cambridge] eu estava simplesmente aprendendo, e não tinha aprendido muito". Por temperamento e talento, Robert era um físico muito verbal, no estilo de Bohr.

Ainda naquela primavera, Cambridge organizou uma visita de uma semana à Universidade de Leiden para estudantes de física norte-americanos. Oppenheimer participou da viagem e conheceu uma série de físicos alemães. "Foi maravilhoso", recordou, "e percebi então que alguns dos problemas do inverno haviam sido exacerbados pelos costumes ingleses".[59] Ao regressar a Cambridge, conheceu outro físico alemão, Max Born, diretor do Instituto de Física Teórica na Universidade de Göttingen. Born ficou intrigado com Oppenheimer, em parte porque o norte-americano de 22 anos estava se atracando com alguns dos mesmos problemas teóricos levantados nos artigos recentes de Heisenberg e Schrödinger. "Desde o começo", disse Born, "Oppenheimer me pareceu um rapaz muito dotado".[60] No fim daquela primavera, Oppenheimer aceitara um convite de Born para estudar em Göttingen.

CAMBRIDGE FORA UM ANO desastroso para Robert. Por pouco ele escapara da expulsão, após o incidente da "maçã envenenada". Pela primeira vez na vida, vira-se incapaz de mostrar excelência intelectual. E os amigos mais próximos haviam presenciado mais de um episódio de instabilidade emocional. Ele, porém, havia superado um inverno de depressão e estava pronto para explorar um novo campo de empenho intelectual. "Quando cheguei a Cambridge", disse Robert, "me deparei com o problema de olhar uma questão para a qual ninguém sabia a resposta, mas não quis encarar esse fato. Quando fui embora, não sabia muito bem como enfrentá-la, mas compreendia que esse era o meu trabalho, e foi essa a mudança que ocorreu naquele ano".

Tempos depois, Robert lembrou que ainda tinha "grandes apreensões sobre mim mesmo em todas as frentes, mas estava claro que ia fazer física teórica, se pudesse. [...] Eu me senti completamente aliviado da responsabilidade de voltar a um laboratório. Não tinha sido bom naquilo, não tinha feito bem para ninguém, também não havia me divertido, e aqui estava algo que eu simplesmente me sentia impelido a tentar".[61]

4

"Acho o trabalho duro, graças a Deus, e quase prazeroso"

> *Acho que você iria gostar de Göttingen. [...] A ciência é muito melhor que em Cambridge e, de modo geral, provavelmente a melhor que se pode encontrar. [...] Acho o trabalho duro, graças a Deus, e quase prazeroso.*
> ROBERT OPPENHEIMER PARA FRANCIS FERGUSSON, 14 DE NOVEMBRO DE 1926

NO FIM DO VERÃO de 1926, Robert, bem mais animado e consideravelmente mais maduro do que um ano antes, viajou de trem pela Baixa Saxônia até Göttingen, cidadezinha medieval que se vangloriava de suas construções do século XIV, entre as quais o prédio da prefeitura e diversas igrejas. Na esquina da Barfüsser Strasse (rua dos Descalços) e da Jüden Strasse (rua dos Judeus), ele podia jantar um Wiener Schnitzel (escalope de vitela à moda vienense) no Junkers' Hall, um edifício de 400 anos, sentado debaixo de uma inscrição em aço de Otto von Bismarck e cercado por três andares de vitrais. Pitorescas casas em estilo enxaimel espalhavam-se ao longo das ruas estreitas e sinuosas. Aninhada às margens do canal Leine, Göttingen tem como principal atração a Universidade Georg-August, fundada na década de 1730 por um príncipe germânico. Por tradição, esperava-se que os graduados da universidade entrassem numa fonte diante da antiga prefeitura e beijassem a Pastora dos Gansos,* uma donzela de bronze que servia como peça central da construção.

Se Cambridge podia reivindicar ser o maior centro de física experimental da Europa, Göttingen podia, sem dúvida, se gabar de ser o maior centro de física teórica. Os físicos alemães da época davam muito pouca importância aos colegas norte-americanos que exemplares da *Physical Review*, a revista mensal da Sociedade Americana de Física, costumavam ficar jogados, sem ser lidos, por mais de um ano antes de o bibliotecário da universidade resolver colocá-los na prateleira.[1]

Foi muita sorte de Oppenheimer chegar a Göttingen pouco antes da conclusão de uma extraordinária revolução na física teórica: a descoberta dos quanta (fótons)

---

* Personagem de um conto de fadas alemão coletado pelos irmãos Grimm. [N. do T.]

por Max Planck; a magnífica realização de Einstein — a teoria da relatividade restrita; a descrição de Niels Bohr do átomo de hidrogênio; a formulação da mecânica matricial de Werner Heisenberg; e a teoria da mecânica ondulatória de Erwin Schrödinger.[2] Esse período verdadeiramente inovador começou a perder ímpeto a partir de 1926, com a publicação de um artigo de Born sobre probabilidade e causalidade, e se encerrou em 1927, com a formulação do princípio da incerteza de Heisenberg e da teoria da complementaridade de Bohr. Quando Robert deixou Göttingen, os alicerces de uma física pós-newtoniana haviam sido assentados.

Como chefe do Departamento de Física, o professor Max Born estimulou o trabalho de Heisenberg, Eugene Wigner, Wolfgang Pauli e Enrico Fermi. Foi Born quem, em 1924, cunhou o termo "mecânica quântica" e quem sugeriu que o resultado de qualquer interação no mundo quântico é determinado pelo acaso. Em 1954, ele receberia o prêmio Nobel de Física. Pacifista e judeu, Born era visto por seus alunos como um professor extraordinariamente caloroso e paciente. Era o mentor ideal para um jovem com o temperamento delicado de Robert.[3]

Naquele ano acadêmico, Oppenheimer se veria na companhia de uma extraordinária coleção de cientistas. James Franck, com quem também estava estudando, era um físico experimental que apenas um ano antes ganhara o prêmio Nobel. O químico alemão Otto Hahn em poucos anos viria a contribuir para a descoberta da fissão nuclear. Outro físico alemão, Ernst Pascual Jordan, estava colaborando com Born e Heisenberg para formular a versão em mecânica matricial da teoria quântica. O jovem físico inglês Paul Dirac, que Oppenheimer conhecera em Cambridge, trabalhava então nos primórdios da teoria de campo quântica e em 1933 dividiria um prêmio Nobel com Erwin Schrödinger. O matemático de origem húngara John von Neumann mais tarde trabalharia para Oppenheimer no Projeto Manhattan. George Eugene Uhlenbeck era um holandês nascido na Indonésia que, no fim de 1925, junto com Samuel Abraham Goudsmit, descobrira o conceito de spin do elétron. Robert rapidamente chamou a atenção desses homens. Ele conhecera Uhlenbeck na primavera anterior durante sua visita de uma semana à Universidade de Leiden. "Nós nos demos bem de imediato", recordou Uhlenbeck.[4] Robert estava tão profundamente imerso na física que pareceu a Uhlenbeck que "era como se fôssemos velhos amigos".

Robert encontrou alojamento na mansão de um médico de Göttingen que perdera a licença profissional por negligência. Outrora muito abastada, a família Cario tinha então um espaçoso casarão de granito com um jardim murado de vários hectares perto do centro de Göttingen — e nenhum dinheiro. Com a fortuna sendo devorada pela inflação na Alemanha do pós-guerra, a família foi obrigada a aceitar inquilinos. Fluente em alemão, Robert rapidamente captou a atmosfera política debilitante da República de Weimar. Tempos depois, especulou que os Cario "tinham a típica amargura sobre a qual se assentava o movimento nazista".[5] Naquele outono, ele escreveu ao irmão dizendo que todo mundo parecia preocupado em "tentar fazer da Alemanha um país sadio e de sucesso prático. Traços neuróticos são vistas com muito maus olhos. O mesmo ocorre com judeus, prussianos e franceses".

Fora dos portões da universidade, Robert via que os tempos eram difíceis para a maioria dos alemães. "Embora a comunidade [universitária] fosse extremamente rica, calorosa e prestativa comigo, estava estacionada num estado de espírito muito infeliz."[6] Ele achou muitos alemães "amargos, rabugentos [...] irados e carregados de todos aqueles ingredientes que mais tarde provocariam um grande desastre. E isso eu pude de fato sentir". Um amigo alemão, membro da abastada família Ullstein, do mercado editorial, tinha automóvel. Ele e Robert costumavam fazer longos passeios de carro pelo campo. Oppenheimer, no entanto, ficou impressionado pelo fato de o amigo "estacionar o veículo num celeiro fora de Göttingen porque achava perigoso demais ser visto dirigindo aquele carro".

A vida para os expatriados norte-americanos — e sobretudo para Robert — era bem diferente. Em primeiro lugar, nunca lhes faltava dinheiro. Aos 22 anos, Oppenheimer vestia-se displicentemente com ternos espinha de peixe amarrotados feitos da mais fina lã inglesa. Os colegas de universidade notavam que, em contraste com as próprias malas de roupas, Oppenheimer guardava seus pertences em caras e reluzentes malas de couro de porco. E, quando passeavam a pé até o Zum Schwarzen Bären (Bar Urso Negro) para tomar *frisches Bier* (cerveja fresca), ou iam beber um café na Cron & Kon Lanz, era Robert quem muitas vezes pagava a conta. Ele estava transformado: passara a ser um homem confiante, empolgado e focado. Posses materiais não eram importantes para ele, mas a admiração dos pares era algo que buscava todos os dias. Com esse objetivo, usava da perspicácia, da erudição e de coisas finas para atrair aqueles que queria ter em sua órbita de admiradores. "Ele era, por assim dizer", afirmou Uhlenbeck, "notadamente um centro para todos os estudantes jovens [...] era de fato uma espécie de oráculo. Sabia muita coisa. Era bastante difícil de entender, mas muito rápido".[7] Uhlenbeck achava admirável que um homem tão jovem já tivesse "todo um grupo de admiradores" girando ao redor.

Em contraste com Cambridge, Oppenheimer nutria um sentimento agradável de camaradagem em relação aos colegas estudantes em Göttingen. "Eu fazia parte de uma pequena comunidade de pessoas que tinham alguns interesses e gostos em comum e muitos interesses comuns em física."[8] Em Harvard e Cambridge, as buscas intelectuais de Robert tinham se resumido a incursões solitárias em livros; em Göttingen, pela primeira vez, ele percebeu que podia aprender com os outros: "Algo que para mim é importante — mais do que para a maioria das pessoas — começou a ganhar espaço, isto é, comecei a ter algumas conversas. Aos poucos, acho que me deram algum senso e, talvez ainda mais aos poucos, algum sabor da física, algo que eu provavelmente jamais teria conseguido se estivesse trancado numa sala."

Na mansão da família Cario morava também Karl T. Compton, de 39 anos, professor de física na Universidade de Princeton. Compton, futuro presidente do

MIT, o Instituto de Tecnologia de Massachusetts, sentia-se intimidado pela extraordinária versatilidade de Oppenheimer. Conseguia acompanhá-lo quando o tópico era ciência, mas se sentia perdido quando Robert começava a falar sobre literatura, filosofia ou até mesmo política. Sem dúvida tendo Compton em mente, Robert escreveu ao irmão dizendo que a maioria dos expatriados norte-americanos em Göttingen eram "professores em Princeton, na Califórnia ou em algum outro lugar, homens casados, respeitáveis. Em geral, são muito bons em física, mas completamente incultos e ingênuos. Invejam a sagacidade intelectual e a organização dos alemães e querem que a física chegue aos Estados Unidos".[9]

Em suma, Robert prosperou em Göttingen. Naquele outono, escreveu uma carta entusiasmada a Francis Fergusson: "Acho que você iria gostar de Göttingen. Como Cambridge, é quase exclusivamente científica, e os filósofos aqui estão muito mais interessados em paradoxos e artifícios epistemológicos. A ciência é muito melhor que em Cambridge e, de modo geral, provavelmente a melhor que se pode encontrar. Eles trabalham duro aqui, combinando uma complexidade metafísica fantasticamente impregnável com os hábitos práticos de um fabricante de papel de parede. O resultado é que o trabalho feito aqui tem uma falta de plausibilidade quase demoníaca (?) e é altamente bem-sucedido [...] Acho o trabalho duro, graças a Deus, e quase prazeroso."[10]

Na maior parte do tempo, Robert se sentia emocionalmente como num barco em equilíbrio. Mas havia momentos de recaída. Um dia, Paul Dirac o viu desmaiar e cair no chão, exatamente como fizera um ano antes no laboratório de Rutherford.[11] "Eu ainda não estava inteiramente bem", recordou Oppenheimer décadas mais tarde, "e, ao longo do ano, tive uma série de ataques, que foram se tornando cada vez mais esporádicos e interferiam cada vez menos no trabalho".[12] Outro estudante de física, Thorfin Hogness, e a esposa, Phoebe, também se alojaram naquele ano na mansão dos Cario e vez por outra estranhavam o comportamento de Oppenheimer. Phoebe o via com frequência deitado na cama sem fazer nada. Mas esses períodos de hibernação eram quase sempre seguidos por episódios de fala incessante. Phoebe o achou "altamente neurótico".[13] De vez em quando, alguém via Robert tentando superar um episódio de gagueira.[14]

Aos poucos, à medida que a autoconfiança retornava, Oppenheimer descobriu que a reputação que construíra o precedia. Um de seus últimos atos antes de partir de Cambridge fora apresentar dois artigos perante a Sociedade Filosófica de Cambridge, intitulados "On the Quantum Theory of Vibration-Rotation Bands" e "On the Quantum Theory of the Problem of the Two Bodies". O primeiro tratava de níveis de energia molecular e o segundo investigava transições para estados do contínuo em teoria quântica. Ao chegar a Göttingen, Oppenheimer ficou contente em saber que a Sociedade Filosófica de Cambridge os havia publicado.

Robert reagiu ao reconhecimento que suas publicações lhe trouxeram mergulhando de maneira entusiástica em discussões de seminários — com tal abandono que por vezes aborrecia os colegas. "Ele era um homem de grande talento", escreveu mais tarde o professor Max Born, "e tinha consciência de sua superioridade, de tal forma que chegava a ser constrangedor e a criar problemas".[15] No seminário de Born sobre mecânica quântica, Robert habitualmente interrompia quem estivesse falando, até mesmo o próprio Born, e, indo até o quadro-negro com o giz na mão, declarava, em seu alemão com sotaque americano: "Isso pode ser feito muito melhor da seguinte maneira..." Embora os demais alunos se queixassem dessas interrupções, Robert mostrava-se alheio às tentativas polidas e tímidas do professor de mudar tal comportamento. Um dia, no entanto, Maria Göppert — futura ganhadora do Nobel — apresentou a Born uma petição escrita num grosso pergaminho e assinada por ela e pela maioria dos demais participantes do seminário: a menos que fossem colocadas rédeas no "menino-prodígio", os colegas boicotariam as aulas. Ainda sem disposição de confrontar Oppenheimer, Born decidiu deixar o documento sobre a mesa, num lugar que Robert certamente veria quando viesse discutir sua tese. "Para ter ainda mais certeza de que o plano funcionaria", escreveu Born algum tempo depois, "dei um jeito de ser chamado para fora da sala por alguns minutos. A trama deu certo. Quando voltei, ele estava pálido e não tão agitado como de hábito". Depois disso, as interrupções cessaram.

Não que ele estivesse completamente domado. Com sua franqueza contundente, Robert podia surpreender até mesmo os professores. Born era um físico teórico brilhante, mas às vezes cometia pequenos erros em seus longos cálculos. Assim, pedia com frequência a um aluno de pós-graduação que lhe reconferisse a matemática. Certa feita, designou Oppenheimer para a tarefa. Passados alguns dias, Robert lhe devolveu os papéis e disse: "Não consegui encontrar nenhum erro — o senhor realmente fez isso sozinho?"[16] Todos os alunos de Born sabiam da propensão que ele tinha para cometer erros de cálculo, mas, como Born mais adiante escreveu, "Oppenheimer era o único franco e rude o suficiente para dizer isso sem fazer piada. Eu não ficava ofendido, pois na verdade isso aumentou minha estima pela notável personalidade".

Born logo começou a colaborar com Oppenheimer, que escreveu a um de seus professores de física em Harvard, Edwin Kemble, um autêntico sumário de seu trabalho: "Quase todos os teóricos parecem estar trabalhando em mecânica quântica. O professor Born vai publicar um artigo sobre o teorema adiabático e Heisenberg, sobre as *Schwankungen* [flutuações].[17] Talvez a ideia mais importante seja de [Wolfgang] Pauli, que sugere as funções y (psi) de Schrödinger serem apenas casos especiais, e só em casos especiais — o caso espectroscópico — dão a informação física que desejamos. [...] Venho trabalhando por algum tempo na teoria quântica dos fenômenos aperiódicos. [...] Outro problema sobre o qual o professor Born e eu estamos nos debruçando é a lei da deflexão, digamos de uma partícula a por um núcleo. Não fizemos muito progresso, mas acredito que logo faremos. Com certeza, quando estiver pronta, a teoria não será tão simples quanto a antiga, baseada na dinâmica corpuscular." Kemble ficou impressionado pelo fato de que, após menos de três meses em Göttingen, seu ex-aluno parecia mergulhado na empolgação de desvendar os mistérios da mecânica quântica.

Em fevereiro de 1927, Robert sentia-se tão confiante em seu domínio da nova mecânica quântica, que escreveu a Percy Bridgman, seu professor de física em Harvard, para explicar os pontos mais sutis:

> Na teoria quântica clássica, um elétron em uma de duas regiões de baixo potencial que foram separadas por uma região de alto potencial não podia atravessar de um lado a outro sem receber energia suficiente para desfazer o "impedimento".[18] Na nova teoria, isso já não é verdade: o elétron passará parte do tempo em uma região e parte na outra. [...] Em um ponto, porém, a nova mecânica sugere uma mudança: os elétrons, que são "livres" no sentido definido acima, não são "livres" na medida em que são portadores de energia térmica equipartilhada. Para poder explicar a lei de Wiedemann-Franz, seria preciso adotar a sugestão que se deve, penso eu, ao professor Bohr, de que, quando um elétron salta de um átomo a outro, os dois átomos podem trocar momento linear.
>
> Com os melhores cumprimentos,
> J. R. Oppenheimer

Bridgman sem dúvida ficou impressionado com o domínio do ex-aluno sobre a nova teoria. No entanto, a falta de tato de Robert deixava os outros desconfiados. Ele podia ser envolvente e ter consideração em certo instante, e no instante seguinte interromper alguém de modo bastante rude. À mesa de jantar, era extremamente polido e formal. No entanto, parecia incapaz de tolerar banalidades. "O problema é que Oppie é tão rápido no gatilho em termos intelectuais", queixou-se um de seus colegas, Edward U. Condon, "que coloca o interlocutor em desvantagem. E, droga, ele está sempre certo, ou pelo menos suficientemente certo".[19]

Tendo obtido o doutorado em Berkeley um ano antes, em 1926, Condon estava lutando para sustentar a esposa e um filho pequeno com uma pequena bolsa de pós-doutorado. Ficava aborrecido ao ver Oppenheimer gastar dinheiro com tanta naturalidade em comidas e roupas finas, ignorando alegremente as responsabilidades familiares do amigo. Um dia, Robert convidou Ed e a esposa, Emilie Condon, para um passeio a pé, mas Emilie explicou que precisava ficar com o bebê. Os Condon ficaram estarrecidos com a tréplica de Robert: "Tudo bem, deixaremos você com suas tarefas de camponesa."[20] Ainda assim, apesar dos ocasionais comentários sarcásticos, Robert muitas vezes demonstrava ter senso de humor. Ao ver a filha de 2 anos de Karl Compton fingindo ler um livrinho vermelho — que por acaso estava aberto no tópico sobre controle de natalidade —, olhou para a gravidez avançada da sra. Compton e comentou: "Acho que está um pouco tarde."[21]

PAUL DIRAC CHEGOU A Göttingen para o período letivo do inverno de 1927, e também alugou um quarto na mansão dos Cario. Robert saboreava qualquer contato com o colega. "O período mais excitante de minha vida", disse certa vez, "foi quando Dirac chegou e me deu as provas do artigo que escrevera sobre a teoria quântica da radiação".[22] O jovem físico inglês, no entanto, ficou perplexo com a versatilidade intelectual do amigo. "Disseram-me que você escreve poesia tão bem quanto trabalha em física", disse a Oppenheimer. "Como consegue fazer as duas coisas? Em física tentamos falar com as pessoas de modo que entendam algo que ninguém sabia antes. No caso da poesia, é exatamente o oposto."[23] Lisonjeado, Robert apenas riu. Sabia que para Dirac a vida era a física e nada mais; em comparação, os interesses dele eram extravagantemente católicos.[24]

Robert também adorava literatura francesa e, enquanto esteve em Göttingen, achou tempo para ler a comédia dramática *A jovem Violaine*, de Paul Claudel, dois contos de F. Scott Fitzgerald, "A coisa sensata" e "Sonhos de inverno", a peça *Ivanov*, de Tchekhov, e as obras de Friedrich Hölderlin e Stefan Zweig.[25] Quando descobriu que dois amigos estavam lendo regularmente Dante no original em italiano, desapareceu dos cafés de Göttingen por um mês e voltou com um italiano suficiente para ler Dante em voz alta. Dirac não ficou impressionado e resmungou: "Por que você perde tempo com esse lixo? Acho que se dedica demais à música e àquela sua coleção de pinturas." Mas Robert vivia confortavelmente em mundos além da compreensão de Dirac, e assim apenas achava graça quando o amigo, durante as longas caminhadas pelas ruas de Göttingen, o instava a abandonar a busca do irracional.

Göttingen não era só física e poesia. Robert também se descobriu atraído por Charlotte Riefenstahl, uma estudante de física alemã e uma das mulheres mais bonitas do *campus*. Eles tinham se conhecido durante uma viagem noturna para Hamburgo. Riefenstahl estava parada na plataforma da estação de trem quando olhou para baixo, na direção das bagagens reunidas, e teve os olhos atraídos para a única mala que não era feita de papel-cartão barato ou couro marrom gasto.

"Que coisa linda", disse ela ao professor Franck, apontando para a alça brilhante da mala de couro de porco. "De quem é?"

"De quem mais, se não de Oppenheimer?", respondeu Franck, dando de ombros.

No trem de volta a Göttingen, Riefenstahl pediu que alguém lhe apontasse Oppenheimer, e, quando se sentou a seu lado, ele estava lendo um romance de André Gide, romancista francês contemporâneo cujas obras tratavam da responsabilidade moral do indivíduo pelas coisas do mundo. Para seu espanto, Oppenheimer descobriu que aquela bela moça tinha lido Gide e era capaz de discutir inteligentemente a obra do escritor francês. Quando chegaram a Göttingen, Charlotte mencionou de passagem quanto admirava a mala de couro de porco. Robert agradeceu o cumprimento, mas pareceu perplexo por alguém se dar ao trabalho de lhe admirar a bagagem.

Mais tarde, quando Riefenstahl contou sobre a conversa a um colega, este predisse que Robert em breve tentaria lhe dar a mala. Entre as muitas excentricidades dele, todos sabiam que uma era a de se sentir compelido a dar qualquer um de seus pertences que fosse admirado. Robert ficou derretido por Charlotte e a cortejou o melhor que pôde, do seu jeito rígido, excessivamente polido.

O mesmo fez um de seus colegas de classe, Friedrich Georg Houtermans, um jovem físico que havia adquirido renome com um artigo sobre a produção de energia das estrelas. Assim como Oppenheimer, "Fritz" — ou "Fizzl", para alguns amigos — tinha ido a Göttingen bancado pela família. Era filho de um banqueiro holandês, e a mãe era alemã e em parte judia, fato que ele não tinha medo de anunciar. Insolente em relação à autoridade e dotado de um perigoso senso de humor, Houtermans gostava de dizer aos amigos não judeus: "Quando seus ancestrais ainda viviam em árvores, os meus já estavam falsificando cheques!"[26] Quando adolescente, em Viena, fora expulso do ensino médio por ler publicamente o *Manifesto comunista* no Primeiro de Maio. Ele e Oppenheimer eram praticamente contemporâneos e obteriam os respectivos doutorados em 1927. Além disso, compartilhavam uma paixão pela literatura — e por Charlotte. Posteriormente, por ironia do destino, trabalhariam ambos no desenvolvimento da bomba atômica — só que Houtermans, na Alemanha.[27]

OS FÍSICOS ESTIVERAM IMPROVISANDO a teoria quântica por aproximadamente um quarto de século, quando, de súbito, entre os anos de 1925 e 1927, uma série de avanços dramáticos e acelerados possibilitou a construção de uma teoria radical e coesa da mecânica quântica. Novas descobertas eram feitas com tamanha rapidez que era difícil se manter em dia com a literatura. "Grandes ideias estavam aparecendo tão depressa naquele período", recordou Edward Condon, "que tínhamos a impressão, totalmente equivocada, de que aquele era o ritmo normal do progresso em física teórica. Durante a maior parte daquele ano, sofremos de indigestão intelectual; era desanimador".[28] Na acirrada corrida para publicar novos achados, foram escritos mais artigos sobre teoria quântica em Göttingen do que em Copenhague, Cavendish ou qualquer outro lugar no mundo. O próprio Oppenheimer publicou sete artigos escritos em Göttingen, uma produção fenomenal para um estudante de pós-graduação de 23 anos. Wolfgang Pauli começou a se referir à mecânica quântica como *Knabenphysik* — "física de garotos" —, porque os autores de muitos dos artigos eram jovens demais. Em 1926, Heisenberg e Dirac tinham apenas 24 anos; Pauli, 26; e Jordan, 23.

A nova física era, sem dúvida, controversa. Quando enviou para Albert Einstein uma cópia do artigo de Heisenberg de 1925 sobre mecânica matricial, uma descrição intensamente matemática do fenômeno quântico, Max Born explicou ao grande homem num tom um tanto defensivo que ele "parece muito místico, mas certamente está correto e é profundo". Depois de ler o artigo naquele outono, porém, Einstein escreveu a Paul Ehrenfest para dizer que "Heisenberg botou um grande ovo quântico. Em Göttingen, eles acreditam nisso. Eu, não".[29] Ironicamente, o autor da teoria da relatividade acreditaria para sempre que a *Knabenphysik* era incompleta, se não profundamente defeituosa. Em 1927, quando Heisenberg publicou um artigo sobre o papel central da *incerteza* no mundo quântico, as dúvidas de Einstein só aumentariam. O que Heisenberg queria dizer era que é impossível determinar num dado instante, *ao mesmo tempo*, a posição precisa *e* o momento linear preciso de um corpo: "Não podemos, por uma questão de princípio, conhecer o presente em todos os seus detalhes." Born concordava, e argumentava que o resultado de qualquer experimento quântico dependia do acaso. Em 1927, Einstein escreveu a Born: "Uma voz interior me diz que este não é o verdadeiro Jacó. A teoria tem grandes méritos, mas não nos torna mais próximos dos segredos do Velho. Em todo caso, estou convencido de que Ele não joga dados."[30]

Obviamente, a física quântica era uma ciência de jovens. Os jovens físicos, em contrapartida, encaravam a obstinada recusa de Einstein em abraçar a nova física como um sinal de que o tempo dele havia passado. Vários anos depois, Oppenheimer o visitaria em Princeton — e sairia de lá visivelmente decepcionado, escrevendo ao irmão com pretensiosa irreverência para contar que "Einstein está totalmente gagá".[31] Contudo, no fim da década de 1920, os garotos de Göttingen (e da Copenhague de Bohr) ainda tinham esperanças de recrutá-lo para sua visão quântica.

O primeiro dos artigos de Oppenheimer escritos em Göttingen demonstrou que a teoria quântica tornou possível medir as frequências e intensidades do espectro de bandas moleculares. Ele ficara obcecado com o que chamava o "milagre" da mecânica quântica precisamente porque a nova teoria explicava uma série de coisas sobre fenômenos observáveis de "maneira harmoniosa, consistente e inteligível".[32] Em fevereiro de 1927, Born ficou tão impressionado com o trabalho de Oppenheimer sobre a aplicação da teoria quântica a transições do espectro contínuo que se viu escrevendo para S. W. Stratton, presidente do MIT: "Temos aqui vários americanos. [...] Um deles, o sr. Oppenheimer, é excelente."[33] Por puro brilhantismo, os pares de Robert o classificavam no mesmo nível de Dirac e Jordan. "Aqui há três gênios em teoria", relatou um jovem estudante norte-americano, "cada um menos inteligível que o outro".[34]

Robert adotou o hábito de trabalhar a noite toda e depois dormir boa parte do dia.[35] O tempo úmido de Göttingen e os edifícios com precário aquecimento causaram danos à sua constituição delicada. Ele andava pelo *campus* com uma tosse crônica, que os amigos atribuíam aos frequentes resfriados ou ao costume de fumar um cigarro atrás do outro.[36] Mas, sob outros aspectos, a vida em Göttingen era agradavelmente bucólica. Como observou algum tempo depois Hans Bethe a respeito dessa época dourada da física teórica, "a vida nos centros de desenvolvimento da teoria quântica, Copenhague e Göttingen, era idílica e despreocupada, apesar da enorme quantidade de trabalho realizado".[37]

Oppenheimer estava sempre procurando os jovens com reputação ascendente. Outros não podiam evitar a sensação de terem sido esnobados. "Ele [Oppenheimer] e Born se tornaram amigos muito próximos", disse anos depois Edward Condon, com visível despeito, "e se viam muito, tanto que Born quase não atendia os outros estudantes de física teórica que tinham vindo para trabalhar com ele".

Heisenberg passou por Göttingen naquele ano, e Robert fez questão de conhecer o mais brilhante dos jovens físicos da Alemanha. Apenas três anos mais velho que Oppenheimer, Heisenberg era articulado, simpático e tenaz nas discussões com seus pares. Ambos tinham intelectos originais e sabiam disso. Filho de um professor de grego, Heisenberg estudara com Wolfgang Pauli na Universidade de Munique e, mais tarde, fizera trabalhos de pós-doutorado com Bohr e Born. Assim como Oppenheimer, sabia usar a intuição para cortar caminho até a raiz de um problema. Era um rapaz estranhamente carismático, com um intelecto efervescente que exigia atenção. Ao que consta, Oppenheimer o admirava e respeitava seu trabalho. Naquela época, não podia saber que em poucos anos se tornariam sombrios rivais. Um dia Oppenheimer se veria contemplando a lealdade de Heisenberg a uma Alemanha em guerra, perguntando-se se o colega seria capaz de construir uma bomba atômica para Adolf Hitler. Em 1927, porém, ele apenas se dedicava a elaborar as descobertas de Heisenberg em mecânica quântica.

Naquela primavera, incitado por um comentário de Heisenberg, Robert se interessou em usar a nova teoria quântica para explicar, como ele mesmo disse, "por que moléculas eram moléculas". Em pouquíssimo tempo encontrou uma solução simples para o problema. Quando mostrou suas anotações para Born, o experiente professor ficou surpreso e visivelmente satisfeito. Então concordaram em trabalhar num artigo, e Robert prometeu que, enquanto estivesse em Paris para a Páscoa, redigiria suas notas e as transformaria numa primeira versão do texto. Born, todavia, ficou "horrorizado" quando recebeu de Paris um artigo muito econômico, de quatro ou cinco páginas. "Pensei que ele estivesse quase pronto", recordou Oppenheimer. "Era muito leve, e me pareceu que aquilo bastava." Born acabou espichando o artigo para trinta páginas, recheando-o, pensou Robert, com óbvios e desnecessários teoremas. "Não gostei nada daquilo, mas não tinha autoridade para protestar contra um autor mais velho." Para Oppenheimer, a nova ideia central era o que importava; o contexto e o jogo de cena acadêmico eram um entulho que lhe perturbava o agudo senso estético.

"On the Quantum Theory of Molecules" foi publicado mais tarde naquele ano. O artigo conjunto contendo a "aproximação Born-Oppenheimer" — na verdade, apenas a "aproximação Oppenheimer" — ainda é visto como um significativo avanço no uso da mecânica quântica para entender o comportamento das moléculas. Oppenheimer reconhecera que os elétrons, mais leves, viajam nas moléculas com velocidade muito maior do que os núcleos, mais pesados. Integrando os movimentos dos elétrons, de mais alta frequência, ele e Born foram então capazes de calcular os fenômenos de "mecânica ondulatória" das vibrações nucleares. O artigo assentava as fundações para o desenvolvimento da física de altas energias, sete décadas depois.

No fim da primavera, Robert submeteu sua tese de doutorado, cujo cerne era um complicado cálculo para o efeito fotoelétrico no hidrogênio e nos raios X. Born recomendou que ela fosse aceita "com distinção". A única falha que apontou foi o fato de ser "difícil de ler". Não obstante, ele registrou que Oppenheimer, ainda que tivesse redigido "uma tese complicada", o havia feito "muito bem". Anos depois, Hans Bethe, outro laureado com o Nobel, observou que, "em 1926, Oppenheimer teve que desenvolver todos os métodos sozinho, inclusive a normalização das funções de onda no *continuum*. Naturalmente, os cálculos foram mais tarde aprimorados, mas ele obteve corretamente o coeficiente de absorção na borda K e a dependência de frequência em sua vizinhança".[38] Bethe conclui: "Mesmo hoje trata-se de um cálculo complicado, além do escopo da maioria dos livros-textos de mecânica quântica." Um ano depois, num campo correlato, Oppenheimer publicou o primeiro artigo que descreve o fenômeno do "tunelamento" quântico, pelo qual partículas são literalmente capazes de "tunelar" através de uma barreira. Ambos os textos foram realizações formidáveis.

Em 11 de maio de 1927, Robert sentou-se para prestar o exame oral e saiu algumas horas depois com notas excelentes. Mais tarde, um de seus examinadores, o físico James Franck, disse a um colega: "Saí de lá na hora certa. Ele estava começando a *me* fazer perguntas." No último momento, as autoridades universitárias descobriram, com grande indignação, que Oppenheimer não se registrara formalmente como aluno e então ameaçaram reter-lhe o diploma. Por fim, concederam a ele o doutorado, mas só depois que Born intercedeu, declarando falsamente ao ministro da Educação prussiano que "circunstâncias econômicas tornam impossível que o sr. Oppenheimer permaneça em Göttingen após o fim do período letivo de verão".

Naquele mês de junho, calhou de o professor Edwin Kemble estar visitando Göttingen, e ele logo escreveu a um colega: "Oppenheimer está se revelando ainda mais brilhante do que pensávamos quando esteve conosco em Harvard. Ele absorve trabalho novo depressa e é capaz de se virar sozinho com qualquer um desta galáxia de jovens físicos matemáticos que temos aqui." Em uma nota curiosa, o professor acrescentou: "Infelizmente, Born me diz que ele continua com a mesma dificuldade de se expressar por escrito de maneira clara que observamos em Harvard." Oppenheimer desde então se tornou um escritor expressivo. Não obstante, também era verdade que os artigos que ele escrevia costumavam ser breves a ponto de serem superficiais. Kemble achava que o domínio que Robert tinha da linguagem era de fato notável, mas que ele se tornava "duas pessoas diferentes" quando falava de física e sobre qualquer outro tópico.

Born ficou desolado com a partida de Oppenheimer. "Tudo bem você ir embora, mas eu não posso", disse a ele. "Você me deixou muitos deveres de casa." Como presente de despedida, Robert ofereceu a seu mentor uma valiosa edição do texto clássico de Lagrange, *Mécanique analytique*. Passadas algumas décadas, muito depois de ter sido forçado a fugir da Alemanha, Born escreveu a Oppenheimer: "Este [livro] sobreviveu a todas as convulsões: revolução, guerra, emigração e retorno, e estou feliz que ele ainda esteja na minha biblioteca, pois representa muito bem sua atitude em relação à ciência, compreendida como parte do desenvolvimento intelectual geral no curso da história humana." Àquela altura, Oppenheimer havia muito eclipsara Born em notoriedade — embora não em realizações científicas.

Göttingen foi o cenário do primeiro triunfo real de Oppenheimer como jovem adulto em processo de amadurecimento. Mais tarde, ele comentaria que se tornar cientista era "como subir uma montanha dentro de um túnel: você não sabe se vai sair acima de um vale, nem mesmo se vai conseguir sair". Isso era particularmente verdadeiro para um cientista jovem, na linha de frente de uma revolução quântica. Mais testemunha do que participante nessa revolução, ele ainda assim demonstrou que tinha o intelecto bruto e a motivação para fazer da física o trabalho de sua vida. Em nove breves meses, combinara real sucesso acadêmico com uma renovação da própria personalidade e de seu senso de valor. As profundas inadequações emocionais que apenas um ano antes tinham lhe ameaçado a sobrevivência haviam sido superadas por realizações sérias e pela confiança que delas fluía. O mundo passara a acenar.

5

"Sou Oppenheimer"

Deus sabe que não sou a pessoa mais simples do mundo, mas, em comparação a Oppenheimer, sou muito, muito simples.
ISIDOR I. RABI

NO FIM DE SEU ano em Göttingen, Oppenheimer já mostrava inequívocos sinais de saudade de casa. Em seus comentários casuais, soava como um norte-americano chauvinista. Nada na Alemanha se comparava às paisagens desérticas do Novo México. "É demais", queixou-se um estudante holandês.[1] "Segundo Oppenheimer, até as flores são mais cheirosas nos Estados Unidos." Robert deu uma festa em seu apartamento na véspera da partida, e, entre muitos outros, a adorável Charlotte Riefenstahl, com seus cabelos escuros, veio se despedir. Robert fez questão de lhe dar a mala de couro de porco que ela havia admirado quando se conheceram. Ela a guardou por três décadas, chamando-a "Oppenheimer".

Após uma rápida viagem a Leiden com Paul Dirac, Robert embarcou num navio em Liverpool com destino a Nova York em meados de julho de 1927. Era bom estar em casa. Ele não só sobrevivera, como também triunfara, trazendo na volta um doutorado conquistado arduamente. Entre os físicos teóricos, sabia-se que o jovem Oppenheimer tinha conhecimento em primeira mão dos mais recentes avanços europeus em mecânica quântica. Mal tinham se passado dois anos após a graduação em Harvard, e Robert já era uma estrela em ascensão em sua área.

Um pouco antes naquela primavera, ele fora encorajado a aceitar uma bolsa de pós-doutorado patrocinada pela Fundação Rockefeller e concedida pelo Conselho Nacional de Pesquisa para jovens cientistas promissores. Acatou a sugestão e resolveu passar o período letivo de outono em Harvard antes de mudar-se para Pasadena, na Califórnia, onde lhe fora oferecido um posto de ensino no Caltech, o Instituto de Tecnologia da Califórnia, um proeminente centro de pesquisa científica. Assim, ao mesmo tempo que desfazia as malas na casa da família em Riverside Drive, Robert já sabia que o futuro imediato estava garantido. Nesse ínterim, tinha seis semanas para se reaproximar do irmão de 15 anos, Frank, e passar um tempo com os pais.

Para o pesar de Robert, Julius e Ella tinham resolvido vender a casa em Bay Shore no inverno anterior. Contudo, como o veleiro, *Trimethy*, ainda estava temporariamente ancorado perto da antiga propriedade, Robert chamou Frank, como tantas vezes havia feito no passado, para um belo passeio ao longo da costa de Long Island. Em agosto, ambos se juntaram aos pais para breves férias em Nantucket. "Meu irmão e eu", recorda-se Frank, "passamos a maior parte dos dias pintando as dunas e as colinas cobertas de relva em óleos sobre tela".[2] Frank venerava o irmão. Ao contrário de Robert, era bom com atividades manuais e gostava de mexer nas coisas, desmontando relógios e motores elétricos para depois voltar a montá-los. Na Escola de Cultura Ética, também gravitava rumo à física. Ao partir para Harvard, Robert dera ao irmão seu microscópio, e Frank certo dia o usou para examinar o próprio esperma. "Nunca tendo ouvido falar de espermatozoides, foi realmente uma descoberta maravilhosa", afirmou Frank.[3]

No fim do verão, Robert ficou feliz em saber que Charlotte havia aceitado um posto de ensino no Vassar College. Quando, em setembro, o navio em que ela viajava chegou ao porto de Nova York, ele estava no cais para recebê-la. Ao lado da moça, estavam dois outros triunfais ex-alunos de Göttingen, Samuel Goudsmit e George Uhlenbeck, com a nova esposa de Uhlenbeck, Else. Oppenheimer sabia que os dois eram físicos bem-sucedidos. Juntos, Goudsmit e Uhlenbeck haviam descoberto o spin do elétron, em 1925. Robert não economizou para servir de anfitrião aos colegas em Nova York.

"Recebemos o verdadeiro tratamento Oppenheimer", recordou-se Goudsmit, "mas na verdade aquilo tudo era para Charlotte. Ele nos recebeu em sua grande limusine com chofer e nos levou ao centro, para um hotel em Greenwich Village que ele próprio havia escolhido".[4] Durante as semanas seguintes, Robert escoltou Charlotte por toda Nova York, levando-a a todos os lugares favoritos dele, desde as grandes galerias de arte da cidade até os restaurantes mais caros que pôde encontrar. Charlotte protestou: "O Ritz é realmente o único hotel que você conhece?"[5] E, para deixar clara a seriedade das intenções com relação a ela, apresentou Charlotte aos pais no espaçoso apartamento em Riverside Drive. Embora ela o admirasse e se sentisse lisonjeada pela atenção, sentia que Robert era emocionalmente inacessível.[6] Ele fugia de todas as tentativas dela de fazê-lo falar do passado. Além disso, ela achava o lar dos Oppenheimer sufocante e superprotetor, e o casal começou a se distanciar. O posto de ensino de Charlotte no Vassar College a mantinha fora de Nova York, e a bolsa de Robert exigia a presença dele em Harvard. Charlotte acabou regressando à Alemanha; em 1931, se casou com Fritz Houtermans, colega de classe de Robert em Göttingen.

DE VOLTA A HARVARD naquele outono, ele renovou a amizade com William Boyd, que estava em Cambridge terminando o doutorado em bioquímica. Robert lhe confidenciou sobre o problemático ano que passara em Cambridge. Boyd não ficou surpreso, uma vez que sempre pensara em Robert como um rapaz emocionalmente tenso, que no entanto conseguia lidar com os problemas. A poesia ainda era uma paixão de Oppenheimer, e, quando ele mostrou a Boyd um poema que tinha escrito, o amigo o incentivou a submetê-lo à revista literária de Harvard, *Hound and Horn*. O poema apareceu na edição de junho de 1928:

Travessia

Era noite quando chegamos ao rio
com a lua baixa sobre o deserto
que perdêramos nas montanhas, esquecida,
com o frio e o suor,
e as cordilheiras encobrindo o céu.
E quando a encontramos de novo,
nas colinas secas junto ao rio,
semifenecidas, tínhamos
os ventos quentes contra nós.

Havia duas palmeiras no local de embarque;
As iúcas floresciam: havia
uma luz na margem distante, e tamariscos.
Esperamos um longo tempo, em silêncio.
Então ouvimos os remos estalando,
e depois, me recordo,
o barqueiro nos chamou.
Não olhamos de volta para as montanhas.[7]*

O Novo México chamava por Robert. Ele sentia uma falta desesperada daquela "lua baixa sobre o deserto" e das puras sensações físicas — "o frio e o suor" — que o haviam feito se sentir tão vivo durante seus dois verões no Oeste. Não era possível fazer física de ponta no Novo México, mas ele aceitara o posto no Caltech, em Pasadena, pelo menos em parte porque ficava perto do deserto que amava. Ao mesmo tempo, também queria estar livre de Harvard e daquela "prisão especial"[8] em que estivera confinado por tanto tempo. Parte da recuperação da crise do ano anterior tinha vindo do reconhecimento de que ele precisava de um novo começo,

---

* Crossing: *It was evening when we came to the river/ with a low moon over the desert/ that we had lost in the mountains, forgotten/ what with the cold and the sweating/ and the ranges barring the sky./ And when we found it again/ in the dry hills down the river, half withered, we had/ the hot winds against us.// There were two palms by the landing;/ The yuccas were flowering: there was/ a light on the far shore, and tamarisks./ We waited a long time, in silence. Then we heard the oars creaking/ and afterwards, I remember,/ the boatman called to us./ We did not look back at the mountains.*

que a Córsega, Proust e Göttingen lhe haviam proporcionado — permanecer em Harvard seria como dar um passo para trás. Assim, logo depois do Natal de 1927, Robert fez as malas e se mudou para Pasadena.

A Califórnia caiu-lhe bem. Depois de apenas poucos meses, ele escreveu a Frank: "Tenho tido dificuldade em arranjar tempo para trabalhar, pois Pasadena é um lugar agradável, e centenas de pessoas agradáveis estão o tempo todo sugerindo coisas agradáveis para fazer. Estou tentando decidir se aceito uma cátedra na Universidade da Califórnia no ano que vem ou se vou para o exterior."[9]

Apesar dos deveres de professor no Caltech e das distrações de Pasadena, Oppenheimer publicou seis artigos científicos em 1928, todos sobre aspectos diversos da teoria quântica. Sua produtividade foi ainda mais notável considerando que, naquela primavera, seu médico concluíra que a tosse persistente talvez fosse um sintoma de tuberculose. Em junho, depois de participar de um seminário sobre física teórica em Ann Arbor, no Michigan, Robert foi à procura do ar seco das montanhas do Novo México. Mais cedo naquela primavera, escrevera ao irmão, Frank, então com quase 16 anos, sugerindo que os dois "poderiam se encontrar e aproveitar duas semanas no deserto" em algum momento do verão.

Robert começara a nutrir um interesse quase paternal em ajudar o irmão mais novo a navegar pelos duros bancos de areia da adolescência — uma viagem difícil, como ele sabia. Em março, em resposta a uma confissão de Frank, que afirmara ter se distraído nos estudos por causa de uma garota, Robert lhe escreveu uma carta cheia de conselhos que beiravam uma análise autoconsciente. Segundo ele, "o ofício da moça é fazê-lo perder seu tempo com ela; seu ofício é manter a mente clara". Sem dúvida recorrendo à própria experiência, Robert comentou que namorar "só é importante para pessoas que têm tempo a perder. Não é seu caso nem o meu". E enfatizou: "Não se preocupe com garotas e não faça amor com elas a menos que queira: NÃO FAÇA POR OBRIGAÇÃO. Tente descobrir, observando a si mesmo, o que realmente quer; se quiser algo, tente conseguir; se não quiser, tente esquecer."[10] Robert admitiu que estava sendo dogmático, mas disse a Frank que esperava que suas palavras tivessem alguma utilidade "como fruto e resultado de meus labores eróticos. Você é muito jovem, mas muito mais maduro do que eu era".

ROBERT ESTAVA CERTO; o jovem Frank era muito mais maduro do que o irmão quando tinha a mesma idade. Frank tinha idênticos olhos azuis gélidos e mechas de cabelos pretos rebeldes. Nascido com a magreza típica dos Oppenheimer, em breve estaria com mais de 1,80 metro de altura, mas pesando meros 65 quilos. Sob muitos aspectos, era tão dotado intelectualmente quanto o irmão, mas parecia não sentir o fardo da intensa agitação nervosa de Robert. Se este por vezes parecia maníaco em suas obsessões, Frank era uma presença tranquilizadora e sempre cordata. Quando adolescente, Frank conhecera o irmão a distância, sobretudo por cartas, e durante as férias, quando saíam juntos para velejar. Foi nessa viagem ao Novo México — sem os pais — que Frank estabeleceu um laço adulto com Robert.

Quando chegaram a Los Pinos, os irmãos se instalaram no rancho de Katherine Page, e, apesar da tosse persistente, Robert insistiu em fazer uma série de longas expedições a cavalo pelas montanhas dos arredores. Eles se arranjavam com um pouco de manteiga de amendoim, alcachofras em conserva, salsichas vienenses, *Kirschwasser* (aguardente de cereja) e uísque. Enquanto cavalgavam, Frank ouvia o irmão falar animado sobre física e literatura.[11] À noite, Robert puxava um exemplar surrado de Baudelaire e o lia em voz alta à luz da fogueira. Naquele verão de 1928, ele também estava lendo o romance *O quarto enorme*, de 1922, em que e. e. cummings fazia um relato de seu encarceramento por quatro meses num campo de prisioneiros de guerra francês. Ele adorava a ideia de cummings de que um homem despido de todas as suas posses pode ainda assim encontrar a liberdade pessoal nos ambientes mais espartanos. Essa história assumiria um novo significado para ele depois de 1954.

Frank Oppenheimer notou que as paixões do irmão eram sempre mercuriais. Robert parecia dividir o mundo entre as pessoas que valiam e as que não valiam o tempo dele. "Para o primeiro grupo", disse Frank, "ele era maravilhoso. [...] Robert queria que tudo e todos fossem especiais, sabia comunicar seus entusiasmos e fazia essas pessoas se sentirem especiais. [...] Uma vez que havia aceitado alguém como digno de atenção ou amizade, vivia telefonando ou escrevendo, fazendo pequenos favores, dando presentes. Não sabia ser banal. Era capaz de exagerar esse entusiasmo até mesmo em relação a uma marca de cigarros, fazendo com que parecesse especial. Seu pôr do sol era sempre o melhor".[12] Frank observou que o irmão era capaz de gostar de todo tipo de pessoas — famosas ou não —, mas, ao gostar, tinha um jeito de transformá-las em heróis: "Qualquer um que o impressionasse com sabedoria, talento, habilidade, decência ou dedicação tornava-se, pelo menos temporariamente, um herói para ele, para si próprio e para os amigos."

Certo dia, naquele mês de julho, Katherine Page levou os irmãos Oppenheimer para um passeio a cavalo num local cerca de um quilômetro e meio acima de Los Pinos. Depois de cavalgarem por uma passagem nas montanhas a mais de 3 mil metros, eles se depararam com um prado empoleirado em Grass Mountain e coberto de densos trevos e flores alpinas púrpura. Pinheiros de todos os tipos emolduravam uma magnífica vista da cordilheira Sangre de Cristo e do rio Pecos. Aninhada no meio do prado, a mais de 3 mil metros de altitude, havia uma cabana rústica construída com pedaços de troncos e argamassa de adobe. Uma lareira de argila endurecida dominava uma das paredes da construção e uma estreita escada de madeira conduzia para o andar de cima, onde havia dois pequenos quartos de dormir. A cozinha dispunha de pia e fogão a lenha, mas não havia água encanada, e o único banheiro era uma cabine externa exposta ao vento e construída na extremidade de uma varanda coberta.[13]

"Gosta?", perguntou Katherine a Robert.

Quando ele assentiu, ela explicou que a cabana e mais sessenta hectares de pasto e riachos estavam para alugar.

"*Hot dog!*", exclamou Robert.[14*]

"*¡No, perro caliente!*", repetiu Katherine, traduzindo para o espanhol a exclamação de Robert.

Mais tarde naquele inverno, Robert e Frank convenceram o pai a assinar um contrato de locação de quatro anos para o rancho e deram-lhe o nome de Perro Caliente. Continuaram a alugá-lo até 1947, quando Oppenheimer o adquiriu por 10 mil dólares. O rancho seria seu paraíso particular durante os anos seguintes.

Após uma estada de duas semanas no Novo México, os irmãos partiram, no começo do outono de 1928, para se juntar aos pais no luxuoso Broadmoor Hotel, em Colorado Springs. Tanto Robert quanto Frank fizeram aulas rudimentares de direção e então compraram um Chrysler esportivo usado, de seis cilindros. O plano era ir de carro até Pasadena. "Tivemos uma série de contratempos", disse Frank, subestimando o acontecido, "mas finalmente chegamos".[15] Nos arredores de Cortez, no Colorado, com Frank ao volante, o carro derrapou em cascalho solto na pista e capotou numa ravina. O para-brisas ficou estilhaçado e a capota, arruinada. Robert fraturou o braço direito e dois ossos do pulso direito.[16] Depois de arranjarem um reboque até Cortez, conseguiram fazer o carro voltar a funcionar — mas, no fim da tarde seguinte, Frank conseguiu a proeza de bater o carro numa rocha. Incapazes de seguir adiante, passaram a noite deitados no chão do deserto, "bebendo do gargalo de uma garrafa de aguardente [...] e chupando alguns limões que tínhamos trazido".[17]

Quando por fim chegaram a Pasadena, Robert foi direto para o Laboratório Bridge, do Caltech. Com o braço numa tipoia vermelha, entrou, desgrenhado e com a barba por fazer, e anunciou: "Sou Oppenheimer."[18]

"Ah, você é Oppenheimer?", perguntou o professor de física Charles Christian Lauritsen, que teve a impressão de que "ele mais parecia um vagabundo do que um professor universitário". "Então você pode ajudar. Por que estou obtendo resultados errados neste maldito gerador multiplicador de voltagem?"

Oppenheimer voltou a Pasadena apenas para empacotar seus pertences e se preparar para regressar à Europa. Mais cedo, na primavera de 1928, recebera ofertas de emprego de dez universidades norte-americanas, inclusive Harvard, e duas do exterior. Todas eram para cargos atraentes com salários competitivos. Ele decidiu aceitar uma nomeação dupla nos departamentos de Física da Universidade da Califórnia em Berkeley e no Caltech. O plano era lecionar um semestre em cada ins-

---

* A expressão "*hot dog!*" [cachorro-quente!] era usada com frequência nos Estados Unidos nas primeiras décadas do século XX para denotar surpresa, especialmente uma surpresa agradável. [N. do T.]

tituição. Ter escolhido Berkeley se deu precisamente porque o programa de física da instituição carecia de um componente teórico. Berkeley, nesse sentido, era "um deserto"; assim, ele "pensou que seria bacana tentar iniciar alguma coisa".[19]

No entanto, não tinha intenção de começar nada imediatamente, pois na mesma época solicitou, e logo recebeu, uma bolsa para retornar à Europa por mais um ano. Robert sentia que ainda precisava da têmpera, particularmente em matemática, que viria com um ano adicional de estudos de pós-doutorado. Queria estudar com Paul Ehrenfest, um físico muito admirado na Universidade de Leiden, na Holanda. Ao embarcar para Leiden, planejava, depois do período letivo com Ehrenfest, se mudar para Copenhague, onde esperava conhecer pessoalmente Niels Bohr.

Na ocasião, Ehrenfest estava um pouco desanimado e distraído, sofrendo de um de seus recorrentes episódios depressivos.[20] "Acho que não despertei o interesse dele", recordou-se Robert. "Tenho uma lembrança de silêncio e melancolia." Em retrospecto, Robert considerou ter perdido tempo em Leiden, e por culpa dele mesmo. Ehrenfest insistia na simplicidade e na clareza, traços que ele ainda não havia abraçado. "Eu provavelmente ainda tinha um fascínio pelo formalismo e pela complicação, então grande parte daquilo que me envolvia ou prendia minha atenção não era especialidade dele. E, quanto às coisas que eram de fato especialidade dele, eu não soube apreciar quão valioso seria tê-las em boa e clara ordem", disse ele. Ehrenfest achava Oppenheimer rápido demais nas respostas, qualquer que fosse a pergunta — e por trás da rapidez se escondiam erros.

Na verdade, Ehrenfest achava emocionalmente extenuante trabalhar com o rapaz. "Oppenheimer agora está com você", escreveu Max Born ao colega em Leiden.[21] "Eu gostaria de saber o que você pensa dele. Seu julgamento não será influenciado pelo fato de eu nunca ter sofrido tanto com alguém quanto sofri com ele. Robert é sem dúvida muito talentoso, mas não tem nenhuma disciplina mental. Por fora, é muito modesto, mas, por dentro, muito arrogante." A resposta de Ehrenfest se perdeu, mas a carta seguinte de Born é sugestiva: "Sua informação sobre Oppenheimer foi muito valiosa para mim. Sei que ele é um homem muito bom e decente, mas não se pode evitar que alguém nos dê nos nervos."

Apenas seis semanas após ter chegado, Oppenheimer estarreceu seus pares ao dar uma palestra em holandês, outra língua que aprendera sozinho.[22] Os amigos holandeses ficaram tão impressionados com a fala bem-humorada dele que começaram a chamá-lo de "Opje" — uma contração afetiva do sobrenome —, e ele carregaria o novo apelido pelo resto da vida.[23] A facilidade com a língua pode ter tido o auxílio de uma mulher. Segundo o físico Abraham Pais, Oppenheimer teve um caso com uma jovem holandesa chamada Suus (Susan).

O caso com a holandesa deve ter sido breve, porque Robert logo resolveu deixar Leiden. Embora pretendesse ir para Copenhague, Ehrenfest o convenceu de que seria melhor estudar com Wolfgang Pauli, na Suíça. Ehrenfest escreveu a Pauli:

"Neste momento, para desenvolver seus grandes talentos científicos, Oppenheimer precisa levar uma amorosa surra! Ele realmente merece um tratamento assim [...] visto que é um sujeito adoravelmente arrogante."[24] Ehrenfest costumava mandar os estudantes dele para Bohr, mas, nesse caso, recordou Oppenheimer, tinha certeza "de que Bohr, com sua generosidade e falta de determinação, não era o remédio de que eu precisava; eu precisava de um especialista em cálculo, e Pauli seria a pessoa certa. Acho que ele usou a expressão *herausprügeln* [convencer à força]. [...] Ficou claro que estava me mandando para lá a fim de que eu fosse consertado".[25]

Robert também achava que o ar montanhoso da Suíça poderia lhe fazer bem. Ele havia ignorado as advertências insistentes de Ehrenfest quanto aos males do fumo, mas a tosse persistente lhe sugeria que ainda podia estar sofrendo de um caso de tuberculose crônica.[26] Quando amigos preocupados o instavam a descansar, Oppenheimer dava de ombros e dizia que, em vez de cuidar da tosse, preferia "viver enquanto tivesse vida".[27]

A caminho de Zurique, Robert parou em Leipzig e assistiu a uma palestra de Werner Heisenberg sobre ferromagnetismo. Ele tinha, é claro, conhecido o futuro chefe do programa atômico alemão em Göttingen um ano antes, e, embora não houvesse surgido nenhuma grande amizade entre os dois, eles tinham desenvolvido um respeito mútuo, ainda que reservado. Ao chegar a Zurique, Wolfgang Pauli contou a Robert sobre seu trabalho com Heisenberg. Àquela altura, Oppenheimer estava muito interessado no que chamava de "o problema do elétron e a teoria relativística". Naquela primavera, quase colaborou num artigo de Pauli e Heisenberg. "No começo pensamos que deveríamos publicar os três um artigo juntos, depois Pauli achou que poderia publicá-lo comigo, e então lhe pareceu melhor fazer uma referência a meu texto no artigo deles e publicar o meu separadamente. Pauli disse: 'Você realmente fez uma bagunça terrível no espectro contínuo e tem o dever de arrumá-la. Se fizer isso, pode agradar aos astrônomos.' Foi assim que entrei nisso."[28] O artigo de Robert foi publicado no ano seguinte sob o título "Notes on the Theory of Interaction of Field and Matter".

Oppenheimer acabou desenvolvendo muito apreço por Pauli. "Era um físico tão bom, que as coisas quebravam ou explodiam do nada quando ele entrava no laboratório", brincava.[29] Apenas quatro anos mais velho que Oppenheimer, o precoce Pauli adquirira renome em 1920, um ano antes de obter o doutorado na Universidade de Munique, ao publicar um artigo de duzentas páginas sobre as duas teorias da relatividade, a restrita e a geral. O próprio Einstein elogiou o ensaio pela clareza das exposições. Depois de estudar com Max Born e Niels Bohr, Pauli lecionou primeiro em Hamburgo e então, em 1928, no Instituto Federal de Tecnologia de Zurique, na Suíça, quando publicara o que veio a ser conhecido como o "princípio de exclusão de Pauli", que explicava por que cada "orbital" num átomo pode ser ocupado por apenas dois elétrons ao mesmo tempo.

Pauli era um jovem belicoso e com humor afiado e, assim como Oppenheimer, não tardava em se levantar e questionar agressivamente um conferencista se percebesse a mais leve falha no argumento. Com frequência depreciava outros físicos, quando dizia que "não estavam nem mesmo errados". E uma vez disse de outro acadêmico que ele era "tão jovem e já tão desconhecido".[30]

Pauli apreciava a habilidade que Oppenheimer tinha de discernir o cerne de um problema, mas ficava frustrado com a falta de atenção quanto aos detalhes. "As ideias dele são sempre muito interessantes", dizia Pauli, "mas os cálculos estão sempre errados".[31] Certo dia, depois de assistir a uma aula de Robert, e vendo-o fazer uma pausa e murmurar sons que pareciam um "nim-nim-nim", começou a chamá-lo de "homem do nim-nim-nim".[32] Ainda assim, Pauli era fascinado por aquele complicado jovem norte-americano. "O ponto forte dele", Pauli escreveu logo a Ehrenfest, "é que tem muitas ideias, e ideias boas, além de muita imaginação. Seu ponto fraco é que se satisfaz muito depressa com enunciados mal fundamentados e não responde às próprias perguntas, muitas vezes bem interessantes, por falta de perseverança e meticulosidade. [...] Infelizmente, tem um traço muito ruim: ele me encara com uma crença quase incondicional na autoridade e considera tudo que digo como a verdade final e definitiva. [...] Não sei como fazê-lo desistir disso".[33]

Outro estudante, Isidor I. Rabi, passou muito tempo com Robert naquela primavera. Tendo se conhecido em Leipzig, eles viajaram juntos para Zurique. "Nós nos demos muito bem", recordou-se Rabi.[34] "Fomos amigos até seu último dia de vida. Eu gostava de coisas nele das quais muitas pessoas não gostavam." Seis anos mais velho que Oppenheimer, Rabi também passara a infância em Nova York. A Nova York dele, porém, era muito diferente da vida dourada de Robert em Riverside Drive. A família de Rabi morava num apartamento de dois cômodos no Lower East Side. O pai era trabalhador braçal e a família, pobre. Ao contrário de Oppenheimer, Rabi crescera sem ambiguidade em relação à própria identidade. Vinha de uma família de judeus ortodoxos, e Deus fazia parte da vida cotidiana. "Mesmo numa conversa casual", recordou ele, "Deus aparecia praticamente em toda frase".[35] Quando ficou mais velho, a religião formal perdeu força na vida de Rabi. "Essa foi a igreja com a qual falhei", gracejou.

No entanto, Rabi continuou se sentindo confortável como judeu. Mesmo na Alemanha, naqueles anos de inflamação antissemita, ele insistia em se apresentar como judeu austríaco precisamente porque sabia que os judeus austríacos eram os mais detestados. Oppenheimer, por sua vez, nunca anunciava a identidade judaica. Décadas depois, Rabi pensava saber por quê: "Oppenheimer era judeu, mas desejava não ser e tentava fingir que não era. [...] A tradição judaica, mesmo não conhecida em detalhe, é tão forte que você renuncia a ela por sua conta e risco. [Isso] não significa que você tem que ser ortodoxo, ou mesmo praticar o judaísmo, mas, se você lhe dá as costas, tendo nascido judeu, vai estar em apuros. Então, o pobre Robert, perito em sânscrito e literatura francesa... [E aqui a voz de Rabi vai sumindo e se transformando num pensamento silencioso]."

Rabi, posteriormente, especulou que Robert "nunca chegou a ser uma personalidade integrada. Isso às vezes acontece com muita gente, porém com maior frequência entre judeus brilhantes, talvez por causa de sua situação. Quando se é dotado de enormes capacidades em qualquer direção, é difícil escolher. Ele queria tudo. Lembrava-me muito um amigo de infância, que hoje é advogado e de quem alguém disse: 'Ele gostaria de ser presidente da Ordem dos Cavaleiros de Colombo e da B'nai Brith.' Deus sabe que não sou a pessoa mais simples do mundo, mas, em comparação a Oppenheimer, sou muito, muito simples".[36]

Rabi gostava muito de Robert, mas também era capaz de declarar a um amigo, para provocar ultraje: "Oppenheimer? Um moleque judeu riquinho e mimado de Nova York."[37] Rabi achava que conhecia o tipo. "Eram judeus do Leste da Alemanha, e o que aconteceu com eles é que começaram a valorizar a cultura alemã mais do que a deles própria. Pode-se ver facilmente por quê — com aqueles imigrantes judeus poloneses e sua forma rude de veneração." O que chamava atenção, pensava Rabi, era que tantos daqueles judeus alemães altamente assimilados não conseguissem renunciar à própria identidade. As portas se abriam para eles, mas muitos se recusavam a passar. "Parece que está escrito na Bíblia", dizia ele, "que Deus reclama que eles são um povo muito obstinado". Aos olhos de Rabi, Oppenheimer tinha um conflito semelhante, mas talvez essa obstinação fosse inconsciente. "Eu não sei se ele pensava em si mesmo como judeu", recordou Rabi muitos anos depois. "Acho que tinha fantasias nas quais imaginava que não era judeu. Lembro-me de dizer uma vez que achava a religião cristã muito intrigante, uma baita combinação de sangue e gentileza. Ele disse que era isso que o atraía nela."

Rabi nunca disse a Oppenheimer o que pensava a respeito da ambivalência do amigo: "Eu não achava que valia a pena lhe dizer essas coisas. [...] Não se pode mudar um homem, isso vem de dentro."[38] Rabi simplesmente sentia que sabia melhor que o próprio Oppenheimer quem ele era. "Seja lá o que se diga sobre Oppenheimer, ele certamente não era um norte-americano tradicional, branco, anglo-saxão e protestante."

Apesar das diferenças, um laço estreito se desenvolveu entre os dois. "Nunca estive na mesma classe que ele", disse Rabi tempos depois.[39] "Nunca topei com alguém que fosse mais brilhante que ele." Ainda assim, o brilhantismo do próprio Rabi nunca foi posto em dúvida. Em poucos anos, seus experimentos num laboratório de feixes moleculares da Universidade Columbia produziriam resultados seminais para uma ampla variedade de campos, tanto em física quanto em química. Como Oppenheimer, ele não tinha mãos de experimentalista — desajeitado, muitas vezes deixava que os outros manuseassem o equipamento. Mas tinha uma excepcional habilidade para projetar experimentos que produziam resultados. Talvez porque, durante a estada em Zurique, tivesse adquirido, ao contrário da maior parte dos experimentalistas, um sólido domínio teórico. "Rabi era um grande experimentalista", recordou Wendell Furry, aluno de Oppenheimer, "e não era nenhum bobo como teórico".[40] No rarefeito mundo da física, Rabi viria a ser considerado um pensador profundo, e Oppenheimer, um grande sintetizador. Juntos, eram formidáveis.

A amizade dos dois transcendeu a física. Rabi compartilhava os interesses de Oppenheimer em filosofia, religião e arte. "Nós tínhamos uma certa afinidade", disse Rabi.[41] Tratava-se do raro tipo de amizade, forjado na juventude, que sobrevivia a separações. "Você recomeça", recordou Rabi, "exatamente de onde parou". Robert valorizava particularmente o candor do amigo. "Eu não me sentia diminuído pela maneira como ele se comportava, por assim dizer", lembrou Rabi. "Nunca o adulei, sempre fui honesto com ele." Rabi sempre considerou o amigo um homem "estimulante, muito estimulante". Com o passar dos anos, e sobretudo nos tempos em que a maioria das pessoas se sentia intimidada por Oppenheimer, talvez tenha sido a única pessoa capaz de lhe dizer, do seu jeito franco e direto, quando ele estava sendo estúpido. Perto do fim da vida, Rabi confessou: "Oppenheimer foi muito importante para mim. Sinto falta dele."

Em Zurique, Rabi sabia que o amigo estava trabalhando com enorme afinco na difícil tarefa de calcular a opacidade da superfície das estrelas em relação à radiação interna delas — embora escondesse os esforços sob um calculado "ar de cômoda indiferença".[42] De fato, entre amigos, ele evitava falar de física e só se animava quando o assunto se voltava para os Estados Unidos. Quando o jovem físico suíço Felix Bloch passou pelo apartamento de Robert em Zurique, ficou admirado com a bela manta navajo estendida sobre o sofá. Isso levou Oppenheimer a um longo e empolgado discurso sobre os méritos dos Estados Unidos. "Era impossível não perceber a intensidade do afeto que ele nutria pelo país em que nascera", comentou Bloch. "A ligação era quase visível." Robert também podia falar longamente sobre literatura, "sobretudo clássicos hindus e escritores ocidentais mais esotéricos". Pauli brincava com Rabi, dizendo que Oppenheimer "parecia tratar a física como passatempo e a psicanálise como vocação".*

Para os amigos, Robert parecia fisicamente frágil e mentalmente robusto. Fumava sem parar e roía as unhas. "O tempo passado com Pauli", recordou ele mais tarde, "era mesmo muito, muito bom. Mas fiquei doente e tive que me afastar por um tempo. Me disseram para não fazer nada de física."[43] Após um repouso de seis semanas, um caso aparentemente leve de tuberculose estava em remissão, e Oppenheimer retornou a Zurique e reassumiu o ritmo frenético que lhe era característico.

---

* Jogo de palavras impossível de traduzir entre os vocábulos *avocation* (passatempo) e *vocation* (vocação). [N. do T.]

Quando deixou Zurique em junho de 1929 para regressar aos Estados Unidos, Robert estabelecera uma reputação internacional pelo trabalho em física teórica.[44] Entre 1926 e 1929, publicou dezesseis artigos científicos, uma produção impressionante para qualquer cientista. Se era jovem demais para ter participado da florada inicial da física quântica em 1925-26, sob a supervisão de Wolfgang Pauli ele pegou a segunda onda. Foi o primeiro físico a dominar a natureza das funções de onda do contínuo. A contribuição mais original que fez, na opinião do físico Robert Serber, foi sua teoria da emissão por campo, uma abordagem que permitiu a ele estudar a emissão de elétrons dos metais, induzida por um campo muito intenso. Naqueles primeiros anos, também conseguiu promover avanços no cálculo do coeficiente de absorção dos raios X e da dispersão elástica e inelástica dos elétrons.

E o que qualquer uma dessas coisas poderia significar, em termos práticos, para a humanidade? Por mais estranhamente ininteligível que seja para o cidadão médio, tanto hoje quanto naquela época, a física quântica não obstante explica nosso mundo físico. Como observou certa vez o físico Richard Feynman: "[A mecânica quântica] descreve a natureza como absurda do ponto de vista do senso comum. E está em pleno acordo com o experimento. Então, espero que você possa aceitar a natureza como ela é: absurda."[45] A mecânica quântica parece estudar aquilo que não existe, mas mesmo assim se prova verdadeira. Funciona. Nas décadas seguintes, a física quântica abriria as portas para uma profusão de invenções práticas que hoje definem a era digital, inclusive o moderno computador pessoal, a energia nuclear, a engenharia genética e a tecnologia do laser (que nos legou produtos de consumo como reprodutores de CDs e o código de barras comumente usado em supermercados). Se o jovial Oppenheimer adorava a mecânica quântica pela simples beleza de suas abstrações, ela era, ainda assim, uma teoria que em pouco tempo produziria uma revolução na forma de os seres humanos se relacionarem com o mundo.

6
"Oppie"

Acho que o mundo no qual viveremos nos próximos trinta anos será um lugar bastante inquieto e atormentado: não creio que haja um meio-termo possível entre pertencer a ele e não pertencer.
ROBERT OPPENHEIMER, 10 DE AGOSTO DE 1931

O TEMPO QUE ROBERT passou em Zurique fora produtivo e estimulante, mas, como sempre, com a chegada do verão, ele almejava a alegria e a calma revigorante induzidas pelo rancho Perro Caliente. Agora a vida dele tinha um ritmo: intenso trabalho intelectual, às vezes quase a ponto da exaustão, seguido de um mês ou mais de renovação no lombo de um cavalo na cordilheira Sangre de Cristo, no Novo México.

Na primavera de 1929, Robert escreveu a Frank e insistiu que o irmão trouxesse os pais para o Oeste em junho. E foi além, sugerindo que, uma vez que Frank, então com 16 anos, tivesse acomodado Julius e Ella num alojamento confortável em Santa Fe, levasse um amigo até o rancho acima de Los Pinos, para "abrir o lugar, arranjar cavalos, aprender a cozinhar, fazer da *hacienda* o lugar mais habitável que você conseguir e ver a região".[1] Ele se juntaria ao irmão em meados de julho.

Frank não precisou de nenhum incentivo extra, e em junho chegou a Los Pinos com dois amigos da Escola de Cultura Ética, Ian Martin e Roger Lewis.[2] Lewis viria a se tornar uma visita regular no rancho. Frank pegou um catálogo de uma loja de departamentos e pediu tudo por correio: camas, mobília, um fogão, panelas e frigideiras, roupa de cama e tapetes. "Foi uma enorme farra", recordou Frank.[3] "As coisas chegaram pouco depois de Robert naquele primeiro verão. O velho sr. Windsor transportou tudo lá para cima numa carroça puxada a cavalo." Robert chegou com duas garrafas de uísque contrabandeado, grande quantidade de manteiga de amendoim e uma sacola com salsichas e chocolate. Deu um jeito de pedir emprestado a Katherine Page um cavalo de sela chamado Crisis (Crise). Digno do nome, Crisis era um garanhão enorme, semicastrado, que ninguém conseguia montar a não ser Robert.

Nas três semanas seguintes, ele e os rapazes passaram os dias caminhando e cavalgando pelas montanhas. Depois de um dia particularmente cansativo no lombo do cavalo, Robert escreveu de forma melancólica a um amigo: "Meus dois grandes amores são a física e o Novo México. É uma pena que não possam ser combinados."[4] À noite, Robert sentava-se à luz de um lampião Coleman, lendo livros de física e preparando aulas. Numa das excursões, que durou oito dias, cavalgaram todo o caminho de ida e volta até o Colorado, uma distância de mais de trezentos quilômetros.[5] Quando não estavam sobrevivendo apenas com manteiga de amendoim, Robert lhes apresentou o *nasi goreng*, um prato indo-holandês extremamente picante, que Else Uhlenbeck lhe ensinara a preparar na Holanda. Eram os anos da Lei Seca, mas Robert sempre tinha bastante uísque à disposição. "Ficávamos meio bêbados", recordou Frank, "quando estávamos no alto [das montanhas] e nos comportávamos de um jeito meio bobo. [...] Tudo que meu irmão fazia era de alguma forma especial. Se entrava no mato para dar uma mijada, voltava com uma flor. Acho que não para disfarçar que tinha mijado, mas apenas para transformar aquilo numa ocasião especial".[6] Se colhia morangos silvestres, Robert os servia com Cointreau.

Os irmãos Oppenheimer passavam horas na sela, conversando. "Acho que provavelmente cavalgamos mais de 1.500 quilômetros naquele verão", recordou Frank Oppenheimer.[7] "Saíamos de manhã muito cedo, selávamos um cavalo, às vezes um cavalo de carga, e começávamos a cavalgar. Em geral havia algum lugar novo que queríamos conhecer, e muitas vezes não existia trilha. Acabamos conhecendo muito bem as montanhas, o Alto Pecos, a superfície de toda a cordilheira. [...] Havia lindas flores o tempo todo. O lugar era mesmo exuberante."

Durante uma cavalgada memorável pelo Valle Grande, eles sofreram um ataque de vespas, que dão ferroadas como abelhas. "Então disparamos com os cavalos ao longo de toda a extensão do Valle (três quilômetros), ultrapassando um ao outro várias vezes, até que diminuímos a velocidade o suficiente para poder tomar uns goles de uma garrafa muito bem-vinda."[8]

Robert cobria o irmão de presentes — um fino relógio no fim daquele verão e, dois anos depois, um Packard esportivo usado —, mas também investia tempo em orientá-lo em questões de amor, música, arte, física — e na filosofia de vida dele: "O motivo de uma filosofia ruim produzir um verdadeiro inferno é que aquilo que você pensa, quer e valoriza, e cultiva em tempos de preparação, é o que determina o que fazer numa situação crítica, e basta um único erro para tudo cair por terra."[9] Os tempos que passou com o irmão em Perro Caliente foram uma parte intensa da educação de Frank. Quando, mais tarde naquele verão, ele escreveu uma carta a Robert na qual descrevia o encontro que tivera com um burrico, o irmão respondeu: "Suas histórias do burrico foram imensamente divertidas. Tão divertidas que cheguei a mostrá-las para um ou dois amigos."[10] Robert então prosseguiu na crítica à prosa de Frank: "O que você disse sobre a noite em Truchas e Ojo Caliente [no Novo México], por exemplo, foi muito mais convincente e sincero, e no fim das contas comovente, do que seus trechinhos empolados sobre o anoitecer."

Em meados de agosto, Robert, com sentimentos ambivalentes, empacotou suas coisas e partiu de carro para Berkeley, onde ocupou um quarto de mobília esparsa no Faculty Club. Frank permaneceu no Novo México até setembro, quando Robert lhe escreveu dizendo já sentir falta dos "alegres tempos em Perro Caliente". No entanto, estava ocupado preparando as aulas e conhecendo os colegas. "A graduação aqui", escreveu ele a Frank, "parece não valer grandes coisas, do contrário eu lhe sugeriria que viesse para cá no ano que vem. Pois o lugar é lindo e as pessoas são agradáveis. Acho que vou ficar com meu quarto no Faculty Club. [...] Amanhã prometi preparar *nasi goreng* numa fogueira de acampamento".[11] Logo os novos amigos de Robert estariam chamando seu exótico prato de "*nasty gory*" [nojeira sangrenta] e tentando evitá-lo sempre que possível.

A UNIVERSIDADE DA CALIFÓRNIA em Berkeley havia contratado Oppenheimer para apresentar a nova física aos estudantes de pós-graduação. Não ocorreu a ninguém, muito menos a Robert, que ele poderia dar aulas a alunos de graduação. Em seu primeiro curso, sobre mecânica quântica, ele mergulhou de cabeça e tentou explicar aos estudantes o princípio da incerteza de Heisenberg, a equação de Schrödinger, a síntese de Dirac, a teoria de campo e as últimas ideias de Pauli sobre eletrodinâmica quântica. "Eu tinha uma sensação muito boa em relação à mecânica quântica não relativística, uma compreensão bastante boa do que era", recordou ele tempos depois.[12] Começou com a dualidade onda-partícula, a ideia de que entidades quânticas podem se comportar ou como partículas ou como ondas, a depender das circunstâncias do experimento. "Eu simplesmente mostrava o paradoxo da forma mais despida e inescapável possível." De início, as aulas eram em grande parte incompreensíveis para a maioria dos alunos. Quando lhe disseram que ele estava indo rápido demais, foi com relutância que tentou diminuir o ritmo, e logo foi se queixar ao chefe do departamento: "Estou indo tão devagar que não estou chegando a lugar algum."[13]

Em todo caso, Oppenheimer sempre dava um espetáculo em sala de aula — embora nos dois primeiros anos de ensino as apresentações soassem mais como uma liturgia do que como uma aula de física. Ele tendia a murmurar em voz baixa, de forma quase inaudível, e a voz ia ficando cada vez mais baixa quando tentava enfatizar algum ponto. No começo, também gaguejava um bocado. Embora falasse sem recorrer a anotações, invariavelmente enfeitava as aulas com citações de cientistas famosos e por vezes de algum poeta. "Eu era um palestrante muito difícil", recordou Oppenheimer.[14] O amigo Linus Pauling, então professor assistente de química teórica no Caltech, lhe deu este infeliz conselho em 1928: "Se quiser dar uma aula ou seminário, decida sobre o que vai falar e então encontre algum tema agradável de contemplação que não esteja nem remotamente relacionado com a aula; aí, de vez em quando, interrompa para dizer algumas palavras sobre o tema." Anos depois, Oppenheimer comentou: "Então vocês podem imaginar o quanto isso deve ter sido ruim."

Ele brincava com as palavras, inventando trocadilhos complicados. Não havia frases quebradas na fala de Robert. Ele tinha a habilidade extraordinária de elaborar sentenças inteiras em um inglês de gramática perfeita, sem recorrer a anotações, pausando ocasionalmente, como que dividindo parágrafos, apenas para balbuciar seu cadenciado murmúrio, que soava como um "nim-nim-nim". O incansável tamborilar de sua voz era interrompido apenas por tragadas no cigarro. Vez ou outra, virava-se para o quadro-negro e escrevia uma equação. "Nós sempre esperávamos", recorda um dos primeiros alunos de pós-graduação de Robert, James Brady, "que ele fosse escrever no quadro com o cigarro e fumar o giz, mas acho que nunca aconteceu".[15] Um dia, quando seus alunos estavam saindo da aula, Robert viu um amigo do Caltech, o professor Richard Tolman, sentado no fundo da sala. Quando perguntou a Tolman o que tinha achado da exposição, ele respondeu: "Bem, Robert, foi linda, mas não entendi uma maldita palavra."

Robert acabou se transformando num palestrante talentoso e carismático, mas durante os primeiros anos em Berkeley parecia alheio aos princípios básicos da comunicação. "As maneiras de Robert no quadro-negro eram indesculpáveis", disse Leo Nedelsky, um de seus primeiros alunos de pós-graduação.[16] Uma vez, quando questionado sobre uma equação específica no quadro-negro, Oppenheimer respondeu: "Não, não aquela; a de baixo." Quando os alunos, perplexos, apontaram que não havia nenhuma equação embaixo da que estava no quadro, Robert retrucou: "Não, não embaixo. Por baixo. Eu escrevi por cima dela."

Glenn Seaborg, posteriormente chefe da Comissão de Energia Atômica dos Estados Unidos, reclamava que o professor Oppenheimer tinha "a tendência de responder a sua pergunta antes mesmo de você terminar de fazê-la".[17] Com frequência ele interrompia oradores convidados com os seguintes comentários: "Ora, vamos lá! Todo mundo sabe isso. Vamos seguir adiante." Ele se recusava a tolerar pessoas com aprendizado lento — até mesmo físicos comuns — e nunca hesitava em impor aos demais seus elevadíssimos padrões. Nesses primeiros anos em Berkeley, alguns achavam que Robert "aterrorizava" os alunos com seu sarcasmo. "Ele podia [...] ser muito cruel em seus comentários", recordou um colega.[18] No entanto, à medida que foi amadurecendo como professor, foi ficando mais tolerante em relação aos alunos. "Era sempre muito gentil e atencioso com alguém abaixo dele", recordou Harold Cherniss. "Mas não com todos que pudessem ser considerados intelectualmente iguais. E isso, é claro, irritava as pessoas, deixava-as furiosas — e lhe valeu alguns inimigos."

Wendell Furry, que estudou em Berkeley de 1932 a 1934, queixou-se de que Oppenheimer se expressava "de forma um tanto obscura e muito rápida, com flashes de percepção que não conseguíamos acompanhar".[19] Contudo, ainda assim "ele elogiava nossos esforços, mesmo quando não estávamos tão entusiasmados". Um dia, na classe, depois de uma aula particularmente difícil, Oppenheimer disse: "Posso deixar mais claro, mas não posso deixar mais simples."

Por mais difícil que ele fosse, ou talvez justamente porque fosse tão difícil, a maioria dos alunos fazia o curso mais de uma vez — na verdade, uma estudante, uma jovem russa lembrada apenas como srta. Kacharova, fez o curso três vezes e, quando tentou se matricular novamente, Oppenheimer não autorizou. "Ela fez greve de fome", recordou Robert Serber, "para forçar a matrícula".[20] Para aqueles cujas dificuldades sobressaíam, Oppenheimer encontrava uma série de maneiras de recompensar o trabalho árduo. "Aprendia-se com ele por meio de conversas e contato pessoal", disse Leo Nedelsky. "Quando você levava uma pergunta, ele passava horas — às vezes, até a meia-noite — explorando cada ângulo com você." Além disso, Oppenheimer convidava um grande número de estudantes de doutorado para colaborar com ele em artigos, e fazia questão de se certificar de que constassem como coautores. "É comum um cientista famoso ter um monte de estudantes fazendo todo o trabalho sujo", disse um colega.[21] "Mas Opje ajuda as pessoas com seus problemas e lhes dá o crédito." Oppenheimer incentivava os alunos a chamarem-no de "Opje", o apelido holandês que recebera em Leiden. Ele próprio começou a assinar cartas como "Opje". Pouco a pouco, seus alunos em Berkeley anglicizaram "Opje" para "Oppie".

Com o tempo, Oppenheimer desenvolveu um estilo de ensino especialmente aberto, no qual encorajava todos os alunos a interagir entre si. Em vez de manter horários de atendimento e receber cada estudante individualmente, pedia que oito ou dez alunos de pós-graduação e meia dúzia de colegas de pós-doutorado se reunissem no escritório dele, na sala 219 do LeConte Hall. Cada um dispunha de uma escrivaninha diante da qual ficava sentado enquanto Oppie andava pela sala. Ele próprio não tinha uma escrivaninha, apenas uma mesa no meio da sala onde amontoava pilhas de papéis. Um quadro-negro coberto de fórmulas abrangia uma das paredes. Pouco antes da hora marcada, os jovens (sobretudo rapazes, de vez em quando uma moça) entravam e esperavam por Oppie sentados na borda da mesa ou encostados na parede. Quando ele chegava, focava o problema de pesquisa específico de cada aluno e solicitava comentários de todos. "Oppenheimer estava interessado em tudo", recordou Serber, "e os temas, introduzidos um de cada vez, acabavam coexistindo entre si. À tarde, podíamos discutir eletrodinâmica, raios cósmicos e física nuclear."[22] Ao focar nos problemas de física não resolvidos, Oppenheimer dava aos alunos a inquietante sensação de estar parado à beira do desconhecido.

Em pouquíssimo tempo ficou claro que Oppie se tornara o "Flautista de Hamelin" da física teórica. Corria à boca pequena pelo país que, se alguém quisesse entrar nesse campo, Berkeley era o lugar certo. "Não comecei a fazer uma escola", disse Oppenheimer tempos depois, "não comecei a procurar alunos. Comecei, na verdade, como um propagador da teoria que amava, sobre a qual continuava a aprender cada vez mais e que não era muito bem compreendida, embora fosse muito rica".[23] Em 1934, três dos cinco estudantes que receberam uma bolsa do Conselho Nacional de Pesquisa em Física naquele ano escolheram estudar com Oppenheimer.[24] E, ao mesmo tempo que vinham atraídos por ele, vinham atraídos também por um físico experimental chamado Ernest Orlando Lawrence.

Lawrence era exatamente o oposto de Oppenheimer. Criado em Dakota do Sul e educado nas universidades de Dakota do Sul, Minnesota, Chicago e Yale, era um jovem confiante nos próprios talentos. De procedência norueguesa luterana, tinha uma atitude totalmente norte-americana, tranquila. Pagara os estudos universitários trabalhando como mascate, vendendo panelas e frigideiras de alumínio aos vizinhos fazendeiros. Extrovertido, usava o talento natural de vendedor para promover sua carreira acadêmica. Alguns amigos o consideravam uma espécie de alpinista, mas, ao contrário de Robert, ele não tinha um fio de angústia ou introspecção existencial. No começo dos anos 1930, Lawrence era o principal físico experimentalista da geração dele.

Na época em que Oppenheimer chegou a Berkeley, no outono de 1929, Lawrence, então com 28 anos, estava alojado num quarto do Faculty Club. Os dois jovens físicos logo se tornaram melhores amigos. Conversavam quase todos os dias e socializavam à noite. Nos fins de semana, por vezes saíam juntos para andar a cavalo. Robert, é claro, montava numa sela do Oeste, mas Ernest insistia em se distanciar de seu passado rural exibindo botas indianas estilo *joghpur* e sela inglesa. Robert admirava o novo amigo pela "incrível vitalidade e pelo amor à vida".[25] Aí estava um homem, pensava ele, que podia "trabalhar o dia inteiro, sair para jogar tênis e trabalhar metade da noite". Ao mesmo tempo, ele também via que os interesses de Ernest eram "basicamente ativos e instrumentais", enquanto os dele próprio eram "exatamente o oposto".

Mesmo depois que Lawrence se casou, Oppie com frequência era convidado para jantar e sempre levava orquídeas para a esposa de Ernest, Molly.[26] Quando esta deu à luz o segundo filho, Ernest insistiu em chamar o menino de Robert. Molly aquiesceu, mas com o passar dos anos começou a pensar em Oppenheimer como um sujeito um tanto falso, um homem cujas elaboradas afetações traíam certa superficialidade de caráter. No começo do casamento, não se meteu entre os dois amigos; com o tempo, porém, quando as circunstâncias mudaram, acabaria por forçar o marido a ver Oppie por outra luz.

Lawrence era um construtor e sabia como levantar fundos para realizar suas ambições. Nos meses que precederam o primeiro encontro com Oppenheimer, havia concebido a ideia de construir uma máquina capaz de penetrar o distante e inatingível núcleo do átomo, que existia, gracejava ele, "como uma mosca dentro de uma catedral". Esse núcleo, além de minúsculo e fugidio, era protegido por uma película chamada barreira de Coulomb. Os físicos estimavam que, para penetrá-la, seria necessário um feixe de íons de hidrogênio impulsionados com o potencial de talvez 1 milhão de volts. Gerar tamanho nível de alta energia parecia uma impossibilidade em 1929, mas Lawrence concebeu um meio de contornar o impossível ao sugerir a construção de uma máquina que usasse um potencial relativamente pequeno de 25 mil volts para acelerar prótons de um lado a outro num campo elétrico alternado. Por meio de tubos de vácuo e de um eletroímã, os íons poderiam então ser acelerados pelo campo elétrico a velocidades cada vez maiores ao longo de uma trajetória espiral. Ele não sabia ao certo que tamanho o acelerador deveria ter para penetrar o núcleo do átomo, mas estava convicto de que, com um ímã e uma câmara circular suficientemente grandes, poderia romper a marca de 1 milhão de volts.

No começo de 1931, Lawrence havia construído seu primeiro acelerador bruto, uma máquina com uma pequena câmara de pouco mais de onze centímetros, dentro da qual gerou prótons de 80 mil volts.[27] Um ano depois, tinha uma máquina de 28 centímetros que produzia prótons a 1 milhão de volts. Lawrence então sonhava em construir aceleradores ainda maiores, com várias centenas de toneladas e ao custo de dezenas de milhares de dólares. Cunhou um nome para a invenção, "cíclotron", e persuadiu o presidente da Universidade da Califórnia, Robert Gordon Sproul, a lhe ceder uma velha edificação de madeira adjacente ao LeConte Hall, o prédio do Departamento de Física, que ficava no ponto mais elevado do belo *campus*. Lawrence o batizou de Laboratório de Radiação de Berkeley. Físicos teóricos do mundo inteiro logo perceberam que o que ele havia criado em seu "Rad Lab" lhes permitiria explorar os recônditos mais íntimos do átomo. Em 1939, Lawrence recebeu o prêmio Nobel de Física.

A incansável busca de Lawrence por cíclotrons cada vez maiores e mais potentes epitomizava a tendência na direção da "grande ciência" associada com a ascensão das corporações norte-americanas no começo do século XX. Em 1890, só havia quatro laboratórios industriais no país — quarenta anos depois, eles chegavam a quase mil. Na maioria desses laboratórios predominava a cultura da tecnologia, não da ciência. Com o passar dos anos, físicos teóricos como Oppenheimer, dedicados à "pequena" ciência pura, se veriam alienados da cultura desses grandes laboratórios, com frequência dedicados à "ciência militar". Mesmo na década de 1930, porém, alguns jovens físicos não foram capazes de suportar esse ambiente. Robert Wilson, aluno tanto de Oppenheimer quanto de Lawrence, decidiu trocar Berkeley por Princeton, tendo concluído que a ciência associada a essas grandes máquinas "epitomizava a pesquisa em grupo em seu pior aspecto".[28]

Construir cíclotrons com ímãs de oitenta toneladas requeria grandes somas.[29] Lawrence, contudo, sabia muito bem como angariar o apoio financeiro dos dirigentes de Berkeley, tais como o empresário do petróleo Edwin Pauley, o banqueiro William H. Crocker e John Francis Neylan, um homem com enorme influência política que, por acaso, era o principal conselheiro de William Randolph Hearst. Em 1932, o presidente Sproul patrocinou a entrada de Lawrence no elitista Bohemian Club de San Francisco, uma fraternidade dos mais influentes homens de negócios e políticos da Califórnia. Os membros do Bohemian Club jamais pensariam em aceitar Oppenheimer, pois ele era judeu e pertencia a outro mundo. No entanto, o garoto de fazenda do Meio-Oeste se imiscuiu sem esforço nessa sociedade de elite. (Tempos depois, Neylan o introduziu no ainda mais exclusivo Pacific Union Club.) Pouco a pouco, à medida que tomava o dinheiro desses homens poderosos, Lawrence viu-se também compartilhando a política conservadora adotada por eles, contra o New Deal.

Oppenheimer, por sua vez, tinha uma atitude de *laissez-faire* em relação ao papel do dinheiro na própria pesquisa. Quando um de seus alunos de pós-graduação lhe escreveu pedindo ajuda com a finalidade de levantar fundos para um projeto particular, Oppie respondeu caprichosamente que tal pesquisa, "como o casamento e a poesia, devia ser desencorajada e deveria ocorrer somente a despeito desse desencorajamento".[30]

Em 14 de fevereiro de 1930, Oppenheimer terminou de escrever um artigo seminal, "On the Theory of Electrons and Protons". Tomando por base a equação do elétron de Paul Dirac, ele argumentava que deveria haver uma contraparte carregada do elétron — e que essa misteriosa contraparte deveria ter a mesma massa do próprio elétron. Não podia ser, como sugeria Dirac, um próton. Em vez disso, Oppenheimer predisse a existência de um "antielétron: o pósitron". Ironicamente, Dirac não fora capaz de detectar essas implicações em sua própria equação, e de boa vontade deu a Oppenheimer o crédito por essa percepção — que em breve impeliu o próprio Dirac a propor que talvez existisse "um novo tipo de partícula, desconhecido da física experimental, com a mesma massa e carga oposta à do elétron". O que ele estava propondo, de forma muito hesitante, era a existência da antimatéria. Foi Dirac quem sugeriu nomear essa fugidia partícula de "antielétron".

De início, Dirac não estava nem um pouco à vontade com a própria hipótese. Wolfgang Pauli e Niels Bohr a rejeitaram enfaticamente. "Pauli a considerou absurda", disse mais tarde Oppenheimer.[31] "Bohr não só a considerou absurda, como também estava completamente incrédulo." Foi preciso alguém como Oppenheimer para forçar Dirac a predizer a existência de antimatéria. Era essa a propensão de Oppenheimer pelo pensamento original em sua melhor forma. Em 1932, o físico experimental Carl Anderson provou a existência do pósitron, a contraparte de antimatéria do elétron com carga positiva. A descoberta de Anderson veio dois anos depois de os cálculos de Oppenheimer sugerirem a existência teórica.[32] No ano seguinte, Dirac ganhou o prêmio Nobel.

Físicos ao redor do globo corriam para solucionar o mesmo conjunto de problemas, e a competição para ser o primeiro era feroz. Nessa corrida, Oppenheimer provou ser um produtivo diletante. Trabalhando com um pequeno número de alunos, ainda conseguia saltar de um problema crítico a outro bem a tempo de publicar uma breve carta sobre um tópico específico um ou dois meses antes da concorrência. "Era impressionante", recordou um colega de Berkeley, "que Oppenheimer e seu grupo basicamente conseguissem obter avanços em todos esses problemas mais ou menos ao mesmo tempo que a concorrência".[33] O resultado podia não ser elegante ou particularmente acurado em todos os detalhes — outros teriam que vir e refinar o trabalho. Todavia, Oppenheimer invariavelmente tinha a essência. "Oppie era muito bom em enxergar a física e fazer o cálculo no verso de um envelope, obtendo todos os fatores principais. [...] Quanto a finalizar e fazer um serviço elegante, como Dirac faria, não era bem o estilo de Oppie." Ele trabalhava "rápido e sujo, do jeito americano de construir uma máquina".

Em 1932, Ralph Fowler, um dos antigos professores de Oppie em Cambridge, na Inglaterra, visitou Berkeley e teve a chance de observar o antigo aluno. À noite, Oppie convencia Fowler a jogar durante horas a fio sua versão particularmente complicada de *tiddlywinks*.* Alguns meses depois, quando Harvard tentava recrutar Oppenheimer e tirá-lo de Berkeley, Fowler escreveu que "seu trabalho está sujeito a muitos erros devido à falta de cuidado, mas é da mais alta originalidade. E ele é uma influência extremamente estimulante numa escola teórica, como pude constatar no último outono".[34] Robert Serber estava de acordo: "A física dele era boa, mas a aritmética era horrível."[35]

Robert não tinha paciência para se prender por muito tempo a um só problema.[36] Assim, com frequência abria a porta pela qual outros passavam para fazer descobertas importantes. Em 1930, escreveu o que viria a se tornar um conhecido artigo sobre a natureza infinita das linhas do espectro usando diretamente a teoria. A separação de uma linha do espectro de hidrogênio sugeria uma pequena diferença nos níveis de energia de dois possíveis estados do átomo desse elemento. Dirac argumentara que esses dois estados do hidrogênio deveriam ter a mesma energia. Em seu artigo, Oppenheimer discordou, mas os resultados que obtivera foram inconclusivos. Anos depois, um físico experimental, Willis E. Lamb, um dos alunos de doutorado de Oppenheimer, resolveu a questão. O chamado "desvio de Lamb" atribuía corretamente a diferença entre dois níveis de energia ao processo de autointeração, por meio do qual partículas carregadas interagem com campos eletromagnéticos. Lamb ganhou um prêmio Nobel em 1955, em parte pela medição precisa que fizera desse desvio, um passo fundamental para o desenvolvimento da eletrodinâmica quântica.

---

* Jogo de salão para dois a quatro participantes, no qual os jogadores tentam acertar pequenos discos num pote. [N. do T.]

Ao longo dos anos em Berkeley, Oppenheimer escreveu artigos importantes, até mesmo seminais, sobre raios cósmicos, raios gama, eletrodinâmica e chuveiros de elétrons e pósitrons. No campo da física nuclear, ele e Melba Phillips calcularam a produção de prótons em reações de dêuteron. Phillips, uma garota de fazenda de Indiana, nascida em 1907, foi a primeira aluna de doutorado de Oppenheimer. O cálculo de produção de prótons que eles desenvolveram se tornou amplamente conhecido como "processo Oppenheimer-Phillips". "Ele era um homem de ideias", recordou Phillips.[37] "Nunca fez nada magnífico na física, mas vejam todas as belas ideias nas quais trabalhou com os alunos."

Hoje, os físicos concordam que o trabalho mais impressionante e original de Oppenheimer, sobre estrelas de nêutrons — um fenômeno que os astrônomos não foram capazes de observar até 1967 —, foi feito no fim da década de 1930. O interesse de Oppie em astrofísica foi inicialmente deflagrado pela amizade com Richard Tolman, que o apresentou a astrônomos que trabalhavam no Observatório Mount Wilson, em Pasadena.[38] Em 1938, ele escreveu um artigo com Robert Serber intitulado "On the Stability of Stellar Neutron Cores", que explorava certas propriedades de estrelas altamente comprimidas, chamadas "anãs brancas".[39] Meses depois, colaborou com outro aluno, George Volkoff, num artigo intitulado "On Massive Neutron Cores". Deduzindo laboriosamente seus resultados com réguas de cálculo, Oppenheimer sugeriu que havia um limite superior — hoje chamado "limite de Tolman-Oppenheimer-Volkoff" — para a massa dessas estrelas de nêutrons. Acima desse limite, elas se tornariam instáveis.

Nove meses depois, em 1º de setembro de 1939, Oppenheimer e outro colaborador — mais um aluno, Hartland Snyder — publicaram um artigo intitulado "Sobre a contração gravitacional continuada". Historicamente a data é mais conhecida pela invasão da Polônia por Hitler, que deu início à Segunda Guerra Mundial. De forma silenciosa, no entanto, a publicação também foi um acontecimento portentoso. O físico e historiador da ciência Jeremy Bernstein o descreveu como "um dos grandes artigos na física do século XX".[40] Na época, o texto atraiu pouca atenção. Somente décadas depois os físicos entenderiam que, em 1939, Oppenheimer e Snyder haviam aberto a porta para a física do século XXI.

Eles começam o artigo indagando o que aconteceria com uma estrela maciça que tivesse começado a queimar a si mesma, uma vez esgotado seu combustível. Os cálculos de ambos sugeriam que, em vez de colapsar numa anã branca, uma estrela com núcleo superior a determinada massa — hoje, acredita-se que de duas a três massas solares —, ela continuaria a se contrair indefinidamente sob a força de sua própria gravidade. Tomando por base a teoria da relatividade geral de Einstein, eles argumentaram que essa estrela seria esmagada com tal "singularidade" que nem mesmo ondas de luz conseguiriam escapar da atração de sua intensa gravidade. Vista de longe, a estrela literalmente desapareceria, isolando-se do restante do universo.

"Persistiria apenas seu campo gravitacional", escreveram Oppenheimer e Snyder, isto é, se tornaria um buraco negro — embora eles próprios não tenham usado esse termo. Era uma ideia estranha, mas intrigante. O artigo foi ignorado, e seus cálculos foram, durante muito tempo, encarados como mera curiosidade matemática.

Foi só a partir do começo da década de 1970, quando a tecnologia da observação astronômica alcançou a teoria, que vários desses buracos negros foram detectados pelos astrônomos. Na época, computadores e avanços técnicos em radiotelescópios fizeram da teoria dos buracos negros a peça central da astrofísica. "O trabalho de Oppenheimer com Snyder é, em retrospecto, uma descrição notavelmente completa e acurada do colapso de um buraco negro", observou Kip Thorne, um físico teórico do Caltech.[41] "Foi difícil para as pessoas daquela época compreenderem o artigo porque as coisas que estavam sendo expostas pela matemática eram muito diferentes de qualquer imagem mental de como as coisas deveriam se comportar no universo."

Como de hábito, porém, Oppenheimer nunca dedicou tempo para desenvolver algo tão elegante como a teoria do fenômeno, deixando que outros o fizessem, décadas depois.[42] Até hoje, fica a pergunta: por quê? Personalidade e temperamento parecem ser fatores cruciais. Robert via as falhas de qualquer ideia que tivesse quase no exato momento em que a concebia. Enquanto alguns físicos — Edward Teller logo vem à mente — promoviam de forma arrojada e otimista todas as suas novas ideias, quaisquer que fossem os defeitos que elas tivessem, o rigor crítico de Oppenheimer o tornava profundamente cético. "Oppie era sempre pessimista em relação a todas as ideias", recordou Serber.[43] Voltado para si mesmo, seu brilhantismo lhe negava a obstinada convicção, por vezes necessária, para perseguir e desenvolver percepções teóricas originais. O ceticismo invariavelmente o propelia para o problema seguinte.* Tendo dado o salto criativo inicial, no caso da teoria dos buracos negros, ele rapidamente passou para um tópico novo: a teoria dos mésons.[44]

Anos depois, os amigos e colegas de Robert no mundo da física, que em geral concordavam que ele era brilhante, viriam a ruminar sobre o motivo de ele nunca ter sido laureado com o prêmio Nobel. "Robert tinha um profundo conhecimento de física", recordou Leo Nedelsky.[45] "Talvez apenas Pauli tivesse um conhecimento maior." E, no entanto, ganhar um Nobel, como muita coisa na vida, é uma questão de comprometimento, estratégia, capacidade, *timing* e, é claro, oportunidade. Robert estava comprometido em fazer física de ponta, em atacar os problemas que lhe despertavam o interesse — e sem dúvida tinha capacidade. Mas não tinha a estratégia certa, nem senso de *timing*. Além disso, o prêmio Nobel é uma distinção concedida a cientistas que realizam algo específico, enquanto a genialidade de Oppenheimer residia em sua

---

* Mais de duas décadas depois, outro físico, John Wheeler, tentou conversar com Oppenheimer a respeito do velho trabalho sobre estrelas de nêutrons. Àquela altura, ele não manifestou nenhum interesse num tópico que estava rapidamente se tornando um dos mais debatidos na física.

capacidade de sintetizar todo o campo de estudo. "Oppenheimer era uma pessoa muito imaginativa", recordou Edwin Uehling, um aluno de pós-doutorado que estudou sob sua orientação entre 1934 e 1936.[46] "O conhecimento dele de física era extremamente abrangente. Acho que ninguém poderia dizer que ele não fazia trabalho de física com qualidade de prêmio Nobel, o que ocorreu foi apenas que esse trabalho não levou ao tipo de resultado que o comitê do Nobel encara como empolgante."

"O trabalho vai bem", escreveu Oppenheimer a Frank no outono de 1932.[47] "Não em termos de resultados, mas em termos do próprio fazer. [...] Temos realizado um seminário nuclear, além dos habituais, numa tentativa de pôr alguma ordem no grande caos." Mesmo sendo um teórico que sabia da própria incompetência no laboratório, Oppenheimer se mantinha próximo de experimentalistas como Lawrence. Ao contrário de muitos teóricos europeus, apreciava o potencial benefício da estreita colaboração com que estivesse envolvido em testar a validade da nova física.[48] Mesmo no ensino médio, os professores haviam notado o talento dele para explicar coisas técnicas em linguagem simples. Como teórico que entendia o que os experimentalistas estavam fazendo no laboratório, ele tinha a rara capacidade de sintetizar uma grande massa de informação a partir de campos de pesquisa disparatados. Um sintetizador articulado era exatamente o tipo de pessoa necessária para construir uma escola de física de primeira classe. Alguns físicos sugeriram que Oppenheimer tinha o conhecimento e os recursos para publicar uma "bíblia" abrangente da física quântica. Em 1935, ele sem dúvida dispunha do material para um livro desses. Suas aulas básicas sobre mecânica quântica eram tão populares no *campus* que a secretária, srta. Rebecca Young, mimeografava as anotações feitas por ele e as vendia aos alunos. O dinheiro das vendas era destinado ao caixa de pequenas despesas do departamento. "Se Oppenheimer tivesse dado um passo além e compilado suas aulas e seus artigos", argumentou um colega, "o trabalho dele teria dado um dos melhores livros sobre física quântica já escritos".[49]

ROBERT TINHA UM TEMPO escasso e precioso para diversões. "Preciso mais da física que de amigos", confessou ele a Frank, no outono de 1929.[50] Uma vez por semana, dava um jeito de andar a cavalo nas montanhas em torno da baía de San Francisco. "E de vez em quando", escreveu ao irmão, "pego o Chrysler e deixo algum amigo apavorado dobrando esquinas a cem por hora. O carro chega a 120 sem sequer trepidar. Sou — e sempre serei — um motorista perverso". Certo dia ele bateu o carro enquanto apostava corrida com o trem costeiro perto de Los Angeles, mas acabou escapando ileso, ainda que por um momento tenha pensado que a passageira no banco do carona, uma moça chamada Natalie Raymond, estivesse morta. Na verdade, Raymond levara uma pancada e ficara inconsciente. Quando Julius soube do acidente, deu a ela um desenho de Cézanne e uma pintura de Vlaminck.[51]

Quando conheceu Oppenheimer numa festa em Pasadena, Raymond era uma bela mulher na casa dos 20 e tantos anos. "Natalie era uma mulher temerária, aventureira, de certa forma parecida com Robert", escreveu um amigo comum.[52] "Esse deve ter sido o terreno comum da natureza deles. Robert cresceu (será mesmo?), Natalie nem tanto." Robert a chamava de Nat, e eles se viam bastante no começo dos anos 1930. Frank a descreveu como "uma mulher e tanto", e o próprio Robert escreveu ao irmão depois de vê-la numa festa de Ano-Novo: "Nat aprendeu a se vestir. Usa umas coisas longas e graciosas, em dourado, azul e preto, e brincos longos e delicados. Também gosta de orquídeas e tem até um chapéu. Sobre as vicissitudes e angústias da fortuna que lhe trouxeram essa mudança, não preciso dizer nada." Depois de passar uma noite com ela no Radio City Music Hall ouvindo o "mais maravilhoso" concerto de Bach, ele escreveu a Frank: "Os últimos dias foram impregnados de Nat; seus sofrimentos sempre novos e sempre comoventes." Ela chegou a passar parte do verão de 1934 com Robert e outras pessoas em Perro Caliente. No entanto, a relação acabou quando a moça se mudou para Nova York, a fim de trabalhar como editora de livros freelance.

Nat não foi a única mulher na vida de Oppenheimer. Na primavera de 1928, ele conhecera Helen Campbell numa festa em Pasadena. Embora já estivesse noiva de um professor de física de Berkeley, Samuel K. Allison, ela se sentiu fortemente atraída por Robert. Ele a levou para jantar e fizeram, juntos, alguns passeios a pé. Quando Oppenheimer voltou para Berkeley, em 1929, retomaram a amizade. Àquela altura, Helen já era uma mulher casada e observava, achando graça, como "jovens esposas ficam caidinhas por Robert, encantadas com a conversa dele, com presentes, flores etc.".[53] Percebeu que ele "tinha uma grande sensibilidade com as mulheres e que as atenções em relação a ela não deviam ser levadas a sério". Achava que ele "gostava de conversar com mulheres levemente descontentes e parecia sensível à lesbiandade". Tinha carisma de sobra.

"Todos gostam de agradar às mulheres", escreveu Robert ao irmão em 1929, "e esse desejo é em grande parte uma manifestação de vaidade, embora não totalmente. Uma pessoa, contudo, não pode pretender ser agradável para as mulheres, da mesma forma que não pode pretender ter bom gosto, ou beleza de expressão, ou felicidade, pois essas coisas não são objetivos específicos possíveis de aprender, elas são descrições da adequação da vida de uma pessoa. Tentar ser feliz é tentar construir uma máquina sem nenhuma outra especificação além de funcionar sem ruído".[54]

Quando Frank lhe escreveu para se queixar dos problemas com "*les jeunes filles Newyorkaises*",[55] Robert respondeu: "Devo dizer que você errou ao deixar essas criaturas o preocuparem. [...] você não deve se associar a elas a menos que seja para o seu genuíno prazer; e deve se envolver apenas com as que não só o agradaram, mas foram também agradadas, e o deixam à vontade. A obrigação de iniciar uma conversa é sempre da mulher: se ela não a aceita, nada que você faça tornará as negociações agradáveis." Obviamente, se as relações com o sexo oposto ainda eram uma questão de negociações desconfortáveis para Robert, que dirá para o irmão, de 17 anos.

Para a maioria dos amigos, Robert era um exasperante calhamaço de contradições. Harold F. Cherniss estava fazendo doutorado no Departamento de Grego Clássico em Berkeley quando o conheceu, em 1929. Tinha acabado de se casar com uma amiga de infância de Oppenheimer, Ruth Meyer, que também estudara na Escola de Cultura Ética. Cherniss foi imediatamente conquistado por Oppenheimer: "A mera aparência física, a voz e as maneiras faziam com que as pessoas se apaixonassem por ele — homens, mulheres. Quase todo mundo."[56] Todavia, admitiu que, "quanto mais eu o conhecia, quanto mais o conhecia intimamente, menos sabia sobre ele". Sendo um agudo observador de pessoas, Cherniss percebia uma desconexão em Robert. Ali estava um homem, pensava ele, "muito afiado intelectualmente". As pessoas o achavam complicado apenas porque ele se interessava por muitas coisas e sabia muito. Entretanto, no nível emocional, "ele queria ser uma pessoa simples, no bom sentido da palavra". Robert "queria muito ter amigos", disse Cherniss. E, ainda assim, apesar do tremendo charme pessoal, "não sabia muito bem como fazê-los".

7

"Rapazes nim-nim-nim"

Diga-me, o que a política tem a ver com verdade, bondade e beleza?
ROBERT OPPENHEIMER

NA PRIMAVERA DE 1930, Julius e Ella Oppenheimer foram visitar o filho em Pasadena. O *crash* da bolsa no outono anterior mergulhara a nação numa profunda depressão econômica, mas Julius felizmente decidira se aposentar em 1928, tendo vendido sua participação na Rothfeld, Stern and Co.[1] Vendera também o apartamento em Riverside Drive e a casa de verão em Bay Shore, mudando-se com Ella para um apartamento menor na Park Avenue. A fortuna da família escapou ilesa. Robert imediatamente apresentou os pais aos amigos mais próximos, Richard e Ruth Tolman. Os Oppenheimer tiveram um jantar que Julius classificou como "delicioso", além de vários chás com os Tolman; mais tarde, Ruth os levou a Los Angeles para um concerto de Tchaikovski. Observando que "o Chrysler reconstruído [de Robert] emitia todo tipo de grunhidos",[2] Julius, apesar dos "severos protestos" do filho, decidiu comprar um novo e presenteá-lo. "Agora que seu irmão tem o carro", escreveu Julius ao outro filho, Frank, "e está encantado com ele, diminuiu a velocidade em 50% em relação à velocidade em que dirigia antes; assim, esperamos que não ocorram novos acidentes". Robert batizou o carro novo de *Gamaliel*, nome hebraico de uma série de antigos rabinos proeminentes. Nos tempos de adolescência, ele tentara esconder sua origem judaica — o fato de que já se sentia confortável em anunciar sua origem era um indício de sua recém-desenvolvida confiança e maturidade.

Mais ou menos nessa época, Frank lhe escreveu reclamando que o irmão que conhecera "tinha sumido por completo". Em resposta, Robert protestou que não era bem assim. Em todo caso, percebeu que, durante sua ausência de dois anos na Europa, Frank, oito anos mais novo, devia ter crescido um pouco. "Para propósitos de reconhecimento, basta que você saiba que tenho 1,78 metro, cabelo preto, olhos azuis e, neste momento, um lábio cortado, e que respondo pelo nome de Robert."

Ele então prosseguiu, tentando responder a uma pergunta feita pelo irmão mais novo: "Até que ponto é sensato reagir a determinado estado de humor?"[3] A resposta de Robert sugere que seu fascínio pelo psicológico ainda era aguçado: "Minha convicção é que devemos usar os estados de humor da melhor forma, sem permitir que nos desviem significativamente; assim, é preciso tentar usar os momentos alegres para fazer as coisas que requerem alegria, os humores sóbrios para o trabalho e os maus humores para fazer da vida um inferno."

MAIS DO QUE A maioria dos professores, Oppenheimer incluía os alunos em sua vida social. "Fazíamos tudo juntos", disse Edwin Uehling.[4] Nas manhãs de domingo, Oppenheimer com frequência passava no apartamento dos Uehling para tomar o desjejum e escutar a transmissão da Orquestra Sinfônica de Nova York. Toda segunda-feira à noite, ele e Lawrence comandavam um colóquio sobre física aberto a todos os estudantes de pós-graduação de Berkeley e Stanford. Eles o chamaram de "Monday Evening Journal Club", em parte porque o foco da discussão costumava ser um artigo recém-publicado na revista *Nature* ou na *Physical Review*.

Por um breve tempo, Robert namorou sua aluna de doutorado, Melba Phillips. Certa noite, ele a levou de carro até Grizzly Peak, nas colinas de Berkeley, com uma bela vista da baía de San Francisco ao longe. Depois de enrolar um cobertor em torno de Phillips, anunciou: "Volto logo. Só vou dar uma caminhada."[5] Passado um tempo, ele retornou, inclinou-se junto à janela do carro e disse: "Melba, acho que vou voltar a pé para casa. Por que você não leva o carro até lá?" Melba, no entanto, tinha cochilado e não ouviu. Quando acordou, esperou paciente pela volta de Oppie, mas, por fim, depois de duas horas sem o menor sinal dele, parou um policial que passava e disse: "Meu acompanhante saiu para dar uma volta horas atrás e ainda não voltou." Temendo o pior, o policial examinou os arbustos em busca do corpo de Oppenheimer. Phillips acabou voltando para casa no carro de Oppie, e a polícia foi até os alojamentos dele no Faculty Club — onde tiraram da cama um Oppenheimer sonolento. Desculpando-se, ele explicou à polícia que tinha se esquecido completamente da srta. Phillips: "Sou terrivelmente distraído. Apenas saí andando, andando [...] cheguei em casa e fui para a cama. Sinto muito." Um repórter policial ouviu a história, e, no dia seguinte, o *San Francisco Chronicle* publicou uma breve matéria na primeira página com a manchete: "Professor esquecido estaciona moça e vai sozinho para casa." Foi a primeira exposição de Oppenheimer à imprensa. Jornais ao redor do mundo reproduziram a matéria. Por acaso, Frank Oppenheimer a leu num jornal em Cambridge, na Inglaterra. Naturalmente, tanto Oppie como Melba ficaram envergonhados, e, num tom meio defensivo, ele explicou aos amigos que havia dito a Melba que iria a pé para casa, mas que ela devia ter cochilado e não ouvira.

Em 1934, Oppenheimer mudou-se para um apartamento no piso térreo de uma pequena casa no número 2665 da Shasta Road, empoleirada numa das íngremes ladeiras em Berkeley Hills.[6] Com frequência convidava alunos para um jantar simples de "ovos *à la* Oppie", sempre impregnados de chili e regados a vinho tinto.

Vez ou outra submetia os convidados a seu potente martíni, batido com elaborada cerimônia e vertido em taças geladas. Às vezes imergia a borda das taças em suco de limão com mel. Inverno ou verão, sempre mantinha a janela totalmente aberta, o que significava que no inverno os convidados se aglomeravam em torno da lareira que dominava a sala de estar, de madeira escura coberta com tapetes indígenas do Novo México. O pai o presenteara com uma pequena litografia de Picasso, que estava pendurada na parede. Se todo mundo parecia cansado de física, a conversa podia passar para arte ou literatura — ou então ele sugeria um filme. A pequena casa de madeira de sequoia tinha uma bela vista para San Francisco e a ponte Golden Gate. Oppie a chamava de "o porto mais bonito do mundo".[7] Da estrada que passava no alto, a casa era quase inteiramente oculta por um bosque de eucaliptos, pinheiros e acácias. Robert disse ao irmão que costumava dormir na varanda — "protegido pelo Yaqui e as estrelas, imagino que estou na varanda em Perro Caliente".

Nesses anos, o traje profissional de Oppie era sempre um terno cinza, camisa de brim azul e pesados sapatos pretos de bico arredondado, já muito gastos, mas sempre bem engraxados. Fora da universidade, entretanto, ele trocava o uniforme acadêmico por uma camisa azul de mangas curtas e jeans azuis desbotados, sustentados por um largo cinto de couro com uma fivela prateada mexicana. Os dedos longos e ossudos apresentavam manchas amareladas por causa da nicotina.[8]

De maneira consciente ou não, alguns alunos de Oppie começaram a imitar seus trejeitos e suas excentricidades. Em pouco tempo, passaram a ser chamados de "rapazes nim-nim-nim", porque imitavam o característico "nim-nim-nim" de Oppenheimer quando murmurava. Quase todos esses jovens físicos começaram a fumar um cigarro atrás do outro, sempre da mesma marca dos fumados por Oppie, Chesterfield, e, como o professor, acendiam os isqueiros sempre que alguém pegava um cigarro. "Eles copiavam seus gestos, maneirismos e entonações", recordou Robert Serber.[9] Isidor I. Rabi observou: "Ele [Oppenheimer] era como uma aranha, tinha teia de comunicação ao redor. Uma vez estive em Berkeley e disse a um par de alunos dele: 'Vejo que estão vestindo suas roupas de gênio.' No dia seguinte, Oppenheimer ficou sabendo que eu tinha dito aquilo."[10] Era uma mística ou um culto que alguns consideravam chato. "Ninguém esperava que a gente gostasse de Tchaikovski", relatou Edwin Uehling, "porque Oppenheimer nunca gostou de Tchaikovski".[11]

Os alunos de Oppie eram constantemente lembrados de que, ao contrário da maioria dos físicos, ele lia livros que nada tinham a ver com o campo em que atuava. "Ele consumia um bocado de poesia francesa", recordou Harold Cherniss.[12] "Lia quase tudo [romances e poesia] que saía." Cherniss o viu lendo os poetas gregos clássicos, mas também romancistas contemporâneos, como Ernest Hemingway. Gostava particularmente de *O sol também se levanta*.

Mesmo durante a Depressão, Oppie levava uma vida decididamente abastada. Para começo de conversa, em outubro de 1931, quando foi promovido a professor associado, tinha um salário anual de 3 mil dólares, e o pai continuava a abastecê-lo com recursos adicionais. Embora não tivesse recebido o suficiente com a venda de sua parte na firma para montar o negócio independente que desejava, Julius dispunha de uma reserva considerável, "de modo que Robert nunca tenha que desistir da pesquisa".[13]

Tal como o pai, Robert era instintivamente generoso e nunca hesitava em compartilhar com os alunos seu fino gosto por comida e vinhos. Em Berkeley, depois de comandar um seminário de fim de tarde, com frequência convidava um punhado de estudantes para jantar com ele no Jack's, um dos restaurantes mais agradáveis de San Francisco. Antes de 1933, a Lei Seca ainda estava em vigor no país, mas Oppenheimer, conforme disse um velho amigo, "conhecia todos os restaurantes e bares clandestinos da cidade".[14] Naqueles anos, ainda era preciso pegar a balsa de Berkeley para San Francisco, e muitas vezes (depois de 1933), enquanto esperavam no terminal, todos tomavam um golezinho rápido num dos bares então enfileirados no cais. Uma vez que chegavam ao Jack's, no número 615 da rua Sacramento, Oppie escolhia os vinhos e orientava os alunos na escolha dos pratos. E sempre pagava a conta.[15] "O mundo da boa comida, dos bons vinhos e da boa vida estava bem longe da experiência de muitos", afirmou um desses alunos.[16] "Oppenheimer nos apresentou a um estilo de vida ao qual não estávamos habituados. [...] Adquirimos alguma coisa de seus gostos." Uma vez por semana, mais ou menos, Oppie passava na casa de Leo Nedelsky, onde vários de seus alunos alugavam quartos, inclusive J. Franklin Carlson e Melba Phillips. Quase todas as noites, às dez, era servido chá com bolo, e todos se sentavam na sala para jogar *tiddlywinks* e discutir o que quer que fosse. A maioria das pessoas ia embora por volta da meia-noite, mas às vezes a conversa se estendia até as duas ou três da madrugada.[17]

Certa vez, no fim do semestre de primavera de 1932, Oppie anunciou que Frank Carlson — que sofria de ocasionais episódios depressivos — precisava de ajuda para terminar uma tese. "Frank fez o trabalho dele", disse Oppenheimer, "e agora ele precisa ser finalizado".[18] Em resposta, os outros alunos de Oppie se reuniram e formaram o que acabou sendo uma espécie de pequena fábrica: "Frank [Carlson] escrevia", recordou Phillips, "Leo [Nedelsky] editava [...] eu revisava as provas e escrevia todas as equações". Carlson teve a tese aceita naquele mês de junho e trabalhou como pesquisador adjunto de Oppenheimer no ano acadêmico de 1932-33.

Toda primavera, depois de encerrado o semestre de Berkeley em abril, os alunos de Oppie o acompanhavam rumo ao sul, nos quase seiscentos quilômetros até o Caltech, em Pasadena, onde ele lecionava o trimestre de primavera.[19] Eles não se importavam de deixar os apartamentos alugados em Berkeley e mudar-se para chalés ajardinados em Pasadena por 25 dólares ao mês. Além disso, no verão, alguns até o acompanhavam por algumas semanas ao seminário de física da Universidade de Michigan, em Ann Arbor.

No verão de 1931, Wolfgang Pauli, o ex-professor de Oppie em Zurique, apareceu no seminário de Ann Arbor. Em certo momento, começou a interromper a apresentação de Oppie, até que por fim outro físico eminente, H. A. Kramers, berrou: "Cala a boca, Pauli, e deixe-nos ouvir o que Oppenheimer tem a dizer. Depois você pode explicar os erros dele."[20] Esse gracejo afiado apenas serviu para aumentar a aura de brilhantismo independente que cercava Oppenheimer.

DURANTE O VERÃO DE 1931, Ella Oppenheimer adoeceu e foi diagnosticada com leucemia.[21] Em 6 de outubro de 1931, Julius mandou um telegrama a Robert: "Nossa mãe [está] criticamente doente. Não se espera que viva."[22] Robert correu para casa e montou vigília junto à cabeceira de Ella. Encontrou-a "terrivelmente mal, quase sem esperança", e escreveu a Ernest Lawrence: "Tenho conseguido falar um pouco com ela; está triste e cansada, mas sem desespero; ela é incrivelmente doce." Dez dias depois, ele informou que o fim era iminente: "Ela agora está em coma; a morte está muito próxima. Não podemos deixar de sentir um pouco de gratidão por ela não ter que sofrer mais. [...] A última coisa que ela me disse foi 'Sim... Califórnia'."

Perto do fim, Herbert Smith foi até a casa dos Oppenheimer para confortar o antigo aluno. Depois de várias horas de conversa desconexa, Robert levantou os olhos e disse: "Sou o homem mais solitário do mundo."[23] Ella morreu em 17 de outubro de 1931, aos 62 anos. Robert tinha 27. Quando a família tentou consolá-lo, dizendo que ela o amava muito, ele resmungou baixinho em resposta: "Sim, eu sei. Talvez me amasse demais."

Julius, tomado pelo luto e pela dor, continuou a viver em Nova York, mas logo passou a visitar regularmente o filho na Califórnia. Pai e filho se tornaram ainda mais próximos. De fato, alunos e colegas de Robert em Berkeley ficaram impressionados pela forma como ele abriu espaço para conviver com o pai. Durante o inverno de 1932, ambos dividiram um chalé em Pasadena, onde Robert estava lecionando naquele período letivo. Robert almoçava com o pai todos os dias e uma noite por semana o levava para jantares de um clube de elite que se reunia no Caltech. Ele usava a palavra *stammtisch* (mesa reservada para clientes regulares), em alemão, para descrever esses jantares, onde um orador designado fazia uma apresentação, seguida de discussões vigorosas. Julius sentia enorme prazer em ser incluído nesses eventos, e escreveu a Frank: "Eles são bastante divertidos. [...] estou conhecendo um monte de amigos de Robert, e no entanto acredito que não tenho interferido nas atividades dele. Ele está sempre ocupado e tem algumas breves conversas com Einstein."[24] Duas vezes por semana, Julius jogava bridge com Ruth Uehling, e eles se tornaram bons amigos. "Ninguém conseguia fazer uma mulher se sentir mais importante do que ele [Julius]", recordou Ruth mais tarde.[25] "Ele era terrivelmente orgulhoso do filho. [...] Não conseguia entender como tinha concebido Robert." Julius também falava apaixonadamente sobre o mundo da arte, e, quando Ruth o visitou em Nova York, no verão de 1938, lhe mostrou com orgulho sua coleção de quadros. "Ele me fez ficar o dia todo sentada diante de um belo sol vermelho de Van Gogh", recordou ela, "para ver como a luz mudava a pintura".

Entre outros amigos, Robert apresentou o pai a Arthur W. Ryder, um professor de sânscrito em Berkeley. Ryder era um republicano entusiasta de Herbert Hoover e um iconoclasta de língua afiada. Era "fascinado" por Oppenheimer, e Robert, de sua parte, o considerava a quintessência do intelectual. Julius concordava: "Ele é um homem fascinante", disse, "uma notável representação de austeridade através da qual espreita a alma mais gentil".[26] Robert mais tarde creditou Ryder por ter lhe dado um renovado "sentimento pelo lugar da ética". Ali estava um erudito, dizia ele, que "sentia, pensava e falava como um estoico". Ele via Ryder como uma dessas raras pessoas "dotadas de um senso trágico da vida, pelo fato de atribuírem às ações humanas o papel decisivo na diferença entre salvação e perdição. Ryder sabia que o homem podia cometer um erro irreparável, e que, em face disso, tudo o mais era secundário".

Robert se sentia atraído tanto por Ryder quanto pela língua antiga que era a vocação do amigo — que logo estava lhe dando aulas particulares de sânscrito toda terça-feira à noite. "Estou aprendendo sânscrito", escreveu Robert a Frank, "e gostando muito, desfrutando uma vez mais o doce luxo de ser ensinado". Enquanto a maioria dos amigos de Robert via essa nova obsessão como algo um pouco estranho, Harold Cherniss — que apresentara Oppie a Ryder — achou que fazia perfeito sentido. "Ele gostava de coisas difíceis", dizia Cherniss.[27] "E, como quase tudo era fácil para ele, as coisas que lhe atraíam a fundo a atenção eram essencialmente as difíceis." Além disso, Oppie tinha "um gosto pelo místico, pelo enigmático".

Com a facilidade que tinha para línguas, não demorou muito para que Robert estivesse lendo o *Bhagavad Gita*. "É muito fácil e maravilhoso", escreveu ele a Frank.[28] Aos amigos, afirmou que esse antigo texto hindu — "A canção do Senhor" — era "a canção filosófica mais linda que existe, em qualquer língua que se conheça". Ryder lhe deu um exemplar do livro com capa rosa, que ele deixou na estante mais próxima da escrivaninha. Oppie passou a dar exemplares do *Gita* como presentes para os amigos.

Robert ficou tão extasiado com os estudos de sânscrito que, no outono de 1933, quando o pai lhe comprou mais um Chrysler e lhe deu de presente, batizou-o de *Garuda*, em referência ao deus-pássaro gigante da mitologia hindu que transporta Vishnu pelo céu.[29] O *Gita* — que constitui o núcleo do épico sânscrito *Mahabharata* — é contado na forma de um diálogo entre o deus encarnado Krishna e o herói humano, o príncipe Arjuna. Prestes a comandar suas tropas para um combate mortal, Arjuna se recusa a se envolver numa guerra contra amigos e parentes. Krishna, em essência, retruca que Arjuna deve cumprir seu destino como guerreiro: combater e matar.*

---

* Oppenheimer ficou, obviamente, muito comovido com esse antigo épico existencial. Mas, quando seu velho amigo dos tempos de Zurique, Isidor I. Rabi, passou por Berkeley e ficou sabendo que ele estava estudando sânscrito, perguntou admirado: "Por que não o Talmude?"[30]

Desde a crise emocional de 1926, Robert vinha tentando adquirir algum tipo de equilíbrio interior. Disciplina e trabalho sempre haviam sido seus princípios orientadores, mas agora ele estava conscientemente elevando esses traços a uma filosofia de vida. O fato de a disciplina "ser boa para a alma", argumentava ele, "é mais fundamental que qualquer um dos fundamentos para a alma ser boa. Acredito que por meio da disciplina, embora não somente por meio dela, podemos adquirir serenidade e uma pequena, mas preciosa, medida de liberdade em relação aos acidentes da encarnação [...] e o distanciamento que preserva o mundo ao qual se renuncia. Acredito que, por meio da disciplina, aprendemos a preservar o que é essencial para nossa felicidade em circunstâncias mais ou menos adversas e a abandonar com simplicidade o que de outra forma nos teria parecido indispensável". E só por meio da disciplina era possível "ver o mundo sem grande distorção do desejo pessoal e, encarando-o dessa maneira, aceitar com mais facilidade nossa privação terrena e seu terreno horror".

Como muitos intelectuais ocidentais cativados por filosofias do Oriente, o cientista Oppenheimer encontrava conforto em seu misticismo.[31] Ele sabia, além disso, que não estava sozinho, que alguns dos poetas que mais admirava, como W. B. Yeats e T. S. Eliot, tinham eles próprios mergulhado no *Mahabharata*. "Portanto", conclui ele em uma carta ao irmão, Frank, então com 20 anos, "penso que deveríamos saudar com profunda gratidão todas as coisas que evocam a disciplina — o estudo, nossos deveres com os homens e com a sociedade, a guerra, dificuldades pessoais, e até mesmo a necessidade de subsistência —, pois só por intermédio delas poderemos atingir um mínimo de desprendimento e só assim poderemos conhecer a paz".[32]

Com 20 e tantos anos, Oppenheimer já parecia buscar um desprendimento terreno; ele desejava, em outras palavras, estar engajado como cientista no mundo físico e, ainda assim, desprendido dele. Não buscava fugir para um reino puramente espiritual. Não buscava uma religião. O que buscava era paz de espírito. E o *Gita* parecia lhe proporcionar a filosofia certa para um intelectual agudamente sintonizado com as questões dos homens e os prazeres dos sentidos. Um de seus textos sânscritos favoritos era o *Meghaduta*, um poema que discute a geografia do amor a partir do colo de uma mulher nua até as altaneiras montanhas do Himalaia. "Li o *Meghaduta* com Ryder", escreveu ele a Frank, "com deleite, alguma facilidade e grande encantamento".[33] Outra de suas partes favoritas do *Gita*, o *Satakatraya*, contém os seguintes versos fatalistas:

Vencer inimigos nas armas...
Ganhar domínio das ciências
E artes variadas...
Pode-se fazer tudo isso, mas só a força do carma

É capaz de impedir o que não está destinado
*E compelir o que é para ser.*³⁴

Ao contrário dos upanixades, o *Gita* celebra a vida de ação e engajamento com o mundo. Como tal, era compatível com a formação de Oppenheimer na Cultura Ética — mas havia também diferenças importantes. As noções do *Gita* de carma, destino e dever terreno poderiam parecer em desacordo com o humanitarismo da Sociedade de Cultura Ética. O dr. Adler depreciava o ensino de quaisquer inexoráveis "leis da história". Em vez disso, a Cultura Ética ressaltava o papel da vontade individual humana. Não havia nada de fatalista no trabalho social de John Lovejoy Elliott nos guetos de imigrantes da baixa Manhattan. Então, a atração que Oppenheimer sentia pelo fatalismo do *Gita* talvez fosse estimulada ao menos em parte pela rebelião temporã contra o que lhe havia sido ensinado quando jovem. Era isso que pensava Isidor I. Rabi. A esposa de Rabi, Helen Newmark, havia sido colega de classe de Robert na Escola de Cultura Ética, e Rabi mais tarde recordou: "A julgar pelas conversas que tive com ele, tenho a impressão de que sua própria visão da escola não era afetuosa. Uma dose exagerada de cultura ética pode muitas vezes amargar o intelectual florescente, que talvez prefira uma abordagem mais profunda das relações humanas e do lugar do homem no universo."³⁵

Rabi especulou que a herança da Cultura Ética de Oppenheimer pode ter se tornado um fardo imobilizador. É impossível saber o resultado pleno das ações de uma pessoa, e às vezes boas intenções levam a resultados terríveis. Robert era agudamente sintonizado com a ética, e ainda assim dotado de ambição e de uma inteligência expansiva, curiosa. Como muitos intelectuais cônscios das complexidades da vida, talvez às vezes se sentisse paralisado a ponto da inação. Oppenheimer mais adiante refletiu sobre esse dilema: "Pode ser que eu, como todos nós, tome uma decisão e aja de acordo, ou pode ser que pense sobre meus motivos, minhas idiossincrasias, minhas virtudes e meus defeitos e tente descobrir por que estou fazendo algo. Cada uma dessas coisas tem seu lugar em nossa vida, mas claramente uma atrapalha a outra."³⁶ Na Escola de Cultura Ética, Felix Adler havia se submetido a uma "constante autoanálise e autoavaliação, pelos mesmos padrões e objetivos elevados que estabelecia para os outros". Todavia, à medida que se aproximava dos 30 anos, foi ficando cada vez mais incomodado com sua implacável introspecção. Como sugeriu o historiador James Hijiya, o *Gita* fornecia uma resposta para o dilema psicológico de Robert: celebrar o trabalho, o dever e a disciplina e não se preocupar muito com as consequências. Oppenheimer estava agudamente sintonizado com as consequências de suas ações, mas, tal como Arjuna, também era conduzido pelo dever. Então o dever e a ambição superaram as dúvidas — embora a dúvida permanecesse, na forma de uma onipresente consciência da falibilidade humana.

* * *

EM JUNHO DE 1934, Oppenheimer retornou para as sessões de verão na Universidade de Michigan e falou sobre sua mais recente crítica à equação de Dirac.[37] A aula impressionou Robert Serber, na época um jovem colega no pós-doutorado, que decidiu de imediato trocar a bolsa de pesquisa de Princeton para Berkeley. Uma ou duas semanas depois de chegar a Berkeley em uma viagem de carro, Oppenheimer o convidou para ir ao cinema, onde assistiram ao filme de suspense *A noite tudo encobre*, estrelado por Robert Montgomery. Era o começo de uma amizade para toda a vida.

Filho de um advogado da Filadélfia com boas conexões políticas, Serber cresceu num ambiente político decididamente de esquerda. O pai tinha nascido na Rússia, e tanto ele quanto a mãe do garoto eram judeus. Quando Serber tinha 12 anos, a mãe morreu. Não muito tempo depois, o pai voltou a se casar — a nova esposa vinha a ser Frances Leof, uma muralista e ceramista que mais tarde, segundo documentos do FBI, entrou para o Partido Comunista (PC). Robert Serber rapidamente se tornou parte da família estendida de Leof, centrada em torno do tio da madrasta, um carismático médico da Filadélfia, Morris V. Leof, e da esposa dele, Jenny. A casa dos Leof era conduzida como um salão político e artístico e tinha como visitantes regulares o dramaturgo Clifford Odets, o jornalista de esquerda I. F. Stone e a poeta Jean Roisman, que depois veio a se casar com o advogado liberal de esquerda Leonard Boudin. O jovem Robert Serber logo foi cativado pelos encantos de Charlotte Leof, a mais nova das duas filhas de Morris e Jenny. Em 1933, ele e Charlotte se casaram numa cerimônia civil, logo após a graduação dela pela Universidade da Pensilvânia. Charlotte herdou a visão política diretamente do pai radical e durante a década de 1930 foi uma fervorosa ativista de uma variedade de causas de esquerda.[38] Não surpreende, portanto, que, dadas todas essas associações familiares, as inclinações políticas do próprio Serber certamente pendessem para a esquerda, ainda que anos depois o FBI tenha concluído que "não se conhece nenhuma evidência da participação de Robert Serber como membro do Partido Comunista".[39]

Em Berkeley, Serber estudou física teórica com Oppenheimer e, no decorrer de alguns anos, publicou uma dezena de artigos, sete deles em coautoria com o mentor. Os artigos tratavam de tópicos como as partículas dos raios cósmicos, a desintegração de prótons de alta energia, fotorreações nucleares em altos níveis de energia e caroços nucleares de estrelas. Oppie disse a Lawrence que Serber era "um dos poucos teóricos de primeira classe que trabalhavam com ele".[40]

Eles também eram melhores amigos. No verão de 1935, Oppie convidou Serber e a esposa para uma visita ao rancho no Novo México. Serber, porém, estava totalmente despreparado para as condições em Perro Caliente. Quando chegaram, depois de horas viajando por estradas não asfaltadas, os Serber encontraram Frank

Oppenheimer, Melba Phillips e Ed McMillan já instalados. Oppie os saudou com indiferença e sugeriu que, como a cabana já estava cheia, pegassem dois cavalos e cavalgassem 120 quilômetros para o norte, até Taos. Isso era o equivalente a uma cavalgada de três dias através do passo de Jicoria, a mais de 4 mil metros. E Serber jamais havia andado a cavalo! Seguindo as instruções de Oppie, eles selaram dois cavalos e prepararam uma pequena muda com algumas meias, roupa de baixo, escova de dentes, uma caixa de biscoitos de chocolate, uma garrafinha de uísque e um saco de aveia para alimentar os animais. Três dias depois, com os músculos doloridos e as pernas esfoladas após tantas horas na sela, os Serber chegaram a Taos. Após uma noite no rancho de Taos, cavalgaram de volta para encontrar Oppenheimer. Durante o caminho, Charlotte caiu do cavalo duas vezes e chegou com a jaqueta manchada de sangue.

A vida em Perro Caliente era dura. A quase 3 mil metros, o ar rarefeito fazia muitos visitantes arfarem. "Nos primeiros dias lá", Serber escreveu depois, "qualquer tarefa física nos deixava ofegantes, com dificuldade para respirar".[41] Após cinco anos alugando o rancho, a cabana ainda estava esparsamente mobiliada, com cadeiras simples de madeira, um sofá na frente da lareira, um tapete navajo no chão. Frank instalara um cano a partir de uma fonte acima da cabana, de modo que havia água corrente. Mas era só isso. Serber logo entendeu que, para Oppie, o rancho era meramente um lugar para dormir entre as longas e exaustivas cavalgadas pela região selvagem. Ele conta que certa vez, durante um passeio noturno a cavalo com o anfitrião, no meio de uma tempestade, chegaram a uma encruzilhada na trilha. Oppie disse: "Por aqui são uns dez quilômetros até a casa; já por aqui é um pouquinho mais longo, mas muito mais bonito!"

Apesar das dificuldades, os Serber passaram parte dos verões em Perro Caliente entre 1935 e 1941. Oppenheimer recebeu ali muitas outras visitas. Certa vez, topou com o físico Hans Bethe passeando pela região e o convenceu a fazer uma visita ao rancho. Outros físicos, como Ernest Lawrence, George Placzek, Walter Elsasser e Victor Weisskopf, também estiveram lá por alguns dias. Todos os visitantes ficavam surpresos ao descobrir quanto o frágil amigo apreciava as condições espartanas.

Por vezes, as excursões de Robert chegavam a beirar verdadeiras calamidades. Certa feita, ele e três amigos — George e Else Uhlenbeck e Roger Lewis — passaram a noite acampados junto ao lago Katherine, sob a encosta oriental do pico de Santa Fe Baldy. Devido à altitude, Robert e os outros dois homens de repente caíram com sintomas do mal das montanhas e, depois de uma noite congelante em sacos de dormir, acordaram na manhã seguinte e descobriram que dois cavalos haviam fugido. Ainda assim, Robert persuadiu os homens a escalar o pico de North Truchas, o mais elevado na parte sul da cordilheira Sangre de Cristo, com quase 4.500 metros. Eles escalaram em meio a uma tempestade e depois tiveram que voltar a pé encharcados até Los Pinos, onde Katherine lhes serviu bebidas fortes.

Na manhã seguinte, os dois cavalos desertores reapareceram, e Else caiu na risada ao ver Oppenheimer vestindo um pijama cor-de-rosa e enxotando-os de volta até o curral.[42]

ATÉ MAIS OU MENOS 1934, Oppenheimer mostrava pouco interesse em atualidades ou política. Não que fosse ignorante, mas era indiferente aos temas, e com certeza inativo politicamente. Mais tarde, no entanto — numa época em que desejava frisar sua ingenuidade política —, cultivou o mito de que era alheio à política e a assuntos práticos: dizia não ter rádio nem telefone e nunca ler jornais ou revistas. Gostava de contar uma história segundo a qual ouvira falar pela primeira vez no *crash* de 29 de outubro de 1929 da bolsa de valores meses depois do acontecido. Dizia nunca ter depositado um voto numa urna até a eleição presidencial de 1936. "Para muitos amigos", testemunhou em 1954, "minha indiferença a assuntos contemporâneos parecia extravagante, e com frequência eles me censuravam por ser tão metido a sabido. Eu tinha interesse no ser humano e em sua experiência, além de me interessar profundamente pela física, mas não tinha nenhuma compreensão das relações do homem com a sociedade".[43] Anos depois, Robert Serber observou que esse autorretrato de Oppenheimer como "pessoa fora do mundo, retirada, não estética, alheia a tudo que se passava, tudo [isso era] exatamente o oposto de como ele de fato era".[44]

Em Berkeley, Oppenheimer se cercava de amigos e colegas com enorme interesse em assuntos sociais e políticos. A partir do outono de 1931, sua senhoria no número 2665 da Shasta Road era Mary Ellen Washburn, uma mulher alta, autoritária, que usava vestidos longos e coloridos de batique e adorava socializar. O marido, John Washburn, era um contador que também dava aulas de economia na universidade. A casa dos Washburn era um permanente eixo social para intelectuais de Berkeley — e, como a própria Mary Ellen, muitos deles tinham fortes simpatias pela esquerda política. Passado certo tempo, o FBI concluiria que Mary Ellen era "membro ativo do Partido Comunista no condado de Alameda".[45]

Um jovem professor de literatura francesa chamado Haakon Chevalier vinha participando das festas dadas pelos Washburn desde a década de 1920.[46] Os Serber também iam a essas festas, assim como uma linda estudante de medicina chamada Jean Tatlock. Era absolutamente natural que Oppie, um rapaz solteiro morando no andar de baixo, aparecesse para essas ocasiões sociais. Ele sempre era gracioso e encantava a todos. Mas certa noite, enquanto discursava longamente sobre determinado filme, os convidados ouviram John Washburn, que àquela altura já tinha bebido todas, resmungar: "Nunca desde as tragédias gregas foram ouvidas pomposidades tão monótonas quanto as que Robert Oppenheimer profere."[47]

"Não éramos nada políticos abertamente", recordou Melba Phillips.[48] Oppie certa vez comentou com Leo Nedelsky: "Conheço três pessoas que se interessam por política. Diga-me, o que a política tem a ver com verdade, bondade e beleza?"[49] Contudo, depois de janeiro de 1933, quando Adolf Hitler chegou ao poder na Alemanha, a política começou a se intrometer na vida de Oppenheimer. Em abril daquele ano, os professores judeus alemães estavam sendo sumariamente demitidos de seus empregos. Um ano depois, na primavera de 1934, Oppenheimer recebeu uma circular solicitando fundos para apoiar físicos alemães que tentavam emigrar da Alemanha nazista. De imediato, concordou em reservar para esse propósito 3% de seu salário (cerca de 100 dólares por ano) durante dois anos.[50] Ironicamente, um dos refugiados que pode ter sido auxiliado por esse fundo foi um ex-professor em Göttingen, o dr. James Franck. Quando Hitler chegou ao poder, Franck, que recebera duas Cruzes de Ferro durante a Primeira Guerra Mundial, foi um dos poucos físicos judeus com permissão para manter-se no posto. Todavia, um ano depois, foi forçado ao exílio, quando se recusou a despedir outros judeus dos respectivos empregos. Já em 1935, estava dando aulas de física na Universidade Johns Hopkins, em Baltimore. De maneira semelhante, Max Born foi obrigado a fugir de Göttingen, em 1933, e acabou indo lecionar na Inglaterra.[51]

As notícias da Alemanha eram certamente sombrias. Mas, em 1934, teria sido difícil alguém ignorar o turbilhão político que estava ocorrendo bem no quintal de Berkeley. Quase cinco anos de depressão haviam empobrecido milhões de cidadãos comuns. Mais cedo naquele ano, a luta trabalhista se tornara violenta. No fim de janeiro, 3 mil colhedores de alface em Imperial Valley entraram em greve. Agindo em nome dos empregadores, a polícia prendeu centenas de trabalhadores. A greve foi rapidamente reprimida, e os salários caíram de 20 para 15 centavos a hora. Então, em 9 de maio de 1934, mais de 12 mil estivadores formaram filas de piquetes nos portos ao longo de toda a Costa Oeste. No fim de junho, a greve nas docas havia estrangulado a economia da Califórnia, do Oregon e de Washington. No começo de julho, as autoridades tentaram abrir o porto de San Francisco, o que fez com que a polícia lançasse bombas de gás lacrimogêneo em milhares de estivadores, seguindo-se um tumulto. Depois de quatro dias de escaramuças, os policiais abriram fogo contra a multidão: três homens foram feridos e dois deles morreram. O dia 5 de julho de 1934 veio a ser conhecido como "Quinta-Feira Sangrenta". Nesse mesmo dia, o governador republicano do estado ordenou que a Guarda Nacional da Califórnia assumisse o controle das ruas.

Onze dias depois, em 16 de julho, os sindicatos de trabalhadores de San Francisco convocaram uma greve geral. Durante quatro dias a cidade ficou paralisada. Mediadores federais por fim intervieram e, em 30 de julho, a maior greve da história da Costa Oeste se encerrou. Os estivadores voltaram ao trabalho sem que as reivindicações salariais fossem atendidas, mas estava claro para todos que os sindicatos haviam conseguido uma importante vitória política. A greve tinha angariado simpatia popular para a luta dos estivadores e fortalecido enormemente o movimento sindical. Em 28 de agosto de 1934, num sinal de que a atmosfera política havia pendido de modo significativo para a esquerda, o escritor radical Upton Sinclair estarreceu o *establishment* californiano ao obter decisivamente a indicação democrata para o governo do estado. Embora tenha perdido a eleição geral — em parte devido a calúnias e ameaças feitas pelos republicanos —, a política da Califórnia nunca mais seria a mesma.[52]

Acontecimentos tão dramáticos não podiam passar despercebidos por Oppenheimer nem pelos alunos dele. A própria Berkeley estava dividida entre críticos e apoiadores da greve. Em 9 de maio de 1934, quando os estivadores saíram inicialmente em passeata, um membro conservador do corpo docente de física, Leonard Loeb, recrutou os jogadores de futebol da Cal (Universidade da Califórnia em Berkeley) para atuar como fura-greves. Significativamente, Oppenheimer mais tarde convidou alguns alunos, entre os quais Melba Phillips e Bob Serber, a ir com ele a uma manifestação de estivadores num grande auditório de San Francisco. "Estávamos sentados no alto, num balcão", recordou Serber, "e no final fomos tomados pelo entusiasmo dos grevistas, gritando com eles: 'Greve! Greve! Greve!'".[53] Após a manifestação, Oppie foi até o apartamento de uma amiga, Estelle Coen, onde foi apresentado a Harry Bridges, o carismático líder sindical dos estivadores.

NO OUTONO DE 1935, Frank Oppenheimer voltou de uma temporada de dois anos de estudo no Laboratório Cavendish, em Cambridge, Inglaterra, e aceitou uma bolsa para completar os estudos de pós-graduação no Caltech. O velho amigo Charles Lauritsen concordou em servir como orientador da tese. De imediato, Frank mergulhou na pesquisa de espectroscopia de raios beta, a que já se havia dedicado no Cavendish. "Era muito bom estar na pós-graduação sabendo o que eu queria fazer", recordou Frank.[54]

Robert ainda dividia seu tempo entre Berkeley e o Caltech, e passava todo fim de primavera em Pasadena, onde ficava com seus bons amigos Richard e Ruth Tolman. Os Tolman haviam construído uma casa caiada em estilo espanhol perto do *campus*, e tinham no quintal um belo jardim e uma casinha de hóspedes que Robert ocupava sempre que estava na cidade. Robert conhecera os Tolman na primavera de 1929, e naquele verão o casal visitara o rancho dele no Novo México. Mais adiante, Robert descreveria a amizade como "muito próxima".[55] Ele admirava a "sabedoria e os amplos interesses [de Tolman], em física e em muitas outras coisas". Veio também a admirar "a extremamente inteligente e adorável esposa" do amigo. Na época, Ruth era psicóloga clínica e estava terminando a pós-graduação. Para Oppenheimer, os Tolman "formavam uma doce ilha em meio ao horror do sul da Califórnia".[56] À noite, eles costumavam organizar jantares informais com a presença de Frank e outros amigos de Oppenheimer, como Linus Pauling, Charlie Lauritsen, Robert e Charlotte Serber e Edwin e Ruth Uehling. Muitas vezes, Frank e Ruth tocavam flauta.

Em 1936, Oppenheimer fez um vigoroso *lobby* junto ao Departamento de Física de Berkeley para que Serber fosse contratado como seu assistente de pesquisa. Com muita relutância, o chefe do departamento, Raymond Birge, concordou em alocar um salário de 1.200 dólares anuais para Serber. Nos dois anos seguintes, Oppie tentou diversas vezes obter uma posição mais estável para Serber, como professor assistente. Birge, porém, recusou categoricamente e escreveu a um colega que "já basta um judeu no departamento".[57]

Oppenheimer não teve conhecimento dessa observação na época, mas não deixava de ter certa familiaridade com o sentimento. De todo modo, o antissemitismo estava em ascensão na sociedade polida nos Estados Unidos durante os anos 1920 e 1930. Muitas universidades haviam seguido o exemplo de Harvard no começo da década de 1920 e impuseram cotas restritivas à quantidade de alunos judeus. Firmas de advocacia e clubes sociais da elite nas maiores cidades — como Nova York, Washington e San Francisco — eram segregados tanto por raça quanto por religião. Nesse aspecto, o *establishment* californiano não era diferente do *establishment* na Costa Leste. Contudo, se não podia aspirar a se tornar parte dessa ordem, como o amigo Ernest Lawrence, Oppenheimer ainda assim estava muito feliz em seu lugar. "Eu tinha decidido onde montar meu canto", recordou ele. E era um canto onde se sentia muito "contente".

De fato, nem uma vez sequer nos anos 1930 ele voltou à Europa. Na verdade, mal saiu da Califórnia, exceto para as viagens ao Novo México e para os seminários de verão em Ann Arbor. Quando Harvard propôs dobrar seu salário caso se mudasse para o Leste, ele nem mesmo quis ouvir. Duas vezes em 1934, o recém-formado Instituto de Estudos Avançados de Princeton tentou atraí-lo, mas Oppenheimer estava decidido: "Eu não serviria para nada num lugar como aquele."[58] E escreveu ao irmão: "Recusei essas tentações pensando da forma mais positiva em meus atuais empregos, onde é um pouco menos difícil, para mim, acreditar na minha utilidade e onde o bom vinho da Califórnia consola as agruras da física e os pobres poderes da mente humana." Ele achava que "não tinha crescido de todo, mas um pouco". Seu trabalho teórico estava florescendo, em parte porque as aulas não lhe exigiam mais do que cinco horas por semana e isso lhe deixava "bastante tempo para a física e um monte de outras coisas". E então conheceu uma mulher que mudaria sua vida.

PARTE II

8

"A partir do fim de 1936, meus interesses começaram a mudar"

Jean foi o amor da vida de Robert. Ele a amava ao máximo. Era devotado a ela.
ROBERT SERBER

JEAN TATLOCK TINHA APENAS 22 anos quando Robert a conheceu, na primavera de 1936. Foram apresentados numa festa da senhoria de Oppie, Mary Ellen Washburn, na casa de Shasta Road. Jean estava terminando o primeiro ano na Escola de Medicina da Universidade Stanford, na época localizada em San Francisco. Oppenheimer recordou que, naquele outono, "comecei a cortejá-la, e nós nos tornamos muito próximos".[1]

Jean era uma mulher atraente, de cabelos pretos ondulados, olhos azuis amendoados, com cílios negros espessos e lábios naturalmente vermelhos — para alguns, parecia "uma antiga princesa irlandesa".[2] Com quase 1,70 metro de altura, nunca pesou mais de sessenta quilos.[3] Tinha apenas uma mínima imperfeição: uma pálpebra "sonolenta" que caía levemente, sequela de um acidente na infância.[4] No entanto, mesmo essa falha quase imperceptível contribuía para o fascínio que exercia. A beleza dela cativou Robert, bem como uma tímida melancolia. "Jean era muito reservada em relação a seu desespero", escreveu posteriormente uma amiga, Edith A. Jenkins.[5]

Robert a conheceu como filha do eminente estudioso de Chaucer em Berkeley, o professor John S. O. Tatlock, um dos poucos membros do corpo docente fora do Departamento de Física com quem mantinha um contato mais que casual. Nos almoços no Faculty Club, Tatlock costumava ficar deslumbrado com o conhecimento de literatura inglesa exibido pelo jovem professor de física.[6] E, quando conheceu Jean, Oppenheimer logo percebeu que ela absorvera as sensibilidades literárias do pai. Preferia o verso sombrio e moroso de Gerald Manley Hopkins e amava os poemas de John Donne — uma paixão transmitida a Robert, que, anos depois, tomou um soneto de Donne, "Batter my heart, three-person'd God", como inspiração para o codinome "Trinity", usado para designar o primeiro teste da bomba atômica.[7]

Jean possuía um carro esportivo conversível que costumava guiar com a capota baixada, cantando em sua bela voz de contralto versos da peça de Shakespeare *Noite de reis*.[8] Uma mulher de espírito livre, com uma mente ávida e poética, era sempre aquela pessoa numa sala, quaisquer que fossem as circunstâncias, que se tornava inesquecível. Uma colega de classe no Vassar College lembrou-se dela como "a garota mais promissora que já conheci, a única, entre todas com quem tive contato na faculdade, que parecia tocada pela graça".[9] Jean nasceu em Ann Arbor, no Michigan, em 21 de fevereiro de 1914 e, juntamente com o irmão mais velho, Hugh, cresceu em Cambridge, Massachusetts, e tempos depois em Berkeley. O pai passara a maior parte da carreira em Harvard, mas, após se aposentar, começara a lecionar em Berkeley. Quando Jean tinha 10 anos, começou a passar o verão no rancho de uma amiga no Colorado. Amiga de infância e colega de classe, Priscilla Robertson viria a escrever uma "carta" a Jean após a morte desta: "Você teve uma mãe sábia, que a tratava com carinho e nunca tentou derrubá-la, e no entanto a manteve alheia aos perigos de sua adolescência cheia de paixão."

Antes de ir para o Vassar College, em 1931, os pais de Jean lhe concederam um ano sabático para viajar pela Europa, e ela foi para a Suíça, onde ficou com uma amiga da mãe. Devota seguidora de Carl Jung, essa amiga da família a apresentou a uma comunidade fechada de psicanalistas centrados em torno do ex-amigo, então rival de Freud. A escola junguiana — com ênfase na ideia da psique humana coletiva — atraiu intensamente a jovem Tatlock. Ao deixar a Suíça, ela estava interessada em psicologia.

Na faculdade, Jean estudou literatura inglesa e escreveu para a revista literária da escola. Filha de um erudito inglês, ela passara grande parte da infância ouvindo os pais lerem em voz alta as obras de Shakespeare e Chaucer. Quando adolescente, ficara duas semanas inteiras em Stratford-on-Avon, assistindo a apresentações de Shakespeare todas as noites. O intelecto e a aparência estonteante intimidavam as colegas de classe — Jean sempre parecia madura demais para uma garota da idade dela, "tendo adquirido por natureza e experiência uma profundidade que a maioria das moças não obtém antes da graduação".[10]

Ela era também o que mais tarde viria a ser chamado, ironicamente, de "antifascista prematura" — uma oponente precoce de Mussolini e Hitler. Quando um professor lhe deu *Artists in Uniform*, de Max Eastman, para ler, na esperança de que o livro servisse como antídoto sóbrio para a confusa admiração que ela demonstrava ter pelo comunismo russo, Jean confidenciou a uma amiga: "Eu simplesmente não gostaria de continuar vivendo se não acreditasse que na Rússia tudo é melhor."[11]

Ela passou os anos de 1933 e 1934 na Universidade da Califórnia em Berkeley, fazendo cursos preparatórios de medicina, até se graduar no Vassar em junho de 1935. Mais tarde, uma amiga lhe escreveu: "Foi essa consciência social, aliada ao contato prévio com Jung, que a fez querer ser médica."[12] Enquanto estava em

Berkeley, Jean também achou tempo para trabalhar como repórter e escrever para o *Western Worker*, a publicação do Partido Comunista na Costa Oeste. Como membro contribuinte do partido, Jean comparecia regularmente a duas reuniões por semana. Um ano antes de conhecer Robert, escreveu a Priscilla Robertson: "Se é para ser alguma coisa, sinto que sou totalmente vermelha." Sua ira e sua paixão eram facilmente despertadas pelas histórias de injustiça e desigualdade social com as quais se deparava. O trabalho como repórter para o *Western Worker* reforçava-lhe a indignação quando cobria incidentes tais como o julgamento das três crianças detidas por venderem exemplares do *Western Worker* nas ruas de San Francisco e o julgamento de 25 operários de serrarias acusados de iniciar um tumulto em Eureka, na Califórnia.

Ainda assim, como muitos comunistas norte-americanos, Jean Tatlock não era muito boa ideóloga. "Acho impossível ser uma comunista ardorosa", escreveu ela a Robert, "o que significaria respirar, falar e agir como tal dia e noite".[13] Ela almejava, além disso, tornar-se psicanalista freudiana, e na época o Partido Comunista insistia que Freud e Marx eram irreconciliáveis. Esse cisma intelectual parece não a ter incomodado, mas provavelmente teve muito a ver com o ardor intermitente em relação ao partido. (Quando adolescente, rebelara-se contra os dogmas religiosos que lhe haviam sido ensinados na Igreja Episcopal e disse a uma amiga que todo dia esfregava a testa para limpar o ponto onde fora batizada. Odiava qualquer forma de "baboseira" religiosa.) Ao contrário de muitos dos camaradas no partido, Jean ainda nutria "um sentimento pela santidade e o caráter da alma individual",[14] mesmo nos momentos em que se exasperava com amigos que compartilhavam seu interesse pela psicologia, mas menosprezavam a ação política: "O interesse deles em psicanálise resulta numa descrença em qualquer outra forma positiva de ação social." Para ela, a teoria psicológica era como uma cirurgia especializada, "um método terapêutico para desordens específicas".

Jean Tatlock, em suma, era uma mulher complicada e, sem dúvida, capaz de manter o interesse de um físico com agudo senso do psicológico. Ela era, segundo uma amiga dos dois, "digna de Robert em todos os aspectos. Eles tinham muito em comum".[15]

DEPOIS QUE JEAN E Oppie começaram a namorar naquele outono, logo ficou claro para todos que se tratava de uma relação muito intensa. "Ficamos com um pouquinho de inveja", escreveu tempos depois uma das amigas mais próximas de Jean, Edith Arnstein Jenkins.[16] "Da minha parte, eu o admirava [Oppenheimer] a distância. A precocidade e o brilhantismo dele já eram lendários. Ele andava de um jeito engraçado, com os pés virados para fora, um Pã judeu de olhos azuis e cabelos rebeldes ao estilo de Einstein. Quando o conhecemos nas festas em prol da Espanha legalista, descobrimos como aqueles olhos eram capazes de prender nosso olhar, a capacidade incomum que ele tinha de escutar, exclamando 'Sim! Sim! Sim!' para pontuar a atenção. E, quando estava mergulhado em um pensamento, andava de um jeito engraçado, que todos os jovens físicos-apóstolos em torno dele imitavam, sacolejando e exclamando igualmente, para pontuar a escuta: 'Sim! Sim! Sim!'"

Jean Tatlock tinha plena consciência das excentricidades de Oppenheimer. Talvez por sentir a vida intensamente ela própria, podia ter empatia por um homem de paixões tão estranhas. "Você deve lembrar", disse ela a uma amiga, "que ele já dava palestras para sociedades cultas quando tinha 7 anos, que nunca teve infância, e é muito diferente de nós".[17] Como Oppenheimer, ela era decididamente introspectiva. E já tinha decidido se tornar psicanalista e psiquiatra.

Antes de conhecer Tatlock, os alunos de Oppenheimer notavam que ele saía com muitas mulheres. "Havia pelo menos meia dúzia delas", recordou Bob Serber.[18] Mas com Jean as coisas eram diferentes. Oppie a mantinha para si e raramente a trazia para seu círculo de amigos no Departamento de Física. Os amigos só os viam juntos nas eventuais festas de Mary Ellen Washburn. Na lembrança de Serber, Tatlock era "muito bonita e sempre serena em qualquer reunião social". Na esfera política, era sem dúvida "de esquerda — mais do que o restante de nós". E, embora fosse "uma moça muito inteligente", podia-se notar que tinha um lado sombrio. "Não sei se era um caso maníaco-depressivo ou sei lá o quê, mas ela tinha episódios depressivos terríveis." E, quando Jean ficava mal, Oppie também ficava. "Ele entrava em depressão por uns dias", disse Serber, "porque estava tendo problemas com Jean".

Não obstante, a relação sobreviveu a essas ocasiões por mais de três anos. "Jean foi o amor da vida de Robert. Ele a amava ao máximo. Era devotado a ela."[19] Assim, talvez tenha sido natural que a consciência social e o ativismo de Jean tenham despertado em Robert o senso de responsabilidade social com tanta frequência discutido na Escola de Cultura Ética. Ele logo se tornou ativo em numerosas causas da Frente Popular.

"A partir do fim de 1936", Oppenheimer explicaria a seus interrogadores em 1954, "meus interesses começaram a mudar. [...] Eu vinha tendo uma contínua e latente fúria em relação ao tratamento dado aos judeus na Alemanha. Tinha parentes lá [uma tia e vários primos e primas], e mais tarde ajudei a liberá-los e trazê-los para cá. Testemunhei o que a Depressão estava fazendo com meus alunos. Era comum que não conseguissem empregos, ou então empregos totalmente inadequados. Por meio deles, comecei a entender em que medida os acontecimentos políticos e econômicos podem afetar a vida das pessoas. Comecei a sentir necessidade de participar mais plenamente da vida comunitária".[20]

Durante algum tempo, Oppenheimer ficou particularmente interessado na difícil situação dos trabalhadores agrícolas migrantes. Avram Yedidia, vizinho de um dos alunos de Robert, trabalhava para o Departamento de Assistência Social do estado da Califórnia em 1937-38 quando conheceu e se aproximou do físico de

Berkeley. "Ele manifestou profundo interesse na difícil situação dos desempregados", recordou Yedidia, "e nos encheu de perguntas sobre o trabalho dos migrantes que vinham para cá de áreas secas e fustigadas por tempestades de areia, como Oklahoma e Arkansas. [...] A percepção que tínhamos na época —, a qual acredito ter sido compartilhada por Oppenheimer — era de que nosso trabalho era vital e, na linguagem de hoje, 'relevante', enquanto o dele era esotérico e remoto".[21]

A Depressão fizera muitos norte-americanos repensarem as concepções políticas que defendiam. E em nenhum lugar isso foi mais verdadeiro do que na Califórnia. Em 1930, três em cada quatro eleitores do estado eram registrados como republicanos; oito anos depois, os democratas superavam os republicanos por uma margem de dois para um. Em 1934, o escritor Upton Sinclair, que com frequência denunciava escândalos na imprensa, quase venceu as eleições para o governo do estado com sua plataforma radical EPIC (End Poverty in California), cujo objetivo era erradicar a pobreza na Califórnia. Naquele ano, a revista *The Nation* afirmou em um editorial: "Se alguma vez se fez necessária uma revolução, foi na Califórnia. Em nenhum outro lugar, a batalha entre trabalho e capital tem sido tão disseminada e amarga e as vítimas em tão grande número; em nenhum outro lugar tem havido uma negação tão flagrante das liberdades individuais garantidas pela Declaração dos Direitos."[22] Em 1938, outro reformador, Culbert L. Olson, um democrata, foi eleito governador com aberto apoio do Partido Comunista do estado. Olson fizera campanha com o slogan "Frente unida contra o fascismo".

Embora a esquerda política fosse naquele momento a corrente principal na Califórnia, o Partido Comunista no estado ainda era uma reduzida minoria, mesmo nos vários *campi* universitários. No condado de Alameda, onde Berkeley estava situada, o partido alegava ter entre quinhentos e seiscentos membros, entre os quais uma centena de estivadores dos estaleiros de Oakland. Os comunistas da Califórnia geralmente eram tidos como uma voz de moderação no partido como um todo, em âmbito nacional. Com apenas 2.500 membros no estado em 1936, o partido crescera para mais de 6 mil em 1938. No país inteiro, o Partido Comunista contava, aproximadamente, com 75 mil membros em 1938. No cômputo geral, cerca de 250 mil norte-americanos se filiaram ao partido pelo menos por um breve período.

Para muitos democratas do New Deal, nenhum estigma foi associado àqueles que se envolveram com o Partido Comunista dos Estados Unidos e as numerosas atividades culturais e educativas que ele promovia. De fato, em alguns círculos, a Frente Popular exercia um certo fascínio. Muitos intelectuais que jamais foram filiados ao partido ainda assim se dispuseram a participar de um congresso de escritores patrocinado pelo PC, ou se apresentaram como voluntários para dar aulas a trabalhadores no "Centro Educacional do Povo". Assim, não era particularmente incomum que um jovem acadêmico de Berkeley como Oppenheimer saboreasse, desse modo, um pouco da vida intelectual e política da era da Depressão na Califórnia. "Avaliei esse novo senso de companheirismo", testemunhou ele mais tarde, "e na época senti que estava me tornando parte da vida do meu tempo e do meu país".²³

Foi Tatlock quem "abriu a porta"²⁴ desse mundo político para Robert. Os amigos dela se tornaram amigos dele, entre os quais estavam membros do Partido Comunista como Kenneth May (estudante de pós-graduação em Berkeley), John Pitman (repórter do *People's World*), Aubrey Grossman (advogado), Rudy Lambert e Edith Arnstein. Uma das melhores amigas de Tatlock era Hannah Peters, uma médica nascida na Alemanha que ela conhecera na Escola de Medicina de Stanford. A dra. Peters, que logo se tornaria médica de Oppenheimer, era casada com Bernard Peters (anteriormente, Pietrkowski), outro refugiado da Alemanha nazista.

Nascido em Posen em 1910, Bernard estudara engenharia elétrica em Munique até a ascensão de Hitler ao poder, em 1933. Embora posteriormente negasse ter sido membro do Partido Comunista, participou de muitas manifestações comunistas como espectador e, em certa ocasião, esteve presente a uma manifestação antinazista na qual duas pessoas acabaram feridas. Logo foi detido e aprisionado em Dachau, um dos primeiros campos de concentração nazistas. Após três meses terríveis, foi transferido para uma prisão em Munique — e então, sem explicação alguma, libertado.²⁵ (Em outra versão da história, Peters conseguiu escapar da prisão.) Passou então vários meses viajando à noite de bicicleta pelo sul da Alemanha e atravessou os Alpes até a Itália. Ali encontrou a namorada, Hannah Lilien, de 22 anos e nascida em Berlim, que fugira para Padua a fim de estudar medicina. Em abril de 1934, os dois emigram para os Estados Unidos. Casaram-se em Nova York, em 20 de novembro de 1934, e, três anos depois, assim que Hannah se formou na Escola de Medicina de Long Island, em Nova York, mudaram-se para a região da baía de San Francisco. Durante um breve período na Escola de Medicina da Universidade Stanford, Hannah trabalhou em projetos de pesquisa com o dr. Thomas Addis, amigo e mentor de Jean Tatlock. Quando Oppenheimer conheceu os Peters, que lhe foram apresentados por Jean, Bernard trabalhava como estivador.

Em 1934, Peters escrevera um relato de 3 mil palavras sobre os horrores que tinha testemunhado em Dachau. Ele descreveu em nauseantes detalhes a tortura e execução sumária de prisioneiros. Um deles "morreu em minhas mãos algumas horas depois de levar uma surra. Toda a pele das costas tinha se soltado, os músculos pendiam em retalhos", relatou.²⁶ Ao chegar à Costa Oeste, Peters sem dúvida compartilhou com os amigos seu vívido relato das atrocidades nazistas. Quer Oppenheimer tenha lido o relato, quer apenas ouvido Peters falar dele, deve ter ficado profundamente comovido com essas histórias. Havia uma nota de autenticidade e mundanismo na extraordinária vida de Peters. Aluno de pós-graduação de Oppenheimer, Philip Morrison sempre achou que "Peters era um pouco diferente da maioria de nós, mais maduro, marcado com uma especial seriedade e intensidade [...] a experiência dele ia muito além da nossa. [...] Ele tinha visto e sentido a bárbara escuridão que encobria a Alemanha nazista, bem como trabalhara entre os estivadores na baía de San Francisco".[27]

Quando Peters manifestou interesse em física, Oppie o incentivou a fazer um curso sobre o tema em Berkeley.[28] Ele provou ser um estudante talentoso, e, apesar da ausência de um diploma de graduação, Robert conseguiu matriculá-lo no programa de pós-graduação em física da universidade. Peters foi logo designado como tomador de notas de Oppenheimer em seu curso sobre mecânica quântica e escreveu sua tese sob a orientação de Robert. Não surpreende que Oppie e Jean Tatlock costumassem socializar com Hannah e Bernard Peters. Embora insistissem em nunca terem sido membros do Partido Comunista, a política de ambos era claramente de esquerda. Em 1940, Hannah tinha um consultório particular num distrito no centro de Oakland tomado pela pobreza, e essa experiência "fortaleceu uma convicção que já vinha se formando há alguns anos, isto é, a de que cuidados médicos adequados só podem ser providos por um esquema abrangente de seguro de saúde com respaldo federal".[29] No consultório, Hannah também insistia na integração racial, aceitando pacientes negros numa época em que poucos médicos brancos o faziam.[30] Por conta disso, foi tachada de radical — e o FBI concluiu que ela era militante do Partido Comunista.

Todos esses novos amigos atraíram Oppenheimer para o mundo do ativismo político. Contudo, seria um erro sugerir que Tatlock e seu círculo tivessem sido os únicos responsáveis pelo despertar de Oppie para a política. Em algum momento por volta de 1935, o pai dele lhe emprestara um exemplar de *Soviet Communism: A New Civilization?*, uma auspiciosa descrição do Estado soviético escrita pelos conhecidos socialistas ingleses Sidney e Beatrice Webb. E ele ficou favoravelmente impressionado com o que o livro dizia sobre o experimento da União Soviética.[31]

No verão de 1936, conta-se que Oppenheimer levou consigo os três volumes da edição em alemão de *O capital* em uma viagem de trem de três dias até Nova York. Segundo os amigos, quando chegou à cidade, ele tinha lido os três volumes de ponta a ponta. Na verdade, o primeiro contato com a obra de Marx ocorrera vários anos antes, provavelmente na primavera de 1932. O amigo Harold Cherniss recordou que Oppie, nessa primavera, em uma visita que lhe fez em Ithaca, Nova York, se gabou de ter lido *O capital*. Cherniss simplesmente riu, pois não pensava no amigo como político, embora soubesse que ele lia em profusão: "Suponho que alguém, em algum momento, tenha lhe dito: 'Não conhece esse livro? Ainda não leu?' E então ele adquiriu o catatau e começou a lê-lo!"[32]

Embora ainda não tivessem sido apresentados, Haakon Chevalier conhecia a reputação de Oppenheimer — e não pelo trabalho em física. Em julho de 1937, ele anotou em seu diário um comentário de um amigo em comum segundo o qual Oppenheimer tinha comprado e lido as obras completas de Lênin. Chevalier, impressionado, comentou que isso o tornaria "mais lido do que a maioria dos membros do partido".³³ Embora se considerasse um marxista relativamente sofisticado, Chevalier jamais se atrevera a embrenhar-se em *O capital*.

Nascera em 1901 em Lakewood, Nova Jersey, mas, apesar disso, Haakon Chevalier poderia ser facilmente confundido com um expatriado.³⁴ O pai era francês e a mãe nascera na Noruega. "Hoke", como os amigos o chamavam, passou partes da primeira infância em Paris e Oslo — assim, falava fluentemente francês e norueguês. Os pais, porém, o trouxeram de volta para os Estados Unidos em 1913, e ele terminou o colégio em Santa Barbara, Califórnia. Estudou em Stanford e Berkeley, mas interrompeu os estudos universitários em 1920 para passar onze meses trabalhando como tripulante de um navio mercante que fazia a rota entre San Francisco e a Cidade do Cabo. Depois dessa aventura, voltou para Berkeley e tirou o doutorado em línguas românicas em 1929, especializando-se em literatura francesa.

Com 1,85 metro de altura, olhos azuis e cabelo castanho ondulado, Hoke exibia uma figura elegante quando jovem. Em 1922, casou-se com Ruth Walsworth Bosley, de quem se divorciou em 1930 sob a alegação de abandono do lar e, um ano depois, com Barbara Ethel Lansburgh, de 24 anos, uma de suas alunas em Berkeley. Lansburgh, uma loira de olhos verdes, vinha de uma família abastada e era dona de um esplêndido chalé de madeira à beira-mar em Stinson Beach, trinta quilômetros ao norte de San Francisco. "Ele era um professor terrivelmente carismático", recordou a filha deles, Suzanne Chevalier-Skolnikoff. "Foi isso que a atraiu nele."³⁵

Em 1932, Chevalier publicou seu primeiro livro, uma biografia de Anatole France. Nesse mesmo ano, começou a escrever resenhas de livros e ensaios para as revistas de esquerda *The New Republic* e *The Nation*. Em meados da década de 1930, ele se tornara figura conhecida no *campus* de Berkeley, lecionando francês e abrindo seu deslumbrante chalé de madeira em Chabot Road, Oakland, para uma eclética variedade de estudantes, artistas, ativistas políticos e escritores em visita, tais como Edmund Wilson, Lillian Hellman e Lincoln Steffens. Com as constantes festas até tarde da noite, Chevalier chegava atrasado com tanta frequência para as aulas matinais que o departamento, por fim, o afastou das aulas da manhã.³⁶

Intelectual ambicioso, Chevalier também era ativo na política. Fazia parte da União Americana pelas Liberdades Civis, do Sindicato dos Professores, da Associação Interprofissional e da União dos Consumidores. Tornou-se amigo e apoiador de Caroline Decker, líder dos Trabalhadores Agrícolas e de Fábricas de Conservas da Califórnia, um sindicato radical que representava trabalhadores de origem mexicano-americana. Na primavera de 1935, o *campus* de Berkeley mobilizou-se para protestar contra a expulsão de um estudante que ofendera as autoridades universitárias ao anunciar suas afiliações comunistas. A reunião organizada para protestar contra a expulsão foi dispersada pelo time de futebol americano, convocado pelo treinador. Segundo um dos relatos, somente um membro do corpo docente — Haakon Chevalier — "deu abrigo e apoio moral para os perseguidos e aterrorizados estudantes".³⁷

Em 1933, Chevalier visitara a França, onde se reuniu com figuras literárias de esquerda como André Gide, André Malraux e Henri Barbusse. Retornou à Califórnia convencido de que estava destinado "a testemunhar a transição de uma sociedade baseada na busca do lucro e na exploração do homem pelo homem para uma sociedade baseada na produção para uso e na cooperação humana".[38]

Em 1934, já tinha traduzido para o inglês *A condição humana*, o aclamado livro de Malraux sobre o levante chinês de 1927, além de *O tempo do desprezo*, romances inspirados naquilo que Chevalier julgava ser "a nova visão do homem".[39]

Como para tantos outros homens de esquerda, a irrupção da Guerra Civil Espanhola representou um ponto de inflexão para Chevalier. Em julho de 1936, facções direitistas no Exército espanhol se sublevaram contra o governo de esquerda democraticamente eleito em Madri. Liderados pelo general Francisco Franco, os rebeldes fascistas esperavam derrubar a República em poucas semanas. No entanto, a resistência popular foi tenaz, e seguiu-se uma brutal guerra civil. Os Estados Unidos e as democracias europeias, desconfiados da influência comunista no governo espanhol e incentivados pela Igreja Católica, declararam um embargo de armas contra ambos os lados. Isso deu uma distinta vantagem aos fascistas, que receberam uma generosa ajuda da Alemanha de Hitler e da Itália de Mussolini. Apenas a União Soviética auxiliou o sitiado governo republicano. Além disso, voluntários do mundo inteiro, na maioria comunistas, mas também de outras denominações de esquerda, aderiram às brigadas internacionais a fim de defender o governo espanhol eleito. Entre 1936 e 1939, a defesa da República da Espanha era a *cause célèbre* em círculos liberais em toda parte. Ao longo desses anos, cerca de 2.800 norte-americanos se apresentaram como voluntários para combater os fascistas, juntando-se à Brigada Abraham Lincoln, formada pelos comunistas.[40]

Na primavera de 1937, Chevalier acompanhou Malraux numa viagem pela Califórnia. Recém-ferido na Guerra Civil Espanhola, Malraux promovia seus romances e levantava fundos em nome do Spanish Medical Bureau, um grupo que enviava assistência médica à república. Para Chevalier, Malraux personificava o intelectual sério e ao mesmo tempo politicamente engajado.

Em 1937, ao que indicam todas as evidências, Chevalier estava comprometido com o Partido Comunista. A biografia que escrevera em 1965, *Oppenheimer: The Story of a Friendship*, é notavelmente fiel ao descrever suas concepções políticas na década de 1930. Mesmo então, porém, passados onze anos do ápice do macarthismo, ele julgou prudente ser vago em relação à questão decisiva de sua participação no partido. O fim da década de 1930, ele escreveu, foi "uma era de inocência. [...] Estávamos animados por uma sincera fé na eficácia da razão e da persuasão, na operação de processos democráticos e no triunfo final da justiça". Pessoas com ideias afins, como Oppenheimer, escreveu ele, acreditavam que, no exterior, a República da Espanha triunfaria sobre os ventos da Europa fascista, e, nos Estados

Unidos, as reformas do New Deal abririam caminho para um novo pacto social baseado na igualdade racial e de classe. Muitos intelectuais tinham essas esperanças — mas alguns também se filiaram ao Partido Comunista.

Na época em que Oppenheimer o conheceu, Chevalier era um marxista comprometido, que devia ser membro do partido, e muito possivelmente um respeitado assessor informal dos funcionários do partido em San Francisco. Ao longo dos anos, ele vira Oppenheimer de longe, no Faculty Club e em outros locais do *campus*. Tinha ouvido, porém, pelos boatos de Berkeley, que aquele jovem e brilhante físico estava "ansioso por fazer mais do que *ler* sobre os problemas que afligem o mundo. Queria *fazer* alguma coisa".[41]

Chevalier e Oppenheimer foram por fim apresentados numa das primeiras reuniões do recém-formado Sindicato dos Professores. Chevalier posteriormente datou esse primeiro contato do outono de 1937. Contudo, se eles de fato se conheceram nesse encontro sindical, como disseram depois, isso colocaria o fato dois anos inteiros antes, no outono de 1935. Foi nessa época que a Local 349 do Sindicato dos Professores, uma afiliada da Federação Americana do Trabalho, se expandiu e passou a admitir professores universitários. "Um grupo de pessoas da faculdade falou sobre a questão e se reuniu", depôs mais tarde Oppenheimer. "Almoçamos no Faculty Club, ou em algum outro lugar, e decidimos agir."[42] Oppenheimer foi eleito secretário, encarregado de registrar as atas da reunião. Chevalier mais tarde serviu como presidente local. Em poucos meses, a Local 349 tinha cerca de uma centena de membros, dos quais quarenta eram professores ou assistentes de ensino na universidade.

Nem Oppenheimer nem Chevalier conseguiram se lembrar das circunstâncias exatas do primeiro encontro, só de que gostaram um do outro de imediato. Chevalier se recorda de uma "sensação alucinatória [...] de que o conhecia desde sempre".[43] Ele se sentiu ao mesmo tempo fascinado pelo intelecto de Oppenheimer e cativado pela "naturalidade e simplicidade" do colega. Naquele mesmo dia, segundo Chevalier, eles concordaram em criar um grupo de discussão regular de seis a dez pessoas que se reuniria a cada uma ou duas semanas para discutir política. Esse grupo se reuniu com regularidade do outono de 1937 até o fim do outono de 1942. Durante esses anos, Chevalier via Oppenheimer "como meu mais íntimo e sólido amigo". De início, a amizade surgiu de compromissos políticos compartilhados. Contudo, como Chevalier explicou depois, "nossa intimidade, mesmo no começo, de modo algum era puramente ideológica, mas cheia de matizes pessoais, de calor, curiosidade, reciprocidade, de intercâmbios intelectuais, que evoluiu rapidamente para um afeto". Chevalier logo aprendeu a chamar o amigo pelo apelido, Oppie, e este, por sua vez, se viu passando na casa de Chevalier com frequência para jantar. De vez em quando, saíam para assistir a um filme ou concerto. "Para ele, beber era uma função social que exigia um certo ritual", escreveu Chevalier em suas memórias. Oppie fazia "os melhores martínis do mundo", invariavelmente bebidos com um característico brinde: "À confusão de nossos inimigos." Estava muito claro, pensava Chevalier, quem eram esses inimigos.

PARA JEAN TATLOCK, AS causas é que eram importantes, não o partido ou a ideologia defendida por ele. "Ela me contou sobre seu histórico de filiações ao Partido Comunista", testemunhou posteriormente Oppenheimer. "Ela vivia entrando e saindo, entrando e saindo, e nunca parecia obter do partido aquilo que buscava. Não creio que os interesses dela fossem realmente políticos. Ela era dotada de um profundo sentimento religioso. Amava o país, seu povo e a vida." No outono de 1936, a causa específica que mais a cativava era a luta da Espanha republicana.

Fazia parte da natureza apaixonada de Tatlock impelir Oppenheimer a se mover da teoria à ação. Um dia ele comentou que, certamente sendo um "perdedor", teria que se conformar em permanecer na periferia dessas lutas políticas. "Oh, pelo amor de Deus", protestou Jean, "não se *conforme* com coisa alguma".[44] Ela e Oppenheimer logo começaram a organizar atividades destinadas a levantar fundos para uma série de grupos de assistência espanhóis. No inverno de 1937-38, Jean apresentou Robert ao dr. Thomas Addis, presidente do Spanish Refugee Appeal. Renomado professor de medicina em Stanford, ele incentivara Tatlock nos estudos médicos na universidade, sendo ao mesmo tempo amigo e mentor. E por acaso também era amigo de Haakon Chevalier, Linus Pauling (colega de Oppie no Caltech), Louise Bransten e muitos outros no círculo de conhecidos de Oppie em Berkeley. O próprio Addis logo se tornou "um bom amigo"[45] de Oppenheimer.

Tom Addis era um escocês extraordinariamente culto. Nascido em 1881, foi criado num estrito lar calvinista em Edimburgo. (Mesmo nos tempos de jovem médico, ainda levava uma pequena Bíblia no bolso.)[46] Formou-se em medicina na Universidade de Edimburgo em 1905 e conduziu a pesquisa de pós-doutorado em Berlim e Heidelberg como bolsista do Instituto Carnegie. Foi o primeiro pesquisador médico a demonstrar que o plasma normal podia ser usado para tratar a hemofilia. Em 1911, tornou-se chefe do Laboratório Clínico da Escola de Medicina da Universidade Stanford em San Francisco. Em Stanford, começou uma longa e notável carreira como médico e cientista, tornando-se um pioneiro no tratamento de doenças renais. Escreveu dois livros sobre nefrite e mais de 130 artigos científicos, tornando-se o principal especialista da doença nos Estados Unidos. Em 1944, foi eleito membro da prestigiosa Academia Nacional de Ciências.[47]

Mesmo enquanto construía sua reputação como médico e cientista, Addis sempre se manteve politicamente ativo.[48] Em 1914, quando a guerra irrompeu na Europa, violou as leis de neutralidade dos Estados Unidos ao levantar fundos para o esforço de guerra britânico. Indiciado em 1915, foi formalmente perdoado pelo presidente Woodrow Wilson em 1917. No ano seguinte, se tornou cidadão norte-

-americano. Embora viesse de um lar privilegiado — o tio, Sir Charles Addis, fora diretor do Banco da Inglaterra —, tinha uma pronunciada aversão a dinheiro. Na Califórnia, tornou-se um conhecido defensor dos direitos civis para negros, judeus e sindicalistas, assinando uma série de petições e emprestando seu nome a dezenas de organizações cívicas. Era amigo do líder sindical dos estivadores, Harry Bridges.[49]

Em 1935, Addis participou de uma conferência acadêmica no Congresso Internacional de Fisiologia, em Leningrado, e voltou de uma visita à União Soviética com radiantes relatos do progresso do Estado socialista em termos de saúde pública.[50] Ficou particularmente impressionado com o fato de os médicos soviéticos terem experimentado transplantes com rins de cadáveres humanos já em 1933. Depois disso, começou um vigoroso *lobby* em prol de um serviço nacional de saúde, o que o levou a ser expulso da Associação Médica Americana. Os colegas em Stanford, porém, viam a admiração dele pelo sistema soviético como "um ato de fé",[51] uma fraqueza tolerável por parte de um cientista respeitado. Pauling o considerava "um grande homem, de uma espécie rara — uma combinação de cientista e clínico".[52] Outros o chamavam de gênio. "Ele não era uma daquelas pessoas que se sentem impelidas a agir de forma segura, a parecer sãs e racionais", recordou um colega, o dr. Horace Gray. "Era um explorador, um homem liberal, de mente aberta, um não conformista sem ser rebelde."

No fim da década de 1930, o FBI reportou que Addis era um dos principais recrutadores de profissionais do colarinho-branco para o Partido Comunista. O próprio Oppenheimer mais tarde pensou que Addis era comunista ou estava "perto de se tornar um".[53] "A injustiça e a opressão, fosse na rua ao lado, na África do Sul, na Europa, em Java ou em qualquer outro lugar habitado por seres humanos, eram uma afronta pessoal para Tom Addis, e ao sobrenome dele, devido ao lugar de destaque que lhe era conferido pela ordem alfabética, era onipresente em listas de patrocinadores de dezenas de organizações que agiam pela democracia e contra o fascismo."[54]

Durante uma dezena de anos, Addis serviu como presidente ou vice-presidente do Comitê de Auxílio à Espanha, e foi nessa qualidade que abordou Oppenheimer pela primeira vez, em busca de contribuições financeiras. Em 1940, Addis alegava que o comitê que ele presidia fora "providencial"[55] para o resgate de milhares de refugiados, entre os quais muitos judeus europeus aprisionados em campos de concentração na França. Já simpático à causa da República da Espanha, Oppenheimer se viu fascinado e profundamente impressionado pela sofisticada mistura de comprometimento utilitário e rigor intelectual do dr. Addis, um intelectual muito parecido com ele próprio, um homem de interesses amplos cujo conhecimento de poesia, música, economia e ciência "chegava a seu trabalho. [...] Não havia divisão entre todas essas coisas".[56]

Certo dia, Oppenheimer recebeu um telefonema de Addis, convidando-o para uma visita a seu laboratório em Stanford. Eles se encontraram privadamente e Addis lhe disse: "Você está dando todo esse dinheiro [para a causa da República da Espanha] por meio de organizações de assistência. Se quer que o dinheiro seja bem utilizado, deixe que siga pelos canais comunistas [...] e aí ele vai ajudar de verdade."⁵⁷ Depois disso, Oppenheimer passou a fazer contribuições regulares em dinheiro vivo e o entregava pessoalmente ao dr. Addis, em geral no laboratório em Stanford ou na casa dele. "Ele deixou claro", disse Oppenheimer tempos depois, "que esse dinheiro [...] iria direto para o esforço de combate". Passado algum tempo, porém, Addis sugeriu que seria mais conveniente fazer essas contribuições regulares para Isaac "Pop" Folkoff, um veterano membro do Partido Comunista de San Francisco. Oppenheimer fazia as doações em dinheiro vivo por recear que não fosse inteiramente legal contribuir com recursos para a compra de equipamentos militares. As doações anuais que ele destinava ao serviço de assistência à Espanha, feitas por meio do Partido Comunista, perfaziam mil dólares, uma soma considerável na década de 1930.⁵⁸ Após a vitória fascista em 1939, porém, Addis e Folkoff passaram a solicitar doações para outras causas, como os esforços do partido para organizar os trabalhadores agrícolas migrantes na Califórnia. Ao que tudo indica, a última dessas contribuições de Robert foi feita em abril de 1942.⁵⁹

Folkoff, um ex-operário da indústria do vestuário, então com bem mais de 70 anos, tinha uma das mãos paralisada. Na época em que conheceu Oppenheimer, chefiava a comissão de finanças do partido na região da baía de San Francisco. "Ele era um velho militante de esquerda respeitado", recordou Steve Nelson, comissário político da Brigada Abraham Lincoln que se tornou secretário-geral do partido em San Francisco em 1940.⁶⁰ "Não quero difamá-lo, mas o sujeito brincou de operário e se interessou por filosofia. E se tornou muito versado em filosofia marxista. Então dispunha de certo prestígio, dignidade e confiabilidade. Costumava se encontrar com os profissionais do movimento e recolher doações." Nelson confirmou que Folkoff recolhia doações dos dois irmãos Oppenheimer.

Quando questionado em 1954 acerca dessas doações para o Partido Comunista, Oppenheimer explicou: "Duvido que me tenha ocorrido que as contribuições pudessem ser destinadas a propósitos diferentes daqueles que eu pretendia, ou que tais propósitos pudessem ser ruins. Na época, eu não via os comunistas como perigosos e alguns dos objetivos declarados dele me pareciam atraentes."⁶¹

O Partido Comunista muitas vezes estava na vanguarda de causas progressistas, como a dessegregação racial, melhores condições laborais para os trabalhadores agrícolas migrantes e a luta contra o fascismo na Guerra Civil Espanhola. Oppenheimer aos poucos foi se tornando ativo em várias dessas causas. No começo de 1938, ele assinou o *People's World*, o jornal do Partido Comunista na Costa Oeste. Lia-o com assiduidade, interessando-se, conforme explicou depois, em sua "formulação de questões".⁶² No fim de janeiro de 1938, seu nome apareceu no periódico, o qual informou que Oppie, Haakon Chevalier e vários outros profissionais de Berkeley haviam angariado 1.500 dólares para a compra de uma ambulância a ser enviada para a República da Espanha.⁶³

Naquela primavera, ao lado de outros 197 acadêmicos da Costa do Pacífico, Robert assinou uma petição que instava o presidente Roosevelt a suspender o embargo de armas para a República da Espanha.[64] Mais tarde nesse mesmo ano, entrou para o Conselho Ocidental da União dos Consumidores. Em janeiro de 1939, foi nomeado para o comitê executivo da seção californiana da União Americana pelas Liberdades Civis. Em 1940, foi listado como um dos patrocinadores da American Friends of the Chinese People e tornou-se membro do comitê executivo nacional do Comitê Americano pela Democracia e Liberdade Intelectual, um grupo que divulgava o drama dos intelectuais alemães. Com exceção da União Americana pelas Liberdades Civis, todas essas organizações foram rotuladas de "comunistas" em 1942 e em 1944 pelo Comitê de Atividades Antiamericanas da Câmara dos Representantes.

Oppenheimer foi particularmente ativo na Local 349 do Sindicato dos Professores de East Bay. "Era uma época de grande tensão na faculdade", recordou Chevalier.[65] "Os poucos de nós que éramos mais ou menos de esquerda tínhamos plena ciência de que éramos vistos com maus olhos pelos mais velhos." Em reuniões do conselho da faculdade, os conservadores "sempre ganhavam". A maioria dos acadêmicos de Berkeley recusava-se a ter qualquer relação com sindicatos. Entre as exceções estava o professor de psicologia de Jean Tatlock, Edward Tolman, irmão de Richard Tolman, amigo de Oppenheimer do Caltech. Ao longo dos quatro anos seguintes, Robert trabalhou duro para aumentar o número de sindicalizados. Segundo Chevalier, raramente perdia uma reunião, e podia-se contar com ele para os serviços mais subalternos. Chevalier recordou-se de numa ocasião ter ficado acordado com Robert até as duas da madrugada, endereçando envelopes de uma correspondência para os setecentos membros do sindicato. Era um trabalho tedioso para uma causa impopular. Certa noite, Oppenheimer apareceu como orador convidado no auditório da Oakland High School. O evento havia sido amplamente divulgado, e o Sindicato dos Professores esperava que centenas de docentes de escolas públicas comparecessem para ouvi-lo falar sobre as promessas da causa sindical. Menos de uma dúzia apareceu. Ainda assim, Oppenheimer se levantou e fez seu discurso, em sua voz caracteristicamente tão baixa que mal era ouvida.[66]

Alguns sentiam que a política de Oppie era sempre guiada por questões pessoais. "De algum modo todo mundo sabia que ele se sentia culpado pelos talentos que tinha, pela riqueza que havia herdado, pela distância que o separava dos outros", observou Edith Arnstein, amiga de Tatlock e membro do partido.[67] Mesmo no começo dos anos 1930, quando ainda não era politicamente ativo, Robert sempre estivera ciente do que se passava na Alemanha. Apenas um ano após a ascensão de Hitler ao poder, em 1933, Oppenheimer já estava contribuindo com somas consideráveis para ajudar os físicos judeus a fugir da Alemanha nazista. Eram homens que ele conhecia e admirava. Da mesma forma, ele muitas vezes se referia com angústia à condição dos parentes que viviam na Alemanha. No outono de 1937, a tia dele, Hedwig

Oppenheimer Stern (irmã caçula de Julius) e o primo Alfred Stern, juntamente com a família, desembarcaram em Nova York como refugiados. Robert os patrocinara legalmente e pagara suas despesas, e logo os persuadiu a se estabelecerem em Berkeley. A generosidade demonstrada em relação aos Stern não era algo passageiro. Ele sempre os havia considerado parte da família, e décadas depois, quando Hedwig Stern morreu, o filho escreveu a Oppenheimer: "Enquanto ela pôde pensar e sentir, era totalmente para você."[68]

Naquele outono, Robert foi apresentado a outro refugiado europeu, o dr. Siegfried Bernfeld, um discípulo vienense de Sigmund Freud altamente respeitado. Em sua fuga do contágio nazista, Bernfeld fora primeiro para Londres, onde outro freudiano, o dr. Ernest Jones, o aconselhou: "Vá para o Oeste, não fique aqui." Em setembro de 1937, Bernfeld havia se estabelecido em San Francisco, uma cidade que ele sabia ter naquela época apenas um analista praticante. A esposa, Suzanne, também era psicanalista. O pai fora um importante empresário das artes em Berlim e ajudou a divulgar artistas como Cézanne e Picasso para o público alemão. Quando chegaram a San Francisco, os Bernfeld venderam um dos últimos quadros restantes de sua outrora impressionante coleção para poder pagar despesas de subsistência. Um eloquente professor e apaixonado idealista, o dr. Bernfeld era um entre um punhado de analistas freudianos que tentavam integrar a psicanálise e o marxismo.[69] Quando jovem, na Áustria, Bernfeld se tornara politicamente ativo primeiro como sionista, depois como socialista. Alto e muito magro, usava um chapéu de feltro inconfundível no estilo *pork pie*. Oppenheimer ficou profundamente impressionado — e logo começou a usar um chapéu igual.

Poucas semanas depois de chegar a San Francisco, o dr. Bernfeld organizou um grupo ecumênico com os principais intelectuais da cidade a fim de discutir psicanálise. Além de Oppenheimer, convidou como membros regulares de seu grupo de estudos interdisciplinares os doutores Edward Tolman, Ernest Hilgard, Donald e Jean Macfarlane (amigos de Frank Oppenheimer), Erik Erikson (psicanalista nascido na Alemanha e formado por Anna Freud), Ernst Wolff (pediatra que viria a se tornar chefe de Jean Tatlock na Clínica de Orientação Infantil do Hospital Mt. Zion), Stephen Pepper, professor de filosofia em Berkeley, e o conhecido antropólogo Robert Lowie. Eles se reuniam em casas particulares, tomavam bons vinhos, fumavam cigarros e falavam sobre questões psicanalíticas, como o "medo da castração"[70] e a "psicologia da guerra".

Oppenheimer, é claro, tinha dolorosas lembranças de seus encontros de juventude com psiquiatras. Mas isso sem dúvida contribuía para sua atração pelo tema. Ele devia estar particularmente interessado no trabalho de Erikson sobre o problema da "formação da identidade" em jovens adultos. Uma adolescência prolongada, argumentava Erikson, acompanhada de "distúrbios malignos crônicos", por vezes significava que o indivíduo estava tendo problemas em se desfazer de fragmentos da personalidade que julgava indesejáveis. Buscando a "totalidade" e ainda assim temendo a perda da identidade, alguns jovens adultos vivenciavam tamanha raiva que precisavam descontá-la em outros, em atos arbitrários de destruição. O comportamento e os problemas de Oppenheimer nos idos de 1925-26 estavam significativamente de acordo com essa tese. Ele havia mergulhado na física teórica, ao mesmo tempo que estabelecia uma identidade robusta. No entanto, as cicatrizes permaneciam. Conforme observou o físico e historiador da ciência Gerald Holton, "algum dano psicológico permaneceu, porém não menos que uma vulnerabilidade que lhe permeava a personalidade como uma falha geológica, a ser revelada no próximo terremoto".[71]

Bernfeld às vezes falava sobre casos individuais tratados em terapia. Como seu mentor, Freud, falava sem recorrer a anotações, fumando um cigarro atrás do outro. "Bernfeld foi um dos oradores mais eloquentes que já ouvi", recordou outro psicanalista, o dr. Nathan Adler.[72] "Eu ficava sentado na ponta da cadeira ouvindo não apenas o que ele dizia, mas prestando atenção no jeito como falava. Era uma experiência estética." Oppenheimer, o único físico no grupo, foi lembrado como um sujeito "intensamente interessado" em psicanálise. Em todo caso, sua curiosidade em relação à psicologia complementava seu interesse em física. Basta nos lembrarmos da queixa que Wolfgang Pauli fez a Isidor I. Rabi em Zurique, quando disse que Oppenheimer "parecia tratar a física como passatempo e a psicanálise como vocação".[73] As questões metafísicas ainda tinham prioridade.[74] Assim, entre 1938 e 1941, Robert encontrou tempo para participar dos seminários de Bernfeld, um grupo de estudos que em 1942 deu origem ao Instituto e Sociedade Psicanalítica de San Francisco.

A exploração do psicológico por Oppenheimer foi incentivada por uma intensa, e muitas vezes mercurial, relação com Jean Tatlock — que estava, afinal de contas, estudando para se tornar psiquiatra. Embora não participasse do grupo de Bernfeld, Jean conhecia alguns daqueles homens, e mais tarde foi analisada pelo dr. Bernfeld como parte da formação dela. De humor instável e introspectiva, Tatlock compartilhava a obsessão de Robert pelo inconsciente. Além disso, fazia sentido que Oppenheimer, o ativista político, decidisse estudar psicanálise sob a tutela de um analista freudiano marxista como o dr. Bernfeld.

Alguns dos amigos mais antigos de Oppenheimer viram com desagrado o repentino ativismo político do físico — sobretudo Ernest Lawrence, que podia facilmente simpatizar com a sorte dos parentes perseguidos do amigo, mas, num nível mais pessoal, achava que o que estava acontecendo na Europa não era problema dos Estados Unidos. Em ocasiões distintas, ele disse tanto a Robert quanto ao irmão, Frank: "Você é um físico bom demais para se misturar com causas políticas."[75] Era melhor, ele os aconselhou, deixar essas questões para os especialistas. Certo dia, Lawrence entrou no Rad Lab e viu que Oppie tinha escrito no quadro-negro: "Coquetel em benefício dos legalistas espanhóis no Brode's, todos convidados." Fervilhando de raiva, ele ficou olhando para a mensagem e em seguida a apagou. Para Lawrence, a política de Oppie era um aborrecimento.

9

"Eu [Frank] recortei e mandei"

[Eu e Oppenheimer] éramos e não éramos [membros do partido].
Como quer que se prefira ver.
HAAKON CHEVALIER

EM 20 DE SETEMBRO de 1937, Julius Oppenheimer morreu de um ataque cardíaco, aos 67 anos. Robert já sabia que o pai não estava muito saudável, porém a notícia da morte de Julius causou-lhe um choque. Nos quase seis anos desde a morte de Ella, em 1931, Julius desenvolvera uma relação estreita e carinhosa com os filhos. Visitava-os com frequência, e muitas vezes acontecia de se tornar amigo dos amigos de Robert.

A fortuna de Julius diminuíra um pouco depois de oito anos de Depressão.[1] Mesmo assim, por ocasião da morte, o patrimônio dele, dividido igualmente entre Robert e Frank, perfazia a quantia ainda substancial de 392.602 dólares. O rendimento anual dessa herança dava a cada um dos irmãos uma média de 10 mil dólares para suplementar os respectivos ganhos. Mas, como que para sublinhar certa ambivalência em relação à própria riqueza, Robert imediatamente redigiu um testamento deixando todo o patrimônio que possuía para a Universidade da Califórnia, especificamente para bolsas de estudo de pós-graduação.[2]

Os irmãos Oppenheimer sempre haviam sido muito próximos. Robert estabeleceu relações notavelmente intensas com muitas pessoas, mas nenhuma tão profunda ou duradoura quanto a dele com Frank. A correspondência entre os dois nos anos 1930 refletia uma intensidade emocional incomum para irmãos, sobretudo porque havia uma diferença de idade de oito anos entre eles. As cartas de Robert muitas vezes pareciam mais de um pai do que de um irmão mais velho. Às vezes, ele escrevia num tom que devia parecer de uma condescendência enlouquecedora para Frank, que obviamente desejava imitá-lo. Frank tolerava com toda a paciência o que seu insistente irmão dizia ou fazia, e só anos depois admitiu que "a jovial arrogância de Robert [...] permaneceu com ele um pouco mais tempo do que deveria".[3]

Eles eram parecidos e diferentes ao mesmo tempo. Todos gostavam de Frank Oppenheimer. Ele era Oppie sem o traço cortante, tinha o brilhantismo e nada da abrasividade do irmão. "Frank é uma pessoa meiga, adorável", observou a física Leona Marshall Libby, amiga dos dois Oppenheimer.[4] Ela chamava Frank de "função delta", uma distribuição matemática usada por físicos em que delta é definido como zero — exceto em um ponto ou tempo especificado, no qual se torna infinito. Quando convocado, Frank demonstrava sempre infinitas boa vontade e animação. Anos depois, o próprio Robert afirmou: "Ele é um cara muito mais legal do que eu."[5]

Em certa ocasião, Robert tentou demover Frank de escolher a física como profissão. Quando Frank tinha apenas 13 anos, claramente determinado a seguir os passos do irmão, Robert escreveu: "Não acho que você gostaria muito de ler sobre relatividade antes de ter estudado um pouco de geometria, um pouco de mecânica, um pouco de eletrodinâmica. Mas, se quiser tentar, o livro de Eddington é o melhor para começar. [...] E agora um conselho final: tente entender de fato, para satisfação própria, meticulosa e honestamente, as poucas coisas em que está mais interessado, pois só quando você aprende a fazer isso, quando percebe quanto é difícil e satisfatório, pode apreciar plenamente as coisas mais espetaculares, como a relatividade e a biologia mecanicista. Se você acha que estou errado, por favor não hesite em me dizer. Estou falando só a partir de minha experiência."[6]

Na época em que chegou a Baltimore e à Universidade Johns Hopkins, Frank estava decidido a demonstrar que era feito da mesma matéria que o irmão. Como Robert, era um polímata; adorava música e, ao contrário de Robert, tocava um instrumento — flauta — extremamente bem. Na Johns Hopkins, tocou com regularidade num quarteto.[7] No entanto, estava comprometido com a física. Ao longo do segundo ano, Frank reuniu-se a Robert em Nova Orleans, onde participaram do encontro anual da Sociedade Americana de Física. Tempos depois, Robert escreveu a Ernest Lawrence para dizer que "tivemos um excelente feriado juntos, e acho que ele serviu para assentar definitivamente a vocação de Frank para a física".[8] Depois de conhecer uma série de físicos, todos fervilhando de entusiasmo pelo trabalho, Robert observou que "é impossível não nutrir por eles grande admiração e respeito, e não ser fortemente atraído pelo trabalho que fazem". No segundo dia da conferência, Robert levou o irmão para uma sessão conjunta de bioquímica e psicologia, que foi "muito turbulenta e divertida", mas também "desencorajou uma fé excessiva em qualquer uma dessas ciências".

Então, apenas alguns meses depois, Robert advertiu o irmão de que ele não deveria se comprometer com a física antes de explorar as alternativas. Achava que o apetite intelectual de Frank podia ser aguçado por alguma área das ciências biológicas. Ao mesmo tempo que declarava saber "muito bem, com bastante segurança, que a física tem uma beleza, um rigor, uma austeridade e profundidade que nenhuma outra ciência pode igualar", ele instava o irmão a fazer um curso avançado de psicologia: "A genética, com certeza, envolve uma técnica rigorosa e uma teoria construtiva e complicada. [...] De qualquer maneira, e com minha bênção total, aprenda física, tudo que há nela, de modo que a entenda, possa usá-la e contemplá-

-la, e, se quiser, ensiná-la, mas não planeje ainda 'fazer' física, adotar a pesquisa em física como vocação. Para decidir isso, você deve aprender um pouco mais sobre as outras ciências e sobre a própria física."[9]

Frank ignorou essa parte do conselho fraterno. Depois de se graduar em física em apenas três anos, passou os anos de 1933 a 1935 estudando no Laboratório Cavendish, na Inglaterra, com alguns dos mesmos físicos que haviam dado aulas a Robert, e conheceu alguns amigos do irmão, como Paul Dirac e Max Born. Nesse momento, porém, Robert estava mais do que reconciliado com o curso escolhido por Frank: "Você sabe como fiquei feliz com a sua decisão de ir para Cambridge", escreveu ele ao irmão em 1933.[10] Naquele momento, porém, ansiava por vê-lo. "Poucas vezes na vida", escreveu ele a Frank no começo de 1934, "senti tanto sua falta como nestes últimos dias. [...] Admito que Cambridge foi a escolha certa para você e que agora a física já penetrou em sua pele, a física e todas as excelências óbvias da vida que ela traz. Imagino que você esteja trabalhando duro, metendo a mão na massa no laboratório, aprendendo matemática com profundidade, e, por fim, achando nisso e na austeridade natural da vida em Cambridge um campo adequado para sua incansável necessidade de disciplina e ordem".[11] Se às vezes Robert soava paternalista em seu papel de irmão mais velho, as cartas para Frank deixavam claro que ele era tão dependente do laço fraterno quanto o irmão.

Ao contrário de Robert, Frank era excelente em física experimental — gostava de pôr a mão na massa no laboratório. Adorava mexer com máquinas, e uma vez construiu para o irmão um fonógrafo personalizado.[12] Como Robert observou, Frank tinha um jeito de "reduzir uma situação específica e bastante complexa à sua *Fragestellung* [formulação da questão] central irredutível".[13] Depois de estudar dois anos na Inglaterra e vários meses na Itália — onde observou e adquiriu aversão pelo fascismo de Mussolini —, Frank se candidatou a várias universidades para completar o doutorado em física experimental. Não sabia ao certo se deveria ir para o Caltech, mas Robert "fez alguma coisa"[14] e de repente o instituto lhe ofereceu uma bolsa de estudos, e assim foi tomada a decisão.

No laboratório, Frank trabalhou sob a chefia do velho amigo de Robert, Charlie Lauritsen, fazendo experimentos com o espectrógrafo de raios beta.[15] Enquanto Robert levara apenas dois anos para completar o doutorado, Frank passou tranquilos quatro anos para obter o dele[16] — em parte porque o trabalho experimental costuma consumir mais tempo que a física teórica, mas também porque Frank, por temperamento e preferência, queria preencher a vida com mais do que apenas a física. Ele adorava música, e era tão exímio flautista que o irmão e muitos amigos achavam que podia ter sido músico profissional. Seguindo as sensibilidades artísticas da mãe, também adorava pintar e ler poesia. Em contraste com as maneiras europeias assiduamente corretas de Robert, os amigos o consideravam bastante desleixado no vestir-se e "boêmio" nas maneiras.

Durante o primeiro ano no Caltech, Frank conheceu Jacquenette "Jackie" Quann, uma franco-canadense de 24 anos que estava estudando economia em Berkeley. Conheceram-se na universidade na primavera de 1936, quando Robert levou o irmão para visitar uma amiga, Wenonah Nedelsky, e Jackie por acaso estava lá como *baby-sitter*. Para pagar as contas, ela trabalhava como garçonete. Franca e sem rodeios, tinha um comportamento pé no chão que rejeitava qualquer tipo de pretensiosidade. "Jackie se orgulhava de ser da classe trabalhadora", disse Bob Serber, "e, para ela, de nada serviam os intelectuais".[17] A ambição dela era tornar-se assistente social. Usava o cabelo num corte simples tipo pajem e nunca se preocupava em passar batom ou usar qualquer outro tipo de maquiagem. Não era o tipo de mulher que Oppie teria escolhido para o irmão. No entanto, mais adiante naquela primavera, Robert, Frank, Jackie e Wenonah (recém-separada de Leo) saíram juntos duas ou três vezes. Em junho, Frank convidou Jackie para passar uns dias de verão em Perro Caliente. Eles chegaram numa picape Ford de 750 dólares novinha em folha, presente de Robert.[18]

Quando, não muito tempo depois, Frank disse ao irmão que pretendia se casar com Jackie, Robert tentou demovê-lo da ideia. Jackie e Robert não se deram bem. Segundo ela, Oppie "vivia dizendo coisas do tipo 'É claro, você é bem mais velha que Frank', quando, na verdade, sou apenas oito meses mais velha que ele, e que Frank não estava pronto para se casar".

Frank, contudo, ignorou o conselho do irmão e casou-se com Jackie em 1º de setembro de 1936. "Foi um ato de emancipação e rebeldia da parte dele", escreveu Robert, "contra a dependência que tinha de mim".[19] Robert continuava a rebaixar Jackie, referindo-se a ela como "a garçonete com quem meu irmão se casou". Não obstante, continuou a "arranjar coisas" para Frank e a esposa. "Nós três nos víamos bastante em Pasadena, Berkeley e Perro Caliente", recordou Frank, "e eu e Robert continuamos a compartilhar ideias, empreendimentos e amigos".[20]

No âmbito político, Jackie sempre fora um rastilho de pólvora. "Ela era capaz de enlouquecer qualquer um com suas conversas sobre política", recordou uma parente.[21] Quando fazia graduação em Berkeley, Jackie entrou para a Liga da Juventude Comunista, e mais tarde trabalhou por um ano em Los Angeles para o jornal do Partido Comunista.[22] Frank se sentia muito à vontade com a afiliação política da esposa. "Eu já tinha proximidade com as questões da esquerda desde o colégio", recordou ele. "Lembro-me de ter ido uma vez ao Carnegie Hall com alguns amigos para ouvir um concerto que não tinha maestro. Era uma espécie de movimento 'abaixo os patrões'."

Como Robert, Frank era um produto da Escola de Cultura Ética, onde aprendera a debater questões morais e éticas. Aos 16 anos, tinha trabalhado, junto com alguns amigos da escola, na campanha presidencial de Al Smith em 1928. Na Johns Hopkins, muitos dos colegas estavam à esquerda do Partido Democrata. Na época, porém, Frank não apreciava longas e tortuosas discussões políticas: "Eu costumava dizer às pessoas que, a menos que quisesse fazer alguma coisa a respeito de um assunto, preferia não falar sobre o assunto."²³ Ele se recordou de ter ficado "desanimado" em 1935 com o que ouvira numa reunião do Partido Comunista em Cambridge. "Para mim, soavam como palavras vazias", disse. Durante uma visita à Alemanha, no entanto, ele logo adquiriu consciência da ameaça fascista: "Toda a sociedade parecia corrupta." Os parentes do pai lhe contaram sobre "coisas terríveis" que estavam acontecendo na Alemanha de Hitler, e ele se sentia propenso a apoiar qualquer grupo determinado "a fazer algo a respeito disso".

Ao retornar à Califórnia naquele outono, Frank ficou profundamente comovido com a deplorável condição dos trabalhadores agrícolas locais e dos negros.²⁴ A Depressão estava cobrando um ônus terrível para milhões de pessoas. Outro aluno de pós-graduação em física no Caltech, William "Willie" Fowler, costumava dizer que resolvera se tornar físico porque não queria ter que se preocupar com as pessoas, e agora estava aborrecido porque era forçado pela Depressão a fazer exatamente isso. Frank sentia-se da mesma forma. Começou a ler sobre a história do trabalho e acabou se embrenhando em textos de Marx, Engels e Lênin.

Certo dia, no começo de 1937, Jackie e Frank viram no jornal comunista local, o *People's World*, um cupom de inscrição para membro do partido. "Eu recortei e mandei", lembrou Frank.²⁵ "Estávamos realmente abertos em relação àquilo — totalmente abertos." Levou, porém, alguns meses até que alguém do partido respondesse. Como muitos profissionais, Frank foi solicitado a filiar-se usando um codinome — e escolheu Frank Folsom. "Quando entrei para o Partido Comunista", testemunhou ele tempos depois, "por alguma razão que não entendi na época, e nunca consegui entender, pediram que eu anotasse meu nome de verdade e outro nome. Para mim, isso pareceu ridículo. Nunca usei nenhum nome a não ser o meu, e, ao mesmo tempo, como aquilo parecia muito ridículo, escrevi o nome de uma cadeia da Califórnia [Folsom]". Em 1937, Frank recebeu seu "número de inscrição" no Partido Comunista: 56385. Certo dia, distraído, ele deixou a carteirinha verde do partido no bolso da camisa ao mandá-la para a lavanderia. A camisa voltou com a carteirinha num envelope, cuidadosamente preservada.

Por volta de 1935, não era nada incomum que norte-americanos preocupados com justiça econômica — inclusive muitos liberais do New Deal — se identificassem com o movimento comunista. Muitos trabalhadores, escritores, jornalistas e professores apoiavam as características mais radicais do New Deal de Franklin Roosevelt. E, mesmo que a maioria dos intelectuais não tenha chegado a realmente entrar para o Partido Comunista, o coração estava com um movimento populista que prometia um mundo justo, imerso numa cultura de igualitarismo.

A ligação de Frank com o comunismo tinha profundas raízes americanas. Ele próprio explicou tempos depois: "Os intelectuais que eram atraídos para a esquerda por conta dos horrores, das injustiças e dos temores dos anos 1930 [John Brown, Susan B. Anthony, Clarence Darrow, Jack London] identificavam-se, em vários graus, com a história do protesto nos Estados Unidos [...] e até mesmo com movimentos como o abolicionismo, o começo da Federação Americana do Trabalho e a IWW."[26]

De início, o partido encarregou Frank e Jackie de uma "unidade de rua" em Pasadena, uma vez que a maioria dos camaradas eram residentes da vizinhança, e entre eles havia uma quantidade razoável de negros pobres e desempregados. A depender do momento, essa célula do partido abrigava algo entre dez e trinta membros. Eles realizavam reuniões regulares, abertas, às quais compareciam não só comunistas, mas também integrantes de diversas organizações ligadas ao New Deal, a exemplo da Aliança dos Trabalhadores, organização que reunia desempregados. Havia muita conversa e pouca ação, o que frustrava Frank. "Tentamos a integração da piscina municipal", disse ele.[27] "Eles só permitiam negros nas tardes e noites de quarta-feira, e então esvaziavam a piscina na quinta de manhã." Mas, apesar de seus esforços, a piscina permaneceu segregada.

Passado não muito tempo, Frank concordou em organizar uma unidade do partido no Caltech. Jackie continuou na unidade de rua por um tempo, mas também acabou se juntando ao grupo do Caltech. Ela e Frank recrutaram cerca de dez membros, inclusive colegas estudantes de pós-graduação: Frank K. Malina, Sidney Weinbaum e Hsu-Shen Tsien. Ao contrário da unidade de rua de Pasadena, esse grupo do Caltech "era essencialmente um grupo secreto".[28] Frank era o único que não escondia a afiliação política. A maioria dos outros, explicou ele, "tinha pavor de perder o emprego".

Frank compreendia que o vínculo com o partido era um insulto para algumas pessoas. "Lembro-me de um amigo do meu pai, um homem idoso, dizendo que não mandaria o filho para uma faculdade na qual eu estivesse dando aulas."[29] Felix Bloch, físico de Stanford, certa vez tentou persuadi-lo a deixar o partido, mas Frank não lhe deu ouvidos.[30] A maioria dos amigos dele, porém, dava pouca importância ao fato. Ser membro do partido era apenas um aspecto da vida de Frank. Àquela altura, ele se dedicava aos estudos em espectroscopia de raios beta no Caltech. Assim como o irmão, estava pestes a iniciar uma carreira promissora. Mas suas opiniões políticas — ainda que não necessariamente a participação no partido — eram ao mesmo tempo um livro aberto e uma atividade extracurricular. Certo dia, Ernest Lawrence topou com Frank, de quem gostava muito, e lhe perguntou por que perdia tanto tempo com "causas".[31] Isso o deixava espantado, uma vez que ele se via como um homem da ciência acima da política, ainda que passasse grande parte do tempo tentando agradar aos empresários e financistas do Conselho de Regentes que dirigia a política da Universidade da Califórnia. À sua própria maneira, Lawrence era um animal tão político quanto Frank; simplesmente se dedicava a "causas" diferentes.

Frank e Jackie abriam as portas de casa para as reuniões regulares do PC nas noites de quinta-feira. Segundo um informante "confiável e confidencial" do FBI, Frank continuou a realizar essas reuniões até junho de 1941. Robert compareceu pelo menos uma vez e alegou mais tarde ter sido a única vez que participou de uma reunião "reconhecível" do Partido Comunista. O tópico era a permanente preocupação com a segregação racial na piscina municipal de Pasadena. Robert mais tarde testemunhou que a reunião "me causou uma impressão bastante patética".[32]

Assim como o irmão, Frank era ativo no Sindicato dos Professores de East Bay, na União dos Consumidores e na causa dos trabalhadores agrícolas migrantes da Califórnia. Certa noite, deu um recital de flauta em Pasadena, com Ruth Tolman ao piano, num auditório local — a receita do evento seria revertida para a República da Espanha. "Nós passávamos muito tempo em reuniões, reuniões políticas", disse Frank tempos depois.[33] "Havia muitas questões." Um colega de Stanford declarou ao FBI: "Ele estava sempre dando exemplos de opressão econômica dos quais parecia se ressentir."[34] Outro informante contou que Frank "mostrava uma grande e contínua admiração pela União Soviética no tocante às políticas interna e externa". Ocasionalmente, Frank podia ficar irritado. Certa vez, agrediu um colega — que depois relatou a conversa ao FBI —, chamando-o de "burguês irremediável sem simpatia pelo proletariado".

Mais tarde, Robert fez pouco das associações comunistas do irmão. Embora fosse membro do partido, Frank fazia uma série de outras coisas: "Era um amante da música. Tinha muitos amigos sem qualquer simpatia comunista. [...] Passava os verões no rancho. Não pode ter sido um comunista muito ferrenho durante aqueles anos", resumiu.[35]

Assim que ingressou no partido, Frank fez questão de pegar o carro e ir até Berkeley, onde passou a noite com o irmão e lhe contou a novidade. "Fiquei bastante chateado com isso", testemunhou Robert em 1954, sem explicar direito o motivo do aborrecimento.[36] Ser membro do partido sem dúvida implicava riscos. Em 1937, no entanto, havia poucos estigmas associados ao partido entre os liberais de Berkeley. "Talvez ingenuamente, ser membro do Partido Comunista não era considerado um grande crime contra o Estado, nem motivo de desonra ou vergonha", testemunhou Robert. Ainda assim, estava claro que a direção da Universidade da Califórnia era hostil a qualquer filiado ao PC, e Frank estava no processo de tentar construir uma carreira acadêmica. E, ao contrário de Robert, não tinha estabilidade. Se Robert ficou aborrecido com a decisão de Frank, talvez fosse por pensar que o irmão estava sendo insensatamente teimoso ao assumir tal compromisso, ou exageradamente sob influência da esposa radical. Apesar do despertar político do próprio Robert, ele não sentia nenhuma obrigação de ingressar no Partido Comunista como questão de princípio. Frank, por sua vez, evidentemente sentia a necessidade de assumir um compromisso formal. Os irmãos podem ter compartilhado instintos políticos comuns, mas Frank estava provando ser muito mais impetuoso. Ainda idolatrava Robert, mas, com o casamento, e as decisões políticas que tomara, tentava fazer aflorar a própria persona e sair da sombra do irmão.

Em 1943, um colega de Frank durante os dois anos que ele passou em Stanford disse a um agente do FBI que, na opinião dele, "Frank Oppenheimer tinha seguido a liderança e os ditames do irmão, J. Robert Oppenheimer, em todas as atitudes que tomara e nas afiliações políticas."[37] Essa fonte anônima entendeu quase tudo errado — Frank ingressara no partido por vontade própria, contra o conselho de Robert. No entanto, em uma coisa o informante acertou: disse acreditar que ambos eram "leais a este país". Aos olhos dos amigos (e do FBI), os irmãos Oppenheimer eram extraordinariamente próximos. O que Frank fazia sempre se refletia em Robert. E, por mais que tentasse arranjar as coisas para o irmão, Robert nunca seria capaz de protegê-lo por completo do brilho da própria fama.

EM COMPARAÇÃO COM O irmão franco e sincero, Robert era um enigma. Todos os amigos sabiam onde residiam as simpatias políticas dele, mas a natureza exata da relação com o Partido Comunista continua vaga e nebulosa até hoje. Mais adiante, ele descreveu o amigo Haakon Chevalier como "um comunista de salão. Ele tinha ligações muito amplas com todo tipo de organização; mostrava grande interesse em escritores de esquerda [...] e falava com bastante liberdade de suas opiniões." Essa descrição poderia ser facilmente aplicada ao próprio Oppenheimer.

Não há dúvida de que Robert estava cercado de parentes, amigos e colegas que em algum momento foram membros do Partido Comunista. Como apoiador de esquerda do New Deal, doava consideráveis somas para causas defendidas pelo partido. No entanto, sempre insistiu que nunca foi membro de carteirinha do PC. Em vez disso, afirmou que suas associações com o partido foram "muito breves e intensas".[38] Ele se referia ao período da Guerra Civil Espanhola, mas depois disso continuou a participar de reuniões nas quais membros contribuintes do partido discutiam acontecimentos correntes. Essas reuniões, incentivadas pelo PC, eram especificamente programadas para envolver intelectuais independentes como Oppenheimer e turvar as fronteiras de identidade do partido. Contudo, o fato de nunca ter sido um membro formal, de carteirinha, deixava para Oppenheimer a opção de decidir ele mesmo como queria definir sua relação com o partido. Por um breve período, Robert pôde muito bem ter se considerado um camarada não filiado. Não há dúvida de que posteriormente ele minimizou a medida de suas associações com o partido. Em poucas palavras, qualquer tentativa de o rotular como membro do partido é um exercício inútil — como o FBI veio a descobrir, para sua frustração, ao longo de muitos anos.

Na verdade, as associações de Robert Oppenheimer com os comunistas foram uma extensão natural e socialmente integrada das simpatias que cultivava e da situação de vida que levava. Como professor na Universidade da Califórnia no fim da década de 1930, ele vivia num ambiente politicamente carregado. Movimentando-se em tais círculos, dava a impressão a muitos dos amigos, membros formais do partido, de que também era um deles. Robert, afinal de contas, queria ser apreciado e certamente acreditava nas metas de justiça social que o partido defendia e pelas quais trabalhava. Os amigos podiam pensar o que bem quisessem. E, de maneira pouco surpreendente, alguns no partido pensavam de fato que ele era um camarada. Assim, quando o FBI utilizou escutas para monitorar as conversas dessas pessoas, ocasionalmente ouvia membros genuínos do partido discutirem sobre ele como se fosse um dos seus. Outras escutas, por sua vez, registraram membros do partido reclamando do desinteresse e da inconfiabilidade de Oppenheimer. E, o mais importante, não há evidência de que alguma vez ele tenha se submetido à disciplina partidária. Dado seu forte alinhamento pessoal com grande parte, se não a maior parte, do programa do partido, nos pontos em que discordava nunca alterou suas opiniões de modo a se conformar com a linha do partido. De maneira significativa, manifestava escrúpulos em relação à natureza totalitária do regime soviético. Admirava abertamente Franklin Roosevelt e defendia o New Deal. E, mesmo sendo membro de várias organizações da Frente Popular dominadas pelo Partido Comunista, era também um ferrenho libertário e proeminente membro da União Americana pelas Liberdades Civis. Em suma, era um clássico companheiro progressista a favor do New Deal, que admirava a oposição do Partido Comunista ao fascismo na Europa e a defesa dos direitos trabalhistas nos Estados Unidos. Não surpreende que tenha trabalhado com membros do partido em apoio a esses objetivos.

Toda essa ambiguidade tem a ver com o fato de que, durante esses anos da Frente Popular, a própria estrutura organizacional do Partido Comunista, particularmente na Califórnia, turvava a distinção entre afiliação casual e participação efetiva como membro. Nas irreverentes memórias de suas experiências na filial do partido em San Francisco, Jessica Mitford escreveu: "Naqueles dias [...] o partido era uma estranha mistura de abertura e sigilo."[39] De sonoridade conspiratória, a palavra "célula", usada para descrever um grupo de três a cinco membros, havia sido substituída por "filiais" ou "clubes" — "uma nomenclatura considerada mais consistente com a tradição política norte-americana". Centenas de pessoas podiam pertencer a esses "clubes", nos quais os negócios do partido eram conduzidos de forma bastante aberta e de maneira informal — todo mundo era bem-vindo e as pessoas, muitas vezes incluídos informantes do FBI, participavam de reuniões semanais em salões alugados sem se preocupar se as obrigações com o partido estavam em dia. Por sua vez, Mitford relata que ela e o marido foram "designados inicialmente para o Clube da Zona Sul, uma das poucas filiais 'fechadas', ou secretas, reservadas para funcionários do governo, médicos, advogados e outros cujas ocupações poderiam ser ameaçadas pela afiliação aberta ao partido".

No fim da década de 1930, muitos intelectuais de esquerda, antifascistas e pró-sindicatos jamais se filiaram ao Partido Comunista. E, no entanto, muitos dos que de fato ingressaram nas fileiras do partido optaram por esconder a afiliação, ainda que, como Oppenheimer, fossem politicamente ativos em nome das causas apoiadas pelo partido. Tão numerosos eram os membros secretos do Partido Comunista que seu secretário-geral, Earl Browder, em junho de 1936 se queixou do excesso de figuras proeminentes na sociedade norte-americana que ocultavam sua identidade partidária. "Como vamos dissipar o Pavor Vermelho entre os vermelhos?", perguntou.[40] "Alguns desses camaradas escondem suas opiniões e afiliações comunistas como se fosse um segredo vergonhoso e imploram histericamente ao partido que se mantenha o mais longe possível do trabalho deles."

Anos depois, Haakon Chevalier insistiu que Oppenheimer era um desses membros secretos do partido. Entretanto, quando questionado sobre a unidade à qual Robert supostamente pertencia, descreveu um inócuo encontro de amigos que mais parecia o "grupo de discussão" mencionado nas memórias dele de 1965 do que o tipo de "unidade fechada" oficial descrito por Mitford. "Nós/ele a começamos", disse Chevalier a Martin Sherwin, referindo-se a Oppenheimer.[41] "Era uma unidade fechada e não oficial. Não há registro dela. [...] Não era conhecida de ninguém, exceto de uma pessoa. Não sei quem era essa pessoa, mas [estava] no alto escalão do partido em San Francisco." Esse grupo "não oficial" conhecido apenas por "uma pessoa" de início abrigava apenas seis ou sete membros, embora em certo momento tenha chegado a ter doze participantes nas discussões. "Discutíamos coisas que estavam ocorrendo localmente, no estado, no país e no mundo", recordou Chevalier.

É a versão de Chevalier dessa história que está refletida nos arquivos do FBI. Em março de 1941, o FBI abriu pela primeira vez um arquivo sobre Oppenheimer. O nome do físico havia chamado a atenção dos agentes por mero acaso no mês de dezembro anterior. Por quase um ano o FBI vinha grampeando as conversas de William Schneiderman, secretário do Partido Comunista da Califórnia, e de Isaac "Pops" Folkoff, o tesoureiro.[42] Os grampos não haviam sido autorizados por nenhuma corte nem pelo procurador-geral, e eram portanto ilegais. Contudo, em dezembro de 1940, quando um dos agentes do FBI em San Francisco ouviu Folkoff falando sobre um encontro às três da tarde na casa de Chevalier, ao qual se referiu como uma reunião dos "caras importantes",[43] um agente foi enviado ao local para anotar os números das placas dos carros. Um dos veículos estacionados diante da casa de Chevalier era o Chrysler esportivo de Oppenheimer. Na primavera de 1941, o FBI identificou Oppenheimer como um professor "que segundo outras fontes manifesta simpatias comunistas". O FBI observou que ele servia no Comitê Executivo da União Americana pelas Liberdades Civis — o que, para os agentes, significava "um grupo de fachada do Partido Comunista". Inevitavelmente, foi aberto um arquivo sobre Oppenheimer, que acabou crescendo até atingir cerca de 7 mil páginas.

Naquele mesmo mês, o nome de Oppenheimer foi colocado numa lista de "pessoas a serem consideradas passíveis de detenção sob custódia pendente de investigação no caso de uma emergência nacional".[44]

Outro documento do FBI, citando documentos investigativos da "T-2, outra agência do governo", alegava que Oppenheimer era membro de uma "seção profissional" do Partido Comunista.[45] Um desses documentos "T-2" encontrados no arquivo de Oppenheimer no FBI incluía um trecho de duas páginas de um relatório não identificado mais longo, o qual listava a participação dele em várias filiais do partido. Há nomes e endereços da "Filial dos Estivadores", da "Filial dos Marinheiros" e da "Seção Profissional". São listados nove membros dessa "Seção Profissional": Helen Pell, dr. Thomas Addis, J. Robert Oppenheimer, Haakon Chevalier, Alexander Kaun, Aubrey Grossman, Herbert Resner, George R. Andersen e I. Richard Gladstein. Oppenheimer, é óbvio, conhecia algumas dessas pessoas (Pell, Addis, Chevalier e Kaun), e está igualmente claro que pelo menos algumas delas pertenciam de fato ao Partido Comunista. Mas é impossível avaliar a credibilidade desse documento não datado.

Segundo Chevalier, que teve longas e detalhadas conversas com Martin Sherwin, cada membro dessa suposta "unidade fechada" pagava mensalidades ao partido — exceto Oppenheimer. "Oppenheimer pagava em separado", especulou Chevalier, "porque provavelmente pagava um valor bem mais alto do que deveria". Ou, como Robert sempre insistiu, não pagava mensalidades, contribuía para causas. "Mas o restante de nós pagava a um membro conhecido, um membro aberto [do partido]", continuou Chevalier. "Eu não deveria dizer, mas era Philip Morrison." De resto, segundo Chevalier, o grupo não recebia "ordens" do partido e funcionava simplesmente como um grupo de acadêmicos que se reuniam para trocar ideias sobre política e questões internacionais. Morrison havia muito reconhecera ter ingressado na Liga da Juventude Comunista em 1938 e no próprio PC em 1939 ou 1940.[46] Entretanto, quando indagado sobre as lembranças de Chevalier, negou categoricamente ter estado na mesma unidade do partido que Oppenheimer.[47] Como aluno, ressaltou, jamais teria sido incluído numa unidade de professores.

Em 1982, Sherwin perguntou a Morrison o que o havia levado a entrar para o Partido Comunista, em vez de apenas fazer parte de um grupo de pessoas de esquerda.[48] Chevalier respondeu: "Não sei. Pagávamos mensalidades." Quando Sherwin o pressionou, perguntando se recebia ordens do partido, Chevalier respondeu: "Não. Em certo sentido não éramos [membros regulares]." Na época, ele explicou, era possível que homens como ele e Oppenheimer se considerassem intelectuais politicamente comprometidos, mas livres da disciplina partidária. Membros desse grupo contribuíam com dinheiro para as causas do partido, faziam discursos em eventos patrocinados pelo partido e redigiam artigos e panfletos para publicações do partido. E, no entanto, explicou Chevalier, "éramos e não éramos [membros do partido]. Como quer que se prefira ver". Pressionado a explicar essa ambiguidade, ele continuou: "Era uma espécie de existência nas sombras. Existia, mas não era identificada, e exercíamos alguma influência, porque tínhamos opiniões sobre certas coisas que estavam acontecendo e essas opiniões eram transmitidas ao centro, e éramos consultados sobre certas questões. [...] Aparentemente, o mesmo ocorria em muitas localidades dos Estados Unidos, unidades fechadas de profissionais ou pessoas que não queriam de forma alguma ser identificadas."

A natureza ambígua da relação de Oppenheimer com o partido, conforme descrita por Chevalier, é corroborada por Steve Nelson, um carismático líder do Partido Comunista de San Francisco e amigo de Oppenheimer entre os anos de 1940 e 1943. Nelson via Oppenheimer socialmente, servindo como elemento de ligação do partido com a comunidade universitária. "Eu me encontrava socialmente com esse grupo", explicou Nelson numa entrevista de 1981, "que incluía membros e não membros do partido, e discutíamos livremente questões de política externa. [...] O espírito geral, inclusive o de Oppenheimer, era que seria trágico se os Estados Unidos, a Inglaterra e a França não formassem algum tipo de aliança contra a Itália, realmente trágico. Não me lembro agora se foi Chevalier ou Bob [Oppenheimer] ou algum outro membro que se expressou nessa linha. Mas o tom foi esse."

Nelson reforçou a descrição ambígua de Chevalier quanto à participação de Oppenheimer como membro do partido. "Não sei se conseguiria provar ou refutar esse ponto", disse Nelson.[49] "Então vou dizer apenas o seguinte: que ele era um simpatizante próximo. Sei disso porque tivemos várias discussões sobre políticas da esquerda. [...] Agora, isso não significa que ele fosse afiliado. Acho que ele era muito amigo de alguns dos membros do partido no *campus*."

O próprio Nelson deixou o Partido Comunista em 1957. Anos depois, em 1981, publicou suas memórias, nas quais discutiu brevemente sua relação com Oppenheimer. Quando mostrou o manuscrito a um de seus velhos camaradas da Califórnia, ainda membro do partido, ouviu que tinha "pegado leve demais" com Oppenheimer — segundo o velho comunista, deveria tê-lo atacado por negar a filiação ao partido. "A avaliação que faço de Oppenheimer", comentou Nelson, "era de que ele tinha uma associação com a esquerda. Se tinha ou não carteira do partido, não importa. Ele era vinculado às causas da esquerda, e isso bastou para seu assassinato político".[50]

Todos os membros dessa suposta unidade fechada do partido estão mortos. Um deles, porém, deixou memórias não publicadas. Gordon Griffiths (1915-2001) entrou para o Partido Comunista em Berkeley em junho de 1936, pouco antes de partir para Oxford. Ao regressar, no verão de 1939, renovou discretamente a filiação. Mas, como a esposa, Mary, tinha se desiludido com o partido, pediu um encargo de baixo perfil. Assim, acabou encarregado do serviço de "ligação com o grupo do corpo docente da Universidade da Califórnia".[51] Griffiths assumiu o encargo no outono de 1940 e o deixou na primavera de 1942. Em suas memórias, ele escreve que, entre as várias centenas de professores de Berkeley, só três faziam parte do "grupo docente comunista": Arthur Brodeur (autoridade em sagas islandesas e no épico *Beowulf*, no Departamento de Inglês), Haakon Chevalier e Robert Oppenheimer.

Griffiths reconhece a negativa de Oppenheimer quanto a um dia ter sido membro do partido. Os defensores de Robert, destaca ele, sempre explicaram as simpatias do físico com a afirmação de que ele era politicamente ingênuo. "Muita energia foi gasta por intelectuais bem-intencionados que sentiam ser esse o único jeito de defender o caso dele. Talvez, na época — no auge do período macarthista —, tivesse mesmo sido. [...] Mas chegou a hora de pôr os pingos nos is e fazer a pergunta da maneira como ela deveria ter sido feita: não se ele foi ou não foi membro do Partido Comunista, mas se essa filiação deveria, por si só, constituir um impeditivo para o serviço numa posição de confiança."

As memórias de Griffiths acrescentam poucos detalhes à descrição daquilo que Chevalier chamava de "unidade fechada". Compreensivelmente, Griffiths acredita que o mero fato de Oppenheimer participar dessas reuniões o qualificava como comunista. Ele afirma que o grupo se reunia com regularidade duas vezes por mês, ou na casa de Chevalier ou na casa de Oppenheimer. Griffiths geralmente trazia literatura recente do partido para distribuir e recebia as mensalidades de Brodeur e Chevalier, *mas não de Oppenheimer*. "Fui levado a crer que Oppenheimer, como homem de riqueza independente, fazia as contribuições por meio de um canal especial. Ninguém tinha a carteirinha do partido. Se o pagamento de mensalidades fosse o único teste de filiação, eu não poderia afirmar que Oppenheimer era membro, mas posso dizer, sem qualquer adjetivação, que os três se consideravam comunistas."

O grupo do corpo docente, recordou Griffith, na verdade não fazia muita coisa "que não pudesse ser feita por um grupo de liberais ou democratas". Eles se estimulavam a dedicar energia a boas causas, como o Sindicato dos Professores e a situação dos refugiados da Guerra Civil Espanhola. "Nunca houve discussões sobre os estimulantes desenvolvimentos na física teórica, confidenciais ou não, muito menos qualquer sugestão de passar informações aos russos. Em suma, não havia nada de subversivo, nada que pudesse ser considerado traição em nossa atividade. [...] As reuniões eram dedicadas sobretudo à discussão e à interpretação de acontecimentos no cenário nacional e no mundo. Nessas discussões, era sempre Oppenheimer quem dava as explicações mais completas e profundas, à luz de sua compreensão da teoria marxista. Descrever o envolvimento dele com as causas da esquerda como resultado de ingenuidade política, como muitos fizeram, é um absurdo, e diminui a estatura intelectual de um homem que via as implicações daquilo que estava acontecendo no mundo político com mais profundidade que a maioria."

Kenneth O. May, o funcionário do Partido Comunista de Berkeley que encarregou Griffiths desse grupo, declarou posteriormente ao FBI que Haakon Chevalier e outros professores da Universidade da Califórnia participavam das reuniões, mas que "não considerava os participantes desses encontros um grupo do PC".[52]

Ken May, um estudante de pós-graduação no Departamento de Matemática de Berkeley, era amigo de Oppenheimer.[53] Tendo ingressado no Partido Comunista em 1936, May visitou a Rússia durante cinco semanas em 1937, e novamente por duas semanas em 1939. Voltou enamorado do modelo econômico e político soviético. Durante as eleições locais em Berkeley em 1940, fez um discurso perante a diretoria da escola defendendo o direito dos candidatos do PC de organizar reuniões em recintos da escola pública. Quando o discurso atraiu a cobertura da imprensa local, o pai dele, um cientista político conservador da Universidade da Califórnia em Berkeley, deserdou-o publicamente, e a universidade cancelou seu posto de assistente de ensino. No ano seguinte, May fez campanha como comunista por uma cadeira no conselho municipal de Berkeley enquanto ainda era estudante de pós-graduação no Departamento de Matemática. Portanto, a filiação dele não era segredo quando conheceu Oppenheimer. May era amigo de Jean Tatlock, e os dois provavelmente foram apresentados numa reunião do Sindicato dos Professores em algum momento de 1939.

Anos depois, após ter deixado o partido, May disse ao FBI que visitara a casa de Oppenheimer em várias ocasiões para falar de política, e se recordava de vê-lo em "encontros informais [...] organizados com o propósito de discutir questões teóricas referentes ao socialismo". Acrescentou que não considerava Oppenheimer nem membro do partido nem alguém sob "disciplina partidária". Oppenheimer era um intelectual independente, e, segundo os arquivos do FBI, "o PC tendia a desconfiar dos intelectuais, como grupo, na administração de seus assuntos, embora ansiasse por influenciar o pensamento deles conforme as linhas do partido e obter prestígio e apoio para seus objetivos. Por essa razão, May se mantinha em contato com o sujeito [Oppenheimer] e outros profissionais, discutia comunismo com eles e lhes oferecia literatura do PC".

Oppenheimer, explicou May aos agentes do FBI, era o tipo de homem que se mostrava bastante disposto a "concordar com as metas e os objetivos do PC a qualquer momento, contanto que tivesse resolvido, sozinho, que o PC merecia. Em contrapartida, não apoiaria objetivos com os quais não concordasse".[54] May observou ainda que ele "se associava abertamente com quem bem entendia, fosse ou não comunista".

O FBI jamais conseguiria saber se Robert era ou não membro do partido — o que equivale a dizer que havia pouca evidência de que fosse. Grande parte da evidência nos arquivos do FBI sobre a questão é circunstancial e contraditória. Se alguns informantes alegavam que Oppenheimer era comunista, a maioria apenas pintava o retrato de um simpatizante. E alguns negavam enfaticamente que ele algum dia tivesse sido membro do partido. O FBI tinha apenas suspeitas e as conjecturas de outros. Apenas o próprio Oppenheimer sabia a verdade — e sempre insistiu que jamais havia sido membro do Partido Comunista.

10

"Com mais e mais certeza"

> *Foi uma semana muito decisiva em sua vida, como ele*
> *mesmo me disse. [...] Aquele fim de semana marcou o início*
> *do afastamento de Oppenheimer do Partido Comunista.*
> VICTOR WEISSKOPF

EM 24 DE AGOSTO de 1939, a União Soviética estarreceu o mundo ao anunciar que na véspera havia assinado um pacto de não agressão com a Alemanha nazista. Uma semana depois, irrompeu a Segunda Guerra Mundial, quando alemães e soviéticos invadiram ao mesmo tempo a Polônia. Comentando esses portentosos acontecimentos, Oppenheimer escreveu a seu colega físico Willie Fowler: "Sei que Charlie [Lauritsen] vai dizer que é uma pena, mas que nos avisou sobre o pacto nazissoviético; no entanto, ainda não aposto em nenhum aspecto desse embuste, exceto talvez que a esta altura os alemães já devem ter avançado bem Polônia adentro. E isso fede."[1]

Nenhum assunto do dia foi discutido com mais vigor nos círculos intelectuais de esquerda do que o Pacto de Não Agressão Nazissoviético de 1939.[2] Muitos comunistas norte-americanos abandonaram o partido. Nas palavras de Chevalier, que em grande medida subestimou a situação, o pacto soviético-alemão "confundiu e aborreceu muita gente". Chevalier, contudo, permaneceu leal ao PC e defendeu o pacto como uma decisão tática necessária. Em agosto de 1939, ele e outros quatrocentos membros assinaram uma carta aberta, publicada no número de setembro de 1939 da revista *Soviet Russia Today*, na qual atacavam "a fantástica mentira segundo a qual a URSS e os Estados totalitários são basicamente iguais".[3] O nome de Oppenheimer não apareceu na carta. Segundo Chevalier, foi no outono de 1939 "que Opje provou ser um analista efetivo e impressionante. [...] Opje apresentava os fatos e argumentos de uma forma simples e lúcida, que acalmava apreensões e transmitia convicção".[4] Chevalier declarou que, numa época em que os comunistas de súbito haviam passado a ser extremamente impopulares até mesmo entre os intelectuais californianos, Oppenheimer explicava com toda a paciência que o pacto nazissoviético não era exatamente uma aliança, mas um tratado de necessidade motivado pela política ocidental de apaziguamento em relação a Hitler.[5]

Chevalier ficou profundamente alarmado pela onda de histeria de guerra que parecia na ocasião transformar "intelectuais maduros em reacionários, amantes da paz em belicistas".[6] Certa vez, já depois da meia-noite, voltando para casa após uma reunião da Liga dos Escritores Americanos, Chevalier passou na casa de Oppenheimer, que ainda estava acordado, trabalhando numa aula de física. Depois de Robert lhe oferecer um drinque, Hoke explicou que precisava da ajuda dele para editar um panfleto contra a guerra, patrocinado pela Liga. Atendendo ao amigo, Robert sentou-se e leu o manuscrito. Ao terminar, levantou-se e disse: "Isto não presta." Então disse ao amigo para se sentar diante da máquina de escrever e começou a ditar o texto numa nova linguagem. Uma hora depois, Hoke saiu de lá com "um texto completamente novo".

O próprio Robert não integrava a Liga de Escritores Americanos, de modo que a edição foi simplesmente um favor ao amigo.[7] Na nova redação do panfleto, o texto oferecia um apaixonado argumento para manter os Estados Unidos fora da guerra na Europa. De maneira semelhante, Robert pode ter ajudado a redigir ou editar dois outros panfletos em fevereiro e abril de 1940. Ambos eram intitulados *Report to Our Colleagues* e estavam assinados pelo "Comitê de Corpos Docentes Universitários do Partido Comunista da Califórnia". O propósito era explicar as consequências da guerra na Europa. Mais de mil cópias foram despachadas para indivíduos em várias universidades da Costa Oeste.

Segundo Chevalier, Oppenheimer não só redigiu os relatórios, como também pagou pela impressão e pela distribuição. Não surpreende, portanto, que a descoberta desses textos, combinada com as declarações de Chevalier, tenha feito com que eles se tornassem parte da discussão quanto a Robert ter ou não sido membro do PC.[8]* Gordon Griffiths corrobora a afirmação de Chevalier sobre o envolvimento de Oppenheimer na produção desses panfletos. "Eles foram impressos a um grande custo, sem dúvida pago por Oppie. Ele não foi o único autor, mas tinha um orgulho especial desses panfletos. [...] Livres de jargão, essas cartas eram estilisticamente elegantes e convincentes do ponto de vista intelectual."[9]

"A eclosão da guerra na Europa", afirma o panfleto datado de 20 de fevereiro de 1940, "mudou profundamente o curso de nosso desenvolvimento político. No último mês, coisas estranhas aconteceram com o New Deal. Nós o vimos atacado e, *com mais e mais certeza*, o vimos abandonado. Há uma falta de incentivo cada vez maior dos liberais ao movimento para a criação de uma frente democrática, e a caça aos vermelhos se tornou um esporte nacional. A reação está mobilizada".[10]

Numa entrevista, Chevalier insistiu que a linguagem aqui é claramente a de Oppenheimer. "É possível reconhecer-lhe o estilo. Ele tem pequenos maneirismos,

---

* Phil Morrison recordou-se de ter ajudado Oppenheimer a despachar por correio um panfleto que escrevera analisando o ataque soviético à Finlândia no outono de 1939. Esse panfleto não foi encontrado.

usa certas palavras. 'Com mais e mais certeza.' Isso é muito característico dele. Em geral, ninguém acharia uso para 'certeza' nesse contexto."[11] O argumento de Chevalier é frágil demais para atestar o papel de Oppenheimer como *o autor* do panfleto, mas sugere que ele pode ter dado uma mãozinha na edição de uma das versões. Enquanto "com mais e mais certeza" de fato soa como algo que ele poderia dizer, muita coisa no restante do panfleto decididamente não tem a ver com seu estilo.

O que propõem, entretanto, esses "relatórios"? Mais do que qualquer outra coisa, uma defesa do New Deal e dos programas sociais propostos por ele em âmbito doméstico:

> O Partido Comunista está sendo atacado por seu apoio à política soviética. Contudo, o extermínio total do partido aqui não pode reverter essa política: pode somente silenciar algumas das vozes mais claras que se opõem a uma guerra entre os EUA e a Rússia. O que o ataque pode conseguir diretamente, o que tem intenção de fazer, é abalar as forças democráticas, destruir uniões trabalhistas em geral e os sindicatos do Congresso de Organizações Industriais em particular, possibilitar cortes nas ações de socorro, forçar o abandono do grande programa de paz, segurança e trabalho que é a base do movimento rumo a uma frente democrática.

Em 6 de abril de 1940, o Comitê de Corpos Docentes Universitários do Partido Comunista da Califórnia publicou outro *Report to Our Colleagues*, que, assim como o primeiro panfleto, não era assinado. Uma vez mais, no entanto, Chevalier insistiu que Oppenheimer esteve entre os anônimos autores.

> O teste elementar de uma boa sociedade é a capacidade que ela tem de manter seus membros vivos. Deve permitir que eles se alimentem e protegê-los de mortes violentas. Hoje, o desemprego e a guerra constituem uma ameaça tão séria ao bem-estar e à segurança dos membros de nossa sociedade, que muitos perguntam se ela é capaz de cumprir suas obrigações mais essenciais. Os comunistas pedem de uma sociedade muito mais do que isso: reclamam para todos os homens a oportunidade, a disciplina e a liberdade que caracterizaram as elevadas culturas do passado. Hoje, no entanto, com o conhecimento e o poder de que dispomos, sabemos que nenhuma cultura que ignore as necessidades elementares, nenhuma cultura baseada na negação da oportunidade, na indiferença à necessidade humana, pode ser honesta ou frutífera.[12]

Assim como no panfleto de fevereiro, as questões domésticas são mais uma vez o foco. O relatório examina a luta dos milhões de desempregados norte-americanos e ataca a decisão dos democratas da Califórnia e de todo o país de reduzir a fatia do orçamento dedicada ao auxílio previdenciário. "O corte do auxílio e o aumento nas verbas para a compra de armas estão relacionados não apenas por considerações aritméticas. O abandono, por parte de Roosevelt, do programa de reforma social, o ataque ao movimento trabalhista, até então incentivado, e a preparação para a guerra são desenvolvimentos paralelos e correlacionados." De 1933 a 1939, observa o panfleto, o governo Roosevelt havia "seguido uma política de reforma social". A partir de agosto de 1939, porém, "nem uma única medida nova de caráter progressista fora proposta [...] e as medidas do passado nem sequer haviam sido defendidas contra ataques reacionários". Se antes o governo manifestara "repulsa" pelas palhaçadas do Comitê de Atividades Antiamericanas da Câmara dos Representantes, sob o comando de Martin Dies, passara então a "afagar" esses reacionários. Se antes defendera o trabalhismo organizado, as liberdades civis e os desempregados, passara então a atacar líderes trabalhistas como John L. Lewis e despejava dinheiro na compra de armamentos.

O próprio Roosevelt, que os panfleteiros haviam julgado no passado um homem "com traços progressistas",[13] tornara-se um "reacionário", e mesmo um "belicista". Essa transformação ocorrera por conta da guerra na Europa. "É um pensamento comum, e até provável, que no fim da guerra a Europa venha a ser socialista, e o Império Britânico tenha desaparecido. Achamos que Roosevelt intenciona preservar a velha ordem no continente e planeja, se necessário for, usar a riqueza e a vida dos cidadãos americanos para realizar esse intento."

Se Oppenheimer teve algo a ver com esse segundo panfleto, havia abandonado o estilo racional que o caracterizava.[14] É possível que de fato pensasse em Roosevelt como um "belicista"? A única referência ao presidente na correspondência de Oppenheimer desse período sugere que ele estava decepcionado com Franklin Delano Roosevelt, mas dificilmente pronto a denunciá-lo.* Se Oppenheimer teve alguma relação com o texto desses panfletos, tais palavras revelam alguém basicamente preocupado com o impacto de um mundo à beira de um grande desastre sobre a política doméstica.

No fim da década de 1930, Oppenheimer era professor sênior com uma persona pública bastante proeminente. Fazia discursos sobre temas políticos e assinava petições públicas. O nome dele por vezes aparecia em jornais locais. San Francisco era então uma cidade ferozmente polarizada, uma vez que as greves de estivadores em

---

* Mais de um ano após a publicação do panfleto de abril de 1940, ele escreveu aos velhos amigos Ed e Ruth Uehling: "Minhas opiniões, ainda que insignificantes, poderiam ser mais sombrias, seja pelo que vai acontecer em âmbito local e nacional, seja pelo que vai acontecer no mundo. Acredito que entraremos na guerra — que a facção de Roosevelt vencerá a de Lindbergh. Não acho que chegaremos sequer perto dos nazistas nem que, mais adiante, os partidários de Hearst e Lindbergh darão um jeito de se livrar dos 'humanitários' da administração. Não prevejo nada de bom por um longo tempo, e a única coisa boa nesta situação é a força, a rigidez e o crescimento político do trabalho organizado."

particular haviam endurecido os extremos políticos tanto da esquerda como da direita. E, quando o ricochete conservador teve início, Oppenheimer foi sensível ao efeito, ou efeito potencial, das atividades políticas que exercia no tocante à reputação da universidade. Com efeito, na primavera de 1941, confidenciou a Willie Fowler, colega no Caltech, que "pode ser que eu fique sem emprego [...] porque a Universidade da Califórnia vai ser investigada na semana que vem por radicalismo, e parece que os membros do comitê não são nada cavalheiros e não gostam de mim".[15]

"A Universidade da Califórnia era um alvo óbvio", observou o ex-aluno Martin D. Kamen.[16] "E Oppenheimer era muito proeminente porque era bastante sonoro e ativo. De vez em quando ficava um pouco alarmado com o que estava acontecendo, e talvez tivesse que recolher os alto-falantes e se calar. Então, quando acontecia alguma coisa que o provocava, [...] voltava a ser ativo. Ele não era consistente."

Em contraste com as afirmações de Chevalier sobre as simpatias comunistas de Oppenheimer em 1940, outros amigos o viam cada vez mais desiludido com a União Soviética. Em 1938, os jornais norte-americanos traziam regularmente reportagens sobre a onda de terror político orquestrada por Stálin contra milhares de supostos traidores no Partido Comunista da União Soviética. "Li sobre os julgamentos e expurgos, embora não em detalhe", escreveu Robert em 1954, "e nunca consegui encontrar uma visão sobre eles que não fosse prejudicial ao sistema soviético". Enquanto Chevalier assinou de bom grado uma declaração no *Daily Worker* de 28 de abril de 1938 em que comentava os veredictos do julgamento em Moscou contra "traidores" trotskistas e bukharinistas, Oppenheimer nunca defendeu os expurgos mortais de Stálin.[17]

No verão de 1938, dois físicos que haviam passado vários meses na União Soviética visitaram Oppie no rancho dele no Novo México. Ao longo da semana seguinte, George Placzek e Victor Weisskopf tiveram longas conversas com ele sobre o que estava acontecendo por lá. "A Rússia não é como você pensa", disseram ambos a Oppenheimer, a princípio "cético". Então, falaram sobre o caso de Alex Weissberg, um engenheiro e comunista austríaco preso de repente por conta de uma simples associação com Placzek e Weisskopf. "Foi uma experiência absolutamente assustadora. Ligamos para nossos amigos, e eles disseram que não nos conheciam", contou Weisskopf ao amigo.[18] "É pior do que você imagina. É um lamaçal."[19] Oppie então quis saber mais detalhes, o que mostra quanto ficou perturbado com os relatos.

Dezesseis anos depois, em 1954, Oppenheimer explicou a seus interrogadores: "O que eles me relataram me pareceu tão sólido, tão desprovido de fanatismo, tão verdadeiro, que fiquei muito impressionado, pois ambos me apresentaram uma Rússia, mesmo quando vista a partir de uma limitada experiência, como uma terra de expurgos e terror, com um governo absurdamente ruim e um povo muito sofrido."[20]

Não havia motivo, porém, para que as notícias dos abusos de Stálin o levassem a alterar os princípios em que acreditavam ou a renunciar às simpatias que demonstrava ter pela esquerda norte-americana. Estava claro, como recordou Weisskopf, que Oppenheimer "ainda acreditava em grande medida no comunismo".[21] Oppie confiava em Weisskopf, que recordou: "Ele tinha de fato uma profunda ligação comigo, que eu achava muito comovente."[22] Robert sabia que Weisskopf, um austríaco social--democrata, não dizia aquelas coisas por antipatia pela esquerda. "Nós estávamos bastante convencidos, ambos os lados, de que o socialismo era a evolução desejável."

Não obstante, Weisskopf teve a impressão de que aquela era a primeira vez que Oppenheimer ficava realmente abalado. "Sei que essas conversas influenciaram--no profundamente", disse.[23] "Foi uma semana muito decisiva na vida dele, como ele mesmo me disse. [...] Aquele fim de semana marcou o início do afastamento de Oppenheimer do Partido Comunista." Weisskopf insiste que Oppie "via muito claramente o perigo representado por Hitler, [...]. E, em 1939, já estava bastante afastado do grupo comunista".

Pouco tempo depois de ouvir os relatos de Weisskopf e Placzek, Oppenheimer manifestou preocupações quanto a Edith Arnstein, velha amiga de Jean Tatlock: "Opje disse que veio a mim porque sabia que minhas lealdades políticas não seriam abaladas, e precisava conversar."[24] Explicou que ouvira de Weisskopf sobre a prisão de vários físicos soviéticos. Disse que relutava em acreditar no relato, mas que tampouco conseguia desprezá-lo. "Ele estava deprimido e agitado", escreveu Arnstein posteriormente, "e suponho que agora sei como estava se sentindo, mas na época desdenhei da credulidade dele".

Naquele outono, alguns amigos notaram que Robert não expressava mais opiniões políticas com tanta eloquência, embora discutisse esses assuntos de modo privado com os amigos mais próximos. "Opje está bem e manda lembranças", escreveu Felix Bloch a Isidor I. Rabi em novembro de 1938.[25] "Para ser honesto, não acho que você tenha conseguido aparar as arestas, mas pelo menos não o escuto mais elogiar a Rússia com tanta veemência, o que já é algum progresso."

QUAISQUER QUE TENHAM SIDO as associações com membros do Partido Comunista, Oppenheimer sempre foi fascinado por Franklin Roosevelt e o New Deal. Os amigos o viam como um ardente apoiador de Roosevelt. Ernest Lawrence lembra-se de ter sido pressionado pelo amigo nos dias que antecederam a eleição presidencial de 1940. Oppie não acreditava que o velho amigo estivesse indeciso. Naquela noite, fez uma defesa tão apaixonada da campanha de Roosevelt por um terceiro mandato que Lawrence, por fim, prometeu depositar na urna mais um voto por ele.[26]

As opiniões políticas de Oppenheimer continuaram a evoluir, sobretudo em reação às desastrosas notícias da guerra. No fim da primavera e no começo do verão de 1940, Oppie estava claramente apreensivo diante do colapso da França. Naquele verão, Hans Bethe encontrou-se com ele numa conferência da Sociedade Americana de Física em Seattle. Bethe tinha uma vaga ideia das lealdades políticas de Oppenheimer, então, certa noite, ficou surpreso quando o amigo fez um "belo e eloquente discurso"[27] sobre como a queda de Paris para os nazistas ameaçava toda a civilização ocidental. "Temos que defender os valores ocidentais contra os nazistas", disse Oppenheimer na ocasião. "E, por causa do Pacto Molotov-Ribbentrop, não podemos dar muita trela aos comunistas." Anos depois, Bethe declarou ao físico e historiador Jeremy Bernstein: "Acho que ele tinha simpatias pela extrema esquerda sobretudo por razões humanitárias. O pacto entre Hitler e Stálin havia confundido a maioria dos simpatizantes do comunismo, levando-os a um alheamento total à guerra contra a Alemanha, até que os nazistas invadiram a Rússia em 1941. Oppenheimer, no entanto, ficou tão profundamente impressionado com a queda da França [um ano antes da invasão da Rússia] que isso desarranjou todas as outras coisas que tinha na cabeça."[28]

No DOMINGO, 22 DE junho de 1941, os Chevalier estavam voltando de carro de um piquenique na praia com Oppenheimer quando ouviram no rádio a notícia de que os nazistas tinham invadido a União Soviética. Naquela noite, todos ficaram acordados até tarde ouvindo os últimos boletins, tentando entender o que tinha acontecido. Segundo Chevalier, Oppie disse na ocasião que Hitler acabara de cometer um erro colossal. Voltando-se contra a União Soviética, argumentou ele, o Führer "destruíra num único golpe a perigosa ficção, muito arraigada nos círculos liberais e políticos, de que fascismo e comunismo não passavam de versões diferentes da mesma filosofia totalitária". Por conseguinte, comunistas em toda parte passariam a ser bem-vindos como aliados das democracias ocidentais, um avanço que, achava-se, já deveria ter acontecido bem antes.

Depois do ataque japonês a Pearl Harbor, em 7 de dezembro de 1941, os Estados Unidos de repente estavam em guerra. "Nosso pequeno grupo em Berkeley", recordou Chevalier, "inevitavelmente refletiu a mudança de estado de espírito no país".[29] Chevalier declarou que o grupo "continuou a se reunir de forma irregular" — embora Oppenheimer raramente aparecesse, por estar sempre muito atribulado. "Quando nos encontrávamos", escreveu Chevalier, "praticamente a única coisa que discutíamos era o progresso da guerra e os acontecimentos no *front* doméstico".

Chevalier sempre insistiu que Oppenheimer, que considerava ser o amigo mais próximo, compartilhava suas opiniões políticas de esquerda até o momento em que deixou Berkeley, na primavera de 1943: "Nós compartilhávamos o ideal de uma sociedade socialista [...] nunca houve qualquer hesitação, qualquer abalo na posição dele. Ele era inabalável."[30] Chevalier, contudo, deixou claro que Oppenheimer não era um ideólogo. "Não havia cegueira nele, nem partidarismo estreito, nem conformismo automático com uma linha."

* * *

A DESCRIÇÃO QUE CHEVALIER faz de Oppenheimer apresenta essencialmente um intelectual de esquerda não sujeito à disciplina do partido. Todavia, com o passar dos anos, ao escrever sobre a amizade com Oppie, Chevalier tentou sugerir algo diferente. Em 1948, esboçou um romance no qual o protagonista, um brilhante físico empenhado em construir uma bomba atômica, é também o líder de uma "unidade fechada" do Partido Comunista. Em 1950, incapaz de encontrar um editor para publicá-lo, Chevalier deixou de lado o manuscrito, parcialmente redigido. Em 1954, porém, depois das audiências de Oppenheimer no Senado, retornou ao texto, e em 1959, a G. P. Putnam's Sons o publicou com o altissonante título de *The Man Who Would Be God*, ou "O homem que seria Deus".

No romance, o personagem inspirado em Oppenheimer, Sebastian Bloch, decide ingressar no Partido Comunista, mas, para surpresa dele, o líder local do PC recusa-se a aceitá-lo formalmente. "Sebastian se reuniria com a unidade de maneira regular e sob todos os aspectos agiria como se fosse um membro genuíno. Assim, os outros o veriam, porém ele não pagaria contribuições obrigatórias. Poderia fazer o próprio arranjo financeiro com o partido, mas fora da unidade."[31] Mais adiante no romance, Chevalier descreve as reuniões semanais dessa unidade fechada do partido como "seminários informais do tipo constantemente organizado entre professores e estudantes no *campus* para debater todo tipo de tema". Os membros discutem "ideias e teoria", acontecimentos correntes, a "atividade deste ou daquele membro do Sindicato dos Professores" e o "apoio a ser dado a campanhas sindicais, greves, indivíduos ou grupos sob ataque por conta da posição que ocupam na questão das liberdades civis". Em resposta à invasão da Finlândia pela União Soviética, em novembro de 1939, Chevalier faz o *alter ego* de Oppenheimer propor que a unidade do partido publique ensaios a fim de explicar a situação internacional "em linguagem palatável às mentes cultas, críticas". O personagem de Oppenheimer paga pelos custos de impressão e postagem e cuida, ele próprio, da maior parte da redação. "Esses ensaios eram como filhos para ele", escreve o romancista.[32] "Vários 'Relatórios para o corpo docente' apareceram ao longo dos meses seguintes."

Esse mal disfarçado *roman à clef* não vendeu bem, e Chevalier ficou descontente com as críticas. O resenhista da revista *Time*, por exemplo, considerou que o "tom subjacente do romance sugere um ex-adorador pisoteando um ídolo caído".[33] Chevalier, porém, não conseguia deixar o assunto morrer. No verão de 1964, escreveu a Oppenheimer para contar que tinha quase terminado de escrever um memorial sobre a amizade dos dois e explicou: "Tentei contar o essencial da história em meu romance. No entanto, os leitores nos Estados Unidos ficaram perturbados com a mistura de fatos e ficção, e ficou claro para mim que é preciso registrar a história diretamente [...] e uma parte importante da história tem a ver com você e sua participação na mesma unidade do PC de 1938 a 1942. Eu gostaria de tratar a questão na perspectiva apropriada, contando os fatos conforme me lembro deles.

E, como acho que essa é a última coisa na vida de que você deveria se envergonhar e que seu compromisso era de fato profundo e genuíno, como atestam, por exemplo, os 'Relatórios para os nossos colegas', os quais hoje constituem uma leitura impressionante, acho que seria uma grave omissão não lhe dar a devida proeminência." Chevalier então perguntava se Oppenheimer teria alguma objeção a que ele contasse a história.

Duas semanas depois, Oppenheimer respondeu com uma nota concisa:

Sua carta pergunta se eu teria alguma objeção. Na verdade, eu tenho. O que você diz de si mesmo é surpreendente. Entretanto, sem dúvida, em um aspecto, o que diz de mim não é verdadeiro. Nunca fui membro do Partido Comunista, e portanto nunca participei de nenhuma unidade do partido. Isso sempre foi claro para mim. Pensei que para você também. Já disse isso oficialmente inúmeras vezes. Publicamente, em resposta ao que Crouch afirmou em 1950 e nas audiências do Comitê de Atividades Antiamericanas, dez anos atrás.

Com meus cumprimentos,
Robert Oppenheimer[34]

Chevalier concluiu razoavelmente que a negativa de Oppenheimer funcionava também como um aviso de que ele poderia enfrentar um processo por difamação se escrevesse que o amigo tinha entrado para o Partido Comunista. Então, no ano seguinte, ele publicou *Oppenheimer: The Story of a Friendship*, sem fazer qualquer afirmação arriscada. Em vez disso, ao longo do livro, a suposta "unidade fechada" do PC é descrita meramente como um "grupo de discussão".[35]

Chevalier disse a Oppenheimer ter sido obrigado a escrever esse livro porque "a história, ainda que modesta, precisa servir à verdade". Contudo, nesse caso, a "verdade" reside na percepção de cada um. Seriam todos os membros do "grupo de discussão" de Berkeley membros do PC? Ao que parece, Chevalier acreditava que sim; Oppenheimer insistia que ele, pelo menos, não era. Embora financiasse causas específicas por intermédio do partido — como a República da Espanha, os trabalhadores agrícolas, a proteção dos direitos civis e dos consumidores —, participasse de reuniões, oferecesse conselhos e até ajudasse os intelectuais do partido a redigir documentos sobre as posições que defendiam, não tinha carteirinha do PC, não pagava mensalidades nem seguia a disciplina partidária. Os amigos podiam ter razões para pensar nele como um camarada, mas para ele estava claro que isso não era verdade.

John Earl Haynes e Harvey Klehr — dois historiadores do comunismo norte--americano — escreveram que "ser comunista era ser parte de um rígido mundo mental, estritamente vedado a influências externas".[36] Está claro que isso não descreve Robert Oppenheimer em nenhum momento. Ele leu Marx, mas também o

Bhagavad Gita, Ernest Hemingway e Sigmund Freud — e, naqueles anos, este último era pretexto para expulsão do partido. Em suma, Oppenheimer nunca seguiu o contrato social específico que se esperava dos membros do partido.[37]

Robert provavelmente esteve mais perto do Partido Comunista nos anos 1930 do que admitiu depois, mas nunca tão próximo quanto acreditou o amigo Haakon. Isso não é nem surpreendente nem enganoso. As chamadas "unidades secretas" do partido — o tipo de associação que se dizia que Oppenheimer teria tido — eram organizações sem listas formais ou regras estabelecidas e com pouca ou quase nenhuma arregimentação, como Chevalier explicou a Martin Sherwin. Por razões organizacionais óbvias, o partido optava por ver os associados em "unidades secretas" como pessoas que haviam firmado significativos compromissos pessoais. Por sua vez, cada membro "comprometido" podia estabelecer os limites do compromisso, que podia mudar com o tempo, até mesmo em breves intervalos, como aconteceu, por exemplo, com Jean Tatlock.

Chevalier parecia estar sempre comprometido com o partido, e, nos dias em que foi próximo de Robert, não surpreende que o considerasse igualmente comprometido. Talvez por algum tempo ele realmente tenha sido, mas não sabemos, nem temos como saber, a extensão desse compromisso. O que podemos dizer com segurança é que o período de intenso comprometimento de Robert com o Partido Comunista foi curto e não durou muito.

A moral da história é que Robert sempre desejou ser — e foi — livre para pensar por si mesmo e fazer as próprias escolhas políticas. Compromissos precisam ser postos em perspectiva para serem entendidos, e o fracasso em interpretá-los foi a característica mais danosa do período macarthista. O fato político mais relevante em relação a Robert Oppenheimer é que, nos anos 1930, ele se empenhou em trabalhar pela justiça social e econômica nos Estados Unidos, e para isso optou por se posicionar com a esquerda.

11

"Vou me casar com uma amiga sua, Steve"

A carreira dela estava fazendo progredir a de Robert...
ROBERT SERBER

NO FIM DE 1939, a tempestuosa relação de Oppenheimer com Jean Tatlock havia se desintegrado. Robert a amava e queria se casar com ela, apesar dos problemas. "Éramos próximos o bastante, pelo menos o dobro do que seria necessário para nos considerarmos noivos", recordou ele tempos depois.[1] Não obstante com frequência descarregava o pior de si em Jean. Deixava-a aborrecida com o velho hábito de cobrir os amigos de presentes. Jean não queria ser apreciada dessa maneira. "Chega de flores, por favor, Robert", disse-lhe ela certo dia.[2] No entanto, na vez seguinte em que foi buscá-la na casa de uma amiga, ele chegou munido do habitual buquê de gardênias. Quando Jean viu as flores, jogou-as no chão e pediu à amiga: "Diga a ele que vá embora, diga-lhe que não estou aqui." Bob Serber contou que Jean passava por fases em que "desaparecia durante semanas",[3] às vezes meses, e então atormentava Robert sem piedade, dizendo com quem tinha estado e o que tinham feito. Parecia decidida a magoá-lo, talvez porque soubesse quanto ele a amava.

No fim, coube a Tatlock o rompimento definitivo. Jean podia ser tão cabeça--dura quanto Oppenheimer. Confusa e muito perturbada, ela rejeitou mais uma vez o último pedido de casamento. Àquela altura, já havia passado três anos na escola de medicina. Não havia muitas mulheres que se tornavam médicas nos anos 1930. A determinação de seguir carreira como psiquiatra surpreendeu algumas de suas amigas, que a explicavam como o traço de uma mulher por vezes temerária e impetuosa. No entanto, elas também sabiam que fazia sentido. Da atitude política ao interesse no psicológico, Tatlock sempre fora motivada pelo desejo de ajudar os outros de maneira prática. A psiquiatria tinha tudo a ver com o temperamento e a inteligência dela, e em junho de 1941 Jean se formou na Escola de Medicina da Universidade Stanford. Passou o ano de 1941-42 como interna no hospital psiquiátrico St. Elizabeth, em Washington, e no ano seguinte foi médica-residente no hospital Mount Zion, em San Francisco.

* * *

EM SUA RESSACA AMOROSA, Robert vinha saindo com várias "moças, quase sempre muito atraentes".[4] Entre outras, teve relacionamentos com a cunhada de Haakon Chevalier, Ann Hoffman, e com Estelle Caen, irmã de Herbert Caen, colunista do *San Francisco Chronicle*. Bob Serber se recordou de meia dúzia de namoradas, inclusive uma emigrada britânica chamada Sandra Dyer-Bennett.[5] Oppie partiu muitos corações. Ainda assim, toda vez que Tatlock lhe telefonava deprimida, conversava com ela até tirá-la da depressão. Os dois permaneceram amigos íntimos e amantes ocasionais.

Então, em agosto de 1939, Robert foi a uma festa ao ar livre em Pasadena, dada por Charles Lauritsen, e no decorrer da tarde foi apresentado a Kitty Harrison, uma mulher casada de 29 anos. Por acaso, Bob Serber estava presente e testemunhou o encontro e percebeu que Kitty ficou imediatamente hipnotizada. "Eu me apaixonei por Robert naquele dia", escreveu ela depois, "mas esperava conseguir disfarçar".[6] Passado não muito tempo, Robert surpreendeu os amigos ao aparecer em uma festa em San Francisco sem avisar, trazendo Kitty Harrison pelo braço. Naquela noite, ela vestia um corpete de orquídeas flamejantes. Todos se sentiram bastante desconfortáveis, uma vez que a anfitriã da festa era Estelle Caen, a mais recente amante de Oppie. Chevalier descreveu a ocasião como "não totalmente feliz". Alguns amigos de Robert — que gostavam muito de Tatlock e presumiam que os dois iriam se reconciliar — esnobaram a nova dama. Kitty parecia exagerar no flerte e na manipulação. Anos depois, Robert lembrou que "houve muita preocupação entre nossos amigos". Entretanto, quando ficou claro que Kitty não era uma fantasia passageira, eles acabaram por se resignar. "Vamos encarar os fatos", disse uma mulher. "Pode ser escandaloso, mas pelo menos Kitty o humanizou."

Uma morena pequenina, Katherine "Kitty" Puening Harrison era tão atraente quanto Tatlock, mas estava a mundos de distância em termos de temperamento. As orquídeas vistosas que usava na noite em que conheceu os amigos de Oppie não eram por acaso — ela as cultivava no apartamento em que morava e as utilizara como forma de afirmação. Ninguém jamais encontraria na vivaz Kitty qualquer resquício de melancolia. Se ela havia levado alguns golpes duros da vida, ainda assim sempre respondia com decisões rápidas para seguir em frente. Se Tatlock parecia uma princesa irlandesa, Puening às vezes se apresentava como algo real, só que da realeza alemã. "Kitty era aparentada, pelo lado da mãe, com todas as cabeças coroadas da Europa", relembrou Robert Serber.[7] "Quando menina, costumava passar o verão com o tio, o rei da Bélgica." Kitty nascera em 8 de agosto de 1910, em Recklinghausen, uma cidadezinha na Renânia do Norte-Vestfália, na Alemanha.[8] Viera para os Estados Unidos dois anos depois, quando os pais — Franz Puening, 31 anos, e Kaethe Vissering Puening, 30 — imigraram para Pittsburgh, na

Pensilvânia. Engenheiro metalúrgico de formação, Franz Puening conseguira um posto numa siderúrgica.

Como filha única, Kitty teve uma infância privilegiada no abastado subúrbio de Aspinwall. Tempos depois, contou aos amigos que o pai era "príncipe de um pequeno principado na Vestfália"[9] e a mãe era parente da rainha Vitória. O avô, Bodewin Vissering, era arrendatário de terras da coroa real hanoveriana e membro eleito do conselho de Hanôver. Os ancestrais da avó Johanna Blonay, haviam sido, desde a época das Cruzadas, no século XI, vassalos reais da Casa de Savoia, uma das mais antigas dinastias remanescentes na Europa. Os Blonay serviam como administradores e conselheiros da corte em vários principados na Itália, na Suíça e na França e ocupavam um magnífico castelo no lago de Genebra.[10]

Kaethe Vissering era uma bela e imponente mulher.[11] Por um breve período, foi noiva de um primo, Wilhelm Keitel — que mais adiante serviu como marechal de campo de Hitler e em 1946 foi julgado e enforcado em Nuremberg como criminoso de guerra. Embora, quando criança, Kitty fosse levada pela mãe para visitar os "principescos" parentes na Europa, o pai a fez prometer nunca mencionar a ninguém os ancestrais de sangue azul. Quando jovem, porém, Kitty de vez em quando comentava que vinha de uma família nobre. Amigos da família recordaram que ela recebia cartas de parentes alemães endereçadas a "Sua Alteza, Katherine".[12]

Como imigrantes alemães, os Puening por vezes viveram momentos difíceis em Pittsburgh durante a Primeira Guerra Mundial. Como estrangeiro inimigo, Franz foi colocado sob vigilância pelas autoridades locais, e até mesmo a jovem Kitty teve dificuldades com as crianças da vizinhança. Ela não teve como primeira língua o inglês, e mesmo mais tarde na vida era capaz de falar um belíssimo alto-alemão. Quando adolescente, achava a mãe "imperiosa". Elas não se davam bem. Kitty era uma garota destemida, exuberante, que dava pouca atenção a convenções sociais. "Ela era bagunceira como o diabo no ensino médio", recordou-se Pat Sherr, uma amiga que a conheceu mais tarde.[13]

Kitty então deu início a uma carreira universitária que viria se mostrar altamente inconstante. Matriculou-se na Universidade de Pittsburgh, mas, um ano depois, partiu para a Alemanha e a França. Nos dois anos seguintes, estudou na Universidade de Munique, na Sorbonne e na Universidade de Grenoble. No entanto, passava a maior parte do tempo nos cafés de Paris, saindo com músicos. "Passei pouco tempo fazendo trabalho escolar", recordou-se Kitty.[14] No dia seguinte ao Natal de 1932, impulsivamente, casou-se com um desses rapazes, um músico nascido em Boston chamado Frank Ramseyer. Vários meses depois, achou o diário do marido — redigido em escrita especular — e descobriu que era viciado em drogas e homossexual.[15] Ao regressar aos Estados Unidos, matriculou-se na Universidade de Wisconsin e começou a estudar biologia. Em 20 de dezembro de 1933, um tribunal de Wisconsin lhe concedeu a anulação do casamento — e impôs sigilo sobre o processo sob alegação de obscenidade.

Dez dias depois, Kitty foi convidada por uma amiga em Pittsburgh para uma festa de Ano-Novo. A amiga em questão, Selma Baker, lhe disse que havia conhecido um comunista e perguntou se ela gostaria de conhecer o sujeito. "O consenso era que nunca tínhamos tido contato com um comunista de verdade", relembrou Kitty, "e seria interessante conhecer um". Naquela noite, ela foi apresentada a Joe Dallet, de 26 anos, filho de um abastado homem de negócios de Long Island.[16] "Joe era três anos mais velho que eu", lembrou-se Kitty. "Eu me apaixonei por ele nessa festa e nunca deixei de amá-lo." Menos de seis semanas depois, ela saiu de Wisconsin para se casar com Dallet e juntar-se a ele em Youngstown, Ohio.

"Ele era um belo filho da puta", lembrou uma amiga.[17] "Um cara simplesmente deslumbrante." Alto, emaciado, com uma basta cabeleira escura e ondulada, Dallet parecia capaz de quase tudo. Nascido em 1907, falava fluentemente francês, tocava piano clássico com facilidade e conhecia bem o materialismo dialético. Os pais, de origem teuto-judaica, eram norte-americanos de primeira geração e, na época em que Joe era adolescente, o pai já tinha feito uma pequena fortuna no comércio de seda. Embora ele e as irmãs frequentassem uma sinagoga na comunidade judaica de classe média de Woodmere, Long Island, Joe se negou a passar pelo *bar mitzvah* ao completar 13 anos. Por algum tempo, frequentou uma escola particular, antes de se matricular na Faculdade de Dartmouth no outono de 1923. Àquela altura já era politicamente radical, esforçando-se para defender, de forma beligerante, o que chamava de "ideais proletários". Os colegas de classe em Dartmouth o viam como um excêntrico, "totalmente desajustado".[18] Após ser reprovado na maioria dos cursos, ele abandonou a faculdade no meio do segundo ano e arranjou um emprego numa companhia de seguros em Nova York. Mesmo bem-sucedido, enojou-se com o emprego e decidiu abraçar uma vida nova como trabalhador braçal. A transformação por que ele passou parece ter sido precipitada pela execução, em agosto de 1927, dos anarquistas de origem italiana Nicola Sacco e Bartolomeo Vanzetti. "É difícil dizer o que teria sido de mim", escreveu ele à irmã, "se uma dupla de 'carcamanos' não tivesse sido esturricada na cadeira elétrica do estado de Massachusetts em 22 de agosto de 1927."

Determinado "a apagar as evidências de sua protegida vida anterior",[19] Dallet foi trabalhar primeiro como servidor social e depois como estivador e mineiro de carvão. Após ingressar no Partido Comunista, em 1929, escreveu à preocupada família: "Com certeza vocês agora veem que estou fazendo aquilo em que acredito, aquilo que quero fazer, o que mais gosto de fazer, e da melhor forma. [...] Estou realmente feliz." Ele passou alguns meses em Chicago, onde, depois de discursar para uma multidão de milhares de pessoas, levou uma surra do notório "Esquadrão Vermelho" da polícia local.

Em 1932, Dallet era um organizador de sindicatos em Youngstown, Ohio, servindo na violenta linha de frente da campanha do Congresso de Organizações Industriais a fim de atrair os metalúrgicos para o trabalhismo organizado[20] e atuando com destemor nos confrontos habitualmente ferozes com os brutamontes contratados pelas siderúrgicas. Em diversas ocasiões, foi trancafiado pela polícia local de modo a não poder discursar nos comícios trabalhistas. A certa altura, concorreu para prefeito da cidade pela chapa do Partido Comunista. Kitty, embora fosse sua esposa, só teve permissão de entrar para a Liga da Juventude Comunista depois de provar seu comprometimento vendendo o *Daily Worker* nas ruas e distribuindo folhetos para os metalúrgicos. "Eu costumava usar tênis quando distribuía os folhetos nos portões das fábricas, para poder sair correndo quando a polícia chegasse", recordou ela.

A contribuição obrigatória de Kitty para o partido era de 10 centavos por semana. O casal morava numa pensão dilapidada ao custo de 5 dólares por mês, e, ironicamente, sobrevivia com cheques de auxílio do governo de 12,50 dólares recebidos a cada duas semanas. No mesmo corredor, mais adiante, moravam dois outros fiéis militantes do Partido Comunista, John Gates e Arvo Kustaa Halberg, que mais à frente mudou de nome, passando a se chamar Gus Hall e foi secretário-geral do Partido Comunista dos Estados Unidos. "A casa tinha cozinha, mas o fogão vazava gás e era impossível cozinhar. Nossa comida consistia em duas refeições por dia, que pegávamos num restaurante imundo",[21] disse Kitty tempos depois. Durante o verão de 1935, militou no partido na condição de "agente literária", incentivando os membros a comprar e a ler os clássicos marxistas.

Kitty aguentou essa vida até 1936, quando disse a Joe que não era mais capaz de viver naquelas condições. O rapaz dedicava a vida integralmente ao partido, e, ainda que Kitty não tivesse abandonado suas crenças políticas, eles começaram a discutir. Segundo um amigo dos dois, Steve Nelson, Joe "era um pouco dogmático em relação à relutância de Kitty em aceitar a lealdade ao partido com a mesma intensidade que ele".[22] Aos olhos de Joe, Kitty estava simplesmente se comportando como uma jovem "intelectual de classe média que não conseguia enxergar a atitude da classe trabalhadora". Kitty se ressentia dessa condescendência. Depois de dois anos e meio vivendo em extrema pobreza, ela anunciou que eles precisavam se separar. "A pobreza foi ficando cada vez mais deprimente para mim", disse.[23] Finalmente, em junho de 1936, ela fugiu para Londres, onde o pai assumira o encargo de construir um forno industrial. Por algum tempo, não soube nada de Dallet — até que um dia descobriu que a mãe vinha interceptando as cartas do marido. Então, ansiosa por uma reconciliação, ficou feliz em saber que ele estava a caminho da Europa.

No começo de 1937, Dallet decidira apresentar-se como voluntário numa brigada patrocinada pelos comunistas na Guerra Civil Espanhola, para lutar em nome da República e contra os fascistas. E, em março, embarcou com seu velho camarada

Steve Nelson no transatlântico *Queen Mary*. Joe, claramente ainda apaixonado, disse a Nelson que tinha esperanças de que ele e Kitty conseguissem em breve resolver as questões pendentes.

Kitty os aguardava no cais quando o navio atracou em Cherbourg, na França. Ela e Joe passaram uma semana juntos em Paris — com Nelson a reboque. "Eu era como uma terceira roda", recordou-se Nelson. "Kitty me impressionou como uma moça muito bonita; não muito alta, loira [sic] e muito amigável."[24] Ela havia levado dinheiro suficiente de Londres para que os três pudessem ficar num hotel decente e comer em bons restaurantes. Nelson recordou ter degustado queijos franceses exóticos e tomado vinho no almoço enquanto ouvia Kitty dizer que queria muito acompanhar Joe nos campos de batalha na Espanha. O problema era que o Partido Comunista havia decidido que as esposas não podiam acompanhar os maridos. "Joe estava inconformado", disse Nelson. "Ele dizia: 'Isso é pura burocracia; ela pode fazer um monte de coisas, pode guiar uma ambulância, por exemplo.' Kitty estava determinada a ir." Todavia, todos os esforços para dobrar as regras foram em vão, e, ao fim da semana, Dallet foi obrigado a deixar a esposa para trás e partiu com Nelson para a Espanha. No último dia juntos, Kitty levou Dallet e Nelson para fazer compras: camisas quentes de flanela, luvas forradas de lã e meias também de lã. Então voltou a Londres a fim de esperar uma oportunidade para se juntar ao marido. Eles se correspondiam com frequência, e Kitty adquiriu o hábito de enviar a Dallet uma foto de si mesma uma vez por semana.

A caminho da Espanha, Dallet e Nelson foram detidos pelas autoridades francesas e, após um julgamento em abril, cumpriram uma sentença de vinte dias na prisão e em seguida foram soltos. Quando Dallet finalmente conseguiu se esgueirar em território espanhol, no fim de abril, escreveu a Kitty: "Eu amo você e mal posso esperar para chegar a Albacete e sua carta."[25] Em julho, ele ainda lhe escrevia otimista, com radiantes relatos de suas experiências: "É um país terrivelmente interessante, uma guerra terrivelmente interessante e o trabalho mais terrivelmente interessante de todos os trabalhos terrivelmente interessantes que já tive, dar uma lição realmente terrível nos fascistas."

Kitty gostara genuinamente do amigo do marido e deu-se o trabalho de escrever para a esposa de Nelson, Margaret — uma mulher que ainda estava para conhecer —, sobre a semana que haviam passado juntos em Paris. "Tivemos alguns dias agradáveis", escreveu ela.[26] "Não creio que tenham sido muito bons como preparação para a dura jornada que eles terão pela frente, mas foram divertidos." Disse ainda que haviam participado de uma esplêndida manifestação com 30 mil pessoas protestando contra a posição de estrita neutralidade assumida pelo Ocidente na Guerra Civil Espanhola. "A parte mais emocionante para nós, já que não conseguíamos entender os discursos, foi a viagem de metrô até lá. Centenas de jovens líderes comunistas retiveram o metrô até todo mundo entrar, entoando a Internacional e gritando palavras de ordem antifascistas. Todo mundo entrou, e, quando chegamos a Grenelle (a estação do encontro), parecia que Paris inteira estava rugindo a Internacional. Talvez eu seja uma pessoa emotiva (embora duvide disso), mas de repente me senti como se tivesse o triplo de meu tamanho. Fiquei com os olhos cheios d'água e tive vontade de dar um enorme berro." Ela então concluiu a carta e assinou: "Camaradamente sua, Kitty Dallet."

Na Espanha, Joe foi logo nomeado "comissário político" do Batalhão McKenzie-Papineau, de 1.500 homens, uma unidade em grande parte canadense que àquela altura absorvera muitos voluntários norte-americanos da Brigada Abraham Lincoln. Naquele verão, ele e seus comandados começaram o treinamento de combate. "Meu Deus, que sensação de poder a gente tem quando está entrincheirado atrás de uma metralhadora pesada!", escreveu ele a Kitty.[27] "Você sabe que sempre gostei de filmes de gângster pelo mero som das metralhadoras. Então, pode imaginar minha alegria por estar finalmente atrás de uma."

A guerra não transcorria bem para a causa republicana. Dallet e seus comandados estavam em posição de inferioridade numérica em termos de efetivos e armas em relação aos fascistas espanhóis, que eram abastecidos de aviões e artilharia pela Alemanha e a Itália. E, como Dallet logo descobriu, a esquerda espanhola estava ainda mais enfraquecida pela política sectária, por vezes mortal. Numa carta a Kitty datada de 12 de maio de 1937, Dallet escreveu sinistramente que os superiores haviam prometido fazer uma "limpeza" de anarquistas em meio às tropas. Naquele outono, Dallet supervisionou "julgamentos" de desertores — segundo um relato, um punhado de homens pode ter sido executado. O próprio Dallet se tornou extremamente impopular entre as tropas que comandava. Esses sentimentos, segundo um amigo, chegavam a "quase ódio".[28] Alguns o consideravam um ideólogo fanático. De acordo com um relatório do Comintern de 9 de outubro de 1937, "uma boa parte dos homens declara abertamente estar insatisfeita com Joe, e há boatos sobre uma remoção".[29]

Quatro dias depois, Dallet entrou em batalha pela primeira vez, quando comandou um batalhão numa ofensiva contra a cidade de Fuentes de Ebro, dominada pelos fascistas. Alguns dias antes, um velho amigo o encontrara tarde da noite sentado sozinho numa pequena cabana sob a luz fraca de uma lamparina de querosene. Dallet confidenciou ao amigo que se sentia solitário e sabia que era extremamente impopular. Disse que estava determinado a provar a seus comandados que não era um daqueles funcionários políticos que "estão sempre seguros atrás das linhas", portanto, demonstraria coragem sendo o primeiro homem a sair das trincheiras. Quando o amigo argumentou que essa talvez fosse uma maneira não muito inteligente de comandar um batalhão, Dallet se mostrou inflexível.

No dia da batalha, Dallet manteve a palavra. Foi o primeiro a sair das trincheiras, e mal avançara alguns metros na direção das linhas fascistas viu-se atingido na virilha por fogo de metralhadora. O comandante da unidade de metralhadoras do batalhão posteriormente reportou: "O ataque começou às 13h40. Joe Dallet, comissário do batalhão, seguiu com a 1ª Companhia pelo flanco esquerdo, onde o fogo era mais pesado. Estava liderando o avanço quando foi atingido e caiu. Ele se comportou como um herói até o fim, recusando-se a permitir que a equipe de primeiros-socorros se aproximasse dele naquela posição arriscada."[30] Sofrendo muito, tentou se arrastar de volta para as trincheiras, quando uma segunda rajada o atingiu de maneira fatal. Ele tinha apenas 30 anos.

Steve Nelson — ele próprio havia sido ferido em agosto — ouviu falar na morte de Dallet pouco tempo depois, numa viagem a Paris. Antes de morrer, Dallet escrevera a Kitty dizendo que Nelson passaria por Paris, de modo que ela resolveu fazer a viagem de Londres até lá para encontrar-se com ele. O plano era seguir para a Espanha logo depois. Ciente de que teria de lhe dar a trágica notícia, Nelson combinou de ir ao encontro no saguão do hotel em que Kitty estava hospedada. "Ela ficou destruída", recordou-se Nelson.[31] "Literalmente desabou e se segurou em mim. Num certo sentido, tornei-me um substituto para Joe. Ela me abraçava e chorava, e não consegui manter o sangue-frio." Quando Kitty perguntou "O que é que eu vou fazer agora?", Nelson, por impulso, a convidou para ir morar com ele e a esposa, Margaret, em Nova York. Kitty concordou, mas não antes de Nelson demovê-la da ideia de seguir para a Espanha, onde ela achava que podia se apresentar como voluntária para trabalhar num hospital.

Kitty voltou para os Estados Unidos como viúva, aos 27 anos, de um herói de guerra. O Partido Comunista dos Estados Unidos garantiu que o sacrifício de Joe seria lembrado. O secretário-geral do partido, Earl Browder, escreveu que Dallet se juntara àqueles que haviam "se entregado por completo à tarefa de impedir o triunfo do fascismo".[32] Um dos poucos comunistas genuínos provenientes da Ivy League, Dallet se tornara um mártir da classe operária. Com a permissão de Kitty, em 1938, o partido publicou *Letters from Spain*, uma coletânea das cartas de Joe à esposa.

Kitty passou poucos meses com os Nelson em seu minúsculo apartamento em Nova York.[33] Encontrou alguns dos velhos amigos de Joe, todos membros do partido. A própria Kitty disse aos investigadores do governo que em certo momento tivera contato com notórios funcionários do Partido Comunista, como Earl Browder, John Gates, Gus Hall, John Steuben e John Williamson, mas afirmou também ter abandonado o partido em junho de 1936, quando saiu de Youngstown e deixou de pagar as contribuições obrigatórias. "Ela parecia estar num estado de muito desassossego", declarou Margaret Nelson.[34] "Tive a impressão de que estava sob enorme tensão emocional." Outros amigos testemunharam que Kitty permaneceu profundamente afetada pela morte de Dallet por longo tempo.

E então, no começo de 1938, ela visitou uma amiga na Filadélfia e resolveu ficar lá, matriculando-se na Universidade da Pensilvânia para o semestre da primavera. Estudou química, matemática e biologia, e parecia finalmente pronta a obter o diploma universitário. Em algum momento naquela primavera ou verão, ela topou com um médico britânico de nascimento, Richard Stewart Harrison, que conhecera quando adolescente. Harrison era um homem alto e atraente com penetrantes olhos azuis. Praticara medicina na Inglaterra e estava terminando a residência para obter a licença profissional nos Estados Unidos. Mais velho e apolítico, Harrison parecia oferecer a Kitty algo que naquele momento ela desejava desesperadamente: estabilidade. Tomando mais uma de suas decisões impulsivas, Kitty casou-se com Harrison em 23 de novembro de 1938. O casamento, disse ela algum tempo depois, foi "um fracasso desde o começo". Ela confidenciou a uma amiga que era "um casamento impossível"[35] e "estava pronta para deixar o marido já muito antes de se separar". Harrison logo partiu rumo a Pasadena, onde fora aceito para uma residência médica. Kitty permaneceu na Filadélfia, e em junho de 1939 obteve, com honras, o bacharelado em botânica. Duas semanas depois, concordou em acompanhar Harrison até a Califórnia e manter a aparência de um casamento estável, por conta "da convicção dele de que um divórcio poderia arruinar a carreira de um médico jovem em ascensão".

Aos 29 anos, Kitty parecia, enfim, pronta para assumir a responsabilidade pela própria vida.[36] Embora aparentemente aprisionada num casamento sem saída, estava então determinada a seguir em frente com a carreira. O principal interesse dela era a botânica, e naquele verão Kitty obteve uma bolsa de pesquisa para começar os estudos de pós-graduação no *campus* da Universidade da Califórnia em Los Angeles.

Em agosto de 1939, ela e Harrison compareceram a uma festa ao ar livre em Pasadena, onde conheceram Oppenheimer. Kitty começou os estudos na UCLA naquele outono, mas não se esqueceu do rapaz alto de olhos azuis brilhantes. Em algum momento durante os meses seguintes, eles voltaram a se encontrar e começaram a sair — e, embora Kitty ainda fosse casada, não fizeram nenhum esforço para esconder o caso. Eram vistos frequentemente no Chrysler cupê de Robert. "Ele passava perto [do meu consultório] com aquela moça bonita", recordava o dr. Louis Hempelmann, um médico que lecionava em Berkeley.[37] "Ela era muito atraente. Pequena, magra como uma vareta, exatamente como ele. Eles se beijavam carinhosamente e cada um ia para um lado. Robert sempre usava aquele chapéu *pork pie*."

Na primavera de 1940, Oppenheimer, com bastante audácia, convidou Richard Harrison e Kitty para passar um tempo em Perro Caliente durante o verão. No último momento, disse posteriormente o dr. Harrison ao FBI, ele resolveu não ir, mas incentivou Kitty a fazer a viagem. Aconteceu que Bob e Charlotte Serber haviam sido convidados por Oppie para ir ao rancho na mesma época, e, quando chegaram a Berkeley vindos de Urbana, Illinois, onde Serber estava lecionando, Oppie exclamou que convidara os Harrison, mas que Richard não poderia ir. "Pode ser que Kitty vá sozinha", acrescentou. "Vocês poderiam trazê-la. Deixo a decisão para vocês. Contudo, se fizerem isso, saibam que pode haver sérias consequências." Kitty foi com os Serber ansiosamente — e passou dois meses inteiros no rancho.

Apenas um ou dois dias após a chegada, Kitty e Robert — ela sempre insistiu em chamá-lo de Robert — foram a cavalo até o rancho de Katherine Page em Los Pinos.[38] Passaram a noite lá e cavalgaram de volta na manhã seguinte. Foram seguidos algumas horas depois por Page — a mulher por quem o jovem Oppenheimer estivera tão apaixonado no verão de 1922 —, que maliciosamente entregou a Kitty a camisola, que, segundo explicou, fora encontrada debaixo do travesseiro de Robert em Los Pinos.

No fim do verão, Oppenheimer telefonou ao dr. Harrison para lhe dizer que Kitty estava grávida. Os dois concordaram que a coisa certa a fazer era Harrison divorciar-se dela para que Oppenheimer pudesse se casar com Kitty. Foi tudo muito civilizado. Harrison disse ao FBI que "ele e os Oppenheimer ainda estavam em bons termos e todos tinham opiniões modernas no que dizia respeito a sexo".[39]

Mesmo tendo sido testemunha daquele apaixonado caso no verão de 1940, Bob Serber ficou atônito em outubro quando Oppie lhe disse que ia se casar.[40] Ao ouvir a notícia, não teve certeza se a noiva de Oppenheimer era Jean ou Kitty. Podia ser qualquer uma das duas. Robert tinha roubado a esposa de outro homem — e alguns dos amigos dele ficaram de fato escandalizados. Oppie não era um mulherengo, mas o tipo de homem que sentia uma forte atração por mulheres atraídas por ele. Kitty fora irresistível.

Certa noite, naquele outono de 1940, Robert por acaso dividiu um tablado com Steve Nelson num evento de arrecadação de fundos em Berkeley para os refugiados da Guerra Civil Espanhola. Recém-chegado a San Francisco, Nelson nunca ouvira falar de Oppenheimer. Como orador convidado, Robert disse que a vitória fascista na Espanha levara diretamente à eclosão da guerra geral na Europa. Argumentou que aqueles como Nelson, que haviam servido na Espanha, tinham combatido numa ação de retardamento.

Depois, Oppenheimer aproximou-se de Nelson e, com um largo sorriso, disse: "Vou me casar com uma amiga sua, Steve." Nelson não conseguiu imaginar quem poderia ser, então Robert explicou: "Vou me casar com Kitty."

"Kitty Dallet!", exclamou Nelson.[41] Ele perdera contato com Kitty desde que ela passara um tempo com ele e Margaret em Nova York. "Ela está lá no fundo, sentada no saguão", disse Oppenheimer, e fez um gesto para que Kitty se aproximasse. Os dois velhos amigos se abraçaram e combinaram de se encontrar. Logo depois, os Nelson foram à casa de Oppenheimer para um jantar em estilo piquenique. Em algum momento naquele outono, Kitty se mudou para Reno, Nevada, com o propósito de cumprir o exigido domicílio de seis semanas, e ali mesmo, em 1º de novembro de 1940, ela conseguiu a sentença de divórcio de Harrison. No mesmo dia, casou-se com Robert em Virginia City. Um zelador da corte e um funcionário local assinaram a certidão de casamento como testemunhas. Quando os recém-casados voltaram a Berkeley, Kitty usava um vestido de grávida.[42]

No fim de novembro, Margaret Nelson telefonou a Kitty para dizer que acabara de dar à luz uma filha, e lhe haviam dado o nome de Josie, em homenagem a Joe Dallet.[43] Kitty imediatamente convidou os Nelson a visitá-los e usar o quarto de hóspedes que tinham na nova casa.[44] Nos anos seguintes, os Nelson visitaram os Oppenheimer em numerosas ocasiões, embora as visitas fossem aos poucos se tornando menos frequentes. Em anos futuros, os filhos deles brincariam juntos. "Eu também via Robert em Berkeley de vez em quando, porque era responsável pelo trabalho com pessoas da universidade, por levá-las para conduzir aulas e discussões", escreveu Nelson em suas memórias. Havia também encontros individuais. Uma escuta do FBI, por exemplo, mostra que Oppenheimer esteve com Nelson no domingo, 5 de outubro de 1941, aparentemente para lhe entregar um cheque de 100 dólares, uma doação para os trabalhadores agrícolas em greve.[45] A relação, porém, foi muito além de transações políticas. Quando Josie Nelson completou 2 anos, em novembro de 1942, Oppenheimer fez uma surpresa, aparecendo na entrada da casa dos Nelson com um presente para a menina. Margaret ficou "atônita" e comovida por esse típico ato de gentileza. "Com todo o brilhantismo dele", pensou, "ainda havia lugar para fortes qualidades humanas".[46]

Embora grávida, Kitty continuou os estudos de biologia e insistia com os amigos que ainda pretendia ter uma carreira profissional como botânica. "Kitty estava muito empolgada com a volta aos estudos", disse Maggie Nelson. "Estava muito envolvida nisso." Entretanto, apesar do interesse comum pela ciência, Kitty e Robert tinham temperamentos opostos. "Ele era gentil, delicado", recordou uma amiga que conheceu os dois.[47] "Já ela era estridente, assertiva, agressiva. Mas muitas vezes é isso que forma um bom casamento, os opostos."

A maioria dos parentes de Robert era ignorada por Kitty. Jackie Oppenheimer, com toda a franqueza que a caracterizava, sempre achou que ela era "uma sacana" e se ressentia da maneira como, na opinião dela, havia separado Robert dos amigos. Décadas depois, ela deu vazão à animosidade: "Ela não suportava dividir Robert com ninguém", recordou Jackie.[48] "Kitty era uma manipuladora. Se queria alguma coisa, sempre conseguia. […] Ela era falsa. Todas as convicções políticas dela eram falsas, todas as ideias dela eram emprestadas. Para ser honesta, ela é uma das poucas pessoas realmente más que conheci na vida."

Kitty sem dúvida tinha a língua afiada e antagonizava facilmente com certos amigos de Robert, mas alguns a julgavam "muito esperta". Chevalier considerava a inteligência dela mais intuitiva do que astuta ou profunda. E, como se lembrou Bob Serber, "todo mundo falava que Kitty era comunista". No entanto, também era verdade que ela exercia uma influência estabilizadora na vida de Robert. "A carreira dela", disse Serber, "estava fazendo progredir a de Robert, que daí por diante foi a influência controladora, avassaladora, sobre ela".

* * *

Logo após o apressado matrimônio, Oppie e Kitty alugaram uma grande casa no número 10 da Kenilworth Court, ao norte do *campus*. Depois de vender o velho Chrysler cupê, Robert deu de presente à esposa um Cadillac novo, que o casal apelidou "Bombsight" — "Mira de Bombardeio".[49] Kitty persuadiu o marido a vestir-se num estilo mais de acordo com a posição que ele ocupava. Foi então que ele começou a usar paletós de tweed e ternos mais caros. Sem abrir mão, no entanto, do chapéu *pork pie*. "Um certo exagero tomou conta de mim", confessou ele mais tarde ao falar da vida de casado.[50] Nessa fase do casamento, Kitty era uma excelente cozinheira, então eles com frequência organizavam confraternizações e convidavam amigos próximos como os Serber, os Chevalier e outros colegas de Berkeley. O bar de Oppie tinha sempre um bom estoque de bebidas. Maggie Nelson recordou uma discussão numa dessas oportunidades, quando Kitty confessou que "a conta das bebidas era mais alta que a da comida".[51]

Certa noite, no começo de 1941, John Edsall, amigo de Robert dos tempos de Harvard e Cambridge, apareceu para jantar. Então professor de química, Edsall não via o amigo fazia mais de uma década. E ficou impressionado com a mudança. O rapaz introspectivo que conhecera em Cambridge e na Córsega se tornara uma imponente personalidade. "Senti que ele era, sem dúvida, uma pessoa muito mais forte", recordou Edsall, "que resolvera as crises pelas quais havia passado e conquistara grande dose de resolução interna depois de superá-las. Detectei uma sensação de confiança e autoridade, embora ainda houvesse tensão e [uma] falta de conforto interior em alguns aspectos [...] ele era capaz de alcançar e enxergar intuitivamente coisas que a maioria das pessoas só conseguia acompanhar de forma muito lenta e hesitante, caso chegasse a esse ponto. E isso acontecia não apenas na física, mas em outras searas".[52]

Àquela altura, Robert estava prestes a se tornar pai. O filho nasceu em 12 de maio de 1941, em Pasadena, onde Oppenheimer lecionava um programa regular de primavera no Caltech. Eles batizaram o menino de Peter — mas Robert, maliciosamente, o apelidou de "Pronto". Kitty contou às amigas, em tom de brincadeira, que o bebê de quase quatro quilos era prematuro.[53] Tinha sido uma gravidez difícil para Kitty, e naquela primavera Oppenheimer estava sofrendo de mononucleose infecciosa. Em junho, porém, ambos haviam recuperado a saúde o suficiente para convidar os Chevalier para uma visita. O casal chegou em meados de junho e passou uma semana com os velhos amigos para pôr a conversa em dia. Haakon fizera amizade recentemente com Salvador Dalí, e passou os dias sentado no jardim de Oppie trabalhando numa tradução da autobiografia do pintor surrealista, *A vida secreta de Salvador Dalí*.

Algumas semanas depois, Oppie e Kitty abordaram os Chevalier para lhes pedir um enorme favor. Kitty estava precisando desesperadamente de um descanso, explicou Robert. Será que os Chevalier se disporiam a ficar com o menino Peter, de 2 meses, e a babá alemã, enquanto ele e Kitty davam uma fugida de um mês até Perro Caliente? Haakon viu o pedido com uma confirmação do sentimento de que Oppie era seu amigo mais próximo, mais íntimo. "Profundamente lisonjeados",[54] os Chevalier concordaram de pronto e ficaram com Peter não apenas um mês, mas dois meses inteiros, até Kitty e Oppenheimer voltarem para o semestre de outono. Esse arranjo bastante incomum, no entanto, pode ter tido consequências de longo prazo para mãe e filho. Kitty nunca estabeleceu um laço de verdade com Peter. Mesmo um ano depois, os amigos notavam que era sempre Robert que os levava até o quarto do bebê e exibia a criança com óbvio orgulho e prazer. "Kitty parecia desinteressada", disse uma velha amiga.[55]

Robert sentiu-se revigorado assim que chegaram a Perro Caliente.[56] Na primeira semana, ele e Kitty encontraram energia para pregar telhas novas na cabana. Deram longos passeios a cavalo pelas montanhas. Certa feita, Kitty mostrou ousadia ao fazer o cavalo galopar num prado enquanto ela se punha de pé na sela. Robert ficou contente quando, no fim de julho, topou com o velho amigo Hans Bethe, o físico de Cornell que conhecera em Göttingen, e o convenceu a ir visitá-los no rancho. Infelizmente, logo depois Robert foi pisoteado por um cavalo que estava tentando cercar para que Bethe montasse e precisou passar por alguns exames radiográficos no hospital em Santa Fe. Foi uma visita memorável, sob vários aspectos.

Na volta, os Oppenheimer foram buscar o bebê Peter e se mudaram para uma casa recém-comprada no número 1 de Eagle Hill, nas montanhas dos arredores de Berkeley.[57] Mais cedo naquele verão, Robert fizera uma rápida visita à casa, imediatamente concordando em pagar o preço total pedido, 22.500 dólares — mais 5.300 pelos terrenos adjacentes. Era um casarão de um andar, em estilo espanhol, com paredes caiadas e telhado vermelho.[58] A nova casa ficava numa colina, cercada em três lados por um íngreme cânion coberto de florestas, com uma vista espetacular do pôr do sol sobre a ponte Golden Gate. A ampla sala de estar tinha piso de madeira, pé-direito de quatro metros com vigas aparentes e janelas em três dos lados. A imagem de um leão feroz estava entalhada numa maciça lareira de pedra. Estantes de livros do chão ao teto se erguiam em cada extremidade da sala. Portas francesas se abriam para um belo jardim emoldurado por carvalhos. A casa vinha com uma cozinha muito bem equipada e um apartamento para hóspedes em cima da garagem. Já estava parcialmente mobiliada, e Barbara Chevalier ajudou Kitty com parte da decoração interna. Segundo a opinião geral, era uma construção charmosa e bem planejada. Oppenheimer chamou-a de lar por quase uma década.

12

"Estávamos puxando o New Deal para a esquerda"

[Decidi] que já estava cansado da causa espanhola, havia outras crises mais prementes no mundo.
ROBERT OPPENHEIMER

No domingo, 29 de janeiro de 1939, Luis W. Alvarez — um jovem e promissor físico que trabalhava com Ernest Lawrence — estava sentado numa cadeira de barbeiro e lia o *San Francisco Chronicle*. De repente, deparou-se com a matéria de uma agência de notícias a qual informava que dois químicos alemães, Otto Hahn e Fritz Strassmann, haviam tido êxito em demonstrar que o núcleo do urânio podia ser dividido em duas ou mais partes. Eles haviam conseguido a fissão ao bombardear o urânio, um dos elementos químicos mais pesados, com nêutrons. Atônito com o relato, Alvarez "interrompeu o barbeiro no meio do corte e correu até o Laboratório de Radiação para espalhar a notícia".[1] Quando contou a novidade a Oppenheimer, ouviu do colega: "É impossível." Oppenheimer foi então até o quadro-negro e começou a provar matematicamente que a fissão não poderia acontecer. Alguém devia ter cometido um erro.

No dia seguinte, porém, Alvarez repetiu com sucesso o experimento em seu laboratório. "Convidei Robert para ver os minúsculos pulsos de partículas alfa naturais no nosso osciloscópio e os altos e pontudos pulsos de fissão, vinte vezes maiores. Em menos de quinze minutos ele não só concordou que a reação era autêntica, como também especulou que no processo os nêutrons em excesso seriam expulsos pelo calor e poderiam ser usados para dividir mais átomos de urânio e desse modo gerar energia ou fazer bombas. Era impressionante ver como a mente dele funcionava rápido."

Escrevendo alguns dias depois a Willie Fowler, um colega do Caltech, Oppie comentou: "O negócio do U é inacreditável. Primeiro vimos nos jornais, em seguida requisitamos mais verbas, e desde então temos uma porção de relatos. [...] Muitos pontos ainda não estão claros: onde estão os betas de alta energia e vida curta que seriam esperados? [...] De quantas maneiras pode-se dividir o U? Ao acaso, como se poderia imaginar, ou somente de certas maneiras? [...] Acho tudo isso muito animador, não do jeito raro dos pósitrons e mésons, mas de um jeito bom, honesto e prático."[2] Aí estava uma descoberta significativa, e ele mal podia conter a empolgação. Ao mesmo tempo, via também as mortais implicações da descoberta. "Então acho que não é tão improvável assim que um cubo de deutereto de urânio de dez centímetros (é preciso haver alguma coisa para desacelerar os nêutrons sem capturá-los) possa muito bem explodir e provocar um inferno", escreveu ao colega George Uhlenbeck.[3]

Por coincidência, naquela mesma semana, um aluno de pós-graduação de 21 anos chamado Joseph Weinberg abriu caminho até a sala de Oppenheimer no LeConte Hall e bateu na porta. Pretensioso e cheio de opiniões, Weinberg fora dispensado no meio do ano por Gregory Breit, professor de física dele em Wisconsin que o mandara fazer as malas e dissera que Berkeley era um dos poucos lugares no mundo onde "alguém tão maluco como você poderia ser aceito". O lugar dele era ao lado de Oppenheimer, dissera Breit, ignorando os protestos de Weinberg de que os artigos de Oppie na *Physical Review* eram os únicos que ele não conseguia entender.

"Havia um tremendo burburinho atrás da porta", recordou Weinberg, "então bati com força e depois de um momento alguém surgiu seguido de uma grande baforada de fumaça e barulho, enquanto a porta se abriu e voltou a se fechar".

"O que você quer, cacete?", perguntou o homem a Weinberg.

"Estou procurando o professor J. Robert Oppenheimer", disse o jovem.

"Muito bem, acabou de encontrá-lo", retrucou Oppenheimer.

Atrás da porta, Weinberg viu homens berrando e discutindo. "O que está fazendo aqui?", perguntou Oppie.

Weinberg explicou que tinha acabado de chegar de Wisconsin.

"E o que você fazia lá?"

"Trabalhava com o professor Gregory Breit."

"Isso é mentira, é a sua primeira mentira", retrucou Oppenheimer.

"Perdão?"

"Você está aqui. Deu um jeito de se afastar de Breit, de trabalhar à margem dele."

"Essa seria uma afirmação mais acurada", reconheceu Weinberg.

"Muito bem. Parabéns! Entre e se junte à loucura."

Oppenheimer apresentou Weinberg a Ernest Lawrence, Linus Pauling e vários de seus alunos de pós-graduação: Hartland Snyder, Philip Morrison e Sydney M. Dancoff. Weinberg ficou perplexo ao conhecer esses luminares da física. "Todos se tratavam pelo primeiro nome, aquilo me parecia ridículo", relembrou ele tempos depois.[4] Mais tarde, Weinberg foi almoçar com Morrison e Dancoff, e, sentados no restaurante do grêmio estudantil, o Heartland, discutiram o significado de um telegrama de Niels Bohr sobre a descoberta da fissão. Alguém pegou um guardanapo e começou a esboçar uma bomba baseada na noção de reação em cadeia. "Com base nos dados", disse Weinberg, acabamos de projetar uma bomba." Phil Morrison fez alguns cálculos preliminares e chegou à conclusão de que o artefato não funcionaria, que a reação em cadeia se desmancharia antes da explosão. "Veja bem", recordou Weinberg, "naquela época não sabíamos que o urânio poderia eventualmente ser enriquecido e isolado em concentrações muito maiores — o que, é óbvio, poderia levar à fissão". Uma semana depois, Morrison entrou no escritório de Oppie e viu no quadro-negro "um desenho, um desenho péssimo, execrável, de uma bomba".[5]

No dia seguinte, Oppenheimer sentou-se com Weinberg para definir o curso de estudos do jovem. "Você acha que vai ser físico?", provocou Oppie. "Então, o que você já fez?" Desorientado, Weinberg respondeu: "Ultimamente, você quer dizer?" Oppenheimer recostou-se na cadeira e soltou uma gargalhada. Estava longe de esperar que um aluno novato de pós-graduação tivesse feito algo original. Weinberg, porém, respondeu que havia trabalhado num problema teórico e, quando o explicou, Oppenheimer o interrompeu: "Você tem isso por escrito, certo?" Weinberg não tinha, mas prometeu sem pestanejar ter o artigo pronto na manhã seguinte. "Ele olhou para mim", relembrou Weinberg, "e disse em um tom frio: 'Que tal às 8h30?'". Traído pela própria presunção, o jovem passou o restante do dia e a noite inteira redigindo o texto. Recebeu o material de volta de Oppenheimer um dia depois com uma palavra impronunciável rabiscada na primeira página: "*Snoessigenheellollig*."

"Eu o encarei", contou Weinberg, "e ele disse: 'Você sabe o que isso significa, não é?'". Weinberg sabia que se tratava de uma palavra em gíria holandesa, mas não sabia se era um comentário favorável. Oppie deu um sorrisinho e explicou que, numa tradução aproximada, significava algo como "bacana".

"Mas por que em holandês?", perguntou Weinberg.

"Isso eu não posso lhe contar... não ouso lhe contar", respondeu Oppie, que então deu meia-volta, saiu da sala e fechou a porta. Um instante depois, porém, a porta se abriu com um estalo, Oppenheimer enfiou a cabeça para dentro e disse: "Eu realmente não devia comentar nada, mas talvez lhe deva isso — porque seu artigo me fez lembrar [Paul] Ehrenfest."

Weinberg ficou atônito. Conhecia o suficiente sobre a reputação de Ehrenfest para entender o que Oppie estava dizendo: "Esse foi o único elogio que ele me fez na vida. [...] Ele adorava Ehrenfest, [que] tinha o dom de tornar as coisas luminosamente claras, espirituosas e prenhes de sentido nos termos mais simples."[6] Naquela mesma semana, Oppenheimer fez um agrado a Weinberg mandando-o apresentar o artigo que o jovem físico lhe entregara em lugar de um seminário, como estava previamente programado. Depois, como que para compensar a lisonja, disse-lhe com um muxoxo que aquilo era "coisa de garoto". Havia "um jeito adulto de abordar esse tipo de problema", e ele sugeriu que Weinberg o fizesse imediatamente. Weinberg passou os três meses seguintes se esforçando para produzir um cálculo elaborado. E, no fim das contas, foi obrigado a admitir que não conseguira achar nenhum vestígio da relação empírica que havia predito a partir do argumento inicial e muito simplório proposto por ele. "Agora você aprendeu uma lição", falou Oppenheimer. "Às vezes o método elaborado, culto, o método adulto, não é tão bom quanto o método infantil, simples e ingênuo."

Weinberg era um devoto discípulo de Bohr mesmo antes de sua chegada a Berkeley. Como muitos físicos, sentia-se atraído pela disciplina sobretudo porque ela prometia abrir a porta para percepções filosóficas fundamentais. "Eu estava interessado no prazer de mexer com as leis da natureza", disse Weinberg. E, de fato, quando por um período ele considerou a possibilidade de abandonar a física, só foi capaz de prosseguir depois que um amigo o incentivou a ler a obra clássica de Niels Bohr, *Atomic Theory and the Description of Nature*. "Li Bohr e me reconciliei com a física", disse Weinberg. "O livro de fato me reconverteu." Nas mãos de Bohr, a teoria quântica tornava-se uma jubilosa celebração de vida. No dia em que chegou a Berkeley, aconteceu de Weinberg mencionar a Phil Morrison que o livro de Bohr era um dos poucos volumes que julgara digno de trazer junto consigo. Phil caiu na risada, porque em Berkeley, entre aqueles que viviam no estreito círculo de amigos de Oppenheimer, o livrinho de Bohr era considerado a Bíblia. Weinberg ficou feliz em constatar que ali "Bohr era Deus e Oppie, o seu profeta".[7]

QUANDO UM ALUNO FICAVA atrapalhado e simplesmente não conseguia terminar um artigo, comentava-se com frequência que o próprio Oppie o fazia. Certa noite, em 1939, Oppenheimer convidou Joe Weinberg e Hartland Snyder ir à casa dele em Shasta Road. Os dois jovens estudantes de pós-graduação haviam colaborado num artigo, mas sentiam-se incapazes de escrever uma conclusão satisfatória. "Ele nos deu o habitual copinho de uísque", contou Weinberg, "e colocou uma música para me manter ocupado. Hartland ficou zanzando e olhando os livros enquanto Oppie se sentou à máquina de escrever. Depois de meia hora, bateu o último parágrafo. Um parágrafo belíssimo".[8] O artigo, "Stationary States of Scalar and Vector Fields", foi publicado na *Physical Review* em 1940.

As aulas de Oppenheimer eram invariavelmente acompanhadas por um calhamaço de fórmulas escritas no quadro-negro. No entanto, como a maioria dos teóricos, ele não tinha respeito por meras fórmulas. Weinberg, que Oppenheimer viera a considerar um de seus alunos mais brilhantes, observou que as fórmulas matemáticas eram como grampos de ferro temporários para um alpinista. Cada grampo dita mais ou menos a posição onde vai ficar o grampo seguinte. "Um registro disso", disse Weinberg, "é o registro de uma escalada específica. Dá uma ideia vaga do formato da rocha". Para Weinberg e outros, "estar num curso com Oppie era como ver clarões luminosos cinco ou dez vezes por hora, tão breves que podiam se perder. Se você estivesse apenas copiando fórmulas do quadro-negro, poderia nem perceber que os clarões estavam lá. Muitas vezes eles eram percepções filosóficas básicas que colocavam a física num contexto humano".

Oppenheimer achava que não se podia esperar que uma pessoa aprendesse mecânica quântica somente nos livros — o esforço verbal inerente ao processo de explicação era o que abria a porta para a compreensão. Ele nunca repetia uma aula. "Ele tinha uma aguda consciência", lembrou Weinberg, "das pessoas na classe".[9] Podia observar os rostos da audiência e subitamente decidir mudar toda a abordagem, ao perceber quais eram as dificuldades particulares com o tema. Certa vez, deu uma aula inteira sobre um problema que, ele sabia, iria atrair a atenção de um único aluno. Em seguida, esse aluno correu até ele e pediu permissão para atacar o problema. Oppenheimer respondeu: "Muito bem, foi por isso que dei o seminário."

Oppenheimer não aplicava exames finais, mas distribuía deveres de casa em profusão.[10] Durante cada hora de aula, apresentava uma palestra não socrática, "em alta velocidade", como recordou Ed Geurjoy, um estudante de pós-graduação de 1938 a 1942. Os alunos se sentiam livres para interrompê-lo com perguntas. "Em geral ele respondia com toda a paciência", disse Geurjoy, "a menos que a pergunta fosse claramente estúpida, caso em que a resposta era provavelmente bastante cáustica".

Oppenheimer era brusco com alguns alunos, mas tratava aqueles mais vulneráveis com mão gentil. Certo dia, quando estava na sala de Oppie, Weinberg começou a remexer os papéis empilhados na mesa de cavaletes que ficava no centro do cômodo. Pegou um artigo e começou a ler o primeiro parágrafo, alheio ao olhar irritado de Oppie. "Esta é uma excelente proposta!", exclamou Weinberg. "Eu sem dúvida adoraria trabalhar nisso." Para espanto dele, Oppenheimer respondeu apenas: "Ponha isso aí de volta, ponha de volta onde você achou." Quando Weinberg perguntou o que tinha feito de errado, Oppenheimer disse: "Não era para você ter encontrado isso aí."

Algumas semanas depois, Weinberg ouviu que um aluno que estava lutando para encontrar um tema para sua tese tinha começado a trabalhar na proposta que ele havia lido naquele dia. "[O aluno] era um sujeito muito decente, genial", contou Weinberg.[11] "Mas, ao contrário de alguns de nós, que apreciávamos os desafios que Oppie lançava como faíscas, muitas vezes ficava desorientado, perplexo e pouco à vontade. Ninguém tinha coragem de lhe dizer 'Olha, você está fora da sua praia'." Weinberg percebeu, então, que Oppie tinha planejado aquele problema especificamente para o tal aluno. Tratava-se de um problema bem fácil. "No entanto, era perfeito para esse aluno", disse Weinberg, "e fez com que ele conseguisse obter o doutorado. Teria sido difícil para ele tirar o doutorado com Oppie se ele o tivesse tratado do mesmo jeito que tratava a mim ou Phil Morrison ou Sid Dancoff". Em vez disso, Weinberg insistiu anos depois, Oppie cuidou daquele aluno como um pai teria cuidado de um bebê aprendendo a andar. "Oppie esperou que ele descobrisse aquela proposta acidentalmente, nos termos dele próprio, que a pegasse e manifestasse interesse, achasse o caminho até o tema. [...] Ele precisava de tratamento especial, e, por Deus!, Oppie lhe daria esse tratamento. Isso mostra uma grande dose de amor, empatia e compreensão humana." O estudante em questão, relatou Weinberg, seguiu adiante para realizar um distinto trabalho como físico aplicado.

Weinberg rapidamente se tornou um membro devoto do círculo interno de amigos de Oppenheimer. "Ele sabia que eu o adorava", disse Weinberg, "assim como todos nós". Philip Morrison, Giovanni Rossi Lomanitz, David Bohm e Max Friedman foram alguns outros alunos de pós-graduação que viram Oppenheimer como mentor e modelo durante aqueles anos. Eram jovens pouco convencionais, que, nas palavras de Morrison, se orgulhavam de ser "intelectuais autoconscientes e ousados".[12] Todos estudavam física teórica e eram ativos em uma ou outra causa da Frente Popular. Alguns, como Morrison e Bohm, chegaram a reconhecer terem entrado para o Partido Comunista. Outros estavam apenas nas margens. Joe Weinberg provavelmente esteve no partido pelo menos por algum tempo.[13]

Morrison, nascido em Pittsburgh em 1915, crescera não muito longe do lar de infância de Kitty Oppenheimer.[14] Depois de estudar numa escola pública, ganhou uma bolsa em física do Instituto Carnegie de Tecnologia em 1936. Naquele outono, foi para Berkeley estudar física teórica com Oppenheimer. Vítima de poliomielite infantil, chegou ao *campus* usando um suporte de metal numa das pernas. Como criança convalescente da doença, passara muito tempo na cama e aprendera a fazer leitura dinâmica, chegando a cinco páginas por minuto. Como estudante de pós-graduação, Morrison impressionava a todos com uma ampla gama de conhecimentos sobre quase tudo, de história militar a física. Em 1936, entrou para o Partido Comunista. Entretanto, embora não escondesse a visão política de esquerda, tampouco anunciava a filiação. Dale Corson, colega de sala em Berkeley no fim dos anos 1930, desconhecia que Morrison fosse membro do PC.

"Naquela época estávamos todos muito próximos do comunismo", recordou Bohm.[15] Na verdade, até 1940-41, Bohm não tinha muita simpatia pelo PC. Contudo, com a queda da França, começou a sentir que ninguém além dos comunistas tinha força de vontade para resistir aos nazistas. De fato, muitos europeus pareciam preferir os nazistas aos russos. "E eu sentia", disse Bohm, "que essa também era uma tendência nos Estados Unidos. Eu achava que os nazistas representavam uma enorme ameaça à civilização. [...] E parecia que os russos eram os únicos que estavam realmente combatendo-os. Então comecei a ouvir com mais simpatia o que eles diziam".

No fim do outono de 1942, os jornais estavam repletos de relatos da batalha de Stalingrado — por algum tempo, parecia que todo o resultado da guerra dependia dos sacrifícios feitos pelo povo russo. Weinberg disse bem depois que ele e os amigos sofriam diariamente junto com os russos. "Ninguém é capaz de sentir o que sentimos", recordou.¹⁶ "Mesmo quando víamos a impostura que estava ocorrendo na União Soviética, as farsas dos julgamentos públicos, preferíamos desviar os olhos."

Em novembro de 1942, assim que os russos abriram uma ofensiva para afastar os nazistas dos arredores de Stalingrado, Bohm começou a frequentar com regularidade as reuniões da unidade de Berkeley do Partido Comunista. Em geral apareciam cerca de quinze pessoas. Depois de um tempo, Bohm passou a achar essas reuniões "intermináveis" e concluiu que os vários planos do grupo para "agitar as coisas no *campus*" não estavam dando muito resultado. "Eu tinha a sensação de que eram mesmo ineficazes."¹⁷ Aos poucos, Bohm simplesmente deixou de frequentar as reuniões. Continuou, porém, sendo um apaixonado e entusiástico intelectual marxista, lendo textos de Marx com os amigos mais próximos naquela época, Weinberg, Lomanitz e Bernard Peters.

Phil Morrison lembrou que as reuniões da unidade do partido à qual ele estava vinculado eram frequentadas por "muita gente que não era comunista. Seria muito difícil dizer quem era comunista".¹⁸ As reuniões ocorriam muitas vezes como grupos de discussão. Discutia-se, afirmou Morrison, "tudo que havia sob o sol". Como aluno de menos recursos, as contribuições obrigatórias de Morrison eram de apenas 25 centavos por mês. Ele continuou membro do partido durante todo o Pacto Nazissoviético, mas, como muitos dos camaradas norte-americanos, abandonou a unidade logo depois de Pearl Harbor. Àquela altura, estava dando aulas na Universidade de Illinois, e a pequena unidade do partido simplesmente decidira que a prioridade deveria ser auxiliar nos esforços de guerra, o que não deixava tempo para "discutir política".

David Hawkins ingressou em Berkeley em 1936 para estudar filosofia. Quase de imediato, começou a se dar com alguns dos alunos de Oppenheimer, inclusive Phil Morrison, David Bohm e Joe Weinberg. Certo dia, Hawkins encontrou Oppenheimer numa reunião do Sindicato dos Professores, na qual estava sendo discutida a má remuneração dos assistentes de ensino, e ele se lembra de ter ficado impressionado com a eloquência e a atitude solidária de Oppenheimer: "Ele era muito persuasivo, muito convincente, elegante na linguagem, capaz de escutar o que diziam e incorporar o que havia sido dito àquilo que ia dizer. Tive a impressão de que era um bom político, no sentido de que era capaz de resumir as falas de muitas pessoas, e por meio desse resumo fazê-las descobrir que estavam todas de acordo. Um grande talento."¹⁹

Hawkins conhecera Frank Oppenheimer em Stanford, e, como Frank, entrara para o Partido Comunista no fim de 1937. Como os irmãos Oppenheimer e muitos outros acadêmicos, fora inflamado pelo vigilantismo antitrabalhista que varria então os empreendimentos agrícolas da Califórnia. Não obstante, as atividades políticas ocupavam apenas parte do tempo dele — Hawkins não teve contato com um funcionário de período integral do partido como Steve Nelson até meados de 1940. E, como muitos outros na academia, julgava necessário ocultar a afiliação ao partido. "Éramos bastante sigilosos", disse ele, "pois nossos empregos estavam em risco. Você podia ser de esquerda, se envolver em algumas dessas atividades, mas não devia dizer 'Sou membro do Partido Comunista'".[20] Hawkins tampouco pensava em revolução. "A centralização de uma sociedade tecnológica", comentou posteriormente, "tornava muito difícil pensar em barricadas nas ruas [...] tínhamos consciência de que éramos um componente da esquerda no New Deal. Estávamos puxando o New Deal para a esquerda. Era essa a nossa missão de vida".[21] E também uma descrição acurada dos objetivos políticos — e pessoais — de Robert Oppenheimer.

Em 1941, Hawkins era ativo na política local do *campus* como membro júnior do corpo docente no Departamento de Filosofia. Participava dos mesmos grupos de estudos frequentados por Weinberg, Morrison e outros, com encontros em casas particulares nos arredores de Berkeley. "Tínhamos todos muito interesse em materialismo histórico e teoria da história", recordou Hawkins. "Fiquei muito impressionado com Phil e nos tornamos bons amigos."

Algumas dessas reuniões ocorriam na casa de Oppenheimer. Quando questionado anos depois se achava que Oppie tinha sido membro do partido, Hawkins respondeu: "Não que eu saiba. Não acho que isso tenha muita importância. Num certo sentido, não é uma pergunta importante. Ele claramente se identificava com muitas das atividades de esquerda."[22]

MARTIN D. KAMEN ERA outro dos acólitos de Oppie.[23] Químico de formação, a tese de doutorado que escrevera em Chicago tinha como tema um problema de física nuclear. Em poucos anos, ele e outro químico, Sam Ruben, usariam o cíclotron de Lawrence para descobrir o isótopo radioativo carbono-14. No começo de 1937, ele seguiu a namorada até Berkeley, onde Ernest Lawrence o contratou por mil dólares por ano para trabalhar no Rad Lab. "Era como Meca", recordou Kamen.[24] Oppenheimer logo ficou sabendo que ele era um músico sério — tocava violino com Frank Oppenheimer — e gostava de falar de literatura e música. "Acho que ele gostou imediatamente de mim", disse Kamen, "porque era capaz de conversar com ele a respeito de assuntos que não fossem sobre física". Os dois passaram bastante tempo juntos, de 1937 até a guerra estourar.

Como todos que entravam para o círculo de amigos de Oppenheimer, Kamen admirava o carismático físico. "Todo mundo meio que o olhava de um jeito afetuoso, como se fosse uma espécie de maluco", comentou Kamen.[25] "Ele era extremamente brilhante, mas, de certo modo, também superficial. Tinha a abordagem de um diletante." Às vezes Kamen tinha a impressão de que as excentricidades de Oppie eram atuações teatrais calculadas. Ele se lembrou de ter ido com ele a uma festa de Ano-Novo na casa de Estelle Caen. No caminho, Oppie disse que Estelle morava numa rua particular, mas tinha esquecido o número da casa. Lembrava-se apenas de que era um múltiplo de sete. "Então subimos e descemos a rua de carro", continuou Kamen, "e finalmente achamos o número 3528, um múltiplo de sete, tudo bem. Hoje, quando penso nisso, fico me perguntando se ele não debochava um pouco de todo mundo. [...] Ele tinha aquela avassaladora tentação de simplesmente brincar um pouco com a gente".[26]

Kamen não era um ativista de esquerda e, com certeza, nunca foi comunista. No entanto, se juntou a Oppenheimer no círculo festivo de Berkeley, comparecendo a vários eventos que tinham como propósito levantar fundos para organizações como o Comitê Conjunto Antifascista para Refugiados e a Russian War Relief. Oppenheimer também o envolveu numa tentativa malsucedida de organizar um sindicato no Laboratório de Radiação. Tudo começou com uma briga eleitoral no sindicato trabalhista de uma fábrica da Shell em Emeryville. A Shell tinha um grande efetivo de trabalhadores de colarinho branco, engenheiros e químicos com doutorado, muitos egressos de Berkeley. Um sindicato patrocinado pelo Congresso de Organizações Industriais, a Federação de Arquitetos, Engenheiros, Químicos e Técnicos (FAECT, na sigla em inglês) lançou um movimento de organização na fábrica. Em resposta, a administração da Shell incentivou os empregados a entrarem para o sindicato da empresa. Em certo momento, um químico chamado David Adelson apelou a Oppenheimer para emprestar o prestígio que ele tinha ao movimento organizado pela FAECT. Adelson integrava uma unidade profissional do Partido Comunista do condado de Alameda (Califórnia), e achou que Oppie seria simpático à causa. Estava certo. Certa noite, em Berkeley, Oppenheimer deu uma palestra patrocinada pelo sindicato na casa de um de seus antigos alunos de pós-graduação, Herve Voge, que na época era empregado da Shell. Mais de quinze pessoas compareceram e escutaram respeitosamente a fala de Oppie sobre a probabilidade de os Estados Unidos entrarem na guerra. "Quando ele falava", disse Voge, "todos escutavam".[27]

No outono de 1941, Oppenheimer concordou em realizar um encontro do grupo na casa dele em Eagle Hill e, entre outros, convidou Martin Kamen para participar. "Não fiquei nada contente", relembrou Kamen, "mas disse 'Tudo bem, eu vou'". Kamen estava preocupado com a ideia de recrutar empregados do Laboratório de Radiação — que passara a trabalhar essencialmente para o Exército dos Estados Unidos, tendo assinado termos de segurança — para um sindicato controverso como a FAECT. Todavia, compareceu à reunião e escutou o discurso sindical de Oppenheimer. Havia quinze pessoas presentes, entre as quais um amigo psicólogo de Oppie, Ernest Hilgard; Joe Hildebrand, do Departamento de Química de Berkeley; e um jovem engenheiro químico britânico, George Eltenton, empregado da Shell.[28] "Estávamos todos sentados em círculo na sala de estar de Oppenheimer", recordou Kamen. "Todos diziam 'Ah, sim, ótimo, maravilhoso'." Quando chegou sua vez de falar, Kamen questionou: "Esperem um minuto. Alguém aqui falou com

[Ernest] Lawrence sobre isso? Estamos trabalhando no Laboratório de Radiação e não temos independência neste assunto. Temos de falar com Lawrence."

Oppie não tinha previsto essa consideração, e Kamen julgou que a interrupção o havia abalado. A reunião de duas horas terminou sem o apoio unânime que Oppenheimer esperava. Alguns dias depois, ele encontrou Kamen e disse: "Ih, não sei, não. Talvez eu tenha agido mal." Então explicou: "Fui ver Lawrence, e ele soltou os cachorros em cima de mim." Lawrence, cuja visão política vinha se tornando cada vez mais conservadora ao longo dos anos, ficara furioso ao saber que um sindicato de orientação comunista estava tentando organizar o pessoal do laboratório. Quando exigiu saber quem estava por trás daquilo, Oppenheimer insistiu: "Não posso lhe dizer quem são. Eles mesmos terão que vir fazer isso." Lawrence ficou enfurecido, não apenas porque se opunha com veemência a que seus físicos e químicos entrassem para um sindicato, mas porque o incidente havia demonstrado que seu velho amigo ainda perdia tempo precioso com políticas de esquerda. Lawrence vivia censurando Oppenheimer por ter "devaneios esquerdistas", porém mais uma vez Oppie argumentou com a eloquência habitual e disse que os cientistas tinham a responsabilidade de ajudar os "oprimidos" da sociedade.[29]

Não surpreende que Lawrence tenha ficado aborrecido. Naquele outono, ele estava tentando, sem sucesso, trazer Oppenheimer para o programa atômico. "Se ele apenas parasse com essas coisas sem sentido", queixou-se para Kamen, "nós poderíamos trazê-lo para o projeto, embora seja impossível fazer o Exército aceitá-lo".[30]

OPPENHEIMER RECUOU DA ORGANIZAÇÃO sindical no outono de 1941, mas a ideia de organizar cientistas no Rad Lab não morreu. Pouco mais de um ano depois, no começo de 1943, Rossi Lomanitz, Irving David Fox, David Bohm, Bernard Peters e Max Friedman, todos estudantes de Oppenheimer, entraram para a Local 25 da FAECT. As motivações usuais para formar um sindicato estavam conspicuamente ausentes. Lomanitz, por exemplo, estava ganhando 150 dólares por mês no Rad Lab — mais do que o dobro do salário anterior. Ninguém tinha queixas sobre as condições de trabalho, todos no laboratório ansiavam por trabalhar o máximo de horas que pudessem. "Parecia uma coisa dramática a se fazer", disse Lomanitz.[31] "Era meio uma coisa da juventude. [...] Era um motivo ridículo para formar um sindicato."

Friedman foi persuadido por Lomanitz e Weinberg a ser o organizador no Laboratório de Radiação. "Foi só um título, eu nunca fiz nada", contou ele.[32] Contudo, a princípio gostava da ideia de formar um sindicato. "Em parte, temíamos os possíveis usos da bomba atômica. Em parte, era isso. Em contrapartida, achávamos que os cientistas não deviam simplesmente [trabalhar no programa atômico] sem ter direito a voz sobre aquilo que resultava dos esforços deles próprios."

O sindicato logo chamou a atenção dos oficiais de inteligência do Exército, que mantinham o Laboratório de Radiação sob vigilância, e em agosto de 1943 o Departamento de Guerra foi avisado de que diversos funcionários do Rad Lab eram "comunistas ativos". O nome de Joe Weinberg foi mencionado. Um relatório de inteligência avisava que a Local 25 da FAECT era "uma organização conhecida por ser dominada e controlada por membros ou simpatizantes do Partido Comunista".[33] O secretário da Guerra, Henry L. Stimson, entrou em cena com uma nota ao presidente: "A menos que possa ser interrompida de imediato, julgo que a situação é muito alarmante." Logo em seguida, o Congresso de Organizações Industriais foi formalmente solicitado pelo governo Roosevelt a abandonar a organização no laboratório de Berkeley.

Em 1943, porém, Oppenheimer já tinha virado as costas para a questão sindical. Não porque tivesse mudado de opiniões políticas, mas porque havia constatado o seguinte: a menos que seguisse o conselho de Lawrence, não teria permissão para trabalhar num projeto que reconhecia ser necessário para derrotar a Alemanha nazista. Durante as discussões no outono de 1941 acerca das atividades sindicais de Oppie, Lawrence lhe confidenciara que James B. Conant, presidente da Universidade Harvard, o havia censurado por ter discutido cálculos de fissão com Oppenheimer, que na época não participava oficialmente do programa atômico.

O fato era que Oppenheimer vinha colaborando com Lawrence desde os primeiros meses de 1941, quando este começou a usar o cíclotron para desenvolver um processo eletromagnético destinado a separar o isótopo de urânio 235 (U-235) que talvez fosse necessário para produzir uma explosão nuclear. Oppenheimer e muitos outros cientistas no país estavam cientes de que o Comitê do Urânio fora autorizado pelo presidente Roosevelt, em outubro de 1939, a coordenar as pesquisas sobre fissão. Já em junho de 1941, porém, muitos físicos começaram a temer que a comunidade científica alemã pudesse estar bem mais adiantada nas mesmas pesquisas. Naquele outono, Lawrence, preocupado com a falta de progresso na direção de um projeto de bomba prático, escreveu a Compton e insistiu que Oppenheimer fosse incluído numa reunião secreta programada para 21 de outubro de 1941, no laboratório da General Electric em Schenectady, Nova York. "Oppenheimer tem ideias novas muito importantes", escreveu Lawrence.[34] E, sabendo que o nome de Oppie estava amplamente associado à política radical, acrescentou uma nota a Compton, na qual assegurava: "Tenho grande confiança em Oppenheimer."

Oppie compareceu à reunião de 21 de outubro em Schenectady, e os cálculos que fizera sobre a quantidade de U-235 necessária para a criação de uma arma efetiva foram parte essencial do relatório final da reunião enviado a Washington. Cem quilogramas, segundo as estimativas de Oppie, seriam suficientes para produzir uma reação explosiva em cadeia. A reunião, à qual compareceram Conant, Compton, Lawrence e um punhado de outras pessoas, teve um efeito profundo sobre Oppenheimer. Desanimado com as notícias da guerra — os nazistas, naquele momento, avançavam em direção a Moscou —, Oppie ansiava por ajudar a preparar os Estados Unidos para a guerra que estava por vir. Invejava os colegas que tinham saído para trabalhar no radar — "mas foi só no meu primeiro contato com o projeto rudimentar da energia atômica", testemunhou ele posteriormente, "que comecei a ver algum modo de ter alguma utilidade direta".[35]

Um mês depois, Oppenheimer escreveu um bilhete a Lawrence garantindo-lhe que, da parte dele, as atividades sindicais haviam chegado ao fim: "Não haverá mais dificuldades de qualquer tipo com o sindicato. [...] Não falei com todos os envolvidos, mas todos com quem conversei estão de acordo, então, você pode esquecer esse assunto."[36]

Naquele mesmo outono, porém, embora tivesse cessado com as atividades sindicais, Oppie não conseguiu deixar de assumir uma forte posição pública no tocante a uma questão referente às liberdades civis.[37] Acontecia que, continente afora, um político de Nova York, o senador F. R. Coudert Jr., vinha utilizando a posição que ocupava como copresidente do Comitê Legislativo Conjunto de Nova York para a Investigação do Sistema Público de Educação para orquestrar uma caça às bruxas, altamente divulgada, contra supostos agentes subversivos nas universidades públicas da cidade. Em setembro de 1941, só o City College havia demitido 28 funcionários, alguns dos quais membros da seção nova-iorquina do Sindicato dos Professores, o mesmo que Oppenheimer integrava em Berkeley. Na ocasião, o Comitê Americano pela Democracia e Liberdade Intelectual, ao qual Oppenheimer também pertencia, publicou uma declaração que condenava as demissões. Em resposta, o senador Coudert acusou o comitê de ligações com o comunismo, e um editorial do *New York Times* apoiou o ataque.

Oppenheimer se embrenhou nesse matagal político com um forte e sonoro protesto. A carta escrita por ele em 13 de outubro de 1941 começava em um tom polido, passando a espirituoso, irônico e então abertamente sarcástico. Oppenheimer lembrou ao senador que a Carta de Direitos garantia não apenas o direito de manter uma crença, por mais radical que fosse, mas também o de expressá-la em discurso ou por escrito com "anonimato". As atividades de "professores comunistas ou simpatizantes do comunismo consistem precisamente em se reunir, debater opiniões e publicá-las (muitas vezes de forma anônima), ou seja, envolver-se em práticas especificamente protegidas pela Carta de Direitos".[38] Concluindo com uma nota de desafio, ele observou que "foi necessária a declaração propriamente dita, com seus equívocos hipócritas e sua caça aos comunistas, para que eu passasse a acreditar que as histórias de bajulação, intimidação e arrogância por parte do comitê que o senhor preside são de fato verdadeiras".

NO FIM DA DÉCADA de 1930, Robert Oppenheimer estava no centro dos acontecimentos. E era exatamente aí que ele queria estar. "Tudo que acontecia", lembrou Kamen, "você procurava Oppenheimer para lhe dizer o que era, ele pensava no assunto e dava uma explicação. Ele era o explicador oficial".[39] E então, no começo de 1941, Oppie teve algum motivo para pensar que estava sendo deixado de fora do circuito. "De repente", recordou Kamen, "ninguém mais falava com ele. Ele estava por fora. Havia alguma coisa enorme acontecendo ali, mas ele não sabia o que era. Ele foi ficando cada vez mais frustrado, e então Lawrence começou a se preocupar, porque, apesar de tudo, sabia que Oppenheimer podia adivinhar o que estava acontecendo, de modo que não havia sentido em mantê-lo às cegas por motivos de segurança. Era melhor tê-lo conosco. E imagino que foi isso que acabou acontecendo: era mais fácil monitorá-lo de dentro do projeto do que de fora".

Na noite de sábado, 6 de dezembro de 1941, Oppenheimer participou de um evento de arrecadação de fundos para veteranos da Guerra Civil Espanhola. Tempos depois, ele testemunhou que no dia seguinte, depois de ouvir falar do ataque-surpresa japonês a Pearl Harbor, decidiu "que já estava cansado da causa espanhola, havia outras crises mais prementes no mundo".[40]

13

"O coordenador de ruptura rápida"

Agora eu podia ver em primeira mão o tremendo poder intelectual de Oppenheimer, o indiscutível líder do grupo. [...] A experiência intelectual foi marcante.

HANS BETHE

INVARIÁVEIS E MUITAS VEZES brilhantes, as contribuições de Oppenheimer nas reuniões sobre o "problema do urânio" das quais era convidado a participar impressionavam. Rapidamente, ele estava se tornando indispensável. Opiniões políticas à parte, era o recruta perfeito para aquela equipe de cientistas. Tinha uma compreensão profunda das questões, habilidades interpessoais finamente aprimoradas e um entusiasmo contagiante pelos problemas da física. Em menos de uma década e meia, Oppenheimer, por meio de sua vida social e seu trabalho, havia se transformado de um desajeitado prodígio científico em um sofisticado e carismático líder intelectual. Não levou muito tempo para que aqueles com quem trabalhava percebessem que, se os problemas decorrentes da construção de uma bomba atômica precisassem ser resolvidos com rapidez, ele precisaria desempenhar um papel importante no projeto.

Oppenheimer e muitos outros físicos em todo o país já sabiam desde fevereiro de 1939 que a construção de uma bomba atômica era uma possibilidade real. Contudo, despertar o interesse do governo no assunto levaria tempo. Um mês antes da eclosão da guerra na Europa (1º de setembro de 1939), Leo Szilard conseguira persuadir Albert Einstein a assinar o nome numa carta (escrita pelo próprio Szilard) endereçada ao presidente Franklin Roosevelt. A carta advertia o presidente de que "bombas extremamente poderosas, de um tipo novo, podiam ser construídas".[1] E ressaltava que "uma única bomba desse tipo, transportada por barco e detonada num porto, poderia muito bem destruir o porto inteiro junto com parte do território em volta". Sinistramente, sugeria que os alemães talvez já estivessem trabalhando numa bomba dessas: "Entendo que a Alemanha, na verdade, interrompeu a venda de urânio das minas tchecoslovacas das quais se apropriou."

Ao receber a carta de Einstein, o presidente Roosevelt determinou a criação de um "Comitê do Urânio",[2] dirigido pelo físico Lyman C. Briggs. E então, por quase dois anos, pouquíssima coisa aconteceu. Do outro lado do Atlântico, porém, dois físicos alemães refugiados na Grã-Bretanha, Otto Frisch e Rudolph Peierls, convenceram o governo britânico de que o projeto de uma bomba atômica era uma questão de urgência real. Na primavera de 1941, um grupo britânico ultrassecreto, chamado pelo codinome de Comitê Maud, produziu um relatório intitulado "The Use of Uranium for a Bomb". O texto sugeria que uma bomba de urânio ou plutônio podia ser pequena o suficiente para ser transportada em modelos de aeronaves já existentes — e que poderia ser construída em menos de dois anos. Mais ou menos na mesma época, em junho de 1941, o governo Roosevelt criou um Gabinete de Pesquisa e Desenvolvimento Científico para coordenar estudos de ciência aplicada a propósitos militares. O gabinete era chefiado por Vannevar Bush, engenheiro e professor do MIT que presidira o Instituto Carnegie em Washington. A princípio, Bush disse ao presidente Roosevelt que a possibilidade de que uma bomba atômica fosse construída era "muito remota". Entretanto, depois de ler o relatório do Comitê Maud, mudou de ideia. Embora a questão ainda fosse "muito obscura", ele escreveu a Roosevelt em 16 de julho de 1941 que "uma coisa é certa: se conseguíssemos provocar essa explosão, ela seria milhares de vezes mais potente que a dos explosivos de que dispomos hoje, e seu uso poderia ser determinante".

De repente, as coisas começaram a acontecer. Um memorando de Bush em julho persuadiu Roosevelt a substituir o Comitê do Urânio de Briggs por um grupo de alto nível que se reportaria diretamente à Casa Branca. Batizado com o codinome de Comitê S-1, o grupo incluía Bush; James Conant, de Harvard; o secretário da Guerra, Henry Stimson; o chefe de gabinete, George C. Marshall, e o vice-presidente Henry Wallace. Esses homens acreditavam estar numa corrida contra os alemães, uma corrida que poderia determinar facilmente o desfecho da guerra. Conant serviu como chefe do S-1 e, junto com Bush, começou a organizar os enormes recursos do governo a fim de recrutar cientistas em todo o país para trabalhar no programa atômico.

Em janeiro de 1942, Robert ficou exultante ao saber que poderia ser encarregado da pesquisa de nêutrons rápidos em Berkeley — trabalho que considerava crítico para o projeto. Oppenheimer "seria uma tremenda aquisição sob todos os aspectos",[3] disse Lawrence a Conant. "Ele combina uma percepção penetrante dos aspectos teóricos de todo o programa com um sólido bom senso, que às vezes parece faltar em certas direções." Assim, em maio, Oppenheimer foi formalmente nomeado diretor da pesquisa de nêutrons rápidos do S-1, sob o curioso título de "coordenador de ruptura rápida". Quase de imediato, começou a organizar um seminário de verão altamente secreto com físicos teóricos de primeira linha cujo trabalho seria traçar a espinha dorsal do projeto de uma bomba atômica. Hans Bethe foi o primeiro dos convidados. Com 36 anos na ocasião, Bethe, nascido na Alemanha, fugira da Europa em 1935 e mudara-se para a Universidade Cornell, onde se tornara professor de física em 1937. Oppenheimer estava tão preocupado em garantir a participação de Bethe que convocou o físico teórico sênior de Harvard, John H. van Vleck, para ajudar a recrutá-lo. Disse a Van Vleck que "o essencial era atrair o interesse de Bethe, impressioná-lo com a magnitude do trabalho que temos pela frente".[4] Na época, Bethe trabalhava nas aplicações militares do radar, um projeto que via como muito mais prático que qualquer coisa associada com física nuclear. Contudo, ele acabou sendo persuadido a passar o verão em Berkeley, assim como Edward Teller, físico nascido na Hungria que lecionava na Universidade George Washington, na capital norte-americana. Amigos de Oppenheimer, os físicos suíços Felix Bloch, de Stanford, e Emil Konopinski, da Universidade de Indiana, também foram recrutados, assim como Robert Serber e uma série de ex-alunos. Oppie chamou esse excepcional grupo de físicos de seus "luminares".

Logo depois de ser designado coordenador de ruptura rápida, Oppenheimer chamou Serber para o cargo de assistente, e, no começo de maio de 1942, Bob e Charlotte se mudaram para o quarto em cima da garagem no número 1 de Eagle Hill. Oppie considerava Bob Serber um dos amigos mais próximos. Desde 1938, quando Serber se mudara para a Universidade de Illinois, em Urbana, escreviam-se quase todo domingo.* Durante os meses seguintes, Serber se tornou a sombra de Oppie, seu tomador de notas e facilitador. "Estávamos juntos quase o tempo todo", recordou Serber.[5] "Ele tinha duas pessoas com quem conversar: Kitty e eu."

O seminário de verão de 1942 ocorreu no canto noroeste do sótão do quarto andar do LeConte Hall, acima do escritório de Oppenheimer no segundo piso. As duas salas tinham portas francesas que se abriam para um balcão, e, por razões de segurança, uma grossa rede de arame fora presa firmemente em torno do balcão inteiro. Oppenheimer tinha a única chave da sala. Certo dia, Joe Weinberg estava sentado no escritório do sótão com Oppenheimer e vários outros físicos quando houve uma pausa na conversa e Oppie disse: "Meu Deus, vejam aquilo ali."[6] E apontou para a luz do sol entrando pelas portas francesas, lançando uma sombra sobre os papéis na mesa e delineando com precisão a rede de arame. "Por um momento", disse Weinberg, "era como se todos estivéssemos manchados pela rede de arame". Foi muito estranho, refletiu Weinberg; eles estavam presos numa jaula simbólica.

Com o passar das semanas, os "luminares" de Oppie começaram a apreciar os talentos dele como instigador e relator. "No papel de chefe", escreveu mais adiante Edward Teller, "Oppenheimer mostrava um toque refinado, seguro e informal. Não sei como ele adquiriu essa facilidade de lidar com as pessoas. Aqueles que o conheciam estavam realmente surpresos".[7] Bethe concordava: "A capacidade que ele tinha de captar os problemas era imediata — muitas vezes conseguia entender um problema inteiro

---

* Posteriormente, quando começou a ter dificuldades para manter as credenciais de segurança, Serber achou prudente destruir essa correspondência.

depois de ouvir uma única sentença. Aliás, uma das dificuldades que tinha ao lidar com as pessoas devia-se ao fato de esperar que elas tivessem a mesma capacidade."

O grupo começou as deliberações com o estudo de uma explosão anterior provocada pelo homem: a detonação, em 1917, de um navio carregado de munição em Halifax, na Nova Escócia. Nesse trágico acidente, cerca de 5 mil toneladas de TNT destruíram mais de seis quilômetros quadrados do centro de Halifax, matando 4 mil pessoas. Os cientistas rapidamente estimaram que qualquer arma de fissão poderia com facilidade explodir com o dobro ou o triplo da força da explosão de Halifax.

Em seguida, Oppenheimer dirigiu a atenção dos colegas para o desenvolvimento do desenho básico de um dispositivo de fissão, pequeno o suficiente para ser transportado em âmbito militar. Eles logo determinaram que uma reação em cadeia provavelmente poderia ser realizada com um núcleo de urânio colocado dentro de uma esfera de metal de apenas vinte centímetros de diâmetro. Especificações adicionais do desenho requeriam cálculos extremamente precisos. "Ficávamos o tempo todo inventando artifícios", contou Bethe, "encontrando maneiras de calcular e rejeitando a maioria deles com base nos cálculos. Agora eu podia ver em primeira mão o tremendo poder intelectual de Oppenheimer, o indiscutível líder do grupo. [...] A experiência intelectual foi marcante".[8]

Enquanto Oppenheimer concluía, rapidamente, que não havia mais lacunas teóricas importantes a serem preenchidas para projetar um dispositivo de reação de nêutrons rápidos, os cálculos do seminário sobre a quantidade real de material físsil necessário eram vagos.[9] Não existiam dados experimentais, mas o que eles sabiam sugeria que a quantidade de material físsil necessário para uma arma poderia ser facilmente o dobro da que fora indicada ao presidente apenas quatro meses antes. A discrepância implicava que os materiais físseis não poderiam ser refinados em pequenas quantidades em laboratório, mas teriam que ser fabricados numa grande usina industrial. O custo da bomba seria alto.

Por vezes, Robert entrava em desespero com a enorme quantidade de fatores imponderáveis para resolver. E tinha tanto receio que já estivessem perdendo a corrida contra os alemães que desprezava, impaciente, quaisquer esforços de pesquisa que parecessem consumir tempo demais. Quando um dos cientistas propôs um esquema laborioso para medir a dispersão de nêutrons rápidos, Oppenheimer argumentou que "faríamos melhor se tivéssemos um levantamento qualitativo rápido da dispersão. [...] O método de Landenburg é tão tedioso e incerto que poderíamos muito bem perder a guerra antes de obter uma resposta".[10]

Em julho, as deliberações dos cientistas foram temporariamente deixadas de lado quando Edward Teller informou ao grupo de cálculo que havia completado o estudo sobre a viabilidade de uma bomba de hidrogênio, ou "superbomba". Teller chegara a Berkeley naquele verão convencido de que a bomba de fissão era algo certo. Contudo, entediado com as discussões sobre uma simples arma de fissão, vinha se entretendo com cálculos em outro problema, sugerido a ele por Enrico Fermi num almoço no ano anterior. Fermi havia observado que uma arma de fissão poderia ser usada para detonar determinada quantidade de deutério — uma forma pesada de hidrogênio —, produzindo, assim, uma explosão muito mais poderosa de *fusão*, uma superbomba. Em julho, Teller estarreceu o grupo de Oppenheimer apresentando cálculos que indicavam que apenas treze quilos de hidrogênio pesado líquido, detonados por uma arma de fissão, seriam capazes de produzir uma explosão equivalente a 1 milhão de toneladas de TNT. Magnitudes dessa escala levantavam a possibilidade, sugeria Teller, de que até mesmo uma bomba de fissão pudesse inadvertidamente inflamar a atmosfera terrestre, que tem 78% de nitrogênio em sua composição. "Nunca acreditei nisso ", disse Bethe tempos depois.[11] Oppenheimer, no entanto, achou aconselhável pegar um trem para o leste e reportar pessoalmente a Compton tanto sobre a superbomba quanto sobre os cálculos apocalípticos de Teller. Ele rastreou o paradeiro de Compton até o chalé de verão no qual ele descansava, num lago no norte de Michigan.

"Jamais esquecerei aquela manhã", escreveu Compton tempos depois em tom altamente dramático.[12] "Levei Oppenheimer de carro da estação de trem até a praia, com vista para um lago tranquilo. Então ouvi a história. [...] Haveria realmente alguma chance de uma bomba atômica deflagrar a explosão do nitrogênio na atmosfera ou do hidrogênio no oceano? [...] Era melhor aceitar a escravidão dos nazistas do que correr o risco de abaixar a cortina final sobre a humanidade."

Nesse meio-tempo, Bethe fez cálculos adicionais que convenceram Teller e Oppenheimer da possibilidade *quase zero* de explodir a atmosfera.[13] Oppenheimer passou o restante do verão redigindo o relatório do grupo. No fim de agosto de 1942, Conant sentou-se para ler e rabiscou anotações para si mesmo sob o título "Situação da bomba". De acordo com Oppenheimer e os colegas, um dispositivo atômico explodiria com "uma energia 150 vezes maior que a estimada por cálculos anteriores",[14] mas exigiria uma massa crítica de material físsil seis vezes maior do que a estimativa inicial. Uma bomba atômica era perfeitamente factível, mas exigiria uma enorme concentração de recursos técnicos, científicos e industriais.

Certa noite, antes do fim do seminário de verão, Oppenheimer convidou os Teller para jantar na casa em Eagle Hill. Teller recordou-se vividamente de Oppenheimer dizendo com absoluta convicção que "só uma bomba atômica seria capaz de desalojar Hitler da Europa".[15]

Em setembro de 1942, o nome de Oppenheimer estava sendo aventado nos meios burocráticos como o candidato óbvio para dirigir um laboratório de armas secretas dedicado ao desenvolvimento de uma bomba atômica. Bush e Conant sem dúvida acreditavam que Oppenheimer era o homem certo para a tarefa, pois tudo que ele havia feito durante o verão alimentava essa confiança. Apesar disso, havia um problema: o Exército ainda se recusava a lhe conceder uma credencial de segurança.

O próprio Oppenheimer estava ciente de que seus muitos amigos comunistas eram um problema. "Estou cortando qualquer ligação com eles", disse numa conversa telefônica com Compton, "pois, se não fizer isso, o governo vai ter dificuldade em usar meus serviços. Não quero deixar que nada interfira na minha utilidade para o país".[16] Não obstante, em agosto de 1942, Compton foi informado de que o Departamento de Guerra tinha "dado sinal negativo para O".[17] O arquivo de segurança da instituição continha uma série de relatos de associações supostamente "questionáveis" e "comunistas". O próprio Oppie havia preenchido um questionário de segurança no começo de 1942, na qual listava as muitas organizações de que participava, algumas consideradas pelo FBI grupos de fachada para comunistas.

Apesar de tudo, Conant e Bush começaram a forçar o Departamento de Guerra a aprovar a habilitação de segurança de Oppenheimer e outros cientistas com passado de esquerda. Em setembro, eles o levaram para Bohemian Grove. Nesse belíssimo local, em meio a sequoias imensas, Oppenheimer participou pela primeira vez da reunião do altamente secreto Comitê S-1.[18] No começo de outubro, Bush disse a Harvey Bundy, assistente executivo do secretário da Guerra, Henry Stimson, que, mesmo que "fosse seguramente de esquerda",[19] Oppenheimer havia "contribuído de maneira substancial" para o projeto e deveria ser liberado para trabalhos futuros.

Àquela altura, Bush e Conant haviam tomado medidas com o propósito de trazer os militares para o projeto. Bush levou o caso para o general Brechon B. Somervell, encarregado da logística do Exército. Somervell, familiarizado com o S-1, disse a Bush que já havia destacado um homem para supervisionar o projeto e lhe conferir nova urgência. Em 17 de setembro de 1942, Somervell se reuniu com um oficial de carreira de 46 anos, o coronel Leslie R. Groves, no corredor adjacente à sala de audiências do Congresso. Groves tinha sido o homem-chave do Corpo de Engenharia do Exército durante a construção do recém-concluído Pentágono. Na ocasião, queria ser designado para um posto de combate além-mar. Somervell, entretanto, lhe disse para esquecer a ideia: ele ficaria em Washington.

"Não quero ficar em Washington", falou Groves, com seriedade.

"Se você fizer o serviço direito", retrucou Somervell, "vamos ganhar a guerra".

"Ah, aquele negócio", disse Groves, referindo-se ao S-1.[20] No entanto, não ficou impressionado. Já estava gastando muito mais em projetos de construção do Exército do que os esperados 100 milhões de dólares do orçamento do S-1. Somervell, porém, já tinha tomado sua decisão, e Groves teve que aceitar seu destino, que incluía uma promoção ao posto de general.

Leslie Groves estava acostumado a dar ordens e ser obedecido, talento que compartilhava com Oppenheimer. Fora isso, os dois eram opostos. Com cerca de 1,80 metro e pesando mais de 120 quilos, Groves tinha aberto caminho na vida à força. Rude e franco, não perdia tempo com as sutilezas da diplomacia. "Ah, sim", comentou Oppenheimer certa vez, "Groves é um filho da mãe, mas pelo menos é um filho da mãe sincero!".²¹ Por temperamento e formação, era um homem autoritário. Na esfera política, um conservador que mal conseguia esconder o desprezo que sentia pelo New Deal.

Filho de um capelão presbiteriano do Exército, Groves estudara engenharia na Universidade de Washington em Seattle e mais adiante no Instituto de Tecnologia de Massachusetts. Graduou-se como quarto aluno mais bem avaliado da classe em West Point. Os homens sob o comando dele admiravam a contragosto a capacidade que ele tinha de concretizar as coisas. "O general Groves é o maior fdp com quem já trabalhei", escreveu o coronel Kenneth D. Nichols, seu auxiliar durante a guerra.²² "Ele é muito, muito exigente. Muito, muito crítico. É sempre mandão, nunca faz um elogio. É ríspido e sarcástico. Desconsidera todos os canais normais de organização. É extremamente inteligente. Tem a coragem de tomar decisões oportunas e difíceis. É o homem mais egoísta que conheço. [...] Eu o detestava, assim como todo mundo, mas tínhamos nossa forma de nos entender."

Em 18 de setembro de 1942, Groves se tornou formalmente responsável pelo programa atômico — denominado Manhattan Engineer District de maneira oficial, porém mais comumente chamado de Manhattan Project, ou Projeto Manhattan. No mesmo dia, ordenou a aquisição de um local em Oak Ridge, Tennessee, onde o urânio pudesse ser processado. Ainda em setembro, começou uma viagem pelo país, a fim de visitar todos os laboratórios engajados em trabalho experimental com separação de isótopos de urânio. Em 8 de outubro de 1942, encontrou-se com Oppenheimer em Berkeley num almoço oferecido pelo presidente da universidade. Logo em seguida, Robert Serber viu Groves entrar no escritório de Oppenheimer, acompanhado pelo coronel Nichols. Groves tirou o casaco do Exército, entregou-o a Nichols e disse: "Pegue isto, encontre uma lavanderia a seco e mande limpar."²³ Serber ficou perplexo ao vê-lo tratar um coronel como mero garoto de recados. "Esse era o estilo dele."

Oppenheimer entendeu que Groves guardava a entrada para o Projeto Manhattan, então usou todo o charme e o brilhantismo que possuía. A despeito da performance irresistível, o que mais impressionou Groves foi a "presunçosa ambição"²⁴ de Oppie, que no entendimento do general poderia torná-lo um parceiro confiável e talvez até mesmo maleável. Groves também ficou intrigado com a sugestão de Robert de que o novo laboratório fosse instalado em alguma zona rural isolada e não numa cidade grande — o que se alinhava perfeitamente às preocupações de Groves com segurança. No entanto, mais do que qualquer outra coisa, Groves simplesmente gostou de Oppenheimer. "Ele é um gênio", disse tempos depois a um repórter. "Um verdadeiro gênio. Embora Lawrence seja muito inteligente, ele não é um gênio, apenas um homem que trabalha duro. Agora, Oppenheimer sabe de tudo. Pode conversar com você sobre qualquer coisa. Bem, não exatamente. Deve haver alguma coisa que ele não sabe. Ele não sabe nada de esportes."

Oppenheimer foi o primeiro cientista que Groves conheceu na viagem pelo país que havia entendido que a construção de uma bomba atômica exigia encontrar soluções práticas para uma variedade de problemas interdisciplinares. Oppie destacou que os vários grupos trabalhando na fissão de nêutrons rápidos em Princeton, Chicago e Berkeley muitas vezes estavam simplesmente duplicando o trabalho um do outro. Esses cientistas precisavam colaborar entre si num local central, disse ele. Isso também chamou a atenção do engenheiro que havia em Groves, o qual se viu assentindo para Oppenheimer quando este lançou a ideia de um laboratório central dedicado àquele propósito, em que, conforme testemunhou mais tarde, "pudéssemos começar a entender e lidar com problemas químicos, metalúrgicos, de engenharia e de materiais bélicos que até o momento tinham recebido pouca ou nenhuma consideração".[25]

Uma semana após esse primeiro encontro, Groves fez Oppenheimer pegar um voo para Chicago, a fim de se juntar a ele no Twentieth Century Limited, um luxuoso trem de passageiros com destino a Nova York.[26] Eles continuaram as discussões a bordo do trem. Àquela altura, Groves já tinha Oppenheimer em mente como candidato para a direção do laboratório proposto. No entanto, percebeu três inconvenientes na escolha de Oppie. Primeiro, faltava ao físico um prêmio Nobel, o que talvez dificultasse coordenar as atividades de colegas que haviam recebido o prestigioso prêmio. Em segundo lugar, ele não tinha experiência administrativa. E, por último, "o passado [político] dele incluía muitas coisas que não eram de forma alguma de nosso agrado".[27]

"Não era óbvio que Oppenheimer viesse a ser o diretor", observou Hans Bethe.[28] "Afinal, ele não tinha experiência na coordenação de um grupo grande de pessoas." Ninguém a quem Groves aventou a ideia mostrou qualquer entusiasmo pela nomeação de Oppie. "Não tive nenhum apoio, somente oposição, daqueles que eram os líderes científicos da época", escreveu Groves posteriormente.[29] E sobretudo por um motivo: Oppenheimer era um teórico, e a construção da bomba atômica àquela altura exigia os talentos de um experimentalista e engenheiro. Por mais que admirasse Oppie, Ernest Lawrence, entre outros, ficou atônito ao saber que Groves havia escolhido o amigo.[30] Outro grande amigo e admirador, Isidor I. Rabi considerou a escolha altamente improvável: "Ele era um sujeito nada prático. Andava por aí com sapatos gastos e um chapéu engraçado, e, o mais importante, não entendia nada de equipamentos."[31] Um cientista de Berkeley comentou: "Ele não seria capaz de dirigir uma barraquinha de hambúrguer."

Quando Groves propôs o nome de Oppenheimer ao Comitê de Política Militar, houve, mais uma vez, considerável oposição. "Depois de muito debate, pedi a cada membro que me desse o nome de um homem que pudesse constituir uma escolha melhor. Em poucas semanas ficou evidente que não iríamos encontrar esse homem." No fim de outubro, o cargo foi dado a Oppenheimer. Rabi, que não gostava de Groves, observou a contragosto, depois da guerra, que a nomeação "foi um verdadeiro golpe de gênio do general, que não costumava ser considerado um gênio. [...] Fiquei perplexo".³²

IMEDIATAMENTE APÓS SER NOMEADO, Oppenheimer começou a explicar a nova missão para algumas figuras fundamentais da comunidade científica. Em 19 de outubro de 1942, escreveu a Bethe: "Está na hora de eu lhe escrever e lhe explicar sobre algumas de minhas ações e alguns de meus telegramas. Desta vez, vim para o Leste acertar nosso futuro. A encomenda está se revelando grande demais e não tenho liberdade para contar tudo o que está acontecendo. Teremos um laboratório para aplicações militares, provavelmente em algum local remoto, pronto para uso dentro dos próximos meses, assim espero. Os problemas essenciais têm a ver com tomar precauções razoáveis em relação a sigilo e ainda assim tornar a situação efetiva, flexível e atraente o bastante para que possamos realizar o serviço."³³

No outono de 1942, já era um segredo mais ou menos aberto em Berkeley que Oppenheimer e seus alunos estavam explorando a viabilidade de uma nova e poderosa arma associada ao átomo. Ele às vezes comentava sobre o trabalho, até mesmo para conhecidos casuais. John McTerman, um advogado da Diretoria Nacional de Relações do Trabalho, e amigo de Jean Tatlock, topou certa noite com Oppenheimer numa festa e recordou-se vividamente do encontro: "Ele falava muito depressa, tentando explicar seu trabalho num dispositivo de explosão. Não entendi uma palavra do que disse. [...] E então, quando voltei a vê-lo, ele deixou claro que não tinha mais liberdade para falar do assunto."³⁴ Praticamente qualquer pessoa que tivesse amigos no Departamento de Física poderia ter ouvido especulações sobre o trabalho. David Bohm achava que "muita gente por aí sabia o que estava acontecendo em Berkeley. [...] Não demorou muito para que juntassem as peças".³⁵

No outono de 1942, Betty Goldstein, uma jovem estudante de pós-graduação do Departamento de Psicologia, chegou ao *campus* direto do Smith College e fez amizade com vários alunos de Oppenheimer. A futura Betty Friedan começou a namorar David Bohm, que na ocasião escrevia uma tese de doutorado sob a orientação de Oppie. Bohm, que décadas depois se tornou um físico e filósofo da ciência de renome internacional, apaixonou-se por Betty e a apresentou a seus amigos Rossi Lomanitz, Joe Weinberg e Max Friedman. Todos socializavam nos fins de semana, e às vezes se viam em encontros que Friedan caracterizou como "vários grupos de estudos radicais".³⁶

"Eles estavam todos trabalhando em algum projeto misterioso do qual não podiam falar", recordou ela, "porque tinha algo a ver com a guerra".³⁷ No fim de 1942, quando Oppenheimer começou a recrutar alguns alunos, ficou bastante evidente para todos que uma arma muito poderosa estava para ser construída. "Muitos de nós pensávamos: 'Meu Deus, que situação é trazer uma arma como esta [ao mundo]; ela pode acabar explodindo tudo'", disse Lomanitz. "Alguns de nós levamos essa preocupação a Oppenheimer, que basicamente respondeu: 'E se os nazistas a conseguirem antes?'"[38]

STEVE NELSON — QUE servia como ligação entre o Partido Comunista e a comunidade universitária de Berkeley — também tinha ouvido rumores sobre a nova arma. Alguns eram efetivamente publicados quando os jornais locais citavam um congressista se vangloriando da pesquisa de armamentos que vinha sendo conduzida em Berkeley. Rossi Lomanitz ouviu Nelson dizer num discurso público: "Ouvi alguns desses congressistas falando sobre o desenvolvimento de uma grande arma por aqui. Eu lhes digo, as guerras não são ganhas com grandes armas."[39] E então Nelson começou a argumentar que essa guerra seria vencida quando fosse aberta uma segunda frente na Europa. Os soviéticos estavam combatendo 80% dos exércitos nazistas e precisavam desesperadamente de socorro. "Será necessário que o povo americano faça esse sacrifício — é assim que se vai ganhar a guerra."

Lomanitz encontrara Nelson em diversas reuniões públicas do Partido Comunista, e dizia que "o respeitava um bocado".[40] Ele via Nelson como um herói da República da Espanha, um veterano agitador trabalhista e corajoso crítico da segregação racial. Por sua vez, Lomanitz, ainda que fortemente simpático ao partido sob muitos aspectos, nunca se tornou um membro formal. "Participei de algumas reuniões do Partido Comunista", disse ele, "porque naquela época as reuniões eram muito mais abertas. Não havia grande distinção. [...] Quem era membro oficial, ou o que era necessário para ser membro oficial, não consigo apontar até hoje. Não era tudo tão conspiratório".

Em suas memórias, Nelson descreveu a relação dele com os alunos de Oppenheimer, como Lomanitz, Weinberg e outros. "Eu era responsável por trabalhar com pessoas da universidade, fazer com que organizassem aulas ou discussões. Alguns alunos de pós-graduação de Oppenheimer eram bastante ativos. Nossos contatos eram mais nos termos deles do que nos nossos. Eles viviam numa atmosfera intelectual e cultural mais rarefeita, embora fossem amigáveis e nem um pouco pretensiosos."[41]

NO COMEÇO DA PRIMAVERA de 1943, o FBI instalara um microfone na casa de Nelson. Nas primeiras horas do dia 30 de março de 1943, agentes ouviram um homem que só puderam identificar como "Joe" falando do trabalho que fazia no Laboratório de Radiação.[42] "Joe" havia chegado à casa de Nelson à 1h30 da madrugada e estava obviamente ansioso para conversar com ele. Os dois falaram aos sussurros. Nelson começou a dizer que estava à procura de um "camarada absolutamente digno de confiança". "Joe" insistiu que era esse homem. "Joe" então explicou que "certas partes do projeto seriam transferidas para alguma seção remota do país, a centenas de quilômetros", onde explosões experimentais altamente secretas pudessem ser realizadas.

A conversa então se voltou para uma discussão sobre "o professor". Nelson comentou que "ele agora está muito preocupado e nós fazemos com que se sinta desconfortável".

"Joe" concordou, dizendo que o professor (a transcrição deixa claro que a referência é a Oppenheimer) "me manteve fora do projeto porque teme duas coisas. Primeiro, que o fato de eu estar lá atraia mais atenção. [...] Isso é uma desculpa. A outra é que eu faça propaganda [...] é estranho que tenha medo disso. Mas ele mudou um pouco".

Nelson: "Eu sei."

Joe: "Você dificilmente vai acreditar na mudança que já ocorreu."

Nelson então explicou que "costumava ser bastante íntimo do sujeito, não apenas por causa do partido, mas também por uma relação pessoal". A esposa de Oppenheimer, contou ele, fora casada com seu (de Nelson) melhor amigo, morto na Espanha. Nelson disse que sempre tentara manter Oppenheimer "atualizado politicamente, mas ele não é tão sensato quanto quer que as pessoas acreditem. [...] Bem, ele provavelmente impressiona como um homem brilhante em seu campo, e não duvido disso. Em outras coisas, contudo, algumas vezes teve que admitir que estava por fora — sabe, quando tentou ensinar Marx e Lênin a outras pessoas. Você sabe o que quero dizer. Ele simplesmente não é marxista".

Joe: "Sim, é interessante. Ele se ressente do fato de eu não ter desvios."

Ao dizer isso, "Joe" e Nelson riram.

Nelson então observou que Oppenheimer "gostaria de estar no caminho certo, mas agora acho que está se desviando ainda mais de qualquer associação que tenha tido conosco. [...] Atualmente, ele só tem uma coisa em vista, e é esse projeto — e esse projeto vai afastá-lo dos amigos".

Claramente Nelson estava aborrecido com a atitude do velho amigo. Sabia que Oppenheimer não estava interessado no dinheiro — "Não", interrompeu Joe, "ele é rico" —, mas sentia que era a ambição que agora conduzi-lhe as ações. "[Oppenheimer] quer fazer um nome, sem sombra de dúvida."

Joe discordou: "Não, não necessariamente, Steve. Ele é conhecido no mundo todo."

Nelson: "Bem, é triste dizer isso, mas acho que a esposa o leva na direção errada."

Joe: "É algo de que todos desconfiávamos..."

Tendo estabelecido que Oppenheimer não estaria aberto a dizer alguma coisa sobre o projeto, Nelson focava em "Joe" e tentava convencê-lo a fazer uma revelação sobre o projeto que pudesse ser útil aos soviéticos.

Baseada num grampo ilegal, a transcrição de 27 páginas do FBI mostrou então Joe discutindo com cautela, até mesmo com apreensão, detalhes do projeto possivelmente úteis para o aliado de guerra dos Estados Unidos. Sussurrando, Nelson perguntou em quanto tempo a arma estaria disponível. O palpite de Joe era que levaria pelo menos um ano para produzir o suficiente desse material específico para uma tentativa experimental. "Oppie, por exemplo", disse Joe ao acaso, "acha que pode levar até um ano e meio". "Então", disse Nelson, "no que diz respeito à entrega do material, não sei se já ocorreu, mas acho que é feita todo dia". Àquela altura da transcrição, um oficial do FBI, ou da contrainteligência, ao analisar a conversa, escreveu: "Dito de forma a indicar que Oppenheimer se mostrava exageradamente cauteloso ao reter essa informação a Steve."

Se a transcrição implica Joe passando informação a Nelson, também demonstra que Oppenheimer estava mais preocupado com a segurança, e Nelson concluiu que o amigo deixara de ser cooperativo e estava exageradamente cauteloso.*

---

* Os poucos documentos disponíveis nos arquivos soviéticos sugerem que os funcionários do NKVD sabiam que Oppenheimer estava trabalhando no "Enormoz" — o codinome dado por eles para o Projeto Manhattan. Pensavam no físico como um possível simpatizante, ou até mesmo um membro secreto do Partido Comunista dos Estados Unidos — então ficaram particularmente frustrados com a aparente impossibilidade de abordá-lo.

No entanto, a ideia de que Oppenheimer possa ter sido recrutado como espião é simplesmente forçada demais. Não há nenhuma evidência crível que o vincule à espionagem. Dois documentos da inteligência da era soviética mencionam o nome de Oppenheimer. Um memorando de 2 de outubro de 1944, escrito em Moscou pelo vice-chefe do NKVD, Vselovod Merkulov, e endereçado a seu chefe, Lavrenti Beria, parece implicar Oppenheimer como fonte de informação sobre "os progressos no problema do urânio e seu desenvolvimento no exterior". Merkulov argumenta: "Em 1942, um dos líderes do trabalho científico com o urânio nos Estados Unidos, professor Oppenheimer, membro não listado do *aparatchik* (aparelho) do camarada Browder, nos informou sobre o começo do trabalho. A pedido do camarada Kheifets [...] ele cooperou no acesso à pesquisa para diversas fontes testadas, inclusive um parente do camarada Browder" (Ver Jerrold L. e Leona P. Schecter, *Sacred Secrets: How Soviet Intelligence Operations Changed American History*. Washington, DC: Brassey's, 2002.) Apesar disso, não há evidências para apoiar essas alegações, e nenhuma evidência de que Grigory Kheifets, o agente do NKVD destacado para San Francisco, alguma vez tenha se encontrado com Oppenheimer. Num exame mais meticuloso, porém, logo fica claro que Merkulov diz isso apenas para inflar as credenciais do agente dele em San Francisco e salvar a vida de Kheifets. No verão de 1944, Kheifets fora repentinamente "chamado de volta a Moscou por inatividade". Acusado de ser agente duplo, Kheifets entendeu que a vida dele estava em perigo. Fazendo pairar a alegação de que recrutara Oppenheimer como fonte de informação sobre o projeto norte-americano da bomba, Kheifets salvou sua posição e a própria vida.

Além disso, outro documento da era soviética contradiz o memorando de Merkulov de outubro de 1944. Anotações nos arquivos feitas por um ex-agente da KGB, Aleksandr Vassiliev, reportam que em fevereiro de 1944 Merkulov recebeu uma mensagem que descrevia Oppenheimer. "Segundo nossos dados, [Oppenheimer] tem sido cultivado pelos 'vizinhos' [o GRU, a inteligência militar soviética] desde junho de 1942. Se Oppenheimer for recrutado por eles, é necessário que o passem a nós. Se o recrutamento não for realizado, precisamos obter dos 'vizinhos' todo o material sobre [Oppenheimer] e começar a cultivá-lo ativamente através dos canais de que dispomos [...] o irmão, 'Ray' [Frank Oppenheimer], também professor na Universidade da Califórnia e membro da organização compatriota, mas politicamente mais próximo de nós que [Robert Oppenheimer]."

Esse documento demonstra que no começo de 1944 Robert Oppenheimer não fora recrutado pelo NKVD para servir como fonte, agente ou espião de qualquer tipo. E, é claro, em 1944 Oppenheimer estava vivendo atrás do arame farpado em Los Alamos e era praticamente impossível que fosse recrutado, porquanto Groves e o Corpo de Contrainteligência (CIC) do Exército dos Estados Unidos o mantinham sob vigilância 24 horas por dia.

* * *

UMA TRANSCRIÇÃO DO FBI da conversa de Nelson com o até então não identificado "Joe" foi logo enviada para o tenente-coronel Boris T. Pash na inteligência do Exército G-2 em San Francisco. Pash, chefe da contrainteligência do 9º Corpo do Exército na Costa Oeste, ficou atônito. Ele passara grande parte da carreira caçando comunistas. Nativo de San Francisco, quando jovem acompanhara o pai, um bispo ortodoxo russo, até Moscou na Primeira Guerra Mundial. Quando os bolcheviques tomaram o poder, Pash juntou-se ao Exército Branco contrarrevolucionário na guerra civil de 1918-20, voltando aos Estados Unidos depois de se casar com uma aristocrata russa. Durante as décadas de 1920 e 1930, enquanto trabalhou como técnico de futebol em uma escola de ensino médio, Pash passou os verões como oficial de inteligência do Exército dos Estados Unidos na reserva. Depois que o país entrou na Segunda Guerra Mundial, prestou assistência no internamento de nipo-americanos na Costa Oeste e então foi nomeado chefe de contrainteligência do Projeto Manhattan. Pash tinha pouca paciência para burocracia; considerava-se um homem de ação. Enquanto seus admiradores o descreviam como "sagaz e astuto",[43] outros o encaravam como um "russo louco". Pash considerava a União Soviética inimiga mortal dos Estados Unidos — e não apenas uma aliada temporária em tempos de guerra.

Pash rapidamente concluiu que a transcrição Nelson-"Joe" era não apenas uma evidência de espionagem, mas também a confirmação de que as suspeitas quanto a Oppenheimer era bem fundadas.[44] No dia seguinte, ele voou para Washington, onde reportou sobre a transcrição ao general Groves. Como o grampo na casa de Nelson era ilegal, as autoridades não podiam fazer acusações contra ele ou contra o misterioso "Joe". Podiam, no entanto, usar a informação para rastrear toda a extensão das atividades e os contatos de Nelson no Laboratório de Radiação. O tenente-coronel Pash logo foi autorizado a investigar se o laboratório de Berkeley era alvo de espionagem.

Pash posteriormente testemunhou que ele e os colegas "sabiam" que "Joe" havia fornecido informação técnica e "cronogramas" do programa atômico para Steve Nelson. A princípio, a investigação de Pash foi centrada em Lomanitz, que ele sabia pertencer ao Partido Comunista. Foi colocada uma escuta em Lomanitz, e certo dia, em junho de 1943, ele foi visto parado na frente do Portão Sather da Universidade da Califórnia em Berkeley, com vários amigos. O grupo estava posando, com as mãos nos ombros uns dos outros, para um fotógrafo que vendia seus serviços aos estudantes do *campus*. Depois que a foto foi tirada e Lomanitz e os amigos foram embora, um agente do governo foi até o fotógrafo e comprou o negativo. Os amigos de Lomanitz foram rapidamente identificados como Joe Weinberg, David Bohm e Max Friedman — todos alunos de Oppie. Daí em diante, foram marcados como subversivos.

O tenente-coronel Pash testemunhou que seus investigadores "determinaram, em primeiro lugar, que esses quatro homens que mencionei se reuniam com frequência". Sem divulgar "técnicas investigativas ou procedimentos operacionais", Pash explicou que "tínhamos um homem não identificado e aquela fotografia.[45] Como resultado de nosso estudo, determinamos e tivemos a certeza de que Joe era Joseph Weinberg". Ele também alegou que tinha "informação suficiente" para considerar tanto Weinberg quanto Bohm membros do Partido Comunista.

Pash estava convencido de que havia se deparado com um sofisticado anel de astuciosos agentes soviéticos e sentia que todos os meios necessários deveriam ser empregados para abalar a rede de suspeitos. Em julho de 1941, o escritório de campo do FBI em San Francisco reportou que Pash queria sequestrar Lomanitz, Weinberg, Bohm e Friedman, levá-los de barco para o meio do mar e interrogá-los "à maneira russa". O FBI observou que qualquer informação obtida dessa maneira não poderia ser usada no tribunal, "mas aparentemente Pash não pretendia ter ninguém disponível para ser processado após o interrogatório". Isso era demais para o FBI: "Tem havido pressão para desencorajar essa atividade específica."[46]

Ainda assim, Pash aumentou a vigilância sobre Steve Nelson. O FBI tinha colocado o microfone no escritório de Nelson mesmo antes de grampearem-lhe a casa, e as conversas que escutaram sugeriam que ele reunira metodicamente informação sobre o Laboratório de Radiação de Berkeley a partir de uma série de jovens físicos que sabia simpáticos ao esforço de guerra soviético. Em outubro de 1942, o grampo do FBI captou uma conversa entre Nelson e Lloyd Lehmann, um organizador da Liga da Juventude Comunista que também trabalhava no Rad Lab: "Lehmann disse a Nelson que uma arma muito importante estava sendo desenvolvida e ele estava na ponta da pesquisa desse desenvolvimento. Nelson então perguntou a Lehmann se Opp. [Oppenheimer] sabia que ele fazia parte da Liga da Juventude Comunista, e disse que Opp. estava 'bastante apreensivo'. Acrescentou que Opp. já fora ativo no partido, embora não estivesse mais em atividade, e afirmou que o governo só o deixava em paz por conta da capacidade científica que ele possuía."[47] Depois de observar que Oppenheimer havia trabalhado no "Comitê de Professores" — uma referência ao Sindicato dos Professores — e no Comitê de Auxílio à Espanha, Nelson comentou secamente que "ele não pode encobrir o passado".

NA PRIMAVERA DE 1943, justamente quando estava tentando escrever uma tese de pesquisa sobre a colisão de prótons e dêuterons, David Bohm foi subitamente informado de que o trabalho era confidencial. Como não tinha a necessária habilitação de segurança, as anotações sobre cálculos de dispersão foram apreendidas e ele foi informado de que estava impedido de escrever a própria pesquisa. Bohm recorreu então a Oppenheimer, que escreveu uma carta certificando que o aluno havia atendido às exigências para uma tese. Com base nisso, em junho de 1943, Bohm teve o doutorado concedido por Berkeley. Embora Oppenheimer tivesse pedido pessoalmente a transferência de Bohm para Los Alamos, oficiais de segurança do Exército haviam se recusado a concedê-la. Em vez disso, um incrédulo Oppenheimer foi informado de que, como ainda tinha parentes na Alemanha, Bohm não podia ser liberado para trabalhos especiais. Isso era mentira: na verdade, Bohm foi banido de Los Alamos por conta da associação com Weinberg. Ele passou os anos de guerra trabalhando no Laboratório de Radiação, quando estudou o comportamento de plasmas.

Apesar de barrado no Projeto Manhattan, Bohm continuou a trabalhar como físico. Lomanitz e vários outros não tiveram tanta sorte. Pouco depois de Ernest Lawrence indicá-lo para servir como ligação entre o Rad Lab e a usina do Projeto Manhattan em Oak Ridge, Lomanitz recebeu um aviso de alistamento do Exército. Tanto Lawrence quanto Oppenheimer intercederam por ele, mas de nada adiantou. Lomanitz passou o restante da guerra em vários acampamentos do Exército no país.[48]

Max Friedman foi chamado e demitido do emprego no Laboratório de Radiação.[49] Por algum tempo lecionou física na Universidade de Wyoming, e nos últimos tempos da guerra Phil Morrison lhe arranjou um emprego no Met Lab, o Laboratório de Metalurgia em Chicago. Todavia, oficiais de segurança chegaram a ele depois de seis meses ali, e ele foi demitido. Passada a guerra, depois que o nome dele veio à tona nas investigações do Comitê de Atividades Antiamericanas de espionagem atômica, o único emprego que conseguiu foi na Universidade de Porto Rico. Como Lomanitz, Friedman fora associado à organização sindical no Rad Lab para a Local 25 da FAECT. Oficiais da inteligência do Exército equiparavam tais atividades com tendências subversivas e facilmente concluíram que deviam se livrar de Lomanitz e Friedman.[50]

Quanto a Weinberg, foi colocado sob estrita vigilância, e, não surgindo nenhuma outra evidência que o relacionasse a atividades de espionagem, também foi alistado e mandado para um posto no Alasca.[51]

Pouco antes de partir para Los Alamos, Oppenheimer telefonou a Steve Nelson e pediu ao amigo que fosse vê-lo. Encontraram-se para almoçar num restaurante na rua principal de Berkeley. "Ele parecia agitado a ponto de estar nervoso", escreveu Nelson tempos depois.[52] Com uma grande caneca de café à frente, Robert lhe disse: "Só quero me despedir de você [...] e espero vê-lo quando a guerra tiver acabado." Explicou que não podia dizer para onde estava indo, mas tinha algo a ver com o esforço de guerra. Nelson apenas perguntou se Kitty iria com ele, e depois eles conversaram sobre as notícias da guerra. Quando se despediram, Robert comentou que era uma pena que os legalistas espanhóis não tivessem conseguido aguentar um pouco mais, "pois aí teríamos enterrado Franco e Hitler na mesma cova". Posteriormente, em suas memórias, Nelson observou que essa foi a última vez que viu Oppenheimer, "pois a ligação de Robert com o partido havia sido, na melhor das hipóteses, apenas tênue".

14

"O caso Chevalier"

> *Falei com Chevalier e ele falou com Oppenheimer,*
> *que disse que não quer se envolver nisso.*
> GEORGE ELTENTON

A VIDA DE UM homem pode se transformar com um pequeno acontecimento, e com Robert Oppenheimer esse incidente ocorreu no inverno de 1942-1943, na cozinha da casa dele em Eagle Hill. Foi apenas uma breve conversa com um amigo. No entanto, o que foi dito, e a maneira como Oppie resolveu lidar com a questão, moldaram de tal forma o restante da vida dele que nos sentimos tentados a fazer comparações com as tragédias gregas clássicas e Shakespeare. O episódio veio a ser conhecido como "o caso Chevalier", e com o tempo adquiriu algumas características de *Rashomon*, o filme de Akira Kurosawa de 1951 no qual as descrições de um acontecimento variam de acordo com a perspectiva de cada participante.

Sabendo que em breve deixariam Berkeley, os Oppenheimer convidaram os Chevalier para um jantar tranquilo em sua casa. Eles contavam ter Haakon e Barbara entre seus os mais próximos e queriam compartilhar com eles uma despedida especial. Quando os Chevalier chegaram, Oppie entrou na cozinha a fim de preparar uma bandeja de martínis. Hoke foi atrás e relatou uma conversa que tivera recentemente com um conhecido de ambos, George C. Eltenton, um físico nascido na Grã-Bretanha, formado em Cambridge e funcionário da Shell.

O que exatamente cada um disse perdeu-se na história — na época, nenhum dos homens fez anotações sobre a conversa. Naquele momento, parece que não a consideraram importante, ainda que o tópico tenha sido uma proposta afrontosa. Eltenton, contou Chevalier, tinha lhe solicitado que pedisse a Oppenheimer informações sobre o trabalho científico que ele desenvolvia e as passasse a um diplomata conhecido de Eltenton no consulado soviético em San Francisco.

Segundo todos os relatos — de Chevalier, de Oppenheimer e de Eltenton —, Oppie ficou zangado e disse a Hoke que ele estava falando de "traição", e não queria se envolver com o esquema. E não foi demovido pelo argumento de Eltenton, predominante nos círculos de esquerda em Berkeley, de que os aliados soviéticos dos Estados Unidos estavam lutando pela sobrevivência enquanto os reacionários em Washington sabotavam a assistência que os soviéticos tinham o direito de receber.

Chevalier sempre insistiu que estava apenas alertando Oppie para a proposta de Eltenton e não atuando como intermediário. De todo modo, esta foi a interpretação que Oppenheimer fez daquilo que o amigo lhe disse. Encará-la dessa maneira — como a ponta solta de um fio que havia sido cortado — permitiu-lhe varrê-la temporariamente para debaixo do tapete, como apenas mais uma manifestação da exaustiva preocupação de Hoke com a sobrevivência soviética. Será que ele deveria ter informado imediatamente as autoridades? Sua vida teria sido muito diferente se tivesse feito isso. Mas, na época, não poderia fazê-lo sem implicar seu melhor amigo; ele acreditava que Hoke, na pior das hipóteses, não passava de um idealista exageradamente entusiasmado.

Preparados os martínis, terminada a conversa, os dois voltaram à sala para se juntar às esposas.

EM SUAS MEMÓRIAS, *The Story of a Friendship*, Chevalier conta que ele e Oppenheimer conversaram apenas brevemente sobre a proposta de Eltenton. Ele insiste que não estava pedindo informações a Oppie, mas apenas comunicando ao amigo sobre Eltenton ter proposto um meio para compartilhar informações com cientistas soviéticos. Achava importante que Oppie soubesse disso. "Ele ficou visivelmente perturbado", escreveu Chevalier, "então trocamos um ou dois comentários, e isso foi tudo".[1] Em seguida os dois voltaram para a sala com os martínis e encontraram suas respectivas esposas. Chevalier recordou que Kitty tinha acabado de comprar uma edição francesa do começo do século XIX de um livro sobre micologia com ilustrações de orquídeas — a flor predileta dela — desenhadas e pintadas a mão. Enquanto bebiam, os casais folheavam o belo livro, e então se sentaram para jantar. Depois disso, segundo Chevalier, "não tenho nenhuma outra lembrança daquela noite".

Em 1954, em suas audiências de segurança, Oppenheimer declarou que Chevalier o havia seguido até a cozinha e dito algo como "Estive com George Eltenton recentemente".[2] Acrescentara, então, que Eltenton dispunha de um "meio para transmitir informações técnicas a cientistas soviéticos". Oppenheimer prosseguiu: "Creio que disse [a Chevalier]: 'Mas isso é traição.' Não tenho certeza. De todo modo, respondi algo como 'Mas isso é terrível'. Chevalier manifestou completa concordância. E a história terminou aí. Foi uma conversa muito breve."

Depois da morte de Robert, Kitty contou ainda uma outra versão da história. Enquanto estava em Londres visitando Verna Hobson (ex-secretária de Oppie e amiga de Kitty), ela disse que, "no minuto em que Chevalier entrou em casa, pôde perceber que havia algo acontecendo". Ela fez questão de não deixar os homens totalmente sozinhos, e por fim, quando Chevalier percebeu que não conseguiria falar com Robert em particular, relatou a conversa que tivera com Eltenton na presença da esposa do amigo. Kitty conta que foi ela quem então explodiu: "Mas isso seria traição!"[3] Segundo essa versão, Oppenheimer estava tão determinado a manter a esposa fora daquele assunto que pegou as palavras dela e as pôs na própria boca, sempre alegando que estava sozinho com Chevalier na cozinha. Chevalier, por sua vez, sempre insistiu que Kitty não havia entrado na cozinha enquanto ele e Robert discutiam a proposta de Eltenton, e a lembrança que Barbara Chevalier tem do incidente não inclui Kitty.

Décadas depois, Barbara, então uma ex-esposa amargurada, escreveu um "diário" que acrescenta uma perspectiva um tanto diferente. "Eu não estava, é claro, na cozinha quando Haakon falou com Oppie, mas sabia o que ele ia dizer. Também sei que Haakon era completamente favorável a descobrir o que Oppie estava fazendo e reportar a Eltenton. Acho que ele acreditava que Oppie seria a favor de cooperar com os russos. Sei disso porque havíamos tido uma enorme briga por causa do assunto."[4]

Na época em que escreveu essas palavras — cerca de quarenta anos depois —, Barbara tinha uma péssima opinião sobre o ex-marido. Considerava-o um tolo, "um homem de horizontes limitados, ideias fixas e hábitos imutáveis". Logo depois de ser abordado por Eltenton, Haakon teria dito à esposa: "Os russos querem saber." Barbara se lembrava de tentar persuadir o marido a não abordar o assunto com Oppenheimer. "Nunca ocorreu a ele o absurdo ridículo da situação", escreveu ela em 1983 em suas memórias não publicadas. "Um inocente professor de literatura francesa moderna ser o intermediário para os russos do que Oppie estava fazendo."

OPPENHEIMER CONHECIA ELTENTON APENAS porque ambos haviam participado de reuniões de organização da FAECT.[5] Eltenton comparecera a uma reunião na casa de Oppenheimer. Dito isso, Oppie havia estado com Eltenton em quatro ou cinco ocasiões.

Eltenton, um homem magro, de traços nórdicos, e a esposa, Dorothea (Dolly) eram ingleses.[6] Embora Dolly fosse prima em primeiro grau do aristocrata britânico Sir Hartley Shawcross, os Eltenton tinham visões políticas decididamente de esquerda. Em meados da década de 1930, eles haviam observado em primeira mão o experimento soviético em Leningrado, onde George fora empregado de uma firma britânica.

Chevalier conhecera Dolly Eltenton em 1938, quando ela entrou no escritório da Liga de Escritores Americanos em San Francisco e se apresentou como voluntária para serviços de secretária.[7] Dolly, cuja posição política era, no mínimo, mais radical que a do marido, trabalhou como secretária para o Instituto Russo-Americano, de orientação pró-soviética, em San Francisco. Ao mudar-se para Berkeley, o casal naturalmente gravitou pelo circuito social de esquerda. Chevalier os tinha visto em muitas das mesmas festas de arrecadação de fundos frequentadas por Oppenheimer.

Então, quando Eltenton lhe telefonou dizendo que queria conversar, um ou dois dias depois Chevalier pegou o carro e foi até a residência do casal no número 986 da avenida Cragmont. Eltenton falou seriamente sobre a guerra e o desfecho ainda incerto. Os soviéticos, ressaltou ele, estavam arcando com todo o peso da investida alemã — 80% das tropas da Wehrmacht estavam combatendo na frente oriental —, e muita coisa poderia depender do efetivo grau de ajuda dos norte-americanos a seus aliados russos, com armas e nova tecnologia. Era muito importante que houvesse uma colaboração estreita entre cientistas soviéticos e norte-americanos.

Eltenton disse ter sido abordado por Peter Ivanov, que ele acreditava trabalhar como secretário no consulado-geral da União Soviética em San Francisco. (Na verdade, tratava-se de um oficial da inteligência soviética.) Ivanov comentara que, "de muitas maneiras, o governo soviético sentia não estar obtendo a cooperação científica e técnica que julgava merecer". Ele então perguntou a Eltenton se este sabia de alguma coisa sobre o que estava acontecendo "no alto do Morro", referindo-se ao laboratório de Berkeley.

Em 1946, o FBI interrogou Eltenton sobre o caso Chevalier, e ele reconstituiu a conversa que tivera com Ivanov da seguinte maneira: "Eu disse a ele [Ivanov] que sabia muito pouco sobre o que estava acontecendo, e então ele me perguntou se eu conhecia o professor E. O. Lawrence, o dr. J. R. Oppenheimer e uma terceira pessoa cujo nome não recordo."[8] (Ele afirmou mais tarde que o terceiro cientista mencionado por Ivanov talvez fosse Luis Alvarez.) Eltenton respondeu que conhecia apenas Oppenheimer, mas não suficientemente bem para discutir o assunto. Ivanov o pressionou, perguntando se ele conhecia mais alguém que pudesse abordar Oppenheimer. "Depois de refletir um pouco, falei que o único conhecido em comum em quem conseguia pensar era Haakon Chevalier. Ele me perguntou se eu estaria disposto a discutir o assunto com [Chevalier]. Depois de me certificar de que o sr. Ivanov estava genuinamente convencido de que não havia canais autorizados por meio dos quais pudesse obter aquela informação, e tendo me convencido de que a situação era tão crítica que eu, no meu íntimo, teria a consciência tranquila para abordar Haakon Chevalier, concordei em entrar em contato com ele."

Segundo Eltenton, ele e Chevalier concordaram "com considerável relutância" que Oppenheimer devia ser abordado. Eltenton garantiu a Chevalier que se Oppie tivesse alguma informação útil, Ivanov teria como "transmiti-la em segurança". Pelo relato de Eltenton, os dois entendiam claramente o que estavam contemplando. "A questão da remuneração foi levantada pelo sr. Ivanov, mas nenhuma quantia foi mencionada, uma vez que eu não pretendia aceitar nenhum pagamento pelo que estava fazendo."

Em seu relato ao FBI, em 1946, Eltenton disse que, alguns dias depois, Chevalier o informou de ter estado com Oppenheimer, mas que "não havia nenhuma chance de obter quaisquer informações, pois o dr. Oppenheimer não aprovava aquilo". Mais adiante, Ivanov foi à casa de Eltenton e soube que Oppenheimer não iria cooperar. E esse foi o fim da história, embora algum tempo depois Ivanov tenha perguntado a Eltenton se ele possuía alguma informação sobre uma droga nova chamada penicilina. Eltenton não tinha ideia do que era aquilo — embora tenha dito que, posteriormente, chamou a atenção de Ivanov para um artigo sobre o tema na revista *Nature*.

A precisão do relato de Eltenton é confirmada por outro interrogatório do FBI. Ao mesmo tempo que Eltenton era interrogado, uma outra equipe de agentes do FBI abordou Chevalier e lhe fez perguntas semelhantes. À medida que os interrogatórios avançavam, as duas equipes foram coordenando as perguntas por meio de telefonemas, cruzando as lembranças de cada interrogado e se aprofundando nas inconsistências. No fim, havia apenas diferenças mínimas entre os dois depoimentos. Chevalier alegou que não se recordava de ter mencionado o nome de Eltenton para Oppenheimer (embora em suas memórias tenha dito o contrário). E não mencionou aos interrogadores que Eltenton fizera referência a Lawrence e Alvarez: "Desejo declarar que pela minha presente lembrança e conhecimento não abordei ninguém exceto Oppenheimer a fim de solicitar informações sobre o trabalho no Laboratório de Radiação. Posso ter mencionado de passagem, a muitas pessoas, que era desejável obter essas informações. Estou certo de que nunca fiz qualquer proposta específica em relação a isso." "Oppenheimer", disse ele, "desprezou minha abordagem sem discussão".

Em outras palavras, os dois homens confessaram ter conversado sobre canalizar informações científicas para os soviéticos, acrescentando, no entanto, que Oppenheimer rejeitara a ideia de imediato.

AO LONGO DOS ANOS, historiadores aventaram a hipótese de que Eltenton fosse um agente soviético que trabalhava como recrutador durante a guerra. Em 1947, quando os detalhes do interrogatório começaram a vazar de fontes do FBI, ele fugiu para a Inglaterra e, pelo resto da vida, recusou-se a falar sobre o incidente.[9] Será que Eltenton *era mesmo* um espião soviético? Está nítido que ele de fato havia proposto canalizar informações científicas sobre o projeto de guerra para os soviéticos. Todavia, uma investigação do comportamento dele em 1942-1943 sugere que o mais provável é ele ter sido um idealista mal encaminhado, não um agente soviético sério.

Por nove anos — de 1938 a 1947 — Eltenton pegava carona com um vizinho diariamente, Herve Voge, com quem trabalhava. Voge, um físico-químico que certa vez tivera uma aula com Oppenheimer, também era funcionário da fábrica da Shell em Emeryville, a mais ou menos doze quilômetros de Berkeley. Quatro outros homens dividiam o veículo com eles em 1943: Hugh Harvey, um inglês com posições políticas de centro; Lee Thurston Carlton, mais alinhado à esquerda; Harold Luck; e Daniel Luten. Eles se intitulavam jocosamente "o clube da pista falsa", porque

Luten sempre trazia pistas falsas para as vívidas discussões que travavam. Voge recordava-se dessas conversas: "Lembro-me muito bem, todo mundo sabia que havia coisas importantes acontecendo no Laboratório de Radiação em Berkeley, por isso era óbvio. As pessoas iam lá e havia sempre muita gente falando baixinho para não ser ouvida."

Certo dia, quando estavam indo para o trabalho, Eltenton ficou empolgado com o noticiário da guerra e disse: "Eu gostaria que a Rússia ganhasse a guerra, não os nazistas, e faria qualquer coisa que fosse possível para ajudá-los."[10] Segundo Voge, ele teria dito em seguida: "Vou tentar falar com Chevalier ou Oppenheimer, para lhes avisar que ficaria muito contente de transmitir qualquer informação que eles possam achar ser útil para os russos."

Voge considerava as opiniões políticas de Eltenton, sempre muito abertas, na melhor das hipóteses simplórias e imaturas; na pior das hipóteses, ele não passava de um joguete do consulado russo.[11] Eltenton falava abertamente dos amigos no consulado soviético de San Francisco e se gabava de ser capaz de transmitir qualquer informação à Rússia por meio de seus contatos. (De fato, agentes do FBI testemunharam uma série de encontros dele com Ivanov em 1942.) Ainda segundo Voge, Eltenton trouxe o assunto à tona mais de uma vez. "Ele vivia dizendo: 'Vocês sabem que estamos lutando do mesmo lado que os russos, então por que não os ajudamos?'" Quando algum colega o questionava se aquele não era "o tipo de coisa que deveria seguir pelos canais oficiais", Eltenton respondia: "Bem, vou fazer o que puder."

Algumas semanas depois, porém, ele disse a Voge e aos demais colegas da carona: "Falei com Chevalier e ele falou com Oppenheimer, que disse que não quer se envolver nisso." Eltenton pareceu desapontado, mas Voge teve bastante certeza de que aquele era o fim de suas pequenas maquinações.

Essa história, que Voge contou a Martin Sherwin em 1983, é reforçada pelo que ele disse ao FBI no fim dos anos 1940. Depois da guerra, Voge quase perdeu o emprego por conta da associação com Eltenton, e, quando o FBI se dispôs a limpar-lhe o nome se ele concordasse em atuar como informante, Voge recusou. Entretanto, o FBI conseguiu convencê-lo a assinar uma declaração sobre Eltenton, que dizia em parte: "George e Dolly Eltenton são, sem dúvida, personagens suspeitas. Viveram na União Soviética e eram abertamente simpáticos ao regime. George, ao que parece, fez evidentes esforços para ajudar os russos durante a Segunda Guerra Mundial." Descrevendo suas conversas com Eltenton no "clube da pista falsa", Voge escreveu: "Nunca fomos capazes de convencer George das maldades do comunismo, e ele nunca converteu nenhum de nós às opiniões dele."

Anos depois, em 1954, quando o nome de Eltenton veio à tona nas audiências de Oppenheimer, Voge afirmou que o governo não tinha entendido nada sobre ele: "Se ele fosse mesmo um espião de verdade, não teria falado tão abertamente. Teria fingido ser um tipo de pessoa muito diferente."[12]

PARTE III

15

"Ele se tornara muito patriota"

*Quando estava com ele [Oppenheimer], eu me sentia maior. [...]
Acabei me tornando bem parecido com ele, e simplesmente o idolatrava.*
ROBERT WILSON

ROBERT ESTAVA COMEÇANDO UMA vida nova. Como diretor de um laboratório de armamentos que integraria uma variedade de esforços feitos em nome do Projeto Manhattan em vários lugares, com o objetivo de moldá-los rapidamente numa arma atômica viável, ele teria de conjurar habilidades que ainda não possuía, lidar com problemas que jamais havia imaginado, desenvolver hábitos de trabalho inteiramente distintos do estilo de vida anterior e se ajustar a atitudes e modos de comportamento (como, por exemplo, considerações de segurança) emocionalmente incômodos e alheios à experiência dele. Não seria um grande exagero sugerir que, aos 39 anos, para ter êxito nessa nova empreitada, Robert Oppenheimer teria de refazer uma parte significativa da personalidade, se não do intelecto que desenvolvera, e tudo isso em pouquíssimo tempo. Cada aspecto do novo emprego exigia um cronograma acelerado. Pouquíssimas coisas — inclusive a transformação de Oppenheimer — podiam cumprir esse cronograma impossível; no entanto, o fato de que ele tenha chegado muito perto disso oferece uma medida do comprometimento e da força de vontade demonstrados.

Robert muitas vezes pensou combinar a paixão pela física com a forte atração que sentia pelo planalto desértico do Novo México. A chance surgira. Em 16 de novembro de 1942, ele e Edwin McMillan, outro físico de Berkeley, acompanhados por um oficial do Exército, o major John H. Dudley, viajaram até Jemez Springs, um cânion profundo localizado cerca de sessenta quilômetros a noroeste de Santa Fe. Depois de inspecionar dezenas de locais pelo sudoeste dos Estados Unidos, Dudley finalmente optara por Jemez Springs como um lugar adequado para a construção do novo laboratório de armamentos. Oppenheimer, que muitas vezes passara ali a cavalo, se lembrava da área como "um local agradável e, sob todos os aspectos, satisfatório".[1]

Contudo, assim que chegaram a Jemez Springs, Oppenheimer e McMillan começaram a argumentar com Dudley, afirmando que a sinuosa faixa de terra no fundo do cânion era estreita demais para o assentamento que eles imaginavam construir. Oppenheimer se queixou de que o lugar não tinha vista para as magníficas montanhas, e que os íngremes cânions praticamente tornariam impossível cercá-lo. "Estávamos discutindo essas questões quando o general Groves apareceu", recordou McMillan.[2] Groves deu uma olhada nos arredores e disse: "Aqui não vai dar certo." Quando se virou para Oppenheimer e perguntou se havia algum outro local nas redondezas com boas perspectivas, "Oppie propôs Los Alamos como se fosse uma ideia totalmente nova".

"Se você subir o cânion", disse Oppenheimer, "vai chegar ao alto de um planalto, onde há uma escola para garotos que pode ser viável". Relutantes, os homens voltaram a se espremer dentro dos carros e seguiram para noroeste, percorrendo quase cinquenta quilômetros através do planalto Pajarito [Passarinho], uma meseta de origem vulcânica. Já era quase fim da tarde quando estacionaram diante da Escola Rancho de Los Alamos.[3] Em meio à cerração da fina neve que caía, Oppenheimer, Groves e McMillan viram um grupo de alunos numa quadra esportiva correndo de short. O terreno da escola, de cerca de três quilômetros quadrados, abrigava a "Casa-Grande", o prédio principal; a Hospedagem Fuller, uma bela mansão construída em 1928 com oitocentas imensas toras de pinheiros ponderosa; um alojamento rústico; e algumas outras construções menores. Atrás da hospedagem havia um lago que os meninos usavam para fazer patinação no gelo no inverno e canoagem no verão. A escola ficava numa elevação de 2 mil metros, bem ao lado de uma floresta. A oeste, os picos nevados das montanhas Jemez se erguiam a quase 3.500 metros. Da espaçosa varanda da Hospedaria Fuller, dava para avistar até uma distância de sessenta quilômetros a leste, através do vale do Rio Grande até a cordilheira Sangre de Cristo, que Oppenheimer amava, e que se erguia até cerca de 4 mil metros. Segundo um relato, quando Groves viu o lugar, imediatamente anunciou: "Vai ser aqui."[4]

Em dois dias, o Exército deu início à papelada para comprar a escola, e quatro dias depois, após uma rápida viagem a Washington, Oppenheimer retornou com McMillan e Ernest Lawrence para inspecionar o lugar designado como "Local Y".[5] Usando botas de caubói, Oppenheimer levou Lawrence para um passeio pelos edifícios da escola. Por motivos de segurança, haviam se apresentado com nomes fictícios. Entretanto, um aluno de Los Alamos, Sterling Colgate, reconheceu os cientistas. "De repente soubemos que a guerra tinha chegado aqui", recordou Colgate.[6] "Apareceram dois sujeitos, o sr. Smith e o sr. Jones, um deles usando chapéu *pork pie*, e o outro um chapéu normal, e ficaram andando por ali como se fossem os donos do lugar." Colgate, então cursando o último ano do ensino médio, havia estudado física e visto fotografias de Oppenheimer e Lawrence num livro didático.

Pouco tempo depois, uma série de escavadeiras e equipes de construção invadiu os terrenos da escola.[7] Oppenheimer, naturalmente, conhecia bem Los Alamos. Perro Caliente ficava a sessenta quilômetros de distância. Ele e o irmão tinham explorado as montanhas Jemez a cavalo em muitos verões.

Oppenheimer conseguiu o que queria — uma vista espetacular da cordilheira Sangre de Cristo — e o general Groves conseguiu um local tão isolado que havia somente uma tortuosa estrada de cascalho para o acesso, e uma única linha telefônica. Nos três meses seguintes, equipes de construção edificaram cabanas baratas com coberturas de telhas ou zinco. Construções semelhantes foram erguidas para servir como laboratórios de química e física. Tudo foi pintado de verde-oliva.

Oppenheimer não parecia ciente do absoluto caos que baixara sobre Los Alamos — embora anos depois tenha confessado: "Sou responsável por arruinar um lugar lindo."[8] Focado em recrutar os cientistas de que precisava para o projeto, ele não tinha tempo para as tarefas administrativas ligadas à construção de um pequeno povoado. John Manley, um físico experimental que Oppie contratara como assistente, tinha sérias restrições em relação a Los Alamos. Manley acabara de chegar de Chicago, onde, em 2 de dezembro de 1942, o físico Enrico Fermi chefiara uma equipe responsável por conduzir a primeira reação nuclear em cadeia do mundo. Chicago era uma cidade grande, sede de uma eminente universidade, bibliotecas de classe internacional e um grande grupo de maquinistas, vidreiros, engenheiros e outros técnicos experientes. Los Alamos não tinha nada. "O que estávamos tentando fazer", escreveu Manley, "era construir um laboratório no deserto do Novo México sem equipamento inicial, exceto a biblioteca de livros de Horatio Alger ou o que quer que aqueles garotos da Escola Rancho estivessem lendo, e o equipamento que usavam durante as cavalgadas — nada disso nos ajudava muito a conseguir aceleradores para produção de nêutrons".[9] Manley acreditava que, se Oppenheimer fosse um físico experimental, teria compreendido que "a física experimental na verdade se resumia a 90% de serviços de encanador e eletricista", e nunca teria concordado em construir um laboratório naquelas condições.

A logística era terrivelmente complicada. Oppenheimer e o grupo inicial de cientistas planejavam chegar a Los Alamos em meados de março de 1943. Àquela altura, Robert assegurara a Hans Bethe, haveria uma comunidade viável organizada por um engenheiro urbano,[10] com alojamentos para solteiros e casas para famílias com um, dois ou três dormitórios. Essas casas mobiliadas viriam todas com eletricidade — mas, por razões de segurança, não haveria telefones. As cozinhas estariam equipadas com fogões a lenha e aquecedores de água. Haveria lareiras e um refrigerador. Empregados à disposição para ocasionais trabalhos domésticos pesados. Uma escola para crianças pequenas, biblioteca, lavanderia, hospital e sistema de coleta de lixo. Um posto de abastecimento do Exército serviria como mercearia da comunidade e de correio. Um oficial encarregado das atividades de recreação cuidaria para que houvesse regularmente filmes e excursões pelas montanhas nos arredores. E Oppie prometeu que haveria uma cantina para cerveja, Coca-Cola e almoços leves, um refeitório para pessoas solteiras e um café "chique" em que casais poderiam sair à noite para jantar.

Quanto aos laboratórios, haviam sido encomendados dois geradores Van de Graaff de Michigan, um cíclotron de Harvard e um gerador Cockcroft-Walton da Universidade de Illinois. Todos eram essenciais. Os geradores Van de Graaff seriam usados para realizar medições básicas de física, enquanto o Cockcroft-Walton, o primeiro acelerador de partículas, era necessário para experimentos nos quais vários elementos pudessem ser artificialmente transmutados em outros elementos.

A construção de Los Alamos, o recrutamento de cientistas e a reunião de todo o equipamento necessário para a operacionalização do primeiro laboratório de armas nucleares do mundo exigiam um administrador meticuloso e paciente. No início de 1943, Oppenheimer não tinha nenhuma dessas características. Nunca havia supervisionado nada maior que seus seminários de pós-graduação. Em 1938, fora responsável por quinze alunos; naquele momento, estava coordenando o trabalho de centenas de cientistas e técnicos, que em breve seriam milhares. Os colegas tampouco acreditavam que ele tivesse o temperamento adequado para esse trabalho. "Ele era uma espécie de excêntrico — quase um excêntrico profissional — quando o conheci, antes de 1940", recordou Robert Wilson, um jovem físico experimental que na época estudava sob a orientação de Ernest Lawrence.[11] "Em nenhum aspecto era o tipo de pessoa em quem se pensaria naturalmente para administrar um grande projeto." Em dezembro de 1942, James Conant escreveu a Groves para dizer que ele e Vannevar Bush estavam "se perguntando se teriam encontrado o homem certo para chefiar a empreitada".[12]

Até mesmo John Manley tinha sérias restrições em relação a servir como vice de Oppie. "Eu estava um pouco assustado com a evidente erudição dele", lembrou Manley, "e a falta de interesse em assuntos mundanos".[13] Manley estava particularmente preocupado com a organização do laboratório. "Eu o perturbei por não sei quantos meses pedindo um organograma — quem seria responsável por isso, por aquilo etc." Oppenheimer ignorou os pedidos, até que por fim, certo dia, em março de 1943, Manley subiu até o último andar do LeConte Hall e escancarou a porta da sala de Oppenheimer. Quando Oppie ergueu os olhos e o viu parado ali, sabia exatamente o que Manley queria. Pegou um pedaço de papel, jogou-o em cima da mesa e disse: "Aí está o seu maldito organograma." Oppenheimer concebeu quatro grandes divisões dentro do laboratório: física experimental, física teórica, química e metalurgia e, finalmente, materiais bélicos. Os chefes de grupo em cada uma dessas divisões se reportariam aos chefes da divisão, que se reportariam a Oppenheimer. Era um começo.

No início de 1943, Oppenheimer mandou Robert Wilson, então com 28 anos, a Harvard a fim de organizar o embarque seguro do cíclotron para Los Alamos. Em 4 de março, Wilson chegou a Los Alamos para inspecionar o prédio que abrigaria o cíclotron. Encontrou o mais absoluto caos, uma vez que parecia não haver nenhum cronograma, nenhum planejamento, nenhuma cadeia de responsabilidades. Wilson se queixou a Manley da situação, e os dois concordaram que deveriam confrontar Oppenheimer. A reunião em Berkeley foi um desastre: Oppie se enfureceu e os xingou. Estarrecidos, Wilson e Manley saíram se perguntando se ele estaria à altura do desafio.[14]

Descendente de quacres, Wilson era um pacifista quando a guerra na Europa eclodiu: "Então foi uma grande mudança para mim descobrir que na verdade trabalharia nesse projeto horrível."[15] Contudo, como todos em Los Alamos, Wilson temia acima de tudo a possibilidade de que os nazistas ganhassem a guerra com uma arma atômica. E, enquanto em seu íntimo ainda nutria a esperança de que um dia pudessem provar que era impossível construir uma bomba atômica, estava ansioso para construí-la se houvesse mesmo essa possibilidade. Acostumado ao trabalho árduo e sério por temperamento, Wilson a princípio ficou aborrecido com a conduta arrogante de Oppenheimer. "Não gostei muito dele", disse posteriormente. "Era metido a sabichão e não suportava tolices. E talvez eu fosse um dos tolos que ele não suportava."

No fim das contas, por mais desligado que pudesse ter parecido antes de se instalar em Los Alamos, Oppenheimer logo demonstrou ter disposição para mudar. Após vários meses no Novo México, Wilson ficou surpreso com a metamorfose do patrão num administrador carismático e eficiente. O físico teórico, outrora um excêntrico intelectual cabeludo de esquerda, estava agora se tornando um líder de primeira, altamente organizado. "Ele tinha estilo e classe", disse Wilson.[16] "Era um homem muito inteligente. E, o que quer que tivéssemos sentido quanto às deficiências dele, em poucos meses elas foram corrigidas, e, obviamente, ele sabia muito mais do que nós sobre procedimentos administrativos. Quaisquer que tivessem sido as nossas apreensões, elas logo foram tranquilizadas." No verão de 1943, Wilson notou que, "quando estava com ele [Oppenheimer], eu me sentia maior. [...] Acabei me tornando bem parecido com ele, e simplesmente o idolatrava. [...] Mudei completamente".[17]

DE QUALQUER FORMA, DURANTE aquelas primeiras etapas de planejamento, Oppenheimer muitas vezes foi incrivelmente ingênuo.[18] No organograma que deu a Manley, listara a si mesmo como diretor do laboratório e chefe da divisão de física teórica. Logo, porém, ficou claro para os colegas, e finalmente para o próprio Robert, que ele não tinha tempo para fazer os dois trabalhos, de modo que nomeou Hans Bethe para o comando da divisão teórica. Ele também havia dito ao general Groves que achava que precisaria apenas de um punhado de cientistas. O major

Dudley declarou que, quando estavam examinando o terreno pela primeira vez, Oppie comentou que seis cientistas, além de alguns engenheiros e técnicos, poderiam dar conta do trabalho. Embora isso fosse provavelmente um exagero, uma coisa estava evidente: a princípio, Oppenheimer subestimou muito a magnitude da tarefa. O contrato inicial de construção era orçado em apenas 300 mil dólares — mas em um ano haviam sido gastos 7,5 milhões.

Quando Los Alamos foi inaugurada, em março de 1943, uma centena de cientistas, engenheiros e equipes de apoio convergiram para a nova comunidade — em seis meses, já eram mil moradores, e um ano depois havia 3.500 pessoas vivendo no planalto.[19] No verão de 1945, o posto avançado de Oppenheimer no deserto tinha crescido e se transformado numa cidadezinha com pelo menos 4 mil civis e 2 mil militares, distribuídos por trezentos prédios de apartamentos, 52 dormitórios e cerca de duzentos trailers. Somente a Área Técnica compreendia 37 edifícios, incluídos uma usina de purificação de plutônio, uma fundição, uma biblioteca, um auditório e dezenas de laboratórios, depósitos e escritórios.

Para desânimo de quase todos os colegas, Oppenheimer aceitara inicialmente a sugestão do general Groves de que todos os cientistas no novo laboratório fossem comissionados como oficiais do Exército. Em meados de janeiro de 1943, Oppenheimer visitou o Presídio, uma base militar em San Francisco, a fim de realizar o comissionamento como tenente-coronel. Ele chegou de fato a fazer os exames físicos do Exército — e não passou. Os médicos reportaram que, com 58 quilos, Oppenheimer tinha cinco quilos a menos do que o peso mínimo e doze quilos a menos do que o peso ideal para um homem da idade e altura dele. Eles notaram, ainda, que Oppie tinha uma "tosse crônica" que datava de 1927, quando radiografias torácicas confirmaram um diagnóstico de tuberculose. Além disso, tinha um problema de "fratura lombossacral": a cada dez dias, mais ou menos, disse ele, sentia dores moderadas que faziam a perna esquerda repuxar. Por todos esses motivos, os médicos do Exército o consideraram "permanentemente incapacitado para o serviço ativo". No entanto, como Groves já havia instruído os médicos de que era necessário que Oppenheimer fosse liberado, pediu-se a ele que assinasse um termo no qual ele reconhecia a existência dos "defeitos físicos mencionados"[20] e solicitava, enfim, que fosse colocado em serviço ativo.

Depois de passar pelos exames físicos, Oppenheimer mandou confeccionar uma farda militar. Os motivos para ele ter feito isso eram complexos. Talvez trajar um uniforme de coronel fosse um sinal visível de aceitação, importante para um homem consciente da herança judaica. Vestir uma farda também era a coisa patriótica a se fazer em 1942. Em todo o país, homens e mulheres trajavam vestes militares num ritual simbólico, primordial, de defender a tribo, o país — e o uniforme era a afirmação visível desse compromisso. "Oppie ficava com um olhar distante", recordou Robert Wilson, "e me dizia que aquela guerra era diferente de qualquer outra já travada; era uma guerra que dizia respeito a princípios de liberdade. [...] Ele estava convencido de que o esforço de guerra tinha como objetivo derrubar os nazistas e enfraquecer o fascismo, e falava de um exército do povo e uma guerra do povo. [...] A linguagem havia mudado um pouco. Era o mesmo tipo de linguagem [política], só que passara a ter um sabor patriótico, enquanto antes só tinha um sabor radical".[21]

No entanto, logo depois de começar as rodadas de recrutamento de físicos para Los Alamos, Oppenheimer descobriu que seus pares se opunham de maneira categórica à ideia de trabalhar sob disciplina militar. Em fevereiro de 1943, o velho amigo Isidor I. Rabi e vários outros físicos o tinham persuadido de que o "laboratório precisa ser desmilitarizado". Rabi era um dos poucos amigos de Oppie que podiam lhe dizer quando estava sendo tolo. "Ele achou que não haveria problema em ficar andando de uniforme porque estávamos em guerra, e achava também que isso nos aproximaria do povo americano, esse tipo de besteira. Sei que ele queria a todo custo ganhar a guerra, mas não podíamos construir uma bomba daquele jeito." Além de "muito sábio, ele era muito tolo".[22]

No fim daquele mês, Groves concordou com um meio-termo: durante o trabalho experimental no laboratório, os cientistas continuariam sendo civis, mas quando chegasse o momento de testar a arma todos vestiriam fardas.[23] Los Alamos seria cercada e designada como posto militar — mas, dentro da Área Técnica do laboratório, os cientistas se reportariam a Oppenheimer como "diretor científico". O Exército controlaria o acesso à comunidade, mas não a troca de informação entre os cientistas — isso era responsabilidade de Oppenheimer. Hans Bethe cumprimentou Oppie pelas negociações com o Exército e escreveu: "Acho que você merece um diploma em alta diplomacia."[24]

Rabi desempenhou papel crucial nessa e em outras questões organizacionais. "Sem Rabi", disse Bethe tempos depois, "teria sido uma bagunça, porque Oppie não queria ter uma organização. Rabi e [Lee] Dubridge [então chefe do Laboratório de Radiação do MIT] foram até Oppie e disseram: 'É preciso haver uma organização. O laboratório precisa ser organizado em divisões e as divisões em grupos. Do contrário, o trabalho não vai prosperar.' E Oppie, bem, tudo isso era novo para ele. Rabi fez dele um homem mais prático. E o dissuadiu de vestir uniforme".[25]

Uma das grandes decepções de Oppenheimer foi ter fracassado em persuadir Isidor I. Rabi a se mudar para Los Alamos. Ele queria tanto ter o colega a bordo que chegou a lhe oferecer o cargo de diretor associado do laboratório — mas sem sucesso. Rabi tinha uma série de restrições fundamentais sobre a ideia de construir uma bomba. "Eu me opunha com veemência aos bombardeios desde 1931, quando vi aquelas fotos dos japoneses bombardeando um subúrbio de Xangai. Você solta uma bomba e ela cai em cima de justos e injustos. Não há como fugir disso. O homem prudente não pode escapar, [nem] o honesto. [...] Durante a guerra com a Alemanha, nós [no Rad Lab] certamente ajudamos a desenvolver dispositivos de bombardeio [...] mas era um inimigo real e um assunto sério. Uma bomba atômica, porém, levava as coisas um passo adiante, e eu não gostava da ideia na época e continuo não gostando. É terrível."[26] Rabi acreditava que a guerra seria ganha com uma tecnologia bem menos exótica — o radar. "Pensei bastante no assunto e recusei o convite [de Oppenheimer]. Disse a ele: 'Esta guerra é muito séria. Podemos perdê-la se nosso radar for insuficiente'", recordou Rabi.[27]

Rabi também tinha uma razão menos prática, porém mais profunda, para não querer ir para Los Alamos: ele não desejava, segundo disse a Oppenheimer, que uma arma de destruição em massa marcasse "o auge de três séculos de física". Era uma declaração extraordinária, que poderia muito bem ter ressoado num homem com as tendências filosóficas de Oppenheimer. Entretanto, se Rabi já estava pensando nas consequências morais de uma bomba atômica, Oppie, em meio à guerra, dessa vez não estava com paciência para questões metafísicas. Simplesmente varreu para o lado a objeção do amigo. "Se eu realmente acreditasse, como você, que este projeto marca 'o auge de três séculos de física'", escreveu a Rabi, "teria uma atitude diferente. Para mim, em primeiro lugar, trata-se do desenvolvimento de uma arma militar com alguma consequência em tempos de guerra. Não acho que os nazistas nos deem a opção de [não] levar adiante esse desenvolvimento".[28] Apenas uma coisa importava para Oppenheimer: construir a arma antes dos nazistas.

Embora Rabi tenha acabado por recusar o convite para Los Alamos, Oppenheimer conseguiu, ainda assim, persuadi-lo a participar do primeiro colóquio e a servir como um dos raros consultores visitantes do projeto. Rabi se tornou, como disse Hans Bethe, "o conselheiro paternal de Oppie". "Nunca entrei na folha de pagamento de Los Alamos", disse Rabi.[29] "Eu me recusei. Queria ter as minhas linhas de comunicação claras. Não participei de nenhuma comissão importante nem nada do tipo, apenas atuei como conselheiro de Oppenheimer."

Além disso, Rabi foi fundamental para persuadir Hans Bethe e muitos outros a se mudarem para Los Alamos. E também instou Oppenheimer a designar Bethe como chefe da divisão teórica, que chamou de "centro nervoso do projeto".[30] Oppenheimer confiava nos julgamentos de Rabi e agia rapidamente segundo as sugestões do amigo.

Quando Rabi lhe disse que "o moral está afundando" entre o grupo de físicos de Princeton, Oppenheimer decidiu importar a equipe inteira da universidade, composta por vinte cientistas, para Los Alamos. Essa decisão acabou por se revelar muito acertada, pois o grupo de Princeton incluía não só Robert Wilson, mas também um brilhante e divertidamente malicioso físico de 24 anos chamado Richard Feynman. Oppenheimer reconheceu de imediato a genialidade de Feynman e soube que o queria em Los Alamos. No entanto, a esposa de Feynman, Arline, estava lutando contra a tuberculose, e o físico deixou claro que não podia se mudar sem ela. Feynman julgou que isso encerrava a questão, mas certo dia, no começo de 1943, recebeu uma chamada de longa distância de Chicago. Era Oppenheimer, que telefonava para dizer que havia encontrado um sanatório para Arline em Albuquerque. Feynman, assegurou ele, podia trabalhar em Los Alamos e visitar Arline nos fins de semana. Feynman ficou comovido, e foi persuadido.[31]

Oppenheimer era incansável em sua busca de homens para trabalhar no planalto — o "Morro", como logo foi apelidado. Começara o recrutamento no outono de 1942, antes mesmo de Los Alamos ter sido escolhida como "Local Y". "Devemos começar agora mesmo", escreveu ele a Manley, "com uma política absolutamente inescrupulosa de recrutamento".[32] Entre os primeiros alvos estava Robert Bacher, um administrador e físico experimental do MIT. Somente depois de meses de persistente pressão é que Bacher por fim aceitou se mudar para Los Alamos, em julho de 1943, a fim de dirigir a divisão de física experimental do projeto. Oppenheimer escrevera a Bacher anteriormente naquela primavera para informá-lo de que notáveis qualificações o tornavam "quase único, e foi por isso que o busquei com tanta diligência durante tantos meses".[33] Ele acreditava intensamente "em sua estabilidade e discernimento, qualidades muito valorizadas em nossa tempestuosa empreitada". Bacher veio — mas avisou que se demitiria se algum dia lhe pedissem que vestisse um uniforme do Exército.

EM 16 DE MARÇO de 1943, Oppie e Kitty embarcaram num trem com destino a Santa Fe, uma cidade sonolenta de 20 mil habitantes. Registraram-se no La Fonda, o melhor hotel da cidade, onde Oppenheimer passou alguns dias recrutando pessoas para dirigir um escritório de ligação com o laboratório em Santa Fe. Certo dia, Dorothy Scarritt McKibbin, uma mulher de 45 anos graduada pelo Smith College, estava parada no saguão do La Fonda esperando ser entrevistada para um emprego sobre o qual não lhe haviam dado mais explicações. "Vi então um homem andando na ponta dos pés, vestindo um sobretudo e um chapéu *pork pie*", disse McKibbin.[34] Oppenheimer se apresentou como "sr. Bradley" e perguntou sobre o histórico dela. Viúva há doze anos na época, McKibbin havia se mudado para o Novo México a fim de curar um caso brando de tuberculose e, assim como Oppenheimer, apaixonara-se pela beleza crua do lugar. Em 1943, McKibbin conhecia todo mundo que havia para conhecer na sociedade de Santa Fe, inclusive artistas e escritores como a poetisa Peggy Pond Church, o aquarelista Cady Wells e o arquiteto John Gaw Meem. Era também amiga da dançarina e coreógrafa Martha Graham, que passava os verões no Novo México no fim da década de 1930. Oppenheimer percebeu que aquela mulher sofisticada, bem relacionada e autoconfiante não seria facilmente intimidada, e, quando se deu conta de que McKibbin conhecia Santa Fe e seus arredores melhor do que ele, contratou-a para administrar um discreto escritório no número 109 da avenida East Palace, na zona central da cidade.

McKibbin se encantou imediatamente com a graça e os modos polidos de Oppenheimer. "Eu sabia que qualquer coisa com a qual ele estivesse relacionado seria intensa", recordou ela, "e tomei minha decisão. Imaginei que estar associada com aquele homem, quem quer que fosse, seria simplesmente ótimo! Nunca havia conhecido ninguém com tamanho magnetismo. Eu não sabia o que ele fazia. Pensei que talvez ele estivesse escavando o terreno para construir uma estrada, eu adoraria fazer isso. [...] Só queria estar ao lado daquele homem cheio de vitalidade e força".

McKibbin pode não ter tido a menor ideia do que Oppenheimer fazia, mas mesmo assim logo se tornou a "guardiã do portão"[35] para Los Alamos. De seu escritório anônimo, ela saudou centenas de cientistas e respectivas famílias que subiam para o Morro. Às vezes atendia a cem telefonemas por dia e emitia dezenas de passes, e viria a conhecer todo mundo e todos os aspectos da nova comunidade — mas levou um ano para descobrir que estavam construindo ali uma bomba atômica. McKibbin e Oppenheimer se tornariam amigos para a vida toda. Robert a chamava pelo apelido, "Dink", e logo aprendeu a confiar no discernimento e na habilidade que ela possuía de fazer as coisas acontecerem.

Aos 39 anos, Oppenheimer parecia não ter envelhecido nos últimos vinte. Ainda tinha cabelo comprido, muito preto e crespo, que ficava praticamente reto em pé. "Ele tinha os olhos mais azuis que já vi", disse McKibbin, "de um azul muito claro",[36] que a faziam lembrar do azul pálido, gelado, da genciana, uma flor silvestre que crescia nas encostas da cordilheira Sangre de Cristo. Os olhos de Oppenheimer, grandes e redondos, guardados por pesadas pálpebras e encimados por sobrancelhas negras e grossas, eram hipnotizantes. "Ele sempre olhava para a pessoa com quem falava, sempre dava tudo de si para a pessoa com quem estava conversando." Além disso, tinha um tom de voz muito suave — embora fosse capaz de falar com grande erudição sobre quase tudo, ainda podia parecer encantadoramente menino. A coleção de admiradores crescia exponencialmente em Los Alamos.

No fim daquele mês, Robert, Kitty e Peter mudaram-se para o Morro e se instalaram na nova residência — uma casa térrea rústica, de madeira e pedra, construída em 1929 para May Connell, irmã do diretor da Escola Rancho e artista que servia de matrona para os meninos que lá estudavam. O "Chalé Master nº 2" ficava no fim da "rua das Banheiras" — batizada com lógica impecável, uma vez que o chalé e cinco outras construções de madeira da época da Escola Rancho eram as únicas casas no planalto equipadas com banheiras. Localizada numa rua calma e não pavimentada no meio da nova comunidade, a casa dos Oppenheimer era parcialmente protegida por arbustos e ostentava um pequeno jardim. Com dois minúsculos dormitórios e um escritório, era uma casa modesta se comparada à do número 1 de Eagle Hill. Como os professores faziam as refeições na cafeteria da escola, a casa não tinha cozinha, um inconveniente logo contornado por insistência de Kitty. No entanto, a sala de estar era agradável, com pé-direito alto, lareira de pedra e uma enorme janela com vista para o jardim. Seria o lar deles até o fim de 1945.

Aquela primeira primavera foi uma espécie de pesadelo inesperado para a maioria dos novos residentes.[37] Com o derreter da neve, havia lama por toda parte, e os sapatos de todos viviam constantemente enlameados. Em certos dias, a lama cobria os pneus dos carros, dando a impressão de que tinham sido tragados por areia movediça. Em abril, a população de cientistas tinha crescido para trinta. A maioria dos recém-chegados foi abrigada em barracões de madeira compensada com teto de zinco. Numa única concessão à estética, Oppenheimer persuadiu os engenheiros do Exército a dispor as casas de modo a seguir os contornos naturais da terra.

Hans Bethe ficou desconsolado com o que viu. "Fiquei bastante chocado", disse ele.[38] "Não só pelo isolamento, mas pelas construções de péssima qualidade [...] todo mundo temia que um incêndio pudesse irromper a qualquer momento e destruir o projeto inteiro." Ainda assim, Bethe teve que admitir que o local era "absolutamente lindo [...] Havia montanhas atrás de nós, deserto à frente, mais montanhas do outro lado. Era fim de inverno, e em abril ainda havia neve nos picos, então era maravilhoso de se olhar. No entanto, não havia dúvida de que estávamos longe de tudo, de todos. Aprendemos a conviver com isso".

O cenário espetacular compensava em parte a feiura utilitária do local. "Podíamos voltar os olhos para além da cidade, cercada com arame farpado", escreveu Bernice Brode, esposa do físico Robert Brode, "e observar a passagem das estações — as árvores ficando douradas no outono em contraste com o verde-escuro perene; tempestades acumulando neve no inverno; o verde-claro dos brotos de primavera; e o vento seco do deserto assobiando através dos pinheiros no verão. Sem dúvida foi um toque de gênio instalar nossa pequena cidade no topo de um planalto, embora muitas pessoas sensíveis tenham dito, não sem razão, que Los Alamos era uma cidade que nunca deveria ter existido".[39] Quando Oppenheimer falou da beleza do planalto durante uma viagem de recrutamento à Universidade de Chicago, o urbano e polido Leo Szilard exclamou: "Ninguém vai conseguir pensar direito num lugar como esse. Todos vão ficar loucos!"[40]

E, de fato, todos precisaram mudar hábitos de uma vida inteira.[41] Em Berkeley, Oppenheimer se recusara a programar aulas antes das onze da manhã, para poder fazer programas sociais até tarde da noite; em Los Alamos, estava invariavelmente a caminho da Área Técnica às 7h30. A Área Técnica, conhecida simplesmente como T, era envolvida por uma cerca de arame com quase três metros de altura, com duas camadas de arame farpado no alto. Os militares que guardavam o portão examinavam os crachás coloridos de todo mundo. Um crachá branco designava um físico ou cientista que tinha o direito de circular livremente pela área. Vez por outra, Oppenheimer distraidamente se esquecia dos ultravisíveis guardas armados espalhados por toda parte. Certo dia, chegou ao portão principal de Los Alamos e, sem reduzir a velocidade, passou voando. O militar, atônito, berrou uma advertência e depois disparou um tiro nos pneus do carro.[42] Oppenheimer parou, deu ré e, depois de murmurar um pedido de desculpas, seguiu adiante. Compreensivelmente preocupado com a segurança de Oppenheimer, Groves lhe escreveu em julho de 1943 uma solicitação de que dirigisse não mais que uns poucos quilômetros — e, por garantia, que "evitasse viajar de avião".[43]

Como todos os outros, Oppenheimer trabalhava seis dias por semana, tirando o domingo de folga. Mesmo nos dias úteis, porém, geralmente usava roupas informais, e para isso recorria ao guarda-roupa do Novo México: calças jeans ou cáqui e camisa social azul sem gravata. Os colegas faziam o mesmo. "Não me lembro de ver um par de sapatos brilhantes nas horas de trabalho", escreveu Bernice Brode.[44] Quando Oppie caminhava para a Área Técnica, os colegas frequentemente iam atrás dele, escutando em silêncio enquanto ele murmurava baixinho seus pensamentos matinais. "Lá vai a mamãe galinha e os seus pintinhos", observou um dos residentes de Los Alamos. "O chapéu *pork pie*, o cachimbo e alguma coisa no olhar dele lhe conferiam uma certa aura", recordou uma moça de 23 anos do Corpo Feminino do Exército que trabalhava na central telefônica.[45] "Ele nunca precisava se exibir ou gritar. [...] Poderia exigir prioridade máxima para suas chamadas telefônicas, mas nunca o fez. E, na verdade, não havia a menor necessidade de ser tão gentil como era."

A estudada informalidade do diretor lhe valeu a simpatia de muitos que de outra forma poderiam se sentir intimidados por sua presença. Ed Doty, um jovem técnico do Destacamento Especial de Engenharia do Exército, escreveu aos pais depois da guerra para dizer que "várias vezes o dr. Oppenheimer telefonava para pedir uma coisa ou outra [...] e, toda vez que eu atendia o telefone, a voz do outro lado dizia: 'Aqui é Oppy'".[46] A informalidade de Robert contrastava agudamente com os modos do general Groves, que "exigia atenção e respeito".[47] Oppie, por sua vez, recebia atenção e respeito naturalmente.

Desde o começo, Oppenheimer e Groves concordaram que os salários de todos os envolvidos deveriam ser fixados de acordo com o emprego anterior de cada um. Isso resultou em largas disparidades, uma vez que um homem relativamente jovem recrutado numa indústria privada poderia decerto receber muito mais que um professor universitário mais velho. Para compensar essa desigualdade, Oppenheimer decretou que os aluguéis seriam fixados proporcionalmente aos salários. Quando o jovem físico Harold Agnew o desafiou a explicar por que um encanador podia ganhar quase o triplo de alguém com diploma universitário, Oppie respondeu que os encanadores não tinham ideia da importância do laboratório para o esforço de guerra, ao contrário do cientista — e isso, explicou ele, justificava a diferença salarial.[48] Os cientistas, pelo menos, não estavam trabalhando pelo dinheiro. O próprio Oppenheimer já estava havia seis meses em Los Alamos quando sua secretária um dia o lembrou de que ainda não tinha recebido nenhum cheque de salário.[49]

Todos dedicavam longas horas ao trabalho. O laboratório ficava aberto dia e noite, e Oppenheimer incentivava as pessoas a montar os próprios horários. Recusou-se a

Os Oppenheimer.
Julius Oppenheimer
(acima, à esquerda) chegou
a Nova York da Alemanha
em 1888. Em 1903, casou-se
com Ella Friedman (acima, à
direita), uma pintora germano-
-americana nascida em Baltimore.
Robert, nascido em 1904, está
sentado no colo do pai (à direita).

Quando criança, Robert (sentado à direita com um amigo) tinha paixão por blocos de montar e colecionar espécimes de rochas.

Ella e Robert.

"Eu era um garoto meloso, repulsivamente bonzinho", disse mais tarde Oppenheimer. "Minha vida quando criança não me preparou para o fato de que o mundo está cheio de crueldade e amargura."

Oppenheimer (à direita) montando a cavalo no Central Park.

Robert e seu irmão mais novo, Frank.

Robert frequentou a Escola de Cultura Ética, onde aprendeu a desenvolver sua "imaginação ética" e a ver "as coisas não como elas são, mas como poderiam ser".

Oppenheimer estudou na Universidade de Göttingen, onde obteve seu doutorado em física quântica sob a orientação de Max Born (à direita). Ali, fez amizade com o físico Paul Dirac (centro, à direita) e com o físico alemão Hendrik Kramers (abaixo, à esquerda). Mais tarde, estudou brevemente em Zurique com Isidor I. Rabi, H. M. Mott-Smith e Wolfgang Pauli (embaixo, à direita, velejando com Robert no lago Zurique).

O professor Oppenheimer (acima, à esquerda) em 1929, no Caltech. Nessa época, ele também dava aulas na Universidade da Califórnia em Berkeley, e rapidamente se tornou o apóstolo da nova física quântica. "Preciso mais da física que de amigos", confessou Robert. Oppenheimer (acima, à direita) entre os físicos William A. Fowler e Luis Alvarez. "Comecei, na verdade, como um propagador da teoria que amava, sobre a qual continuava a aprender cada vez mais e que não era muito bem compreendida, embora fosse muito rica." Robert Serber (abaixo, à direita) foi um de seus alunos e mais tarde um amigo para a vida toda.

"Meus dois grandes amores são a física e o Novo México", escreveu Oppenheimer. "É uma pena que não possam ser combinados." Oppenheimer passava os verões em Perro Caliente, seu rancho de sessenta hectares (acima) com vista para a cordilheira Sangre de Cristo. Robert e seu cavalo, Crisis (à direita), saíam para longas cavalgadas com Frank e outros amigos, inclusive o físico Ernest Lawrence, de Berkeley (abaixo).

Oppenheimer com o físico italiano Enrico Fermi e Ernest Lawrence.

Joe Weinberg, Rossi Lomanitz, David Bohm e Max Friedman eram alguns dos acólitos de Oppie em Berkeley. "Eles copiavam seus gestos, maneirismos e entonações", recordou Robert Serber.

No mundo da física quântica, disse Weinberg, "Niels Bohr [à esquerda] era Deus e Oppie, o seu profeta".

Jean Tatlock foi noiva de Oppie por quatro anos — e membro do Partido Comunista, embora com reservas. "Acho impossível ser uma comunista ardorosa", ela escreveu.

O mentor de Tatlock na Escola de Medicina de Stanford foi o dr. Thomas Addis (acima, à direita). O dr. Addis persuadiu Oppenheimer a fazer doações para a causa espanhola por intermédio do Partido Comunista.

Em 1941, Oppenheimer estava numa lista do FBI de suspeitos radicais a serem detidos no caso de uma emergência nacional.

Em 1943, Haakon Chevalier (acima, à esquerda), um professor de literatura francesa em Berkeley, contou a Oppie sobre um esquema de George Eltenton (acima, à direita) para transmitir informações científicas ao esforço de guerra soviético. Oppie acabou por reportar o caso a um oficial da contrainteligência do Exército, o coronel Boris Pash (à esquerda).

Abaixo, Martin Sherwin com Chevalier depois de entrevistá-lo em Paris, em 1982.

Kitty Puening cresceu em Pittsburgh. Aqui, aos 21 anos, ela aparece em culotes de montaria (acima); numa foto de passaporte de 1936 (no alto, à direita); e no laboratório de micologia em Berkeley (direita). Em 1939, conheceu e se apaixonou por Oppenheimer, retratado em seu crachá de segurança do Laboratório de Radiação (página seguinte, alto).

Kitty, aqui sentada no rancho dos Oppenheimer em Los Alamos, era uma mulher de temperamento forte. "Ela era muito intensa, muito inteligente, muito enérgica", disse uma amiga, mas também "muito difícil de lidar".

Kitty se sentia tolhida profissionalmente em Los Alamos. Trabalhou na clínica médica, realizando hemogramas, mas depois de um ano deixou a função. Em reuniões sociais, podia conversar amenidades, mas, nas palavras de uma amiga, queria ter "conversas importantes".

Peter Oppenheimer nasceu em maio de 1941. Acima, o vemos sendo alimentado por Robert, e, abaixo, rindo com Kitty.

"Ele [Robert] era ótimo nas festas, e as mulheres simplesmente o adoravam", disse Dorothy McKibbin.

Oppenheimer entretém McKibbin (à sua direita) e Victor Weisskopf (de joelhos) em seu rancho em Los Alamos.

Abaixo, Hans Bethe, chefe da divisão teórica.

Acima, um colóquio científico em Los Alamos com (da esquerda para a direita) Norris Bradbury, John Manley, Enrico Fermi e J. M. B. Kellogg sentados na primeira fila. Oppenheimer, Richard Feynman e Phillip Porter estão atrás deles.

Robert trouxe o irmão Frank (centro, inspecionando um calutron alfa) para Los Alamos em 1945 para trabalhar na Experiência Trinity, o teste da primeira bomba atômica.

O general Leslie Groves (à direita, com Henry L. Stimson, o secretário de Guerra) escolheu Oppenheimer para dirigir o projeto da bomba em Los Alamos.

Oppenheimer serve café enquanto excursiona pelo sul do Novo México, no fim de 1944, e escolhe um local para a Trinity, o teste de detonação.

Usando seu chapéu *pork pie*, Oppenheimer se debruça sobre o "dispositivo" no alto da torre da Trinity, poucas horas antes do teste. Abaixo, a explosão.

Hiroshima após a bomba. Mais de 95% das cerca de 225 mil pessoas mortas em Hiroshima e Nagasaki eram civis, a maioria mulheres e crianças. Pelo menos metade das vítimas morreu de envenenamento por radiação nos meses que se seguiram à explosão inicial. Esta fotografia de Yosuke Yamahata, de uma mãe com sua filha (direita), foi tirada menos de 24 horas após o bombardeio de Nagasaki.

permitir que relógios fossem instalados, e uma sirene só foi introduzida em outubro de 1944, quando os peritos em eficiência do general Groves se queixaram da frouxidão durante o expediente regular. "O serviço era terrivelmente exigente", recordou Bethe.[50] O chefe da divisão teórica pensava que, como ciência, o trabalho era "muito menos difícil do que muitas coisas que fiz em outros tempos". Os prazos, porém, eram estressantes. "Eu tinha a sensação de estar atrás de uma carroça terrivelmente pesada que precisava empurrar morro acima. Chegava a sonhar com isso", disse Bethe. Cientistas acostumados a trabalhar com recursos limitados e praticamente sem prazo agora precisavam se ajustar a um mundo de recursos ilimitados e prazos exigentes.[51]

Bethe trabalhava no quartel-general de Oppenheimer, o Edifício T (de "Teórico"), uma tediosa estrutura verde de dois andares que rapidamente se tornou o centro espiritual do Morro. Perto dele se sentava Dick Feynman, que era tão gregário quanto Bethe era sério. "Para mim", recordou Bethe, "Feynman meio que se materializou de Princeton. Eu nunca tinha ouvido falar dele, mas Oppenheimer já. Desde o começo ele sempre foi muito animado, e só começou a me insultar cerca de dois meses depois de chegar".[52] Bethe, aos 37 anos, gostava de ter por perto alguém com quem pudesse discutir, e Feynman, aos 25, adorava uma boa discussão. Quando os dois estavam juntos, todos no prédio podiam ouvir Feynman gritando "Não, você está louco", ou "Isso é loucura!".[53] Bethe então explicava calmamente por que estava certo. Feynman se acalmava por alguns minutos e então voltava a explodir: "Isso é impossível, você está louco!" Os colegas logo apelidaram Feynman de "Mosquito" e Bethe de "Navio de Guerra".

"O OPPENHEIMER DE LOS ALAMOS", disse Bethe, "era muito diferente do Oppenheimer que eu tinha conhecido. Entre outras coisas, o Oppenheimer antes da guerra era um tanto hesitante, desconfiado. Já o Oppenheimer de Los Alamos era um executivo decidido".[54] Bethe foi pressionado a explicar a transformação. O homem de "ciência pura" que ele conhecera em Berkeley, inteiramente dedicado a explorar os "profundos segredos da natureza", desprovido de interesse em qualquer coisa de longe parecida com uma empreitada industrial, passara a fazer exatamente isso em Los Alamos. "Era um problema diferente, uma atitude diferente", disse Bethe, "e ele se modificou por completo para se encaixar no novo papel".

Oppenheimer raramente dava ordens — comunicava o que desejava, como comentou o físico Eugene Wigner, "com facilidade e naturalidade, apenas com os olhos, as mãos e um cachimbo aceso pela metade".[55] Bethe recordou que Oppie "nunca ditava o que devia ser feito. Ele trazia à tona o melhor de cada um de nós, como um bom anfitrião com seus hóspedes".[56] Robert Wilson sentia algo semelhante: "Na presença dele, eu mesmo ficava mais inteligente, mais vocal, mais intenso, mais presciente, mais poético. Embora lesse devagar, sempre que ele me passava uma carta, eu dava uma olhada e a devolvia preparado para discutir em detalhes as nuances do texto."[57] Wilson também admite em retrospecto que havia um pouco de "autoilusão" nesses sentimentos. "Assim que eu saía de perto dele sentia dificuldade para reconstituir as coisas inteligentes que ele havia dito ou mesmo de lembrar-me delas. Isso, porém, não importava, o tom havia sido estabelecido. Eu saberia como inventar o que precisava ser feito."

O porte físico frágil e ascético de Oppenheimer apenas lhe acentuava a autoridade carismática. "O poder da personalidade é mais forte por conta da fragilidade da pessoa", observou John Mason Brown anos depois.[58] "Quando ele fala, parece crescer, uma vez que a vastidão da mente se sobrepõe à pequenez do corpo."

Oppenheimer sempre tivera um dom para antecipar a questão seguinte a ser enfrentada ao resolver qualquer problema teórico de física, mas agora surpreendia os colegas com uma compreensão aparentemente imediata de qualquer faceta da engenharia. "Ele lia um artigo científico muito rápido", disse Lee Dubridge. "Podiam ser umas quinze ou vinte páginas datilografadas, que ele apenas pegava no texto e dizia: 'Bem, vamos dar uma olhada nisso e conversar sobre o assunto.' Ele então folheava o artigo em mais ou menos cinco minutos e fazia um resumo a todos sobre os pontos mais importantes. Vi isso muitas vezes. [...] Ele tinha uma habilidade notável para absorver as coisas. [...] Não creio que houvesse nada significativo no laboratório com o qual ele não estivesse plenamente familiarizado."[59] Mesmo quando havia discordância, Oppenheimer tinha um instinto para antecipar argumentos. David Hawkins, o estudante de filosofia de Berkeley que ele havia recrutado para servir como seu assistente pessoal, teve muitas oportunidades de observar o chefe em ação: "Ouvíamos pacientemente o começo de um argumento, e no fim Oppenheimer o resumia de tal maneira que não havia mais discordância. Era uma espécie de truque de mágica, que conquistava o respeito de todas as pessoas, algumas superiores em termos de currículo científico."[60]

O fato de Oppenheimer ser capaz de ligar e desligar o charme pessoal ajudava bastante. Aqueles que o conheciam de Berkeley compreendiam que se tratava de um homem com notável talento no que dizia respeito a atrair as pessoas para orbitar em torno dele. E aqueles, como Dorothy McKibbin, que só o conheceram no Novo México, invariavelmente se viam ansiosos por agradá-lo. "Ele extraía o impossível de nós", recordou McKibbin.[61] Certo dia, ela foi chamada de Santa Fe a Los Alamos e perguntaram-lhe se poderia ajudar na permanente crise de habitação assumindo a responsabilidade por uma hospedagem quinze quilômetros estrada acima e transformando-a em moradia para cem funcionários. McKibbin resistiu. "Nunca dirigi um hotel", protestou. Nesse momento, a porta da sala de Oppenheimer se abriu, ele pôs a cabeça para fora e disse: "Dorothy, eu gostaria muito que você fizesse isso." Então fechou a porta. McKibbin, por fim, concordou.

"Acho que ele não relutava muito em usar as pessoas", disse John Manley.⁶² "Se julgava que podiam ser úteis, fazia isso com bastante naturalidade." No entanto, Manley também achava que muita gente, inclusive ele próprio, gostava de ser usada por Robert porque ele fazia isso com muita habilidade. "Acredito que ele percebia que a pessoa estava ciente do que estava acontecendo — era como um balé, cada um sabendo do papel que devia desempenhar, e não havia nenhum subterfúgio nisso."

Oppenheimer muitas vezes escutava e acatava o conselho de outros. Quando Hans Bethe sugeriu que todos no laboratório se beneficiariam de um colóquio semanal sem finalidade específica, ele concordou de imediato. Quando Groves ficou sabendo, tentou impedir, mas Oppenheimer insistiu que essa livre troca de ideias entre os cientistas de "crachá branco" era essencial. "O pano de fundo do nosso trabalho é tão complicado", escreveu a Enrico Fermi, "e a informação no passado sempre foi tão compartimentada, que parece que teremos bastante a ganhar com discussões detalhadas e tranquilas".⁶³

O primeiro colóquio foi programado para 15 de abril de 1943, na então vazia biblioteca da Escola Rancho. Diante de um pequeno quadro-negro, Oppenheimer proferiu algumas palavras meramente formais de boas-vindas e apresentou Bob Serber, seu ex-aluno. Serber, explicou, informaria aos cientistas reunidos, não mais que quarenta, a tarefa que tinham pela frente. Falando a partir de anotações com seu gaguejar habitual, o tímido e desajeitado Serber assumiu o centro do palco. "A segurança era terrível", escreveu Serber tempos depois.⁶⁴ "Podíamos ouvir os carpinteiros martelando no saguão, e em dado momento surgiu uma perna através do teto de compensado, provavelmente de algum eletricista trabalhando lá em cima." Só depois de alguns minutos Oppenheimer mandou John Manley cochichar no ouvido de Serber que ele devia parar de usar a palavra "bomba" e substituí-la por algo mais neutro, como "dispositivo".

"O objetivo do projeto", disse Serber, "é produzir uma arma militar prática na forma de uma bomba em que a energia seja liberada por uma reação em cadeia de nêutrons rápidos em um ou mais materiais que sabemos apresentar fissão nuclear".⁶⁵ Resumindo o que a equipe de Oppenheimer havia descoberto em suas sessões de verão em Berkeley, Serber informou que, pelos cálculos que fizera, uma bomba atômica poderia concebivelmente produzir uma explosão equivalente a 20 mil toneladas de TNT. Qualquer "dispositivo" desse tipo, porém, exigiria a disponibilidade de urânio altamente enriquecido. Esse núcleo de urânio enriquecido, aproximadamente do tamanho de um melão, pesaria cerca de quinze quilos. Também seria possível construir uma arma com um elemento ainda mais pesado, o plutônio — produzido por um processo de captura de nêutrons a partir do U-238. Uma bomba de plutônio exigiria muito menos massa crítica — o núcleo dela poderia ter o tamanho de uma laranja e pesar apenas cinco quilos. Em ambos os casos, cada núcleo teria de ser envolvido em uma espessa camada de urânio comum, do tamanho de uma bola de basquete. Isso elevaria o peso de cada dispositivo para cerca de uma tonelada — algo que ainda seria possível transportar num avião.*

A maioria dos cientistas na plateia de Serber já conhecia as possibilidades teóricas inerentes à nova física — mas a compartimentalização havia mantido muitos deles no escuro acerca dos detalhes. Poucos tinham se dado conta de quantas das questões básicas já haviam sido respondidas, pelo menos em linhas gerais. Os obstáculos restantes para a construção de uma arma militar prática eram grandes, mas não intransponíveis. Parte da física da construção de uma bomba atômica ainda era incerta, mas os verdadeiros imponderáveis residiam no campo da engenharia e do projeto de material bélico.[66] A produção de quantidades suficientes de U-235 ou de plutônio exigiria um esforço industrial maciço. E ainda que fosse possível produzir os materiais necessários, ninguém tinha muita certeza sobre como projetar uma bomba atômica que detonasse de maneira eficiente. Não obstante, os outrora mais céticos, como Bethe, compreendiam, como ele disse tempos depois, "que, uma vez fabricado o plutônio, era quase certo que uma bomba nuclear também pudesse ser produzida".[67] Assim, a verdadeira novidade para o público de Serber era que eles tinham pela frente uma missão que poderia contribuir de maneira decisiva para o esforço de guerra. Esse fato por si só levantou o moral dos presentes. A primeira fala de Serber transmitiu o que Oppenheimer desejava: um senso de missão e a constatação de que eles dispunham dos meios para mudar a história. Conseguiriam, no entanto, resolver os problemas técnicos antes dos alemães? Poderiam realmente ajudar a vencer a guerra?

Nas duas semanas seguintes, Serber proferiu outras quatro palestras de uma hora, estimulando o tipo de diálogo criativo que Oppenheimer desejava. Entre muitas outras questões, Serber resumiu brevemente a mecânica real daquilo que chamou de "disparo" — o problema de como juntar as massas críticas de urânio ou plutônio de modo a iniciar uma reação em cadeia. Então, se aprofundou no método mais óbvio, no qual a criticidade seria atingida por meio do disparo de um projétil de urânio contra uma massa de U-235, o que provocaria uma explosão. Serber, entretanto, sugeriu também que "as peças poderiam ser montadas sobre um anel, como no esboço [anexo]. Se o material explosivo fosse distribuído ao redor do anel e disparado, as peças explodiriam para dentro, formando uma esfera".[68] A ideia de implodir material físsil fora sugerida pela primeira vez por Richard Tolman, velho amigo de Oppenheimer, no verão de 1942 — ele e Serber escreveram, então, um memorando a Oppie sobre o assunto. Tolman posteriormente escreveu dois outros memorandos sobre implosão, e, em março de 1943, Vannevar Bush e James Conant instaram Oppenheimer a explorar o projeto. Segundo relatos, Oppie teria dito:

---

* A Little Boy, primeira bomba atômica utilizada em combate, pesava 4.400 quilos quando foi lançada sobre Hiroshima do bombardeiro B-29 *Enola Gay*.

"Serber está vendo isso." Embora a proposta de Tolman não previsse efetivamente a compressão de material sólido de modo a aumentar a densidade, a ideia estava bem formulada o bastante para ser incluída nas anotações das palestras de Serber, ainda que apenas como uma alternativa. Isso, porém, foi o suficiente para suscitar o interesse de outro físico, Seth Neddermeyer, que pediu permissão a Oppenheimer para investigar o potencial da proposta. Em pouco tempo, Neddermeyer e uma pequena equipe de cientistas podiam ser vistos num cânion perto de Los Alamos testando explosivos de implosão.

As palestras de Serber teriam vida longa. Ed Condon, com a inclusão das anotações do colega, datilografou-as e fez um resumo de 24 páginas que logo se tornou um livreto mimeografado, *The Los Alamos Primer*, o qual era passado aos novos cientistas que iam chegando. Enrico Fermi assistiu a algumas palestras de Serber e comentou com Oppenheimer: "Acho que o seu pessoal quer mesmo fazer uma bomba."[69] Oppie ficou impressionado com o tom de surpresa na voz do colega ao dizer isso. Fermi havia acabado de chegar de Chicago, onde encontrara uma atmosfera estranhamente contida entre os cientistas, em comparação com a euforia habitual vista entre os homens de Oppie. Em Chicago, Los Alamos ou onde quer que fosse, ninguém conseguia evitar de pensar que, se uma bomba atômica fosse mesmo possível, talvez os alemães estivessem ganhando a corrida para construí-la. Todavia, enquanto em Chicago os cientistas mais antigos ficavam preocupados e até mesmo deprimidos com essa perspectiva, em Los Alamos, sob a carismática liderança de Oppenheimer, esse pensamento parecia apenas inspirar os homens a acelerar os trabalhos.

Certo dia, Fermi chamou Oppenheimer de lado e sugeriu uma outra maneira de matar grandes quantidades de alemães. Talvez, disse ele, produtos da fissão radioativa pudessem ser usados para envenenar os suprimentos de comida da Alemanha. Oppie parece ter levado a proposta a sério. Depois de insistir com Fermi para não mencionar o assunto a mais ninguém, relatou a ideia ao general Groves e, posteriormente, discutiu-a com Edward Teller, que lhe disse da possibilidade de separar estrôncio-90 de uma massa em reação em cadeia. Em maio de 1943, no entanto, Oppenheimer decidiu recomendar um adiamento na ação sobre essa proposta — por uma razão pavorosa: "Em relação a isso", escreveu ele a Fermi, "acho que não devemos tentar executar um plano, a menos que possamos envenenar comida suficiente para matar meio milhão de homens, uma vez que não há dúvida de que o número real afetado será, por conta da distribuição não uniforme, muito menor que esse".[70] A ideia foi abandonada, mas só porque não parecia haver uma forma eficiente de envenenar grande parte da população inimiga.

A guerra levou homens de modos brandos a contemplar cenas que de outra forma seriam impensáveis. No fim de outubro de 1942, Oppenheimer recebeu uma carta classificada como "secreta" do velho amigo e colega Victor Weisskopf, o qual escrevia para reportar notícias alarmantes que acabara de receber do físico Wolfgang Pauli, então residindo em Princeton. Pauli dizia que um antigo colega alemão, Werner Heisenberg, vencedor do prêmio Nobel, acabara de ser nomeado diretor do Instituto Kaiser-Wilhelm, uma instalação de pesquisa nuclear em Berlim, e em breve daria uma palestra na Suíça. Weisskopf contou que discutira a notícia com Hans Bethe, e eles haviam concordado que algo deveria ser feito imediatamente: "Acredito", escreveu Weisskopf a Oppenheimer, "que a melhor coisa a se fazer nessa situação seria organizar um sequestro de Heisenberg na Suíça. É o que os alemães fariam se, digamos, você ou Bethe aparecessem por lá". Weisskopf chegou a se oferecer para fazer o serviço.

Oppenheimer imediatamente escreveu em resposta, agradecendo a Weisskopf pela "interessante" carta. Disse que já ficara sabendo da visita de Heisenberg à Suíça e discutira a questão com as "autoridades competentes" em Washington. "Duvido que você venha a ouvir de novo se falar sobre o assunto, mas quero lhe agradecer e assegurar que ele está recebendo a devida atenção."[71] As "autoridades competentes" com quem Oppenheimer já tinha realmente conversado sobre o assunto eram Vannevar Bush e Leslie Groves, aos quais agora repassou a carta de Weisskopf, sem no entanto endossar a proposta do colega: mesmo um sequestro bem-sucedido de Heisenberg alertaria os nazistas da alta prioridade que os Aliados atribuíam à pesquisa nuclear. Em contrapartida, Oppenheimer não pôde deixar de comentar com Bush que "a visita de Heisenberg à Suíça parece nos proporcionar uma oportunidade incomum".

Muito tempo depois, Groves considerou seriamente a ideia de sequestrar ou assassinar Heisenberg[72], e, em dezembro de 1944, despachou um agente do Escritório de Serviços Estratégicos, Moe Berg, para a Suíça, onde o ex-jogador de beisebol seguiu o físico alemão — mas em última instância decidiram não tentar o assassinato.

16

"Excesso de sigilo"

Sinto imensamente que esta política o coloque na posição de tentar realizar uma tarefa extremamente difícil com três mãos atadas às costas.

DR. EDWARD CONDON PARA OPPENHEIMER

A PRIMEIRA CRISE ADMINISTRATIVA séria que Oppenheimer teve que enfrentar ocorreu no começo daquela primavera. Com a aprovação do general Groves, Oppie havia nomeado um antigo colega de classe em Göttingen, Edward U. Condon, como diretor associado do Projeto Manhattan. A tarefa de Condon era aliviar Oppenheimer de alguns fardos administrativos e servir como elemento de ligação com o comandante militar do Exército em Los Alamos. Dois anos mais velho que Oppenheimer, Condon era ao mesmo tempo um físico brilhante e um experiente administrador de laboratório, que, depois de concluir o doutorado em Berkeley, em 1926, obtivera indicações para pós-doutorado em Göttingen e Munique. Na década seguinte, lecionou em diversas universidades, inclusive Princeton, e publicou o primeiro compêndio em inglês sobre mecânica quântica. Em 1937, Condon deixou Princeton para se tornar diretor associado de pesquisa na Westinghouse Electric, um importante centro de pesquisa industrial. Durante os anos seguintes, supervisionou a pesquisa da companhia em física nuclear e radar de micro-ondas. No outono de 1940, estava trabalhando em tempo integral em projetos relacionados com a guerra, sobretudo o radar, no Laboratório de Radiação do MIT. Era, em suma, pelo menos em termos de experiência, significativamente mais qualificado que Oppenheimer para comandar o novo laboratório em Los Alamos.

Condon não fora tão politicamente ativo quanto Oppenheimer nos anos 1930 e sem dúvida não era filiado ao Partido Comunista. Ele se considerava um "liberal" adepto do New Deal, um democrata leal que votara em Franklin Roosevelt.[1] Criado na religião quacre, Condon certa vez disse a um amigo: "Entro em qualquer organização que pareça ter objetivos nobres. Não pergunto se ela abriga comunistas."[2] Um idealista com fortes instintos civil-libertários, Condon acreditava que a boa ciência não podia ser conseguida sem o livre intercâmbio de ideias e com frequência fazia pressão por contatos regulares entre os físicos de Los Alamos e outros laboratórios espalhados pelos Estados Unidos.[3] Inevitavelmente, logo atraiu a ira do general Groves, que ouvia repetidos relatórios de infrações de segurança reportados pelos representantes militares que se reportavam a ele em Los Alamos. "Para mim, a compartimentalização do conhecimento era o próprio cerne da segurança", insistia Groves.[4]

No fim de abril de 1943, Groves ficou irritado ao saber que Oppenheimer tinha ido até a Universidade de Chicago, onde discutira o cronograma de produção de plutônio com o diretor do Laboratório de Metalurgia (Met Lab) do Projeto Manhattan, o físico Arthur Compton. O general culpou Condon por essa ostensiva infração de segurança. Descendo em Los Alamos, entrou como um furacão no escritório de Oppie e confrontou os dois homens. Condon manteve a posição diante de Groves, mas, para perplexidade dele, percebeu que não teve o apoio de Oppenheimer. Em uma semana, Condon decidiu pedir demissão. Tinha pretendido ficar durante todo o projeto, mas durou apenas seis semanas.

"O que mais me aborrece é a política de segurança extraordinariamente restrita", escreveu ele para Oppenheimer na carta de demissão.[5] "Não me sinto qualificado para questionar a sensatez dessa política, uma vez que não tenho a menor consciência da extensão da espionagem inimiga e das atividades de sabotagem. Só quero dizer que, no meu caso, acho que a extrema preocupação com questões de segurança foi morbidamente deprimente — sobretudo a discussão sobre censurar correspondências e telefonemas." Condon explicou que estava "tão chocado que mal pôde acreditar nos próprios ouvidos quando Groves começou a nos reprovar. [...] Sinto imensamente que esta política o coloque na posição de tentar realizar uma tarefa extremamente difícil com três mãos atadas às costas". Se ele e Oppie realmente não podiam se reunir com um homem como Compton sem infringir regras de segurança, então "eu diria que a posição científica do projeto é insustentável".

Condon concluiu que contribuiria mais para o esforço de guerra voltando para a Westinghouse e trabalhando na tecnologia do radar. E então deixou Los Alamos, triste e perplexo com a aparente falta de disposição de Oppie em desafiar Groves. O que ele não sabia era que Oppenheimer ainda precisava receber a habilitação de segurança. A burocracia do Exército ainda estava tentando bloqueá-lo, e Oppie sabia que não podia pressionar Groves em relação a isso — não se quisesse manter o emprego.

Oppenheimer investira muito na relação com Groves. No outono anterior, cada um avaliara as dimensões do outro, calculando arrogantemente que poderia dominar a relação. Groves acreditava que o carismático Oppie era essencial para o projeto. E precisamente porque Oppenheimer viera com uma bagagem política de esquerda, achava que podia usar o passado para controlá-lo. Os cálculos de Robert eram igualmente simples. Ele entendeu que só podia manter o emprego se Groves continuasse a considerá-lo, de longe, o melhor diretor disponível. Percebeu que as associações comunistas que tivera no passado davam ao general um certo controle sobre ele, mas, ao demonstrar competência, acreditava ser capaz de convencê-lo a deixá-lo dirigir o laboratório como bem entendesse. Oppenheimer não discordava de Condon; estava igualmente convencido de que os onerosos regulamentos de segurança podiam sufocar os cientistas. No entanto, confiava que, com o tempo, prevaleceria. Afinal, Groves precisava das capacidades de Oppenheimer tanto quanto ele precisava da aprovação de Groves.

Em retrospecto, formavam uma dupla perfeita para liderar o esforço de vencer os alemães na corrida para construir uma arma nuclear. Se o estilo de Robert, com sua autoridade carismática, tendia a gerar consenso, Groves exercia a própria autoridade por meio da intimidação. "Basicamente, a maneira de ele dirigir projetos", observou o químico George Kistiakowsky, de Harvard, "era amedrontar os subordinados a ponto de obter uma obediência cega".[6] Robert Serber achava que, para Groves, "ser o mais desagradável possível com os subordinados era uma questão de política".[7] A secretária de Oppie, Priscilla Green Duffield, lembrou que o general muitas vezes passava pela mesa dela a passos largos e, sem ao menos cumprimentá-la, dizia algo grosseiro, como "seu rosto está sujo". Esse comportamento fazia do general o alvo da maioria das queixas em Los Alamos, e desviava as críticas de Oppenheimer. Groves, porém, se continha para não externar esse comportamento perto do diretor do laboratório, e uma medida do poder de Oppenheimer na relação entre os dois era que ele geralmente conseguia o que queria.

Robert fazia o que fosse necessário para apaziguar Groves. Tornou-se o que o general queria, um administrador ágil e eficiente. Em Berkeley, a escrivaninha do físico costumava estar abarrotada com pilhas de papéis. Um médico de Berkeley que foi para Los Alamos e se tornou amigo íntimo de Oppenheimer, o dr. Hempelmann observou que, no planalto, Robert era um "um homem de mesa limpa. Nunca havia um papel sequer na mesa dele". E houve também uma transformação física: Oppie cortou os longos cabelos cacheados. "Ele estava com o cabelo [tão] curto", comentou Hempelmann, "que quase não o reconheci".[8]

Contudo, na verdade, mesmo quando Condon estava deixando Los Alamos, a política de compartimentalização de Groves já vinha caindo por terra. Oppenheimer podia ter evitado um confronto no que dizia respeito à questão, mas a política estava virando uma farsa. À medida que o trabalho progredia, passou a ser cada vez mais importante ter todos os cientistas de "crachá branco" livres para discutir entre si as ideias e os problemas. Até mesmo Edward Teller compreendeu que a compartimentalização era um empecilho para a eficiência. No começo de março de 1943, ele explicou a Oppenheimer que havia lhe escrito uma carta oficial na qual discutia "minha velha apreensão: o excesso de sigilo".[9] E então confidenciou: "Não fiz isso para aborrecê-lo, mas para lhe dar a possibilidade de usar essa declaração a qualquer momento, caso veja nisso alguma vantagem." Groves logo percebeu o que estava enfrentando. Por mais que tentasse, não conseguia obter a colaboração sequer dos cientistas mais velhos e responsáveis. Numa ocasião em que Ernest Lawrence visitou Los Alamos para dar uma palestra a um pequeno grupo de cientistas, Groves o chamou de lado e cuidadosamente o orientou sobre o que ele não tinha autorização para dizer. Com grande frustração, apenas alguns instantes depois, Groves ouviu Lawrence junto ao quadro-negro dizer: "Sei que o general Groves não quer que eu diga isto, mas..."[10] Oficialmente nada mudou, mas na prática a compartimentalização entre os cientistas foi se tornando cada vez mais relaxada.

Groves muitas vezes atribuiu o colapso da política de compartimentalização à influência de Condon sobre Oppenheimer. "Ele [Condon] causou um enorme dano na estrutura inicial de Los Alamos", testemunhou em 1954. "Nunca consegui me decidir sobre quem foi o principal responsável pela ruptura, se o dr. Oppenheimer ou o dr. Condon." Uma coisa, pensava ele, era ter vinte ou trinta cientistas conversando livremente entre si. Entretanto, quando centenas de homens passaram a ignorar a política, a compartimentalização virou uma piada.

Groves acabou reconhecendo que, em Los Alamos, as regras da ciência triunfaram sobre os princípios da segurança militar. "Embora eu possa ter controlado a situação de maneira geral", testemunhou, "sob muitos aspectos não pude fazer as coisas à minha maneira. Assim, quando digo que o dr. Oppenheimer nem sempre seguia estritamente as regras de segurança, creio que seria justo acrescentar que nesse aspecto não diferia em nada de qualquer outro de meus cientistas importantes".[11]

Em maio de 1943, Oppenheimer presidiu uma reunião na qual se decidiu que um colóquio geral seria realizado a cada duas semanas nas noites de terça-feira.[12] Ele persuadiu Teller a organizar as reuniões. Quando Groves se disse "perturbado" com o amplo escopo dessas discussões, Oppie retrucou com firmeza que estava "comprometido" com os colóquios. A única concessão feita foi concordar em restringir a participação dos cientistas. Argumentou também, de maneira inflexível, que o pessoal dele precisava ter a possibilidade de trocar informações com colegas em outros locais do Projeto Manhattan. Naquele mês de junho, por exemplo, insistiu que Enrico Fermi tivesse permissão de visitar Los Alamos vindo do Met Lab em Chicago. Ele disse a Groves que, como a viagem era "da mais alta importância",[13] se recusava a assumir a responsabilidade pelo cancelamento. Groves cedeu e Fermi obteve a permissão de visita.

No fim do verão de 1943, Oppenheimer explicou seus pontos de vista para um oficial de segurança do Projeto Manhattan: "Minha opinião sobre tudo isso, obviamente, é que a informação [básica] na qual estamos trabalhando é, sem dúvida, conhecida por qualquer governo que tenha se preocupado em descobrir. A informação sobre o que estamos fazendo provavelmente não tem nenhuma utilidade, porque é complicada demais."[14] O perigo, disse Oppie, não era que a informação técnica sobre a bomba pudesse vazar para outro país. O verdadeiro segredo era "a intensidade do nosso esforço" e a escala do "investimento internacional envolvido". Se compreendessem os recursos que os Estados Unidos estavam investindo no esforço da bomba, outros governos talvez tentassem reproduzir o projeto. Oppenheimer achava que nem mesmo tal conhecimento "teria algum efeito sobre a Rússia", mas "poderia ter um enorme efeito sobre a Alemanha, e estou tão convencido disso [...] quanto o restante das pessoas".

Mesmo enquanto Oppenheimer era distraído pelas exigências dos oficiais de segurança de Groves, alguns dos protegidos dele mais jovens reclamavam que a tosca gestão do Projeto Manhattan pelo Exército estava fazendo com que perdessem um tempo precioso. Quando Los Alamos foi inaugurada, em março de 1943, quatro anos tinham se passado desde a descoberta da fissão nuclear, e a maioria dos físicos que trabalhavam no projeto admitia que os alemães tinham uma vantagem de pelo menos dois anos. Tomados por um desesperador senso de urgência, eles ficavam irritados com as precauções de segurança do Exército, com a arrastada burocracia e com qualquer coisa que parecesse causar atrasos. Naquele verão, Phil Morrison reportou numa carta a Oppenheimer enviada do Met Lab que "o impulso que acompanhou o trabalho do último inverno parece ter quase desaparecido. As relações entre o nosso pessoal e o contratante são incrivelmente ruins [...] o resultado é intolerável e incompatível com um sucesso rápido".[15] Alguns cientistas mais jovens do laboratório de Chicago estavam tão alarmados que assinaram uma carta endereçada ao presidente Roosevelt na qual diziam que era de seu "sóbrio julgamento que este projeto está perdendo tempo. A direção do Exército é convencional e rotineira". A velocidade era essencial. E, ainda assim, o Exército não consultava "as poucas lideranças científicas competentes nesse novo campo. A vida de nossa nação está em perigo por conta dessa política".

Três semanas depois, em 21 de agosto de 1943, Hans Bethe e Edward Teller escreveram a Oppenheimer sobre as frustrações deles próprios com o ritmo do projeto. "Relatos recentes, tanto dos jornais como do serviço secreto, têm trazido indícios de que os alemães podem estar de posse de uma poderosa nova arma que se espera estar pronta entre novembro e janeiro."[16] A nova arma, advertiram eles, era provavelmente um "Tube Alloys" — codinome britânico para o programa atômico. "Não é necessário descrever as prováveis consequências caso isso se revele verdadeiro", escreveram Bethe e Teller, queixando-se de que as companhias privadas responsáveis pela produção do urânio a ser utilizado na bomba estavam retardando o programa. A solução, argumentaram eles, era "disponibilizar fundos adequados para o programa adicional diretamente para os cientistas com mais experiência nas várias fases do problema".

Oppenheimer compartilhava as preocupações dos colegas. Também receava que os norte-americanos estivessem ficando muito atrás dos alemães, de modo que passou a trabalhar ainda mais e exortou seu pessoal a fazer o mesmo.

* * *

COM O TÍTULO DE diretor científico, a autoridade de Oppenheimer em Los Alamos era quase absoluta.[17] Embora em teoria dividisse o poder com um comandante militar, Oppie se reportava diretamente ao general Groves. O primeiro comandante militar em Los Alamos, o tenente-coronel John M. Harmon, teve uma série de discussões com os cientistas e como resultado foi substituído em abril de 1943, depois de apenas quatro meses no posto. O sucessor dele, tenente-coronel Whitney Ashbridge, compreendeu que tinha a tarefa de minimizar os atritos e manter os cientistas contentes. Ashbridge, que por coincidência havia estudado na Escola Rancho de Los Alamos, atuou até o outono de 1944, quando, sobrecarregado e exausto pelo trabalho, sofreu um leve ataque cardíaco. Foi substituído então pelo coronel Gerald R. Tyler. Assim, Oppenheimer, literalmente, sobreviveu a três coronéis do Exército.

A segurança sempre foi uma dor de cabeça.[18] A certa altura, o Exército estacionou policiais militares armados diante da casa de Oppenheimer na "rua das Banheiras". Os PMs inspecionavam o passe de cada pessoa, inclusive o de Kitty, antes de permitir que entrassem na casa. Kitty muitas vezes se esquecia de levar o passe quando saía, e sempre fazia uma cena quando não a deixavam entrar de volta. Ainda assim, não estava inteiramente descontente com a presença dos militares: sempre pronta a aproveitar uma oportunidade, ela por vezes os usava como babás para Peter. Quando o sargento encarregado da segurança da casa percebeu o que estava acontecendo, ordenou a retirada dos PMs em questão.

Como parte de um entendimento com o general Groves, Oppenheimer concordou em nomear uma comissão de três homens que ficaria responsável pela segurança interna. Indicou os próprios assistentes, David Hawkins e John Manley, e um químico, Joe Kennedy. Eles eram responsáveis pela segurança dentro do laboratório (a Seção "T"), que ficava atrás de uma segunda cerca de arame farpado, fora dos limites dos PMs e dos soldados. A comissão de segurança interna tratava de questões prosaicas, como verificar se os cientistas tinham trancado os armários e arquivos quando iam para casa. Se um cientista por acaso deixava um documento secreto sobre a mesa de um dia para outro, então era escalado para patrulhar o laboratório na noite seguinte e ficar atento ao desleixo de algum colega. Certo dia, Serber viu Hawkins e Emilio Segrè tendo uma discussão. "Emilio, você deixou um documento secreto em cima da mesa ontem à noite", disse Hawkins, "e vai precisar fazer a ronda de hoje."[19] Segrè retorquiu: "Aquele documento estava cheio de erros. Só teria servido para confundir o inimigo."

Oppenheimer estava sempre se esforçando para proteger o pessoal dele do aparato de segurança do Morro. Ele e Serber tiveram inúmeras discussões sobre como "salvar" várias pessoas de serem demitidas. "Se as coisas tivessem funcionado como eles queriam", declarou Serber, referindo-se à divisão de segurança, "não teria sobrado ninguém".[20] De fato, em outubro de 1943, os investigadores de segurança do Exército recomendaram que Robert e Charlotte Serber fossem removidos de Los Alamos. Com o exagero que lhe era característico, o FBI os acusou de estarem "saturados de crenças comunistas e associações com radicais conhecidos".

Ainda que as visões de Robert Serber fossem certamente alinhadas à esquerda, ele nunca havia sido tão politicamente ativo quanto a esposa. Nos últimos anos da década de 1930, Charlotte despejara energia em projetos tais como levantar fundos para os republicanos espanhóis. Contudo, sem dúvida, o próprio Oppenheimer fora mais ativo politicamente do que ela. Não fica claro pelos registros documentais como o Exército deixou de ter a ordem que emitira cumprida, mas é provável que Oppie tenha garantido pessoalmente a lealdade dos Serber. Certo dia, o capitão Peer de Silva, principal oficial de segurança residente, confrontou Oppenheimer com o passado político de Serber, só para ouvi-lo dizer que nada daquilo tinha a menor importância: "Oppenheimer afirmou de livre vontade saber que Serber tinha sido ativo em atividades comunistas e que, na verdade, o próprio Serber lhe confidenciara isso."[21] Oppie explicou que, antes de trazê-lo a Los Alamos, disse a Serber que ele teria de abandonar as atividades políticas. "Serber prometeu que o faria, e portanto acredito nele." Incrédulo, Silva considerou a afirmação uma evidência da ingenuidade de Oppenheimer, ou algo ainda pior.

Como muitas esposas no Morro, Charlotte Serber trabalhava na Área Técnica. E, embora o arquivo de segurança sobre os Serber comentasse o passado de esquerda da família, o serviço de Charlotte como bibliotecária científica literalmente a tornava uma guardiã dos mais importantes segredos do Morro. Oppenheimer depositava nela enorme confiança. Vestida casualmente de jeans ou calça comprida social, Charlotte presidia a biblioteca como ponto de encontro social e "centro de toda a fofoca".[22]

Certo dia, Oppenheimer chamou Charlotte ao escritório dele. Explicou que estavam começando a circular boatos em Santa Fe a respeito das instalações secretas no planalto. Ele tinha sugerido a Groves que talvez fosse sensato plantar boatos próprios a fim de desviar a atenção. "Portanto", disse Oppie, "para todos os efeitos, estamos construindo um foguete elétrico".[23] Ele então explicou que queria que os Serber e outro casal frequentassem alguns bares em Santa Fe. "Falem. Falem demais", disse Oppie. "Falem como se tivessem bebido demais. [...] Não me interessa como vocês vão fazer isso, digam que estamos construindo um foguete elétrico." Acompanhados por John Manley e Priscilla Greene, Bob e Charlotte Serber logo desceram de carro para Santa Fe e tentaram espalhar o boato, mas ninguém se interessou, e o G-2 nunca captou qualquer conversa sobre foguetes elétricos.

Richard Feynman, um brincalhão incorrigível, tinha uma maneira própria de lidar com os regulamentos de segurança. Quando os censores reclamaram que a esposa dele, Arline, então paciente num sanatório em Albuquerque, estava lhe mandando cartas em código e pediram o código, Feynman explicou que não tinha a chave — tratava-se de um jogo que ele fazia com a esposa para treinar a habilidade em quebrar códigos. Feynman também conseguiu distrair o pessoal da segurança quando resolveu fazer uma farra noturna de arrombamentos, descobrindo as combinações de todos os arquivos secretos do laboratório. Em outra ocasião, notou um buraco na cerca ao redor de Los Alamos — então saiu pelo portão principal, acenou para o guarda, engatinhou de volta pelo buraco na cerca e voltou a sair pelo portão principal. Repetiu isso diversas vezes. Quase foi preso. As travessuras de Feynman tornaram-se parte do folclore de Los Alamos.[24]

As relações do Exército com os cientistas e as respectivas famílias sempre foram instáveis. O general Groves dava o tom. Em particular com seus próprios homens, costumava chamar os civis de Los Alamos de "as crianças". E instruiu um de seus comandantes: "Tente satisfazer essa gente temperamental. Não permita que condições de vida, problemas familiares ou qualquer outra coisa tire a atenção do trabalho."[25] A maioria dos civis deixava claro que achava Groves "desagradável" — e ele, por sua vez, deixava claro que não dava a menor importância a isso.

Oppenheimer se entendia bem com Groves, mas achava a maioria dos oficiais da contrainteligência obtusos e ofensivos. Certo dia, o capitão Silva invadiu uma das reuniões regulares de sexta-feira à tarde com os chefes de grupo e anunciou: "Tenho uma reclamação."[26] Silva explicou que um cientista tinha entrado na sala dele para conversar e, sem pedir permissão, sentou na ponta da mesa diante da qual trabalhava. "Não gostei disso", disse, colérico. Para o prazer de todos na sala, Oppenheimer replicou: "Neste laboratório, capitão, qualquer um pode se sentar na mesa de qualquer um."

O capitão Silva, único graduado em West Point residente em Los Alamos, não conseguia rir de si mesmo. "Ele era profundamente desconfiado de todos", recordou David Hawkins.[27] O fato de Oppenheimer ter nomeado Hawkins, um ex-membro do Partido Comunista, para a comissão de segurança do laboratório apenas serviu para alimentar as suspeitas do capitão. Oppie gostava de Hawkins e tinha as habilidades do assistente em alta conta. Além disso, sabia que Hawkins era um norte-americano leal, cuja política de esquerda — como a dele próprio — era reformista, e não revolucionária.

Algumas restrições de segurança em Los Alamos eram profundamente irritantes para todos. Quando Edward Teller disse que o pessoal dele estava se queixando de que as cartas pessoais estavam sendo abertas, Oppie respondeu, amargurado: "Do que eles estão reclamando? Eu não tenho permissão de falar nem com meu próprio irmão." Além disso, Oppenheimer ficava nervoso com a ideia de que estava observado. "Ele se queixava o tempo todo", recordou Robert Wilson, "de que os telefonemas dele estavam sendo monitorados".[28] Na época, Wilson julgou essa preocupação "meio paranoica" — só muito depois veio a saber que Oppie estava sob vigilância quase total.

Mesmo antes da abertura de Los Alamos, em março de 1943, a contrainteligência do Exército instruíra J. Edgar Hoover a suspender a vigilância do FBI exercida sobre Oppenheimer. Em 22 de março, Hoover concordou, mas não antes de ordenar que seus agentes em San Francisco continuassem a vigiar indivíduos que pudessem ter tido ligações com Oppenheimer no Partido Comunista. Nesse mesmo dia, o Exército informou ao FBI que tinha organizado um esquema de vigilância física e técnica de Oppenheimer em tempo integral. Um grande número de oficiais do Corpo de Contrainteligência do Exército (CIC) já tinha sido colocado em missões sob disfarce mesmo antes da chegada de Oppie a Los Alamos. Um desses agentes, Andrew Walker, foi encarregado de servir como motorista pessoal e guarda-costas de Oppenheimer. Walker posteriormente confirmou que os oficiais do CIC monitoravam a correspondência e o telefone doméstico do diretor científico.[29] O escritório de Oppie também estava grampeado.

NESSE MEIO-TEMPO, OPPENHEIMER ESTAVA se tornando ele próprio altamente preocupado em termos de segurança. Ele, que um dia fora um distraído professor universitário, podia ser visto então enfiando cuidadosamente um memorando confidencial no bolso da calça, para não o perder, e tentando aplacar os oficiais de segurança do Exército, concedendo-lhes seu valioso tempo e concordando com praticamente todos os pedidos que lhe eram feitos. Entretanto, a pressão do trabalho, a sensação de estar sendo constantemente observado e o medo do fracasso começaram a cobrar um preço. Em dado momento no verão de 1943, Oppenheimer confessou a Robert Bacher que estava pensando em deixar tudo de lado. Sentia-se perseguido pelas investigações acerca do passado. Além disso, a tensão do trabalho era excessiva. Depois de ouvir Oppie listar suas insatisfações, Bacher simplesmente lhe disse: "Não há mais ninguém capaz de fazer esse trabalho."[30]

Então Oppie perseverou. No entanto, uma vez, em junho de 1943, fez algo que, ele deveria estar ciente, seguramente aumentaria as preocupações dos oficiais do CIC. Apesar do casamento com Kitty, Robert continuou a ver Jean Tatlock cerca de duas vezes por ano entre 1939 e 1943. Posteriormente, explicou: "Nós tínhamos nos envolvido demais, e quando nos víamos o sentimento ainda era muito profundo."[31] Ele e Jean se encontraram perto do Ano-Novo em 1941 e às vezes se viam por acaso nas festas em Berkeley. Contudo, Oppie também a visitava no apartamento dela e no consultório no hospital infantil, onde ela trabalhava como psiquiatra. Uma vez, foi ver Jean na casa do pai dela, perto da esquina da própria casa em Eagle Hill Drive, e em outra ocasião tomaram drinques no Top of the Mark, um restaurante elegante com uma das mais belas vistas de San Francisco.

Oppenheimer pode ou não ter retomado o caso com Jean ao longo daqueles anos; só sabemos que eles continuaram a se ver e que os laços emocionais entre os dois não foram rompidos. Algum tempo depois do casamento de Robert e

Kitty, em 1940, Jean foi visitar uma velha amiga, Edith Arnstein, então casada, no apartamento dela em San Francisco. Jean estava parada junto à janela, segurando a bebezinha de Edith, Margaret Ludmilla, quando Edith lhe perguntou se ela se arrependia de ter recusado o pedido de casamento de Oppie. Ela disse que sim e que provavelmente teria se casado com ele "se não estivesse tão confusa".[32]

Quando Oppenheimer deixou Berkeley, na primavera de 1943, Jean era a dra. Jean Tatlock, uma mulher no limiar de uma gratificante carreira como psiquiatra infantil no Hospital Mount Zion, atendendo sobretudo crianças com transtornos mentais.[33] Jean parecia ter achado uma carreira que combinava com o temperamento e o intelecto dela.

Jean havia dito a Oppie que "tinha um grande desejo" de vê-lo antes que ele e Kitty partissem para Los Alamos naquela primavera. Todavia, por algum motivo, Oppie recusou. O problema não deve ter tido relação com a segurança, uma vez que ele fizera questão de se despedir de Steve Nelson. Talvez Kitty tenha objetado. Qualquer que tenha sido a razão, ele foi para Los Alamos sem se despedir de Jean, e se sentiu culpado em relação a isso. Eles se correspondiam, mas Jean disse a amigos que achava as cartas de Oppie desconcertantes. Em algumas cartas angustiadas, ela implorou a ela que voltasse.[34] Robert sabia que Jean estava se consultando com um psicólogo, seu bom amigo dr. Siegfried Bernfeld, discípulo de Freud e líder do grupo de estudo que ele frequentara regularmente por vários anos. Oppenheimer sabia também que o dr. Bernfeld era o analista responsável pela supervisão das atividades de Jean, e que "ela era extremamente infeliz".[35]

Então, assim que teve uma oportunidade de retornar a Berkeley, em junho de 1943, Oppie fez questão de ligar para ela e levá-la para jantar. Agentes da inteligência militar o seguiram durante a visita e, mais tarde, reportaram ao FBI o que haviam observado: "Em 14 de junho de 1943, Oppenheimer pegou um trem em Berkeley e rumou até San Francisco [...] onde foi recebido por Jean Tatlock, que o beijou."[36] Eles então caminharam de braços dados até o carro dela, um cupê verde Plymouth ano 1935; ela o levou até o Xochilmilco Café, uma combinação barata de bar, café e salão de dança. Eles tomaram alguns drinques enquanto jantavam e, então, por volta das 22h50, Jean os levou de volta até a cobertura no número 1405 da rua Montgomery, em San Francisco, onde ela morava. Às 23h30, as luzes se apagaram e Oppenheimer não foi visto até as 8h30 da manhã seguinte, quando deixou o prédio com Jean Tatlock. O relatório do FBI comenta que "a relação de Oppenheimer e Tatlock parece ser muito íntima e afetuosa". Mais uma vez, no fim da tarde seguinte, os agentes observaram quando Tatlock se encontrou com Oppenheimer no escritório da United Airlines, no centro de San Francisco: "Tatlock chegou a pé e Oppenheimer correu para recebê-la. Eles se cumprimentaram afetuosamente e andaram até o carro dela, dessa vez, para jantar no Kit Carson's Grill." Depois do jantar, Jean o levou até o aeroporto, onde Oppenheimer pegou o voo de volta para o Novo México. Ele nunca mais a viu. Onze anos depois, os interrogadores lhe perguntaram: "Você descobriu por que ela precisava vê-lo?"[37] Ele respondeu: "Porque ainda me amava."

Relatórios da visita de Oppenheimer a Tatlock, uma conhecida integrante do Partido Comunista, acabaram chegando a Washington, e logo ela estava sendo descrita como um possível canal para transmitir segredos sobre o programa atômico para a inteligência soviética. Em 27 de agosto de 1943, num memorando que justificava um grampo no telefone de Tatlock, o FBI sugeriu que o próprio Oppenheimer "poderia usá-la como intermediária, ou usar o telefone dela para fazer chamadas importantes ao aparato do Comintern".[38]

Em 1º de setembro de 1943, o diretor do FBI, J. Edgar Hoover, escreveu ao procurador-geral para dizer que, em relação à investigação do FBI sobre agentes de espionagem do Comintern soviético, "foi determinado que Jean Tatlock [...] tornou-se amante de um indivíduo de posse de informação secreta vital referente ao esforço de guerra da nação".[39] Hoover afirmou que Tatlock estava em "contato com membros do aparato do Comintern na região de San Francisco, e que está não só em posição de solicitar informações secretas do amante, como também de transmiti-las a agentes de espionagem dentro do aparato". Hoover recomendava grampear o telefone dela com o propósito de "determinar a identidade dos agentes de espionagem dentro do aparato do Comintern", e no fim daquele verão o grampo foi de fato instalado, ou pela inteligência do Exército ou pelo FBI.

Em 29 de junho de 1943, apenas duas semanas depois de Oppenheimer passar a noite com Tatlock, o coronel Boris Pash, chefe da contrainteligência na Costa Oeste, escreveu um memorando ao Pentágono no qual recomendava que fosse negada a Oppenheimer uma habilitação de segurança e também que ele fosse demitido, porque "ainda pode estar ligado ao Partido Comunista".[40] Toda sua evidência era circunstancial. Ele citava a visita de Oppenheimer a Tatlock e um telefonema de Oppie a David Hawkins, "um membro do partido que tem contato tanto com Bernadette Doyle quanto com Steve Nelson".

Pash acreditava que, se Oppenheimer não estava preparado para transmitir informações científicas diretamente ao partido, "pode estar disponibilizando essa informação a seus outros contatos, que, por sua vez, talvez estejam passando informes"[41] sobre o Projeto Manhattan para a União Soviética. Pash naturalmente se perguntou se Tatlock poderia ser esse canal.[42] E também teria ficado sabendo por seus colegas do FBI que, até agosto de 1943, Tatlock ainda era politicamente ativa nas questões do Partido Comunista.

Na cabeça de Pash, Tatlock era uma excelente suspeita de espionagem, e ele esperava que um grampo no telefone dela pudesse comprovar essa teoria. Como isso não aconteceu, ele pensou então em usar o relacionamento de Oppenheimer com Tatlock como arma contra o físico. No fim de junho, Pash organizou seus pensamentos num longo memorando para o novo auxiliar de segurança de Groves, o tenente-coronel John Lansdale, um inteligente advogado de 31 anos de Cleveland. Pash disse a Lansdale que se Oppenheimer não pudesse ser despedido de imediato, deveria ser chamado a Washington e ameaçado pessoalmente com a "Lei de Espionagem e todas as suas ramificações". Ele deveria ser informado de que a inteligência militar sabia tudo sobre a afiliação ao Partido Comunista e que o governo não toleraria vazamentos de qualquer tipo aos amigos dele do partido. Assim como o general Groves, Pash acreditava que a ambição e o orgulho de Oppenheimer podiam ser usados para mantê-lo na linha. "É opinião desta agência", escreveu Pash, "que as inclinações pessoais de Oppenheimer seriam no sentido de proteger o futuro dele próprio, a reputação e o alto grau de honra a que faria jus caso seu presente trabalho seja bem-sucedido, e, assim, imaginamos que ele faria todo e qualquer esforço para cooperar com o governo em qualquer plano que o mantivesse no comando".[43]

Àquela altura, porém, Lansdale já tinha conhecido Oppenheimer, e, ao contrário de Pash, simpatizara e confiara nele. No entanto, ele também entendia que, enquanto fosse um homem-chave no projeto, as associações políticas de Oppie seriam um problema. Pouco tempo depois de receber as recomendações de Pash, Lansdale escreveu a Groves um memorando conciso, de duas páginas, com um resumo das evidências. Listou todos os grupos da "frente" (conforme definida pelo FBI) da qual Oppie havia participado ao longo dos anos, desde a União Americana pelas Liberdades Civis até o Comitê Americano pela Democracia e Liberdade Intelectual. Citou a associação e a amizade de Robert com comunistas conhecidos ou suspeitos, como William Schneiderman, Steve Nelson, a dra. Hannah L. Peters — identificada por Lansdale como "organizadora do Ramo Médico, Seção Profissional, Partido Comunista, Condado de Alameda, Califórnia" — e Isaac Folkoff, e também amigos íntimos, como Jean Tatlock — "com quem Oppenheimer supostamente tem uma associação ilícita" — e Haakon Chevalier — "que acreditamos ser membro do Partido Comunista". No trecho mais prejudicial do resumo, Lansdale observou ainda que a assistente pessoal de Steve Nelson, Bernadette Doyle, "consta em relatório de um informante muito confiável [isto é, interceptação telefônica] como tendo se referido a J. R. Oppenheimer e ao irmão dele, Frank, como membros regularmente registrados do Partido Comunista".

Contudo, Lansdale não recomendou a demissão de Oppenheimer. Em vez disso, aconselhou Groves em julho de 1943: "O senhor deveria dizer a Oppenheimer que sabemos que o Partido Comunista [...] está tentando obter informações" sobre o Projeto Manhattan.[44] "Diga-lhe que já sabemos os nomes de alguns dos traidores envolvidos nessa atividade." Outros, observou Lansdale, permaneciam ocultos, e por essa razão o Exército iria remover metodicamente do projeto quaisquer indivíduos que parecessem adeptos da linha comunista. Não haveria demissões em massa, apenas investigações cuidadosas baseadas em evidências sólidas. Para esse fim, Lansdale queria usar Oppenheimer: "Ele deve ser informado de que hesitamos em confiar nele nessa questão [...] por conta dos conhecidos interesses no Partido Comunista e da associação e amizade que ele mantém com certos membros do partido." Lansdale parecia pensar que essa abordagem incentivaria Oppenheimer a apontar nomes. Em suma, ele estava dizendo a Groves que, se este pretendia manter Oppenheimer como seu diretor científico, deveria pressioná-lo a tornar-se informante.

DURANTE OS MESES E anos que se seguiram, enquanto continuou como empregado do governo, Oppenheimer foi de fato assediado por variações da estratégia Pash-Lansdale. Em Los Alamos, foram-lhe designados assistentes que na verdade eram "membros treinados do Corpo de Contrainteligência do Exército, que não só servirão de guarda-costas para o indivíduo, mas também como agentes sob disfarce no escritório".[45] O motorista e guarda-costas de Oppie, Andrew Walker, era um agente de contrainteligência que se reportava diretamente ao coronel Pash; a correspondência de Oppenheimer era monitorada; o telefone, interceptado; o escritório, grampeado. Mesmo depois da guerra, ele esteve sujeito a rigorosa vigilância física e eletrônica. As associações passadas com comunistas eram repetidamente suscitadas por comissões do Congresso e pelo FBI, de modo que ele jamais esquecesse que era suspeito de integrar o Partido Comunista.

17

"Oppenheimer está dizendo a verdade"

Eu estaria perfeitamente disposto a levar um tiro se tivesse feito algo errado.
ROBERT OPPENHEIMER PARA O TENENTE-CORONEL BORIS PASH

O GENERAL GROVES CONCORDOU com as recomendações do tenente-coronel Lansdale. Oppenheimer seria mantido como diretor científico do projeto, mas Lansdale se encarregaria de enredá-lo em sua teia de segurança. Sem surpresa, Pash objetou vigorosamente a essa estratégia sutil, mas, em 30 de julho de 1943, Groves instruiu a divisão de segurança do Projeto Manhattan a emitir a habilitação de segurança de Oppie. Isso deveria ser feito "independentemente de qualquer informação que vocês tenham relativa ao sr. Oppenheimer. Ele é absolutamente essencial ao projeto".[1] Pash não foi o único oficial da segurança que ficou enfurecido com essa decisão. Quando o auxiliar de Groves, o tenente-coronel Kenneth Nichols, informou Oppenheimer de que a habilitação de segurança dele havia sido emitida, Nichols o advertiu: "No futuro, por favor, evite se encontrar com seus amigos questionáveis e lembre-se de que, toda vez que sair de Los Alamos, nós o estaremos seguindo."[2] Nichols já tinha uma enorme desconfiança em relação a Oppenheimer, não apenas por conta das associações passadas com comunistas, mas por acreditar que ele estava colocando a segurança em risco ao recrutar "pessoas questionáveis" para Los Alamos. Quanto mais Nichols o via, mais crescia o desprezo que sentia por Oppenheimer. O fato de Groves não compartilhar esse sentimento, e estar na verdade começando a confiar no físico, irritava o auxiliar e apenas lhe acentuava o ressentimento.

Se Oppenheimer não podia ser eliminado, havia outros mais vulneráveis — um dos protegidos de Oppie, por exemplo, Rossi Lomanitz. Em 27 de julho de 1943, o físico de 21 anos foi chamado à sala de Ernest Lawrence e informado de que estava sendo promovido a líder de grupo no Laboratório de Radiação. Entretanto, três dias depois, como resultado de um relatório investigativo de Pash, Lomanitz recebeu uma carta registrada da comissão de recrutamento ordenando-lhe que se apresentasse para realizar exames físicos no dia seguinte. Ele imediatamente ligou para Oppenheimer em Los Alamos e lhe contou o que havia acontecido. Naquela mesma tarde, Oppie enviou um telegrama para o Pentágono, no qual dizia que "um erro muito sério está sendo cometido. Lomanitz é hoje o único homem em Berkeley que pode assumir essa responsabilidade". Apesar da intervenção, Lomanitz foi recrutado para o Exército.

Alguns dias depois, Lansdale passou no escritório de Oppenheimer em Los Alamos para uma longa conversa. Ele o advertiu contra quaisquer esforços futuros para ajudar Lomanitz e disse que o jovem físico fora julgado culpado de "indiscrições que não podiam ser desconsideradas ou perdoadas".[3] Lansdale garantiu que, mesmo depois de entrar para o Laboratório de Radiação, Lomanitz havia continuado as atividades políticas. "Isso me deixa louco", disse Oppenheimer. Lomanitz lhe prometera, explicou, que, se embarcasse no programa atômico, se absteria de trabalhos políticos.

Lansdale e Oppenheimer tiveram então uma discussão geral sobre o Partido Comunista. Lansdale declarou que, como oficial de inteligência militar, não estava preocupado com as crenças políticas de ninguém. A única preocupação que ele tinha era impedir a transmissão de informação confidencial para pessoas não autorizadas. Para surpresa de Lansdale, Oppenheimer discordou vigorosamente e disse que não queria ninguém do Partido Comunista trabalhando para ele. Segundo o memorando da conversa escrito por Lansdale, Oppie explicou que "sempre havia uma questão de lealdade dividida". A disciplina no Partido Comunista "era muito severa, incompatível com a lealdade completa ao projeto". Ele deixou claro para Lansdale que se referia apenas a membros correntes do partido. Ex-membros eram outra coisa — ele conhecia vários ex-membros do partido que naquele momento trabalhavam em Los Alamos.

Antes que Lansdale pudesse lhe pedir os nomes desses ex-membros, a conversa foi interrompida pela entrada de alguém na sala. Depois disso, Lansdale teve a nítida impressão de que Oppenheimer estava "tentando indicar que havia sido membro do partido e rompera definitivamente as ligações passadas ao se engajar no Projeto Manhattan".[4] A impressão geral de Lansdale foi de que Oppenheimer "aparentava total sinceridade". O cientista fora "extremamente sutil em suas alusões", mas ao mesmo tempo se mostrara "apreensivo" para explicar sua posição. Nos meses seguintes, os dois por vezes discutiram questões de segurança, mas Lansdale sempre acreditaria que Oppenheimer era leal e dedicado aos Estados Unidos.

O próprio Oppenheimer, porém, saiu apreensivo da conversa com Lansdale. O fato de Lomanitz ter sido dispensado do Rad Lab apesar de ele ter intervindo era preocupante. Sem saber exatamente quais "indiscrições" haviam provocado a ação, Oppenheimer supôs que estivessem ligadas à atividade de organização sindical em nome da FAECT. Nesse contexto, ele recordou que George Eltenton, o engenheiro da Shell que pedira a Chevalier que o abordasse com o objetivo de recolher informações sobre o projeto para os soviéticos, também tinha sido ativo na FAECT. A conversa com Chevalier na cozinha de Robert, cerca de seis meses antes, sobre o esquema de Eltenton — que ele desprezara como ridículo — pareceu ficar séria. A reunião de Oppie com Lansdale, portanto, deflagrou uma decisão fatal: ele decidiu que precisava contar às autoridades sobre as atividades de Eltenton.

Mais adiante, o general Groves contou ao FBI que Oppenheimer, na primeira vez que foi procurá-lo em algum momento no início ou em meados de agosto, mencionou o nome de Eltenton.[5] Contudo, Oppenheimer não parou por aí. Em 25 de agosto de 1943, durante uma visita a Berkeley relacionada com o projeto, ele entrou na sala do tenente Lyall Johnson, o oficial de segurança do Rad Lab. Após uma breve discussão sobre Lomanitz, disse a Johnson que havia um homem na cidade que trabalhava para a Shell e era ativo na FAECT. O nome dele, disse, era Eltenton, e ele deveria ser vigiado. Oppie confidenciou que Eltenton podia estar tentando obter informações sobre o trabalho do Rad Lab, e foi embora sem dizer muito mais. O tenente Johnson imediatamente chamou seu superior, o coronel Pash, que o instruiu a convocar Oppenheimer no dia seguinte para uma conversa. Durante a noite, colocaram um pequeno microfone na base do telefone na mesa de Johnson e o conectaram a um gravador na sala ao lado.

No dia seguinte, Oppenheimer apareceu para um interrogatório que seria fatídico. Quando entrou na sala de Johnson, ficou surpreso ao ser apresentado a Pash, que ainda era um estranho para ele, embora um homem cuja reputação o precedia. Quando os três se sentaram, ficou claro que o próprio Pash conduziria o interrogatório.

Pash começou com transparente obsequiosidade. "É um prazer. [...] Sinto que o general Groves de certa forma colocou uma responsabilidade nas minhas costas, e é como cuidar de um filho a distância, sem poder vê-lo. Não pretendo ocupar muito do seu tempo."[6]

"Está tudo bem", respondeu Oppenheimer. "Pode levar o tempo que quiser."

Quando Pash começou então a perguntar a Oppenheimer sobre a conversa na véspera com o tenente Johnson, ele o interrompeu e começou a falar sobre o assunto que esperava discutir, Rossi Lomanitz. Explicou que não sabia se devia falar com Rossi, mas queria lhe dizer que ele havia sido indiscreto.

Pash interrompeu e disse que tinha preocupações mais sérias. Havia "outros grupos" interessados no Rad Lab?

"Ah, acredito que sim", respondeu Oppenheimer, "mas não tenho nenhum conhecimento em primeira mão". E então prosseguiu: "Acho que é verdade que um homem, cujo nome nunca ouvi, um sujeito ligado ao cônsul soviético, indicou de forma indireta, por meio de intermediários engajados neste projeto, que estava em posição de transmitir, sem perigo de vazamento, escândalo ou qualquer coisa do tipo, informações que eles pudessem fornecer." E em seguida disse estar preocupado com possíveis "indiscrições" por parte de pessoas com trânsito livre nos mesmos círculos. Tendo revelado como "fato" o esforço de alguém no consulado soviético para obter informações das atividades no Rad Lab, Oppie continuou o relato e, sem ser interrompido por Pash, explicou sua posição: "Falando com toda a franqueza, eu veria com bons olhos a ideia de o comandante em chefe informar aos russos que estamos trabalhando nesse problema. Consigo imaginar bons argumentos para isso, mas não vejo com bons olhos a ideia de que isso acabe vazando pela porta dos fundos. Acho que não faria mal estar atento a isso."

Pash, um homem criado para detestar os bolcheviques, respondeu de maneira equilibrada: "Poderia me dizer de maneira mais detalhada qual é essa informação a que se refere? O senhor sem dúvida entende que essa fase [de transmissão de informação secreta] é para mim quase tão interessante quanto o projeto todo é para o senhor."

"Bem", respondeu Oppenheimer, "posso dizer que as *abordagens* sempre foram com outras pessoas, que ficaram preocupadas e muitas vezes vieram discuti-las comigo".

Oppenheimer usara o plural, e começou a elaborar sobre algumas dessas abordagens. Não viera preparado para o interrogatório. Na verdade, tinha esperado que lhe pedissem que detalhasse melhor a conversa que tivera com o tenente Johnson sobre Lomanitz. E de repente estava diante de Pash e de uma linha de questionamento que o deixava apreensivo — e com a língua solta demais.

A memória da breve conversa que Oppie tivera com Chevalier seis meses antes, na cozinha da casa em Berkeley, passara a ficar nebulosa. Talvez Chevalier tivesse dito a ele (como Eltenton tempos depois declarou ao FBI) que Eltenton sugerira abordar três cientistas: Lawrence, Alvarez e ele próprio.[7] Talvez ele tivesse em mente outras várias conversas sobre a ideia de que os soviéticos deveriam ter acesso à nova tecnologia de armamentos. E por que não? Muitos dos amigos, estudantes e colegas de Oppenheimer estavam preocupados com a perspectiva de uma vitória fascista na Europa. Eles entendiam, corretamente, que apenas o Exército soviético seria capaz de impedir tal calamidade. Muitos dos físicos que então trabalhavam no Rad Lab não estavam servindo no Exército apenas porque haviam sido convencidos — em alguns casos pelo próprio Oppenheimer — de que o projeto especial em Los Alamos contribuiria substancialmente para o esforço de guerra. Esses homens com frequência discutiam se o governo estava fazendo todo o possível para ajudar os mais impactados pelo ataque nazista. Certamente, Oppenheimer tinha ouvido muitos de seus colegas e estudantes dando voz ao desejo de ajudar os sitiados russos — numa época, convém dizer, em que os soviéticos estavam sendo promovidos na imprensa norte-americana a aliados heroicos.

Oppenheimer tentava então explicar a Pash que todos que o haviam abordado sobre ajudar os soviéticos tinham vindo a ele numa atitude de "perplexidade, não de cooperação". Eram simpáticos à ideia de ajudar os aliados, mas preocupavam-se com a ideia de fornecer informações, nas palavras de Oppie, "pela porta dos fundos". Oppenheimer relatou, em seguida, o que já tinha contado a Groves e ao tenente Johnson: George Eltenton, que trabalhava na Shell, devia ser vigiado. "Provavelmente pediram a ele", disse Oppenheimer, "que fizesse todo o possível para obter informações". Eltenton, acrescentou, falara com um amigo que também conhecia um dos homens que trabalhavam no projeto.

Quando Pash o pressionou a dizer o nome da pessoa que havia sido abordada, Oppenheimer polidamente recusou, sob o argumento de que os indivíduos eram inocentes. "Vou lhe dizer uma coisa", continuou. "Fiquei sabendo de dois ou três casos, e acho que dois desses homens estavam comigo em Los Alamos — são homens estreitamente associados a mim." Esses dois homens de Los Alamos foram abordados, um de cada vez, no espaço de uma semana. Um terceiro homem, funcionário do Rad Lab, já tinha ido embora ou estava de malas prontas e prestes a ser transferido para o "Local X" — a instalação do Projeto Manhattan em Oak Ridge, no Tennessee. Essas abordagens tinham vindo não de Eltenton, mas de uma terceira peça, um homem cujo nome Oppenheimer se recusou a fornecer, porque, segundo disse, "seria um erro". Ele explicou que era da "honesta opinião" de que o homem era inocente. Conjecturou que o indivíduo havia topado com Eltenton numa festa e ouvira deste: "Você acha que poderia me ajudar? É uma coisa muito séria, porque sabemos que um trabalho importante está sendo feito aqui e achamos que deveria ser compartilhado com os nossos aliados. Será que você poderia ver se alguém se dispõe a nos ajudar?"

Para além de identificar essa "terceira peça" como membro do corpo docente de Berkeley, Oppenheimer recusou-se obstinadamente a dizer mais e insistiu: "Creio que lhes disse de onde veio a iniciativa [Eltenton], e tudo o mais aconteceu quase por puro acidente." Oppenheimer identificara Eltenton porque o considerava "perigoso para o país". Contudo, não entregaria o amigo Hoke, que acreditava ser inocente. "O intermediário entre Eltenton e o projeto", disse Oppenheimer a Pash, "achou a ideia errada, mas disse que a situação era essa. Não penso que ele a apoiasse. Na verdade, sei que não a apoiou".

Ao mesmo tempo que se recusou a dar o nome de Chevalier, ou a qualquer outro que não Eltenton, Oppie falou livremente e em considerável detalhamento sobre a natureza da abordagem dos amigos. Num esforço para colocar as coisas num contexto benigno, disse a Pash: "Deixe-me lhe contar as circunstâncias desses pedidos. O que acontece — bem, o senhor sabe como a relação entre os aliados é difícil, e que há muita gente que não vê a Rússia com muita simpatia — é que um bocado de nossas informações secretas, sobre o nosso radar e assim por diante, não chega a eles, e eles estão lutando pela própria vida e gostariam de ter uma ideia do que está acontecendo. Então isso seria apenas para compensar, em outras palavras, os defeitos da nossa comunicação oficial. Foi dessa forma que os pedidos foram apresentados."

"Ah, entendo", respondeu Pash.

"Mas é claro que, como essa comunicação não deveria estar ocorrendo, é passível de ser considerada traição", apressou-se em reconhecer Oppenheimer. "O espírito das abordagens, no entanto, não era de modo algum traição", continuou. Ajudar os aliados soviéticos era "mais ou menos uma política do governo". Os homens envolvidos estavam sendo apenas solicitados a compensar os "defeitos" da burocracia na comunicação oficial com os russos. Oppenheimer chegou a detalhar como a informação seria transmitida aos russos. A julgar pelo que havia entendido do relato dos amigos, uma entrevista com Eltenton seria arranjada. Foi-lhes dito que "esse sujeito, Eltenton [...] tinha muito bons contatos com um homem da embaixada [soviética] ligado ao consulado, um sujeito muito confiável e com muita experiência em trabalho com microfilmes, ou seja lá o que for".[8]

"INFORMAÇÕES SECRETAS", "PASSÍVEL DE ser considerada traição", "microfilmes". Oppenheimer tinha usado todas essas palavras, seguramente alarmando Pash, que já o considerava um perigoso risco de segurança, se não um calejado agente comunista. Pash jamais entenderia o homem que estava sentado diante dele. Embora ele e Oppenheimer morassem em cidades vizinhas, vinham de mundos diferentes. O ex-treinador de futebol americano de ensino médio e oficial de inteligência deve ter ficado estarrecido com a autoconfiança com que Oppie falava de atividades passíveis de serem consideradas traição e num mesmo fôlego explicava por que não podia, por questão de princípio, dar os nomes de homens que sabia serem inocentes.

Sob alguns aspectos, Oppenheimer se tornara um homem mudado nos seis meses desde a conversa com Chevalier. Los Alamos o transformara — ele era agora diretor do laboratório em que se construía uma bomba, administrador científico em cujos ombros repousava o definitivo sucesso do projeto. No entanto, sob outros aspectos, era o mesmo professor de física brilhante, seguro de si, que demonstrava todos os dias uma opinião informada sobre uma gama impressionantemente ampla de tópicos. Ele entendia que Pash tinha uma tarefa a cumprir, mas estava confiante de que podia decidir sozinho sobre quem de fato constituía um risco de segurança (Eltenton) e quem não (Chevalier). E chegou a explicar a Pash que "a associação com o movimento comunista não é compatível com o trabalho em um projeto bélico secreto, porque duas lealdades não podem estar [juntas]".[9] Além disso, "acho que muitas pessoas brilhantes e conscienciosas enxergaram alguma coisa no movimento comunista, e talvez pertençam a ele. Talvez isso seja bom para o país. Espero que não estejam participando do projeto de guerra".[10]

Como ele havia dito a Lansdale algumas semanas antes, a disciplina do partido sujeitava os membros às pressões de duplas lealdades. Como exemplo citou Lomanitz, por quem ainda nutria "um senso de responsabilidade". Lomanitz, disse ele, "pode ter sido indiscreto em círculos problemáticos [referindo-se ao Partido Comunista]". Ele não tinha dúvida de que pessoas o abordavam com frequência e "sentiam que era dever dele tentar fazer com que a conversa fosse um pouco além". Assim, para simplificar as coisas, seria mais fácil para todo mundo simplesmente excluir os comunistas de projetos de guerra secretos.

Incrivelmente, olhando em retrospecto, Oppenheimer repetidas vezes tentou convencer Pash de que muitas das pessoas envolvidas nesses contatos eram inocentes bem-intencionados. "Estou bastante seguro de que ninguém aqui, com possível exceção do russo, que provavelmente está cumprindo o dever com o país dele... mas os outros não sentiam que estavam fazendo algo errado e apenas consideraram dar esse passo, que julgaram alinhado à política do governo, a fim de contornar o bloqueio dessas comunicações por indivíduos no Departamento de Estado." Oppie destacou ainda que o Departamento de Estado estava compartilhando informações com os britânicos, e muitos achavam que não havia grande diferença entre isso e compartilhar informações semelhantes com os soviéticos. "Se uma coisa como esta estivesse acontecendo, digamos, com os nazistas, aí haveria um tom um tanto diferente", disse ele a Pash.

Da perspectiva de Pash, tudo isso era ultrajante e, mais ainda, não dizia respeito exatamente ao ponto em questão. Eltenton e pelo menos um outro indivíduo — o membro do corpo docente cujo nome não foi dado — estavam tentando obter informações sobre o Projeto Manhattan, o que era espionagem. Não obstante, Pash ouviu pacientemente Oppenheimer externar a opinião que estabelecera acerca do problema de segurança, e então voltou o foco para a conversa entre Eltenton e o intermediário sem nome. Pash explicou que talvez precisasse voltar a procurá-lo para pressioná-lo a dar mais nomes. Oppenheimer voltou a explicar que estava tentando apenas "agir razoavelmente" e "traçar a linha" entre os que, como Eltenton, tomavam a iniciativa e os que reagiam negativamente a tais abordagens.

Eles continuaram a discutir por mais algum tempo. Pash tentou usar um pouco de ironia ao dizer: "Eu não sou persistente [risos], mas...".

"O senhor é persistente", interrompeu Oppenheimer, "e o seu dever é esse".

Perto do fim do interrogatório, Oppenheimer voltou às preocupações iniciais sobre a FAECT. Tudo que Pash precisava saber era se "há coisas que valeriam a pena ser observadas". Ele chegou a sugerir "não haver mal nenhum manter um homem no sindicato — para ver o que pode acontecer e o que ele consegue captar". Pash imediatamente aceitou a sugestão e perguntou a Oppenheimer se conhecia alguém no sindicato que pudesse estar disposto a servir como informante. Ele respondeu que não, que só tinha ouvido dizer que "um rapaz chamado [David] Fox era o presidente".[11]

Oppenheimer então deixou claro para Pash que, como diretor de Los Alamos, tinha certeza de que "tudo estava 100% em ordem [...] Acho que a verdade é essa", disse ele, e acrescentou, enfático: "Eu estaria perfeitamente disposto a levar um tiro se tivesse feito algo errado."

Quando Pash indicou que poderia visitar Los Alamos, Oppenheimer gracejou: "Meu lema é Deus o abençoe."[12] Quando Oppie se levantou para ir embora, o gravador captou Pash dizendo: "Boa sorte." Oppenheimer respondeu: "Muito obrigado."

Foi um desempenho estranho — e, em última análise, desastroso. Oppenheimer erguera a bandeira vermelha da espionagem, identificara Eltenton como culpado, descrevera um intermediário sem nome dizendo que era "inocente" e informara que essa pessoa inocente tinha feito contato com vários outros cientistas igualmente inocentes. Ele tinha absoluta certeza de seu julgamento, garantira a Pash, então não havia necessidade de mencionar nomes.

Lembremos que, sem o conhecimento de Oppenheimer, essa conversa foi gravada e transcrita. Ela se tornou parte do arquivo de segurança de Oppenheimer, e, como ele mais adiante alegaria, o relato das abordage*ns*, no plural (se foram duas ou três não fica claro), tinha sido impreciso — um "conto da carochinha" cujas origens nem ele podia explicar. Ele nunca conseguiu provar se tinha mentido para Pash, ou dito a verdade e mentido depois. Era como se tivesse inconscientemente engolido uma bomba-relógio, e uma década se passaria até que ela explodisse.

NA SEQUÊNCIA DO ENCONTRO com Pash, Lansdale e Groves perceberam que tinham um sério problema nas mãos. Em 12 de setembro de 1943, Lansdale sentou-se com Robert para mais uma conversa longa e franca. Tendo lido a transcrição do interrogatório de Oppenheimer, estava determinado a chegar ao fundo da suposta abordagem de espionagem. Sub-repticiamente, também gravou a conversa.

Lansdale começou com uma óbvia tentativa de bajular Oppenheimer: "Quero dizer isto sem qualquer intenção de bajulação [...] você deve ser o homem mais inteligente que já conheci."[13] Então confessou que não tinha sido inteiramente correto com ele durante a conversa anterior, mas na ocasião queria ser "perfeitamente franco". Lansdale então explicou que "sabemos desde fevereiro que uma série de pessoas estão transmitindo informações sobre este projeto para o governo soviético". Em seguida, alegou que os soviéticos sabiam da escala do projeto e das instalações em Los Alamos, Chicago e Oak Ridge — e tinham uma ideia geral do cronograma.

Oppenheimer pareceu genuinamente chocado com a notícia. "Devo confessar que não sabia disso", declarou ele a Lansdale. "Eu sabia daquela *única tentativa* de obter informações, que foi muito antes, ou não. Não consigo me lembrar da data".

O rumo da conversa logo mudou para o papel do Partido Comunista, e ambos concordaram que tinham ouvido ser uma prerrogativa política do partido que quem estivesse fazendo trabalho bélico confidencial devesse se desligar da entidade. Robert disse espontaneamente que o irmão, Frank, rompera os laços com o PC. Além disso, dezoito meses antes, quando começaram a trabalhar no projeto, ele havia dito à esposa de Frank, Jackie, que ela deveria parar de socializar com membros do partido. "Se eles fizeram isso de fato, não sei dizer." Oppenheimer confessou ainda que se preocupava muito com o fato de os amigos do irmão serem "muito de esquerda, e acho que nem sempre é necessário convocar uma reunião da unidade para ter um bom contato".

Lansdale, por sua vez, explicou sua abordagem a todo o problema da segurança. "O senhor sabe tão bem quanto eu", disse a Oppenheimer, "como é difícil provar comunismo". Além disso, o objetivo era construir um "dispositivo", e Lansdale sugeriu que a visão política das pessoas não importava, contanto que elas estivessem contribuindo para o projeto. Afinal, todo mundo estava arriscando a vida para entregar o serviço, e "ninguém quer proteger a coisa [o projeto] até a morte". Todavia, se eles achassem que havia um homem envolvido em espionagem, tinham que decidir entre processá-lo ou simplesmente tirá-lo do projeto.

Àquela altura, Lansdale trouxera à tona o que Oppenheimer tinha contado a Pash sobre Eltenton — e Oppenheimer, mais uma vez, disse que não achava correto dar o nome do indivíduo que o abordara. Lansdale lembrou que Oppenheimer havia mencionado "três pessoas no projeto" que haviam sido contactadas, e as três o tinham basicamente mandado "para o inferno". Oppenheimer concordou. Então Lansdale lhe perguntou como ele podia ter certeza de que Eltenton não havia abordado outros cientistas. "Não posso ter certeza", respondeu Oppenheimer. "Não tenho como saber." E entendeu então por que Lansdale julgava importante descobrir o canal por meio do qual essa abordagem inicial tinha sido feita, embora ainda sentisse ser errado envolver essas outras pessoas.

"Hesito em mencionar outros nomes porque não creio que sejam culpados de alguma coisa [...] Não são pessoas que entrariam numa história dessas, de jeito nenhum. Quer dizer, acho que se trata de um fato extremamente errático e não sistemático." Ele, portanto, se sentia "justificado" em reter o nome do intermediário "por conta de um senso de dever".

Mudando a direção da conversa, Lansdale pediu a Oppenheimer os nomes dos indivíduos que estavam trabalhando no projeto em Berkeley que ele julgava serem membros do partido, ou que um dia haviam sido. Oppenheimer deu alguns nomes. Disse ter ficado sabendo em sua última visita a Berkeley que tanto Rossi Lomanitz como Joe Weinberg eram membros do PC. Achava que uma secretária chamada Jane Muir também era. Em Los Alamos, disse, sabia que Charlotte Serber tinha sido membro no passado. Quanto a seu bom amigo, Bob Serber, afirmou:

"Acho que é possível, mas não sei."

"E David Hawkins?", indagou Lansdale.

"Não acho que tenha sido, eu diria que não."

"E o senhor", disse Lansdale, "alguma vez foi membro do Partido Comunista?".

"Não", retrucou Oppenheimer.

"O senhor provavelmente pertenceu a todas as organizações de frente aqui na Costa Oeste", sugeriu Lansdale.*

"Praticamente", respondeu Oppenheimer de maneira casual.

"O senhor teria em algum momento se considerado um simpatizante?"

"Eu diria que sim", replicou Oppenheimer. "Minha associação com essas atividades foi muito breve e muito intensa."

Num momento posterior da conversa, Lansdale fez Oppenheimer explicar o porquê de, apesar de manter uma intensa associação com o partido, jamais ter chegado a se filiar. Oppenheimer disse que muitas das pessoas sobre as quais eles vinham discutindo tinham entrado para o partido por um "senso muito profundo de certo e errado". Algumas dessas pessoas, disse, "têm um fervor muito profundo", algo próximo de um compromisso religioso.

"Mas não consigo entender", interrompeu Lansdale. "Há aqui um detalhe. Essas pessoas não estão aderindo a nenhum ideal constante. [...] Elas podem estar aderindo ao marxismo, mas seguem as voltas e reviravoltas de uma linha programada para ajudar a política externa de outro país."

Oppenheimer concordou: "Essa convicção a torna não só algo histérico [...] Eu a julgo absolutamente impensável. Minha participação como membro do Partido Comunista. [O que ele nitidamente quer dizer aqui é que ingressar no Partido Comunista era para ele algo 'impensável'.] Houve um período em que estive envolvido, em que acreditava com fervor em muitas posições do partido, na correção dele e nos objetivos."

Lansdale: "Posso perguntar que período foi esse?"

Oppenheimer: "Foi na época da Guerra Civil Espanhola, até o pacto [nazissoviético]."

Lansdale: "Até o pacto. O senhor diria que esse foi o momento em que rompeu?"

Oppenheimer: "*Eu nunca rompi. Eu nunca tive nada para romper.* Fui apenas desaparecendo gradualmente de uma organização após outra." [Grifo nosso.]

Quando Lansdale mais uma vez o pressionou a dar nomes, Oppenheimer retrucou: "Acho um golpe baixo envolver alguém que estou seguro de não ter envolvimento algum."

Com um suspiro, Lansdale encerrou o interrogatório e disse: "Tudo bem."[14]

DOIS DIAS DEPOIS, EM 14 de setembro de 1943, Groves e Lansdale tiveram outra conversa com Oppenheimer sobre Eltenton. Estavam num trem entre Cheyenne e Chicago, e Lansdale escreveu um memorando da conversa. Groves levantou o assunto, mas Oppenheimer disse que só daria o nome do intermediário se rece-

---

* Durante as audiências de segurança, em 1954, essas palavras foram atribuídas a Oppenheimer.

besse uma ordem expressa nesse sentido. Um mês depois, Oppie mais uma vez se recusou a nomear o intermediário. Curiosamente, porém, Groves aceitou o fato. Atribuiu o comportamento de Oppenheimer à "típica atitude de colegial de que há algo perverso em denunciar um amigo". Pressionado pelo FBI para dar mais informações sobre todo o caso, Lansdale informou que, assim como Groves, "acreditava que Oppenheimer estava dizendo a verdade".[15]

A MAIORIA DOS SUBORDINADOS de Groves não compartilhava da confiança que ele tinha em Oppenheimer. No começo de setembro de 1943, Groves teve uma conversa com James Murray, outro oficial de segurança do Projeto Manhattan. Frustrado porque Oppenheimer finalmente recebera a habilitação de segurança, Murray formulou uma questão hipotética a Groves: "Suponha que tivéssemos descoberto que vinte indivíduos em Los Alamos são decididamente comunistas e essa evidência fosse apresentada a Oppenheimer. Como ele reagiria?" Groves retrucou que o dr. Oppenheimer diria que todos os cientistas são liberais e não havia nada com que se alarmar. Groves então contou a Murray uma história. Alguns meses antes, disse ele, Oppenheimer fora solicitado a assinar um juramento de sigilo absoluto que, entre outras coisas, afirmava que ele "sempre seria leal aos Estados Unidos". Oppenheimer assinou o juramento, mas primeiro riscou essas palavras e escreveu "Arriscando a minha reputação como cientista". Se um juramento de "lealdade" fosse pessoalmente intragável, mesmo assim Oppenheimer estava garantindo ser digno de confiança como cientista. Foi uma atitude arrogante, mas calculada para deixar claro a Groves que a ciência era o altar que ele cultuava e o compromisso com o sucesso do projeto seria irrestrito.

Groves então explicou a Murray acreditar que Oppenheimer encararia qualquer atividade subversiva em Los Alamos como uma traição pessoal. "Em outras palavras", disse Groves, "não é uma questão da segurança do país, e sim se uma pessoa seria capaz de trabalhar contra Oppenheimer para impedi-lo de obter o reconhecimento pela conclusão do projeto".[16] Aos olhos de Groves, as ambições pessoais de Oppenheimer garantiam a lealdade do físico. Segundo as anotações de Murray sobre a conversa, Groves explicou que "a esposa de Oppenheimer está pressionando por fama, diz que até agora [Ernest] Lawrence recebeu todas as honras e holofotes, e ela preferiria que fosse o dr. Oppenheimer, porque acha que o marido merece mais [...] esta é a grande chance do doutor de fazer um nome na história do mundo". Por isso, concluiu Groves, "acredita-se que ele continuará leal aos Estados Unidos".

A ambição feroz era um traço de caráter que Groves respeitava e no qual confiava. Era um traço que compartilhava com Oppie, e juntos eles tinham uma única meta transcendente: construir aquela arma primordial capaz de derrotar o fascismo e ganhar a guerra.

* * *

GROVES SE CONSIDERAVA UM bom juiz de caráter e acreditava ter encontrado em Oppenheimer um homem de integridade inabalável. Sabia também, no entanto, que a investigação Exército-FBI do caso Eltenton não iria a lugar algum sem nomes adicionais. Então, finalmente, no começo de dezembro de 1943, Groves ordenou que Oppenheimer desse o nome do intermediário que o abordara com o pedido de Eltenton. Oppie, tendo se comprometido a responder com franqueza se ordenado, relutantemente citou Chevalier, e insistiu que o amigo era inofensivo e inocente de espionagem. Juntando o que Robert havia dito a Pash em 26 de agosto com essa nova informação, o coronel Lansdale escreveu ao FBI em 13 de dezembro: "O professor J. R. Oppenheimer declarou que três membros do projeto DSM [uma designação inicial do programa atômico] disseram a ele ter sido abordados por um professor sem nome da Universidade da Califórnia com o propósito de cometer espionagem." Quando ordenado a dar o nome do professor, disse Lansdale, Oppenheimer identificara Chevalier como o intermediário. A carta de Lansdale não menciona outros nomes, fosse porque Oppenheimer ainda se recusava a identificar os três homens abordados por Chevalier, fosse, mais provavelmente, porque Groves lhe pedira apenas o nome do intermediário. Isso irritou tanto o FBI que, dois meses depois, em 25 de fevereiro de 1944, a agência pressionou Groves a fazer Oppenheimer revelar os nomes dos "outros cientistas". Groves aparentemente nem se deu o trabalho de responder a esse pedido, pois o FBI nunca conseguiu encontrar uma resposta em seus arquivos.

Em todo caso, no estilo *Rashomon*, existe outra versão dessa história. Em 5 de março de 1944, o agente do FBI William Harvey escreveu um memorando informativo intitulado "Cinrad". "Em março de 1944",* reportou Harvey, "o general Leslie R. Groves conferenciou com Oppenheimer. [...] Oppenheimer finalmente declarou que somente uma pessoa fora abordada por Chevalier, sendo que essa pessoa era seu irmão, Frank Oppenheimer". Nessa versão, Chevalier supostamente abordou Frank — e não Robert — no outono de 1941. Frank teria informado imediatamente o irmão — que na mesma hora telefonou para Chevalier e "o mandou para o inferno".[17]

Se Frank estivesse envolvido, isso obviamente colocaria a história numa perspectiva muito diferente. Contudo, a história não é só problemática, ela é certamente incorreta. Por que Chevalier haveria de abordar Frank, que ele mal conhecia, em vez de Robert, o amigo mais próximo? E parece bastante ridículo que alguém fosse pedir informações a Frank no outono de 1941 sobre um projeto que não começou antes do verão de 1942, a data mais antiga possível. Além disso, tanto Chevalier

---

* Harvey provavelmente tinha a data errada.

quanto Eltenton, em interrogatórios simultâneos feitos pelo FBI, confirmaram que a conversa na cozinha de Eagle Hill fora entre Oppenheimer e Chevalier, e ocorrera no inverno de 1942-43. Mais ainda, o memorando de Harvey de 5 de março é o único documento mais ou menos contemporâneo que menciona Frank Oppenheimer, e, depois de fazer uma busca em seus arquivos, o FBI reportou que "a fonte original da história envolvendo Frank Oppenheimer não foi localizada em nossos arquivos".[18] Não obstante, como o relatório de Harvey passara a fazer parte do dossiê do FBI sobre Oppenheimer, esta parte da história viria a adquirir uma robusta vida própria.*

---

* Ao longo dos anos, historiadores conscienciosos como Richard Rhodes, Gregg Herken, Richard G. Hewlett e Jack M. Holl sugeriram que Frank Oppenheimer estava de alguma forma envolvido no esquema de Eltenton.

18
"Suicídio, causa desconhecida"

Estou desgostosa com tudo.
JEAN TATLOCK, JANEIRO DE 1944

O TENENTE-CORONEL BORIS PASH passara dois meses frustrantes no outono de 1943 tentando descobrir quem falara com Oppenheimer sobre transmitir informações para o consulado soviético. De nada adiantou eles e seus agentes terem interrogado repetidamente vários estudantes e professores de Berkeley. Pash havia sido obstinado na investigação — e tão antagônico a Oppenheimer que Groves, por fim, concluiu que Pash estava perdendo tempo e recursos do Exército numa investigação que não levaria a lugar algum. Foi isso que por fim motivou Groves, no começo de dezembro de 1943, a ordenar que Oppenheimer identificasse seu contato — Chevalier. Ao mesmo tempo, Groves decidiu que os talentos de Pash poderiam ser mais bem aproveitados em outra frente. Em novembro, ele foi nomeado comandante militar de uma missão secreta, de codinome Alsos, cujo objetivo seria determinar a situação do programa atômico do regime nazista por meio da captura de cientistas alemães. Pash foi transferido para Londres, onde passaria os seis meses seguintes preparando uma equipe ultrassecreta de cientistas e soldados para acompanhar as tropas aliadas na Europa. Contudo, mesmo depois da partida de Pash, os colegas dele do escritório do FBI em San Francisco continuaram monitorando as conversas telefônicas de Jean Tatlock no apartamento dela em Telegraph Hill. Meses se passaram, e eles não descobriram nada que confirmasse as suspeitas de que a jovem psiquiatra seria o canal de Oppenheimer (ou de qualquer outro) para transmitir informações aos soviéticos. Todavia, ninguém no quartel-general do FBI em Washington ordenou o fim da vigilância.

No começo de 1944 — logo depois das férias —, Tatlock estava sofrendo um de seus episódios de depressão. Quando visitou o pai em Berkeley, em 3 de janeiro, ele a achou "abatida". Ao ir embora, ela prometeu ligar para ele na manhã seguinte. Na noite seguinte, uma terça-feira, como a filha ainda não tinha dado notícias, John Tatlock tentou telefonar para ela, mas Jean não atendia. Na quarta-feira de manhã, ele voltou a tentar, e então decidiu ir ao apartamento dela em Telegraph Hill. Chegando por volta da uma hora da tarde, tocou a campainha. Não obtendo resposta, o professor Tatlock, com seus 67 anos, escalou por fora e entrou pela janela.

Dentro do apartamento, descobriu o corpo de Jean "deitado numa pilha de travesseiros no canto da banheira, com a cabeça submersa na banheira parcialmente cheia".[1] Por algum motivo, o professor Tatlock não chamou a polícia. Em vez disso, levantou a filha e a deitou no sofá da sala. Sobre a mesa de jantar, encontrou um bilhete de suicídio não assinado, rabiscado a lápis nas costas de um envelope. Em parte dizia: "Estou desgostosa com tudo. [...] Para aqueles que me amaram e me ajudaram, todo o amor e coragem. Eu queria viver e dar mais de mim, e de algum modo fiquei paralisada. Tentei com toda a força entender e não consegui. [...] Acho que teria sido um fardo a vida toda — pelo menos pude tirar esse peso de alma paralisada de um mundo em luta."[2] A partir daí as palavras se transformavam numa linha ilegível, um rabisco.

Perplexo, Tatlock começou a vagar pelo apartamento. Encontrou uma pilha da correspondência privada de Jean e algumas fotografias. O que quer que tenha lido nessa correspondência o inspirou a acender o fogo da lareira. Com a filha morta estendida no sofá a seu lado, ele queimou metodicamente a correspondência dela e diversas fotografias. Passaram-se horas. O primeiro telefonema que deu foi para uma agência funerária. Alguém na funerária finalmente chamou a polícia. Quando eles chegaram, às 17h30, acompanhados pelo legista municipal, ainda havia papéis fumegando na lareira. Tatlock disse à polícia que as cartas e fotos eram da filha. Quatro horas e meia tinham se passado desde que ele descobrira o corpo.

O comportamento do professor Tatlock foi, para dizer o mínimo, incomum. Contudo, parentes que se deparam com o suicídio de um ente querido muitas vezes se comportam de modo estranho. O fato de ter vasculhado metodicamente o apartamento sugere, no entanto, que ele sabia o que estava procurando. Claramente o que viu nos papéis de Jean o motivou a destruí-los. Não era política: Tatlock simpatizava com muitas das causas políticas da filha.[3] O motivo só pode ter sido algo mais pessoal.

O relatório do legista afirmou que a morte tinha ocorrido pelo menos doze horas antes. Jean morrera em algum momento durante a noite de terça-feira, 4 de janeiro de 1944. O estômago dela continha "uma quantidade considerável de comida recém-ingerida, semissólida" — e uma quantidade indeterminada de drogas. Um frasco com o rótulo "Nembutal C Abbot" foi achado no apartamento. Ainda continha duas cartelas de pílulas para dormir. Havia também um envelope marcado "Codeína 0,5 g", que continha apenas traços do pó branco. A polícia também encontrou uma caixinha metálica com o rótulo "Cloridrato de pseudoefedrina granulado $^3/_8$". A caixinha metálica ainda continha onze cápsulas. O departamento toxicológico do legista conduziu uma análise do conteúdo do estômago e encontrou "derivados de ácido barbitúrico, um derivado de ácido salicílico e um leve traço de hidrato de cloral (não corroborado)". A causa real da morte foi "edema agudo dos pulmões com congestão pulmonar".[4] Jean se afogara na banheira.

Num inquérito formal em fevereiro de 1944, um júri determinou que a morte de Jean Tatlock foi "Suicídio, causa desconhecida".[5] Os jornais reportaram que uma conta de 732,50 dólares de seu analista, o dr. Siegfried Bernfeld, foi encontrada no apartamento, evidência de que ela "levara seus problemas a um psicólogo". Na verdade, como psiquiatra em treinamento, Jean precisava fazer e pagar pela própria análise. Se episódios recorrentes maníaco-depressivos a levaram ao suicídio, era algo trágico. Por todos os relatos, os amigos julgavam que ela havia alcançado um novo degrau na vida. Vinha realizando coisas relevantes. Os colegas no Hospital Mount Zion — o mais importante centro de treinamento para psiquiatras analíticos no norte da Califórnia — a consideravam um "sucesso excepcional" e ficaram chocados com a notícia de seu suicídio.

Quando a amiga de infância de Jean, Priscilla Robertson, ficou sabendo da morte, escreveu-lhe uma carta póstuma, tentando entender o que havia acontecido. Robertson não achava que um "coração partido" empurraria Jean para o suicídio: "Pois você nunca esteve faminta por afeto — sua fome insaciável era de criatividade. E você ansiava por encontrar perfeição em si mesma, não por orgulho, mas para ter um bom instrumento para servir o mundo. Quando descobriu que seu treinamento médico, uma vez completo, não lhe daria todo o poder para fazer o bem que você esperava, quando se viu emaranhada na pequenez da rotina de convenções hospitalares e da tremenda confusão que a guerra provocou na vida de seus pacientes, muito além do poder de qualquer médico remendar, então se voltou, quase na última hora, de novo para a psicanálise".[6] Robertson especulou que talvez tenha sido essa experiência, "que sempre traz desespero introspectivo no meio do caminho", que fez vir à tona "agonias profundas demais para serem mitigadas".

Robertson e muitas outras amigas e amigos não tinham consciência de que Tatlock estava se debatendo com questões em torno de sua orientação sexual. Jackie Oppenheimer mais tarde relatou que Jean lhe contara que suas seções de psicanálise haviam revelado tendências homossexuais latentes.[7] Naquela época, a análise freudiana encarava a homossexualidade como uma condição patológica a ser superada.

Algum tempo depois da morte de Jean, uma de suas amigas, Edith Arnstein Jenkins, foi dar um passeio com Mason Robertson, editor da *People's World*. Robertson conhecera bem Jean e disse que ela lhe confidenciou que era lésbica — dissera a Robertson que, num esforço para superar a atração por mulheres, "tinha dormido com todo 'touro' que encontrasse".[8] Isso levou Jenkins a se lembrar de uma ocasião em que entrara em sua casa em Sashta Road num domingo de manhã e vira Mary Ellen Washburn e Jean Tatlock "sentadas lendo o jornal e fumando na cama de casal de Mary Ellen". Em comentários que sugeriam a percepção que tivera de um relacionamento lésbico, Jenkins tempos depois escreveu em suas memórias que "Jean parecia necessitar de Mary Ellen", e citou Washburn: "Quando conheci Jean, fiquei deslumbrada pelos seios [grandes] e os quadris largo dela."[9]

Mary Ellen Washburn tinha uma razão particular para ficar arrasada ao ouvir a notícia da morte de Tatlock — confiou a uma amiga que Jean lhe telefonara na noite antes de morrer e lhe pedira que fosse até lá. Jean tinha dito que estava "muito deprimida". Não podendo ir naquela noite, Mary Ellen, compreensivelmente, ficou cheia de remorso e culpa.[10]

Tirar a própria vida invariavelmente se torna um imponderável mistério para os vivos. Para Oppenheimer, o suicídio de Jean Tatlock foi uma profunda perda. Ele investira muito de si naquela jovem mulher. Tinha desejado se casar com ela, e mesmo depois do casamento com Kitty continuara sendo um amigo leal nos momentos de necessidade — e um amante ocasional. Passara muitas horas andando e conversando para tirá-la das depressões. E ela se fora. E ele tinha fracassado.

Um dia depois de o suicídio ter sido descoberto, Washburn mandou um telegrama aos Serber em Los Alamos.[11] Quando Robert Serber foi contar a Oppenheimer a triste notícia, percebeu que Oppie já estava sabendo. "Ele estava profundamente triste", disse Serber.[12] Oppenheimer então saiu de casa e foi dar um de seus longos e solitários passeios nos altos de Los Alamos em meio aos pinheiros. Considerando o que sabia sobre o estado psicológico de Jean ao longo dos anos, Oppenheimer deve ter sentido um punhado de emoções penosamente conflitantes. Junto com arrependimento, raiva, frustração e profunda tristeza, seguramente também sentiu um senso de remorso e até mesmo de culpa. Pois, se Jean tinha se tornado uma "alma paralisada", a constante presença dela pairando sobre ele deve ter de alguma forma contribuído para essa paralisia.

Por motivos de amor e compaixão, ele se tornara um membro-chave da estrutura de apoio psicológico de Jean — e então desaparecera, misteriosamente. Tinha tentado manter a conexão, mas depois de junho de 1943 foi informado muito claramente de que não podia continuar a relação com Jean sem colocar em risco o trabalho em Los Alamos. Foi aprisionado pelas circunstâncias. Tinha obrigações com uma esposa que amava e um filho. Tinha responsabilidades com os colegas em Los Alamos. Dessa perspectiva, agira razoavelmente. Entretanto, aos olhos de Jean, pode ter parecido que a ambição havia triunfado sobre o amor. Nesse sentido, Jean Tatlock poderia ser considerada a primeira baixa de Oppenheimer como diretor em Los Alamos.

O suicídio de Tatlock foi notícia de primeira página nos jornais de San Francisco. Naquela manhã, o escritório do FBI na cidade enviou um telegrama a J. Edgar Hoover no qual resumia o que estava sendo narrado pelos jornais. O telegrama concluía: "Nenhuma ação direta será tomada por esta agência devido a possível publicidade desfavorável. Inquirições diretas serão feitas discretamente em vista da passagem do tempo e o FBI será avisado."[13]

Nos anos que se seguiram, diversos historiadores e jornalistas especularam acerca do suicídio de Tatlock.[14] Segundo o legista, Tatlock comera uma refeição inteira pouco antes de morrer. Se queria se drogar e então se afogar, como médica devia saber que comida não digerida diminuiria a velocidade da metabolização das drogas no sistema. O relatório da autópsia não contém nenhuma evidência de que barbitúricos tenham chegado ao fígado ou a outros órgãos vitais. Tampouco indica se ela havia tomado uma dose suficientemente grande para causar a morte. Ao contrário, como já observado, a autópsia determinou que a causa da morte foi asfixia por afogamento. Essas curiosas circunstâncias são suficientemente suspeitas, mas a informação perturbadora contida no relatório da autópsia é a de que o legista encontrou "um leve traço de hidrato de cloral" no sistema. Se administrado com álcool, o hidrato de cloral é o ingrediente ativo do que era então conhecido como "Mickey Finn" — gotas de droga colocadas na bebida para fazer a pessoa "apagar". Em suma, especularam vários investigadores, Jean pode "ter sido forçada a tomar um Mickey", e então afogada na banheira.

O relatório do legista indicava que não fora encontrado álcool no sangue. (O legista, porém, encontrara algum dano pancreático, o que indica que Tatlock fora uma bebedora contumaz.) Médicos que estudam suicídios — e leram o relatório da autópsia de Tatlock — dizem que é possível que ela tenha se afogado sozinha. Nesse cenário, Tatlock podia ter comido uma última refeição com barbitúricos para ficar sonolenta, e então administrado o hidrato de cloral enquanto se ajoelhava sobre a banheira. Se a dose de hidrato de cloral fosse grande o suficiente, ela poderia ter mergulhado a cabeça na água da banheira e não ter tido forças para erguê-la. Então teria morrido de asfixia. A "autópsia psicológica" de Tatlock se encaixa no perfil de um indivíduo altamente funcional sofrendo de "depressão retardada". Por um lado, como psiquiatra num hospital, Jean tinha fácil acesso a sedativos potentes, inclusive o hidrato de cloral. Por outro, disse um dos médicos a quem o relatório de Tatlock foi mostrado, "se você fosse esperto e quisesse matar alguém, esta seria a maneira de fazer isso".[15]

Alguns investigadores, assim como o irmão de Jean, o dr. Hugh Tatlock, continuaram a questionar a natureza bizarra da morte dela.[16] Em 1975, foram ficando cada vez mais desconfiados da conclusão de que a psiquiatra havia cometido suicídio depois que audiências da Comissão Church do Senado dos Estados Unidos tornaram públicos os planos de assassinato da CIA. Uma das estelares testemunhas foi o irrepreensível Boris Pash, que não só mandara grampear o telefone de Jean, como também se propusera a interrogar Weinberg, Lomanitz, Bohm e Friedman "à maneira russa",[17] e depois jogar os corpos no mar.

Pash serviu de 1949 até 1952 como Chefe do Programa Ramo 7 (PB/7) da CIA, uma unidade de operações especiais instalados no Escritório de Coordenação Política, o serviço clandestino original da CIA. O chefe de Pash, diretor de Planejamento de Operações, disse aos investigadores do Senado que a unidade do Programa Ramo 7 era responsável por assassinatos e sequestros, entre outras "operações especiais". Pash negou que tenha tramado assassinatos, mas reconheceu que era "compreensível" que outros na CIA "pudessem ter tido a impressão de que minha unidade assumiria tal planejamento".[18] E. Howard Hunt Jr., ex-funcionário da CIA, disse ao *New York Times* em 26 de dezembro de 1975 que em meados da década de 1950 fora informado por seus superiores de que Boris T. Pash era encarregado de uma unidade de operações especiais responsável pelo "assassinato de agentes duplos suspeitos e oficiais de baixo escalão em situação similar".

Apesar da alegação da CIA de que não tinha registros tratando de assassinatos, a investigação da equipe da Comissão do Senado concluiu que a unidade de Pash era de fato encarregada "de executar assassinatos e sequestros". Foi documentado, por exemplo, que enquanto trabalhava na Divisão de Serviços Técnicos da CIA, no começo dos anos 1960, Pash esteve envolvido numa tentativa de projetar charutos envenenados destinados a Fidel Castro.

Claramente, o coronel Boris Pash, um veterano antibolchevique transformado em oficial da contrainteligência, tinha todas as credenciais exigidas para um assassino num romance de espionagem da época da Guerra Fria.[19] Todavia, apesar desse colorido currículo, ninguém apresentou provas que o ligassem à morte de Jean Tatlock. Na verdade, em janeiro de 1944, Pash já havia sido transferido para Londres. A nota de suicídio não assinada de Jean sugere que ela morreu pelas próprias mãos — e certamente foi nisso que Oppenheimer sempre acreditou.

19

"*Você gostaria de adotá-la?*"

Aqui em Los Alamos, descobri o espírito de Atenas, de Platão, da república ideal.
JAMES TUCK

LOS ALAMOS SEMPRE FOI uma anomalia. Dificilmente alguém tinha mais de 50 anos, e a média de idade era de meros 25. "Não tínhamos inválidos, nem sogros e sogras, nem desempregados, nem ricos ociosos, nem pobres", escreveu Bernice Brode num memorial.[1] Todas as carteiras de motorista tinham números em vez de nomes e o endereço era simplesmente Caixa Postal 1663. Cercado de arame farpado, o interior de Los Alamos estava se transformando numa comunidade de cientistas autossuficiente, patrocinada e protegida pelo Exército dos Estados Unidos. Ruth Marshak lembrou-se de ter chegado a Los Alamos e se sentido "como se tivéssemos fechado uma grande porta atrás de nós. O mundo de amigos e família que eu tinha conhecido não era mais real para mim".[2]

Naquele primeiro inverno de 1943-44, a neve chegou cedo e ficou até tarde. "Só os homens mais velhos do Pueblo", escreveu um residente de longa data, "se lembram de tanta neve no chão durante tantas semanas".[3] Em algumas manhãs, a temperatura caía bem abaixo de zero, envolvendo o vale abaixo num espesso nevoeiro. O rigor do inverno, porém, só servia para ressaltar a beleza natural do planalto e conectar aqueles citadinos transplantados com a nova paisagem, mística e estranha. Alguns dos residentes de Los Alamos esquiaram até maio. Quando a neve finalmente derreteu, as terras altas encharcadas se encheram de mariposas de lavanda e outras flores silvestres. Quase todos os dias na primavera e no verão, dramáticas tempestades de raios desabavam sobre as montanhas durante uma ou duas horas no fim da tarde, refrescando o terreno. Bandos de pássaros azuis, pardais e pipilos se empoleiravam nos primaveris algodoeiros verdes em volta de Los Alamos. "Aprendemos a observar a neve na cordilheira Sangre de Cristo e a procurar cervos no cânion Water", escreveu tempos depois Phil Morrison, com um lirismo que refletia a ligação emocional com a terra que tomara conta de muitos residentes. "Descobrimos que sobre o planalto e no vale havia uma antiga e estranha cultura; havia nossos vizinhos, a população dos pueblos; e havia as cavernas no cânion Otowi para nos lembrar de que outros homens tinham procurado água naquele terreno seco."[4]

Los Alamos era um campo militar — mas também tinha muitas características de um resort nas montanhas. Pouco antes de chegar, Robert Wilson acabara de ler *A montanha mágica*, de Thomas Mann, e passou, às vezes, a se sentir como se tivesse sido transportado para aquele domínio mágico.[5] Foi uma "época de ouro", disse o físico inglês James Tuck: "Aqui em Los Alamos, descobri o espírito de Atenas, de Platão, da república ideal."[6] Era uma "ilha no céu",[7] ou, como alguns dos recém-chegados a apelidaram, "Shangri-La".

Em pouquíssimos meses os residentes em Los Alamos forjaram um senso de comunidade — e muitas das esposas creditaram isso a Oppenheimer. Logo no início, num aceno à democracia participativa, ele nomeou um conselho municipal; mais adiante, o conselho se tornou um corpo eletivo e, embora não tivesse poder formal, reunia-se regularmente e ajudava Oppenheimer a estabelecer contato com as necessidades da comunidade. Ali as reclamações da vida cotidiana — qualidade da comida, condições de moradia e multas de estacionamento proibido — podiam ser discutidas. No fim de 1943, Los Alamos tinha uma estação de rádio de baixa potência que transmitia noticiários, anúncios para a comunidade e música, esta última tirada em parte da grande coleção pessoal de discos clássicos de Oppenheimer. Discretamente, ele fazia com que as pessoas soubessem que compreendia e apreciava os sacrifícios que todos estavam fazendo. Apesar da falta de privacidade, das condições espartanas e das recorrentes faltas de água, leite e até mesmo eletricidade, ele contagiava as pessoas com um espírito brincalhão. "Na sua casa todo mundo é meio louco", disse Oppie certo dia a Bernice Brode.[8] "Vocês devem se dar bem." (Os Brode moravam no apartamento em cima do de Cyril e Alice Kimball Smith e Edward e Mici Teller.) Quando o grupo de teatro local montou uma produção de *Este mundo é um hospício*, a plateia ficou atônita e deliciada em ver Oppenheimer, coberto de farinha de trigo e rijo como um cadáver, ser carregado no palco e depositado no chão com as outras vítimas da comédia de John Kesselring.[9] E quando, no outono de 1943, a jovem esposa de um dos chefes de grupo morreu subitamente de uma paralisia misteriosa — e a comunidade temeu um contágio de poliomielite —, Oppenheimer foi o primeiro a visitar o marido enlutado.

Em casa, o cozinheiro era Oppie. Ele ainda era adepto de pratos exóticos como o *nasi goreng*, mas um de seus jantares habituais incluía bife, aspargos frescos e batatas, precedidos por um gin sour ou martíni. Em 22 de abril de 1943, ele foi o anfitrião da primeira grande festa no Morro — para comemorar seu 39º aniversário. Presenteou os convidados com o mais seco dos martínis e um menu gourmet, embora a comida sempre estivesse mais para o lado da escassez. "O álcool bate mais forte a 2.500 metros", recordou o dr. Louis Hempelmann, "então todo mundo, até mesmo as pessoas mais sóbrias, como Rabi, simplesmente não sentiam dor. Todo mundo dançou".[10] Oppie dançou o foxtrote no estilo do Velho Mundo, mantendo o braço rígido à frente. Naquela noite, Rabi divertiu a todos quando pegou o próprio pente e o tocou feito gaita.

Kitty se recusou a desempenhar o papel social de esposa do diretor. "Ela era estritamente o tipo de garota blue jeans e camisa estilo masculino", recordou um amigo de Los Alamos.[11] A princípio, trabalhou meio período como técnica de laboratório sob a supervisão do dr. Hempelmann, que estudava os riscos da radiação para a saúde. "Ela era terrivelmente mandona", recordou ele.[12] Só ocasionalmente convidava velhos amigos de Berkeley para jantar, e era raro dar festas em casa. Diferentemente, Derek e Martha Parsons, vizinhos de porta dos Oppenheimer, gostavam de receber, e deram muitas festas. Oppie incentivava todos a trabalhar muito e se divertir muito. "Aos sábados nós brindávamos e bebíamos", escreveu Bernice Brode, "aos domingos fazíamos excursões e no restante da semana trabalhávamos".

Nas noites de sábado, a hospedagem geralmente ficava cheia de dançarinos de quadrilha, homens de jeans, botas de caubói e camisas coloridas, as mulheres trajavam vestidos longos alargados com anáguas. Não surpreende que os residentes solteiros dessem as festas mais agitadas. Essas festas no alojamento eram regadas por uma combinação de álcool de laboratório e suco de toranja, misturada num galão do Exército de cinco litros e gelada com gelo seco. Um dos cientistas mais jovens, Mike Michnoviicz, às vezes tocava acordeão enquanto todo mundo dançava.

Vez por outra, alguns físicos davam recitais de piano e violino. Oppenheimer se vestia especialmente para essas ocasiões de sábado à noite, quando trajava um de seus ternos de tweed. Invariavelmente, ele era o centro da atração. "Se estivéssemos num salão grande", recordou Dorothy McKibbin, "o maior grupo de pessoas estava circulando em torno de Oppenheimer, isto é, se você conseguisse abrir caminho até lá. Ele era ótimo nas festas, e as mulheres simplesmente o adoravam".[13] Em certa ocasião, alguém lançou um tema para a festa seguinte: "Venha Segundo o Seu Desejo Reprimido." Oppie apareceu vestido com seu terno comum, com um guardanapo em volta do braço — uma insinuação de que desejava voltar a ser garçom. Era sem dúvida uma pose planejada para refletir humildade, e não um verdadeiro anseio de anonimato há muito desejado. Como diretor científico do projeto mais importante da guerra, Oppenheimer, na verdade, estava vivendo seu desejo "reprimido".

Aos domingos, muitos residentes saíam para caminhadas ou piqueniques nas montanhas, ou alugavam cavalos nos antigos estábulos da Escola Rancho de Los Alamos.[14] Oppenheimer montava seu cavalo, Chico, um belíssimo alazão de 14 anos, e saía numa rota regular de leste para oeste da cidade pelas trilhas das montanhas. Oppie conseguia fazer Chico andar "numa pata só" — trotar colocando cada um dos cascos no chão em momentos diferentes — nas trilhas mais difíceis. Ao longo do caminho, cumprimentava todos que encontrava com um aceno do chapéu *pork pie* marrom e algum comentário de passagem. Kitty também era "muito boa amazona, com formação verdadeiramente europeia". No início ela montava Dixie, um cavalo de marcha que havia participado de corridas em Albuquerque, e depois passou a manter um puro-sangue. Um guarda armado sempre os acompanhava.

O vigor físico de Oppenheimer em cima de um cavalo ou fazendo caminhadas nas montanhas invariavelmente surpreendia seus companheiros. "Ele sempre parecia tão frágil", lembrou o dr. Hempelmann. "Sempre foi penosamente magro, é claro, mas era impressionantemente forte."[15] Durante o verão de 1944, Oppie e Hempelmann cavalgaram juntos até o rancho em Perro Caliente, passando pela cordilheira Sangre de Cristo. "Quase morri", disse Hempelmann. "Ele estava no cavalo com aquela marcha 'numa pata só', perfeitamente confortável, e o meu cavalo precisava trotar forte para acompanhá-lo. Acho que no primeiro dia cavalgamos mais de cinquenta quilômetros, e eu estava morto." Embora raramente ficasse doente, Oppie sofria de tosse de fumante, resultado de um hábito de consumir quatro a cinco maços por dia. "Acho que ele só pegava o cachimbo", disse uma de suas secretárias, "como intervalo entre fumar um cigarro atrás do outro".[16] Era dado a incontroláveis e prolongados espasmos de tosse, e o rosto dele chegava a ficar vermelho quando insistia em continuar falando enquanto tossia. Quando estava no ritual de preparar martínis, Oppie fumava os cigarros com um estilo especial. Enquanto a maioria dos homens usa o indicador para bater as cinzas na ponta do cigarro, ele tinha o maneirismo peculiar de "varrer" as cinzas com a ponta do dedo mínimo. Essa mania tinha provocado um calo tão grande na ponta do dedo que ele parecia quase carbonizado.[17]

Aos poucos, a vida no planalto foi se tornando confortável, ainda que nem perto de luxuosa.[18] Soldados cortavam lenha e a estocavam para uso na cozinha e na lareira de cada apartamento. O Exército também cuidava da coleta do lixo e abastecia os fornos com carvão. Todo dia militares traziam, de ônibus, mulheres do vilarejo próximo de San Ildefonso para trabalhar como empregadas domésticas. Vestindo botas forradas de pele de cervo e os coloridos xales do Pueblo, além de abundantes joias de turquesa e prata, as mulheres do vilarejo rapidamente se tornaram uma visão familiar na cidade. Toda manhã bem cedo, depois de passar pela inspeção do Exército perto da torre de água da cidade, elas podiam ser vistas andando pelas estradas de terra em direção aos endereços para os quais haviam sido designadas. Trabalhavam durante meio período — e foi por isso que os residentes começaram a chamá-las de "meio-dia". Endossada por Oppenheimer e executada pelo Exército, a ideia era que o serviço de empregadas domésticas permitisse às esposas dos cientistas do projeto trabalhar como secretárias, assistentes de laboratório, professoras e "operadoras de máquinas de calcular" na Área Técnica. Isso, por sua vez, ajudaria o Exército a manter a população de Los Alamos num nível mínimo e sustentar o moral de tantas mulheres inteligentes e enérgicas. O serviço de empregadas domésticas era distribuído principalmente com base na necessidade, dependendo da importância e das horas de trabalho da dona de casa, além do número de filhos pequenos e presença ou não de doenças. Nem sempre perfeita, essa espécie de socialismo militar facilitou muito a vida no planalto e ajudou a transformar o laboratório isolado numa comunidade plenamente empregada e efetiva.

Los Alamos sempre teve uma porcentagem inusitadamente alta de homens e mulheres solteiros, e naturalmente o Exército teve pouco sucesso em manter os sexos separados. Robert Wilson, o mais jovem dos chefes de grupo do laboratório, era presidente do conselho municipal quando a polícia militar ordenou o fechamento de um dos alojamentos femininos e a dispensa das residentes. Um grupo de jovens mulheres em prantos, apoiadas por um decidido grupo de solteiros, compareceu perante o conselho para recorrer da decisão. Wilson, posteriormente, lembrou o acontecido: "Parece que as moças vinham organizando um florescente negócio de satisfazer as necessidades básicas dos rapazes, cobrando um preço. Tudo compreensível para o Exército, até que a doença ergueu sua feia cabeça, daí a interferência deles."[19] Nesse caso específico, o conselho municipal concluiu que o número de moças que exercia o ofício era baixo, por conseguinte, foram tomadas medidas de saúde e o alojamento permaneceu aberto.

A CADA TANTAS SEMANAS, os residentes do Morro tinham permissão para passar uma tarde em Santa Fe, fazendo compras. Alguns também aproveitavam a ocasião para dar um pulo até o bar em La Fonda, para um drinque. Oppenheimer frequentemente passava a noite na bela casa de paredes grossas de Dorothy McKibbin, na Trilha Antiga de Santa Fe. Em 1936, McKibbin gastara 10 mil dólares para construir uma casa no estilo rancho hispânico num terreno de meio hectare ao sul de Santa Fe. Com suas portas espanholas entalhadas e varanda ao redor de toda a casa, parecia que estava ali havia muitas décadas. Dorothy a mobiliou com móveis antigos e tapetes navajos. Como "guardiã do portão" do projeto, ela tinha uma credencial de segurança "Q" (nível máximo), então frequentemente Oppenheimer usava a casa dela para fazer reuniões de caráter delicado em Santa Fe. McKibbin adorava desempenhar o papel de "dona do pedaço" nessas ocasiões — mas também dava valor às muitas noites tranquilas que passava com Oppenheimer, quando preparava o jantar favorito dele de bife com aspargos e ele preparava "os melhores martínis do mundo".[20] Para Oppenheimer, a casa de McKibbin era um refúgio da constante vigilância com a qual convivia no Morro. "Dorothy amava Robert Oppenheimer", disse algum tempo depois David Hawkins.[21] "Ele era especial para ela e ela para ele."

ENQUANTO A MAIORIA DAS esposas de Los Alamos se adaptou razoavelmente bem ao clima duro, ao isolamento e aos ritmos do planalto, Kitty se sentia cada vez mais presa numa armadilha. Ela desejava desesperadamente o que Los Alamos podia dar ao marido — mas, como mulher inteligente, que tinha a ambição de ser botânica, sentia-se tolhida profissionalmente. Depois de um ano realizando hemogramas para o dr. Hempelmann, Kitty abandonou o serviço. E também se sentia isolada socialmente. Se estivesse de bom humor, podia ser encantadora e calorosa com amigos ou estranhos. No entanto, todo mundo sentia que ela era mordaz e que, com frequência, se sentia tensa e infeliz. Em reuniões sociais, era capaz de conversas à toa, mas, nas palavras de uma amiga: "Ela queria ter conversas importantes."[22] Joseph Rotblat, um jovem físico polonês, a via ocasionalmente em festas ou na casa dos Oppenheimer para um jantar. "Ela parecia ser muito reservada", disse Rotblat, "uma pessoa altiva".[23]

A secretária de Oppenheimer, Priscilla Greene Duffield, tinha uma posição muito especial, da qual podia observar Kitty. "Ela era muito intensa, muito inteligente, muito enérgica", disse Duffield.[24] Entretanto, era também uma pessoa "muito difícil de lidar". Pat Sherr, uma vizinha, e esposa de outro físico, sentia-se oprimida pela personalidade meteórica de Kitty. "Por fora ela era muito alegre e calorosa", recordou Sherr. "Depois percebi que não era genuinamente calorosa, aquilo fazia parte de uma terrível necessidade de atenção, de afeto."

Como Robert, Kitty tendia a cobrir as pessoas de presentes. Quando um dia Sherr se queixou do fogão de querosene na cabana dela, Kitty lhe deu um velho fogão elétrico. "Ela me dava presentes e me envolvia por completo", disse Sherr.[25] Outras mulheres achavam os modos dela grosseiros, à beira de insultuosos. Contudo, os homens também achavam isso, mesmo que Kitty parecesse preferir a companhia deles. "Ela também é uma das pouquíssimas pessoas que ouvi homens — e homens muito bacanas — chamarem de sacana", recordou Duffield. No entanto, estava evidente para Duffield que o chefe confiava em Kitty e a procurava em busca de conselho sobre todo tipo de questões e assuntos. "Ele dava ao julgamento dela o mesmo peso quanto ao de qualquer um cujo conselho resolvesse pedir", disse ela.[26] Kitty nunca hesitou em interromper o marido, e uma amiga próxima recordou: "Isso nunca pareceu incomodá-lo."[27]

No começo de 1945, Priscilla Greene Duffield teve um bebê e de repente Oppenheimer precisou de uma nova secretária. Groves lhe ofereceu diversas secretárias experientes, uma após a outra, mas ele as rejeitou, até o dia em que disse a Groves que queria Anne T. Wilson, uma loira bonita de 20 anos, olhos azuis, que ele conhecera no escritório de Groves em Washington. "Ele [Oppenheimer] parou diante da minha mesa — que ficava bem em frente à porta do general — e tivemos uma conversa", disse Wilson.[28] "Eu fiquei praticamente estupefata, porque ali estava aquele personagem lendário, e parte da lenda era que as mulheres caíam de amores por ele."

Lisonjeada, Wilson concordou em se mudar para Los Alamos. Antes de ir, porém, John Lansdale, chefe da contrainteligência de Groves, a abordou com uma oferta: 200 dólares por mês para lhe enviar apenas uma carta mensal relatando o que via no escritório de Oppenheimer. Chocada, Wilson recusou categoricamente. "Eu disse que era melhor a gente fingir que aquela conversa nunca tinha acontecido", contou ela tempos depois: Groves lhe garantira que, uma vez tendo se mudado para Los Alamos, a lealdade dela passava a ser a Oppenheimer. Todavia, talvez sem surpresa, Wilson ficou sabendo depois da guerra que Groves ordenara que ela fosse vigiada sempre que deixasse Los Alamos — depois de trabalhar no escritório do general, Anne Wilson sabia demais para ser deixada sem vigilância.

Ao chegar a Los Alamos, Wilson ficou sabendo que Oppenheimer estava de cama, com catapora e uma febre de quarenta graus. "Nosso magro e ascético diretor", escreveu a esposa de outro físico, "parecia o retrato de um santo do século XV, com olhos febris observando encravados numa face cheia de manchas vermelhas e coberta por uma barba rala".[29] Assim que ele se recuperou, Wilson foi convidada à casa dos Oppenheimer para tomar drinques. O anfitrião lhe serviu um de seus famosos martínis, depois outro, e, como ela ainda não estava aclimatada à altitude, a poderosa mistura rapidamente subiu à cabeça. Wilson precisou ser escoltada de volta ao seu quarto na seção das enfermeiras.

Anne Wilson ficou fascinada com o carisma do novo patrão, e o admirou profundamente. Contudo, aos vinte anos, não se sentiu atraída romanticamente por Oppenheimer, um homem casado com o dobro da idade dela em 1945. Além disso, era uma moça linda, esperta e irreverente — e as pessoas no Morro começaram a falar sobre a nova secretária do diretor. Algumas semanas após ter chegado, Anne começou a receber uma rosa num vaso, enviada a cada três dias de uma floricultura de Santa Fe. As misteriosas rosas vinham sem cartão. "Fiquei totalmente perplexa, então andava de um lado para outro, do meu jeito infantil, enquanto dizia: 'Tenho um admirador secreto. Quem está mandando essas rosas lindas?' Nunca descobri. Por fim, uma pessoa me disse: 'Só existe uma pessoa que faria isso, e é o Robert.' Bem, eu respondi que era ridículo."

Como geralmente acontece em qualquer cidade pequena, logo começaram a circular boatos de que Oppenheimer estava tendo um caso com Wilson. Ela garantiu que isso jamais aconteceu. "Devo dizer que eu era jovem demais para apreciá-lo. Provavelmente achava que um homem de 40 anos era um ancião."[30] Inevitavelmente, Kitty ouviu os boatos, e um dia confrontou Wilson e lhe perguntou à queima-roupa se ela tecia planos em relação a Robert. Annie ficou estarrecida. "Ela com certeza percebeu meu espanto", disse Wilson.

Nos anos que se seguiram, Anne se casou, Kitty relaxou e uma duradoura amizade se desenvolveu entre as duas. Se o diretor *realmente* se sentiu atraído por Anne, a rosa vermelha anônima foi um gesto sutil condizente com a personalidade dele. Robert não era o tipo de homem que iniciava conquistas sexuais. Como a própria Wilson observou, as mulheres "gravitavam" na direção de Oppenheimer: "Ele realmente era um homem que atraía as mulheres", disse Wilson.[31] "Eu tinha ouvido muito sobre isso, e pude ver com meus próprios olhos." Contudo, ao mesmo tempo, o homem em si ainda era terrivelmente tímido, até mesmo distante. "Tinha, sim, uma empatia enorme", disse Wilson. "Acho que esse era o segredo da atração que ele exercia com relação às mulheres. Era quase como se ele pudesse ler a mente delas — muitas mulheres me disseram isso. As grávidas em Los Alamos diziam: 'Robert é o único que poderia entender.' Ele tinha de fato uma empatia quase santa pelas pessoas." E se ele era atraído por outras mulheres, ainda assim era devoto ao casamento. "Kitty e Robert eram terrivelmente próximos", disse Hempelmann.[32] "Ele voltava para casa à noite sempre que podia. Acho que ela tinha orgulho do marido, mas teria gostado mais de ser o centro das atenções."

A REDE DE SEGURANÇA que envolvia Robert naturalmente incluía a esposa dele. Logo Kitty se viu sendo gentilmente interrogada pelo coronel Lansdale. Interrogador habilidoso e empático, Lansdale rapidamente concluiu que Kitty podia lhe fornecer percepções básicas sobre o marido. "Seu passado não era bom", testemunhou ele mais tarde.[33] "Por isso aproveitei ao máximo as ocasiões em que pude para conversar com a sra. Oppenheimer." Quando Kitty serviu-lhe um martíni, ele ironicamente comentou que ela não era do tipo de servir chá. "A sra. Oppenheimer me impressionou como uma mulher forte e de convicções também fortes. Impressionou-me como o tipo de pessoa que podia ter sido comunista, e vi que ela certamente foi. É preciso ser uma pessoa muito forte para ser comunista." E, ainda assim, no decorrer das conversas, Lansdale percebeu que a lealdade definitiva de Kitty era com o marido. E também sentiu que, ao mesmo tempo que estava polidamente fazendo seu papel, ela "me odiava e tudo aquilo que eu representava".

O difuso interrogatório se transformou numa dança. "Como dizemos em jargão", declarou Lansdale posteriormente, "ela estava tentando me passar a perna, da mesma forma que eu estava tentando passar a perna nela. [...] Sinto que ela iria o mais longe possível por aquilo em que acreditava. A tática à qual acabei recorrendo foi tentar mostrar a ela que eu era uma pessoa equilibrada, querendo avaliar honestamente a posição de Oppenheimer. Era por isso que nossas conversas demoravam tanto".

"Eu tinha certeza de que ela havia sido comunista e não estava seguro de que as opiniões abstratas daquela mulher tivessem mudado muito. [...] Ela não se importava com quanto eu sabia do que ela tinha feito antes de conhecer Oppenheimer, ou a impressão que eu tinha disso. Aos poucos comecei a ver que nada no passado dela e nada no passado do marido anterior significavam para ela alguma coisa em comparação com ele. Fiquei convencido de que com Oppenheimer havia uma ligação mais forte do que com o comunismo, que o futuro dele significava mais para ela do que o comunismo. Ela estava tentando me vender a ideia de que ele era sua vida, e conseguiu."[34] Tempos depois, Lansdale reportou suas conclusões a Groves: "O dr. Oppenheimer foi a coisa mais importante na vida dessa mulher. [...] a força de vontade que ela demonstrou ter foi crucial para manter o dr. Oppenheimer longe do que consideraríamos associações perigosas."[35]

POR TRÁS DO ARAME farpado, Kitty por vezes se sentia como se estivesse vivendo sob um microscópio. O comissário do Exército muitas vezes tinha mercadorias e alimentos disponíveis do lado de fora somente para quem apresentasse cartão de ração. O cinema exibia dois filmes por semana por apenas 15 centavos cada. Os serviços médicos eram gratuitos. Tantos casais tinham bebês[36] — foram registrados oitenta nascimentos no primeiro ano e cerca de dez por mês depois disso — que o pequeno hospital de sete quartos foi rotulado de "PRG", de "parto rural gratuito". Quando o general Groves se queixou de todos aqueles novos bebês, Oppenheimer observou ironicamente que as obrigações de um diretor científico não incluíam controle de natalidade. E isso valeu também para os Oppenheimer. Àquela altura, Kitty estava grávida de novo. Em 7 de dezembro de 1944, ela deu à luz uma filha no hospital de campanha de Los Alamos — a menina recebeu o nome de Katherine e o apelido de "Tyke".[37] Foi colocado um cartaz sobre o berço com a inscrição "Oppenheimer", e durante vários dias as pessoas foram dar uma espiada na bebezinha do chefe.

Quatro meses depois, Kitty anunciou que "precisava ir para casa ver os pais". Fosse por depressão pós-parto, fosse pelo excesso de martínis na casa dos Oppenheimer, fosse pela situação do casamento, ela estava à beira de um colapso emocional. "Kitty começou a desabar, a beber muito", recordou Pat Sherr.[38] Kitty e Robert também estavam tendo problemas com o filho de 2 anos. Como qualquer criança pequena, Peter dava muito trabalho, e Kitty "era muito, muito impaciente com ele". Sherr, psicóloga de formação, achava que ela "não tinha absolutamente nenhuma compreensão intuitiva das crianças". Kitty sempre fora temperamental. A cunhada, Jackie Oppenheimer, observou que ela às vezes "saía para uma viagem de compras durante dias em Albuquerque, ou até mesmo na Costa Oeste, e deixava as crianças sob os cuidados da empregada". Ao voltar, trazia um presente enorme para Peter. "Ela deveria se sentir tão culpada e infeliz", disse Jackie.[39] "Coitada."

EM ABRIL DE 1945, Kitty partiu para Pittsburgh levou Peter. No entanto, resolveu deixar a bebezinha de 4 meses aos cuidados da amiga Pat Sherr, que sofrera recentemente um aborto espontâneo. Pediatra de Los Alamos, o dr. Henry Barnett sugeriu que faria bem a Sherr cuidar de uma criança. Assim, "Tyke" — ou Toni, como a chamaram depois — mudou-se para a casa de Sherr. Kitty e o pequeno Peter se ausentaram por três ou quatro meses, até julho de 1945. Robert, é claro, estava trabalhando muito, então vinha só duas vezes por semana visitar a filhinha.

A tensão sobre Robert ao longo desses dois anos incrivelmente intensos estava cobrando um preço. Do ponto de vista físico, estava óbvio: a tosse dele era incessante e o peso caíra para pouco mais de cinquenta quilos, praticamente pele e ossos para um homem de 1,78 metro de altura. O nunca esmorecia, mas ele parecia estar literalmente desaparecendo pouco a pouco, dia após dia. O preço psicológico era mais alto — embora menos óbvio. Robert passara a vida toda administrando estresses mentais. Ainda assim, o nascimento de "Tyke" e a partida de Kitty o deixaram excepcionalmente vulnerável.

"Era muito estranho", recordou Sherr. "Ele vinha, se sentava e batia papo comigo, mas não pedia que eu fosse buscar a bebê. A criança poderia estar Deus sabe lá onde, mas ele nunca pedia que eu a trouxesse para que ele pudesse vê-la."

"Por fim, um dia eu disse: 'Você não gostaria de ver sua filha? Ela está crescendo lindamente!' E ele respondeu: 'Sim, sim.'"

Dois meses se passaram, e então, durante uma de suas visitas, Robert disse a Sherr: "Parece que você ama muito a Tyke." Sherr respondeu em tom distraído: "Bem, eu amo crianças, e quando a gente cuida de um bebê, seja nosso, seja de outra pessoa, ele se torna parte da nossa vida."

Sherr ficou atônita quando Oppenheimer perguntou: "*Você gostaria de adotá-la?*"

"É claro que não", respondeu Sherr. "Ela tem dois pais perfeitamente bons." Quando perguntou por que ele tinha feito uma oferta dessas, Robert respondeu: "Porque não consigo amá-la."

Sherr o tranquilizou e disse que esses sentimentos não eram incomuns para um pai que havia sido separado do bebê, com o passar do tempo ele se "conectaria" com a criança.

"Não, não sou o tipo de pessoa que se conecta", respondeu Oppenheimer. E, quando Sherr perguntou se ele havia discutido o assunto com Kitty, apressou-se a explicar: "Não, não, não. Primeiro eu queria ver suas intenções, porque acho importante que essa criança tenha um lar amoroso. E você deu isso a ela."

Sherr ficou constrangida e aborrecida com a conversa. Ocorreu-lhe que, por mais fora da realidade que fosse aquela sugestão, era motivada por uma emoção genuína. "Achei que ele demonstrara ser um homem de grande consciência, para ser capaz de me dizer aquilo. [...] Então ali estava uma pessoa consciente de seus sentimentos — e ao mesmo tempo sentindo culpa por tê-los — querendo de algum modo dar à filha aquilo que ele próprio acreditava que não podia dar."[40]

Quando Kitty por fim voltou a Los Alamos, em julho de 1945, cobriu Sherr de presentes, como de costume. E encontrou o lugar em estado de alta tensão: os homens estavam trabalhando longas horas e as esposas se sentiam mais isoladas do que nunca. Kitty resolveu começar a convidar pequenos grupos de mulheres para drinques diários. Jackie Oppenheimer, que visitou Los Alamos em 1945, recordou um desses eventos. "As pessoas sabiam que não nos dávamos muito bem", disse Jackie, "e ela parecia determinada a ser vista a meu lado. Numa ocasião, me convidou para coquetéis — eram quatro da tarde. Quando cheguei, estavam lá mais quatro ou cinco mulheres, companheiras de bebida, e simplesmente ficamos ali sentadas conversando, bebendo. Foi horrível, e nunca mais voltei".[41]

Naquela época, Pat Sherr não achava que Kitty fosse alcoólatra. "Ela bebia um tanto", disse Sherr.[42] "Às quatro da tarde, começava a tomar seus drinques, mas não ficava com a fala enrolada." A bebida sem dúvida se tornaria um problema mais tarde, mas, segundo outro amigo próximo de Kitty, o dr. Hempelmann, "ela certamente não bebia mais do que todos os outros em Los Alamos".[43] O álcool corria solto no planalto, e, à medida que os meses se passavam, algumas pessoas se sentiam oprimidas pelo isolamento da cidadezinha. "No começo, era tudo divertido", recordou Hempelmann, "mas à medida que as coisas foram se desgastando e todo mundo começou a se cansar e a ficar tenso e irritado, deixou de ser tão bom. Todo mundo vivia tudo em comunidade. Jogávamos com as mesmas pessoas com quem trabalhávamos. Um amigo o convidava para jantar, e você não tinha nada mais para fazer, mas simplesmente não tinha vontade de ir. E o amigo ficava sabendo. Se passasse na frente da sua casa, veria seu carro lá. Todo mundo sabia da vida de todo mundo.

COM EXCEÇÃO DAS PERIÓDICAS excursões vespertinas para Santa Fe, uma das poucas escapadas permitidas de Los Alamos era para jantar na casa de adobe da srta. Warner em Otowi — o "lugar onde a água faz barulho"[44] —, junto ao rio Grande, cerca de trinta quilômetros ao sul por uma estrada sinuosa. Oppie conhecera a srta. Warner durante uma cavalgada de vários dias com Frank e Jackie partindo do cânion Frijoles; um dos cavalos tinha fugido — e Oppie saiu-lhe no encalço. Acabou na "casa de chá" da srta. Warner. "Tomamos chá com bolo de chocolate e conversamos", escreveu Oppenheimer posteriormente; "foi meu primeiro encontro inesquecível".[45] Vestida jeans azuis e botas de caubói com esporas, Robert parecia, segundo a srta. Warner, "o magro e rijo herói de um filme do Velho Oeste".[46]

Filha de um clérigo da Filadélfia, a srta. Warner fora para Pajarito em 1922 depois de sofrer um colapso nervoso aos 30 anos. Junto com o companheiro, um velho nativo americano, Atilano Montoya, conhecido no Pueblo como Tilano, dirigia em casa o que chamava de um salão de chá para turistas. A vida que levava era simples ao extremo.[47]

Certa noite, pouco tempo depois de se mudar para o planalto, Oppenheimer levou o general Groves até a casa junto à ponte de Otowi para um chá. Com o fechamento da Escola Rancho e a imposição do racionamento de gás por conta da guerra, o que desencorajava o tráfego de turistas, Edith delicadamente confessou que estava se perguntando como faria em termos de dinheiro para chegar ao fim do mês. Enquanto tomavam o chá, Groves se ofereceu para encarregá-la de todos os serviços de alimentação no Morro. Era uma tarefa enorme e bem remunerada. Edith disse que pensaria na ideia. Quando saíram, Robert acompanhou Groves até o carro, mas retornou e bateu na porta de Edith. Parado com o chapéu em uma das mãos e o luar batendo em cheio no rosto, ele lhe disse: "Não faça isso."[48] Então se virou abruptamente e voltou até o carro.

Alguns dias depois, Oppenheimer apareceu novamente à porta da srta. Warner e propôs que ela organizasse três pequenos jantares por semana para não mais de dez pessoas. Oferecendo aos cientistas uma breve distração da vida no Morro, explicou Oppie, ela estaria dando uma contribuição real para o esforço de guerra. O general Groves concordara com a ideia — e a própria Edith a encarou como um presente caído do céu.

"Durante o mês de abril", escreveu a srta. Warner no fim daquele ano, "os Xs começaram a descer de Los Alamos para jantar uma vez por semana, e foram seguidos de outros".[49] Depois de cozinhar o dia todo, a srta. Warner fazia as vezes de anfitriã, ocasião em que trajava um vestido simples com cinto e mocassins indígenas. Todo mundo se sentava a uma mesa comprida de madeira cinzelada no centro de uma sala de jantar com paredes de adobe caiadas e vigas aparentes talhadas a mão. A srta. Warner, de 51 anos, servia a "seus cientistas famintos" generosas porções de comida caseira. Eles comiam ragu de cordeiro à luz de velas em pratos e tigelas indígenas tradicionais de cerâmica preta, feitas a mão pela ceramista local, Maria Martinez. Depois se reuniam brevemente junto à lareira em busca de calor antes de iniciar a longa subida de volta para o planalto. Em troca dessa noite com ambiente à luz de velas, a srta. Warner cobrava de seus comensais a quantia simbólica de 2 dólares por cabeça. Ela sabia apenas que essas misteriosas pessoas estavam trabalhando "para algum projeto muito secreto [...] Santa Fe o chama de base de submarinos — um palpite tão bom como qualquer outro!".

Jantar na casa da srta. Warner se tornou um prazer tão requisitado que grupos de cinco casais tinham reservas permanentes para uma mesma noite cada semana. Oppenheimer quis garantir que ele e Kitty fossem a primeira escolha no calendário de Edith, mas logo os Parson, Wilson, Bethe, Teller, Serber e outros se tornaram regulares, enquanto muitos outros casais de Los Alamos disputavam o prestígio de um convite. Estranhamente, a calma e quieta srta. Warner tinha uma ligação especial com a vivaz esposa de Oppenheimer, dona de uma língua afiada. "Kitty e eu nos entendíamos bem", disse Warner tempos depois.[50] "Éramos muito próximas."

Certo dia, no começo de 1944, Oppie apareceu com o físico dinamarquês Niels Bohr, ganhador do Nobel, e o apresentou à srta. Warner como "sr. Nicholas Baker"[51] — um pseudônimo atribuído a Bohr por iniciativa de Oppenheimer. Todos chamavam o gentil e discreto dinamarquês de "Tio Nick". Bohr, de fala macia, quase um murmúrio, conversava em hesitantes meias sentenças — mas a srta. Warner também não era nenhuma grande conversadora. Anos depois, Bohr atestou essa amizade extremamente improvável ao escrever um bilhete para a irmã da srta. Warner, "em gratidão pela amizade da anfitriã".[52] A srta. Warner tinha uma consideração quase mística por ambos, Bohr e Oppenheimer: "Ele [Bohr] tinha dentro dele uma grande tranquilidade, uma fonte calma e inesgotável. [...] Robert tem o mesmo."

Bohr não foi, é claro, a única personalidade memorável a jantar à mesa da srta. Warner. James Conant (presidente do Comitê S-1), Arthur Compton (laureado com o Nobel e diretor do Laboratório de Metalurgia da Universidade de Chicago) e Enrico Fermi (também premiado com o Nobel) visitaram a casa junto à ponte de Otowi. Contudo, era só a foto emoldurada de Oppie que a srta. Warner mantinha na cômoda na Filadélfia.[53] Phil Morrison poderia muito bem estar facilmente falando em nome de Oppenheimer quando, no fim de 1945, escreveu à srta. Warner uma longa carta de agradecimento pelas muitas noites na companhia dela: "A senhora foi uma parte significativa da vida de todos nós. As noites em sua casa junto ao rio, a mesa posta com tanto capricho, diante da lareira acesa com tanto cuidado, nos deram um pouco da sua segurança, nos permitiram pertencer, nos tiraram de casas verdes temporárias e ruas esburacadas. Não haveremos de esquecer. [...] Estou feliz por existir, ao pé do nosso cânion, uma casa em que o espírito de Bohr é tão bem compreendido."[54]

20

"Bohr era Deus e Oppie, seu profeta"

Eles não precisaram da minha ajuda para fazer a bomba atômica.
NIELS BOHR

A "CORRIDA" PELA BOMBA atômica havia começado de maneira desorganizada. Alguns poucos cientistas, quase todos emigrados da Europa, entraram em pânico em 1939 com a possibilidade de que os colegas na Alemanha pudessem assumir a liderança no uso da fissão nuclear para fins militares, e alertaram o governo dos Estados Unidos para esse perigo.[1] O governo, então, apoiou conferências e pequenos projetos de pesquisa nuclear. Comissões de cientistas fizeram estudos e escreveram relatórios. Não obstante, foi só na primavera de 1941, mais de dois anos após a descoberta da fissão nuclear na Alemanha, que Otto Frisch e Rudolph Peierls, físicos emigrados da Alemanha trabalhando na Inglaterra, descobriram como uma bomba atômica viável podia ser produzida rapidamente, a tempo de ser usada durante a guerra. Desse momento em diante, todos os envolvidos no programa atômico norte-americano-britânico-canadense ficaram totalmente focados em ganhar essa corrida mortal. Considerações sobre as implicações de um mundo com armas nucleares no pós-guerra permaneceram adormecidas até dezembro de 1943, quando Niels Bohr chegou a Los Alamos.

Oppenheimer ficou extremamente feliz em ter Bohr a seu lado. O físico dinamarquês de 57 anos havia sido sequestrado e retirado de Copenhague a bordo de uma lancha a motor na noite de 29 de setembro de 1943. Chegando a salvo na costa sueca, foi levado a Estocolmo — onde agentes alemães tinham planejado assassiná-lo. Em 5 de outubro, homens da Força Aérea Britânica enviados para trabalhar no resgate ajudaram Bohr a entrar no compartimento de bombas de um bombardeiro Mosquito britânico sem identificação. Quando a aeronave com estrutura de madeira compensada se aproximou da altitude de 6 mil metros, o piloto instruiu Bohr a colocar a máscara de oxigênio embutida no capacete de couro. Bohr, porém, não conseguiu ouvir as instruções — depois disse que o capacete era pequeno demais para a cabeça grande do físico — e logo desmaiou por falta de oxigênio. Ainda assim sobreviveu à viagem aérea, e ao aterrissar na Escócia comentou que tinha dado uma gostosa cochilada.

O amigo e colega James Chadwick o recebeu na pista e o levou a Londres, não sem antes lhe dar informações sobre o projeto norte-americano-britânico da bomba. Bohr entendera desde 1939 que a descoberta da fissão nuclear tornava viável a construção de uma bomba atômica, mas acreditava que a engenharia necessária para fragmentar o U-235 exigiria um imenso e impraticável esforço industrial. Naquele momento, ouvia que os norte-americanos estavam destinando enormes recursos industriais exatamente para esse propósito. "Para Bohr, isso pareceu fantástico", escreveu Oppenheimer posteriormente.[2]

Uma semana depois de chegar a Londres, Bohr se reuniu ao filho de 21 anos, Aage (pronuncia-se "Awa"), um físico jovem e promissor que mais tarde receberia o Nobel. Durante as sete semanas seguintes, pai e filho foram meticulosamente informados sobre o "Tube Alloys" — codinome britânico para o programa atômico. Bohr concordou em prestar consultoria para os britânicos, que então concordaram em mandá-lo para os Estados Unidos. No começo de dezembro, ele e o filho embarcaram a bordo de um navio para Nova York. O general Groves não ficou nada contente com a ideia da participação de Bohr no projeto, mas, dado o prestígio que ele tinha no mundo da física, relutantemente lhe concedeu permissão para visitar o misterioso "Local Y" no deserto do Novo México.

O desprazer de Groves havia sido deflagrado por relatórios de inteligência os quais sugeriam que Bohr era um elemento incontrolável.[3] Em 9 de outubro de 1943, o *New York Times* reportou que o físico dinamarquês desembarcara em Londres trazendo "planos para uma nova invenção que envolvia explosões atômicas". Groves ficou furioso, mas não havia nada que pudesse fazer além de tentar conter o dinamarquês. Essa tarefa se mostrou impraticável: Bohr era irreprimível. Na Dinamarca, simplesmente ia a pé até o palácio e batia na porta se desejasse ver o rei. E fez quase o mesmo em Washington, quando visitou Lord Halifax, o embaixador britânico, e Felix Frankfurter, juiz da Suprema Corte e amigo íntimo do presidente Roosevelt. A mensagem enviada para esses homens foi clara: a fabricação da bomba atômica já era um desfecho previsível, mas não era cedo demais para considerar o que aconteceria após seu desenvolvimento. O temor mais profundo de Bohr era o de que a invenção inspirasse uma corrida armamentista mortal entre o Ocidente e a União Soviética. Para impedir esse cenário, insistiu ele, era imperativo que os russos fossem informados da existência do programa atômico e assegurados de que ele não seria uma ameaça para eles.[4]

Tais opiniões, é claro, horrorizaram Groves, que ficou desesperado para levar Bohr a Los Alamos, onde o loquaz físico poderia ser isolado. Para garantir que Bohr chegasse lá sem quebrar qualquer protocolo de segurança, Groves juntou-se pessoalmente a ele e a Aage no trem que saiu de Chicago. Richard Tolman, do Caltech, assessor científico de Groves, também os acompanhou. Groves e Tolman tinham combinado de se revezar para vigiar o visitante da Dinamarca, de modo a garantir que ele não saísse do vagão. Após uma hora com Bohr, no entanto, Tolman saiu exausto, e disse a Groves: "General, não aguento mais. Desisto. O senhor é do Exército, é o senhor que tem de fazer isso."[5]

Assim, enquanto Groves escutava o característico "murmúrio sussurrado"[6] de Bohr, de vez em quando tentava interromper-lhe a fala e explicar a importância da compartimentalização. Era um esforço condenado ao fracasso. Bohr tinha uma visão geral ampla do Projeto Manhattan e uma preocupação insaciável com as implicações sociais e internacionais da ciência. Não só isso: mais de dois anos antes, em setembro de 1941, ele se encontrara com o ex-aluno Werner Heisenberg, que liderava o programa atômico alemão. Groves relatara a Bohr o que sabia do projeto — mas certamente não queria que ele conversasse com outros sobre o assunto. "Acho que falei com ele durante mais ou menos doze horas seguidas sobre o que ele não devia dizer."

Eles chegaram a Los Alamos em 30 de dezembro de 1943, já tarde da noite, e seguiram imediatamente para uma pequena recepção em homenagem a Bohr organizada por Oppenheimer. Mais tarde, Groves se queixou de que, "cinco minutos depois de chegar, ele [Bohr] estava dizendo tudo que tinha prometido não dizer".[7] A primeira pergunta de Bohr a Oppenheimer foi: "É realmente grande o bastante?"[8] Em outras palavras, a nova arma seria tão poderosa de maneira a tornar guerras futuras inconcebíveis? Oppenheimer imediatamente entendeu a importância da pergunta. Por mais de um ano, ele havia concentrado todas as energias nos detalhes administrativos relacionados com a montagem e a direção do novo laboratório, mas, nos dias e semanas seguintes, Bohr fez questão de focalizar agudamente a visão de Oppenheimer nas consequências da bomba após a guerra. "Foi por isso que fui para os Estados Unidos", disse Bohr tempos depois.[9] "Eles não precisaram da minha ajuda para fazer a bomba atômica."

Naquela noite, Bohr contou a Oppenheimer que Heisenberg estava trabalhando com bastante vigor num reator de urânio capaz de produzir uma reação em cadeia contínua, e dessa maneira provocar uma imensa explosão. Oppenheimer convocou uma reunião no dia seguinte, o último dia de 1943, para discutir as preocupações do colega dinamarquês. Além de Bohr e Aage, estavam presentes algumas das melhores cabeças de Los Alamos, entre elas, Edward Teller, Richard Tolman, Robert Serber, Robert Bacher, Victor Weisskopf e Hans Bethe. Bohr tentou então contar a esses homens sobre a natureza extraordinária do encontro que havia tido com Heisenberg em setembro de 1941.

Bohr contou que seu brilhante protegido alemão recebera permissão especial do regime nazista para participar de uma conferência em Copenhague, então ocupada pelos alemães. Embora não fosse ele próprio um nazista, Heisenberg era sem dúvida um patriota alemão que escolhera permanecer na Alemanha nazista. Era certamente o mais eminente físico do país — se os alemães tivessem um projeto de bomba atômica, Heisenberg seria o candidato óbvio a dirigi-lo. Quando chegou a Copenhague, Heisenberg procurou Bohr, e o que os dois velhos amigos falaram um para o outro se tornou um duradouro enigma. Heisenberg disse depois que mencionou com muita cautela o problema do urânio e tentou sugerir ao velho amigo o seguinte: ainda que uma arma de fissão em princípio fosse possível, "exigiria um formidável esforço técnico, o qual, ao que se espera, não poderá ser feito nesta guerra".[10] Preocupado com a vigilância alemã e temendo pela própria vida, Heisenberg não podia dizer nada explicitamente, e alegou ter insinuado a Bohr que ele e outros físicos alemães estavam tentando persuadir o regime nazista da inviabilidade de se construir tal arma a tempo de ser usada na guerra.

Se essa foi a mensagem de Heisenberg, Bohr, no entanto, não a havia escutado. Tudo que o físico dinamarquês ouviu foi o principal físico da Alemanha lhe dizer que uma arma de fissão era de fato possível e que, se desenvolvida, seria decisiva na guerra. Alarmado e zangado, Bohr interrompeu a conversa.

Mais tarde, o próprio Bohr afirmou que não tinha muita certeza do que Heisenberg pretendera dizer. Anos depois, ele redigiria numerosas versões — como de hábito — de uma carta a Heisenberg que, no fim das contas, nunca foi enviada. Em todas as versões, fica bem claro que Heisenberg o deixara perplexo com a simples menção a armas atômicas. Numa delas, por exemplo, Bohr escreveu:

> Em contrapartida, lembro-me claramente de como me senti, no começo da nossa conversa, quando você me disse, sem me preparar para nada, que tinha certeza de que a guerra, caso se prolongasse por tempo suficiente, seria decidida com armas atômicas. Na hora eu não disse nada, e, como você provavelmente interpretou meu silêncio como uma expressão de dúvida, seguiu dizendo que nos últimos anos havia se dedicado quase que exclusivamente a essa questão, e estava bastante certo de que a bomba podia ser construída, mas não deu nenhum indício sobre os esforços por parte dos cientistas alemães para impedir tal desenvolvimento.[11]

O que foi ou não foi dito entre Bohr e Heisenberg continua sendo fonte de considerável controvérsia. O próprio Oppenheimer escreveu posteriormente, de maneira enigmática: "Bohr teve a impressão de que eles [Heisenberg e um colega, Carl Friedrich von Weizsäcker] tinham vindo menos para contar o que sabiam do que para ver se Bohr sabia de alguma coisa de que eles não tinham conhecimento. Acredito que houve um impasse."[12]

Uma coisa, porém, é evidente: Bohr saiu do encontro com o forte temor de que os alemães pudessem pôr fim à guerra com uma arma atômica. No Novo México, ele transmitiu esse medo a Oppenheimer e à equipe de cientistas dele. Não só lhes disse que Heisenberg confirmara a existência de um projeto de bomba alemão, como também exibiu um desenho do que afirmou ser uma bomba, um esboço supostamente feito pelo próprio Heisenberg. Uma olhada rápida, no entanto, convenceu a todos de que o esboço retratava não uma bomba, mas um reator de urânio.[13] "Meu Deus", disse Bethe quando viu o desenho, "os alemães estão tentando jogar um reator sobre Londres".[14] Se era inquietante saber que os alemães estavam de fato trabalhando num projeto de bomba, ao mesmo tempo era tranquilizador que estivessem buscando uma solução pouquíssimo prática. Depois de discutirem o assunto, até mesmo Bohr ficou convencido de que aquela "bomba" fracassaria. No dia seguinte, Oppenheimer escreveu a Groves para explicar que uma pilha explosiva de urânio seria, na verdade, "uma arma militar bastante inútil".[15]

OPPENHEIMER CERTA VEZ OBSERVOU que "é fácil, como a história mostrou, que até mesmo homens inteligentes não soubessem do que Bohr estava falando".[16] Como Bohr, Oppenheimer nunca foi simples ou direto. Em Los Alamos, os dois às vezes pareciam se imitar mutuamente. "Bohr em Los Alamos foi maravilhoso", escreveu Oppenheimer tempos depois.[17] "Ele mostrou um interesse técnico muito grande. Acho, porém, que a função real dele, para quase todos nós, não era técnica." Em vez disso, Bohr tinha vindo "no maior sigilo" para promover uma causa política — uma abertura na ciência, bem como nas relações internacionais, como única maneira de impedir uma corrida armamentista após a guerra. Essa era uma mensagem que Oppenheimer estava pronto para ouvir. Por quase dois anos, ele estivera preocupado com complexas responsabilidades administrativas. À medida que os meses se passavam, vinha se tornando cada vez menos um físico teórico e cada vez mais um gerente. Essa transformação devia ser intelectualmente sufocante. Assim, quando Bohr apareceu no planalto falando em termos profundamente filosóficos sobre as implicações do projeto para a humanidade, Oppenheimer se sentiu rejuvenescido. E garantiu a Groves que a presença de Bohr tinha ajudado muito a elevar o moral dos cientistas. Até aquele momento, escreveu Oppenheimer mais para a frente, o trabalho "muitas vezes parecia macabro demais". Bohr logo "fez o empreendimento voltar a alimentar esperanças, quando muitos estavam cheios de dúvidas". Ele falou desdenhosamente de Hitler e salientou o papel que os cientistas podiam desempenhar na derrota do *Führer*. "A maior esperança de Oppenheimer era que o projeto desse bons resultados, que a objetividade, a cooperação das ciências desempenhassem um papel proveitoso — era nisso que todos queríamos acreditar."

Victor Weisskopf declarou que Bohr lhe dissera que "esta bomba pode ser uma coisa terrível, mas pode ser também a 'Grande Esperança'".[18] No começo daquela primavera, Bohr tentou colocar suas preocupações no papel, redigindo versão após versão de um memorando que depois mostrou a Oppenheimer. Em 2 de abril de 1944, ele tinha chegado a uma versão que expressava diversas percepções básicas.

Como quer que as coisas acabassem por acontecer, argumentou Bohr, "já é evidente que estamos diante de um dos maiores triunfos da ciência e da técnica, profundamente destinado a influenciar o futuro da humanidade".[19] Na frase seguinte, ele afirmou que "está sendo criada uma arma de poder sem paralelos que mudará completamente todas as condições futuras de uma guerra". Essa era a notícia boa. A notícia ruim era igualmente clara e profética: "A menos que, de fato, seja possível chegar a algum acordo quanto ao controle do uso dos novos materiais ativos, qualquer vantagem temporária, por maior que seja, pode ser superada por uma ameaça perpétua para a segurança humana."

Na cabeça de Bohr, a bomba atômica já era um fato — e o controle sobre essa ameaça à humanidade exigia "uma nova abordagem ao problema das relações internacionais". Na era atômica por vir, a humanidade não estaria a salvo a menos que o sigilo fosse banido. O "mundo aberto" que Bohr imaginava não era um sonho utópico. Esse mundo novo já existia nas comunidades multinacionais da ciência. Num sentido muito pragmático, Bohr acreditava que os laboratórios em Copenhague, Cavendish e outras partes eram modelos práticos para esse mundo novo. O controle internacional da energia atômica era possível num "mundo aberto" baseado nos valores da ciência. Para Bohr, era a cultura comunitária da investigação científica que produziria o progresso, a racionalidade e até mesmo a paz. "O conhecimento é em si a base da civilização", escreveu ele, mas "qualquer expansão das fronteiras de nosso conhecimento impõe uma crescente responsabilidade a indivíduos e nações, por meio das possibilidades que proporciona para moldar as condições da vida humana". Bohr dizia ainda que, no mundo pós-guerra, cada nação tinha que se sentir confiante de que não havia nenhum inimigo potencial estocando armas atômicas. E isso só seria possível num "mundo aberto", em que inspetores internacionais tivessem pleno acesso a quaisquer complexos militares e industriais, bem como informações completas sobre novas descobertas científicas.

Por fim, Bohr concluía que um regime novo e abrangente de controle internacional só poderia ser inaugurado com um convite imediato à União Soviética para participar do planejamento da energia atômica no pós-guerra — antes de a bomba se tornar uma realidade e a guerra acabar.[20] Uma corrida armamentista nuclear após a guerra podia ser evitada, acreditava Bohr, se Stálin fosse informado da existência do Projeto Manhattan e assegurado de que não representava uma ameaça para a União Soviética. Um acordo precoce entre aliados bélicos para o controle internacional da energia atômica no pós-guerra era a única alternativa a um mundo repleto de armas nucleares. Oppenheimer concordava — na verdade, já tinha chocado os oficiais de segurança em agosto ao dizer ao coronel Pash que "era simpático" à ideia de o presidente informar os russos sobre o programa atômico.

Foi fácil ver o efeito que Bohr teve sobre Oppenheimer. "[Ele] conhecia Bohr de longa data, e os dois eram muito próximos", disse Weisskopf.[21] "Foi Bohr quem, com efeito, discutiu esses problemas políticos e éticos com Oppenheimer, e é provável que essa tenha sido a época [primeiros meses de 1944] em que ele começou a pensar seriamente no assunto." Numa tarde naquele inverno, Oppie e David Hawkins acompanhavam Bohr de volta aos alojamentos da Hospedaria Fuller quando Bohr, de brincadeira, resolveu testar a espessura do gelo no lago Ashley. O geralmente ousado Oppenheimer depois se virou para Hawkins e exclamou: "Meu Deus, e se ele escorregasse?! E se caísse dentro daquele lago gelado? O que faríamos?"[22]

No dia seguinte, Oppenheimer chamou Hawkins à sala dele, puxou uma pasta do arquivo e o fez ler uma carta que Bohr escrevera a Franklin Roosevelt. Oppie, obviamente, dava muito valor ao precioso documento. Segundo Hawkins, "a implicação era que Roosevelt entendera perfeitamente. E isso era uma grande fonte de alegria e otimismo. [...] É interessante. Pelo resto do tempo que passamos em Los Alamos, todos vivemos essa ilusão de que Roosevelt tinha entendido".[23]

ÀQUELA ALTURA, BOHR JÁ havia convertido a interpretação particular que tinha da física quântica numa visão de mundo filosófica que denominou "complementaridade".[24] Ele estava sempre tentando levar suas percepções para a natureza física do mundo e aplicá-las às relações humanas. Como escreveu tempos depois o historiador da ciência Jeremy Bernstein: "Bohr não estava satisfeito em limitar a ideia da complementaridade à física. Ele a via em toda parte: instinto e razão, livre-arbítrio, amor e justiça e assim por diante."[25] Como seria de esperar, ele também a via em funcionamento em Los Alamos. Tudo no projeto era carregado de contradições. Eles estavam construindo uma arma de destruição em massa que derrotaria o fascismo e acabaria com todas as guerras — mas que também poderia acabar com toda a civilização. Oppenheimer naturalmente achava reconfortante ouvir de Bohr que as contradições na vida eram, ainda assim, partes de um todo — e portanto complementares.

Oppie admirava tanto o amigo que nos anos seguintes assumiu, com frequência, o encargo de traduzi-lo para o resto da humanidade. A maioria das pessoas não entendia o que Bohr queria dizer com "mundo aberto". E os que entendiam por vezes ficavam efetivamente alarmados pela audácia do que Bohr estava propondo. No começo da primavera de 1944, Bohr recebeu uma carta, por muito tempo retida nos correios, de um de seus antigos alunos, o físico russo Peter Kapitza. Escrevendo de Moscou, Kapitza calorosamente convidava Bohr para se estabelecer na cidade, "onde será feito de tudo para dar a você e à sua família um abrigo e onde agora temos todas as condições necessárias para realizar trabalhos científicos". Kapitza transmitia então os cumprimentos de vários físicos russos conhecidos de Bohr — e sugeria abertamente que todos ficariam encantados de vê-lo juntar-se a eles em seu "trabalho científico" que desenvolviam.[26] Bohr considerou a oportunidade esplêndida, e de fato teve esperanças de que Roosevelt e Churchill o autorizassem a aceitar o convite de Kapitza. Como Oppenheimer mais adiante explicou a seus colegas, Bohr desejava "propor aos governantes da Rússia, então nossos aliados, por intermédio desses cientistas, que os Estados Unidos e o Reino Unido 'trocassem' o conhecimento atômico que tinham por um mundo aberto [...] que propuséssemos dividir nosso conhecimento atômico com os russos se eles concordassem em abrir a Rússia e torná-la parte de um mundo aberto".[27]

Da perspectiva de Bohr, o sigilo era perigoso.[28] Conhecendo Kapitza e outros cientistas russos, ele achava que eram homens perfeitamente capazes de captar as implicações militares da fissão. Na verdade, ele presumiu pela carta de Kapitza que os soviéticos já tinham alguma informação sobre o programa atômico britânico-norte-americano — e julgou que apenas perigosas suspeitas seriam semeadas se os russos concluíssem que a nova arma estava sendo desenvolvida sem a participação deles. Outros físicos em Los Alamos estavam de acordo. Robert Wilson mais tarde se recordou de ter "cutucado" Oppenheimer pelo fato de haver cientistas britânicos trabalhando em Los Alamos, mas nenhum cientista russo. "Eu tinha a impressão", disse Wilson, "de que isso acabaria provocando profundos ressentimentos".[29] Por volta do fim da guerra ficou claro que Oppenheimer estava de acordo, mas durante a guerra ele foi circunspecto, pois sabia que estava sob vigilância constante, portanto, sempre se recusava a ser arrastado para esse tipo de conversa. Quando indagado a respeito, ou não respondia ou resmungava que não cabia aos cientistas determinar essas coisas. "Não sei", disse Wilson tempos depois. "Senti que talvez ele achasse que eu o estava testando."

Não surpreende que a atitude de Bohr não fosse compartilhada pelos generais e políticos que empregavam os cientistas. O general Groves, por exemplo, na verdade nunca havia pensado nos russos como aliados. Em 1954, numa audiência da Comissão de Energia Atômica, ele disse que "duas semanas depois de assumir a responsabilidade por esse projeto, nunca houve qualquer ilusão da minha parte de que a Rússia não fosse nossa inimiga, e o projeto foi conduzido nessa base. Eu não concordava com a atitude do país como um todo de que a Rússia era uma valente aliada".[30] Winston Churchill tinha visão similar dos soviéticos, e ficou furioso quando soube da correspondência Kapitza-Bohr pela inteligência britânica. "Como foi que ele se envolveu nesse negócio?!", exclamou Churchill a seu assessor científico, Lord Cherwell.[31] "Acredito que Bohr deveria ser confinado, ou no mínimo que o fizessem ver que ele está muito perto do limite de crimes mortais."

Apesar dos encontros pessoais tanto com Roosevelt quanto com Churchill na primavera e no verão de 1944, Bohr fracassou em persuadir qualquer um deles de que o monopólio anglo-americano em questões atômicas era uma visão míope. Groves, mais adiante, disse a Oppenheimer achar que Bohr "às vezes era uma pedra no sapato de cada um que lidava com ele, possivelmente por conta de sua grande capacidade mental".³² Ironicamente, à medida que a influência de Bohr sobre esses líderes políticos foi esmorecendo, a estatura dele entre os físicos em Los Alamos se ergueu a novas alturas. Mais uma vez, Bohr era Deus e Oppie, seu profeta.

BOHR CHEGAR A LOS Alamos em dezembro de 1943 assustado com o que ouvira de Heisenberg sobre o potencial de uma bomba alemã, e deixou a cidade naquela primavera convencido por relatórios de inteligência de que os alemães provavelmente não tinham um programa viável para construir a bomba: "Com base em vazamentos sobre as atividades dos cientistas alemães", observou ele, "é praticamente certo que nenhum progresso substancial tenha sido alcançado pelas potências do Eixo".³³ Se Bohr estava convencido disso, então também Oppenheimer deve ter percebido que os físicos alemães estavam, com toda a probabilidade, bem atrás na corrida para construir a bomba. Segundo David Hawkins, o general Groves disse a Oppenheimer no fim de 1943 que uma fonte alemã alegara recentemente que os alemães tinham abandonado por completo o ainda incipiente programa atômico. Groves sugeriu que era difícil avaliar esse relatório, pois a fonte alemã podia estar disseminando desinformação. Oppenheimer apenas deu de ombros. Na ocasião, Hawkins pensou consigo mesmo que era tarde demais — os homens em Los Alamos "estavam comprometidos em construir a bomba independentemente do progresso alemão".³⁴

21

"O impacto do dispositivo na civilização"

> Minha impressão a respeito de Oppenheimer naquela época era a de que se tratava de um homem angelical, sincero e honesto, incapaz de fazer qualquer coisa de errado. [...] Eu acreditava nele.
> ROBERT WILSON

TODO MUNDO SENTIA A presença de Oppie. Ele circulava pelo Morro num jipe do Exército ou em seu grande Buick preto, parando sem aviso prévio em um dos prédios de laboratórios espalhados pelo lugar. Geralmente ficava sentado no fundo da sala, fumando um cigarro após outro e escutando em silêncio as discussões. A mera presença dele parecia estimular um maior empenho das pessoas. "Vicki" Weisskopf ficava maravilhado pela forma como Oppie parecia estar fisicamente presente em cada um dos novos progressos significativos do projeto. "Ele estava presente no laboratório ou na sala de seminários quando um novo efeito era medido, quando uma ideia nova era concebida. Não que ele contribuísse com tantas ideias ou sugestões; às vezes isso acontecia, mas a principal influência vinha da presença dele, contínua e intensa, que produzia uma sensação de participação direta em todos nós."[1] Hans Bethe recordou o dia em que Oppie apareceu para uma sessão na metalurgia e assistiu a um inconclusivo debate sobre que tipo de recipiente refratário deveria ser usado para fundir o plutônio.[2] Depois de ouvir os argumentos, Oppie resumiu a discussão. Não chegou a propor diretamente uma solução, mas, quando saiu da sala, a resposta certa estava clara para todos.

Em contraste, as visitas do general Groves eram sempre interrupções — e às vezes comicamente disruptivas. Um dia, Oppie estava mostrando a Groves as instalações de um laboratório quando o general colocou seu considerável peso sobre um dos tubos de borracha que conduziam água quente para um pequeno reservatório. Segundo as lembranças de McAllister Hull, narradas ao historiador Charles Thorpe, "[o tubo de borracha] se soltou da parede e espalhou um jato de água um pouquinho abaixo do ponto de ebulição. Se alguma vez você já viu uma foto de Groves, vai saber o que a água atingiu".[3] Oppenheimer olhou para o general encharcado e gracejou: "Bem, isso serve perfeitamente para demonstrar a incompressibilidade da água."

As intervenções de Oppie por vezes se revelavam absolutamente essenciais para o sucesso do projeto. Ele compreendia que o maior empecilho para construir uma arma viável era o escasso suprimento de material físsil. Então, estava o tempo todo à procura de maneiras de acelerar a produção desses materiais. No começo de 1943, Groves e seu Comitê Executivo S-1 haviam optado pela difusão gasosa e por tecnologias eletromagnéticas para separar o urânio enriquecido a ser enviado ao laboratório em Los Alamos. Na época, outra tecnologia possível, baseada na difusão térmica líquida, tinha sido rejeitada como inviável. Todavia, na primavera de 1944, Oppenheimer leu alguns artigos publicados um ano antes sobre essa tecnologia e concluiu que haviam feito a escolha errada. Ele passara a achar que a difusão térmica líquida representava, de modo relativo, um caminho de custo mais baixo para fornecer urânio parcialmente enriquecido a ser utilizado nos processos eletromagnéticos. Assim, em abril de 1944, escreveu a Groves dizendo que uma instalação de difusão térmica líquida poderia servir como medida paliativa — a produção de urânio ligeiramente enriquecido poderia abastecer o equipamento de difusão eletromagnética e, dessa forma, acelerar a produção de material físsil. A esperança, escreveu, era "de que a produção da usina Y-12 [eletromagnética] pudesse ser aumentada em cerca de 30% a 40%, e que esse aumento antecipasse em muitos meses a data programada para a produção pela K-25 [difusão gasosa]".[4]

Depois de passar um mês literalmente sentado em cima da recomendação de Oppie, Groves por fim concordou em explorá-la. Foi montada então uma usina, que na primavera de 1945 estava produzindo urânio parcialmente enriquecido em quantidade suficiente para garantir o suprimento de material físsil para uma bomba no fim de julho de 1945.

Oppenheimer sempre teve um alto grau de confiança no programa responsável por conceber o mecanismo de detonação do urânio — por meio do qual uma "bolota" de material físsil seria disparada contra outro alvo de material físsil, criando "criticalidade" e uma explosão nuclear. Contudo, na primavera de 1944, subitamente se defrontou com uma crise que ameaçava fazer descarrilar todo o esforço de construção de uma bomba de plutônio. Mesmo tendo autorizado Seth Neddermeyer a conduzir experimentos com explosivos, com o objetivo de projetar uma bomba de implosão — uma esfera de material físsil frouxamente embalada que podia ser comprimida de imediato para levar à criticalidade —, Oppenheimer sempre tivera a esperança de que uma montagem de disparo direto, como a utilizada numa espingarda, se mostrasse viável para a bomba de plutônio. Em julho de 1944, porém, ficou claro a partir de testes que uma bomba de plutônio eficiente não poderia ser detonada para um projeto do tipo "cano de canhão". De fato, qualquer tentativa nesse sentido sem dúvida levaria a uma catastrófica pré-detonação dentro do "canhão" de plutônio.[5]

Uma solução seria separar os materiais do plutônio, numa tentativa de criar um elemento mais estável. "Poderíamos separar os isótopos ruins de plutônio dos isótopos bons", explicou John Manley, "mas isso significaria duplicar tudo que tinha sido feito para separar os isótopos de urânio — todas aquelas usinas enormes —, e simplesmente não havia tempo. A opção era descartar toda a descoberta da reação em cadeia que produzia o plutônio, e também todo o investimento em tempo e esforço da usina de Hanford [Washington], a menos que alguém descobrisse um jeito de reunir material de plutônio numa arma capaz de explodir".[6]

Em 17 de julho de 1944, Oppenheimer convocou uma reunião em Chicago com Groves, Conant, Fermi e outros para resolver a crise. Conant insistiu que tentassem apenas construir uma bomba de implosão de baixa eficiência baseada numa mistura de urânio e plutônio. Essa arma teria um equivalente explosivo de apenas algumas centenas de toneladas de TNT. Só depois de testar com sucesso uma bomba desse tipo, disse Conant, o laboratório teria confiança para produzir uma arma de eficiência maior.

Oppenheimer rejeitou a proposta com o argumento de que levaria a atrasos inaceitáveis. Embora tivesse se mostrado cético em relação à ideia da implosão quando ela foi aventada por Serber, Oppenheimer passara a dirigir todo seu poder de persuasão para argumentar que apostassem todas as cartas numa bomba de plutônio por implosão. Era um lance brilhante e audacioso. Desde a primavera de 1943, quando Seth Neddermeyer se propusera a fazer experimentos com esse conceito, pouco progresso tinha sido feito. No outono de 1943, contudo, Oppenheimer trouxe para Los Alamos o matemático John von Neumann, de Princeton, e ele calculou que a implosão era possível, pelo menos em teoria. Oppenheimer estava disposto a apostar nisso.

No dia seguinte, 18 de julho, Oppie resumiu para Groves as conclusões a que chegara: "Investigamos brevemente a possibilidade da separação eletromagnética. [...] Em princípio, acreditamos que ela seja possível, mas os desenvolvimentos necessários não são de forma alguma compatíveis com as ideias atuais do cronograma. [...] À luz desses fatos, parece razoável descontinuar o esforço intensivo para aumentar a pureza do plutônio e concentrar nossa atenção em métodos de montagem que não exijam um baixo fundo de nêutrons para se ter sucesso. No presente momento, o método ao qual deve ser atribuída premente prioridade é o método da implosão."[7]

O assistente de Oppenheimer, David Hawkins, mais adiante explicou: "A implosão era a única esperança real [para uma bomba de plutônio], e, a julgar pelas evidências de que dispúnhamos, uma opção não muito boa." Neddermeyer e seus homens na divisão de materiais bélicos estavam fazendo pouco progresso no projeto de implosão. Neddermeyer, tímido e retraído, gostava de trabalhar sozinho e de maneira metódica. Tempos depois, admitiu que Oppenheimer "se tornou terrivelmente impaciente comigo na primavera de 1944. [...] Acho que ele se sentia mal porque parecia que eu não forçava as coisas como era preciso para uma pesquisa de guerra, agindo apenas como se fosse uma situação normal de pesquisa".[8] Neddermeyer também era um dos poucos homens no planalto que parecia imune aos encantos de Oppie. Em sua frustração, este começou a perder as estribeiras, o que não lhe era do feitio. "Oppenheimer me agredia", recordou Neddermeyer.[9] "Muita gente olhava para ele como uma fonte de sabedoria e inspiração. Eu o respeitava como cientista, mas não olhava para ele dessa forma. [...] Ele podia, por um lado, ser muito ofensivo, humilhar completamente uma pessoa. Eu, por outro lado, conseguia irritá-lo." Acentuada por esse conflito de personalidades, a crise no projeto de implosão chegou ao auge no verão daquele ano, quando Oppenheimer anunciou uma importante reorganização do laboratório.

No início de 1944, Oppenheimer persuadira um perito em explosivos de Harvard, George "Kisty" Kistiakowsky, a mudar-se para Los Alamos. Kistiakowsky era teimoso e tinha opiniões firmes. Inevitavelmente, teve uma série de bate-bocas com seu pretenso superior, o capitão "Deke" Parsons. E tampouco se deu bem com Neddermeyer, que lhe parecia despreocupado demais. No começo de junho de 1944, Kistiakowsky escreveu um memorando a Oppenheimer ameaçando se demitir. Em resposta, Oppie rapidamente chamou Neddermeyer e lhe disse que Kistiakowsky iria substituí-lo. Zangado e magoado, Neddermeyer deixou o projeto. Embora sentisse uma "persistente amargura", foi persuadido a permanecer em Los Alamos como consultor técnico sênior. Agindo de forma decisiva, Oppenheimer anunciara a mudança sem consultar o capitão Parsons. "Parsons ficou furioso", recordou Kistiakowsky.[10] "Sentiu que eu tinha passado por cima dele, o que era ultrajante. Posso entender perfeitamente como ele se sentiu, mas eu era um civil e Oppie também, e eu não precisava passar por ele."

Parsons ficou aborrecido com o que considerou uma perda de controle sobre a divisão de materiais bélicos, e em setembro enviou um memorando a Oppie, com a proposta de que ele próprio fosse investido de amplos poderes de decisão em todos os aspectos do programa da bomba por implosão. Oppenheimer, delicadamente, mas com firmeza, recusou: "O tipo de autoridade que o senhor parece requisitar de mim é algo que não posso lhe dar porque não a possuo. Na verdade, por mais que o protocolo possa sugerir, não tenho autoridade para tomar decisões que não sejam compreendidas e aprovadas pelos cientistas qualificados do laboratório, responsáveis pela execução."[11] Como militar, capitão da Marinha, Parsons queria autoridade para reduzir os debates entre os cientistas sobre os quais tinha autoridade. "O senhor disse temer", escreveu Oppenheimer, "que sua posição no laboratório possa exigir que se envolva em prolongadas discussões e argumentos para chegar a um acordo do qual o progresso do trabalho dependeria. Nada do que eu possa colocar por escrito é capaz de eliminar esta necessidade." Os cientistas precisavam ter liberdade para discutir — e Oppenheimer arbitraria disputas apenas com o propósito de chegar a algum consenso colegiado. "Não estou argumentando que o laboratório deva ser constituído dessa maneira", disse ele a Parsons. "Ele é de fato constituído dessa maneira."

Em meio a essa crise continuada associada ao projeto da bomba de plutônio, Isidor Rabi fez uma de suas periódicas visitas a Los Alamos. Tempos depois, ele se lembrou de uma sombria sessão com vários cientistas de primeira linha que participavam do projeto, na qual eles falaram da urgência para encontrar uma maneira de fazer a bomba de plutônio funcionar. A conversa logo se voltou para o inimigo: "Quem eram os cientistas alemães? Nós conhecíamos todos eles", recordou-se Rabi.[12] "O que eles estavam fazendo? Recapitulamos mais uma vez a coisa toda, revimos o histórico do nosso desenvolvimento e tentamos ver em que ponto eles poderiam ter sido mais inteligentes, em que ponto poderiam ter tido ideias melhores e evitado este ou aquele erro. [...] Por fim, chegamos à conclusão de que eles poderiam estar exatamente no mesmo ponto que nós, ou talvez um pouco mais à frente. Sentíamos que era tudo muito sério. Não sabíamos o que o inimigo tinha. Não queríamos perder um único dia, uma única semana. E não havia dúvida de que perder um mês seria uma calamidade." Nas palavras de Philip Morrison, que resumiu a atitude do grupo em meados de 1944, "o único jeito de perder a guerra era se falhássemos em nossa tarefa".[13]

Apesar da reorganização, no fim de 1944 o grupo de Kistiakowsky ainda não tinha conseguido fabricar cargas explosivas moldadas (chamadas lentes) capazes de esmagar uma esfera de plutônio do tamanho de uma toranja, embalada de maneira frouxa, de forma absolutamente simétrica, de modo a transformá-la numa esfera do tamanho de uma bola de golfe. Sem essas lentes, uma bomba de implosão parecia impraticável. O capitão Parsons estava tão pessimista que procurou Oppenheimer e propôs que abandonassem as lentes e tentassem, em vez disso, outro tipo de implosão. Em janeiro de 1945, a questão foi calorosamente debatida entre Parsons e Kistiakowsky na presença de Groves e Oppenheimer. Kistiakowsky insistia que a implosão não podia ser conseguida sem as lentes, e prometeu que os cientistas que trabalhavam com ele logo seriam capazes de fabricá-las. Numa decisão crucial para o sucesso da bomba de plutônio, Oppenheimer o apoiou.[14] Durante os meses seguintes, Kistiakowsky e toda a equipe conseguiram aperfeiçoar o projeto de implosão. Em maio de 1945, Oppenheimer sentia-se bastante confiante de que o dispositivo de plutônio funcionaria.

A construção da bomba era mais uma questão de engenharia do que de física teórica. No entanto, Oppenheimer era singularmente adepto de dirigir os cientistas dele para superar obstáculos técnicos e de engenharia, da mesma maneira que havia sido ao estimular seus alunos em Berkeley a obter novos insights. "Los Alamos poderia ter dado certo sem ele", disse Hans Bethe algum tempo depois, "mas certamente só com muito mais esforço, menos entusiasmo e menos rapidez. De certo modo, foi uma experiência inesquecível para todos os membros do laboratório. Houve outros laboratórios de alto desempenho em tempo de guerra. [...] Mas nunca observei em qualquer desses outros grupos aquele espírito de união, aquela urgência em recordar os dias do laboratório, aquela sensação de que se tratava realmente de um grande momento na vida de todos. Isso aconteceu em Los Alamos e se deve sobretudo a Oppenheimer. Ele era um líder".[15]

EM FEVEREIRO DE 1944, uma equipe de cientistas britânicos comandada pelo físico alemão Rudolf E. Peierls chegou a Los Alamos. Oppenheimer conhecera esse brilhante, porém discreto, físico teórico em 1929, quando ambos estudavam sob a supervisão de Wolfgang Pauli. Peierls emigrara da Alemanha para a Inglaterra no começo da década de 1930, e em 1940, ao lado de Otto R. Frisch, escrevera o seminal artigo "On the Construction of a Superbomb", que persuadiu os governos britânico e norte-americano de que uma arma nuclear era viável.[16] Durante os vários anos que se seguiram, Peierls trabalhou em todos os aspectos do Tube Alloys, o programa atômico britânico. Em 1942, e novamente em setembro de 1943, o primeiro-ministro, Winston Churchill, enviou Peierls aos Estados Unidos para ajudar a agitar os trabalhos. Peierls visitou Oppenheimer em Berkeley e ficou "muito impressionado com o seu comando. [...] Ele foi a primeira pessoa que encontrei naquela viagem que havia pensado na arma em si e nas implicações da física daquilo que estaria ocorrendo".[17]

O dr. Peierls passou apenas dois dias e meio em Los Alamos na primeira visita. Não obstante, Oppenheimer relatou a Groves que a equipe britânica poderia contribuir de maneira substancial no estudo da hidrodinâmica da implosão. Um mês depois, Peierls mudou-se para Los Alamos, onde trabalhou até o fim da guerra. Ele admirava a articulação e a rapidez de Oppenheimer para entender qualquer pessoa — mas, particularmente, a maneira como "ele era capaz de enfrentar o general Groves".[18]

Quando Peierls e sua equipe se instalaram em Los Alamos, na primavera de 1944, Oppenheimer decidiu lhe dar o cargo pretensamente ocupado por Edward Teller. O temperamental físico húngaro deveria estar trabalhando num complicado conjunto de cálculos necessários para a implosão da bomba, mas não estava apresentando resultados. Obcecado com os desafios teóricos apresentados por uma "superbomba" termonuclear, Teller não estava interessado numa bomba de fissão. Depois que Oppenheimer decidiu, em junho de 1943, que as exigências da guerra tornavam a "superbomba" um projeto de baixa prioridade, Teller se tornou cada vez menos cooperativo. Ele parecia alheio a qualquer responsabilidade para contribuir no esforço de guerra. Sempre tagarela, falava sem parar sobre uma bomba de hidrogênio. E tampouco conseguia conter o ressentimento de ter que trabalhar sob o comando de Bethe. "Eu não estava contente de tê-lo como chefe", disse.[19] Para ser justo, esse ressentimento era alimentado pelas críticas de Bethe. Toda manhã,

Teller tinha uma nova ideia brilhante sobre como fazer uma bomba H funcionar — e durante a noite Bethe provava que não daria certo.[20] Depois de um encontro particularmente penoso com Teller, Oppie brincou e disse a Charles Critchfield: "Deus nos proteja do inimigo externo e do húngaro interno."[21]

Oppenheimer, compreensivelmente, foi ficando cada vez mais aborrecido com o comportamento de Teller. Certo dia, naquela primavera, Teller saiu de uma reunião dos chefes de seção e se recusou a fazer alguns cálculos de que Bethe precisava para o trabalho no projeto de implosão. Muito aborrecido, Bethe queixou-se a Oppie: "Edward basicamente entrou em greve."[22] Quando Oppenheimer o confrontou acerca do incidente, Teller por fim pediu para ser liberado dos trabalhos na bomba de fissão. Oppie concordou e escreveu para o general Groves a fim de dizer que desejava substituir Teller por Peierls: "Esses cálculos estavam originalmente sob supervisão de Teller, que é, na minha opinião e na de Bethe, bastante inadequado para a responsabilidade. Bethe sente que precisa de alguém sob o comando dele para cuidar do programa de implosão."

Sentindo-se menosprezado, Teller espalhou rumores de que estava pensando em abandonar Los Alamos. Ninguém teria ficado surpreso se Oppenheimer o tivesse liberado. Todos consideravam Teller uma *"prima donna"* — Bob Serber o chamava de "desastre para qualquer organização".[23] No entanto, em vez de demiti-lo, Oppenheimer deu a Teller o que ele queria: liberdade para explorar a viabilidade de uma bomba termonuclear. Oppie até concordou em dar a ele uma hora de seu precioso tempo, uma vez por semana, só para conversar sobre o que o húngaro tivesse na cabeça.

Nem mesmo esse gesto extraordinário satisfez Teller, que achou que o amigo tinha se tornado um "político". Os colegas de Oppie se perguntavam por que ele se preocupava com Teller. Peierls considerava o húngaro "um tanto extravagante — ele é capaz de defender uma ideia por um tempo, para maia adiante ela acabar se revelando um absurdo". Oppenheimer podia ser impaciente com os tolos, mas tinha plena consciência de que Teller não era nenhum tolo. Ele o tolerava porque, no fim, poderia contribuir em alguma coisa para o projeto. Quando mais tarde, naquele verão, organizou uma recepção para o principal representante de Churchill, Lord Cherwell (Frederic A. Lindemann), Oppie percebeu que inadvertidamente deixara Rudolf Peierls fora da lista de convidados. No dia seguinte, desculpou-se com Peierls e gracejou: "Poderia ter sido pior. Poderia ter sido Teller."[24]

EM DEZEMBRO DE 1944, Oppenheimer insistiu que Rabi fizesse outra visita a Los Alamos. "Caro Rab", escreveu ele, "já faz algum tempo que andamos nos perguntando quando você poderia vir nos visitar novamente. As crises aqui são tão permanentes que, do nosso ponto de vista, é difícil achar o melhor ou o pior momento".[25] Rabi acabara de receber o prêmio Nobel de Física em reconhecimento ao "seu método de ressonância para registrar as propriedades magnéticas dos núcleos atômicos". Oppie enviou-lhe congratulações: "É bom ver o prêmio ser dado a um homem que está saindo da adolescência, e não começando a entrar nela."

Atolado em tarefas administrativas, Oppenheimer ainda encontrava tempo para escrever ocasionalmente uma carta pessoal. Na primavera de 1944, escreveu para uma família de refugiados alemães cuja fuga da Europa havia sido facilitada por ele. Eram completos estranhos, mas em 1940 Oppie dera à família Meyers — uma mãe com quatro filhas — uma quantia em dinheiro para que pagasse as despesas de viagem rumo aos Estados Unidos. Quatro anos depois, as Meyers devolveram o dinheiro a Oppenheimer e orgulhosamente informaram que tinham se tornado cidadãs norte-americanas. Ele escreveu de volta para dizer que entendia o "orgulho" que sentiam, e lhes agradeceu pelo dinheiro: "Espero que não tenha sido difícil para vocês." E então se ofereceu para lhes devolver o dinheiro caso tivessem necessidade.[26] (Anos depois, uma das filhas escreveu com gratidão: "[Em] 1940 você nos trouxe para cá e salvou nossa vida"). Para Oppenheimer, o resgate da família Meyers do regime nazista foi importante sob diversos aspectos. Em primeiro lugar, mostrava uma face politicamente não controversa de seu ativismo antifascista — e era uma sensação muito boa. Em segundo lugar, ainda que fosse um pequeno gesto de generosidade, serviu como um profundo e bem-vindo lembrete de por que estava correndo para construir uma arma terrível

E ele de fato estava correndo. A inquietação fazia parte do caráter dele — ou assim pensava Freeman Dyson, um jovem físico que veio a conhecer e admirar Oppenheimer depois da guerra. Dyson, no entanto, também via na inquietação a falha trágica de Oppie: "A inquietação o levou à sua realização suprema, o cumprimento da missão de Los Alamos, sem pausa para descanso ou reflexão."

"Só um homem fez essa pausa", escreveu Dyson.[27] Esse homem era Joseph Rotblat, de Liverpool. Físico polonês, Rotblat ficara ilhado na Inglaterra quando a guerra irrompeu. Então, foi recrutado por James Chadwick para o projeto britânico da bomba, e no começo de 1944 viu-se em Los Alamos. Certa noite, em março de 1944, Rotblat experimentou um "desagradável choque". O general Groves foi jantar com Chadwick e, no decorrer de uma conversa casual à mesa de jantar, disse: "Você percebe, é claro, que o principal objetivo desse projeto é dominar os russos." Rotblat ficou perplexo.[28] Não tinha ilusões a respeito de Stálin — o ditador soviético, afinal, invadira sua querida Polônia. Milhares de russos, porém, estavam morrendo todos os dias na frente oriental, e Rotblat experimentou um sentimento de traição. "Até então eu pensava que o nosso trabalho fosse impedir uma vitória nazista", escreveu ele depois, "e agora me diziam que a arma que estávamos construindo seria dirigida contra o povo que estava fazendo sacrifícios extremos para esse objetivo".[29] No fim de 1944, seis meses depois do desembarque dos Aliados nas praias da Normandia, estava claro que a guerra na Europa logo estaria terminada. Rotblat não via sentido em continuar trabalhando numa arma que não era mais necessária para derrotar os alemães.* Depois de dar adeus a Oppenheimer numa festa de despedida, partiu de Los Alamos em 8 de dezembro de 1944.

NO OUTONO DE 1944, os soviéticos receberam o primeiro de muitos relatórios de inteligência diretamente de Los Alamos. Os espiões que passaram despercebidos pela contrainteligência do Exército incluíam Klaus Fuchs, um físico alemão com cidadania britânica, e Ted Hall, um jovem de 19 anos, precocemente brilhante, com um diploma de física obtido em Harvard. Hall chegou a Los Alamos no fim de janeiro de 1944, enquanto Fuchs veio em agosto, a fim de integrar a equipe britânica sob o comando de Rudolf Peierls.

Fuchs, nascido em 1911, foi criado numa família quacre alemã. Estudioso e idealista, entrou para o Partido Socialista Alemão enquanto estudava na Universidade de Leipzig, em 1931 — mesmo ano em que a mãe cometeu suicídio. Em 1932, alarmado com a crescente força política dos nazistas, Fuchs rompeu com os socialistas e ingressou no Partido Comunista, que era o que mais ativamente resistia a Hitler. Em julho de 1933, fugiu da Alemanha e se tornou refugiado político na Inglaterra. Nos anos seguintes, a família foi dizimada pelo regime nazista. O irmão fugiu para a Suíça, deixando para trás esposa e filho, que posteriormente morreram num campo de concentração. O pai foi encarcerado por "agitação contra o governo"[30] e, em 1936, a irmã, Elizabeth, se matou após o marido ter sido preso e enviado para um campo de concentração. Fuchs tinha todos os motivos para odiar os nazistas.

Em 1937, depois de obter o doutorado em física em Bristol, Fuchs ganhou uma bolsa de pós-graduação para trabalhar com um ex-professor de Oppenheimer, Max Born, que na época lecionava em Edimburgo. Após o início da guerra, Fuchs foi internado no Canadá como estrangeiro inimigo, e o professor Born ajudou na soltura do jovem físico com o argumento de que Fuchs estava "entre os dois ou três físicos teóricos mais talentosos da nova geração".[31] Ele e milhares de refugiados alemães antinazistas foram libertados no fim de 1940, e Fuchs obteve permissão para voltar ao trabalho na Inglaterra. Embora o Ministério do Interior britânico soubesse tudo sobre o passado comunista de Fuchs, na primavera de 1941 ele estava trabalhando com Peierls e outros cientistas britânicos no altamente sigiloso projeto Tube Alloys. Em junho de 1942, Fuchs recebeu a cidadania britânica — àquela altura, já estava transmitindo informações para os soviéticos sobre o programa atômico.

Quando Fuchs chegou a Los Alamos, nem Oppenheimer nem qualquer outra pessoa suspeitava de que se tratasse de um espião soviético. Depois que ele foi preso, em 1950, Oppie disse ao FBI que achava Fuchs um democrata cristão, não um "político fanático". Bethe considerava Fuchs um dos melhores homens da divisão que ele di-

---

* Em 1995, Joseph Rotblat recebeu o prêmio Nobel da Paz pelo trabalho voltado para o desarmamento nuclear.

rigia. "Se ele era um espião", disse ao FBI, "desempenhou o papel magnificamente. Trabalhava dia e noite. Era solteiro e não tinha nada melhor para fazer, além de ter contribuído enormemente para o sucesso do projeto de Los Alamos".[32] Ao longo do ano seguinte, Fuchs transmitiu aos soviéticos detalhados informes sobre os problemas e as vantagens da bomba de implosão. Não sabia que os soviéticos estavam recebendo confirmação dessas informações de outro residente em Los Alamos.

Em setembro de 1944, Ted Hall estava trabalhando nos testes de calibração necessários para o desenvolvimento de uma bomba de implosão. Oppenheimer ouvira dizer que se tratava de um dos melhores jovens técnicos em Los Alamos para esse tipo de trabalho.[33] Um homem brilhante, naquele outono Hall estava sentado à beira de um precipício intelectual. De perspectiva socialista e admirador da União Soviética, ele ainda não era um comunista formal e tampouco estava decepcionado ou insatisfeito com o trabalho que fazia ou com a presente situação de vida. Ninguém o recrutou. Entretanto, ao longo de todo aquele ano, ouvira os cientistas "mais velhos" — homens de 20 ou 30 e poucos anos — falando sobre o medo de uma corrida armamentista após a guerra. Em certa ocasião, sentado à mesa de jantar na Hospedaria Fuller com Niels Bohr, ele ouviu as preocupações do físico dinamarquês sobre um "mundo aberto". Atento à conclusão de Bohr de que um monopólio nuclear dos Estados Unidos após a guerra poderia levar a outro confronto bélico, em outubro de 1944 Hall decidiu agir: "Convenci-me de que um monopólio americano seria perigoso e deveria ser evitado. E não fui o único cientista a pensar dessa forma."[34]

Durante uma folga de catorze dias de Los Alamos, Hall embarcou num trem para Nova York, entrou num escritório comercial soviético e entregou a um oficial um relatório manuscrito sobre Los Alamos, no qual descrevia o propósito do laboratório e listava os nomes dos principais cientistas que trabalhavam no programa atômico. Nos meses que se seguiram, Hall conseguiu transmitir aos soviéticos muitas informações adicionais, inclusive sobre o projeto da bomba de implosão. Hall era o perfeito espião "voluntário", uma vez que não precisava de nada nem esperava coisa alguma. O único propósito que o movia era o de "salvar o mundo"[35] de uma guerra nuclear que ele acreditava ser inevitável se os Estados Unidos saíssem do confronto com um monopólio atômico.

Oppenheimer não tinha nenhum conhecimento das atividades de espionagem de Hall. Sabia, porém, que um grupo de vinte e poucos cientistas, alguns dos quais na função de chefe, tinham começado a se reunir informalmente uma vez por mês para falar sobre guerra, política e futuro. "Essas reuniões costumavam acontecer à noite", recordou Rotblat, "geralmente na casa de pessoas como os Teller, que tivessem aposentos grandes o suficiente. Os cientistas se reuniam para discutir o futuro da Europa e do mundo".[36] Entre outros assuntos, falavam sobre a exclusão dos cientistas soviéticos do projeto. De acordo com Rotblat, Oppenheimer compareceu a pelo menos uma dessas reuniões, e Rotblat disse depois: "Sempre achei que ele fosse uma alma irmã, no sentido de que tínhamos a mesma abordagem humanitária dos problemas."

NO FIM DE 1944, vários cientistas em Los Alamos começaram a manifestar escrúpulos éticos sobre o contínuo desenvolvimento do "dispositivo". Robert Wilson, então chefe do laboratório de física experimental, tinha "discussões bastante longas com Oppie sobre como o dispositivo poderia ser usado".[37] Ainda havia neve no chão quando Wilson foi até Oppenheimer e lhe propôs uma reunião formal para discutir o assunto de maneira mais extensa. "Ele tentou me convencer a desistir da reunião", lembrou Wilson tempos depois, "disse que eu entraria em apuros com o G-2, o pessoal da segurança".

Apesar do respeito — até mesmo reverência — por Oppie, Wilson considerou o argumento descabido. Pensou consigo mesmo: "Tudo bem. E daí? Quer dizer, se você é um verdadeiro pacifista não vai se preocupar em ser jogado na cadeia, ou seja lá o que eles possam fazer — ter o salário reduzido ou coisas horríveis do tipo."[38] Assim, Wilson disse a Oppenheimer que este não o havia convencido a desistir de ter pelo menos uma discussão aberta sobre a questão, obviamente de grande importância. Em seguida, colou avisos por todo o laboratório para anunciar uma reunião pública com o propósito de discutir "O impacto do dispositivo sobre a civilização". Escolheu esse título porque anteriormente, em Princeton, "um pouquinho antes de virmos para cá, houve muitas conversas hipócritas sobre o 'impacto' de outra coisa, sempre com discussões muito eruditas".

Para surpresa de Wilson, Oppie apareceu na noite marcada e ouviu a discussão. Mais tarde, o chefe do laboratório de física experimental disse que havia cerca de vinte pessoas presentes, inclusive físicos mais velhos como Vicki Weisskopf. A reunião aconteceu no mesmo prédio que abrigava o cíclotron. "Lembro que fazia muito frio no prédio", contou Wilson. "Tivemos de fato uma discussão bastante intensa sobre o motivo de continuarmos a projetar uma bomba depois que a guerra tinha sido [praticamente] vencida."[39]

Essa pode não ter sido a única ocasião em que a moralidade e as implicações políticas de uma bomba atômica foram discutidas. Um jovem físico que trabalhava em técnicas de implosão, Louis Rosen se recordou de um concorrido colóquio diurno realizado num velho anfiteatro. Oppenheimer foi o orador e, segundo Rosen, o tópico era "se o país está fazendo a coisa certa em usar esta arma contra seres vivos".[40] Ao que parece, Oppie argumentou que, como cientistas, eles não tinham direito, não mais do que qualquer outro cidadão, a uma voz mais elevada no que dizia respeito a determinar o destino do dispositivo. "Ele era um homem muito eloquente e persuasivo", disse Rosen. O químico Joseph O. Hirschfelder recordou-se de uma discussão similar na pequena capela de madeira de Los Alamos, durante uma tempestade de raios numa fria manhã de domingo no começo de 1945. Na ocasião, Oppenheimer argumentou com sua habitual eloquência que, embora estivessem todos destinados a viver em perpétuo medo, a bomba poderia também acabar com todas as guerras.[41] Essa esperança, fazendo eco às palavras de Bohr, foi persuasiva para muitos dos cientistas ali reunidos.

Não foram feitos registros oficiais dessas delicadas discussões. Assim, são as lembranças que prevalecem. O relato de Robert Wilson é o mais vívido — e aqueles que o conheceram sempre o consideraram um homem de integridade singular. Passado um tempo, Victor Weisskopf recordou ter tido discussões políticas sobre a bomba em várias ocasiões com Willy Higinbotham, Robert Wilson, Hans Bethe, David Hawkins, Phil Morrison e William Woodward, entre outros. Weisskopf lembrou que a expectativa do fim da guerra na Europa "nos levou a pensar mais intensamente sobre o futuro do mundo".[42] No começo, eles simplesmente se encontravam no apartamento de alguém e refletiam sobre questões como "O que essa arma terrível vai fazer com o mundo? Estamos fazendo algo bom ou ruim? Será que não devemos nos preocupar com a maneira como vai ser usada?". Pouco a pouco, essas discussões informais foram ganhando caráter formal. "Tentamos organizar reuniões em algumas salas de palestras", disse Weisskopf, "e então nos deparamos com uma oposição. Oppenheimer foi contra. Disse que não era tarefa nossa, que aquilo era política e não devíamos fazer isso". Weisskopf recordou uma reunião em março de 1945, com a presença de quarenta cientistas, para discutir a questão da "bomba atômica na política mundial". Mais uma vez, Oppenheimer tentou desencorajar a participação. "Ele achava que não devíamos nos envolver em nada que dissesse respeito ao uso da bomba." Todavia, contrariando as lembranças de Wilson, Weisskopf tempos depois escreveu que "a ideia de me demitir jamais me passou pela cabeça".[43]

Wilson acreditava que a imagem de Oppenheimer teria ficado muito mal se ele tivesse resolvido não aparecer. "Se você é o diretor, é meio como um general. Às vezes, precisa estar à frente das tropas, às vezes na retaguarda. De qualquer modo, ele veio e apresentou argumentos muito persuasivos, que me convenceram."[44] Wilson queria ser convencido. Como naquele momento parecia estar bastante evidente que o dispositivo não seria usado contra os alemães, ele e vários outros na sala tinham muitas dúvidas e poucas respostas. "Pensei que estávamos combatendo os nazistas", disse Wilson, "não particularmente os japoneses". Ninguém achava que os japoneses tivessem um programa atômico.

Quando Oppenheimer se apresentou e começou a falar no seu característico tom de voz macio, todos escutaram em absoluto silêncio.[45] Wilson disse que Oppie "dominou" a discussão. O principal argumento dele se baseava na visão de "abertura" de Bohr. A guerra, argumentou ele, não deveria terminar sem que o mundo tivesse conhecimento dessa nova arma primordial. O pior resultado seria se o dispositivo permanecesse um segredo militar. Se isso acontecesse, então a próxima guerra seria quase certamente travada com armas atômicas. Eles precisavam seguir trabalhando, explicou, até o ponto em que o dispositivo pudesse ser testado.[46] Oppenheimer ressaltou que as Nações Unidas deveriam fazer a reunião inaugural em abril de 1945 — por isso era importante que os delegados começassem suas deliberações sobre o mundo pós-guerra sabedores de que a humanidade inventara essas armas de destruição em massa.

"Achei que o argumento era muito bom", disse Wilson.[47] Bohr e o próprio Oppenheimer já vinham falando havia algum tempo sobre como o dispositivo mudaria o mundo. Os cientistas sabiam que ele forçaria a uma redefinição de toda a ideia de soberania nacional. Tinham fé em Franklin Roosevelt e acreditavam que ele estava instituindo as Nações Unidas justamente para abordar esse dilema. Nas palavras de Wilson, "haveria áreas em que não existiria soberania — a soberania existiria nas Nações Unidas. Seria o fim de guerra tal como a conhecíamos, foi essa a promessa feita. E foi por isso que continuei trabalhando no projeto".

Para surpresa de ninguém, Oppenheimer prevalecera ao argumentar que a guerra não podia terminar sem que o mundo conhecesse o terrível segredo de Los Alamos. Foi um momento de definição para todos. A lógica de Bohr era particularmente convincente para os colegas cientistas de Oppenheimer. Assim como o carismático sujeito de pé diante deles. Nas lembranças de Wilson, "minha impressão a respeito de Oppenheimer naquela época era a de que se tratava de um homem angelical, sincero e honesto, incapaz de fazer qualquer coisa de errado. [...] Eu acreditava nele".[48]

22

"Agora somos todos filhos da puta"

Roosevelt foi um grande arquiteto. Quem sabe Truman possa ser um bom carpinteiro.
ROBERT OPPENHEIMER

NA TARDE DE QUINTA-FEIRA, 12 de abril de 1945 — apenas dois anos após a abertura do laboratório —, subitamente se espalhou a notícia da morte de Franklin Roosevelt. O trabalho foi suspenso e Oppenheimer pediu a todos que se reunissem junto ao mastro da bandeira perto do prédio da administração para um anúncio formal. Organizou então um serviço memorial para aquele domingo. "A manhã de domingo encontrou o planalto mergulhado em profunda tristeza", escreveu passado um tempo Phil Morrison.[1] "Uma nevasca na noite anterior havia coberto a cidadezinha, silenciando os negócios e homogeneizando a paisagem numa brancura macia, sobre a qual brilhava um sol claro, lançando sombras azul-escuras por trás de cada muro. Não era uma atmosfera de luto, mas parecia reconhecer algo de que precisávamos, um gesto de consolação. Todo mundo foi para o anfiteatro, onde Oppie falou em voz baixa por dois ou três minutos, expressando o sentimento de nosso coração."

Oppenheimer redigira um tributo fúnebre de três breves parágrafos. "Temos vivido anos de muita maldade e grande terror", disse.[2] E, ao longo desse período, Franklin Roosevelt tem sido, "num sentido antigo e não pervertido, o nosso líder". De maneira característica, Oppenheimer voltou-se para o *Bhagavad-Gita*: "O homem é uma criatura cuja substância é a fé. O que a fé é, ele é também." Roosevelt havia inspirado milhões ao redor do globo, fazendo-os acreditar que os terríveis sacrifícios da guerra resultariam num "mundo mais propício a ser habitado pelo homem". Por esta razão, Oppenheimer concluiu, "devemos nos dedicar à esperança de que sua boa obra não chegue ao fim com sua morte".

Oppie ainda nutria a esperança de que Roosevelt e seus homens tivessem aprendido com Bohr que a formidável arma que estavam construindo exigiria uma abertura nova e radical. "Bem", disse ele depois a David Hawkins. "Roosevelt foi um grande arquiteto. Quem sabe Truman possa ser um bom carpinteiro."[3]

* * *

QUANDO HARRY TRUMAN SE mudou para a Casa Branca, a guerra na Europa estava quase vencida, mas o confronto no Pacífico chegava ao clímax mais sangrento. Na noite de 9 de março de 1945, 334 bombardeiros B-29 despejaram toneladas de gasolina gelatinosa — napalm — e explosivos sobre Tóquio. A tempestade de fogo daí resultante matou cerca de 100 mil pessoas e queimou completamente uma área de mais de quarenta quilômetros quadrados da cidade.[4] Os bombardeios aéreos continuaram pelos meses seguintes, e, em julho de 1945, todas as principais cidades japonesas, com exceção de cinco, haviam sido destruídas, vitimando centenas de milhares de civis japoneses. Era uma guerra total, um ataque que visava a destruir toda a nação, e não apenas alvos militares.

Os bombardeios não eram segredo para ninguém. Os norte-americanos liam sobre os ataques nos jornais. Os mais ponderados entendiam que o bombardeio estratégico de cidades levantava profundas questões éticas. "Lembro-me do sr. Stimson [o secretário da Guerra] me dizer que achava estarrecedor não haver protestos contra os ataques aéreos que estávamos conduzindo contra o Japão, que no caso de Tóquio levaram a um número extremamente alto de mortes", declarou tempos depois Oppenheimer. "Ele não disse que os bombardeios não deveriam prosseguir, mas achava que havia algo de errado com um país em que ninguém questionava uma coisa daquelas."[5]

Em 30 de abril de 1945, Adolf Hitler cometeu suicídio, e oito dias depois a Alemanha se rendeu. Ao ouvir a notícia, Emilio Segrè disse: "Levamos tempo demais."[6] Como quase todo mundo em Los Alamos, Segrè achava que derrotar Hitler era a única justificativa para trabalhar no "dispositivo". "Agora que a bomba não podia ser usada contra os nazistas, surgiram dúvidas", escreveu ele em suas memórias. "Essas dúvidas, mesmo que não constassem em relatórios oficiais, foram debatidas em muitas discussões privadas."

NO MET LAB, o Laboratório de Metalurgia da Universidade de Chicago, Leo Szilard estava frenético. O peripatético físico sabia que o tempo estava acabando. As bombas atômicas logo estariam prontas e ele esperava que fossem usadas em cidades japonesas. Tendo sido o primeiro a insistir com o presidente Roosevelt na criação de um programa atômico, ele fazia então repetidas tentativas de impedir o uso dos artefatos. Primeiro, redigiu um memorando a Roosevelt — introduzido por uma carta de Einstein — no qual advertia o presidente de que "nossa 'demonstração' atômica precipitará"[7] uma corrida armamentista com os soviéticos. Como Roosevelt morreu antes que pudessem ter um encontro, Szilard conseguiu marcar uma reunião com o novo presidente, Harry Truman, em 25 de maio. Nesse ínterim, decidiu escrever para Oppenheimer, advertindo-o de que "se uma corrida para produzir bombas atômicas se tornar inevitável, não podemos esperar boas perspectivas para os Estados Unidos". Na ausência de uma política clara para evitar essa corrida armamentista, escreveu Szilard, "duvido que seja sensato mostrar nossa mão usando bombas atômicas contra os japoneses". Ele tinha escutado os que defendiam o uso da bomba, mas os argumentos apresentados "não eram suficientemente fortes para dirimir minhas dúvidas". Oppie não respondeu.

Em 25 de maio, Szilard e dois colegas — Walter Bartky, da Universidade de Chicago, e Harold Urey, da Universidade Columbia — apareceram na Casa Branca, mas foram informados de que Truman os encaminhara para James F. Byrnes, que em breve seria nomeado secretário de Estado. Obedientemente, seguiram até a residência de Byrnes em Spartanburg, na Carolina do Sul, para uma reunião que se mostrou no mínimo improdutiva. Quando Szilard explicou que o uso de uma bomba atômica contra o Japão arriscava a transformar a União Soviética numa potência atômica, Byrnes interrompeu: "O general Groves me diz que não há urânio na Rússia."[8] Não, retrucou Szilard, a União Soviética tinha urânio de sobra.

Byrnes então sugeriu que o uso da bomba atômica no Japão ajudaria a convencer a Rússia a retirar as tropas da Europa Oriental depois da guerra. Szilard ficou perplexo "com a premissa de que o lançamento da bomba pudesse tornar a Rússia mais manejável". "Bem", disse Byrnes, "você vem da Hungria — não iria querer que a Rússia ficasse lá indefinidamente". Isso apenas enfureceu Szilard, que depois escreveu: "Àquela altura eu estava preocupado que [...] pudéssemos dar início a uma corrida armamentista entre os Estados Unidos e a Rússia que terminaria com a destruição dos dois países. Naquele momento, não estava preocupado com o que aconteceria com a Hungria." Szilard deixou a reunião num estado de ânimo soturno. "Raras vezes fiquei tão deprimido quanto no dia em que saímos da casa de Byrnes e fomos a pé até a estação", escreveu.

De volta a Washington, Szilard fez outra tentativa de bloquear o uso da bomba. Em 30 de maio, ao ouvir que Oppenheimer estava na capital para uma reunião com Stimson, o secretário da Guerra, Szilard telefonou para o escritório do general Groves e conseguiu marcar um encontro com Oppenheimer naquela manhã. Apesar de considerá-lo um intrometido, Oppie decidiu que tinha que o ouvir.

"A bomba atômica é uma merda", disse Oppenheimer depois de ouvir os argumentos de Szilard.

"O que você quer dizer com isso?", indagou Szilard.

"Bem", respondeu Oppenheimer, "aí está uma arma sem importância militar alguma. Ela vai fazer um enorme barulho, sem dúvida, mas não é uma arma que possa ser útil numa guerra". Ao mesmo tempo, Oppie disse a Szilard que se a bomba fosse usada achava importante informar os russos sobre isso com antecedência. Szilard argumentou que o mero ato de contar a Stálin sobre a nova arma não impediria por si só uma corrida armamentista depois da guerra.

"Bem", insistiu Oppenheimer, "você acha que se contarmos aos russos o que pretendemos fazer, e então usarmos a bomba no Japão, eles não vão entender?".

"Eles vão entender bem demais", respondeu o físico húngaro.

Mais uma vez Szilard saiu da reunião desolado, pois sabia que sua terceira tentativa de impedir o uso da bomba tinha fracassado. Nas semanas seguintes, ele trabalhou de maneira febril para estabelecer um registro público capaz de mostrar que pelo menos uma minoria sonora dos cientistas envolvidos no Projeto Manhattan havia se oposto ao uso da bomba sobre alvos civis.

No dia seguinte, 31 de maio, Oppenheimer participou de uma reunião crítica do chamado Comitê Interino de Stimson, um grupo de funcionários do governo reunido especificamente com o objetivo de assessorar o secretário da Guerra sobre o futuro da política atômica. Os membros do comitê, além de Stimson, incluíam Ralph A. Bard, secretário assistente da Marinha, o dr. Vannevar Bush, James F. Byrnes, William L. Clayton, os drs. Karl T. Compton e James B. Conant e George L. Harrison, o auxiliar de Stimson. Havia quatro cientistas presentes, que serviriam ao comitê como consultores científicos: Oppenheimer, Enrico Fermi, Arthur Compton e Ernest Lawrence. Também participaram da reunião naquele dia os generais George C. Marshall e Leslie Groves e dois assistentes de Stimson, Harvey H. Bundy e Arthur Page.

Stimson controlava a agenda — que não apontava nenhuma decisão sobre usar ou não a bomba contra o Japão. Essa era uma conclusão mais ou menos implícita. Como que para enfatizar esse ponto, Stimson começou a reunião dando uma explicação geral das responsabilidades para com o presidente no que dizia respeito a questões militares. Ninguém estava alheio ao fato de que o uso militar da bomba seria decidido exclusivamente pela Casa Branca, sem interferência alguma dos cientistas que nos últimos dois anos vinham se dedicando a construí-la. Stimson, entretanto, era um homem sensato, que prestara atenção às discussões sobre as implicações do uso de armas nucleares. Oppenheimer e os demais cientistas ficaram portanto tranquilizados ao ouvi-lo dizer que ele e outros membros do Comitê Interino não encaravam a bomba "apenas como uma nova arma, mas como uma revolucionária mudança nas relações do homem com o Universo". A bomba atômica poderia se tornar "um Frankenstein capaz de nos devorar a todos"[9] ou poderia garantir a paz mundial. A importância dela, em qualquer dos casos, "ia muito além das necessidades da presente guerra".

Stimson então mudou rapidamente a discussão para o desenvolvimento futuro das armas atômicas. Oppenheimer informou-o de que dentro de três anos seria possível produzir uma bomba com uma força explosiva de 10 a 100 milhões de toneladas de TNT. Lawrence entrou na discussão para recomendar que "fosse construído um estoque significativo de bombas e material bélico" — se Washington quisesse manter o país "na frente", era preciso gastar mais dinheiro na expansão de usinas nucleares. Inicialmente, as atas oficiais da reunião informam que Stimson declarou que todos haviam concordado com a proposta de Lawrence de construir um estoque tanto de armas quanto de usinas. E então começam a refletir a aparente ambivalência de Oppenheimer. Ele observou que o Projeto Manhattan tinha apenas "colhido os frutos de pesquisas anteriores" e instou Stimson categoricamente a permitir que a maioria dos cientistas, uma vez terminada a guerra, voltasse para as respectivas universidades e os respectivos laboratórios de pesquisa, a fim de "evitar a esterilidade" do trabalho em tempo de guerra.

Ao contrário de Lawrence, Oppenheimer não desejava que o Projeto Manhattan continuasse a dominar a investigação científica após a guerra. As palavras que proferira, dirigidas aos participantes da reunião em seu tom de voz caracteristicamente sussurrado, foram persuasivas para muitos na sala. Vannevar Bush interrompeu para dizer que "concordava com o dr. Oppenheimer que apenas um núcleo do quadro atual deveria ser retido, ao mesmo tempo que a maior quantidade possível de cientistas deveria ser liberada para pesquisas mais amplas e livres". Compton e Fermi — mas não Lawrence — manifestaram energicamente concordância com o que fora dito. Embora não tivesse explicitado o ponto, Oppenheimer usara de uma artimanha para descartar o argumento a favor de focalizar o trabalho depois da guerra em laboratórios de armamentos.

Quando Stimson perguntou sobre o potencial não militar do projeto, Oppenheimer mais uma vez dominou a discussão. Ressaltou que até aquele momento a "preocupação imediata havia sido reduzir a duração da guerra". Contudo, era preciso entender, disse, que o "conhecimento fundamental" sobre a física atômica estava "tão difundido pelo mundo" que ele julgava sensato que os Estados Unidos oferecessem um "livre intercâmbio de informações" sobre o desenvolvimento de usos pacíficos do átomo. Ecoando uma discussão que tivera com Szilard no dia anterior, Oppie acrescentou: "Se oferecêssemos um intercâmbio de informações antes do uso efetivo da bomba, nossa posição moral seria enormemente fortalecida."

Entendendo a deixa, Stimson passou a discutir as perspectivas para "uma política de autocontenção". Ele se referiu à possibilidade de se instituir uma organização internacional para garantir "completa liberdade científica". Talvez a bomba pudesse ser controlada no mundo pós-guerra por um "corpo internacional". Enquanto os cientistas na sala faziam meneios de aprovação, o até então calado general Marshall subitamente advertiu os participantes contra depositar demasiada fé na efetividade de um mecanismo de inspeção. A Rússia era, obviamente, a "preocupação primordial".

A estatura de Marshall era tamanha que não havia muitos homens dispostos a desafiar-lhe o julgamento. Oppenheimer, no entanto, tinha um objetivo — o objetivo de Bohr — e então, calma e vigorosamente, foi invertendo a opinião do general e conduziu-o para o ponto de vista dele. Quem é que sabia, perguntou ele, o que os russos estavam fazendo no campo das armas atômicas? De qualquer forma, Oppie "manifestou a esperança de que a fraternidade de interesses entre os cientistas ajudasse na solução". E ressaltou que "a Rússia sempre fora amiga da ciência". Talvez, sugeriu ele, os Estados Unidos devessem tentar iniciar discussões com a Rússia para explicar o que haviam desenvolvido "sem lhes dar quaisquer detalhes de nosso esforço produtivo".

"Poderíamos dizer que um grande esforço nacional foi colocado no projeto", declarou, "e expressar nossa esperança de cooperação com eles nesse campo."[10] Oppenheimer terminou dizendo que "sinto que não devemos prejulgar a atitude russa nessa questão".

De forma um tanto surpreendente, a declaração de Oppenheimer fez Marshall se levantar para uma detalhada defesa dos russos. As relações entre Moscou e Washington haviam sido marcadas por uma longa história de acusações e contra-acusações, disse ele. No entanto, "a maioria dessas alegações havia se mostrado infundada". Sobre a questão da bomba atômica, Marshall disse estar "certo de que não precisamos temer que os russos, caso tenham conhecimento do projeto, revelem a informação aos japoneses". Longe de tentar manter a bomba em segredo dos russos, Marshall "se perguntou se não seria desejável convidar dois cientistas russos proeminentes para assistir ao teste".

Oppenheimer deve ter ficado contente de ter ouvido essas palavras da boca do principal oficial militar do país. E deve também ter ficado logo desanimado ao ouvir James Byrnes, o representante pessoal de Truman no Comitê Interino, protestar vigorosamente ao dizer que, se isso acontecesse, temia que Stálin pedisse para participar do programa atômico. Nas entrelinhas do seco e duro registro oficial, um leitor cuidadoso pode discernir um debate. Vannevar Bush ressaltou que mesmo os britânicos "não têm nenhuma planta de nossas instalações industriais" e que os russos poderiam claramente receber mais informações sobre o projeto sem que lhes fossem fornecidos os planos de engenharia para a bomba. Na verdade, Oppenheimer e todos os cientistas na sala entendiam que essa informação não poderia permanecer em segredo por muito tempo. Inevitavelmente, a física da bomba logo seria conhecida pela maioria dos físicos.

Byrnes, porém, já estava começando a pensar na bomba como uma arma diplomática dos Estados Unidos. Atropelando de forma ríspida os argumentos de Oppenheimer e Marshall, o futuro secretário de Estado reforçou a posição de Lawrence, e insistiu que era preciso "seguir em frente com a maior rapidez possível em termos de produção e pesquisa [atômica], de modo a garantir que estivessem na frente dos russos, e ao mesmo tempo fazer todo o esforço necessário para melhorar nossas relações políticas com a Rússia". As atas registram que a opinião de Byrnes foi "de modo geral aceita por todos os presentes". Oppenheimer, e seguramente muitos outros na sala, no entanto, compreendia que não era possível correr para ficar "na frente" dos russos sem forçá-los a uma corrida armamentista com os Estados Unidos. Essa evidente contradição foi registrada no papel por Arthur Compton, que salientou a importância de manter a superioridade norte-americana mediante a "liberdade de pesquisa", e de alcançar ao mesmo tempo "um entendimento cooperativo" com a Rússia. Com essa conclusão ambígua, o comitê interrompeu a reunião às 13h15 para uma hora de almoço.

Durante o almoço, alguém levantou a questão do uso da bomba contra o Japão. Não há anotações do que foi dito, mas, quando a reunião formal foi reiniciada, o foco da discussão continuou sendo o efeito do bombardeio iminente. Stimson, sempre alerta para as implicações políticas de qualquer decisão, alterou a agenda dele próprio de modo a permitir que a discussão prosseguisse. Alguém comentou que o efeito de uma bomba atômica não seria maior do que o de alguns bombardeios aéreos desfechados contra cidades japonesas naquela primavera. Oppenheimer, ao que parece, concordou, mas acrescentou que "o efeito visual de uma bomba atômica seria tremendo. A explosão seria acompanhada por uma luminescência que se elevaria a uma altitude de 3 mil a 6 mil metros. O efeito dos nêutrons da explosão seria perigoso para a vida num raio de pelo menos um quilômetro".

"Vários tipos de alvos e os efeitos a serem produzidos" foram discutidos, e então o secretário Stimson resumiu o que parecia ser um consenso entre todos: o fato de "que não podemos dar qualquer tipo de aviso aos japoneses; que não podemos nos concentrar em áreas civis; e que devemos tentar causar uma profunda impressão psicológica no maior número possível de habitantes". Stimson disse concordar com a sugestão de Conant de "que o alvo mais desejável seria uma fábrica de armamentos vital com grande número de trabalhadores empregados e cercada de perto pelas casas dos mesmos". Assim, com esses delicados eufemismos, o presidente da Universidade Harvard escolheu civis como alvo da primeira bomba atômica do mundo.

Oppenheimer não manifestou discordância alguma com a escolha do alvo definido. Em vez disso, parece ter iniciado uma discussão sobre a possibilidade de lançar vários ataques simultâneos. Ele achava que bombardeios atômicos múltiplos "seriam viáveis". O general Groves vetou a ideia, e então se queixou de que, "desde a implementação, o programa esteve empestado de cientistas de discrição duvidosa e lealdade incerta". Groves tinha em mente o físico Leo Szilard, que, segundo acabara de saber, tentara agendar um encontro com Truman para persuadir o presidente a não usar a bomba. Depois dos comentários de Groves, as atas registram que "foi acordado" o seguinte: depois que a bomba fosse lançada, seriam tomadas providências para excluir esses cientistas do programa. Oppenheimer parece ter dado o consentimento, ainda que silenciosamente, a esse expurgo.

Por fim, alguém — muito provavelmente um dos cientistas — perguntou o que os cientistas deveriam dizer aos colegas sobre as deliberações do Comitê Interino. Foi acordado então que os quatro cientistas participantes deveriam "sentir-se à vontade para contar ao respectivo pessoal"[11] que haviam se reunido com um comitê presidido pelo secretário da Guerra e lhes fora dada "completa liberdade para apresentar as opiniões em qualquer fase do assunto". Com essa observação, a reunião foi interrompida às 16h15.

Oppenheimer desempenhou um papel ambíguo nessa crucial discussão. Por um lado, promoveu vigorosamente a ideia de Bohr de que os russos deveriam ser informados de imediato sobre a nova arma, chegando inclusive a convencer o general Marshall, até Byrnes fazer descarrilar a ideia. Por outro lado, ficou claro que julgou prudente permanecer calado quando o general Groves manifestou que tinha intenção de excluir cientistas dissidentes, como Szilard. Além disso, não ofereceu nenhuma alternativa, menos ainda qualquer crítica, à eufemística definição do proposto alvo "militar" — "uma fábrica de armamentos vital com grande número de trabalhadores empregados e cercada de perto pelas casas dos mesmos". Embora tenha argumentado claramente em favor de algumas das ideias de Bohr sobre a abertura, no fim não ganhara nada e aquiesceu em relação a tudo. Os soviéticos não seriam adequadamente informados sobre o Projeto Manhattan e a bomba seria lançada numa cidade japonesa sem aviso prévio.

NESSE MEIO-TEMPO, UM GRUPO de cientistas em Chicago, incentivados por Szilard, organizou um comitê informal para discutir as implicações sociais e políticas da bomba. No começo de junho de 1945, vários membros do comitê produziram um documento de doze páginas que veio a ser conhecido como Relatório Franck, assim intitulado com base no nome do presidente do comitê, o físico alemão James Franck, ganhador do Nobel. O documento concluía que um ataque atômico de surpresa ao Japão era desaconselhável de qualquer ponto de vista: "Pode ser muito difícil persuadir o mundo a acreditar que uma nação capaz de preparar em segredo e lançar de repente uma arma tão execrada quanto a bomba-foguete [alemã], só que um milhão de vezes mais destrutiva, deseja de fato ver tais armas abolidas por meio de um acordo internacional."[12] Os signatários recomendavam uma demonstração da nova arma diante de representantes das Nações Unidas, talvez numa região desértica ou numa ilha árida. Franck foi despachado com o relatório para Washington, onde foi informado, falsamente, de que Stimson estava fora da cidade. Truman jamais chegou a ver o Relatório Franck, uma vez que ele foi apropriado pelo Exército e classificado como confidencial.

Em contraste com o pessoal de Chicago, os cientistas em Los Alamos, que trabalhavam febrilmente para testar um protótipo da bomba de implosão de plutônio o mais rápido possível, tinham pouco tempo para pensar sobre de que maneira, ou até mesmo se seria recomendável, o "dispositivo" seria usado contra o Japão. Além disso, eles sentiam que podiam confiar em Oppenheimer. Conforme observou o biofísico Eugene Rabinowitch, do Met Lab, um dos sete signatários do Relatório Franck, os cientistas em Los Alamos compartilhavam o difundido "sentimento de que podemos confiar que Oppenheimer fará a coisa certa".[13]

Certo dia, Oppenheimer chamou Robert Wilson em seu escritório e explicou que era um dos consultores do Comitê Interino responsável por assessorar Stimson sobre o uso da bomba. Então, pediu a Wilson que desse suas opiniões. "Ele me deu algum tempo para pensar. [...] Quando voltei, disse a ele que sentia que a bomba não deveria ser usada e que os japoneses deveriam ser alertados a seu respeito de alguma maneira." Wilson ressaltou que em poucas semanas seria realizado um teste com a bomba. Por que não convidar os japoneses a enviar uma delegação de observadores para acompanhá-lo?

"Bem", respondeu Oppenheimer. "E se ela não explodir?"

"Eu me virei para ele friamente e disse: 'Bem, podemos matar todos eles'", recordou Wilson. E na mesma hora se arrependeu de ter dito "algo tão sanguinário".

Wilson, que era um pacifista, ficou lisonjeado por ter sido chamado a opinar, mas decepcionado porque as opiniões que dera não mudaram o pensamento de Oppie. "Em primeiro lugar, ele não precisava ter se dado o trabalho de falar comigo", disse.[14] "Estava claro, porém, que queria o conselho de alguém e gostava de mim, e eu também gostava muito dele."

Oppenheimer também conversou com Phil Morrison, um ex-aluno e, desde a transferência do Met Lab em Chicago, um dos amigos mais próximos em Los Alamos. Morrison recordou ter participado de um encontro da comissão de Groves, na primavera de 1945, encarregada de discutir possíveis alvos da bomba no Japão. Duas dessas reuniões aconteceram na sala de Oppenheimer em 10 e 11 de maio, e as atas oficiais registram que os participantes concordaram que o alvo deveria estar localizado "numa grande área urbana com mais de cinco quilômetros de diâmetro".[15] Eles chegaram até mesmo a discutir se deveriam focar no palácio do imperador, no centro de Tóquio. Morrison, que participou da reunião como perito técnico, lembrou-se de ter falado em favor de dar algum tipo de aviso formal aos japoneses, se uma demonstração prévia fosse impraticável: "Eu achava que até mesmo folhetos de aviso lançados de aviões teriam sido o suficiente."[16] Contudo, quando sugeriu a ideia, ela foi prontamente descartada por um oficial do Exército não identificado. "Se dermos algum aviso, eles virão atrás de nós e derrubarão nossos aviões", disse o oficial, em tom de desprezo. "Para você é muito fácil dizer isso, mas para mim não é nada fácil aceitar." Morrison não teve nenhum apoio de Oppenheimer para a posição que defendia.

"Para resumir as coisas", recordou ele muito tempo depois, "acabei passando por maus bocados. Fui excluído e impedido de fazer qualquer comentário sério. [...] Fui embora com a certeza de que não tinha nenhuma influência sobre o que iria acontecer". A recordação de Morrison foi confirmada por David Hawkins, que também estava na sala. "Morrison representava as preocupações de muitos de nós", escreveu Hawkins. "Ele propôs que fosse enviado um aviso aos japoneses [...] para lhes dar uma chance de proceder a uma evacuação. O oficial sentado diante dele —

nome desconhecido, ou esquecido — protestou veementemente e disse algo do tipo 'Eles viriam com tudo para cima de nós, e eu estaria naquele avião'."

EM MEADOS DE JUNHO, Oppenheimer convocou uma reunião do painel científico em Los Alamos — composto por ele próprio, Ernest Lawrence, Arthur Compton e Enrico Fermi — para discutir suas recomendações finais ao Comitê Interino. Os quatro cientistas tiveram uma livre discussão sobre o Relatório Franck, que Compton resumiu para todos. De especial interesse foi o chamado para uma demonstração não letal, mas dramática, do poder da bomba atômica. Oppenheimer foi ambivalente: "Apresentei minhas apreensões e argumentos [...] contra lançar [a bomba] [...] mas não as endossei", relatou ele tempos depois.[17]

Em 16 de junho de 1945, Oppenheimer assinou um curto memorando no qual sintetizou as recomendações do painel científico "sobre o uso imediato de armas nucleares". Endereçado ao secretário Stimson, era um documento problemático. O painel recomendava primeiramente que, antes de usar a bomba, Washington informasse a Grã-Bretanha, a Rússia, a França e a China acerca da existência das armas atômicas, e "aceitasse sugestões sobre como cooperar para fazer com que esse desenvolvimento contribua para a melhoria das relações internacionais". Em segundo lugar, o painel reportava que não havia unanimidade entre os cientistas sobre o uso inicial dessas armas. Alguns dos que as estavam construindo propunham como alternativa uma demonstração do "dispositivo". "Aqueles que advogam uma demonstração puramente técnica gostariam de proibir legalmente o uso, temendo que, se usarmos essas armas, nossa posição em futuras negociações será prejudicada." Embora sem dúvida sentisse que a maioria dos colegas em Los Alamos e no Met Lab de Chicago eram a favor dessa demonstração, Oppenheimer, naquele momento, colocava seu peso do lado daqueles que "enfatizam a oportunidade de salvar vidas americanas com o uso imediato da bomba".

Por quê? Estranhamente, o raciocínio de Oppenheimer era em essência tão bohriano quanto o dos que eram a favor de uma demonstração. Ele fora convencido de que o uso militar imediato da bomba acabaria de vez com todas as guerras. Explicou que alguns colegas de fato acreditavam que a utilização da bomba poderia "melhorar as perspectivas internacionais, uma vez que a maior preocupação é impedir a guerra e não eliminar essa arma específica. Nós nos consideramos mais próximos desta última opinião: não podemos propor nenhuma demonstração técnica com probabilidade de pôr fim à guerra; não vemos alternativa aceitável ao uso militar direto".

Tendo oferecido um endosso tão claro e inequívoco ao "uso militar", o painel não conseguiu chegar a uma conclusão sobre como definir "uso militar". Mais adiante, Compton informou a Groves que "não houve consenso entre os membros do painel a respeito de como unificar uma declaração sobre como ou em que condições tal uso deveria ser feito".[18] Oppenheimer terminava o memorando com uma curiosa retratação: "[Está] claro que nós, homens da ciência, não temos direitos de propriedade [...] nenhuma pretensão de competência especial para solucionar os problemas políticos, sociais e militares apresentados pelo advento do poder atômico." Era uma conclusão estranha — que Oppie logo viria a abandonar.

Havia muita coisa que Oppenheimer não sabia. Como ele relembrou tempos depois, "não sabíamos coisa alguma sobre a situação militar no Japão. Não sabíamos se eles podiam ser levados à rendição por outros meios ou se a invasão era realmente inevitável. Entretanto, no fundo, sabíamos que a invasão era inevitável, porque era isso que nos tinham dito".[19] Entre outras coisas, Oppenheimer não estava ciente de que a inteligência em Washington havia interceptado e decodificado mensagens do Japão as quais indicavam que o governo japonês entendia que a guerra estava perdida e vinha buscando termos de rendição aceitáveis.

Em 28 de maio, por exemplo, o secretário assistente da Guerra, John J. McCloy, instou Stimson a recomendar que o termo "rendição incondicional"[20] fosse retirado das exigências norte-americanas aos japoneses. Com base na leitura de telegramas japoneses interceptados e decodificados (codinome Magic), McCloy e muitos outros funcionários norte-americanos de alto escalão sabiam que membros-chave do governo de Tóquio estavam tentando encontrar uma maneira de pôr fim à guerra, em grande parte nos termos de Washington. No mesmo dia, o secretário de Estado em exercício, Joseph C. Grew, teve uma longa reunião com o presidente Truman e disse a ele o mesmo. Quaisquer que fossem os outros objetivos que tivessem, os funcionários do governo japonês tinham uma condição da qual não abriam mão, conforme Allen Dulles, então agente do Escritório de Serviços Estratégicos na Suíça, reportou a McCloy: "Eles querem conservar o imperador e a Constituição, pois temem que de outra forma uma rendição militar signifique apenas o colapso de toda a ordem e disciplina."[21]

Em 18 de junho, o chefe de gabinete de Truman, o almirante William D. Leahy, escreveu em seu diário: "No presente momento, creio que uma rendição japonesa pode ser arranjada em termos aceitáveis para o Japão."[22] No mesmo dia, McCloy disse ao presidente Truman que acreditava ser a posição militar japonesa tão precária que o fazia se perguntar "se precisamos da ajuda russa para derrotar o Japão".[23] Ele disse ainda que, antes que fosse tomada uma decisão final sobre invadir as ilhas centrais japonesas ou usar a bomba atômica, deveriam ser adotadas medidas políticas capazes de assegurar uma rendição japonesa completa. Os japoneses deveriam ser informados, disse ele, de que "não teriam permissão de manter o imperador nem escolher a forma de governo". Além disso, prosseguiu ele, "os japoneses devem ser informados de que dispomos de uma arma terrivelmente destrutiva que teremos de usar se eles não se renderem".

Segundo McCloy, Truman pareceu receptivo a essas sugestões.[24] A superioridade norte-americana era tamanha que, em 17 de julho, McCloy escreveu em seu diário: "O envio de um aviso agora os atingiria no momento *certo*. Provavelmente traria aquilo que esperamos — o encerramento bem-sucedido da guerra."[25]

Segundo o general Dwight Eisenhower, ao ser informado sobre a existência de uma bomba atômica na Conferência de Potsdam, em julho, ele disse a Stimson que achava o lançamento desnecessário, porque "os japoneses estavam prontos para se render, portanto não era preciso atingi-los com aquela coisa horrorosa".[26] Por fim, o próprio Truman parecia achar que os japoneses estavam muito próximos da capitulação. Em uma anotação em seu diário particular em 18 de julho de 1945, o presidente mencionou um telegrama recém-interceptado do imperador japonês ao emissário em Moscou como um "telegrama do imperador pedindo paz".[27] A correspondência dizia: "O único obstáculo para a paz é a rendição incondicional." Truman extraíra de Stálin a promessa de que a União Soviética declararia guerra aos japoneses em 15 de agosto — fato que ele e muitos de seus estrategistas militares acreditavam que seria decisivo. "Ele [Stálin] vai entrar na guerra contra o Japão em 15 de agosto", escreveu Truman em seu diário em 17 de julho. "Quando isso acontecer, será o fim dos japoneses."

Truman e os homens em seu entorno sabiam que a invasão inicial das ilhas japonesas não aconteceria antes de 1º de novembro de 1945 — a data mais próxima, na melhor das hipóteses. E quase todos os assessores do presidente acreditavam que a guerra estaria terminada antes disso. Ela seguramente chegaria ao fim com o choque de uma declaração de guerra soviética — ou com o tipo de abertura política aos japoneses que Grew, McCloy, Leahy e muitos outros imaginavam: uma revisão dos termos de rendição para deixar claro que os japoneses poderiam manter o imperador. Não obstante, Truman — e seu conselheiro mais próximo, o secretário de Estado James F. Byrnes — tinha decidido que o advento da bomba atômica lhes dava uma outra opção. Como Byrnes explicou posteriormente: "Sempre acreditei que era importante que a guerra acabasse antes da entrada dos russos."[28]

Sem uma revisão dos termos de rendição — medida à qual Byrnes se opunha, com base em motivos políticos domésticos —, a guerra só podia acabar antes de 15 de agosto com o uso da nova arma. Assim, em 18 de julho, Truman anotou no diário: "Acredito que os japoneses vão ceder antes da entrada da Rússia."[29] Por fim, em 3 de agosto, Walter Brown, assistente especial de Byrnes, escreveu em seu diário: "O presidente, Leahy e JFB [Byrnes] concordam que os japoneses desejam a paz. (Leahy tinha outro relatório do Pacífico.) O presidente teme que façam o pedido por meio da Rússia, em vez de um país como a Suécia."[30]

Isolado em Los Alamos, Oppenheimer não tinha nenhum conhecimento das interceptações da inteligência feitas pelo "Magic", nem do vigoroso debate entre o pessoal bem-informado de Washington a respeito dos termos de rendição do Japão, nem que a bomba atômica permitiria que os Estados Unidos encerrassem a guerra sem uma revisão dos termos de rendição incondicional e sem a intervenção soviética.[31]

Não é possível ter certeza de como Oppenheimer reagiria se fosse informado, na véspera do lançamento da bomba sobre Hiroshima, que o presidente *estava plenamente ciente* de que os japoneses "procuravam a paz" e que o uso militar das bombas atômicas era uma alternativa, não uma necessidade. Sabemos, contudo, que depois da guerra ele acreditou ter sido enganado, e isso lhe servia como um constante lembrete de que, dali em diante, tinha a obrigação de encarar com ceticismo o que os funcionários do governo lhe diziam.

DUAS SEMANAS DEPOIS DE OPPENHEIMER escrever o memorando de 16 de junho, no qual fazia um resumo das opiniões do painel científico, Edward Teller entrou na sala de Oppie com a cópia de uma petição que circulava pelas instalações do Projeto Manhattan. Redigida por Leo Szilard, a petição instava o presidente Truman a não usar bombas atômicas contra o Japão sem uma declaração pública dos termos da rendição: "Os Estados Unidos não devem recorrer ao uso de bombas atômicas nesta guerra a menos que os termos a serem impostos ao Japão tenham se tornados públicos em detalhe, e que o Japão, ciente desses termos, os tenha recusado."[32] Ao longo das semanas seguintes, a petição de Szilard foi assinada por 155 cientistas do Projeto Manhattan. Uma contrapetição foi assinada por apenas duas pessoas. Numa pesquisa independente do Exército, feita em 12 de julho de 1945 com 150 cientistas do projeto, 72% revelaram-se a favor de uma demonstração do poder da bomba e contra o uso militar dela sem aviso prévio. De todo modo, Oppenheimer manifestou verdadeira raiva quando Teller lhe mostrou a petição de Szilard. Segundo Teller, Oppie começou a depreciá-lo e menosprezar os colegas: "O que é que eles sabem sobre psicologia japonesa? Como podem julgar de que maneira se deve terminar a guerra?" Era melhor deixar esses julgamentos para homens como Stimson e o general Marshall. "Nossa conversa foi breve", escreveu Teller em suas memórias. "A maneira ríspida como ele falou de meus amigos próximos, a impaciência e a veemência demonstradas me causaram uma grande angústia. Contudo, aceitei prontamente a decisão."

Teller afirma em suas memórias que, em 1945, achava que usar a bomba sem uma demonstração ou aviso prévio "seria de conveniência incerta e moralidade deplorável".[33] No entanto, a resposta efetiva que enviou a Szilard em 2 de julho de 1945 mostra exatamente o contrário. "Não estou convencido de suas objeções [ao uso militar imediato da arma]", escreveu ele. O dispositivo era de fato uma arma "terrível", mas Teller achava que a única esperança para a humanidade era "convencer a todos de que a próxima guerra seria fatal. Para esse propósito, o uso efetivo da bomba pode até mesmo ser a melhor coisa". Em nenhum momento Teller deu qualquer indicação de que achava conveniente fazer uma demonstração, ou de que um aviso fosse necessário. "A casualidade de termos construído esse artefato assustador", escreveu ele a Szilard, "não nos dá o direito de decidir como ele deve ser usado".

Este, obviamente, foi um dos argumentos apresentados por Oppenheimer no memorando de 16 de junho para Stimson. Ele estava convencido de que não havia mais nada que precisasse ser feito pela comunidade científica.[34] E disse a Ralph Lapp e Edward Creutz, dois físicos em Los Alamos que haviam concordado em fazer circular a petição de Szilard, que, "uma vez que as pessoas aqui tiveram a oportunidade de expressar, por meio dele [Oppenheimer], as respectivas opiniões sobre tais assuntos, o método proposto [a petição] era um tanto redundante e provavelmente não muito satisfatório".[35] Oppie podia ser persuasivo. Creutz explicou a Szilard, num tom que beirava o apologético: "Por conta de seu [de Oppenheimer] tratamento franco e não peremptório da situação, eu gostaria de proceder conforme as sugestões dele." Oppie não enviaria a petição a Washington; em vez disso, ela seguiria pelos canais normais do Exército — e chegaria tarde demais.

Em tom depreciativo, Oppie informou Groves sobre a petição de Szilard: "A nota anexa [de Szilard a Creutz] é um incidente adicional na evolução dos fatos que sei que o senhor acompanhou com interesse."[36] O coronel Nichols, auxiliar de Groves, chamou o chefe no mesmo dia, e, no decorrer da discussão sobre a petição de Szilard, "Nichols perguntou por que não se livrar do leão [Szilard], e o general afirmou que não podia fazer isso no momento". Groves entendia que demitir ou prender Szilard incitaria uma revolta entre os demais cientistas. E, como Oppenheimer estava igualmente aborrecido com as atitudes do físico húngaro, Groves se sentia confiante de que o problema podia ser contido até a bomba estar pronta.

O VERÃO DE 1945 foi anormalmente quente e seco no planalto. Oppenheimer forçava os homens da Área Técnica a trabalhar mais horas, e todos pareciam estar no limite. Até mesmo a srta. Warner, isolada lá embaixo no vale, notou uma mudança: "Havia tensão e atividade acelerada no Morro. [...] As explosões pareceram aumentar e depois cessar."[37] Ela observava muito mais tráfego na estrada para o sul, em direção a Alamogordo.

A princípio, o general Groves se opôs à ideia de um teste da bomba de implosão, argumentando que o plutônio era tão escasso que nenhum grama devia ser desperdiçado. Oppenheimer o convenceu de que um teste em escala real era absolutamente necessário em razão da "incompletude de nosso conhecimento".[38] Sem um teste, disse ele a Groves, "o planejamento do uso do dispositivo em território inimigo terá que ser feito um tanto às cegas".[39]

Mais de um ano antes, na primavera de 1944, Oppie passara três dias e noites sacolejando num caminhão do Exército pelos secos e áridos vales do sul do Novo México, em busca de uma faixa de terra erma adequadamente isolada onde a bomba pudesse ser testada em segurança. Acompanhando-o estavam Kenneth Bainbridge, um físico experimental de Harvard, e diversos militares, inclusive o oficial de segurança de Los Alamos, capitão Peer de Silva. À noite, os homens dormiam na traseira do caminhão para evitar cascavéis. Silva posteriormente se lembrou de Oppenheimer deitado num saco de dormir, fitando as estrelas e recordando os dias de estudante em Göttingen. Para Oppie, foi uma rara oportunidade de saborear o deserto espartano que ele tanto amava. Várias expedições depois, Bainbridge, por fim, selecionou um local desértico cerca de cem quilômetros a noroeste de Alamogordo. Os espanhóis tinham batizado a área de "Jornada del Muerto".

Nessa região, o Exército demarcou uma área de cerca de mil quilômetros quadrados, desapropriou as terras de alguns poucos fazendeiros e começou a construir um laboratório de campo e robustos bunkers dos quais seria possível observar a primeira explosão de uma bomba atômica.[40] Oppenheimer apelidou o teste de "Trinity" — embora anos depois não soubesse com muita certeza por que escolhera esse nome. Lembrou-se apenas de maneira vaga que tinha em mente um poema de John Donne que começa com o verso "Batter my heart, three-person'd God" [Destroça meu coração, tríplice Deus].[41] Isso, porém, sugere que ele pode ter recorrido de novo ao *Bhagavad-Gita*; uma vez que o hinduísmo tem sua trindade em Brahma, o criador, Vishnu, o preservador, e Shiva, o destruidor.

TODOS ESTAVAM EXAUSTOS POR tantas horas de trabalho. Groves pedia pressa, não perfeição. A Phil Morrison foi dito que "uma data próxima de 10 de agosto era um prazo final misterioso que nós, encarregados do serviço técnico de aprontar a bomba, precisávamos cumprir a qualquer custo em termos de risco, dinheiro e política de bom desenvolvimento". (Esperava-se que Stálin entrasse na guerra do Pacífico o mais tardar até 15 de agosto.) "Sugeri ao general Groves algumas mudanças no desenho da bomba que teriam tornado mais eficiente o uso do material. [...] Ele as recusou, dizendo que ameaçavam a prontidão de disponibilidade", recordou Oppenheimer. O cronograma de Groves era guiado pela reunião do presidente Truman com Stálin e Churchill em Potsdam, em meados de julho. Oppenheimer depois declarou em seu depoimento nas audiências de segurança: "Acredito que estávamos sob incrível pressão para ter tudo pronto antes da reunião de Potsdam, e briguei com o general por um par de dias."[42] Groves queria uma bomba testada e viável nas mãos de Truman antes do fim da conferência. Mais cedo naquela primavera, Oppenheimer concordara com a data de 4 de julho — que logo se provou estar fora da realidade. No fim de junho, pressionado por Groves, Oppenheimer disse a seu pessoal que a data passara a ser 16 de julho, uma segunda-feira.[43]

Oppie havia delegado a supervisão dos preparativos para o teste a Ken Bainbridge, mas mandou o irmão, Frank, para servir como principal auxiliar administrativo do colega. Para felicidade de Robert, Frank chegara a Los Alamos no fim de maio, deixando Jackie e a filha de 5 anos, Judith, e o filho de 3 anos, Michael, em Berkeley.[44] Frank passara os primeiros anos da guerra trabalhando com Lawrence no Laboratório de Radiação. O FBI e a inteligência do Exército mantiveram cerrada vigilância sobre ele, mas Frank parecia ter seguido o conselho de Lawrence e abandonado as atividades políticas.[45]

Frank começou a acampar no local onde seria feito o teste no fim de maio de 1945. As condições eram espartanas, para dizer o mínimo. Os homens dormiam em tendas e faziam as necessidades num calor de quase quarenta graus. À medida que se aproximava a data-limite, Frank sentiu que seria prudente preparar-se para um desastre. "Passamos vários dias procurando rotas de fuga através do deserto", recordou ele, "e fazendo pequenos mapas para que todos pudessem ser evacuados."[46]

Na noite de 11 de julho de 1945, Robert Oppenheimer caminhou até a casa e se despediu de Kitty. Disse a ela que, se o teste fosse bem-sucedido, enviaria uma mensagem com o código "Pode trocar a roupa de cama".[47] Para dar sorte, ela lhe deu um trevo de quatro folhas do jardim que cultivava.

Dois dias antes da data programada para a Experiência Trinity, Oppie deu entrada no Hilton Hotel de Albuquerque. Estava acompanhado de Vannevar Bush, James Conant e outros funcionários do S-1 que tinham vindo de Washington para observar o teste. "Ele estava muito nervoso", recordou o químico Joseph O. Hirschfelder. E, como se já não houvesse apreensão suficiente, um teste de deflagração de última hora com os explosivos da implosão (sem o núcleo de plutônio) acabara de indicar que a bomba estava condenada ao fracasso. Todos começaram a questionar Kistiakowsky. "Oppenheimer estava tão emotivo", disse Kistiakowsky, "que apostei com ele um mês de salário contra 10 dólares que a carga de implosão funcionaria".[48] Naquela noite, num esforço para aliviar a tensão, Oppie recitou para Bush uma estrofe do *Gita* que traduzira do sânscrito:

Na batalha, na floresta, no precipício das montanhas
No grande mar escuro, em meio a lanças e flechas,
No sono, na confusão, nas profundezas da vergonha,
Defendem o homem os bons atos que ele praticou.[49]

Naquela noite, Robert dormiu apenas quatro horas, e o general Thomas Farrell, oficial executivo de Groves, que estava tentando dormir num beliche no quarto ao lado, o ouviu tossindo miseravelmente metade da noite. Naquele domingo, 15 de julho, Robert acordou exausto e ainda deprimido pela notícia do dia anterior. Tomou o café da manhã no refeitório do acampamento-base e recebeu um telefonema de Bethe informando que o teste de implosão só tinha falhado devido a circuitos queimados na fiação. Não havia razão para que o dispositivo real concebido por Kistiakowsky não funcionasse, disse Bethe. Aliviado, Oppenheimer voltou a atenção para o clima. Naquela manhã, o céu sobre a região estava claro, porém o meteorologista que o acompanhava, Jack Hubbard, lhe disse que os ventos estavam ganhando força. Falando ao telefone com Groves pouco antes de o general embarcar num voo da Califórnia para presenciar o teste, Oppie o advertiu: "O tempo está esquisito."[50]

No fim da tarde, com a chegada de nuvens de tempestade, Oppie foi até a torre do local de explosão para dar uma última olhada no "dispositivo". Sozinho, subiu na torre e inspecionou o artefato, um feio globo de metal dotado de terminais de detonação. Tudo parecia em ordem, e depois de inspecionar a paisagem ele desceu, voltou a seu veículo e dirigiu até o Rancho McDonald, onde os homens que haviam montado o dispositivo empacotavam os pertences dele. Um violento temporal estava se formando. De volta ao acampamento-base, Oppie conversou com Cyril Smith, um de seus metalurgistas mais graduados. Ele falou quase sem parar, jogando conversa fora sobre a família e a vida no planalto. A certa altura, a conversa tornou-se filosófica por um instante. Varrendo com o olhar o horizonte, que escurecia, Oppie murmurou: "Engraçado como as montanhas sempre inspiram nosso trabalho."[51] Para Smith, foi um momento — literalmente — de calma antes da tempestade que se anunciava.

Para aliviar a tensão, alguns cientistas organizaram uma roda de apostas, valendo 1 dólar, para predizer o tamanho da explosão.[52] Teller, como de hábito, apostou alto, colocando seu dólar em 45 mil toneladas de TNT; Oppenheimer apostou baixo, modestas 3 mil toneladas. Rabi botou seu dinheiro em 20 mil toneladas. E Fermi assustou alguns dos guardas do Exército ao fazer apostas paralelas de que a bomba incendiaria a atmosfera.

Naquela noite, os poucos cientistas que haviam conseguido dormir um pouco foram despertados por um extraordinário barulho. Como contou depois Frank Oppenheimer, "todos os sapos da área tinham se juntado num laguinho ao lado de onde o grupo estava e copularam e coaxaram a noite toda".[53] Oppenheimer ficou no refeitório do acampamento, alternando xícaras de café preto com cigarros que enrolava em sequência e fumava nervosamente. Por algum tempo, pegou um livro de Baudelaire e ficou sentado, quieto, lendo poesia. Àquela altura, a chuva castigava o telhado de zinco com um violento aguaceiro. Com relâmpagos cortando a escuridão do lado de fora, Fermi, temendo que os ventos da tempestade pudessem encharcá-los de chuva radioativa, disse ser a favor de um adiamento. "Pode ocorrer uma catástrofe", advertiu ele a Oppenheimer.[54]

Por sua vez, o principal meteorologista de Oppie lhe garantiu que a borrasca passaria antes do amanhecer. Hubbard recomendou apenas adiar a detonação das quatro para as cinco da manhã. Groves, agitado, andava de um lado para outro do refeitório. Não gostava de Hubbard e achava que ele estava "confuso e terrivelmente abalado"[55], por isso trouxera um meteorologista da Força Aérea do Exército. Não confiando nas garantias de Hubbard, o general se opunha vigorosamente a qualquer adiamento. Em determinado momento, puxou Oppenheimer de lado e listou as razões para que o teste fosse adiante. Ambos sabiam que estavam todos tão exaustos que qualquer adiamento significaria atrasar o teste em pelo menos dois ou três dias. Preocupado com a possibilidade de que alguns dos cientistas mais cautelosos o convencessem a adiar o teste, Groves levou Oppie até o centro de controle no Bunker Sul, a menos de dez quilômetros do local da explosão.[56]

Às 2h30 da madrugada, toda a área de teste estava sendo varrida por ventos de mais de cinquenta quilômetros por hora e ferozes aguaceiros, acompanhados de raios e trovões. Ainda assim, Jack Hubbard e sua pequena equipe previram que a tormenta chegaria ao fim antes do amanhecer. Do lado de fora do Bunker Sul, Oppenheimer e Groves andavam de um lado para outro e olhavam o céu minuto a minuto para ver se discerniam alguma mudança no tempo. Por volta das três da manhã, voltaram para dentro do bunker e conversaram. Nenhum dos dois aguentaria um atraso. "Se adiarmos", disse Oppie, "nunca vou conseguir que meu pessoal chegue de novo a esse clímax".[57] Groves foi ainda mais inflexível e disse que o teste precisava prosseguir. Por fim, eles anunciaram que a deflagração ocorreria às 5h30 e esperavam o melhor desfecho possível. Uma hora depois, o céu começou a clarear e o vento diminuiu. Às 5h10, a voz de Sam Allison, um físico de Chicago, ressoou através de um alto-falante do lado de fora do centro de controle: "Agora é zero menos vinte minutos."

RICHARD FEYNMAN ESTAVA PARADO a cerca de trinta quilômetros do local da explosão quando lhe entregaram um par de óculos escuros. Ele concluiu que não enxergaria nada através dos óculos, então em vez disso subiu na cabine de um caminhão estacionado de frente para Alamogordo. O para-brisa do caminhão lhe protegeria os olhos dos nocivos raios ultravioleta e ele poderia ver o efeito da explosão. Mesmo assim, teve o reflexo de se abaixar quando o horizonte se acendeu com um enorme clarão. Quando voltou a olhar para cima, viu uma luz branca se tornando amarela e então laranja: "Uma grande bola cor de laranja, de centro intensamente brilhante, começou a subir e oscilar, ficando um pouco preta ao redor das bordas, e então percebemos que era uma grande bola de fumaça com clarões no interior, o fogo saindo, o calor."[58] Um minuto e meio depois da explosão, Feynman por fim ouviu um enorme estrondo, seguido pelo ribombar de trovões produzidos pelo homem.

James Conant tinha esperado um clarão relativamente rápido. A luz branca, porém, preencheu de tal maneira o céu por um momento que ele achou que "algo tinha dado errado" e "o mundo inteiro estava pegando fogo".[59]

Bob Serber também estava a cerca de trinta quilômetros de distância, deitado com o rosto virado para baixo e segurando os óculos de proteção contra os olhos. "É claro", escreveu ele depois, "que justo na hora em que meu braço se cansou e abaixei os óculos por um segundo, a bomba explodiu. Fiquei completamente cego por causa do clarão." Ao recobrar a visão, trinta segundos depois, ele viu uma brilhante coluna violeta subindo até 5 mil ou 10 mil metros. "Pude sentir o calor no rosto, a cerca de trinta quilômetros de distância."[60]

Joe Hirschfelder, o químico encarregado de medir a emissão radioativa da explosão, mais tarde descreveu o momento: "De repente, a noite virou dia, e fez-se um brilho tremendo, e a temperatura fresca virou calor; a bola de fogo aos poucos passou de branca para amarela, depois vermelha, cresceu de tamanho e subiu ao céu; depois de uns cinco segundos a escuridão voltou, mas com o céu e o ar preenchidos por um brilho púrpura, como se estivéssemos cercados por uma aurora boreal. [...] Ficamos ali parados em reverência enquanto a onda de choque levantava nuvens de areia do deserto e logo passava por nós."[61]

Frank Oppenheimer estava ao lado do irmão quando o dispositivo explodiu.[62] Embora estivesse deitado no chão, "o primeiro clarão de luz penetrou e subiu do chão, atravessando nossas pálpebras. Ao levantarmos os olhos, vimos a bola de fogo e, um segundo depois, aquela nuvem pairando, como se não fosse deste mundo. Era muito brilhante e muito púrpura".[63] Frank pensou: "Talvez ela acabe cobrindo toda a área e nos envolva." Ele não esperava que o calor do brilho fosse tão intenso. Poucos segundos depois, o estrondo da explosão ressoou de um lado a outro sobre as montanhas. "Acho que o mais aterrorizante", recordou Frank, "foi aquela nuvem púrpura, preta de poeira radioativa, ali pendurada no céu, e a gente não sabia se ela ia subir ou planar em nossa direção".

O próprio Oppenheimer estava deitado com o rosto virado para o chão, na frente do bunker de controle, a cerca de dez quilômetros do ponto zero da explosão. Quando a contagem regressiva chegou à marca de dois minutos, ele murmurou: "Meu Deus, essas coisas são difíceis para o coração suportar."[64] Um general do Exército o observou de perto enquanto era iniciada a contagem regressiva final: "O dr. Oppenheimer [...] foi ficando cada vez mais tenso à medida que os segundos passavam. Mal conseguia respirar. [...] Nos últimos segundos, ele olhou diretamente em frente, e então, quando veio aquela tremenda explosão de luz, logo seguida pelo profundo rugir da explosão, a face dele relaxou numa expressão de tremendo alívio."[65]

Naturalmente, não sabemos o que se passou na mente de Oppenheimer nesses momentos seminais. "Acho que simplesmente dissemos: 'funcionou'", recordou Frank.[66]

Logo depois, Rabi viu Robert de longe. Algo no passo, a postura fácil de um homem no comando de seu destino, fez a pele de Rabi formigar: "Nunca vou me esquecer do jeito dele de andar, a maneira como ele desceu do carro. [...] o caminhar fazia lembrar *Matar ou morrer* [...] aquele tipo de andar empertigado. Ele tinha conseguido."[67]

Mais tarde naquela manhã, quando William L. Laurence, o repórter do *New York Times* escolhido por Groves para registrar o evento, se aproximou e pediu um comentário, conta-se que Oppenheimer descreveu as emoções que havia sentido em termos prosaicos. O efeito da explosão, disse ele, fora "aterrorizante" e "não inteiramente prazeroso". Depois de uma pausa, acrescentou: "Um monte de garotos ainda muito novos deverão a vida a ela."[68]

Oppenheimer disse tempos depois que, ao ver aquela nuvem de outro mundo em forma de cogumelo tomando conta dos céus acima do ponto zero, lembrou-se de versos do *Gita*. Num comentário para a NBC em 1965, ele recordou: "Sabíamos que o mundo não seria mais o mesmo. Alguns riram, alguns choraram. A maioria ficou em silêncio. Lembrei-me de um verso do *Bhagavad-Gita*, a escritura hindu, em que Vishnu tentava persuadir o príncipe de que ele deveria cumprir seu dever e, para impressioná-lo, assume sua forma multiarmada e diz: 'Agora eu me torno a morte, a destruidora de mundos.' Suponho que todos nós pensamos assim, de uma forma ou de outra."[69] Um amigo de Robert, Abraham Pais, certa vez sugeriu que essa citação soava como um dos "exageros sacerdotais"[70] de Oppie.*

O que quer que tenha passado pela mente de Oppenheimer, é certo que os homens ao redor dele sentiram uma indisfarçável euforia. Laurence descreveu o estado de espírito na matéria que escreveu: "A grande explosão veio cerca de cem segundos após o Grande Clarão — o primeiro choro de um mundo recém-nascido. E trouxe as silenciosas e imóveis silhuetas para a vida, dando a elas uma voz. Um grito estridente preencheu o ar. Os pequenos grupos até então parados, enraizados na terra como plantas do deserto, irromperam numa dança."[71] A dança durou apenas alguns segundos, e então os homens começaram a apertar-se as mãos, escreveu Laurence, "dando tapinhas nas costas uns dos outros, rindo como crianças felizes". Kistiakowsky, que fora lançado ao chão pela explosão, tomou Oppie nos braços e alegremente exigiu seus 10 dólares. Oppie puxou a carteira vazia e disse a Kisty que ele teria de esperar.[72] (Depois, em Los Alamos, Oppie realizou uma cerimônia na qual presenteou Kistiakowsky com uma nota autografada de 10 dólares.)

Ao deixar o centro de controle, Oppenheimer virou-se para apertar as mãos de Ken Bainbridge, que olhou dentro de seus olhos e murmurou: "Agora somos todos filhos da puta."[73] De volta ao acampamento-base, Oppie tomou um copo de conhaque com o irmão e o general Farrell. Então, segundo um historiador, telefonou para Los Alamos e pediu à secretária que transmitisse um recado a Kitty: "Diga que ela já pode trocar a roupa de cama."[74]

---

* Laurence, o repórter do *New York Times*, disse algum tempo depois que jamais esqueceria o "tremendo impacto" das palavras de Oppenheimer. No entanto, curiosamente, não usou as citações do *Gita* nas matérias para o jornal nem em seu livro de 1947, *Dawn over Zero: The Story of the Atomic Bomb*.[75] Um artigo de 1948 da revista *Time* usou a citação, e o próprio Laurence a publicou em seu livro de 1959, *Men and Atoms*, mas é possível que a tenha tirado de *Brighter Than a Thousand Suns*, livro de Robert Jungk publicado em 1958.

PARTE IV

23

"Aquelas pobres pessoas"

A poucos passos do desespero.
ROBERT OPPENHEIMER

APÓS O RETORNO A Los Alamos, todos pareciam em festa. Com sua exuberância habitual, Richard Feynman estava sentado na capota de um jipe batucando seus bongôs. "No entanto, me lembro de que um homem, Bob Wilson, estava sentado ali apenas se lamuriando", escreveu Feynman depois.
"Do que você está se lamentando?", perguntou Feynman.
"O que fizemos foi terrível", respondeu Wilson.
"Mas foi você quem começou tudo", retrucou Feynman, lembrando que fora Wilson quem o recrutara em Princeton. "Foi você que nos meteu nisso."
À exceção de Wilson, a euforia era de se esperar. Todos tinham ido a Los Alamos por um bom motivo. Todos haviam trabalhado muito para realizar uma tarefa difícil. O trabalho em si tornou-se satisfatório, e a impressionante realização em Alamogordo contagiou a todos com um avassalador sentimento de empolgação. Até mesmo Feynman, que tinha uma mente tão intensa, estava eufórico. Passado um tempo, porém, ele comentou sobre aquele momento: "Você para de pensar, sabe, simplesmente para de pensar." Bob Wilson parecia "o único naquele momento que ainda estava pensando nas coisas".
Mas Feynman estava enganado. Oppenheimer também estava pensando. Nos dias que se seguiram ao teste da bomba, o humor dele começou a mudar. Todos relaxavam um pouco após as longas horas passadas no laboratório. Eles sabiam que, depois do teste, o dispositivo se tornara uma arma, e armas eram controladas pelos militares. Anne Wilson, secretária de Oppenheimer, recordou uma série de reuniões com oficiais das Forças Armadas: "Estavam escolhendo alvos."[1] Oppenheimer sabia os nomes das cidades japonesas na lista de alvos potenciais — conhecimento que lhe gerava preocupações. "Robert começou a ficar muito quieto e pensativo", lembrou-se Wilson, "em parte porque sabia o que estava prestes a acontecer e em parte porque sabia o que isso significava".

Certo dia, pouco tempo depois do teste da bomba, Oppie surpreendeu Wilson com um comentário triste, até mesmo taciturno. "Ele estava começando a se sentir muito deprimido", disse Wilson. "Eu não sabia de outras pessoas que estivessem naquele estado de espírito, mas ele costumava vir caminhando de casa até a Área Técnica, e eu vinha dos alojamentos das enfermeiras, então em algum ponto no meio do caminho costumávamos nos esbarrar. Naquela manhã, ele estava de cachimbo na boca e falando sozinho: 'Aquelas pobres pessoas, aquelas pobres pessoas', referindo-se aos japoneses." E dizia isso com ar resignado, de quem tinha um conhecimento mortal.

Naquela mesma semana, porém, Oppenheimer trabalhou de maneira árdua para garantir que a bomba explodisse eficientemente em cima "daquelas pobres pessoas". Na noite de 23 de julho de 1945, reuniu-se com o general Thomas Farrell e um auxiliar, o tenente-coronel John F. Moynahan, dois oficiais seniores designados para supervisionar o trajeto do bombardeio sobre Hiroshima a partir da ilha de Tinian. Era uma noite fresca, clara e estrelada. Andando nervosamente de um lado para outro no escritório e fumando uma sucessão de cigarros, Oppenheimer queria se assegurar de que eles haviam entendido as precisas instruções que dera para levar a bomba até o alvo. O tenente-coronel Moynahan, um ex-jornalista, publicou um relato vívido daquela noite num folheto de 1946: "'Não permitam que a bomba seja lançada se houver nuvens ou nevoeiro', disse Oppenheimer. Ele foi enfático, estava tenso, eram os nervos dele que falavam. 'É preciso ver o alvo. Nada de bombardeios por radar, porque a bomba precisa ser lançada com confirmação visual.' Passos longos, pés virados para fora, outro cigarro. 'É claro que não há problema em verificar o local da queda com o radar, mas o lançamento exige confirmação visual.' Mais passos. 'Se lançarem a bomba à noite, deve haver lua, isso seria o mais recomendável. É claro que a bomba não deve ser lançada se houver chuva ou névoa. [...] Não deixem que a detonem de uma altitude muito elevada. O número afixado nela está correto. Não deixem que subam [mais], ou então o alvo não sofrerá muito dano'."[2]

As bombas atômicas cuja existência Oppenheimer havia possibilitado iam ser usadas. Contudo, ele disse para si mesmo que elas seriam usadas de modo a não deflagrar uma corrida armamentista com os soviéticos após a guerra. Pouco tempo depois do teste Trinity, ele ficou aliviado ao ouvir de Vannevar Bush que o Comitê Interino tinha aceitado por unanimidade suas recomendações de que os russos fossem claramente informados da bomba e do iminente uso que se faria dela contra o Japão. Ele presumiu que as discussões estivessem ocorrendo naquele exato momento em Potsdam, onde o presidente Truman estava reunido com Churchill e Stálin. E, mais tarde, ficou absolutamente estarrecido ao saber o que de fato havia ocorrido naquela conferência final das Três Grandes Potências. Em vez de uma discussão aberta e franca sobre a natureza da arma, o presidente norte-americano se limitara a fazer uma referência enigmática: "Em 24 de julho", Truman escreveu em suas memórias, "mencionei casualmente a Stálin que tínhamos uma nova arma de força destrutiva incomum. O premiê russo não demonstrou nenhum interesse especial. Limitou-se a dizer que estava contente em ouvir aquilo e esperava que fizéssemos 'bom uso dela contra os japoneses'". Isso estava muito longe das expectativas de Oppenheimer. Como escreveu depois a historiadora Alice Kimball Smith, "o que de fato ocorreu em Potsdam não passou de uma caricatura grotesca".[3]

EM 6 DE AGOSTO de 1945, exatamente às 8h14 da manhã, um bombardeiro B-29, o *Enola Gay*, assim batizado em homenagem à mãe do piloto Paul Tibbets, soltou uma bomba de urânio com deflagração do tipo "cano de canhão", não testada, sobre Hiroshima. John Manley estava em Washington naquele dia, aguardando ansiosamente por notícias. Oppenheimer o enviara à capital com uma missão: informá-lo sobre o lançamento da bomba. Após um atraso de cinco horas nas comunicações com a aeronave, Manley, por fim, recebeu um teletipo do capitão Parsons — o oficial encarregado de "armar a bomba" no *Enola Gay* — o qual dizia que "os efeitos visíveis eram maiores do que os do teste no Novo México".[4] Contudo, no momento em que Manley ia telefonar para Oppenheimer em Los Alamos, Groves o impediu. Ninguém deveria difundir qualquer informação sobre o lançamento da bomba atômica até que o próprio presidente o anunciasse. Frustrado, Manley saiu para um passeio à meia-noite no Lafayette Park, em frente à Casa Branca. Perto do amanhecer, disseram-lhe que Truman faria um anúncio às onze da manhã. Assim que o anúncio foi liberado para veiculação em cadeia nacional de rádio, Manley finalmente conseguiu falar com Oppenheimer. Embora eles tivessem combinado de usar um código predefinido para transmitir a notícia por telefone, as primeiras palavras de Oppie foram: "Por que diabos você acha que o mandei a Washington?"

Naquele mesmo dia, às duas da tarde, o general Groves, em Washington, ligou para Oppenheimer. Estava num estado de espírito congratulatório. "Estou orgulhoso de você e de todo o seu pessoal", disse.[5]

"Deu tudo certo?", perguntou Oppie.

"Ao que parece houve um enorme estrondo."

"Estão todos se sentindo razoavelmente bem em relação a isso", disse Oppie, "e estendo ao senhor as minhas mais sinceras congratulações. Foi um longo caminho".

"Sim", respondeu Groves, "foi um longo caminho, e acho que uma das coisas mais sábias que já fiz na vida foi escolhê-lo como diretor de Los Alamos".

"Bem", disse Oppenheimer timidamente, "tenho minhas dúvidas, general".

Groves retrucou: "Bem, você sabe que nunca, em nenhum momento, concordei com essas dúvidas".

Nesse mesmo dia, a notícia foi anunciada pelo sistema público de avisos em Los Alamos: "Atenção, por favor. Atenção, por favor. Uma de nossas unidades acabou de lançar a bomba com sucesso sobre o Japão."[6] Frank Oppenheimer estava parado no corredor onde ficava o escritório do irmão quando ouviu a notícia. A primeira reação foi dizer "Graças a Deus não foi um fiasco". Passados poucos segundos, conforme recordou, "a gente de repente percebeu o horror de todas as pessoas que haviam sido mortas".

Um soldado, Ed Doty, descreveu a cena aos pais numa carta escrita no dia seguinte: "Estas últimas 24 horas foram muito excitantes. Todo mundo ficou ligado numa frequência mais alta do que qualquer outra coisa que já vi antes. [...] As pessoas saíam para os corredores do prédio e ficavam circulando como uma multidão na Times Square de Nova York durante o Ano-Novo. Estavam todos à procura de um rádio."[7] Naquela noite, uma multidão se reuniu num dos auditórios. Um dos físicos mais jovens do projeto, Sam Cohen, recordou-se da audiência aplaudindo e batendo os pés, à espera de Oppenheimer. Todos esperavam que ele surgisse no palco por uma das laterais, como de hábito. Ele, contudo, optou por fazer uma entrada mais dramática pelos fundos, abrindo caminho pelo corredor central. Uma vez no palco, segundo Cohen, juntou as mãos e ergueu-as sobre a cabeça, como um lutador vitorioso. Em seguida, disse à multidão que era "cedo demais para determinar quais tinham sido os resultados da bomba, mas que não havia dúvida de que os japoneses não tinham gostado".[8] A multidão o aplaudiu ainda mais e então rugiu sua aprovação quando Oppie disse estar "orgulhoso" do que eles haviam conseguido. Pelo relato de Cohen, "a única coisa que Oppenheimer lamentava era não termos desenvolvido a bomba a tempo de usá-la contra os alemães. Essas palavras praticamente fizeram voar o telhado".

Era como se Oppie tivesse sido chamado para encenar um papel, um papel ao qual de modo algum se adequava. Não se espera que cientistas sejam generais conquistadores. De todo modo, ele era humano, e deve ter sentido a emoção do sucesso: tinha conquistado um metafórico anel de ouro e o agitava, feliz, no alto. Além disso, a audiência esperava que ele aparecesse corado e triunfante. Mas foi um momento breve.

Para aqueles que pouco tempo antes tinham visto e sentido a luz ofuscante e o vento estrondoso da explosão em Alamogordo, as notícias do Pacífico chegaram como uma espécie de anticlímax. Era quase como se não fossem mais capazes de se assombrar. Outros apenas ficaram sérios. Phil Morrison ouviu a notícia em Tintian, onde ajudara a preparar a bomba e carregá-la a bordo do *Enola Gay*. "Naquela noite, nós de Los Alamos fizemos uma festa", recordou Morrison.[9] "Estávamos em guerra e havíamos triunfado, tínhamos o direito de comemorar. Eu me lembro, porém, de ter ficado sentado [...] na ponta de um catre [...] me perguntando como seria estar do outro lado, o que estaria se passando em Hiroshima naquela noite."

Alice Kimball Smith tempos depois insistiu que "não há dúvida de que ninguém [em Los Alamos] celebrou Hiroshima",[10] mas então admitiu que "algumas pessoas" tentaram organizar uma festa nos alojamentos masculinos. A festa virou um "memorável fiasco. A maioria das pessoas não foi e as poucas que compareceram, deram uma passada rápida". Smith, é bom deixar claro, estava se referindo apenas aos cientistas, que parecem ter tido uma reação sem dúvida diferente — e silenciosa — daquela dos homens alistados no Exército. Doty escreveu aos pais: "Houve um monte de festas. Fui convidado para três, mas só consegui ir a uma [...] que durou até as três da manhã." Ele disse ainda que as pessoas estavam "felizes, muito felizes. Ouvimos a rádio, dançamos, ouvimos a rádio de novo [...] e ríamos, ríamos daquilo tudo que diziam". Oppenheimer compareceu a uma festa, mas, ao sair, viu um físico aflito vomitando as tripas no mato. A visão o fez perceber que uma prestação de contas havia começado.

Robert Wilson ficou horrorizado com as notícias de Hiroshima. Ele nunca quis que a arma fosse usada, e pensava ter motivos para acreditar que de fato não seria. Em janeiro, Oppenheimer o persuadira a continuar o trabalho — mas só para que a bomba pudesse ser demonstrada. E Oppenheimer, ele sabia, havia participado das deliberações do Comitê Interino. Racionalmente, entendia que Oppie não estava em posição de lhe fazer nenhuma promessa — essa era uma decisão que cabia aos generais, ao secretário da Guerra e, em última análise, ao presidente. Ainda assim, sentia que haviam abusado da confiança dele, Wilson. "Eu me senti traído", escreveu Wilson em 1958, "quando a bomba explodiu sobre o Japão, sem discussão prévia ou qualquer demonstração pacífica para os japoneses do poder que ela continha."[11]

A esposa de Wilson, Jane, estava em visita a San Francisco quando ouviu a notícia sobre Hiroshima. Correndo de volta a Los Alamos, saudou o marido com sorrisos de congratulação, apenas para encontrá-lo "muito deprimido". E então, três dias depois, uma segunda bomba arrasou Nagasaki. "As pessoas festejavam, batendo nas tampas das latas de lixo e coisas do tipo."[12] Jane Wilson recordou: "E ele não participava, estava amuado e infeliz." Já Bob Wilson declarou: "Eu só me lembro de estar enjoado [...] passando mal a ponto de achar que ia vomitar."

Wilson não estava sozinho. "À medida que os dias se passavam", escreveu Alice Kimball Smith, esposa do metalurgista de Los Alamos Cyril Smith, "a repulsa crescia, trazendo consigo, mesmo para aqueles que acreditavam que o fim da guerra justificava o lançamento, uma experiência intensamente pessoal da realidade do mal".[13] Depois de Hiroshima, a maioria das pessoas no planalto experimentou, compreensivelmente, ao menos um momento de euforia. Todavia, depois das notícias de Nagasaki, observou Charlotte Serber, uma sensação palpável de sombria melancolia pairou no laboratório. E logo se espalhou a notícia de que "Oppie diz que a bomba atômica é uma arma tão terrível que agora a guerra se tornou impossível". Um informante do FBI reportou em 9 de agosto que Oppenheimer estava "com os nervos em frangalhos".[14]

Em 8 de agosto de 1945, conforme Stálin prometera a Roosevelt na Conferência de Ialta e confirmara a Truman em Potsdam, a União Soviética declarou guerra ao Japão. Foi um golpe devastador para os assessores linha-dura do imperador, os quais argumentavam que a União Soviética poderia ser induzida a ajudar o Japão a obter termos de rendição mais lenientes do que os implícitos na exigência norte-americana de "rendição incondicional".[15] Dois dias depois — um dia após a devastação de Nagasaki pela bomba de plutônio —, o governo japonês enviou uma oferta de rendição, com uma condição: que o status do imperador do Japão fosse garantido. No dia seguinte, os Aliados concordaram em alterar os termos da rendição incondicional: a autoridade do governo do imperador estaria "sujeita ao comandante supremo das potências aliadas". Em 14 de agosto, a Rádio Tóquio anunciou que o governo aceitava os novos termos e, consequentemente, a rendição. A guerra tinha acabado — e, em poucas semanas, jornalistas e historiadores começaram a discutir se poderia ter acabado em termos similares, mais ou menos na mesma época, sem que a bomba fosse usada.

No fim de semana subsequente ao bombardeio de Nagasaki, Ernest Lawrence chegou a Los Alamos. Encontrou Oppenheimer exausto, taciturno e cheio de remorsos pelo que tinha acontecido. Os dois começaram então a discutir sobre a bomba. Lembrando que fora Lawrence quem argumentara a favor de uma demonstração e Oppie quem a bloqueara, este cutucou o amigo com um comentário ferino, dizendo que Lawrence só se preocupava com os ricos e poderosos. Lawrence tentou tranquilizar o velho amigo afirmando que, precisamente por ser tão terrível, a bomba jamais voltaria a ser usada.[16]

Pouco confortado, naquele fim de semana Oppie passou grande parte do tempo redigindo um relatório final para o secretário Stimson em nome do painel científico. As conclusões de Oppie eram pessimistas: "Acreditamos que não serão encontradas contramedidas militares efetivamente adequadas para impedir a utilização de armas atômicas."[17] No futuro, esses dispositivos, já imensamente destrutivos, se tornariam maiores e ainda mais letais. Apenas três dias após a vitória dos Estados Unidos, Oppenheimer estava dizendo a Stimson e ao presidente que o país não possuía defesas contra essas novas armas: "Somos incapazes não apenas de delinear um programa que assegure nossa hegemonia durante as próximas décadas no campo das armas atômicas, como também de garantir que essa hegemonia, se conseguida, possa nos proteger da mais terrível destruição. [...] Acreditamos que a segurança de toda uma nação — em oposição à sua capacidade de infligir danos a uma potência inimiga — não pode residir totalmente, nem principalmente, em sua perícia científica ou técnica. Ela só pode ser assegurada com a inviabilização de futuras guerras."

Naquela semana, Oppenheimer levou pessoalmente a carta a Washington, onde se reuniu com Vannevar Bush e George Harrison, auxiliar de Stimson no Departamento de Guerra. "Foi um mau momento", contou ele a Lawrence no fim de agosto, "cedo demais para ter clareza nas ideias". Oppie havia tentado explicar o sentimento de futilidade dos cientistas em relação a qualquer trabalho adicional na bomba atômica. Deixou implícito que a bomba deveria ser tornada ilegal, "assim como os gases venenosos depois da última guerra", mas não sentiu nenhum apoio das pessoas que encontrou em Washington. "Tive a nítida impressão de que as coisas tinham corrido extremamente mal em Potsdam, e de que pouco ou nenhum progresso havia sido feito no sentido de atrair os russos para uma proposta de colaboração ou controle."

Na verdade, Oppenheimer duvidava que qualquer esforço sério tivesse sido feito. Antes de deixar a capital, ele constatou sombriamente que o presidente havia emitido uma ordem de silêncio sobre quaisquer revelações adicionais a respeito da bomba atômica — e, depois de ler a carta de Oppenheimer a Truman, Byrnes, o secretário de Estado, disse que na presente situação internacional "não havia alternativa a não ser impulsionar o projeto MED [Manhattan Engineer District]".[18] Oppie retornou ao Novo México ainda mais deprimido.

Alguns dias depois, Robert e Kitty foram sozinhos para Perro Caliente, seu rancho perto de Los Pinos, e passaram uma semana tentando esmiuçar as consequências dos últimos dois anos incrivelmente intensos. Era a primeira vez em três anos que passavam algum tempo realmente a sós. Robert aproveitou a oportunidade para pôr em dia um pouco da correspondência pessoal, respondendo às cartas de velhos amigos, muitos dos quais só pouco tempo antes haviam tomado conhecimento, pelos jornais, do que ele andara fazendo durante a guerra. Ele escreveu a seu antigo professor Herbert Smith: "Acredite quando digo que esta empreitada não foi desprovida de apreensões, pois hoje elas pesam muito sobre nós, quando o futuro, que traz tantas promessas, ainda está a poucos passos do desespero."[19] Da mesma forma, Oppie escreveu ao colega de quarto em Harvard, Frederick Bernheim: "Agora estamos no rancho, numa busca sincera, mas não muito otimista, por sanidade. [...] Parece que teremos muitas dores de cabeça pela frente."

Em 7 de agosto, Haakon Chevalier lhe escreveu um bilhete de congratulação: "Caro Opje, hoje, provavelmente, você é o homem mais famoso do mundo."[20] Oppie respondeu em 27 de agosto com uma carta de três páginas escrita à mão. Chevalier depois a descreveu como cheia de "afeto e da intimidade informal que sempre existiu entre nós". Em sua missiva a Chevalier, Oppie escreveu: "Ela [a bomba] tinha que ser construída, Haakon. Tinha que ser trazida a público de forma aberta num momento em que, no mundo todo, os homens ansiavam mais do que nunca pela paz, num momento em que, mais do que nunca, estavam comprometidos com a tecnologia como modo de vida e de pensamento e com a ideia de que nenhum homem é uma ilha." Ele, contudo, não estava de maneira alguma confortável com essa defesa. "As circunstâncias são de muita apreensão, e muito, muito mais difíceis do que deveriam ser, caso tivéssemos o poder de refazer o mundo da maneira como o pensamos."[21]

Oppenheimer já vinha pensando havia bastante tempo em renunciar ao posto de diretor científico. No fim de agosto, as universidades Harvard, Princeton e Columbia estavam lhe oferecendo emprego — mas o instinto dizia a ele que regressasse à Califórnia. "Sinto que pertenço àquele lugar, e é uma sensação que provavelmente jamais vou superar", escreveu ele ao amigo James Conant, presidente de Harvard.[22] Os velhos amigos no Caltech, Dick Tolman e Charlie Lauritsen, o incentivavam a ir para Pasadena em tempo integral. Entretanto, por incrível que pareça, uma oferta formal do Caltech foi adiada quando o presidente, Robert Millikan, levantou objeções.[23] Oppenheimer, escreveu ele a Tolman, não era um bom professor e as contribuições dele à física teórica provavelmente já tinham ficado para trás — e talvez o Caltech já tivesse judeus o bastante em seu corpo docente. Tolman e outros o persuadiram a mudar de ideia, e uma oferta formal foi apresentada a Oppenheimer em 31 de agosto.

Àquela altura, Oppie também já havia sido convidado a voltar a Berkeley, lugar que ele sentia ser sua verdadeira casa. Ainda assim, hesitou. Disse a Lawrence que tinha "ficado em má situação" com o presidente Robert G. Sproul e Monroe Deutsch, o reitor da universidade. Além disso, as relações com o chefe do Departamento de Física, Raymond Birge, estavam tão tensas que ele chegou a dizer a Lawrence que Birge devia ser substituído. Lawrence, irritado com o que viu como uma indiferente exibição de arrogância, retorquiu que se ele se sentia daquela maneira, talvez fosse melhor não voltar a Berkeley.

Oppenheimer escreveu a Lawrence uma nota de explicação: "Tenho sentimentos muito tristes e confusos sobre nossas discussões em Berkeley."[24] E lembrou ao velho amigo "que, comparado a você, sempre fui um pobre-diabo. Essa é uma parte de mim que dificilmente vai mudar, pois não me envergonho dela". Ele não tinha resolvido o que fazer, mas as reações de Lawrence, "muito fortes, muito negativas", lhe permitiram uma pausa.

Mesmo que estivesse se tornando um nome conhecido no mundo todo, o homem que se definia como "um pobre-diabo" ia mergulhando na depressão. Quando voltaram a Los Alamos, Kitty disse à amiga Jean Bacher: "Você não sabe como tem sido terrível para mim; Robert anda definitivamente fora de si." Bacher ficou impressionada com o estado emocional de Kitty. "Ela estava com muito medo do que iria acontecer, [dada] a terrível reação que ele [Robert] havia tido."

A enormidade do que tinha acontecido em Hiroshima e Nagasaki o afetara profundamente. "Kitty não costumava compartilhar seus sentimentos", disse Bacher, "mas confessou que não sabia como ia aguentar".[25] Oppie dividira sua aflição com outras pessoas. Segundo a colega de classe na Escola de Cultura Ética Jane Didisheim, assim que a guerra terminou, Robert lhe escreveu uma carta "que mostra clara e tristemente toda a decepção e a dor que ele sentia".

No Morro, muitos tiveram respostas emotivas semelhantes — sobretudo depois que Bob Serber e Phil Morrison voltaram de Hiroshima e Nagasaki em outubro, com o primeiro grupo de observadores científicos. Até então, as pessoas às vezes se reuniam em suas casas para tentar compreender o que tinha acontecido. "Phil foi o único que realmente me fez entender", recordou Jean Bacher.[26] "Ele tem uma fala mágica e um grande poder descritivo. Fiquei absolutamente arrasada. Fui para casa e não consegui dormir — passei a noite toda tremendo. Foi um choque e tanto."

Morrison havia aterrissado em Hiroshima apenas 31 dias depois de o *Enola Gay* despejar sua carga mortal. "Praticamente todo mundo num raio de mais ou menos dois quilômetros foi imediata e gravemente queimado pelo calor da bomba", disse.[27] "O clarão quente queimou de forma súbita e estranha. Eles [os japoneses] nos contaram sobre pessoas que estavam usando roupas listradas e ficaram com a pele queimada em forma de listras. [...] Houve muitos que pensaram ter tido sorte, que se arrastaram para fora das ruínas de suas casas apenas ligeiramente feridos. Ainda assim, morreram. Morreram dias ou semanas depois, por conta da radiação emitida em grandes quantidades no momento da explosão."

Serber disse que, em Nagasaki, os lados de todos os postes telefônicos virados para a explosão estavam queimados. Ele seguiu uma fila de postes queimados que chegou a três quilômetros do ponto zero. "A certa altura", relatou, "vi um cavalo pastando. Num dos lados o pelo estava todo queimado, enquanto do outro estava perfeitamente normal".[28] Quando Serber, de forma um tanto leviana, comentou que ainda assim o cavalo parecia estar "feliz pastando", Oppenheimer "me repreendeu por dar a impressão de que a bomba era uma arma benevolente".

Morrison fez um relatório formal em Los Alamos do que tinha visto, mas também resumiu seu relato para uma emissora de rádio em Albuquerque: "Finalmente voamos a baixa altitude sobre Hiroshima, e não acreditamos no que vimos. Ali embaixo estava o terreno plano do que havia sido uma cidade, chamuscado de vermelho. [...] Aquele, no entanto, não era o resultado de um bombardeio feito por centenas de aviões durante uma longa noite. Na verdade, um único bombardeiro e uma única bomba tinham [...] transformado uma cidade de 300 mil habitantes numa grande pira. Essa era a novidade."[29]

A srta. Edith Warner soube do bombardeio de Hiroshima por intermédio de Kitty, que foi um dia buscar verduras frescas: "Muita coisa estava agora explicada", observou Warner algum tempo depois.[30] E não foi um único físico que se sentiu compelido a visitar a casa junto à ponte de Otowi e se explicar para a gentil srta. Warner. O próprio Morrison escreveu a ela, falando sobre sua esperança de que "pessoas de inteligência e de boa vontade em toda parte possam entender e compartilhar nosso senso de crise". Tendo ajudado a construir a arma, Morrison e muitos outros físicos de mentalidade semelhante acreditavam que o único curso sensato de ação era adotar controles internacionais sobre qualquer artefato nuclear. "Os cientistas sabem", escreveu a srta. Warner em tom de aprovação em sua carta de Natal de 1945, "que não podem voltar para os laboratórios e deixar a energia atômica nas mãos das Forças Armadas ou dos estadistas".

Oppenheimer sabia que, de alguma forma, o Projeto Manhattan tinha conseguido exatamente aquilo que Rabi temia que conseguisse: fizera de uma arma de destruição em massa "o auge de três séculos de física". E, ao fazê-lo, empobrecera a física, e não apenas no sentido metafísico. Assim, ele logo passou a depreciá-la como conquista científica. "Pegamos uma árvore com um monte de frutos maduros", disse a uma comissão do Senado no fim de 1945, "e a sacudimos com força. Então apareceram o radar e as bombas atômicas. Todo o espírito [do tempo de guerra] era de exploração frenética e implacável do que já era conhecido".[31] A guerra teve "um efeito notável sobre a física", disse Oppie. "Praticamente a fez parar." Ele então começava a acreditar que, durante a guerra, "mais do que em qualquer outro país, talvez tenhamos testemunhado a mais completa suspensão da verdadeira atividade profissional no campo da física, e até mesmo o ensino dela". Mas a guerra também fixou a atenção na ciência. Como escreveu depois Victor Weisskopf, "a guerra deixou bem claro, por meio do mais cruel dos argumentos, que a ciência é de importância imediata e direta para todos. Isto mudou o caráter da física".[32]

Ao meio-dia de 21 de setembro de 1945, uma sexta-feira, Oppenheimer foi se despedir de Henry Stimson. Era ao mesmo tempo o último dia de Stimson no cargo de secretário da Guerra e seu 78º aniversário. Oppie sabia que ele faria um discurso de despedida na Casa Branca no qual advogaria, "muito tardiamente",[33] em prol de "uma abordagem aberta do átomo". Pelo registro do diário de Stimson, ele diria ao presidente Truman com franqueza e sem rodeios que "devemos nos aproximar imediatamente da Rússia para uma troca honesta de informações sobre a bomba".

Robert genuinamente gostava do velho homem, em quem confiava. Lamentava vê-lo sair num momento tão crítico do emergente debate sobre como lidar com a bomba atômica no mundo pós-guerra. Nessa ocasião, informou-o mais uma vez sobre alguns aspectos técnicos da bomba, e então Stimson lhe pediu que o acompanhasse até a barbearia do Pentágono, onde mandou aparar seus finos cabelos grisalhos. Quando chegou a hora de ir embora, Stimson se levantou da cadeira, apertou a mão de Oppie e disse: "Agora é com você."[34]

24

"Sinto que tenho sangue nas mãos"

Se as bombas atômicas forem acrescentadas aos arsenais de um mundo em guerra, ou aos arsenais de nações se preparando para a guerra, então chegará o momento em que a humanidade haverá de amaldiçoar os nomes Los Alamos e Hiroshima.
ROBERT OPPENHEIMER, 16 DE OUTUBRO DE 1945

ROBERT OPPENHEIMER PASSARA A ser uma celebridade, conhecido por milhões de norte-americanos. Fotografias de seus traços cinzelados apareciam nas capas de revistas e em outros periódicos por todo o país. As realizações dele tinham se tornado sinônimo de realizações de toda a ciência. "Tiremos o chapéu para os homens da pesquisa", declarou um editorial do *Milwaukee Journal*.[1] Nunca mais, disse o *St. Louis Post-Dispatch*, os "exploradores da ciência nos Estados Unidos [...] devem ter qualquer solicitação para suas aventuras negada". Devemos admirar suas "gloriosas realizações", opinou a *Scientific Monthly*. "Modernos Prometeus subiram novamente o monte Olimpo e trouxeram de volta ao homem os raios de Zeus." A revista *Life* observou que os físicos pareciam vestir "a capa do Superman".

Oppenheimer começou a se sentir confortável com a adulação. Era como se tivesse passado os dois anos e meio anteriores no planalto treinando para esse novo papel. Ele havia se transformado num cientista-estadista — um ícone. As afetações, o cachimbo na boca e o onipresente chapéu *pork pie* logo se tornaram reconhecíveis em todo o mundo.

Em pouco tempo, ele começou a tornar públicas suas reflexões. "Construímos uma arma terrível", disse a uma plateia na Sociedade Filosófica Americana, "que alterou de maneira abrupta e profunda a natureza do mundo [...] uma arma diabólica, por todos os padrões do mundo em que crescemos. E, ao fazer isso [...], levantamos novamente a questão de se a ciência é algo bom para o homem".[2] O "pai" da bomba atômica explicou que se tratava por definição de uma arma de agressão e terror. E barata. A combinação poderia se revelar mortal para civilizações inteiras. "Armas atômicas, mesmo com o que sabemos hoje", disse ele, "podem ser baratas [...] não vão quebrar a economia de nenhum povo que as queira ter. Seu padrão de uso foi estabelecido em Hiroshima". A bomba de Hiroshima, disse ele, foi usada "contra um inimigo essencialmente derrotado [...] é uma arma para agressores, e os elementos de surpresa e terror são intrínsecos a ela, da mesma forma que o são seus núcleos físseis".

Alguns amigos de Oppenheimer ficavam atônitos com a habilidade dele de falar, muitas vezes extemporaneamente, com tamanha eloquência e equilíbrio. Harold Cherniss estava presente numa ocasião em que Oppie se dirigiu a uma assembleia de estudantes da Universidade da Califórnia em Berkeley. Milhares lotaram o ginásio masculino para ouvir o famoso cientista. Cherniss, porém, estava apreensivo, porque "achei que ele não tinha vocação para orador público".[3] Depois de ser apresentado pelo presidente Sproul, Oppie se levantou e falou por 45 minutos sem recorrer a anotações. Cherniss ficou atônito com a forma como ele prendeu a atenção da audiência: "Do momento em que começou a falar até o fim, não se ouviu um único sussurro no ginásio. Esse era o tipo de magia que ele exercia." Cherniss, na verdade, achou que o amigo falou bem até demais. "A habilidade de falar em público desse jeito é um veneno, muito perigosa para quem a tem." Esse talento poderia levar um homem a pensar em sua fala de veludo como uma efetiva armadura política.

DURANTE TODO AQUELE OUTONO, Oppenheimer viajou entre Los Alamos e Washington, tentando usar a súbita fama que adquirira para influenciar altos funcionários do governo. E falava em nome de praticamente todos os cientistas civis do planalto. Em 30 de agosto de 1945, cerca de quinhentos deles tinham se espremido no auditório e decidido criar uma organização, a Associação dos Cientistas de Los Alamos (ALAS). Em poucos dias, Hans Bethe, Edward Teller, Frank Oppenheimer, Robert Christy e outros tinham redigido uma vigorosa declaração sobre os perigos de uma corrida armamentista, a impossibilidade de qualquer defesa contra a bomba atômica em guerras futuras e a necessidade de se criar um órgão de controle internacional. Oppie foi solicitado a encaminhar o documento ao Departamento de Guerra. Todos esperavam que a declaração fosse em breve liberada para a imprensa.

Em 9 de setembro, Oppenheimer enviou o relatório para o assistente de Stimson, George L. Harrison.[4] Na carta que o acompanhava, comentou que o documento havia passado por mais trezentos cientistas e somente três haviam declinado de assiná-lo. Oppie escreveu que, embora não tivesse nada a ver com a formulação do relatório, o documento sem dúvida refletia as opiniões dele, e Oppenheimer esperava que o Departamento de Guerra aprovasse sua publicação. Harrison logo lhe telefonou para dizer que Stimson queria mais cópias para circulação dentro do governo, mas acrescentou que o Departamento de Guerra não tinha intenção de liberá-lo — pelo menos por ora.

Descontentes, os cientistas da ALAS pressionaram Oppenheimer a fazer alguma coisa. Ainda que admitisse também ter ficado perturbado, Oppie argumentou que o governo devia ter bons motivos, e instou os amigos a terem paciência. Em 18 de setembro, pegou um voo para Washington e dois dias depois telefonou para dizer que "a situação parecia boa".[5] O documento estava sendo passado de mão em mão, e ele achava que o governo Truman queria fazer a coisa certa — embora, no fim do mês, o tenha classificado como sigiloso. Os cientistas da ALAS também ficaram surpresos ao saber que seu emissário mudara de opinião e passara a concordar com a decisão de suprimi-lo. Para alguns deles, parecia que, quanto mais tempo passava em Washington, mais complacente Oppie se tornava.

Oppenheimer insistiu que teve um bom motivo para mudar de opinião: o governo Truman estava prestes a propor uma legislação sobre energia atômica, e o tipo de debate público refletido no "famoso memorando" dos cientistas em Los Alamos era muito desejável — mas eles deveriam esperar, por uma questão de cortesia, que o próprio presidente transmitisse ao Congresso suas opiniões sobre o tema. O apelo de Oppie foi calorosamente debatido em Los Alamos, mas o líder da ALAS, William "Willy" Higinbotham, argumentou que "a supressão do documento é uma questão de conveniência política, e não estamos em posição de avaliar as razões que a motivam".[6] A ALAS, porém, tinha "um representante que sabe de fato o que está acontecendo e conhece pessoalmente os envolvidos: Oppie". Decidiu-se então, por unanimidade, que "Willy diga a Oppie que o respaldamos com toda a força".

Oppenheimer, na verdade, estava fazendo o melhor que podia para refletir a profunda preocupação dos colegas cientistas em relação ao futuro. No fim de setembro, ele disse ao subsecretário de Estado, Dean Acheson, que a maioria dos cientistas do Projeto Manhattan estava fortemente relutante em trabalhar com armas — e "não apenas uma superbomba, mas qualquer bomba".[7] Depois de Hiroshima e do fim da guerra, afirmou, esse trabalho era visto como "contrário aos ditames do coração e do espírito de cada um". Oppenheimer era um cientista, disse ele com desdém a um repórter, não um "fabricante de armas".[8] Nem todo cientista, é claro, sentia o mesmo. Edward Teller ainda promovia a "superbomba" para qualquer um que tivesse paciência de escutá-lo. Quando pediu a Oppenheimer que insistisse no prosseguimento das pesquisas sobre o dispositivo, Oppie o cortou secamente: "Não posso nem vou fazer isso."[9] Foi uma reação que Teller jamais esqueceria — ou perdoaria.

QUANDO O PRESIDENTE TRUMAN enviou sua mensagem ao Congresso em 3 de outubro de 1945, muitos cientistas inicialmente a consideraram tranquilizadora. Redigida por Herbert Marks, um jovem advogado a serviço de Dean Acheson, a mensagem incentivava o Congresso a estabelecer uma comissão de energia atômica com poder de regular toda a indústria. Sem que nem mesmo pessoas envolvidas na política em Washington soubessem, Oppenheimer ajudara Marks a escrever a mensagem.[10] Sem surpresa, ela refletia o próprio senso de urgência de Oppie acerca não só dos perigos, mas também dos potenciais benefícios da energia atômica. A liberação da energia atômica, declarou Truman, "é revolucionária demais para ser considerada com o arcabouço de velhas ideias". O tempo era um fator crucial. "A esperança da civilização", advertiu Truman, "reside em arranjos internacionais visando, se possível, à renúncia ao uso e ao desenvolvimento de bombas atômicas".[11] Oppenheimer acreditava que tinha conseguido o compromisso do presidente para buscar a abolição das armas nucleares.

Se Oppie conseguira moldar a mensagem mais ampla, em contrapartida, ele não teve nenhum controle sobre a legislação introduzida no dia seguinte pelo senador Edwin C. Johnson, do Colorado, e o deputado Andrew J. May, do Kentucky. O projeto de lei May-Johnson incorporava uma política que contrastava agudamente com o teor do discurso do presidente. A maioria dos cientistas a interpretou como uma vitória dos militares. Antes de mais nada, o projeto propunha duros termos de prisão e pesadas multas para quaisquer violações de segurança. Numa atitude que pareceu inexplicável para os colegas, Oppenheimer anunciou seu apoio à legislação. Em 7 de outubro, ele regressou a Los Alamos e insistiu com os membros do comitê executivo da ALAS que apoiassem o projeto. Numa medida de seus ainda formidáveis poderes de persuasão, foi bem-sucedido. Suas justificativas eram simples. O tempo era um fator crucial, e qualquer projeto de lei que estabelecesse regras para supervisionar os aspectos domésticos da energia atômica pavimentaria o caminho para o passo seguinte: um acordo internacional para o banimento das armas nucleares. Oppie se tornara rapidamente uma pessoa bem informada sobre a política em Washington: um cooperativo e focado apoiador do governo, guiado pela esperança e sustentado pela ingenuidade.

Contudo, à medida que iam lendo os parágrafos em letra miúda do projeto, os cientistas foram ficando alarmados. O projeto de lei May-Johnson propunha centralizar todo o poder sobre a energia atômica nas mãos de uma comissão de nove membros nomeada pelo presidente, com direito à participação de oficiais militares. Os cientistas ficariam sujeitos a sentenças que poderiam chegar a dez anos de prisão, ainda que cometessem violações ínfimas de segurança. Entretanto, assim como acontecera em 1943, quando inicialmente endossara a ideia de alistar os cientistas de Los Alamos no Exército, os detalhes e as implicações que preocupavam os colegas não assustaram Oppenheimer. Com base na própria experiência, ele sentia que podia trabalhar com Groves e o Departamento de Guerra. Outros não tinham tanta certeza. Leo Szilard ficou revoltado e prometeu trabalhar para derrotar o projeto.[12] Um físico de Chicago, Herbert L. Anderson, escreveu a um colega em Los Alamos para confessar que a confiança em Oppenheimer, Lawrence e Fermi tinha sido abalada. "Creio que esses homens dignos foram logrados — que nunca tiveram uma chance de ver esse projeto de lei."[13] De fato, Oppie convencera Lawrence e Fermi a endossar o projeto antes que eles tivessem conhecimento dos detalhes. Ambos rapidamente retiraram o apoio.

Em seu depoimento no Senado em 17 de outubro de 1945, Oppenheimer confessou ter preparado sua declaração "bem antes" de efetivamente ler o projeto: "Não sei muita coisa sobre o projeto May-Johnson [...] é possível fazer praticamente qualquer coisa sob essa lei."[14] Ele só sabia que homens valorosos como Henry Stimson, James Conant e Vannevar Bush tinham ajudado a redigir a legislação, e, "se eles gostam da filosofia da lei", para ele isso bastava. Tudo se resumia a encontrar nove homens inteligentes e dignos de confiança para exercer "sabiamente" os poderes propostos pela comissão. Quando questionado sobre a sensatez de permitir a participação de oficiais militares na comissão, Oppenheimer respondeu: "Acho que não se trata do uniforme que o homem veste, mas do tipo de homem que ele é. Não consigo pensar num administrador em quem eu teria mais confiança que não fosse o general [George C.] Marshall."

Szilard, assistindo a distância, considerou o depoimento de Oppenheimer "uma obra-prima. [...] Ele falou de tal maneira que os congressistas presentes acharam que ele era a favor da lei e os físicos, que era contra".[15] O jornal nova-iorquino *PM*, de esquerda, reportou que Oppie tinha desfechado um "ataque oblíquo"[16] ao projeto de lei.

Frank Oppenheimer discutiu com o irmão. Ativista na ALAS, Frank acreditava que era hora de ir a público e tentar mostrar aos cidadãos a necessidade de criar um órgão de controle internacional. "Robert disse que não havia tempo para isso", lembrou Frank.[17] "Ele havia estado em Washington, vira o movimento das engrenagens — e sentia que era preciso mudar as coisas por dentro." Talvez Robert apostasse que poderia usar o prestígio que adquirira e os contatos que tinha para persuadir o governo Truman a dar um salto quântico rumo aos controles internacionais — e, nesse caso, não importava se isso seria feito sob um regime atômico civil ou militar. Ou talvez simplesmente não fosse capaz de pressionar por uma política que levasse o governo a defini-lo como alguém de fora, um "criador de caso". Ele queria ocupar o centro do palco durante o primeiro ato da era atômica.

TUDO ISSO FOI DEMAIS para Robert Wilson, que reescreveu o documento elaborado pela ALAS e o enviou por correio ao *New York Times*, que prontamente publicou a declaração na primeira página. "Isso foi uma séria violação de segurança", escreveu Wilson posteriormente.[18] "Para mim, tratava-se de uma declaração de independência em relação a nossos líderes em Los Alamos. Não que eu não continuasse a admirá-los, mas tínhamos aprendido que os melhores e mais brilhantes, quando em posições de poder, eram muitas vezes restringidos por outras considerações, e não mereciam necessariamente nossa confiança."

À medida que a oposição ao projeto de lei May-Johnson crescia entre os cientistas fora de Los Alamos, os membros da ALAS começaram a repensar as coisas. Victor Weisskopf disse aos colegas do comitê executivo que "as sugestões de

Oppie [deviam] ser estudadas de maneira mais crítica".[19] Em menos de um mês, a ALAS rompeu com Oppenheimer e começou a se mobilizar contra a legislação.[20] Willy Higinbotham foi despachado para Washington com instruções de montar uma campanha contra o projeto. Szilard e outros cientistas deram depoimentos contra a legislação. Esse extraordinário *lobby* em pouco tempo estava ocupando as primeiras páginas dos jornais e revistas em todo o país. Era uma rebelião — e teve sucesso.

Para surpresa de muitos em Washington, o enérgico *lobby* dos cientistas derrotou o projeto May-Johnson. Em seu lugar foi apresentado um novo projeto de lei, de autoria do senador Brien McMahon, que propunha dar o controle sobre a política de energia nuclear a uma Comissão de Energia Atômica exclusivamente civil. Contudo, quando a Lei da Energia Atômica foi assinada pelo presidente Truman, em 1º de agosto de 1946, havia sido tão alterada que muitos dos "cientistas atômicos" se perguntaram se aquela não havia sido uma vitória de Pirro. A lei incluía, por exemplo, disposições que sujeitavam os cientistas dedicados ao estudo da física nuclear a um regime de segurança muito mais draconiano do que tinham experimentado em Los Alamos. Assim, embora muitos de seus pares, inclusive o próprio irmão, tenham ficado chocados com o apoio inicial de Oppie ao projeto May-Johnson, ninguém se manteve contra ele por muito tempo. A ambivalência em toda a questão fora justificada. Se ele tinha falhado em questionar a agenda do Pentágono, compreendera que o mais importante era assegurar controles internacionais efetivos contra a fabricação de bombas atômicas.

EM MEIO AO DEBATE congressional, Oppenheimer renunciou formalmente à direção de Los Alamos. Em 16 de outubro de 1945, numa cerimônia para marcar a ocasião, praticamente toda a população do planalto apareceu para se despedir de seu líder, então com 41 anos. Dorothy McKibbin saudou Oppie brevemente, pouco antes de ele se levantar para o discurso de despedida. Ele não tinha preparado um texto, e McKibbin notou que "os olhos dele estavam vidrados, do jeito que ficavam quando Robert se punha em meio a reflexões profundas. Depois, percebi que naqueles poucos momentos estivera preparando o discurso".[21] Alguns minutos depois, sentado num tablado sob o sol ardente do Novo México, Oppenheimer levantou-se para receber um "certificado de apreciação" do general Groves. Falando em sua voz baixa e tranquila, ele expressou a esperança de que nos anos vindouros todos os associados ao trabalho do laboratório fossem capazes de olhar para trás e ver com orgulho as realizações. Entretanto, em tom sóbrio, advertiu: "Hoje, esse orgulho precisa ser temperado com uma profunda preocupação. Se as bombas atômicas forem acrescentadas aos arsenais de um mundo em guerra, ou aos *arsenais de nações se preparando para a guerra*, então chegará o momento em que a humanidade haverá de amaldiçoar os nomes Los Alamos e Hiroshima."[22]

E prosseguiu: "Os povos deste mundo precisam se unir ou perecerão. Esta guerra, que assolou uma parte tão grande do planeta, escreveu essas palavras. A bomba atômica as pronunciou para que todos os homens ouvissem. Outros as disseram, em outros tempos, em outras guerras, sobre outras armas. Mas não acertaram. Alguns, equivocadamente guiados por um falso senso da história, sustentam que hoje também não estarão certas. Não nos cabe acreditar nisso. Pelos nossos trabalhos, estamos comprometidos com um mundo unido diante desse perigo comum, em termos de lei e humanidade."

As palavras de Oppenheimer asseguraram a muitos no Morro que, apesar de seu curioso apoio ao projeto May-Johnson, ele ainda era um deles. "Naquele dia ele nos representou", escreveu um dos residentes de Los Alamos.[23] "Falou por nós e para nós."

Sentado no tablado junto com ele naquela manhã estava Robert G. Sproul, presidente da Universidade da Califórnia em Berkeley. Surpreso com a linguagem dura de Oppenheimer, Sproul estava ainda mais inquieto por causa das palavras que eles tinham trocado entre os discursos. Sproul viera com a intenção de atrair Oppenheimer de volta para Berkeley. Sabia que Oppie estava descontente. Em 29 de setembro, o físico lhe escrevera para dizer que ainda estava indeciso sobre o futuro. Várias outras instituições lhe haviam oferecido cargos com estabilidade e salários de duas a três vezes o que lhe pagavam em Berkeley. E, apesar de seus longos anos na Califórnia, Oppie disse que estava ciente "de uma certa falta de confiança por parte da universidade diante do que ela inevitavelmente deve ter visto como minhas indiscrições do passado". Por "indiscrições", Oppenheimer se referia ao aborrecimento de Sproul com as atividades políticas que ele desempenhou em nome do Sindicato dos Professores. Seria um erro, escreveu ele a Sproul, retornar a Berkeley se a universidade e o Departamento de Física não o quisessem de fato. E "seria um erro para mim voltar com um salário tão fora de proporção com o oferecido por outras instituições".[24]

Sproul, um homem rígido e conservador, sempre considerara Oppenheimer um tipo problemático, então hesitou quando Ernest Lawrence propôs que oferecessem dobrar o salário de Oppie. Lawrence argumentou que "isso não vai significar realmente nada, porque o governo vai colocar somas tão grandes à nossa disposição se Oppenheimer estiver aqui que o salário dele será insignificante".[25] Com relutância, Sproul aquiesceu. Naquele momento, porém, com os dois homens sentados lado a lado e tendo discutido o assunto, Oppenheimer recusou a oferta de Sproul, e repetiu essencialmente o que dissera na carta. Ele estava ciente de que os colegas no Departamento de Física e o próprio Sproul não viam com entusiasmo seu retorno, "por conta do temperamento difícil e do discernimento precário". Então, de maneira abrupta, informou a Sproul que decidira lecionar no Caltech, não sem antes pedir a Sproul uma extensão formal de seu período de licença — deixando, assim, a porta aberta para uma volta a Berkeley no futuro. Embora compreensivelmente irritado pelo teor da conversa, Sproul se sentiu compelido a concordar com o pedido.

O comportamento de Oppenheimer sugere que ele estava inseguro em relação ao próximo passo a ser dado, mas certo de que tinha que ser um passo significativo. Em parte, queria recriar os bons anos que vivera em Berkeley. E ao mesmo tempo, cada vez mais à vontade com a estatura que alcançara no pós-guerra, também se sentia atraído por novas ambições. Resolveu temporariamente essa dúvida rejeitando as ofertas de Harvard e Columbia em favor do Caltech. Assim, podia permanecer na Califórnia e manter aberta a opção de voltar a Berkeley. Nesse meio-tempo, passaria muitos dias exaustivos a bordo de aviões, na ponte aérea entre Pasadena e Washington.

De fato, em 18 de outubro, apenas um dia após a cerimônia em Los Alamos, Oppenheimer estava de volta a Washington para uma conferência no Statler Hotel. Na presença de meia dúzia de senadores, ele destacou em termos duros os riscos apresentados para o país pela bomba atômica. Henry A. Wallace, vice-presidente durante o terceiro mandato de Roosevelt (1941-45) e na ocasião secretário de Comércio de Truman, também estava presente. Oppenheimer dirigiu-se a Wallace e disse que gostaria muito de conversar com ele em particular. Wallace o convidou para um passeio na manhã seguinte.

Caminhando com o ex-vice-presidente pelo centro de Washington na direção do Departamento de Comércio, Oppie revelou suas maiores apreensões em relação à bomba. De forma sucinta, destacou os perigos inerentes às políticas do governo. Tempos depois, Wallace escreveu em seu diário que "nunca vi um homem num estado de nervos tão extremo quanto Oppenheimer. Ele parecia sentir que a destruição de toda a raça humana era iminente". Oppie queixou-se com amargura de Byrnes, o secretário de Estado, que, segundo ele, "acha que podemos usar a bomba como um revólver para obter do mundo o que quisermos". O físico insistiu que isso não daria certo. "Ele diz que os russos são um povo orgulhoso e têm bons físicos e recursos abundantes. Pode ser que tenham que baixar o padrão de vida para isso, mas é certo que farão todos os esforços para produzir bombas atômicas em profusão o mais rápido possível. Ele acha que a maneira equivocada como lidamos com a situação em Potsdam abriu caminho para a eventual matança de dezenas de milhões, talvez centenas de milhões de pessoas inocentes."

Oppenheimer admitiu a Wallace que já na primavera anterior, bem antes do teste da bomba, vários de seus cientistas estavam "muito preocupados" com uma possível guerra com a Rússia. Ele pensava que o governo Roosevelt havia elaborado um plano para comunicar os soviéticos sobre a existência da bomba, e desconfiava que isso não tinha acontecido por objeção dos britânicos. Ainda assim, achava que Stimson via toda a questão à maneira de um "estadista", e se referiu com aprovação ao memorando do secretário da Guerra ao presidente Truman em 21 de setembro, que, segundo ele, "defendia entregar à Rússia [...] não só o know-how industrial, mas também a informação científica". Àquela altura, Wallace o interrompeu para dizer que os pontos de vista de Stimson sobre o assunto nunca haviam sido apresentados numa reunião do gabinete presidencial. Obviamente perturbado ao ouvir isso, Oppenheimer disse que seus cientistas no Novo México estavam desolados: "Eles agora só conseguem pensar nas implicações sociais e econômicas da bomba."

Em certo momento, Oppie perguntou a Wallace se ele achava que seria útil tentar agendar um encontro com o presidente. Wallace o encorajou a tentar uma audiência por meio do novo secretário da Guerra, Robert P. Patterson. Em seguida, os dois se separaram. Tempos depois Wallace anotou em seu diário: "A consciência pesada dos cientistas por trás da bomba atômica é uma das coisas mais estarrecedoras que já vi."[26]

Seis dias depois, às 10h30 da manhã de 25 de outubro de 1945, Oppenheimer foi conduzido ao Salão Oval. O presidente Truman estava naturalmente curioso para encontrar o celebrado físico, conhecido por ser uma figura eloquente e carismática. Depois de ser introduzido pelo secretário Patterson, o único outro indivíduo presente na sala, os três se sentaram. Segundo um relato, Truman deu início à conversa pedindo a ajuda de Oppenheimer para fazer passar no Congresso o projeto de lei May-Johnson, que daria ao Exército controle permanente sobre a energia atômica. "Primeiro é preciso resolver o problema nacional", disse Truman, "depois o internacional".[27] Oppenheimer, depois de um longo e desconfortável silêncio, disse, hesitante: "Talvez fosse melhor resolver primeiro o problema internacional." Ele queria dizer, é claro, que o primeiro imperativo era impedir a disseminação dessas armas, instituindo controles internacionais sobre toda a tecnologia atômica. A certa altura da conversa, Truman subitamente lhe pediu que desse um palpite sobre quando os russos desenvolveriam uma bomba atômica. Quando Oppie disse que não sabia, Truman, confiante disse que tinha a resposta: "Nunca."

Para Oppie, essa tolice era prova das limitações de Truman. A "incompreensão demonstrada [pelo presidente] foi simplesmente de partir o coração", recordou Willie Higinbotham.[28] Já para Truman, um homem que compensava suas inseguranças com calculadas exibições de firmeza, Oppenheimer pareceu exasperantemente vacilante, obscuro e sem vida. Por fim, percebendo que o presidente não compreendia a urgência mortal de sua mensagem, Oppie retorceu as mãos, nervoso, e proferiu um daqueles lamentáveis comentários que caracteristicamente soltava sob pressão: "Senhor presidente", disse ele em voz baixa, "sinto que tenho sangue nas mãos".[29]

O comentário irritou Truman. Depois, ele comentou com David Lilienthal: "Eu disse a ele que era nas minhas mãos que estava o sangue — eu é que tinha que me preocupar com isso." Com o correr dos anos, porém, Truman enfeitou a história. Segundo um relato, ele teria respondido: "Não faz mal, vai sair quando você se lavar." Em outra versão, ele teria tirado o lenço do bolsinho do paletó, oferecido a Oppenheimer e dito: "Bem, pegue aqui. Gostaria de limpar as mãos?"

Em todo caso, a essa troca de palavras seguiu-se um incômodo silêncio, e então Truman se levantou, sinalizando que a reunião estava encerrada. Os dois apertaram-se as mãos, e Truman teria dito: "Não se preocupe, vamos dar um jeito nisso, e você vai nos ajudar."

Em seguida, ouviu-se o presidente resmungando: "Ora, sangue nas mãos... Ele não tem metade do sangue que eu tenho nas mãos. A gente simplesmente não sai por aí se lamentando por isso." Algum tempo depois, Truman disse a Dean Acheson: "Não quero nunca mais ver esse filho da puta no meu gabinete." Também em maio de 1946, com o encontro ainda vívido na mente, ele escreveu a Acheson e descreveu Oppenheimer como um "bebê chorão" que veio "a meu gabinete uns cinco ou seis meses atrás e passou a maior parte do tempo retorcendo as mãos e me dizendo que estavam cheias de sangue por causa da descoberta da energia atômica".

Nessa importante ocasião, a compostura e os poderes de persuasão de Oppenheimer, em geral encantador e autoconfiante, o tinham abandonado. Seu hábito de confiar na espontaneidade funcionava bem quando estava à vontade, mas, sob pressão, ele por vezes dizia coisas das quais se arrependia profundamente depois, e que o prejudicavam. Em seu encontro com Truman, ele tivera a oportunidade de impressionar o único homem que podia ajudá-lo a devolver o gênio nuclear para dentro da garrafa — e fracassara completamente. Como observara Harold Cherniss, sua facilidade de articulação era perigosa: uma letal faca de dois gumes. Muitas vezes um afiado instrumento de persuasão, ela também podia ser usada para solapar o árduo trabalho de pesquisa e preparação. Era uma forma de arrogância intelectual que de tempos em tempos o levava a comportar-se mal, ou de forma tola, uma espécie de calcanhar de Aquiles que teria consequências devastadoras, e, de fato, acabaria por proporcionar aos inimigos políticos a oportunidade de destruí-lo.

Curiosamente, essa não foi nem a primeira nem a última vez que Oppenheimer antagonizou com alguém em posição de autoridade. Ao longo da vida, ele muitas vezes se mostrou capaz da maior consideração, porque sabia ser paciente, atencioso e afável com os alunos — a menos que lhe fizessem uma pergunta patentemente tola. Entretanto, com aqueles que detinham autoridade, com frequência era impaciente e franco, a ponto de ser rude. Na ocasião do encontro com o presidente, a grosseira ignorância e a falta de compreensão de Truman sobre as implicações das armas atômicas tinham levado Oppenheimer a dizer algo que ele devia ter percebido que poderia incomodar o líder.

As interações de Truman com os cientistas nunca foram de alto nível. O presidente impressionou muitos deles como um homem simplório, incapaz de entender o que quer que fosse. "Ele não era um homem de imaginação", disse Isidor I. Rabi.[30] E os cientistas estavam longe de ser os únicos a pensar dessa forma. Até mesmo John J. McCloy, um experiente advogado de Wall Street que foi por um curto período secretário assistente da Guerra no governo Truman, escreveu em seu diário que o presidente era "um homem simples, propenso a tirar conclusões de forma rápida e decidida, talvez rápida demais — um típico americano".[31] Truman não foi um grande presidente, "nem um pouco distinto [...] não como Lincoln. Ao contrário, era um sujeito instintivo, comum, de natureza emocional". Na opinião de homens tão diferentes como McCloy, Rabi e Oppenheimer, os instintos de Truman, particularmente no campo da diplomacia atômica, não eram nem moderados nem sadios — e infelizmente não estavam à altura do desafio com que os Estados Unidos e o mundo se defrontavam.

DE VOLTA AO PLANALTO, ninguém considerava Oppenheimer um "bebê chorão". Em 2 de novembro de 1945, numa noite úmida e fria, o ex-diretor voltou ao Morro. O anfiteatro de Los Alamos estava mais uma vez lotado para ouvi-lo falar sobre o que ele chamou de "o conflito em que estamos".[32] Oppie começou confessando que "não entendo muito de política em termos práticos". Mas isso não era importante, porque havia questões a enfrentar que diziam respeito diretamente aos cientistas. O que aconteceu, disse ele, "obriga-nos a reconsiderar as relações entre ciência e senso comum".

Oppenheimer falou por uma hora — muito além do tempo previsto —, e a audiência ficou hipnotizada. Anos depois, as pessoas ainda diziam: "Eu me lembro do discurso de Oppie."[33] Em parte, elas não se esqueceram dessa noite porque ele havia explicado muito bem o emaranhado de emoções confusas que todos sentiam em relação à bomba. O que eles tinham feito não fora mais do que uma "necessidade orgânica". "Se você é um cientista", disse ele, "então certamente acredita que é bom descobrir como o mundo funciona [...] e entregar à humanidade o maior poder possível para controlar o mundo e lidar com ele segundo suas luzes e seus valores". Além disso, havia um "sentimento de que provavelmente não havia na Terra um lugar onde o desenvolvimento de armas atômicas teria melhor chance de conduzir a uma solução razoável, e uma chance menor de levar a um desastre, do que os Estados Unidos". Não obstante, como cientistas, disse Oppie, eles não podiam fugir da responsabilidade pela "grave crise". Muita gente "vai tentar se afastar disso" e argumentar que "é só mais uma arma". Os cientistas sabiam que não era bem assim. "Acho que devemos admitir que se trata de uma grave crise, perceber que as armas atômicas que começamos a construir são terríveis demais, que implicam uma grande mudança, não uma modificação ligeira."

Ele prosseguiu: "Para mim, está claro que as guerras mudaram, que se essas primeiras bombas — a bomba que foi lançada sobre Nagasaki — são capazes de destruir uma área de uns 25 quilômetros quadrados, isso é realmente algo significativo. Para mim, está claro que elas serão muito baratas se alguém se dispuser a fazê-las." Como resultado dessa mudança quantitativa, a própria natureza da guerra tinha mudado: agora a vantagem estava com o agressor, não com o defensor. No entanto, se a guerra havia se tornado intolerável, então eram necessárias mudanças muito "radicais" nas relações entre os países, "não só em espírito, não só na lei, mas também em concepção e sentimento". A única coisa que ele desejava "enfatizar e deixar bem clara" era "a enorme mudança de espírito envolvida".

A crise clamava por uma transformação histórica do comportamento e das atitudes internacionais, e Oppenheimer estava olhando para as experiências da ciência moderna em busca de orientação. Ele pensava ter encontrado o que chamou de uma "solução provisória". Primeiro, as principais potências deveriam criar uma "comissão conjunta de energia atômica", dotada de poderes "não sujeitos a revisão por parte dos chefes de Estado", a fim de buscar aplicações pacíficas para a energia atômica. Em segundo lugar, deveria ser organizado um mecanismo concreto para forçar o intercâmbio de cientistas, "de modo a termos bastante certeza de que a fraternidade dos cientistas saia fortalecida". E, por fim, "eu recomendaria que não se fizessem mais bombas". Oppie não sabia se as propostas eram boas, mas pelo menos eram um começo. "Sei que muitos de meus amigos aqui estão de acordo. Eu mencionaria Bohr, em especial."[34]

Mesmo que Bohr e outros cientistas estivessem de acordo, todos sabiam que se tratava de uma distinta minoria no país como um todo. Num momento posterior de sua fala, Oppie admitiu que estava "perturbado" com as numerosas "declarações oficiais" que insistiam em uma "responsabilidade unilateral pelo manejo das armas atômicas". No início daquela semana, no Dia da Marinha, o presidente Truman fizera um belicoso discurso no Central Park de Nova York regozijando-se do poderio militar norte-americano. Os Estados Unidos, segundo ele, seriam o "depositário sagrado"[35] da bomba atômica, e "não daremos nossa aprovação a qualquer compromisso com o mal". Oppenheimer reprovou o tom triunfalista de Truman: "Se você aborda um problema dizendo 'Nós sabemos o que é certo e vamos usar a bomba atômica para persuadi-lo a concordar conosco', então sua posição é muito fraca e não terá êxito [...] você vai se ver tentando prevenir um desastre pela força das armas." Oppie disse à plateia que não pretendia discutir os motivos e objetivos do presidente, mas que "nós somos apenas 140 milhões, e há 2 bilhões de pessoas vivendo na Terra". Por mais confiantes que os norte-americanos pudessem estar de suas opiniões e ideias, a "negação absoluta das opiniões e ideias alheias não pode servir de base para nenhum tipo de acordo".

Naquela noite, ninguém deixou o auditório indiferente. Oppie falara aos cientistas em termos íntimos, articulando muitas das dúvidas, dos temores e das esperanças que sentiam. Ao longo das décadas seguintes, as palavras dele ressoariam. O mundo que Oppenheimer havia descrito era tão sutil e complicado quanto o mundo quântico do próprio átomo. Ele começara o discurso de maneira humilde, e ainda assim, como os melhores políticos, havia dito uma verdade simples que ia direto ao cerne do problema. O mundo tinha mudado, e os norte-americanos se comportariam de maneira unilateral por conta e risco próprios.

ALGUNS DIAS DEPOIS, ROBERT, Kitty e os dois filhos pequenos, Peter e Toni, entraram no Cadillac da família e viajaram até Pasadena. Kitty estava particularmente aliviada por deixar Los Alamos para trás. E Robert também. Ali, em seu amado planalto, ele conseguira algo único nos anais da ciência. Havia transformado o mundo e também a si mesmo. Entretanto, não conseguia evitar uma sensação de incômoda ambivalência.

Logo depois da chegada ao Caltech, Robert recebeu uma carta remetida da pequena casa junto à ponte de Otowi. Edith Warner lhe escrevera.[36] Alguém havia lhe dado uma cópia do discurso de despedida de Oppie. "Tive a impressão de que você estava andando pela minha cozinha, falando meio para si mesmo, meio para mim", escreveu ela. "E daí veio a convicção daquilo que senti inúmeras vezes: a de que você tem, em menor grau, aquela qualidade que irradia do sr. Baker [o pseudônimo de Niels Bohr]. Nestes últimos meses, tive a impressão de que se trata de um poder tão pouco conhecido quanto a energia atômica. [...] Penso em vocês dois com esperança, enquanto a canção do rio vem do cânion e a necessidade do mundo alcança até mesmo este lugar tranquilo."

25

"Nova York poderia ser destruída"

A física e o ensino da física, que são a minha vida, agora me parecem irrelevantes.
ROBERT OPPENHEIMER

OPPENHEIMER PASSARA A SER uma voz influente em Washington — e o fato de ser influente atraiu o escrutínio de J. Edgar Hoover. Naquele outono, o diretor do FBI começou a fazer circular informações depreciativas sobre os laços do físico com os comunistas. Em 15 de novembro de 1945, Hoover enviou um resumo de três páginas do arquivo de Oppenheimer no FBI tanto para a Casa Branca quanto para o secretário de Estado. No documento, Hoover dizia que os membros do Partido Comunista de San Francisco tinham sido ouvidos falando de Oppenheimer como um membro "registrado" do partido. "Desde o uso da bomba atômica", escreveu ele, "comunistas na Califórnia que conheciam Oppenheimer antes da nomeação para o programa atômico têm manifestado interesse em restabelecer os velhos contatos".[1]

A informação de Hoover era problemática. Sem dúvida, era verdade que escutas e grampos telefônicos do FBI tinham captado alguns comunistas da Califórnia referindo-se a Oppenheimer como membro do partido. Isso, porém, não era surpresa, uma vez que havia muitos membros do partido que, antes da guerra, presumiam igualmente que ele estivesse comprometido — e todos que conheceram Oppenheimer antes da guerra desejavam afirmar que o famoso físico "da bomba atômica" era um dos seus. Assim, apenas quatro dias depois do lançamento da bomba sobre Hiroshima, um grampo do FBI gravou um comentário de David Adelson, um organizador do PC: "Não é ótimo que Oppenheimer esteja sendo considerado comunista?"[2] Outro ativista do partido, Paul Pinsky, retrucou: "Sim, devemos dizer que ele é membro?" Adelson riu: "Oppenheimer foi o cara que me deu o empurrão inicial. Lembra-se daquela sessão?" Ao que Pinsky respondeu: "Sim." E então Adelson concluiu: "Assim que tirarem a Gestapo de perto dele vou entrar em contato e cair em cima. O cara é tão importante agora que virou intocável, mas precisa sair à rua e expressar algumas ideias."

Fica evidente que Adelson e Pinsky consideravam Oppenheimer simpático à agenda política deles. Mas era um camarada? Até mesmo o FBI reconheceu que a pergunta de Pinsky — "Devemos dizer que ele é membro?" — "parece deixar dúvidas sobre a real participação do sujeito [Oppenheimer] como membro do partido".[3]

De maneira semelhante, em 1º de novembro de 1945, o FBI escutou uma conversa entre membros do Comitê Executivo do Clube de North Oakland, uma seção do Partido Comunista do condado de Alameda. Uma ativista do partido, Katrina Sandow, afirmou que Oppenheimer pertencia ao PC. Outro funcionário, Jack Manley, vangloriou-se de que ele e Steve Nelson eram "próximos de Oppenheimer",[4] a quem chamou de "um dos nossos". Manley disse que a União Soviética tinha enormes depósitos de urânio e era "tolice" pensar que os Estados Unidos pudessem manter o monopólio da nova arma. De modo significativo, afirmou que Oppenheimer tinha "falado com eles sobre a questão" dois ou três anos antes. Manley também disse conhecer outros cientistas no Rad Lab que estavam trabalhando numa bomba ainda mais poderosa que a lançada sobre o Japão. E, inocentemente, afirmou que pretendia conseguir "um diagrama simplificado da bomba e imprimi-lo em todos os jornais locais [...] para que o público pudesse entendê-la".

A Casa Branca e o Departamento de Estado não fizeram nada com as escutas de Hoover. Hoover, no entanto, forçou seus agentes a continuarem. No fim de 1945, o FBI tinha uma escuta dentro da casa de Frank Oppenheimer nos arredores de Berkeley. Numa festa de Ano-Novo, em 1º de janeiro de 1946, o grampo ouviu Oppie, que tinha ido visitar o irmão, conversando com Pinsky e Adelson. Eles tentaram convencê-lo a fazer um discurso sobre a bomba atômica num comício que estavam organizando, mas Oppie declinou polidamente (embora Frank tivesse concordado). Adelson e Pinsky não ficaram surpresos. Haviam conversado sobre o físico com outro membro do PC, Barney Young, que disse que o partido tentara se comunicar com Oppenheimer e este "não fizera nada no sentido de manter contato".[5] O velho amigo de Oppie, Steve Nelson, chefe do PC de Oakland, tentara repetidamente retomar a amizade com o físico, mas Oppie não respondera.

Steve Nelson nunca mais esteve com Oppenheimer. Outros membros podem ter pensado nele como alguém que um dia havia estado nas bordas do partido, mas até mesmo Haakon Chevalier sabia que Oppenheimer jamais se sujeitara à disciplina partidária. Em várias ocasiões, sempre assumira um "curso individualista". Isso tornava difícil para qualquer um, exceto o próprio Oppenheimer, saber qual exatamente tinha sido a sua relação com o PC — e o que o partido significava para ele. O FBI jamais seria capaz de provar a participação de Oppie como membro do partido. Não obstante, ao longo dos oito anos seguintes, Hoover e seus agentes acabariam por gerar cerca de mil páginas por ano de memorandos, relatórios de vigilância e transcrições de gravações sobre o físico, tudo com o objetivo de desacreditar o pensador "individualista". Em 8 de maio de 1946, foi instalado um grampo no telefone de Oppenheimer no número 1 de Eagle Hill.⁶

Hoover dirigia pessoalmente a investigação — e tinha poucos escrúpulos. No começo de março de 1946, o FBI usou um padre católico numa tentativa de transformar em informante uma ex-secretária de Oppie em Los Alamos, Anne Wilson. O padre John O'Brien, de Baltimore, disse conhecer Wilson como "uma moça católica" e julgou que poderia persuadi-la a cooperar com o FBI "a fim de desenvolver informação referente aos contatos e às atividades de Oppenheimer, particularmente no tocante à possível revelação de segredos da bomba atômica por parte dele". Hoover concordou com a ideia e rabiscou no memorando da ação: "Tudo bem, contanto que o padre fique de boca fechada sobre a questão."⁷

O padre O'Brien solicitou então "informações depreciativas sobre Oppenheimer que possam ser usadas em uma 'conversa preparatória' com a moça". O contato no FBI lhe disse que não seria seguro — pelo menos não até que tivessem sondado Wilson. O padre se encontrou com a secretária de Oppenheimer na noite de 26 de março de 1946; na manhã seguinte, telefonou ao FBI para reportar que "a moça não podia ser persuadida a cooperar com base nas convicções religiosas e no patriotismo". Leal e mal-humorada, Wilson disse ao padre que tinha "irrestrita fé na integridade de Oppenheimer". Embora conhecesse o padre O'Brien — um homem alto, loiro e simpático — como ex-professor do ensino secundário, Wilson se recusou a lhe dar qualquer informação. Ela "expressou ressentimento quanto ao fato de as agências de segurança" estarem vigiando Oppie, e disse que Oppenheimer lhe contara que o FBI o mantinha sob vigilância, o que ela achava ultrajante.

Oppie ficou irado com a vigilância. Certo dia, em Berkeley, estava conversando com seu ex-aluno Joe Weinberg quando de repente apontou para uma placa de bronze na parede e disse: "Que diabos é aquilo?"⁸ Weinberg tentou explicar que a universidade tinha desinstalado um velho sistema de intercomunicação e tapado o buraco com a placa. Oppie o interrompeu e disse: "Aquilo era — e sempre foi — um microfone escondido." Então saiu rapidamente da sala, batendo a porta atrás de si.

É preciso deixar claro que Oppenheimer não era o único alvo de Hoover. Na primavera de 1946, o diretor do FBI estava investigando dezenas de funcionários de alto escalão do governo Truman e disseminando alegações absurdas. Com base nos chamados "informantes confiáveis",⁹ questionava a lealdade de uma série de funcionários vinculados à política de energia atômica, inclusive John McCloy, Herbert Marks, Edward U. Condon e até mesmo Dean Acheson.

As investigações de Hoover sobre Oppenheimer e outros membros do governo Truman em 1946 eram um prelúdio para a política oficial de anticomunismo — o uso da acusação de "comunista", "simpatizante" ou "companheiro de viagem" para silenciar ou destruir oponentes políticos. Na verdade, não era uma tática nova: tais acusações tinham se provado letais em nível estatal no fim dos anos 1930. No entanto, com o crescente distanciamento entre os Estados Unidos e a União Soviética, era fácil focar a atenção na necessidade de proteger os "segredos atômicos" nacionais, e dessa necessidade emergia a justificativa para colocar qualquer um associado à pesquisa nuclear sob rígida vigilância. Hoover desconfiava de qualquer um que se desviasse das posições mais conservadoras em relação a assuntos nucleares, e, para ele, ninguém era mais suspeito nesse aspecto do que Robert.

NUM FIM DE TARDE da terrivelmente gelada semana de Natal de 1945, Oppenheimer visitou Isidor I. Rabi em seu apartamento em Riverside Drive, em Nova York. Observando o pôr do sol da janela da sala de estar, os dois amigos puderam ver pedaços de gelo banhados de amarelo e rosa flutuando pelo rio Hudson. Depois, enquanto a noite caía, fumaram os respectivos cachimbos e falaram sobre os perigos de uma corrida armamentista atômica. Rabi, mais tarde, afirmou ter "concebido" a ideia de criar um órgão de controle internacional — que Oppenheimer depois passou a "vender". Oppenheimer, é claro, vinha pensando na questão desde a conversa que tivera com Bohr em Los Alamos. Pode ser que o papo daquela noite o tenha inspirado a refinar as ideias e transformá-las em um plano concreto. "Então me ocorreu", recordou Rabi, "que duas coisas eram necessárias: ela [a bomba] deveria ficar sob controle de um órgão internacional, pois do contrário instigaria rivalidades entre países; além disso, acreditávamos na energia nuclear, que a continuidade da nova era industrial dependeria dela".[10] Rabi e Oppenheimer propuseram então uma autoridade atômica internacional com real influência, que controlaria tanto a bomba quanto os usos pacíficos da energia atômica. Proliferadores potenciais enfrentariam sanções concretas, com o fechamento punitivo de suas usinas de energia caso se descobrisse que estavam adquirindo armas atômicas.

Quatro semanas depois, no fim de janeiro de 1946, Oppie ficou entusiasmado ao saber que negociações iniciadas vários meses antes tinham resultado num acordo entre a União Soviética, os Estados Unidos e outros países para o estabelecimento de uma Comissão de Energia Atômica das Nações Unidas.[11] Em resposta a essas negociações, o presidente Truman designou um comitê especial para redigir uma proposta concreta a fim de estabelecer um controle internacional sobre as armas atômicas. Dean Acheson presidiria o comitê, que incluiria ainda outros luminares do *establishment* da política externa norte-americana, como o ex-secretário assistente da Guerra John McCloy, Vannevar Bush, James Conant e o general Leslie Groves. Quando Acheson se queixou a seu assistente pessoal, Herbert Marks, que não sabia nada sobre energia atômica, Marks sugeriu que criasse um conselho de consultores. Brilhante e sociável, o jovem advogado trabalhara certa vez com David Lilienthal, presidente da Administração do Vale do Tennessee, e sugeriu que este poderia ajudar a conceber um plano coerente. Embora não fosse cientista, Lilienthal, um adepto liberal do New Deal, era um gestor experiente, que trabalhara com centenas de engenheiros e técnicos. Ele traria seriedade às deliberações, e rapidamente concordou em dirigir o conselho. Quatro outros homens foram indicados para juntar-se a ele: Chester I. Barnard, presidente da Bell Telephone Company de Nova Jersey; o dr. Charles A. Thomas, vice-presidente da Monsanto Chemical Company; Harry A. Winne, vice-presidente da General Electric Company; e Oppenheimer.

Oppie ficou encantado com a evolução dos acontecimentos. Enfim se apresentava a oportunidade pela qual vinha esperando para abordar os principais problemas associados ao controle da bomba atômica. O comitê de Acheson e seu conselho de consultores começaram a se reunir intermitentemente naquele inverno a fim de esboçar um plano preliminar. Sendo o único físico no conselho, Oppenheimer naturalmente dominava as discussões e impressionava os colegas, homens de personalidade forte, com a clareza de ideias e a visão que lhe eram características. Ele precisava de unanimidade e estava determinado a consegui-la. Desde o início, cativou Lilienthal.

O conselho de consultores reuniu-se pela primeira vez no quarto de Oppenheimer no Shoreham Hotel, em Washington. "Ele andava de um lado para outro", comentou Lilienthal em seu diário, "soltando murmúrios engraçados entre as frases enquanto caminhava pelo cômodo, olhando para o chão — um maneirismo bastante estranho. Era muito articulado. [...] Fui embora com uma boa impressão dele, espantado com a rapidez de seus pensamentos, mas bastante perturbado pelo fluxo das palavras".[12] Mais adiante, depois de passar algum tempo na companhia de Oppenheimer, Lilienthal deixou escapar: "Vale a pena viver uma vida inteira só para saber que a humanidade foi capaz de produzir um ser como ele."

O general Groves já tinha visto Oppie usar seu charme com as pessoas, mas dessa vez achou que o físico tinha se superado: "Todos ficaram de joelhos diante dele. Lilienthal ficou tão dependente que era capaz de consultá-lo sobre que gravata colocar de manhã."[13] "Jack" McCloy estava quase igualmente em transe. McCloy conhecera Oppenheimer nos primeiros anos da guerra, e ainda pensava nele como um homem de vasta cultura, possuído por uma "mente quase musicalmente delicada",[14] um intelectual de "grande encanto".

"Acho que todos os participantes do conselho", escreveu Acheson posteriormente em suas memórias, "concordavam que a mente mais estimulante e criativa entre nós era a de Robert Oppenheimer. Nessa tarefa ele era também extremamente construtivo, capaz de acomodar diversas opiniões. Ele podia ser argumentativo, afiado e, por vezes, pedante. Nenhum desses problemas, contudo, atrapalhou nesse caso".[15]

Acheson admirava a presença de espírito e a visão clara de Oppenheimer — e até mesmo a língua afiada. No começo das deliberações, Oppie foi hóspede na casa de Acheson em Georgetown. Depois dos drinques e do jantar, ele se punha ao lado de uma pequena lousa, giz na mão, e dava ao anfitrião e a McCloy aulas sobre as complexidades do átomo. Como auxílio visual, desenhava bonecos de palitinho para representar elétrons, nêutrons e prótons perseguindo uns aos outros e geralmente se comportando de forma imprevisível. "Nossas aturdidas perguntas pareciam atormentá-lo", escreveu Acheson depois.[16] "Por fim ele abaixava o giz, em gentil desespero, e dizia: 'É inútil! Acho que vocês realmente acreditam que nêutrons e elétrons *são de fato* homenzinhos!'"

No começo de março de 1946, o conselho de consultores havia redigido um relatório de cerca de 34 mil palavras, escrito por Oppenheimer e reelaborado por Marks e Lilienthal. Durante um período de dez dias em meados de março, em Washington, eles tiveram quatro reuniões de dia inteiro em Dumbarton Oaks, uma imponente mansão em Georgetown repleta de obras de arte bizantinas. Das paredes, que chegavam a uma altura de quase três andares, pendiam magníficas tapeçarias; um feixe de luz solar banhava a obra *A visitação*, de El Greco, em um dos cantos. Um gato bizantino esculpido em ébano repousava dentro de uma caixa de vidro. Perto do fim das deliberações, Acheson, Oppenheimer e os demais se revezaram na leitura de partes do esboço do relatório. Quando terminaram, Acheson levantou os olhos, tirou os óculos de leitura e disse: "Este é um documento brilhante e profundo."[17]

Oppenheimer convencera os membros do conselho a endossar um plano drástico e abrangente. Meias medidas, argumentou, não bastariam. Uma simples aliança internacional para banir as armas atômicas não era o suficiente, a menos que as pessoas em toda parte pudessem ter garantias de que seria implementada. Tampouco um regime de inspeção internacional era o bastante. Seriam necessários mais de trezentos inspetores, por exemplo, para monitorar uma única usina de difusão em Oak Ridge. E o que fariam os inspetores em relação aos países que afirmassem estar explorando as aplicações pacíficas da energia atômica? Conforme Oppenheimer explicara, seria muito difícil detectar o desvio de pequenas quantidades de plutônio ou urânio enriquecido de usinas de energia nuclear civis para propósitos militares. A exploração pacífica da energia atômica estava inextricavelmente ligada à capacidade técnica de produzir uma bomba.

Após o dilema definido, Oppie recorreu mais uma vez ao internacionalismo da ciência moderna para encontrar uma solução. Ele propôs uma agência internacional que monopolizasse todos os aspectos da energia atômica e repartisse os benefícios como um incentivo para os países. Essa agência ao mesmo tempo controlaria a tecnologia e a desenvolveria com propósitos estritamente civis. Oppenheimer acreditava que, no longo prazo, "sem um governo mundial não poderia haver paz permanente, e que sem isso sobreviria uma guerra atômica".[18] Estava claro que um governo mundial não era uma perspectiva imediata, então Oppie argumentou que, no campo da energia atômica, todos os países deveriam concordar com uma "renúncia parcial" de soberania. Segundo esse plano, a proposta Autoridade de Desenvolvimento Atômico controlaria todas as minas de urânio, usinas e laboratórios de energia atômica. Nenhum país teria permissão para construir bombas, mas cientistas em toda parte seriam autorizados a explorar o átomo para propósitos pacíficos. Ele explicou o conceito num discurso no começo de abril: "O que se propõe aqui é uma renúncia parcial, suficiente para que uma Autoridade de Desenvolvimento Atômico possa existir e exercer suas funções de desenvolvimento, exploração e controle, protegendo o mundo contra o uso de armas nucleares e oferecendo a ele os benefícios da energia atômica."

Uma transparência total e completa tornaria impossível que qualquer nação dominasse os enormes recursos industriais, técnicos e materiais necessários para construir uma arma atômica em segredo. Oppenheimer entendia que não era possível desinventar a arma — se o segredo já tinha sido revelado. Mas seria possível construir um sistema tão transparente que o mundo civilizado pelo menos teria um aviso caso algum regime desonesto se propusesse a fazer uma arma dessas.

Num ponto, porém, a visão política de Oppenheimer nublou-lhe o julgamento científico. Ele também sugeriu que os materiais físseis poderiam ser permanentemente "desnaturados", ou contaminados, e assim inutilizados para a fabricação de bombas. Todavia, como acabou ficando claro, qualquer processo que desnaturasse o urânio e o plutônio poderia ser revertido. "Oppenheimer estragou as coisas posteriormente", disse Rabi, "ao sugerir que o urânio podia ser dopado, ou desnaturado, o que era uma loucura. [...] Era uma bobagem tão grande que nem sequer o censurei por isso".[19]

O senso de urgência que todos vieram a compartilhar refletiu-se no aval ao plano por homens de negócios como Charles Thomas, da Monsanto, e o advogado republicano John McCloy, de Wall Street. Herbert Marks depois comentou: "Só algo tão drástico quanto a bomba atômica poderia ter levado Thomas a sugerir que as minas fossem internacionalizadas. Não esqueçamos que ele é o vice-presidente de uma empresa de 120 milhões de dólares."[20]

Pouco tempo depois, o relatório de Oppenheimer — que ficou conhecido como Relatório Acheson-Lilienthal — foi submetido à Casa Branca.[21] Oppie estava contente, pois sem dúvida o presidente entenderia a urgente necessidade de controlar o átomo.

Mas seu otimismo foi em vão. Enquanto Byrnes, o secretário de Estado, fez uma encenação dizendo-se "favoravelmente impressionado",[22] a verdade é que estava chocado com o escopo das recomendações do relatório. Um dia depois, ele persuadiu Truman a nomear um parceiro comercial de longa data, Bernard Baruch, financista de Wall Street, para "traduzir" as propostas do governo para as Nações Unidas. Acheson ficou perplexo. Lilienthal escreveu em seu diário: "Quando li as notícias ontem à noite, passei muito mal. [...] Precisamos de um homem jovem, vigoroso, desprovido de vaidade, que os russos não sintam que está lá apenas para metê-los num buraco, sem se preocupar realmente com a cooperação internacional. Baruch não possui nenhuma dessas qualidades."[23] Quando Oppenheimer ficou sabendo da nomeação, disse a seu amigo Willie Higinbotham, de Los Alamos, então presidente da recém-criada Federação dos Cientistas Atômicos: "Estamos perdidos."[24]

Em particular, Baruch já vinha expressando "grandes reservas" em relação às recomendações do Relatório Acheson-Lilienthal. Para se aconselhar, recorreu a dois banqueiros conservadores, Ferdinand Eberstadt e John Hancock (sócio sênior do Lehman Brothers), e a Fred Searls Jr., um engenheiro de mineração e amigo pessoal. Tanto Baruch quanto Byrnes, o secretário de Estado, eram membros da diretoria e investidores da Newmont Mining Corporation, uma importante empresa com grandes investimentos em minas de urânio, da qual Searls era o diretor executivo. Assim, não surpreende que tenha ficado alarmado com a ideia de que minas de propriedade privada pudessem ser desapropriadas por uma Autoridade de Desenvolvimento Atômico internacional. Nenhum desses homens contemplava seriamente a ideia de internacionalizar a nova e emergente indústria nuclear. E, no que dizia respeito às armas atômicas, Baruch pensava na bomba norte-americana como a "arma da vitória".[25]

O prestígio de Oppenheimer era tão grande que, mesmo quando se preparava para enfrentar o Relatório Acheson-Lilienthal, Baruch fez um esforço para recrutá-lo como conselheiro científico. No começo de abril de 1946, eles se encontraram em Nova York para discutir a possibilidade de trabalhar juntos. Do ponto de vista de Oppie, a reunião foi um absoluto desastre. Quando pressionado, ele admitiu que o plano não era exatamente compatível com o atual sistema soviético de governo. Insistiu, porém, que a posição norte-americana "deveria ir no sentido de fazer uma proposta honrada e assim descobrir se eles tinham vontade de cooperar". Baruch e seus assessores argumentaram que as propostas do Relatório Acheson-Lilienthal precisavam ser emendadas sob diversos aspectos básicos: as Nações Unidas deveriam autorizar os Estados Unidos a manter um estoque de armas atômicas para servir como meio de dissuasão; a proposta Autoridade de Desenvolvimento Atômico não deveria controlar as minas de urânio; e, por fim, a Autoridade não deveria ter poder de veto no tocante ao desenvolvimento da energia atômica. A troca de ideias levou Oppie a concluir que Baruch achava ser tarefa dele, Oppenheimer, preparar "o povo americano para uma recusa da Rússia".

Terminada a reunião, Baruch acompanhou Oppenheimer até o elevador e tentou tranquilizá-lo: "Não deixe que meus associados o preocupem. Hancock é bem de 'direita'", disse, com uma piscadela, "mas eu fico de olho nele. Searls é rápido como um chicote, mas está sempre vendo vermelhos debaixo da cama".[26]

Nem é preciso dizer que a reunião com Baruch não foi nada tranquilizadora. Oppenheimer foi embora convencido de que o velho era um tolo, e disse a Rabi que o "desprezava".[27] Logo depois, disse a Baruch que decidira não se juntar a ele como conselheiro científico. Rabi achou que aquilo fora um erro: "Ele fez algo difícil de desculpar; recusou-se a entrar na equipe. Então, em vez disso, pegaram o coitado do Richard Tolman." Tolman, com a saúde debilitada, não tinha nem a energia nem a personalidade necessárias para enfrentar alguém como Baruch. Quanto a Oppie, Baruch disse a Lilienthal: "É uma pena a situação daquele jovem [Oppenheimer]. Tão promissor. Ele não vai cooperar. E vai se arrepender disso."[28]

Baruch estava certo, e Oppenheimer pensou melhor sobre a decisão que tomava.[29] Poucas horas depois de ter recusado o serviço, telefonou a Jim Conant e confessou que achava ter sido tolo. Deveria mudar de ideia? Conant lhe disse que era tarde demais, que Baruch perdera a confiança nele.

Nas semanas que se seguiram, Oppenheimer, Acheson e Lilienthal fizeram o melhor possível para manter vivo o plano Acheson-Lilienthal, com um forte *lobby* junto à burocracia e aos meios de comunicação. Em resposta, Baruch se queixou a Acheson, dizendo-se "constrangido" por estar sendo cortado. Na esperança de que ainda pudesse influenciar Baruch, Acheson concordou em reunir todo seu pessoal em Blair House, na avenida Pennsylvania, na tarde de sexta-feira, 17 de maio de 1946.

No entanto, enquanto Acheson trabalhava para conter o gênio atômico, outros trabalhavam para conter, se não destruir, Oppenheimer. Naquela mesma semana, J. Edgar Hoover instou seus agentes a montarem vigilância sobre Oppie. Embora não tivesse um fio de evidência, Hoover passara a aventar a possibilidade de que o físico desertasse para a União Soviética. Tendo decidido que Oppenheimer era um simpatizante comunista, o diretor do FBI raciocinou que "ele seria muito mais valioso lá do que nos Estados Unidos como conselheiro na construção de usinas atômicas". E instruiu seus agentes "a seguir de perto as atividades e os contatos de Oppenheimer".[30]

Uma semana antes dessa reunião de cúpula, Oppie, num telefonema a Kitty, disse à esposa que a reunião era "uma tentativa de enquadrar o velho [Baruch] [...] Não é uma situação muito agradável".[31] E então acrescentou: "Não quero nada deles, e influenciar a consciência dele [de Baruch] é o melhor que posso tentar. Do contrário, nada mais vale a pena." Kitty insistiu para que ele tivesse clareza daquilo "que o velho quer". Oppie concordou, e então, ao ouvir o clique de um operador telefônico ligando e desligando a chave, perguntou à esposa: "Você ainda está aí? Fico pensando quem será que está nos escutando." Kitty respondeu: "O FBI, querido." Oppie indagou: "O FBI?" E então brincou: "O FBI deve ter acabado de desligar." Kitty deu uma risadinha e eles retomaram a conversa.

Kitty adivinhara corretamente. Dois dias antes, o FBI grampeara o telefone da casa dos Oppenheimer em Berkeley (e Hoover entregou uma transcrição dessa conversa ao secretário de Estado, "como de possível interesse para o senhor e o presidente").[32]

Não se sabe se os comentários depreciativos de Oppenheimer chegaram ou não aos ouvidos de Baruch, mas a reunião em Blair House não correu bem. Baruch deixou claro que ele e seu pessoal recusariam a ideia de propriedade internacional das minas de urânio. Então a discussão se desviou para a questão das "penalidades". Por que, indagou Baruch, não havia provisão de punições para quem violasse o acordo? O que aconteceria se um país fosse descoberto construindo armas nucleares? Baruch achava que um estoque de armas nucleares deveria ser reservado e automaticamente usado contra qualquer país em violação do acordo, o que chamava de "punição condizente". Herb Marks disse que ia totalmente de encontro ao espírito do plano Acheson-Lilienthal. Além disso, ressaltou, um país renegado levaria pelo menos um ano para preparar armas atômicas, o que ofereceria à comunidade internacional tempo de reagir. O próprio Acheson tentou explicar em tom judicioso que eles haviam de fato considerado a questão, e concluído que "se uma das grandes potências violasse um tratado, ou quisesse fazer uma exibição de força, então não importava que palavras ou provisões fossem apresentadas, porque era óbvio que a organização internacional cairia por terra".[33]

Ainda assim, Baruch insistiu que uma lei que não previa penalidades era inútil.[34] Desconsiderando a opinião da maioria dos cientistas, ele se convenceu de que os soviéticos não seriam capazes de construir armas atômicas por pelo menos duas décadas, e raciocinou que não havia nenhum motivo premente para abrir mão do monopólio norte-americano no futuro próximo. Assim, o plano que pretendia submeter às Nações Unidas emendaria substancialmente — na verdade, alteraria de maneira fundamental — as propostas do Relatório Acheson-Lilienthal: os soviéticos teriam que desistir de seu direito de veto no Conselho de Segurança com relação a quaisquer ações da nova autoridade atômica; qualquer nação que violasse o acordo estaria imediatamente sujeita a um ataque nuclear; e, antes de terem acesso a quaisquer segredos relacionados aos usos pacíficos da energia atômica, os soviéticos teriam que se submeter a uma vistoria de seus depósitos de urânio.

Acheson e McCloy objetaram vigorosamente a uma ênfase tão precoce em provisões punitivas. Isso, somado à evidente intenção de Baruch de preservar o monopólio norte-americano das armas atômicas, pelo menos por alguns anos, acabaria por condenar o plano. Os soviéticos jamais concordariam com essas condições, sobretudo numa época em que os Estados Unidos continuavam a construir e testar armas atômicas. O que Baruch estava propondo não era um controle cooperativo sobre a energia nuclear, mas um pacto planejado para prolongar o monopólio atômico norte-americano. McCloy, furioso, insistiu que uma condição de segurança completa jamais existiria, e que seria "presunçoso" sugerir a provisão de penalidades duras e automáticas. No dia seguinte, o juiz Felix Frankfurter escreveu a McCloy: "Ouvi dizer que foi uma verdadeira tourada — e que você ficou com tanta aversão aos cavalheiros do outro lado que chegou a 'cuspir perdigotos'."[35]

Enquanto o republicano John McCloy ficou meramente zangado, a raiva de Oppenheimer levou à depressão. Depois, ele escreveu a Lilienthal para dizer que "ainda tinha o coração muito pesado".³⁶ Mais uma vez demonstrando perspicácia política, Oppenheimer predisse, de forma acurada, como todo o processo se desenrolaria: "A disposição americana será de ganhar o máximo de tempo possível e não forçar o tópico de maneira apressada; então, um relatório será enviado [ao Conselho de Segurança] e a Rússia exercerá seu direito de veto, declinando de seguir nessas linhas. Isso será interpretado por nós como uma demonstração das intenções bélicas dos russos. E cairá como uma luva nos planos daquelas pessoas, em número cada vez maior, que desejam colocar o país em pé de guerra, primeiro psicologicamente, depois de fato. O Exército conduzirá as pesquisas científicas do país; promoverá uma caça aos vermelhos; tratará todas as organizações trabalhistas, a começar pelo Congresso de Organizações Industriais, como comunistas, e portanto traidoras etc.". Andando de um lado para outro no seu jeito frenético, Oppenheimer falava num "tom de partir o coração",³⁷ como Lilienthal registrou posteriormente em seu diário.

Oppie disse a Lilienthal que havia conversado com um cientista soviético em San Francisco, um assessor técnico do representante da União Soviética nas Nações Unidas chamado Andrei Gromyko, o qual enfatizara que a proposta de Baruch visava a preservar o monopólio atômico estadunidense. "A proposta americana", dissera Gromyko, "foi concebida de modo a permitir que os Estados Unidos mantenham suas bombas e usinas quase indefinidamente — trinta anos, cinquenta anos, o tempo que julgarem necessário —, ao mesmo tempo passando o controle do urânio da Rússia, e portanto sua chance de produzir materiais, para a Autoridade de Desenvolvimento Atômico."³⁸

Em 11 de junho de 1946, o FBI ouviu Oppenheimer conversando com Lilienthal sobre as propostas de Baruch de "punição condizente". "Essas propostas me deixam terrivelmente preocupado", disse ele a Lilienthal.³⁹

"Sim, são muito ruins", concordou Lilienthal. "Mesmo do ponto de vista do curto prazo, vai ser preciso tirar..."

"Tirar toda a graça da coisa", interrompeu Oppenheimer. "Mas eles não veem isso, e nunca vão ver. Simplesmente não vivem no mundo certo."

"Vivem num mundo irreal", aquiesceu Lilienthal, "habitado por números, estatísticas e dividendos. Não consigo entendê-los e eles não conseguem nos entender."

Dois dias antes, Oppenheimer levara o caso a público, ao escrever, em linguagem leiga, um longo ensaio na *New York Times Magazine*, no qual explicava o plano para a criação de uma Autoridade de Desenvolvimento Atômico.

> O plano propõe que *no campo da energia atômica* seja estabelecido um governo mundial. Que *nesse campo* haja uma renúncia de soberania. Que nesse campo não haja poder legal de veto. Que nesse campo haja uma lei internacional. Como isso seria possível num mundo de nações soberanas? Há apenas duas maneiras.

Uma é a conquista. A conquista destrói a soberania. A outra é a renúncia parcial dessa soberania. O que se propõe aqui é uma renúncia parcial, suficiente para que uma Autoridade de Desenvolvimento Atômico possa existir e exercer suas funções de desenvolvimento, exploração e controle, protegendo o mundo contra o uso de armas nucleares e oferecendo a ele os benefícios da energia atômica.[40]

No começo daquele verão, Oppenheimer topou por acaso com seu ex-aluno Joe Weinberg, que ainda lecionava física em Berkeley. Weinberg lhe perguntou: "O que vamos fazer se esse esforço de controle internacional fracassar?"[41] Oppie apontou para a janela e respondeu: "Bem, podemos apreciar a vista... enquanto ela durar."

EM 14 DE JUNHO de 1946, Baruch apresentou seu plano às Nações Unidas, proclamando dramaticamente em linguagem bíblica que oferecia ao mundo uma escolha entre "a vida e a morte".[42] Como Oppenheimer e todos os que haviam participado da elaboração do plano Acheson-Lilienthal original tinham previsto, a proposta de Baruch foi prontamente rejeitada pelos soviéticos. No lugar dele, os diplomatas de Moscou propuseram um simples tratado para banir a produção ou o uso de armas atômicas. Essa proposta, disse Oppenheimer a Kitty num telefonema no dia seguinte, não era "de todo ruim". As objeções soviéticas às provisões de punição da proposta de Baruch não deveriam surpreender ninguém. Ainda assim, Oppie observou para a esposa, Baruch passou o tempo todo proclamando quanto estava decepcionado, sabendo muito bem "que tudo aquilo não passava de uma encenação ridícula".[43]

Também como Oppie havia previsto, o governo Truman rejeitou como absurda a proposta soviética. As negociações continuaram de forma enganosa por muitos meses, sem resultado. Uma primeira oportunidade para um esforço de boa-fé a fim de prevenir uma incontrolável corrida por armas nucleares entre as duas maiores potências do mundo havia sido perdida. Seriam necessários os terrores da crise dos mísseis cubanos em 1962 e a imensa escalada soviética que veio em seguida para que o governo norte-americano propusesse, na década de 1970, um acordo sério e aceitável para o controle de armas. Àquela altura, porém, dezenas de milhares de ogivas nucleares haviam sido construídas. Oppenheimer e muitos de seus colegas nunca deixaram de culpar Baruch pela oportunidade perdida. Mais tarde, Acheson observou, furioso: "A bola estava com ele [Baruch], e ele chutou para fora. [...] Estragou tudo."[44] Rabi foi igualmente direto: "O que aconteceu foi uma loucura."

Ao longo dos anos, críticos das propostas de controle internacional feitas por Oppenheimer em 1946 o acusaram de ingenuidade política. Stálin, argumentavam eles, jamais teria aceitado inspeções. O próprio Oppenheimer compreendia esse ponto. "Não sei dizer", escreveu ele anos depois, "e acho que ninguém sabe, se ações precoces dentro das linhas sugeridas por Bohr teriam mudado o curso da história. Não há nada que eu saiba sobre o comportamento de Stálin que possa dar a alguém qualquer fio de esperança nesse aspecto. Bohr, sim, acreditava que esse curso de ação levaria a uma mudança. Ele nunca falou, a não ser uma vez, de brincadeira, em 'outro arranjo experimental', mas era esse o modelo que tinha em mente. Acho que se tivéssemos agido com sensatez, clareza e discrição, em consonância com as opiniões dele, poderíamos ter nos libertado de nosso desprezível senso de onipotência, de nossos delírios sobre a eficácia do sigilo, voltando nossa sociedade para uma visão mais saudável de um futuro que valha a pena viver".[45]

Ainda naquele verão, Lilienthal visitou Oppenheimer em seu quarto de hotel em Washington e os dois conversaram até tarde da noite sobre o que tinha acontecido. "Ele é de fato uma figura trágica", escreveu Lilienthal em seu diário, "com toda a atração que exerce, com todo o brilhantismo de sua mente. Quando o deixei, ele parecia muito triste, e me disse: 'Estou pronto para ir a qualquer lugar e fazer qualquer coisa, mas não tenho novas ideias. A física e o ensino da física, que são a minha vida, agora me parecem irrelevantes.' Foi ao ouvir isso que realmente fiquei com o coração apertado".[46]

A angústia de Oppenheimer era real e profunda. Ele se sentia pessoalmente responsável pelas consequências do trabalho que fizera em Los Alamos. Todos os dias, manchetes nos jornais lhe ofereciam evidência de que o mundo poderia, mais uma vez, estar a caminho da guerra. "Todo americano sabe que, se houver outra grande guerra, armas atômicas serão usadas", escreveu ele no *Bulletin of the Atomic Scientists* em 1º de junho de 1946.[47] Isso significava, argumentou ele, que a verdadeira tarefa que tinham pela frente era eliminar a guerra em si. "Sabemos disso porque, na última guerra, as duas nações que gostamos de pensar como as mais esclarecidas e humanas do mundo — Grã-Bretanha e Estados Unidos — usaram armas atômicas contra um inimigo essencialmente derrotado."

Ele já fizera essa observação num discurso em Los Alamos, mas publicá-lo em 1946 era uma admissão extraordinária. Menos de um ano depois dos acontecimentos de agosto de 1945, o mesmo homem que instruíra os bombardeiros sobre como lançar as bombas no centro de duas cidades japonesas tinha chegado à conclusão de que apoiara o uso de armas atômicas contra "*um inimigo essencialmente derrotado*". Essa constatação pesava muito sobre ele.

Uma nova grande guerra não era a única preocupação de Oppie — ele também temia o terrorismo nuclear. Indagado numa audiência fechada do Senado "se três ou quatro homens poderiam eventualmente contrabandear unidades de uma bomba [atômica] para Nova York e explodir a cidade", Oppenheimer respondeu: "É claro que sim, e Nova York poderia ser destruída."[48] Quando um senador, perplexo, perguntou então "que instrumento o senhor usaria para detectar uma bomba atômica escondida numa cidade", Oppenheimer gracejou: "Uma chave de fenda" (para abrir cada caixote ou mala). Não havia defesa contra o terrorismo nuclear — e ele sentia que jamais haveria.

O controle internacional da bomba, ele disse tempos depois a uma plateia de oficiais militares e do Departamento de Estado, é "o único meio pelo qual este país pode ter um nível de segurança comparável ao que tinha nos anos anteriores à guerra. É o único meio pelo qual seremos capazes de viver com governos ruins, com novas descobertas, com os governos irresponsáveis que provavelmente surgirão nos próximos cem anos, sem recear o uso-surpresa dessas armas".[49]

EM 1º DE JULHO de 1946, exatos 34 segundos após as nove horas da manhã, a quarta bomba atômica do mundo explodiu acima da lagoa do atol de Bikini, nas ilhas Marshall, no oceano Pacífico. Uma frota de navios abandonados da Marinha, de todas as formas e tamanhos, foi afundada ou exposta à radiação assassina. Uma grande multidão de congressistas, jornalistas e diplomatas de uma série de países, inclusive da União Soviética, presenciou a demonstração. Oppenheimer fora um dos muitos cientistas convidados para ver o espetáculo, mas esteve notoriamente ausente.[50]

Dois meses antes, cada vez mais frustrado, ele decidira não presenciar os testes de Bikini. Em 3 de maio de 1946, escreveu ao presidente Truman para explicar sua decisão. A verdadeira intenção, porém, era desafiar toda a atitude de Truman. Ele começou ressaltando suas "apreensões", que afirmou serem compartilhadas "não por unanimidade, mas por uma larga parcela" de outros cientistas. Então, com lógica devastadora, arrasou o exercício inteiro. Se o propósito dos testes era, como declarado, determinar a efetividade de armas atômicas em combates navais, a resposta era bem simples: "Se uma bomba atômica chegar suficientemente perto de um navio, até mesmo um navio capital, ela o afundará." A única coisa a determinar era a distância a que a bomba deveria estar do navio — e isso poderia ser deduzido por cálculos matemáticos. O custo dos testes, da forma como estavam planejados, poderia chegar facilmente a 100 milhões de dólares. "Por menos de 1% disto", explicou Oppenheimer, "poderíamos obter informações mais úteis".

Da mesma forma, se os testes esperavam obter dados científicos no tocante aos efeitos da radiação sobre equipamentos navais, rações e animais, essa informação também poderia ser obtida de forma mais barata e acurada "por simples métodos laboratoriais". Os proponentes do teste haviam argumentado, escreveu Oppenheimer, que "devemos estar preparados para a possibilidade de uma guerra atômica". Se esse era o verdadeiro propósito por trás dos testes, então seguramente todos entendiam que "a avassaladora efetividade das armas atômicas reside em seu uso para o bombardeio de cidades". Em comparação a isso, "determinar em detalhes a destruição provocada em alvos navais por armas atômicas parece algo trivial". Por fim — e esta era sem dúvida a objeção mais feroz de Oppenheimer —, ele questionava "a adequação de um teste puramente militar de armas atômicas numa época em que os planos para eliminá-las de nossos arsenais ainda estão no começo". (Os testes de Bikini estavam sendo conduzidos de forma praticamente simultânea à apresentação das propostas de Baruch nas Nações Unidas.)

Oppenheimer concluiu dizendo que poderia ter permanecido na comissão presidencial para observar os testes de Bikini, mas que talvez o presidente considerasse "extremamente indesejável que eu apresentasse, após sua conclusão, um relatório" crítico de todo o exercício. Nessas circunstâncias, portanto, talvez ele pudesse servir melhor o presidente em outro lugar.

Se Oppenheimer pensou que a carta poderia persuadir Truman a postergar ou cancelar os testes de Bikini, estava redondamente enganado. Em vez de focalizar a essência do argumento de Oppenheimer, o presidente se lembrou do primeiro encontro com o cientista. Afrontado pela carta, Truman a encaminhou ao secretário de Estado em exercício, Dean Acheson, com uma breve nota na qual descrevia Oppenheimer como aquele "bebê chorão"[51] que havia dito ter sangue nas mãos. "Acho que ele escreveu essa carta para ter um álibi." Truman entendeu errado. A carta de Oppie era na verdade uma declaração de independência pessoal, e, por meio dela, ele se distanciou ainda mais do presidente dos Estados Unidos.

26

"Oppie teve um surto, mas agora está imune"

Ele [Oppenheimer] acha que é Deus.
PHILIP MORRISON

OPPENHEIMER CONTINUOU ENSINANDO FÍSICA no Caltech, mas o coração dele estava longe. "Eu na verdade dei um curso", disse ele posteriormente, "mas não lembro como consegui. [...] O encanto do ensino tinha ido embora depois da grande mudança na guerra. [...] Eu sempre me distraía e divagava, porque estava pensando em outras coisas".¹ De fato, ele e Kitty nunca se estabeleceram em Pasadena. Kitty permaneceu na casa de Berkeley em Eagle Hill e Robert se deslocava, passando uma ou duas noites por semana na casa de hóspedes de seus velhos amigos Richard e Ruth Tolman, nos fundos da residência em que moravam. Os telefonemas de Washington, no entanto, nunca cessaram, e, à medida que os meses passavam, esse arranjo se tornou insustentável. No fim da primavera de 1946, em meio a peripatéticas negociações em Washington, Nova York e Los Alamos, Oppenheimer anunciou que tinha intenção de reassumir o posto de ensino em Berkeley no outono.

Embora desolados pelo fiasco moral e intelectual do Plano Baruch, Oppenheimer e Lilienthal continuaram a trabalhar juntos. Em 23 de outubro, o FBI captou uma conversa em que os dois discutiam a respeito de quem deveria ser nomeado para a Comissão de Energia Atômica (AEC), criada após a aprovação da Lei McMahon em 1º de agosto. Oppenheimer disse ao novo amigo: "Eu lhe devo uma declaração que não julguei discreto fazer até esta noite, Dave. Neste mundo sombrio, desde que o vi pela última vez, não tenho sido um homem inerte. Simplesmente não consigo lhe dizer quanto admiro o que você tem feito e como isso fez toda a diferença para mim."² Lilienthal agradeceu e comentou: "Acho que ainda vamos conseguir controlar essa coisa maldita."

Naquele outono, o presidente Truman nomeou Lilienthal para a direção da AEC, e o qual, conforme exigido pelo Congresso, criou o Comitê de Aconselhamento Geral (GAC, na sigla em inglês) para auxiliar os comissários da AEC. Embora Truman não gostasse de Oppenheimer, "o pai da bomba atômica" dificilmente poderia ser excluído do comitê. Assim, seguindo as recomendações de vários assessores, Truman o nomeou, juntamente com Isidor I. Rabi, Glenn Seaborg, Enrico Fermi, James Conant, Cyril S. Smith, Hartley Rowe (um dos consultores de Los Alamos), Hood Worthington (funcionário da companhia Du Pont) e Lee DuBridge, recém--indicado para a presidência do Caltech. Truman deixou que os homens decidissem quem os presidiria. Entretanto, quando um noticiário, de maneira equivocada, insinuou que Conant seria o presidente do comitê, Kitty Oppenheimer perguntou azedamente a Robert por que *ele* não tinha sido nomeado. Robert garantiu à esposa que aquilo "não era importante".[3] Na verdade, DuBridge e Rabi já vinham fazendo uma pressão discreta nos bastidores em favor de Oppie. Quando o GAC se reuniu formalmente pela primeira vez, no começo de janeiro de 1947, as cartas já estavam marcadas. Retardado por uma nevasca, Oppenheimer chegou tarde e ficou sabendo que os colegas o tinham eleito por unanimidade.

Àquela altura, Oppie estava desiludido tanto com a posição da União Soviética quanto com a dos Estados Unidos. Nenhum dos dois países parecia disposto a fazer o que era necessário para evitar uma corrida de armas nucleares. Como resultado de seu crescente desespero e das novas responsabilidades, as opiniões de Oppenheimer começaram a mudar. Naquele mês de janeiro, Hans Bethe foi visitá-lo em Berkeley, e Oppie confessou, ao longo de várias conversas extensas, que "abandonara qualquer esperança de que os russos concordassem com um plano".[4] A atitude soviética parecia inflexível, uma vez que a proposta de banimento da bomba parecia concebida para "nos privar da única arma capaz de impedir que os russos entrassem na Europa Ocidental". Bethe concordou.

Ainda na primavera, Oppenheimer usou sua influência como presidente do GAC para endurecer a posição norte-americana nas negociações. Em março de 1947, voou para Washington, onde Acheson lhe ofereceu uma prévia da Doutrina Truman, que em breve seria anunciada pelo presidente. "Ele queria que ficasse muito claro que estávamos entrando numa relação de animosidade com os soviéticos e era preciso ter isso em mente em nossas conversas sobre a questão atômica",[5] afirmou Oppenheimer, tempos depois, num depoimento. Oppie agiu segundo esse conselho quase de imediato e, logo em seguida, reuniu-se com Frederick Osborn, sucessor de Bernard Baruch nas negociações sobre energia atômica nas Nações Unidas. Para surpresa de Osborn, Oppie lhe disse que os Estados Unidos deveriam se retirar das negociações na ONU.[6] Os soviéticos, afirmou ele, jamais concordariam com um plano viável.

A atitude de Oppenheimer em relação à União Soviética passara a seguir a trajetória da nascente Guerra Fria. Segundo o relato de Oppie, durante a guerra ele já havia começado a se afastar dos entusiasmos internacionalistas de esquerda. Também estava perturbado por um discurso de Stálin de 9 de fevereiro de 1946 — como a maioria dos observadores no Ocidente, ele o caracterizou como um reflexo dos temores soviéticos de "um cerco e da necessidade de manter a guarda e se rearmar".[7] Além disso, Oppie estava desanimado com o que vinha descobrindo sobre a espionagem soviética durante a guerra. Segundo um informante do FBI — um administrador no *campus* de Berkeley identificado como "T-1" —, Oppenheimer voltara "terrivelmente deprimido"[8] de uma reunião em Washington em 1946. O "T-1" reportou que um funcionário do governo, que não teve o nome citado, "dera a ele 'os fatos da vida' sobre a conspiração comunista, o que o deixara profundamente desiludido com o comunismo".

As informações que Oppenheimer recebeu em Washington diziam respeito ao escândalo de um espião canadense, precipitado pela deserção do encarregado de códigos soviético Igor Gouzenko, que levara à detenção de Alan Nunn May, um físico britânico que trabalhava em Montreal e era espião dos soviéticos. Oppenheimer ficou terrivelmente abalado com essa evidência de "traição" por parte de um colega cientista, e alguns meses depois, quando o FBI o interrogou sobre o caso Chevalier, "comentou que, muitas vezes, comunistas fora da União Soviética podiam ser levados a situações em que, de maneira consciente ou não, atuavam como espiões para a União Soviética". Ele não conseguia "conciliar a conduta traiçoeira empregada por eles [os soviéticos] em suas relações internacionais com os propósitos e objetivos democráticos elevados atribuídos aos soviéticos pelos comunistas locais [norte-americanos]".[9]

O fracasso do Plano Baruch piorou ainda mais as coisas. O sonho de um controle internacional teria que dar lugar a uma mudança nas circunstâncias geopolíticas. Oppie entendia agora que havia pouca possibilidade de conciliação das diferenças ideológicas entre os Estados Unidos e a União Soviética a curto prazo. "Está claro", disse ele numa audiência do Departamento de Estado e de oficiais do Exército em setembro de 1947, "que, até mesmo para os Estados Unidos, propostas desse tipo [controles internacionais] envolvem uma renúncia muito concreta. Entre outras coisas, uma renúncia mais ou menos permanente de qualquer esperança de que os Estados Unidos possam viver em relativo isolamento do resto do mundo".[10]

Oppenheimer sabia que diplomatas de muitos países estavam "perplexos" com a natureza abrangente de suas propostas de controle internacional, que envolviam sacrifícios radicais e pelo menos uma renúncia parcial da soberania. Ele agora, porém, entendia que os sacrifícios exigidos da União Soviética eram de outra ordem de grandeza. Numa perceptiva análise, observou: "Isso ocorre porque o padrão proposto de controle [internacional] se encontra em flagrante conflito com os padrões atuais de poder estatal na Rússia. O sustentáculo ideológico desse poder, que é a crença na inevitabilidade de um conflito entre a Rússia e o mundo capitalista, seria repudiado por uma cooperação tão intensa ou tão íntima quanto a exigida pelas nossas propostas de controle da energia atômica. Logo, o que estamos pedindo aos russos é uma renúncia e reversão de longo alcance da própria base de seu poder estatal."

Ele sabia que os soviéticos não estavam propensos "a dar esse grande mergulho",[11] mas não abandonara a esperança de que, num futuro distante, os controles internacionais pudessem ser obtidos. Nesse ínterim, decidira relutantemente que os Estados Unidos precisavam se armar. Essa crença o levou a concluir, com considerável melancolia, que a principal tarefa da Comissão de Energia Atômica seria "prover armas atômicas de qualidade e em quantidade". Tendo pregado a necessidade de controle e abertura internacionais em 1946, Oppenheimer, no ano seguinte, começava a aceitar a ideia de um posicionamento de defesa baseado na profusão de armas nucleares.

AO QUE TUDO INDICAVA, Oppie se tornara um membro de boa posição no *establishment* norte-americano.[12] As credenciais dele incluíam a presidência do Comitê de Aconselhamento Geral da Comissão de Energia Atômica, um almejado "Q" (segredos atômicos) em termos de acesso de segurança, a presidência da Sociedade Americana de Física e a participação no Conselho de Supervisores da Universidade Harvard. Como supervisor de Harvard, Oppenheimer estava ao lado de homens influentes, como o poeta Archibald MacLeish, o juiz Charles Wyzanski Jr. e Joseph Alsop. Num dia ensolarado e quente no começo de junho de 1947, Harvard lhe concedeu um diploma honorário. Durante a cerimônia, o general George C. Marshall contou para ele sobre o plano do governo Truman de despejar bilhões de dólares num programa para recuperar a economia europeia — programa que em breve seria conhecido como Plano Marshall.

Oppenheimer e MacLeish acabaram se tornando próximos. O poeta começou a lhe enviar sonetos, e eles se correspondiam com frequência. Ambos compartilhavam valores liberais semelhantes, os quais ambos acreditavam estar ameaçados pelos comunistas na esquerda e pelos radicais na direita. Em agosto de 1949, MacLeish publicou um ensaio amargo na revista *Atlantic Monthly* intitulado "The Conquest of America", em que atacava o declínio pós-guerra do país, que adentrara uma atmosfera de distopia, de uma utopia que não dera certo. Embora os Estados Unidos fossem a nação mais poderosa do mundo, os norte-americanos pareciam tomados por uma furiosa compulsão de se definir com base na ameaça soviética. Nesse sentido, MacLeish concluía ironicamente, haviam sido "conquistados" pelos soviéticos, que passaram a ditar o comportamento norte-americano. "O que quer que os russos fizessem, fazíamos o contrário."[13] Ele tecia duras críticas à tirania da União Soviética, mas lamentava que tantos norte-americanos estivessem dispostos a sacrificar as liberdades civis em nome do anticomunismo.

MacLeish perguntou a Oppenheimer o que tinha achado do ensaio. A resposta revela a evolução das opiniões políticas de Oppie. Ele afirmou que a descrição de

MacLeish do "presente estado de coisas" era magistral, mas ficara incomodado com a prescrição do amigo: um chamado para "uma redeclaração da revolução do indivíduo". Essa familiar exortação ao individualismo jeffersoniano parecia, no momento, um tanto inadequada, e não muito nova. "O homem é ao mesmo tempo uma finalidade e um instrumento", escreveu Oppenheimer, e lembrou a MacLeish "o profundo papel que a cultura e a sociedade desempenham na própria definição dos valores humanos, da salvação e libertação humanas". Assim, "acho que é necessário algo bem mais sutil do que a emancipação do indivíduo em relação à sociedade, e isso envolve, com a consciência que os últimos 150 anos vêm tornando cada vez mais aguda, a dependência básica do homem em relação a seus semelhantes".

Robert contou então a MacLeish sobre um passeio noturno na neve com Niels Bohr dado alguns meses antes, ocasião em que o dinamarquês lhe expôs a filosofia de abertura e complementaridade que seguia. Bohr, segundo ele, fornecia "essa nova percepção das relações do indivíduo e da sociedade, sem a qual não podemos dar uma resposta efetiva nem aos comunistas, nem aos adeptos do que é antigo, nem às nossas próprias confusões".[14] MacLeish recebeu bem a carta: "Foi bastante gentil da sua parte me escrever um texto tão longo. O ponto que você levanta, obviamente, é o ponto central de toda a questão."

Alguns dos amigos de Oppenheimer de esquerda não tinham muita certeza de que conclusões tirar dessa transformação. No entanto, aqueles que pensavam nele o tempo todo como um democrata da Frente Popular não tinham motivo para achar que os pontos de vista políticos de Oppie tivessem mudado. Ao contrário, as questões é que haviam mudado. Com a vitória na guerra contra o fascismo (exceto na Espanha de Franco) e a Depressão ultrapassada, o Partido Comunista não era mais o ímã que um dia fora para intelectuais politicamente ativos. Para os amigos não comunistas de Oppie, como Robert Wilson, Hans Bethe e Isidor I. Rabi, ele continuava sendo o mesmo homem, com as mesmas motivações.

A transformação de Frank Oppenheimer foi, de modo significativo, menos abrupta.[15] Ainda que não fosse mais comunista, ele não pensava que os russos constituíssem uma ameaça de fato aos Estados Unidos. Sobre esse ponto, os dois irmãos tiveram algumas discussões políticas das mais ferrenhas. Robert disse a Frank que acreditava que "os russos estavam prontos para marchar se lhes fosse dada a oportunidade".[16] Havia se tornado a favor da linha dura de Truman contra os soviéticos, e, quando o irmão tentava argumentar, "Robert dizia que sabia de coisas que não podia contar, as quais o haviam convencido de que não era possível esperar cooperação dos russos".

Em seu primeiro encontro após a guerra, Haakon Chevalier também percebeu a mudança de pensamento de Robert. Em algum momento em maio de 1946, Oppie e Kitty visitaram os Chevalier na nova residência do casal à beira-mar, em Stinson

Beach. Oppenheimer deixou claro que as simpatias políticas dele tinham mudado, pelo menos na opinião de Haakon, "consideravelmente para a direita". Chevalier recordou ter ficado perplexo com algumas coisas "nada agradáveis" que ele declarava sobre o Partido Comunista Americano e a União Soviética. "Haakon", disse Oppie, "estou falando sério, tenho boas razões para acreditar, não posso lhe dizer por quê, mas lhe garanto que tenho muito boas razões para ter mudado de opinião sobre a Rússia. Eles não são o que você acredita que sejam. Você não deve continuar confiando cegamente nas políticas da União Soviética".[17]

Além disso, Chevalier continuou a ouvir coisas sobre o velho amigo que lhe confirmaram a percepção. Certa noite, em Nova York, ele topou com Phil Morrison na rua, e os dois conversaram sobre tudo que tinha acontecido desde o início da guerra. Chevalier via Morrison como um ex-camarada, mas também sabia que ele era um dos amigos mais próximos de Oppie antes da guerra e um dos principais físicos que o seguira para Los Alamos.

"E Oppie?", perguntou Chevalier.[18]

"Eu quase não o vejo mais", respondeu Morrison. "Não falamos mais a mesma língua. [...] Ele frequenta outros círculos." Morrison então contou que certo dia ele e Oppenheimer estavam conversando, e Oppie não parava de falar de um tal "George". Por fim, Morrison o interrompeu para perguntar quem era o tal George. "Está entendendo?", perguntou Morrison a Chevalier. "O general [George C.] Marshall, para mim é o general Marshall, ou o secretário de Estado, não George." Oppenheimer tinha mudado, ressaltou Morrison: "Ele acha que é Deus."

CHEVALIER TINHA SOFRIDO UMA série de decepções desde que vira Oppenheimer pela última vez, na primavera de 1943. Os esforços que ele fizera para obter algum trabalho relacionado à guerra foram frustrados em janeiro de 1944, quando o governo lhe recusou uma habilitação de segurança para um emprego no Escritório de Informação de Guerra (OWI, na sigla em inglês). O arquivo de Chevalier no FBI continha alegações "inacreditáveis", segundo um amigo que trabalhava no OWI: "Alguém não vai com a sua cara."[19] Perplexo com a notícia, ele permaneceu em Nova York, trabalhando esporadicamente como tradutor e jornalista. Na primavera de 1945, voltou ao posto de ensino em Berkeley. Contudo, logo após o fim da guerra, foi contratado pelo Departamento de Guerra para servir como tradutor no Tribunal de Crimes de Guerra de Nuremberg. Ele voou para a Europa em outubro de 1945 e só voltou à Califórnia em maio de 1946. Àquela altura, Berkeley lhe negara estabilidade. Arrasado com esse golpe desferido na carreira acadêmica, Chevalier resolveu trabalhar em tempo integral num romance contratado pela editora Alfred A. Knopf.

Em 26 de junho de 1946, cerca de seis semanas após o primeiro encontro com Oppie, Chevalier estava em casa trabalhando no romance quando dois agentes do FBI bateram à porta e insistiram que ele os acompanhasse até o escritório no centro de San Francisco.[20] No mesmo dia, mais ou menos na mesma hora, agentes apareceram na casa de George Eltenton e lhe pediram que os acompanhasse ao escritório do FBI em Oakland. Chevalier e Eltenton foram interrogados simultaneamente por cerca de seis horas. Durante os interrogatórios, ficou claro para ambos que os agentes queriam saber sobre as conversas que haviam tido sobre Oppenheimer no começo do inverno de 1943.

Embora um não estivesse ciente do interrogatório do outro, ambos apresentaram histórias semelhantes. Eltenton reconheceu que, em algum momento no fim de 1943, quando a União Soviética mal conseguia conter a matança nazista, Peter Ivanov, do consulado soviético, o abordara e perguntara se ele conhecia os professores Ernest Lawrence e Robert Oppenheimer, além de um outro indivíduo cujo nome não recordava — talvez Alvarez. Eltenton respondeu que conhecia apenas Oppenheimer, e não muito bem, mas disse espontaneamente que tinha um amigo próximo de Oppie. O russo então questionou se esse amigo poderia perguntar a Oppenheimer se ele estaria disposto a compartilhar informações com os cientistas soviéticos. Eltenton disse ter feito o pedido a Chevalier, assegurando a ele que o amigo russo lhe garantira que as informações "seriam transmitidas em segurança por meio de canais que envolviam reprodução fotográfica".[21] Na ocasião, Eltenton confirmou ao FBI que, alguns dias depois, Chevalier "apareceu em minha casa e me disse que não havia nenhuma chance de obter quaisquer informações e que o dr. Oppenheimer não concordava com aquilo". Além disso, negou ter abordado qualquer outro indivíduo.

Chevalier confirmou ao FBI as linhas gerais do depoimento de Eltenton. Para surpresa dele, os agentes o pressionaram repetidamente sobre abordagens a três outros cientistas. Chevalier negou ter abordado qualquer um além de Oppenheimer e, após quase oito horas de interrogatório, consentiu, de modo relutante, em assinar uma declaração formal: "Declaro que, segundo meu presente conhecimento e recordação, não abordei ninguém, exceto Oppenheimer, a fim de solicitar informações concernentes ao trabalho no Laboratório de Radiação."[22] Contudo, em seguida, amenizou com todo o cuidado essa declaração categórica: "Posso ter mencionado de passagem a um número indefinido de pessoas a conveniência de obter essas informações para a Rússia." Posteriormente, escreveu em suas memórias que foi embora se perguntando como o FBI teria obtido conhecimento sobre suas conversas com Eltenton e Oppie. Tampouco conseguia entender por que acreditavam que ele tinha abordado três cientistas.

Algum tempo depois, talvez em julho ou agosto de 1946, Chevalier e Eltenton por acaso participaram de um almoço na casa de um amigo em comum em Berkeley.[23] Era a primeira vez que se viam desde 1943. Chevalier contou a Eltenton sobre o encontro em junho com o FBI. Depois de comparar anotações, eles se deram conta de que haviam sido interrogados no mesmo dia. Como, perguntaram-se eles, o FBI ficara sabendo daquela conversa?

Algumas semanas depois, Oppenheimer convidou os Chevalier para um coquetel na casa em Eagle Hill. Eles chegaram cedo, conforme solicitado, para que os velhos amigos pudessem passar algum tempo juntos antes que os demais convidados chegassem. Segundo o relato de Chevalier em suas memórias, quando ele mencionou seu recente encontro com o FBI, "a fisionomia de Opje se consternou de imediato".[24]

"Vamos lá fora", disse Robert. Hoke entendeu o pedido como um indício de que o amigo achava que a casa estava grampeada. Eles seguiram até o jardim nos fundos, num canto arborizado do terreno. Enquanto andavam, Chevalier fez um relato detalhado do interrogatório. "Opje ficou claramente muito aborrecido", escreveu Chevalier. "E me fez perguntas sem fim." Quando Hoke explicou que havia relutado em contar ao FBI sobre a conversa que tivera com Eltenton, Oppenheimer o tranquilizou, afirmando que ele fizera bem em falar. "Como você deve saber, fui obrigado a reportar essa conversa", disse Oppenheimer.

"Sim", respondeu Chevalier, embora se perguntasse se teria sido realmente necessário. "Mas e aquela história da abordagem a três cientistas, e as supostas tentativas repetidas de obter informação secreta?"

Segundo o relato de Chevalier, Oppenheimer não deu resposta a essa pergunta crucial.

Enquanto estava no jardim em Eagle Hill, tentando reconstituir o que havia dito a Pash em 1943, Oppenheimer foi ficando cada vez mais agitado. Chevalier achou que ele parecia "extremamente nervoso e tenso".

Por fim, Kitty chamou: "Querido, as visitas estão chegando, acho melhor você entrar." Oppie retrucou de maneira abrupta, dizendo que entraria em um minuto, mas continuou andando de um lado para outro e fez Chevalier repetir a história mais uma vez. Minutos se passaram, e Kitty voltou a procurá-lo, reforçando que ele precisava entrar. Oppie deu uma resposta seca, e a esposa insistiu. "Então, para meu absoluto desalento", escreveu Chevalier, "Opje soltou uma enxurrada de obscenidades, xingando-a com palavrões e lhe dizendo para cuidar da própria vida e dar o fora".[25]

Chevalier nunca vira o amigo se comportar com tanto destempero. Mesmo então, ele parecia relutante em encerrar a conversa. "Ficou claro que algo o estava incomodando", escreveu Chevalier, "mas ele não deu a menor pista do que era".

Logo depois dessa conversa problemática com Chevalier, em 5 de setembro de 1946, agentes do FBI fizeram uma visita ao escritório de Oppenheimer em Berkeley. Ele não se surpreendeu ao saber que os agentes queriam interrogá-lo sobre a conversa com Chevalier em 1943. Agradável como sempre, Oppenheimer explicou que Chevalier o informara do esquema de Eltenton e que o rejeitara de imediato. Ele se lembrava de ter dito que "fazer uma coisa dessas é traição ou quase traição".²⁶ Negou que Chevalier estivesse tentando obter informações sobre o programa atômico. Ao ser pressionado, "afirmou que, devido ao lapso de tempo desde o incidente, não lembrava exatamente quais palavras ele e Chevalier haviam usado, e que qualquer esforço da parte dele para reconstituir a conversa não passaria de um exercício de adivinhação, mas que sem dúvida se recordava de ter usado a palavra 'traição' ou 'traiçoeiro'".

Quando os agentes do FBI insistiram no assunto das três outras abordagens a cientistas ligados ao Projeto Manhattan, ele lhes disse que essa parte da história tinha sido "inventada" com o objetivo de proteger a identidade de Chevalier. "Oppenheimer declarou que, ao relatar esse episódio ao MED, tentara proteger a identidade de Chevalier, e, num esforço para fazê-lo, 'fabricara completamente uma história', que mais tarde descreveu como 'um complicado conto da carochinha' no qual três associados não identificados teriam sido abordados em nome de Eltenton em busca de informações."

Por que Oppenheimer disse uma coisa dessas? Por que admitiria ter mentido em 1943? Uma explicação óbvia é que essa versão da história era a verdade: ele entrara em pânico quando confrontado por Pash em 1943 e enfeitara o relato com três cientistas fictícios, a fim de lhe conferir mais importância e desviar a atenção de si mesmo. Outra explicação pode ser que, durante a conversa no jardim com Chevalier, ficara sabendo que o amigo não abordara três outros cientistas, como tinha pensado a princípio. Afinal, Eltenton mencionara a Chevalier os nomes de Lawrence, Oppenheimer e talvez Alvarez como alvos potenciais, tornando plausível que Chevalier lhe tivesse relatado isso na conversa que haviam tido na cozinha. Outra possibilidade é que ele tivesse contado alguma versão da verdade em 1943, mas depois se sentisse compelido a mudar a história para proteger tanto Chevalier quanto os cientistas não nomeados. Nas audiências de segurança em 1954, os inimigos de Oppie insistiriam que esta última versão era a verdadeira, quando com efeito é a menos plausível das três. Oppenheimer já informara sobre Chevalier havia muito tempo, e Lawrence e Alvarez não precisavam da proteção do amigo. A única pessoa que precisava de proteção no momento era o próprio Oppenheimer, e admitir ao FBI em 1946 que havia mentido para a inteligência militar três anos antes não era a melhor maneira de fazer isso — a menos que fosse, *de fato*, a verdade nua e crua. Todas essas explicações — e outras — seriam levantadas e questionadas oito anos depois. As contradições nessas duas histórias seriam devastadoras.

NO FIM DE 1946, Lewis Strauss, um dos nomeados por Truman para a nova Comissão de Energia Atômica, embarcou num avião para San Francisco e foi recebido no aeroporto por Ernest Lawrence e Oppenheimer. Antes de discutir os assuntos da AEC, Strauss chamou Robert num canto e disse que tinha outro tópico para conversar com ele. Strauss tinha se encontrado com Oppenheimer apenas uma vez, quase no fim da guerra. Andando de um lado para outro pelo piso de concreto do aeroporto, Strauss explicou que fazia parte da administração do Instituto de Estudos Avançados em Princeton, Nova Jersey. Naquele momento, estava presidindo o comitê que buscava um novo diretor para o instituto. O nome de Oppenheimer estava no topo da lista de cinco candidatos, e o comitê o autorizara, contou Strauss, a lhe oferecer o posto. Oppie manifestou interesse, mas disse que precisava de tempo para pensar.[27]

Cerca de um mês depois, no fim de janeiro de 1947, Oppenheimer pegou um voo para Washington e, durante um longo café da manhã, ouviu Strauss discorrer sobre o emprego. Nesse mesmo dia, por telefone, Oppenheimer disse a Kitty que ainda não tinha se decidido, mas que "apreciava bastante" a ideia. Strauss, segundo ele, "tinha ideias muito boas" sobre o que Oppenheimer podia fazer com o instituto — embora não fossem muito realistas. Oppie comentou que "não havia nenhum cientista ali trabalhando em nada ligado à ciência", mas que "em pouco tempo podia mudar a situação".[28]

O instituto era o notório lar e refúgio intelectual de Albert Einstein. Quando Strauss pressionou o formulador da teoria da relatividade a descrever o tipo de homem ideal para o cargo de diretor, o cientista respondeu: "Ah, com o maior prazer. Você precisa de um homem muito discreto, que não perturbe aqueles que estão tentando pensar."[29] De sua parte, Oppenheimer nem sempre considerara o instituto um lugar de erudição séria. Depois de visitá-lo pela primeira vez, em 1934, escrevera ao irmão em tom de zombaria: "Princeton é uma casa de loucos: seus luminares solipsistas brilham em um isolamento desamparado."[30] Agora, porém, via as coisas de outra forma: "Seria necessária alguma reflexão e alguma dedicação para fazer um trabalho decente", disse ele a Kitty, mas "isso era algo que era capaz de fazer com bastante naturalidade". Oppie garantiu à esposa que, mesmo se mudando para Princeton, poderiam manter a casa em Eagle Hill para passar os verões em Berkeley. Além disso, estava cansado das longas viagens a Washington. "Não é mais possível viver como tenho vivido neste último inverno — dentro de aviões."[31] Apenas naquele ano ele tinha feito quinze viagens transcontinentais entre Washington e a Califórnia.

Ainda indeciso, Oppenheimer consultou um dos novos amigos em Washington, o juiz Felix Frankfurter, que já havia feito parte da administração do instituto. Frankfurter o desencorajou: "Você não vai estar livre para realizar seu trabalho criativo. Por que não vai para Harvard?"[32] Quando ele se eriçou com a sugestão, dizendo que sabia por que não devia ir para Harvard, Frankfurter o pôs em contato com um amigo que conhecia bem Princeton, e ele aconselhou Oppenheimer: "Princeton é um lugar esquisito, mas, se alguém tiver uma ideia do que fazer ali, tudo bem."

Oppenheimer estava inclinado a aceitar o novo desafio, que envolvia seus talentos administrativos e prometia lhe deixar bastante tempo para tratar das responsabilidades extracurriculares governamentais. Além disso, a localização era perfeita: exigia apenas viagens curtas de trem entre Washington e Nova York. Ainda assim, quis refletir com calma, até que por fim, segundo um relato, quando estava no carro com Kitty, ouviu no rádio uma notícia que anunciava a nomeação para a direção do instituto. "Bem", disse Robert à esposa, "acho que isso resolve a questão".[33]

Num editorial, o *New Herald Tribune* aplaudiu a escolha como "surpreendentemente adequada": "Seu nome é J. Robert Oppenheimer, mas os amigos o chamam de 'Oppy'."[34] Os editorialistas do *Tribune* foram só elogios, descrevendo-o como um "homem notável", um "cientista entre cientistas", um "homem prático" com um "toque de sagacidade". Um dos administradores do instituto, John F. Fulton, recebeu Robert e Kitty para um almoço e depois esboçou suas impressões sobre o novo diretor em seu diário: "Em termos de aparência física, ele é magro com traços bastante delicados, mas tem um olhar penetrante e imperturbável e uma agilidade de espírito impressionante, que imediatamente impõe respeito em qualquer companhia. Tem apenas 43 anos de idade, e, apesar da preocupação com a física atômica, manteve em dia o latim e o grego, é muito versado em história geral e coleciona quadros. É uma combinação extraordinária de ciência e humanidades."[35]

Lewis Strauss, no entanto, ficou aborrecido por Oppenheimer ter levado tanto tempo para tomar uma decisão.[36] Um milionário que tinha vindo do nada, Strauss começara a vida como caixeiro-viajante vendendo sapatos e cursara apenas o ensino médio. Em 1917, aos 21 anos, aceitara um emprego como assistente de Herbert Hoover, um engenheiro e político emergente tido como republicano "progressista" e adepto de Teddy Roosevelt. Na época, Hoover dirigia os programas de auxílio alimentar do presidente Woodrow Wilson para refugiados da Europa dilacerada. Trabalhando juntamente com outros protegidos de Hoover, como Harvey Bundy, um jovem e brilhante advogado da elite de Boston, Strauss usou o cargo como um trampolim para Wall Street. Depois da guerra, Hoover o ajudou a obter uma cobiçada posição no Kuhn, Loeb & Co., um banco de investimentos em Nova York. Incansável e obsequioso, Strauss logo se casou com Alice Hanauer, filha de Kuhn, sócio de Loeb. Em 1929, ele próprio já era sócio integral do banco, ganhando mais de 1 milhão de dólares por ano. Sobreviveu ao *crash* da Bolsa de Valores de Nova York em 1929 relativamente incólume. Durante a década de 1930, tornou-se um ardoroso adversário do New Deal, mas, nove meses antes de Pearl Harbor, persuadiu o governo Roosevelt a lhe dar um emprego no Escritório de Intendência do Departamento da Marinha. Mais tarde, serviu como assistente especial do secretário da Marinha, James Forrestal, e, finda a guerra, deixou a vida naval elevado ao posto hierárquico honorário de contra-almirante. Em 1945, Strauss usou suas conexões em Wall Street e Washington para cavar uma poderosa posição no *establishment* norte-americano pós-Segunda Guerra Mundial. Nas duas décadas seguintes, exerceria uma funesta influência na vida de Oppenheimer.

A primeira impressão que Oppie teve de Strauss foi flagrada num telefonema grampeado pelo FBI: "Com relação a Strauss, eu o conheço superficialmente. [...] Ele não é muito culto, mas não vai obstruir as coisas."[37] Lilienthal disse a Oppie que achava Strauss "um homem com mente ativa, decididamente conservador e, ao que tudo indica, não muito ruim". Essas avaliações subestimavam Strauss. Ele era patologicamente ambicioso, obstinado e extraordinariamente espinhoso, uma combinação que o tornava um oponente perigosíssimo na guerra burocrática. Um dos colegas comissários de Strauss na AEC declarou: "Se você discorda de Lewis, a princípio ele acha que você é um tolo. Mas, se você continua discordando, ele conclui que deve ser um traidor."[38] A revista *Fortune* certa vez o descreveu como um homem com "cara de coruja", considerado "suscetível demais a críticas, intelectualmente arrogante e duro na queda". Durante anos, Strauss foi presidente do Templo Emanu-El de Manhattan — ironicamente, a mesma sinagoga reformista que Felix Adler abandonara em 1876 para criar a Sociedade de Cultura Ética. Orgulhoso tanto da herança judaica quanto da herança sulista que carregava, Strauss fazia questão de que tivesse o nome pronunciado do jeito norte-americano, não do alemão. Sempre irascível com qualquer falha ou erro, lembrava-se de cada um e os anotava meticulosamente numa sequência interminável intitulada "memorando para arquivo". Ele era, como escreveram os irmãos Alsop, um homem com "uma necessidade desesperada de condescender".

KITTY RECEBEU BEM A decisão do marido de mudar-se para a Costa Leste. O grampo do FBI a ouviu dizendo a um vendedor que "não ficariam fora por muito tempo, apenas quinze ou vinte anos".[39] Oppie lhe disse que a nova casa em Princeton, Olden Manor, tinha dez quartos, cinco banheiros e um "jardim agradável".[40] Não surpreende que os colegas em Berkeley tivessem ficado desapontados. O chefe do Departamento de Física descreveu a partida de Oppenheimer como "o maior golpe já sofrido pelo departamento".[41] Ernest Lawrence ficou muito irritado por ter tomado conhecimento da deserção de Oppie por um noticiário no rádio. Em contrapartida, os amigos na Costa Leste ficaram encantados. Isidor I. Rabi lhe escreveu: "Estou extremamente contente que você esteja vindo. [...] Para você, é uma ruptura aguda com o passado e o momento perfeito na vida para fazê-la."[42] A senhoria e também amiga, Mary Ellen Washburn, lhe ofereceu uma festa de despedida.[43]

Oppie estava deixando muitos velhos amigos para trás — e uma amante. Sempre prezara a amizade com a dra. Ruth Tolman. Durante a guerra, trabalhara muito próximo ao marido dela, Richard, que servira como assessor científico do general Groves em Washington. Foi Richard quem o convenceu a reassumir o posto de ensino no Caltech após a guerra. Oppenheimer tinha os Tolman na conta de amigos mais íntimos. Conhecera-os em Pasadena na primavera de 1928 e sempre os admirara. "Ele era, com razão, altamente respeitado", disse anos depois, referindo-se a Richard Tolman. "Sua sabedoria e os amplos interesses, não apenas em física, mas no geral, a civilidade, a esposa extremamente inteligente e adorável, tudo isso fazia da casa deles uma doce ilha no sul da Califórnia.[44] [...] Desenvolvemos uma amizade que se tornou muito íntima."[45] Em 1954, Oppenheimer testemunhou que Richard Tolman havia sido um "amigo muito próximo e querido". Frank Oppenheimer disse tempos depois: "Robert amava os Tolman, em especial Ruth."[46]

Em algum momento durante a guerra — ou talvez pouco depois de voltar de Los Alamos —, Oppie e Ruth começaram a se envolver. Psicóloga clínica, ela era quase onze anos mais velha que Robert, mas uma mulher elegante e atraente. Outro amigo, o psicólogo Jerome Bruner, a chamava de "a confidente perfeita, uma mulher sábia, que [...] dava um ar de personalismo a qualquer coisa que tocasse". Nascida em Indiana, Ruth Sherman se graduou pela Universidade da Califórnia em 1917. Em 1924, casou-se com Richard Chase Tolman e continuou os estudos de psicologia. Richard era então um distinto químico e físico matemático; era também doze anos mais velho que ela. Embora o casal nunca tivesse tido filhos, os amigos achavam que eram "feitos um para o outro".[47] Ruth estimulara o interesse de Richard em psicologia e sobretudo nas implicações sociais da ciência.

Oppenheimer compartilhava com Ruth um fascínio pela psiquiatria. Em sua pesquisa de doutorado, Ruth havia estudado as diferenças psicológicas entre dois grupos de criminosos adultos. No fim da década de 1930, trabalhara como examinadora sênior para o Departamento de Liberdade Condicional do condado de Los Angeles. Durante a guerra, servira como psicóloga clínica do Escritório de Serviços Estratégicos.[48] A partir de 1946, passou a trabalhar como psicóloga clínica sênior no Departamento dos Assuntos de Veteranos.

Mulher de carreira, a dra. Ruth Tolman era de um intelecto formidável. Contudo, segundo todos os relatos, era também uma observadora calorosa, gentil e astuta da condição humana. Ela parece ter conhecido aspectos do caráter de Oppie imperceptíveis a muitos outros: "Lembra-se de como sempre ficávamos infelizes quando tínhamos que esperar mais de uma semana?"[49]

Quando, no verão de 1947, preparava a mudança para Princeton, Oppenheimer escreveu a Ruth uma carta durante as férias em Los Pinos para reclamar que se sentia "esgotado" e "assustado" com o futuro. Ruth respondeu: "Meu coração está tomado por muitas e muitas coisas que quero dizer. Como você, estou grata por estar escrevendo. Como você, não posso aceitar muito bem o fato de que as visitas mensais não serão retomadas, uma vez terminado o verão. Não pude obter muitas notícias de você com Richard, mas tenho a impressão de que ainda está cansado."[50] Ela o incentivou a visitá-la em Detroit, onde ia participar de uma conferência — e, se não fosse possível, em Pasadena: "Venha nos ver quando puder, Robert. A casa de hóspedes é sempre e completamente sua."

Restaram poucas cartas de Oppenheimer para Ruth Tolman — a maioria foi destruída após a morte dela. No entanto, as cartas de amor de Ruth demonstram profundo carinho e proximidade. "Recordo sua maravilhosa semana aqui", escreveu ela numa carta não datada, "com imensa gratidão, querido. Foi inesquecível. Eu daria tudo para termos mais um dia. Entrementes, você sabe de meu amor e carinho".[51] Em outra ocasião, ela escreveu sobre os planos de estarem juntos no fim de semana; prometeu esperar o voo dele e disse ter esperança de "passarmos o dia junto ao mar".[52] Escreveu, ainda, que passara recentemente de carro pela "longa faixa de praia em que maçaricos e gaivotas brincavam. Oh, Robert. Em breve estaremos juntos. E sabemos como vai ser". Mais tarde, após esse planejado passeio pelo mar, Oppenheimer escreveu: "Ruth, querida de meu coração, [...] escrevo para celebrar o excelente dia que tivemos juntos e que significou tanto para mim. Sabia que ia encontrá-la cheia de coragem e sabedoria, mas uma coisa é saber e outra é estar tão perto. [...] Foi maravilhoso ver você."[53] E assinou a carta: "Com todo o meu amor, sempre."

Kitty, sem dúvida, estava ciente da velha amizade de Robert com os Tolman. Sabia que, nas viagens mensais do marido a Pasadena, ele ficava na casa de hóspedes do casal, enquanto dava aulas no Caltech, e que com frequência levava os Tolman, e por vezes os Bacher, ao restaurante mexicano favorito deles — e muitas vezes Kitty lhe telefonava de Berkeley. "Acho que ela se ressentia profundamente de qualquer um que se envolvesse com Robert", recordou Jean Bacher.[54] Entretanto, se Kitty era possessiva, não existe nenhum indício de que tenha ficado sabendo do caso de Oppenheimer.

Então, numa noite de sábado em meados de agosto de 1948, Richard Tolman sofreu um ataque cardíaco no meio de uma festa em casa. O dr. Stewart Harrison, ex-marido de Kitty, foi chamado e conseguiu fazer com que ele desse entrada num hospital em menos de trinta minutos. Três semanas depois, Richard morreu. Ruth ficou arrasada, uma vez que amara profundamente o marido durante 24 anos. Mas alguns amigos usaram a tragédia para prejudicar Robert. Ernest Lawrence, cuja atitude em relação a Oppenheimer àquela altura se tornara de aberta inimizade, especulou que o ataque cardíaco de Richard fora precipitado pela descoberta do caso da esposa. Lawrence, tempos depois, disse a Lewis Strauss que "o dr. Oppenheimer começara a ganhar sua desaprovação alguns anos antes, ao seduzir a esposa do professor Tolman, do Caltech".[55] Lawrence alegava que "foi um caso notório que durou tempo suficiente para ser percebido pelo dr. Tolman, que morreu com o coração partido".

Ruth e Robert continuaram a se ver após a morte de Richard. Quatro anos depois, Ruth escreveu a ele após um desses encontros: "Sempre me lembrarei das duas cadeiras mágicas na doca, com a água, as luzes e os aviões arremetendo sobre nós. Suponho que você tenha percebido o que não ousei mencionar, que era o aniversário de quatro anos da morte de Richard, e que as memórias daqueles dias terríveis de agosto de 1948, e de muitos outros anteriores mais doces, foram avassaladoras para mim. Fiquei muito grata por poder estar com você naquela noite."[56] Em outra carta sem data, Ruth escreveu: "Robert querido, os preciosos momentos com você na semana passada e na semana anterior continuam passando por minha cabeça, vezes e mais vezes, fazendo com que eu me sinta não apenas agradecida, mas saudosa, desejando mais. Sou grata por esses momentos, querido, e, como você sabe, também ansiava por eles." Ela foi mais longe e sugeriu uma data para o próximo encontro: "E se eu dissesse que você precisa ver alguém na UCLA e passássemos o dia juntos, depois fôssemos a uma festa à noite? [...] Vamos pensar nisso." Obviamente, Ruth e Robert se amavam, mas nenhum dos dois tinha intenção de destruir o próprio casamento. Ao longo desses anos, Ruth foi capaz de manter relações amigáveis com Kitty e os filhos dos Oppenheimer. Ela era simplesmente uma das amigas mais antigas da família — e confidente especial de Robert.

ANTES DE ACEITAR O emprego em Princeton, Oppenheimer tinha dito espontaneamente a Strauss que "havia algumas informações depreciativas a meu respeito".[57] Na época, Strauss não ligou. No entanto, conforme exigido pela recém-aprovada Lei McMahon, o FBI começou a rever as liberações de segurança de todos os funcionários da Comissão de Energia Atômica, e todos os comissários foram obrigados a ler o arquivo de Oppie. Nas palavras de um auxiliar de J. Edgar Hoover, isso deu ao FBI a oportunidade "de conduzir uma investigação aberta e extensiva, uma vez que não precisamos ser discretos nem cautelosos".[58] Assim, agentes foram enviados para seguir Oppenheimer e interrogar mais de uma dezena de associados do físico, inclusive Robert Sproul e Ernest Lawrence. Todos atestaram lealdade. Sproul disse a um agente que Oppenheimer lhe confidenciara estar "envergonhado e constrangido" por seu ativismo de esquerda no passado. Lawrence disse que "Oppie teve um surto, mas agora voltou à sobriedade".

Apesar desses testemunhos, Strauss e outros comissários da AEC logo ficaram sabendo pelo FBI que a habilitação de segurança de Oppenheimer seria qualquer coisa, menos uma questão de rotina. No fim de fevereiro de 1947, Hoover enviou à Casa Branca um resumo de doze páginas do arquivo de Oppenheimer, no qual ressaltava as associações do físico com comunistas. No sábado, 8 de março de 1947, esse relatório também foi enviado à AEC, e logo em seguida Strauss ligou para o escritório do advogado-geral da comissão, Joseph Volpe. Este notou que Strauss estava "visivelmente abalado" pelo que tinha lido. Os dois estudaram o arquivo, até que por fim Strauss se virou para Volpe e perguntou: "Joe, o que você acha?"[59]

"Bem", respondeu Volpe, "se alguém imprimisse todo esse material e afirmasse que diz respeito ao principal assessor civil da Comissão de Energia Atômica, haveria um problema terrível. O histórico dele é horroroso. Mas sua responsabilidade é determinar se esse homem é um risco para a segurança *agora*, e, exceto pelo incidente com Chevalier, não vejo nada neste arquivo que confirme essa ameaça".

Na segunda-feira seguinte, os comissários da AEC se reuniram para discutir o problema. Todos sabiam que reter a habilitação de segurança de Oppenheimer teria sérias consequências políticas. James Conant e Vannevar Bush disseram aos comissários que as alegações do FBI tinham sido ouvidas e desconsideradas anos antes. Ainda assim, sabiam que, se a AEC desejasse aprovar a habilitação de segurança de Oppie, o FBI precisaria concordar. Em 25 de março, Lilienthal foi ver o chefe da agência. Hoover ainda estava perturbado, uma vez que Oppenheimer não lhe contara sobre a conversa com Chevalier num momento oportuno. Ainda assim, com relutância, concordou que Oppenheimer, embora "pudesse ter estado muito próximo do comunismo no passado, [ao que tudo indica parece ter] se afastado consistentemente de tal posição".[60] Quando lhe disseram que os próprios responsáveis pela segurança da AEC sentiam que não havia evidências suficientemente fortes para negar a habilitação de Oppie, Hoover indicou que não levaria a questão adiante. Na verdade, achava conveniente que os burocratas da AEC ficassem responsáveis pelo status de segurança de Oppenheimer, o que deixaria o FBI livre para continuar a própria investigação. Não obstante, Hoover avisou que Frank Oppenheimer era um caso bem diferente — e que o FBI não aprovaria a renovação de sua habilitação.

Depois disso, Strauss disse a Oppenheimer que havia examinado o arquivo no FBI "com bastante cuidado"[61] e não vira nada que impedisse sua nomeação como diretor do Instituto de Estudos Avançados. Uma liberação formal da AEC naturalmente levou mais tempo, pois foi apenas em 11 de agosto de 1947 que a comissão votou de modo formal uma habilitação de segurança tipo "Q" — acesso a questões de sigilo máximo — para Oppenheimer. O resultado foi unânime, e até mesmo Strauss, o comissário mais conservador, votou a favor.

Oppenheimer sobrevivera a seu primeiro escrutínio pós-guerra, mas tinha todas as razões para acreditar que ainda era um homem marcado. Hoover continuou na cola dele, embora tivesse dito a Lilienthal que deixaria o caso de lado. Em abril de 1947, um mês depois de os comissários da AEC terem decidido pela habilitação de segurança de Oppie, Hoover recebeu novas informações "consubstanciando o fato de que os irmãos Oppenheimer foram contribuintes do Partido Comunista de San Francisco até o fim de 1942".[62] Essas informações foram recolhidas após uma invasão do FBI à sede do PC em San Francisco com o objetivo de produzir cópias dos registros financeiros do partido.

Num esforço para manter o caso vivo, Hoover insistiu com os agentes que cavassem em busca de material depreciativo de qualquer tipo. No outono de 1947, por exemplo, o escritório do FBI em San Francisco mandou a Hoover e ao diretor assistente da agência, D. M. Ladd, um memorando confidencial com material lascivo sobre as supostas atividades sexuais de Oppenheimer e de alguns amigos próximos do físico. Hoover foi informado de que um "indivíduo bastante confiável" empregado na UCLA, cujo nome não foi mencionado, se oferecera voluntariamente para se tornar "informante regular desta agência". Esse indivíduo não identificado dizia ter conhecido várias amigas de Oppenheimer em Berkeley desde 1927 e descreveu uma delas, uma mulher casada, como uma "pessoa cuja sexualidade é muito exacerbada", de gostos boêmios; a fonte alegava que "era de amplo conhecimento no *campus* que [esse casal] estava envolvido em atividades de troca de casais com outro membro da faculdade e sua esposa". Como se o relato não fosse devasso o suficiente, Hoover foi informado de que, entre os muitos casos que ela tivera, a tal mulher havia participado de uma festa do corpo docente em 1935, embriagando-se e desaparecendo com um estudante de matemática, Harvey Hall. Quase como um pós-escrito, a fonte acrescentou que, na época, Hall morava com Robert Oppenheimer. A fonte disse que também era do "conhecimento geral" que, antes de se casar, em 1940, "Oppenheimer tinha tendências homossexuais"[63] e estava "tendo um caso com Hall".

Na verdade, Oppenheimer em nenhum momento dividiu alojamento com Hall, e não há nenhuma evidência de que tenha interrompido a vida heterossexual ativa para ter um caso com um homem. A própria fonte do FBI caracterizou essas histórias como "fofoca", o que não impediu que Hoover as incorporasse a vários resumos do arquivo de Oppenheimer no FBI. Esses resumos acabaram sendo lidos por Strauss e muitos outros formuladores de políticas no alto escalão em Washington. Ao mesmo tempo que deleitou muitos funcionários, esse material sem dúvida também persuadiu muitos outros de que a informação que estava sendo passada sobre Oppie não tinha a menor credibilidade. Lilienthal achou significativo, por exemplo, que uma das fontes anônimas fosse descrita como um menino de 12 anos[64] e concluiu que a maioria das histórias não passava de fofoca maliciosa de fontes pré-guerra, muitas das quais claramente não conheciam Oppenheimer. Era uma avaliação acurada, mas ignorava o efeito pernicioso que essas informações poderiam ter sobre leitores não particularmente simpáticos a Oppenheimer.

27

"Um hotel intelectual"

> *De certa forma, num sentido grosseiro, que nenhuma vulgaridade, nenhum humor e nenhum exagero podem extinguir, os físicos conheceram o pecado; e esse é um conhecimento que não serão capazes de abandonar.*
> ROBERT OPPENHEIMER

OS OPPENHEIMER CHEGARAM A Princeton em meados de julho de 1947, durante um verão inusitadamente quente e úmido.[1] A nova posição de Oppie, como diretor do instituto em que Einstein se refugiava havia quase quinze anos, lhe oferecia uma plataforma de prestígio e fácil acesso ao número cada vez maior de comissões relacionadas com a política nuclear de que ele participava em Washington. O instituto pagava um salário generoso de 20 mil dólares por ano, mais o usufruto gratuito de Olden Manor — uma casa que vinha acompanhada de uma cozinheira e de um jardineiro e faz-tudo que cuidava da propriedade e dos extensos jardins. O instituto também lhe deixava tempo de sobra para viajar aonde e quando quisesse. Oppenheimer não assumiria formalmente suas responsabilidades até outubro e não presidiria sua primeira reunião do corpo docente até dezembro. Ele e Kitty — e os dois filhos pequenos, Peter, de 6 anos, e Toni, de 3 — teriam alguns meses de descanso para se ajustar aos novos arredores. Robert tinha apenas 43 anos.

Kitty logo se apaixonou por Olden Manor, uma casa colonial branca de três andares e formato irregular, cercada por cem hectares de bosques verdes e prados. Atrás da casa havia um celeiro e um curral. Robert e Kitty compraram dois cavalos, aos quais deram os nomes de Topper e Step-Up.

Partes de Olden Manor datam de 1696, quando os Olden, uma das famílias pioneiras de Princeton, começaram a plantar no local. A ala oeste da casa fora construída em 1720 e servira como hospital de campanha para as tropas do general Washington durante a Batalha de Princeton, em 1777. Gerações da família Olden haviam ampliado a estrutura, e, no fim do século XIX, a casa passara a ter dezoito aposentos. A família ocupou a propriedade até a década de 1930, quando foi vendida para o instituto.

Pintada de branco por dentro e por fora, a casa espaçosa tinha uma atmosfera leve. Um corredor central de pé-direito alto atravessava toda a estrutura, da porta de entrada até uma porta em arco nos fundos que levava a um terraço de ardósia. Uma sala de jantar formal dava para uma grande cozinha campestre em forma de L. O sol jorrava para dentro através de oito janelas na sala de estar. Do outro lado do corredor havia uma segunda sala de estar, menor, que servia como sala de música e, um degrau abaixo, uma biblioteca dominada por uma lareira enorme. Quando os Oppenheimer se mudaram, descobriram que quase todos os aposentos tinham prateleiras para livros. Robert mandou remover a maioria, deixando apenas uma parede na biblioteca coberta de cima a baixo com estantes.[2] Por toda a casa, o assoalho de tábuas de carvalho estalava suavemente. No andar de cima havia uma profusão de estranhos recantos e cubículos, além de armários ocultos e uma escada nos fundos que levava à cozinha. Um painel de campainhas numeradas permitia que a cozinheira ou uma das empregadas fossem chamadas praticamente de qualquer lugar da propriedade.

Pouco tempo depois de chegar, Robert mandou construir uma ampla estufa nos fundos da casa, perto da cozinha.[3] Foi seu presente de aniversário para Kitty, que a encheu com dezenas de variedades de orquídeas. A residência era cercada por hectares de jardins, inclusive um bem-cuidado jardim de flores delimitado por quatro muros de pedra, fundações de um antigo celeiro. Kitty, formada em botânica, adorava jardinagem e, ao longo dos anos, tornou-se o que uma amiga chamou de "artista na antiga magia da jardinagem".[4]

"Quando nos mudamos para cá", contou Oppenheimer tempos depois a um repórter, "pensei que nunca me acostumaria a uma casa tão grande, mas já estamos morando aqui há um bom tempo, e o lugar adquiriu um ar agradável de comodidade, do qual eu gosto bastante".[5] Na sala de estar, acima da lareira branca, Robert pendurou um dos quadros preferidos do pai, *Campo fechado com sol nascente*, de Vincent van Gogh.[6] Um Derain foi pendurado na sala de jantar e um Vuillard, na sala de música.[7] Embora com uma mobília abrangente, os interiores nunca adquiriram um aspecto atravancado ou de muito uso. Kitty mantinha tudo impecável. O austero escritório de Oppie, de paredes brancas lisas, fazia com que ele se lembrasse de uma velha amiga de quando moravam em Los Alamos.[8]

Do terraço dos fundos de Olden Manor, ele podia olhar para o sul através de um campo aberto e ver os prédios do instituto. A cerca de quinhentos metros, ficava Fuld Hall, uma edificação de tijolos vermelhos com quatro andares e duas alas, além de uma torre imponente, que lembrava a de uma igreja. Construído em 1939 a um custo de 520 mil dólares, o edifício abrigava saletas modestas para dezenas de acadêmicos, uma biblioteca com revestimento de madeira e uma sala de uso comum repleta de sofás de couro marrom generosamente estofados. Um café e a sala da diretoria ocupavam o quarto e último andar. Em 1947, Einstein ocupava uma saleta de canto, a sala 225, no segundo andar; Niels Bohr e Paul Dirac trabalhavam em salas contíguas no terceiro. O escritório de Oppenheimer, no piso térreo, a sala 113, lhe proporcionava uma vista dos bosques e do prado.[9] Seu predecessor, Frank Aydelotte, um especialista em literatura elisabetana, havia pendurado nas paredes gravuras com cenas engraçadas de Oxford. Oppenheimer as removeu, substituindo-as por uma lousa que ocupava toda a extensão da parede.[10] Robert herdou duas secretárias, a sra. Eleanor Leary, que havia trabalhado com o juiz Felix Frankfurter, e a sra. Katharine Russell, uma eficiente jovem na casa dos 20 e poucos anos. Do lado de fora do escritório havia um "monstruoso cofre",[11] que guardava documentos sigilosos de seu trabalho como presidente do GAC da AEC. Guardas armados ficavam sentados 24 horas por dia ao lado dele.

Os visitantes de Fuld Hall viam um homem "flamejante de poder".[12] O telefone tocava e a secretária batia à porta para anunciar: "Dr. Oppenheimer, o general [George C.] Marshall está na linha." Seus colegas viam que essas chamadas o deixavam "elétrico". Oppie claramente se deleitava com o papel que a história lhe havia atribuído e se esforçava para desempenhá-lo bem. Enquanto a maioria dos acadêmicos do instituto usava paletós esporte — Einstein preferia um suéter amarfanhado —, Oppenheimer com frequência vestia caros ternos de lã inglesa feitos sob medida na Langcroks, a alfaiataria local da classe alta de Princeton (mas também era capaz de aparecer numa festa com paletós "que pareciam ter sido roídos por camundongos").[13] Enquanto muitos acadêmicos circulavam por Princeton de bicicleta, Oppie dirigia um impressionante Cadillac azul conversível.[14] O cabelo, outrora comprido e espesso, estava "cortado rente, no estilo de um monge".[15] Aos 43 anos, ele parecia delicado, até frágil. Na verdade, porém, era muito forte e enérgico. "Era muito magro, nervoso, agitado", recordou Freeman Dyson.[16] "Estava sempre andando de um lado para outro; não conseguia ficar sentado quieto por cinco segundos; a impressão que dava era a de alguém pouco à vontade. Além disso, fumava sem parar."

Princeton estava a um mundo de distância da atmosfera livre, liberal e boêmia de Berkeley e San Francisco, e não tinha nada do estilo de vida e das paisagens de Los Alamos. Em 1947, Princeton, uma cidadezinha suburbana de 25 mil habitantes, dispunha de apenas um semáforo, na esquina das ruas Nassau e Witherspoon, e nenhum transporte público — com exceção do bonde "Dinky", que até hoje leva centenas de passageiros por dia à estação ferroviária em Princeton Junction. Dali, banqueiros, advogados e corretores de valores vestidos com ternos risca de giz pegavam trens para a viagem de cinquenta minutos até Manhattan. Ao contrário da maioria das cidadezinhas norte-americanas, Princeton tinha uma história venerável e um senso elitizado de si mesma. Contudo, conforme observou um antigo residente, era "uma cidade de caráter, mas sem alma".[17]

* * *

A AMBIÇÃO DE ROBERT era transformar o instituto em um estimulante ponto internacional de estudos interdisciplinares. O local havia sido fundado em 1930 por Louis Bamberger e a irmã Carrie Fuld, com uma doação inicial de 5 milhões de dólares. Em 1929, pouco antes do *crash* da bolsa, Bamberger e a irmã tinham vendido a loja de departamentos da família para a R. H. Macy & Co. pela principesca soma de 11 milhões de dólares. Encantado com a ideia de construir uma instituição de ensino superior, Bamberger contratou Abraham Flexner, um educador e executivo, para ser o primeiro diretor do instituto. Flexner prometeu que a nova instituição não seria exatamente nem uma universidade nem um centro de pesquisa: "Ele pode ser retratado como um meio-termo entre as duas coisas — uma pequena universidade na qual uma quantidade limitada de ensino e uma quantidade generosa de pesquisa podem ser encontradas." Flexner disse aos Bamberger que desejava adotar o modelo de redutos intelectuais europeus como o All Souls College de Oxford ou o Collège de France em Paris — ou Göttingen, a *alma mater* alemã de Oppenheimer. Seria, segundo ele, "um paraíso para os acadêmicos".

Em 1933, Flexner consumou a reputação do instituto, ao contratar Albert Einstein por um salário anual de 15 mil dólares.[18] Outros acadêmicos recebiam salários igualmente pródigos. Flexner queria ter os melhores acadêmicos e garantir que nenhum deles se sentisse compelido a suplementar a renda "escrevendo livros-textos desnecessários ou envolvendo-se em qualquer forma de trabalho paralelo".[19] Não haveria "nenhuma obrigação, apenas oportunidades". Ao longo da década de 1930, Flexner recrutou mentes brilhantes, em sua maioria matemáticos, como John von Neumann, Kurt Gödel, Hermann Weyl, Deane Montgomery, Boris Podolsky, Oswald Veblen, James Alexander e Nathan Rosen. Ele louvava a "utilidade do conhecimento inútil". Entretanto, na década de 1940, o instituto estava ficando cada vez mais conhecido por mimar mentes brilhantes cujo potencial nunca se concretizava. Um cientista o descreveu como "aquele lugar magnífico onde a ciência floresce e nunca dá frutos".

Oppenheimer estava determinado a mudar tudo isso. No campo da física teórica, esperava fazer pelo instituto o que fizera por Berkeley nos anos 1930 — transformá-lo num centro mundial. Sabia que a guerra havia suspendido o engajamento em qualquer trabalho original realmente criativo, mas as coisas estavam mudando. "Hoje", disse ele a uma plateia do MIT no outono de 1947, "menos de dois anos após o fim das hostilidades, a física está florescendo".[20]

No começo de abril de 1947, Abraham Pais, um jovem e brilhante físico com uma bolsa temporária no instituto, recebeu um telefonema de Berkeley. "Aqui é Robert Oppenheimer", disse a pessoa do outro lado da linha para Pais, espantado.[21] "Acabei de aceitar a diretoria do Instituto de Estudos Avançados e espero muito que você faça parte dele no próximo ano, para começarmos, assim, a construir a física teórica." Lisonjeado, Pais imediatamente abandonou a ideia de se juntar a Bohr na Dinamarca e concordou. Integraria o instituto durante os dezesseis anos seguintes, tornando-se um dos homens de confiança de Oppenheimer.

Pais logo teve uma oportunidade de ver Oppie em ação. Em junho de 1947, ao longo de três dias, 23 dos principais físicos teóricos do país se reuniram no Ram's Head Inn, um resort exclusivo em Shelter Island, na ponta oriental de Long Island. Oppenheimer havia organizado a conferência e, entre outros, trouxe Hans Bethe, Isidor I. Rabi, Richard Feynman, Victor Weisskopf, Edward Teller, George Uhlenbeck, Julian Schwinger, David Bohm, Robert Marshak, Willis Lamb e Hendrick Kramers para discutir "Os fundamentos da mecânica quântica". Com o fim da guerra, os físicos teóricos podiam, enfim, voltar a atenção para as questões fundamentais. Um dos alunos de doutorado de Oppie, Willis Lamb, fez a primeira das muitas notáveis apresentações da conferência, delineando o que viria a ser conhecido como "desvio de Lamb", um passo-chave para uma nova teoria de eletrodinâmica quântica. (Lamb seria laureado com o prêmio Nobel em 1955 por seu trabalho sobre o tema.) De maneira semelhante, Rabi deu uma palestra revolucionária sobre ressonância magnética nuclear.

Embora Karl Darrow, secretário da Sociedade de Física, presidisse oficialmente a conferência, Oppie a dominou. "À medida que a conferência evoluía", anotou Darrow em seu diário, "a ascendência de Oppenheimer tornou-se mais evidente — com as análises (muitas vezes cáusticas) que ele fazia de quase todo argumento, aquele inglês magnífico nunca obstado por hesitações ou busca de palavras (eu nunca tinha ouvido o termo 'catarse' numa palestra sobre física, ou o perspicaz 'mesonífero', provavelmente uma invenção dele), o humor seco, o comentário recorrente de que certas ideias (algumas dele próprio) estavam sem dúvida erradas, o respeito com o qual era ouvido". Da mesma forma, Pais ficou impressionado com o "estilo sacerdotal" de Oppenheimer ao falar perante uma plateia. "Era como se ele estivesse procurando iniciar a audiência nos mistérios divinos da natureza."

No terceiro e último dia, Oppie comandou uma discussão sobre o comportamento paradoxal dos mésons, tópico que havia explorado com Robert Serber antes da guerra. Posteriormente, Pais recordou a performance "magistral" de Oppenheimer, sempre fazendo interrupções nos momentos certos com perguntas importantes, resumindo a discussão e estimulando outros a pensar em soluções. "Eu estava sentado perto de Marshak durante essa discussão", escreveu Pais tempos depois, "e ainda me lembro de como ele ficou todo vermelho do nada. Ele se levantou e disse: 'Talvez haja dois tipos de mésons. Um que é produzido de modo abundante e então se desintegra num outro tipo, que é absorvido fracamente'".[22] Segundo Pais, Oppenheimer ajudou então a parir a inovadora hipótese de dois mésons de Marshak, um avanço revolucionário que mais adiante, em 1950, valeu o prêmio Nobel ao físico britânico Cecil F. Powell. A Conferência de Shelter Island também ajudou

Feynman e Schwinger na elaboração a "teoria da renormalização", uma forma nova e elegante de calcular as interações de um elétron com seu campo eletromagnético ou outros.[23] Mais uma vez, se o próprio Oppenheimer não fora o autor de tais descobertas, muitos dos colegas o viam como seu grande facilitador.

Nem todos, porém, aplaudiram o desempenho de Oppenheimer. David Bohm lembrou-se de ter pensado que Oppie estava falando demais. "Ele era muito fluente", disse Bohm, "mas não havia tanta coisa por trás do que dizia que justificasse tanto falatório". Bohm achava que seu mentor havia começado a perder a capacidade de percepção, talvez porque fazia muitos anos que não vinha realizando trabalhos substanciais em física. "Ele não simpatizava com o que eu estava fazendo", recordou Bohm. "Eu queria questionar os fundamentos, e ele sentia que era preciso usar a teoria atual, explorá-la e tentar elaborar as consequências." No início da relação entre os dois, Bohm tinha uma tremenda consideração por Oppenheimer. No entanto, com o tempo, viu-se concordando com outro amigo que trabalhara com Oppie, Milton Plesset, segundo o qual ele "não era capaz de uma originalidade genuína, embora seja muito bom em compreender as ideias dos outros e ver as implicações".

Ao deixar Shelter Island, Oppenheimer fretou um hidroavião particular para levá-lo a Boston, onde receberia um diploma honorário de Harvard. Victor Weisskopf e vários outros físicos que iriam voltar para Cambridge aceitaram o convite para juntar-se a ele no avião. No meio do caminho, foram surpreendidos por uma tempestade, e o piloto decidiu aterrissar numa base naval em New London, Connecticut. Aviadores civis estavam proibidos de usar o aeroporto, de modo que, enquanto taxiava pela pista, o piloto percebeu que um capitão da Marinha estava berrando com ele. "Deixe que eu cuido disso", disse Robert.[24] Quando desceu do avião, anunciou: "Meu nome é Oppenheimer." Atônito, o oficial da Marinha perguntou: "*Aquele* Oppenheimer?" Sem perder o embalo, Oppie respondeu: "O próprio." Impressionado com a presença do famoso físico, o oficial mudou de atitude e serviu a Oppenheimer e aos demais físicos chá com biscoitos, depois os despachou para Boston a bordo de um ônibus da Marinha.

O FÍSICO MAIS FAMOSO dos Estados Unidos não estava fazendo muita física, a despeito de ter persuadido os administradores do instituto a lhe darem uma nomeação dupla, sem precedentes, como diretor e "professor de física".[25] No outono de 1946, Oppie encontrou tempo para ser o coautor de um artigo com Hans Bethe, publicado na *Physical Review*, sobre espalhamento de elétrons. Naquele ano, foi indicado para o Nobel de Física, mas o comitê da premiação, evidentemente, hesitou em conceder o prêmio a alguém com associações tão evidentes com Hiroshima e Nagasaki. Durante os quatro anos seguintes, Robert publicou outros três breves artigos de física e um artigo sobre biofísica. Todavia, depois de 1950, não voltou a publicar artigos científicos. "Ele não tinha *Sitzfleisch*", disse Murray Gell-Mann, físico visitante do instituto em 1951.²⁶ "Trata-se da palavra alemã para 'perseverança' e significa literalmente 'carne sentada', a capacidade de ficar sentado numa cadeira trabalhando. [...] Até onde eu sei, ele nunca escreveu um artigo longo ou fez qualquer cálculo demorado, nada do tipo. Não tinha paciência; o trabalho dele consistia em pequenos *aperçus*, por sinal brilhantes. Em contrapartida, ele inspirou outras pessoas a fazer coisas, e a influência exercida era fantástica."

Em Los Alamos, Oppie havia supervisionado milhares de pessoas e gastado milhões, entretanto, naquele momento, presidia uma instituição com apenas cem funcionários e um orçamento de 825 mil dólares. Los Alamos dependia do governo federal, mas os administradores do instituto proibiam qualquer solicitação de verbas federais. O instituto era um lugar singularmente independente, sem qualquer relação oficial com a vizinha, a Universidade de Princeton.²⁷ Em 1948, cerca de 180 acadêmicos eram afiliados a uma de duas "escolas", matemática ou estudos históricos. O instituto não tinha laboratórios, nem cíclotrons, nem qualquer equipamento mais elaborado que um quadro-negro. Não oferecia cursos nem havia estudantes, apenas estudiosos. A maioria eram matemáticos, alguns eram físicos, e havia uns poucos economistas e humanistas. Na verdade, havia uma propensão tão forte à matemática no instituto que alguns acharam que a chegada de Oppenheimer sinalizava uma decisão dos administradores de torná-lo dedicado a matemática/física e nada mais.

De fato, as primeiras nomeações de Oppenheimer davam a impressão de que a única prioridade era transformar o instituto num importante centro de física teórica. Ele trouxe, como membros temporários, cinco pesquisadores de Berkeley, e, depois de convencer Pais a ficar, recrutou outro jovem e promissor físico inglês, Freeman Dyson, para continuar como membro permanente. Além disso, persuadiu Niels Bohr, Paul Dirac, Wolfgang Pauli, Hideki Yukawa, George Uhlenbeck, George Placzek, Sinitiro Tomonaga e vários outros jovens físicos a passar verões ocasionais ou sabáticos no instituto. Em 1949, recrutou Chen Ning Yang, um brilhante físico de 27 anos que receberia o Nobel em 1957 juntamente com T. D. Lee, outro físico de origem chinesa trazido por Oppenheimer. "Este lugar é irreal", escreveu Pais em seu diário em fevereiro de 1948.²⁸ "Bohr entra na minha sala para conversar, olho pela janela e vejo Einstein caminhando para casa com seu assistente. Duas salas adiante está Dirac. Lá embaixo, Oppenheimer." Era uma concentração de talentos científicos sem igual — exceto, é claro, por Los Alamos.

Em junho de 1946, muito antes da chegada de Oppenheimer, John von Neumann começara a construir um computador de alta velocidade no porão de Fuld Hall, onde ficava a caldeira de aquecimento. Nunca existira no instituto nada tão prático. Nem tão caro. Os administradores destinaram, a princípio, uma verba de 100 mil dólares a Von Neumann. E então, num raro afastamento da política do instituto, ele obteve permissão para angariar financiamento adicional da Radio Corporation of America (RCA), do Exército, do Gabinete de Pesquisa Naval e da Comissão de Energia Atômica. Em 1947, foi erguida uma pequena construção a algumas centenas de metros de Fuld Hall para abrigar o computador concebido por Von Neumann.

Toda a ideia de construir a máquina era bastante controversa entre os acadêmicos, os quais achavam que tinham como tarefa pensar. "Nunca trabalhamos em nada que exigisse muitos cálculos", queixou-se um matemático, Deane Montgomery.[29] O próprio Oppenheimer tinha uma opinião ambígua sobre o computador de Von Neumann. Como muitos outros, achava que o instituto não devia ser transformado em um laboratório financiado pelos militares. Aquele, no entanto, era um projeto diferente: Von Neumann estava construindo uma máquina que revolucionaria a pesquisa. Por isso, teve o apoio de Oppie, e concordou em não patentear a máquina, que logo se tornaria o modelo para toda uma geração de computadores comerciais.

Oppenheimer e Von Neumann exibiram formalmente o computador do instituto em junho de 1952. Naquela época, tratava-se do cérebro eletrônico mais rápido do mundo, e sua mera existência deflagrou a revolução dos computadores da segunda metade do século XX.[30] Contudo, no fim da década de 1950, quando a máquina foi ultrapassada por computadores mais rápidos e de melhor qualidade, os membros permanentes do instituto se reuniram na sala de estar de Oppenheimer e votaram por encerrar o projeto, fazendo circular uma moção para que nunca mais um equipamento como aquele fosse trazido para as dependências da instituição.

Em 1948, Oppenheimer recrutou o classicista Harold F. Cherniss, um velho amigo de Berkeley e o principal especialista em Platão e Aristóteles no país. No mesmo ano, persuadiu os administradores a estabelecerem um "Fundo Diretorial" de 120 mil dólares, que lhe permitia contratar, por critérios próprios, acadêmicos por breves períodos. Com as verbas desse fundo, Oppie trouxe para o instituto o amigo de infância Francis Fergusson, que usou a bolsa de pesquisa para escrever um livro, *The Idea of a Theatre*. Instigado por Ruth Tolman, Oppie nomeou um comitê consultor sobre bolsas na área de psicologia. Uma ou duas vezes por ano, a própria Ruth vinha ao instituto com o cunhado, Edward Tolman, além de George Miller, Paul Meehl, Ernest Hilgard e Jerome Bruner. (Edward e Hilgard tinham sido membros, juntamente com Oppenheimer, do grupo mensal de estudos de Siegfried Bernfeld em San Francisco entre 1938 e 1942.) Esses eminentes psicólogos se reuniam na sala de Oppie e lhe falavam sobre as "questões mais profundas" da psicologia, de forma a "mantê-lo atualizado". Oppenheimer logo fez nomeações de curto prazo para Miller, Bruner e David Levy, um renomado psicólogo infantil. Ele adorava conversar sobre psicologia. Bruner o achava "brilhante, discursivo em seus interesses, prodigamente intolerante, pronto a ir até as últimas consequências de qualquer tópico, extraordinariamente adorável. [...] Nós conversávamos sobre quase tudo, mas psicologia e filosofia da física eram temas irresistíveis".[31]

Logo, outros humanistas desse calibre estavam se juntando ao instituto, como o arqueólogo Homer Thompson, o poeta T. S. Eliot, o historiador Arnold Toynbee, o filósofo social Isaiah Berlin e, mais tarde, o diplomata e historiador George F. Kennan.[32] Oppenheimer sempre fora um admirador confesso de *A terra desolada*, por isso ficou encantado quando Eliot concordou em frequentar o instituto por um semestre em 1948. Mas não deu muito certo. Ter um poeta entre os residentes não caiu bem para os matemáticos, que o tratavam com frieza, mesmo depois de ele ter recebido o prêmio Nobel de Literatura naquele ano. Eliot, por sua vez, manteve-se fechado, passando mais tempo na universidade do que no instituto. Oppenheimer ficou decepcionado. "Convidei Eliot", disse a Freeman Dyson, "na esperança de que ele produzisse outra obra-prima, e tudo que ele fez aqui foi trabalhar em *The Cocktail Party*, a pior coisa que já escreveu".[33]

Em todo caso, Oppenheimer estava convicto de que era essencial que o instituto se mantivesse como um lar tanto para a ciência quanto para as humanidades.[34] Em seus discursos sobre o instituto, sempre enfatizava que a ciência precisava das humanidades para entender melhor o próprio caráter e as consequências que acarretava. Apenas alguns matemáticos mais velhos concordavam com Oppie, mas o apoio deles era fundamental. John von Neumann tinha um interesse por história romana quase tão grande quanto o que nutria pela matemática. Outros compartilhavam o interesse de Oppenheimer pela poesia. Ele esperava que o instituto pudesse ser um refúgio para cientistas, cientistas sociais e humanistas interessados numa compreensão multidisciplinar da condição humana. Era uma oportunidade irresistível, uma chance de reunir ciências e humanidades, dois mundos que o tinham cativado com a mesma força quando jovem. Nesse sentido, Princeton seria a antítese de Los Alamos, e talvez também um antídoto psicológico.

O instituto era tão idílico e confortável quanto Los Alamos tinha sido espartana. Particularmente para seus membros vitalícios, era um paraíso platônico. "O objetivo deste lugar", disse Oppenheimer certa vez, "é não dar a ninguém a oportunidade de inventar desculpas para não fazer algo, para não fazer um bom trabalho".[35] Para os que o viam de fora, às vezes parecia um asilo pastoral destinado a acolher excêntricos notórios. Kurt Gödel, o renomado especialista em lógica, era um recluso penosamente tímido. Seu único amigo de verdade era Einstein, e os dois eram vistos com frequência caminhando juntos vindos da cidade. Entre suas crises de severa depressão paranoide — convencido de que sua comida estava sendo envenenada, sofria de desnutrição crônica —, Gödel passou anos tentando solucionar um dilema matemático, o problema do *continuum*. Contudo, nunca encontrou uma resposta. Atiçado por Einstein, também trabalhou na relatividade geral, e em 1949 publicou um artigo que descrevia um "universo em rotação"[36] no qual era teoricamente possível "viajar para qualquer região do passado, presente e futuro e retornar". Ao longo da maior parte das décadas que permaneceu no instituto, foi uma figura solitária, fantasmagórica, que trajava um casaco preto de inverno bastante gasto e rabiscava notas em alemão em cadernos.

Dirac era quase igualmente estranho. Quando menino, o pai o obrigara a lhe dirigir a palavra apenas em francês, com o intuito de que o filho aprendesse rapidamente outra língua. "Como eu não conseguia me expressar em francês, achava melhor ficar quieto do que falar em inglês. Ficava calado o tempo todo", explicou Dirac.[37] Calçando botas de borracha de cano longo, ele era visto com frequência abrindo trilhas com uma machadinha nos bosques da vizinhança. Era sua forma de exercício recreativo, e com o passar dos anos acabou virando um passatempo no instituto. Dirac levava tudo ao pé da letra, tinha uma mentalidade literal enlouquecedora. Certo dia, um repórter ligou para perguntar sobre uma palestra que Dirac daria em Nova York. Oppenheimer decidira muito tempo antes que os estudiosos não deveriam ser distraídos com telefones nas salas, então Dirac atendeu à ligação num aparelho no corredor. Quando o repórter lhe perguntou se poderia ter acesso a uma cópia da palestra, Dirac largou o telefone e entrou na sala de Jeremy Bernstein para pedir um conselho: ele temia, segundo disse, ser citado de forma incorreta. Abraham Pais, que por acaso estava com Bernstein, sugeriu que ele escrevesse acima do texto: "Não publicar de forma alguma." Dirac considerou esse simples conselho por alguns minutos em completo silêncio. Por fim, disse: "A expressão 'de forma alguma' não é redundante nessa frase?"[38]

Von Neumann também era um tipo incomum.[39] Como Oppenheimer, era poliglota e universal em seus interesses. Também gostava de dar boas festas, permanecendo acordado até as primeiras horas da manhã. Como Edward Teller, era ferrenhamente antissoviético. Certa noite, numa festa, quando a conversa se voltou para a discussão do início da Guerra Fria, disse em tom bastante casual que era óbvio que os Estados Unidos e seu arsenal atômico deveriam lançar uma guerra preventiva e aniquilar a União Soviética. "Acho que o conflito EUA-URSS", escreveu para Lewis Strauss em 1951, "provavelmente levará a um confronto armado 'total', e que portanto é imperativo nos armarmos ao máximo".[40] Oppie ficou estupefato, mas não deixou que considerações políticas influenciassem suas decisões no tocante ao corpo permanente do instituto.

Com muita frequência, acadêmicos de uma ampla gama de disciplinas ficavam admirados com a amplitude de interesses de Oppenheimer. Certo dia, um executivo do Fundo Commonwealth, Lansing V. Hammond, lhe pediu conselhos sobre cerca de sessenta jovens candidatos britânicos a bolsas de estudos em universidades norte-americanas. Os tópicos variavam de artes liberais a ciências duras. Hammond, um especialista em literatura inglesa, esperava obter conselhos sobre candidatos nas áreas de matemática e física. No entanto, assim que entrou no escritório de Oppie, foi surpreendido com uma pergunta: "Você obteve o doutorado em Yale em literatura inglesa do século XVIII — Época de Johnson. Quem foi seu orientador, Tinker ou Pottle?"[41] Em dez minutos, Hammond tinha toda a informação de que precisava para encaixar os candidatos ingleses de física em universidades norte-

-americanas adequadas. Ao se levantar para sair, pensando já ter roubado tempo suficiente do importante diretor, Oppenheimer disse: "Se tiver alguns minutos, gostaria de dar uma olhada em alguns dos candidatos em outras áreas." Na hora que se seguiu, Oppenheimer discorreu longamente sobre os pontos fracos e os fortes de várias escolas de graduação em todo o país. "Hummm... música indígena norte-americana, Roy Harris é a pessoa certa para ele. [...] Psicologia social... sugiro dar uma olhada em Vanderbilt; números pequenos, ele teria mais chances de encontrar o que deseja. [...] Em seu campo, literatura inglesa do século XVIII, Yale é uma escolha óbvia, mas eu não descartaria Bate, em Harvard." Hammond nunca ouvira falar de Bate e saiu de lá aturdido. "Nunca antes", escreveu mais adiante, "e nunca depois conversei com um homem como ele".

A RELAÇÃO DE OPPENHEIMER com o residente mais famoso do instituto sempre foi hesitante: "Fomos colegas próximos", escreveu ele posteriormente sobre Einstein, "e de certa forma amigos".[42] Mas ele pensava em Einstein como um santo patrono vivo da física, e não como um cientista em atividade. (Alguns no instituto desconfiavam que Oppenheimer havia sido a fonte de uma declaração na revista *Time*, segundo a qual "Einstein é um marco, não um farol".)[43] Einstein alimentava uma ambivalência semelhante em relação a Oppenheimer. Em 1945, quando o nome de Oppie foi sugerido para uma cátedra permanente no instituto, Einstein e o matemático Hermann Weyl escreveram um memorando para o conselho de administração recomendando o físico teórico Wolfgang Pauli como uma escolha melhor.[44] Na época, Einstein conhecia bem Pauli e Oppenheimer, apenas de passagem. Por ironia do destino, em 1934, Weyl se esforçara para recrutar Oppie para o instituto, mas ele se recusara de maneira categórica, dizendo: "Eu não teria nenhuma utilidade num lugar como esse."[45] No momento, porém, as credenciais de Robert como físico não podiam ser comparadas às de Pauli: "Está muito claro que Oppenheimer não fez nenhuma contribuição para a física de natureza tão fundamental quanto o princípio de exclusão de Pauli e sua análise do spin do elétron."[46] Einstein e Weyl reconheciam que Oppenheimer havia "fundado a maior escola de físicos teóricos dos Estados Unidos", mas, depois de comentar que os alunos dele o aclamavam universalmente como professor, alertaram: "Pode ser que ele seja um pouco dominador demais e seus alunos tendam a ser versões menores dele." Com base nessa recomendação, o instituto ofereceu o emprego a Pauli em 1945, mas ele recusou.

Einstein acabou desenvolvendo um respeito relutante pelo novo diretor, a quem descreveu como "um homem especialmente capacitado, de uma educação multifacetada".[47] No entanto, o que ele admirava em Oppenheimer era o homem, não a física. O fato é que jamais o incluiria em seu círculo de amigos próximos, "talvez porque nossas opiniões científicas sejam diametralmente opostas". Em certa ocasião na década de 1930, Oppie se referira a Einstein como um cientista "totalmente gagá",[48] pela teimosia que o físico alemão mostrara ao não aceitar a teoria quântica. Todos os jovens físicos que ele havia levado para Princeton estavam convencidos dos pontos de vista quânticos de Bohr e não mostravam nenhum interesse nas questões que Einstein apresentava para desafiar a visão de mundo quântica. Não conseguiam entender por que o grande homem trabalhava de maneira incansável no desenvolvimento de "uma teoria do campo unificado" para substituir o que via como inconsistências da teoria quântica. Era um trabalho solitário, mas ele estava bastante satisfeito em defender "o bom Deus contra a sugestão de que está o tempo todo jogando dados [com o Universo]"[49] — a essência de sua crítica ao princípio da incerteza de Heisenberg, um dos alicerces da física quântica. Ele tampouco se importava que a maioria dos colegas em Princeton o vissem "como um herege e um reacionário que, por assim dizer, viveu demais".[50]

Oppenheimer admirava profundamente a "extraordinária originalidade"[51] do homem que havia formulado a teoria geral da relatividade, "essa singular união de geometria e gravitação". No entanto, achava que o físico alemão tinha trazido "para o trabalho da originalidade profundos elementos da tradição" e que, naquela fase adiantada da vida, era a "tradição" que o levava por caminhos equivocados. Para "tristeza" de Oppenheimer, Einstein dedicou os anos em Princeton a tentar provar que a teoria quântica era inadequada devido a significativas inconsistências. "Ninguém poderia ter sido mais engenhoso", escreveu Oppie, "em conceber exemplos inesperados e inteligentes; mas, no fim das contas, não havia inconsistências, e muitas vezes a resolução podia ser encontrada no próprio trabalho precoce". O que afligia Einstein na teoria quântica era a ideia de indeterminação. Ainda assim, fora seu trabalho na relatividade que inspirara um dos insights de Bohr. Oppenheimer achava a situação irônica: "Ele brigava com Bohr de maneira nobre e furiosa, e brigava com a teoria que ele próprio tinha elaborado, mas detestava. Não era a primeira vez que isso acontecia na ciência."

Essas disputas não impediam Oppenheimer de apreciar a companhia de Einstein. Certa noite, no começo de 1948, ele recebeu David Lilienthal e Einstein em Olden Manor. Lilienthal estava sentado ao lado do físico alemão e "o observava enquanto ele ouvia (com gravidade e atenção, às vezes com um risinho e semicerrando os olhos) Robert Oppenheimer descrever os neutrinos como 'aquelas criaturas' e as belezas da física".[52] Robert ainda gostava de dar presentes generosos. Sabendo do amor de Einstein pela música clássica e que o rádio dele não conseguia captar as transmissões de concertos no Carnegie Hall, em Nova York, Oppenheimer mandou instalar uma antena no telhado da modesta casa do físico, no número 112 da rua Mercer.[53] Isso foi feito sem que este soubesse, e então, quando chegou o aniversário de Einstein, Robert apareceu à porta com um rádio novo e sugeriu que ouvissem um concerto. Einstein ficou felicíssimo.

Em 1949, Bohr estava visitando Princeton e concordou em contribuir com um ensaio para um livro que celebrava o trabalho de Einstein, por ocasião de seu septuagésimo aniversário. Ambos apreciavam a companhia um do outro, mas, assim como Oppenheimer, Bohr não conseguia entender por que a teoria quântica incomodava tanto o velho físico. Quando viu as provas do livro, Einstein notou que os ensaios continham tanto críticas quanto palavras elogiosas. "Isto para mim não é um jubileu", disse ele, "mas minha impugnação".[54] No dia de seu aniversário, 14 de março, um grupo de 250 eminentes estudiosos se reuniu num dos auditórios de Princeton para ouvir Oppenheimer, Isidor I. Rabi, Eugene Wigner e Hermann Weyl cantarem seus louvores. Por mais que os colegas discordassem do idoso, havia magnetismo no ar no momento que Einstein adentrou o saguão. Após um instante de silêncio, todos se levantaram para aplaudir o homem que reconheciam como o maior físico do século XX.

Como físicos, Oppenheimer e Einstein tinham discordâncias. Como humanistas, porém, eram aliados. Num momento da história em que a ciência estava sendo comprada no atacado por uma rede de segurança nacional impulsionada pela Guerra Fria, com laboratórios de armamentos e universidades cada vez mais dependentes de contratos militares, Oppenheimer escolhera outro caminho. Embora tivesse estado "presente na criação" do processo de militarização da ciência, ele se afastara de Los Alamos, e Einstein o respeitava por tentar usar a própria influência para frear a corrida armamentista. Ao mesmo tempo, via que ele usava esse artifício com cautela e ficou perplexo quando, na primavera de 1947, Oppenheimer recusou o convite dele para discursar num jantar público do recém-criado Comitê de Emergência dos Cientistas Atômicos. Oppie explicou que se sentia "despreparado no momento para fazer [um] discurso público sobre energia atômica com alguma confiança de que os resultados levassem na direção pela qual todos esperamos".[55]

Einstein claramente não entendia por que Oppenheimer parecia se preocupar tanto em manter o acesso ao *establishment* em Washington. Ele próprio não fazia esse jogo. Jamais teria sonhado em pedir a um governo que lhe desse uma habilitação de segurança. Einstein instintivamente não gostava do contato com políticos, generais ou figuras de autoridade. Como Oppenheimer observou, "ele não tinha aquela conversa natural e fácil com estadistas e homens de poder".[56] Enquanto Robert parecia se deleitar com a fama e a oportunidade de se misturar com os poderosos, Einstein sempre ficava desconfortável com adulações. Certa noite, em março de 1950, por ocasião do 71º aniversário do físico alemão, Oppenheimer o acompanhou de volta até a casa na rua Mercer. "Sabe", disse Einstein, "quando um homem recebe a oportunidade de fazer algo sábio, depois disso a vida fica um pouco estranha".[57] Mais do que a maioria dos homens, Oppenheimer entendia exatamente o que ele queria dizer.

* * *

ASSIM COMO EM LOS Alamos, Oppenheimer continuava sendo muito persuasivo. Pais recordou um encontro com um dos acadêmicos mais antigos do instituto, no momento em que este saía da sala de Oppie. "Uma coisa muito estranha acabou de acontecer", disse o professor.[58] "Entrei para falar com Oppenheimer sobre um assunto a respeito do qual tinha opiniões muito firmes e, ao sair, descobri que havia concordado com o ponto de vista oposto."

Oppenheimer tentava exercer o mesmo tipo de poder carismático sobre o conselho de administração do instituto, embora com resultados ambíguos. No fim da década de 1940, o conselho muitas vezes se via num impasse entre as facções conservadora e liberal, sendo dominado pelo vice-presidente, Lewis Strauss. Outros membros tendiam a se submeter ao julgamento dele, em parte porque era o único com uma fortuna substancial. Ao mesmo tempo, alguns dos membros mais liberais ficavam aborrecidos com seu conservadorismo excessivo. Um deles resmungava que o conselho de administração não precisava de "um republicano de Hoover com ideias do século passado".[59] Embora tivesse se encontrado com Strauss apenas de maneira breve antes de se mudar para Princeton, Oppenheimer tinha plena ciência das opiniões políticas dele, e discretamente deixou claro que não receberia de bom grado a promoção de Strauss à presidência do conselho de administração.

As relações pessoais de Oppenheimer com Strauss foram, a princípio, corretas e cordiais. Ainda assim, foi nesses primeiros anos que foram lançadas as sementes de uma terrível contenda. Em suas visitas a Princeton, Strauss era frequentemente recebido em Olden Manor, e um dia, depois de um jantar, enviou para Robert e Kitty uma caixa com vinhos finos. Entretanto, estava claro para todos que ambos ambicionavam o poder e estavam dispostos a exercê-lo um contra o outro. Certa feita, Abraham Pais estava parado diante de Fuld Hall quando um helicóptero pousou no extenso gramado que separava o instituto de Olden Manor. Do helicóptero desceu Strauss. "Fiquei impressionado com a aparência dele, polida, se não escorregadia, e tive um pensamento instintivo: cuidado com o que está por trás da conduta desse sujeito", escreveu Pais mais tarde.[60]

Oppenheimer logo percebeu que Strauss tinha a intenção de ser uma espécie de "coadministrador". Em 1948, ele disse a Robert que estava pensando em comprar a casa de um antigo professor na região do instituto. Em uma objeção clara, Oppenheimer evitou rapidamente a manobra ao fazer com que o instituto comprasse a casa em questão e a alugasse a outro acadêmico. Strauss, ao que parece, entendeu o recado. Como se lê nas anotações oficiais da história não publicada do instituto, "o episódio, pelo menos por ora, marcou o aparente fim da esperança do sr. Strauss de ajudar a administrar o instituto",[61] além de estabelecer uma permanente tensão e desconfiança mútua. Apesar desse contratempo, Strauss exercia certa influência no instituto por meio da estreita aliança com Herbert Mass, o presidente do conselho de administração, e com o professor de matemática Oswald Veblen, o único representante do corpo docente no conselho.

Strauss muitas vezes se aborrecia com o fato de Oppenheimer por vezes tomar decisões politicamente delicadas sem primeiro buscar a aprovação do conselho de administração. No fim de 1950, bloqueou por um tempo a nomeação de um medievalista, o professor Ernst H. Kantorowicz, porque ele se recusara a assinar um juramento de lealdade ao Conselho de Regentes da Califórnia, o órgão responsável pela administração das instituições de ensino superior do estado. Strauss cedeu apenas quando ficou nítido que era o único voto dissidente. Quando o Congresso passou a lei que exigia uma habilitação de segurança para cientistas financiados por bolsas da AEC, Oppenheimer mandou uma carta irada para a comissão. O instituto, escreveu ele, não aceitaria mais essas bolsas, uma vez que as investigações de segurança exigidas violavam suas "tradições". Apenas um mês depois Oppie informou o conselho de administração da atitude que tomara. Segundo as atas da reunião, alguns administradores manifestaram o receio de que a ação do diretor pudesse envolver o instituto numa "controvérsia política",[62] sobretudo com o FBI. Oppenheimer foi informado de que no futuro deveria consultar o conselho antes de tomar tais decisões.

Na primavera de 1948, Robert deu uma entrevista a um repórter do *New York Times* na qual falou livremente sobre sua visão do instituto. Disse que esperava convidar muitos outros acadêmicos, e até mesmo não acadêmicos, com experiência em negócios e política para visitas de curta duração, de um semestre ou de um ano. "Oppenheimer planeja ter menos membros vitalícios", dizia a reportagem do *Times*.[63] E então o repórter fez uma descrição animada do trabalho de Oppie: "Imagine que você dispõe de uma verba de 21 milhões de dólares [...] e pode usar essa verba para convidar como hóspedes assalariados os maiores acadêmicos, cientistas e artistas criativos do mundo — seu poeta favorito, o autor de um livro que o interessou muito, um físico europeu com quem você gostaria de conversar sobre algumas especulações acerca da natureza do Universo. É exatamente desse contexto que Oppenheimer desfruta. Ele pode se dar ao luxo de qualquer interesse e curiosidade."

Nem é preciso dizer que alguns dos membros vitalícios do instituto estremeceram com essas palavras. Outros ficaram ofendidos com a ideia de que o diretor deles pudesse conduzir o instituto de acordo com caprichos intelectuais. Oppenheimer cometeu outra indiscrição em 1948, quando disse de brincadeira à revista *Time* que, ainda que o instituto fosse um lugar onde as pessoas podiam "se sentar e pensar", só se podia ter certeza quanto à parte de "sentar-se". Ele afirmou, ainda, que o instituto tinha "algo do ardor de um mosteiro medieval". E então, de maneira inadvertida, feriu as sensibilidades dos professores permanentes ao sugerir que a melhor coisa do instituto era que ele servia como "um hotel intelectual".[64] A *Time* descreveu o instituto como "um lugar onde pensadores em trânsito podiam descansar e recuperar as forças antes de continuar seu caminho". Depois que a reportagem foi publicada, o corpo docente disse a Oppenheimer que era da "forte opinião"[65] de que tal publicidade era "indesejável".

Os planos mais ambiciosos de Oppenheimer para o instituto costumavam encontrar resistência — sobretudo dos matemáticos, que de início pensavam que ele os favoreceria com nomeações e uma parcela cada vez maior do orçamento. Os argumentos podiam se tornar extraordinariamente mesquinhos. "O instituto é um paraíso interessante", observou Verna Hobson, a perceptiva secretária de Oppie.[66] "Mas numa sociedade ideal, quando se removem todos os atritos cotidianos, os atritos que são criados para tomar o lugar dos antigos são muito mais cruéis." As brigas giravam basicamente em torno de nomeações. Certo dia, Oppenheimer estava presidindo uma reunião quando Oswald Veblen marchou sala adentro e insistiu em participar. Oppenheimer lhe disse que ele precisava sair, mas quando o matemático se recusou a fazer isso, Oppie suspendeu a reunião e a transferiu para outra sala. "Foi igualzinho a dois meninos brigando", recordou Hobson.

Veblen estava sempre criando problemas para Oppenheimer. Como membro do conselho de administração, sempre fora uma pessoa influente no instituto. Muitos matemáticos tinham esperança de que ele fosse nomeado diretor. Em vez disso, nas palavras de um professor, "foi trazido Oppenheimer, esse arrivista".[67] Von Neumann fizera ativa oposição à escolha de Oppenheimer como diretor: "O brilhantismo de Oppenheimer é incontestável", escreveu ele a Strauss, acrescentando, porém, que tinha "sérias objeções quanto à sensatez de torná-lo diretor". Von Neumann e muitos outros matemáticos desejavam "substituir a diretoria por um comitê docente, com chefia rotativa de um ou dois anos", mas receberam precisamente o que não queriam: um diretor de personalidade forte, com uma agenda longa e complicada.

Oppie exibia no instituto a paciência e a energia que haviam caracterizado sua liderança em Los Alamos. Mesmo assim, segundo Freeman Dyson, as relações que mantinha com os matemáticos eram "desastrosas".[68] A Escola de Matemática do instituto sempre fora de primeira linha, e Oppenheimer fazia um enorme esforço para nunca interferir em suas questões. Com efeito, durante o primeiro ano como diretor, foi responsável pelo aumento de mais de 60% no influxo de acadêmicos para a escola.[69] Em vez de retribuírem a cortesia, os matemáticos se opuseram a muitas das nomeações de Oppenheimer em outras áreas. Frustrado e furioso, ele certa vez chamou Deane Montgomery, um matemático de 38 anos, de "o filho da puta mais arrogante e cabeça-dura que já conheci".[70]

As emoções eram fortes e levavam a explosões irracionais. "Ele [Oppenheimer] estava lá para humilhar os matemáticos", disse André Weil (1906-1998), o grande matemático francês que passou décadas no instituto.[71] "Oppenheimer era um sujeito extremamente frustrado, e tinha como diversão fazer com que as pessoas brigassem. Eu mesmo vi isso. Ele adorava fazer as pessoas brigarem. Era frustrado sobretudo porque queria ser como Niels Bohr ou Albert Einstein, e sabia que não era." Weil era um exemplo típico dos egos inflados que Oppenheimer encontrou no instituto. Não se tratava dos jovens que ele liderara com facilidade em Los Alamos pela força da personalidade que lhe era característica. Weil era arrogante, amargo e exigente. Tinha um prazer quase maldoso em intimidar os outros e ficava furioso por não conseguir surtir o mesmo efeito em Oppenheimer.

A política acadêmica pode ser notoriamente mesquinha, mas Oppenheimer foi confrontado por uma série de paradoxos peculiares ao instituto.[72] Pela natureza da própria disciplina, os matemáticos fazem o melhor trabalho intuitivo na casa dos 20 ou no começo dos 30 anos — enquanto historiadores e cientistas sociais muitas vezes precisam de anos de preparação antes de ser capazes de realizar um trabalho genuinamente criativo. Assim, o instituto podia identificar e recrutar com facilidade matemáticos jovens e brilhantes, mas quase nunca escolhia um historiador que não fosse já bastante amadurecido. Enquanto os jovens matemáticos eram capazes de ler e formar uma opinião sobre o trabalho de um historiador, nenhum historiador era capaz de fazer o mesmo em relação a um potencial candidato para a Escola de Matemática. E aqui residia o paradoxo mais irritante: como os matemáticos, por natureza, passavam rapidamente pelo auge e não tinham obrigações de ensino, muitos tendiam, na meia-idade, a se dedicar a outros assuntos. Se não fossem distraídos, inevitavelmente transformavam qualquer nomeação numa grande controvérsia. Já os não matemáticos, homens mais velhos que, em geral, desfrutavam os anos mais produtivos da carreira, tinham pouco interesse ou tempo para intrigas acadêmicas. Em Oppenheimer, para grande tristeza dos matemáticos, eles encontraram um diretor que, embora fosse físico, estava determinado a equilibrar a cultura de ciências do instituto com as humanidades e as ciências sociais. E, para desalento deles, Oppenheimer começou a recrutar psicólogos, críticos literários e até mesmo poetas.

Vez por outra, desgastado por essas intrigas territoriais, Oppie descontava as frustrações nas pessoas que lhe eram mais próximas. Um dia, ao surpreender Freeman Dyson fofocando de modo indiscreto sobre a nomeação iminente de outro físico, convocou-o na mesma hora a seu escritório. "Ele acabou comigo", recordou Dyson.[73] "Eu o vi no máximo da ferocidade. Foi muito desagradável. Eu me senti um verme; ele me convenceu de que eu tinha traído toda a confiança que ele depositava em mim. [...] Era assim que ele era. Queria conduzir as coisas à maneira dele. O instituto era seu pequeno império particular."

Em Princeton, o lado abrasivo de Oppenheimer, raramente visto em Los Alamos, por vezes surgia com uma ferocidade que surpreendia inclusive os amigos mais próximos. Não há dúvida de que na maior parte do tempo Robert encantava as pessoas com seu humor e seus modos graciosos. Entretanto, de tempos em tempos, parecia incapaz de conter uma feroz arrogância. Abraham Pais recordou diversas ocasiões em que comentários desnecessariamente mordazes de Oppenheimer fizeram com que jovens acadêmicos aparecessem na sala dele aos prantos.[74]

Era muito raro que um palestrante conseguisse impedir as intervenções de Oppie. Certo dia, porém, Res Jost fez isso de forma memorável. Jost, um físico matemático suíço, estava dando um seminário quando Oppenheimer o interrompeu para perguntar se ele poderia explicar melhor uma questão. Jost ergueu o olhar e disse que sim, mas prosseguiu com a fala. Oppenheimer voltou a interrompê-lo: "Você poderia explicar melhor esse ponto?"[75] Dessa vez, Jost disse que não. Quando Oppenheimer perguntou por quê, Jost respondeu: "Porque você não vai entender a explicação, e então vai fazer mais perguntas e acabar desperdiçando todo o meu tempo." Robert ficou quieto até o final da palestra.

Incansável, brilhante e emocionalmente desligado, Oppenheimer parecia um enigma para aqueles que o observavam de perto. Pais, que o via quase todos os dias no instituto, considerava-o extraordinariamente fechado, "pouco propenso a demonstrar os sentimentos". Era raro uma janela se abrir para revelar a intensidade das emoções de Oppie. Certa noite, Pais foi ao Garden Theater, em Princeton, para ver *A grande ilusão*, um filme antiguerra de Jean Renoir, de 1937, que fala de camaradagem, classes sociais e traição entre soldados na Primeira Guerra Mundial. Quando as luzes se acenderam, Pais notou Robert e Kitty sentados na fila de trás e viu que Robert estava chorando.

Em outra ocasião, em 1949, Pais convidou Robert e Kitty para uma festa em seu pequeno apartamento, na rua Dickinson. No decorrer da noite, sentiu-se inspirado a pegar o violão e pediu que todos se sentassem no chão para cantar músicas folclóricas. Robert concordou, ainda que com "um ar de superioridade, indicando que achava aquilo absurdo".[76] Depois de alguns minutos, porém, Pais olhou para ele e ficou "tocado ao ver que aquela atitude de superioridade tinha sumido; em vez disso, ele agora parecia um homem de sentimentos, ansioso por um pouco de camaradagem".

O RITMO DE VIDA no instituto era sereno e civilizado — todas as tardes, entre as três e as quatro horas, era servido chá no salão do piso térreo de Fuld Hall. "A hora do chá é o momento em que explicamos uns aos outros o que não entendemos", disse Oppenheimer certa vez.[77] Duas ou até três vezes por semana, ele organizava seminários animados, com frequência sobre física, mas por vezes também sobre outras áreas. "A melhor maneira de transmitir informação é concentrá-la numa pessoa", explicava.[78] Idealmente, a troca de ideias exigia alguns fogos de artifício. "Os físicos jovens", observou o dr. Walter W. Stewart, um economista do instituto, "são sem dúvida o grupo mais barulhento, mais bagunceiro, mais ativo e mais intelectualmente alerta que temos aqui. [...] Alguns dias atrás, perguntei a um deles, no momento em que saía explosivamente de um seminário: 'E então, como foi?' 'Maravilhoso', disse ele. 'Tudo que sabíamos sobre física até semana passada não é verdade!'".[79]

Em certas ocasiões, no entanto, oradores convidados achavam enervante serem submetidos ao que ficou conhecido como "tratamento Oppenheimer". Dyson descreveu a experiência numa carta aos pais na Inglaterra: "Tenho observado com bastante cuidado o comportamento dele durante os seminários. Se um palestrante por acaso está dizendo, em benefício do restante da plateia, algo que ele já sabe, Oppie não consegue se conter e apressa o passo da pessoa até que chegue a algum outro ponto, e então, quando ouve coisas de que não tem conhecimento, ou com as quais não concorda de imediato, não hesita em interromper o palestrante antes que o ponto seja plenamente explicado, com críticas agudas e por vezes devastadoras. [...] Ele está sempre agitado e se mexendo, impaciente, e fuma o tempo todo."[80] Havia também aqueles que se enervavam com outro de seus tiques — ele estava sempre mordendo a ponta do polegar e fazendo um estalido com os dentes da frente.

Certo dia, no outono de 1950, Oppenheimer fez arranjos para que Harold W. Lewis fosse ao instituto apresentar o resumo de um artigo que os dois, em conjunto com S. A. Wouthuysen, haviam publicado na *Physical Review* sobre a produção múltipla de mésons. O artigo se baseava em uma das últimas pesquisas que Oppie havia empreendido antes de assumir a direção do instituto, e ele estava compreensivelmente ansioso para ter uma discussão séria sobre o trabalho que fizera. Em vez disso, porém, os físicos presentes se embrenharam numa discussão sobre o *Kugelblitz*, ou "raio bola", um fenômeno não explicado no qual um raio por vezes é observado na forma de um globo. Enquanto discutiam o que poderia explicar esse fenômeno, Oppenheimer começou a ficar vermelho de fúria. Por fim, levantou-se e saiu resmungando: "Raios de fogo, raios de fogo!"[81]

Freeman Dyson se recordou de uma ocasião em que deu uma palestra na qual elogiava um recente trabalho de Richard Feynman sobre eletrodinâmica quântica, quando então Oppenheimer "caiu em cima de mim como uma tonelada de tijolos".[82] Passado algum tempo, ele procurou Dyson e se desculpou pelo comportamento. Na época, Oppie achava que a abordagem de Feynman — baseada em um máximo de intuição e um mínimo de cálculos matemáticos — estava fundamentalmente errada e nem sequer se dispôs a ouvir a defesa de Dyson. Só depois que Hans Bethe veio de Cornell e deu uma palestra apoiando as teorias de Feynman é que Oppenheimer se permitiu repensar suas opiniões. Na palestra seguinte de Dyson, Oppenheimer ficou sentado num silêncio atípico; mais tarde, Dyson encontrou em sua caixa de correio um breve bilhete: "*Nolo contendere*. R. O."

Dyson sentia um misto de emoções na presença de Oppenheimer. Bethe havia lhe dito que ele devia estudar com Oppie porque este era "muito mais profundo".[83] Dyson, contudo, se decepcionou com Oppenheimer como físico — ele parecia não ter mais tempo para fazer todo o trabalho duro, os cálculos, necessários na profissão de físico teórico. "Pode ser que ele tenha sido mais profundo", comentou Dyson, "mas a verdade é que não tinha a menor ideia do que estava acontecendo!". Além disso, muitas vezes ficava perplexo com o lado humano de Oppenheimer, com a estranha combinação de alheamento filosófico e intensa ambição. Considerava-o o tipo de pessoa cuja pior tentação era "conquistar o demônio e então salvar a humanidade".[84]

Dyson via Oppenheimer como um sujeito "pretensioso". Por vezes não conseguia entender seus pronunciamentos délficos, o que o lembrava de que "a incompreensibilidade pode ser confundida com profundidade".[85] Ainda assim, apesar de tudo, se sentia fascinado pelo físico.

No começo de 1948, a revista *Time* publicou uma curta notícia sobre um ensaio recente de Oppenheimer na *Technological Review*. "O sentimento de culpa da ciência", dizia o texto da revista, "foi admitido francamente na semana passada [pelo dr. J. Robert Oppenheimer]".[86] Segundo a matéria, o diretor do laboratório de guerra em Los Alamos teria dito: "De certa forma, num sentido grosseiro, que nenhuma vulgaridade, nenhum humor, nenhum exagero podem extinguir, os físicos conheceram o pecado, e esse é um conhecimento que não serão capazes de abandonar."

Oppenheimer devia ter entendido que tais palavras, especialmente vindo dele, atrairiam controvérsia. Até mesmo Isidor I. Rabi, um amigo íntimo, as considerou mal escolhidas: "Esse tipo de besteira, nós nunca falamos sobre isso dessa forma. Ele experimentou o pecado, bem... ele não sabia quem era."[87] O incidente levou Rabi a dizer que o amigo "estava muito cheio de humanidades". Ele o conhecia bem demais para ficar zangado e sabia que uma das fraquezas de Oppenheimer era "uma propensão a fazer com que as coisas soassem místicas". Percy Bridgman, ex-professor de Oppie em Harvard, disse a um repórter: "Os cientistas não são responsáveis pelos fatos da natureza. [...] Se alguém deveria ter algum senso de pecado, esse alguém é Deus. Foi Ele quem colocou os fatos ali."[88]

Oppenheimer, é claro, não era o único cientista que nutria tais pensamentos. Também em 1948, seu ex-tutor em Cambridge, Patrick M. S. Blackett (do caso da "maçã envenenada"), publicou um livro intitulado *Military and Political Consequences of Atomic Energy*, a primeira crítica bem elaborada sobre a decisão dos Estados Unidos de usar a bomba contra o Japão. Em agosto de 1945, argumentava Blackett, os japoneses estavam praticamente derrotados; as bombas atômicas, na verdade, só tinham sido usadas para impedir uma participação soviética na ocupação do Japão no pós-guerra. "Podemos apenas imaginar", escreveu Blackett, "a pressa com que essas duas bombas — as duas únicas existentes — foram transportadas pelo Pacífico a fim de serem lançadas sobre Hiroshima e Nagasaki a tempo, justo a tempo, de assegurar que os japoneses se rendessem somente às forças norte-americanas".[89] Os bombardeios atômicos "não foram o último ato militar da Segunda Guerra Mundial", concluiu ele, "mas a primeira operação importante da guerra fria diplomática que agora está em curso com a Rússia".

Blackett sugeria que muitos norte-americanos estavam cientes de que a diplomacia atômica desempenhara papel crucial ao produzir um "intenso conflito psicológico em muitos ingleses e norte-americanos que sabiam, ou suspeitavam, de alguns dos fatos. Esse conflito foi particularmente intenso entre os próprios cientistas atômicos, que, com toda a razão, se sentiram responsáveis ao ver seu brilhante trabalho científico usado de tal forma". Blackett estava descrevendo, é claro, o tormento vivido pelo ex-aluno. E chegou a citar o discurso de Oppenheimer no MIT em 1º de junho de 1946, no qual este afirmou, sem rodeios, que os Estados Unidos haviam usado "armas atômicas contra um inimigo, em última instância, derrotado".

O livro de Blackett gerou grande comoção ao ser publicado no ano seguinte, nos Estados Unidos. Rabi o atacou nas páginas da *Atlantic Monthly*: "Os lamentos sobre Hiroshima não encontram eco no Japão."[90] Ele insistia que a cidade era um "alvo legítimo". Contudo, de maneira significativa, o próprio Oppenheimer jamais criticou a tese de Blackett — e, ainda naquele ano, parabenizou calorosamente o velho tutor quando ele recebeu o prêmio Nobel de Física. Além disso, alguns anos depois, quando Blackett publicou um outro livro em que criticava a decisão norte-americana de usar a bomba, *Atomic Weapons and East-West Relations*, Oppie escreveu para lhe dizer que, embora achasse que alguns pontos não estavam "inteiramente corretos", ainda assim concordava com a "tese geral".

NAQUELA PRIMAVERA, A REVISTA *Physics Today*, um novo periódico mensal, mostrou na capa do primeiro número uma foto em preto e branco do chapéu *pork pie* de Oppie em cima de um cachimbo de metal — não era necessária nenhuma legenda para identificar o dono do famoso chapéu.[91] Depois de Einstein, Oppenheimer era, sem dúvida, o cientista mais renomado do país, numa época em que os cientistas tinham passado a ser vistos como modelos de sabedoria. Os conselhos de Oppie eram avidamente buscados dentro e fora do governo, e a influência que ele exercia por vezes parecia penetrar todos os cantos. "Ele queria estar em bons termos com os generais em Washington", observou Dyson, "e ao mesmo tempo ser o salvador da humanidade".[92]

28

"Ele me disse que não conseguia entender por que tinha feito aquilo"

*Ele me disse que naquele momento os nervos simplesmente cederam. [...]
Ele tende a agir assim quando as coisas ganham esse tipo de proporção,
e às vezes toma atitudes irracionais.*

DAVID BOHM

No outono de 1948, Robert voltou à Europa, que visitara pela última vez dezenove anos antes, quando era um físico jovem e promissor de quem se esperava um grande trabalho. Ao retornar ao continente europeu, era de fato o físico mais famoso de sua geração, fundador da escola de física teórica mais proeminente dos Estados Unidos, além de "pai da bomba atômica". Seu itinerário o levou a Paris, Copenhague, Londres e Bruxelas, cidades em que deu palestras ou participou de conferências de física. Quando jovem, Oppenheimer amadurecera intelectualmente em Göttingen, Zurique e Leiden, por isso aguardava ansioso a viagem. No entanto, no fim de setembro, escreveu ao irmão dizendo-se de certa forma decepcionado com o que havia encontrado. "A viagem à Europa", disse a Frank, "está sendo como nos velhos tempos, um momento para fazer inventários. [...] As conferências de física têm sido boas, mas em toda parte — Copenhague, Inglaterra, Paris, até mesmo aqui [Bruxelas] — me dizem: 'Está vendo, estamos meio por fora das coisas'".[1] Isso o levou a concluir, quase melancolicamente: "Acima de tudo, entendo que é nos Estados Unidos, em grande parte, que será decidida a maneira como vai ser o mundo em que vamos viver."

Robert voltou-se então para o propósito básico da carta: instar Frank a buscar "o conforto, a força, o conselho de um bom advogado". O Comitê de Atividades Antiamericanas da Câmara dos Representantes (HUAC, na sigla em inglês) vinha realizando audiências naquele verão, e ele estava preocupado com o irmão — e talvez consigo próprio. "Tem sido difícil", escreveu a Frank, "desde que deixamos de acompanhar em detalhes tudo que acontece no Comitê [J. Parnell] Thomas. [...] Até mesmo aquela história de Hiss me pareceu um presságio ameaçador".

Naquele mês de agosto, um editor da revista *Time* e ex-comunista chamado Whittaker Chambers testemunhara perante o HUAC que Alger Hiss, um advogado do New Deal e ex-funcionário de alto escalão do Departamento de Estado, havia sido membro de uma célula comunista secreta em Washington. As acusações de Chambers contra Hiss logo se tornaram a peça central da acusação dos republicanos, os quais alegavam que os adeptos do New Deal de Roosevelt haviam permitido a infiltração de comunistas no núcleo do *establishment* da política externa norte-americana. Hiss processou Chambers por difamação em setembro de 1948, mas, no fim desse mesmo ano, foi indiciado por perjúrio.

Oppenheimer estava certo ao ver o caso Hiss como um "presságio ameaçador". Se alguém da estatura de Hiss podia ser derrubado pelo HUAC, ele temia o que o comitê poderia fazer com Frank, um notório ex-filiado do Partido Comunista. Robert sabia que, em março de 1947, o *Washington Times-Herald* havia publicado uma matéria na qual acusava o irmão de ter sido membro do partido. Frank, tolamente, negara a afirmação. Sem ser explícito, Robert observou que o irmão tinha "pensado um bocado nestes últimos anos". Foi nesse contexto que delicadamente sugeriu que Frank contratasse um advogado, e não apenas um bom advogado, mas alguém que conhecesse "os meandros de Washington, do Congresso [...] e, acima de tudo, de toda a imprensa. Por que você não considera Herb Marks, que talvez reúna todas essas qualificações?". Oppie tinha esperança de que o irmão não fosse apanhado em uma caça às bruxas do HUAC, mas, de toda forma, Frank tinha que estar preparado.

Frank Oppenheimer, então com 36 anos, estava na iminência de uma carreira gratificante. Primeiro na Universidade de Rochester e naquele momento na Universidade de Minnesota, conduzia um trabalho experimental inovador em física de partículas. Em 1949, era considerado por seus pares um dos principais experimentalistas do país, pelo estudo da física de partículas de alta energia (raios cósmicos) em altitudes elevadas. No início daquele ano, embarcara para o Caribe a bordo de um porta-aviões da Marinha, o USS *Saipan*, do qual, junto à sua equipe, lançara uma série de balões de hélio carregando cápsulas especiais que continham câmaras de nuvens com pilhas de placas fotográficas de emulsão nuclear. Projetadas para subir a altitudes extremamente elevadas, as placas transportadas pelos balões registravam os rastros de núcleos pesados, e esses dados sugeriam que a origem dos raios cósmicos poderia ser rastreada até explosões de estrelas. As cápsulas de metal tinham que ser recuperadas após a descida, e Frank se viu percorrendo trilhas em meio à selva cubana de Sierra Maestra em busca de uma delas — que encontrou empoleirada no alto de um mogno. Mas, quando outra cápsula desapareceu no mar, Frank escreveu melodramaticamente que tinha o espírito "destroçado".[2] Na verdade, adorava essas aventuras e se deleitava com o trabalho. Se, até 1945, havia seguido as pegadas do irmão, depois tomara um rumo independente como experimentalista de ponta.

Da maneira que estava preocupado com Frank, Robert parecia acreditar que a fama neutralizaria o passado de esquerda dele próprio. Em novembro de 1948, ele apareceu na capa da revista *Time*, que publicou um lisonjeiro perfil da vida e da carreira do físico. Os editores informaram a milhões de norte-americanos que Oppenheimer, um dos pais da era atômica, era um "autêntico herói contemporâneo".[3] Quando entrevistado pelos repórteres da revista, ele não tentou esconder o passado radical. Explicou que, até 1936, fora "sem dúvida uma das pessoas menos politizadas do mundo". E então confessou que a visão de jovens físicos desempregados sofrendo "colapsos mentais" e o fato de os parentes dele na Alemanha terem sido obrigados a fugir do regime nazista abriram-lhe os olhos. "Acabei percebendo que a política era parte da vida. Tornei-me um autêntico esquerdista, entrei para o sindicato dos professores, tive vários amigos comunistas. É o que a maioria das pessoas faz no fim do ensino médio e na faculdade. Sei que o Comitê Thomas [HUAC] não gosta disso, mas não me envergonho do que fiz; tenho mais vergonha do tempo que levei para agir. A maioria das coisas em que eu acreditava parece absurda agora, mas essas coisas foram necessárias para que eu me tornasse um homem maduro. Se não tivesse sido essa educação tardia, mas indispensável, eu não teria conseguido executar o trabalho em Los Alamos."[4]

Assim que a matéria da *Time* foi publicada, Herb Marks, o bom amigo e eventual advogado de Oppie, escreveu para cumprimentá-lo pelo que julgava ter sido um artigo "bastante bom".[5] Provavelmente em referência aos comentários de Oppie sobre o passado de esquerda, Marks comentou: "Aquele toque 'prejulgamento' foi genial." Robert respondeu: "A única coisa de que gostei foi exatamente esse ponto que você menciona, em que vi uma oportunidade havia muito esperada, mas até então inexistente." Anne Wilson, ex-secretária de Oppie e esposa de Herb, estava preocupada com a possibilidade de a matéria na revista atrair críticos. O próprio Oppenheimer não sabia muito bem o que pensar. "Sofri muito com isso na primeira semana", escreveu a Herb, "mas, ao avaliar a situação com frieza, acabei concluindo que provavelmente foi bom para mim".

OPPENHEIMER PODE TER TIDO a esperança de se vacinar contra os investigadores do Congresso, mas, na primavera de 1949, o HUAC abriu uma enorme investigação de espionagem atômica no Rad Lab de Berkeley. Frank e o próprio Robert eram alvos potenciais. Quatro ex-alunos de Oppenheimer — David Bohm, Rossi Lomanitz, Max Friedman e Joseph Weinberg — haviam sido intimados a testemunhar. Os investigadores do HUAC sabiam que Weinberg fora ouvido num grampo telefônico falando com Steve Nelson em 1943 sobre a bomba atômica. Embora essa evidência parecesse implicar Weinberg em atividades de espionagem, o advogado do HUAC sabia que um grampo sem autorização judicial não se sustentaria na corte. Em 26 de abril de 1949, o HUAC pôs Weinberg e Nelson cara a cara. Weinberg simplesmente negou conhecê-lo. Os advogados do HUAC sabiam que ele havia cometido perjúrio, mas que isso seria muito difícil de provar. Assim, tinham esperança de construir um caso com os depoimentos de Bohm, Friedman e Lomanitz.

Bohm não tinha certeza se deveria depor nem se estaria disposto a falar sobre os amigos. Einstein insistiu para que ele se recusasse, ainda que pudesse ser preso. "Talvez você tenha que passar algum tempo na cadeia", disse o velho cientista.[6] Bohm não queria recorrer à Quinta Emenda, e então raciocinou que ser membro do Partido Comunista não era ilegal, portanto não havia nada que pudesse incriminá-lo. O instinto lhe dizia para concordar em testemunhar sobre suas atividades políticas, mas recusar-se a falar sobre terceiros. Sabendo que Lomanitz recebera uma intimação semelhante, Bohm entrou em contato com o velho amigo, que na época lecionava em Nashville. Lomanitz vivia tempos difíceis desde a guerra — toda vez que encontrava um emprego decente, o FBI informava ao empregador que ele era comunista, e Lomanitz acabava despedido. O futuro lhe parecia sombrio, mas ele deu um jeito de visitar Bohm em Princeton.

Logo após Lomanitz chegar, os dois amigos estavam passeando na rua Nassau quando Oppenheimer surgiu de uma barbearia. Robert não via Lomanitz havia muitos anos, mas tinha mantido contato com o colega. No outono de 1945, escrevera a ele: "Caro Rossi, fiquei contente de receber sua longa e melancólica carta. Quando estiver de volta aos Estados Unidos, por favor, venha me ver [...] São tempos difíceis, sobretudo para você, mas aguente firme. Não vai durar para sempre. Com os mais calorosos votos, Opje."[7] Dessa vez, depois de trocar cortesias com Oppenheimer, Bohm e Lomanitz explicaram a ele o dilema de ambos. Segundo Lomanitz, Oppie ficou agitado e de repente exclamou: "Ah, meu Deus, está tudo perdido! Há um agente do FBI no Comitê de Atividades Antiamericanas."[8] Lomanitz achou que ele estava sendo "paranoico".

No entanto, Oppenheimer tinha todos os motivos para se preocupar.[9] Também recebera uma intimação para depor perante o HUAC, e por acaso sabia que um membro do comitê, o congressista Harold Velde, de Illinois, era de fato um ex-agente do FBI e trabalhara em Berkeley durante a guerra investigando o Rad Lab.

Oppie, posteriormente, caracterizou esse encontro com seus ex-alunos como uma breve conversa de dois minutos. Disse que apenas os aconselhara a "dizer a verdade", e que eles tinham respondido: "Não vamos mentir."[10] Bohm depôs no HUAC em maio de 1949, e outra vez em junho. Aconselhado por seu defensor, o lendário advogado de liberdades civis Clifford Durr, recusou-se a cooperar, citando a Primeira e a Quinta Emendas. Nesse meio-tempo, a Universidade de Princeton, onde estava dando aulas, emitiu uma declaração de apoio a Bohm.

Em 7 de junho de 1949, foi a vez de Oppenheimer comparecer a uma sessão executiva do HUAC a portas fechadas. Seis congressistas estavam lá para interrogá-lo, entre eles Richard M. Nixon, um republicano da Califórnia. Oppenheimer supostamente apareceu perante o comitê na condição de presidente do Comitê de Aconselhamento Geral da AEC. Mas aqueles calejados congressistas não estavam ali para questioná-lo sobre a política de armas nucleares, e sim para saber de espiões atômicos. Ainda que preocupado, ele não quis parecer defensivo, de modo que optou por não levar um advogado pessoal. Em vez disso, foi acompanhado por Joseph Volpe e fez questão de apresentá-lo como advogado-geral da AEC. Durante as duas horas seguintes, Oppenheimer foi prestativo e cooperativo.

O advogado do HUAC começou dizendo que não estavam ali para constrangê-lo. A primeiríssima pergunta, porém, foi a seguinte: "O senhor estava ciente de que havia uma célula comunista entre certos cientistas do Laboratório de Radiação?" Oppenheimer negou que tivesse qualquer conhecimento do fato. Pediram-lhe, então, que falasse das atividades e das opiniões políticas dos antigos alunos. Ele negou que, antes da guerra, soubesse que Weinberg era comunista. "Ele esteve em Berkeley depois do confronto", disse, "e as opiniões que expressava certamente não iam na linha do comunismo".

O advogado então perguntou a Oppenheimer sobre outro ex-aluno, o dr. Bernard Peters. A resposta de Oppie reflete o quanto permanecia ingênuo. Parece ter pensado que, por estar depondo numa sessão executiva, seus comentários não se tornariam públicos. Era verdade, perguntou o advogado, que Oppenheimer havia contado aos oficiais de segurança do Projeto Manhattan que Peters era "um homem perigoso e um tanto vermelho?"[11] Oppenheimer admitiu ter dito isso ao capitão Peer de Silva, seu oficial de segurança em Los Alamos. Solicitado a elaborar a resposta, explicou que Peters havia sido membro do Partido Comunista Alemão e participara de combates de rua contra os nazistas. Em seguida, fora mandado para um campo de concentração, de onde conseguiu escapar milagrosamente mediante o uso de "artifícios". Oppie também disse de forma espontânea que, ao chegar à Califórnia, Peters "fez uma denúncia violenta" contra o Partido Comunista por "não ter se dedicado o suficiente a derrubar o governo [dos Estados Unidos] pela força e pela violência". Quando indagado sobre como sabia que Peters havia pertencido ao Partido Comunista Alemão, respondeu: "Entre outras coisas, ele mesmo me disse."

Oppenheimer parece ter ficado perturbado quanto a Peters. Em maio, apenas um mês antes, enquanto participava de uma conferência da Sociedade Americana de Física, um velho amigo de Oppie, Samuel Goudsmit, lhe perguntara sobre Peters. Na qualidade de consultor da AEC, Goudsmit vez por outra analisava casos de segurança. Peters perguntara a Goudsmit pouco tempo antes por que tinha a impressão de que estava encrencado, o que levou Goudsmit a examinar seu arquivo e ler o depoimento de Oppenheimer para Silva em 1943, no qual ele havia dito que Peters era "perigoso". Quando Goudsmit lhe perguntou se ainda tinha a mesma opinião, Oppenheimer o surpreendeu: "Basta olhar para ele. Não é óbvio que não é passível de confiança?"[12]

Oppenheimer também foi interrogado sobre outros amigos. Quando indagado se Haakon Chevalier era comunista, replicou que se tratava de "um perfeito exemplo de esquerdista de salão", mas que não sabia se era membro do partido ou não. Quanto ao "caso Chevalier", repetiu a história que havia contado ao FBI em 1946, ou seja, que Chevalier, confuso e constrangido, lhe falara sobre a proposta de Eltenton de "transmitir informações ao governo soviético", e ele respondera, "em termos violentos, que não se deixasse confundir e não se metesse naquilo". Segundo Oppenheimer, Chevalier não tinha conhecimento da bomba atômica até que explodisse sobre Hiroshima. O comitê não lhe perguntou especificamente sobre uma abordagem a três outros cientistas — a versão da história que ele havia contado a Pash em 1943 —, mas ele negou que qualquer outra pessoa o tivesse abordado em busca de informações sobre a energia atômica.

Com referência a outro ex-aluno, Oppenheimer confirmou brevemente que Rossi Lomanitz fora demitido do Rad Lab e recrutado pelo Exército devido a uma "inacreditável indiscrição". Além disso, reconheceu que Joe Weinberg era amigo de Lomanitz e outro estudante de física, o dr. Irving David Fox, fora ativo na organização de um sindicato no Rad Lab. Quando indagado sobre Kenneth May, confirmou que se tratava de "um comunista declarado".

Oppenheimer se esforçava para agradar. Sempre que podia, dava nomes. Contudo, quando lhe perguntaram sobre o passado do irmão como membro do partido, retorquiu: "Senhor presidente, vou responder às perguntas que me forem feitas. Peço que não me pressionem com perguntas sobre meu irmão. Se forem importantes, vou responder, mas peço que não me perguntem sobre o assunto."

Num sinal de extraordinária deferência, o advogado retirou a pergunta. Antes de encerrar a sessão, Nixon disse que estava "muito impressionado"[13] com Oppenheimer e "extremamente feliz em tê-lo em nosso programa". Joe Volpe ficou perplexo com a tranquilidade com que Oppenheimer se portou: "Robert parecia ter resolvido encantar aqueles congressistas."[14] Em seguida, os seis legisladores do HUAC desceram do tablado para apertar a mão do famoso cientista. Assim, não surpreende muito que Robert continuasse a acreditar que sua notoriedade lhe serviria como um escudo protetor.

OPPENHEIMER SAIU INCÓLUME DAS audiências, mas seus antigos alunos não tiveram a mesma sorte. No dia seguinte ao depoimento de Oppie, Bernard Peters passou vinte minutos de mera formalidade diante do comitê. Negou que tivesse sido membro do PC na Alemanha ou nos Estados Unidos e disse o mesmo com relação à esposa, a dra. Hannah Peters. Negou, ainda, que conhecesse Steve Nelson.[15]

Peters foi embora se perguntando o que Oppenheimer teria dito ao comitê no dia anterior; assim, no caminho de volta para Rochester, fez uma parada em Princeton para ver seu mentor. Oppie brincou ao dizer que "Deus havia guiado as perguntas, de modo que não tive que falar nada depreciativo".[16] Uma semana depois, no entanto, o depoimento dado a portas fechadas, vazou para o *Rochester Times-Union*. A manchete dizia: "Dr. Oppenheimer afirma que Peters é 'um tanto vermelho'."[17] Os colegas de Peters na Universidade de Rochester leram que o colega havia escapado de Dachau mediante o uso de "artifícios" e que certa vez criticara o Partido Comunista Americano pela falta de dedicação à luta armada.

Peters soube então que estava com o emprego em risco.[18] No ano anterior, um depoimento semelhante havia vazado, e o *Rochester Times-Union* publicara uma matéria com a manchete "Cientista da Universidade de Rochester pode enfrentar acusações de espionagem". Peters processou o jornal por difamação e fechou um acordo extrajudicial simbólico no valor de 1 dólar. Com a nova matéria, compreendeu o que estava em jogo se as alegações fossem ressuscitadas e negou de imediato as palavras de Oppenheimer, com uma declaração ao *Rochester Times-Union*: "Nunca contei ao dr. Oppenheimer nem a ninguém que fui membro do Partido Comunista, porque isso não é verdade, mas de fato mencionei que admirava o intrépido combate que estavam travando contra os nazistas [...] e os heróis que haviam morrido no campo de concentração em Dachau."[19] Peters admitiu que suas opiniões políticas continuavam sendo "não ortodoxas", citando a forte oposição que fazia à discriminação racial e a crença na "conveniência do socialismo". Mas não era comunista.

Nesse mesmo dia, Peters escreveu uma carta a Oppenheimer e anexou o recorte do jornal. Na carta, ele perguntava se de fato Oppie havia dito aquelas coisas perante o comitê. "Você tem razão quando afirma que defendi a 'ação direta' contra as ditaduras fascistas. Mas sabe de algum caso em que eu tenha defendido tal ação, num país onde a maioria das pessoas apoia um governo de sua própria escolha?"[20] Ele prosseguiu: "De onde você tirou a dramática história dos combates de rua em que estive envolvido? Eu gostaria de ter estado lá." Peters ficou tão ofendido que chegou a perguntar a seu advogado se tinha bases legais "para processar Robert por difamação".[21]

Cinco dias depois, em 20 de junho, Oppenheimer telefonou para o advogado de Peters, Sol Linowitz, e deixou um recado para Hannah Peters: queria que Bernard soubesse que estava "muito perturbado"[22] com a matéria do jornal e insistiu que não representava de maneira fiel o que ele havia dito ao comitê. Alegou, ainda, que estava ansioso para conversar com Bernard.

Pouco tempo depois, Oppenheimer teve notícias do irmão, de Hans Bethe e de Victor Weisskopf, os quais expressaram perplexidade com o fato de ele ter sido capaz de atacar um amigo daquela forma. Tanto Weisskopf quanto Bethe escreveram que não conseguiam entender como Oppie pôde ter dito aquelas coisas sobre Peters, e insistiram que ele "esclarecesse a situação e fizesse todo o possível para impedir a demissão de Peters".[23] Bethe disse: "Lembro-me de você ter falado comigo sobre o casal Peters nos termos mais amigáveis, e eles sem dúvida o consideravam um amigo. Como é possível que você tenha descrito a fuga dele de Dachau como evidência de uma tendência para a 'ação direta', em vez de uma medida de autodefesa contra um perigo mortal?"[24]

Edward Condon, amigo de Oppie dos tempos de Göttingen e seu vice-diretor em Los Alamos por um breve período, ficou irado e "atônito".[25] Na condição de diretor do Instituto Nacional de Padrões, Condon era ele próprio um alvo ocasional de ataques de direita no Capitólio. Em 23 de junho de 1949, ele escreveu à esposa: "Estou convencido de que Robert Oppenheimer está ficando louco. [...] Se estiver mesmo perdendo o juízo, isso pode ter consequências muito sérias, considerando as posições que ocupa, inclusive como formulador do Relatório Acheson-Lilienthal sobre o controle internacional da energia atômica. [...] Se ele desmoronar de vez, será sem dúvida uma grande tragédia. Só espero que não arraste muitas pessoas junto. Peters diz que o depoimento de Oppie está cheio de mentiras deslavadas em pontos sobre os quais ele deveria saber a verdade."

Condon confidenciou à esposa que ouvira pessoas em Princeton dizerem que "Oppie tem andado num elevadíssimo estado de tensão nas últimas semanas [...] parece extremamente apreensivo, temendo ser ele próprio atacado. É claro que ele sabe que tem um histórico de atividades de esquerda semelhante ao de outros acadêmicos de Berkeley [ ] Parece que está tentando comprar imunidade ao se tornar um informante".[26]

O desolado Condon então escreveu para Oppie uma carta contundente: "Perdi um bocado de sono tentando entender como você pôde falar dessa maneira a respeito de um homem que conhece há tanto tempo e que sabe muito bem ser um bom físico e um bom cidadão. Fico tentado a imaginar que você talvez seja tolo o suficiente a ponto de pensar que pode comprar imunidade pessoal virando informante. Espero que não seja verdade. Você sabe muito bem que, quando essa gente resolver investigar seu dossiê e torná-lo público, serão feitas 'revelações' sobre coisas que até agora pareciam inofensivas."[27]

Alguns dias depois, Frank Oppenheimer levou Peters para encontrar o irmão, que estava em visita a Berkeley. Posteriormente, Peters descreveu o encontro numa carta a Weisskopf: "Minha conversa com Robert foi desanimadora. Primeiro ele se recusou a me dizer se a matéria do jornal era verdadeira ou falsa."[28] Quando Peters insistiu, Oppie confirmou o relato. "Ele disse que foi um erro terrível", escreveu Peters. Robert tentou explicar que não estava preparado para responder àquelas perguntas, e que só então, ao ler as próprias palavras impressas, percebia a nocividade do que havia dito. Quando Peters perguntou por que ele o enganara no dia que se encontraram em Princeton, Oppenheimer "ficou muito vermelho" e respondeu que não tinha explicação. Peters insistiu que Oppie não havia entendido bem as coisas. Mesmo confirmando que de fato participara de comícios comunistas na Alemanha, jurou que jamais havia ingressado no partido.

Oppenheimer concordou em escrever ao editor do jornal de Rochester corrigindo seu depoimento perante o HUAC. Nessa carta, publicada em 6 de julho de 1949, Oppie explicou que o dr. Peters lhe dera recentemente "uma eloquente negativa" sobre ter sido membro do Partido Comunista ou ter defendido uma derrubada violenta do governo dos Estados Unidos. "E eu acredito nele", afirmou Oppenheimer.[29] Em seguida, fez uma corajosa defesa da liberdade de expressão. "Opiniões políticas, por mais radicais que possam ser, por mais livremente que sejam expressas, não desqualificam um cientista para uma distinta carreira nas ciências."

Peters considerou o texto "uma peça não muito bem-sucedida de linguagem dúbia".[30] Ainda assim, a carta conseguiu salvar o emprego dele na Universidade de Rochester.[31] Ele logo percebeu, no entanto, que, sem acesso a pesquisas sigilosas e projetos de pesquisa do governo, a carreira nos Estados Unidos havia chegado a um beco sem saída. No fim de 1949, o Departamento de Estado se recusou a lhe emitir um passaporte quando ele manifestou a intenção de ir para a Índia. No ano seguinte, os burocratas cederam, e Peters aceitou um posto de ensino no Tata Institute of Fundamental Research em Bombaim. Em 1955, depois de ter recusada a renovação do passaporte, adotou a cidadania alemã. Em 1959, ele e Hannah se mudaram para o instituto de Niels Bohr em Copenhague, onde ele passou o restante da carreira.

Peters até que se saiu bem em comparação a Bohm e Lomanitz. Mais de um ano depois, ambos foram indiciados por desobediência ao Congresso, e após Bohm ser preso, em 4 de dezembro de 1950 (e solto ao pagar uma fiança de 1.500 dólares), Princeton o suspendeu de todas as atividades de ensino e barrou-lhe inclusive a entrada no *campus*. Seis meses depois, ele foi julgado e absolvido. Ainda assim, quando o contrato do cientista expirou, em junho, Princeton decidiu não renovar.

A sorte de Lomanitz foi ainda pior.[32] Depois do depoimento ao HUAC, ele foi demitido da Universidade Fisk e passou, então, dois anos trabalhando como faz-tudo, consertando telhados, carregando sacos de juta e podando árvores. Em junho de 1951, foi julgado por desobediência ao Congresso, e, mesmo após ser absolvido, o único emprego que conseguiu encontrar foi na reparação de trilhos ferroviários, a um salário de 1,35 dólar a hora. Somente em 1959 retornou a um posto de ensino. De modo notável, Lomanitz parece nunca ter guardado ressentimentos em relação a Oppenheimer. Não o culpava pelos infortúnios que o FBI e a cultura política daqueles tempos haviam lhe infligido na vida. Contudo, ainda assim, havia uma certa decepção. Lomanitz chegara a pensar em Oppenheimer como "quase um deus". Não achava que ele tivesse sido "malévolo", porém, anos depois, diria ter ficado "particularmente triste com as fraquezas do homem".[33]

Ainda que não houvesse muita coisa que pudesse ter feito para proteger seus ex-alunos, Oppenheimer por vezes se comportava como se estivesse realmente receoso de qualquer associação com eles. A companhia deles representava um elo com o passado político, o que acarretara, portanto, uma ameaça ao futuro de Oppie. Ele estava visivelmente apavorado. Depois que Bohm perdeu o emprego em Princeton, Einstein sugeriu que ele fosse trazido ao Instituto de Estudos Avançados para trabalhar como seu assistente. O velho físico ainda desejava revisar a teoria quântica, e disse: "Se existe alguém que pode me ajudar nesse propósito, esse alguém é Bohm."[34] Oppie, porém, vetou a ideia, pois Bohm seria um risco político para o instituto. Segundo um relato, ele também teria instruído Eleanor Leary a manter o colega longe. Mais tarde, Leary teria dito ao pessoal do instituto: "David Bohm não será recebido pelo dr. Oppenheimer. Não será recebido."

Em termos de conveniência, Oppenheimer tinha todas as razões para se afastar de Bohm. Em contrapartida, quando Bohm ouviu sobre uma oportunidade de ensino no Brasil, Oppenheimer lhe escreveu uma robusta carta de recomendação. Bohm passou o restante da carreira no exterior, primeiro no Brasil, depois em Israel e por fim na Inglaterra. Ele chegara a ter uma profunda admiração por Oppie e, embora ao longo dos anos esse sentimento tenha se tornado ambivalente, nunca o considerou responsável por ter sido banido dos Estados Unidos. "Penso que ele agiu corretamente comigo, na medida em que foi capaz", disse.[35]

Bohm sabia que Oppenheimer estava sob grande pressão. Pouco depois de ter saído a notícia do depoimento dele ao HUAC contra Peters, Bohm teve uma conversa sincera com Oppie e lhe perguntou por que tinha dito aquelas coisas sobre o amigo. "Ele me disse", contou Bohm, "que naquele momento os nervos simplesmente cederam. Que, de algum modo, aquilo era demais para ele. [...] Não me lembro de suas palavras exatas, mas foi isso que ele quis dizer. Ele tende a agir assim quando as coisas ganham esse tipo de proporção, e às vezes toma atitudes irracionais. Ele me disse que não conseguia entender por que tinha feito aquilo."[36] Isso já tinha acontecido antes — no interrogatório com Pash em 1943 e no encontro com Truman em 1945 —, e voltara a acontecer durante as audiências de segurança por que ele passara em 1954. Bernard Peters disse a Weisskopf: "Ele obviamente estava muito assustado com essas audiências, ainda que isso não sirva muito como explicação. [...] Achei muito triste ver um homem por quem eu tinha muita consideração nesse estado de desespero moral."[37]

APENAS SEIS DIAS APÓS o depoimento ao HUAC no começo de junho de 1949, Robert voltou ao Capitólio para depor diante dos holofotes numa sessão aberta do Comitê Conjunto de Energia Atômica. O assunto em discussão era a exportação de radioisótopos para fins de pesquisa em laboratórios estrangeiros. Numa contenciosa decisão de quatro a um, os comissários da AEC haviam aprovado as exportações. O solitário voto dissidente foi do comissário Lewis Strauss, que estava convencido de que tais exportações eram perigosas porque, segundo ele, os radioisótopos podiam ser desviados para uso em aplicações militares de energia atômica. Pouco antes, num esforço para reverter a decisão da AEC, Strauss depusera publicamente contra as exportações numa audiência perante o Comitê Conjunto.

Assim, ao entrar no edifício do Senado, Oppie estava ciente das preocupações de Strauss, mas não as compartilhava e deixou claro que as considerava tolas. "Ninguém pode me forçar a dizer", afirmou em seu depoimento, "que não é possível usar esses isótopos para a produção de energia atômica. Pode-se usar até mesmo uma pá para isso — na verdade, ela é usada. Pode-se usar até mesmo uma garrafa de cerveja para isso — na verdade, ela é usada". Nesse momento, ouviram-se risinhos na audiência. Um jovem repórter, Philip Stern, por acaso estava presente naquele dia.[38] Não tinha ideia de quem era o alvo desse sarcasmo, mas "era óbvio que Oppenheimer estava fazendo alguém de bobo".

Joe Volpe sabia exatamente quem. Sentado ao lado de Oppenheimer à mesa de testemunhas, olhou para trás na direção de Lewis Strauss e não ficou surpreso ao ver o comissário da AEC com o rosto vermelho como um tomate. Mais risos se seguiram à afirmação seguinte de Oppenheimer: "Eu diria que, em geral, os isótopos são muito menos importantes do que os dispositivos eletrônicos, porém muito mais importantes do que, digamos, vitaminas, pois estão em algum ponto intermediário."

Terminado o depoimento, Oppenheimer perguntou a Volpe em tom casual: "E então, Joe, como foi que me saí?"[39] O advogado respondeu, pouco à vontade: "Bem demais, Robert. Bem até demais." Oppenheimer pode não ter tido a intenção de humilhar Strauss em uma questão que considerava de menor importância, mas, para ele, a condescendência vinha com muita facilidade — facilidade demais, insistiam os amigos, que era parte do repertório dele na sala de aula. "Robert era capaz de fazer homens adultos se sentirem como crianças na escola", disse um amigo. "De fazer gigantes se sentirem como baratas." Mas Strauss não era um acadêmico e sim um homem poderoso, suscetível e vingativo, que por muito pouco podia se sentir humilhado. Naquele dia, ele deixou a sala de audiências furioso. "Eu me lembro claramente do olhar terrível no rosto de Lewis", disse Gordon Dean, outro comissário da AEC. Anos depois, David Lilienthal recordou vividamente: "Havia ali uma expressão de ódio que não se vê com muita frequência no rosto de alguém."

A relação de Oppenheimer com Strauss vinha em constante declínio desde o começo de 1948, quando Oppie deixou claro que resistiria às tentativas de Strauss de interferir na direção do Instituto de Estudos Avançados. Antes dessa audiência do Comitê Conjunto de Energia Atômica no Senado, eles já haviam tido uma série de discordâncias relacionadas à AEC. Naquele momento, porém, Oppenheimer fizera um inimigo perigoso, com poder e influência em cada área de sua vida profissional.

Após os depoimentos conflitantes de Lewis Strauss e Oppenheimer no Comitê Conjunto, um dos membros do conselho de administração do instituto, o dr. John F. Fulton, disse que esperava a renúncia de Strauss à posição no conselho. "Acredito que Robert Oppenheimer jamais venha a se sentir confortável como diretor do Instituto de Estudos Avançados", escreveu a outro membro da administração, "enquanto o sr. Strauss continuar no conselho".[40] Este tinha, porém, aliados que vinham arquitetando-lhe a eleição para a presidência do conselho, e deixou claro que não tinha a menor intenção de renunciar apenas porque cometera o "desaforo [...] de discordar de Oppenheimer numa questão científica".[41] Strauss estava furioso, e continuaria furioso até se vingar.

No DIA SEGUINTE, 14 de junho de 1949, Frank Oppenheimer compareceu como testemunha perante o HUAC. Dois anos antes, ele havia negado a um repórter do *Washington Times-Herald* ter sido membro do Partido Comunista. Não tinha planejado mentir, mas o repórter lhe telefonara tarde da noite para explicar por que iam publicar uma matéria na manhã seguinte e, após ler o artigo para Frank, lhe pediu um comentário. "A matéria estava cheia de inverdades", disse Frank.[42] "Minha participação como membro do partido antes da guerra era a única alegação verdadeira. Eles me pediram uma declaração, e eu simplesmente disse que tudo aquilo era mentira, o que foi uma estupidez. Não devia ter dito nada." Quando o texto foi publicado, autoridades da Universidade de Minnesota o pressionaram a lhes dar a mesma negativa por escrito. Temendo por seu emprego, Frank pediu para um advogado redigir uma declaração na qual jurava nunca ter sido membro do Partido Comunista.

Todavia, depois de conversar com Jackie, Frank resolveu contar a verdade. Naquela manhã, portanto, depôs sob juramento que ambos haviam sido membros do Partido Comunista por cerca de três anos e meio — dos primeiros meses de 1937 até o fim de 1940 ou o começo de 1941. Também admitiu que, ao longo desses anos, era conhecido pelo codinome "Frank Folsom". Seguindo o conselho de seu advogado, Clifford Durr, recusou-se a testemunhar sobre as visões políticas de outrem. "Não posso falar sobre meus amigos."[43] Repetidas vezes o advogado do HUAC e vários congressistas o pressionaram a dar nomes. Quando Harold Velde — ex-agente do FBI — insistiu que ele explicasse novamente as razões para se recusar a responder às perguntas, Frank disse que não falaria sobre a afiliação política dos amigos "porque as pessoas que conheci ao longo da vida sempre tiveram propósitos decentes e bem-intencionados. Não sei de nenhum caso em que tenham pensado, discutido ou dito algo que fosse hostil aos propósitos da Constituição ou das leis dos Estados Unidos". Em forte contraste com Robert, Frank sustentou sua posição, ou seja, não daria nomes.

Frank e Jackie consideraram toda a experiência surreal. Jackie, com razão, estava furiosa. Sentada na antessala do comitê, esperando para testemunhar, ela olhou pela janela e ficou perplexa com o contraste entre os prédios de mármore do governo no Capitólio, com jardins bem-cuidados, e as fileiras de casas caindo aos pedaços ocupadas pela população negra da cidade, em que se viam crianças descalças e vestindo trapos. "Elas pareciam raquíticas e subnutridas, e não havia nada com que pudessem brincar além do lixo que encontravam na rua. Enquanto eu estava ali sentada, escutando e olhando pela janela, me vi não só preocupada com o que o comitê tentaria fazer comigo, mas cada vez mais furiosa por ter sido convocada ali apenas para que um sujeito qualquer questionasse *meu* patriotismo."[44]

Mais tarde, Frank disse aos repórteres que ele e Jackie haviam ingressado no partido em 1937 "em busca de uma resposta para os problemas de desemprego e carência no país mais rico e mais produtivo do mundo".

Desiludidos, porém, eles tinham deixado o PC três anos depois. Frank não tinha conhecimento, segundo afirmou, de qualquer atividade de espionagem atômica, fosse em Los Alamos, fosse no Rad Lab de Berkeley: "Não fiquei sabendo de nenhuma atividade comunista, ninguém jamais me abordou para pedir informações e eu nunca dei nenhuma. Trabalhei com muito afinco e acredito ter dado uma contribuição valiosa ao país."[45] Pouco mais de uma hora depois, no entanto, Frank foi informado pelos repórteres de que a Universidade de Minnesota tinha anunciado que ele havia sido demitido do cargo de professor assistente de física. Ele mentira dois anos antes, e, da perspectiva da universidade, isso justificava a demissão da vida acadêmica. Estava a três meses de conseguir um cargo permanente, mas, numa reunião final com o presidente da universidade, ficou claro que a questão estava resolvida. Frank saiu da sala em lágrimas.

Ele ficou arrasado, porém só percebeu a magnitude do que havia acontecido quando tentou voltar a Berkeley. Ingenuamente, achara que Lawrence lhe daria refúgio, e ficou chocado quando ele o rejeitou.

Caro Lawrence,

O que está acontecendo? Trinta meses atrás, você me deu um abraço e me desejou tudo de bom. Falou para eu voltar quando quisesse. Agora diz que não sou mais bem-vindo. Quem mudou, você ou eu? Traí meu país e seu laboratório? É óbvio que não. Não fiz nada. [...] Você não concorda com minha visão política, mas nunca concordou [...] então acho que deve estar ficando louco, a ponto de não tolerar qualquer um que discorde de você em alguma coisa. [...] Estou realmente perplexo e magoado com sua atitude.

Atenciosamente,
Frank[46]

Um ano antes, Frank e Jackie haviam comprado uma fazenda de 320 hectares perto de Pagosa Springs, no alto das montanhas do Colorado. Haviam planejado usá-la como casa de férias no verão. No entanto, no outono de 1949, para surpresa de muitos amigos, decidiram se exilar nesse espartano refúgio. "Ninguém me ofereceu emprego", escreveu a Bernard Peters, "então estamos planejando passar o inverno aqui. Meu Deus, o lugar é lindo! Acho que só quem já esteve aqui entende que viver neste lugar faz algum sentido".[47] A fazenda estava localizada a uma altitude de 2.500 metros, e o inverno era insuportavelmente frio. "Jackie ficava sentada na cabana com um binóculo", recordou Philip Morrison, "observando as vacas prontas para parir na neve. Eles tinham que sair correndo para impedir que os bezerros recém-nascidos congelassem".[48]

Ao longo da década seguinte, o brilhante e querido irmão mais novo de Robert Oppenheimer ganhou a vida como fazendeiro. Ele e Jackie estavam a trinta quilômetros da cidade mais próxima. Como se para lembrá-los da situação em que eles se encontravam, agentes do FBI com frequência apareciam para interrogar os vizinhos. De vez em quando, surgiam na fazenda e pediam que Frank falasse sobre outros membros do PC. Um agente chegou a lhe dizer: "Você não quer voltar a trabalhar na universidade? Se quiser, vai ter que cooperar com a gente."[49] Frank sempre os mandava embora. Em 1950, escreveu: "Depois de todos esses anos, finalmente entendi que o FBI não está tentando me investigar, está tentando envenenar a atmosfera em que vivo. Está tentando me punir por ser um homem de esquerda, fazendo meus amigos, meus vizinhos e meus colegas se virarem contra mim e desconfiarem de minha pessoa."[50]

Robert visitava a fazenda quase todo verão e, enquanto Frank tinha se contentado com as novas circunstâncias, ficava apreensivo ao ver o irmão levando aquele tipo de vida. "Eu me sentia um fazendeiro", disse Frank, "e era de fato um fazendeiro. Robert, porém, não aceitava que eu me dedicasse à criação de gado e estava muito ansioso para que eu voltasse ao mundo acadêmico, embora não pudesse fazer nada a respeito".[51] Ao longo do ano seguinte, Frank recebeu propostas para dar aulas de física no exterior — no Brasil, no México, na Índia e na Inglaterra —, mas o Departamento de Estado se recusava a lhe emitir um passaporte.[52] Nos Estados Unidos, não havia ofertas, uma vez que ele estava na lista de rejeitados. Alguns anos depois, por 40 mil dólares, Frank se sentiu compelido a vender um de seus Van Goghs — *Primeiros passos (à maneira de Millet)*.[53]

Frustrado com o destino do irmão, Robert conversou com Felix Frankfurter, juiz da Suprema Corte, e Grenville Clark, supervisor de Harvard, além de outros especialistas em direito, sobre o que o instituto poderia fazer para organizar uma crítica intelectual aos programas de lealdade e segurança do governo Truman que sustentavam o tipo de tratamento que Frank e os ex-alunos de Oppie estavam recebendo. Ele disse a Clark que a "Ordem de Lealdade" presidencial, os procedimentos de habilitação de segurança da AEC e as investigações do HUAC "levavam, em muitos casos, a dificuldades não justificadas e praticamente a uma revogação das liberdades de opinião e expressão".[54] Pouco depois, Oppie convidou um velho amigo, o dr. Max Radin, decano da Escola de Direito de Berkeley, a ir ao instituto no ano acadêmico de 1949-50 para escrever um ensaio sobre a controvérsia do juramento de lealdade na Califórnia.

AO LONGO DE TODOS esses anos, Oppenheimer esteve convencido de que seus telefones estavam grampeados. Certo dia, em 1948, um colega de Los Alamos, o físico Ralph Lapp, foi a seu escritório em Princeton para discutir um trabalho sobre a questão do controle de armas. Lapp ficou atônito quando de repente Oppenheimer se levantou e o conduziu para fora, murmurando enquanto andavam: "Até as paredes têm ouvidos."[55] Sabia que estava sob escrutínio. "Ele sempre achava que estava sendo seguido", recordou o dr. Louis Hempelmann, um amigo físico de Los Alamos e então visita constante em Olden Manor.[56] "Era essa a impressão que nos transmitia."

Os telefones de Oppenheimer haviam sido monitorados em Los Alamos e a casa em Berkeley fora grampeada pelo FBI durante 1946-47. Quando se mudou para Princeton, o escritório do FBI em Newark, Nova Jersey, foi instruído a monitorar as atividades dele, mas decidiu-se que não haveria vigilância eletrônica. De qualquer forma, seriam feitos todos os esforços "para desenvolver fontes discretas e confidenciais próximas a Oppenheimer". Em 1949, o FBI tinha recrutado pelo menos um informante confidencial: uma mulher que conhecia Oppenheimer de eventos sociais e por conta do emprego dela na universidade.[57] Na primavera de 1949, o escritório de Newark informou J. Edgar Hoover: "Não foi obtida nenhuma informação referente ao dr. Oppenheimer que indique ser ele desleal."[58] Anos depois, Robert comentou sarcasticamente que "o governo gastou mais para grampear meu telefone do que com meus serviços em Los Alamos".

29

"Tenho certeza de que era por causa disso que ela atirava coisas nele"

> *As relações na família pareciam terríveis, mas ninguém jamais ouviria isso da boca de Robert.*
> PRISCILLA DUFFIELD

ENQUANTO FRANK E JACKIE lutavam para transformar a propriedade deles no Colorado em uma fazenda funcional, Robert presidia um feudo intelectual em Princeton. Mas essa ditadura não lhe absorvia toda a energia. Ele passava cerca de um terço do tempo envolvido em questões do instituto, um terço dedicando-se à física e a outros interesses intelectuais e um terço viajando, dando palestras e participando de reuniões confidenciais em Washington.[1] Um dia, o velho amigo Harold Cherniss repreendeu-o: "Chegou a hora de você desistir da vida política e voltar para a física."[2] Como Robert permaneceu calado, parecendo ponderar quanto ao conselho, Cherniss o pressionou: "Você é o tipo de pessoa que tenta abraçar o mundo e não consegue?" Oppie, por fim, respondeu: "Sou."

Às vezes, para ele, era um alívio estar na estrada, longe de Princeton e da esposa. Para os leitores da *Life*, da *Time* e de outras revistas populares, a vida familiar de Robert podia parecer idílica. As fotografias retratavam um pai fumando cachimbo e lendo um livro para os dois filhos pequenos, enquanto a bela esposa o observava e o pastor alemão da família, Buddy, repousava aos pés dele. "Ele é calorosamente afetuoso com a esposa e os filhos (que são bem alimentados e gostam muito dele) e sempre muito polido com todos", escreveu um repórter para uma matéria de capa sobre Oppenheimer na revista *Life*.[3] Segundo a matéria, Oppie ia a pé para casa todos os dias às 18h30 para brincar com as crianças. Todo domingo, o casal levava Peter e Toni para procurar trevos-de-quatro-folhas. "A sra. Oppenheimer, que também é uma mulher objetiva, evita que os filhos abarrotem a casa com trevos fazendo com que os comam no local onde são encontrados."[4]

No entanto, aqueles que conheciam Oppenheimer sabiam muito bem que a vida em Olden Manor era difícil. "As relações na família pareciam terríveis", disse a ex-secretária de Oppie em Los Alamos, Priscilla Duffield, que acabou por se tornar vizinha dele em Princeton,[5] "mas ninguém jamais ouviria isso da boca de Robert".

A vida doméstica de Oppenheimer era penosamente complicada. Robert era muito dependente de Kitty. "Ela era sua maior confidente e conselheira", disse Verna Hobson. "Ele contava tudo a ela. [...] Tinha extrema confiança em Kitty." Levava trabalho do instituto para casa, e muitas vezes ela participava das decisões do marido. "Ela o amava muito, e Robert era recíproco nesse amor." Mas tanto Hobson quanto outras amigas próximas em Princeton sabiam que Kitty era de uma intensidade incansável, que exauria qualquer um que estivesse por perto. "Era meio estranha, com toda aquela fúria e mágoa, inteligência e sagacidade. Tinha crises constantes de urticária. Simplesmente estava tensa o tempo todo."

Hobson teve a oportunidade de conhecer Robert e Kitty como poucos. Ela e o marido, Wilder Hobson, conheceram o casal em 1952, num jantar de Ano-Novo oferecido por um amigo em comum, o romancista John O'Hara. Logo depois, Hobson foi trabalhar para Robert, com quem permaneceu por treze anos. "Ele era extraordinariamente exigente no trabalho, e Kitty também demandava muito das secretárias do marido, então era como trabalhar para dois patrões exigentes que o envolviam na vida privada e esperavam que você estivesse na casa deles metade do tempo."[6]

Kitty, uma pessoa metódica, presidia toda segunda-feira à tarde um encontro de mulheres em Olden Manor, no qual elas se sentavam para fofocar e algumas bebiam a tarde toda. Kitty o chamava de seu "clube". A esposa de um físico da Universidade de Princeton se referiu a essas mulheres como um "bando de pássaros de asas quebradas. [...] Kitty era o centro de um círculo de mulheres feridas, todas um tanto alcoólatras".[7] Ela já havia consumido uma boa dose de martínis em Los Alamos, mas agora, ao beber, por vezes provocava cenas terríveis. Hobson, que era moderada em relação ao álcool, recordou: "Às vezes ela ficava bêbada a ponto de cair e não dizer coisa com coisa. Às vezes apagava, mas quase sempre eu a via se recompor quando tal ato parecia impossível."[8]

Pat Sherr, amiga de Kitty dos tempos de Los Alamos — a mulher que tomara conta de Toni por três meses quando esta era ainda uma criança de colo —, era uma de suas companheiras regulares de bebida. Os Sherr tinham se mudado para Princeton em 1946, e, assim que os Oppenheimer se mudaram para Olden Manor, Kitty criou o hábito de passar na casa de Pat duas ou três vezes por semana. Era claramente uma mulher solitária. "Chegava às onze da manhã", recordou Sherr, "e não ia embora antes das quatro da tarde". Nesse ínterim, consumia uma boa quantidade de uísque de Sherr.[9] Um dia Pat lhe disse que não podia se dar ao luxo de estar sempre comprando mais garrafas, ao que Kitty respondeu: "Oh, que estupidez de minha parte. Vou trazer minha garrafa, e você a deixa separada para mim."

As amizades de Kitty eram ao mesmo tempo intensas e efêmeras. Ela se apegava a alguém e despia a própria alma numa torrente de intimidades. Sherr a viu fazer isso repetidas vezes. Ela contava a cada nova amiga tudo sobre si mesma, inclusive aspectos da vida sexual. "Quero dizer, ela sentia necessidade de falar sobre esse tipo de coisa o tempo todo", recordou Sherr.[10] Kitty podia ser uma boa amiga, mas estava sempre ciente de estar sendo uma boa amiga. Inevitavelmente, em algum momento, se virava contra a amiga e a difamava publicamente. "Kitty tinha uma certa necessidade de magoar as pessoas", disse Hobson.

Kitty sempre fora propensa a acidentes, e a bebida contribuía para esses acontecimentos. Em Princeton, os desastres aconteciam com frequência. Adormecia fumando quase todas as noites, de modo que a roupa de cama estava sempre cheia de furos de cigarros. Certa noite, acordou assustada: o quarto estava em chamas. Ela, porém, conseguiu apagar o fogo com um extintor sabiamente deixado no cômodo. O estranho era que Robert raras vezes se manifestava. Em vez disso, reagia ao comportamento autodestrutivo da esposa com uma resignação estoica: "Ele conhecia os traços de Kitty", observou Frank Oppenheimer, "mas não estava disposto a admiti-los — mais uma vez, talvez porque não conseguisse admitir o fracasso".[11]

Certa vez, Abraham Pais conversava com Oppenheimer no escritório deste quando os dois viram Kitty, claramente embriagada, atravessando o gramado de Olden Manor. Ao se aproximar da porta do escritório, Robert virou-se para Pais e disse: "Não vá embora."[12] Era em momentos como esse, escreveu Pais tempos depois, que "eu queria intervir". Em sua compaixão por Robert, Pais não conseguia entender por que o amigo tolerava uma mulher daquelas. "A despeito da bebida, eu achava Kitty a mulher mais desprezível que já conheci. Ela era muito cruel", escreveu.

Hobson conseguia enxergar através das fraquezas de Kitty e compreendia por que Robert a amava. Ele a aceitava como ela era e sabia que nunca conseguiria modificar os modos da esposa. Certa vez, confidenciou a Hobson que, antes da mudança para Princeton, havia consultado um psiquiatra a respeito de Kitty. Numa admissão extraordinária, disse que fora aconselhado a interná-la numa instituição, pelo menos por um tempo. Contudo, ele não era capaz de fazer isso, então se prontificou a ser seu "médico, enfermeiro e psiquiatra".[13] Acrescentou que havia tomado a decisão "com total consciência e aceitava as consequências".

Freeman Dyson fez uma observação similar: "Robert simplesmente gostava de Kitty do jeito que ela era e não teria lhe impingido uma vida diferente, assim como ela não faria isso com ele. [...] Eu diria que ele próprio era dependente dela — ela era a rocha na qual Robert se apoiava. Tentar tratá-la como um caso clínico e reorganizar a vida de Kitty seria algo totalmente fora dos padrões dele, ao mesmo tempo que seria algo fora dos padrões dela."[14] Outro amigo de Princeton, o jornalista Robert Strunsky, concordava: "Robert era tão leal a ela quanto possível. Não havia dúvida de que queria protegê-la. [...] E se ressentia de qualquer crítica à esposa."[15]

Robert devia saber que os problemas de Kitty com o álcool eram sintomas de uma dor profunda, uma dor que ele entendia que sempre estaria presente. Assim, nunca tentou impedi-la de beber, tampouco sacrificava o próprio ritual de drinques vespertinos. Os martínis de Robert eram fortes, e ele os tomava com prazer. Ao contrário de Kitty, bebia de modo lento e regular. Pais, que considerava a hora dos drinques "um costume bárbaro",[16] ainda assim achava que Robert "absorvia bem a bebida". De qualquer forma, o fato de continuar a beber ao lado da esposa claramente alcoólatra não passava despercebido. "Ele servia os martínis mais gelados e deliciosos", disse Sherr. "De modo muito consciente, deixava todo mundo bêbado." Ele próprio preparava a bebida, com gim e apenas uma gotinha de vermute, e então vertia a mistura em cálices de haste longa que guardava no congelador. Um acadêmico rebatizou Olden Manor de "Bourbon Manor".

A passividade de Robert diante dos problemas de Kitty com o álcool causava estranhamento em algumas pessoas. Fosse lá o que ela fizesse a ele ou a si mesma, Robert estaria do lado dela por toda a vida. Outro velho amigo de Los Alamos, o dr. Louis Hempelmann, admirava a devoção de Robert à esposa. Louis e Elinor Hempelmann visitavam os Oppenheimer duas ou três vezes por ano e julgavam conhecer bem a família. Robert nunca lhe pediu conselhos profissionais sobre Kitty — mas, num tom calmo, casual, contou a Hempelmann sobre a situação. "Ele era um santo para ela", recordou Hempelmann.[17] "Sempre empático, parecia nunca se irritar. O casal realmente se entendia bem. Ele era um marido maravilhoso."

Certa vez, porém, Robert foi obrigado a intervir.[18] Kitty não apenas bebia, como muitas vezes também tomava soníferos para combater a insônia. Uma noite, ela acidentalmente tomou mais comprimidos do que deveria e teve que ser levada às pressas para o hospital de Princeton. Depois do episódio, Oppenheimer pediu à secretária que lhe comprasse uma caixa com chave. A partir de então, disse ele, Kitty só poderia tomar as pílulas depois de pedir a ele. Esse arranjo durou algum tempo, mas aos poucos foi sendo deixado de lado. Anos depois, Robert Serber insistiu que Kitty "nunca bebeu excessivamente para uma pessoa normal".[19] Ele achava que o comportamento dela podia ser explicado por uma persistente condição médica: "Kitty sofria de pancreatite [...] e tinha que tomar sedativos muito fortes, o que dava a impressão de embriaguez. Vi isso acontecer muitas vezes, quando me hospedei na casa dos Oppenheimer." Ao se preparar para uma função social, Serber disse que Kitty "se compunha no último minuto e tomava um Demerol para enfrentar a noite, e então parecia bêbada. Bem, na verdade não era o caso".

A fonte da infelicidade de Kitty estava sem dúvida enraizada na psique, mas as pressões para desempenhar o papel de "esposa do diretor" não ajudaram muito. Em recepções formais, quando precisava ficar de pé e cumprimentar um grande número de pessoas, na condição de anfitriã, muitas vezes pedia a Pat Sherr que ficasse do lado dela. Quando Sherr lhe perguntou o motivo, Kitty respondeu: "Preciso de você do meu lado porque, quando eu começar a cair, você me segura."[20] Sherr então se deu conta de que a amiga era "muito nervosa e insegura". Kitty era capaz de intimidar os que não a conheciam bem, e por vezes podia parecer muito animada, mas tudo não passava de encenação. Sherr acreditava que, quando solicitada a representar, Kitty "na verdade ficava fora de si de tão apavorada".

Mulher caprichosa, de espírito livre, Kitty achava impossível se encaixar no cenário rígido da alta sociedade de Princeton. Um colega de Abraham Pais certa vez comentou sobre a cidade: "Se você é solteiro, fica louco; mas, se é casado, sua mulher fica louca."[21] Princeton enlouquecia Kitty.

Os Oppenheimer não se esforçavam para se acomodar à sociedade local. "As pessoas ligavam e deixavam recado, mas eles nunca retornavam as ligações", contou Mildred Goldberger.[22] "De certa forma, nunca deram atenção a essa particularidade de Princeton, que, em nossa experiência, era o que havia de melhor no lugar." Os Goldberger, na verdade, desenvolveram uma forte aversão pelos Oppenheimer. Mildred literalmente achava Kitty uma mulher "maldosa",[23] cheia de "malícias obscuras". O marido, o físico Marvin Goldberger, que mais tarde se tornou presidente do Caltech, via Robert como "uma pessoa extraordinariamente arrogante e difícil de conviver. Era muito cáustico e paternalista. [...] A esposa era impossível".

Kitty era como uma tigresa enjaulada em Princeton. Se convidados para um jantar na casa dos Oppenheimer, os residentes na cidade, por experiência própria, sabiam que não deviam contar com nada substancial para comer — a qualidade do jantar estava diretamente relacionada ao estado de humor de Kitty. Os convidados eram recebidos por Robert com uma jarra de seus potentes martínis numa das mãos. "Ficávamos sentados na cozinha", recordou Jackie Oppenheimer, "apenas fofocando e bebendo, sem nada para comer. Então, por volta das dez horas, Kitty jogava alguns ovos e chili numa frigideira, e, com toda aquela bebida na cabeça, era tudo que servia".[24] Nem Robert nem Kitty pareciam ter fome. Numa noite de verão, Pais foi convidado para jantar, e, após os habituais martínis, Kitty serviu uma tigela de *vichyssoise*. A sopa estava deliciosa, e o casal "se envolveu numa extravagante conversa sobre a excelente qualidade do prato".[25] Pais pensou consigo mesmo: "Muito bem, agora vamos continuar com o jantar." Mas não havia mais nada para comer, e, após um intervalo decente, o faminto Pais polidamente pediu licença, pegou o carro e voltou a Princeton, onde comprou dois hambúrgueres.

Em sua infelicidade, o casamento era tudo que ela tinha. Kitty era dependente de Robert. Esforçava-se para desempenhar o papel de boa esposa e dona de casa, e "saía correndo toda vez que ele chamava, a fim de garantir que tudo estivesse perfeito para ele".[26] Certa noite, numa festa, Oppenheimer estava parado num canto da sala, conversando com um grupo de pessoas, quando Kitty, de súbito, soltou um "Eu te amo". Claramente constrangido, Oppenheimer apenas assentiu. "Era óbvio", recordou Pat Sherr, "que ele não estava muito feliz; afinal, não foi recíproco. No entanto, ela fazia esse tipo de coisa sem mais nem menos".

Ernest Lawrence, Glenn Seaborg e Oppenheimer. "Modernos Prometeus subiram novamente o Monte Olimpo", opinou a *Scientific Monthly*, "e trouxeram de volta ao homem os próprios raios de Zeus".

A revista *Physics Today* estampou em sua capa o chapéu *pork pie* de Oppie.

A Universidade Harvard elegeu Oppenheimer para o seu Conselho de Supervisores (com James B. Conant e Vannevar Bush).

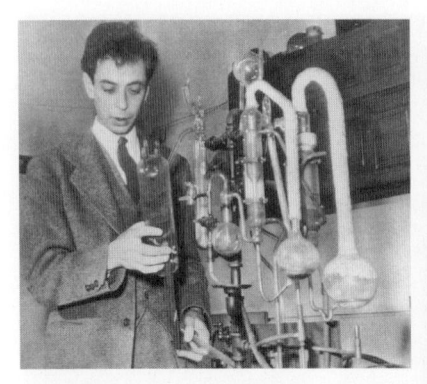

Um talentoso físico experimental, Frank Oppenheimer (acima) foi demitido em 1949 pela Universidade de Minnesota quando veio à tona a informação de que ele havia sido membro do Partido Comunista. Ele se tornou então criador de gado no Colorado.

Anne Wilson Marks foi secretária de Oppie em 1945 — e então se casou com Herbert Marks (deitado no deque do barco), amigo e advogado de Oppenheimer.

Richard Tolman, do Caltech, e sua esposa, Ruth Tolman, uma renomada psicóloga clínica que se tornou um dos amores mais profundos de Robert.

Em novembro de 1948, Oppenheimer apareceu na capa da revista *Time*.

Centro: Oppenheimer foi presidente do Comitê de Aconselhamento Geral da Comissão de Energia Atômica. Aqui, ele aparece numa viagem com James B. Conant, general James McCormack, Harley Rowe, John Manley, Isidor I. Rabi e Roger S. Warner.

Abaixo: Oppenheimer (na ponta esquerda) em 1947, recebendo um diploma honorário de Harvard, com os generais George C. Marshall e Omar. N. Bradley, entre outros homenageados.

Olden Manor, em Princeton, Nova Jersey, onde os Oppenheimer passaram a viver depois que Robert foi nomeado diretor do Instituto de Estudos Avançados da universidade, em 1947.

Kitty, Toni e Peter na estufa.

Robert e os filhos no quintal de Olden Manor.

Robert presenteou Kitty com uma estufa para que ela cultivasse suas orquídeas. O casal costumava organizar eventos sociais com frequência. "Ele servia os martínis mais gelados e deliciosos", disse Pat Sherr.

Oppenheimer com o matemático John von Neumann, em frente ao primeiro computador de Von Neumann.

Oppenheimer discutindo física com seus alunos no Instituto de Estudos Avançados em Princeton. "O instituto era seu pequeno império particular", disse Freeman Dyson.

Oppenheimer com (a partir da esquerda) Hans Bethe, senador Brien McMahon, Eleanor Roosevelt e David Lilienthal.

Oppenheimer se opôs a um programa urgente para a construção de uma bomba de hidrogênio. Ele explicou na TV que isso tocava "a base de nossa moralidade. É muito perigoso que essas decisões sejam tomadas a partir de fatos mantidos em sigilo".

Oppenheimer numa conferência com o físico Greg Breit. "A hora do chá é o momento em que explicamos uns aos outros o que não entendemos."

"Quem está sendo isolado do quê?"

Em dezembro de 1953, o presidente Dwight Eisenhower ordenou que o acesso de Oppenheimer aos segredos nucleares do governo fosse revogado. As audiências de segurança de Robert foram orquestradas pelo presidente da Comissão de Energia Atômica, Lewis Strauss (acima, à direita), que estava determinado a expurgá-lo do serviço governamental. Para sua defesa, Oppenheimer contratou o advogado Lloyd Garrison (direita).

Em 12 de abril de 1954, foram abertas as audiências de segurança de Oppenheimer, presididas por Gordon Gray (alto, à direita). Apenas um comissário da AEC, Henry DeWolf Smyth (centro, à direita) votou contra a decisão da Comissão Gray de retirar a habilitação de segurança de Oppie. O comissário Eugene Zuckert (embaixo, à direita) votou com a maioria contra Oppenheimer. Roger Robb (embaixo, à esquerda) serviu como promotor da Comissão Gray. Só um membro da Comissão Gray, Ward Evans (alto, à esquerda) votou por manter a habilitação de segurança de Oppenheimer. Evans chamou a decisão de "uma mácula no brasão de nosso país".

Toni Oppenheimer a cavalo. "Desde os seis ou sete anos de idade", observou Verna Hobson, "todos na família esperavam que ela fosse firme e sensata, e os alegrasse".

Oppenheimer perdeu sua habilitação de segurança, mas manteve o emprego como diretor do Instituto de Estudos Avançados. Aqui, ele caminha com Kitty em Princeton

Robert "só podia se derramar" no amor que sentia por Peter Oppenheimer.

Depois das audiências de segurança em 1954, Oppenheimer "era como um animal ferido", recordou Francis Fergusson. "Ele se recolheu. E retornou a um modo de vida mais simples." Robert levou a família para St. John, nas Ilhas Virgens, e mais tarde construiu uma espartana casa de praia no belo local, onde a família (abaixo) passava muitos meses por ano. Ele e Kitty eram marinheiros experientes.

Sentado com seu velho amigo Niels Bohr, 1955.

Em 1960, Oppenheimer visitou Tóquio (abaixo), onde disse aos repórteres: "Não me arrependo de ter contribuído para o sucesso técnico da bomba atômica. Não é que não me sinta mal; só não me sinto pior esta noite do que na noite de ontem."

Oppenheimer em seu escritório no Instituto de Estudos Avançados.

Em abril de 1962, o presidente John. F. Kennedy convidou Oppenheimer à Casa Branca. Aqui, ele é visto apertando a mão de Jackie Kennedy.

Frank, em 1969, no Exploratorium, museu de ciência em San Francisco que oferece aos visitantes experiências "práticas" em física, química e outras áreas. O museu foi fundado por ele e sua esposa, Jackie.

Em 1963, o presidente Lyndon B. Johnson (abaixo) concedeu a Oppenheimer (à esquerda, com Kitty e Peter) o prêmio Enrico Fermi, de 50 mil dólares. David Lilienthal avaliou que se tratava de "uma cerimônia de expiação pelos pecados de ódio e horror cometidos contra Oppenheimer".

À direita, Edward Teller, que testemunhara contra Oppenheimer em 1954, aproxima-se para dar suas congratulações. Oppenheimer sorri de maneira seca e aperta a mão de Teller, enquanto Kitty permanece com expressão pétrea ao lado do marido.

No verão de 1966, Oppenheimer cumprimenta dois homens na entrada de sua casa na orla de St. John. Ele já estava morrendo de um câncer de garganta.

Toni pensativa dentro do chalé. "Todos a amavam", disse June Barlas, "mas ela não se dava conta disso".

Em dias mais felizes, Toni, Inga Hiilivirta, Kitty e Doris Jadan tomando drinques em St. John.

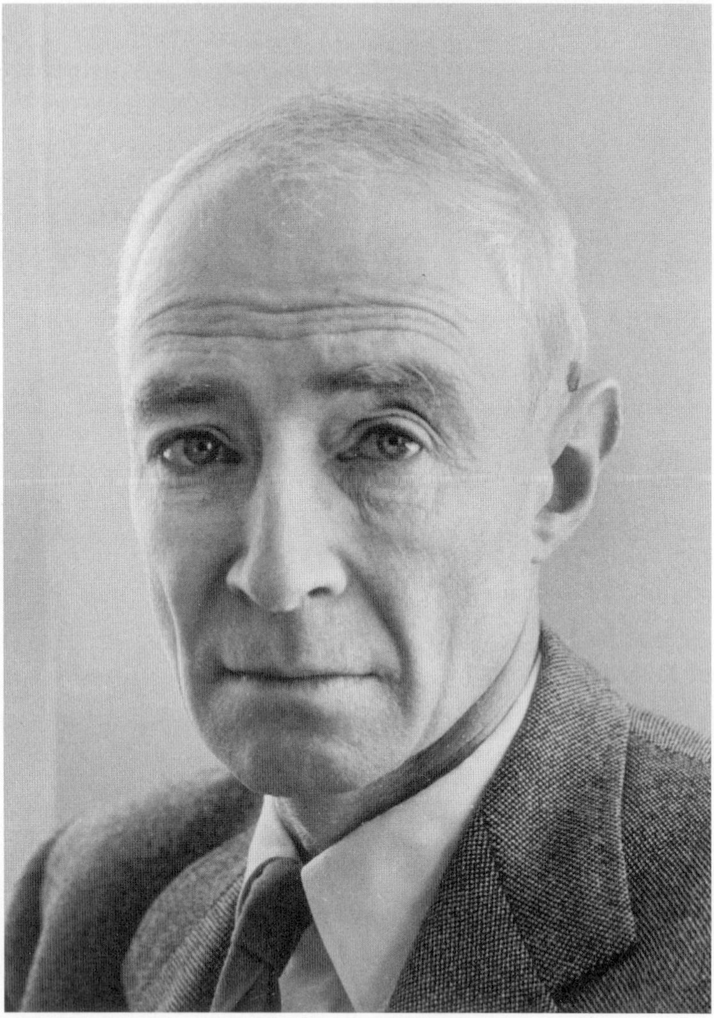

Sherr conhecia Kitty desde os tempos de Los Alamos, e, durante os primeiros anos em Princeton, deve ter sido a amiga mais próxima. Kitty parece ter feito confidências a Sherr sobre o próprio casamento. "Ela o adorava", disse Sherr. "Não havia dúvida quanto a isso." Contudo, na opinião severa de Sherr, Robert não sentia o mesmo. "Tenho certeza de que ele nunca teria se casado se ela não tivesse ficado grávida. [...] Não creio que ele retribuísse o amor de Kitty, e não creio que fosse capaz de retribuir qualquer amor." Verna Hobson, por sua vez, sempre insistiu que Robert amava a esposa. "Acho que ele se apoiava muito nela", disse Hobson.[27] "Nem sempre a escutava, mas respeitava a capacidade política e intelectual da esposa." Hobson tendia a ver o casamento pelos olhos de Robert, porém, tanto ela quanto Sherr admitiram que o problema pode ter sido de temperamentos conflitantes. Kitty era extremada em suas paixões, ao passo que Robert podia ser surpreendentemente descompromissado. Kitty necessitava exprimir seus sentimentos de raiva, mas Robert não reagia, fazendo com que todos esses sentimentos fossem absorvidos num vazio. "Tenho certeza de que era por causa disso que ela atirava coisas nele", disse Hobson.

Kitty contou a Sherr que, mesmo tendo dormido com muitos homens na vida, nunca fora infiel a Robert.[28] A recíproca, é claro, não era verdadeira. Embora provavelmente não soubesse do caso dele com Ruth Tolman, Kitty ainda assim tinha muito ciúme dos afetos do marido. Outra amiga de Los Alamos, Jean Bacher, achava que ela sempre se ressentia de qualquer um que se envolvesse com Robert.[29] Hobson disse que o próprio Robert um dia lhe confidenciara que parte do problema de Kitty era que "tinha um ciúme insano [dele] e não suportava quando ele recebia elogios ou críticas, porque estava sob os holofotes [...] ela o invejava".[30]

Kitty também confidenciou a Sherr que "Oppie não tinha nenhum senso de humor". Segundo ela, Robert era "excessivamente melindroso". Kitty, sem dúvida, tinha razão em pensar que ele era distante e reservado. Robert levava a vida emocional de maneira introspectiva. Os dois eram como polos opostos, o que sempre fora a fonte da atração mútua entre eles. Se depois de uma década e dois filhos o casamento era pouco menos do que uma parceria saudável, eles desenvolveram um vínculo de dependência recíproca.

Logo após chegar a Princeton, Sherr foi convidada a Olden Manor para um piquenique. Depois de comerem, uma das empregadas da casa trouxe Toni, então com 3 anos, acordando-a de seu cochilo. Sherr não via a criança — o bebê que Oppie um dia lhe perguntara se queria adotar — desde que vivera com ela por três meses em Los Alamos. "Era uma menininha fofa", disse Sherr.[31] "Tinha as maçãs do rosto salientes como as de Kitty e olhos e cabelos escuros. E também tinha algo de Oppie." Sherr observou como Toni correu para Oppenheimer e se aninhou no colo dele: "Ela pôs a cabeça no peito de Robert, que a abraçou. Em seguida, olhou para mim e fez um meneio." Com lágrimas nos olhos, Sherr entendeu o que ele queria dizer. "Foi uma mensagem de que eu estava certa, ele realmente a amava muito."

Contudo, parecia restar muito pouca energia na vida dos Oppenheimer para as obrigações parentais. "Acho que ser filho de Robert e Kitty é ter uma das maiores carências do mundo", disse Robert Strunsky, um vizinho de Princeton.[32] "Na superfície", afirmou Sherr, "ele era muito meigo com os filhos. Nunca o vi perder a paciência".[33] Mas, com os anos, sua opinião sobre Oppie mudou radicalmente. Sherr observou que Peter, com 6 anos, era calado e muito tímido, e, para ajudá-lo a se socializar, incentivou Kitty a levá-lo a um psiquiatra infantil. Depois de falar com Robert sobre o assunto, Kitty contou que o marido não tinha gostado da ideia de sujeitar o filho pequeno a um terapeuta — uma experiência pela qual o próprio Robert havia passado e detestado. Isso irritou Sherr, para quem a atitude de Oppenheimer era de um pai que "não podia ter um filho que precisasse de ajuda".[34] Ela acabou concluindo que "não gostava dele como ser humano. [...] Quanto mais eu o conhecia, menos gostava dele, e acabei por achar que Robert era um pai terrível".

Era uma opinião rigorosa demais. Tanto Robert quanto Kitty tentavam se conectar com o filho. Um dia, quando Peter estava com 6 ou 7 anos, Kitty o ajudou a construir um brinquedo elétrico, um tabuleiro quadrado com várias luzes, campainhas, fusíveis e chaves. Peter apelidou o brinquedo de "engenhoca", e dois anos depois ainda adorava brincar com ele. Então, uma noite, em 1949, David Lilienthal foi visitar os Oppenheimer e viu Kitty sentada no chão com Peter, tentando pacientemente consertar a "engenhoca". Depois de quase uma hora, quando ela se levantou para ir preparar o jantar, Robert, "parecendo muito paternal e amoroso, foi se sentar no chão perto do filho, no lugar onde Kitty havia estado, e começou a mexer naquele emaranhado de fios".[35] Assim que Robert se sentou, com um cigarro pendurado na boca, Peter correu para a cozinha e perguntou em voz alta para Kitty: "Mamãe, tudo bem deixar o papai trabalhar com a engenhoca?" Todos riram diante da ideia de que o homem que dirigira a construção do "dispositivo" definitivo pudesse não estar qualificado para manusear o brinquedo elétrico do filho.

Apesar desses momentos de ternura familiar, Robert talvez fosse distraído demais para ser um pai muito atencioso. Freeman Dyson certa vez lhe perguntou se não era difícil para Peter e Toni terem uma "figura paterna tão problemática".[36] Robert respondeu com a costumeira irreverência: "Ah, não, está tudo bem. Eles não podem imaginar." Dyson observou mais tarde que Oppie era um homem capaz de "alternar de forma rápida e imprevisível entre sentimentos de ternura e frieza por aqueles que lhe eram próximos". Para as crianças, era difícil. "Para alguém de fora como eu", observou Pais, tempos depois, "a vida familiar de Oppenheimer parecia o inferno na terra. O pior de tudo era que as crianças inevitavelmente acabavam sofrendo".[37]

Apesar da "engenhoca" e de outras concessões, Kitty e Peter nunca tiveram um laço forte, e a relação entre os dois costumava ser bastante agressiva. Robert sentia que o problema era Kitty. "Robert achava que, na paixão altamente carregada dos dois, Peter tinha vindo cedo demais, e Kitty se ressentia do filho por causa disso", disse Hobson.[38] Quando estava por volta dos 11 anos, Peter engordou um pouco, como acontece com as crianças, e Kitty não conseguia parar de espezinhá-lo por causa do peso. Nunca havia muita comida na casa, mas ela colocou o filho numa dieta rígida. Eles viviam brigando. "Pelo jeito que tinha de lidar com as coisas, ela atormentava a vida de Peter", recordou Hobson. Sherr estava de acordo: "Kitty era muito impaciente com ele, não tinha nenhuma compreensão intuitiva em relação a crianças."[39] Robert assistia a tudo de maneira passiva, e, se pressionado, tomava o partido de Kitty nas discussões. "Ele era muito amoroso", recordou o dr. Hempelmann.[40] "Não disciplinava os filhos. Quem se encarregava disso era Kitty."

Segundo todos os relatos, Peter foi uma criança indisciplinada como qualquer outra.[41] Ainda bem pequeno, como a maioria dos garotos, era barulhento, ativo e de trato difícil, mas Kitty interpretava esse comportamento como anormal. Certa vez, disse a Bob Serber que a relação dela com Peter tinha sido boa até o menino completar 7 anos, e que de repente tudo mudou e ela nunca soube o porquê. Peter era um excelente construtor, e, assim como o tio Frank, era capaz de fazer coisas maravilhosas com as mãos, desmontando e remontando objetos. Mas nunca foi brilhante na escola, e Kitty achava o fato intolerável. "Peter era uma criança terrivelmente sensível", disse Harold Cherniss, "e teve momentos muito difíceis na escola. [...] [Mas isso] não tinha nada a ver com a capacidade dele". Em resposta aos cutucões de Kitty, Peter se retraiu. Serber recordou que, quando o garoto estava com 5 ou 6 anos, "parecia ávido de afeto".[42] No entanto, quando adolescente, era solene demais. "A gente entrava na cozinha dos Oppenheimer", disse Serber, "e Peter era uma sombra [...] tentando não ser notado".

Kitty tratava a filha de modo muito diferente. "A ligação com Toni era profunda, parecia de puro amor e admiração. [...] Ela queria apenas o bem e a felicidade de Toni, ao mesmo tempo que era horrível com Peter", disse Hobson.[43] Quando criança, Toni sempre pareceu firme e serena. "Desde os 6 ou 7 anos, todos na família esperavam que ela fosse firme e sensata e os alegrasse. [...] Toni era aquela com quem nunca era preciso se preocupar", observou Hobson.

No fim de 1951, Toni, então com 7 anos, foi diagnosticada com um caso leve de pólio, e os médicos aconselharam os Oppenheimer a levar a menina a algum lugar quente e úmido. Naquele Natal, eles alugaram um veleiro de 72 pés, o *Comanche*, e passaram duas semanas navegando nos arredores de St. Croix, nas Ilhas Virgens Americanas. O *Comanche* era de propriedade de Ted Dale, que também o capitaneava. Ted era um homem caloroso e sociável que rapidamente ganhou a afeição de Robert. Dale levou o barco até St. John, um pequeno paraíso com praias de areia branca imaculada e águas azul-turquesa. Depois de ancorarem na baía de Trunk, eles desceram para a costa e exploraram o lugar. Encantado, Robert escreveu uma carta a Ruth Tolman descrevendo St. John. Ruth respondeu: "Então as águas mornas, os belos peixes e a brisa suave devem ter sido bem-vindos e restauradores."[44] St. John deixou uma profunda impressão sobre os Oppenheimer. Toni se recuperou da crise de pólio e, anos depois, voltaria a essa adorável e paradisíaca ilha para fazer dela seu lar permanente.

SE KITTY POR VEZES tornava a vida familiar angustiante, o distanciamento e o desligamento de Robert o ajudavam a suportar a rotina. Ele escolhera, de forma consciente, permanecer casado, e, em geral, Kitty era perfeitamente capaz de controlar a própria conduta quando queria. Tinha uma vontade de ferro — com ou sem bebida. Certo dia, quando os Dyson tiveram uma crise repentina em casa, Kitty apareceu correndo, de calças jeans, as mãos ainda cheias de lama do trabalho no jardim. "Ela foi uma grande fonte de força para nós, da mesma forma que era para Robert", observou Freeman Dyson.[45] "Sob muitos aspectos, era a mais forte dos dois, e de certa forma a mais segura. Nunca tínhamos a sensação de que era ela quem precisava de ajuda. É verdade que se embebedava de vez em quando, mas nunca pensei em Kitty como uma alcoólatra incontrolável."

Se tinha inimigas, Kitty também tinha amigas. "Sempre nos divertimos tanto com você. Adoro sua casa", escreveu Elinor Hempelmann depois de uma das visitas regulares aos Oppenheimer.[46] Quando "Deke" e Martha Parsons, dois amigos de Los Alamos, iam a Olden Manor, Kitty com frequência os levava para deliciosos piqueniques, nos quais servia ovos, caviar e queijos em torradas de centeio regadas a champanhe. Parsons, um conservador que havia feito carreira na Marinha — na época era almirante —, valorizava as digressões filosóficas com os Oppenheimer. "Caro Oppy", escreveu ele após uma dessas visitas, em setembro de 1950.[47] "Como sempre, nosso fim de semana com você e Kitty foi para nós o grande evento da temporada. Nossas pequenas questões, e até mesmo os problemas do mundo, parecem quase possíveis de solucionar numa atmosfera como essa."

Embora soubesse ser ofensiva quando queria, Kitty também podia ser encantadora e competente. Tinha um senso de humor brincalhão. Certa noite, ao se despedir dos convidados de um jantar, examinou com cuidado o corpanzil de Charley Taft e disse: "Fico tão contente que você não se pareça com seu irmão [o macérrimo senador Robert Taft]."[48] Robert protestou, erguendo as mãos: "Kitty!" Ao que ela retrucou, provocando gargalhadas gerais: "Eu disse a mesma coisa a Allen Dulles." Como Robert, Kitty sempre conseguia fazer um teatro. Assim, se protagonizou episódios histriônicos, também soube montar o palco para muitas performances sofisticadas nas quais ela e Robert faziam o papel de gracioso casal intelectual.

"Foi em outro almoço", escreveu Ursula Niebuhr, esposa do dr. Reinhold Niebuhr, colega de Robert no instituto por um ano. "Esse foi na casa dos Oppenheimer, num belo dia de primavera, e Kitty havia espalhado um monte de narcisos pela casa toda." George Kennan e a esposa também haviam sido convidados. "Robert nunca esteve tão hospitaleiro e encantador." Depois do almoço, os convidados se reuniram para o café na parte inferior da sala de estar da casa. No decorrer da conversa, Robert descobriu que Kennan não tinha familiaridade com o poeta seiscentista George Herbert, um dos favoritos dele. Assim, puxou uma antiga e elegante edição de Herbert da estante e começou a ler em voz alta, "naquela voz simpática", um poema intitulado "The Pulley", sobre a inquietude do homem — um traço que ele sabia ter até demais.

Quando no começo fez o homem, Deus,
Tendo um copo de bênçãos a seu lado [...][49]*

O poema termina com os seguintes versos:

No entanto, permita que ele conserve o resto,
Mas que o conserve com lamentosa inquietude;
Permita que seja rico e cansado, ao menos isto,
Se a bondade não o conduzir, que o cansaço
*Possa lançá-lo em direção ao Meu peito.*****

---

*   When God at first made man/ Having a glass of blessings standing by [...]
**   Yet let him keep the rest,/ But keep them with repining restlessness;/ Let him be rich and wearie, that at least,/ If goodnesse leade him not, yet wearnesse/ May tosse him to My breast.

30

"Ele nunca deixava entrever os pensamentos"

Nosso monopólio atômico é como um punhado de gelo derretendo ao sol.
ROBERT OPPENHEIMER, *TIME*, 8 DE NOVEMBRO DE 1948

EM 29 DE AGOSTO de 1949, a União Soviética explodiu secretamente uma bomba atômica num local de testes isolado no Cazaquistão. Nove dias depois, um bombardeiro norte-americano B-29 de reconhecimento e detecção atmosférica voando sobre o Pacífico Norte captou leituras radioativas num filtro de papel especial projetado especificamente para detectar esse tipo de explosão. Em 9 de setembro, a notícia foi transmitida a funcionários de alto escalão do governo Truman. Ninguém queria acreditar, e o próprio presidente manifestou ceticismo. Para resolver a questão, decidiu-se que um painel de especialistas analisaria a evidência. De modo sugestivo, o Departamento de Defesa escolheu Vannevar Bush para comandar o painel. Ao ser chamado, Bush sugeriu que seria mais razoável que o dr. Oppenheimer o liderasse.[1] Entretanto, um general da Força Aérea disse a Bush que preferia que o comando ficasse com ele.

Bush aquiesceu, mas se certificou de que poderia contar com Oppenheimer. Este tinha acabado de voltar de Perro Caliente quando Bush telefonou para lhe dar a notícia. O painel de especialistas se reuniu por cinco horas na manhã de 19 de setembro. Embora Bush presidisse a sessão, Oppenheimer direcionou muitas das perguntas, e já na hora do almoço estavam todos convencidos de que a evidência era avassaladora: "Joe-1" de fato configurava o teste de uma bomba atômica, e, aliás, tratava-se de um dispositivo muito parecido com a bomba de plutônio do Projeto Manhattan.

No dia seguinte, Lilienthal informou o presidente Truman sobre as conclusões do painel e pediu-lhe que fizesse um anúncio imediato. Lilienthal anotou em seu diário que "usei todos os argumentos de que dispunha, com mínimo progresso aparente".[2] Truman recusou o pedido. Disse a Lilienthal que não estava seguro de que os soviéticos possuíssem uma bomba real e refletiria sobre a questão por alguns dias. Quando Oppenheimer ouviu isso, ficou incrédulo e aborrecido, pois os Estados Unidos estavam perdendo uma oportunidade, disse para Lilienthal, de tomar a iniciativa.

Por fim, três dias depois, Truman, ainda em dúvida, anunciou com relutância que havia ocorrido uma explosão atômica na União Soviética, mas, deliberadamente, recusou-se a dizer que fora uma bomba. Edward Teller, chocado, ligou para Robert e perguntou: "O que fazemos agora?" Oppie retrucou, lacônico: "Não perca a paciência."[3]

"A 'Operação Joe' é apenas a concretização de uma expectativa", disse Oppenheimer, calmo, a um repórter da revista *Life* naquele outono.[4] Ele nunca havia imaginado que o monopólio norte-americano duraria muito. Um ano antes, dissera à revista *Time*: "Nosso monopólio atômico é como um punhado de gelo derretendo ao sol."[5] Esperava que a bomba soviética persuadisse Truman a mudar de curso e renovar os esforços feitos em 1946 para internacionalizar o controle sobre a tecnologia nuclear. No entanto, também receava que o governo tivesse uma reação exagerada, porque, aqui e ali, ouvira conversas sobre guerra preventiva.[6] David Lilienthal encontrou o amigo "frenético", tomado pela tensão. Ele disse a Lilienthal: "Não podemos falhar desta vez, pois este pode ser um fim para o desagradável sigilo."[7]

Oppenheimer acreditava que a obsessão do governo Truman com o sigilo era ao mesmo tempo irracional e contraproducente. Ao longo do ano, ele e Lilienthal vinham tentando convencer o presidente e seus assessores a empreender uma abertura sobre questões nucleares. Agora que a União Soviética tinha a bomba, raciocinaram, não fazia mais sentido o excesso de sigilo. Numa reunião do Comitê de Aconselhamento Geral da AEC, Oppenheimer manifestou a esperança de que o feito soviético forçasse os Estados Unidos a adotar uma "política de segurança mais racional".[8]

Ao mesmo tempo que Oppenheimer advertia contra qualquer reação drástica, os legisladores no Capitólio começaram a falar em medidas para conter a conquista da União Soviética. Alguns dias depois, Truman endossou uma proposta dos chefes do Estado-Maior Conjunto para aumentar a produção de armas nucleares. O estoque de armas atômicas dos Estados Unidos, que em junho de 1948 estava em cerca de cinquenta bombas, aumentaria rapidamente para cerca de trezentas por volta de junho de 1950.[9] E era só o começo. O comissário Lewis Strauss, da AEC, fez circular um memorando no qual argumentava que a superioridade militar norte-americana sobre os soviéticos inevitavelmente diminuiria. Fazendo uma analogia com a física, ele sugeriu que os Estados Unidos só poderiam recuperar a vantagem absoluta com um "salto quântico"[10] em tecnologia. A nação precisava de um programa emergencial para desenvolver a superbomba, uma arma termonuclear.

Truman nem sequer tinha consciência da possibilidade de uma superbomba até outubro de 1949,[11] mas quando foi informado sobre isso ficou intrigado. Oppenheimer sempre fora cético. "Não tenho certeza de que vá funcionar", escreveu a Conant, "nem que possa ser levada até o alvo, exceto por um carro de bois", uma vez que se esperava que fosse grande demais para ser transportada num avião.¹² Profundamente perturbado pelas implicações éticas de uma arma milhares de vezes mais destrutiva que as bombas de Hiroshima e Nagasaki, Oppie esperava que a construção da superbomba se revelasse tecnicamente inviável. Muito mais terrível que a bomba atômica (uma arma de fissão), a superbomba (de fusão) com certeza faria escalar a corrida armamentista nuclear. A física da fusão emulava as reações que ocorrem no interior do Sol, o que significava que as explosões de fusão não tinham limites físicos.¹³ Seria possível conseguir explosões maiores simplesmente ao adicionar mais hidrogênio pesado ao dispositivo. Armado com superbombas, um único avião mataria milhões de pessoas em questão de minutos. Seria um artefato grande demais para qualquer alvo militar conhecido — era, portanto, uma arma de assassinato em massa, indiscriminado. A possibilidade de construir uma arma desse tipo horrorizava Oppenheimer tanto quanto provocava a imaginação de vários generais da Força Aérea, dos apoiadores que eles tinham no Congresso e dos cientistas que defendiam a ambição de Edward Teller de construí-la.

Já em setembro de 1943, Oppenheimer havia escrito um relatório secreto em nome de um Painel de Aconselhamento Científico especial composto por ele próprio, Arthur Compton, Ernest Lawrence e Enrico Fermi. O relatório aconselhava que "não fosse feito nenhum esforço [para construir uma superbomba, ou bomba H] no presente momento".¹⁴ Por questões de segurança, porém, a possibilidade de desenvolver tal arma "não deve ser esquecida". Mas não era um imperativo. Oficialmente, Robert não externou preocupações éticas. Já Compton — falando por ele próprio, Oppenheimer, Lawrence e Fermi — escreveu para Henry Wallace e explicou: "Sentimos que o desenvolvimento [da bomba H] não deve ser levado a cabo basicamente *porque achamos melhor sofrer uma derrota na guerra do que obter uma vitória ao custo do enorme desastre humano que seria causado por usá-la*" (grifo nosso).

Nos quatro anos seguintes, muita coisa mudou. As relações com a União Soviética se deterioraram, as armas nucleares surgiram como a âncora da emergente política de contenção dos Estados Unidos e o arsenal nuclear norte-americano se expandiu para mais de cem bombas atômicas cada vez maiores. A questão era óbvia: "Que efeito teria essa nova arma gigantesca, se fosse construída, para a segurança do país?"

Em 9 de outubro de 1949, Oppenheimer esteve em Cambridge, Massachusetts, para participar de uma reunião do Conselho de Supervisores de Harvard, para o qual fora eleito naquela primavera. Hospedou-se na casa de Conant, na rua Quincy, e teve com o presidente de Harvard uma "longa e difícil discussão que, por incrível que pareça, nada teve a ver com a universidade".¹⁵ Eles sabiam que teriam que fazer uma recomendação sobre a superbomba numa reunião do Comitê de Aconselhamento Geral ainda naquele mês. Então, seria natural que ventilassem suas preocupações, e foi provavelmente nessa ocasião que Conant disse a Oppenheimer que a bomba de hidrogênio seria construída apenas "sobre meu cadáver". Conant estava indignado com a ideia de que um país civilizado nem sequer considerasse uma arma tão monstruosa e assassina, enquanto ele a considerava nada menos do que uma máquina de genocídio.

Alguns dias depois, em 21 de outubro, após ter sido informado da situação corrente da pesquisa termonuclear, Oppenheimer escreveu a Conant uma longa carta. Reconheceu que, na ocasião da última conversa que haviam tido, "eu estava inclinado a pensar que a superbomba talvez pudesse ser relevante". Tecnicamente, ele ainda pensava que a situação da superbomba "não era muito diferente do que quando conversamos pela primeira vez sobre ela, mais de sete anos atrás: uma arma de configuração, custo, viabilidade e valor militar desconhecidos". A única coisa que havia mudado em sete anos fora o clima da opinião pública no país. Oppie ressaltou que "dois experientes especialistas — Ernest Lawrence e Edward Teller — vinham trabalhando no dispositivo. O projeto havia muito era a menina dos olhos de Teller, e Ernest agora está convencido de que precisamos aprender com a Operação Joe [a explosão atômica soviética] que os russos em breve construirão a superbomba, e que é melhor chegarmos na frente nessa corrida".

Oppenheimer e os demais membros do GAC acreditavam que os problemas técnicos associados à construção da bomba H ainda eram imensos. Além disso, ele e Conant também estavam profundamente perturbados com as implicações políticas de uma superbomba. "O que me preocupa", escreveu Oppenheimer a Conant, "é que essa coisa parece ter capturado a imaginação tanto dos congressistas quanto dos militares, os quais parecem pensar que ela seria *a resposta* ao problema apresentado pelo avanço russo [no desenvolvimento de armas atômicas]. Seria tolo opor-se à sua exploração. Sempre soubemos que ela teria que ser feita; e de fato precisa ser feita. [...] *Mas nos comprometermos com ela como se fosse a única maneira de salvar o país e garantir a paz parece muito perigoso*".[16]

Depois de observar que os chefes do Estado-Maior Conjunto já estavam inclinados a solicitar ao presidente a criação de um programa emergencial para construir a bomba H, Oppie manifestou preocupação com o fato de que "o clima entre os físicos também parece mostrar sinais de mudança".[17] Mesmo Hans Bethe, escreveu ele, estava pensando em retornar a Los Alamos para trabalhar na superbomba em tempo integral.

Bethe, na verdade, estava indeciso e chegaria a Princeton naquela tarde, acompanhado de Edward Teller, que já estava percorrendo o país, recrutando físicos para voltar a Los Alamos. Segundo Teller, Bethe já tinha concordado em trabalhar no projeto. Bethe o desmentiu, insistindo que viera a Princeton a conselho de Oppie. Ao chegar, encontrou Oppenheimer "igualmente indeciso e perturbado em relação ao que deveria ser feito. Não obtive dele o conselho que esperava".[18]

Embora tenha revelado muito pouco das opiniões que tinha a respeito da superbomba, Robert disse a Bethe e a Teller que Conant não estava de acordo com um programa emergencial. Mas, como Teller chegara a Princeton certo de que enfrentaria a oposição de Oppie, deixou a cidade felicíssimo ao perceber que o colega parecia estar em cima do muro. Além disso, esperava que Bethe se juntasse a ele em Los Alamos.

Passado um tempo, porém, Bethe discutiu a bomba H com o amigo Victor Weisskopf, o qual argumentou que um confronto com armas termonucleares seria suicídio. "Concordamos que, depois de uma guerra como essa", disse Bethe, "ainda que ganhássemos, o mundo não seria [...] como o mundo que queremos preservar. Perderíamos tudo pelo que estávamos lutando. Foi uma conversa muito longa e difícil".[19] Alguns dias depois, Bethe telefonou para Teller e lhe comunicou a decisão que tomara. "Ele ficou decepcionado", recordou Bethe. "Eu fiquei aliviado." Ainda assim, apesar do papel central de Weisskopf, Teller estava convencido de que fora Oppenheimer o responsável pela reviravolta.

Nesse ínterim, Robert também estava tendo conversas difíceis, angustiado com a questão, apesar de seus escrúpulos científicos, políticos e morais. Desempenhando de forma responsável seu papel como presidente do GAC, ele fez um enorme esforço para conter os próprios instintos e as próprias inclinações, colocando-se numa posição de escuta. Conant, decerto, não se sentia da mesma forma. Ao receber uma carta de Oppenheimer de 21 de outubro, respondeu com dureza, e disse a Oppie, provavelmente num telefonema, que, se a questão da superbomba chegasse ao Comitê de Aconselhamento Geral, ele "sem dúvida se oporia a ela por ser uma loucura".[20]

ÀS DUAS DA TARDE de sexta-feira, 28 de outubro de 1949, Oppenheimer convocou a 18ª reunião (desde janeiro de 1947) do Comitê de Aconselhamento Geral na sala de conferências da AEC na avenida Constitution.[21] Ao longo dos três dias seguintes, Isidor I. Rabi, Enrico Fermi, James Conant, Oliver Buckley (presidente da Bell Telephone Laboratories), Lee DuBridge, Hartley Rowe (diretor da United Fruit Company) e Cyril Smith ouviriam especialistas como George Kennan e o general Omar Bradley e debateriam com cautela os méritos da superbomba. Três comissários da AEC — Lewis Strauss, Gordon Dean e David Lilienthal — também participariam de algumas das sessões do GAC. Todos entendiam que o governo Truman deveria passar a impressão de estar tomando atitudes firmes e concretas em resposta ao feito soviético. Lilienthal anotara em seu diário no dia anterior que Ernest Lawrence e outros defensores da superbomba "só podem ser descritos como salivantes diante da perspectiva e 'sedentos de sangue'".[22] Esses homens, escreveu ele, acreditam "que não há nada em que se pensar". Pouco antes do início oficial da reunião do GAC, Oppenheimer apresentou uma carta que tinha recebido do químico Glenn Seaborg, o único membro do GAC ausente. Em 1954, os críticos de Oppie sugeriram que ele não revelara as opiniões de Seaborg, mas um dos integrantes do GAC, Cyril Smith, lembrou que ele havia mostrado a carta para todos os presentes antes do início da reunião. Embora com relutância, Seaborg tendia a pensar que os Estados Unidos precisavam desenvolver a superbomba. "Ainda que eu deplore as perspectivas de investir um enorme esforço nesse projeto", escreveu ele, "devo confessar que não tenho sido capaz chegar à conclusão do contrário. [...] Eu teria que ouvir argumentos muito bons para ter a coragem de recomendar não seguirmos adiante com esse programa".[23]

Oppenheimer fez questão de não expressar as próprias opiniões até que todos tivessem falado. "Ele nunca deixava entrever os pensamentos", recordou DuBridge.[24] "Todos que compunham a mesa deram uma opinião, e eram todas negativas." Lilienthal ouviu Conant, "quase translúcido de tão cinzento",[25] murmurar: "Nós construímos um Frankenstein" — como se fosse loucura construir um novo. Rabi mais tarde recordou que "Oppenheimer seguiu a condução de Conant"[26] durante as discussões do fim de semana. Segundo Gordon Dean, as "implicações morais foram discutidas longamente". Lilienthal anotou em seu diário no sábado à noite que Conant argumentara "francamente contra [a bomba H] com base em fundamentos morais. Quando Buckley sugeriu que não havia diferença moral entre uma bomba atômica e uma superbomba", observou Lilienthal, "Conant discordou: existiam graus de moralidade".[27] E, quando Strauss destacou que a decisão final seria tomada em Washington e não por voto popular, Conant retorquiu: "Se a decisão vai ser efetivada ou não, depende de como o país vê essa questão moral." Conant chegou a perguntar: "Podemos remover o sigilo disso — quero dizer, o fato de que algo assim está sendo considerado?"

Rabi, de modo presciente, observou que Washington sem dúvida decidiria ir adiante com o projeto, e que a única questão era "quem estaria disposto a aderir".[28] Durante a sessão de dia inteiro no sábado, Fermi sugeriu que era "preciso investigar e construir"[29] a superbomba, mas que o exame da viabilidade "não exclui a pergunta: Devemos usá-la?". Lilienthal já tinha chegado a uma conclusão: "[a superbomba] não favoreceria a defesa comum e poderia nos prejudicar, tornando as perspectivas de outro curso — o da paz — ainda piores do que já estão."

Na manhã de domingo, os oito membros do GAC presentes chegaram a um consenso: objetariam a um programa emergencial para desenvolver a superbomba, com base em posições científicas, técnicas e morais. Rabi e Fermi qualificaram sua oposição à arma — que chamaram de "algo ruim sob todos os aspectos" — com uma proposta para que os Estados Unidos "convidem outras nações a se juntarem a nós num compromisso solene" de não a construir. Oppenheimer considerou aderir à proposta Rabi-Fermi, mas, no fim, ele e a maioria do comitê recomendaram a não implementação de um programa acelerado para construir a bomba H, sob o argumento de que não era nem necessária como elemento de dissuasão, nem benéfica para a segurança do país.

Embora Oppenheimer tenha oferecido argumentos pragmáticos sobre "se a superbomba será mais barata ou mais cara do que a bomba de fissão", o relatório do comitê deixou claro que a política de armas nucleares não deveria mais ser decidida num vácuo moral. Convencidos de que o trabalho científico e técnico na superbomba abria uma chance de pelo menos 50% de que a arma fosse construída, eles primeiro deixaram claro por que qualquer programa emergencial para fabricá-la acabaria por minar a segurança norte-americana.

Todos concordavam que limitar a questão a considerações técnicas e políticas, porém, era não só uma falta de responsabilidade, como também um abandono do dever. Eles eram, afinal, a elite veterana do Projeto Manhattan, os homens que haviam fornecido a inteligência científica necessária para a criação da bomba atômica, instigados por um sentido patriótico. Haviam seguido o comando de um governo determinado a usar a nova arma na guerra. Oppenheimer trabalhara para conter cientistas como Leo Szilard e Robert Wilson, que haviam levantado objeções morais ao uso do dispositivo contra o Japão, mas essas discussões tinham ocorrido num contexto de guerra total, numa época em que a bomba atômica era algo inteiramente novo, e os cientistas não tinham experiência em questões de política de Estado.

Em 1949, no entanto, as circunstâncias eram totalmente diferentes. Os Estados Unidos não estavam em guerra, a corrida de armas nucleares assumira um caminho novo e perigoso com o sucesso soviético e os membros do GAC eram os cientistas atômicos mais informados e experientes dos Estados Unidos. Todos concordavam que armas que pudessem aniquilar a vida na Terra não podiam ser discutidas num vácuo de política militar. Considerações morais eram tão importantes quanto avaliações técnicas.

"O uso dessa arma provocará a destruição de inúmeras vidas humanas", escreveu Oppenheimer.[30] "Não é uma arma que possa ser utilizada exclusivamente para a destruição de instalações de propósito militar ou semimilitar. Seu uso, portanto, mais do que a bomba atômica em si, leva a outro patamar a política de extermínio de populações civis."

Oppenheimer temia que a superbomba fosse grande demais — ou, em outras palavras, que qualquer alvo militar legítimo para um dispositivo termonuclear fosse "demasiado pequeno".[31] Se a bomba de Hiroshima envolvia uma carga explosiva equivalente a 15 mil toneladas de TNT, uma bomba termonuclear, caso viabilizada, poderia explodir com a força de 100 milhões de toneladas. Era grande demais até mesmo para a destruição de uma cidade específica, podendo arrasar facilmente áreas de quatrocentos a 2.500 quilômetros quadrados, ou mais. Como concluiu o relatório do GAC, "uma superbomba poderia se tornar uma arma de genocídio". Ainda que nunca fosse usada, sua mera presença no arsenal dos Estados Unidos, em última análise, solaparia a própria segurança norte-americana. "A existência de tal arma em nosso arsenal", afirmava o relatório do GAC, "teria efeitos de longo alcance na opinião mundial". Pessoas razoáveis poderiam concluir que os Estados Unidos estavam dispostos a contemplar um cenário de

Armagedom. "Assim, acreditamos que o efeito psicológico de possuir tal arma seria contrário a nossos interesses."

Assim como Conant, Rabi e os demais, Oppenheimer esperava que a superbomba "jamais fosse produzida" e a recusa em construí-la permitisse a reabertura das negociações de controle de armas com os russos. "Acreditamos que uma superbomba jamais deva ser produzida", escreveu Oppenheimer em nome da maioria. "Seria muito melhor para a humanidade não ter uma demonstração da viabilidade dessa arma."

Como observou mais adiante McGeorge Bundy, os autores do relatório do GAC estavam simplesmente argumentando em favor do tipo de tratado de controle de armas finalmente negociado na década de 1970. Mas e se a proposta não fosse aceita? E se os soviéticos fossem os primeiros a obter a superbomba? Nesse caso, eles teriam que testá-la — bombas de hidrogênio não podem ser desenvolvidas sem testes —, e esse teste, sem dúvida, seria detectado. "Ao argumento de que os russos poderiam ter sucesso no desenvolvimento da bomba H, responderíamos que nosso êxito não seria motivo para detê-los. Se usassem a arma contra nós, as represálias empreendidas com nosso grande estoque de bombas atômicas seriam comparativamente efetivas."[32]

Com efeito, se a superbomba não fosse uma arma militar viável — porque não haveria alvo grande o bastante —, o relatório de Oppenheimer e do GAC argumentava que seria ao mesmo tempo mais econômico e mais efetivo do ponto de vista militar acelerar a produção de materiais físseis para produzir armas atômicas pequenas e táticas.[33] Aliadas à reunião de forças militares convencionais na Europa Ocidental, essas armas "de campo" forneceriam ao Ocidente um elemento de dissuasão mais efetivo e aceitável contra qualquer força de invasão soviética concebível. Era a primeira proposta séria para a "suficiência" nuclear, um conceito estratégico que propunha a criação de um arsenal atômico concebido para fins específicos, em vez de motivado por uma corrida irracional.

Oppenheimer ficou satisfeito com o resultado das deliberações do GAC. Já a secretária pessoal dele, Katherine Russell, não estava tão segura. Depois de datilografar o relatório final, ela previu: "Isso vai lhe causar uma porção de problemas."[34] De qualquer forma, Oppie ficou agradecido ao saber que, em 9 de novembro de 1949, os comissários da AEC, numa votação de três contra dois, haviam decidido endossar as recomendações do comitê. Lilienthal, Pike e Smyth votaram contra o estabelecimento de um programa emergencial para desenvolver a superbomba; Strauss e Dean votaram a favor.

INGENUAMENTE, OPPENHEIMER ACHOU QUE a batalha contra a superbomba estava ganha. Logo ficou claro, porém, que Teller, Strauss e outros defensores da bomba de hidrogênio estavam preparando uma contraofensiva. O senador Brien

McMahon disse a Teller que o relatório do GAC "me dá náuseas". McMahon acreditava que a guerra com os soviéticos era "inevitável". Ele disse a um perplexo Lilienthal que os Estados Unidos "deveriam varrê-los da face da Terra, e rápido, antes que possam fazer o mesmo conosco".[35] O almirante Sidney Souers advertiu: "Ou nós construímos [a bomba H] ou esperamos até que os russos joguem uma em nós." Muitos em Washington tiveram reações igualmente apocalípticas. O debate sobre a superbomba havia cristalizado a histeria subjacente da Guerra Fria e dividido os responsáveis pela formulação de políticas e os políticos em dois campos opostos — incitadores e controladores de armas.

Respondendo a um vigoroso *lobby*, o presidente Truman pediu a Lilienthal, presidente da AEC, a Louis Johnson, secretário de Defesa, e a Dean Acheson, secretário de Estado, que voltassem a estudar o assunto e fizessem uma recomendação final. Lilienthal, é claro, opunha-se firmemente ao desenvolvimento da superbomba. Johnson era a favor. Apenas Acheson estava indeciso, porém, sendo um homem de agudos instintos políticos, sabia o que a Casa Branca queria. Depois que Oppenheimer o informou sobre a bomba H, o secretário de Estado processou em termos simplistas a explicação cheia de nuances de Oppie sobre o relatório do GAC: "Escutei com todo o cuidado", explicou ele a um colega, "mas não entendo o que Oppie estava tentando dizer. Como é possível persuadir um adversário paranoico a se desarmar 'por meio do exemplo'?".[36]

O ceticismo evidente de Acheson levou Oppenheimer a perceber que não tinha muitos aliados no governo. No entanto, George Kennan, que naquele outono se preparava para renunciar ao posto de diretor da equipe de planejamento de políticas no Departamento de Estado, continuava sendo um forte aliado. Embora Acheson em certa época tivesse grande consideração pelos conselhos de Kennan, houve uma mudança e ambos raramente concordavam em questões substanciais. O arquiteto da política de contenção norte-americana estava insatisfeito com o grau de militarização que a política havia adquirido. A desilusão chegara ao auge quando o governo Truman, em reação à intransigência dos dirigentes soviéticos, rompeu o acordo com a URSS e estabeleceu um governo independente na Alemanha Ocidental.[37] Assim, no fim de setembro de 1949, frustrado e isolado, Kennan anunciou sua intenção de deixar totalmente o serviço governamental.

Kennan se encontrara pela primeira vez com Oppenheimer numa palestra no War College em 1946.[38] "Ele estava vestindo o habitual terno marrom com calças compridas demais", disse Kennan.[39] "Parecia mais um aluno de pós-graduação do que um homem distinto. Andou até a beira do palco e falou sem recorrer a anotações, pelo que me lembro, por quarenta ou cinquenta minutos, e com uma escrupulosidade e lucidez tão impressionantes que ninguém ousou fazer perguntas."

Ao longo de 1949 e 1950, Kennan e Oppenheimer desenvolveram uma estreita amizade, baseada em respeito mútuo e educação. Oppie o convidou a ir a Princeton para dar um seminário confidencial sobre armas nucleares. Kennan também havia tido longas tratativas com Oppenheimer sobre a questão do acesso britânico e canadense ao urânio. "Ele mantinha todas as discussões em altíssimo nível", recordou-se Kennan.[40] "Era um homem que se movia com rapidez no sentido intelectual, e sempre com muita precisão e grande percepção. [Nessas reuniões] ninguém queria se envolver em trivialidades, nem fazer nada além de dar o melhor de si em termos intelectuais."

Em 16 de novembro de 1949, em meio ao debate sobre a superbomba, Kennan foi mais uma vez a Princeton. Ele e Oppenheimer conversaram longamente sobre "a presente questão atômica".[41] Oppie considerou a visita "inspiradora". Julgava as opiniões de Kennan "não doutrinárias" e "empáticas". Na época, Kennan sugeriu que, em resposta à bomba soviética, o presidente propusesse uma moratória na construção da superbomba. "Do meu ponto de vista", escreveu Oppenheimer a Kennan no dia seguinte, "suas sugestões parecem razoáveis". No entanto, advertiu Kennan de que, "no presente clima de opiniões", não seriam vistas dessa forma por muitos em Washington, pessoas cujas noções de defesa "atingiram um estado absoluto de rigidez". E, demonstrando toda a sensibilidade política que havia adquirido, acrescentou: "Devemos estar preparados para enfrentar e superar os argumentos segundo os quais as propostas que você apresenta são perigosas demais."

Ao receber o aviso, Kennan sentou-se e tentou esboçar uma possível declaração presidencial a fim de anunciar a decisão de não construir uma bomba H "no momento". Em uma linguagem eloquente, que refletia de modo substancial a análise do GAC a respeito do assunto, Kennan ressaltou três motivos sucintos para não avançar com o projeto de uma arma de "poder destrutivo quase ilimitado". Em primeiro lugar, "essa arma poderia não ter aplicações exclusivamente militares".[42] Além disso, "não existe segurança absoluta", e o então arsenal atômico do país era mais do que suficientemente poderoso para deter qualquer tipo de ataque. Por fim, "tomar esse caminho não impediria que outros fizessem o mesmo". Pelo contrário: construir uma superbomba sem dúvida inspiraria outros países nesse sentido.

O discurso nunca foi feito, mas, ao longo das seis semanas seguintes, Kennan detalhou essas ideias num relato formal de oitenta páginas que reexaminava todo o problema relativo às armas nucleares. Mostrou um primeiro rascunho do texto para Oppenheimer, que o julgou "meticulosamente admirável".[43] Esse artigo presciente, ainda que menos conhecido que seu famoso ensaio de 1947, "Foreign Affairs", o qual propunha uma política de contenção, é um documento seminal dos primórdios da Guerra Fria. O próprio Kennan, tempos depois, o descreveu como "um dos mais importantes documentos, se não o mais importante, que escrevi no governo". Sabendo da controvérsia que provocaria, Kennan o enviou a Acheson em 20 de janeiro de 1950 como "documento pessoal".

O artigo, intitulado "*Memorandum*: The International Control of Atomic Energy", desafiava premissas fundamentais subjacentes à visão que o governo Truman tinha tanto da bomba quanto da União Soviética. Adotando a perspectiva de Oppenheimer, Kennan argumentava que a bomba atômica era perigosa justamente por ser vista, de modo equivocado, como uma panaceia barata para a ameaça soviética. Fazendo eco a Oppie, ele escreveu que os "militares" haviam adotado a superbomba como a resposta a dar ao desenvolvimento da bomba por parte dos russos: "Receio que a bomba atômica, com a vaga e altamente perigosa promessa de resultados 'decisivos', [...] de soluções fáceis para problemas humanos profundos, venha a impedir a compreensão daquilo que é importante para uma política clara e limpa e nos leve a fazer um mau uso dela e dissipar nossa força nacional."[44]

Kennan rogou a Acheson que não apoiasse o desenvolvimento de uma arma de destruição em massa ainda mais terrível que as bombas de Hiroshima e Nagasaki sem primeiro tentar negociar com os soviéticos um regime abrangente de controle de armas nucleares, como Oppenheimer sugerira. Se as negociações não prosperassem, Kennan argumentava que os Estados Unidos não deveriam fazer do armamento atômico a peça central de sua defesa, mas, sim, deixar claro para os soviéticos que viam as armas atômicas como elementos "supérfluos para o nosso procedimento militar básico — como algo que somos obrigados a manter em razão da possibilidade de que sejam usadas por nossos oponentes".[45] Um pequeno número dessas armas, escreveu ele, seria suficiente para impedir que a União Soviética usasse a bomba contra o Ocidente.

Até esse ponto, o memorando de Kennan seguia a lógica das recomendações do relatório do GAC de 30 de outubro de 1949. Mas Kennan levantou outra ideia, considerada pouco tempo antes por Oppenheimer. Em vez de se apoiar num grande arsenal de bombas atômicas, Washington deveria aumentar substancialmente seus estoques de armas convencionais, sobretudo na Europa Ocidental. Os soviéticos precisavam entender que o Ocidente se dispunha a colocar em campo tropas e armamentos convencionais suficientes para deter qualquer invasão. Esse obstáculo permitiria que Washington arrogasse então uma política de "não iniciativa de uso" de armas nucleares. Os Estados Unidos, argumentou ele, deviam "se mover o mais rápido possível no sentido de remover as armas atômicas de seus arsenais, sem insistir numa mudança profunda no sistema soviético".[46]

Kennan encarava o regime de Stálin como uma tirania repreensível, mas não achava que o ditador soviético fosse imprudente. Este seguramente estava determinado a defender seu império, mas isso não significava que pretendesse empreender uma guerra contra os aliados ocidentais que inevitavelmente ameaçaria a estabilidade de seu regime. Stálin compreendia que o confronto com o Ocidente poderia muito bem arruinar a União Soviética. "Eu tinha plena convicção", disse mais tarde Kennan, "de que eles estavam absolutamente saturados da guerra. Stálin nunca desejou outra grande guerra".[47]

Em suma, Kennan acreditava que considerações estratégicas, e não o monopólio atômico norte-americano, haviam impedido a invasão soviética da Europa

Ocidental entre 1945 e 1949. Como os soviéticos tinham a bomba atômica, Kennan argumentava que não fazia sentido para os Estados Unidos entrar numa corrida desenfreada por armamentos nucleares. Assim como Oppenheimer, acreditava que a bomba, em última análise, era uma arma suicida, portanto militarmente inútil e perigosa. Além disso, estava confiante de que a União Soviética, entre os dois adversários, era o mais fraco em termos políticos e econômicos e, devido a isso, a longo prazo os Estados Unidos poderiam desgastar o sistema soviético por meio da diplomacia e da "exploração judiciosa de nossa força como dissuasora de um conflito mundial".[48]

O "documento pessoal" de oitenta páginas poderia muito bem ter sido coescrito com Oppenheimer, uma vez que refletia muitas das opiniões do físico. Na verdade, tanto ele quanto Kennan encararam a recepção do documento como um barômetro de influência que indicava a aproximação de violentas tempestades políticas. Circulando no Departamento de Estado, o memorando de Kennan foi silenciosa e firmemente rejeitado por *todos* que o leram. Certo dia, Acheson chamou Kennan a seu gabinete e disse: "George, se você persistir nessa opinião, é melhor renunciar ao Departamento de Estado, vestir um traje de monge, levar uma latinha na mão e ficar parado na esquina anunciando 'O fim do mundo se aproxima'."[49]

Acheson não se deu sequer o trabalho de mostrar o memorando de Kennan ao presidente Truman. Àquela altura, Oppenheimer estava ciente do lado para o qual sopravam os ventos. Edward Teller estava ganhando. Entretanto, nesse caso, ainda tinha esperança de que os obstáculos técnicos no projeto de um dispositivo termonuclear pudessem se revelar intransponíveis. "Deixem Teller e [John] Wheeler seguirem em frente", afirma-se que ele teria dito. "Deixem que batam com a cara no muro."[50] Em 29 de janeiro de 1950, Robert topou com Teller numa conferência da Sociedade Americana de Física em Nova York e admitiu achar que Truman rejeitaria sua recomendação sobre a superbomba. Nesse caso, Teller perguntou: Será que ele voltaria a Los Alamos para trabalhar no projeto? "De jeito nenhum", rebateu Oppie.[51]

Um dia depois, estando em Washington para uma reunião do GAC, Oppenheimer decidiu dar uma passada numa reunião especial do Comitê Conjunto de Energia Atômica convocada pelo senador Brien McMahon para discutir a superbomba. Ele sabia que McMahon estava pressionando o presidente a aprovar um programa emergencial para desenvolver a superbomba e que, portanto, as opiniões dele não seriam bem-vindas. Ainda assim, foi até lá e disse a McMahon e aos demais legisladores: "Pensei que seria covardia minha não vir aqui e privá-los da oportunidade de discordar de mim e levantar questões sobre pontos nos quais acham que me enganei."[52] A conduta de Oppie foi de polida resignação. Indagado sobre o que aconteceria caso os russos conseguissem construir a superbomba e os Estados Unidos não, Oppenheimer respondeu: "Se os russos conseguirem a arma e nós não, vai ser muito ruim. Mas, se conseguirem a arma e nós também, vai ser ainda pior." A questão, explicou ele, era que, "seguindo por esse caminho, estaremos fazendo exatamente aquilo que vai acelerar o processo deles e garantir que desenvolvam [a superbomba]". Quando um congressista perguntou a ele se uma guerra travada com bombas de hidrogênio tornaria a Terra imprópria para habitação humana, Robert se interpôs: "Pestífera, o senhor quer dizer?" Na verdade, disse Oppie, estava mais preocupado com a "sobrevivência moral" da humanidade, e explicou sua posição com um ar de absoluta razoabilidade. Embora nenhum dos presentes lhe questionasse a lógica, ele deixou a sala convicto de que não tinha mudado a opinião de ninguém.

No dia seguinte, 31 de janeiro de 1950, Lilienthal, Acheson e o secretário de Defesa, Louis Johnson, atravessaram a rua do antigo prédio do Departamento de Estado até a Casa Branca para uma reunião com o presidente sobre a superbomba. Lilienthal ainda se opunha veementemente ao programa emergencial. Acheson concordava com muitas das objeções de Lilienthal, mas acreditava que fatores políticos internos acabariam por obrigar Truman a seguir em frente com o programa: "O povo norte-americano não iria tolerar uma política de adiamento da pesquisa nuclear, um assunto tão vital."[53] Johnson concordou e disse a Lilienthal que "precisamos proteger o presidente".[54] As coisas tinham chegado a um ponto em que as verdadeiras questões relacionadas à segurança nacional haviam se tornado irrelevantes diante das simplificações impostas pela política doméstica.

De toda maneira, ficou acordado que Lilienthal teria permissão para defender sua opinião. Uma vez no Salão Oval, porém, ele mal havia começado a apresentação quando Truman o interrompeu: "Os russos são capazes de construí-la?"[55] Quando todos assentiram, o presidente voltou a falar: "Nesse caso, não temos escolha. Vamos em frente." Lilienthal anotou em seu diário que o presidente tinha, obviamente, "decidido o que fazer antes mesmo de pisarmos no salão". Alguns meses antes, ele advertira Truman de que demagogos no Congresso tentariam convencê-lo a construir a superbomba. "Eu não me submeto facilmente", respondera Truman. Ao sair da Casa Branca, Lilienthal olhou o relógio. O presidente que não se deixava submeter facilmente lhe dera exatamente sete minutos. Tinha sido, observou Lilienthal, como dizer "'não' a um rolo compressor".[56]

Naquela noite, num discurso pelo rádio que sem dúvida vinha sendo preparado havia algum tempo, Truman anunciou um programa para determinar "a viabilidade técnica de uma arma termonuclear". Ao mesmo tempo, ordenou um reexame geral dos planos estratégicos do país. Isso levou à elaboração de um documento ultrassecreto, o NSC-68, em grande parte produzido por Paul Nitze, sucessor de Kennan como diretor da equipe de planejamento de políticas no Departamento de Estado. Nitze, defensor de um arsenal nuclear robusto, retratava a União Soviética como propensa a uma conquista mundial e clamava por "uma composição rápida e sustentada das forças políticas, econômicas e militares do mundo livre". Tendo circulado em abril de 1950, o NSC-68 rejeitava categoricamente a proposta de Kennan de proclamar uma política de "não iniciativa de uso" de armas nucleares. Ao contrário, um grande arsenal de armas nucleares deveria se tornar a base da estratégia de defesa dos Estados Unidos. Para esse fim, Truman havia autorizado um programa industrial cujo objetivo era expandir em grande escala a capacidade do país de construir ogivas nucleares em todas as configurações.

No fim da década, o estoque de armas nucleares dos Estados Unidos saltaria de cerca de trezentas ogivas para quase 18 mil armas nucleares.[57] Ao longo das cinco décadas seguintes, o país produziria mais de 70 mil armas atômicas e gastaria impressionantes 5,5 trilhões de dólares em programas de armamentos nucleares. Em retrospecto — e mesmo naquela época —, ficou claro que a decisão de construir a bomba H foi o ponto de inflexão na desenfreada corrida armamentista observada durante a Guerra Fria. Assim como Oppenheimer, Kennan ficou extremamente "desgostoso". Isidor I. Rabi estava furioso: "Nunca perdoei Truman", contou.[58]

Após a abreviada reunião com Truman, David Lilienthal disse a Oppenheimer que o presidente havia exigido, ainda, que todos os cientistas envolvidos se abstivessem de discutir a decisão publicamente: "Foi como um funeral, sobretudo quando eu disse que estávamos todos amordaçados."[59] Desolado, Oppenheimer considerou renunciar à posição no GAC. Acheson, temendo que Robert e Conant levassem a causa ao público norte-americano, fez questão de pedir ao presidente de Harvard: "Pelo amor de Deus, não vá me causar problemas!"[60]

Conant comunicou a Oppenheimer a advertência de Acheson de que um debate público seria "contrário ao interesse nacional". Então, mais uma vez, Oppie desempenhou o papel de leal apoiador. Conforme testemunhou algum tempo depois, não parecia sensato renunciar naquele momento e "promover um debate sobre um assunto que já estava resolvido".[61] Conant escreveu a um amigo para dizer que ele e Oppenheimer "não [renunciaram] (ou pelo menos eu não renunciei) porque não queriam fazer algo indicador de que não éramos bons soldados".[62] Em retrospecto, ele lamentou a decisão. Achava que deveriam ter renunciado na mesma hora.

Se tivesse dado esse passo, a vida de Oppenheimer teria sido muito diferente e muito melhor. Mas ele não deu, e, como Conant, mais uma vez se comportou dentro da linha. No entanto, não conseguia disfarçar o desdém pelos que haviam forçado aquela decisão. Na mesma noite do anúncio de Truman, Oppie se sentiu obrigado a comparecer a uma festa no Shoreham Hotel, em comemoração ao 54º aniversário de Strauss. Vendo-o sozinho num canto, um repórter se aproximou e disse: "O senhor não parece muito alegre."[63] Oppenheimer resmungou: "Esta é a praga de Tebas." Quando Strauss tentou apresentar o filho e a nora ao famoso físico, Oppie estendeu a mão de forma brusca e, em seguida, virou-se e foi embora sem proferir uma palavra. Compreensivelmente, Strauss ficou furioso.

* * *

A DECISÃO SOBRE CONSTRUIR a bomba de hidrogênio havia sido tomada na surdina, sem debate público e sem uma avaliação honesta das consequências. O sigilo se tornara servo das políticas da ignorância, e Oppenheimer resolveu se manifestar contra isso. No domingo, 12 de fevereiro de 1950, Strauss ficou irado ao ligar a tevê e ver Oppenheimer no programa de entrevistas de Eleanor Roosevelt questionando abertamente o modo como a decisão de construir a bomba de hidrogênio havia sido tomada. "Esses assuntos são muito técnicos e complexos", disse Oppenheimer, "mas tocam a base de nossa moralidade. É muito perigoso que essas decisões sejam tomadas a partir de fatos mantidos em sigilo".[64] Para Strauss, esses comentários sinalizavam um desafio aberto ao presidente, e ele se certificou de que a Casa Branca recebesse uma transcrição da entrevista.

Ainda naquele verão, no *Bulletin of the Atomic Scientists*, Oppenheimer repetiu "que essas decisões foram tomadas a partir de fatos mantidos em sigilo".[65] Para ele, isso não era necessário nem sensato: "Os fatos relevantes teriam pouca serventia para o inimigo, mas ainda assim são indispensáveis para uma compreensão das questões relativas à formulação de políticas." Ninguém no governo concordava, uma vez que a tendência era no sentido de um sigilo ainda maior.

POR QUASE CINCO ANOS, Oppenheimer tentara usar seu status e seu prestígio como cientista para influenciar internamente o crescente *establishment* da segurança nacional em Washington. Os velhos amigos de esquerda, homens como Phil Morrison, Bob Serber e até mesmo o próprio irmão, o haviam advertido de que seria inútil. Ele fracassara em 1946, quando o plano Acheson-Lilienthal para um controle internacional das bombas atômicas foi sabotado pela nomeação de Bernard Baruch pelo presidente Truman. E então, mais uma vez, ele fracassara em persuadir o presidente e membros do governo a virar as costas para o que Conant descrevera a Acheson como "todo esse negócio podre".[66] O governo passara a apoiar um programa cujo objetivo era construir uma bomba mil vezes mais letal que a de Hiroshima. Ainda assim, Oppenheimer não "iria causar problemas". Permaneceria dentro do sistema — embora estivesse falando cada vez mais e levantando crescentes desconfianças.

31

"Palavras sombrias sobre Oppie"

> *É repugnante, mas como um sopro de vento contra o Gibraltar da grande posição que você ocupa na vida norte-americana.*
> DAVID LILIENTHAL PARA ROBERT OPPENHEIMER, 10 DE MAIO DE 1950

NA SEQUÊNCIA DAQUILO QUE chamou de "nossa grande e mal administrada luta contra a superbomba",[1] Oppenheimer recolheu-se para Princeton, amargo e desencorajado. Naquela primavera, George Kennan lhe escreveu: "Você provavelmente não sabe até que ponto chegou minha consciência intelectual."[2] O debate sobre a superbomba forjara uma aliança entre esses dois formidáveis intelectos, cujos instintos e sensibilidades convergiam em oposição a uma estratégia de defesa baseada na ameaça de uma guerra nuclear.

"O que me vem à mente quando penso naqueles dias", recordou Kennan, "é a insistência dele sobre a necessidade de uma abertura".[3] Oppenheimer argumentava que ocultar informações sobre a bomba aumentava o risco de mal-entendidos. Kennan se lembrou de seu argumento: "Era preciso ter com eles [os soviéticos] as discussões mais francas possíveis sobre os problemas do futuro e do uso da arma." Kennan concordava que as armas nucleares eram inerentemente ruins e genocidas: "As pessoas deveriam ter percebido na época que era uma arma com a qual ninguém tinha nada a ganhar. [...] Toda a ideia de que se poderia conseguir algo de natureza positiva com o desenvolvimento dessas armas me parecia absurda desde o começo."

Em um nível pessoal, Kennan seria eternamente grato a Oppenheimer por levá--lo para o instituto a fim de começar uma carreira nova como notório acadêmico e historiador. "Eu, que devo à sua confiança e ao seu incentivo a oportunidade de fazer de mim o que pude como acadêmico, começando na meia-idade, tenho uma dívida especial com ele."[4] A nomeação de Kennan para o instituto, no entanto, foi altamente controversa; alguns questionaram as credenciais daquele funcionário de carreira do Departamento de Estado que não havia publicado nada que pudesse ser remotamente considerado acadêmico. John von Neumann votou contra a nomeação e escreveu a Oppenheimer para dizer que Kennan "não era, até o momento, um historiador"[5] e ainda precisava produzir alguma obra acadêmica de "caráter excepcional". A maioria dos matemáticos residentes, liderados, como sempre, por Oswald Veblen, argumentou que Kennan era apenas um amigo político de Oppie, não um acadêmico. "Eles se ressentiam de Kennan", lembrou Freeman Dyson, "e utilizaram a situação como uma oportunidade para atacar Oppenheimer".[6] Não obstante, Robert, que desenvolvera um grande apreço pelo intelecto do amigo, forçou a nomeação, dispondo-se a pagar a bolsa de 15 mil dólares de Kennan com verbas de seu Fundo Diretorial.

Kennan passou dezoito meses em Princeton antes de se afastar, relutantemente, na primavera de 1952, quando Truman e Acheson o pressionaram a servir como embaixador dos Estados Unidos em Moscou. Menos de seis meses depois, porém, ele escreveu a Robert para dizer que a permanência em Moscou poderia ser breve.[7] De fato, dez dias mais tarde foi removido da posição, depois de dizer a um repórter que a vida na União Soviética o fazia se lembrar do tempo que passara na Alemanha nazista. Não surpreende, portanto, que os soviéticos o tenham declarado *persona non grata*. Então, após Dwight Eisenhower ter vencido as eleições presidenciais nos Estados Unidos, ficou claro que os republicanos, que haviam ganhado o mandato promovendo um *rollback*, viam pouca utilidade no autor da "contenção". Em março de 1953, Kennan escreveu a Oppenheimer dizendo que acabara de se encontrar com o secretário de Estado, John Foster Dulles, o qual o informara de que "não sabia de nenhum 'nicho' para mim no governo no momento [...] uma vez que estou manchado pela 'contenção'".[8] Assim, Kennan se aposentou de maneira precoce e voltou de imediato para Princeton, a "câmara de descompressão para acadêmicos" de Oppie. Com exceção de um período ligeiramente mais longo como embaixador na Iugoslávia no começo dos anos 1960, Kennan passaria o restante da vida ali. Era vizinho e um dedicado amigo de Robert, que, a seu ver, criara ali um "lugar onde o trabalho da mente podia ser realizado na sua forma mais elevada, de modo gracioso e generoso, e com a mais primorosa escrupulosidade e rigor".

A BOMBA H NÃO foi o único tema em que Oppenheimer se viu resistindo à proliferação de armamentos por conta da Guerra Fria. Em 1949, praticamente desistira de fazer qualquer progresso em termos de desarmamento nuclear num futuro próximo. Ainda acreditava que a visão de Bohr de uma abertura global era a única esperança para a era nuclear. No entanto, acontecimentos nos primeiros tempos da Guerra Fria deixaram claro que as negociações nas Nações Unidas para o controle das armas nucleares haviam chegado a um impasse. Em vez disso, Oppenheimer tentou usar sua influência para colocar um amortecedor nas crescentes expectativas do governo e do público em relação a tudo que envolvesse energia nuclear. Naquele verão, segundo artigos na imprensa, ele teria dito que "energia nuclear para aviões e navios de combate é uma grande bobagem".[9] Já no GAC, o Comitê de Aconselhamento Geral, Oppie e outros cientistas criticaram o Projeto Lexington da Força Aérea, um programa destinado a desenvolver bombardeiros movidos a energia nuclear. Oppenheimer também falou sobre os perigos inerentes a usinas civis de energia nuclear. Essas declarações não o tornavam benquisto para os integrantes do *establishment* da defesa ou da indústria energética que defendiam o desenvolvimento de tecnologias baseadas na energia nuclear.

De fato, as experiências do GAC com a linha-dura das Forças Armadas deixaram todos seus integrantes cada vez mais desconfortáveis com o planejamento militar de bombas nucleares. "Sei que houve um bocado de discussão sobre alvos na União Soviética", recordou Lee DuBridge, "e quantas [bombas] seriam necessárias para arrasar os centros industriais mais importantes desse país. [...] Na época, achávamos que cinquenta bombas seriam capazes de acabar com os serviços essenciais na União Soviética".[10] DuBridge sempre achou que essa era uma estimativa bastante razoável. Com o tempo, no entanto, os representantes do Pentágono continuavam encontrando pretextos para aumentar o número de bombas. DuBridge recordou: "De vez em quando ríamos do fato de que eles sempre conseguiam encontrar alvos para qualquer número [de bombas], o qual pensavam que seria possível obter em um ou dois anos. Eles ajustavam suas metas de alvos segundo as metas de produção."

As apresentações de Oppenheimer nas reuniões do GAC eram, via de regra, impecavelmente objetivas. Raras vezes ele revelava alguma emoção. Uma exceção foi quando o vice-almirante Hyman Rickover informou o comitê sobre a pressa da Marinha em desenvolver submarinos nucleares. Rickover queixou-se de que a AEC não estava trabalhando com celeridade suficiente no desenvolvimento de reatores e desafiou Oppenheimer, perguntando se ele tinha esperado até "obter todos os fatos"[11] antes de começar a construir a bomba atômica. Oppie lhe lançou um olhar gélido e disse que sim. Embora o vice-almirante fosse um homem notoriamente arrogante, Robert se conteve até que ele saísse. Então, caminhou até uma mesa onde Rickover havia deixado um pequeno modelo de madeira de um submarino e, colocando as mãos em torno do casco, o esmagou com toda a calma. Depois, saiu silenciosamente.[12]

Oppenheimer estava ampliando seu círculo de inimigos políticos. Como o amigo Harold Cherniss observara anos antes, os comentários de Oppie podiam ser "muito cruéis".[13] Embora quase sempre calmo e atencioso com os subordinados, ele também podia ser muito cortante com os colegas.

Lewis Strauss continuou sendo seu inimigo político mais perigoso. Não esquecera como Oppenheimer ridicularizara as recomendações que fizera numa audiência do Congresso no verão anterior. "Meus dias não têm sido felizes", escreveu Strauss a um amigo em julho de 1949.[14] Tendo sido repetidas vezes o único voto dissidente na AEC em relação a várias outras políticas, Strauss sentia-se na defensiva. Em relação a Oppenheimer e seus amigos, queixava-se privadamente de "que aos olhos dessas pessoas sou culpado de lesa-majestade por ter cometido a afronta de discordar dessas pessoas". Strauss acreditava que Herbert e Anne Wilson Marks, amigos íntimos de Oppenheimer, andavam espalhando histórias "com o objetivo de mostrar que sou um 'isolacionista'".[15] Quando um amigo observou que certas pessoas pareciam pensar que era uma "afronta divergir do dr. Oppenheimer em questões científicas",[16] Strauss escreveu um memorando para os arquivos que mantinha sobre o "tema da onisciência", no qual observou que Oppenheimer certa vez propusera "desnaturar" o urânio — um processo que desde então se provara impossível.

Strauss também se convenceu de que Oppenheimer estava deliberadamente tentando retardar o trabalho com a bomba termonuclear. Pensava nele como "um general que não queria combater. Dificilmente uma vitória seria possível".[17] No começo de 1951, Strauss, embora já não fosse mais comissário da AEC, foi até o presidente da comissão, Gordon Dean, e, com base em um memorando cuidadosamente elaborado, acusou Oppenheimer de "sabotar o projeto" e disse que "algo radical precisa ser feito" — em outras palavras, que Oppenheimer devia ser demitido. Como se para ressaltar os riscos políticos de enfrentar o cientista, encerrou a reunião jogando o memorando na lareira acesa de Dean. Conscientemente ou não, foi um gesto metafórico, pois a segurança do país exigia que a influência de Oppenheimer fosse reduzida a cinzas.

De volta ao outono de 1949, no momento em que o debate sobre a superbomba começava a esquentar, Strauss recebeu uma informação ultrassecreta que alimentou ainda mais as suspeitas com relação a Oppenheimer. Em meados de outubro, o FBI o informou de que mensagens soviéticas descriptografadas indicavam que um espião da URSS havia operado a partir de Los Alamos. As mensagens pareciam implicar um físico britânico, Klaus Fuchs, que chegara ao Novo México em 1944 como membro da missão científica britânica. Nas semanas seguintes, ficaria claro para Strauss e outros que Fuchs havia tido amplo acesso a informações sigilosas tanto sobre a bomba atômica quanto sobre a superbomba.

Enquanto o FBI e os britânicos investigavam Fuchs, Strauss começou uma investigação própria a respeito de Oppenheimer. Telefonou para o general Groves e, referindo-se ao arquivo de Oppenheimer no FBI, indagou sobre o caso Chevalier. Em resposta, Groves escreveu a Strauss duas longas cartas nas quais tentava explicar o que havia acontecido em 1943 e por que aceitara a explicação de Oppenheimer sobre as atividades de Chevalier. Na primeira carta, foi enfático ao dizer que acreditava que Oppenheimer era um norte-americano leal. Na segunda, tentou transmitir a complexidade do caso Chevalier.

Groves também deixou claro que não pensava que o comportamento de Robert no incidente fosse incriminador. "É importante entender que, se tivéssemos eliminado prontamente todo indivíduo que houvesse tido associações com amigos de tendência comunista, ou simpatias pelos russos em uma ou outra época no passado, teríamos perdido muitos de nossos cientistas mais hábeis", escreveu ele a Strauss.[18]

Insatisfeito com a defesa de Oppenheimer feita por Groves, Strauss continuou a busca por informações incriminadoras. No começo de dezembro, entrou em contato com o coronel Kenneth Nichols, o ex-auxiliar de Groves que detestava Oppenheimer. Ao longo dos anos seguintes, Nichols se tornaria um dos assistentes e confidentes de Strauss. Os dois desenvolveram uma ligação baseada na hostilidade a Oppenheimer. Assim, com o maior prazer, Nichols forneceu a Strauss uma cópia da carta de Arthur Compton a Henry Wallace, escrita em setembro de 1945, na qual Compton, supostamente falando também em nome de Oppenheimer, Lawrence e Fermi, afirmava que eles "achavam melhor sofrer uma derrota na guerra"[19] do que vencer usando uma arma genocida como a superbomba. Isso era um insulto para Strauss, que viu na carta uma evidência adicional da perigosa influência de Oppenheimer — o fato de Compton ter escrito a carta e observado que Lawrence e Fermi também apoiavam o argumento não fazia diferença.

NA TARDE DE 1º de fevereiro de 1950, dia seguinte ao anúncio do endosso de Truman à superbomba, Strauss recebeu um telefonema de J. Edgar Hoover.[20] O diretor do FBI lhe informou que Fuchs acabara de confessar seus atos de espionagem. Embora Oppenheimer não tivesse tido nenhuma relação com a transferência de Fuchs para Los Alamos, Strauss sustentou que a espionagem havia ocorrido sob a supervisão dele. No dia seguinte, Strauss escreveu a Truman para dizer que o caso de Fuchs "apenas fortalece a sensatez de sua decisão [sobre a superbomba]".[21] Para Strauss, o caso de Fuchs também confirmava sua obsessão com questões de sigilo e sua oposição em compartilhar tecnologia nuclear e isótopos de pesquisa com os britânicos ou qualquer outra nação. Tanto para Strauss como para Hoover, a revelação de Fuchs também exigia escrutínio renovado sobre o passado esquerdista de Oppenheimer.

No dia em que Oppenheimer ficou sabendo da confissão de Fuchs, por acaso estava almoçando com Anne Wilson Marks no famoso Oyster Bar da Grand Central Station. "Você ouviu a notícia sobre Fuchs?", perguntou ele a sua ex-secretária de Los Alamos.[22] Ambos concordaram que Fuchs sempre parecera um tipo quieto, solitário, até mesmo patético. "Robert ficou estarrecido com a notícia", recordou Wilson. Em contrapartida, ele desconfiava que o conhecimento de Fuchs sobre a superbomba devia se restringir ao inexequível modelo "carro de bois". Na mesma semana, ele disse a Abraham Pais que esperava que Fuchs tivesse contado aos russos tudo que sabia sobre a superbomba, porque isso "os atrasaria em vários anos".[23]

Apenas alguns dias antes que a confissão de Fuchs viesse a público, Oppenheimer testemunhou numa sessão executiva do Comitê Conjunto de Energia Atômica. Indagado pela primeira vez especificamente sobre suas associações políticas na década de 1930, Oppie explicou com toda a calma que era ingênuo ao pensar que os comunistas tivessem respostas para os problemas enfrentados pelo país em meio à Depressão. Nos Estados Unidos, os alunos dele tinham dificuldades para encontrar emprego, e, no exterior, Hitler era uma ameaça. Embora nunca tivesse sido membro do partido, Oppenheimer disse espontaneamente que havia mantido amizades com alguns comunistas durante os anos de guerra. Pouco a pouco, porém, discernira uma "falta de honestidade e integridade no [...] Partido Comunista".[24] Ao fim da guerra, acrescentou, ele tinha se tornado "um resoluto anticomunista, cujas simpatias pregressas pelas causas comunistas lhe conferiam imunidade contra uma nova infecção". Além disso, Oppie realizou críticas severas ao comunismo por sua "hedionda desonestidade" e "questões de sigilo e dogma".

Mais adiante, um jovem membro da equipe do Comitê Conjunto, William Liscum Borden, escreveu uma carta a Oppenheimer agradecendo-lhe polidamente pelo primeiro comparecimento: "Creio que foi correto de sua parte ter comparecido perante o comitê, e sua presença foi muito proveitosa."[25]

Borden, produto da escola preparatória de St. Albans e da Escola de Direito de Yale, era brilhante, cheio de energia — e obcecado com a ameaça soviética. Durante a guerra, pilotava um bombardeiro B-24 numa missão noturna quando um míssil alemão V-2 passou zunindo ao lado dele, a caminho de Londres. "Parecia um meteoro", escreveu ele posteriormente, "soltando faíscas vermelhas e silvando ao passar por nós, como se estivéssemos imóveis. Naquele momento, tive certeza de que era apenas uma questão de tempo até que os foguetes expusessem os Estados Unidos a um ataque direto, transoceânico".[26] Em 1946, Borden escreveu um livro alarmista sobre o risco de um "Pearl Harbor nuclear" no futuro, intitulado *There Will Be No Time: The Revolution in Strategy*. Ele previa que, em poucos anos, os adversários dos Estados Unidos possuiriam um grande número de mísseis intercontinentais com ogivas nucleares. Em Yale, Borden e outros colegas de classe conservadores chegaram a comprar espaço num jornal para veicular um anúncio no qual insistiram para que Truman desse um ultimato nuclear à União Soviética: "Que Stálin decida: guerra atômica ou paz atômica." Depois de ver o incendiário anúncio, o senador Brien McMahon contratou o rapaz, então com 28 anos, como seu auxiliar no Comitê Conjunto de Energia Atômica. "Borden era como um cão novo na matilha, que latia mais alto e mordia mais forte que os cachorros mais velhos", escreveu John Wheeler, um físico de Princeton que o conheceu em 1952.[27] "Para qualquer lado que olhasse, ele via conspirações com o objetivo de desacelerar ou deter o desenvolvimento de armas nos Estados Unidos."

BORDEN CONHECERA OPPENHEIMER EM abril de 1949 numa reunião do GAC, ocasião em que ouviu em silêncio enquanto Oppie desqualificava abertamente o Projeto Lexington, a proposta da Força Aérea de construir um bombardeiro movido a energia nuclear. Como se a questão não fosse suficientemente controversa, Oppie também criticou o plano da AEC de seguir adiante com o programa de usinas civis de energia nuclear: "É um empreendimento de engenharia perigoso."[28] Não convencido, Borden foi embora pensando que Oppenheimer era um "líder e manipulador nato".

Na esteira da confissão de Fuchs, porém, Borden começou a se perguntar se Oppenheimer poderia ser mais perigoso que um mero "manipulador". De maneira pouco surpreendente, as suspeitas dele nessa linha foram incentivadas por Lewis Strauss. Em 1949, Strauss e Borden se tratavam pelo primeiro nome, e Strauss continuava, mesmo depois de deixar a AEC, a cultivar o diretor da equipe do comitê do Senado responsável por supervisionar as atividades da comissão.[29] Eles logo perceberam que tinham preocupações semelhantes a respeito da influência de Oppenheimer.

Em 6 de fevereiro de 1950, Borden estava presente quando J. Edgar Hoover, diretor do FBI, testemunhou perante o Comitê Conjunto. Para todos os efeitos, Hoover tinha ido levar ao comitê informações sobre Fuchs, mas tratou longamente sobre Oppenheimer. Estavam presentes naquele dia o senador McMahon e o congressista Henry "Scoop" Jackson (democrata por Washington).

O distrito de Scoop Jackson no estado de Washington abrigava as instalações nucleares de Hanford. Jackson era um anticomunista de linha dura e um forte defensor das armas nucleares. Tinha conhecido Oppenheimer no outono anterior, durante o debate sobre a superbomba, e o convidara para jantar no Carlton Hotel em Washington. Ali, incrédulo, ouvira o físico argumentar que a construção de uma bomba de hidrogênio serviria apenas para intensificar a corrida armamentista e tornar os Estados Unidos menos seguros. "Acho que ele tinha um complexo de culpa por conta do papel que exercera no Projeto Manhattan", diria Jackson anos depois.[30]

Pela primeira vez, então, Jackson e McMahon ficavam sabendo, por intermédio de Hoover, sobre o episódio em que Haakon Chevalier abordara Oppenheimer em 1943, sugerindo que talvez houvesse informações científicas a serem divididas com o aliado de guerra soviético.[31] Hoover disse que Oppenheimer havia rejeitado a abordagem, mas, para a mente desconfiada de Borden, o incidente ainda soava incriminador. Ele começou a se perguntar se a oposição de Oppenheimer à superbomba seria motivada por uma nefasta lealdade à causa comunista.

Um mês depois, Edward Teller disse a Borden que Oppenheimer tinha manifestado a intenção de fechar Los Alamos depois da guerra. Segundo ele, Oppie havia dito: "Vamos devolver o lugar aos indígenas." Conforme documentou a historiadora Priscilla J. McMillan, Teller trabalhou duro para voltar Borden contra Oppenheimer. Segundo ela, Teller fazia questão de vê-lo "toda vez que vinha a Washington".[32] Adulava o jovem em sua frequente correspondência e "alimentava suas dúvidas, dizendo-lhe repetidamente que o programa termonuclear estava atrasado e que a culpa era de Oppenheimer".[33] Borden também foi informado de que um oficial de segurança de Los Alamos acreditava que Oppenheimer tinha sido um "comunista filosófico" no passado. E, por fim, pela primeira vez, ficou sabendo que Kitty Oppenheimer fora casada com um comunista que havia combatido e morrido na Espanha.

Borden, McMahon e Jackson também ficaram consternados ao saber que Oppie começara recentemente a usar de influência para defender o desenvolvimento de armas nucleares táticas, de batalha. Para a Força Aérea e seus aliados no Congresso, a iniciativa era vista como um transparente esforço de minar o papel predominante do SAC, o Comando Aéreo Estratégico. Jackson e seus colegas acreditavam que a capacidade do SAC de desfechar um ataque atômico devastador era um trunfo dos Estados Unidos em termos de armas. "Até o momento", disse Jackson num discurso, "nossa superioridade atômica manteve o Kremlin em xeque. [...] Ficar para trás na competição por armas atômicas significaria um suicídio nacional. A última explosão russa indica que Stálin está fazendo tudo que pode em termos de energia atômica. Está mais do que na hora de fazermos o mesmo".[34] Na era atômica, Jackson sentia que os Estados Unidos deveriam ter superioridade militar absoluta em relação a qualquer inimigo concebível. Assim, se uma bomba de hidrogênio pudesse ser construída, deveriam ser os primeiros a construí-la. Seu biógrafo, Robert Kaufman, escreveu que "ele nunca esqueceu a experiência de cientistas bem-intencionados, mas ingênuos, argumentando contra a construção da bomba H".[35]*

ENQUANTO POLÍTICOS COMO O congressista Jackson consideravam Oppenheimer ingênuo e culpado de mau discernimento, Borden começava a ter suspeitas muito piores. Em 10 de maio de 1950, leu na primeira página do *Washington Post* que dois ex-membros do Partido Comunista, Paul e Sylvia Crouch, haviam testemunhado que Oppenheimer certa vez organizara uma reunião do partido na casa deles em Berkeley. Num depoimento ao Comitê de Atividades Antiamericanas do Estado da Califórnia, os Crouch afirmaram que Kenneth May os levara de carro até a casa de Oppenheimer no número 10 de Kenilworth Court em julho de 1941. Hitler havia acabado de invadir a União Soviética, e, como presidente do Partido Comunista do condado de Alameda, Paul deveria explicar a nova posição do partido em relação à guerra. Havia cerca de 25 pessoas presentes. Sylvia descreveu a suposta reunião na casa de Oppenheimer como "uma seção de um grupo comunista de primeira linha conhecido como seção especial, um grupo tão importante que sua composição era mantida em segredo para os comunistas comuns".[36] Disse, ainda,

---

* Jackson, por sua vez, influenciou os neoconservadores, que em 2003 moldaram a doutrina Bush de guerra preventiva. Richard Perle, que serviu como principal assessor de política externa de Jackson entre 1969 e 1979, disse a Kaufman: "O entusiasmo de Jackson pela construção de mísseis, o ceticismo demonstrado em relação à *détente* e às conversas sobre limitação de armas estratégicas, tudo isso brotava de experiências anteriores que tivera e das lições que tirou delas: que, se tivéssemos dado ouvidos aos cientistas que fizeram oposição à bomba de hidrogênio, Stálin teria emergido com um monopólio, e estaríamos em apuros."

que ela e o marido não foram apresentados a ninguém na sala. Só tempo depois, em 1949, Sylvia identificou o anfitrião como Oppenheimer, quando o viu num noticiário. Os Crouch alegaram também que, depois de verem fotos apresentadas pelo FBI, foram capazes de reconhecer David Bohm, George Eltenton e Joseph Weinberg na mesma reunião. Sylvia chamou Weinberg de "Cientista X", o indivíduo rotulado pelo Comitê de Atividades Antiamericanas da Câmara dos Representantes como aquele que transmitira segredos sobre a bomba atômica a um espião comunista durante a guerra. Os jornais da Califórnia descreveram essas alegações como "bombásticas". Paul Crouch foi descrito como um "Whittaker Chambers da Costa Oeste",[37] numa referência ao editor da revista *Time* e ex-comunista cujo depoimento levara, em 21 de janeiro de 1950, à condenação de Alger Hiss por perjúrio.

De imediato, Oppenheimer soltou uma declaração escrita em que negava a alegação: "Nunca fui membro do Partido Comunista. Nunca reuni um grupo de pessoas como esse com tal propósito em minha casa ou em qualquer outro lugar."[38] Afirmou, ainda, que não reconhecia o nome "Crouch" e prosseguiu: "Nunca fiz segredo do fato de que em certa época conheci muita gente em círculos de esquerda e pertenci a várias organizações de esquerda. O governo sabe em detalhe desses assuntos desde que comecei a trabalhar no programa atômico." As negativas de Oppie foram amplamente divulgadas na imprensa e pareceram dar um descanso à questão. Os amigos confirmaram suas palavras. Tendo lido sobre aquelas "coisas asquerosas" nos jornais da Califórnia, David Lilienthal escreveu a Oppenheimer sobre o depoimento dos Crouch: "É repugnante, mas como um sopro de vento contra o Gibraltar da grande posição que você ocupa na vida norte-americana."[39]

Lilienthal, porém, subestimava o efeito desse depoimento em cabeças menos solidárias. William Borden escreveu um memorando no qual dizia considerar as alegações "inerentemente críveis".[40] Paul e Sylvia Crouch haviam sido extensivamente interrogados pelo FBI semanas antes do depoimento de maio de 1950 na Califórnia. Àquela altura, eram informantes pagos pelo Departamento de Justiça, e testemunhavam regularmente contra supostos comunistas em casos de segurança por todo o país.

Filho de um pregador batista da Carolina do Norte, Paul Crouch havia ingressado no Partido Comunista em 1925. Nesse mesmo ano, alistado no Exército dos Estados Unidos, escreveu uma carta aos funcionários do PC gabando-se de ter "formado uma Associação de Esperanto como fachada para a realização de atividades revolucionárias". O Exército interceptou a carta e concluiu que ele vinha organizando uma célula comunista em Schofield Barracks, no Havaí. Levado à corte marcial sob a acusação de "fomentar a revolução", Crouch foi sentenciado a extraordinários quarenta anos de cadeia. Em seu julgamento, testemunhou: "Tenho o hábito de escrever cartas a meus amigos e pessoas imaginárias, às vezes para reis e outros estrangeiros, nas quais me coloco numa posição imaginária."[41]

Curiosamente, Crouch foi perdoado pelo presidente Calvin Coolidge depois de cumprir apenas três anos da sentença em Alcatraz.[42] Não está claro se o ato de indulgência se deve ao fato de ele ter sido transformado em um agente duplo, como o comportamento subsequente sugere, ou a um golpe de sorte. Mesmo assim, ao ser libertado, o Partido Comunista o saudou como um "herói proletário". Por um breve tempo, Crouch trabalhou junto a Whittaker Chambers como assistente editorial no *Daily Worker*, e, em 1928, o partido o enviou a Moscou, onde, segundo alegou mais tarde, deu aulas na Escola Lênin e foi premiado com o posto honorário de coronel do Exército Vermelho. Também afirmou ter conhecido o marechal Mikhail N. Tukhatchevski, que lhe teria fornecido planos "para a infiltração [dos soviéticos] nas Forças Armadas norte-americanas".[43] Na verdade, os anfitriões julgaram o comportamento dele tão errático que logo o mandaram de volta. De novo nos Estados Unidos, o Partido Comunista o enviou para o Sul, sua região natal, onde ele cantou louvores ao Estado comunista e ao camarada Stálin. Estabelecendo-se na Flórida, achou trabalho como repórter em um jornal e foi organizador do PC.

Um dia, de maneira inexplicável, Crouch cruzou uma linha de piquete e trabalhou como fura-greve num jornal de Miami, mas, quando seus camaradas descobriram o que tinha sido feito, ele fugiu para a Califórnia, onde, em 1941, estava servindo como secretário do Partido Comunista do condado de Alameda. Crouch provou ser um companheiro impopular e um líder incompetente. "Ele passava grande parte do tempo bebendo sozinho nos bares", escreveu Steve Nelson.[44] Em dezembro de 1941 — ou, no máximo, janeiro de 1942 —, membros locais do partido exigiram a expulsão dele quando propôs atividades que muitos sentiram que provocariam violência nas ruas. Será que ele teria passado de agente duplo a agente provocador? Talvez. Em todo caso, àquela altura a militância no partido acabara, e, no fim dos anos 1940, Crouch e a esposa tinham feito uma transição notavelmente suave e surgiram como testemunhas profissionais contra antigos camaradas. Em 1950, Crouch era o "consultor" mais bem pago da folha de pagamento do Departamento de Justiça, e receberia 9.675 dólares nos dois anos seguintes.

Apesar da trajetória bizarra, de início Paul Crouch parecia ser uma testemunha digna de crédito contra Oppenheimer, tendo sido capaz inclusive de descrever o interior da casa de Oppie em Kenilworth Court. Ele disse ao FBI que o homem que posteriormente identificou como Oppenheimer lhe havia feito diversas perguntas, e, terminada a reunião formal, conversara com Oppie em particular por dez minutos. Quando Crouch e Kenneth May voltavam de carro para casa, May teria lhe dito que ele "havia conversado com um dos cientistas mais importantes do país".[45] A história tinha detalhes suficientes para soar plausível — e altamente prejudicial.

De sua parte, Oppenheimer tinha como provar que não poderia ter organizado a reunião do PC descrita por Crouch. Interrogado por agentes do FBI em 29 de abril e 2 de maio de 1950, explicou que, na ocasião, ele e Kitty estavam em Perro Caliente, o rancho deles no Novo México — a quase 2 mil quilômetros de Berkeley. Nesse verão, o casal deixara o filho recém-nascido, Peter, aos cuidados dos Chevalier. Oppenheimer mais tarde documentou que tinha levado um coice em 24 de julho de 1941, tendo tirado uma radiografia num hospital em Santa Fe no dia seguinte.[46] Bethe estava em Perro Caliente na ocasião e lembrava-se do incidente com detalhes. Dois dias depois, em 26 de julho, Robert escrevera uma carta datada a "Cowles [N. M.]". Por fim, havia ainda um registro da colisão do carro de Oppenheimer — dirigido por Kitty — com um caminhão da New Mexico Fish and Game na estrada para Pecos em 28 de julho. Tudo isso deixava claro que Oppenheimer estivera continuamente no Novo México desde pelo menos 12 de julho até 11 ou 13 de agosto. Crouch ou estava enganado, ou fantasiando, ou mentindo sobre ter visto Robert numa reunião do partido no fim de julho em Kenilworth Court.[47]

COM O TEMPO, CROUCH provou ser um informante altamente suspeito.[48] Em 1953, Armand Scala, um trabalhador da aviação e líder sindical, venceu um processo de difamação no valor de 5 mil dólares contra os jornais da Hearst Communications quando estes publicaram uma das mais absurdas alegações de Crouch. Ele também serviu como fonte para algumas das acusações mais ultrajantes feitas pelo senador Joseph McCarthy — como a de que os comunistas empregados pelo Departamento de Estado haviam roubado passaportes norte-americanos em branco e os entregado a agentes da polícia secreta soviética. Mais adiante, o depoimento de Crouch maculou de tal forma um caso importante do Departamento de Justiça contra dirigentes do Partido Comunista que a Suprema Corte foi forçada a anulá-lo em 1956.[49]

As mentiras e encenações de Crouch acabaram se voltando contra ele.[50] Quando os jornalistas independentes Joseph e Stewart Alsop o acusaram de cometer perjúrio num julgamento de comunistas da Filadélfia, o procurador-geral do presidente Eisenhower, Herbert Brownell, anunciou com relutância que o "investigaria". Em resposta, Crouch moveu um processo contra os irmãos Alsop no valor de 1 milhão de dólares e advertiu Brownell de que, "se minha reputação for destruída, 31 dirigentes comunistas conseguirão novos julgamentos".[51] Em pouco tempo, ele recorreu a J. Edgar Hoover a fim de investigar a lealdade dos assessores de Brownell. Esse fato levou o *New York Times* a escrever que fontes em Washington "não conseguiam entender como o Departamento de Justiça podia continuar usando o sr. Crouch". No fim de 1954, Crouch fugiu para o Havaí, onde tentou escrever um livro de memórias intitulado *Red Smear Victim*. O livro nunca saiu, e Crouch morreu antes que o processo que movera contra os irmãos Alsop fosse a julgamento.

Ainda assim, William Liscum Borden considerou Crouch confiável. Se ele estivesse dizendo a verdade, então Oppenheimer, o enigma, se tornaria Oppenheimer, o simpatizante comunista. Em junho de 1951, Borden enviou um dos auxiliares de sua equipe, J. Kenneth Mansfield, para conversar com Oppie. Mansfield considerou o físico "excessivamente ambivalente"[52] em relação ao rápido crescimento do arsenal nuclear norte-americano. Oppenheimer havia lhe explicado que as armas nucleares estratégicas tinham apenas um propósito: dissuadir os soviéticos de atacarem os Estados Unidos. Duplicar o número dessas armas, como propunha o governo Truman, não contribuiria em nada para esse objetivo.

As ogivas nucleares táticas eram algo totalmente diferente. Em 1946, Oppenheimer desprezara esse tipo de arma numa carta ao presidente Truman, mas, após a detonação da bomba soviética em 1949, ele e os colegas do GAC passaram a insistir com o governo que aumentasse a produção dessas armas "de campo" como uma alternativa à superbomba. Como Oppenheimer disse a Mansfield, a utilidade do arsenal militar dependia mais da "sensatez de nosso plano de guerra e nossa habilidade de execução do que do número efetivo de bombas".[53] Na época, as tropas norte-americanas estavam travando uma guerra real na península da Coreia. Oppenheimer não defendia o uso de armas atômicas no país, mas argumentou que havia uma "necessidade óbvia" de pequenas armas nucleares táticas, passíveis de serem usadas no campo de batalha. "Apenas quando for reconhecida como útil no escopo geral das operações militares", escreveu ele no *Bulletin of the Atomic Scientists* em fevereiro de 1951, "é que a bomba atômica de fato será de grande ajuda nos combates de uma guerra".

"Saí com a impressão de que Oppenheimer vê a guerra [contra a União Soviética] como algo impensável, que não vale a pena o esforço", disse Mansfield a Borden.[54]

> Creio que, por esse motivo, ele não chega a pensar a sério nas consequências de sua política de temperança e moderação. Também desconfio que sua fastidiosa mente considera toda a ideia de bombardeio estratégico canhestra e opressiva. Para ele, é como usar uma marreta em vez do bisturi do cirurgião: não requer grande imaginação ou sofisticação. Junte a isso suas sensibilidades morais, do tipo especialmente aguçado entre cientistas, adicione sua profunda convicção de que o povo russo é em essência vítima de um governo [...] tirânico, acrescente seu desgosto em matar não combatentes... e sua reiterada ênfase sobre a importância de desenvolver usos táticos talvez se torne mais explicável.

O memorando de Mansfield de junho de 1951 captou acuradamente o espírito e a lógica de Oppenheimer. Borden, contudo, parecia convencido de que as recomendações de Oppenheimer quanto à política a ser usada não podiam ser explicadas pela lógica. Ele acreditava que havia influências mais sombrias atuando, e estava claro que outros compartilhavam esse ponto de vista. Ainda naquele verão, Borden e Strauss se reuniram para discutir as suspeitas sobre Oppenheimer. Strauss "dedicou boa parte da conversa a expressar seu medo e sua preocupação em relação a Oppenheimer",[55] segundo um resumo das reuniões. Falaram longamente sobre a alegação de Crouch de que Oppenheimer teria organizado uma reunião secreta do Partido Comunista.

Apesar das evidências em contrário, ambos acreditaram na história de Crouch porque já estavam com uma opinião formada sobre a perfídia de Robert. Contudo, relutantes, concluíram que a história não podia ser confirmada, nem mesmo com o uso de informação obtida por meio de grampos. Strauss disse a Borden: "Eles [Oppenheimer e seus assecias] seriam agora extremamente cautelosos ao telefone, porque o 'barbeiro' [apelido que Strauss atribuíra a Joe Volpe] tinha acesso a possíveis escutas telefônicas e passaria a informação adiante." Os amigos de Oppenheimer na comunidade científica, pensavam, sempre o protegeriam, e Oppie parecia entender que estava sendo observado. "Fiz ver [a Strauss]", escreveu Borden num memorando para si mesmo, que "outros funcionários [presumivelmente o FBI] tinham o mesmo sentimento de absoluta frustração quanto à possibilidade de quaisquer conclusões definitivas".

Em suas mentes conspiratórias, tudo que Borden e Strauss podiam ver era que a defesa que Oppenheimer fazia das armas nucleares táticas não passava de um estratagema para bloquear o desenvolvimento da superbomba. Na verdade, Borden estava convencido de que, entre 1950 e 1952, Oppenheimer usara de toda a influência que tinha para dificultar o desenvolvimento do dispositivo — mesmo depois de ter ficado claro, em junho de 1951, que Stanisław Ulam e Edward Teller haviam resolvido os problemas de projeto. Eles pareciam não levar em conta que Oppie tivesse considerado o projeto "tecnicamente tranquilo"[56] e aquiescido de maneira formal com o desenvolvimento. Robert e os colegas do GAC haviam rejeitado repetidas vezes a proposta de Teller de construir um segundo laboratório de armamentos dedicado especificamente à superbomba, e, para Borden e Strauss, isso era evidência suficiente da contínua resistência de Oppenheimer. Mas Robert e seus colegas do GAC tinham seus motivos: acreditavam que dividir o talento científico norte-americano entre dois laboratórios de armamentos impediria o avanço da ciência, em vez de fazê-la progredir.

Nesse mesmo ano, Teller fora ao FBI com uma longa lista de acusações contra Oppenheimer. O tema geral das queixas era que o físico havia "atrasado, ou tentado atrasar ou impedir, o desenvolvimento da bomba H".[57] Interrogado em Los Alamos, Teller fez de tudo para comprometer o colega, insinuando, por exemplo, que "muita gente acredita que Oppenheimer se opunha ao desenvolvimento da bomba H sob 'ordens diretas de Moscou'". Para se proteger, acrescentou que não pensava que Oppie fosse "desleal", mas atribuiu seu comportamento a um traço indesejável de personalidade: "Oppenheimer é uma pessoa muito complicada e um homem excepcional. Na juventude, teve que lidar com alguma espécie de ataque físico ou mental que pode tê-lo afetado para sempre. Ele tem grandes ambições científicas e percebe que não é um físico tão grandioso quanto gostaria de ser." Para concluir, Teller disse que "*faria o que fosse possível*"[58] para que os serviços de Oppenheimer prestados ao governo fossem encerrados.

Teller não era o único incentivador da bomba H desesperado para eliminar a influência de Oppenheimer. Em setembro de 1951, David Tressel Griggs, um professor de geofísica da Universidade da Califórnia, foi nomeado cientista-chefe da Força Aérea dos Estados Unidos. Como consultor da RAND em 1946, Griggs ouvira rumores sobre os problemas de segurança de Oppenheimer, e seu chefe imediato, Thomas K. Finletter, secretário da Força Aérea, lhe dizia que tinha "sérias dúvidas quanto à lealdade do dr. Oppenheimer".[59] Nem Finletter nem Griggs tinham qualquer evidência nova, mas ambos acreditavam que as suspeitas eram validadas por "um padrão de atividades que envolviam o dr. Oppenheimer".

De sua parte, Oppenheimer questionava a sanidade da liderança da Força Aérea. Ficava perplexo com seus esquemas assassinos. Em 1951, viu o plano de guerra estratégica da Força Aérea — que prescrevia a obliteração de cidades soviéticas numa escala que o deixou chocado. Era um intento de genocídio. "Foi a ideia mais diabólica que eu já ouvi", comentou ele mais tarde com Freeman Dyson.[60]

Poucas semanas depois de começar a trabalhar com Finletter em 1951, Griggs liderou uma delegação da Força Aérea a Pasadena, para uma conferência com um grupo de cientistas do Caltech. Chefiado pelo presidente da instituição, Lee DuBridge, o grupo fora solicitado a escrever um relatório altamente sigiloso — denominado Projeto Vista — sobre o papel que as armas nucleares poderiam desempenhar no caso de a Europa Ocidental sofrer uma invasão soviética por terra. Griggs e outros oficiais da Força Aérea estavam alarmados com os rumores de que o relatório do Projeto Vista desprezava bombardeios estratégicos. Os autores teriam prometido "trazer os combates de volta ao campo de batalha", dando prioridade a pequenas ogivas nucleares táticas em lugar de bombas termonucleares capazes de arrasar cidades.

O capítulo cinco do relatório chegava a argumentar que as bombas termonucleares não podiam ser usadas com propósitos táticos num campo de batalha real — e sugeria que seria do interesse dos Estados Unidos adotar publicamente uma política de "não iniciativa de uso" de armas nucleares.[61] Além disso, recomendava que o Comando Aéreo Estratégico recebesse apenas um terço do precioso suprimento de material físsil do país. O restante iria para as armas táticas do Exército. Griggs ficou furioso com essas recomendações e nem um pouco surpreso ao saber que o principal autor do capítulo cinco era Robert Oppenheimer.

Oppenheimer nem sequer havia sido membro do painel do Projeto Vista. Contudo, DuBridge o chamara para as deliberações a fim de ajudar com esclarecimentos por ocasião das conclusões. Como de hábito, Oppie passou dois dias lendo o material produzido pelo painel e então redigiu rapidamente o que veio a ser o controverso, mas altamente lógico, capítulo cinco. Temendo os poderes de persuasão de Oppenheimer, Griggs e seus colegas da Força Aérea fizeram todo o possível para que o relatório não fosse divulgado. Não tiveram muito sucesso; pouco antes do Natal de 1951, DuBridge, Oppenheimer e o cientista do Caltech Charles C. Lauritsen chegaram a Paris para informar o comandante supremo da Otan, general Dwight D. Eisenhower, sobre as conclusões do projeto, e o impressionaram ao lhe dizer o que ogivas nucleares táticas poderiam fazer contra as divisões blindadas soviéticas. Oppie considerou o relatório um "sucesso".[62]

Quando Finletter foi informado da viagem, "ficou furioso".[63] A Força Aérea não queria Eisenhower exposto ao modo de pensar de Oppenheimer, sobretudo porque os pontos de vista do físico serviriam de justificativa para que o Exército exigisse uma parcela maior do orçamento atômico. Lewis Strauss também ficou irado e mais tarde escreveu a Bourke Hickenlooper, senador por Iowa, um membro conservador do Comitê Conjunto de Energia Atômica, para dizer que "desde que Oppenheimer e DuBridge se encontraram com o general Eisenhower em Paris, no ano passado, me preocupo com a possibilidade de que a visita tenha sido feita com o propósito de doutriná-lo em sua política — plausível, mas ilusória — em relação ao uso da energia atômica".[64] O chefe do Estado-Maior da Força Aérea, general Hoyt S. Vanderberg, ficou tão alarmado com a influência de Oppenheimer que discretamente removeu o nome do cientista da lista de indivíduos da Força Aérea com livre acesso a informações ultrassecretas.[65]

A preferência de Oppenheimer pelas armas nucleares táticas como antídoto para uma guerra genocida teve consequências inesperadas. Ao "trazer os combates de volta ao campo de batalha",[66] ele estava também aumentando a probabilidade de que armas atômicas fossem, de fato, usadas. Em 1946, Oppie advertira que as armas atômicas "não são armas a serviço de uma política, mas [...] uma expressão suprema do conceito de guerra total".[67] Em 1951, porém, escrevia no relatório do Projeto Vista: "Está claro que [armas atômicas táticas] podem ser usadas apenas como complemento numa campanha com outros componentes, cujo propósito básico seja a vitória militar. Não são primordialmente armas de totalidade ou terror, mas armas a serem usadas para dar às forças de combate um auxílio que de outra forma não teriam." Que pudessem servir também como um cabo de detonação nuclear, capaz de instigar o uso de armas nucleares cada vez maiores, era um cenário que Oppenheimer não havia contemplado em seu desespero para impedir a Força Aérea de planejar um Armagedom sob o disfarce de uma estratégia de combate.

Griggs e Finletter estavam ainda preocupados com a influência de Oppenheimer em outra análise de estratégia nuclear, realizada em 1952 pelo Lincoln Summer Study Group, um grupo de estudos organizado pelo MIT que produziria um relatório sigiloso sobre como aperfeiçoar a defesa aérea dos Estados Unidos contra um ataque nuclear. A Força Aérea, dominada pelo Comando Aéreo Estratégico, receava que qualquer investimento em defesa aérea desviasse recursos de suas forças de retaliação, o que era exatamente o que o Lincoln Summer Study Group propunha: converter "a maior parte da frota de B-47s do Comando Aéreo Estratégico"[68] em "interceptadores armados com mísseis teleguiados de longo alcance". Oppenheimer considerava a defesa aérea uma prioridade razoável, mas os comandantes do SAC, todos pilotos de bombardeio, a consideravam puro derrotismo.

No fim de 1952, Finletter e outros oficiais da Força Aérea ficaram horrorizados ao saber que alguém vazara o resumo do relatório do Lincoln Summer Study Group para os irmãos Alsop. Convencido de que o culpado era Oppenheimer, "Finletter foi tomado de fúria em razão do conluio".[69]

MAIS CEDO NAQUELA PRIMAVERA, Griggs havia dito a Rabi que Oppenheimer e o GAC estavam bloqueando o desenvolvimento da superbomba. Rabi, irado, defendeu o amigo e sugeriu que Griggs lesse as atas das deliberações do GAC, pois só depois que fizesse isso ele entenderia a correção com que Oppenheimer presidira aquelas reuniões. Em seguida, ofereceu-se para organizar um encontro em Princeton entre os dois antagonistas. Griggs concordou.

Às 15h30 de 23 de maio de 1952, Griggs entrou na sala de Oppenheimer em Princeton e sentou-se para uma reunião cujo pretenso objetivo era tentar chegar a uma compreensão mútua. Oppie, no entanto, puxou de imediato uma cópia do relatório do GAC de outubro de 1949 com as controversas recomendações contra o desenvolvimento da bomba H. Foi como agitar uma bandeira vermelha. Ele poderia ter usado seu considerável encanto para tentar tranquilizar um oponente burocrático, mas não conseguiu se conter. Do modo como via as coisas, Griggs era apenas mais um idiota com pretensões de poder, um cientista medíocre que havia se alinhado com generais e um físico ambicioso, Edward Teller. Ele não se rebaixaria diante de um homem daqueles, e a conversa entre os dois logo ficou tensa. Quando Griggs perguntou a Oppenheimer se ele tinha espalhado uma história segundo a qual o secretário Finletter teria se gabado de que com algumas poucas bombas de hidrogênio os Estados Unidos poderiam governar o mundo, Oppie perdeu o pouco da paciência que ainda lhe restava. Olhando diretamente para Griggs, disse que não apenas tinha ouvido a história, como acreditava. Quando Griggs insistiu que havia estado na sala na referida ocasião e que Finletter não havia dito nada daquilo, Robert retrucou que ouvira a história de uma fonte inquestionável que também estivera presente.

Uma vez que estavam falando de difamação, Oppenheimer aproveitou para perguntar a Griggs se ele o julgava "pró-Rússia ou apenas confuso".[70] Griggs replicou que gostaria de saber a resposta. "Bem", disse Oppenheimer, "o senhor alguma vez questionou minha lealdade?". Griggs respondeu que de fato ouvira questionamentos sobre a lealdade de Oppie e discutira tanto com o secretário Finletter quanto com o chefe do Estado-Maior da Força Aérea, Hoyt Vandenberg, se ele não constituiria um risco de segurança. Nesse momento, Oppenheimer o chamou de "paranoico".

Griggs foi embora zangado e mais convencido do que nunca de que Oppenheimer era perigoso. Passado um tempo, fez a Finletter um relato "confidencial" do encontro. De sua parte, ingenuamente, Oppie achou Griggs inconsequente demais para lhe causar algum dano. Insistindo no erro, algumas semanas depois repetiu a performance em Princeton num almoço com Finletter. Os assessores do secretário da Força Aérea acharam que estava na hora de os dois se encontrarem para uma conversa cara a cara e falar sobre as diferenças que os separavam. Oppenheimer, contudo, chegou tarde de um depoimento no Capitólio e sentou-se com expressão impassível durante o almoço, enquanto Finletter — um sofisticado advogado de Wall Street — o pressionava para extrair algo dele. Sem fazer nenhum esforço para ocultar o desdém, Oppie foi "rude além do imaginável".[71] Viera a detestar esses homens da Força Aérea, que só pensavam em construir cada vez mais bombas a fim de matar cada vez mais pessoas. No entendimento dele, eles eram tão perigosos, tão moralmente obtusos, que quase tinha prazer em considerá-los inimigos políticos. Algumas semanas depois, Finletter e seu pessoal afirmaram ao Comitê Conjunto de Energia Atômica que era uma questão em aberto "se [Oppenheimer] era subversivo".[72]

AS ACUSAÇÕES DE FINLETTER contra Oppenheimer eram um reflexo dos extremos aos quais haviam sido conduzidos todos que estavam engajados no debate nuclear. O próprio Oppenheimer não estava imune a esse contágio. Em junho de 1951, ele deu uma palestra extraoficial ao Comitê sobre o Perigo Presente (do qual era membro), um grupo privado dedicado a influenciar o governo no sentido de aumentar as defesas convencionais. Falando sem recorrer a anotações, ele argumentou a favor de uma defesa efetiva da Europa Ocidental, uma defesa que "deixasse a Europa livre, em vez de destruída [por bombas atômicas]". "Ao tratar com os russos", concluiu, "estamos lidando com um povo bárbaro, retrógrado, dificilmente leal aos próprios governantes. Em última análise, nossa política suprema deveria ser nos livrarmos das armas atômicas".[73]

Como medida de até que ponto Robert havia mudado de pensamento, em 1952 ele foi ouvido especulando em voz alta sobre a possibilidade de uma guerra preventiva, ideia que apenas três anos antes abominava. Ele nunca a defendeu de fato, mas em diversas ocasiões deixou entrevê-la. Em janeiro de 1952, Oppenheimer teve uma discussão com os irmãos Alsop, e Joe Alsop observou que "a linha de Oppie, para ser franco, era muito próxima de uma guerra preventiva; não podemos simplesmente ficar sentados enquanto um inimigo potencial constrói os meios de nossa destruição".[74]

Em fevereiro de 1953, Oppenheimer deu uma palestra no Conselho de Relações Exteriores e lhe perguntaram se a noção de guerra preventiva fazia algum sentido nas condições do momento, ao que ele respondeu: "Acho que sim. Minha impressão geral é de que os Estados Unidos sobreviveriam fisicamente, ainda que bastante afetados, a uma guerra que não só começasse agora, mas que não durasse tanto tempo. [...] Isso não quer dizer que eu pense que essa seja uma boa ideia. Acredito que até olharmos o tigre nos olhos estaremos correndo o pior dos perigos, que é onde acabaremos tombando."[75]

Em 1952, Oppenheimer, de modo geral, estava farto de Washington. O presidente Truman havia ignorado os conselhos dados com tanta frequência que ele começava a dar passos para se afastar de tudo que envolvesse formulação de políticas. No começo de maio, almoçou no Cosmos Club de Washington com James Conant e Lee DuBridge. Os três amigos se lamentaram e conversaram sobre a presente posição deles em Washington. Mais adiante, Conant anotou em seu diário: "Alguns dos 'rapazes' estão com o machado preparado para nos extirpar do GAC. Dizem que atrasamos a bomba H. Palavras sombrias sobre Oppie!"[76] Em junho, frustrados por mais de uma década lidando com "algo ruim que agora ameaça ficar ruim de verdade", e cientes da existência de um movimento para removê-los do GAC, os três apresentaram o pedido de renúncia ao comitê de aconselhamento. Oppenheimer escreveu ao irmão dizendo que dali em diante pretendia se dedicar à física: "A física é complicada e cheia de maravilhas, e muito difícil, para mim, estar na condição de mero espectador, porém um dia vai ficar fácil de novo, mas talvez não tão rápido."[77]

No entanto, não era tão fácil se afastar de Washington. Mesmo tendo renunciado ao GAC, Gordon Dean o persuadiu a continuar servindo como consultor da AEC, o que ampliou por mais um ano a habilitação de segurança Q para assuntos ultrassecretos de Oppie. E não parou por aí. Em abril, Oppenheimer havia concordado com um pedido do secretário de Estado, Dean Acheson, para participar de um painel especial do Departamento de Estado sobre desarmamento, servindo ao lado de Vannevar Bush; John Sloan Dickey, presidente do Dartmouth College; Allen Dulles, vice-diretor da CIA; e Joseph Johnson, presidente do Fundo Carnegie para a Paz Internacional. Como de hábito, o painel o elegeu presidente.

Acheson também havia recrutado McGeorge Bundy — na época com 33 anos e professor de administração pública em Harvard — para servir como secretário de registro do painel. "Mac" Bundy, um homem inteligente, articulado e perspicaz, era filho do braço direito de Henry Stimson, Harvey Bundy, e estava ansioso para conhecer Oppenheimer. Como bolsista júnior em Harvard, havia sido coautor do livro de memórias de Stimson, *On Active Service in Peace and War*, publicado em 1948, e *ghost-writer* do famoso ensaio do mesmo Stimson publicado na revista *Harper's* em fevereiro de 1947, "The Decision to Use the Atomic Bomb", uma defesa dos bombardeios atômicos de Hiroshima e Nagasaki. Assim, Bundy já estava familiarizado com alguns dos imponderáveis associados às armas nucleares. No primeiro encontro, Oppenheimer simpatizou de imediato com o precoce jovem da elite de Boston. Passado um tempo, Bundy escreveu uma mensagem atipicamente humilde a seu novo amigo: "Acho difícil lhe agradecer o suficiente pela paciência com que se encarregou de minha educação na semana passada; só espero que de alguma forma possa ser útil o bastante para fazer valer seu esforço."[78] Em muito pouco tempo, os dois estavam trocando mensagens, endereçadas a "Caro Robert" e "Caro Mac", nas quais discutiam tudo, desde os méritos do Departamento de Física de Harvard até a saúde das respectivas esposas. Bundy considerava Robert "maravilhoso, fascinante e complicado".

Bundy em breve descobriria que o novo amigo era perseguido pela controvérsia. Em uma das primeiras reuniões, Oppenheimer e os colegas de painel concordaram que a questão mais importante era o "problema da sobrevivência",[79] em que os Estados Unidos e a Rússia enfrentavam o "impasse do escorpião — que poderia ou não envolver uma guerra ativa sem o uso de ferrões". Oppenheimer sabia que Teller e seus colegas tinham esperança de testar um primeiro protótipo da bomba de hidrogênio ainda naquele outono. Assim, ficou intrigado quando Vannevar Bush sugeriu que, antes de cruzarem esse limiar, talvez Washington e Moscou pudessem entrar num acordo para banir completamente o teste de quaisquer dispositivos termonucleares. Um tratado desse tipo não exigiria inspeções, uma vez que qualquer violação seria detectada de imediato. Sem a realização de testes, a bomba H não poderia ser desenvolvida para se tornar uma arma militar confiável. Uma corrida de armas termonucleares podia ser impedida antes de ter início.

O painel de Oppenheimer deu prosseguimento às discussões em junho, numa reunião organizada por Bundy na casa dele em Cambridge, uma imensa propriedade do século XIX não muito distante de Harvard Square. James Conant se juntou a eles como participante extraoficial. Conant amargava a existência das armas nucleares; segundo as notas de Bundy, queixava-se de que o "norte-americano médio" pensava na bomba como uma arma de ameaça aos soviéticos, "enquanto o fato mais significativo era que agora e no futuro tais ataques poderiam ser desfechados contra os Estados Unidos por outrem".[80] Mesmo sem uma bomba H, argumentava Conant, todas as cidades norte-americanas, exceto as maiores, poderiam ser varridas do mapa com o uso de uma única arma atômica. Ninguém na sala discordou.

A ignorância do público já era ruim o bastante, dizia Conant, mas ainda pior era "a atitude do *establishment* militar". Os generais norte-americanos estavam confiando nessas armas como "a principal esperança de vitória no caso de uma guerra total". Se o país aumentasse suas forças convencionais, "seria possível dispensar a presente dependência das bombas atômicas". Para isso, dizia Conant, os generais "precisam ser persuadidos de que as armas atômicas no longo prazo são, em suma, um perigo para os Estados Unidos".

Sem qualquer incentivo de Oppenheimer, Conant propôs o que viria a ser conhecido duas décadas depois como "política de não iniciativa de uso". Os Estados Unidos, disse ele, deveriam "anunciar oficialmente que não seriam os primeiros a usar armas atômicas em qualquer guerra que eclodisse". Conant também concordava com a proposta de Bush de anunciar uma moratória em relação a testes de uma bomba termonuclear. Oppenheimer endossou essas ideias. O argumento do painel em prol de uma moratória era particularmente convincente. Eles disseram a Acheson:

Pensamos ser quase inevitável que um teste termonuclear bem-sucedido ofereça aos esforços soviéticos um estímulo adicional. Pode muito bem ser verdade que o empenho soviético nesse campo já seja alto, mas, se os russos ficarem sabendo que um dispositivo termonuclear é de fato possível, e que nós sabemos como fazê-lo, provavelmente intensificarão seu trabalho. Também é provável que os cientistas soviéticos sejam capazes de deduzir a partir do teste [pela análise da emissão radioativa] alguma evidência útil quanto às dimensões do dispositivo.[81]

Oppenheimer e seus colegas sabiam que o primeiro teste de um dispositivo termonuclear — de codinome "Mike" — estava programado para o próximo outono e que qualquer tentativa de impedi-lo teria a vigorosa oposição da Força Aérea. Embora convencidos da solidez de suas ideias não tinham meios de tornar públicas suas opiniões. Um véu de segredo envolvia firmemente todas as questões atômicas, e eles não podiam falar de preocupações sem violar as regras de segurança. Então, tentaram mais uma vez convencer o *establishment* da política externa de Washington de que as políticas nucleares correntes eram um beco sem saída. Entretanto, em 9 de outubro de 1952, o Conselho de Segurança Nacional de Truman rejeitou categoricamente a proposta do painel de Oppenheimer para uma moratória do teste da bomba H. Aborrecido, o secretário de Defesa, Robert Lovett, disse que "qualquer ideia desse tipo deve ser imediatamente esquecida e quaisquer documentos sobre o assunto devem ser destruídos".[82] Lovett, um poderoso membro do *establishment* da política externa, temia que, se a notícia dessa ideia vazasse, o senador Joseph McCarthy fizesse a festa, investigando o Departamento de Estado e seu painel de conselheiros.

Três semanas depois, os Estados Unidos explodiram no Pacífico uma bomba termonuclear de 10,4 megatons, a qual vaporizou a ilha de Elugelab. Conant, claramente deprimido, disse a um repórter da *Newsweek*: "Não tenho mais nenhuma ligação com a bomba atômica. Não me sinto nem um pouco realizado."[83]

Uma semana depois, Oppenheimer sentou-se, sombrio, com nove outros membros de um novo painel — o Comitê de Aconselhamento Científico do Gabinete de Mobilização de Defesa — para debater se deveriam ou não renunciar em protesto.⁸⁴ Muitos cientistas percebiam que o teste "Mike" demonstrava que o governo não tinha intenção de ouvir os conselhos deles como especialistas. Lee DuBridge, velho amigo de Oppie, fez circular uma primeira versão de uma carta de renúncia. Mas, no fim das contas, a tênue esperança de que um próximo governo pudesse mudar o curso dos acontecimentos os persuadiu a deixar a carta de lado. Sabiam que estavam em desvantagem. A certa altura, James R. Killian, presidente do MIT, inclinou-se para DuBridge e cochichou: "Algumas pessoas na Força Aérea irão atrás de Oppenheimer, e temos que saber disso com antecedência e estar preparados."⁸⁵ DuBridge ficou perplexo. Ingenuamente, ainda acreditava que todos viam Oppenheimer como um herói.

Nesse meio-tempo, Oppenheimer trabalhou com "Mac" Bundy na redação de um relatório final para o painel especial sobre desarmamento do Departamento de Estado. O documento foi encaminhado para o secretário de Estado, Dean Acheson, que estava de saída enquanto Dwight D. Eisenhower se mudava para a Casa Branca.⁸⁶ Na época, é claro, o documento era altamente sigiloso e circulou apenas entre um punhado de funcionários do governo Eisenhower. Se tivesse sido liberado em 1953, sem dúvida teria criado uma torrente de controvérsias. Ainda que Bundy tivesse sido o artífice do documento, muitas das ideias eram de Oppenheimer: as armas nucleares em breve ameaçariam toda a civilização. Em poucos anos, a União Soviética poderia ter mil bombas atômicas e "5 mil apenas alguns anos depois", o que seria o suficiente "para liquidar uma civilização e um grande número de pessoas".

Bundy e Oppenheimer reconheciam que um "impasse nuclear" entre soviéticos e norte-americanos poderia evoluir para uma "estranha estabilidade", na qual ambos os lados se absteriam de usar armas suicidas. Nesse caso, porém, "um mundo tão perigoso pode não ser muito calmo, e para manter a paz será necessário que estadistas tomem decisões contra ações precipitadas não apenas uma, mas todas as vezes". Concluíam que, "a menos que a competição por armamentos atômicos seja de alguma forma moderada, nossa sociedade estará cada vez mais ameaçada por perigos do mais grave tipo".

Em face de tais perigos, os participantes do painel de Oppenheimer promoveram a ideia de "franqueza". Uma política de sigilo excessivo havia mantido os norte-americanos complacentes e ignorantes quanto ao perigo nuclear. Para retificar a situação, o novo governo "deveria contar a história do perigo atômico".⁸⁷ Surpreendentemente, o painel chegava a recomendar que "o ritmo e o impacto da produção atômica" deveriam ser revelados ao público e o governo "deveria voltar a atenção para o fato de que a partir de um certo ponto não poderemos rechaçar a ameaça soviética apenas 'mantendo-nos à frente dos russos'".

A noção de "franqueza" era inspirada em Niels Bohr, o qual sempre insistira que a segurança estava inextricavelmente ligada à "abertura". Nesse aspecto, Oppenheimer continuava sendo o profeta de Bohr. Não tinha mais nenhuma fé nas conversas de desarmamento travadas na ONU, que havia muito tempo estavam num impasse. Tinha, porém, esperança de que um novo governo percebesse que a "franqueza" podia ao mesmo tempo alertar o povo para os perigos reais de apoiar sua defesa nas armas nucleares e sinalizar aos soviéticos que os norte-americanos não pretendiam usá-las num primeiro ataque preventivo. Além disso, o painel especial sobre desarmamento insistia numa comunicação direta e contínua com os russos. O Kremlin deveria saber o tamanho aproximado e a natureza do arsenal nuclear dos Estados Unidos — e que Washington era firmemente favorável a negociações bilaterais para reduzir esse arsenal.

Se as recomendações do painel de Oppenheimer tivessem sido aceitas pelo governo Eisenhower em 1953, a Guerra Fria poderia ter tomado um rumo diferente, menos militarizado. Essa tentadora especulação foi levantada tempos depois por Bundy em seu ensaio de 1982 na *New York Review of Books*, "The Missed Chance to Stop the H-Bomb".[88] Nos anos que se seguiram à queda do império soviético, os documentos de arquivo russos obrigaram os historiadores a repensar as premissas básicas sobre os primórdios da Guerra Fria. "Os arquivos do inimigo", como escreveu o historiador Melvyn Leffler, demonstram que os soviéticos "não tinham planos preconcebidos de tornar a Europa Oriental comunista, nem de apoiar os comunistas chineses, nem de promover uma guerra na Coreia".[89] Stálin não tinha nenhum "plano mestre" para a Alemanha e desejava evitar um conflito militar com os Estados Unidos. No fim da Segunda Guerra Mundial, ele reduziu o exército de 11.356.000 homens em maio de 1945 para 2.874.000 em junho de 1947 — o que sugere que, até mesmo sob sua liderança, a União Soviética não tinha nem a capacidade nem a intenção de lançar uma guerra de agressão. George F. Kennan escreveu, passado um tempo, que "nunca acreditei que [os soviéticos] tivessem pensado em ocupar militarmente a Europa Ocidental ou cogitado desfechar um ataque geral na região, ainda que o chamado impedimento nuclear não tivesse existido".[90]

Stálin implantou um Estado policial cruel, mas, do ponto de vista econômico e político, tratava-se de um Estado totalitário em decadência. Em março de 1953, quando ele morreu, seus sucessores, Gueórgui Malenkov e Nikita Khrushchev, deram início a um processo de desestalinização. Ambos fizeram uma sadia avaliação dos perigos inerentes a uma corrida armamentista nuclear. Malenkov, um tecnocrata com interesse em física quântica, estarreceu o Politburo em 1954 com um discurso no qual afirmou que o uso de uma bomba de hidrogênio na guerra "significaria a destruição da civilização mundial".[91] Khrushchev, um líder errático, caprichoso, por vezes assustava as plateias ocidentais com sua tempestuosa retórica. Na prática, porém, buscava o tipo de política externa que mais tarde viria a ficar associada com a *détente*, e chegou inclusive a exibir os primeiros vislumbres da *glasnost*.[92] Em 1955, Khrushchev havia renovado as conversas sobre controle de armas com o Ocidente, e, no fim dos anos 1950, cortara de maneira significativa o orçamento de defesa soviético. Ele recordou mais tarde que, em setembro de 1953, depois de receber os primeiros informes sobre armas nucleares, "não consegui dormir por vários dias. Então me convenci de que provavelmente nunca poderíamos usá-las".[93]

Teriam sido necessários esforços extraordinários para persuadir Khrushchev a abraçar o tipo de regime de controle de armas radical que o painel de Oppenheimer imaginava. Mas o governo Eisenhower nunca chegou sequer a tentar trilhar esse caminho. O conceituado sovietólogo Charles "Chip" Bohlen, embaixador dos Estados Unidos em Moscou, escreveu posteriormente em suas memórias que o fracasso de Washington em envolver Malenkov em negociações significativas sobre armas nucleares e outras questões foi uma oportunidade perdida.[94]

Em 1953, a Guerra Fria havia congelado as opções políticas em Washington pelo menos tanto quanto em Moscou, e os persistentes esforços de Oppenheimer para manter, de alguma forma, o gênio nuclear preso na garrafa iam de encontro aos interesses de forças políticas poderosas no país. Uma vez que um republicano havia chegado à presidência, essas forças estavam determinadas a colocá-lo dentro da garrafa — e jogar a garrafa no mar.

32

"Cientista X"

Ele [Oppenheimer] já tinha se cansado de mim e eu dele.
JOE WEINBERG

NA PRIMAVERA DE 1950, Oppenheimer tinha todas as razões para pensar que o FBI, o Comitê de Atividades Antiamericanas da Câmara dos Representantes e o Departamento de Justiça estavam fechando o cerco contra ele. Hoover dizia a seus agentes que ele podia ser indiciado por perjúrio, por isso era preciso continuar a vigiá-lo de perto. Duas vezes naquela primavera, agentes do FBI interrogaram Oppenheimer em seu escritório em Princeton. Os agentes observaram que, ao mesmo tempo que ele tinha sido "plenamente cooperativo",[1] também "expressara grande preocupação com a possibilidade de que as afirmações que fizera sobre a ligação com o Partido Comunista no passado fossem transformadas numa questão de julgamento público". Robert estava profundamente preocupado com o fato de que o nome dele fosse vinculado ao de Joe Weinberg, o homem que o casal Crouch e o HUAC havia identificado como espião soviético, o "Cientista X". Oppie vira Weinberg pela última vez numa conferência da Sociedade Americana de Física em 1949, pouco tempo depois do início dos problemas de Weinberg com o HUAC. Na ocasião, Weinberg sentiu um esfriamento na relação com Oppenheimer. "Havia nesse momento uma nuvem pairando sobre nós", recordou ele.[2] "A nuvem era que Oppie não sabia direito o que eu ia fazer. Ele teria que se preocupar com o fato de que a pressão sobre mim pudesse acabar se virando de algum modo contra ele. [...] Estava claro que sentia que havia coisas prejudiciais a respeito dele que podiam me obrigar a dizer, quer eu soubesse delas, quer não, caso eu fosse fraco."

Weinberg admitiu que se sentia "aterrorizado" e desconcertado com o que estava lhe acontecendo. Sabia, obviamente, que era culpado de ter discutido o programa atômico com Steve Nelson em 1943, mas não que a conversa entre os dois tinha sido gravada. Tampouco acreditava que tivesse cometido espionagem. Pouco tempo antes, o *Milwaukee Journal* publicara uma história absurda alegando que Weinberg havia sido um emissário dos soviéticos e chegara a entregar a eles uma amostra de urânio-235. "Meu Deus", pensou ele, "que conexões podem ter feito para inventar uma coisa dessas?".[3] Por algum tempo, Weinberg sentiu que poderia ceder. "Eu me sentia desesperado, sozinho, assediado e atacado por todos os lados. Literalmente tremia. Deus sabe o que [o FBI] poderiam me obrigar a dizer se tivessem continuado."

Para felicidade de Weinberg, as autoridades se moviam devagar.[4] Naquela primavera, um grande júri federal em San Francisco ponderava sobre uma acusação de perjúrio contra ele. Weinberg testemunhara sob juramento nunca ter sido membro do Partido Comunista e nunca ter conhecido Steve Nelson. O grampo do FBI que provava o contrário era ilegal — e portanto inadmissível em tribunal —, e não havia nenhuma outra evidência de que Weinberg tivesse sido integrante do PC. Em abril de 1950, o FBI interrogara dezoito membros e ex-membros do partido na região de San Francisco, e nenhum deles foi capaz de ligar Weinberg ao PC.[5] Assim, na ausência de provas incriminatórias, o grande júri se recusou a abrir um inquérito.

Sem se intimidar com esse revés, o Departamento de Justiça convocou um segundo grande júri na primavera de 1952. A única evidência contra Weinberg era o depoimento de Paul Crouch, que afirmara ter visto Weinberg numa reunião do partido conversando com Nelson. Os procuradores estavam bem cientes de que o depoimento de Crouch podia não ser confiável, mas talvez tenham calculado que o julgamento poderia produzir outras evidências contra Weinberg, e talvez até mesmo contra Oppenheimer. Nesse momento, Weinberg deve ter reunido coragem para enfrentá-los. "Eram todos uns bobos", comentou ele depois.[6] "Esperaram até eu ficar um pouco menos desesperado e mais rijo." Interrogado pelo grande júri, recusou-se a lhes revelar alguma coisa — e com certeza nada sobre Oppenheimer. "Afinal, eu não ia meter Oppie naquilo", disse Weinberg. "Isso só aconteceria por cima de meu cadáver."

Àquela altura, Oppenheimer fora interrogado mais uma vez com base na alegação dos Crouch de que organizara uma reunião do partido na casa em Kenilworth Court, em Berkeley, em julho de 1941. Nessa ocasião, dois investigadores do Comitê Judiciário do Senado o interrogaram na presença do advogado do físico, Herbert Marks. Oppenheimer mais uma vez negou conhecer o casal, ou Grigori Kheifets, um oficial da inteligência soviética baseado em San Francisco; negou, ainda, que Steve Nelson o tivesse abordado em algum momento em busca de informações sobre o projeto da bomba.

O interrogatório foi conduzido em tom menos que amistoso. Vendo que os funcionários do Senado faziam cuidadosas anotações, Marks interrompeu para dizer que queria uma cópia de todo registro que fosse feito sobre a conversa. Quando lhe recusaram o pedido, Marks insistiu e disse que, se desejassem continuar a fazer perguntas a Oppenheimer, "vamos querer uma transcrição".[7] Em resposta, os funcionários do Senado friamente observaram que, na primavera anterior, Oppenheimer estivera sob juramento, e, naquela ocasião, Joe Volpe, também advogado de Oppenheimer, havia sugerido que o cliente fosse entrevistado numa "conversa informal". Pensaram, disseram os funcionários do Senado, que "estavam sendo simpáticos". Com essa observação, o interrogatório de vinte minutos logo terminou. Esses encontros convenceram tanto Oppenheimer quanto Marks de que as alegações dos Crouch não haviam sido descartadas.

Em 20 de maio de 1952, apenas três dias antes do indiciamento de Weinberg, Oppenheimer chegou a Washington para mais um interrogatório. Os advogados que iriam processar Weinberg haviam decidido que talvez pudesse ser útil confrontar Oppie com seu acusador. Quatro anos antes, de forma traiçoeira, Richard Nixon e seus investigadores no HUAC haviam atraído Alger Hiss para um quarto no Commodore Hotel em Nova York, sem que este desconfiasse de nada, e o confrontaram com seu acusador, Whittaker Chambers. Hiss estava então cumprindo uma sentença por perjúrio. Talvez, raciocinaram os investigadores do Departamento de Justiça, valesse a pena tentar a tática de Nixon com Oppenheimer.

Acompanhado de seus advogados de defesa, Oppenheimer entrou no Departamento de Justiça para ser interrogado por advogados da Divisão Criminal. Questionado sobre a suposta reunião de julho de 1941 na casa dele em Kenilworth Court, Oppie mais uma vez negou a história dos Crouch e insistiu que, naquela época, estava no Novo México. Disse, ainda, que não conhecia nem Paul nem Sylvia Crouch e que "nenhum deles"[8] tinha ido à casa dele naquele período para falar sobre comunismo ou a invasão da Rússia. Afirmou que havia lido o depoimento de Crouch ao Comitê de Atividades Antiamericanas do Estado da Califórnia (Comitê Tenney) e não tinha nenhuma lembrança da reunião que ele descrevia. Afirmou também, de maneira espontânea, que havia conversado com a esposa e com Kenneth May e "eles confirmaram-lhe a lembrança de que tal reunião jamais havia ocorrido".

Àquela altura, os advogados do Departamento de Justiça se viraram para os advogados de Oppenheimer — Herb Marks e Joe Volpe — e disseram que Paul Crouch estava sentado na sala ao lado. Seria aceitável, indagaram eles, que Crouch fosse trazido à sala "para ver se reconheceria o dr. Oppenheimer e se o dr. Oppenheimer o reconheceria"?[9] Com a aquiescência de Oppenheimer, Marks e Volpe concordaram. A porta então se abriu, Crouch entrou, foi até Oppenheimer, apertou-lhe a mão e disse "Como vai, dr. Oppenheimer?", depois virou-se para os advogados e afirmou que o homem cuja mão acabara de apertar era o mesmo que o recebera no número 10 de Kenilworth Court em julho de 1941. Crouch reiterou que Oppenheimer dera uma palestra sobre a "linha de propaganda do Partido Comunista que deveria ser seguida após a invasão da Rússia por Hitler".

Se Oppenheimer foi tomado de surpresa por essa performance, nada consta no registro do FBI. O relato descreve apenas que ele rapidamente respondeu que não conhecia Crouch. Incentivado a descrever a reunião de julho de 1941 mais detalhadamente, Crouch disse que, terminada a apresentação de uma hora, Oppenheimer havia conversado com ele e feito várias perguntas. Nesse momento, Oppie o interrompeu e questionou quais perguntas, exatamente, teriam sido essas. Crouch respondeu que giravam em torno de uma análise filosófica do envolvimento da Rússia na guerra "baseada na doutrina marxista": "O dr. Oppenheimer afirmou que podia ver por que deveríamos auxiliar a Rússia, mas perguntou por que deveríamos ajudar a Grã-Bretanha, que podia estar fazendo jogo duplo e nos enganando."[10] Segundo ele, Oppenheimer também tinha perguntado se a invasão alemã da Rússia havia criado ou não duas guerras: uma "guerra imperialista britânico-germânica" e uma "guerra popular russo-germânica". Oppenheimer rebateu, então, que essas supostas perguntas que teria feito "eram implausíveis, porque ele, em nenhum momento, pensara ou apresentara a sugestão de duas guerras".

Marks e Volpe tentaram fazer Crouch se trair, perguntando-lhe sobre a aparência de Oppenheimer. De modo geral, ele parecia o mesmo homem de 1941? Crouch respondeu que sim. "E o cabelo?", perguntou um dos advogados. Crouch reconheceu que o cabelo podia estar, naquele momento, um pouco mais curto, mas não tinha prestado atenção nesse aspecto. Na verdade, em 1941, o cabelo de Oppenheimer era comprido e basto; em 1952, ele usava o cabelo curto, num corte quase militar. Ainda assim, era uma discrepância pequena.

De modo geral, Crouch havia demonstrado que podia ser uma testemunha crível contra Oppenheimer num tribunal. Descrevera o interior da casa de Oppie em Berkeley e também parecera crível ao alegar ter visto Oppenheimer no outono de 1941, na festa de inauguração da casa de Ken May. Oppenheimer admitiu ter dançado com uma moça japonesa numa festa, que podia muito bem ter sido a festa de inauguração da casa de May. Essa poderia ser considerada uma admissão importante, uma vez que Crouch alegou ainda que, na mesma festa, o vira mergulhado numa profunda conversa com Ken May, Joseph Weinberg, Steve Nelson e Clarence Hiskey, outro estudante de física em Berkeley.[11]

Depois que Crouch finalmente deixou a sala, Oppenheimer virou-se para os advogados do Departamento de Justiça e reafirmou não ter nenhuma lembrança de algum dia tê-lo conhecido, e com isso foi dispensado. Saiu com Marks e Volpe, e os três especularam sobre qual seria o passo seguinte do Departamento de Justiça.

Três dias depois, em 23 de maio de 1952, eles ficaram sabendo do indiciamento de Weinberg, e que este não fazia nenhuma menção a Crouch, Oppenheimer ou à suposta reunião em Kenilworth. Na verdade, os advogados de Oppenheimer tinham pressionado o Departamento de Justiça, por intermédio do presidente da AEC, Gordon Dean, a retirar o incidente de Kenilworth da acusação.[12] Oppenheimer ficou aliviado, mas apenas por ora.

* * *

O JULGAMENTO DE JOE Weinberg por perjúrio, por fim, começou no outono de 1952, e quase de imediato Oppenheimer foi notificado pelo governo de que poderia ser chamado como testemunha. Herb Marks mais uma vez atuou diligentemente para pressionar o Departamento de Justiça a manter o nome do físico fora da lista de testemunhas. Entre outras coisas, persuadiu o presidente da AEC, Gordon Dean, a escrever ao presidente Truman, instando-o a ordenar ao Departamento de Justiça a exclusão das acusações de Crouch do julgamento. "Vai ser a palavra de Oppenheimer contra a dele", escreveu Dean ao presidente.[13] "Qualquer que seja o resultado do caso Weinberg, o bom nome do dr. Oppenheimer ficará prejudicado e muito de seu valor para este país será destruído." Truman respondeu já no dia seguinte: "Estou muito interessado na ligação Weinberg-Oppenheimer. Sinto, como você, que Oppenheimer é um homem honesto. Nos dias de hoje, com o assassinato de reputações e injustificadas táticas para macular nomes, me parece que homens bons acabam sofrendo desnecessariamente." Truman, no entanto, não deu indicação do que faria.

No começo do outono, quando a lista de particularidades das acusações contra Weinberg foi preenchida, não fazia menção a Oppenheimer. Contudo, após a eleição de Dwight Eisenhower para a presidência, no começo de novembro, foi instituída uma atitude mais dura em relação a casos de segurança. Um funcionário do Departamento de Justiça ligou para Joe Volpe em 18 de novembro de 1952 e disse: "Oppie vai ter que participar do julgamento."[14] O *San Francisco Chronicle*, entre outros jornais, valeu-se das reportagens dos serviços de notícias telegrafadas: "Procuradores do governo disseram hoje que o dr. Joseph Weinberg participou de uma reunião do Partido Comunista em Berkeley, Califórnia, numa residência que se acredita ter sido [...] ocupada por J. Robert Oppenheimer."[15] No dia seguinte, Oppenheimer recebeu uma intimação do advogado de Weinberg para comparecer perante a corte como testemunha da defesa. Oppie contou a Ruth Tolman quanto estava aborrecido, e ela lhe escreveu em resposta: "Que coisa triste, Robert. Sei como a perspectiva deve ser preocupante."[16]

Marks e Volpe entenderam que qualquer coisa podia acontecer num julgamento onde se tratava da palavra de uma pessoa contra a de outra. Se Weinberg fosse condenado por perjúrio, isso abriria caminho para um indiciamento do próprio Oppenheimer. Então, mais uma vez, Marks e Volpe se esforçaram para removê-lo do caso. Numa reunião com os promotores, argumentaram que "parecia terrível sujeitar Oppenheimer ao constrangimento e dissabor, [...] e manifestaram a esperança de que se pudesse encontrar uma maneira para evitar fazer isso a um homem tão importante para o país. [...] Não haveria melhor maneira para Stálin fazer seu jogo do que criar suspeitas sobre pessoas como Oppenheimer".[17]

No fim de janeiro, logo após a cerimônia de posse de Eisenhower, Volpe e Marks mais uma vez abordaram Gordon Dean e perguntaram a ele se "não haveria alguma maneira natural, pelos canais oficiais, de fazer com que a questão fosse considerada num nível mais alto".[18] Entretanto, no fim de fevereiro, quando o julgamento finalmente começou, o advogado de Weinberg anunciou que Oppenheimer compareceria como testemunha da defesa e diria que a reunião de Kenilworth Court nunca acontecera. Na declaração de abertura, a defesa de Weinberg anunciou dramaticamente que "o caso pode ser resumido em acreditar na palavra de um criminoso [Crouch] ou na de um renomado cientista e extraordinário norte-americano".[19]

Oppenheimer teria que ir a Washington a fim de se preparar para comparecer ao tribunal assim que fosse chamado.[20] Contudo, em 27 de fevereiro, foi informado de que provavelmente não precisaria testemunhar, pois o Departamento de Justiça, de súbito, concordara em retirar do inquérito a parte referente à reunião em Kenilworth. No interesse de proteger a reputação da AEC, Gordon Dean evidentemente pressionara o Departamento de Justiça. Oppie pegou o trem de volta para casa na noite de 27 de fevereiro e chegou tarde a uma festa em Olden Manor organizada por Ruth Tolman, que tinha vindo da Califórnia para uma visita. Ruth pôde ver que ele "estava esgotado, muito preocupado e debilitado",[21] mas pelo menos escapara "das desgraças de uma intimação e situações afins".

Como a promotoria estava proibida de usar o grampo ilegal da conversa de Weinberg com Steve Nelson feito pelo FBI, o caso se tornara claramente muito fraco.[22] O julgamento terminou em 5 de março de 1953 com a absolvição de Weinberg. Num extraordinário afastamento das normas legais, o juiz distrital Alexander Holtzhoff disse ao júri que "a corte não aprova o veredicto".[23] Observou também que o depoimento havia desenterrado "uma impressionante e chocante situação ocorrida nos anos cruciais de 1939, 1940 e 1941 no *campus* de uma grande universidade, no qual operava uma extensa e ativa organização comunista clandestina".*

De qualquer forma, Oppenheimer ficou profundamente aliviado. Toda a questão, esperava ele, tinha sido, enfim, resolvida. Quando David Lilienthal ficou sabendo que Oppie não seria chamado para testemunhar no caso, escreveu ao velho amigo: "Com tantas coisas injustas e malévolas acontecendo, temos direito a alguma decência mesmo nos dias de hoje."[24] Ironicamente, num dia em que por acaso estava no Capitólio, Oppenheimer entrou num elevador e viu o senador McCarthy. "Olhamos um para o outro", contou Robert algum tempo depois a um amigo, "e dei uma piscadela".[25]

Joe Weinberg, então com 36 anos, enfim tinha a vida restituída — mas não um emprego. A Universidade de Minnesota o demitira dois anos antes, quando ele fora rotulado pelo HUAC como o "Cientista X". Apesar da absolvição, o presidente da universidade anunciou que Weinberg não seria readmitido por conta da recusa em

---

* O promotor do caso, William Hitz, foi igualmente afrontoso. Disse aos membros do grande júri que indiciara Weinberg: "Temos evidência suficiente para enforcar o filho da mãe, mas é ilegal e não podemos apresentar." Na verdade, a evidência de espionagem era ambígua.

cooperar com o FBI.²⁶ Voltando-se mais uma vez a seu mentor, Weinberg escreveu a Oppie pedindo-lhe uma carta de recomendação para um possível emprego numa empresa do ramo de ótica. Weinberg garantiu ao amigo que "vai ser a última vez que vou incomodá-lo".²⁷ Embora Oppenheimer tivesse todos os motivos para acreditar que o FBI descobriria o pedido, como de fato descobriu, ainda assim escreveu a carta para Weinberg, que conseguiu o emprego. Weinberg ficou grato, mas anos depois, quando solicitado a refletir sobre sua relação com Oppie, respondeu: "Ele já tinha se cansado de mim e eu dele."

O caso Weinberg havia sido emocionalmente extenuante, além de uma custosa provação. Em 30 de dezembro de 1952, mesmo antes de o caso ir a julgamento, Oppenheimer passara no escritório de Lewis Strauss com o propósito de dizer que tinha um assunto pessoal para discutir. Os advogados que o representaram, disse, tinham acabado de lhe enviar uma conta de 9 mil dólares referente aos serviços prestados no caso Weinberg. A conta havia excedido em muito suas expectativas, e ele "não sabia como resolver a questão".²⁸ Assim, perguntou a Strauss se ele, como presidente do conselho de administração, poderia recomendar que o instituto arcasse com as despesas legais. Strauss respondeu firmemente que seria um "erro". Quando Oppie mencionou que a Corning Glass Company havia pagado as despesas legais de um amigo, o dr. Edward Condon, Strauss disse que as circunstâncias eram sem precedentes. Os empregadores do dr. Condon, ressaltou ele, sabiam dos problemas de Condon com o HUAC antes de contratá-lo. Já os administradores do instituto, contou friamente, "não tinham o menor indício" de que Robert tivesse tais problemas, o que, é claro, não era verdade, uma vez que, em 1947, Oppenheimer informara Strauss sobre o passado de esquerda. Em todo caso, Strauss sugeriu que as despesas legais de Oppie eram altas porque os advogados o consideravam "rico e apto a pagar".

Irritado, Oppenheimer retrucou que Strauss deveria saber que isso não era verdade, uma vez que os formulários de restituição de impostos eram preparados por um gestor do instituto sob a supervisão dele. Strauss disse que "não tinha ideia de qual era a situação financeira de Robert". Oppenheimer respondeu então que "não era rico, que tinha apenas uma renda modesta, além do salário pago pelo instituto", mas que muitos pensavam dessa forma porque ele havia herdado "algumas extraordinárias obras de arte". Claramente sem empatia, Strauss encerrou a reunião dizendo que não levantaria o assunto com os administradores "neste momento". Oppie foi embora furioso e humilhado daí por diante, soube que poderia contar com a hostilidade de Strauss. Decidiu simplesmente passar por cima dele e mandar a conta dos advogados para os administradores do instituto, na esperança de que pagassem. Tempos depois, Strauss disse ao FBI que persuadira os "professores de cabelo comprido" no conselho de administração a rejeitarem a conta. Na primavera de 1953, a inimizade entre os dois era palpável para qualquer um que os conhecesse.

33

"A fera na selva"

Podemos ser comparados a dois escorpiões numa garrafa, cada um capaz de matar o outro, mas com o risco de sacrificar a própria vida.
J. ROBERT OPPENHEIMER, 1953

OPPENHEIMER HAVIA MUITO ALIMENTAVA um vago pressentimento de que o futuro lhe reservava algo sombrio e de grande importância. Um dia, no fim dos anos 1940, pegara um exemplar de *A fera na selva*, uma novela de Henry James que trata de obsessão, egoísmo atormentado e presságio existencial. "Absolutamente petrificado" pela história, Oppenheimer ligou para Herb Marks.[1] "Estava muito ansioso para que Herb o lesse", relembrou a viúva de Marks, Anne Wilson. O personagem central de James, John Marcher, encontra uma mulher que conhecera muitos anos antes, e ela recorda que ele lhe confidenciara ser assombrado por uma premonição: "Você disse que desde os primeiros tempos tinha essa sensação, entranhada no mais profundo de seu ser, de estar sendo guardado para algo raro e estranho, possivelmente prodigioso e terrível, que cedo ou tarde iria lhe acontecer, que sentia nos ossos esse augúrio e essa convicção, que talvez acabassem por esmagá-lo."

Marcher confessa que o fato, qualquer que fosse, ainda não havia acontecido: "Ainda não veio. E não se trata de nada que eu tenha que *fazer*, realizar no mundo, nada pelo qual eu possa ser conhecido e admirado. Não sou tão imbecil *assim*."[2] Quando a mulher lhe pergunta "Será que é alguma coisa que você simplesmente vai sofrer?", Marcher responde: "Bem, digamos que é algo pelo qual devo esperar, algo que terei que encontrar, encarar, algo que verei irromper de súbito em minha vida; possivelmente destruindo toda consciência restante, possivelmente, por um lado, me aniquilando; possivelmente, por outro lado, alterando tudo, atacando a raiz de todo meu mundo e me deixando viver as consequências."

Desde Hiroshima, Oppenheimer vivia com a peculiar sensação de que algum dia a aguardada "fera na selva" surgiria para alterar-lhe a existência. Ele sabia, fazia alguns anos, que estava sendo caçado, e essa "fera na selva", à espreita, chamava-se Lewis Strauss.

* * *

EM 17 DE FEVEREIRO de 1953, cerca de seis semanas antes de Joe Weinberg ser finalmente absolvido, e portanto num momento em que Oppenheimer ainda se sentia vulnerável, ele proferiu uma palestra em Nova York que era, em essência, uma versão não sigilosa do relatório sobre desarmamento que ele e Bundy haviam enviado havia pouco tempo ao novo governo Eisenhower, no qual insistiam numa política de "franqueza" em relação às armas nucleares. Segundo o historiador Patrick J. McGrath, Oppenheimer deu a palestra com o consentimento de Eisenhower, mas seguramente percebeu que despertaria a ira dos inimigos políticos em Washington.[3] A audiência era composta por membros selecionados do Conselho de Relações Exteriores.[4] Precisamente pelo fato de o conselho abrigar homens da elite, as palavras de Oppie, sem dúvida, ressoariam com força pelos círculos políticos e militares de Washington. Sentado na plateia naquele dia estavam luminares do *establishment* da política externa norte-americana, como o jovem banqueiro David Rockefeller, o editor Eugene Meyer, do *Washington Post*, o correspondente militar Hanson Baldwin, do *New York Times*, e o banqueiro Benjamin Buttenwieser, do banco de investimentos Kuhn, Loeb & Co. Além deles, também estava presente Lewis L. Strauss.

Apresentado por seu bom amigo David Lilienthal, Oppie começou dizendo que havia dado à palestra o título "Atomic Weapons and American Policy".[5] Provocando risos educados, reconheceu que era um "título presunçoso", mas pediu a indulgência dos ouvintes: "Qualquer veículo menor daria uma impressão de clareza diferente daquela que eu queria comunicar."

Ele observou então que, devido a quase tudo associado às armas nucleares ser sigiloso, "devo revelar sua natureza sem nada revelar". Destacou que, desde o fim da guerra, os Estados Unidos haviam sido compelidos a enfrentar "robustas evidências da hostilidade soviética e evidências cada vez mais fortes do poder soviético". O papel do átomo nessa guerra fria era simples: os formuladores da política norte-americana haviam decidido manter-se "à frente, ter a certeza de que estamos à frente do inimigo".

Voltando-se para a situação dessa corrida nuclear, relatou que os soviéticos tinham realizado três explosões atômicas e estavam fabricando uma quantidade substancial de material físsil. "Eu gostaria de apresentar evidências nesse sentido, mas não posso", disse. Afirmou, porém, que podia revelar a própria estimativa da posição dos soviéticos em relação aos Estados Unidos: "Creio que a União Soviética está cerca de quatro anos atrás de nós." Essa alegação poderia soar um tanto tranquilizadora, mas, depois de examinar os efeitos da bomba lançada sobre Hiroshima, Oppenheimer observou que ambos os lados compreendiam que essas novas armas podiam se tornar ainda mais letais. Aludindo vagamente à tecnologia de mísseis, disse que os avanços técnicos logo trariam veículos de transporte "mais modernos, mais flexíveis, mais difíceis de interceptar". "Tudo isso está a caminho. Minha opinião é que deveríamos todos saber — não precisamente, mas quantitativamente e, acima de tudo, com autoridade — em que ponto estamos nesses assuntos", disse.

Os fatos eram essenciais para qualquer compreensão, mas estavam sob sigilo. "Não posso escrever sobre isso", disse Robert, enfatizando mais uma vez o peso do sigilo. "O que posso revelar é o seguinte: nunca discuti essas perspectivas de modo franco com qualquer grupo responsável, seja de cientistas ou de estadistas, seja de cidadãos ou de funcionários do governo, que não olhasse firmemente para os fatos e não saísse com um sentimento de grande apreensão e preocupação com o que tinham acabado de ver." Olhando uma década adiante, acrescentou: "Provavelmente é bem pouco tranquilizador saber que a União Soviética está quatro anos atrás de nós. [...] O mínimo que podemos concluir é que nossa bomba de número 20 mil [...] não impedirá, em nenhum sentido estratégico relevante, que construam a bomba deles de número 2 mil."

Sem revelar números, Oppenheimer disse que o estoque norte-americano de armas atômicas estava crescendo depressa. "Desde o começo, defendemos que deveríamos ser livres para usar essas armas, e é de conhecimento geral que planejamos usá-las. Assim como é de conhecimento geral que um aspecto desse plano é um compromisso bastante rígido de usá-las em um ataque estratégico inicial maciço e ininterrupto sobre o inimigo." Essa, obviamente, era uma definição sucinta do plano de guerra do Comando Aéreo Estratégico — dizimar dezenas de cidades russas num ataque genocida com aviões.

As bombas atômicas, prosseguiu Oppenheimer, são "praticamente a única medida militar que qualquer um tem em mente para impedir, digamos, que uma grande batalha na Europa se torne uma contínua e agonizante Coreia em grande escala".[6] Ainda assim, os europeus "ignoram o que são essas armas, quantas haverá, como serão usadas e o que vão provocar".

O sigilo no campo atômico, denunciou Robert, estava levando à disseminação de boatos, especulações e absoluta ignorância. Pouco tempo antes, o ex-presidente Harry Truman havia desprezado a ideia de que os soviéticos pudessem estar desenvolvendo um arsenal nuclear capaz de causar danos aos Estados Unidos. Oppenheimer observou: "Deve ser perturbador que um ex-presidente dos Estados Unidos, informado do que sabemos sobre a capacidade atômica soviética, possa publicamente colocar em dúvida todas as conclusões tiradas a partir das evidências." Também ridicularizou um "alto oficial do Comando Aéreo Estratégico" por dizer, apenas alguns meses antes, que "nossa política é tentar proteger nossa força de ataque, não o país, pois essa é uma tarefa grande demais e interferiria em nossa capacidade de retaliação". Oppenheimer concluiu que tais "loucuras podem ocorrer apenas quando até mesmo homens cientes dos fatos são incapazes de encontrar quem possa conversar sobre o assunto, quando os fatos são secretos demais para serem discutidos e, portanto, pensados".

O único remédio, concluiu ele, era a "franqueza". Os que estavam em Washington precisavam começar a se nivelar com o povo norte-americano e lhe contar o que o inimigo já sabia sobre a corrida de armamentos atômicos.

Foi uma palestra extraordinariamente perceptiva e ousada. Vezes e mais vezes Oppenheimer comentou que estava impedido de falar sobre os fatos essenciais. E então, como um sacerdote brâmane dotado de conhecimento extraordinário, revelou o segredo mais fundamental de todos: que nenhum país podia esperar algum sentido mínimo em ganhar uma guerra atômica. Num futuro muito próximo, disse ele, "pode ser que antecipemos um estado de coisas no qual as duas Grandes Potências estejam em posição de pôr fim à civilização e à vida da outra, sempre arriscando a própria". Numa arrepiante mudança de tom, deixando perplexa toda a audiência, acrescentou em voz baixa: "Podemos ser comparados a dois escorpiões numa garrafa, cada um capaz de matar o outro, mas com o risco de sacrificar a própria vida."

É difícil imaginar uma fala mais provocativa. Afinal, o secretário de Estado do novo governo, John Foster Dulles, era um declarado adepto da doutrina de defesa baseada em retaliação maciça. Ainda assim, o pai da era atômica estava revelando que as premissas fundamentais da política de defesa do país estavam contaminadas pela ignorância e pela insensatez. O mais famoso cientista nuclear dos Estados Unidos conclamava o governo a liberar segredos nucleares hermeticamente guardados e a discutir de maneira franca as consequências de uma guerra nuclear. Um celebrado cidadão privado, que dispunha da mais alta habilitação de segurança, estava fazendo pouco do sigilo que cercava os planos de guerra nacionais. Quando se espalhou pela burocracia da segurança nacional de Washington a notícia do que Oppenheimer dissera, muitos ficaram estarrecidos e Lewis Strauss, furioso.

Por sua vez, a maior parte dos advogados e banqueiros de investimentos que ouviram a palestra de Robert no Conselho de Relações Exteriores saiu impressionada.[7] Mesmo o novo presidente dos Estados Unidos, Dwight D. Eisenhower, quando leu o discurso posteriormente, foi tomado pela noção de franqueza. Como ex-oficial militar, Ike [o apelido de Eisenhower] entendeu muito bem a vívida comparação de Oppenheimer das duas maiores potências do mundo como "dois escorpiões numa garrafa".[8] Eisenhower havia lido o relatório do painel especial sobre desarmamento, que julgara razoável e sensato. Bastante cético em relação às armas nucleares, disse a um de seus principais auxiliares na Casa Branca, C. D. Jackson — o qual havia sido o braço direito de Henry Luce na Time-Life —, que as "armas atômicas favorecem intensamente o lado que ataca de modo agressivo e *de surpresa*, e isso os Estados Unidos jamais vão fazer. E deixe-me ressaltar que nunca tivemos nenhum medo histérico de *qualquer nação* antes que as armas atômicas entrassem em cena".[9] Mais adiante, já no período da presidência, Eisenhower se sentiria obrigado a passar uma reprimenda num painel de assessores linha-dura, ao mesmo tempo que observava, mordaz: "Não podemos ter esse tipo de guerra. Não haveria escavadeiras suficientes para tirar os corpos das ruas."[10]

Por um tempo, parecia que as opiniões de Oppenheimer poderiam influenciar o novo presidente.[11] No entanto, Lewis Strauss, que contribuíra generosamente para a campanha de Eisenhower, foi nomeado assessor presidencial para energia atômica em janeiro de 1953 e, então, elevado ao cargo que havia comprado: presidente da Comissão de Energia Atômica.

Strauss, é claro, discordava veementemente da ideia de Oppenheimer de que os cidadãos comuns deveriam ser informados sobre a natureza do estoque nuclear norte-americano, ou de que assuntos de estratégia nuclear deveriam ser debatidos publicamente. A abertura, a seu ver, não serviria a nenhum outro propósito que não "aliviar os soviéticos do fardo em suas atividades de espionagem".[12] Assim, Strauss aproveitou cada oportunidade para semear suspeitas na cabeça de Eisenhower a respeito de Oppenheimer. Tempos depois, o presidente lembrou que alguém — ele achava que Strauss — havia lhe dito naquela primavera que "não se deveria confiar no dr. Oppenheimer".[13]

Em 25 de maio de 1953, Strauss esteve na sede do FBI para conversar com D. M. Ladd, um dos auxiliares de Hoover. Naquela tarde, às 15h30, Strauss tinha uma reunião agendada com Eisenhower. Ele disse a Ladd que Oppenheimer se encontraria com o presidente do Conselho de Segurança Nacional dali a alguns dias, e estava "muito preocupado com suas atividades". Ele acabara de saber que Oppie havia contratado David Hawkins, suspeito de ser comunista, para trabalhar em Los Alamos em 1943. Além disso, acrescentou, havia anunciado que recomendaria a nomeação de Felix Browder — um jovem e brilhante matemático que por acaso era filho de Earl Browder, ex-líder do Partido Comunista Americano — para o Instituto de Estudos Avançados. Alegando ter verificado as referências de Browder na Universidade de Boston e descoberto que o histórico do matemático não era muito favorável, Strauss disse a Oppenheimer que a nomeação teria que ser votada pelo conselho de administração. Com um placar de seis a cinco, os conselheiros acabaram por votar contra Browder, mas àquela altura Oppenheimer já havia lhe oferecido a nomeação. Quando Strauss o questionou a respeito, Oppenheimer disse ter ligado para a secretária de Strauss e informado que daria a nomeação a Browder, a menos que fosse expressamente proibido pelo conselho de administração. Strauss ficou enfurecido com a arbitrariedade de Oppenheimer — exercida, a seu ver, com o único propósito de conceder uma posição privilegiada ao filho do mais famoso comunista dos Estados Unidos.*

---

* No fim das contas, o bom senso de Oppenheimer foi justificado: Browder teve uma carreira exemplar e, em 1999, foi agraciado pelo presidente Bill Clinton com a Medalha Nacional de Ciência, a mais elevada honraria do país na área de ciência e engenharia.

Por fim, Strauss disse a Ladd que desconfiava de "contatos"[14] de Oppenheimer com os russos em 1942 — numa referência ao caso Chevalier — e do fato de que ele "supostamente atrasara o trabalho na bomba de hidrogênio".[15] Em vista de tudo isso, ele perguntou a Ladd se o FBI teria alguma "objeção" a que Eisenhower fosse informado sobre o histórico de Oppenheimer naquela tarde. Ladd o tranquilizou de imediato, e disse que a agência não fazia nenhuma objeção porque o FBI já passara toda a informação que tinha sobre Oppenheimer ao procurador-geral, à AEC e a "outras agências governamentais interessadas".

Assim, o início da campanha de Strauss para destruir a reputação de Oppenheimer pode ser precisamente datado: começou na tarde de 25 de maio de 1953, com o encontro entre ele e Eisenhower. Ike, tempos depois, se lembraria de que Strauss "volta e meia vinha a ele para falar da questão Oppenheimer".[16] Nessa primeira ocasião, disse a Eisenhower que "não poderia trabalhar na AEC se Oppie estivesse de alguma forma ligado ao programa".[17]

Uma semana antes da reunião de Strauss com Eisenhower, Oppie havia telefonado à Casa Branca e explicado que "precisava com a máxima urgência ver o presidente, para um breve encontro, que não deveria ser adiado por muito tempo".[18] Dois dias depois, foi conduzido ao Salão Oval. Depois de uma breve reunião, Eisenhower o convidou a voltar para prestar informações ao Conselho de Segurança Nacional em 27 de maio. Acompanhado de DuBridge, Oppenheimer passou cinco horas dando explicações e respondendo a perguntas. Argumentou a favor dos méritos da franqueza e, talvez lembrando as deliberações com Lilienthal em 1946, insistiu que o presidente criasse um painel sobre desarmamento com cinco membros. Segundo C. D. Jackson, Oppenheimer "enfeitiçou a todos, exceto o presidente". Ike lhe agradeceu cordialmente o informe, mas não deu nenhuma indicação do que pretendia fazer. Talvez estivesse pesando o que Strauss lhe havia dito dois dias antes sobre não poder dirigir a AEC se Oppenheimer continuasse a servir como consultor. De acordo com o relato de Jackson, Ike se sentiu incomodado ao observar Oppenheimer exercer "um poder quase hipnótico sobre pequenos grupos".[19] Algum tempo depois, contou a Jackson que "não tinha confiança total" no físico. Strauss acertara em cheio o primeiro golpe.

COM PLENA CIÊNCIA DAS reuniões de Oppenheimer na Casa Branca, Strauss começava a orquestrar uma campanha pública contra o inimigo. Ao longo dos meses seguintes, as revistas *Time*, *Life* e *Fortune* — todas controladas por Henry Luce — publicaram violentos ataques a Oppenheimer e à influência dos cientistas na política de defesa dos Estados Unidos. Na edição de maio de 1953, a *Fortune* publicou um artigo anônimo intitulado "The Hidden Struggle for the H-Bomb: The Story of Dr. Oppenheimer's Persistent Campaign to Reverse U. S. Military Strategy".[20] O autor sustentava que, sob a influência de Oppenheimer, o Projeto Vista (o estudo de defesa aérea encomendado ao Caltech) havia sido transformado num exercício para questionar "a moralidade de uma estratégia de retaliação atômica". Citando o secretário da Força Aérea, Finletter, o texto afirmava que "havia uma séria questão de adequação com respeito ao fato de cientistas tentarem resolver sozinhos assuntos nacionais tão graves, uma vez que eles não têm responsabilidade pela execução bem-sucedida de planos de guerra". Depois de ler a matéria da *Fortune*, David Lilienthal a mencionou em seu diário como "mais um artigo asqueroso e de inspiração óbvia atacando Robert Oppenheimer".[21]

Como Lilienthal resumiu, o objetivo do artigo era expor como ele próprio, Oppenheimer e Conant haviam tentado bloquear o desenvolvimento da bomba H, mas "Strauss salvou a situação etc. Daí por diante, Oppenheimer passa a ser o instigador de uma espécie de conspiração para derrotar a ideia de que a unidade de bombardeio estratégico da Força Aérea tem a resposta para nossa defesa". Lilienthal não sabia, mas o artigo da *Fortune* tinha sido escrito por um dos editores da revista, Charles J. V. Murphy, oficial da reserva da Força Aérea — e que tinha, além disso, um colaborador não mencionado: Lewis Strauss.

Algum tempo depois do ataque da *Fortune*, Oppenheimer, Rabi e DuBridge se encontraram com C. D. Jackson no Cosmos Club de Washington para discutir o artigo. Posteriormente, Jackson reportou a Luce que eles estavam "furiosos"[22] com o texto, que descreveram como "um injustificado ataque a Oppenheimer". Afirmou que havia tentado defender a integridade da revista, mas "tinha a sensação de que Murphy e [James] Shepley [diretor do escritório da revista *Time* em Washington] vinham se engajando numa cruzada injustificada contra Oppenheimer".

A PALESTRA DE OPPENHEIMER sobre o tema da "franqueza" foi publicada em 19 de junho de 1953 na revista *Foreign Affairs*, tendo sido liberada para publicação pela Casa Branca. Tanto o *New York Times* quanto o *Washington Post* fizeram matérias sobre o artigo, nas quais afirmavam que Oppenheimer teria dito que, sem "franqueza", o povo norte-americano seria "convencido a não adotar medidas de defesa razoáveis".[23] Apenas o presidente, segundo Oppie, "possui autoridade para transcender o alvoroço, constituído principalmente de mentiras, que se criou em torno da questão da situação estratégica do átomo". *Mentiras!*

Strauss, furioso, foi sem demora ver o presidente Eisenhower. Considerava o artigo de Oppenheimer "perigoso" e as propostas, "fatais".[24] Ficou surpreso ao saber que Oppenheimer havia enviado uma cópia do texto à Casa Branca. O presidente tinha lido o artigo e, de modo geral, aceitado o argumento. Em 8 de julho, numa coletiva de imprensa, Eisenhower indicou que concordava com Oppenheimer quanto à necessidade de uma "franqueza" maior em relação às armas nucleares. Strauss reclamou com Ike que alguns jornalistas estavam considerando essa afirmação "um endosso à recente doutrina de 'franqueza' proposta pelo dr. J. Robert Oppenheimer, que favoreceria a liberação de informações sobre nosso estoque e ritmo de produção de armas e nossa estimativa da capacidade inimiga".

"Isso é um absurdo", respondeu Eisenhower.[25] "Você não deveria ler o que essas pessoas escrevem. Não existe ninguém mais preocupado com a segurança do país do que eu." E então acrescentou: "Alguém deveria redigir uma matéria para corrigir o artigo de Oppenheimer." Momentaneamente apaziguado, Strauss se ofereceu para escrever ele mesmo um ensaio.

O artigo de Oppenheimer na *Foreign Affairs* deflagrou um vigoroso debate no governo Eisenhower sobre o que o público deveria saber a respeito das armas nucleares. A intenção de Oppie havia sido exatamente essa. Esperava que sua descrição franca e clara dos perigos que o país enfrentava diante da perspectiva de uma corrida armamentista provocasse uma reconsideração da ideia de apoiar de modo tão vigoroso a produção de armas nucleares. A franqueza era necessária precisamente porque o público precisava se assustar com a noção de uma corrida armamentista interminável. Enquanto Eisenhower e seus assessores debatiam a questão, o presidente se viu perseguindo objetivos contraditórios. "Não queremos assustar o país", disse ele a Jackson depois de ler o rascunho de um de seus discursos sobre a "franqueza".[26] Então declarou a Strauss que queria ao mesmo tempo ser franco em relação aos riscos de uma guerra nuclear e oferecer ao povo alguma "faísca de esperança".

Strauss não estava de acordo, mas astutamente não disse nada. Para crescente frustração dele, parecia que Ike estava atraído por algumas das ideias de Oppenheimer, mas Strauss estava determinado a desenganar o presidente quando ao valor dessas ideias. No começo de agosto de 1953, ele tomou alguns drinques com C. D. Jackson, que mais tarde anotou em seu diário: "Estou muito aliviado que Strauss tenha negado categoricamente haver alguma desavença entre ele e Oppenheimer e qualquer relutância em adotar a franqueza, exceto com referência à aritmética do estoque."[27] Arguto burocrata e um combatente interno, Strauss havia mentido. Naquele mesmo mês, colaborara em segredo com Charles J. V. Murphy, da *Fortune*, num segundo ensaio bastante crítico à ideia de franqueza de Oppenheimer na questão dos segredos atômicos.

Os acontecimentos também conspiraram para ajudar Strauss.[28] No fim daquele mês de agosto, as manchetes dos jornais em todo o país anunciavam que os russos haviam testado a superbomba. Apenas nove meses depois do primeiro teste norte-americano da bomba de hidrogênio, os soviéticos, ao que tudo indicava, haviam sido capazes de igualar o feito. Na verdade, o teste soviético não foi o feito técnico que parecia ser: não era propriamente uma bomba de hidrogênio nem uma arma que pudesse ser lançada de um avião. Contudo, a impressão de que talvez estivessem prontos para ultrapassar o arsenal nuclear norte-americano deu a Strauss munição política adicional para bloquear o chamado por franqueza de Oppenheimer.

Por fim, Eisenhower encontrou uma "faísca de esperança", que apresentou num discurso no qual propunha o programa Átomos para a Paz. Ele sugeria que os Estados Unidos e a União Soviética contribuíssem com materiais físseis para um esforço internacional a fim de desenvolver usinas de energia nuclear com fins pacíficos. Apresentado em 8 de dezembro de 1953 nas Nações Unidas, o discurso foi, de início, um sucesso de relações públicas, mas não obteve resposta dos soviéticos. Tampouco o presidente havia sido franco acerca das armas nucleares norte-americanas. As palavras de Ike não faziam qualquer referência ao tamanho e à natureza do arsenal nuclear dos Estados Unidos nem davam alguma informação essencial para um debate saudável. Em vez de franqueza, Eisenhower tinha dado aos Estados Unidos uma vitória fugaz em propaganda.

Longe de conduzir a qualquer questionamento da estratégia nuclear, nos meses seguintes o governo Eisenhower começaria a cortar gastos de defesa em armas convencionais, ao mesmo tempo que aumentava o arsenal atômico. Eisenhower chamou essa política de defesa de "Nova Visão".[29] O governo havia aceitado a estratégia da Força Aérea e se apoiaria quase apenas no poder aéreo para a defesa do país. Uma política de "retaliação maciça" parecia ser barata e mortal, mas também míope, genocida e, uma vez iniciada, suicida. Dean Acheson a descreveu como "fraudulenta em termos de palavras e fatos".[30] Adlai Stevenson afirmou incisivamente: "Estamos nos reservando a sinistra escolha entre inação e holocausto termonuclear." A "Nova Visão", na verdade, era a velha política e o oposto do que Oppenheimer tinha esperança de obter do novo governo.

LEWIS STRAUSS TRIUNFARA. O regime de segredo militar prosseguiria, e armas nucleares seriam construídas em quantidades assustadoras. Em certa época, Oppenheimer havia pensado que Strauss era um mero incômodo, um homem incapaz de "obstruir as coisas".[31] Naquele momento, com um governo republicano em Washington, ele estava sentado no banco do motorista, pisando no acelerador político ao máximo.

Oppenheimer e muitos dos amigos dele estavam então seguros de que o físico se encontrava na mira de Strauss. Em julho, logo depois de este assumir a presidência da AEC, o advogado e amigo íntimo de Robert, Herb Marks, recebeu uma ligação de um funcionário da AEC: "É melhor dizer a seu amigo Oppy para recolher as velas, fechar as escotilhas e se preparar para uma época de tempestades."[32]

"Eu sabia que ele estava em apuros", recordou Isidor I. Rabi.[33] "Já vinha assim havia alguns anos [...] estava vivendo debaixo dessa sombra [...] eu sabia que estava sendo caçado." Então, certo dia, disse-lhe: "Robert, escreva um artigo para o *Saturday Evening Post*, conte sua história, suas ligações radicais e assim por diante, receba um bom pagamento... e isso vai matar a fera." Rabi achava que, se a história viesse de Oppie e aparecesse em uma publicação respeitável, o público entenderia.

Como fator de relações públicas, um ensaio confessional franco poderia muito bem ter blindado Oppenheimer de novos ataques políticos. Todavia, conforme recordou Rabi, "não consegui convencê-lo".

Oppenheimer tinha outros planos. No começo daquele verão, ele, Kitty e os dois filhos haviam embarcado no SS *Uruguay*, em Nova York, com destino ao Rio de Janeiro. Viajando como convidado do governo brasileiro, Oppenheimer daria uma série de palestras e então voltaria a Princeton em meados de agosto. Enquanto esteve no Brasil, o FBI instruiu a embaixada norte-americana a monitorar-lhe os contatos.[34]

Durante o tempo em que Oppenheimer desfrutou uma agradável viagem pelo Brasil, Strauss passou o verão de 1953 preparando-se febrilmente para pôr um ponto--final na influência do físico. Em 22 de junho, visitou o escritório central do FBI para um novo encontro privado com Hoover. Com total ciência do extraordinário poder do diretor do FBI em Washington, Strauss queria se assegurar de que ambos mantivessem uma "relação próxima e cordial".[35] Quase de imediato, o "almirante" Strauss direcionou a conversa para Oppenheimer. "Ele declarou estar ciente", escreveu Hoover num memorando, "de que o senador McCarthy contemplava investigar o dr. Oppenheimer, pois sentia que uma investigação sobre as atividades de Oppie poderia ser útil, mas ao mesmo tempo esperava que não fosse prematura demais".

De fato, o senador por Wisconsin e seu auxiliar Roy Cohn tinham visitado Hoover em 12 de maio. McCarthy disse que queria saber qual seria a reação de Hoover se seu comitê no Senado começasse uma investigação sobre Robert Oppenheimer. Hoover então explicou a Strauss que tentara dissuadir McCarthy. Oppenheimer, dissera ele, era "uma figura bastante controversa", mas popular entre os cientistas do país, de modo que "um grande trabalho preliminar de escavação de fatos" teria que preceder qualquer investigação pública de uma figura tão formidável. McCarthy indicou ter recebido a mensagem e recuaria da decisão de abordar o caso naquele momento. Hoover e Strauss concordaram que "não se tratava de um caso no qual deveriam entrar prematuramente com o simples propósito de conseguir manchetes".

Ao longo da reunião, Strauss avisou Hoover, "na mais estrita confiança",[36] que o colunista independente Joseph Alsop enviara, não havia muito tempo, uma carta de sete páginas para a Casa Branca, na qual instava o governo Eisenhower a bloquear uma investigação de Oppenheimer por McCarthy. Strauss, é claro, sabia que Alsop era amigo de Robert e queria se assegurar de que Hoover tivesse entendido que o cientista tinha aliados influentes. Foi uma reunião produtiva entre dois homens de mentalidade semelhante, e Strauss saiu acreditando ter forjado uma aliança com o poderoso diretor do FBI. A tarefa de livrar-se de Oppenheimer era importante demais para ficar a cargo do bufão senador pelo Wisconsin e de sua busca de casos sensacionais. Seriam necessários planejamento cuidadoso e habilidosa manipulação.

Depois de deixar Hoover, Strauss retornou a seu escritório e escreveu ao senador Robert Taft para que bloqueasse McCarthy caso este tentasse iniciar uma investigação a respeito de Oppenheimer. Seria um "erro", escreveu. "Em primeiro lugar, parte da evidência não se sustenta. Em segundo lugar, o comitê de McCarthy não é o lugar para tal investigação e agora não é o momento."[37] Strauss orquestraria uma investigação própria.

EM 3 DE JULHO de 1953, Strauss assumiu formalmente a cadeira de presidente da AEC, numa cerimônia de posse, segundo reportou a revista *New Republic*, "em que parecia um almirante de esquadra na ponte de um navio de guerra".[38] Quando descobriu que Gordon Dean, o presidente da AEC que estava se aposentando, tinha concordado com o pedido de Oppenheimer para renovar o contrato de consultoria por mais um ano (o que daria a Oppie possibilidade de continuar a pressionar por uma atitude de maior franqueza), Strauss acionou seus soldados. A primeira manobra foi pedir a Hoover que lhe mandasse por um mensageiro especial uma cópia do último resumo do FBI sobre Oppenheimer.[39] Àquela altura, o arquivo de Oppenheimer no FBI tinha alguns milhares de páginas. Apenas o resumo de junho de 1953 se estendia por 69 páginas datilografadas com espaço simples. Sem demora, Strauss começou a estudá-lo com o zelo de um promotor.

Durante a transição de Eisenhower, Strauss mantivera contato com William L. Borden, o jovem diretor do Comitê Conjunto de Energia Atômica com o qual compartilhava profundas suspeitas em relação a Oppenheimer.[40] Borden era democrata e perdera o emprego quando os republicanos obtiveram o controle do Senado. Ainda assim, a obsessão com Oppenheimer o mantivera trabalhando num relatório de 65 páginas no qual rastreava a influência de Robert em Washington. Nenhuma outra pessoa nos Estados Unidos, escreveu ele, tinha "dados mais detalhados e precisos" sobre as políticas militar e externa do país do que Oppie. Depois de analisar um resumo das atividades pós-guerra de Oppenheimer, Borden tentou mostrar a influência diária que ele exercia sobre os formuladores de políticas em Washington.

> Recentemente, ao longo de um período de sete dias [...] o dr. Oppenheimer: conversou com o dr. Charles Thomas, presidente da Monsanto Chemical Corporation, sobre o desenvolvimento da energia atômica para propósitos industriais; almoçou com o secretário de Estado na fazenda deste último em Maryland e discutiu questões de política externa referentes a operações de teste em Eniwetok no outono de 1952; reuniu-se com o secretário da Força Aérea para discutir, entre outros tópicos, os méritos relativos de bombardeios estratégicos *versus* táticos; encontrou-se com uma delegação de emissários franceses para discutir o tema do controle internacional; conversou com o presidente e visitou os dois candidatos presidenciais de 1952, o general Eisenhower e o governador Stevenson. Além disso, o dr. Oppenheimer pode ter sido o único norte-americano a ser informado pelo dr. W. C. Penney, diretor do laboratório de armamentos da Grã-Bretanha, o equivalente britânico de Los

Alamos, sobre os detalhes do desenvolvimento da bomba na Grã-Bretanha. [...] Praticamente não há quem não concorde que o dr. Oppenheimer é um homem de personalidade dinâmica e magnética, incrivelmente articulado, e que, com essas qualidades fortalecidas pelo prestígio de que goza entre os demais cientistas, tende a dominar as reuniões das quais participa.[41]

Em 1952, Borden ainda não chegara a nenhuma conclusão definitiva, mas não podia ignorar o fato de que o arquivo de segurança de um homem tão influente contivesse tanta informação considerada depreciativa. Strauss, é claro, compartilhava as desconfianças de Borden e o incentivara a investigá-las. Em dezembro de 1952, apenas um mês depois de Borden redigir seu relatório, Strauss lhe enviou uma carta de quatro páginas na qual dizia acreditar que a bomba H tivera o desenvolvimento retardado em três anos. Não apenas o GAC de Oppenheimer fora arrastando o projeto, como também estava claro que os russos haviam se beneficiado de espionagem atômica. "Em suma", disse Strauss a Borden, "acho que seria muito insensato presumir que tenhamos qualquer vantagem em termos de tempo na competição com a Rússia no campo das armas termonucleares".[42] Não havia a menor dúvida entre os dois de que Oppenheimer era em grande parte responsável por essa perigosa situação.

No fim de abril de 1953, Borden foi até o escritório de Strauss para discutir suas preocupações quanto a Oppenheimer. Segundo Priscilla McMillan, Borden deu a Strauss um documento misterioso — "provavelmente uma compilação de suas suspeitas sobre Oppenheimer" —,[43] que nunca veio à tona, mas as atividades subsequentes dos dois sugerem que, durante a reunião, um plano — na verdade, uma conspiração — foi arquitetado para pôr fim à influência de Oppenheimer. Borden faria o trabalho sujo, e para isso Strauss lhe forneceria acesso às informações de que precisasse.

Duas semanas após o encontro com Strauss, Borden foi autorizado a retirar o arquivo de segurança de Oppenheimer guardado no cofre da AEC. Embora tivesse deixado o emprego no governo em 31 de maio de 1953, Borden conseguiu manter o arquivo até 18 de agosto. Em 16 de julho, Strauss conversou por telefone com Borden, que estava lendo o arquivo no isolamento de seu refúgio de férias no interior do estado de Nova York. Poucas horas depois de o dossiê ser entregue, Strauss o tinha na mesa, onde ficou por quase três meses, sendo devolvido ao cofre da AEC em 4 de novembro. Nesse mesmo dia, apenas algumas horas depois, o oficial assistente de segurança da AEC, Bryan F. LaPlante, o retirou. LaPlante, confidente de Strauss, não devolveu o dossiê até 1º de dezembro.

Essa sequência de retiradas e devoluções do arquivo de Oppenheimer por Borden, Strauss e LaPlante sem dúvida foi coordenada; não pode ter sido uma coincidência.[44] Claramente, Borden estava trabalhando com o conhecimento e o incentivo de Strauss a fim de montar um caso contra Oppenheimer. Quando Borden completou o trabalho e devolveu o dossiê, Strauss o pegou de volta, talvez para estudar, ele próprio, as evidências. Ao terminar, ordenou que LaPlante fizesse uma revisão do arquivo para análise posterior.

Assim, ao longo de nove meses, entre abril e dezembro de 1953, Lewis Strauss — com a considerável ajuda de William Borden — executou o "grande trabalho preliminar de escavação" que ele e J. Edgar Hoover tinham concordado ser necessário até que uma investida bem-sucedida contra Oppie pudesse ser desfechada. Haviam conseguido desviar o senador McCarthy do ataque, sabendo que ele era muito pouco confiável para preparar o caso com a cautela necessária. Em julho de 1953, segundo Harold Green, um advogado da equipe da AEC, "Strauss prometera a Hoover expurgar Oppenheimer".[45] Nesse caso, parece que o diretor da AEC foi um homem de palavra.

CERTO DIA, NO FIM de agosto de 1953, depois de voltar do Brasil, Oppenheimer telefonou a Strauss para avisar que estaria em Washington na terça-feira, 1º de setembro, e perguntar se poderia vê-lo pela manhã. Quando Strauss lhe disse que só estaria livre à tarde, Robert afirmou que teria um compromisso importante à tarde na Casa Branca e que, portanto, o encontro não seria possível. Strauss ficou tão alarmado com a notícia que ligou de imediato para o FBI e pediu que a agência o vigiasse disfarçadamente durante a visita. "Em vista do histórico de Oppenheimer", reportou um funcionário do FBI, "o almirante está muito ansioso para saber onde ele estará na terça-feira à tarde e com quem vai se reunir".[46] Hoover autorizou a vigilância, e Strauss depois ficou sabendo que Oppenheimer não havia estado na Casa Branca, mas passara a tarde inteira num bar no Statler Hotel com o colunista independente Marquis Childs. Aliviado por saber que Oppie não tinha ido se encontrar com o presidente, mas estava apenas cultivando um colunista, Strauss escreveu a Hoover dizendo-se "ainda extremamente preocupado com a influência de Oppenheimer no programa de energia atômica e garantindo que observava o assunto de perto, e *esperava conseguir encerrar as tratativas da AEC com Oppenheimer muito em breve*" (grifo nosso).

ENQUANTO STRAUSS E BORDEN montavam um caso contra Oppenheimer, Robert passou o começo do outono escrevendo quatro longos ensaios científicos. Alguns meses antes, a British Broadcasting Corporation (BBC) o convidara a dar as prestigiosas Reith Lectures, uma série de quatro conferências transmitidas para milhões de pessoas ao redor do mundo. Ele e Kitty planejavam ficar em Londres por três semanas em novembro, e então visitar Paris no começo de dezembro. O convite era uma honra considerável, pois entre os palestrantes anteriores estavam Bertrand Russell, que falara sobre "A autoridade e o indivíduo", e Arnold Toynbee, que fizera uma conferência sobre um grandioso tópico, "O mundo e o Ocidente".

Robert se debruçou sobre o tema que havia escolhido, "a fim de elucidar o que há de novo na física atômica que seja relevante, útil e inspirador para o conhecimento dos homens".[47] A maioria dos ouvintes da BBC provavelmente ficou confusa com a estudada ambiguidade de Oppenheimer. "Sua cintilante retórica", escreveu um crítico, "prendeu a atenção dos ouvintes numa teia que era menos de atenção e mais parecida com um transe". O desempenho de Oppie foi, na melhor das hipóteses, místico. "Para minha inquietação", admitiu ele depois, "fui informado de que havia sido absolutamente nebuloso".[48]

A Guerra Fria não era o tema que havia escolhido, mas, num breve aparte, ele falou sobre a natureza do comunismo: "Não passa de um jogo de palavras cruel e desprovido de humor que uma forma tão poderosa de tirania moderna chame a si mesma pelo nome de uma crença na comunidade, por uma palavra, 'comunismo', que em outros tempos evocaria aldeias e estalagens, artesãos exercendo suas habilidades, homens aprendendo [a estar] contentes com o anonimato. Talvez apenas um final maligno possa se seguir a uma crença sistemática de que todas as comunidades sejam uma única comunidade; de que toda verdade seja uma única verdade; de que cada experiência seja compatível com todas as outras; de que o conhecimento total seja possível; de que tudo que é potencial possa existir como real. Esse não é o destino do homem; esse não é seu caminho; forçar o homem a percorrê-lo faz com que ele se assemelhe não à imagem divina do onisciente e Todo-Poderoso, mas à do prisioneiro acorrentado num mundo agonizante."[49]

Tendo flertado com a promessa comunista na década de 1930, Oppenheimer não tinha ilusões no que dizia respeito à realidade em 1953. Assim como Frank, ele fora atraído naqueles anos pela visão e pela retórica de justiça social promovidas pelo Partido Comunista. Buscar a integração das piscinas públicas em Pasadena, defender melhores condições de trabalho para os agricultores, organizar um sindicato de professores — foram todas experiências libertadoras no sentido intelectual e emocional. Contudo, muito havia mudado. Na ocasião, ao pleitear um "admirável mundo novo", ele reconstituía no nível intelectual os mais profundos instintos e mais elevados valores com os quais estivera comprometido quando jovem. O chamado que fazia por uma sociedade aberta estava sem dúvida ligado às preocupações com os perigosos e estupidificantes efeitos do sigilo para a sociedade norte-americana, mas também com a causa da justiça social nos Estados Unidos, um objetivo pelo qual ele trabalhara antes de Hiroshima, antes de Los Alamos e antes de Pearl Harbor. O papel do comunismo nos Estados Unidos tinha mudado; o papel dele como cidadão norte-americano responsável tinha mudado; mas os valores mais profundos ainda eram os mesmos. "A sociedade aberta, o acesso irrestrito ao conhecimento, a associação livre e voluntária de homens para a própria promoção", disse ele em uma das palestras que dera, "isso é o que poderá dar forma a um mundo tecnológico vasto, complexo, sempre em evolução, sempre em transformação, sempre mais especializado e sábio, e ainda assim um mundo da comunidade humana".[50]

CERTA NOITE, DURANTE UMA estada em Londres, Kitty e Robert jantaram com Lincoln Gordon, um colega de Frank na Escola de Cultura Ética que Robert conhecera em 1946, quando Gordon servia como consultor de Bernard Baruch. Gordon se lembraria para sempre da conversa que tiveram naquela noite. Robert estava melancólico, reflexivo, e, quando Gordon cautelosamente mencionou a bomba atômica, Oppie falou durante um bom tempo sobre a decisão de usá-la. Reconheceu que tinha apoiado a resolução do Comitê Interino, mas confessou que "até hoje não entendia por que o bombardeio de Nagasaki tinha sido necessário".[51] Falou com tristeza na voz, não com raiva ou amargura.

Depois de gravar as palestras para a BBC em Londres, os Oppenheimer atravessaram o canal da Mancha e foram a Paris, onde Kitty telefonou para o apartamento de Haakon Chevalier em Montmartre apenas para ficar sabendo que Hoke estava em Roma participando de uma conferência. Informados de que ele estaria de volta em alguns dias, Robert e Kitty pegaram um trem para Copenhague, onde fizeram uma visita de três dias a Niels Bohr. Quando retornaram a Paris, Chevalier tinha chegado e insistiu que jantassem no apartamento dele na última noite na cidade. Foi um convite que teria trágicas consequências. A pedido de Strauss, oficiais de segurança da embaixada dos Estados Unidos em Paris seguiram os movimentos de Robert pela cidade e obtiveram do hotel uma lista de todos os telefonemas dados do quarto de Oppie. A embaixada em Paris reportou que "Chevalier, o qual não tem boa fama e é suspeito de ser um agente soviético, está na lista de vigilância da polícia e dos serviços de inteligência franceses".[52]

EM 7 DE DEZEMBRO de 1953, fazia mais de três anos que Chevalier e Oppenheimer não se viam.[53] O último encontro tinha sido em Olden Manor, no outono de 1950, quando Hoke, em busca de um ombro amigo, viera para uma extensa visita após um doloroso divórcio de Barbara. No entanto, os dois velhos amigos haviam mantido uma calorosa correspondência que incluiu até mesmo uma espécie de carta de recomendação, em que Robert escreveu, a pedido de Hoke, um resumo do que tinha contado ao HUAC sobre o episódio Eltenton. A carta não fora o suficiente para que Chevalier recuperasse a posição em Berkeley, mas ainda assim ele ficou grato. Em novembro de 1950, Chevalier mudou-se para Paris, viajando com passaporte francês, uma vez que o Departamento de Estado norte-americano se recusara a emitir um passaporte. Em Paris, pouco a pouco, conseguira construir uma vida trabalhando como tradutor para as Nações Unidas e escrevendo ficção. Quando se casou com Carol Lansburgh, uma nativa da Califórnia de 32 anos, os Oppenheimer lhes mandaram uma saladeira de mogno das Ilhas Virgens como presente de casamento.

Na ocasião, ambos esperavam ansiosos por uma reunião agradável. Quando Robert e Kitty chegaram ao apartamento de Chevalier no número 19 da rue de Mont--Cenis, aos pés da Basílica do Sacré-Cœur, entraram num elevador antigo, que mais parecia uma gaiola, e subiram até o quarto andar. Hoke e Carol os receberam calorosamente, e logo os casais estavam fazendo brindes na pequena sala de estar revestida de estantes de livros. Chevalier preparou um de seus deliciosos jantares, com direito a uma suntuosa salada servida na saladeira de mogno. Juntamente com a sobremesa, abriu uma garrafa de champanhe, e, após muitos brindes, Oppie e Kitty assinaram a rolha da garrafa.

Oppenheimer parecia relaxado e contou histórias engraçadas sobre os encontros que tivera com personalidades de Washington, como Dean Acheson. Discutiram brevemente a execução, alguns meses antes, de Julius e Ethel Rosenberg, condenados por conspiração para cometer espionagem atômica. Chevalier contou a Oppenheimer sobre preocupações relativas a seu emprego como tradutor na Unesco. Explicou que, por não ter renunciado à cidadania norte-americana, talvez fosse obrigado a se submeter a uma habilitação de segurança do governo dos Estados Unidos. Oppenheimer sugeriu que ele se aconselhasse com Jeffries Wyman, um amigo de Harvard que estava em Paris como adido científico da embaixada norte-americana.[54]

Quando os Oppenheimer se levantaram para ir embora, pouco depois da meia--noite, Robert, com um humor lacônico, de repente virou-se para Hoke e disse: "A verdade é que não estou nem um pouco ansioso pelos próximos meses."[55] Talvez tivesse algum pressentimento de problemas futuros. Mesmo assim, se foi o caso, não fez nenhum esforço para explicar o comentário. Ao saírem, Chevalier constatou que o amigo não estava muito bem agasalhado e então lhe deu de presente um cachecol de seda italiana. Nenhum dos dois imaginava que a amizade entre eles estava prestes a ir a julgamento.

DURANTE A VIAGEM DE Robert e Kitty à Europa, Borden começou a escrever um resumo da acusação contra Oppenheimer, baseado em informações extraídas do arquivo de segurança de Oppie guardado no cofre da AEC. Estava ao mesmo tempo entusiasmado com os esforços que vinha fazendo e consciente de que deveria se manter em contato com Strauss. Depois de ter perdido a posição no Comitê Conjunto de Energia Atômica no fim de maio de 1953, Borden conseguira um emprego em Pittsburgh no programa do submarino nuclear da Westinghouse. Antes, agradecera profusamente a Strauss pela "consideração".[56] Estudando o arquivo ultrassecreto da AEC sobre Oppenheimer nos fins de tarde, Borden, em meados de outubro de 1953, já tinha um rascunho do resumo — que enviou em uma carta a J. Edgar Hoover em 7 de novembro. Os relatórios do FBI eram longos e complicados, mas Borden cristalizara as acusações contra Oppenheimer em apenas três páginas e meia. E a conclusão era chocante. Depois de organizar as evidências das associações comunistas de Oppenheimer e analisar o histórico das recomendações feitas por ele sobre armas nucleares, Borden concluíra que "é bem provável que J. Robert Oppenheimer seja um agente da União Soviética".[57]

Não se sabe exatamente quando Strauss ficou sabendo que o resumo de Borden estava completo. Não foi informado oficialmente até que Hoover lhe encaminhou o documento, em 27 de novembro, data em que foi enviado também ao secretário de Defesa, Charles E. Wilson, e ao presidente. Entretanto, já em 9 de novembro, Strauss redigira uma nota para seus arquivos a qual sugeria que ele havia lido a carta de Borden. "Lembro-me de que um relatório do FBI de 27 de novembro de 1945 sobre o tema geral das atividades de espionagem soviéticas registra que 'já em dezembro de 1940 a vigilância mostrou que um grupo o qual incluía Steve Nelson, Haakon Chevalier, William Schneiderman — o chefe da organização comunista na Califórnia — e JRO mantinha reuniões secretas'. Ao que parece, essa informação foi obtida por vigilância real", escreveu ele.[58]

Em 30 de novembro, pouco depois de receber o resumo de Borden, Strauss anotou em outro memorando para seus arquivos que a principal acusação contra Oppenheimer dizia respeito ao caso Chevalier: "O importante aqui é saber quanto tempo se passou entre a ocorrência e o relato que 'O' [Oppenheimer] fez do mesmo a 'G' [Groves], e se havia alguma razão para suspeitar que ele soubesse que 'G' tomara conhecimento da ocorrência antes de fazê-lo."[59] Essa era de fato uma pergunta interessante, mas, como não há evidência de que Groves soubesse qualquer coisa sobre a conversa de Oppie com Chevalier antes de ser informado pelo próprio Oppie — e não há depoimento de Groves a esse respeito nos arquivos do FBI —, a pergunta mais interessante tem a ver com o memorando de Strauss: será que ele já estaria preparando o que viria a se tornar o ponto central do caso contra Oppenheimer?

NO OUTONO DE 1953, uma caça às bruxas dominava Washington. Por conta das mais frágeis acusações, as carreiras de centenas de servidores civis tinham chegado a um abrupto fim. Ninguém, e muito menos o presidente, parecia disposto a se levantar e enfrentar Joseph McCarthy. Em 24 de novembro, o senador pelo Wisconsin fez um empolado discurso, transmitido pelo rádio e pela televisão, no qual acusava o governo Eisenhower de uma "lamuriosa atitude de apaziguamento".[60] No dia seguinte, C. D. Jackson disse a James Reston, do *New York Times*, ter achado que "McCarthy havia declarado guerra ao presidente". Quando, na manhã seguinte, a coluna de Reston citou a fala, atribuindo-a a um funcionário anônimo da Casa Branca, Jackson foi severamente criticado por um auxiliar de Eisenhower, o qual disse que aquilo serviria apenas para tornar "mais difícil conseguir que McCarthy e seus aliados votem pelo programa presidencial". Jackson estava perplexo com o que chamou de um "apaziguamento desastroso" em face dos ataques de McCarthy. "Todos os sentimentos vagos de infelicidade que tenho tido nos últimos meses em relação à 'falta de liderança', os quais sempre reprimi, esta semana vieram à tona com força, e estou muito assustado", anotou ele em seu diário.[61] Jackson disse ao chefe de gabinete de Eisenhower, Sherman Adams, ter esperança de que a "flagrante atitude de McCarthy pelo menos sirva para abrir os olhos de alguns dos assessores do presidente, que parecem pensar que no fundo o senador é mesmo uma boa pessoa".[62]

Nessa atmosfera venenosa, Wilson telefonou a Eisenhower em 2 de dezembro de 1953 e lhe perguntou se tinha visto o último relatório de Hoover sobre o dr. Oppenheimer. Ike respondeu que não. O secretário de Defesa disse que "era o pior até agora",[63] e Strauss lhe telefonara na noite anterior para dizer que "McCarthy sabe disso e é capaz de usá-lo contra nós". Eisenhower disse que não iria se preocupar com McCarthy, mas o caso precisava ser levado ao conhecimento do procurador-geral, Herbert Brownell. E que eles não iriam "assassinar a reputação [de Oppenheimer] a menos que consigamos obter evidências substanciais". Wilson disse a Ike (equivocadamente) que "o irmão e a esposa de Oppenheimer *são* comunistas, e esse fato, somado às relações passadas, faz dele um péssimo risco se tivermos problemas com comunistas".

Depois de encerrar o telefonema com Wilson, mas antes de ler o documento, Eisenhower anotou em seu diário que o novo relatório do FBI "traz para o primeiro plano acusações muito graves". O procurador-geral teria que avaliar se seria necessário abrir um inquérito, mas Ike observou: "Duvido muito que eles tenham esse tipo de evidência." Nesse meio-tempo, contudo, cortaria todos os contatos de Oppenheimer com pessoas do governo. "O mais triste de tudo é que, se essas acusações forem verdadeiras, temos um homem que desde os primeiros dias esteve no centro de todo nosso desenvolvimento atômico. [...] O dr. Oppenheimer foi um daqueles que nos instaram com urgência a compartilhar mais informações atômicas com o mundo" — uma sugestão que o próprio Eisenhower havia aprovado, mas não anotou em seu diário.

Bem cedo na manhã seguinte, o presidente se reuniu com o assessor de segurança nacional, Robert Cutler, que o aconselhou a tomar uma atitude imediata contra Oppenheimer.[64] Às dez da manhã, Eisenhower chamou Strauss ao Salão Oval e perguntou se ele tinha lido o relatório mais recente do FBI sobre Oppie. Strauss, obviamente, havia lido não só o relatório, como também o resumo de Borden que lhe dera origem. Após uma discussão superficial, o presidente ordenou que fosse "erguida uma parede entre esse indivíduo [Oppenheimer] e qualquer informação de caráter sensível ou sigiloso".

Nesse mesmo dia, Einsenhower anotou em seu diário que, no "breve tempo" que havia tido para ler as "chamadas 'novas' acusações", logo percebeu que "não consistem em nada mais do que o recebimento de uma carta de um homem chamado Borden".[65] Então avaliou corretamente o conteúdo: "A carta apresenta pouca evidência nova." Eisenhower confidenciou ter sido informado de que "o grosso" dessa informação havia sido "revisto e reexaminado ao longo de vários anos e a conclusão geral era de que não havia evidência alguma que implicasse deslealdade por parte do dr. Oppenheimer. No entanto, isso não significa que ele não possa ser um risco de segurança".

Eisenhower entendeu que Oppenheimer podia muito bem estar sendo vítima de acusações vis, mas, tendo ordenado uma investigação, não estava disposto a interromper o processo. Tal gesto o deixaria vulnerável a acusações de McCarthy de que a Casa Branca estava protegendo um homem que poderia representar um risco para a segurança do país. Assim, ele decidiu enviar uma mensagem ao procurador-geral na qual ordenava que Oppenheimer fosse "isolado" de qualquer material sigiloso.

WASHINGTON ERA UMA CIDADE pequena, então não surpreende que já no dia seguinte, 4 de dezembro de 1953, o velho amigo e colega de Oppenheimer dos tempos de Los Alamos, o almirante William "Deke" Parsons, tenha ficado sabendo da diretiva de Eisenhower a respeito do "isolamento" de Oppie.[66] Parsons sabia tudo sobre as associações de esquerda do amigo e as considerava insignificantes. Mais cedo naquele outono, escrevera ao "Caro Oppy" uma carta em que observava: "Talvez o anti-intelectualismo dos últimos meses tenha ultrapassado o ponto máximo."[67] Naquele momento, estava claro que não. À tarde, Parsons encontrou a esposa, Martha, num coquetel, e esta percebeu que o marido estava "extremamente aborrecido". Depois de lhe contar a notícia, ele disse: "Tenho que colocar um freio nisso. Ike precisa saber o que está *realmente* acontecendo." Naquela noite, já em casa, acrescentou: "É o maior erro que os Estados Unidos poderiam cometer!" Quando Parsons disse que tinha resolvido marcar um encontro com o secretário da Marinha na manhã seguinte, Martha indagou: "Deke, você é um almirante, por que não pode ir direto ao presidente?"

"Não", disse ele à esposa, "meu chefe é o secretário da Marinha. Não posso passar por cima dele".

Naquela noite, o almirante Parsons sentiu dores no peito. Na manhã seguinte, estava tão pálido que Martha o levou para Hospital Naval de Bethesda. Ele morreu naquele dia de um ataque cardíaco, que Martha sempre acreditou ter sido provocado pela notícia sobre Oppie.

Também no dia 4 de dezembro, o presidente Eisenhower partiu para uma viagem de cinco dias às Bermudas, e Strauss foi com ele. Quando regressaram, cinco dias depois, Strauss começou a coreografar os passos seguintes no caso do governo contra Oppenheimer. Na verdade preparou alguns roteiros do que deveria dizer a Robert, que estaria de volta a Princeton em 13 de dezembro. Na tarde seguinte, Oppenheimer telefonou e os dois trocaram amenidades. Strauss disse casualmente que "talvez fosse uma boa ideia"[68] se Oppenheimer fosse encontrá-lo dois dias depois. Este concordou, mas disse que não tinha muito para relatar: "Não espere muito."

Naquele momento, porém, o FBI ainda não havia completado a análise da carta de Borden. A princípio, Hoover não a levara a sério. As acusações de Borden, comentou um agente assim que a carta chegou, tinham sido "distorcidas e reformuladas para fazer com que os fatos pareçam mais insinuantes do que realmente são".[69] Assim, enquanto concluía sua análise, o FBI pediu a Strauss que adiasse o encontro com Oppenheimer. Strauss telegrafou a Oppie e remarcou a reunião para segunda-feira, 21 de dezembro.

No dia 18 de dezembro, Strauss foi até o Salão Oval para discutir como planejava lidar com o caso Oppenheimer. Na ocasião, estavam presentes o vice-presidente, Richard Nixon, William Rogers, os assessores da Casa Branca C. D. Jackson e Robert Cutler e o diretor da CIA, Allen Dulles. Eisenhower estava fora, em reunião com os líderes no Congresso. Rogers logo sugeriu fazerem o mesmo que Truman havia feito com Harry Dexter White — chamar Oppenheimer perante um comitê aberto do Congresso e pressioná-lo a respeito das informações depreciativas em seu arquivo de segurança. White, no entanto, morrera de um ataque cardíaco após a provação — e Jackson e todos os demais vetaram a ideia. Nesse momento, "Rogers retirou a sugestão com um sorriso no rosto".[70] Em vez disso, os homens passaram a ponderar a ideia proposta por Strauss de nomear um painel para conduzir uma análise administrativa da habilitação de segurança de Oppenheimer. Não seria um julgamento no sentido formal. Uma escolha seria oferecida ao cientista: ele poderia se desligar discretamente ou recorrer da suspensão da habilitação de segurança perante um painel nomeado por Strauss.

Às 11h30 da manhã do dia 21 de dezembro de 1953, enquanto se preparava para confrontar Oppenheimer, Strauss ficou surpreso ao saber que Herbert Marks estava na antessala, esperando para vê-lo. Ele não acreditava em coincidências. Por que o amigo e advogado de Oppie queria vê-lo justo naquele dia? Quando Marks foi conduzido à sala de Strauss, anunciou que precisava falar urgentemente com ele sobre Oppenheimer. Ao ouvir isso, Strauss o interrompeu e disse que tinha uma reunião agendada com Oppie naquela tarde, e, como Marks era advogado do físico, deveria esperar até lá. Marks descartou a ideia e disse que acabara de descobrir que o infame Subcomitê de Segurança Interna Jenner do Senado estava se propondo a investigar Oppenheimer. Tirando um velho recorte do *New York Times* datado de 11 de maio de 1950, Marks leu a manchete — "Nixon defende o dr. Oppenheimer" — e sugeriu que o vice-presidente poderia ficar constrangido se o Comitê Jenner seguisse adiante e colocasse Oppie sob os holofotes. Intrigado, Strauss calmamente perguntou a Marks se isso era tudo com que ele estava preocupado. Marks assentiu, e então Strauss indagou se Oppenheimer sabia de tais preocupações. Marks disse que não, que não havia falado com o físico desde a partida para a Europa, e logo foi embora, deixando Strauss com uma avassaladora desconfiança de que acabara de tentar "uma polida forma de chantagem".[71]

Quando Oppenheimer chegou, por volta das três da tarde, Strauss e Kenneth D. Nichols, ex-auxiliar do general Leslie Groves em tempos de guerra e na ocasião gerente-geral da AEC, estavam à espera dele. Depois de comentar brevemente a súbita morte do almirante Parsons, Strauss contou a Oppenheimer sobre a reunião que havia tido naquela manhã com Herb Marks. Oppie manifestou surpresa e disse que não tinha conhecimento dos planos do Comitê Jenner.

Strauss passou então para o difícil assunto que tinha a tratar. Disse a Oppenheimer que "estamos diante de um problema muito difícil no que diz respeito à continuidade da sua habilitação de segurança". O presidente Eisenhower havia emitido uma ordem executiva por meio da qual exigia a reavaliação de todos os indivíduos cujos arquivos contivessem "informações depreciativas". Quando Strauss observou que o arquivo de Oppenheimer continha "um bocado de informações depreciativas", Oppie reconheceu que o caso de segurança concernente a ele teria de ser revisto no devido tempo. Strauss então o informou de que um ex-funcionário do governo [Borden] escrevera uma carta em que a habilitação de segurança dele é questionada — como consequência, o presidente ordenara uma investigação imediata. Até esse ponto, Oppenheimer não pareceu particularmente surpreso. Então Strauss contou a ele que o "primeiro passo" dessa revisão seria a suspensão imediata da habilitação de segurança e explicou que uma carta da AEC havia sido preparada com todos os detalhes da natureza das acusações contra ele. Essa carta, disse de modo incisivo, havia sido redigida, mas ainda não fora assinada.

Oppenheimer teve permissão para ler o texto, e, enquanto passava os olhos pela carta, comentou que havia ali "muitos elementos que podiam ser negados, que alguns estavam incorretos e que muitos estavam corretos". Tudo aquilo parecia um rearranjo da familiar mistura de verdades, meias-verdades e mentiras deslavadas.

Segundo as anotações de Nichols sobre a reunião, foi Oppenheimer quem primeiro levantou a possibilidade de renunciar antes de qualquer revisão de segurança.[72] No entanto, essa opção parece ter sido sugerida pelo comentário de Strauss de que a carta de acusações ainda não havia sido assinada — e, portanto, não era ainda uma acusação oficial. Pensando em voz alta, Oppenheimer de início pareceu aberto à possibilidade, mas logo observou que, se fosse inevitável o Comitê Jenner abrir uma investigação, então uma renúncia naquele momento "poderia não ser muito boa do ponto de vista das relações públicas".

Quando Robert perguntou quanto tempo tinha para decidir, Strauss lhe disse que estaria em casa às oito da noite para receber a resposta, mas que não podia de maneira alguma atrasar um dia sequer. Oppie perguntou então se podia levar uma cópia da carta, mas Strauss recusou, com a justificativa de que ele só poderia levar a carta depois de decidir o que fazer. Por fim, quando Oppenheimer lhe perguntou se "o Congresso tem ciência disso", Strauss disse que não sabia, mas duvidava que "algo desse tipo pudesse ficar fora do alcance do Capitólio indefinidamente".

Strauss, enfim, tinha Oppenheimer na palma da mão. Oppie, porém, parece ter reagido à notícia com calma, e fez, de modo polido, as perguntas certas, na tentativa de explorar as opções que tinha. Trinta e cinco minutos depois de entrar no escritório de Strauss, levantou-se e disse ao presidente da AEC que iria se consultar com Herb Marks. Strauss ofereceu o Cadillac dele com chofer, e Oppenheimer, perturbado, embora não o demonstrasse, tolamente aceitou.

Contudo, em vez de ir para o escritório de Marks, ele disse ao chofer que seguisse até o escritório de advocacia de Joe Volpe, o ex-advogado da AEC que, juntamente com Marks, lhe oferecera aconselhamento jurídico durante o julgamento de Weinberg. Logo depois, Marks juntou-se a eles, e os três passaram uma hora avaliando as opções de Robert. Um microfone oculto gravou as deliberações tomadas.[73] Prevendo que Oppenheimer se consultaria com Volpe e sem se preocupar em violar o sacrossanto privilégio legal entre cliente e advogado, Strauss tinha feito arranjos prévios para que o escritório de Volpe fosse grampeado.*

Os microfones instalados no escritório de Volpe permitiram que Strauss, por meio das transcrições que lhe foram entregues, monitorasse a discussão sobre se Oppenheimer deveria encerrar o contrato de consultoria ou rebater as acusações numa audiência formal. Ele estava claramente indeciso e angustiado. No fim da tarde, Anne Wilson Marks apareceu no escritório e levou o marido e Robert de volta para a residência do casal em Georgetown. No caminho, Oppenheimer disse: "Não consigo acreditar que isso esteja acontecendo comigo."[74] Naquela noite, ele pegou o trem de volta para Princeton a fim de consultar Kitty.

Strauss esperava a decisão de Oppenheimer naquela noite, mas, na manhã seguinte, não tendo ouvido mais nada dele, pediu a Nichols que telefonasse ao cientista.[75] Oppenheimer falou que precisava de mais tempo para tomar uma decisão. Nichols retrucou, ríspido, que "não havia mais tempo" e lhe deu um ultimato de três horas. Oppie pareceu concordar, mas, uma hora depois, ligou para Nichols e disse que queria ir a Washington e dar a resposta pessoalmente. Avisou que pegaria o trem da tarde e se encontraria com Strauss às nove horas da manhã seguinte.

Deixando Peter e Toni aos cuidados da secretária, Verna Hobson, Robert e Kitty embarcaram num trem em Trenton e chegaram a Washington no fim da tarde. Dirigiram-se à casa de Marks em Georgetown e passaram parte da noite com Marks e Volpe, discutindo se Robert deveria rebater as acusações.

"Ele continuava no estado de quase desespero", recordou Anne. Depois de algumas horas formulando estratégias, os advogados por fim redigiram uma carta de uma página endereçada ao "Caro Lewis".[76] Oppenheimer deixou claramente implí-

---

* Na mesma tarde, Strauss ligou para o FBI e pediu novamente a Hoover, como havia feito em 1º de dezembro, permissão para que grampos telefônicos fossem instalados na casa e no escritório de Oppenheimer em Princeton. O grampo foi instalado em Olden Manor às 10h20 do dia de Ano-Novo de 1954.[77]

cito que Strauss o encorajara a renunciar. "O senhor me coloca como alternativa possivelmente desejável solicitar o encerramento de meu contrato como consultor da Comissão [de Energia Atômica], para, assim, evitar uma avaliação explícita das acusações." Oppenheimer disse ter avaliado seriamente essa opção. "Sob as circunstâncias", escreveu ele a Strauss, "esta decisão significaria que aceito e concordo com a visão de que não sou adequado para servir a este governo, tarefa que venho desempenhando há cerca de doze anos. Isso não posso fazer. Se fosse tão indigno, dificilmente teria servido a nosso país como tentei servir, nem me tornado o diretor do Instituto [de Estudos Avançados] em Princeton, nem falado, como em mais de uma ocasião aconteceu, em nome de nossa ciência e de nosso país".

No fim da noite, Robert estava exausto e desanimado. Depois de vários drinques, retirou-se para o quarto de hóspedes no andar superior. Passados alguns minutos, Anne, Herb e Kitty ouviram um "barulho terrível";[78] Anne foi a primeira a chegar no alto da escada. Não se via Robert em lugar algum. Depois de bater na porta do banheiro e berrar seu nome, sem obter resposta, ela tentou abrir a porta. "Eu não conseguia abrir e Robert não respondia aos chamados", disse ela.

Ele estava caído no banheiro, e o corpo inanimado bloqueava a porta. Aos poucos, o grupo conseguiu abri-la à força, empurrando para o lado a massa flácida de Robert. Então o levaram até um sofá e o reanimaram. "Mas ele estava mole, murmurando coisas", recordou Anne. Robert disse que havia tomado um sonífero controlado receitado para Kitty. Anne ligou para um médico, que a instruiu: "Não o deixem dormir." Então, por quase uma hora, até a chegada do médico, eles forçaram Robert a ficar andando de um lado para outro, insistindo para que tomasse goles de café. A "fera na selva" atacara; a provação de Oppie havia começado.

PARTE V

34

"Parece bem ruim, não é?"

> *Alguém deve ter difamado Josef K., pois, sem ter
> feito nada, uma bela manhã ele foi preso.*
> FRANZ KAFKA, *O PROCESSO*

ASSIM QUE OPPENHEIMER INFORMOU a Strauss que não renunciaria, o gerente--geral da AEC, Kenneth Nichols, pôs em movimento um extraordinário processo de inquisição. Disse a Harold Green, no dia em que o jovem advogado estava redigindo a carta de acusações contra Oppenheimer, que o físico era um "filho da mãe escorregadio, mas desta vez vamos pegá-lo".[1] Em retrospecto, Green refletiu que o comentário foi um reflexo acurado da conduta da AEC durante as audiências.

Na véspera de Natal, dois agentes do FBI foram a Olden Manor e se apossaram dos documentos sigilosos que ainda estavam com Oppenheimer. No mesmo dia, Oppie recebeu a carta formal de acusações da AEC, datada de 23 de dezembro de 1953. Nichols informava a Oppenheimer que a AEC passara a questionar "se a continuidade de seu emprego na Comissão de Energia Atômica coloca em risco a defesa e a segurança comuns e se é consistente com os interesses da segurança nacional. Esta carta tem o intuito de avisá-lo das medidas que o senhor poderá tomar a fim de auxiliar na resolução da questão".[2] As acusações incluíam todos os velhos fatos "depreciativos" referentes às associações de Oppenheimer com comunistas conhecidos e desconhecidos, as contribuições que dera para o Partido Comunista da Califórnia e o caso Chevalier, acrescentando "que sua atuação foi fundamental para persuadir outros cientistas excepcionais a não trabalharem na bomba de hidrogênio e que sua oposição a esse projeto, do qual o senhor é o membro mais experiente, mais poderoso e mais efetivo, decididamente desacelerou seu desenvolvimento". Com exceção dessa última acusação — atrasar o desenvolvimento da bomba de hidrogênio —, todas as demais acusações já haviam sido analisadas e descartadas tanto pelo general Groves quanto pela AEC. Com o pleno conhecimento desses fatos pregressos, Groves ordenara que o Exército concedesse a Oppenheimer a habilitação de segurança em 1943, e a AEC a renovara em 1947 e posteriormente.

A inclusão da oposição de Oppenheimer à superbomba refletia a profundidade da histeria macarthista que encobria Washington. Ao igualar dissensão com deslealdade, ela redefinia o papel dos assessores do governo e o próprio propósito da assessoria. As acusações da AEC não eram do tipo cuidadosamente elaborado de forma a tornar provável uma condenação num tribunal. Constituíam, na verdade, um indiciamento político, e Oppenheimer seria julgado por um painel de segurança da AEC designado pelo presidente da agência, Lewis L. Strauss.

UM OU DOIS DIAS antes do Natal, a secretária de Oppenheimer estava sentada à mesa quando Robert e Kitty entraram no escritório e fecharam a porta, o que era incomum, pois Robert quase sempre mantinha a porta aberta. "Eles ficaram lá dentro por muitíssimo tempo", recordou Verna Hobson.[3] "Estava claro que havia algo de errado." Quando por fim saíram, tomaram um drinque e ofereceram também a Verna. Mais tarde, quando Hobson foi para casa, disse ao marido, Wilder: "Os Oppenheimer estão com algum problema e eu não sei o que é, mas quero lhes dar algum presente." Wilder acabara de comprar um disco de uma soprano brasileira, então Verna o levou até o escritório no dia seguinte, deu-o a Robert e disse: "Isto não é um presente de Natal, e não saí para comprá-lo para você; já foi até tocado. É só um presente que quero lhe dar." Robert pegou o disco, ficou sentado quieto com a cabeça baixa por um momento, levantou os olhos e disse: "Você é incrível, querida."

Naquela mesma tarde, Hobson foi chamado à sala de Oppie e, ao fechar a porta, ele disse que queria lhe contar o que tinha acontecido. Durante a hora e meia seguinte, falou não apenas sobre as acusações, mas contou também toda a história da infância, da família e da vida adulta. Tudo aquilo era novo para Hobson. Em retrospecto, ela cogitou que ele podia estar ensaiando o que planejava dizer em resposta à carta de acusações de Nichols. Oppie decidira que os aspectos das "chamadas informações depreciativas [...] não podem ser corretamente entendidos exceto no contexto de minha vida e de meu trabalho".[4]

Durante as semanas seguintes, Robert trabalhou febrilmente na preparação de sua defesa. A AEC lhe dera um prazo de trinta dias para responder às acusações. Primeiro, ele precisou reunir uma equipe jurídica. Já em janeiro de 1954, consultou Herb Marks e Joe Volpe. Marks acreditava que o amigo precisava ser representado por um advogado distinto, com conexões políticas. Volpe discordava e incentivou Oppenheimer a contratar um advogado com grande experiência em julgamentos. Por algum tempo, acharam que poderiam contratar John Lord O'Brian, um já idoso, mas altamente respeitado, advogado de Nova York. O'Brian teve que recusar por motivos de saúde. Outro proeminente especialista em julgamentos, John W. Davis, de 80 anos, mostrou-se disposto a aceitar o caso, contanto que a AEC concordasse em manter as audiências na cidade de Nova York, mas Strauss garantiu que isso não ocorresse. Por fim, Oppenheimer e Marks foram se encontrar com Lloyd K. Garrison, sócio sênior da Paul, Weiss, Rifkind, Wharton & Garrison, uma firma de advocacia de Nova York. Oppie conhecera Garrison na primavera anterior, quando o advogado havia se tornado um dos administradores do Instituto de Estudos Avançados, e apreciava-lhe os modos gentis. A linhagem de Garrison era tão boa quanto sua reputação. Um de seus bisavôs fora o abolicionista William Lloyd Garrison, e o avô servira como editor literário da revista *The Nation*. O próprio Garrison era um liberal convicto e membro da diretoria da União Americana pelas Liberdades Civis. Não muito tempo depois do Ano-Novo, Marks e Oppenheimer foram ver Garrison na casa dele em Nova York e lhe mostraram a carta de acusações do general Nichols. Depois de Garrison ler o documento inteiro, Robert disse: "Parece bem ruim, não é?"[5] O advogado respondeu apenas que "sim".

Garrison foi solidário. A primeira coisa a fazer, segundo ele, era conseguir que a AEC prorrogasse o prazo de trinta dias para a resposta de Oppenheimer às acusações. Em 18 de janeiro, Garrison foi a Washington e obteve a prorrogação necessária. Também tentou, sem sucesso, recrutar como conselheiro jurídico alguém com experiência em julgamentos. Nesse ínterim, começou a trabalhar com Oppenheimer para dar uma resposta escrita às acusações. À medida que as semanas se passaram, Garrison se tornou, por ausência de alternativa, o responsável jurídico pelo caso. Todos percebiam, inclusive Garrison, que a falta de experiência em julgamentos fazia dele uma escolha menos que ideal. Quando, em meados de janeiro, ficou sabendo por Oppenheimer que ele havia mantido Garrison, David Lilienthal anotou em seu diário: "Eu tinha esperança de que fosse um advogado com experiência em julgamentos, mas o caso contra Robert é na verdade tão fraco que a escolha do advogado não é tão importante assim."[6]

NOTÍCIAS SOBRE AS IMINENTES audiências de Oppenheimer começaram a se espalhar por Washington. Em 2 de janeiro, através de um grampo, o FBI ouviu Kitty tentando, sem sucesso, localizar Dean Acheson, para ver se ele sabia "como está a situação".[7] Alguns dias depois, Strauss reportou ao FBI que estava "sendo pressionado por cientistas [...] a nomear um painel para as audiências de Oppenheimer que 'limpasse a imagem' dele". Strauss declarou ao FBI que "não estava disposto a ser pressionado a nenhum tipo de ação". Mais ainda: falou que entendia que a escolha do painel da AEC que julgaria Oppenheimer "era de extrema importância". Vannevar Bush o confrontou em seu escritório e lhe disse sem rodeios que a notícia da ação movida contra Oppenheimer estava "circulando por toda a cidade"[8] e se tratava de uma "grande injustiça". Se continuasse com o caso, "isso sem dúvida resultaria em ataques contra o próprio Strauss". O presidente da AEC replicou, irado, que "não dava a mínima" e não seria "chantageado" por nenhuma dessas insinuações.

Strauss, tempos depois, retratou a si mesmo como um homem sitiado, mas na verdade sabia que estava em vantagem. Todos os dias, o FBI o deixava a par dos movimentos de Oppenheimer e das conversas do cientista com os advogados, o que lhe permitia antecipar todas as manobras legais da equipe de defesa de Robert. Ele sabia, ainda, que o arquivo de Oppenheimer continha informações a que seus advogados jamais teriam acesso — porque ele se certificaria de que não obtivessem a habilitação de segurança necessária para isso. Por fim, Strauss escolheria os membros do painel que julgaria Oppenheimer. Em 16 de janeiro, Garrison requisitou habilitações de segurança para ele próprio e para Herb Marks, e Strauss negou a habilitação de Marks, um ex-integrante da equipe de advogados da AEC.[9] Se Garrison receberia ou não a habilitação a tempo de ajudá-lo a preparar o caso é uma questão em aberto. Ele, contudo, assumiu a posição de que ou toda a equipe de defesa deveria ser liberada ou então ninguém seria, uma decisão da qual logo se arrependeria e tentaria, sem êxito, reverter.

Ainda em março, porém, Garrison foi informado de que os membros do painel da AEC passariam uma semana inteira estudando os arquivos brutos do FBI referentes a Oppenheimer. Pior ainda: para desânimo dele, ficou sabendo que o "promotor" da AEC estaria presente para guiar os membros através das informações depreciativas nos arquivos e responderia às perguntas que cada um fizesse. Garrison tinha a "sufocante sensação" de que, após uma semana de imersão nos arquivos, os membros do painel da AEC acabariam por desenvolver preconceitos contra seu cliente. Quando solicitou o mesmo privilégio — isto é, estar presente durante a semana de instrução —, teve o pedido categoricamente rejeitado. Em paralelo, Garrison tentou conseguir a habilitação de segurança emergencial, de modo que pudesse ao menos ler parte do material a que os membros do painel da AEC teriam acesso. Strauss, entretanto, disse ao Departamento de Justiça que "sob nenhuma circunstância devemos lhe conceder uma habilitação de segurança emergencial".[10] Do ponto de vista de Strauss, nem Oppenheimer nem o advogado que o representava faziam jus a qualquer um dos "direitos" concedidos a um réu numa corte judicial, pois o que estava ocorrendo ali eram audiências de segurança da AEC, não um julgamento civil, e Strauss seria o árbitro das regras.

Strauss estava tranquilo diante da natureza inconstitucional de tudo que estava fazendo para minar a defesa de Oppenheimer. Sabia que os grampos do FBI eram ilegais, mas não se importava, e chegou a comentar com um agente "que a vigilância técnica do FBI sobre Oppie em Princeton fora extremamente útil para a AEC, na medida em que lhe permitiu ter ciência prévia dos movimentos que o físico contemplava fazer".[11] Harold Green ficou tão ofendido com a estratégia que disse a Strauss "que aquilo não era um inquérito, mas uma perseguição, e por isso não queria ter nada a ver com o caso".[12] Em seguida, pediu que fosse removido.

Um dia, enquanto visitava os Bacher em Washington, Robert deixou claro aos anfitriões que achava estar sendo monitorado. "Ele entrava na sala", recordou Jean

Bacher, "e a primeira coisa que fazia era levantar os quadros e olhar atrás deles para verificar se havia algum mecanismo de gravação".[13] Certa noite, tirou um quadro da parede e exclamou: "Aí está!" Bacher disse que a vigilância o "aterrorizava".

Quando um agente do FBI em Newark sugeriu interromper a vigilância eletrônica na casa de Oppenheimer "uma vez que poderia violar relações advogado-cliente", Hoover recusou.[14] A vigilância do FBI, além disso, não se restringia apenas a Oppenheimer. Quando os idosos pais de Kitty, Franz e Kate Puening, retornaram de navio de uma viagem à Europa, a agência conseguiu que a bagagem deles fosse meticulosamente revistada pelos funcionários da alfândega dos Estados Unidos. Também fotografou todo o material escrito pertencente aos Puening. O pai de Kitty, que estava preso a uma cadeira de rodas, e a sra. Puening ficaram tão nervosos com o tratamento recebido que precisaram ser hospitalizados.

Strauss elevou seu esquema para pôr fim à influência de Oppenheimer nos assuntos da AEC a uma cruzada pelo futuro dos Estados Unidos. Disse ao assessor jurídico geral da AEC, William Mitchell, que, "se perdermos esse caso, o programa de energia atômica [...] cairá nas mãos da 'esquerda'. Se isso ocorrer, teremos outro Pearl Harbor. [...] Se Oppenheimer for liberado, então 'qualquer pessoa' poderá ser liberada, qualquer que seja a informação que se tenha contra ela".[15] Com o futuro do país em jogo, raciocinou Strauss, as restrições legais e éticas podiam ser ignoradas. A simples ruptura da ligação formal de Oppenheimer com a AEC como consultor contratado não era o suficiente. A menos que a reputação do físico fosse manchada, Strauss receava que Oppenheimer usasse o prestígio que adquirira para se tornar um crítico explícito das políticas de armas nucleares do governo Eisenhower. A fim de impedir isso, ele se propunha a orquestrar um inquérito "estelar" guiado por regras que garantissem o fim da influência de Oppie.[16]

No fim de janeiro, Strauss escolhera Roger Robb, um nativo de Washington de 46 anos, para apresentar o caso contra Oppenheimer. Com sete anos de experiência como assistente da procuradoria-geral dos Estados Unidos, Robb era conhecido como um advogado agressivo com talento para ferozes interrogatórios cruzados. Participara como promotor de 23 julgamentos de assassinato e conseguira condenações na maioria. Em 1951, como advogado designado pelo tribunal, fizera uma bem-sucedida defesa de Earl Browder contra acusações de desrespeito ao Congresso. (Browder o considerava "reacionário",[17] mas prezava-lhe as habilidades jurídicas.) No âmbito político, Robb era conservador sob todos os aspectos e tinha como clientes, entre outros, Fulton Davis Jr., um cáustico colunista e radialista de direita. Com os anos, ele também passou a ter "contatos cordiais"[18] com o FBI e, segundo Hoover foi informado, sempre fora "plenamente cooperativo" com os agentes. Em certa ocasião, Robb aproveitara a oportunidade de ter caído nas graças do diretor quando escreveu para parabenizá-lo pela resposta ao eminente defensor dos direitos civis Thomas Emerson, que havia criticado o FBI num ensaio da *Yale*

Law Review. Não surpreende, portanto, que Strauss tenha conseguido uma habilitação de segurança para Robb em apenas oito dias.

Enquanto Robb se preparava para as audiências em fevereiro e março, Strauss lhe oferecia informações sobre o arquivo de Oppenheimer que Robb poderia usar para anular o depoimento de potenciais testemunhas da defesa: "Quando o dr. Bradbury testemunhar... Quando o dr. Rabi testemunhar... Quando o general Groves testemunhar..."[19] Em cada caso, Strauss fornecia a Robb um documento o qual achava que seguramente minaria o que a vítima pudesse dizer em defesa de Oppenheimer. Além disso, também por iniciativa de Strauss, o FBI forneceu a Robb extensos relatórios investigativos sobre Oppie — inclusive conteúdo selecionado tirado do lixo do físico na residência em Los Alamos.[20]

Tendo escolhido seu promotor, Strauss voltava a atenção para a seleção dos juízes. Precisava de três homens para o painel de analistas de segurança da AEC, e, com isso em vista, buscou candidatos que pudessem começar a suspeitar da integridade de Oppenheimer, uma vez que o passado de esquerda dele fosse revelado. No fim de fevereiro, decidira-se por Gordon Gray para presidir a mesa. Gray, então presidente da Universidade da Carolina do Norte, havia servido como secretário do Exército no governo Truman. Strauss, um velho amigo, sabia que Gray era um democrata conservador que votara em Eisenhower na eleição de 1952. Um aristocrata sulista cujo dinheiro provinha da empresa da família, a R. J. Reynolds Tobacco Company, Gray não tinha ideia de onde estava se metendo. Parecia pensar que as audiências durariam duas semanas e Oppenheimer seria liberado. Sem saber do que estava em jogo, para não mencionar a hostilidade pessoal de Strauss contra Oppenheimer, Gray ingenuamente sugeriu David Lilienthal como possível indicado para a mesa. Pode-se apenas imaginar o olhar na expressão de Strauss quando ouviu a sugestão.

Em lugar de Lilienthal, Strauss escolheu outro democrata conservador confiável, Thomas Morgan, presidente da Sperry Corporation. E para a terceira cadeira, um republicano conservador, o dr. Edward Evans, cujas duas principais qualificações eram o histórico científico — era professor emérito de química nas Universidades Loyola e Northeastern — e o imaculado histórico de votos contra liberações de segurança em julgamentos anteriores da AEC. Gray, Morgan e Evans compartilhavam o desconhecimento do histórico de Oppenheimer como simpatizante do comunismo, mas com certeza ficariam chocados com o material que leriam no arquivo de segurança do físico. Do ponto de vista de Strauss, eram uma massa de manobra perfeita.

CERTO DIA, EM JANEIRO, por coincidência, James Reston, chefe da sucursal do *New York Times* em Washington, embarcou no mesmo voo que Oppenheimer para Nova York. Sentaram-se juntos e conversaram, mas depois Reston escreveu num caderno de notas que Oppie parecia "indescritivelmente nervoso em minha presença e sem dúvida sob alguma tensão".[21] Reston começou a dar telefonemas em

Washington: "O que está acontecendo com Oppenheimer ultimamente?" Logo os grampos do FBI o captaram tentando ligar para Oppie uma vez após outra.

Oppenheimer ficou "irritadíssimo"[22] com o fato de a suspensão de sua habilitação de segurança poder se tornar de conhecimento público. Quando Oppie enfim atendeu aos telefonemas, Reston contou que ouvira boatos de que ele tivera a habilitação de segurança suspensa e que a AEC o estava investigando.[23] Além disso, falou que essa informação havia sido transmitida ao senador McCarthy por alguém do governo. Quando Oppenheimer lhe disse que não se sentia em condições de comentar o assunto, Reston respondeu que estava em vias de imprimir a matéria. Oppie recusou-se a fazer algum comentário e sugeriu que ele conversasse com seu advogado. Reston encontrou-se com Garrison no fim de janeiro, e os dois chegaram a um acordo. Sabendo que a história cedo ou tarde acabaria por ser divulgada, Garrison concordou em dar a Reston uma cópia da carta de acusações da AEC e da resposta preparada por Oppenheimer. Em troca, Reston concordou em não imprimir a matéria até a notícia estar prestes a vir a público.[24]

OS PREPARATIVOS DE OPPENHEIMER para a defesa tornaram-se uma cruel provação. Na maioria dos dias, ele ficava sentado no escritório em Fuld Hall com Garrison, Marks e outros advogados para redigir uma declaração e discutir pequenos detalhes do caso. Toda tarde, às cinco horas, saía e atravessava o campo a pé até Olden Manor, e com frequência os advogados o acompanhavam no caminho para casa, onde podiam trabalhar até tarde da noite. "Foram dias muito intensos", recordou a secretária de Oppie.[25] Robert, no entanto, parecia quase sereno. "Dava a impressão de que estava aguentando muito bem", disse Verna Hobson. "Tinha aquela energia fantástica que as pessoas muitas vezes têm depois de recuperadas de tuberculose. Embora fosse extremamente magro, era extremamente rijo." Já eram meados de fevereiro, e Hobson, uma secretária leal e circunspecta, ainda não tinha contado ao marido o que estava acontecendo. A situação a deixava incomodada, até que um dia perguntou a Robert: "Posso contar a Wilder qual é o problema?"[26] Oppenheimer olhou para ela, atônito, e disse: "Pensei que já tivesse contado há muito tempo."

Oppenheimer trabalhou "pesado" na resposta às acusações da AEC. Segundo Hobson, ele repassava "versão após versão após versão de sua carta, numa dolorosa tentativa de ser o mais claro e verdadeiro possível. Não consigo sequer imaginar quantas horas se dedicou a essa tarefa". Sentado em sua cadeira de couro giratória, pensava em silêncio por alguns minutos, fazia algumas anotações, depois se levantava e começava a ditar enquanto andava de um lado para outro pelo escritório. "Era capaz de ditar sentenças e parágrafos já prontos durante uma hora seguida", disse Hobson. "Quando meu punho começava a ceder, dizia: 'Bem, vamos fazer uma pausa de dez minutos.'" Então voltava e ditava por mais uma hora. A outra secretária de Robert, Kay Russell, datilografava a taquigrafia de Hobson em espaço triplo. Robert fazia a revisão, Kay redatilografava o texto e Kitty fazia a edição. Por fim, Robert lia mais uma vez, com todas as mudanças.

Se Robert estava se esforçando para se defender, fazia-o de forma quase fatalista. No fim de janeiro, viajou até Rochester, no estado de Nova York, a fim de participar de uma importante conferência de física. Todos os rostos familiares estavam lá, inclusive Teller, Fermi e Bethe. Em público, ele não deu sinal da iminente provação, mas a confidenciou a Bethe, que claramente percebeu que o amigo estava "aflito". Oppie admitiu para Bethe que estava convicto de que iria perder.[27] Teller, que já ouvira falar da suspensão de Oppenheimer, dirigiu-se a ele num intervalo da conferência e disse: "Lamento pelos seus problemas."[28] Robert perguntou a Teller se ele achava que havia alguma coisa "sinistra" no que ele (Oppenheimer) havia dito ao longo dos anos. Quando Teller disse que não, Robert friamente sugeriu que ficaria muito grato se Teller conversasse com os advogados dele.

Numa visita seguinte a Nova York, Teller se encontrou com Garrison e explicou: ainda que achasse que Oppenheimer se equivocara em relação a muita coisa, sobretudo no que dizia respeito à bomba H, não duvidava de seu patriotismo. Garrison sentiu, porém, que os sentimentos de Teller em relação a Oppie não eram calorosos: "Ele expressou falta de confiança na sensatez e no discernimento de Robert e achava que o governo estaria melhor sem ele. Os sentimentos em relação à questão e o desapreço por Robert eram tão intensos que acabei decidindo não chamar Teller como testemunha."[29]

Fazia tempo que Robert não tinha contato com o irmão. Frank pretendia ir à Costa Leste naquele inverno, mas o trabalho na fazenda o forçara a adiar a visita. No começo de fevereiro de 1954, os irmãos conversaram por telefone, e Robert revelou que estava em "apuros consideráveis".[30] Esperava que pudessem se encontrar em breve, disse, porque desde que voltara da Europa havia tentado, sem sucesso, escrever uma carta para "discutir adequadamente o problema".

Aos amigos, Robert parecia distraído e inexplicavelmente passivo. Certo dia, enquanto ouvia os advogados discutindo questões de estratégia jurídica, Verna Hobson perdeu a paciência e começou a cutucar Robert. "Eu achava que ele não estava se empenhando o suficiente", recordou ela. "A meu ver, Lloyd Garrison estava sendo cavalheiro demais, e eu estava zangada. Achava que deveríamos lutar."

Hobson muitas vezes tinha acesso às discussões dos advogados, e, de seu ponto de vista, eles não estavam ajudando o cliente. "A história toda me parecia absurda", disse ela.[31] Os críticos de Robert em Washington "não estavam abertos para sutilezas de raciocínio, e quem quer que estivesse fazendo aquilo devia ter algum outro objetivo, portanto, a manobra certa era revidar, bater de volta, atacar". Hobson estava "assustada demais" para falar o que achava perante o grupo de advogados, "mas vivia cochichando isso no ouvido dele". Por fim, Oppenheimer a chamou de lado e, parados junto à escada dos fundos de Olden Manor, disse com toda a delicadeza: "Verna, estou realmente lutando com toda a minha força e do melhor modo que me parece possível."

Hobson não era a única a pensar que Garrison não estava sendo suficientemente agressivo. Kitty também estava descontente com a direção para a qual a equipe jurídica estava conduzindo o marido. Ela era uma lutadora. Vinte anos tinham se passado desde os tempos de juventude, quando distribuíra literatura comunista diante dos portões das fábricas de Youngstown, Ohio. Naquele momento, talvez pela primeira vez desde então, estava diante de uma provação que lhe exigiria toda a energia, a tenacidade e a inteligência que viesse a ter. A vida passada de Kitty, afinal, fazia parte das acusações contra o marido, e provavelmente seria convocada para testemunhar, o que também se constituiria uma provação para ela.

Um sábado, no meio do dia, depois de ter trabalhado a manhã inteira na resposta às acusações da AEC, Oppenheimer emergiu de seu escritório acompanhado de Hobson. "Eu ia levá-lo para casa", recordou Hobson.[32] Entretanto, quando saíram para o estacionamento, Einstein apareceu de súbito e Oppenheimer parou para falar com ele. Hobson ficou sentada no carro, enquanto os dois conversavam. Ao retornar, Oppie disse a ela: "Einstein acha que o ataque contra mim é tão ultrajante que eu deveria renunciar." Talvez se recordando da própria experiência na Alemanha nazista, Einstein argumentou que Oppenheimer "não tinha nenhuma obrigação de se sujeitar a uma caça às bruxas, que servira bem a seu país e que, se essa era a recompensa que [os Estados Unidos] lhe ofereciam, então devia lhes virar as costas". Hobson recordou vividamente a reação de Oppenheimer: "Einstein não entende." O físico alemão fugira da terra natal quando ela estava a ponto de ser esmagada pelo contágio nazista e depois se recusou a voltar a pisar na Alemanha. Oppenheimer, porém, não podia virar as costas para os Estados Unidos. "Ele amava o país", insistiu Hobson tempos depois. "Esse amor era tão profundo quanto o amor que ele tinha pela ciência."

Einstein seguiu a pé até o escritório em Fuld Hall e, fazendo um meneio na direção de Oppenheimer, disse a seu assistente: "Ali vai um tolo."[33] Einstein, obviamente, não achava que os Estados Unidos fossem a Alemanha nazista ou que Oppenheimer tivesse que fugir, mas estava realmente assustado com o macarthismo. No começo de 1951, escreveu à amiga Elizabeth, rainha da Bélgica, que, nos Estados Unidos, "a calamidade de anos atrás na Alemanha se repete: pessoas aquiescem sem resistência e se alinham com as forças do mal".[34] Ele temia que, cooperando com o painel de segurança do governo, Oppenheimer não só se humilharia, mas emprestaria legitimidade a todo o venenoso processo.

Os instintos de Einstein estavam certos — e o tempo demonstraria que os de Oppenheimer, errados. "Oppenheimer não é um cigano como eu", confidenciou Einstein à sua amiga próxima Johanna Fantova.[35] "Eu nasci com pele de elefante; não há ninguém que possa me ferir." Oppenheimer, pensava ele, era um homem fácil de ser ferido — e intimidado.

* * *

No fim de fevereiro, quando Oppenheimer dava os retoques finais na carta de resposta às acusações da AEC, um velho amigo, Isidor I. Rabi, tentou intermediar um acordo por meio do qual Robert poderia evitar as audiências.[36] Algumas semanas antes, tendo ouvido que Rabi estava tentando falar com o presidente Eisenhower sobre o caso, Strauss tivera êxito em bloquear a tentativa. Rabi, então, propôs diretamente a Strauss que ele e Nichols retirassem a carta formal de acusações contra Oppenheimer e lhe restituíssem a habilitação de segurança, ao passo que, em troca, Robert renunciaria de imediato ao contrato de consultoria na AEC.[37] Não que a AEC estivesse se valendo muito dos serviços dele — ao longo dos últimos dois anos, Oppie trabalhara apenas um total de seis dias como consultor.

Logo após essa reunião, em 2 de março de 1954, Garrison e Marks apareceram no escritório de Strauss e confirmaram que Oppenheimer estava disposto a aceitar o compromisso. Strauss, porém, confiante na vitória, descartou o acordo como "fora de cogitação".[38] Os regulamentos da AEC, insistiu, exigiam que o caso fosse apresentado a um painel. Ele fez, no entanto, uma contraproposta: se Oppenheimer indicasse por escrito seu desejo de renunciar, "a AEC reavaliaria o caso". Era uma situação delicada, e no mesmo dia Garrison e Marks voltaram a visitar Strauss para dizer que tinham conversado com o cliente por telefone, o qual decidira "defender-se das acusações perante o painel de segurança da AEC".

Assim, em 5 de março de 1954, a resposta de Oppenheimer às acusações que lhe eram feitas, escrita na forma de uma autobiografia, foi enviada à AEC. O documento compreendia 42 páginas datilografadas.[39]

À medida que cada vez mais amigos de Oppenheimer na comunidade científica foram tomando ciência do que estava acontecendo, muitos ligaram para manifestar preocupação. Em 12 de março de 1954, Lee DuBridge telefonou de Washington e perguntou se havia algo que pudesse fazer. Oppenheimer observou, amargo: "Penso que há medidas que a Casa Branca poderia tomar se quisesse, mas não creio que estejam dispostos. [...] Não preciso lhe dizer que acho a situação toda um maldito absurdo."[40]

"É pior", respondeu DuBridge. "Se fosse apenas um absurdo, poderíamos lutar, mas vai muito além." Robert pareceu entender e falou que se contentara em ter que passar por todo o "procedimento". Outro amigo, Jerrold Zacharias, lhe garantiu que "você não tem nada pessoal a temer, e sua posição é muito importante para o país. Acho que o que eu quero dizer é: acabe com a raça deles".[41]

Em 3 de abril, Robert ligou para seu velho amor, Ruth Tolman, e lhe contou o que estava prestes a acontecer. Era a primeira vez que se falavam em meses. "Foi muito bom ouvir sua voz esta manhã", escreveu Tolman posteriormente numa carta.⁴² "Suponho que esteja se sentindo muito angustiado e confuso para escrever. [...] Você tem estado o tempo todo em meus pensamentos, querido, e com muita preocupação. [...] Ah, Robert, quantas vezes tem sido assim para nós: que nos sintamos impotentes para ajudar quando queremos fazer isso tão profundamente."

Alguns dias depois, os Oppenheimer mandaram Peter e Toni de trem para a casa dos Hempelmann, velhos amigos de Los Alamos. As crianças ficariam em Rochester enquanto durassem as audiências.⁴³ Pouco antes de Robert e Kitty partirem para Washington, Robert recebeu uma carta do velho amigo Victor Weisskopf, que, tendo sabido das atribulações, escreveu para manifestar apoio e encorajamento: "Gostaria que você soubesse que eu e todos que se sentem como eu tomamos total ciência de que você está lutando arduamente. De algum modo, o destino o escolheu como aquele que precisa carregar o fardo mais pesado nesta batalha. [...] Quem mais neste país poderia representar melhor do que você o espírito e a filosofia de todos aqueles para os quais estamos vivendo? Por favor, pense em nós quando estiver se sentindo mal. [...] Rogo-lhe para continuar sendo o que sempre foi, e tudo terminará bem."⁴⁴

Era um belo pensamento.

35

"Receio que tudo isso seja uma grande idiotice"

O processo foi tendencioso desde o começo.
ALLAN ECKER, ADVOGADO DA EQUIPE DE DEFESA DE OPPENHEIMER

LEWIS STRAUSS ESTAVA ANSIOSO para que os procedimentos da comissão de segurança começassem por um único motivo: realmente acreditava que seu desafeto poderia fugir do país. Na esperança de que o passaporte de Oppenheimer fosse confiscado, Strauss informou ao Departamento de Justiça que, se Oppie "decidisse desertar enquanto houvesse acusações da AEC pendentes contra ele, seria uma situação extremamente infeliz".¹ Também estava preocupado com a possibilidade de que o senador McCarthy interferisse nos planos que elaborara. Em 6 de abril, McCarthy — respondendo a um ataque feito a ele pelo comentarista Edward R. Murrow, da rede de televisão CBS — lançou a acusação de que o projeto da bomba H norte-americana havia sido deliberadamente sabotado. Sem dúvida, havia um perigo real de que o imprevisível senador pudesse ir a público com o que sabia sobre o caso Oppenheimer.

Assim, Strauss ficou aliviado quando o painel da AEC, por fim, se reuniu na segunda-feira, 12 de abril de 1954, no Edifício T-3, uma dilapidada estrutura temporária de dois andares construída durante a guerra numa alameda próxima ao monumento a Washington, na esquina da rua 16 com a avenida Constitution. O prédio, que para aquela ocasião fora transformado numa despojada sala de tribunal, abrigava o escritório do diretor de pesquisas da AEC. Numa das extremidades da sala retangular, longa e escura, atrás de uma grande mesa de mogno com pilhas de pastas de documentos sigilosos do FBI, estavam sentados os três membros da mesa — o presidente Gordon Gray e seus dois colegas, Ward Evans e Thomas A. Morgan. Um dos assistentes de Garrison, Allan Ecker, recordou-se da perplexidade dos advogados de Robert ao verem a quantidade de documentos encadernados que cada membro da mesa tinha diante de si. "Esse foi o choque do dia", disse Ecker, "e o choque do caso, porque a noção clássica do sistema legal é a tábula rasa. Não há nada na frente do juiz exceto aquilo que é posto diante dele de modo aberto, e com a oportunidade de a pessoa acusada ou réu responder. [...] Eles tinham examinado [aqueles livros] antecipadamente; sabiam o que continham. Ao contrário de nós. Não tínhamos uma cópia; não tivemos oportunidade de questionar os documentos apresentados, quaisquer que fossem. [...] Então cheguei à conclusão de que o processo foi tendencioso desde o começo".[2]

As equipes de advogados de defesa e de acusação sentaram-se frente a frente diante de duas mesas compridas posicionadas em "T".[3] De um lado estavam os advogados da AEC, Roger Robb e Carl Arthur Rolander Jr., vice-diretor de segurança da comissão. Em frente a eles, a equipe de defesa de Oppenheimer, composta por Lloyd Garrison, Herbert Marks, Samuel J. Silverman e Allan B. Ecker. Na base do "T", havia apenas uma cadeira, onde o acusado e outras testemunhas se sentariam para dar os respectivos testemunhos aos juízes. Quando não estava depondo, Oppenheimer ficava num sofá de couro encostado na parede, atrás do banco de testemunhas. Ao longo do mês seguinte, passaria cerca de 27 horas sentado ali — e muito mais horas abandonado no sofá, fumando um cigarro atrás do outro ou preenchendo a sala com o aroma do tabaco do cachimbo de cerejeira.

Naquela primeira manhã, Oppenheimer e seus advogados chegaram com quase uma hora de atraso. Alguns dias antes, Kitty havia sofrido outro acidente. Dessa vez, caíra da escada e tivera a perna engessada. Com o apoio de muletas, lentamente conseguiu chegar até o sofá de couro, onde se sentou ao lado do marido, à espera de que os procedimentos começassem. Robert parecia derrotado, quase resignado com a própria sorte. "Demos um belo espetáculo de desarrumação", recordou Garrison. "A aparência dela não ajudou muito a suavizar as impressões."[4] Os membros da mesa pareciam "bastante irritados" com o atraso. Garrison pediu desculpas pela demora. Aludindo vagamente ao fato de que a imprensa poderia estar atenta, disse que haviam se atrasado porque estavam "agindo para minimizar o problema".[5]

Gray passou a manhã toda lendo em voz alta a carta de "acusações" da AEC e a resposta de Oppenheimer. Ao longo das três semanas e meia seguintes, Gray insistiu que o que estava havendo ali era um "inquérito", não um julgamento.[6] Contudo, era impossível ouvir a carta de acusações da AEC sem pensar que Robert Oppenheimer estava sendo julgado. Seus supostos crimes incluíam participar de uma série de organizações de fachada do Partido Comunista; estar "intimamente associado" com uma notória comunista, a sra. Jean Tatlock; estar associado com outros "conhecidos" comunistas, como o dr. Thomas Addis, Kenneth May, Steve Nelson e Isaac Folkoff; ser o responsável por contratar para o programa atômico norte-americano comunistas conhecidos como Joseph W. Weinberg, David Bohm, Rossi Lomanitz (todos ex-alunos de Oppenheimer) e David Hawkins; contribuir com 150 dólares por mês para o Partido Comunista de San Francisco; e, naquela que talvez fosse a acusação mais sinistra, não informar de imediato as autoridades competentes sobre a conversa que tivera com Haakon Chevalier no começo de

1943, a respeito da proposta de George Eltenton de transmitir informações do Laboratório de Radiação para o consulado soviético em San Francisco.

A carta de resposta de Oppenheimer admitia a amizade com Tatlock, Addis e outras pessoas de esquerda, mas negava a existência de qualquer natureza nefasta nesses relacionamentos. "Eu gostava da sensação nova de companheirismo", disse, a respeito dessas associações.[7] Oppie admitia ter sido simpatizante do comunismo na década de 1930 e reconhecia ter feito contribuições financeiras para uma série de causas por intermédio do Partido Comunista, mas não se lembrava de ter dito, como alegava a acusação da AEC, que "provavelmente pertencera a todas as organizações de fachada do Partido Comunista na Costa Oeste". A citação, dizia agora, não era verdadeira, mas se ele algum dia tivesse dito algo parecido "fora certamente em tom jocoso e exagerado". (Na verdade, essas palavras haviam sido proferidas a Oppenheimer em 1943 pelo coronel John Landsdale, na forma de uma pergunta: "Você provavelmente pertenceu a todas as organizações de fachada do Partido Comunista na Costa Oeste" — e, na época, Robert apenas respondera: "Mais ou menos isso.") Oppie negava ter sido responsável pelos empregos dados a seus ex-alunos por Ernest Lawrence no Laboratório de Radiação. Quanto ao caso Chevalier, reconhecia que o amigo falara com ele sobre a sugestão de Eltenton: "Lembro-me de ter dito com firmeza que, para mim, aquilo soava terrivelmente errado. A discussão terminou ali. Nada em nossa longa amizade teria me levado a acreditar que Chevalier estivesse de fato buscando informações, e eu estava seguro de que ele não tinha ideia do trabalho em que eu estava envolvido." Quanto à demora em reportar a conversa, dizia tê-la relatado voluntariamente a um oficial de segurança e duvidava que viesse a se tornar conhecida "não fosse meu relato".[8]

De modo geral, as respostas de Oppenheimer pareciam dignas de crédito. A julgar pela vida dele de modo geral, as acusações que foram levantadas envolviam um comportamento não de todo incomum para um liberal do New Deal comprometido em apoiar e trabalhar em prol da igualdade racial, da proteção ao consumidor, dos direitos sindicais e trabalhistas e da liberdade de expressão. No entanto, havia uma outra alegação na carta da AEC que se provaria quase tão difícil de tratar quanto o caso Chevalier. Segundo a comissão, "durante o período de 1942-45, vários funcionários do Partido Comunista — entre os quais a dra. Hanna Peters, organizadora da seção profissional do PC do condado de Alameda, Califórnia; Bernadette Doyle, secretária do PC do condado de Alameda; Steve Nelson; David Adelson; Paul Pinsky; Jack Manley; e Katrina Sandow — teriam feito declarações indicando que o senhor era membro do Partido Comunista; que não podia ser ativo no partido na época; que seu nome deveria ser removido da lista de correspondência do partido e não ser mencionado em hipótese alguma; que o senhor conversou sobre a questão da bomba atômica com membros do partido durante esse período; e que, vários anos antes de 1945, o senhor disse a Steve Nelson que o Exército estava trabalhando numa bomba atômica".[9]

Qual era a fonte dessas alegações? Os indivíduos mencionados não haviam dado informações às autoridades. Quando convocado perante o HUAC, Nelson e os demais sempre se recusaram a dar nomes. Obviamente, essas acusações se baseavam em grampos ilegais do FBI transcritos para aqueles cadernos pretos empilhados na mesa diante do painel de juízes. Não admissíveis num tribunal legal, essas transcrições seriam usadas impunemente no "inquérito" do painel de Gray. Os três membros da mesa haviam lido os resumos do FBI dessas conversas de dez anos antes — e, ainda assim, os advogados de Oppenheimer foram impedidos de vê-los e de, portanto, questionar o conteúdo.

Garrison e Marks deveriam ter percebido que, da forma como estava sendo apresentada, a acusação de participação secreta de Oppenheimer no Partido Comunista tornava impossível montar uma defesa. Oppie negou as alegações. "Sua carta", escreveu ele, "apresenta declarações feitas entre 1942 e 1945 por pessoas que os senhores dizem ser funcionárias do Partido Comunista, segundo as quais eu teria sido um membro secreto do partido. Não tenho conhecimento do que essas pessoas podem ter dito. O que sei é que nunca fui membro do partido, nem aberto nem secreto. Alguns dos nomes mencionados inclusive me são estranhos, tais como os de Jack Manley e Katrina Sandow. Duvido ter conhecido Bernadette Doyle, embora reconheça seu nome. Pinsky e Adelson conheci quase por casualidade".[10] Num tribunal de justiça, esse tipo de evidência seria inaceitável e descartado como duplo rumor — terceiras partes relatando o que ouviram de outros a respeito do réu. Contudo, no "inquérito" em questão, os juízes de Oppenheimer sempre acreditariam que o FBI havia gravado as vozes de comunistas bem informados, cujas alegações de que Oppenheimer seria um deles eram válidas.

Parte da informação naqueles documentos encadernados chegou a ser manipulada para parecer ainda mais prejudicial a Robert. A fonte de uma das principais alegações eram dois informantes do FBI, Dickson e Sylvia Hill, que haviam se infiltrado na sucursal do Partido Comunista em Montclair, na Califórnia. Em novembro de 1945, essa dupla formada por marido e esposa entrou num escritório do FBI em San Francisco e reportou uma reunião do PC da qual haviam participado pouco antes do bombardeio de Hiroshima. Sylvia Hill disse ter ouvido um membro do partido, Jack Manley, referir-se a Oppenheimer como "um dos nossos".[11] E foi ainda mais longe, contando que "a declaração de Manley sobre o sujeito [Oppenheimer] não significava necessariamente que ele fosse portador de uma carteirinha do PC. Ela acreditava que ele provavelmente não era um membro efetivo, mas concordava com as ideias comunistas". Colocada nesse contexto, a informação de Sylvia Hill não respaldava a acusação da AEC de que notórios comunistas teriam sido ouvidos chamando Oppenheimer de membro do partido. Esse nível de nuance, porém, se perdeu quando o FBI destacou a informação de Hill em seus resumos. Assim, o que constituía rumor foi elevado ao nível de informação "depreciativa".

* * *

TENDO LIDO A CARTA de acusações e a resposta de Oppenheimer, o presidente Gray lhe perguntou se ele desejava "testemunhar sob juramento neste processo". Ele respondeu que sim, e Gray então o fez repetir o juramento-padrão de dizer a verdade e nada além da verdade exigido em qualquer tribunal de justiça. O inquérito havia começado. Oppenheimer se sentou no banco de testemunhas e passou o restante da tarde sendo delicadamente interrogado pelo advogado de defesa.

NA MANHÃ SEGUINTE, TERÇA-FEIRA, 13 de abril de 1954, o *New York Times* soltou a matéria numa exclusiva de primeira página de autoria de James Reston. A manchete dizia:

DR. OPPENHEIMER SUSPENSO PELA AEC EM REVISÃO DE SEGURANÇA; CIENTISTA DEFENDE HISTÓRICO; AUDIÊNCIAS INICIADAS; ACESSO A DADOS SECRETOS NEGADO A ESPECIALISTA NUCLEAR — LIGAÇÕES COM VERMELHOS ALEGADAS

O jornal publicou o texto integral tanto da carta de acusações do general Nichols como a resposta de Oppenheimer. A matéria de Reston foi reproduzida por jornais em todo o país e no exterior. Milhões de leitores foram informados pela primeira vez sobre detalhes íntimos da vida privada e política de Oppenheimer.

A notícia teve efeito polarizador instantâneo; os liberais ficaram horrorizados com o fato de que um homem tão eminente pudesse ser atacado daquele modo. Drew Pearson, um colunista liberal independente, anotou em seu diário: "Strauss e o pessoal de Eisenhower sem dúvida estão perdendo o juízo. Não consigo conceber nenhum gesto mais calculado para reforçar McCarthy e incentivar a caça às bruxas do que esse retrocesso aos anos do pré-guerra e a tentativa de esquadrinhar o passado de Oppenheimer para ver com quem ele conversava ou se encontrava em 1939 ou 1940."[12] Comentaristas conservadores como Walter Winchell, em contrapartida, fizeram a festa com a história. Apenas dois dias antes, Winchell anunciara em seu programa dominical na televisão que o senador McCarthy em breve revelaria que "uma das principais figuras do campo atômico havia insistido que a bomba H não fosse construída".[13] Esse famoso cientista, segundo Winchell, havia sido "um membro ativo do Partido Comunista" e "líder de uma célula vermelha que incluía outros notáveis cientistas atômicos".

O presidente da mesa, Gray, ficou furioso com a reportagem de Reston. Dirigindo-se a Garrison, disse: "Ontem o senhor me falou que chegou atrasado porque estava 'agindo para minimizar o problema'."[14] Garrison explicou que Reston já sabia da suspensão da habilitação de segurança de Oppenheimer desde meados de janeiro. Gray, no entanto, não lhe deu ouvidos e pôs Garrison contra a parede, perguntando quando ele havia dado cópias da carta de acusações da AEC ao repórter. Oppenheimer interrompeu: "Creio que esses documentos foram dados ao sr. Reston por meu advogado na sexta-feira à noite." Isso apenas aumentou a raiva de Gray: "Então, ontem de manhã, quando o senhor fez sua declaração, acreditava ter minimizado o problema certificando-se de que os documentos [...] já estivessem em posse do *New York Times*?"

"Sim, foi isso mesmo", respondeu Oppenheimer.

Claramente aborrecido com ambos, Robert e o advogado de defesa, Gray os culpou pelos vazamentos. Nunca soube que a ira deveria ter sido dirigida a Lewis Strauss. O presidente da AEC sabia o tempo todo dos telefonemas de Reston para Oppenheimer, e foi ele, não Garrison, quem deu ao *New York Times* o sinal verde para publicar a matéria. Temendo que McCarthy soltasse a notícia antes, Strauss havia calculado que chegara a hora de tornar a questão pública, sobretudo se conseguisse jogar a culpa nos advogados de Oppenheimer. O secretário de imprensa de Eisenhower, James C. Hagerty, concordou. Assim, em 9 de abril, Strauss ligou para o editor do *New York Times*, Arthur Hays Sulzberger, e o liberou do acordo que haviam feito para segurar a matéria.[15]

Strauss também receava que naquele momento houvesse o risco de todo o caso "ser julgado na imprensa"[16] e que um processo demorado beneficiasse Oppenheimer. Quanto mais o caso se arrastasse, calculou, mais tempo os aliados de Oppie teriam para "fazer propaganda" na comunidade científica. Uma decisão rápida era essencial. Assim, no fim daquela semana, ele enviou um bilhete a Robb instando-o a acelerar os trabalhos.

ALGUNS DIAS ANTES, EM Princeton, Abraham Pais ficara sabendo que o *New York Times* estava em vias de publicar a história. Ciente de que os repórteres atormentariam Einstein atrás de um comentário, pegou o carro e foi até a casa do físico, na rua Mercer. Quando Pais explicou sua missão, Einstein riu alto, e então disse: "O problema de Oppenheimer é amar uma mulher que não o ama: o governo dos Estados Unidos. [...] O problema era simples de resolver: tudo que Oppenheimer precisava fazer era ir a Washington, dizer aos funcionários do governo que eles eram uns idiotas e então voltar para casa."[17]

Em particular, Pais pode ter concordado, mas sentia que essa não era uma boa declaração para a imprensa. Assim, persuadiu Einstein a redigir uma declaração simples em apoio a Oppenheimer — "Eu o admiro não apenas como cientista, mas como o grande ser humano que é" — e fazer com que a lesse por telefone para um repórter da United Press.

Na quarta-feira, 14 de abril, terceiro dia de audiências, Oppenheimer começou a manhã no banco de testemunhas, respondendo a perguntas que lhe foram apresentadas por Garrison a respeito do irmão, Frank. Robert estava muito preocupado, pois a carta de acusações da AEC incluía um trecho que dizia que Haakon Chevalier o teria abordado "diretamente ou por meio de seu irmão, Frank Friedman Oppenheimer". Assim, quando Garrison lhe perguntou se Frank estivera envolvido na abordagem de Chevalier, Oppie retrucou: "Isso está muito claro para mim. Tenho uma memória bastante vívida a esse respeito. Frank não teve nada a ver com a história. Não faria nenhum sentido, uma vez que Chevalier era meu amigo. Não estou querendo dizer que Frank não o conhecia, mas teria sido algo peculiarmente indireto e pouco natural."[18] A alegação fazia perfeito sentido, mas Strauss, Robb e Nichols não acreditavam e, sem qualquer prova, insistiriam que Oppenheimer havia mentido para o painel.

A INQUIRIÇÃO DIRETA DE Oppenheimer feita por Garrison terminou, portanto, do mesmo jeito que havia começado: como um reforço das respostas à carta de acusações da AEC. Ele tinha ido bem, acreditavam Oppenheimer e seus advogados. Mas, quando Robb começou seu interrogatório, ficou claro que tinha uma estratégia cuidadosamente elaborada para reverter a boa impressão que Oppie causara. Tendo passado quase dois meses imerso nos arquivos do FBI, ele estava bem preparado: "Eu tinha ouvido dizer que não era possível chegar a lugar algum num interrogatório com Oppenheimer", comentou Robb tempos depois.[19] "Ele era rápido e escorregadio demais. Então eu disse: 'Bem, pode ser, mas ele nunca foi interrogado por mim.' Mesmo assim, planejei meu interrogatório com o máximo cuidado, pensando na sequência das perguntas, nas referências aos relatórios do FBI e assim por diante, e minha teoria era que, se eu conseguisse abalá-lo no começo, ele seria mais acessível depois."

Aquele 14 de abril talvez tenha sido o dia mais humilhante na vida de Oppenheimer. O interrogatório de Robb foi incansável e severo. Era o tipo de "fritura" que Oppenheimer nunca havia experimentado e para a qual não tinha preparo algum. Robb começou levando Oppenheimer a admitir que uma associação íntima com o Partido Comunista era "inconsistente com o trabalho num projeto de guerra secreto". Robb então o questionou sobre ex-membros do PC: "Seria apropriado que trabalhassem num projeto de guerra secreto?"

Oppenheimer: "Está falando de agora ou daquela época?"

Robb: "Digamos que agora, e então voltamos para aquela época."

Oppenheimer: "Acho que isso depende do caráter e do grau de desengajamento da pessoa, do tipo de homem que ele é, se é ou não honesto."

Robb: "Era essa sua opinião em 1941, 1942 e 1943?"

Oppenheimer: "Em linhas gerais."

Robb: "Que teste o senhor aplicava em 1941, 1942 e 1943 para se certificar de que um ex-membro do partido não fosse mais perigoso?"

Oppenheimer: "Como disse, eu sabia muito pouco sobre quem tinha sido membro do partido. No caso de minha esposa, estava claro que ela não era mais peri-

gosa. No caso de meu irmão, tenho confiança na decência e na correção dele, bem como na lealdade a mim."
Robb: "Tomemos seu irmão como exemplo. Fale-nos sobre o teste que aplicou para adquirir a confiança a que se referiu."
Oppenheimer: "No caso de um irmão, não se faz um teste. Eu, pelo menos, não fiz."[20]

AS INTENÇÕES DE ROBB eram duplas: primeiro, fazer com que Oppenheimer caísse em contradições com o registro escrito ao qual Robert e seus advogados não haviam tido acesso; segundo, colocar as admissões num contexto que implicasse ele haver dirigido Los Alamos de modo irresponsável, na melhor das hipóteses — ou, na pior, que havia contratado comunistas de forma consciente e proposital. O objetivo de Robb a cada curva do caminho era humilhar a testemunha, muitas vezes apenas fazendo com que repetisse o que já tinha admitido.

"Doutor, observei em sua resposta na página 5 que o senhor usou a expressão 'simpatizantes'. Qual a sua definição de simpatizante?"[21]
Oppenheimer: "É uma palavra repugnante que usei certa vez para me referir a mim mesmo num interrogatório com o FBI. Eu a entendo como alguém que aceita parte do programa público do Partido Comunista, que está disposto a trabalhar e se associar com comunistas, mas não é membro do partido."
Robb: "A seu ver, um simpatizante deveria ser empregado num projeto de guerra secreto?"
Oppenheimer: "Hoje?"
Robb: "Sim, senhor."
Oppenheimer: "Não."
Robb: "E pensava o mesmo em 1942 e 1943?"
Oppenheimer: "Minha impressão na época e minha impressão sobre a maioria dessas coisas é que se trata de julgar o tipo de homem com quem se está lidando. Hoje, acredito que ser associado ou simpatizante do Partido Comunista significa manifestamente simpatias pelo inimigo. No período da guerra, teria pensado que era uma questão de como era o homem, o que seria capaz ou incapaz de fazer. Sem dúvida, ser simpatizante ou membro do partido levantava uma questão, e uma questão séria."
Robb: "O senhor alguma vez foi simpatizante?"
Oppenheimer: "Sim."
Robb: "Quando?"
Oppenheimer: "A partir do fim de 1936 ou do início de 1937. Mas minhas simpatias diminuíram rapidamente. Eu diria que era bem menos simpatizante depois de 1939 e menos ainda depois de 1942."

Enquanto se preparava para as audiências, Robb vira numerosas referências nos arquivos do FBI à entrevista de Oppenheimer com o tenente-coronel Boris Pash em 1943.[22] Os arquivos indicavam que a entrevista tinha sido gravada. "Onde estão essas gravações?", indagara. O FBI em pouco tempo recuperou os discos Presto de dez anos antes, e Robb ouviu as primeiras descrições de Oppenheimer do caso Chevalier, bastante diferentes do que ele diria ao FBI três anos depois. Era óbvio que ele havia mentido em uma das entrevistas, e assim Robb veio preparado para explorar os relatos contraditórios. Oppenheimer, é claro, não fazia ideia de que a conversa que tivera com Pash fora gravada. Então, quando Robb passou a fazer perguntas referentes ao incidente, mostrou conhecer os detalhes muito melhor do que Robert, que mal conseguia lembrar-se deles.

Robb começou lembrando Oppenheimer da breve entrevista com o tenente Johnson em Berkeley, em 25 de agosto de 1943.

Oppenheimer: "Acho que eu disse basicamente que Eltenton era uma pessoa com quem deviam se preocupar."

Robb: "Sim."

Oppenheimer: "Então me perguntaram por quê, e inventei uma história da carochinha."

Imperturbável com a surpreendente admissão, Robb focou no que Oppenheimer havia dito ao tenente-coronel Boris Pash no dia seguinte, 26 de agosto.

Robb: "O senhor disse toda a verdade a Pash?"

Oppenheimer: "Não."

Robb: "Mentiu para ele?"

Oppenheimer: "Sim."

Robb: "O que disse a Pash que não era verdade?"

Oppenheimer: "Que Eltenton tinha tentado abordar três membros do projeto por meio de intermediários."

Alguns instantes depois, Robb perguntou: "O senhor disse a Pash que X [Chevalier] havia abordado três pessoas no projeto?"

Oppenheimer: "Não me lembro se disse que eram três Xs ou se X havia abordado três pessoas."

Robb: "O senhor não disse que X tinha abordado três pessoas?"

Oppenheimer: "Provavelmente."

Robb: "Por que disse isso, doutor?"

Oppenheimer: "Porque fui um idiota."[23]

"Um idiota?" Por que Oppenheimer disse algo assim? Segundo Robb, ele estava aflito — encurralado, por assim dizer, pelo astucioso promotor. Depois das audiências, Robb dramatizou o momento a um repórter, e contou que, ao pronunciar essas palavras, Oppenheimer estava "com o corpo curvado para a frente, esfregando as mãos, branco como um lençol. Eu me senti mal. Naquela noite, quando cheguei em casa, falei à minha esposa: 'Hoje vi um homem destruir a si mesmo'".[24]

Essa descrição era uma peça de publicidade egoísta e sem sentido, destinada a promover a imagem de Robb na sala do tribunal, e sua humanidade ("Eu me senti mal"). Uma medida da engenhosidade com que Robb e Strauss manipularam o resultado das audiências de Oppenheimer é que jornalistas e historiadores daí por diante aceitaram a interpretação do promotor daquele momento. Entretanto, ao contrário do que Robb alegou, o comentário "Fui um idiota" simplesmente pretendia eliminar as ambiguidades em torno do caso Chevalier. Ele estava deixando claro que não tinha explicação racional para ter dito que X (Chevalier) havia abordado três pessoas. Robert estava ciente de que todos sabiam que ele não era um idiota. Estava utilizando uma expressão coloquial numa tentativa autodepreciativa de desarmar o interrogador. Em minutos, porém, ficaria claro que não havia sido bem-sucedido, pois estava enfrentando um adversário determinado a destruí-lo.

E Robb tinha apenas começado. Oppenheimer admitira ter mentido. Robb, então, iria confrontá-lo com a evidência e, em doloroso detalhe, dramatizar a mentira. Puxando uma transcrição do encontro do coronel Pash com Oppenheimer em 26 de agosto de 1943, Robb disse: "Doutor [...] vou ler em voz alta alguns trechos extraídos da transcrição daquele interrogatório."[25] Em seguida, leu um trecho da transcrição daquele interrogatório de onze anos atrás no qual Oppenheimer afirmava que havia alguém no consulado soviético pronto para transmitir informações "sem perigo de vazamento, escândalo ou qualquer coisa do tipo".

Quando Robb perguntou se ele se lembrava de ter dito isso a Pash, Oppenheimer respondeu que não. "O doutor negaria ter dito isso?", continuou Robb. Percebendo, é claro, que o promotor tinha nas mãos uma transcrição, Oppenheimer disse que "não".

Então Robb anunciou: "Doutor, para seu conhecimento, temos uma gravação de sua voz."

"Sem dúvida", respondeu Oppenheimer. Insistiu, porém, que estava bastante seguro de que Chevalier não havia mencionado ninguém do consulado soviético ao lhe falar da ideia de Eltenton. No entanto, ele fornecera esse detalhe a Pash, e também dissera a ele que tinha havido "diversas" — e não só uma — abordagens a cientistas.

Robb: "Então o senhor disse a ele de modo específico e circunstancial que várias pessoas tinham sido contatadas?"

Oppenheimer: "Certo."

Robb: "E afirma agora que era mentira?"

Oppenheimer: "Certo."

Robb continuou a ler a transcrição de 1943: "É claro que, como essa comunicação não deveria estar ocorrendo", Oppenheimer havia dito a Pash, "é passível de ser considerada traição".

Robb: "O senhor disse isso, doutor?"

Oppenheimer: "Sim, ou melhor, não me lembro bem da conversa, mas aceito que tenha dito."

Robb: "Então o senhor de fato achava que se tratava de algo passível de ser considerado traição, correto?"

Oppenheimer: "Sim."

Robb, novamente citando a transcrição: "Mas não foi apresentado dessa maneira. É um método de levar a cabo uma política que era mais ou menos a política do governo. Como foi dito, não seria possível arranjar um encontro com esse homem, Eltenton, que tinha muito bons contatos com um sujeito da embaixada ligado ao consulado, um sujeito muito confiável e com larga experiência em trabalho com microfilmes, ou seja lá o que for."

Robb: "O senhor disse ao coronel Pash que haviam sido mencionados microfilmes?"

Oppenheimer: "Sim."

Robb: "E isso era verdade?"

Oppenheimer: "Não."

Robb: "Então Pash lhe disse: 'Bem, quero voltar um pouco, para ter uma imagem sistemática. Esses homens que o senhor mencionou, dois agora estão aqui [em Los Alamos]. Foram contatados diretamente por Eltenton?' Sua resposta foi: 'Não.' Pash então perguntou: 'Por uma terceira parte?'"

Oppenheimer: "Sim."

Robb: "Em outras palavras, o senhor disse a Pash que X [Chevalier] tinha feito esses outros contatos?"

Oppenheimer: "É o que parece."

Robb: "E não era verdade?"

Oppenheimer: "Foi tudo pura invenção, exceto a menção a Eltenton."

Como Oppie passara a se contorcer, Garrison por fim interrompeu o doloroso interrogatório e se dirigiu a Gray: "Senhor presidente, posso fazer um pequeno pedido?"

Gray: "Pois não."

Garrison então educadamente perguntou "se não é apropriado, neste tipo de procedimento, quando um advogado lê de uma transcrição, que uma cópia seja fornecida à outra parte? Isso é ponto pacífico nos tribunais".

Após alguma discussão, Gray e Robb concordaram que talvez no fim do dia fosse possível conseguir a liberação do sigilo do documento — que, é claro, Robb já estava lendo de modo seletivo para o registro.

A intervenção de Garrison havia muito se fazia necessária e foi exageradamente solícita — e em nada ajudou Oppenheimer a se libertar da armadilha que Robb havia preparado.

Logo o promotor voltou a citar a transcrição Pash-Oppenheimer com evidente deleite. "Dr. Oppenheimer, [...] o senhor não acha que deu detalhes demais para uma história que foi inventada?"

Oppenheimer: "Com certeza."

Robb: "Por que entrou em tantos detalhes circunstanciais se estava contando uma história da carochinha?"

Oppenheimer: "Receio que tudo isso seja uma grande idiotice. Receio não poder explicar por que havia um cônsul, por que havia microfilmes, por que havia três pessoas no projeto, por que duas delas estavam em Los Alamos. Tudo isso me parece totalmente falso."

Robb: "O senhor concorda que, se a história que contou ao coronel Pash fosse verdadeira, as coisas ficariam muito ruins para o sr. Chevalier?"

Oppenheimer: "Para qualquer um envolvido, sim."

Robb: "Inclusive o senhor?"

Oppenheimer: "Sim."

Robb: "Não seria justo afirmar, dr. Oppenheimer, que, de acordo com seu presente depoimento, o senhor não contou ao coronel Pash apenas uma mentira, mas toda uma teia de mentiras?"

Sentindo-se acuado, ou talvez em pânico, Oppenheimer respondeu de maneira displicente: "Certo."[26]

O questionamento implacável de Robb o tinha encurralado. Robert não se recordava da conversa com Pash no nível exigido para responder adequadamente às perguntas que lhe eram feitas. Assim, aceitou de seu carrasco uma apresentação seletiva da transcrição. Se Garrison fosse um advogado experiente em tribunais, teria insistido bem mais cedo para que seu cliente não respondesse a nenhuma outra pergunta sobre o interrogatório com Pash até ter a oportunidade de rever a transcrição, e também teria protestado contra o uso estratégico da transcrição para o emboscar. Garrison, no entanto, mantivera a porta totalmente aberta, e Robert estoicamente passou por ela.

Mas ele não precisava ter capitulado com tanta facilidade. Havia uma explicação para a intrincada história que havia contado a Pash, uma explicação muito menos danosa do que a interpretação que Robb o levara a aceitar. Eltenton, afinal, havia dito ao FBI em 1946 que o funcionário consular russo, Peter Ivanov, a princípio sugerira que ele fizesse contato com três cientistas do Rad Lab de Berkeley: Oppenheimer, Ernest Lawrence e Luis Alvarez. Eltenton conhecia apenas Oppenheimer, mas não tão bem a ponto de lhe pedir que compartilhasse informações com os russos. Em todo caso, parece razoável supor que Eltenton tivesse mencionado os três nomes a Chevalier — e que este os tivesse mencionado a Oppenheimer, ou pelo menos observado que Eltenton havia feito menção a dois outros nomes (não especificados).

Assim, ao relatar a Pash o que sabia sobre as atividades de Eltenton, Oppenheimer se referira a três cientistas. De todas as interpretações dessa "história da carochinha", essa é a que parece fazer mais sentido, uma vez que é respaldada pela evidência dos próprios arquivos do FBI. De maneira significativa, os historiadores oficiais da AEC, Richard G. Hewlett e Jack M. Holl, chegaram a uma conclusão similar: "A história de Oppenheimer, embora enganosa, era acurada até certo ponto, mas, infelizmente, depois disso ficava confusa e distorcida."[27]

Por quê?

A explicação mais clara e convincente de por que Oppenheimer apresentara a Pash uma narrativa tão elaboradamente confusa da conversa que tivera com Chevalier na cozinha da casa dele foi fornecida por ele próprio um dia antes da conclusão das audiências. A história não apenas se ajusta aos fatos conhecidos mais convincentes, como também ao caráter de Oppenheimer — especialmente, conforme confessara a David Bohm cinco anos antes, à tendência que ele tinha para dizer "coisas irracionais" quando "as coisas tomam esse tipo de proporção". Ao ser questionado por Gray se podia estar dizendo a verdade em 1943 a Pash e Lansdale e mentindo naquele momento sobre o caso Chevalier, Oppenheimer respondeu: "A história que contei a Pash não era verdadeira. Não havia três ou mais pessoas envolvidas no projeto. Havia uma única pessoa envolvida. Essa pessoa era eu. Eu estava em Los Alamos. Não havia mais ninguém envolvido em Los Alamos. Não havia ninguém envolvido em Berkeley. [...] Testemunhei que o consulado soviético não havia sido mencionado por Chevalier. Isso é tudo que consigo lembrar. É concebível que eu soubesse da conexão de Eltenton com o consulado, mas creio que tudo que posso fazer neste momento é afirmar que a história que contei com riqueza de detalhes, e a qual me foi extraída com ainda mais e mais detalhes durante este caso, era falsa. Não é fácil dizer isso. Agora, quando os senhores me pedem um argumento mais persuasivo do que ter sido um idiota por ter feito isso, vou ter ainda mais problemas para me fazer compreensível. Acho que, na época, fui impelido por duas ou três preocupações. Uma delas era a perspectiva de que pudesse haver problemas no Laboratório de Radiação, como Lansdale havia indicado, e então Eltenton podia muito bem ser a pessoa envolvida, e a coisa era séria. Não sei se enfeitei a história para reforçar-lhe a gravidade ou para torná-la mais tolerável, nem por que não me limitei simplesmente a relatar os fatos. Não havia outras pessoas envolvidas. A conversa com Chevalier foi breve, e pela natureza das coisas não totalmente casual, mas creio que transmiti corretamente o tom geral e o fato de ele não ter nada a ver com tudo aquilo."[28]

Então prosseguiu: "Eu deveria tê-la contado [a história] de uma vez, e de modo acurado, mas estava em conflito. Creio que eu queria dar uma pista ao pessoal da inteligência, mas sem perceber que, quando se dá uma pista, é preciso contar toda a história. Quando me pediram que elaborasse um padrão, parti de um falso. [...] A ideia de que ele [Chevalier] procuraria várias pessoas envolvidas no projeto e conversaria com elas em vez de me procurar e conversar comigo, como ocorreu, não faz nenhum sentido. Ele era um intermediário improvável e absurdo para uma tarefa desse tipo. [...] Não havia conspiração alguma. [...] Quando por fim identifiquei Chevalier para o general Groves, deixei claro que não havia três pessoas, que a conversa tinha acontecido na minha casa, eu é que havia sido procurado. Então, quando inventei essa história danosa, foi com a intenção de não revelar quem era o intermediário."²⁹

O TÓPICO SEGUINTE PARA o qual Robb se voltou certamente humilharia Robert — o caso de amor com Jean Tatlock.

"Parece-me que entre 1939 e 1944", disse Robb, "seu relacionamento com a srta. Tatlock foi bastante casual. Isso está correto?".

Oppenheimer: "Nossos encontros eram raros, não acho que seria correto dizer que se tratava de um relacionamento casual. Tínhamos estado muito envolvidos, e ainda havia sentimentos profundos quando nos víamos."

Robb: "Quantas vezes o senhor diria que a viu entre 1939 e 1944?"

Oppenheimer: "São cinco anos. Será que dez vezes seria um bom palpite?"

Robb: "Quais foram as ocasiões em que a viu?"

Oppenheimer: "É claro que às vezes nos víamos socialmente com outras pessoas. Lembro-me de tê-la visitado por volta do Ano-Novo de 1941."

Robb: "Onde?"

Oppenheimer: "Fui à casa dela ou ao hospital, não me lembro bem, e saímos para tomar uns drinques no Top of the Mark. Lembro-me de que ela veio mais de uma vez nos visitar em Berkeley."

Robb: "O senhor e a sra. Oppenheimer?"

Oppenheimer: "Sim. O pai dela morava bem perto de nós. Eu a visitei uma vez na casa dele. Em junho ou julho de 1943."

Robb: "O senhor disse que precisava encontrá-la."

Oppenheimer: "Sim."

Robb: "Por quê?"

Oppenheimer: "Ela queria muito me ver antes que fôssemos embora. Daquela vez, não pude ir. Antes de mais nada, eu não podia dizer para onde estávamos indo. Senti que ela precisava me ver. Ela estava em tratamento psiquiátrico. Extremamente infeliz."

Robb: "O senhor descobriu por que ela precisava encontrá-lo?"

Oppenheimer: "Porque ainda me amava."

Robb: "Onde vocês se encontravam?"

Oppenheimer: "Na casa dela."

Robb: "Onde?"

Oppenheimer: "Em Telegraph Hill."

Robb: "E depois?"

Oppenheimer: "Ela me levou ao aeroporto, e nunca mais voltei a vê-la."

Robb: "Isso foi em 1943?"

Oppenheimer: "Sim."

Robb: "Ela era comunista nessa época?"

Oppenheimer: "Nós não falávamos sobre isso. Duvido muito."

Robb: "Em sua resposta, o senhor disse saber que ela fora comunista?"

Oppenheimer: "Sim. Tomei conhecimento disso no outono de 1937."

Robb: "Havia alguma razão para o senhor acreditar que ela não era mais comunista em 1943?"

Oppenheimer: "Não."

Robb: "Como?"

Oppenheimer: "Não havia. Apenas afirmei em termos gerais o que pensava, e penso, sobre a relação dela com o Partido Comunista. Não sei o que ela estava fazendo em 1943."

Robb: "Então o senhor não tem nenhuma razão para acreditar que ela não fosse comunista."

Oppenheimer: "Não."

Robb: "Passou a noite com ela?"

Oppenheimer: "Sim."

Robb: "Acha que isso era consistente com um bom protocolo de segurança?"

Oppenheimer: "Na verdade, foi. Nenhuma palavra foi dita. Não era boa prática."

Robb: "O senhor não acha que isso o colocaria numa posição bastante difícil, caso ela fosse o tipo de comunista que o senhor descreveu aqui esta manhã?"

Oppenheimer: "Mas ela não era."

Robb: "E como sabe disso?"

Oppenheimer: "Eu a conhecia."[30]

Tendo sofrido a indignidade de testemunhar sobre um encontro com Tatlock já estando casado com Kitty havia três anos, Oppenheimer foi solicitado então a dar os nomes dos amigos de Jean e a dizer quem era comunista e quem era apenas simpatizante. Era uma pergunta sem sentido, tendo em vista o propósito das audiências, mas não desprovida de um objetivo. O interrogatório estava sendo realizado em 1954, no apogeu do macarthismo, e obrigar ex-comunistas, simpatizantes e ativistas de esquerda a dar nomes em comitês do Congresso fazia parte do jogo político dos macarthistas. Era uma experiência humilhante numa cultura que desprezava o "dedo-duro", o Judas, e o objetivo era mesmo este: destruir o senso de integridade pessoal da testemunha.[31]

Oppenheimer deu a Robb os nomes: o dr. Thomas Addis era próximo do partido, mas ele não sabia se algum dia tinha sido membro; Chevalier era simpatizante; Kenneth May, John Pitman, Aubrey Grossman e Edith Arnstein eram comunistas. Com total ciência da natureza degradante do exercício a que estava sendo submetido, Oppenheimer perguntou sarcasticamente a Robb: "A lista está de bom tamanho?"[32] Como com frequência acontecia, os nomes eram conhecidos. O martelar incessante de Robb estava cobrando o preço. Robert começou a responder sem pensar, "do jeito que um soldado faz em combate, suponho", relatou depois a um repórter.³³ "Há tanta coisa acontecendo, ou talvez prestes a acontecer, que não há tempo para pensar em algo que não seja a próxima jogada. É mais ou menos como uma briga, e aquilo era uma briga. Eu tinha muito pouco senso de mim mesmo."

Anos depois, Garrison se recordaria do estado de espírito de Oppenheimer durante esses dias tortuosos: "Desde o começo, ele parecia tomado pelo desespero. [...] Acho que todos nos sentíamos oprimidos pela atmosfera da época, mas sobretudo Oppenheimer."³⁴

ROBB FORNECIA A STRAUSS relatórios diários sobre os acontecimentos na sala de audiências, e o presidente da AEC estava satisfeito com o rumo dos acontecimentos. Ele escreveu ao presidente Eisenhower: "Na quarta-feira, Oppenheimer cedeu e admitiu, sob juramento, ter mentido."³⁵ Antecipando a vitória, disse a Ike que "uma impressão extremamente ruim em relação a Oppenheimer já tomou conta dos membros da mesa". Ike telegrafou para Strauss em resposta de seu retiro em Augusta, na Geórgia, agradecendo pelo "relatório interino". Também o informou de que havia queimado o documento, ao que parece não querendo deixar qualquer evidência de que ele ou Strauss estivessem monitorando inapropriadamente as audiências de segurança.

NA MANHÃ DE QUINTA-FEIRA, 15 de abril — quarto dia de audiências —, o general Leslie Groves prestou juramento como testemunha. Interrogado por Garrison, Groves elogiou o desempenho de Oppenheimer em Los Alamos durante a guerra e, quando indagado se ele seria capaz de cometer conscientemente um ato desleal, respondeu de forma enfática: "Eu ficaria surpreso se ele fizesse isso."³⁶ Quando questionado sobre o caso Chevalier, disse: "Vi muitas versões do fato e não acho que fiquei confuso antes, mas sem dúvida estou começando a ficar confuso agora. [...] Minha conclusão foi de que houve uma abordagem e o dr. Oppenheimer tinha conhecimento dela."

Groves, assim que soube da história, julgou que a hesitação de Robert podia ser atribuída a "uma típica atitude de colegial que vê algo perverso em denunciar um amigo. Nunca tive certeza sobre o que ele me contou. Mas sabia o seguinte: que ele tinha feito o que julgara essencial, que era me contar sobre os perigos dessa tentativa específica de infiltração no projeto, ou seja, estava preocupado com a situação nos arredores de Berkeley — acho que na fábrica da Shell, empresa em que Eltenton parecia ser um funcionário importante. Isso ameaçava o projeto, e a preocupação era essa. Sempre tive a impressão de que o dr. Oppenheimer queria proteger os amigos de longa data, *possivelmente* o irmão. Sempre achei que ele queria proteger o irmão, o qual *poderia* estar envolvido nessa história".

O depoimento de Groves "possivelmente" expandiu o elenco de personagens associados ao caso Chevalier. Frank "poderia estar envolvido", ele havia especulado, decerto sem maldade e provavelmente sem a plena percepção das potenciais consequências da hipótese que levantara. E se Frank *estivesse* envolvido no caso, então Robert mentira não só para Pash em 1943, mas também para o FBI em 1946, e mentia agora para o painel da AEC em 1954. Quaisquer que fossem as circunstâncias atenuantes — o desejo de Robert de proteger o irmão mais novo, que ele sabia ser inocente de qualquer transgressão —, a conjectura de Groves solapou ainda mais a veracidade de Robert e, no fim, apesar da inexistência de qualquer prova indicando a participação de Frank, aprofundou o mistério em torno do caso Chevalier — e, portanto, também o interesse da mesa.

Qualquer esforço para explicar a fonte e a hesitante natureza do depoimento de Groves relacionando Frank a Chevalier nos leva de volta para o que foi registrado no arquivo de Oppenheimer no FBI durante a guerra. A partir daí nossa atenção vai avançar dez anos em rápida velocidade, para uma série de entrevistas conduzidas pelo FBI em dezembro de 1953, durante os preparativos para o depoimento de Robert nas audiências de segurança da AEC. Os entrevistados foram John Lansdale e William Consodine, assistentes de Groves durante a guerra, o próprio Groves e Corbin Allardice, que sucedera William Borden como diretor de pessoal do Comitê Conjunto de Energia Atômica.

Essas entrevistas desempenharam papel crucial para moldar o depoimento de Groves, pois tanto Consodine como Lansdale reportaram a ele o que haviam dito aos agentes do FBI. Essas recordações atordoaram Groves, que tinha uma lembrança diferente do que Robert havia lhe contado. Além disso, as comunicações de ambos com o FBI o colocaram numa posição comprometedora, obrigando-o a reconhecer ao painel da AEC que, em 1954, ele não podia mais apoiar a renovação da habilitação de segurança de Oppenheimer.

Como já foi observado, a primeira referência documental à associação de Frank com Chevalier nos arquivos do FBI aparece num memorando de 5 março de 1944, enviado pelo agente William Harvey. Harvey não tinha informação independente sobre o caso Chevalier, mas, ao elaborar um resumo do caso, identificou Frank como "a pessoa" que abordara Chevalier. No entanto, Harvey não citava alguma evidência para essa conclusão, um descuido que estarreceria agentes mais antigos uma década depois, quando reportaram a Hoover: "Depois de rever o arquivo, não encontramos qualquer informação que permita inferir que Frank Oppenheimer tenha sido abordado para fornecer dados sobre o projeto Manhattan Engineer District (MED), ou que essa informação tenha sido algum dia reportada por J. Robert Oppenheimer ao MED ou ao FBI."[37]

Contudo, em 3 de dezembro de 1953, várias semanas depois que a carta de Borden foi despachada, o nome de Frank foi novamente trazido à atenção do FBI por outro portador de boatos. Corbin Allardice, que havia sido funcionário da AEC antes de substituir Borden no Comitê Conjunto de Energia Atômica, ao que parece foi incentivado, por alguém hostil a Oppenheimer, a reacender a suspeita de que Frank havia sido o contato de Chevalier. Allardice disse ter sido "informado por uma fonte a seu ver extremamente confiável de que J. Robert Oppenheimer havia afirmado que seu contato no aparato de espionagem Eltenton-Chevalier era o próprio irmão, Frank Oppenheimer". Allardice afirmou ainda — o que sugere uma familiaridade do informante com o arquivo de Oppenheimer no FBI — que essa informação talvez constasse no registro do FBI sobre o caso. Também sugeriu que, se o FBI quisesse checá-la, deveria interrogar John Lansdale, que na época advogava em Cleveland.

Lansdale foi interrogado em 16 de dezembro.[38] Na véspera, porém, outro assistente de Groves nos tempos de guerra, William Consodine (amigo de Allardice e, com toda a probabilidade, o informante extremamente "confiável"), falara com um agente do FBI.

No resumo da agência, escrito em 18 de dezembro, consta que Consodine teria contado a seguinte história:

No dia seguinte a seu retorno de Los Alamos, "onde induzira [Oppenheimer] a identificar o intermediário [de Eltenton]", o general Groves teve uma reunião em seu escritório com Lansdale e Consodine. Depois de anunciar "que o intermediário havia sido identificado por Oppenheimer, ele empurrou um bloquinho amarelo na direção dos assistentes e lhes pediu que anotassem três palpites sobre quem seria o mediador. Lansdale anotou três nomes dos quais Consodine não se recorda no momento. Consodine, por sua vez, afirmou ter anotado apenas um nome, o de Frank Oppenheimer. O general Groves manifestou surpresa com o palpite e disse que estava correto. Perguntou então a Consodine como chegara àquele nome. Consodine disse ter explicado ao general que achava se tratar de Frank Oppenheimer porque J. Robert Oppenheimer provavelmente teria mais relutância em envolver o irmão na história.

"Segundo Consodine, o general Groves lhes disse que havia obtido a admissão depois de prometer a J. Robert Oppenheimer que não identificaria Frank como o intermediário para o FBI. Concluindo, Consodine afirmou [...] que não havia falado com Lansdale sobre esse assunto, mas que o discutira por telefone com o general Groves nos últimos dias."

Em 16 de dezembro, Lansdale contou uma versão diferente da história ao interrogador do FBI. Claramente, não tinha lembrança do "bloquinho amarelo" de Consodine (tampouco Groves). Lansdale lembrou-se apenas de ter tido a impressão, ao falar com o general, de que depois de Groves ter pedido a Oppenheimer que revelasse os nomes dos contatos de Eltenton, "Oppenheimer disse a ele que Haakon Chevalier havia abordado Frank Oppenheimer". Ao concluir, porém, "Lansdale afirmou que *o general Groves achava que a abordagem havia sido feita diretamente a J. Robert Oppenheimer*, mas ele próprio sentia que havia sido feita a Frank.

E acrescentou que, pelo que sabia, apenas ele e o general Groves estavam a par do incidente". Quando Garrison perguntou a Lansdale se era possível que Groves tivesse lhe dito que "*pensava* que era Frank — em vez de *era* Frank", Lansdale reconheceu: "Sim, é possível."[39]

Em 21 de dezembro de 1953 — dia em que Oppenheimer foi informado da suspensão da habilitação de segurança —, um outro agente do FBI interrogou Groves na casa do general em Darien, Connecticut.

Até então, Groves havia se recusado a falar com o FBI sobre Oppenheimer e o caso Chevalier. Nem se dera o trabalho de responder às perguntas iniciais sobre o assunto em 1944. Então, em junho de 1946, quando o FBI estava prestes a entrevistar tanto Chevalier quanto Eltenton, agentes perguntaram ao general o que ele sabia sobre o caso. Groves os dispensou, com a alegação de que não podia falar sobre o assunto porque Oppenheimer conversara com ele em "estrita confiança". Groves disse que "não podia trair a confiança de 'Oppie' e nos dizer o nome do homem que o representante da Shell havia abordado". Os agentes do FBI retrucaram que sabiam ser Eltenton esse homem e estavam a ponto de interrogá-lo. Numa extraordinária demonstração de lealdade a Oppenheimer, Groves disse que "não queria que confrontássemos Eltenton a respeito desse assunto, pois isso poderia acabar afetando Oppenheimer, e este saberia que Groves havia faltado com a palavra que dera". Acrescentou que estava "hesitante em fornecer alguma informação adicional".

Hoover deve ter ficado atônito ao saber que um general do Exército norte-americano estava se recusando a cooperar com uma investigação do FBI. Em 13 de junho de 1946, ele escreveu pessoalmente a Groves, pedindo-lhe que revelasse o que Oppenheimer lhe havia dito sobre George Eltenton. Groves respondeu no dia 21 de junho, e declinou polidamente de fornecer a informação, "pois isso colocaria em risco"[40] a relação dele com Oppenheimer. Não havia muitos homens em Washington capazes de desafiar um pedido direto do diretor do FBI, mas, em 1946, Groves gozava de muito prestígio e autoconfiança.

Em 1953, porém, alertado por Consodine e Lansdale sobre terem dito ao FBI que Frank era o intermediário do caso Chevalier, Groves sentiu-se compelido a incorporar essa lembrança ao próprio relato. O problema era que ele não conseguia se lembrar exatamente do que Oppenheimer lhe havia dito em 1943-4. Incentivado pelos ex-assistentes, porém, Groves então disse ao interrogador que, no fim de 1943, afinal ordenara que Oppenheimer lhe revelasse quem o havia abordado em busca de informações sobre o projeto. Para encorajá-lo a ser prestativo, ele lhe garantira que não faria um relatório formal do incidente, que "não chegaria, portanto, ao FBI". Com essa promessa, Robert lhe confidenciara que "Chevalier havia abordado Frank Oppenheimer" e Frank perguntara ao irmão o que fazer. Segundo Groves, Robert disse a Frank "para não se meter naquela história" com Eltenton e deu uma merecida "bronca" em Chevalier. Groves explicou ainda que "era Eltenton quem queria a informação e os intermediários [Chevalier e Frank] eram inocentes de cometer espionagem".*

Groves disse também que achava "natural e apropriado que Frank Oppenheimer tivesse feito o que fez, embora devesse ter notificado os oficiais de segurança locais". Os irmãos Oppenheimer eram muito próximos, e fazia todo o sentido que o irmão mais novo — "muito perturbado com a visita" de Chevalier — imediatamente entrasse em contato com o irmão mais velho e lhe contasse sobre o incidente. "Groves disse que o fato de Frank ter lidado com a questão da forma como lidou constituía uma violação técnica dos protocolos de segurança, mas ele havia feito tudo que poderia ser razoavelmente esperado. [...] Disse, ainda, ser óbvio que o sujeito [Oppenheimer] quisesse proteger o irmão, Chevalier e ele próprio."

Então Groves começou a "especular"[41] se Robert teria "incluído Frank na história a fim de justificar o atraso em reportar a abordagem original, ou se Frank tinha, de fato, estado envolvido". Embora claramente tivesse dito algo em 1943 sobre Frank que levara Lansdale e Consodine a acreditar que Chevalier havia abordado o irmão de Oppenheimer, o próprio Groves tinha sérias dúvidas quanto a esse ponto — dúvidas que jamais seriam esclarecidas. Ainda em 1968, ele confessou a um historiador: "É claro que eu não tinha certeza quanto a quem era o homem que ele [Oppenheimer] estava protegendo. Hoje, eu *apostaria* que era provavelmente o irmão. Ele não queria envolver o irmão naquilo."[42]

Groves parece ter se convencido de duas coisas: primeiro, que Chevalier abordara Robert em nome de Eltenton; segundo, que Robert dissera alguma coisa em 1943 com o objetivo de deixar claro para ele, Groves, que Frank lhe relatara de imediato algum tipo de pergunta inapropriada de Chevalier. Se houve algo mais específico, perdeu-se na história. Afinal, o próprio Groves afirmou: "Nunca tive certeza do que Robert estava me dizendo exatamente." Numa carta anterior, "era muito difícil dizer até que ponto Frank e Robert estavam envolvidos".[43] Lansdale e Consodine provavelmente acreditaram que Frank era o contato de Chevalier porque Groves lhes contara sobre a conversa com Robert sem deixar claras as dúvidas que tinha quanto ao envolvimento de Frank.

Nenhuma outra explicação parece possível quando todos os interrogatórios e documentos são lidos em conjunto. Frank não podia ter sido abordado nem por Eltenton nem por Chevalier. Segundo todos os relatos — os interrogatórios simultâneos de Chevalier e Eltenton para o FBI em 1946, as memórias não publicadas de Barbara Chevalier, as recordações de Kitty confidenciadas a Verna Hobson, a declaração de Frank ao FBI no começo de janeiro de 1954 e, por fim, a declaração

---

* Quando questionado pelo FBI, Frank Oppenheimer negou categoricamente qualquer abordagem de Chevalier, ou que tivesse alguma vez conversado com o irmão sobre um pedido de Eltenton.[44]

de Robert ao FBI em 1946 e o depoimento de conclusão —, foi Haakon quem abordou Robert.

Não obstante, por ter confiado na "história" de Robert — e lhe ter prometido mantê-la longe do FBI —, Groves passaria a estar pessoalmente comprometido. O historiador Gregg Herken argumenta, de maneira crível, que tanto Strauss quanto J. Edgar Hoover podem ter usado a participação de Groves no "encobrimento" a fim de pressioná-lo a testemunhar contra Oppenheimer nas audiências de segurança.[45] Um dos principais auxiliares de Hoover, Alan Belmont, deixou isso implícito quando escreveu ao chefe dizendo que estava "muito claro que Groves tentara reter e ocultar do FBI informações importantes sobre uma conspiração para cometer atos de espionagem. Mesmo agora, Groves está se comportando com certa timidez em suas relações e admissões ao FBI".

Ainda que constrangido pela descoberta dos agentes, Groves não se desculpou por ter prometido a Oppenheimer não revelar o nome de Frank ao FBI. Mais ainda, tratava-se de uma promessa que ele ainda mantinha: "O general disse que não sentia que estivesse quebrando a promessa feita a Oppenheimer ao ter o presente interrogatório com o agente, uma vez que o assunto já era conhecido das autoridades. Disse também que queria que isso fosse anotado no registro, porque era possível que um dia um amigo de Oppenheimer visse o arquivo e considerasse que, 'no fim das contas, acabei quebrando minha promessa'."[46] Se tivesse pensado por um minuto sequer que Oppenheimer pudesse estar protegendo um espião, Groves sem dúvida teria ido ao FBI. Ele confiava na lealdade de Robert.

Essa, obviamente, não era a perspectiva de Strauss, e o que poderia ser interpretado como prova de ausência de culpa foi ignorado. Em vez disso, Strauss procurou Groves e lhe pediu que fosse a Washington em fevereiro para um novo interrogatório. Àquela altura, Groves compreendeu tudo: pediriam a ele que testemunhasse contra Oppenheimer, e caso se recusasse seria acusado de encobrir a situação.[47]

SURPREENDENTEMENTE, ROBB DEIXOU DE acompanhar as especulações de Groves sobre Frank, sem dúvida porque isso retrataria Robert como alguém que estava assumindo a culpa no lugar do irmão. Tampouco revelou ao painel de Gray, ou aos advogados de Oppenheimer, que Groves prometera não revelar o nome de Frank ao FBI. Isso também teria desviado os holofotes de Robert. Essa parte da história permaneceria oculta nos documentos do FBI por 25 anos.[48] Interrogado por Robb, Groves deixou claro que, embora ainda achasse que a decisão da parte dele de conceder uma habilitação de segurança a Oppenheimer em 1943 tivesse sido correta, naquele momento as coisas podiam ser diferentes. Então Robb lhe perguntou à queima-roupa: "Hoje em dia o senhor o liberaria?"[49] Groves se atrapalhou: "Acho que antes de responder a esta pergunta eu precisaria dar minha interpretação do que exige a Lei da Energia Atômica." Lida literalmente, disse Groves, a lei afirmava que a AEC deveria determinar o seguinte: pessoas que tivessem acesso a dados restritos "não devem colocar em perigo a defesa ou a segurança comum". Na opinião de Groves, não havia espaço para manobra. "Não se trata de provar que um homem constitui um perigo", disse ele, "mas de pensar se poderia constituir um perigo". Assim, "com base nessa interpretação", e considerando as associações passadas de Oppenheimer, "eu não o liberaria hoje se fosse membro da comissão". Era tudo que Robb queria ou precisava que o general dissesse. Por que Groves teria se voltado contra um homem que até então defendera de modo tão resoluto? Strauss sabia. Ele havia assegurado ao general, e de forma bem pouco sutil, que haveria graves consequências se não cooperasse.

NO DIA SEGUINTE, SEXTA-FEIRA, 16 de abril, Robb retomou o interrogatório de Oppenheimer. Começou a "pressioná-lo" por conta das relações com David Bohm, Joe Weinberg e o casal Serber, e, no fim do dia, deu um jeito de perguntar ao físico sobre a oposição ao desenvolvimento da bomba de hidrogênio. Após quase cinco dias inteiros de interrogatório intenso, Oppenheimer devia estar física e mentalmente exausto. Contudo, nesse dia — o último no banco de testemunhas —, conseguiu de alguma forma reunir toda sua afiada presença de espírito. Cauteloso depois de ser emboscado, e tendo uma visão nítida e cristalina sobre o assunto, estava mais preparado para se desviar das perguntas de Robb.

Robb: "Após a decisão do presidente em janeiro de 1950, o senhor alguma vez expressou oposição à produção da bomba de hidrogênio sob justificativas morais?"

Oppenheimer: "Acho que posso muito bem ter dito que se tratava de uma arma assustadora, ou algo assim. Não tenho lembrança específica e preferiria que me perguntasse ou me recordasse do contexto ou da conversa a que se refere."

Robb: "Por que acha que pode muito bem ter dito isso?"

Oppenheimer: "Porque sempre achei que era uma arma terrível. Mesmo que, do ponto de vista técnico, fosse um trabalho bonito e agradável, ainda assim eu achava que era uma arma terrível."

Robb: "E disse isso?"

Oppenheimer: "Eu assumiria ter dito isso, sim."

Robb: "O senhor quer dizer que tinha uma repulsa moral contra a produção de uma arma tão terrível?"

Oppenheimer: "Isso é forte demais."

Robb: "Como?"

Oppenheimer: "Isso é forte demais."

Robb: "O que é forte demais, a arma ou minha expressão?"

Oppenheimer: "Sua expressão. Eu estava muito preocupado e apreensivo."

Robb: "Tinha escrúpulos morais em relação à arma?"

Oppenheimer: "Vamos deixar de fora a palavra 'morais'."

Robb: "Tinha escrúpulos em relação à arma."

Oppenheimer: "Como seria possível não ter? Não conheço ninguém que não tenha."[50]

Algumas horas depois, Robb apresentou uma carta de Oppenheimer para James Conant datada de 21 de outubro de 1949. O documento provinha dos arquivos do próprio Oppenheimer — papéis confiscados pelo FBI no mês de dezembro anterior. Endereçada ao "Caro Jim", Robert se queixava na carta de que "dois experientes lobistas, isto é, Ernest Lawrence e Edward Teller", vinham fazendo um intenso trabalho em prol da bomba de hidrogênio. Num impertinente diálogo, Robb perguntou a Oppenheimer: "O doutor concordaria que suas referências ao dr. Lawrence e ao dr. Teller são um pouco [...] depreciativas?"

Oppenheimer: "O dr. Lawrence veio a Washington. Não conversou com a comissão. Foi conversar com o comitê conjunto do Congresso e com militares. Acho que isso é que merece ser depreciado."

Robb: "Então o doutor concordaria que suas referências a esses homens na carta são depreciativas?"

Oppenheimer: "Não. Tenho grande respeito por eles como lobistas. Não creio que lhes fiz justiça."

Robb: "O doutor usou a expressão 'lobistas' num sentido desagradável, não?"

Oppenheimer: "Não faço ideia."

Robb: "Quando usa a palavra agora com referência a Lawrence e Teller, não está pretendendo ser desagradável?"

Oppenheimer: "Não."

Robb: "Então admira o trabalho que eles fizeram?"

Oppenheimer: "Acho que fizeram um trabalho admirável."[51]

NA SEXTA-FEIRA, ESTAVA CLARO para todos que Robb e Oppenheimer se desprezavam. "Para mim", lembrou Robb, "ele era apenas um cérebro, frio como um peixe e dono do par de olhos azuis mais gelados que já vi".[52] Oppenheimer, por sua vez, sentia apenas repulsa na presença de Robb. Certo dia, durante um breve recesso, os dois estavam parados lado a lado, e Oppenheimer teve um de seus acessos de tosse. Quando Robb manifestou preocupação, Robert o cortou, irado, e disse algo que fez com que o promotor desse meia-volta e fosse embora.

No fim de cada dia, Robb se trancava com Strauss e lhe apresentava os fatos do dia. Tinham poucas dúvidas de qual seria o resultado. Strauss disse a um agente do FBI estar "convencido de que, em vista do depoimento até a presente data, a mesa não poderia tomar outra atitude a não ser recomendar a revogação da habilitação de segurança de Oppenheimer".[53]

Os advogados de Robert sentiam o mesmo. Para escapar do escrutínio da imprensa, o casal Oppenheimer estava passando as noites em Georgetown, na casa de Randolph Paul, sócio de Garrison no escritório de advocacia. A imprensa levou uma semana para descobrir o local, mas agentes do FBI localizaram a casa e reportaram que Oppenheimer ficava acordado até tarde andando pelo quarto.[54]

Na maioria das noites, Garrison e Marks passaram várias horas na casa de Paul, planejando a estratégia do dia seguinte. "Só tínhamos energia para isso", disse Garrison. "Estávamos exaustos demais para fazer análises fúnebres. É claro que Robert estava inexprimivelmente esgotado, assim como Kitty."[55]

Paul ouvia com crescente inquietação enquanto os Oppenheimer lhe descreviam os acontecimentos diários. Os relatos davam muito mais a impressão de um julgamento que de um inquérito administrativo. Então, na noite do domingo de Páscoa, 18 de abril, Paul convidou Garrison e Marks à casa dele para uma consulta com Joe Volpe. Depois de servidos os drinques, Oppenheimer se virou para o ex-advogado geral da AEC e disse: "Joe, eu gostaria que meus amigos lhe contassem o que está acontecendo na audiência." Durante a hora seguinte, Volpe escutou com crescente ultraje os resumos feitos por Marks e Garrison das táticas de Robb e da provação diária de Oppie. Por fim, ele se virou para Oppenheimer e disse: "Robert, diga a eles para deixar isso de lado. Esqueça. Não continue, porque não creio que você tenha chance de ganhar."[56]

Oppenheimer ouvira esse conselho antes, de Einstein e de outros. Naquele momento, porém, o aviso vinha de um advogado experiente que ajudara a redigir as regras das audiências da AEC e lhe dizia que tanto o espírito quanto a letra dessas regras estavam sendo escandalosamente violados. Ainda assim, Oppenheimer decidiu que não tinha escolha a não ser passar pelo processo até sua conclusão. Era uma reação estoica e um tanto passiva, não muito diferente daquela que havia tido quando garoto, ao ser trancado sem resistência na câmara frigorífica do acampamento.

36

"Uma manifestação de histeria"

> *Estou muito apreensivo com a questão Oppenheimer, como presumo que você também esteja. Sinto que é mais ou menos como investigar o risco de segurança representado por um Newton ou um Galileu.*
> JOHN J. MCCLOY PARA O PRESIDENTE DWIGHT D. EISENHOWER

NA SEXTA-FEIRA, DEPOIS QUE Oppenheimer foi dispensado do banco de testemunhas, Garrison teve permissão para convocar mais de duas dezenas de testemunhas a fim de atestar o caráter e a lealdade de Oppenheimer.¹ Entre os depoentes estavam Hans Bethe, George Kennan, John McCloy, Gordon Dean, Vannevar Bush e James Conant, além de outras figuras eminentes dos mundos das ciências, da política e dos negócios. De longe um dos mais interessantes do grupo foi John Lansdale, ex-chefe de segurança do Projeto Manhattan e então sócio de um escritório de advocacia em Cleveland. Que o principal oficial de segurança do Exército em Los Alamos estivesse testemunhando a favor da defesa deveria ter um grande peso para o painel. Além disso, diferentemente de Oppenheimer, Lansdale soube na mesma hora como rechaçar a tática agressiva de Robb. Ao ser interrogado pela acusação, Lansdale disse ter plena certeza de que Oppenheimer era um cidadão leal e acrescentou: "Estou extremamente perturbado com a histeria destes tempos, da qual este procedimento parece ser uma manifestação."

Robb não podia deixar o comentário passar, e perguntou: "O senhor acha que este inquérito é uma manifestação de histeria?"

Lansdale: "Acho que..."

Robb: "Sim ou não?"

Lansdale: "Não vou responder a esta pergunta com 'sim' ou 'não'. Se o senhor deseja que seja desse modo... bem, se me deixar continuar, terei prazer em responder à sua pergunta."

Robb: "Tudo bem."

Lansdale: "Acho que a histeria destes tempos em relação ao comunismo é extremamente perigosa."

Lansdale, então, explicou que, em 1943, quando estava cuidando da habilitação de segurança de Oppenheimer, também lidava com a sensível questão de promover ou não a oficiais do Exército notórios comunistas que haviam se voluntariado para combater os fascistas na Espanha. Como ousara "impedir a promoção" de um grupo de quinze ou vinte desses comunistas, Lansdale disse ter sido "vilipendiado" por seus superiores. A decisão foi anulada pela Casa Branca, e Lansdale afirmou que culpava a sra. Roosevelt "e os que giravam em torno dela na Casa Branca" por criar uma atmosfera na qual comunistas recebiam funções de oficiais.

Tendo estabelecido as credenciais anticomunistas, Lansdale prosseguiu: "Estamos passando hoje pelo outro extremo do pêndulo, que a meu ver é igualmente perigoso. [...] Agora, será que penso que este inquérito é uma manifestação de histeria? Não. Acho que tantas dúvidas e tanta... deixe-me propor a questão de outra maneira. Acho que examinar associações comunistas em 1940 com a mesma seriedade com que associações semelhantes são examinadas hoje é uma manifestação de histeria."

JOHN J. MCCLOY, ENTÃO presidente do Chase National Bank, concordava com Lansdale. Membro do seleto círculo de amigos íntimos de Eisenhower, McCloy também era presidente do Conselho de Relações Exteriores e membro do conselho de administração da Fundação Ford e de meia dúzia das empresas mais ricas do país. Na manhã de 13 de abril de 1954, quando McCloy leu a matéria de Reston sobre o caso Oppenheimer, considerou a notícia profundamente "perturbadora". "Eu não dava a mínima se ele estava dormindo com uma amante comunista", recordou tempos depois.[2]

McCloy tinha encontros regulares com Oppenheimer no Conselho de Relações Exteriores e não tinha dúvidas quanto à lealdade do físico — opinião que não hesitou em compartilhar de imediato com Eisenhower. "Estou muito apreensivo com a questão Oppenheimer, como presumo que você também esteja", escreveu ao presidente.[3] "Sinto que é mais ou menos como investigar o risco de segurança representado por um Newton ou um Galileu. Homens assim são sempre altamente sigilosos." Ike, hesitante, respondeu que esperava que o "distinto" painel presidido por Gray exonerasse o cientista.

McCloy tinha fortes sentimentos em relação a toda a questão, o suficiente para, no fim de abril, ser facilmente convencido por Garrison — que o conhecia desde os anos da Escola de Direito de Harvard — a comparecer às audiências como testemunha de defesa de última hora. O depoimento de McCloy produziu discussões memoráveis quando ele tentou levantar questões sobre a legitimidade do próprio painel. Começou a fazer a defesa de Oppenheimer pelo questionamento da definição de segurança dada pela mesa.

"Não sei exatamente o que os senhores entendem por risco de segurança. Tenho certeza de que sou um risco de segurança e acredito que todo indivíduo é um risco de segurança. [...] Creio que existe um risco de segurança invertido. [...] Estaremos seguros apenas se tivermos os melhores cérebros e as mentes mais abertas. Se prevalecer a impressão de que os cientistas como um todo nos Estados Unidos precisam trabalhar sob restrições tão grandes, e talvez sob grande desconfiança, é possível que venhamos a perder o próximo passo neste campo [nuclear], o que a meu ver seria muito perigoso para nós."[4]

Quando Garrison lhe perguntou sobre o caso Chevalier, McCloy respondeu que a mesa deveria pesar a disposição de Oppenheimer de mentir para proteger um amigo contra o valor que tinha para o país como físico teórico. Esse argumento, é claro, deixou a mesa bastante inquieta, pois sugeria que não poderia haver critérios absolutos em questões de segurança, e se fazia necessário julgar os méritos de cada indivíduo — o que os regulamentos de segurança da AEC de fato recomendavam. Durante o interrogatório de McCloy, Robb contrapôs uma perspicaz analogia: perguntou ao presidente do Chase National Bank se ele empregava alguém com associações passadas a assaltantes de bancos. "Não", disse McCloy, "não sei de ninguém". E se o gerente de uma agência do Chase tivesse um amigo que lhe falasse, por acaso, sobre conhecidos que estavam planejando assaltar o banco? McCloy não esperava que esse gerente reportasse a conversa? McCloy, é claro, teve que responder que sim.

McCloy compreendeu que o diálogo havia prejudicado o caso de Oppie, ainda mais quando Gray voltou à analogia algum tempo depois: "O senhor deixaria que uma pessoa de quem tivesse suspeitas tomasse conta dos cofres?"

Não, disse McCloy, mas logo acrescentou que se um funcionário de passado duvidoso por acaso "soubesse mais do que qualquer outra pessoa no mundo sobre [...] as complexidades das fechaduras, eu poderia pensar duas vezes antes de dispensá-lo, porque pesaria os riscos que isso implicaria". Ao se referir ao dr. Oppenheimer, disse: "Eu estaria disposto a aceitar uma boa dose de imaturidade política em troca desse pensamento teórico bastante esotérico, bastante indefinido, do qual acredito que seremos dependentes na próxima geração."

Esses diálogos dramáticos não eram incomuns. A monótona sala de audiências na esquina da rua 16 com a avenida Constitution rapidamente se converteu em um palco no qual um extraordinário elenco de atores abordava temas shakespearianos. Como um homem deve ser julgado? Pelas associações ou pelas ações? Criticar as políticas de um governo pode ser igualado a ser desleal ao país? Será que a democracia pode sobreviver numa atmosfera que exige o sacrifício das relações pessoais em prol da política de Estado? A aplicação de testes estritos de conformidade política a funcionários do governo seria capaz de garantir a segurança nacional?

As testemunhas de caráter de Oppenheimer ofereceram depoimentos eloquentes, por vezes até mesmo pungentes. George Kennan foi inequívoco: em Oppenheimer, disse ele, nos defrontamos com "uma das grandes mentes desta geração de norte-americanos".[5] Um homem assim, sugeriu ele, não poderia "falar com desonestidade sobre um tema que lhe atraíra tão intensamente o intelecto. [...] sugerir a desonestidade de um homem como Robert Oppenheimer seria tão absurdo como pedir a Leonardo da Vinci que distorcesse um desenho anatômico."

Isso levou Robb a perguntar a Kennan se ele estava sugerindo que diferentes padrões deveriam ser usados para julgar "indivíduos talentosos".

Kennan: "Acho que a Igreja sabe o que é isso. Se tivesse aplicado a são Francisco os critérios relacionados estritamente aos tempos de juventude, ele não teria sido capaz de se tornar o que se tornou. [...] são apenas os grandes pecadores que se tornam grandes santos; na vida do governo, essa analogia pode ser aplicada."

Um membro da mesa, o dr. Ward Evans, perguntou se isso significava que "todos os indivíduos talentosos são mais ou menos excêntricos".

Kennan polidamente objetou: "Não, senhor. Eu não diria que são excêntricos. Contudo, quando indivíduos talentosos alcançam a maturidade de discernimento que os torna valiosos como servidores públicos, muitas vezes descobrimos que a estrada que os levou até lá não foi tão regular como a estrada que outras pessoas teriam percorrido. Poderia ter todo tipo de zigue-zagues."

Parecendo concordar, o dr. Evans respondeu: "Acho que essa questão foi abordada na literatura. Creio que foi Addison — e se eu estiver errado, alguém me corrija — quem disse: 'Grandes inteligências são quase aliadas da loucura, e finas partições separam-lhe as fronteiras.'"

Ao dizer isso, o dr. Evans anotou que "o dr. Oppenheimer está sorrindo. Ele sabe se estou certo ou errado. É tudo".[6]

TERMINADO O DEPOIMENTO DE Kennan, David Lilienthal sentou-se no banco de testemunhas. Kennan saíra ileso, mas Robb tinha preparado uma armadilha para o novo depoente. No dia anterior, Lilienthal fora autorizado a rever seus papéis da AEC a fim de refrescar a memória. Todavia, quando Robb começou o interrogatório, logo ficou claro que ele possuía alguns documentos aos quais Lilienthal não tivera acesso. Depois de fazê-lo relatar a lembrança que guardara da análise de segurança de Oppenheimer em 1947, Robb de súbito apresentou memorandos os quais deixavam claro que Lilienthal recomendara, ele próprio, "o estabelecimento de um corpo de avaliação de distintos juristas para fazer uma meticulosa análise" do caso Oppenheimer.

Robb: "Em outras palavras, o senhor recomendou em 1947 que fosse tomada exatamente a medida que está sendo tomada agora?"[7]

Perturbado e furioso, Lilienthal tolamente admitiu que sim, quando, na verdade, sugerira algo bem diferente dos procedimentos estelares que agora estavam em curso. Sob a incansável pressão do promotor, ele à certa altura protestou que "uma maneira simples de assegurar a veracidade e a precisão do meu relato teria sido me dar acesso a esses arquivos ontem, quando os solicitei, de modo que, quando fosse chamado aqui, pudesse ser a melhor testemunha possível, e revelar, também da maneira mais acurada possível, o que aconteceu naquela época".

Nesse ponto, Garrison interrompeu o depoimento de Lilienthal para se queixar, novamente, de que "a apresentação-surpresa de documentos não é o caminho mais curto para se chegar à verdade. Isso me parece mais um julgamento criminal do que um inquérito, e eu simplesmente lamento que esteja acontecendo".[8] Mais uma vez, o presidente Gray ignorou o protesto. Mais uma vez, Garrison ficou calado.

No fim desse longo dia, Lilienthal foi para casa e anotou em seu diário ter tido dificuldade para dormir, "de tão furioso que estava com a tática de 'armadilhas' [...] e triste e repugnado com todo o espetáculo".[9]

SE LILIENTHAL SAIU DA experiência subjugado e furioso, o inimitável e inflexível Isidor I. Rabi deixou a sala de audiências ileso e com um ar desafiador. Numa das declarações mais memoráveis ouvidas no recinto, ele disse: "Nunca escondi do sr. Strauss que achava todo este procedimento extremamente infeliz [...] que a suspensão da habilitação de segurança do dr. Oppenheimer era muito triste e não deveria ter sido efetivada. Em outras palavras, ele está aí. É um consultor. Se você não quiser consultá-lo, não consulte, e ponto-final. Então por que levar adiante a suspensão da habilitação e passar por tudo isso? Ele vem apenas quando é chamado. Então, acho que não havia necessidade alguma de abrir um procedimento desses contra um homem que realizou o que o dr. Oppenheimer realizou. Existe um saldo positivo real, que é como eu disse a um amigo meu. Temos uma bomba atômica, uma série inteira *delas* [...] [material sigiloso apagado] o que mais os senhores querem? Sereias? Esta é uma enorme façanha. E no final temos estas audiências, que não cumprem nenhum outro propósito a não ser humilhar. Pensei que seria um espetáculo nefasto. E ainda penso."[10]

Durante o interrogatório, Robb tentou abalar a autoconfiança de Rabi ao apresentar outra questão hipotética sobre o caso Chevalier. Se Rabi tivesse sido colocado em tais circunstâncias, indagou Robb, teria contado "toda a verdade ou não"?

Rabi: "Tenho uma propensão natural a dizer a verdade."[11]

Robb: "E não teria mentido sobre isso?"

Rabi: "Estou lhe dizendo o que penso agora. Apenas Deus sabe o que eu teria feito na ocasião. É isso que penso agora."

Alguns instantes depois, Robb perguntou: "É claro que o senhor não sabe o que o dr. Oppenheimer disse sobre o incidente perante esta mesa, não é?"

Rabi: "Não."

Robb: "Então, no que diz respeito a emitir um julgamento sobre o incidente, talvez a mesa possa estar em melhor posição que o senhor, não?"

Sem jamais ficar sem palavras, Rabi aparou o golpe: "Talvez. Em compensação, tenho uma longa experiência com este homem, que data de 1929. São 25 anos, e existe um tipo de sensação proporcionada pela vivência ao qual dou muito valor. Em outras palavras, posso ousar divergir da mesa em termos de julgamento sem absolutamente impugnar-lhe a integridade."

"É preciso considerar a história toda", insistiu Rabi. "É disso que os romances tratam. Existe um momento dramático e a história do homem, o que o fez agir, o que ele fez, que tipo de pessoa ele era. É isso que vocês estão fazendo aqui: escrevendo a vida de um homem."

No meio do depoimento de Rabi, Oppenheimer pediu licença para sair da sala, e, ao voltar, alguns minutos depois, o presidente Gray fez uma observação: "O dr. Oppenheimer está de volta."[12]

Oppenheimer respondeu, lacônico: "Esta é uma das poucas coisas das quais tenho realmente certeza."

Rabi ficou ao mesmo tempo atônito com a atmosfera hostil na sala de audiências e impressionado com a metamorfose de Oppenheimer. Ele havia entrado ali como um cientista-estadista eminente, orgulhoso e autoconfiante, mas naquele momento desempenhava o papel de um mártir político. "Ele era muito adaptável", observou Rabi posteriormente.[13] "Quando estava por cima, era capaz de ser muito arrogante, mas, quando a situação era desfavorável, sabia se fazer de vítima. Era um homem absolutamente notável."

SE O PROCEDIMENTO PARECIA surreal, ainda assim era um grande teatro, às vezes de arrepiar com profunda emoção. Na sexta-feira, 23 de abril, o dr. Vannevar Bush foi chamado para depor e questionado sobre a oposição de Oppenheimer, no verão e no outono de 1952, aos testes da primeira bomba de hidrogênio. Bush explicou: "Senti que aquele teste acabava com a possibilidade do único tipo de acordo que eu julgava possível com a Rússia na época, isto é, um acordo para que não houvesse mais testes, pois esse tipo de acordo exigiria autopoliciamento, uma vez que qualquer violação seria descoberta de imediato. Ainda acredito que cometemos um erro grave ao levar o teste adiante."[14] A conclusão era intransigente: "Acho que a história vai mostrar que aquele foi um ponto de inflexão, que, quando entramos no mundo sinistro em que estamos entrando, todos os que insistiram em realizar esse teste sem antes tentar um acordo terão muito pelo que responder."

Em relação à controvérsia sobre a oposição de Oppenheimer ao desenvolvimento emergencial da bomba de hidrogênio, Bush disse, sem rodeios, que a maior parte dos cientistas do país pensava que Oppie estava "sendo punido e passando por tal provação apenas por ter tido a ousadia de expressar suas opiniões com honestidade". Quanto às acusações que pesavam contra Oppenheimer, afirmou que era uma "carta pobremente redigida" e o painel de Gray deveria tê-la rejeitado desde o início.

Naquele momento, o presidente da mesa interrompeu e, deixando de lado as questões sobre a bomba de hidrogênio, exclamou que havia aspectos das "chamadas informações depreciativas" que não estavam relacionados à liberdade de opinião.

"Exatamente", disse Bush, "e era disso que o julgamento deveria tratar".

Presidente Gray: "Isto não é um julgamento."

Bush: "Se fosse um julgamento, eu não estaria dizendo essas coisas ao juiz, como o senhor pode muito bem imaginar."

Dr. Evans: "Dr. Bush, eu gostaria que o senhor deixasse claro qual é o erro que pensa que a mesa cometeu. Eu não queria este posto quando me pediram que o assumisse. Pensei que estivesse prestando um serviço ao meu país."

Bush: "Acho que, no momento em que foram confrontados com essa carta, os senhores deveriam tê-la devolvido e pedido que fosse redigida de modo que tivessem à frente uma questão definida. [...] Acho que este painel, ou qualquer outro, jamais deveria se reunir para avaliar se um homem serve ou não a seu país por expressar opiniões fortes. Se quiserem julgar um caso desses, julguem o meu. Expressei opiniões fortes muitas vezes, e pretendo continuar a fazê-lo. Nem sempre são opiniões populares. Quando um homem é levado ao pelourinho por algo assim, este país está em severo estado de... Peço desculpas por minha agitação, senhores, mas é que assim me sinto."

NA SEGUNDA-FEIRA, 26 DE abril, Kitty Oppenheimer sentou-se no banco de testemunhas e falou sobre o passado comunista. Ela se desobrigou com facilidade, respondendo a cada pergunta de modo frio e preciso. Embora tivesse confidenciado a Pat Sherr que estava nervosa, pareceu direta e imperturbável aos membros do painel. Quando menina, havia sido ensinada pelos pais, nascidos na Alemanha, a sentar-se quieta, sem se mexer, e agora recorria ao treinamento para dar um testemunho de tremendo autocontrole.[15] Quando o presidente Gray lhe perguntou se era possível distinguir entre o comunismo soviético e o Partido Comunista Americano, Kitty respondeu: "Há duas respostas para essa pergunta, no que me diz respeito. Em meus tempos de Partido Comunista, eu sem dúvida achava que eram duas coisas diferentes. A União Soviética tinha seu Partido Comunista e nós tínhamos o nosso. Eu achava que o Partido Comunista dos Estados Unidos estava preocupado com questões domésticas. Não acredito mais nisso. Acredito que está tudo interligado e espalhado pelo mundo."[16]

Quando o dr. Evans lhe perguntou se havia dois tipos de comunista, "o intelectual e o mais simples", Kitty teve o bom senso de dizer: "Eu não saberia responder a essa pergunta".

"Nem eu", disse o dr. Evans.

* * *

A MAIORIA DAS TESTEMUNHAS de defesa de Oppenheimer eram amigos próximos e aliados profissionais. John von Neumann era um caso diferente. Embora sempre tivessem mantido relações pessoais amistosas, ele e Oppenheimer tinham fortes divergências políticas. Assim, o matemático era uma testemunha de defesa potencialmente persuasiva. Ferrenho apoiador do programa da bomba de hidrogênio, Von Neumann explicou que, embora Oppenheimer tivesse tentado persuadi-lo a adotar as opiniões dele — o matemático, por sinal, havia feito o mesmo —, não podia dizer que tivesse alguma vez interferido no trabalho que ele fazia. Questionado sobre o caso Chevalier, explicou, achando graça: "Isso me afetaria da mesma forma que descobrir de repente que um conhecido havia feito alguma extraordinária travessura na adolescência."[17] Quando Robb o pressionou com a usual hipótese sobre mentir para oficiais da segurança em 1943, Von Neumann retorquiu: "Senhor, não sei como responder a essa pergunta. É claro que espero que não [mentiria]. O senhor, no entanto, está me dizendo para considerar a hipótese de que alguém tenha agido mal e me pergunta se eu teria agido da mesma forma. Isso não é o mesmo que perguntar a uma pessoa quando parou de bater na mulher?"

Nesse momento, os membros do painel entraram na conversa e tentaram fazer com que Von Neumann respondesse à pergunta.

Dr. Evans: "Se alguém o abordasse e lhe dissesse ter um meio de transmitir informações secretas para a Rússia, o senhor ficaria muito surpreso?"

Dr. Von Neumann: "Depende de quem fosse o homem."

Dr. Evans: "Digamos que fosse um amigo. [...] O senhor teria informado de imediato as autoridades?"

Dr. Von Neumann: "Depende do período. Antes de receber uma habilitação de segurança, provavelmente não. Depois disso, sem dúvida. [...] O que estou tentando dizer é que, antes de 1941, eu nem sequer sabia o que significava a palavra 'sigiloso'. Então, só Deus sabe como eu teria me comportado numa situação assim. Estou bem seguro de que aprendi razoavelmente rápido. Houve, porém, um período de aprendizagem durante o qual posso ter cometido erros, ou poderia ter cometido."

Talvez sentindo que Von Neumann estava ganhando pontos, Robb recorreu a uma das mais velhas artimanhas no repertório de táticas de um promotor: fazer apenas uma pergunta: "Doutor, o senhor nunca teve formação como psiquiatra, não é?" Von Neumann era um dos matemáticos mais brilhantes na época. Conhecia Oppenheimer tanto no âmbito profissional quanto no social, mas não, não era psiquiatra — e, portanto, do ponto de vista não muito sutil de Robb, não era qualificado para julgar o comportamento de Oppenheimer no caso Chevalier.

MAIS OU MENOS NA metade daquele dia de trabalhos, Robb anunciou que, "a menos que ordenado pela mesa, não revelaremos ao sr. Garrison antecipadamente os nomes das testemunhas que pretendemos chamar".[18] Garrison revelara sua lista no começo das audiências, o que permitiu ao promotor preparar perguntas detalhadas, muitas vezes com base em documentos sigilosos. Naquele momento, porém, Robb explicou que não poderia estender a cortesia ao oponente: "Serei franco em relação a isso. O problema é que, no caso de chamar algumas testemunhas do mundo científico, elas poderiam se sentir pressionadas." Talvez, mas esse era um argumento que deveria ter sido questionado de modo veemente por Garrison. Em primeiro lugar, era óbvio para todos que Edward Teller seria chamado, então qualquer que fosse a pressão que os colegas pretendessem aplicar, ela seria aplicada. Ernest Lawrence e Luis Alvarez também eram candidatos prováveis — e a lista continuava. A ironia dessa pretensa preocupação por parte do promotor reside no fato de que o produtor daquela farsa judicial, Lewis Strauss, era infatigável na busca por testemunhas hostis.

Uma semana depois de depor, Rabi topou com Ernest Lawrence em Oak Ridge e lhe perguntou o que ele pretendia dizer sobre Oppenheimer. Lawrence tinha concordado em testemunhar contra ele. Estava farto do velho amigo. Oppie havia ficado contra ele na questão da bomba de hidrogênio e se opusera também à construção de um segundo laboratório de armamentos em Livermore. Além disso, mais recentemente, Ernest chegara de um coquetel indignado ao saber que anos antes Oppie havia tido um caso com Ruth Tolman, esposa de seu bom amigo Richard. Estava zangado o suficiente para aceder ao pedido de Strauss, que vinha a ser o de testemunhar contra Oppenheimer em Washington. Contudo, na noite anterior ao depoimento, Lawrence caiu doente com um ataque de colite. Na manhã seguinte, ligou para Strauss e informou-o de que não poderia comparecer. Seguro de que Lawrence estava inventando desculpas, Strauss discutiu com o cientista e o chamou de covarde.[19]

Lawrence não compareceu para testemunhar contra Oppenheimer, mas Robb o havia interrogado e então se certificou de que o painel — mas não Garrison — visse a transcrição da conversa. Assim, a conclusão de Lawrence — de que Oppenheimer era tão culpado de mau discernimento que "nunca mais deveria ter participação alguma na formulação de políticas"[20] — não foi vista nem questionada pelos advogados de Oppie. Era o tipo de violação do devido processo legal que ensejaria uma interrupção dos procedimentos.

Ao contrário de Lawrence, Edward Teller não hesitou em testemunhar. Em 22 de abril, seis dias antes do depoimento, Teller teve uma conversa de uma hora com um oficial de informações públicas da AEC, Charles Heslep, na qual manifestou profunda animosidade a Oppenheimer e à "máquina de Oppie". Era preciso encontrar um modo, segundo ele, de destruir a influência de Robert. O relatório de Heslep a Strauss incluía o seguinte parágrafo: "Como o caso está baseado na questão de segurança, Teller se pergunta se seria possível encontrar uma maneira de 'aprofundar as acusações', com a inclusão de documentos sobre os 'consistentes maus conselhos' dados por Oppenheimer até o fim da guerra, em 1945." Heslep acrescentou que "Teller sente muito que este 'desnudamento' precise ser feito, pois do contrário, e qualquer que seja o resultado das presentes audiências, os cientistas podem perder o entusiasmo pelo programa [de armas atômicas]".

O memorando de Heslep para Strauss apresenta toda a motivação política por trás do caso Oppenheimer:

> Teller lamenta que o caso esteja baseado na questão de segurança, porque sente que é insustentável. Ele tem dificuldade em formular uma avaliação no que diz respeito à filosofia de Oppie, mas está convicto de que ele não é desleal, e sim um exagerado "pacifista" — o que Teller coloca de forma um tanto vaga.
>
> Teller diz [...] e isso é extremamente difícil, que seria necessário mostrar aos colegas cientistas que Oppie não é uma ameaça ao programa — simplesmente não é mais valioso para ele.
>
> Teller afirma que "apenas 1% ou menos" dos cientistas conhece a situação, e Oppie tem tamanha influência "política" nos círculos científicos que será difícil "desnudá-lo na igreja dele". (A última frase é minha, e ele concorda que está correta.)
>
> Teller falou longamente sobre a "máquina de Oppie", passando por muitos nomes, alguns dos quais listou como "homens de Oppie" e outros como não "do time", mas sob influência dele.[21]

Em 27 de abril, Teller se encontrou com Roger Robb, que queria se assegurar de que o caprichoso físico permanecia disposto a testemunhar contra o velho amigo. Teller, tempos depois, alegou que esse encontro ocorreu no dia seguinte, poucos minutos antes de prestar juramento, mas a memória dele é contraditada por uma nota manuscrita que ele algum tempo depois enviou a Strauss, na qual afirma que havia se encontrado com Robb na noite da véspera do depoimento. Segundo o relato de Teller, Robb lhe perguntou diretamente se Oppenheimer deveria ser liberado, ao que ele disse que sim. Nesse momento, Robb puxou uma folha e fez com que Teller lesse a parte do depoimento de Oppenheimer em que ele admitia ter inventado uma "história da carochinha". Dizendo-se estarrecido por Oppenheimer confessar tão francamente ter mentido, Teller depois comentou que Robb não teve certeza de que ele testemunharia a favor da habilitação de segurança de Oppie.

O relato de Teller sobre o incidente é insincero. Por mais de uma década, ele se ressentira da influência e da popularidade de Oppenheimer entre os colegas cientistas. Em 1954, queria desesperadamente "desnudá-lo na igreja dele".[22] A transcrição ainda secreta que Robb lhe mostrara tornou mais fácil que testemunhasse contra Oppie.*

NA TARDE SEGUINTE, A alguns passos de Oppenheimer, que estava sentado no sofá, Teller assumiu o banco de testemunhas. Robb o deixou falar por um tempo considerável sobre a atitude de Oppenheimer em relação ao desenvolvimento da bomba H e outros assuntos. Por fim, ciente de que Teller desejava parecer ambivalente, o conduziu de maneira delicada de modo a dizer apenas o necessário.

Robb: "Para simplificar as coisas, deixe-me lhe fazer uma pergunta: O senhor pretende, em algum momento de seu testemunho, sugerir que o dr. Oppenheimer seja desleal aos Estados Unidos?"[23]

Teller: "Não pretendo sugerir nada do tipo. Sei que Oppenheimer é um homem extremamente alerta do ponto de vista intelectual e muito complicado, e acho que seria presunçoso e equivocado de minha parte tentar analisar os motivos. Mas nunca duvidei da lealdade dele aos Estados Unidos. Acredito nisso e continuarei acreditando, a menos que veja uma prova muito definitiva do contrário."

Robb: "Agora, para concluir, uma outra pergunta. O senhor acredita ou não que o dr. Oppenheimer seja um risco de segurança?"

Teller: "Em um grande número de casos em que o vi agir, tive extrema dificuldade de entender as ações do dr. Oppenheimer. Discordei dele em uma série de assuntos, e os atos dele, francamente, muitas vezes me pareceram confusos e complicados. Nessa medida, creio que gostaria de ver os interesses vitais do país nas mãos de alguém que eu entenda melhor e em que, portanto, confie mais."

Ao ser interrogado pelo presidente Gray, Teller elaborou uma declaração: "Se se trata de uma questão de sensatez e julgamento, e considerando as ações [de Oppenheimer] desde 1945, eu diria que seria mais sensato não lhe conceder a habilitação de segurança. Devo dizer que eu mesmo estou um pouco confuso em relação a isso, sobretudo por se tratar de uma pessoa com o prestígio e a influência de Oppenheimer. Posso me limitar a esses comentários?"

Robb não precisava que mais nada fosse dito. Dispensado do banco de testemunhas, Teller se virou e, passando por Oppenheimer, que estava sentado no sofá de couro, estendeu-lhe a mão: "Sinto muito."

Oppie apertou a mão de Teller e replicou, lacônico: "Depois do que você acabou de dizer, não sei a que está se referindo."[24]

---

* Teller não foi a única testemunha da promotoria a ser preparada por Robb. Certa noite, o assistente de Garrison, Allan Ecker, estava trabalhando até tarde na sala de audiências quando ouviu vozes do outro lado do corredor. "Ouvi uma fita sendo tocada", disse Ecker.[25] Em seguida, ele viu Robb e algumas futuras testemunhas do caso saindo da sala. "O sr. Robb tinha trazido pessoas que mais tarde testemunhariam para ouvir a fita de um interrogatório", o interrogatório de Oppenheimer conduzido pelo coronel Pash em agosto de 1943.

Teller pagaria um preço alto pelo que dissera. Ainda naquele verão, numa visita a Los Alamos, ele reconheceu um velho amigo, Bob Christy, no refeitório. Caminhando em direção a ele para cumprimentá-lo, Teller ficou atônito quando o amigo recusou o aperto de mão e abruptamente lhe virou as costas. Ao lado de Christy estava Rabi, furioso: "Também não vou apertar sua mão, Edward."[26] Perplexo, Teller voltou para o hotel e arrumou as malas.

APÓS O DEPOIMENTO DE Teller, as audiências se arrastaram num anticlímax por mais uma semana. Em 4 de maio — cerca de três semanas depois de iniciadas —, Kitty mais uma vez foi chamada ao banco de testemunhas. O presidente Gray e o dr. Evans a pressionaram a dizer quando havia rompido com o Partido Comunista. Kitty voltou a afirmar que depois de 1936: "Desde então, não tive mais nada com o Partido Comunista."[27] Em seguida, a conversa se tornou bastante insolente.

Presidente Gray: "Seria correto dizer que as contribuições do dr. Oppenheimer, possivelmente até 1942, indicam que ele não havia deixado de ter relações com o Partido Comunista? Não insisto que responda sim ou não. Pode responder do jeito que achar melhor."

Kitty Oppenheimer: "Sei disso. Obrigada. Não creio que a pergunta esteja formulada do modo correto."

Presidente Gray: "Entende aonde estou tentando chegar?"

Kitty: "Sim, entendo."

Presidente Gray: "Então por que não responde?"

Kitty: "Porque não gosto da frase 'havia deixado de ter relações com o Partido Comunista'. [...] Não creio que Robert jamais tenha tido relações com o Partido Comunista. O que sei é que ele deu dinheiro para os refugiados espanhóis e fez isso por intermédio do partido."

Presidente Gray: "Quando ele deu dinheiro a Isaac Folkoff, por exemplo, não foi necessariamente para os refugiados espanhóis, certo?"

Kitty Oppenheimer: "Creio que foi."

Presidente Gray: "Até 1942?"

Kitty Oppenheimer: "Não acho que tenha se estendido tanto."

Quando Gray recordou a Kitty que essa data fora indicada por Oppenheimer, ela respondeu: "Sr. Gray, Robert e eu não concordamos em tudo. As lembranças dele às vezes são diferentes das minhas."

Um dos advogados de Oppenheimer tentou entrar na conversa nesse ponto, mas Gray insistiu em sua linha de interrogatório. O que ele queria saber era quando tinham cessado as associações de Robert com os comunistas?

Kitty Oppenheimer: "Não sei dizer, sr. Gray. Sei que ainda temos um amigo que é considerado comunista." (Ela se referia, obviamente, a Chevalier.)

Surpreso com essa admissão casual, Robb interrompeu: "Desculpe, o que a senhora disse?" Então Gray prosseguiu e voltou a perguntar sobre a "mecânica" envolvida na "clara dissociação" de alguém do Partido Comunista. Kitty respondeu de modo sensato: "Acho que isso varia de pessoa para pessoa, sr. Gray. Alguns fazem a ruptura de repente e chegam até a escrever artigos sobre o assunto. Outros fazem isso aos poucos. Eu deixei o Partido Comunista, mas não meu passado, nem minhas amizades, assim sem mais nem menos. Mantive alguns amigos por um tempo. Tive encontros com comunistas depois que deixei o partido."

A pergunta sempre voltava. O dr. Evans pediu então a Kitty que definisse a diferença entre comunista e simpatizante. Kitty respondeu: "Para mim, o comunista é o membro do partido que faz mais ou menos precisamente o que lhe mandam fazer."

Quando Robb lhe perguntou sobre a assinatura do *People's World*, Kitty explicou de modo bastante plausível que duvidava ter algum dia assinado o jornal. "Eu não assinei", disse Kitty.[28] "Robert diz que foi ele. Tenho minhas dúvidas, porque sei que nós [em Ohio] muitas vezes enviávamos o *Daily Worker* a pessoas que queríamos que se interessassem pelo Partido Comunista, mesmo que não tivessem feito uma assinatura."

Kitty não cedeu por nada. Nem mesmo Robb foi capaz de abalá-la. Calma e ainda assim alerta para cada nuance, era sem dúvida uma testemunha muito melhor do que o marido que procurava defender.

EM 5 DE MAIO, último dia das audiências, quando estava prestes a ser dispensado do banco de testemunhas definitivamente, Oppenheimer pediu para fazer um comentário adicional. Após suportar quase quatro semanas de excruciante humilhação, ele encenou o último ato da estratégia de conciliação de Garrison e agradeceu aos verdugos: "Sou grato pela paciência e consideração que a mesa teve por mim durante os procedimentos."[29] Era uma demonstração de deferência destinada a provar ao painel de Gray que Robert era uma pessoa razoável, cooperativa, um membro do *establishment* confiável e com quem se podia trabalhar. O presidente Gray não se impressionou: "Muito obrigado, dr. Oppenheimer", respondeu.

NA MANHÃ SEGUINTE, GARRISON passou três horas fazendo um resumo do caso. Mais uma vez protestou, desta feita menos delicadamente, contra a maneira como a "audiência" havia se transformado em um "julgamento". Lembrou à mesa que haviam passado uma semana inteira antes do início do inquérito lendo materiais do FBI sobre Oppenheimer. "Naquele momento, ao pensar que os senhores estariam imersos por uma semana em arquivos do FBI que nunca teríamos o privilégio de ver, senti mais ou menos como se estivesse afundando", disse.[30] Entretanto, por saber que não deveria protestar de forma dura demais, recuou de imediato. Embora fosse verdade, disse Garrison, que tivessem sido "inesperadamente tragados num procedimento que nos pareceu adverso por natureza [...] quero dizer sinceramente que reconheço e aprecio muito a correção que os membros da mesa demonstraram".

Se Garrison foi constrangedoramente submisso, também foi eloquente na exposição da síntese. Advertiu o painel de Gray contra "a ilusão criada aqui por um anacronismo, o que para mim é uma questão terrível, e muito, muito enganadora". Os fatos do caso Chevalier em 1943 deveriam ser julgados segundo a atmosfera da época: "A Rússia era considerada uma nobre aliada. Toda a atitude em relação aos russos, em relação a simpatizantes da Rússia, tudo era diferente de hoje."[31] Quanto ao caráter e à integridade pessoal de Oppenheimer, Garrison lembrou à mesa, "os senhores passaram três semanas e meia com esse cavalheiro no sofá. Ficaram sabendo muito sobre ele. Mas há muito que não sabem. Os senhores não passaram uma vida com ele".

Garrison continuou: "Não é apenas o dr. Oppenheimer que está em julgamento nesta sala. [...] O governo dos Estados Unidos também está sendo julgado."[32] Em seguida, numa referência velada ao macarthismo, Garrison falou do "sentimento de apreensão em todo o país". A histeria anticomunista havia contaminado de tal forma os governos de Truman e Eisenhower que o aparato de segurança se comportava "como uma espécie de máquina monolítica que acabará por destruir homens de grande talento. [...] Os Estados Unidos não devem devorar seus filhos". Com esse comentário, e tendo rogado mais uma vez à mesa que julgasse "o homem como um todo", Garrison encerrou as considerações finais.

O JULGAMENTO ESTAVA TERMINADO, e, na noite de 6 de maio de 1954, o réu retornou a Princeton para aguardar o veredicto da mesa.

Como Garrison tentara mostrar, ainda que tardiamente, as audiências presididas por Gray, de forma patente e ultrajante, haviam sido de caráter extrajudicial. O principal responsável pelos procedimentos era Lewis Strauss. Não obstante, como presidente da mesa, Gordon Gray poderia ter garantido que os trabalhos fossem conduzidos com propriedade e correção — o que ele não fez. Em vez de assumir o controle para garantir a justiça dos procedimentos, o que teria exigido pôr um freio nas táticas ilícitas usadas por Robb, ele deixou que o promotor controlasse os procedimentos. Antes do início das audiências, Gray permitira que Robb se encontrasse exclusivamente com os membros da mesa a fim de rever os arquivos do FBI, numa violação direta dos "Procedimentos de Segurança"[33] da AEC, redigidos em 1950; aceitara a recomendação de Robb para que o acesso a esses arquivos fosse negado a Garrison; aquiescera com a recusa de Robb em revelar sua lista de testemunhas; não compartilhara o danoso depoimento escrito de Lawrence com a defesa; nada fizera no sentido de expedir uma habilitação de segurança para Garrison. O painel, em suma, fora um verdadeiro tribunal de faz de conta, no qual o juiz principal aceitava o comando do promotor. Como insistiria Henry D. Smyth, um comissário da AEC, qualquer revisão legal da forma como as audiências haviam sido conduzidas seguramente resultaria numa anulação.

37

"Uma mácula no brasão de nosso país"

É uma tristeza que não cabe em palavras. Eles estão tão errados, tão terrivelmente errados. E não só a respeito de Robert, mas também no que diz respeito ao conceito do que se deve exigir de servidores públicos sensatos.
DAVID LILIENTHAL

OPPENHEIMER RETORNOU A OLDEN Manor cansado e irritadiço. Sabia que as coisas tinham ido mal, e não havia muito que pudesse fazer a não ser esperar pelo veredicto do painel presidido por Gray. Ele pensava que levaria semanas para que chegassem a uma decisão. Por meio de uma escuta, o FBI o ouviu dizer a um amigo que, independente do que acontecesse, "ele acredita que nunca vai conseguir se livrar totalmente da situação. Ele não espera que o caso chegue a uma conclusão tranquila, pois *todo o mal dos tempos está envolvido nesta situação*".[1] Alguns dias depois, o FBI reportou que Oppie se encontrava "muito deprimido e tem estado de péssimo humor com a esposa".

Enquanto aguardavam o veredicto do painel, Robert e Kitty passavam horas diante de um televisor em preto e branco, assistindo às audiências que confrontavam o Exército com o senador McCarthy. Esse extraordinário drama havia começado em 21 de abril de 1954, em meio ao sofrimento do próprio Oppenheimer, e, enquanto as audiências se arrastavam ao longo de maio, acredita-se que cerca de 20 milhões de norte-americanos sintonizavam a TV todos os dias para ver o senador McCarthy e o advogado do Exército, o jurista Joseph Nye Welch, de Boston, trocarem farpas. Como muitos norte-americanos, Oppenheimer ficou petrificado de espanto com esse drama televisivo, que, para ele, deve ter sido um doloroso lembrete pessoal da natureza ridícula e injusta das audiências que acabara de enfrentar. Teria ele pensado que as coisas poderiam ter sido melhores se tivesse sido representado por Welch, ou por alguém como ele?

GORDON GRAY ACHAVA QUE as coisas tinham corrido esplendidamente bem. No dia seguinte ao término dos procedimentos, ditou um memorando privado para os arquivos pessoais no qual fazia um resumo das reações iniciais: "Estou convicto de que até este ponto os procedimentos foram tão justos quanto as circunstâncias permitiram. Qualifico a situação dessa forma porque, obviamente, o dr. Oppenheimer e seu advogado não tiveram o privilégio de examinar certos documentos, como relatórios do FBI e outros materiais sigilosos."[2] Gray também confessou que "fiquei ligeiramente incomodado com o interrogatório do sr. Robb e as referências parciais e repentinas que fez a documentos e citações deles extraídas". No fim das contas, porém, raciocinou ele, "isso não foi prejudicial aos interesses do dr. Oppenheimer se os procedimentos forem vistos como um todo".

Com base nas discussões informais de Gray com os colegas de painel, parecia haver pouca dúvida quanto ao resultado das audiências: Oppenheimer era certamente culpado de colocar a "lealdade dele a um indivíduo acima da lealdade ou obrigação ao governo". Mais cedo naquela semana, Gray havia dito a Morgan e Evans que Oppenheimer tinha uma "repetida tendência a colocar o julgamento dele próprio acima do julgamento das autoridades em muitos casos de pessoas cuja responsabilidade e dever exigiam julgamentos oficiais". Ele citou o caso Chevalier, a defesa que Oppie fez de Bernard Peters, o debate sobre a bomba de hidrogênio e várias outras posições no tocante à política atômica. Morgan e Evans estavam de acordo — e Evans comentou que "Oppenheimer era certamente culpado de mau discernimento".

Assim, ao regressar de um recesso de dez dias, Gray ficou perplexo ao saber que o dr. Evans havia redigido um parecer dissidente por meio do qual apoiava Oppenheimer. "Desde o início",[3] ele lhe parecera propenso a determinar que a habilitação de segurança de Oppie não fosse renovada. Em particular, chegara a dizer a Gray que, a julgar por experiência própria, "aqueles que apareciam com históricos e interesses subversivos eram quase sempre judeus". Gray acreditava, inclusive, que o antissemitismo de Evans pudesse prejudicá-lo no julgamento. Ao longo do mês, observou, "minha impressão quanto a meus colegas estarem comprometidos com essa visão foi ficando cada vez mais forte". Entretanto, ao voltar de Chicago, "o dr. Evans mudara completamente de opinião". Evans disse que tinha apenas reexaminado os arquivos e concluído que não havia nada de novo nas acusações. O FBI achava "que alguém 'tinha falado' com ele".

Strauss ficou histérico quando soube dessa evolução dos acontecimentos. Ele e Robb haviam grampeado os advogados de Oppenheimer, bloqueado a tentativa de Garrison de obter uma habilitação de segurança, emboscado testemunhas com documentos sigilosos e introduzido preconceitos no painel de Gray com rumores extraídos dos arquivos do FBI — e, apesar de todos esses esforços para garantir um veredicto de culpa, parecia possível que Oppenheimer fosse exonerado.

Temendo que Evans pudesse influenciar um dos outros dois membros do painel, Strauss chamou Robb. Os dois concordaram que algo precisava ser feito, e Robb, com aprovação de Strauss, ligou para o FBI e pediu que Hoover interviesse. Ele disse ao agente C. E. Hennrich que achava "extremamente importante que o diretor discutisse o assunto com a mesa. [...] Robb disse que será uma tragédia se a decisão da mesa for para o lado errado e considera a questão de extrema urgência".[4] Enquanto isso, Strauss estava ao telefone com A. H. Belmont, um dos assistentes pessoais de Hoover, implorando-lhe que o diretor tomasse alguma providência. Disse que as coisas estavam "por um triz" e que "um leve toque na balança faria a mesa cometer um sério erro".

O agente Hennrich observou: "Acho que tudo isso se resume ao fato de que Strauss e Robb desejam que a mesa considere Oppenheimer um risco de segurança e têm dúvidas de que a mesa chegue a essa conclusão. [...] Julgo que o diretor não deveria se encontrar com a mesa."

Qualquer intervenção da parte de Hoover seria considerada altamente prejudicial se algum dia viesse a público — e Hoover sabia disso. Assim, disse a seus auxiliares: "Acho que seria extremamente inapropriado que eu discutisse o caso Oppenheimer." Ele não se reuniria com a mesa presidida por Gray.

Anos depois, quando confrontado com um memorando do FBI que documentava a tentativa de Robb para conseguir a intervenção de Hoover, ele negou que houvesse tentado fazer com que o diretor do FBI influenciasse o julgamento. Afirmou ao cineasta e historiador Peter Goodchild: "Nego categoricamente que alguma vez tenha tentado incentivar um encontro entre a mesa e o diretor com o propósito de fazer com que o diretor influenciasse a mesa. [...] Nego, ainda, ter dito a Hennrich que considerava a questão 'de extrema urgência', porque, a menos que falasse com o sr. Hoover, a mesa poderia decidir em favor de Oppenheimer." O registro documental, porém, é claro — ele estava mentindo.

Ironicamente, Gray considerou o voto de Evans tão mal redigido que pediu a Robb que o reescrevesse. "Eu não queria que a opinião do dr. Evans fosse vulnerável demais", explicou Robb.[5] "Nesse caso, pareceria que ele não passava de uma planta na mesa, que havíamos escolhido um pateta para participar do painel."

EM 23 DE MAIO, a mesa de Gray informou o veredicto formal a que chegara. Por dois votos a um, o painel havia considerado Oppenheimer um cidadão leal, mas ainda assim um risco de segurança. De acordo com o veredicto, o presidente Gray e Thomas Morgan recomendavam que a habilitação de segurança de Robert *não fosse* restaurada. "As seguintes considerações", escreveram Gray e Morgan, "foram decisivas para nos levar a essa conclusão":

1. Consideramos que a contínua conduta e a associação do dr. Oppenheimer [com comunistas] refletiram uma séria desconsideração pelas exigências do sistema de segurança.

2. Encontramos uma suscetibilidade para influenciar que poderia ter sérias implicações no que diz respeito aos interesses da segurança do país.
3. Consideramos sua conduta em relação ao programa da bomba de hidrogênio suficientemente perturbadora, a ponto de nos questionarmos se sua futura participação num programa de governo relacionado com a defesa nacional, se caracterizada pelas mesmas atitudes, seria claramente consistente com os melhores interesses da segurança.
4. Infelizmente, concluímos que o dr. Oppenheimer foi desonesto em várias situações em seu depoimento perante esta mesa.[6]

O raciocínio era sofrível. Eles não acusavam Oppenheimer de violar qualquer lei ou regulamento de segurança — diziam apenas que as associações do cientista proporcionavam evidências de um certo mau discernimento indefinível. A estudada falta de deferência de Oppenheimer com o aparato de segurança era particularmente incriminadora aos olhos da mesa. "A lealdade aos amigos é uma das mais nobres qualidades de um homem", escreveram Gray e Morgan em seu voto majoritário.[7] "No entanto, ser leal aos amigos acima de razoáveis obrigações com o país e o sistema de segurança é, sem dúvida, inconsistente com os interesses da segurança." Entre outros desvios, Oppenheimer era culpado de amizade excessiva.

O voto dissidente de Evans, por sua vez, era uma crítica clara, sem meias-palavras, do veredicto dos colegas de painel. "A maior parte das informações depreciativas sobre o dr. Oppenheimer era conhecida pelo comitê quando ele obteve a habilitação de segurança, em 1947", observou Evans em sua dissensão.[8]

Eles, ao que tudo indica, estavam cientes das associações e preferências políticas de esquerda do dr. Oppenheimer: ainda assim, concederam-lhe a habilitação. Correram o risco por causa dos talentos especiais demonstrados, e ele continuou a fazer um bom trabalho. Agora que o trabalho está feito, somos solicitados a investigá-lo praticamente pelas mesmas informações. Ele fez o trabalho de maneira meticulosa e diligente. Não existe absolutamente nada que indique para esta mesa que o dr. Oppenheimer não seja um cidadão leal a seu país. Ele odeia a Rússia. Teve amigos comunistas, é verdade. E ainda tem alguns. No entanto, tudo indica que tem menos amigos comunistas hoje do que tinha em 1947. Ele não é tão ingênuo quanto era naquela época. Tem mais discernimento; ninguém na mesa duvida da lealdade dele — nem mesmo as testemunhas que foram chamadas pela acusação —, e com certeza ele é um risco de segurança menor hoje do que era em 1947, quando obteve a habilitação. Negar-lhe agora o que lhe foi concedido em 1947, num momento em que ele constitui um risco menor do que antes, dificilmente parece ser o procedimento a ser adotado num país livre [...]

Pessoalmente, creio que negar a habilitação ao dr. Oppenheimer será uma mácula no brasão de nosso país. Suas testemunhas compõem um segmento considerável da espinha dorsal científica da nossa nação e o apoiam.

Quer tenha sido redigida inteiramente de próprio punho, quer tenha sido editada por Robb, a dissensão de Evans é um documento notável. Nos dois curtos parágrafos citados, destrói inteiramente os pontos 1, 2 e 4 das "considerações" de Gray e Morgan. Não obstante, deixa de confrontar o ponto 3, a questão que precipitou o "descarrilamento" de Robert, como ele próprio mais adiante se referiu à provação por que passara. "Consideramos sua conduta em relação ao programa da bomba de hidrogênio suficientemente perturbadora", escreveram Gray e Morgan.

O que havia de tão perturbador nessa conduta? Oppenheimer se opusera a um programa emergencial para o desenvolvimento da bomba de hidrogênio, mas esta era também a opinião de outros sete membros do GAC — e todos explicaram francamente as respectivas razões. O que Gray e Morgan estavam dizendo, na verdade, era que se opunham às opiniões de Oppenheimer e não queriam que elas fossem representadas nos conselhos do governo. Oppenheimer queria dar um fim e talvez até mesmo reverter a corrida armamentista nuclear. Queria encorajar um debate aberto e democrático no qual se discutiria se os Estados Unidos deveriam adotar o genocídio como a principal estratégia de defesa. Ao que parece, Gray e Morgan consideravam esses sentimentos inaceitáveis em 1954. Mais ainda: afirmavam efetivamente que não era legítimo, nem admissível, que um cientista manifestasse forte discordância no que dizia respeito às questões de política militar.

Strauss ficou aliviado pelo fato de o painel ter dado um veredicto, ainda que por estreita margem, condenando Oppenheimer — mas passara a temer a possibilidade de que a dissensão de Evans pudesse persuadir os comissários da AEC a revertê-lo. O veredicto, afinal, era apenas uma recomendação, que os comissários da AEC podiam confirmar ou rejeitar. Os advogados de Robert presumiram que seriam adotados os procedimentos de praxe e que o administrador geral da AEC, Kenneth Nichols, apenas passaria aos comissários o relatório da mesa. Entretanto, Nichols — que via Oppenheimer como um "filho da mãe escorregadio" — enviou aos comissários uma carta que, na verdade, era em si um relatório. A carta de Nichols, escrita sob orientação de Strauss, Charles Murphy (editor da *Fortune*) e Robb, mostrava o relatório do painel de uma perspectiva totalmente nova.

O texto de Nichols apresentava um argumento inteiramente novo para defender a não revalidação da habilitação de Oppenheimer. As especulações apresentadas iam muito além dos veredictos da mesa presidida por Gray. Recorrendo à pesquisa de Strauss no arquivo do FBI sobre Oppenheimer, a qual foi mantida em seu escritório durante três meses, Nichols argumentou que, em primeiro lugar, Oppenheimer não era um mero simpatizante "esquerdista de salão". "As relações com aqueles calejados comunistas chegavam a tal ponto que eles o consideravam integrante das fileiras do partido."⁹ Citando as contribuições em dinheiro que Oppenheimer fizera por meio do Partido Comunista, concluía Nichols, "o registro indica que o dr. Oppenheimer era um comunista sob todos os aspectos, exceto pelo fato de não portar a carteirinha do partido".

Embora o veredicto da mesa tivesse enfatizado a oposição de Oppenheimer a um programa emergencial para o desenvolvimento da bomba H, Nichols desconsiderou essa parte politicamente desconfortável da condenação e acrescentou, de maneira astuciosa, que não era intenção da AEC questionar o direito de um cientista como o dr. Oppenheimer expressar suas "honestas opiniões".

Em vez disso, Nichols mudou a ênfase para o caso Chevalier, abraçando uma interpretação desse sombrio acontecimento bastante diferente do que fora apresentada pela mesa. O painel aceitara a admissão de Oppenheimer de que havia mentido para o coronel Pash em 1943 ao falar pela primeira vez sobre o caso Chevalier-Eltenton. Nichols rejeitou essa conclusão e, numa manobra estarrecedora, talvez até mesmo ilegal, reinterpretou completamente o incidente. Na verdade, Nichols refez o julgamento, desconsiderou a opinião da maioria da mesa e apresentou aos comissários da AEC uma base inteiramente nova para retirar a habilitação de segurança de Oppenheimer.

Depois de rever as dezesseis páginas da transcrição daquele fatídico encontro entre Oppenheimer e o coronel Pash em 26 de agosto de 1943, Nichols argumentou que "é difícil concluir que o relato detalhado e circunstanciado que o dr. Oppenheimer deu ao coronel Pash tenha sido falso e a história agora contada por ele seja verdadeira". Por que, indagou Nichols, Oppenheimer haveria de "contar uma mentira tão complicada ao coronel Pash"? Rejeitando a plausível explicação de Oppenheimer, que afirmou ter tentado desviar a atenção tanto de Chevalier quanto de si mesmo, Nichols ressaltou que Oppenheimer "não deu a atual versão da história antes de 1946, pouco depois de ficar sabendo pelo próprio Chevalier o que este havia contado ao FBI acerca do incidente". Ocultando dos comissários que o interrogatório de Eltenton com o FBI — conduzido ao mesmo tempo que o de Chevalier — confirmara de maneira irrefutável a versão Chevalier-Oppenheimer de 1946 sobre o caso, Nichols concluiu que Oppie mentira para o FBI em 1946 e novamente nas audiências de 1954.

Nichols não havia desenterrado nenhum fato novo — na verdade, suprimira fatos. E afirmou que Oppenheimer mentira para proteger o irmão, uma teoria que, como vimos, tinha escassas evidências que a apoiassem. Curiosamente, o painel de Gray não fizera nenhum esforço para obter o depoimento de Frank Oppenheimer — e tampouco dos dois principais personagens da história, Haakon Chevalier e George Eltenton. (Chevalier estava morando em Paris e Eltenton havia muito retornara à Inglaterra, mas ambos poderiam ter sido interrogados no exterior.)

A carta de Nichols continha apenas uma suposição, uma interpretação pessoal, que não chegara a ser levantada pela mesa. Por que, num momento tão tardio do processo, ele apresentava uma nova teoria? A resposta é óbvia: argumentar que Oppenheimer havia mentido em 1954 para a mesa de Gray era muito mais prejudicial do que dizer que tinha mentido onze anos antes para um tenente-coronel.

Como é impossível imaginar que Nichols tenha apresentado essa interpretação radical sem a aprovação de Strauss, fica claro que este receava que as ambiguidades na decisão da maioria, combinadas com a clareza da dissensão de Evans, pudessem levar os comissários da AEC a rejeitar a decisão do painel.

Os advogados de Oppenheimer não tiveram conhecimento da carta de Nichols. Garrison poderia ter tido ciência, se lhe tivesse sido dada a oportunidade de uma argumentação oral perante os comissários da AEC. O único comissário simpático ao pedido de Garrison, o dr. Henry D. Smyth, advertiu: "Se não dermos aos advogados do dr. Oppenheimer a oportunidade de comentar a respeito da carta de Nichols, estaremos sujeitos a uma grave crítica quando ela for publicada."[10] Mais uma vez, porém, Strauss predominou, e o pedido de Garrison foi categoricamente rejeitado, sem explicação.

Os ADVOGADOS DE OPPENHEIMER tiveram por um breve período a esperança de que os cinco comissários da AEC reverteriam a recomendação da mesa presidida por Gray. A comissão, afinal, era composta por três democratas (Henry DeWolf Smyth, Thomas Murray e Eugene Zuckert) e apenas dois republicanos (Lewis Strauss e Joseph Campbell). A princípio, o próprio Strauss receava uma votação de três a dois em favor de Oppenheimer. Todavia, como presidente da comissão, estava em posição de influenciar os colegas. Ele compreendia os meandros do poder em Washington, e não teve escrúpulos em oferecer aos colegas recompensas tangíveis para que vissem as coisas da mesma forma que ele. Levou-os para faustosos almoços e conversou com Smyth sobre lucrativas oportunidades de emprego na indústria privada. A certa altura, Smyth se perguntou se Strauss estaria tentando comprar seu voto.[11] Harold P. Green, o advogado da AEC chamado para escrever a carta original de acusações contra Oppenheimer, achou que Strauss estava jogando pesado. Ele sabia que Zuckert estava inclinado a considerar Oppenheimer inocente. De fato, em 19 de maio, Strauss foi informado de que "Gene Zuckert aceitaria de bom grado a oportunidade de não se apresentar e ter seu voto contado a favor da decisão da mesa".[12] Contudo, em algum momento, Zuckert virou a casaca. Em 30 de junho, um dia depois de ter manifestado estar de acordo com a decisão majoritária do painel de segurança que havia julgado Oppenheimer, ele renunciou ao posto de comissário da AEC para abrir um escritório de advocacia em Washington. Green teve certeza de que algo escuso estava ocorrendo, principalmente depois que soube que Strauss havia transferido uma boa quantidade dos casos dele para o escritório do então ex-

-comissário da AEC. Além disso, sem que Green soubesse, Zuckert tinha assinado um contrato com Strauss na condição de "assessor e consultor pessoal".[13]

No fim de junho, Strauss tinha os votos de todos os comissários, à exceção de um. Único cientista na comissão, o professor Smyth tinha deixado claro que achava que a habilitação de segurança de Oppenheimer devia ser restaurada. Como autor do "Relatório Smyth" de 1945, um histórico científico não sigiloso do Projeto Manhattan, ele tinha familiaridade tanto com Oppenheimer como com a questão da segurança em jogo. No âmbito pessoal, não se importava muito com Oppenheimer — haviam sido vizinhos em Princeton por dez anos, e Oppie sempre lhe dera a impressão de um homem vaidoso e pretensioso. O que importava era que Smyth não achava a evidência convincente. No começo de maio, ele e Strauss almoçaram juntos e discutiram sobre o veredicto. No fim do almoço, Smyth disse: "Lewis, a diferença entre nós dois é que você vê tudo ou preto ou branco, e para mim tudo são tons de cinza."[14]

"Harry", retrucou Strauss, "deixe-me lhe recomendar um bom oftalmologista".

Algumas semanas depois, Smyth disse a Strauss que escreveria um relatório dissidente. Trabalhando todo dia até a meia-noite, ele repassou o Relatório Gray e a transcrição das audiências, uma pilha de papéis que chegava a mais de um metro de altura. Para ajudá-lo nessa tarefa, requisitou dois auxiliares na AEC. Nichols advertiu um deles, Philip Farley, de que o serviço lhe prejudicaria a carreira, mas Farley corajosamente seguiu em frente. Em 27 de junho, Smyth produzira uma primeira versão de sua opinião dissidente — só para descobrir que a opinião final da maioria havia sido tão inteiramente reescrita que ele precisou refazer a dele.

Às sete horas da noite da segunda-feira, 28 de junho, Smyth e seus assistentes começaram a escrever uma opinião dissidente inteiramente nova. Ele tinha apenas doze horas para cumprir o prazo final imposto pela AEC. Enquanto trabalhavam noite adentro, o cientista pôde ver pela janela um carro estacionado na rua, e dentro do veículo havia dois homens que vigiavam a casa. Smyth achou que alguém da AEC ou do FBI os tinha enviado para intimidá-lo. "Sabe, é engraçado eu estar tendo todo este trabalho por Oppenheimer", disse ele a um dos assistentes tarde da noite. "Nem gosto muito dele."[15]

Às dez da manhã, Farley levou o relatório de Smyth até o escritório da AEC, no centro da cidade. E ficou por ali, a fim de se certificar de que fosse reproduzido na íntegra. Naquela tarde, as duas opiniões, a dissidente e a majoritária, foram disponibilizadas para a imprensa. Os comissários haviam votado por quatro a um que Oppenheimer era leal e também por quatro a um que representava um risco de segurança. Não havia mais na opinião majoritária qualquer referência à questão da bomba de hidrogênio — embora este tivesse sido o tema central da decisão da mesa presidida por Gray. Redigida por Strauss, a opinião da maioria se concentrava nos "defeitos fundamentais" do caráter de Robert. Assim, o centro do palco foi tomado pelo caso Chevalier e as associações de Oppenheimer na década de 1930 com estudantes que haviam sido comunistas. "O registro mostra que o dr. Oppenheimer reiteradamente se furtou a seguir as regras que governam outras pessoas. Mentiu em questões em que foi acusado de graves responsabilidades no interesse nacional. Em suas associações, exibiu repetidamente uma intencional desconsideração pelas obrigações normais e apropriadas de segurança."[16]

A HABILITAÇÃO DE SEGURANÇA de Oppenheimer foi, portanto, rescindida apenas um dia antes de expirar. Depois de ler o veredicto dos comissários da AEC, David Lilienthal anotou em seu diário: "É uma tristeza que não cabe em palavras. Eles estão tão errados, tão terrivelmente errados. E não só a respeito de Robert, mas também quanto ao conceito do que se deve exigir de servidores públicos sensatos."[17] Einstein, desgostoso, comentou que, dali em diante, a AEC deveria ser conhecida como "Atomic Extermination Conspiracy", ou "Conspiração de Extermínio Atômico".[18]

Mais cedo em junho, usando como desculpa que uma cópia das transcrições havia sido roubada de um trem (ela logo foi localizada na seção de achados e perdidos da Pennsylvania Station em Nova York), Strauss convenceu os colegas comissários de que as 3 mil páginas de transcrição das audiências de segurança de Oppenheimer deveriam ser publicadas pela gráfica oficial do governo. Isso violava a promessa da mesa de Gray a todas as testemunhas de que o depoimento delas permaneceria confidencial. Entretanto, como Strauss sentiu que não estava ganhando a batalha de relações públicas, logo deixou de lado essa preocupação.

Abrangendo cerca de 750 mil palavras em 993 volumosas páginas impressas, *In the Matter of J. Robert Oppenheimer* logo se tornou um documento seminal dos primeiros tempos da Guerra Fria. Para garantir que as matérias jornalísticas iniciais constrangessem Oppenheimer, Strauss fez o pessoal da AEC enfatizar para os repórteres os depoimentos mais prejudiciais. Walter Winchell, o colunista independente de direita especializado em destruir reputações, condizentemente escreveu: "O depoimento de Oppenheimer (pelo qual a maioria das pessoas passa por cima) inclui o nome da amante (a falecida Jean Tatlock) e de uma 'vermelhinha' com quem ele admitiu associações 'do tipo mais íntimo' depois do casamento. [...] Isto quando estava trabalhando na Grande Bomba e sabia que sua boneca era membra ativa do aparato comuna."[19]

Órgãos radicalmente conservadores, tais como a revista *American Mercury*, saudaram a queda deste "eterno rei do pedaço entre os cientistas atômicos"[20] e criticaram os apoiadores de Oppenheimer como homens "capazes de abrigar potenciais traidores". Quando a decisão da comissão foi anunciada no salão da Câmara dos Representantes, alguns congressistas se levantaram e aplaudiram.[21]

* * *

No LONGO PRAZO, PORÉM, a estratégia de Strauss saiu pela culatra: as transcrições revelaram o caráter inquisitorial das audiências e a corrupção da justiça durante o período McCarthy. Em quatro anos, elas destruiriam a reputação e a carreira governamental de Lewis Strauss.

Ironicamente, a publicidade em torno do julgamento e o veredicto aumentaram a fama de Oppenheimer, tanto nos Estados Unidos como no exterior.[22] Outrora conhecido apenas como o "pai da bomba atômica", ele se tornara ainda mais interessante — um cientista mártir, como Galileu. Indignados e chocados com a decisão da mesa presidida por Gordon Gray, 282 cientistas de Los Alamos assinaram uma carta enviada a Strauss na qual defendiam Oppenheimer. Em todo o país, mais de 1.100 cientistas e acadêmicos assinaram outra petição em que protestavam contra a decisão. Em resposta, Strauss declarou que a decisão da AEC era "dura, mas apropriada".[23] O jornalista de rádio e televisão Eric Sevareid observou: "Ele [Oppenheimer] não terá mais acesso a segredos nos arquivos do governo e, presume-se, o governo não terá mais acesso a segredos que possam nascer no cérebro de Oppenheimer."[24]

O colunista independente Joe Alsop, amigo de Oppenheimer, ficou indignado com a decisão. "Por um único ato tolo e ignóbil", escreveu ele a Gordon Gray, "os senhores cancelaram toda a dívida que este país tem com os senhores".[25] Joe e o irmão, Stewart, logo publicaram um ensaio de 15 mil palavras na *Harper's* no qual detonavam Lewis Strauss por um "chocante erro de justiça". Tomando emprestado o título do ensaio de Émile Zola sobre o caso Dreyfus, "J'Accuse", os Alsop intitularam o ensaio "We Accuse!".[26] Em linguagem florida, eles argumentaram que a AEC havia desgraçado não apenas Robert Oppenheimer, mas também a "elevada reputação da liberdade norte-americana". Havia semelhanças óbvias: tanto Oppenheimer quanto o capitão Alfred Dreyfus vinham de famílias judias abastadas e ambos foram forçados a enfrentar acusações de deslealdade. Os irmãos Alsop predisseram que as ramificações de longo prazo do caso Oppenheimer ecoariam como as do caso Dreyfus: "Do mesmo modo que as mais horrorosas forças na França engendraram o caso Dreyfus com inflado orgulho e arrogante confiança, e então tiveram as garras e o poder quebrados pela sórdida obra, forças similares no Estados Unidos, que engendraram o clima no qual Oppenheimer foi julgado, também terão quebrados as garras e o poder."

Depois que a notícia do veredicto foi publicada, John McCloy escreveu ao juiz Felix Frankfurter, da Suprema Corte: "Que tragédia o fato de alguém que contribuiu tanto — mais do que metade dos generais condecorados que conheço — para a segurança do país ser agora, depois de todos esses anos, considerado um risco de segurança. Entendo que o almirante [Lewis Strauss] esteja aborrecido com meu depoimento, mas, por Deus, o que ele esperava? Eu estava lá quando a enorme contribuição de Oppie foi feita, e sei que há muito mais para ser dito, mas de que adianta?"

Frankfurter tentou tranquilizar o velho amigo, e disse "você abriu muitas mentes para a percepção da profunda importância de seu 'conceito de segurança afirmativa'".[27] Tanto Frankfurter como McCloy concordaram que o principal culpado daquela situação era Strauss.

No ápice da histeria macarthista, Oppenheimer tornara-se a vítima mais proeminente. "Em última análise, seu caso foi o triunfo do macarthismo, ainda que sem a participação do próprio McCarthy", escreveu o historiador Barton J. Bernstein.[28] O presidente Eisenhower pareceu satisfeito com o resultado, mas não estava ciente das táticas que Strauss havia usado para alcançá-lo. Em meados de junho, ao que tudo indica alheio à natureza e à importância das audiências, Ike escreveu a Strauss um curto bilhete no qual sugeria que Oppenheimer fosse trabalhar no problema da dessalinização da água do mar. "Não consigo pensar em nenhum outro feito científico que se iguale a este no que diz respeito ao benefício para a humanidade." Strauss discretamente ignorou a sugestão.[29]

Lewis Strauss, com a ajuda de amigos que pensavam como ele, tivera êxito em "desnudar" Oppenheimer. As implicações para a sociedade norte-americana foram enormes. Um cientista havia sido excomungado. Naquele momento, porém, todos os cientistas estavam cientes de que poderia haver sérias consequências para aqueles que desafiassem as políticas do Estado. Pouco antes das audiências, o dr. Vannevar Bush, colega de Oppenheimer do MIT, escrevera a um amigo para dizer que "o problema de até que ponto um homem técnico trabalhando com os militares tem o direito de falar publicamente é uma questão e tanto. [...] Eu me mantive religiosamente dentro dos canais, talvez de forma até um pouco excessiva".[30] Pela experiência adquirida, Bush acreditava que falar publicamente sobre deliberações internas do governo só serviria para destruir-lhe a utilidade. Em contrapartida, "quando um cidadão vê seu país enveredando por um caminho que ele acha que pode ser desastroso, tem certa obrigação de se manifestar". Bush compartilhava muitos dos instintos críticos de Oppenheimer no que dizia respeito à crescente dependência de Washington dos armamentos nucleares. Contudo, ao contrário de Oppie, nunca chegara realmente a se manifestar. Oppenheimer havia feito isso — e os colegas viam que ele estava sendo punido pela coragem e pelo patriotismo demonstrados.

A comunidade científica permaneceu traumatizada por anos. Teller se tornou um pária para muitos de seus velhos amigos. Três anos depois das audiências, Rabi ainda não conseguia controlar a raiva que tinha daqueles que haviam julgado Oppenheimer. Certa vez, ao se deparar com Gene Zuckert no Place Vendôme, um luxuoso restaurante francês em Nova York, lançou contra ele uma saraivada de xingamentos, responsabilizando-o em voz alta pela decisão que havia tomado como comissário da AEC. Mortificado, Zuckert logo bateu em retirada e foi se queixar com Strauss do comportamento de Rabi.[31]

Lee DuBridge escreveu a Ed Condon para dizer que "é provavelmente impossível fazer qualquer coisa pelo caso Oppenheimer em si. O termo 'risco de segurança' é tão amplo que se pode começar acusando um homem de traição e acabar condenando-o por uma mentirinha inocente, no entanto punida com o mesmo rigor de uma traição. Creio que não há dúvida de que Robert tenha contado algumas inverdades, e agora qualquer um que conte pequenas mentiras e um dia também tenha sido 'comunista' é visto pelas pessoas como um ser humano imperdoável".[32]

Durante alguns anos após a Segunda Guerra Mundial, os cientistas foram encarados como uma nova classe de intelectuais, membros de um sacerdócio da política pública que podiam oferecer legitimamente conhecimento e prática não só como cientistas, mas também como filósofos. Com o desnudamento de Oppenheimer, eles tomaram ciência de que só poderiam servir ao Estado como especialistas em questões estritamente científicas. Como observou posteriormente o sociólogo Daniel Bell, a provação de Oppenheimer significou o fim do "papel messiânico dos cientistas"[33] no pós-guerra. Cientistas que operavam dentro do sistema não podiam divergir das políticas do governo — como Oppenheimer havia feito em 1953, ao publicar seu ensaio na *Foreign Affairs* — e ainda assim servir em conselhos consultivos. O julgamento de Oppie, portanto, representou um divisor de águas nas relações dos cientistas com o governo. A visão estreita de como os cientistas norte-americanos deviam servir ao país havia triunfado.

Ao longo de várias décadas, os cientistas norte-americanos haviam deixado a academia aos bandos em troca de empregos corporativos em laboratórios de pesquisa industrial. Em 1890, os Estados Unidos só tinham quatro laboratórios desse tipo; em 1930, havia mais de mil. E a Segunda Guerra Mundial somente acelerou esse processo. Em Los Alamos, é claro, Oppenheimer havia sido fundamental para isso. Contudo, em seguida, tomara outro caminho. Em Princeton, não fazia parte de nenhum laboratório de armas. Cada vez mais alarmado com o desenvolvimento do que o presidente Eisenhower um dia chamaria de "complexo militar-industrial", tentara usar o status de celebridade para questionar a crescente dependência da comunidade científica do campo militar. Em 1954, ele perdeu. Como observou posteriormente o historiador da ciência Patrick McGrath, "cientistas e administradores como Edward Teller, Lewis Strauss e Ernest Lawrence, com seu militarismo e anticomunismo exacerbados, empurraram os cientistas norte-americanos e as instituições em que trabalhavam na direção de uma devoção quase completa e subserviente aos interesses militares dos Estados Unidos".[34]

A derrota de Oppenheimer foi também uma derrota para o liberalismo norte-americano. Os liberais não estavam sendo julgados durante o caso de espionagem atômica do casal Rosenberg. Alger Hiss foi condenado por perjúrio, mas a acusação subjacente era de espionagem. O caso Oppenheimer foi diferente. Apesar das suspeitas pessoais de Strauss, não havia surgido nenhuma evidência que indicasse que ele havia transmitido algum segredo a terceiros. Na verdade, a mesa presidida por Gray o havia exonerado de tais acusações. No entanto, como muitos adeptos do New Deal de Roosevelt, Oppenheimer fora um dia um homem de esquerda, ativo em causas da Frente Popular, próximo de muitos comunistas e do próprio partido. Mais adiante, tendo se tornado um liberal desiludido com a União Soviética, usara do icônico status adquirido para aderir às fileiras do *establishment* de política externa liberal, e para isso contava com amigos como o general George C. Marshall, Dean Acheson e McGeorge Bundy. Os liberais então abraçaram Oppenheimer como um dos seus. Assim, a humilhação que ele sofrera se estendia ao liberalismo, e os políticos liberais entenderam que as regras do jogo haviam mudado. Naquele momento, mesmo que não se tratasse de uma questão de espionagem, mesmo que a lealdade de uma pessoa não fosse questionada, desafiar a sensatez da dependência norte-americana em relação ao arsenal nuclear era perigoso. As audiências de Oppenheimer representaram, portanto, um passo significativo no estreitamento do foro público durante o início da Guerra Fria.

38

"Ainda sinto o sangue quente nas mãos"

> *[As audiências de segurança de Oppenheimer] conseguiram aquilo que seus oponentes queriam: destruí-lo.*
> ISIDOR I. RABI

OS OPPENHEIMER RECEBERAM UMA enxurrada de cartas — cartas de apoio de admiradores, cartas ofensivas de pessoas desequilibradas e cartas angustiadas de amigos próximos. Jane Wilson, esposa de Robert Wilson, físico de Cornell, escreveu a Kitty: "Robert e eu ficamos estarrecidos desde o começo, e cada novo desdobramento dos fatos nos enche de náusea e repulsa. Pequenas comédias mais horríveis do que esta provavelmente já foram encenadas no curso da história, mas não consigo me lembrar de nenhuma."[1] Robert tentou encarar a situação com leveza ao dizer à prima Babette Oppenheimer Langsdorf: "Você não está cansada de ler sobre mim? Eu estou!"[2] E então deixava a amargura transparecer em comentários irônicos: "O governo gastou mais para grampear meu telefone do que com os meus serviços em Los Alamos."

Numa conversa telefônica com o irmão, Robert disse que sabia "o tempo todo como o caso ia terminar".[3] Embora certamente desolado, já tentava pensar na provação pela qual passara como parte da história. No começo de julho, ele disse a Frank que havia gastado 2 mil dólares para fazer cópias das transcrições das audiências, "de modo que historiadores e acadêmicos possam estudá-las".

Alguns amigos mais próximos acharam que ele tinha envelhecido de maneira perceptível nos seis meses anteriores. "Num dia, ele podia parecer esgotado e abatido", disse Harold Cherniss.[4] "No outro, belo e robusto como sempre." O amigo de infância Francis Fergusson ficou impressionado com a aparência de Oppie. O cabelo curto e grisalho tinha ficado branco como prata. Ele acabara de completar 50 anos, porém, pela primeira vez na vida, parecia mais velho do que era. Robert confessou a Fergusson que havia sido "tolo demais",[5] e provavelmente merecia tudo que lhe acontecera. Não que fosse culpado de algo, mas efetivamente havia cometido erros graves, "como afirmar que sabia de coisas que não sabia". Fergusson achou que àquela altura o amigo entendia que "alguns de seus erros mais deprimentes deviam-se à vaidade". "Ele se comportava como um animal ferido", recordou Fergusson.[6] "Ele se recolheu. E retornou a um modo de vida mais simples."

Reagindo com o mesmo estoicismo que havia demonstrado aos 14 anos, Oppenheimer recusou-se a protestar contra o veredicto. "Penso nisso como um grande acidente", disse a um repórter, "muito parecido com um trem descarrilando ou um prédio caindo. Não tem relação nem conexão com a minha vida. Por acaso estava aí". Seis meses depois do julgamento, no entanto, quando o escritor John Mason Brown comparou o sofrimento do físico a uma "crucificação a seco",[7] Oppenheimer respondeu com um leve sorriso: "Bem, não foi tão seco assim. Ainda sinto o sangue quente nas mãos." Na verdade, quanto mais ele tentava trivializar o acontecimento — como um grande acidente "sem relação com a minha vida" —, mais pesado ficava-lhe o fardo no espírito.

Robert não mergulhou numa depressão profunda nem sofreu quaisquer golpes visíveis na psique. Alguns amigos, contudo, notaram uma mudança de tom. "Muito do espírito e da vivacidade de antes o abandonaram", disse Hans Bethe.[8] Posteriormente, Rabi comentou: "Acho que, de certa forma, elas [as audiências] o mataram. Pelo menos espiritualmente. Conseguiram aquilo que seus oponentes queriam: destruí-lo." Robert Serber sempre achou que, na sequência do julgamento, Oppie se tornou "um homem triste, com o espírito quebrado".[9] Entretanto, ainda naquele ano, depois de encontrar os Oppenheimer numa festa em Nova York oferecida pela socialite Marietta Tree, David Lilienthal anotou em seu diário que Kitty tinha um aspecto "radiante" e Robert "parecia realmente feliz, algo que eu não me lembrava de pensar sobre ele".[10] Um amigo próximo, Harold Cherniss tinha a impressão de que "tanto Robert como Kitty haviam saído das audiências impressionantemente bem". De fato, Harold considerava que, se Robert havia mudado, era uma mudança para melhor. Depois do sofrimento, disse Cherniss, ele escutava mais e demonstrava "maior compreensão para os outros".[11]

Oppenheimer estava arrasado, mas, ao mesmo tempo, era capaz de se mostrar notavelmente tranquilo. Ainda que pudesse desprezar o que havia lhe acontecido como um acidente absurdo, esse retraimento o deixara sem a energia e a raiva que um tipo diferente de homem poderia ter usado para revidar. Talvez o retraimento fosse uma estratégia de sobrevivência profundamente arraigada, mas, nesse caso, o preço era alto.

Por algum tempo, Oppenheimer nem sequer tinha certeza de que os administradores do instituto lhe permitiriam manter o emprego. Ele sabia que Strauss queria vê-lo destituído do cargo de diretor. Em julho, Strauss disse ao FBI que acreditava que oito dos treze membros do conselho de administração do instituto estavam dispostos a demitir Oppenheimer — mas ele decidira adiar a votação até o outono, para não dar a impressão de que, como presidente do conselho, estivesse agindo por vingança pessoal.¹² Isso acabou se revelando um erro de cálculo, pois deu aos membros do corpo docente tempo para elaborar uma carta aberta de apoio a Oppie.¹³ Todos os membros do corpo permanente do instituto assinaram a carta, numa impressionante demonstração de solidariedade a um diretor que havia arranhado alguns egos ao longo dos anos. Strauss foi obrigado a recuar, e ainda naquele outono o conselho de administração votou por manter Oppenheimer como diretor. Furioso e frustrado, Strauss continuou a entrar em choque com Robert nas reuniões da diretoria do instituto, pois nunca abandonou a obsessão por ele, enchia os arquivos pessoais com memorandos que detalhavam de maneira obsessiva as supostas infrações do desafeto. "Ele não consegue dizer a verdade", escreveu em janeiro de 1955, sobre uma disputa sem importância a respeito de um pagamento sabático ao corpo docente.¹⁴ Com o correr dos anos, Strauss redigiu bilhetes vingativos contra os amigos e defensores de Oppenheimer: chamou o juiz Felix Frankfurter de um "mentiroso sem escrúpulos"¹⁵ e se deliciou espalhando boatos de que as preferências sexuais de Joe Alsop o deixavam "vulnerável a uma chantagem soviética".*

SE OPPENHEIMER ESTAVA DEMONSTRANDO o desgaste dos últimos meses, o mesmo ocorria com a família. Embora Kitty tivesse tido uma atuação estelar perante o painel de segurança da AEC, os amigos podiam notar que estava visivelmente angustiada. Certa noite, às duas da madrugada, ela ligou para a velha amiga Pat Sherr. "Estávamos num sono profundo", recordou Sherr, "e ela obviamente estava bêbada; tinha a fala enrolada e dizia coisas sem sentido".¹⁶ No começo de julho, pouco tempo depois de a decisão da AEC entrar em vigor, um grampo ilegal do FBI revelou que Kitty havia sofrido um severo ataque de uma doença não identificada e precisara ser atendida por um médico em Olden Manor.¹⁷

Toni, então com 9 anos de idade, parecia encarar a situação de maneira tranquila. Já Peter, com 13, teve "muitas dificuldades na escola durante o período das audiências", segundo Harold Cherniss.¹⁸ Um dia, o menino chegou do colégio e contou à mãe que um colega de classe havia dito: "Seu pai é um comunista." Sempre sensível, ele tinha se tornado mais reticente. Em outra oportunidade, no começo daquele verão, depois de assistir pela TV a algumas das audiências Exército-McCarthy, Peter subiu as escadas, entrou no quarto e escreveu no quadro-negro montado para ele: "O governo norte-americano é injusto ao acusar certas pessoas que eu conheço de serem injustas com ele. Como isso é verdade, acho que certas pessoas no governo dos Estados Unidos, e apenas certas pessoas, deviam ir para o INFERNO. Atenciosamente, certas pessoas."¹⁹

---

* Em 1957, Alsop foi confrontado pela polícia secreta soviética com evidências fotográficas de um encontro homossexual. Strauss se certificou de que as cartas que documentavam o incidente fossem preservadas no cofre pessoal do diretor da CIA, Allen Dulles.

De maneira compreensível, Robert pensou que talvez um longo período de férias fizesse bem para todos. Ele e Kitty decidiram voltar para as Ilhas Virgens, mas, enquanto planejavam a viagem, Robert pediu à esposa que não enviasse um telegrama a St. Croix, porque achava que os meios de comunicação ainda estavam sendo vigiados. Temendo que as autoridades pudessem interferir, disse: "Se aquele lugar já não estiver bagunçado, vai acabar ficando."[20] Kitty não levou o aviso a sério e enviou o telegrama, por meio do qual reservava um veleiro de 72 pés, o *Comanche*, do amigo Edward "Ted" Dale.

O monitoramento técnico do FBI havia sido encerrado no começo de junho.[21] No entanto, um mês depois, assim que os comissários da AEC deram o veredicto final contra Oppenheimer, Strauss voltou a pressionar o FBI para manter o cientista sob vigilância. No começo de julho, sem um mandado judicial, escutas ilegais foram reinstaladas. Além disso, o FBI encarregou seis agentes de manter Oppenheimer sob vigilância física, todos os dias, das sete da manhã até a meia-noite. Tanto Strauss como Hoover temiam que ele empreendesse uma fuga. Strauss imaginava um submarino soviético emergindo das mornas águas do Caribe e levando Oppenheimer para longe, para trás da Cortina de Ferro.

O próprio Oppenheimer divertiu-se ao ler uma reportagem na *Newsweek* segundo a qual "importantes funcionários do aparato de segurança foram alertados contra um esforço comunista para fazer com que o dr. J. Robert Oppenheimer visite a Europa, para então convencê-lo a fazer uma Ponti Corvo [*sic*]" — uma referência a Bruno Pontecorvo, um físico italiano que desertara para o lado soviético em 1950.[22] As escutas do FBI captaram Herb Marks aconselhando Oppenheimer: nas atuais circunstâncias, segundo ele, seria prudente escrever uma carta a J. Edgar Hoover informando-o dos planos de férias. "A carta", aponta o resumo do FBI sobre a conversa, "seria justificada pelos tolos boatos que circulam no momento, segundo os quais o dr. Oppenheimer pode deixar o país, ser sequestrado, ser recebido por um submarino russo, estar planejando férias na Europa etc.".[23] Oppenheimer, obsequiosamente, enviou a carta a Hoover, informando-o do plano de passar três ou quatro semanas velejando pelo arquipélago das Ilhas Virgens.

Robert e a família embarcaram num voo para St. Croix em 19 de julho de 1954. Dali, seguiram para St. John, uma imaculada ilha caribenha mais ou menos do tamanho de Manhattan (54 quilômetros quadrados), com não mais de oitocentos residentes — 10% dos quais vindos "do continente". Em 1954, o máximo que se podia encontrar eram uns poucos saveiros ancorados na baía. A única vila e porto comercial da ilha, a baía de Cruz, tinha poucas centenas de habitantes, a maioria descendentes da população escrava de St. John.[24] O único bar da aldeia, o Mooie's, só seria construído dois anos depois. O edifício mais alto do lugar, a hospedaria Meade's Inn, não passava de um chalé de dois andares, uma verdadeira casa de bonecas das Índias Ocidentais. Pavões e asnos vagavam pelas ruas sem asfalto.

Ao desembarcar da balsa, os Oppenheimer entraram em um jipe-táxi que os levou por estradas de terra até a costa norte da ilha. Em busca de anonimato, eles passaram pela Caneel Plantation, o único resort de luxo da ilha, construído por Laurance S. Rockefeller, e seguiram até a Trunk Bay's Guest House, uma pousada administrada por Irva Boulon Thorpe, uma moradora antiga da ilha. Não havia telefone nem eletricidade, e a pousada era capaz de abrigar não muito mais do que uma dezena de pessoas. Na busca por um refúgio solitário, aquela família tinha encontrado o lugar certo. "Eles estavam numa espécie de estado de choque", recordou Irva Claire Denham, a filha da proprietária.[25] "O lugar era isolado o suficiente para que ninguém chegasse até eles. Eram cuidadosos até mesmo com quem conversavam. [...] Kitty era muito protetora. Parecia uma tigresa quando alguém chegava perto dele, porque ele estava sempre disposto a conversar." Quando Kitty estava de mau humor, muitas vezes quebrava coisas — e, na manhã seguinte, Robert ia procurar os Boulon e simpaticamente pagar pelo prejuízo.[26] Usando a baía de Cruz como porto fixo, os Oppenheimer passaram as cinco semanas seguintes velejando no *Comanche* ao redor de St. John e pelas vizinhas Ilhas Virgens Britânicas.

Até 25 de agosto de 1954, o FBI ainda estava preocupado com uma possível trama comunista denominada "Operação Oppenheimer", que levaria os Oppenheimer para trás da Cortina de Ferro. "De acordo com o plano", lê-se no relatório da agência, "Oppenheimer viajará primeiro para a Inglaterra e de lá para a França; uma vez na França, desaparecerá em mãos soviéticas".[27]

O FBI julgou impossível manter Oppenheimer sob vigilância durante a estada em St. John. Então, quando ele finalmente pegou o voo de volta para Nova York, em 29 de agosto de 1954, agentes o abordaram e solicitaram que os acompanhasse até uma sala reservada no terminal do aeroporto. Oppenheimer concordou, mas insistiu que a esposa fosse junto. Assim que eles entraram na sala, perguntaram a Oppie se ele havia sido abordado por agentes soviéticos nas Ilhas Virgens e solicitado a desertar. Os russos, disse Oppenheimer, "eram uns tolos idiotas", mas ele não achava que "fossem tolos o suficiente para lhe fazer uma oferta dessas".[28] Ele disse ainda, de maneira espontânea, que se isso algum dia acontecesse, avisaria o FBI na mesma hora. Após esse breve interrogatório, os Oppenheimer deixaram o aeroporto. Agentes seguiram o carro deles até Princeton e, no dia seguinte, voltaram a instalar um grampo no telefone doméstico.

Incrivelmente, o FBI enviou uma equipe de agentes a St. John em março de 1955 — seis meses depois de Oppenheimer ter ido embora.[29] Os agentes perguntaram aos residentes com quem Oppenheimer tinha conversado enquanto esteve na ilha.

NO EXTERIOR, A OPINIÃO pública reagiu ao julgamento de Oppenheimer com incredulidade. Intelectuais europeus viram na decisão da AEC uma evidência adicional de que os Estados Unidos estavam tomados por medos irracionais. "Como uma mente experimental independente pode sobreviver numa atmosfera dessas?", indagou R. H. S. Crossman na revista *The New Statesman and Nation*, o principal semanário liberal britânico.[30] Em Paris, ao receber uma cópia da transcrição das audiências de segurança de Oppenheimer, despachada pelo próprio físico, Chevalier leu partes do documento em voz alta para André Malraux. Ambos ficaram impressionados com a estranha passividade de Oppenheimer diante dos interrogadores. Malraux ficou particularmente perturbado com o fato de Oppenheimer ter respondido livremente a perguntas sobre a visão política de amigos e associados. As audiências o haviam transformado num informante. "O problema", disse Malraux a Chevalier, "foi que ele aceitou os termos dos acusadores desde o início [...] quando deveria ter dito a eles, logo de cara: 'Eu sou a bomba atômica!' Ele deveria ter insistido que era o construtor da bomba atômica, que era um cientista, não um informante".[31]

A princípio, Oppenheimer parecia destinado a se tornar um pária, pelo menos nos círculos mais importantes. Por quase uma década, ele havia sido mais do que apenas um cientista famoso. Outrora uma figura pública influente e ubíqua, ele parecia ter sumido de repente — continuava vivo, mas desaparecido. Como escreveu posteriormente Robert Coughlan na revista *Life*, "depois das audiências de segurança em 1954, o personagem público deixou de existir. [...] Ele havia sido um dos homens mais famosos do mundo, um dos mais admirados, citados, fotografados, consultados, glorificados, quase endeusado como o fabuloso e fascinante arquétipo de um novo tipo de herói, o herói da ciência e do intelecto, originador e símbolo vivo da nova era atômica. Então, de repente, toda a glória havia desaparecido, assim como ele próprio".[32] Nos meios de comunicação, Teller substituíra Oppenheimer como a nova face do arquetípico estadista científico. "A glorificação de Teller nos anos 1950", escreveu Jeremy Gundel, "talvez inevitavelmente, foi acompanhada pela difamação daquele que havia sido seu principal rival, J. Robert Oppenheimer".[33]

Embora excomungado dos círculos governamentais, Oppenheimer se tornou para os liberais um símbolo de tudo que havia de errado no Partido Republicano. Naquele verão, o *Washington Post* publicou uma série de artigos escritos pelo editor assistente executivo do jornal, Alfred Friendly, que o FBI considerou "favoravelmente inclinados a Oppenheimer".[34] Num dos textos, com a manchete "Drama envolve impressionante transcrição de Oppenheimer", Friendly chamou as audiências de "drama aristotélico", "shakespeariano em riqueza e variedade", com "alusões a espionagem *à la* Eric Ambler", "uma trama mais intrincada que a de ...*E o ventou levou*" e "com metade do número de personagens de *Guerra e paz*".

Muitos norte-americanos começaram a ver Oppenheimer como um mártir, uma vítima dos excessos da era McCarthy. No fim de 1954, a Universidade Columbia o convidou a fazer um discurso por ocasião do bicentenário da instituição, e a fala foi transmitida para todo o país. A mensagem era sombria e pessimista. Antes, nas Reith Lectures, ele exaltara as virtudes da ciência em empreendimentos comunitários, mas agora se aprofundava na condição solitária dos intelectuais, cercados pelos ferozes ventos das emoções populares. "Este é um mundo", disse ele, "no qual cada um de nós, ciente das próprias limitações, ciente dos males da superficialidade, terá que se apegar àquilo que lhe é próximo, àquilo que conhece, àquilo que pode fazer, aos amigos, à tradição e ao amor, de modo a não ser dissolvido numa confusão universal de nada saber e nada amar. [...] Se um homem nos diz que vê as coisas de maneira diferente de nós, ou que acha belo o que achamos feio, pode ser que tenhamos que sair da sala, por fadiga ou por conta de problemas".[35]

Alguns dias depois, milhões de norte-americanos assistiram à entrevista que Oppenheimer concedera a Edward R. Murrow no programa nacional de televisão *See It Now*. Robert não queria ir ao programa, e no último minuto tentou recuar. A própria emissora tinha sérias apreensões, mas o famoso apresentador convenceu Oppenheimer, fazendo-o concordar em gravar uma entrevista no escritório do instituto.

Murrow editou a conversa de duas horas e meia em um segmento de 25 minutos, que foi ao ar em 4 de janeiro de 1955. Oppenheimer aproveitou a ocasião para falar sobre os efeitos debilitantes de manter informações em sigilo. "O problema do sigilo é que ele nega ao próprio governo a sabedoria e os recursos de toda a comunidade", disse.[36] Murrow em nenhum momento mencionou diretamente as audiências de segurança — sem dúvida porque Robert insistira que o assunto não fosse abordado. Em vez disso, perguntou delicadamente a Oppenheimer se os cientistas tinham se afastado do governo. "Eles gostam de ser chamados a participar e de dar conselhos", respondeu Oppie obliquamente. "Todo mundo gosta de ser tratado como se soubesse alguma coisa. Suponho que, quando o governo age mal no campo em que você trabalha, quando toma decisões que parecem covardes ou vingativas, ou míopes, ou mesquinhas [...] então ficamos desencorajados, e podemos recitar o poema de George Herbert, 'I Will Abroad'. Isso, porém, é uma questão humana, não científica." Questionado se a humanidade passara a ter a capacidade de destruir a si mesma, Oppenheimer replicou: "Não exatamente. Sem dúvida podemos destruir o suficiente da humanidade para que apenas o maior ato de fé possa nos persuadir de que o que restar ainda será humano."

Apenas algumas semanas depois dessa entrevista, o nome de Oppenheimer veio novamente à tona na imprensa nacional, dessa vez numa controvérsia sobre liberdade acadêmica. Em 1953, a Universidade de Washington oferecera a Oppenheimer um trabalho de curto prazo como professor visitante. Por conta das audiências de segurança, Oppenheimer adiara o compromisso. No entanto, no fim de 1954, o Departamento de Física reforçou o convite — apenas para tê-lo cancelado pelo presidente da universidade, Henry Schmitz. Quando o *Seattle Times* ficou sabendo da decisão de Schmitz, a notícia provocou um debate nacional sobre liberdade acadêmica. Alguns cientistas anunciaram um boicote à Universidade de Washington. O *Seattle Post-Intelligencer* publicou um editorial em apoio ao presidente Schmitz: "A ideia de 'liberdade acadêmica' [...] é puro disparate emocional e juvenil." Os que apoiavam a presença de Oppenheimer no *campus*, insistiu o jornal, eram "apologistas do totalitarismo".[37]

Oppenheimer tentou ficar fora da briga. Quando perguntado por um repórter se o cancelamento do convite que havia recebido era uma obstrução à liberdade acadêmica, disse: "Não é problema meu." Contudo, quando o repórter perguntou se o boicote dos cientistas traria algum constrangimento para a universidade, respondeu com firmeza: "Creio que a universidade já constrangeu a si mesma."

Esses incidentes reforçaram a nova imagem de Oppenheimer. A transformação pública, de um participante das decisões de Washington para um intelectual exilado, estava completa. Isso, porém, não significava que Oppenheimer pensasse em si mesmo como um dissidente, e ele tampouco estava inclinado a desempenhar o papel de intelectual público ativista. Os dias em que se mostraria disposto a organizar um evento de arrecadação de fundos para uma boa causa, ou até mesmo assinar uma petição, tinham ficado no passado. Com efeito, alguns amigos o consideravam estranhamente passivo, até mesmo cordato, em face da autoridade. O amigo e admirador David Lilienthal ficou surpreso com uma conversa que tiveram em março de 1955, menos de um ano depois das audiências. Aconteceu durante uma reunião do conselho de administração do Twentieth Century Fund, uma fundação liberal que incluía, entre seus conselheiros, Lilienthal, Oppenheimer e Adolph Berle, Jim Rowe e Ben Cohen — ambos ex-assistentes de Franklin Roosevelt — e Francis Biddle, ex-procurador-geral no governo FDR. Depois de concluídos os assuntos da fundação, Berle mudou o rumo da conversa para uma discussão sobre a crise entre a China comunista e a Taiwan de Chiang Kai-shek em relação ao estreito de Formosa. Berle achava que a guerra era iminente, e poderia muito bem começar com "pequenas bombas atômicas, e então onde vai parar"? Ele acrescentou que sabia que alguns generais achavam que "devemos destruir os chineses com bombas atômicas agora, antes que eles fiquem mais fortes". Isso deflagrou uma vigorosa discussão sobre o que deveria ser feito, e algum tempo depois todos concordaram que deveriam assinar uma declaração pública com o propósito de advertir os Estados Unidos contra qualquer ação militar precipitada.

Então, para surpresa de Lilienthal, Oppenheimer se manifestou e "explicou que achava que não deveria assinar declaração alguma, embora concordasse com ela, em virtude do que isso provocaria".[38] E foi mais longe, jogando um balde de água fria em toda a ideia de protestar contra as tendências bélicas do governo Eisenhower. Afinal, disse ele, uma guerra por Formosa (Taiwan) não era necessariamente pior do que uma paz sob quaisquer circunstâncias, e, se a guerra irrompesse, o uso limitado de bombas atômicas táticas poderia não levar inexoravelmente ao bombardeio total de cidades. Ele argumentou ainda que, a despeito de qualquer declaração — com a qual concordaria, mas não se disporia a assinar —, "Washington certamente já deu atenção conscienciosa, cuidadosa e inteligente às questões relevantes". Robert sempre fora persuasivo com qualquer público — e, no final da reunião, todos concordaram que uma declaração pública estava fora de questão. Lilienthal saiu se perguntando "se aqueles entre nós — inclusive eu mesmo — que haviam estado sob terrível ataque não havíamos nos desviado de nosso caminho para discutir conservadoramente a posição do país e do governo, e se no fim das contas não acabaríamos sendo considerados menos pró-americanos".

Parece evidente que Robert estava determinado a provar que era um patriota confiável e que seus críticos estavam errados em questionar sua dedicação ao país. Ele estava mantendo distância de quaisquer confrontos públicos, especialmente os relacionados a armas nucleares. Além disso, desaprovava autoproclamados especialistas — como o jovem Henry Kissinger, que transformara a si mesmo num estrategista nuclear. "Quanta bobagem", disse ele em particular a Lilienthal, gesticulando no ar com o cachimbo apagado, "pensar que esses problemas podem ser resolvidos com teoria dos jogos ou pesquisa comportamental!".[39] Em todo caso, ele não condenaria publicamente nem Kissinger nem qualquer outro estrategista nuclear.

Ainda naquela primavera, Oppenheimer recusou um convite de Bertrand Russell para participar da sessão inaugural das Conferências Pugwash, um encontro de cientistas internacionais que Russell organizava com o industrial Cyrus Eaton, Leo Szilard e Joseph Rotblat, o físico polonês que deixara Los Alamos no outono de 1944. Oppenheimer escreveu a Russell para dizer que tinha ficado "um tanto preocupado quando vi a agenda proposta. [...] Acima de tudo, creio que a menção a 'riscos surgidos a partir do desenvolvimento contínuo de armas nucleares' prejulga onde os maiores riscos estão localizados".[40] Perplexo, Russell retrucou: "Não consigo imaginar como você negaria a existência de riscos associados ao desenvolvimento contínuo de armas nucleares."

Citando essa e outras conversas, o sociólogo da ciência Charles Robert Thorpe argumentou que, embora tivesse sido "excomungado do círculo interno do Estado nuclear", Oppenheimer "continuava em espírito a apoiar a direção fundamental de tais políticas".[41] Aos olhos de Thorpe, Oppie estava retomando "o papel de estrategista científico-militar da vencível guerra atômica e defensor dos poderes constituídos". Para alguns, assim parecia. Oppenheimer, sem dúvida, não estava disposto a se aliar a ativistas políticos como Lord Russell, Rotblat, Szilard e Einstein, que com frequência assinavam petições em protesto contra a corrida armamentista capitaneada pelos Estados Unidos. De fato, o nome Oppenheimer esteve notoriamente ausente de uma dessas cartas abertas, datada de 9 de julho de 1955 e assinada não só por Russell, Rotblat e Einstein, mas também por ex-professores e amigos como Max Born, Linus Pauling e Percy Bridgman.⁴²

Oppenheimer, ainda assim, era capaz de ser crítico; simplesmente queria ficar sozinho e adotar uma posição mais ambígua que a dos colegas cientistas. Estava consumido pelos profundos dilemas éticos e filosóficos apresentados pelas armas nucleares, mas por vezes, como disse Thorpe, parecia que tinha se oferecido "para chorar pelo mundo, mas não para ajudar a mudá-lo".⁴³

Na verdade, Oppenheimer queria muito mudar o mundo, mas sabia que estava impedido de mover as alavancas do poder em Washington e não tinha mais o espírito de ativismo público que o motivara nos anos 1930. A excomunhão que sofrera não o havia liberado para participar dos grandes debates do momento — ao contrário, estimulara-lhe a autocensura. Frank Oppenheimer achava que o irmão estava imensamente frustrado por não conseguir encontrar um caminho de volta aos círculos oficiais. "Acho que ele queria voltar àquele mundo", disse Frank.⁴⁴ "Não sei por quê. Talvez seja uma daquelas coisas que, depois que a gente prova, é difícil não continuar querendo."

Em certas ocasiões, porém, Oppenheimer falava publicamente sobre Hiroshima, e o fazia com um vago senso de arrependimento. Em junho de 1956, ele disse à turma de formandos da George School, internato no qual o filho Peter estudava, que o bombardeio de Hiroshima talvez tivesse sido "um erro trágico".⁴⁵ Os líderes norte-americanos, disse ele, "perderam a noção de limite" ao lançar a bomba atômica sobre a cidade. Alguns anos depois, Robert deu um indício de seus sentimentos a Max Born, seu antigo professor em Göttingen, que desaprovara explicitamente a decisão de Oppenheimer de trabalhar na bomba atômica. "É gratificante ter tido alunos tão brilhantes e eficientes", escreveu Born em suas memórias. "No entanto, eu gostaria que eles tivessem demonstrado menos brilho e mais sabedoria."⁴⁶ Oppenheimer escreveu a Born: "Ao longo dos anos, senti uma certa desaprovação de sua parte por muito do que fiz. Isso sempre me pareceu muito natural, pois é um sentimento que compartilho."

SE NÃO ESTAVA DISPOSTO a participar dos agitados debates públicos de meados da década de 1950 acerca da política nuclear do governo Eisenhower, Oppenheimer não hesitava em falar sobre temas culturais e científicos. Apenas um ano depois das audiências de segurança, ele publicou uma coletânea de ensaios com o título de *The Open Mind*.⁴⁷ Ela incluía oito palestras que dera desde 1946, todas sobre a relação entre armas nucleares, ciência e cultura no pós-guerra. Publicado pela Simon & Schuster e amplamente resenhado, o livro serviu para apresentá-lo como um moderno vidente, um filósofo consciencioso e enigmático do papel da ciência no mundo moderno. Nesses ensaios, ele advogava uma "mente aberta" como componente essencial para uma sociedade aberta. E defendia a "minimização do sigilo": "Nós parecemos saber, e voltar repetidamente a esse conhecimento, que os propósitos de nosso país no campo da política externa não podem, de modo real ou duradouro, ser alcançados por meio da coerção."[48] Numa repreenda implícita aos que pensavam que os Estados Unidos, com poderosas armas nucleares, poderiam agir de forma unilateral, Oppenheimer entoou: "O problema de fazer justiça ao implícito, ao imponderável e ao desconhecido obviamente não é exclusivo da política. Ele está sempre conosco na ciência, nas mais triviais de nossas questões particulares, e é um dos grandes problemas da escrita e de todas as formas de arte. O meio pelo qual é resolvido é por vezes chamado de estilo; é o estilo que torna possível agir efetivamente, mas não de forma absoluta; é o estilo que, no domínio da política externa, nos permite encontrar uma harmonia entre a busca daquilo que é essencial para nós e a consideração pelos pontos de vista, pelas sensibilidades e aspirações daqueles para quem o problema pode aparecer sob outra luz; o estilo é a deferência que a ação presta à incerteza; e é acima de tudo por meio do estilo que o poder presta deferência à razão."

Na primavera de 1957, Oppenheimer foi convidado pelos departamentos de Filosofia e Psicologia da Universidade Harvard a apresentar as prestigiosas William James Lectures. O amigo McGeorge Bundy, na época reitor de Harvard, fora o responsável pelo convite, que, previsivelmente, deflagrou considerável controvérsia. Um grupo de ex-alunos de Harvard liderado por Archibald B. Roosevelt ameaçou suspender as doações se Oppenheimer fosse autorizado a falar. "Não achamos que pessoas que contam mentiras devam dar palestras num lugar que tem a verdade como lema", disse Roosevelt.[49] Bundy ouviu os protestos e então fez questão de comparecer à palestra de 8 de abril.

Oppenheimer deu a essa série de seis palestras o título "The Hope of Order". Na fala inaugural, 1.200 pessoas lotaram o Sanders Theater, o maior anfiteatro de Harvard. Outras oitocentas ouviram a palestra espremidas num salão próximo. Antecipando protestos, policiais armados guardaram as portas. Uma enorme bandeira dos Estados Unidos pendia na parede atrás do atril, conferindo à cena uma aura estranhamente cinematográfica. Por coincidência, o senador Joe McCarthy morrera quatro dias antes, e os restos mortais estavam oficialmente abertos à visitação naquela mesma tarde no Capitólio. Quando se levantou para falar, Oppenheimer hesitou por um momento, então caminhou até o quadro-negro e escreveu: "Descanse em paz."[50] Enquanto alguns na plateia murmuravam, compreendendo a audácia daquela silenciosa repreenda ao senador morto, Oppenheimer voltou ao atril com expressão impassiva e começou sua conferência. Edmund Wilson compareceu a uma das palestras e posteriormente descreveu as impressões em seu diário. Quando o presidente de Harvard, Nathan Pusey, o apresentou, Oppenheimer estava sentado sozinho na plataforma, "agitando nervosamente os braços e os pés do desajeitado modo judaico, mas, quando começou a falar, prendeu imediatamente toda a plateia, mal se ouvia um som sequer em todo o anfiteatro. Ele falava muito baixo, mas com uma entonação penetrante. Tinha uma extraordinária concisão e precisão, discursava apenas a partir de anotações — como ao descrever William James e ao falar sobre a relação com o irmão, Henry. A abertura foi emocionante — ele nada fez para torná-la dramática, mas levantou questões terríveis, que pesavam na mente de todos, e era possível sentir nele, como disse Elena, um forte senso de responsabilidade. Ficamos comovidos e estimulados".[51]

Depois disso, porém, Wilson começou a se perguntar se Oppenheimer não seria "um homem brilhante que fora abatido pela idade, que, assim como qualquer pessoa, não sabia o que fazer em relação a isso — a humildade dele me parecia prostração". Como muitos que tinham ouvido o discurso de Robert, deixou a sala com uma perturbadora percepção das frágeis ambiguidades do homem.

A partir de uma posição privilegiada no instituto, e depois de ter feito vários outros discursos por todo o país, Oppenheimer começava a dar forma a um novo papel. No passado, estivera completamente enredado no meio científico, mas naquele momento se tornava um intelectual distante, porém carismático. David Lilienthal, que o via com frequência, achava que ele tinha abrandado. Sem dúvida, ele havia envelhecido — em 1958, a silhueta esguia de um homem de 54 anos estava curvada como a de um velho. Lilienthal, porém, achava que as linhas de expressão no rosto de Robert haviam "cedido lugar a uma espécie de calma que resultava do 'sucesso'. Ele havia navegado por uma das mais violentas e amargas tempestades que um ser humano pode enfrentar".[52]

OPPENHEIMER CONTINUOU A PRESIDIR o instituto com destreza e sensibilidade, e tinha motivos para estar orgulhoso da sua criação. Como Berkeley nos anos 1930, o instituto se tornara não só um dos mais importantes centros de física teórica do país, mas também um refúgio para acadêmicos brilhantes, jovens e velhos, em numerosas disciplinas. Um desses jovens acadêmicos era John Nash, um talentoso matemático que recebeu uma bolsa do instituto em 1957.* Tendo lido o artigo de Werner Heisenberg sobre o "princípio da incerteza", Nash começou a questionar físicos veteranos sobre algumas das contradições não solucionadas da teoria quântica. Como Einstein, sentia-se incomodado com a pureza da teoria. No verão de 1957, ao levantar tais heresias com o diretor do instituto, teve as perguntas impacientemente desprezadas. Nash, no entanto, persistiu, e Oppenheimer logo se viu enredado em uma discussão séria. Passado um tempo, Nash lhe escreveu um pedido de desculpas, mas insistiu que a maioria dos físicos era "dogmática demais nas atitudes".[53]

Nash deixou o instituto naquele verão e durante longos anos se debateu com uma doença mental debilitante, a qual, por algum tempo, exigiu que fosse interna-

---

* Nash foi retratado no livro (e posteriormente no filme) *Uma mente brilhante*, de Sylvia Nassar.

do. Oppenheimer foi solidário com os sofrimentos psiquiátricos do matemático, e o convidou a voltar ao instituto assim que ele se recuperou de um dos mais severos ataques esquizoides que sofrera. Robert tinha um instinto de indulgência pela fragilidade da psique humana, uma aguda consciência da tênue fronteira que separa a insanidade do brilhantismo. Assim, quando o médico de Nash lhe telefonou no verão de 1961 para perguntar se o matemático estava bem de saúde, Oppie respondeu: "É uma coisa que ninguém no mundo pode lhe dizer, doutor."[54]

Oppenheimer podia ser constrangedoramente dúbio no que dizia respeito à complicada vida pessoal que construíra. Quando Jeremy Bernstein, então com 27 anos, chegou ao instituto em 1957, foi informado de que o dr. Oppenheimer desejava vê-lo de imediato. Ao entrar na sala do diretor, ele foi alegremente saudado: "O que há de novo na física?"[55] Antes que Bernstein conseguisse formular uma resposta, o telefone tocou e Robert fez um gesto para que ele permanecesse na sala enquanto atendia à chamada. Ao desligar, virou-se para Bernstein, alguém que tinha acabado de conhecer, e disse em tom casual: "Era Kitty. Ela bebeu de novo." Em seguida, convidou o jovem físico a visitar Olden Manor para ver alguns dos "quadros" que ele colecionava.

Bernstein passou dois anos no instituto, e achou Oppenheimer "infinitamente fascinante".[56] A depender da ocasião, ele podia ser de uma ferocidade intimidadora ou de um encanto capaz de desarmar qualquer um. Certo dia, ao ser chamado à sala de Oppenheimer para uma de suas periódicas "confissões", Bernstein por acaso mencionou que estava lendo Proust. "Ele me olhou de um jeito gentil", escreveu Bernstein tempos depois, "e disse que, quando tinha a minha idade, havia feito uma excursão pela Córsega e lido Proust à noite à luz de lanternas. Não estava se gabando. Estava compartilhando algo".

EM 1959, OPPENHEIMER PARTICIPOU de uma conferência em Rheinfelden, na então Alemanha Ocidental, patrocinada pelo Congresso pela Liberdade Cultural. Ele e outros vinte intelectuais internacionais de renome se reuniram no luxuoso Saliner Hotel, às margens do Reno, perto da Basileia, para discutir o destino do mundo industrializado no Ocidente. Sentindo-se seguro nesse ambiente fechado, Oppenheimer quebrou o silêncio que mantinha sobre as armas nucleares e falou com atípica clareza sobre como eram vistas e valorizadas na sociedade norte-americana. "O que concluir de uma civilização que sempre encarou a ética como parte essencial da vida humana", indagou ele, mas "que não tem sido capaz de falar sobre a perspectiva de matar quase toda a humanidade exceto em termos de prudência e da teoria dos jogos?".[57]

Oppenheimer empatizava profundamente com a mensagem liberal anticomunista do Congresso pela Liberdade Cultural. Como alguém que um dia estivera cercado de comunistas, Oppenheimer encontrava-se naquele momento na companhia de intelectuais dedicados a dissipar as ilusões de "frívolos simpatizantes". Ele apreciou a companhia dos homens que conheceu nas sessões anuais do congresso, entre os quais escritores como Stephen Spender, Raymond Aron e o historiador Arthur Schlesinger Jr. Ele e o diretor executivo do congresso, Nicolas Nabokov, tornaram-se bons amigos. Nabokov, primo do romancista, era um conceituado compositor que dividia o tempo entre Paris e Princeton, e certamente sabia — Oppenheimer também — que o congresso recebia verbas da CIA. "Quem não sabia? Era um segredo bem aberto", recordou Lawrence de Neufville, um oficial da CIA alocado na Alemanha.[58] Quando o *New York Times* publicou essa notícia, na primavera de 1966, Oppenheimer juntou-se a Kennan, John Kenneth Galbraith e Arthur Schlesinger Jr. numa carta conjunta ao editor do jornal na qual defendiam a independência do congresso e a "integridade dos funcionários". Não se deram o trabalho de negar o elo com a CIA. Ainda naquele ano, Oppenheimer escreveu a Nabokov, garantindo-lhe que via o Congresso pela Liberdade Cultural como uma das "grandes e benignas influências" da era pós-guerra.

Com o passar do tempo, Oppenheimer se tornou mais visível como celebridade internacional. Começou a viajar para o exterior com mais frequência. Em 1958, visitou Paris, Bruxelas, Atenas e Tel-Aviv. Em Bruxelas, ele e Kitty foram recebidos pela família real belga — parentes distantes de Kitty. Em Israel, o anfitrião foi o primeiro-ministro David Ben-Gurion. Em 1960, ele visitou Tóquio, e repórteres o receberam no aeroporto com uma enxurrada de perguntas: "Não me arrependo", disse ele em voz baixa, "de ter contribuído para o sucesso técnico da bomba atômica. Não é que não me sinta mal, só não me sinto pior esta noite do que na noite de ontem".[59] A tradução para o japonês desse sentimento carregado de ambiguidade não deve ter sido fácil. No ano seguinte, Robert viajou pela América Latina, com patrocínio da Organização dos Estados Americanos, sendo descrito nos jornais locais como "*el padre de la bomba atómica*".

LILIENTHAL, UM GRANDE ADMIRADOR do intelecto de Oppenheimer, ficava entristecido pelo que observava da vida familiar de Robert. Havia, disse ele tempos depois, uma "contradição entre a mente brilhante de Oppenheimer e sua desajeitada personalidade. [...] Ele não sabia lidar com as pessoas, sobretudo com os filhos".[60] Lilienthal concluiu, duramente, que Oppenheimer "arruinara" a vida de Peter e Toni. "Ele os mantinha numa coleira apertada."[61] Peter havia crescido e se tornado um jovem tímido, mas altamente sensível e inteligente. No entanto, vivia afastado de Kitty. Francis Fergusson sabia que Robert o amava, ainda que parecesse incapaz de protegê-lo dos humores voláteis da mãe.[62] Em 1955, Robert e Kitty mandaram Peter, na época com 14 anos, para a George School, um internato quacre de elite em Newton, na Pensilvânia, na esperança de que um pouco de distância pudesse aliviar as tensões entre mãe e filho.

Em 1958, quando Robert recebeu uma oferta para trabalhar como professor visitante em Paris por um semestre, uma crise familiar irrompeu. Ele e Kitty decidiram tirar Toni, então com 12 anos, da escola particular em Princeton, onde estudava e levá-la com eles para Paris. Quanto a Peter, resolveram que, com 17 anos, deveria permanecer nos Estados Unidos. Robert escreveu ao irmão para dizer que Peter manifestara o desejo de ir visitá-lo na fazenda e talvez conseguir um emprego temporário no rancho de algum amigo da família no Novo México. "Ele ainda se encontra num estado de espírito muito volátil", escreveu Robert, "e receio não ser capaz de predizer com algum grau de segurança o que acontecerá em junho".[63]

A secretária pessoal de Robert, Verna Hobson, desaprovou a ideia: "Foi um verdadeiro tapa na cara deixá-lo para trás. Ele [Peter] era imensamente sensível. Fiquei totalmente do lado dele."[64] Hobson disse a Peter o que pensava, mas estava claro que Kitty já tinha tomado uma decisão. Hobson viu nesse episódio um claro ponto de inflexão na relação de Peter com o pai. "Chegou um momento", disse Hobson, "que Robert teve que escolher entre Peter — por quem tinha muito afeto — e Kitty. Ele conduzira toda a situação de um jeito que o forçava a escolher entre um ou outro, e por causa do pacto que havia feito com Deus, e consigo mesmo, escolheu Kitty".

39

"Era realmente uma Terra do Nunca"

Robert era um homem muito humilde. Eu o adorava.
INGA HIILIVIRTA

A PARTIR DE 1954, os Oppenheimer começaram a passar vários meses por ano vivendo na minúscula ilha de St. John, nas Ilhas Virgens. Cercado pela estonteante e virginal beleza da ilha, Robert desfrutou o exílio autoimposto vivendo como se fosse um pária social. Nas palavras de um poema que havia escrito em Harvard em seus tempos de juventude, estava fazendo de St. John "sua prisão separada", e a experiência pareceu rejuvenescê-lo da mesma forma que os verões passados no Novo México, décadas antes. Durante as primeiras visitas, a família retornou à pequena pousada de Irva Boulon na baía de Trunk, na costa norte da ilha. Contudo, em 1957, Robert adquiriu um terreno de quase um hectare na baía de Hawksnest, uma belíssima enseada na ponta noroeste de St. John. O local ficava logo abaixo de uma imponente formação rochosa conhecida ironicamente, pelo menos para Robert, como "Peace Hill", ou "monte da Paz". Palmeiras pontuavam a praia de areias brancas, e as águas azul-turquesa eram repletas de bodiões, cirurgiões-patela, garoupas e ocasionais cardumes de barracudas.

Em 1958, Robert contratou o eminente arquiteto Wallace Harrison — que ajudara a projetar marcos arquitetônicos como o Rockefeller Center, o prédio das Nações Unidas e o Lincoln Center — para conceber o projeto de uma espartana casa de praia, uma espécie de versão caribenha de Perro Caliente.[1] No entanto, o empreiteiro contratado para erguer a construção colocou as fundações no ponto errado — perigosamente perto do mar. (Ele alegou que um burro havia comido a planta topográfica.) Quando finalmente pronta, a casa consistia em uma grande sala retangular, com cerca de seis ou sete metros de comprimento, assentada sobre uma plataforma de concreto.[2] A sala era dividida apenas por uma parede de pouco mais de um metro de altura, a qual separava a área de dormir do restante da casa. Lajotas de terracota revestiam o assoalho. Uma cozinha bem equipada e um pequeno banheiro ocupavam os fundos da estrutura. Janelas com venezianas permitiam que a luz do sol jorrasse para dentro da casa por três lados. No entanto, a frente da construção, voltada para a rocha, era completamente aberta — para a rocha e para os mornos ventos alísios que sopravam na ilha. A casa tinha, portanto, apenas três paredes, com um telhado de zinco projetado de modo a poder ser baixado e cobrir a parte frontal durante a temporada de furacões. Eles chamaram a residência de "Easter Rock", ou "Rocha da Páscoa",[3] em homenagem à grande rocha em forma de ovo empoleirada no alto de Peace Hill.

Centenas de metros praia acima viviam os únicos vizinhos, Robert e Nancy Gibney, que com bastante relutância haviam lhes vendido a propriedade, depois de muita bajulação de Robert.[4] Os Gibney moravam na ilha desde 1946, quando haviam comprado por um valor irrisório um terreno de trinta hectares ao redor da baía de Hawksnest.[5] Ex-editor da revista *The New Republic*, Bob Gibney tinha ambições literárias, mas, quanto mais tempo passava na ilha, menos escrevia.[6]

A esposa de Gibney, Nancy, vinha de uma abastada família de Boston. Uma mulher elegante, trabalhara por algum tempo como editora da *Vogue*. Com três filhos pequenos e uma modesta renda regular, os Gibney eram ricos em terras e pobres em dinheiro. Nancy Gibney conhecera os Oppenheimer em 1956, durante um almoço na pousada da baía de Trunk. "Eles estavam vestidos com roupas comuns de turistas", escreveu ela tempos depois, "camisa de algodão, bermudas e sandálias, mas não pareciam nada humanos, magros, frágeis e pálidos demais para uma vida terrena. [...] Kitty era a mais humanoide dos dois, embora desse a impressão de não possuir feições, exceto pelos olhos escuros. Tinha uma voz profunda e rouca demais para ser emanada do peito minúsculo".

Ao serem apresentadas, Kitty perguntou a Nancy: "Você não sente calor com todo esse cabelo?" Foi um comentário que Nancy considerou "assombrosamente rude". De Robert, no entanto, teve uma boa primeira impressão. Ele era "impressionantemente parecido com o Pinóquio e se movia de forma desajeitada, como se fosse uma marionete. Os modos, porém, não tinham nada da rigidez da madeira: ele exalava calor, simpatia e gentileza junto com a fumaça do famoso cachimbo". Quando Robert lhe perguntou de maneira polida o que o marido de Nancy fazia, ela explicou que ele trabalhava ocasionalmente para Laurance Rockefeller em seu hotel na baía de Caneel.

"Ele trabalha para Rockefeller?", perguntou Oppenheimer, puxando o fumo do cachimbo. E então, abaixando a voz, comentou: "Também recebi dinheiro para fazer o mal."

Nancy ficou pasmada. Nunca tinha conhecido gente tão exótica. No ano seguinte, Oppenheimer persuadiu os Gibney a lhe venderem o terreno para construir uma casa — e então, na primavera de 1959, enquanto os empreiteiros ainda levantavam a construção, Kitty escreveu a Nancy Gibney dizendo-lhe que gostariam de ir para St. John em junho, mas não tinham onde ficar. Contrariando seu melhor julgamento, Gibney lhes ofereceu um quarto em sua grande e rústica casa de praia.

Algumas semanas depois, os Oppenheimer apareceram, junto com a filha Toni, de 14 anos, e uma colega de classe, Isabelle. Kitty disse que as meninas dormiriam em uma barraca que haviam trazido. E então anunciou que não poderiam ficar o verão todo, mas que dariam um jeito de ficar um mês. Nancy Gibney ficou estupefata, pois tinha pensado que eles ficariam por alguns dias. Assim começou aquilo que ela chamou tempos depois de "sete hediondas e hilárias semanas",[7] marcadas por discórdias, mal-entendidos e coisas ainda piores.

Os Oppenheimer, para dizer o mínimo, não eram hóspedes fáceis. Kitty invariavelmente passava metade da noite acordada, muitas vezes gemendo de dor por conta do que chamava de "ataques do pâncreas", intensificados pelo hábito de beber. Tanto Kitty quanto Robert adoravam "beber e fumar na cama". Toda noite, os Gibney ouviam Kitty zanzando pela cozinha, pegando gelo para os drinques. Nancy por vezes era despertada pelos "frequentes pesadelos" de Robert. Insones, os Oppenheimer geralmente não se levantavam antes do meio-dia.

Certa noite, em agosto, Nancy foi acordada pela terceira vez por Kitty esbarrando em coisas na cozinha, com uma lanterna na mão à procura de gelo. Ao se levantar para ver o que estava acontecendo, por fim explodiu de raiva: "Kitty, ninguém que bebe a noite toda precisa de gelo. Volte para o seu quarto, feche a porta e fique lá dentro até morrer."

Kitty olhou para ela por um momento e então desfechou um golpe violento com a lanterna. O objeto apenas roçou na bochecha de Nancy. "Segurei o ombro dela com força", escreveu Nancy posteriormente, "e lhe dei um passa-fora, empurrando-a até o 'quarto deles'; depois bati e tranquei todas as portas". Na manhã seguinte, Gibney partiu para visitar a mãe em Boston, e disse aos filhos que só voltaria "depois que aqueles lunáticos forem embora". Os Oppenheimer finalmente se foram em meados de agosto.

No ano seguinte, retornaram a St. John, já instalados na própria casa, àquela altura já concluída — mas não surpreende que a relação com os Gibney jamais tenha voltado ao normal. Nancy nunca mais falou com os Oppenheimer e costumava provocar Kitty colando cartazes com os dizeres "Propriedade privada"[8] de seu lado da praia. Os filhos de Gibney se lembram de Kitty andando por toda a praia rasgando os cartazes.

Nancy Gibney brigou com Kitty, mas o verdadeiro desgosto ficou reservado para Robert. "Acabei desenvolvendo uma tortuosa afeição e respeito por Kitty, embora tomasse cuidado para não demonstrar. Em seus piores momentos, ela era absolutamente desprovida de maldade, corajosa como uma pequena leoa e ferozmente leal a sua alcateia."[9] Robert, de quem havia tido uma primeira impressão favorável, era a seu ver o verdadeiro mau-caráter. A percepção de Nancy em relação a ele era particularmente hostil. No ensaio sobre a estada do casal na casa naquele verão, ela relata que o dia 6 de agosto — 14º aniversário do lançamento da bomba sobre Hiroshima

— "foi um dia de profunda nostalgia para nossos hóspedes, um dia de sorrisos afetados e animadas recordações. Ninguém que observasse Robert *en famille* naquele dia poderia questionar qual havia sido o momento dele de maior brilho. [...] Estava claro que ele adorava a bomba e o papel que havia tido na criação dela".

Robert nunca levantava a voz. Na verdade, ninguém jamais o viu zangado — exceto em uma memorável ocasião. Alguns anos depois de se mudarem para a casa de praia, Robert e Kitty estavam dando uma barulhenta festa de Ano-Novo quando um dos convidados, Ivan Jadan, desandou a cantar uma ópera. A cantoria foi demais para Bob Gibney, que desceu correndo até a propriedade dos Oppenheimer numa explosão de fúria. Ele portava uma arma, e, aparentemente num esforço para chamar a atenção de todos, deu vários tiros para o ar. Robert se virou ferozmente para ele e berrou: "Gibney, nunca mais apareça na minha casa!"[10] Depois disso, os Gibney e os Oppenheimer nunca mais tiveram algum tipo de relação. Contrataram advogados e brigaram por direitos sobre a praia. O embate entre os dois virou uma lenda na ilha.

A OPINIÃO QUE OS Gibney tinham a respeito dos Oppenheimer não era compartilhada por outros nativos de St. John. Ivan e Doris Jadan, um pitoresco casal que morava na ilha desde 1955, adoravam Robert. "Você nunca se sentia desconfortável ao lado dele", recordou Doris, "o que era um tributo ao tipo de atitude que ele tinha".[11] Nascido na Rússia em 1900, Ivan Jadan foi o principal tenor lírico do Bolshoi no fim da década de 1920 e ao longo dos anos 1930. Apesar do status, recusou-se a ingressar no Partido Comunista, e, em 1941, com a invasão alemã, ele e uma dezena de amigos do Bolshoi caminharam em direção às linhas germânicas e se renderam, sendo pouco tempo depois embarcados em vagões de gado para a Alemanha. Em 1949, conseguiu emigrar para os Estados Unidos. Casou-se com Doris dois anos depois, e, quando o casal visitou St. John pela primeira vez, em junho de 1955, Ivan anunciou: "Vou ficar aqui."

Apresentados aos Oppenheimer, os Jadan ficaram encantados ao saber que os recém-chegados falavam alemão. O inglês de Ivan sempre fora rudimentar, e ele e Doris geralmente conversavam em russo. Tempestuoso e sem papas na língua, Ivan podia irromper numa canção sob o mais leve pretexto. Podia também ser bastante ferino, ocasião em que podia se levantar e deixar a mesa ao discordar de alguém. Era um homem profundamente antissoviético, o máximo que uma pessoa podia ser — e, embora conhecesse todos os detalhes sobre o julgamento de Robert, não detectava nada em suas sensibilidades morais que não estivesse profundamente correto. Ivan raras vezes falava de política, mas com Robert se sentia atraído para o assunto. Eles formavam uma dupla estranha — mas, obviamente, apreciavam a companhia um do outro.

"Kitty, é claro, era bem diferente", recordou Doris Jadan.[12] "Ela era perturbada. Mas eles [ela e Robert] eram muito protetores um com o outro, mesmo quando ela estava meio fora de si. [...] Kitty podia ser bem maldosa. O diabo tinha se apossado de parte dela, e ela sabia disso." Ainda assim, Doris gostava dela. Um dia, Kitty disse a ela: "Sabe, Doris, você e eu temos uma coisa em comum. Somos casadas com homens especialmente peculiares, e temos uma responsabilidade diferente da de outras pessoas."

Na ilha, todos bebiam, e embora Kitty bebesse um bocado, também era capaz de ficar sóbria por dias a fio. "Não me lembro de ver Kitty exatamente bêbada, exceto talvez em uma ou outra ocasião", recordou Sabra Ericson, uma vizinha dos Oppenheimer.[13] "Ela era o grande problema da vida dele", disse Doris Jadan, "e sabia disso. Mas acho que ele não teria conseguido passar pelo que passou se ela não estivesse presente. [...] Kitty o amava. Não há dúvida quanto a isso. Mas era uma mulher complicada. [...] Acho que, para ser justo com ela, deve ter sido a melhor esposa que Robert poderia ter tido".[14] Quanto a Robert, "ele a tratava com total devoção", disse outra moradora de St. John, Sis Frank.[15] "Aos olhos dele, ela era incapaz de fazer qualquer mal."

Kitty se ocupava por horas a fio com a jardinagem. St. John era um paraíso para as orquídeas dela. "Se houvesse um ponto morto no jardim, em uma semana já estava florescendo lindamente. Ela era maravilhosa com as orquídeas", observou Sis Frank.[16] Frank, contudo, tinha medo de passar na casa dos Oppenheimer se Kitty estivesse sozinha. Inevitavelmente, ela faria algum comentário cáustico, "malicioso", sobre algum assunto desagradável. "Aprendi a passar por cima dessas coisas, porque, na maior parte do tempo, ela não era ela mesma. [...] eu sabia como ela agia. Sabia o que esperar. Que vida pavorosa, ser tão infeliz."

"ROBERT ERA UM HOMEM muito humilde", recordou Inga Hiilivirta, uma bela finlandesa que visitava a ilha desde 1958.[17] "Eu o adorava. Achava que ele era meio santo. Os olhos, azuis, eram simplesmente maravilhosos. Parecia que ele era capaz de ler nossos pensamentos." Inga e o marido, Immu, conheceram os Oppenheimer numa festa de Natal em 22 de dezembro de 1961. Ao entrar na casa de praia na baía de Hawksnest, Inga, na época com 25 anos, ficou impressionada com o fato de um homem tão famoso estar vivendo em circunstâncias tão rústicas. Então percebeu que eles também tinham todas as coisas boas da vida. Quando Robert lhe perguntou se "gostaria de tomar um pouco de vinho", trouxe em seguida uma garrafa de champanhe caríssima. Os Oppenheimer compravam champanhe em caixas.

Alguns dias depois, Robert e Kitty deram uma festa de Ano-Novo, ocasião em que contrataram "Limejuice" Richards, um velho nativo da ilha, para transportar os convidados pela sinuosa estrada de terra que vinha da baía de Cruz, no Land Rover verde-claro do casal. Naquela noite, os Oppenheimer serviram salada de lagosta e champanhe. Limejuice e sua "banda estridente" tocaram calipso. Robert dançou com Inga e depois todos foram nadar. "Era realmente uma Terra do Nunca", disse

Inga, "parecia um sonho". Ainda naquela noite, eles caminharam pela praia e Robert apontou para diversas constelações.

Limejuice se tornou caseiro e jardineiro dos Oppenheimer.[18] Quando não estavam na ilha, ele ficava com o Land Rover, que utilizava como táxi para levar turistas a passeio pela região. Robert claramente gostava do velho e queria ajudá-lo, a ponto de fingir que não percebia quando Limejuice usava o jipe para contrabandear garrafas de rum de Tortola.

Num fim de tarde no começo de 1961, Ivan Jadan pegou uma pequena tartaruga marinha enquanto nadava na baía de Maho — e, mais tarde, durante o jantar, mostrou o animal se contorcendo e anunciou a intenção de cozinhá-lo. Fazendo uma careta, Robert implorou pela vida da tartaruga, e disse a todos que ela "lhe trouxera de volta as terríveis memórias do que havia acontecido com as pequenas criaturas após o teste da bomba [Trinity] no Novo México".[19] Então Ivan riscou as iniciais do nome dele no casco da tartaruga e a soltou. Inga ficou sensibilizada: "Isso fez com que eu gostasse ainda mais de Robert."

Em outra ocasião, os Oppenheimer estavam visitando os Jadan na casa deles, no alto da baía de Cruz, assistindo a um radiante pôr do sol. Virando-se para Sis Frank, Robert levantou-se da cadeira e disse: "Sis, venha comigo até a beira do morro. Esta noite você vai ver o raio verde."[20] E, assim que o sol mergulhou atrás da linha do horizonte, Sis de fato viu um clarão de luz verde. Robert calmamente explicou a física por trás do evento: quando vistas de St. John, as camadas da atmosfera terrestre funcionavam como um prisma, e criavam, por um segundo apenas, um clarão de luz verde. Ela ficou emocionada com a visão e encantada com a paciente explicação de Robert.

"Ele era um homem modesto", recordou Sabra Ericson.[21] Todo mês de setembro, os Oppenheimer despachavam três dezenas de convites aos amigos na ilha para uma festa de Ano-Novo. Era muito diverso — negros e brancos, cultos e incultos. Robert não tinha preconceito. "Eles eram verdadeiros seres humanos", disse Ericson.

Exceto em relação aos Gibney, a parte mais gentil da natureza de Robert se desfraldava diariamente em St. John. Na ilha, os comentários ferinos dirigidos às pessoas desapareciam. "Ele foi o homem mais gentil, mais amável que já conheci", disse John Green.[22] "Nunca conheci alguém que sentisse ou manifestasse tão pouca má vontade em relação aos outros." Robert raramente se referia, nem mesmo de passagem, aos percalços que havia enfrentado. Um dia, porém, quando a conversa se voltou para a promessa do presidente Kennedy de mandar um homem à Lua, alguém lhe perguntou: "Você gostaria de ir à Lua?" Robert então respondeu: "Bem, certamente conheço algumas pessoas que gostaria de mandar para lá."

Robert e Kitty passavam cada vez mais tempo na ilha, muitas vezes embarcando num avião para desfrutar a semana da Páscoa, do Natal e parte do verão. Numa Páscoa, convidaram Francis Fergusson, amigo de infância de Robert, para acompanhá-los. Infelizmente, Robert contraiu um forte resfriado e passou a maior parte da semana na cama. Kitty, porém, agiu como uma perfeita anfitriã e levou os Fergusson para longos passeios pela praia, além de fazer uso dos conhecimentos botânicos que adquirira para mostrar a espetacular flora da ilha. Kitty sempre fez questão de tratar bem os amigos de infância de Robert, mas, nessa ocasião, Fergusson achou o comportamento dela um pouco esquisito. "Ela estava tentando flertar comigo", recordou.[23]

Kitty pretendia ser uma boa cozinheira, mas isso significava que as refeições que ela preparava tinham mais estilo do que substância. Robert era dono de um aquário, e por isso eles comiam muita salada de frutos do mar, polvo e camarão na brasa. Como os nativos, mordiscavam um tipo de mexilhão cru característico das Índias Ocidentais e fácil de encontrar na praia. Numa ceia de Natal, serviram aos convidados champanhe com algas japonesas. Robert não comeu praticamente nada. "Meu Deus", recordou Doris Jadan, "se ele comia mil calorias por dia, era um milagre".[24]

PETER RARAMENTE IA A St. John, porque, sendo um jovem adolescente, preferia as ásperas montanhas do Novo México.[25] Toni, porém, fez da ilha o seu lar espiritual. "Ela era muito doce", disse um residente de longa data.[26] Toni assumiu hábitos nativos e com o tempo adquiriu um domínio quase perfeito do calipso das Índias Ocidentais, além do inglês "crioulo" comum nas ilhas. Ela adorava a música das bandas de sopro locais. Quando adolescente, era "uma moça terrivelmente séria, com feições belas e suaves, trágicos olhos escuros, cabelos negros longos e sedosos e a condescendente polidez de uma princesa".[27] Extremamente tímida, detestava ser fotografada.[28] Dizia a amigos em St. John que sempre odiara os flashes das máquinas apontados para ela toda vez que andava em público com o pai famoso. St. John era o lugar perfeito para alguém que valorizava tanto a privacidade.

"Toni era muito flexível e recatada", recordou Inga Hiilivirta, que se tornou uma boa amiga.[29] "Fazia qualquer coisa que lhe pedissem. Mais tarde, ela se rebelou." Kitty dependia imensamente dela, muitas vezes a tratando como uma criada, pedindo que fosse buscar os cigarros dela. Toni recolhia as coisas que a mãe deixava por toda parte, e, quando adolescente, inevitavelmente as duas começaram a brigar. "Toni e a mãe brigavam o tempo todo", recordou Sis Frank.

Um vizinho em St. John disse que "Robert não prestava muita atenção em Toni. Era bonzinho com ela, mas não prestava muita atenção. Ela podia ser filha de qualquer um".[30] Já um outro vizinho, Steve Edwards, achava que Robert tinha "profunda consideração com a filha [...] dava para perceber claramente o orgulho que tinha dela".[31] Aos 17 anos, Toni impressionava a todos como uma moça brilhante, mas também reservada, sensível e gentil: uma moça de família, como nos velhos tempos. Por um breve período, Alexander Jadan, filho de Ivan nascido na Rússia, ficou atrás dela. "Alex era louco por Toni", recordou Sis Frank.[32] Contudo, quando

Toni começou a mostrar um interesse sério por Alex, Robert interveio, e insistiu que ele era velho demais para a filha.[33]

Como resultado da amizade com os Jadan, Toni decidiu estudar russo. Com muito talento para línguas, assim como o pai, formou-se em francês — mas, ao terminar o Oberlin College, sabia falar italiano, francês, alemão e russo, que usava para as anotações em seu diário.

Robert, Kitty e Toni eram marinheiros experientes — ou "gente dos panos",[34] como o pessoal das ilhas chamava os que preferiam barcos a vela a embarcações a motor. Era comum que saíssem para velejar em expedições de três ou quatro dias. Certa feita, Robert estava velejando sozinho ao pôr do sol e, ao entrar na minúscula marina da baía de Cruz, com a aba do velho chapéu de palha cobrindo a testa, acabou não vendo a proa de outra embarcação ancorada no cais e colidiu com ela, quebrando o mastro de seu próprio barco. Felizmente ninguém se machucou, mas depois disso a família passou a dizer, em tom de piada, que era preciso "manter a aba do chapéu erguida antes de entrar no porto".[35]

Robert levava uma vida relaxada: velejava durante o dia e recebia vários grupos de amigos da ilha à noite. A vida na baía de Hawksnest podia ser perigosamente primitiva. Um dia, o cientista estava sozinho quando uma vespa o picou justo na hora em que despejava querosene num lampião. Assustado, ele deixou cair o recipiente, que se espatifou no chão de lajotas. Um estilhaço atingiu-lhe o pé direito como se fosse uma adaga. Robert extraiu o caco, mas, ao chegar à beira do mar para lavar o sangue, percebeu que não conseguia mais mover o dedão. Como o pequeno veleiro já estava ancorado e atracado na praia, então ele decidiu velejar até a clínica na baía de Cruz. Quando o médico o examinou, descobriu que o caco de cerâmica tinha atravessado o tendão do pé e, com a extremidade solta, recuara para dentro da perna. Robert sofreu sem se queixar enquanto o médico recuperava a ponta do tendão, puxando-a e colocando-a de volta no lugar. "O senhor é louco de velejar nesse estado pela baía [...] é uma sorte não perder o pé", advertiu o médico.[36]

Depois de passar a manhã velejando ou andando pela praia, Robert convidava qualquer um que encontrasse no caminho para beber uns drinques. Ainda servia martínis, que no entanto não pareciam afetá-lo. "Nunca vi Robert bêbado", disse Doris Jadan.[37] Os drinques acabavam se estendendo até o jantar, e Robert muitas vezes começava a declamar poesia. Num sussurro de voz, recitava Keats, Shelley e Byron, às vezes Shakespeare. Adorava a *Odisseia* e memorizara longos trechos da tradução.[38] Ele havia se tornado um simples rei filósofo, adorado por seu séquito de seguidores, composto de expatriados, aposentados, *beatniks* e nativos. Embora cultivasse sua aura sobrenatural, mostrava-se perfeitamente confortável naquele mundo. Em St. John, o pai da bomba atômica havia encontrado, de alguma forma, o refúgio ideal para protegê-lo dos demônios internos que o atormentavam.

40

"Isso deveria ter sido feito no dia seguinte ao teste da bomba"

Creio que é bem possível, senhor presidente, que tenha sido necessária uma boa dose de bondade e coragem da sua parte para entregar este prêmio hoje.
ROBERT OPPENHEIMER PARA O PRESIDENTE LYNDON JOHNSON,
2 DE DEZEMBRO DE 1963

NO INÍCIO DOS ANOS 1960, com o retorno dos democratas à Casa Branca, Oppenheimer deixou de ser um pária político. A administração de Kennedy não o traria de volta ao governo, mas os democratas liberais o viam como um homem honrado martirizado por extremistas republicanos. Em abril de 1962, McGeorge Bundy — ex-reitor de Harvard e na ocasião assessor de segurança nacional do presidente Kennedy — fez arranjos para que Oppenheimer fosse convidado para um jantar na Casa Branca em homenagem a 49 laureados pelo Nobel. Nesse evento de gala, Oppie estaria na companhia de outros luminares, como o poeta Robert Frost, o astronauta John Glenn e o escritor Norman Cousins. Todos riram quando Kennedy gracejou: "Acho que esta é a mais extraordinária reunião de talentos e conhecimento humano já ocorrida na Casa Branca, exceto talvez pela ocasião em que Thomas Jefferson jantou aqui sozinho." Passado um tempo, o velho amigo de Oppenheimer dos tempos de GAC, Glenn Seaborg — então presidente da AEC —, perguntou se ele estaria disposto a enfrentar outra audiência para ter a habilitação de segurança restituída. "De jeito nenhum", reagiu Oppenheimer.[1]

Robert continuou a dar palestras, a maioria delas em universidades, e geralmente discorria sobre temas amplos relacionados a cultura e ciência. Desde que fora privado de qualquer associação com o governo, o poder da imagem de Oppenheimer era exclusivamente o de um intelectual público. Ele se apresentava como um humanista cheio de dúvidas, ponderando a respeito da sobrevivência do homem em tempos de armas de destruição em massa. Em 1963, quando os editores da revista *Christian Century* pediram a ele que listasse alguns dos livros que lhe haviam moldado a visão filosófica, Oppenheimer citou dez.[2] No topo estava

As flores do mal, de Baudelaire, e em seguida vinha o *Bhagavad-Gita*... o último era o *Hamlet*, de Shakespeare.

NA PRIMAVERA DE 1963, Oppenheimer foi informado de que o presidente Kennedy tinha anunciado a intenção de lhe conceder o prestigioso prêmio Enrico Fermi, um prêmio no valor de 50 mil dólares livres de impostos acompanhado de uma medalha em reconhecimento à excelência de serviços públicos prestados. Todos entenderam que se tratava de um ato altamente simbólico de reabilitação política. "Repugnante!", bradou um senador republicano quando ouviu a notícia.[3] Os funcionários de carreira republicanos do Comitê de Atividades Antiamericanas da Câmara dos Representantes fizeram circular um resumo de quinze páginas das acusações de 1954 contra Oppenheimer. Em contrapartida, o veterano apresentador Eric Severeid, da rede de televisão CBS, descreveu Oppenheimer como "o cientista que escreve como um poeta e fala como um profeta"[4] — e sugeriu, em tom de aprovação, que o prêmio sinalizava a reabilitação do físico como figura nacional. Quando repórteres o pressionaram a expressar sobre a reação que ele tivera diante da notícia, Oppenheimer recusou: "Não é hora de botar a boca no mundo. Não quero magoar as pessoas que trabalharam para isso."[5] Ele sabia que os amigos no governo — McGeorge Bundy e Arthur Schlesinger Jr. — eram, sem dúvida, os responsáveis.

Edward Teller, que recebera o prêmio no ano anterior, escreveu de imediato a Oppenheimer e ofereceu suas congratulações: "Muitas vezes me senti tentado a lhe dizer uma coisa. Este é o momento em que posso fazer isso com a plena convicção e o conhecimento de estar fazendo o que é certo."[6] Na verdade, muitos físicos haviam feito uma discreta campanha para que o governo Kennedy restaurasse a habilitação de segurança de Oppenheimer.[7] Eles queriam uma vingança efetiva para o velho amigo, e não apenas uma reabilitação simbólica. Bundy, porém, achou que o preço político era alto demais. De fato, mesmo depois de o governo anunciar que Oppenheimer receberia o prêmio Enrico Fermi, Bundy aguardou para aferir a reação dos republicanos antes de decidir se o presidente lhe entregaria o prêmio pessoalmente numa cerimônia na Casa Branca.

Em 22 de novembro de 1963, Oppenheimer estava sentado no escritório, trabalhando num rascunho para o discurso de aceitação do prêmio na Casa Branca em 2 de dezembro, quando ouviu batidas na porta. Era Peter, que disse ter acabado de ouvir no rádio do carro que o presidente Kennedy fora baleado em Dallas. Robert levantou os olhos do papel. Naquele momento, Verna Hobson irrompeu na sala e exclamou: "Meu Deus, já soube o que aconteceu?"[8] Robert olhou para ela e disse: "Peter acabou de me contar." Quando outras pessoas apareceram, Robert virou-se para o filho, então com 22 anos, e perguntou se ele gostaria de tomar um drinque. Peter assentiu, e Robert foi até o grande vestíbulo de Verna, onde sabia que poderia encontrar alguma garrafa. Então Peter observou que o pai simplesmente ficou ali parado, "com o braço pendendo ao lado do corpo, esfregando repetidamente o polegar com um dos dedos, olhando para baixo, onde ficava a pequena coleção de garrafas de bebida". Por fim, Peter murmurou: "Bem, deixa para lá." Quando eles saíram e passaram pela mesa da secretária, Hobson ouviu Robert dizer: "Bem, agora as coisas vão desmoronar muito rápido." Tempos depois, Oppie disse a Peter que "nada desde a morte de Roosevelt lhe causara uma sensação como a daquela tarde". Ao longo da semana seguinte, Oppenheimer, como grande parte do país, ficou sentado diante da TV assistindo ao desenrolar da tragédia.

Em 2 de dezembro, o presidente Lyndon Johnson deu continuidade à cerimônia do prêmio Enrico Fermi, como estava agendado. Ao lado da corpulenta figura de Johnson no gabinete da Casa Branca, Oppie parecia quase uma miniatura. Ele ficou ali parado como "uma estátua de pedra, cinzento, rígido, quase sem vida, trágico em sua intensidade".[9] Kitty, por sua vez, estava visivelmente exultante, "um exemplo de júbilo". David Lilienthal considerou todo o episódio "uma cerimônia de expiação pelos pecados de ódio e horror cometidos contra Oppenheimer". Com Peter e Toni presentes, Johnson disse algumas palavras e entregou a Robert uma medalha, uma placa e um cheque de 50 mil dólares.

No discurso de aceitação, Oppenheimer mencionou que o ex-presidente Thomas Jefferson "muitas vezes escreveu sobre o 'espírito fraternal da ciência'. [...] Sei que nem sempre demos mostra desse espírito. Não porque careçamos de interesses vitais comuns ou relacionados, mas porque, junto com uma série de outros homens e mulheres, estamos engajados na grande empreitada da nossa época, que é saber se podemos ao mesmo tempo preservar e ampliar a vida, a liberdade e a busca da felicidade e viver sem a guerra como o grande árbitro da história". Ele então se virou para Johnson e disse: "Creio que é bem possível, senhor presidente, que tenha sido necessária uma boa dose de bondade e coragem da sua parte para entregar este prêmio hoje. Isso me parece um bom augúrio para o futuro de todos nós."[10]

Johnson então respondeu com uma referência graciosa a Kitty, "a dama que compartilha suas honras no dia de hoje". E, para risada geral, gracejou: "Vejam só como ela se apoderou do cheque!"

Teller estava na plateia nesse dia, e todos observaram com crescente tensão o momento em que os dois homens ficaram face a face.[11] Tendo Kitty ao lado com uma expressão impassível, Oppenheimer deu um sorriso seco e apertou a mão de Teller. Um fotógrafo da revista *Time* capturou o momento.

Em seguida, a viúva enlutada de John F. Kennedy pediu que avisassem a Robert que gostaria de recebê-lo em seus aposentos privados.[12] Robert e Kitty então subiram as escadas e foram recebidos por Jackie. Ela disse que queria que ele soubesse quanto seu falecido marido havia desejado lhe dar esse prêmio. Robert, ao descrever esse momento tempos depois, confidenciou ter ficado profundamente comovido.

Oppenheimer, porém, ainda era uma figura polarizadora em Washington. Pelo menos um político republicano, o senador Bourke B. Hickenlooper, anunciara publicamente que boicotaria a cerimônia na Casa Branca, e, em resposta à crítica republicana, o governo Johnson concordou no ano seguinte em reduzir a parte em dinheiro do prêmio Enrico Fermi para 25 mil dólares. Lewis Strauss, é claro, ficou furioso com a semirreabilitação de Robert e escreveu uma carta irada à revista *Life*, na qual sugeria que a concessão do prêmio "desferira um sério golpe no sistema de segurança do país".[13]

A inimizade de Strauss em relação a Oppenheimer havia apenas se aprofundado desde as audiências de 1954. E então todas as velhas feridas foram reabertas quando, em 1959, o presidente Eisenhower o nomeou secretário do Comércio. Numa amarga batalha pela confirmação no Senado, onde as audiências de Oppenheimer haviam desempenhado papel crucial, Strauss foi derrotado por uma diferença mínima, numa votação de 49 a 46. Ele corretamente atribuiu a derrota à mudança de voto de última hora dos senadores Clinton Anderson e John F. Kennedy — que fora cooptado por defensores de Oppie como McGeorge Bundy e Arthur Schlesinger Jr. Quando Kennedy disse a Bundy que "seria necessário um caso extremo para votar contra o presidente", o colega respondeu: "Bem, este é um caso extremo."[14] Ele então detalhou a Kennedy a conduta repreensível de Strauss no caso Oppenheimer. Convencido, Kennedy mudou o voto, e Strauss perdeu a confirmação. "É um espetáculo delicioso — nunca pensei que viveria para ver minha vingança", telegrafou Bernice Brode a Robert.[15] "Num espírito pouco cristão, desfruto cada momento de aflição da vítima. Estou tendo momentos maravilhosos; gostaria que você estivesse aqui!" Sete anos depois, Strauss ainda acreditava que Oppenheimer havia exercido influência no caso, queixando-se de que "seus partidários continuam a praticar represálias contra indivíduos que apenas cumpriram seu dever".[16] O caso acompanharia tanto Strauss quanto Oppenheimer até o túmulo.

MESMO DEPOIS DE ROBERT ter recebido o prêmio Enrico Fermi, os ressentimentos de Kitty contra Teller e outros permaneceram inabaláveis. Num fim de tarde na primavera de 1964, ela e Robert estavam tomando drinques com David Lilienthal. Robert tinha acabado de se recuperar de uma pneumonia — por fim deixara o cigarro, mas ainda fumava o cachimbo. Ele e Kitty haviam envelhecido. Robert ainda usava o característico chapéu *pork pie* e passeava por Princeton em um Cadillac conversível que já vira dias melhores. Quando Lilienthal comentou que a última vez que estivera com eles havia sido na cerimônia de premiação na Casa Branca, os olhos escuros de Kitty se inflamaram. "Aquilo foi horrível", explodiu. "Vi coisas horríveis ali." Robert, sentado de cabeça baixa, murmurou baixinho: "Mas também ouvimos coisas muito agradáveis."[17] Assim que o nome Teller foi mencionado, porém, ele abandonou a "postura gentil, quase rabínica", e seus olhos brilharam de raiva. As feridas, escreveu Lilienthal, "ainda estavam abertas". Lilienthal completou o registro em seu diário com a observação que Kitty "arde com uma intensidade de sentimentos raramente vista, a maior parte deles ligados a um profundo ressentimento contra todos que desempenharam um papel na tortura pela qual Robert havia passado".

Para um homem tão engajado politicamente nos anos 1930 e 1940, Oppenheimer esteve estranhamente ausente durante o turbilhão da década de 1960. No começo da década, enquanto muitos norte-americanos cavavam abrigos antiatômicos no quintal de casa, ele nunca se manifestou contra tal histeria. Quando pressionado por Lilienthal, explicou: "Não há nada que eu possa fazer em relação a isso, e, de todo modo, eu seria a pior pessoa para falar sobre a questão."[18] Da mesma forma, quando a Guerra do Vietnã sofreu uma escalada em 1965-1966, tampouco externou publicamente alguma opinião — embora no âmbito privado, quando a discutia com Peter, deixasse evidente que estava cético quanto ao compromisso de escalada do governo.[19]

EM 1964, OPPENHEIMER RECEBEU um exemplar antecipado de um livro com uma nova e surpreendente interpretação da decisão de usar a bomba atômica em Hiroshima. Usando fontes de arquivos recém-abertos, como os diários do ex--secretário da Guerra Henry L. Stimson, e materiais do Departamento de Estado relacionados a James F. Byrnes, o ex-secretário de Estado, Gar Alperovitz argumentava que a diplomacia atômica contra a União Soviética havia desempenhado papel fundamental na decisão do presidente Truman de usar a bomba contra os japoneses, àquela altura já militarmente derrotados. *Atomic Diplomacy: Hiroshima and Potsdam: The Use of the Atomic Bomb and the American Confrontation with the Soviet Power* criou uma tempestade de controvérsias. Quando Alperovitz pediu que Robert fizesse alguns comentários, este afirmou que não tinha conhecimento de grande parte do que estava escrito na obra e acrescentou, incisivamente: "Em todo caso, reconheço, sim, o seu Byrnes, e reconheço, sim, o seu Stimson."[20] Ele não seria arrastado para a controvérsia sobre o livro — mas, claramente, assim como no caso de *Fear, War and the Bomb*, de P. M. S. Blackett, lançado em 1948, ainda acreditava que o governo Truman havia usado armas atômicas contra um inimigo essencialmente derrotado.

Nesse mesmo ano, o dramaturgo e psiquiatra alemão Heinar Kipphardt escreveu uma peça intitulada *O caso Oppenheimer*. Amplamente baseado nas transcrições das audiências de segurança de 1954, o drama foi exibido primeiramente na televisão alemã e em seguida para plateias ao vivo em Berlim Ocidental, Munique, Paris, Milão e Basileia. Os espectadores ficaram hipnotizadas com o retrato de Oppenheimer feito pelo autor: era mostrado como um homem magro e frágil perante seus acusadores, tal qual um Galileu moderno, um cientista-herói martirizado pelas autoridades norte-americanas em sua caça aos comunistas. Aclamado pela crítica, o drama foi laureado com cinco importantes prêmios de teatro.

Todavia, quando por fim leu o texto da peça, Oppenheimer o considerou tão detestável que escreveu uma carta irada a Kipphardt ameaçando-o com uma ação judicial. (Strauss e Robb, que acompanharam as críticas de perto, também consideraram por um breve momento processar a Royal Shakespeare Company em Londres por difamação — os respectivos advogados, porém, os persuadiram de que não havia ali um caso.) Oppenheimer ficou sobretudo insatisfeito com o monólogo de conclusão da peça, quando o dramaturgo o mostra expressando sentimentos de culpa por ter construído a bomba atômica: "Começo a me perguntar se talvez não tenhamos traído o espírito da ciência. [...] Executamos o trabalho do diabo."[21] Esse melodrama, de alguma forma, desvalorizava o caráter da provação de Robert. Em suma, ele considerou o texto fraco justamente porque carecia de ambiguidade.

O público discordou. Em outubro de 1966, uma produção britânica estreou em Londres, com o ator Robert Harris no papel de Oppenheimer, e a peça se tornou bastante popular. Um crítico britânico escreveu que o drama "nos faz pensar de maneira furiosa".[22] Harris escreveu a Oppenheimer para lhe dizer que "as plateias estavam atentas e entusiasmadas — sobretudo os jovens —, o que nos surpreendeu e agradou".

Oppenheimer, passado um tempo, concordou, de má vontade, que o dramaturgo não era culpado de nada além de uma licença dramática. Gostou mais de uma produção francesa da peça, porque esta se baseava quase exclusivamente nas transcrições das audiências — ainda assim, queixou-se de que ambas as encenações "transformavam toda aquela maldita farsa em uma tragédia".[23] Quaisquer que fossem os méritos que tivesse, o drama de Kipphardt apresentou Oppenheimer a uma nova geração de europeus e norte-americanos. A peça acabou estreando em Nova York e inspirou um documentário em forma de drama da BBC TV e novas produções cinematográficas sobre a vida de Oppenheimer.

Houve outros projetos de mídia que tentaram mergulhar na vida de Oppenheimer. Em 1965, no vigésimo aniversário da bomba de Hiroshima, a rede de televisão NBC levou ao ar um documentário, *The Decision to Use the Atomic Bomb*, narrado por Chet Huntley, que apresentou as recordações de Robert sobre o teste da primeira bomba atômica em 16 de julho e a recitação que fizera do *Bhagavad-Gita*: "Agora eu me torno a morte, a destruidora de mundos." Em outra ocasião, quando um entrevistador lhe perguntou diante das câmeras o que ele achava da recente proposta do senador Robert Kennedy de que o presidente Johnson iniciasse conversações com a União Soviética para suspender a proliferação de armas nucleares, Oppenheimer aspirou com força o cachimbo e disse: "São vinte anos de atraso. [...] Isso deveria ter sido feito no dia seguinte ao teste da bomba."[24]

Por volta dessa época, Robert soube que um jornalista bem relacionado e simpático a ele, Philip M. Stern, estava trabalhando num livro sobre as audiências de segurança de 1954. Ainda que amigos em comum tivessem lhe falado a favor de

Stern, Oppenheimer decidiu não ser entrevistado. "O livro", explicou, "trata de um tema sobre o qual não consigo ter um senso de totalidade e distanciamento, e sobre o qual tenho lacunas muito sérias e importantes. Não consigo pensar numa infusão mais venenosa".[25] Stern escreveria um livro melhor "sem a minha colaboração, sugestões ou aprovação implícita". O livro, *The Oppenheimer Case: Security on Trial*, foi publicado em 1969 e aclamado pela crítica.*

NA PRIMAVERA DE 1965, Oppenheimer ficou contente ao ver a conclusão das obras de uma nova biblioteca para o instituto. Ela fora construída ao lado de um grande lago artificial e cercada por um amplo gramado verde, e Robert a via como um de seus legados. Projetada por Wallace Harrison — que também projetara a casa de praia do cientista em St. John —, a biblioteca contava com um teto inovador que utilizava gelosias de vidro dispostas em ângulo. Durante o dia, essa solução fornecia ao recinto ampla luz solar. À noite, porém, a iluminação elétrica era dirigida para cima. A distância, vista do lado de fora, dava a impressão de que todo o teto estava tomado por um grande incêndio. Quando David Lilienthal elogiou a beleza do conceito da biblioteca e o espetáculo que criava à noite, Robert lhe dirigiu um "sorriso de menino" e disse: "A biblioteca é linda e o cenário, também. Além disso, ilustra como somos incapazes de antecipar as consequências mais óbvias. Foi isso que nos aconteceu com a bomba em Los Alamos. Quanto ao teto, queríamos apenas o melhor, a luz simplesmente entrando do jeito certo. [...] À luz do dia a construção se revelou magnífica. Mas ninguém, nenhum de nós, previu não só que a luz entraria, mas também que, à noite, sairia — para o céu."[26]

O prazer de Robert com a nova biblioteca compensava apenas em parte os contínuos embates com os matemáticos do instituto. A política mesquinha do instituto por vezes provocava iradas explosões da parte dele. "O problema é que Robert adora uma controvérsia", reportou um dos membros do conselho de administração a Lewis Strauss.[27] Strauss adorava esses relatórios, mas ainda não dispunha de votos suficientes para expulsar Oppenheimer.

Então, na primavera de 1965, Oppenheimer informou ao conselho do instituto que chegara o momento de renunciar e sugeriu fazer isso em junho de 1966, no fim do ano letivo. Strauss estava presente quando o cientista fez o anúncio. Oppenheimer citou três motivos para justificar a decisão. Em primeiro lugar, estava a apenas dois anos da aposentadoria estatutária aos 65 anos, e não havia sentido em "simplesmente esperar o toque da campainha".[28] Em segundo lugar, explicou que

---

* O livro de Stern continua sendo o relato mais completo das audiências de segurança de Oppenheimer. Outras boas fontes são: *The Oppenheimer Hearing*, de John Major (Nova York: Stein & Day, 1971); "The Oppenheimer Loyalty-Security Case Reconsidered", de Barton J. Bernstein, *Stanford Law Review*, v. 42, jul. 1990, pp. 1383-1484; e *The Oppenheimer Case: Trial of a Security System*, de Charles P. Curtis (Nova York: Chilton, 1964).

Kitty vinha "sofrendo de uma doença que os médicos consideravam incurável". (Num memorando em seus arquivos, Strauss maldosamente rotulou a doença como "dipsomania" — o incontrolável desejo de álcool.) Robert disse que isso estava tornando impossível que ele recebesse visitas ou acadêmicos. Por fim, afirmou que as relações com alguns membros do corpo docente, sobretudo matemáticos, estavam "intoleráveis e piorando".

Robert tinha desejado tornar a decisão pública mais adiante, talvez no outono, mas naquela mesma noite recebeu alguns membros do corpo docente para o jantar e Kitty deu com a língua nos dentes. Como a notícia estava propensa a vazar, o conselho de administração rapidamente redigiu um comunicado à imprensa, e a história apareceu nos jornais de todo o país na manhã de domingo, 25 de abril de 1965.

Oppenheimer tinha poucas reservas em relação a deixar o instituto, e uma delas era o fato de ter que sair de Olden Manor, o lar dele e o de Kitty por quase duas décadas. Ele se consolou com o fato de os administradores terem votado por construir uma nova casa para ele nos terrenos do instituto — ou então lhe prover alguma outra moradia. Os Oppenheimer tinham contratado um arquiteto, Henry A. Jandel, e elaborado um projeto para a nova casa, uma moderna estrutura de vidro e aço a ser construída num terreno a cerca de duzentos metros de Olden Manor. Contudo, numa atitude que só pode ser descrita como um ato de vingança pessoal, Strauss usou a ainda considerável influência que tinha como participante do conselho de administração para bloquear o projeto. Em 8 de dezembro de 1965, ele disse aos colegas que tinha "ressalvas" a esses planos. Era um "erro", argumentou, ter Oppenheimer morando no *campus*, que dirá vizinho de Olden Manor. Outro administrador, Harold K. Hochschild, interrompeu para dizer que "até mesmo Princeton era perto demais".[29] Em pouco tempo, Strauss convenceu o conselho de administração a cancelar a promessa. No dia seguinte, quando foi informado da decisão, Oppenheimer ficou "furioso". Se essa era a decisão final dos administradores, deixaria Princeton por completo. Se Robert ficou compreensivelmente zangado, Kitty, furiosa, destilou a raiva em outro administrador e na esposa dele, que relataram a Strauss terem tido com ela "uma conversa muito desagradável". Strauss agiu de maneira furtiva em toda a situação, deixando os Oppenheimer apenas com desconfianças. Eram assim que as coisas estavam em dezembro. Em fevereiro de 1966, porém, Oppenheimer, de algum modo, conseguiu convencer os administradores a reverter a decisão. Para desgosto de Strauss, ele obteve permissão para construir a casa no local que queria. Os trabalhos de construção começaram em setembro de 1966 e foram concluídos na primavera seguinte.[30] Ele, contudo, nunca iria morar ali.

No outono de 1965, Oppie visitou seu médico para fazer um check-up. Não era algo que costumava fazer com muita frequência, mas naquele dia ele voltou para casa e anunciou que recebera um atestado de boa saúde. "Vou viver mais do que todos vocês", gracejou.³¹ Dois meses depois, contudo, a tosse de fumante estava visivelmente pior. Em St. John, no Natal, ele se queixou para Sis Frank de "uma terrível dor de garganta" e refletiu: "Talvez eu esteja fumando demais." Kitty achou que ele estivesse apenas com um forte resfriado. Por fim, em fevereiro de 1966, ela o levou a um médico em Nova York. O diagnóstico foi claro e devastador. Kitty telefonou a Verna Hobson e sussurrou-lhe a notícia: "Robert está com câncer."

Quatro décadas de fumo pesado estavam batendo na porta. Quando Arthur Schlesinger Jr. ouviu a "pavorosa notícia",³² imediatamente escreveu a Oppie: "Só posso imaginar como os próximos meses serão difíceis para você. Você enfrentou coisas mais terríveis do que a maioria dos homens nestes tempos terríveis e foi para nós um exemplo de coragem moral, propósito e disciplina."

Embora não fumasse mais um cigarro atrás do outro, Oppenheimer dava ainda suas baforadas no cachimbo. Em março, passou por uma dolorosa e inconclusiva operação na laringe — e então começou um tratamento de radioterapia no Sloan-Kettering Institute em Nova York. Falou com bastante franqueza sobre o câncer com os amigos. Disse a Francis Fergusson que tinha "uma leve esperança de que a doença pudesse ser interrompida no ponto em que estava".³³ No fim de maio, porém, todos viam que ele estava "se deteriorando".

Num belo dia de primavera em 1966, Lilienthal passou por Olden Manor e encontrou Anne Marks, secretária de Robert em Los Alamos, visitando os Oppenheimer. Lilienthal ficou chocado com a aparência de Robert. "Pela primeira vez, o próprio Robert está 'incerto em relação ao futuro', como ele mesmo diz, muito pálido e assustado."³⁴ Passeando sozinho com Kitty pelo jardim, Lilienthal perguntou como Oppie estava se saindo. Ela congelou, ao mesmo tempo que mordia o lábio — atipicamente, parecia não ter palavras. Quando Lilienthal se curvou e beijou-lhe delicadamente o rosto, Kitty soltou um profundo gemido e começou a chorar. Um minuto depois, endireitou-se, enxugou as lágrimas e sugeriu que eles deveriam voltar a casa e se juntar a Anne e Robert. "Nunca admirei tanto a força de uma mulher", anotou Lilienthal em seu diário naquela noite. "Robert não é apenas marido dela; é o passado, o passado feliz e o passado torturado, e é também o herói dela, e agora o grande 'problema'."

Em junho de 1966, Robert recebeu um título honorário numa cerimônia em Princeton, onde foi saudado como "físico e marinheiro, filósofo e cavaleiro, linguista e cozinheiro, amante dos bons vinhos e da melhor poesia".³⁵ No entanto, parecia exausto e desgastado — sofrendo com um nervo pinçado, não conseguiu andar sem uma bengala e um suporte na perna.

Frágil e claramente maltratado pela doença, Robert ainda assim pareceu crescer em estatura. Freeman Dyson observou que "seu espírito se fortalecia à medida que seus poderes corporais declinavam. [...] Ele aceitou seu destino com graça e seguiu adiante com seu trabalho; nunca se queixava; de repente, tornou-se uma pessoa simples, e não tentava mais impressionar ninguém".[36] Ele havia sido um homem com talento para o drama, mas naquele momento, notou Dyson, "estava sendo simples, direto e indomitamente corajoso". Às vezes, percebeu Lilienthal, parecia "vigoroso e quase alegre".[37]

Em meados de julho,[38] o médico não encontrou traços de malignidade na garganta de Robert. A radioterapia o havia esgotado, mas parecia ter sido bem-sucedida. Assim, em 20 de julho, ele e Kitty retornaram a St. John. Amigos na ilha que não o viam havia um ano acharam que ele parecia "um fantasma, um fantasma por completo".[39] Oppie se queixou discretamente, e disse que, mesmo querendo nadar, as águas mornas de St. John, diferentemente de antes, o faziam sentir frio. Em vez disso, conseguiu dar algumas caminhadas pela praia, sendo cortês e paciente com todos que encontrava — até mesmo estranhos. Ao saber que o marido de Sis Frank, Carl, estava se recuperando de uma séria operação cardíaca, foi visitá-lo. "Robert foi gentilíssimo com ele", recordou Sis, "tentando ajudá-lo a passar por aquele trauma terrível".

Àquela altura, Robert estava numa dieta líquida, suplementada com proteínas em pó. Ele disse a Sis Frank: "Você nem imagina o que eu daria para poder comer aquele sanduíche de salada de frango."[40] Convidado para jantar na casa nova de Immu e Inga Hiilivirta, não foi capaz de comer as costeletas de cordeiro e conseguiu tomar apenas um copo de leite. "Senti muita pena dele", disse Inga.

Depois de quase cinco semanas, ele e Kitty voltaram a Princeton no fim de agosto. Robert sentia-se melhor. Ainda tinha a garganta inflamada, mas julgava-se mais forte. Os médicos voltaram a examinar-lhe a garganta e não encontraram vestígio do câncer. "Na verdade, eles tinham certeza de que eu estava curado", escreveu Oppenheimer a um amigo.[41] Depois de apenas cinco dias em Princeton, ele pegou um voo para Berkeley e passou uma semana revendo velhos amigos. Ao regressar, em setembro, queixou-se aos médicos da continuada dor de garganta, "mas eles não foram muito minuciosos e a atribuíram ao meu desconforto com a radioterapia".

No começo do outono, os Oppenheimer foram obrigados a se mudar da querida Olden Manor para dar espaço ao novo diretor do instituto, Carl Kaysen. De maneira temporária, Robert e Kitty optaram por uma casa no número 284 da Mercer Road, anteriormente ocupada pelo físico C. N. Yang. Vazia havia alguns anos, era um lugar bastante assustador. Os vizinhos eram Freeman e Imme Dyson. O jovem filho do casal, George, recordava-se de ter crescido no instituto durante os anos em que Oppenheimer fora diretor. "Ele [Oppenheimer] tinha uma presença muito, muito forte — o dirigente benévolo porém misterioso do mundo em que vivíamos."[42] Entretanto, quando Oppenheimer se mudou para a casa vizinha, "para nós, as crianças, ele parecia um fantasma privado do próprio reino, andando pelo quintal ao lado, muito magro e pálido".

Robert só voltou a se consultar com seu médico em 3 de outubro. "A essa altura", ele escreveu a "Nico" Nabokov, seu amigo do Congresso pela Liberdade Cultural, "o câncer já estava muito manifesto e se espalhara para o palato, a base da língua e a trompa de Eustáquio esquerda".[43] Não era operável, então os médicos lhe prescreveram um tratamento radioterápico três vezes por semana, dessa vez com um betatron: "Todos sabem que a radioterapia em uma garganta ainda ulcerada não é nenhum motivo de alegria. Ainda não está muito ruim, mas não posso ter certeza quanto ao futuro."

Robert encarou a perspectiva de uma morte precoce com resignação. Em meados de outubro, Lilienthal foi visitá-lo e ficou sabendo da novidade. Os olhos azuis de Oppie, outrora brilhantes, pareciam agora opacos de dor. "É o último quilômetro para Robert Oppenheimer", escreveu Lilienthal em seu diário, "e pode ser um quilômetro bem curto. [...] Kitty fazia todo o possível para suprimir as lágrimas".[44] Em novembro, Robert escreveu a um amigo: "Agora já quase não consigo falar e comer."[45] Ele esperava visitar Paris em dezembro, mas os médicos insistiram em continuar o tratamento radioterápico até o Natal. Em vez disso, ficou em casa, revendo velhos amigos como Francis Fergusson e Lilienthal. No começo de dezembro, Frank veio de visita do Colorado.

No início de dezembro de 1966, Oppenheimer recebeu notícias de seu ex-aluno David Bohm, que passara a maior parte da carreira no Brasil e depois fora para a Inglaterra.[46] Bohm escreveu para dizer que assistira à peça de Kipphardt e a um programa de televisão sobre Los Alamos no qual Oppie havia sido entrevistado. "Fiquei bastante perturbado", escreveu Bohm, "sobretudo pela declaração que você deu, que indicava um sentimento de culpa. Sinto que é um desperdício da vida que lhe resta ser apanhado em tais sentimentos."[47] Ele lembrou então a Oppenheimer de uma peça de Jean-Paul Sartre "na qual o herói é finalmente libertado da culpa ao reconhecer a responsabilidade pelo que fizera. Da forma como eu entendo, sentimos culpa por ações passadas porque elas brotaram daquilo que um dia *foi* e ainda é". Bohm acreditava que meros sentimentos de culpa não tinham sentido. "Posso entender que seu dilema foi peculiarmente difícil. Só você é capaz de avaliar a forma como foi responsável pelo que aconteceu."

Oppenheimer respondeu prontamente: "A peça vem fazendo barulho por aí já há algum tempo. Eu nunca manifestei arrependimento por ter feito o que fiz em Los Alamos; na verdade, em diversas ocasiões, reafirmei que, considerando as circunstâncias, é algo de que não me arrependo." E então, em palavras que editou antes de enviar a carta, escreveu: "Minha principal questão com o texto de Kipphardt é o longo e improvisado discurso que supostamente fiz, que de fato reafirma tal arrependimento. Meus sentimentos sobre responsabilidade e culpa sempre tiveram a ver com o presente, e até agora, nesta vida, têm sido mais do que suficientes para me ocupar."

Oppenheimer podia muito bem ter essa troca de palavras com Bohm em mente quando Thomas B. Morgan, um jornalista da revista *Look*, passou pelo instituto para entrevistá-lo, no começo de dezembro. Morgan o encontrou fitando as árvores outonais e o lago que se avistava pela janela. Na parede do escritório pendia uma velha fotografia de Kitty saltando graciosamente com o cavalo sobre uma cerca. Morgan pôde ver que ele estava morrendo. "Ele estava muito frágil, não era mais o homem esguio e esbelto que nos impressionava como um gênio caubói. Havia linhas de expressão profundas na face. O cabelo era pouco mais do que uma névoa branca. E, ainda assim, ele predominava com sua graça." Quando a conversa de ambos pendeu para a filosofia, Oppenheimer enfatizou a palavra "responsabilidade" — e, quando Morgan sugeriu que ele estava usando a palavra num sentido quase religioso, Oppenheimer concordou que era um "recurso secular para utilizar uma noção religiosa sem a ligar a um ser transcendente. Gosto aqui de usar a palavra 'ética'. Sou mais explícito agora sobre questões éticas do que era antes — embora elas me atingissem com força quando estava trabalhando na bomba. Agora, não sei descrever minha vida sem usar palavras como 'responsabilidade' para caracterizá-la — uma palavra que tem a ver com escolha e ação, e a tensão na qual essas escolhas podem ser resolvidas. Não estou falando de conhecimento, mas sobre ser limitado naquilo que é possível fazer. [...] Não há responsabilidade significativa sem poder. Pode ser apenas o poder sobre o que você mesmo faz — mas o aumento do conhecimento, da riqueza, do ócio, tudo isso está ampliando o domínio no qual a responsabilidade é concebível".

Depois desse monólogo, Morgan escreveu: "Oppenheimer então virou as palmas das mãos para cima, os dedos longos e magros, e incluiu o ouvinte na conclusão. 'Você e eu', disse ele, 'nenhum de nós é rico. Mas, no que diz respeito à responsabilidade, estamos ambos neste momento em posição de aliviar a terrível agonia de pessoas que estão passando fome'."[48]

Esse era apenas um jeito diferente de dizer o que ele havia aprendido lendo Proust quarenta anos antes, na Córsega: que a "indiferença aos sofrimentos que causamos [...] é uma forma terrível e permanente de crueldade".[49] Longe de ser indiferente, Robert estava agudamente ciente do sofrimento que causara a outros — e ainda assim não se permitia sucumbir à culpa. Ele aceitava a responsabilidade, nunca tentara negá-la. Contudo, desde as audiências de segurança, não parecia mais ter a capacidade ou a motivação para lutar contra a "crueldade" da indiferença. Nesse sentido, Rabi estivera certo: "Eles atingiram o objetivo. Eles o mataram."[50]

Em 6 de janeiro de 1967, o médico de Robert lhe disse que a radioterapia estava se mostrando ineficaz. No dia seguinte, ele e Kitty convidaram alguns amigos para almoçar, inclusive Lilienthal. Serviram um caríssimo *foie gras*, e Kitty se comportou como uma perfeita anfitriã. Entretanto, quando Lilienthal estava de saída, Robert o ajudou com o casaco e confidenciou: "Não estou muito alegre, nós tivemos más notícias do médico ontem."⁵¹ Kitty então acompanhou Lilienthal até a rua e de repente desatou a soluçar. "A morte não é nenhuma novidade", registrou Lilienthal naquela noite, "mas esta parece um desperdício cruel. Robert, porém, pelo menos na minha presença, a encara com os olhos de um condenado, que parecem olhar para dentro, rígidos, apanhados na realidade final".

Em 10 de janeiro, Oppenheimer escreveu a Sir James Chadwick, um amigo dos tempos de Los Alamos, para o informar de que estava "batalhando contra uma garganta cancerosa [...] com pouco sucesso".⁵² E acrescentou: "Isso me lembra das virulentas advertências de Ehrenfest sobre os males do fumo. Nós pudemos viver de fato num tempo afortunado, não é, tendo até mesmo nossos críticos tão cheios de amor e luz?"

Certo dia, no fim de janeiro, Robert chamou Verna Hobson, sua secretária há catorze anos, e delicadamente a incentivou a deixar Princeton. Hobson tinha intenção de se aposentar quando ele deixasse o cargo de diretor, mas adiara a decisão quando soube que Robert estava doente e por Kitty ainda depender muito dela. "Eu sabia que ele estava me dizendo que morreria em breve", disse Hobson, "e que, se eu não fosse embora naquele momento, eu nunca conseguiria fazê-lo, pois seria muito difícil deixar Kitty".⁵³

Em meados de fevereiro de 1967, Robert sabia que o fim estava próximo. "Sinto alguma dor [ ] minha audição e minha fala estão muito fracas", escreveu ele a um amigo.⁵⁴ Os médicos haviam decidido que ele não podia mais prosseguir o tratamento radioterápico, e então ordenaram um forte regime de quimioterapia. Oppie, contudo, preferiu ficar em casa e avisou aos amigos que apreciaria uma visita. Nico Nabokov ia vê-lo com frequência, e insistiu que outros amigos fizessem o mesmo.

Na quarta-feira, 15 de fevereiro, Robert fez um enorme esforço para participar da reunião do comitê no instituto para selecionar candidatos a professores visitantes no ano seguinte. Foi a última vez que Freeman Dyson o viu. No entanto, como todos, Oppie fizera a lição de casa, tendo lido dezenas de propostas. "Ele falava com grande dificuldade", escreveu Dyson tempos depois, mas ainda assim "se lembrava acuradamente dos pontos fracos e fortes dos vários candidatos. As últimas palavras que o ouvi dizer foram: 'Devemos dizer sim para Weinstein. Ele é bom'".⁵⁵

No dia seguinte, Louis Fischer passou na casa de Robert.⁵⁶ Nos últimos anos, Fischer e Oppenheimer haviam se tornado amigos casuais, respeitosos. Jornalista viajado e aclamado, Fischer era autor de mais de duas dezenas de livros — que incluíam títulos populares como *The Life of Mahatma Gandhi* (1950) e *The Life and Death of Stalin* (1953). Robert gostava particularmente da biografia de Lênin, publicada em 1964. Kitty encorajara Fischer a trazer alguns capítulos do livro em que estava trabalhando para distrair o marido.

Quando Fischer tocou a campainha, esperou em silêncio por vários minutos, e, já desistindo, começou a dar meia-volta, quando ouviu batidas numa janela do andar superior. Olhando para cima, viu Robert fazendo-lhe um gesto para que retornasse.

Um instante depois, Robert abriu a porta da frente. Havia perdido muito da audição e não ouvira a campainha. Ele tentou desajeitadamente ajudar Fischer a tirar o casaco, e então os dois amigos se sentaram frente a frente a uma mesa vazia. Fischer comentou que, pouco tempo antes, conversara com Toni, que estava usando seus talentos em russo com a finalidade de fazer pesquisas para George Kennan. Quando Robert tentou falar, "murmurou com tanta dificuldade que suponho ter entendido uma palavra em cada cinco".[57] Contudo, ele conseguiu dizer que Kitty estava tirando um cochilo — ela vinha dormindo muito mal à noite — e não havia mais ninguém em casa.

Quando Fischer entregou a Robert dois capítulos de seu novo manuscrito, ele leu algumas páginas e fez uma pergunta a Fischer sobre a fonte do material. "De Berlim?", indagou. Fischer apontou para uma nota de rodapé. "Nesse momento, ele me deu um sorriso muito meigo", escreveu Fischer depois. "Estava extremamente magro, o cabelo branco e ralo, os lábios secos e rachados. Enquanto lia, e também em outros momentos, movia os lábios como se quisesse falar, mas nada dizia; e, provavelmente percebendo que isso causava uma impressão ruim, mantinha a mão esquelética diante da boca; as unhas estavam azuis."

Depois de cerca de vinte minutos, Fischer achou que era hora de ir embora. Na saída, viu um maço de cigarros no segundo degrau da escada. Três cigarros tinham caído do maço e estavam espalhados no tapete, o jornalista então se abaixou para colocá-los de volta no maço. Quando se levantou, Robert estava ao lado, e imediatamente meteu a mão no bolso, tirou um isqueiro e o acendeu. Ele sabia que Fischer não fumava e estava de saída, mas foi um gesto instintivo. Ele era sempre o primeiro a acender o cigarro de um convidado. "Tenho a forte impressão", escreveu Fischer alguns dias depois, "de que ele sabia que a mente estava falhando e que provavelmente queria morrer". Depois de insistir em ajudar Fischer com o casaco, Robert abriu a porta e disse com a língua enrolada: "Venha me ver de novo."

Francis Fergusson apareceu na sexta-feira, 17 de fevereiro. Viu que Robert já estava quase partindo. Ainda conseguia andar, mas pesava menos de cinquenta quilos. Eles se sentaram juntos na sala de jantar, mas, depois de um breve momento, Fergusson viu que ele parecia tão fraco que achou melhor ir embora. "Eu o acompanhei até o quarto e o deixei ali. No dia seguinte, soube que ele tinha morrido."[58]

Robert morreu enquanto dormia, às 22h40 de um sábado, 18 de fevereiro de 1967. Tinha apenas 62 anos. Kitty mais tarde confidenciou a uma amiga: "Sua morte deu pena. Ele primeiro virou uma criança e depois, um bebê. Fazia ruídos. Eu não conseguia entrar no quarto; tinha que entrar, mas não conseguia. Não aguentava ver aquilo."[59] Dois dias depois, o corpo foi cremado.

LEWIS STRAUSS MANDOU UM telegrama para Kitty dizendo-se "entristecido pela notícia da morte de Robert".[60] Jornais nos Estados Unidos e no exterior publicaram longos obituários elogiosos. O *Times* de Londres o descreveu como a quintessência do "homem renascentista".⁶¹ David Lilienthal disse ao *New York Times*: "O mundo perdeu um nobre espírito — um gênio que reuniu poesia e ciência."⁶² Edward Teller fez comentários menos entusiasmados: "Gosto de lembrar que ele fez um magnífico trabalho, e um trabalho muito necessário [...] organizando [o Laboratório de Los Alamos]." Em Moscou, a agência de notícias Tass reportou a morte de um "extraordinário físico americano". A revista *New Yorker* o lembrou como "um homem de excepcional elegância e graça, um aristocrata com um perene toque de boemia intelectual".⁶³ O senador Fulbright fez um discurso no plenário do Senado: "Não nos lembremos apenas do que seu gênio especial fez por nós; lembremos também o que fizemos a ele."⁶⁴

Após o serviço memorial em Princeton, em 25 de fevereiro de 1967, foi realizado na primavera outro ato em memória de Oppenheimer, numa sessão especial da Sociedade Americana de Física em Washington. Isidor I. Rabi, Bob Serber, Victor Weisskopf e vários outros discursaram. Tempos depois, Rabi escreveu uma introdução para os discursos pronunciados na ocasião, publicados em forma de livro. "Em Oppenheimer", escreveu ele, "o elemento terreno era frágil. No entanto, era essencialmente essa qualidade espiritual, esse refinamento no discurso e nas maneiras, que lhe compunham o carisma. Ele nunca se expressava por completo. Sempre deixava a sensação de que havia profundezas de sensibilidade e percepção não reveladas".⁶⁵

KITTY LEVOU AS CINZAS do marido numa urna até a baía de Hawksnest, e então, numa tarde chuvosa, tempestuosa, ela, Toni e dois amigos de St. John, John Green e a sogra, Irva Clair Denham, seguiram num barco a motor na direção de Carval Rock, uma minúscula ilha que podia ser avistada da casa de praia. Quando estavam num ponto entre Carval Rock, Congo Cay e Lovango Cay, John Green desligou o motor. Eles estavam num local com mais de vinte metros de profundidade. Ninguém disse nada, e, em vez de espalhar as cinzas de Robert pelo mar, Kitty simplesmente a deixou cair na água. Ela não afundou de imediato, então eles observaram silenciosamente até que ela por fim desapareceu no mar revolto. Kitty explicou que ela e Robert tinham discutido o assunto e que "era lá que ele queria estar".⁶⁶

Epílogo
"Existe apenas um Robert"

UM OU DOIS ANOS após a morte de Oppenheimer, Kitty começou a viver com outro Robert: Robert Serber, amigo íntimo e ex-aluno do cientista.¹ Quando uma amiga inadvertidamente o chamou de "Robert", Kitty a repreendeu: "Não o chame de Robert. Existe apenas um Robert." Em 1972, ela comprou um magnífico brigue de teca de 52 pés, batizado de *Moonraker*.² O nome se refere à vela mais alta no mastro central de um grande veleiro, ou a uma pessoa com a cabeça no mundo da lua. Kitty convenceu Bob Serber a dar a volta ao mundo com ela no veleiro, mas eles não foram muito longe. Na costa da Colômbia, Kitty ficou tão doente que Serber teve que dar meia-volta e atracar no Panamá. Kitty morreu de uma embolia em 27 de outubro de 1972 no Gorgas Hospital, na Cidade do Panamá.³ As cinzas foram espalhadas nas imediações de Carval Rock, perto da costa de St. John, no mesmo local onde a urna de Oppenheimer fora mandada para o fundo do mar em 1967.

Em 1959, dez anos após ser banido, Frank Oppenheimer finalmente conseguiu voltar para a academia, quando a Universidade do Colorado lhe ofereceu um posto no Departamento de Física. Em 1965, recebeu a prestigiosa Bolsa Guggenheim para desenvolver pesquisas com câmaras de bolhas no University College em Londres. Enquanto estiveram na Europa, ele e Jackie visitaram alguns museus de ciências; ficaram particularmente impressionados com o Palais de la Découverte, que utilizava modelos para demonstrar conceitos científicos básicos. Ao regressarem à América, ele e Jackie começaram a desenvolver planos para construir um museu de ciências que oferecesse a crianças e adultos uma experiência prática em física, química e outros campos científicos. A ideia ganhou força, e em agosto de 1969, valendo-se de verbas de várias fundações, o Exploratorium de Frank e Jackie Oppenheimer abriu as portas no renovado Palace of Fine Arts de San Francisco, um monumental salão de exposições construído em 1915. O Exploratorium logo se tornou um modelo de sucesso para o "movimento de museus participativos", e Frank era seu carismático diretor. Jackie e o filho Michael trabalhavam com ele, e o museu se tornou um empreendimento familiar — e talvez o museu de ciências mais interessante do mundo em termos pedagógicos.

Robert teria se orgulhado de Frank. Tudo que os dois haviam aprendido em vidas dedicadas à ciência, à arte e à política foi reunido no museu. "O objetivo do Exploratorium", disse Frank, "é fazer as pessoas acreditarem que é possível entender o mundo ao redor. Acho que muitas desistiram de tentar compreender o mundo físico, e, quando isso acontece, elas desistem também de entender o mundo político e social. Se desistirmos de tentar entender as coisas, acho que será o nosso fim".[4] Se Frank dirigiu o Exploratorium como um "déspota benevolente" até a morte, em 1985, sempre foi com a noção igualitária de que "a compreensão humana deixará de existir como instrumento de poder [...] para o benefício de poucos, tornando-se uma fonte de empoderamento e prazer para todos".

Peter Oppenheimer mudou-se para o Novo México, indo viver no rancho do pai em Perro Caliente com vista para a cordilheira Sangre de Cristo. Com o passar dos anos, criou três filhos. Divorciado duas vezes, acabou se estabelecendo em Santa Fe, ganhando a vida como carpinteiro e empreiteiro. Peter jamais revelou as ligações familiares com o pai da bomba atômica — mesmo nas ocasiões em que batia de porta em porta como ativista ambiental para advertir contra os perigos do lixo atômico na região.

Após a morte de Oppenheimer, Toni desabou. "Toni sempre se sentiu inferior a Kitty", recordou Serber.[5] "Kitty a manipulava de tal forma que Toni nunca chegou a ser independente." A prestativa mãe a pressionara a cursar uma universidade, mas depois de pouco tempo ela abandonou os estudos. Por um período, morou sozinha num pequeno apartamento em Nova York, mas tinha poucos amigos próximos, e acabou deixando o imóvel, indo morar num quarto nos fundos do grande apartamento de Serber em Riverside Drive. Valendo-se da facilidade que tinha para aprender línguas, conseguiu um emprego temporário em 1969 como tradutora trilíngue nas Nações Unidas. "Ela era capaz de passar facilmente de uma língua a outra", recordou Sabra Ericson.[6] "Mas, de um jeito ou de outro, sempre acabava levando um tapa na cara." A posição exigia uma habilitação de segurança. O FBI abriu então uma investigação de campo completa — e desenterrou todas as velhas acusações contra o pai dela.[7] Deve ter sido um golpe doloroso e irônico para um ego fraco, pois a habilitação de segurança nunca foi autorizada.

Toni acabou retornando a St. John, resignada a fazer da ilha o seu lar. "Ela cometeu o erro de ficar em St. John", contou Serber.[8] "Quero dizer, é um lugar muito limitado. Não havia ninguém lá com quem ela pudesse realmente conversar [...] ninguém da idade dela." Duas vezes casada e duas vezes divorciada, Toni desfrutou apenas uma felicidade fugaz. Tendo negada pelo FBI a carreira que havia escolhido, parece nunca ter recuperado o chão.

Depois do segundo divórcio, ficou muito amiga de outra recém-chegada à ilha, June Katherine Barlas, uma mulher oito anos mais velha. Com Barlas e outros, raramente falava de Kitty e Robert. "Quando ela porventura mencionava o pai", disse

Barlas, "era sempre com carinho".⁹ Toni frequentemente usava um prendedor de cabelo que lhe fora dado por Oppie — e ficava muito aborrecida quando, por algum motivo, não o prendia do jeito certo. Evitava discutir sobre as audiências de 1954, e apenas vez por outra dizia "que aqueles homens haviam destruído o pai dela".

Mesmo assim, estava claro que ela ainda tinha problemas com Kitty e Robert. Por algum tempo, consultou-se com um psiquiatra em St. Thomas e disse à amiga Inga Hiilivirta que a experiência a ajudara a entender "seu ressentimento em relação aos pais pela forma como havia sido tratada quando criança".¹⁰ Além disso, Toni tinha episódios de depressão. Certo dia, determinada a se afogar, começou a nadar para fora da baía de Hawksnest, na direção de Carval Rock, onde as cinzas de Robert jaziam numa urna no fundo do mar. Nadou um longo tempo em linha reta oceano adentro — e então, como depois confidenciou a uma amiga, de repente se sentiu melhor e voltou à praia.¹¹

Numa tarde de domingo, em janeiro de 1977, Toni se enforcou na casa de praia que Robert construíra na baía de Hawksnest.¹² O suicídio foi claramente premeditado. Sobre a cama, ela deixou um cheque de 10 mil dólares e um testamento doando a casa para "o povo de St. John". Ela era querida em toda a ilha. "Todos a amavam", disse Barlas, "mas ela não se dava conta disso". Centenas de pessoas compareceram ao funeral — na verdade, por falta de espaço, dezenas tiveram que ficar do lado de fora da pequena igreja na baía de Cruz.

A casa em Hawksnest já não existe mais, tendo sido varrida por um furacão, mas no lugar dela foi erguida uma casa comunitária, no local hoje chamado de Oppenheimer Beach, ou praia Oppenheimer.

Nota do autor e agradecimentos
"Minha longa cavalgada com Oppie"
POR MARTIN J. SHERWIN

ROBERT OPPENHEIMER ERA UM exímio cavaleiro, então não foi assim tão estranho que, no verão de 1979, eu tenha procurado dar um novo significado ao conceito erudito de *Sitzfleisch* ao começar minha pesquisa para a biografia sentado no lombo de um cavalo. Minha aventura começou no Rancho Los Pinos, cerca de quinze quilômetros ao norte de Cowles, no Novo México, a partir de onde, no verão de 1922, Oppie explorou pela primeira vez a bela cordilheira Sangre de Cristo. Eu não montava havia décadas, e, para dizer o mínimo, a perspectiva de uma longa cavalgada era assustadora. Meu destino, a várias horas a cavalo de Los Pinos, passando pelo pico de 3 mil metros de Grass Mountain, era o "rancho de Oppenheimer", Perro Caliente, a pequena cabana situada num terreno de sessenta hectares de encostas espetaculares que Oppie alugou nos anos 1930 e comprou em 1947.

Bill McSweeney, o proprietário de Los Pinos, foi nosso guia e historiador local. Entre outras coisas, ele nos contou (minha esposa e meus filhos estavam comigo) sobre a trágica morte, durante um assalto à casa em Santa Fe, em 1961, de Katherine Chaves Page, amiga de Oppie e proprietária anterior do rancho. Oppenheimer a conhecera na primeira visita que fizera ao Novo México, e a paixão adolescente por ela foi um dos grandes pretextos que repetidamente o atraíram para essa bela região. Depois de comprar um rancho, todo verão Oppie alugava vários dos cavalos de Katherine, para ele próprio, o irmão mais novo, Frank (e, depois de 1940, também para a esposa, Kitty), e uma torrente de hóspedes, geralmente físicos que nunca tinham montado nada muito diferente de uma bicicleta.

Minha viagem tinha dois propósitos. O primeiro era partilhar minimamente a experiência que Oppie tantas vezes compartilhara com os amigos, a alegria libertadora de montar num cavalo e atravessar essa maravilhosa região desértica. O segundo era falar com o filho, Peter, que estava vivendo no rancho da família. Enquanto eu o ajudava a construir um curral, conversamos por mais de uma hora sobre os Oppenheimer e sua vida. Foi um começo memorável.

Alguns meses antes, eu havia assinado um contrato com a Alfred A. Knopf para escrever uma biografia de Robert Oppenheimer — físico, fundador da primeira escola de física teórica dos Estados Unidos na década de 1930, ex-ativista político, "pai da bomba atômica", proeminente assessor governamental, diretor do Instituto de Estudos Avançados de Princeton, intelectual público e a mais famosa vítima da era macarthista. O manuscrito seria completado em quatro ou cinco anos, assegurei a meu editor na época, Angus Cameron, uma das pessoas a quem este livro é dedicado.

Durante a meia dúzia de anos seguintes, viajei por todo o país e pelo exterior, sendo apresentado a um sem-número de pessoas e conduzindo muito mais entrevistas com aqueles que tinham conhecido Oppenheimer do que eu imaginara possível. Visitei dezenas de arquivos e bibliotecas, reuni dezenas de milhares de cartas, memorandos e documentos governamentais — 10 mil páginas só do FBI — e acabei por entender que qualquer estudo sobre Robert Oppenheimer precisava necessariamente abranger muito mais do que a vida dele. A história pessoal, com todos os aspectos públicos e as ramificações, era muito mais complicada e lançava muito mais luz sobre os Estados Unidos da época do que Angus e eu havíamos antecipado. Um indício dessa complexidade, profundidade e ressonância mais ampla — da posição icônica de Oppenheimer — é o fato de que, desde sua morte, sua história ganhou vida nova, na medida em que livros, filmes, peças, artigos e agora uma ópera (*Dr. Atomic*) projetaram-lhe a sombra com ainda mais intensidade sobre as páginas das histórias norte-americana e mundial.

Vinte e cinco anos depois de começar minha cavalgada para Perro Caliente, escrever sobre a vida de Oppenheimer me deu uma nova compreensão das complexidades de uma biografia. Por vezes a jornada foi árdua, mas sempre exultante. Em 2001, logo depois que meu bom amigo Kai Bird completou *The Color of the Truth*, uma biografia dos irmãos McGeorge e William Bundy, eu o convidei para juntar-se a mim no projeto. Oppenheimer era grande o bastante para nós dois, e eu sabia que avançaria mais rápido tendo Kai como parceiro. Juntos, completamos o que acabou por se revelar uma longa cavalgada.

Muitos compartilharam nossa viagem e alimentaram o sonho desta obra. Outra pessoa que mereceu dedicatória neste livro foi o saudoso Jean Mayer, presidente da Universidade Tufts e um homem por quem eu tinha profunda admiração. Em 1986, Mayer me designou para a direção do recém-criado Nuclear Age History and Humanities Center (NAHHC), uma organização dedicada ao estudo dos perigos associados à corrida de armas nucleares, corrida esta que Oppenheimer tentara evitar. A história de vida de Oppie também inspirou o Global Classroom, um projeto conjunto norte-americano-soviético que, de 1988 a 1992, conectou universitários em Moscou e na Tufts para discutir a corrida de armas nucleares e outras questões prementes. Várias vezes por ano, nossas discussões eram transmitidas para toda a União Soviética e para emissoras selecionadas nos Estados Unidos. As ideias de Oppenheimer moldaram muitos desses memoráveis momentos na evolução da *glasnost*.

Gostaríamos de agradecer a duas mulheres talentosas e resolutas, nossas esposas, respectivamente, Susan Sherwin e Susan Goldmark, que por muito tempo sofreram bastante, pois elas também compartilharam nossa longa cavalgada e nos mantiveram em nossas respectivas selas. Nós as amamos e respeitamos, e agradecemos pela especial combinação de paciência e exasperação de ambas frente à nossa obsessão por este livro.

Agradecemos também a Ann Close, experiente editora da Knopf, cuja paciência típica do Sul e atenção aos menores detalhes enriqueceram este livro. Com imensa perícia, ela pastoreou um longo manuscrito até a publicação sob um cronograma incrivelmente apertado. Nosso editor de texto, o lendário Mel Rosenthal, aguçou nosso foco, aprimorou nossa prosa e nos ensinou a como não criar confusão com nossos apostos e qualificativos. Também agradecemos a Millicent Bennett por garantir que nada se perdesse. Stephanie Kloss concebeu um elegante desenho para o projeto de capa. Agradecemos ao artista Steve Frietch, de Washington, por propor inicialmente para a capa o retrato de Oppenheimer feito por Alfred Eisenstadt.

Também somos profundamente gratos a outra editora maravilhosa, Bobbie Bristol, que alimentou e protegeu este livro por décadas antes de se aposentar e passá-lo a Ann. No entanto, mesmo sob os cuidados de Bobbie, ele não poderia ter sido sustentado por um quarto de século não fosse a séria cultura intelectual e o respeito pelos autores que caracterizam a casa editorial de Alfred A. Knopf.

Gail Ross é ao mesmo tempo advogada e agente literária, e somos gratos a ela por renegociar os termos de um contrato de vinte anos com a Knopf — e pelos muitos almoços futuros no La Tomate!

O "astuto" Victor Navasky tem sido um amigo e mentor para nós — e merece crédito por ter nos apresentado mais de duas décadas atrás. Somos gratos pela sabedoria e amizade de Victor, e por sua maravilhosa esposa, Annie.

Temos dívidas de gratidão com uma série de eruditos eminentes, que dedicaram o tempo deles para ler com cuidado as primeiras versões do manuscrito. Jeremy Bernstein, também biógrafo de Oppenheimer, é um consagrado físico e escritor, que com toda a paciência fez o melhor que pôde para corrigir nossas falhas de compreensão da física quântica.

Richard Polenberg, professor de história norte-americana na Universidade Cornell, teve o verão arruinado por nossa causa, lendo meticulosamente todo o manuscrito e compartilhando conosco o que sabia das audiências de segurança de Oppenheimer e sua elaborada sensibilidade como autor de livros de história.

James Hershberg, William Lanouette, Howard Morland, Zygmunt Nagorski, Robert S. Norris, Marcus Raskin, Alex Sherwin e Andrea Sherwin Ripp também leram todo o manuscrito, e somos gratos pelas sugestões e pelos comentários.

Ao longo dos anos, fomos beneficiados pela boa vontade de acadêmicos formidáveis como Gregg Herken, S. S. Schweber, Priscilla McMillan, Robert Crease e o saudoso Philip Stern, que nos desafiaram com suas ideias e erudição sobre aspectos controversos da vida de Oppenheimer. Esses incríveis historiadores compartilharam gentilmente conosco não apenas documentos, mas também entrevistas. A biógrafa de Max Born, Nancy Greenspan, generosamente dividiu conosco os frutos de sua pesquisa. Estamos em dívida com Jim Hijiya por sua erudita interpretação do fascínio de Oppenheimer pelo *Bhagavad-Gita*. Mais recentemente, tivemos contato com a obra do historiador da ciência britânico Charles Thorpe e agradecemos a ele a permissão de usar citações de sua tese de doutorado.

Desejamos agradecer aos doutores Curtis Bristol e Floyd Galler e à psicanalista Sharon Alperovitz pelos insights psicológicos sobre a infância de Oppenheimer. O dr. Jeffrey Kelman, com muita gentileza, nos ajudou a interpretar o relatório de autópsia e outros registros médicos pertinentes à morte da dra. Jean Tatlock. O dr. Daniel Benveniste dividiu conosco suas percepções sobre o estudo de psicanálise de Oppenheimer com o dr. Siegfried Bernfeld. Estamos em dívida com a saudosa Alice Kimball Smith e com Charles Weiner, cuja coletânea da correspondência de Oppenheimer, com comentários soberbos, inspirou muitas de nossas interpretações. De forma similar, estamos em dívida com Richard G. Hewlett e Jack Holl, pela assistência durante os estágios iniciais deste livro e pelas excelentes histórias oficiais da Comissão de Energia Atômica.

Muitos arquivistas dedicados se desviaram do caminho a fim de nos guiar através de milhares e milhares de páginas de documentos oficiais e papéis privados. Queremos agradecer em especial a Linda Sandoval e Roger A. Meade, nos Arquivos do Laboratório Nacional de Los Alamos; Ben Primer, na Universidade de Princeton; ao dr. Peter Goddard, a Georgia Whidden, Christine Ferrara e Rosanna Jaffin, no Instituto de Estudos Avançados; John Stewart e Sheldon Stern, na Biblioteca Presidencial John F. Kennedy; Spencer Weart, no Instituto Americano de Física; John Earl Haynes, na Biblioteca do Congresso; e aos muitos outros que nos assistiram nas bibliotecas e arquivos listados nas seções Notas e Bibliografia. Estes e muitos outros arquivistas estão trabalhando arduamente para preservar a nossa história.

Tanto como cidadãos quanto como historiadores norte-americanos, saudamos a todos que apoiaram e sustentaram as leis de liberdade de informação e privacidade. Elas não só possibilitaram o acesso de historiadores e jornalistas a arquivos anteriormente sigilosos do FBI, da CIA e de outros órgãos do governo, como também, acima de tudo, contribuíram para sustentar nossa democracia.

Em nenhum livro desta envergadura, o trabalho de pesquisa pode prescindir da assistência de jovens e enérgicos estudantes de história. Um seleto grupo de alunos da Universidade Tufts ligados ao NAHHC foi incumbido de preparar cronologias, analisar e organizar documentos, pesquisar artigos e transcrever centenas de horas de entrevistas. Susanne LaFeber Kahl e Meredith Mosier Pasciuto, ambas eficientes e brilhantes administradoras formadas pela Tufts, organizaram esse trabalho e contribuíram com uma pesquisa própria.

Um extraordinário grupo de assistentes de pesquisa e estudantes de pós-graduação no NAHHC contribuiu de diversas maneiras. Miri Navasky, hoje uma talentosa cineasta, passou muitas e longas horas pesquisando documentos e criando uma cronologia da vida de Kitty Oppenheimer. Jim Hershberg constantemente aparecia com perguntas que nos levavam a aprofundar nossas análises e, de muito bom grado, compartilhou conosco os documentos que havia reunido para sua magistral biografia de James Conant. Debbie Herron Hand transcreveu com grande eficiência uma série de entrevistas. Tanya Gassel, Hans Fenstermacher, Gerry Gendlin, Yaacov Tygiel, Dan Lieberfeld, Philip Nash e Dan Hornig nos deram apoio intelectual e moral a todo momento.

Peter Schwartz fez parte da equipe responsável pela escavação inicial dos arquivos da baía de San Francisco. Erin Dwyer e Cara Thomas datilografaram correções nos capítulos finais e Patrick J. Tweed, Pascal van der Pijl e Euijin Jung também nos auxiliaram na pesquisa para o livro.

Muitos outros amigos e colegas nos apoiaram ao longo dos anos necessários para escrever esta biografia.

Kai agradece particularmente aos pais, Eugene e Jerine Bird, por alimentarem a paixão dele por história, e ao filho, Joshua Kodai Bird, por pacientemente permitir que ele lesse em voz alta grandes trechos do manuscrito na hora de dormir. Ele estende os agradecimentos a Joseph Albright e Marcia Kunstel; Gar Alperovitz; Eric Alterman; Scott Armstrong; Wayne Biddle; Shelly Bird; Nancy Bird e Karl Becker; Norman Birnbaum; Jim Boyce e Betsy Hartmann; Frank Browning; Avner Cohen e Karen Gold; David Corn; Michael Day; Dan Ellsberg; Phil e Jan Fenty; Thomas Ferguson; Helma Bliss Goldmark; Richard Gonzalez e Tara Siler; Neil Gordon; Mimi Harrison; Paul Hewson; ao congressista Rush Holt; Brennon Jones; Michael Kazin e Beth Horowitz; Jim e Elsie Klumpner; Lawrence Lifschultz e Rabia Ali; Richard Lingeman; Ed Long; Priscilla Johnson McMillan; Alice McSweeney; Christina e Rodrigo Macaya; Paul Magnuson e Cathy Trost; Emily Medine e Michael Schwartz (e seu refúgio nas montanhas); Andrew Meier; Branco Milanovic e Michelle de Nevers; Uday Mohan; Dan Moldea; John e Rosemary Monagan (e todos os nossos amigos em seu grupo de escritores); Jacques e Val Morgan, da Idle Time Books; Anna Nelson; Paula Newberg; Nancy Nickerson; Tim Noah e a saudosa Marjorie Williams; Jeffery Paine; Jeff Parker; David Polazzo; Lance Potter (que encontrou a epígrafe sobre Prometeu); William Prochnau e Laura Parker; Tim Rieser; Caleb Rossister e Maya Latynski; Arthur Samuelson; Nina Shapiro; Alix Shulman; Steve Solomon; John Tirman; Nilgun Tolek; Abigail Wiebenson; Don Wilson; Adam Zagorin; e Eleanor Zelliot.

Kai é particularmente grato a Lee Hamilton, Rosemary Lyon, Lindsay Collins, Dagne Gizaw, Janet Spikes e a todos os amigos no Woodrow Wilson Center, por escutarem suas longas e tortuosas histórias sobre Oppie.

Martin estende os agradecimentos a muitos dos amigos em comum citados acima e particularmente aos filhos, Alex Sherwin e Andrea Sherwin Ripp, pelo amor e disposição em dividir tantos anos da vida e do espaço deles com a enorme coleção de caixas, arquivos e estantes de livros dedicados ao "casulo de Oppie". A irmã, Marjorie Sherwin, e a companheira, Rose Walton, não tiveram que viver no casulo, mas com frequência o visitavam e nunca perderam a esperança de que dele surgisse uma borboleta. O fato de a borboleta finalmente ter surgido deve-se em grande medida ao incentivo e apoio de três maravilhosos mentores que ele teve na UCLA: Keith Berwick, Richard Rosecrance e Robert Dallek.

Martin também deseja agradecer o apoio e o encorajamento intelectual — e, em muitos casos, a hospitalidade durante viagens de pesquisa — de muitos velhos amigos e colegas: o ex-prefeito de Hiroshima, Tadoshi Akiba; Sam Ballen; Joel e Sandy Barkan; Ira e Martha Berlin (e à *Wisconsin Magazine of History*); Richard Challener; Lawrence Cunningham; Tom e Joan Dine; Carolyn Eisenberg; Howard Ende; Hal Feiveson; Owen e Irene Fiss; Lawrence Friedman; Gary Goldstein; Ron e Mary Jean Green; Sol e Robyn Gittleman; Frank von Hippel; David e Joan Hollinger; Michele Hochman; Al e Phyllis Janklow; Mikio Kato; Nikki Keddie; Mary Kelley; Robert Kelley; Dan e Bettyann Kevles; David Kleinman; Martin e Margaret Kleinman; Barbara Kreiger; Normand e Marjorie Kurtz; Rodney Lake; Mel Leffler; Alan Lelchuk; Tom e Carol Leonard; Sandy e Cynthia Levinson; Dan Lieberfeld; Leon e Rhoda Litwack; Marlaine Lockheed; Janet Lowenthal e Jim Pines; David Lundberg; Gene Lyons; Lary e Elaine May; David Mizner; Bob e Betty Murphy; Arnie e Sue Nachmanoff; Bruce e Donna Nelson; Arnold e Ellen Offner; Gary e Judy Ostrower; Donald Pease; Dale Pescaia; Constantine Pleshakov; Phil Pochoda; Ethan Pollock; ao saudoso Leonard Rieser; Del e Joanna Ritchhardt; John Rosenberg; Michael e Leslie Rosenthal; Richard e Joan Rudders; Lars Ryden; Pavel Sarkisov; Ellen Schrecker; Sharan Schwartzberg; Edward Segel; Ken e Judy Seslowe; Saul e Sue Singer; Rob Sokolow; Christopher Stone; Cushing e Jean Strout; Natasha Tarasova; Stephen e Francine Trachtenberg; Evgeny Velikhov; Charlie e Joanne Weiner; Dorothy White; Peter Winn e Sue Gronwald; Herbert York; Vladislav Zubok.

Ao longo dos muitos anos de preparação deste livro, vários amigos acadêmicos nos enviaram documentos de Oppenheimer não solicitados, descobertos enquanto faziam suas pesquisas. Por esses atos de generosidade e camaradagem, gostaríamos de agradecer a Herbert Bix, Peter Kuznick, Lawrence Wittner e ao eminente historiador e embaixador da Polônia nos Estados Unidos, Przemysław Grudziński. Reconhecemos também as muitas gentilezas que Peter, Charles e Ella Oppenheimer, bem como Brett e Dorothy Vanderford, nos estenderam no curso de nossa pesquisa. Somos gratos a Barbara Sonnenberg pela permissão de reproduzir algumas das fotografias da família Oppenheimer. Os atuais proprietários do número 1 de Eagle Hill em Berkeley, David e Kristin Myles, graciosamente nos proporcionaram um passeio pela adorável casa dos Oppenheimer com vista para a baía de San Francisco.

Há também uma longa lista de entrevistados aos quais somos profundamente gratos, pelo tempo, pelas histórias e pela paciência conosco; este livro não poderia ter sido escrito sem eles.

Estudiosos não podem viver só de documentos, e este livro não poderia ter sido escrito sem o apoio financeiro de uma série de organizações. Martin é grato pelo apoio recebido das seguintes pessoas e instituições: Arthur Singer e Fundação Alfred P. Sloan, Fundação John Simon Guggenheim, Ruth Adams e Fundação John D. e Catherine T. MacArthur, Fundo Nacional para as Humanidades, Universidade Tufts e Fundo James Madison da Universidade George Washington. Kai agradece ao Woodrow Wilson International Center for Scholars; a Cindy Kelly, da Fundação da Herança Atômica; e a Ellen Bradbury-Reid, diretora executiva da Recursos de Santa Fe, no Novo México.

Agradecemos, por fim, a Susan Goldmark e a Ronald Steel, que de forma independente e simultânea nos sugeriram que *Oppenheimer: o triunfo e a tragédia do Prometeu americano* seria um excelente título original para nosso livro.

NOTAS DE FIM, BIBLIOGRAFIA E ÍNDICE

As notas de fim, a bibliografia e o índice remissivo deste livro estão disponíveis gratuitamente em formato digital em

www.intrinseca.com.br/oppenheimer

OU

ABREVIATURAS

AEC	Atomic Energy Commission
AIP	American Institute of Physics (Niels Bohr Library)
APS	American Philosophical Society
Caltech	California Institute of Technology
CU	Clemson University Archives
CUL	Cornell University Library
DCL	Dartmouth College Library
DDEL	Dwight D. Eisenhower Presidential Library
ECS	Ethical Culture Society Archives
FBI	Federal Bureau of Investigation Reading Room
FDRL	Franklin D. Roosevelt Presidential Library
FRUS	Foreign Relations of the United States, U.S. State Department
HBSL	Harvard Business School Library
HHL	Herbert Hoover Presidential Library
HSTL	Harry S. Truman Presidential Library
HU	Harvard University Archives
HUAC	U.S. House Un-American Activities Committee
IAS	Institute for Advanced Study (Princeton)
JFKL	John F. Kennedy Presidential Library
JRO	J. Robert Oppenheimer
JRO-FBI	J. Robert Oppenheimer, arquivo do FBI n. 100-17828
JROH	United States Atomic Energy Commission. "In the Matter of J. Robert Oppenheimer: Transcript of Hearing before Personnel Security Board and Texts of Principal Documents and Letters". Prefácio de Philip M. Stern. Cambridge, MA: MIT Press, 1971.
JROP	J. Robert Oppenheimer Papers, Library of Congress
LANL	Los Alamos National Laboratory Archives
LBJL	Lyndon B. Johnson Presidential Library
LOC	Library of Congress (Manuscript Reading Room)
MED	Manhattan Engineer District
MIT	Massachusetts Institute of Technology Archives
NA	National Archives
NBA	Niels Bohr Archive, Copenhague
NBL	Niels Bohr Library, American Institute of Physics
NYT	*The New York Times*
PUL	Princeton University Library (Mudd Manuscript Library)
SU	Stanford University Libraries
UC	University of Chicago Archives
UCB	University of California at Berkeley (Bancroft Library)
UCSDL	University of California at San Diego Library
UM	University of Michigan Library
WP	*The Washington Post*
WU	Washington University Archives
YUL	Yale University, Sterling Library

CRÉDITOS DAS IMAGENS

Agradecemos às seguintes pessoas e instituições pela permissão para reproduzir as imagens utilizadas neste livro:

Alan W. Richards, Princeton, NJ, cortesia de AIP Emilio Segrè Visual Archives (Richards)
Alfred Eisenstadt/Time & Life Pictures/Getty Images (Eisenstadt)
American Institute of Physics, Emilio Segrè Visual Archives (AIP)
Anne Wilson Marks (Marks)
AP/Wide World Photos (AP)
Barbara Sonnenberg (Sonnenberg)
Bulletin of the Atomic Scientists, cortesia AIP Emilio Segrè Visual Archives (AIP-BAS)
California Institute of Technology Archives (Caltech)
Bancroft Library, University of California, Berkeley (Bancroft)
Coleção Bird-Sherwin (BS)
Dr. Hugh Tatlock (Tatlock)
Ernest Orlando Lawrence Berkeley National Laboratory, cortesia de AIP Emilio Segrè Visual Archives, coleção *Physics Today* (AIP-PTC)
Federal Bureau of Investigation (FBI)
Harvard University Archives (Harvard)
Herblock © 1950 The Washington Post Co., de *Herblock's Here and Now* (Simon & Schuster, 1955) (Herblock)
Herve Voge (Voge)
Inga Hiilivirta (Hiilivirta)
J. Robert Oppenheimer Memorial Committee Photographs (JROMC)
Joe Bukowski (Bukowski)
Lawrence Berkeley National Lab (Berkeley)
Los Alamos National Laboratory Archives (LANL)
Nancy Rodger © Exploratorium, www.exploratorium.edu
National Academy of Sciences (NAS)
National Archives (NA)
Niels Bohr Archive, cortesia de AIP Emilio Segrè Visual Archives (Bohr)
Northwestern University Archives (Northwestern)
R. V. C. Whitehead/J. Robert Oppenheimer Memorial Committee (Whitehead)
Time & Life Pictures/Getty Images (Getty)
Ulli Steltzer (Steltzer)

United Press International, cortesia de Emilio Segrè Visual Archives, coleção *Physics Today* (UPI)
University of North Carolina Archives (UNC)
Yosuke Yamahata, Nagasaki, 10 ago. 1945, National Archives. © Shogo Yamahata/cortesia: IDG Films. Foto restaurada por TX Unlimited (Yamahata)
Yousuf Karsh/Retna Ltd. (Karsh)

PRIMEIRO CADERNO

Página 225: Julius com o bebê JRO (JROMC); retrato de Ella (Sonnenberg); retrato de Julius (Sonnenberg).
Página 226: JRO brincando (JROMC); Ella e JRO (LANL); JRO com o queixo na mão (JROMC).
Página 227: JRO montando a cavalo (JROMC); JRO quando jovem (AIP); os jovens JRO e Frank (AIP).
Página 228: Paul Dirac (NA); Max Born (NA); JRO com Kramers (AIP); JRO e outros num barco (AIP).
Página 229: Fowler, JRO e Alvarez (AIP); JRO no pátio do Caltech (Caltech); Serber ao quadro--negro (Berkeley).
Página 230: Lawrence e JRO encostados num carro (AIP); JRO e cavalo (LANL); os autores em Perro Caliente (BS).
Página 231: JRO com Fermi e Lawrence (Berkeley); Weinberg, Lomanitz, Bohm e Friedman (NA); Niels Bohr (AP).
Página 232: Jean Tatlock olhando para a câmera (Tatlock); dr. Thomas Addis (NAS); documento do FBI (FBI).
Página 233: Hoke Chevalier (Bancroft, coleção de retratos de Johan Hagemeyer); George Eltenton (Voge); coronel Boris Pash (NA); Martin Sherwin com Chevalier (BS).
Página 234: Kitty vestindo culotes (BS); foto do passaporte de Kitty (BS); Kitty no laboratório (BS).
Página 235: Crachá do laboratório de JRO (BS); Kitty fumando no sofá (JROMC); Kitty sorrindo (JROMC).
Página 236: Kitty e Peter (JROMC); JRO alimentando o bebê Peter (JROMC).
Página 237: JRO numa festa em Los Alamos (LANL); Dorothy McGibbin, JRO e Victor Weis--skopf (LANL).
Página 238: JRO e outros numa palestra (LANL); retrato de Hans Bethe (NA); Frank Oppenheimer inspeciona um instrumento (Berkeley); Groves com Stimson (NA).
Página 239: JRO servindo café (AIP); silhueta de JRO (LANL); teste de detonação da primeira bomba atômica (LANL).
Página 240: Panorama de Hiroshima (NA); mãe e filha sobreviventes em Nagasaki (Yamahata).

SEGUNDO CADERNO

Página 433: JRO e outros na máquina (AIP-PTC); capa da revista *Physics Today* (UPI); JRO, Conant e Vannevar Bush de smoking (Harvard).
Página 434: Frank Oppenheimer no laboratório (NA); Frank e vaca (AP); Anne Wilson Marks num barco (Marks); Richard e Ruth Tolman (BS).

Página 435: Capa da revista *Time* (Getty); JRO e outros com avião (LANL); JRO e outros em Harvard (Harvard).
Página 436: Olden Manor (BS); Kitty, Toni e Peter na frente de Olden Manor (Whitehead).
Página 437: JRO, Toni e Peter no gramado (Sonnenberg); Kitty na estufa (Eisenstadt).
Página 438: JRO e Neumann em Princeton (Richards); JRO dando aula (Eisenstadt).
Página 439: JRO com Eleanor Roosevelt e outros (Getty); retrato de JRO (NA); JRO com Greg Breit (NA).
Página 440: Charge de Herblock (Herblock); retrato de Lewis Strauss (NA); JRO andando com cigarro (Getty).
Página 441: Ward Evans (Northwestern); Gordon Gray (UNC); Henry DeWolf Smyth (NA); Eugene Zuckert (NA); Roger Robb (Getty).
Página 442: Toni no cavalo (BS); Kitty e JRO (BS); Peter de paletó e gravata (JROMC).
Página 443: Kitty velejando (BS); JRO velejando (BS); família Oppenheimer na praia (JROMC).
Página 444: Niels Bohr e JRO no sofá (Bohr); Kitty e JRO no Japão (JROMC).
Página 445: Oppie fumando cachimbo (Steltzer); JRO e Jackie Kennedy (Getty); Frank Oppenheimer no Exploratorium (Exploratorium).
Página 446: JRO com Kitty recebendo o prêmio Enrico Fermi (JROMC); JRO com Lyndon B. Johnson (Berkeley); JRO apertando a mão de Teller (Getty).
Página 447: JRO na casa de praia (Bukowski); Toni no chão (BS); Toni, Inga, Kitty e Doris na rede (Hiilivirta).
Página 448: Retrato de JRO (Steltzer).

Abertura da Parte I: JRO na juventude (AIP-BAS).
Abertura da Parte II: JRO ao quadro-negro (JROMC).
Abertura da Parte III: JRO e Groves no teste de detonação da primeira bomba atômica (AP).
Abertura da Parte IV: Einstein e JRO (Eisenstadt).
Abertura da Parte V: JRO de perfil (Karsh).

1ª edição	JULHO DE 2023
reimpressão	ABRIL DE 2024
impressão	LIS GRÁFICA
papel de miolo	IVORY SLIM 65 G/M^2
papel de capa	CARTÃO SUPREMO ALTA ALVURA 250 G/M^2
tipografia	TIMES